JN186884

ハートウィグ

有機遷移金属化学（下）

JOHN F. HARTWIG 著

小宮三四郎・穐田宗隆・岩澤伸治 監訳

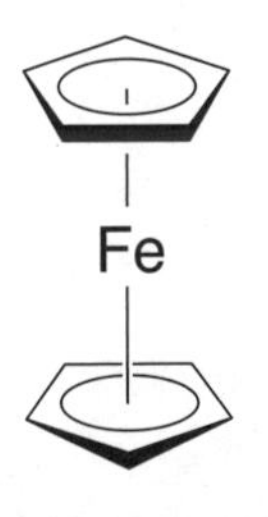

東京化学同人

本書を 妻 Anne および我が娘たち

Amelia と Pauline に捧げます

ORGANOTRANSITION METAL CHEMISTRY

From Bonding to Catalysis

John F. Hartwig

Department of Chemistry

University of California, Berkeley

著者について

John F. Hartwig は1964年生まれの米国の有機化学者．カリフォルニア大学バークレー校教授．プリンストン大学卒業（1986）．カリフォルニア大学バークレー校にてPh.D. 取得（1990）．マサチューセッツ工科大学で博士研究員を務めたのち，イェール大学助教授・教授，イリノイ大学教授を歴任．2011年より現職．有機金属化学，合成化学，触媒化学の分野における研究開発に取組んでいる．顕著な業績としては，パラジウム触媒による炭素－ヘテロ原子結合形成反応，パラジウム触媒によるエノラートのカップリング反応，アルカンの末端C－H結合の触媒的活性化などがあげられる．米国化学会賞（2006 ACS Award in Organometallic Chemistry）を含む国内外の数々の賞を受賞．Organometallics Senior Fellowship（2014），名古屋メダル（ゴールドメダル，2014），GlaxoSmithKline Scholars Award（2010）；National Institutes of Health MERIT Award（2009）；三井化学触媒科学賞（2009）；Joseph Chatt Award（英国化学会，2009）；Mukaiyama Award（有機合成化学協会，2008）；International Catalysis Award, International Association of Catalysis Societies（2008）；Paul N. Rylander Award, Organic Reactions Catalysis Society（2008）；Tetrahedron Young Investigator Award in Organic Synthesis（2007）；Raymond and Beverly Sackler Prize in the Physical Sciences（2007）；Thieme-IUPAC Award in Synthetic Organic Chemistry（2004）；Leo Hendrik Baekeland Award（2003）；A. C. Cope Scholar Award（1998）．2012年より米国科学アカデミー会員．

序

Jim Collman 教授，Lou Hegedus 教授，Jack Norton 教授，Rick Finke 教授によって著された "Principles and Applications of Organotransition Metal Chemistry（第 2 版）" が出版されたのは，私が大学院 1 年生の 1987 年のことであった（以下 1987 年版教科書と略記する*）．私と同年代の人々は，有機金属化合物の結合，反応性，触媒作用に関するとらえ方を，大部分この重要な教科書で勉強した．自分自身が准教授となり，有機金属化学の講義をすることになったときには，私はこの教科書をひもとき，その構成に従った講義ノート作りをした．2002 年に University Science Books 社の Jane Ellis さんと Bruce Armbruster 氏からこの教科書の改訂版執筆の話をもちかけられたときには，（私は）即座に，自分自身が過去 20 年以上にわたって学んできたことを，この分野の初学者たちと分かち合いたいと思った．

しかしながら，結局，有機金属化学の過去 20 年間の進歩をこの教科書の改訂第 3 版として詰め込むことは不可能であった．本書は，1987 年版教科書の構成を部分的に踏襲しているため，それに親しんできた読者は，章題や，図や反応スキームの一部が描き直されているとはいえ，そのまま使われているものがあることに気づくであろう．とはいえ，章，節，段落，文，それからタイトルのすべてを 1987 年版教科書から大きく改訂した．

1987 年版教科書と同様に，本書は有機金属化学を本格的に学習したい学生のために書いたものであるが，今回は有機金属触媒を用いた研究を行っているものの有機金属化学についてきちんと学ぶ機会をもたなかった化学者たちをも意識して書いた．さらに，有機金属化学の特定の分野の専門家の方々にも，新しいトピックを学んだり重要な参考文献を探すために本書をひもといていただくことも期待している．本書の各章は，この分野の初学者に適したレベルで書き始められており，読み進むにつれ有機金属化学に慣れ親しんだ読者にも有用な最新の例や概念を提供できる内容となっている．

本書の構成は，1987 年版教科書の章立てや項目におおむね準じたものとなっているが，いくつかの重要な点で大きな変更を行った．1987 年版教科書と同様に，本書は結合論と有機金属化学で汎用される配位子に関する章から始まる．**1 章**は，構造と結合論を取上げ，有機金属化学の現象を予測するのに有用な基本的な考え方を理解していただくことを目的とした．続く三つの章（**2～4 章**）では，有機金属化学で汎用される配位子の分類を解説した．1987 年版教科書の配位子に関する章は，それを講義の教科書とした教師陣にはなかなか手ごわかったのではないかと思っているが，今回私はこの部分を三つの章に分けることによってさらに大変にしてしまったかもしれない．というのは，有機金属化学における "官能基" に関してすべての教師が講義中に取上げそうな項目を含む議論を幅広く収録することとか，また専門家に最良の参考文献や学習材料と考えられる項目を含めることもやはり大切だと考えたからである．三つの章のうち初めの二つの章では，有機金属化学の分野で典型的と見なされている配位子について述べた．**4 章**では金属

---

*（訳注） "Principles and Applications of Organotransition Metal Chemistry" の初版は，Jim Collman 教授および Lou Hegedus 教授によって 1980 年に出版された．第 2 版では彼らの教え子であった Jack Norton 教授および Rick Finke 教授も加わって改訂され 1987 年に出版された．

に対して酸素，窒素，硫黄，リン，ケイ素，ホウ素さらにはハロゲン原子を介して結合する配位子でありながら，有機金属化合物に特有と考えられる反応性を示すことが明らかにされている配位子について解説した．したがって，講義用の教科書として本書を使用される方は，本書から最も重要と思われる部分を適宜選択することが肝要である．たとえば，ホスフィン，カルボニルならびにアルケン配位子の構造，結合および電子的性質に関する第2章の諸節は有機金属化学を学ぶ人にとっては必要不可欠であるが，エーテル，チオエーテルおよびアミン配位子の性質はおそらく限られた専門家にしか必要とされないであろう．

5〜12章では，有機金属化学の基本的な反応について解説した．この部分の最初の章である配位子置換反応には，配位化学と共通する概念が多く含まれているが，有機金属化学反応につながるものに重点をおくよう努めた．たとえば，この章ではカルボニル錯体の置換反応機構や不飽和有機配位子の配位座の数の変化を伴う置換反応機構を取上げている．酸化的付加反応と還元的脱離反応の解説は1987年版教科書と異なり3章にわたるが，その理由は，C−H結合活性化や炭素−ハロゲン結合の酸化的付加反応ならびに過去数十年にわたって開発されてきた多くの触媒反応に含まれる還元的脱離反応に関する大量の情報が蓄積されているためである．挿入反応と脱離反応についても二つの章に分けて解説したが，それもまた重要な新規触媒反応の開発に伴って多くの新しいタイプの移動挿入反応が明らかにされてきたためである．金属−配位子多重結合に関する**13章**はまったく新たに書き下ろした．オレフィンメタセシス反応の進歩と有機金属系による酸化反応プロセスへの関心が高まったために，この項目が有機金属化学者にとって重要となり，その結果新たな章を設けることにした．

14〜22章では，有機金属化学種によって触媒される有機変換反応を解説した．ほとんどがまったく新たな書き下ろしである．1987年版教科書中の有機合成への応用に関する部分は，多くの場合中間体の発生法に従って記述されていた．1987年版教科書のこれに関連する資料の大半は，Lou Hegedus教授とBjörn Söderberg教授の労作である“Transition Metals in the Synthesis of Complex Organic Molecules（第3版）”〔邦訳：“ヘゲダス 遷移金属による有機合成（第3版）”，村井眞二訳，東京化学同人（2011）〕に収められている．一方，本書の応用に関する部分は，触媒作用の原理と触媒反応の分類の記述が中心である．**14章**は新たに設けた章であり，それ以降のすべての章に通用する触媒作用の基本原理を解説し，エナンチオ選択的反応の議論に直接関連する触媒的不斉合成の原理にも言及した．以降の一連の章で産業レベルおよび実験室レベルで広く実施されている触媒反応を記述した．

触媒反応の各論の最初の章となる**15章**では，水素化反応を取上げた．この章は1987年版教科書より随分長くなっているが，これは過去20年間に進歩してきた置換アルケン，ケトンおよびイミン類の不斉水素化反応も含め，多種多様な水素化反応について解説したためである．**16章**も新たに書き下ろした章であり，そこではアルケンのヒドロ官能基化反応ならびに酸化的官能基化反応について解説した．触媒的カルボニル化反応は**17章**で取上げた．この章は1987年版教科書の12章をもとにしているが，1987年版教科書の刊行後新しいタイプのカルボニル化やCOが関係する新反応が数多く開発されてきたので，この章は拡張され，多くの節を新たに書き下ろした．**18〜21章**はすべて新たに書き下ろした章であり，1987年以降に大発展を遂げたクロスカップリング反応，C−H結合官能基化反応，アリル位置換反応およびオレフィンメタセシス反応などの有機金属触媒反応について解説した．締めくくりは，オレフィン重合反応に関する最終章である．これは1987年版教科書の11章をもととしながら，アルケン重合分野でみられた長足の進歩の結果，まったく新たに書き下ろすことにした．いうまでもなくエチレンおよびα-オレフィンのシングルサイト触媒の開発は，過去20年の有機金属化学におけるサクセスストーリーの一つである．

本書には多くの偏った好みや，判断の誤り，見落としの数々があるであろう．また多くの研究者の成果を浅学ゆえに不当にも見過ごしてしまったケースもあると思う．文法や入力ミス，構造式や図の間違いもあるであろう．多くの人々がチェックしたにもかかわらず，左右の釣り合いがとれていない化学式，5本の結合をもった炭素原子を含む分子やありえない酸化状態などもあるかもしれない．更新情報，補足事項，問題が公開されているウェブサイトあるいは本書の誤りなどは，www.uscibooks.com の本書のページに記載されているので参照していただきたい．意見や訂正に関して jhartwig@berkeley.edu あてにご連絡いただければ，今後の刷や版で適切に変更したいと考えている．

基本的な有機金属化学や有機金属触媒反応を開発し，使用する学生，大学教員ならびに企業研究者の数は過去20年間に爆発的に増加している．したがって本書では，基本的な有機金属錯体化学とさまざまな状況での有機分子合成に用いられる触媒反応のつながりを随所に盛込んだ．それらを見る読者諸氏が，どうしてこんなに多くの化学者が有機金属錯体の構造，結合，反応化学に夢中になるのかを理解してもらいたいと著者は願っている．私自身が研究者になったばかりの頃に “Principles and Applications of Organotransition Metal Chemistry” から恩恵を被ったのと同様に，21世紀のこの時期に有機金属化学を学ぶ人々が本書から何ものかを得ていただければ幸いである．

John F. Hartwig

謝　辞

有機金属化学の領域の友人や同僚から膨大な情報をいただいたおかげで，本書は日の目を見ることができた．多くの人が質問に対してすぐに回答をくれ，その回答の根拠となる詳細な情報や文献を提供してくれた．本書のある項目は，それを専門とする人がその部分の原稿の下書きをして下さった．これらの協力執筆者のリストはx，xiページにあげられている．それらの部分を引用する際は彼らの名前もともに引用して欲しい．Pat Walsh 教授は第14章後半の不斉触媒反応に関する部分を現在に近い形で書いて下さり，さらに書き直しもして下さった．Jack Norton 教授は金属－炭素結合を有する化合物に関する章のいくつかの項目の下書きをして下さり，金属ヒドリド化合物の項目に至っては一人で執筆して下さった．Chuck Casey 教授は酢酸合成とヒドロホルミル化反応に関する項目の下書きをして下さった．Geoff Coates 教授は小員環ヘテロ環状化合物のカルボニル化反応に関する必要不可欠な原稿を提供して下さったうえに，彼の学生である Gregory Domski 君と一緒にオレフィン重合反応に関する章を書くのに必要な膨大な資料を提供して下さった．Jing Zhou 教授はエステル，アミド，イミドおよびニトリルの水素化反応の項目の，Shashank Shekhar 博士は銅触媒によるクロスカップリング反応の項目の，Mark Lautens 教授と彼のグループの2人の博士研究員である Mark Scott 博士と Dino Alberico 博士は直接カップリング反応の項目の，また Levi Stanley 博士は銅触媒によるアリル位置換反応の項目の，下書きをそれぞれして下さった．最後に，私が一語も書き進めなくなってしまったときに私のグループの多くの大学院学生と博士研究員が，X型配位子に関する3, 4章や他の章のやり残されていた部分にみんなで立ち向かって，新しい項目の下書きが数週間のうちにできあがった．手助けしてくれたのは，Erik Alexanian, Elsa Alvaro, Tim Boebel, Seth Herzon, Jaclyn M. Murphy, Mark Pouy, Devon Rosenfeld, Qilong Shen, Jesse Tye, Giang Vo, Jing Zhao, Pinjing Zhao, Jianrong (Steve) Zhou の面々である．

過去6，7年にわたって私の質問に答えてくれた有機金属化学領域の，以下のたくさんの人々に感謝したい：Jim Atwood, Guy Bazan, Bob Crabtree, Huw Davies, Scott Denmark, Steve Diver, Odile Eisenstein, Jack Faller, Greg Girolami, John Gladysz, Alan Goldman, Bob Grubbs, Mike Heinekey, Marissa Kazlowski, 桑野良一, Janis Louie, Jim Mayer, Tom Rauchfuss, Martin Semmelhack, Matt Sigman, Shannon Stahl, Don Tilley, Pete Wolczanski, Zhumu Zhang．たくさんの有機金属化学者が寛大にも各章に目を通してくださり，有益，重大かつ専門的な意見を頂戴した．目を通していただくことによって初めて本書ができあがったのである．この労を執っていただいた Christian Amatore, Jim Atwood, Jan Bäckvall, Steve Bergens, Maurice Brookhart, Morris Bullock, Don Darensbourg, Steven Diver, David Glueck, Alan Goldman, Harry Gray, Bob Grubbs, Mike Hall, Mike Heinekey, Greg Hillhouse, 碇屋隆雄, Bill Jones, Jay Labinger, Jim Mayer, David Milstein, 根岸英一, Ged Parkin, Andreas Pfaltz, T. V. (Babu) RajanBabu, Melanie Sanford, Martin Semmelhack, Matt Sigman, Don Tilley, Antonio Togni の方々に心より感謝申し上げる．

このほかにも本書の出版にあたって多くの方々に助けていただいた．イェール大学の Carole Velleca さんは長年にわたって文献収集に倦むことなくお手伝い下さり，私がイリノイ大学に移ってからは Nasrin Ghavari さんがこの仕事を引継いで下さった．Nan Holda さんは過去2年間にわたってお手伝い下さり，出版計画の目途をつけるのに欠かせない役割を果たして下さったうえに，イリノイにおける出版事務を担当して下さった．Jane Ellis さんは手際よく出版計画全体を統括し，彼女と Bruce Armbruster 氏にはそもそも私にこの大役をふって下さったことに謝意を表したい．矢継ぎ早の私からの電子メールに堪えてくれた Jennifer Uhlich さんは出版過程を忍耐と寛容をもって見守って下さった．John Murdzek 氏は仕事が速く，目の行き届いた編集者で，多くの間違いを見つけて下さった．手書きの図やおおざっぱな電子ファイルを見栄えのよい図，スキーム，式に仕上げてくれて本書の図版を格段に改善できたのは Thomas Webster 氏のおかげである．Carl Liskey, Dale Pahls, Mark Pouy, Cassady Richers, Daniel Robbins, Levi Stanley, Giang Vo の各氏は出版作業の後半の過程で図版のチェックをして下さった．

22 年をともにしてきた大学の同僚たちにも謝意を表したい．私の学生時代の恩師であるカリフォルニア大学バークレー校の Dick Andersen 教授と Bob Bergman 教授，その後イェール大学で同僚となった Bob Crabtree 教授と Jack Faller 教授，続いて最近イリノイ大学で同僚となった Scott Denmark 教授，Greg Girolami 教授 , Tom Rauchfuss 教授には，この領域を理解する手助けをして下さったことに感謝している．さらに，文章をつくるには名詞と動詞の両方が必要であることを高校時代に教えてくれた父，大学院学生時代に科学的文章の書き方を教えて下さった Bob Bergman 教授，ならびに過ぎたるはなお及ばざるがごとしということを私に教えてくれようとした母にも感謝したい．

最後に，私の二人の娘 Amelia と Pauline は，生後 2, 3 カ月の頃から夜中中いつもおとなしく寝ていてくれ，早朝 5 時には中庭にあるゆりかごで私と一緒に過ごしてくれ，週末の午後にはよく昼寝してくれ，さらには昼寝と作業時間が終わるといつも輝くような笑顔を見せてくれたことに感謝したい．私の妻であり同業者でもある Anne Baranger に，この出版作業が終わりそうだと何年にもわたって何度も宣言したのを倦まずきいてくれ，私が“ちょっと待って”と何回繰返して言ってもこれにいつもつきあってくれたことに謝意を表したい．

John F. Hartwig

協力執筆者

（　）内は執筆担当箇所

Dino Alberico 博士（§19・9）
Alphora Research
2395 Speakman Drive
Suite 2001
Mississauga, Ontario
L5K 1B3 Canada

Erik J. Alexanian 教授（§3・3）
University of North Carolina
Department of Chemistry
Chapel Hill, NC 27599
USA

Elsa Alvaro 博士（§4・6）
University of Illinois
Urbana, IL 61801
USA

Tim A. Boebel 博士（§4・7）
Dow AgroSciences LLC
9330 Zionsville Road
Indianapolis, IN 46268
USA

Charles P. Casey 教授（§17・2, 17・3）
University of Wisconsin
Department of Chemistry
1101 University Avenue
Madison, WI 53706
USA

Geoffrey W. Coates 教授（§17・6, 22・1・1, 22・3, 22・4, 22・6, 22・7）
Cornell University
Department of Chemistry and Chemical Biology
Baker Laboratory
Ithaca, NY 14853
USA

Gregory J. Domski 教授（§22・1・1, 22・3, 22・4, 22・6, 22・7）
Augustana College
Department of Chemistry
639 38th Street
Rock Island, IL 61201
USA

Seth B. Herzon 教授（§4・2・1b, 4・2・2）
Yale University
Department of Chemistry
350 Edwards Street
New Haven, CT 06511
USA

Mark Lautens 教授（§19・9）
University of Toronto
Department of Chemistry
Davenport Chemical Laboratories
80 St. George Street
University of Toronto
Toronto, Ontario
M5S 3H6 Canada

Jaclyn M. Murphy 博士（§4・2・5c, 4・4）
Massachusetts Institute of Technology
Department of Chemistry
77 Massachusetts Avenue, Room 18-290
Cambridge, MA 02139
USA

Jack R. Norton 教授（§3・2・1〜3・2・3, 3・6, 3・8, 4・5, 16・6・2b）
Columbia University
Department of Chemistry
3000 Broadway, MC 3102
New York, NY 10027
USA

Mark J. Pouy 博士（§3・5）
Yale University
Department of Chemistry
225 Prospect Street
P.O. Box 208107
New Haven, CT 06520
USA

Devon C. Rosenfeld 博士（§13・4・6）
The Dow Chemical Company
Hydrocarbons R&D, B-251
Freeport, TX 77541
USA

Mark E. Scott 博士（§19・9）
Merck & Co., Inc.
BMB2-134
33 Avenue Louis Pasteur
Boston, MA 02115
USA

Shashank Shekhar 博士（§19・8）
Abbott Laboratories
Process Research and Development
1401 Sheridan Road
North Chicago, IL 60064
USA

Qilong Shen 博士（§17・9）
Shanghai Institute of Organic Chemistry
Chinese Academy of Sciences
345 Lingling Rd.
Shanghai 200032 China

Levi M. Stanley 博士（§20・7）
University of Illinois
Department of Chemistry
600 South Mathews Avenue
Urbana, IL 61801
USA

Jesse W. Tye 教授（§3・4, 4・2・4）
Ball State University
Department of Chemistry
2000 W. University Avenue
Muncie, IN 47306
USA

Giang D. Vo（§4・2・5a）
University of Illinois
Department of Chemistry
600 South Mathews Avenue
Urbana, IL 61801
USA

Patrick J. Walsh 教授（§4・2・5b, 14 章）
University of Pennsylvania
Department of Chemistry
231 S. 34th Street
Philadelphia, PA 19104
USA

Jing Zhao 教授（§15・10）
Nanjing University
School of Life Sciences
Nanjing
210093 China

Pinjing Zhao 教授（§4・2・1a, 4・3）
North Dakota State University
Department of Chemistry and Molecular Biology
NDSU Dept. 2735
PO Box 6050
Fargo, ND 58108
USA

Jianrong（Steve）Zhou 教授（§4・2・3）
Nanyang Technological University
Division of Chemical and Biological Chemistry
School of Physical and Mathematical Sciences
21 Nanyang Link, SPMS-CBC-06-03
Singapore 637371

訳 者 序

著者序にあるように，本書は Jim Collman, Lou Hegedus, Jack Norton, Rick Finke 教授たちが大学院生のために執筆した“Principles and Applications of Organotransition Metal Chemistry（第2版)”（1987 年刊行）を基本として，著者自身の有機金属化学に関する豊富な経験や講義用のテキストとして使った経験をもとに，全面的に改訂したものである．原著は 1000 ページを超えるものであり読むだけでも大変であるが，特に有機化学者にもわかりやすく書かれた有機遷移金属化学のテキストである．本書は，有機遷移金属化学を有機合成に応用する際に必要な基礎知識と応用が詳細かつわかりやすく書かれているとともに数多くの原著論文が引用されているので，初学者から大学院生，専門家にまで役に立つ本である．

さて，有機金属化学は 1950 年代のフェロセンや Ziegler 触媒の発見を端緒として，有機化学，無機化学，高分子化学，錯体化学，触媒化学などの学際領域として目覚ましい発展を遂げてきた学問領域である．初期の有機遷移金属化学に関するテキストはどちらかといえば錯体化学的立場で，特異な構造や反応化学を解説するものが多かった．そのため，有機合成に遷移金属化合物を利用しようとする有機化学者にとって，これらのテキストは非常に取つきにくいだけでなく，たとえ興味深い反応が見つかっても，有機金属錯体自体が空気中や水に不安定なことが多く，その取扱いが難しいため，有機金属錯体を用いた反応は敬遠されがちであり，これらのテキストを活用するまでには至らなかった．にもかかわらず，有機合成では遷移金属化合物を鼻薬のように用いることで新反応を開拓するという手法がよく取られ，結果として金属を用いた無数の多様な興味深い反応が発見された．また，有機金属化学には，新しい結合概念や反応形式が組込まれているため，学際領域としての有機金属化学の基礎となっているはずの錯体化学や触媒化学の専門家にさえもわかりにくい学問分野であった．一方，山本明夫氏が“柳の下にはドジョウが 2 匹以上いる”と有機遷移金属化学の面白さを説いているように，有機遷移金属化学においては，驚きをもって次から次へと新しい化学的事実が発見され続けた．これらの膨大な研究成果は，錯体化学者，理論化学者，有機化学者の興味をそそり，現在ではかなり統一的に分子レベルで理解できるようになった．その結果，この半世紀で古典的な有機合成化学や錯体化学の概念や手法は大きな変貌を遂げたのである．そして，最近のノーベル化学賞を見てもわかるように，有機合成化学や触媒化学における有機遷移金属化学の必要性は明らかであり，今や有機合成における必須の武器になっている．

本書では，錯体化学的基礎から有機遷移金属化学に必要な概念の解説に始まり，有機合成や触媒反応への応用が初学者でもわかるように詳細に記述されている．ただ，原著に記述されている有機金属化合物や有機化合物の名称や化学式は，IUPAC で決められた規則に従っていないものもあり，慣用的な言い回しや化学式で記述されていることが多い．これは，本来きちんとした正しい表現にするべきであるが，本訳書では，あまりにおかしいかまたは明らかに間違った表記でない限り，原著の記述をそのまま用いたのでご了解いただきたい．特に錯体の命名は 2005 年の無機化学命名法 IUPAC 勧告でさらに変更されたので，わかりにくい．しかし原著の表現をそのまま用いても，誤解をまねくことは少なく，原文の意味が変わることはない．一方で，読者には，別途正式な2005年に出された最新の命名法を熟読確認しておいていただきたい．また，本書では複雑な配位子を略号で表記していることが多いが，基本的には原著記載の略号をそのまま用いた．本書に出てくる配位子などの略号については，一覧表を別途作成したので活用されたい．また，原著は国際単位（SI）系を用いていないので，わが国の実情に合わせてできる限りSI単位系に変更した．そのままでは理解しにくいところや原著に問題があるような部分については意訳したり，本文の欄外に"訳注"を付したので参考にしていただきたい．これらは，読者が理解するときの助けになるものと思う．

最後に本書を訳すにあたり，お忙しいなか，それぞれの専門分野の先生方に多くの協力をいただいたことに感謝したい．東京化学同人の橋本純子氏および内藤みどり氏は，なかなか進まない翻訳という作業が滞ることのないようあきらめずに担当者を励まして下さった．ここに深く感謝の意を表します．

本書が，有機合成化学を目指す大学院生や研究者のみならず，有機遷移金属化合物に興味をもって取扱おうと考えている異分野の方々にとっても有益なものになることを期待いたします．

平成26年2月

小宮三四郎　穐田宗隆　岩澤伸治

監　訳　者

小宮三四郎　首都大学東京 特任教授，東京農工大学名誉教授，工学博士

穐田(あきた)宗隆　東京工業大学化学生命科学研究所 教授，理学博士

岩澤伸治　東京工業大学理学院 教授，理学博士

翻　訳　者

穐田宗隆　東京工業大学化学生命科学研究所 教授，理学博士

石井洋一　中央大学理工学部 教授，工学博士

伊藤　肇　北海道大学化学反応創成研究拠点 教授，博士(工学)

岩澤伸治　東京工業大学理学院 教授，理学博士

上野圭司　群馬大学大学院理工学府 教授，理学博士

大江浩一　京都大学大学院工学研究科 教授，工学博士

河内卓彌　慶應義塾大学理工学部 准教授，Ph. D.

小宮三四郎　首都大学東京 特任教授，東京農工大学名誉教授，工学博士

近藤輝幸　京都大学大学院工学研究科 教授，工学博士

中尾佳(よし)亮(あき)　京都大学大学院工学研究科 教授，博士(工学)

西原康師　岡山大学異分野基礎科学研究所 教授，博士(理学)

水田　勉　広島大学大学院理学研究科 教授，博士(理学)

(五十音順)

要 約 目 次

上 巻

下 巻

下 巻 目 次

19章 遷移金属触媒によるカップリング反応……811

20 章　アリル位置換反応……892

21 章　オレフィンメタセシスおよびアルキンメタセシス反応……937

22章 オレフィンの重合反応およびオリゴマー化反応……967

14 触媒反応の基礎

本書の本章以降の章では具体的な触媒反応について述べる．これらの触媒反応は，それぞれ，本書でこれまで述べてきた化学量論反応により構成されている．触媒反応は，金属錯体が触媒量しか存在しない点で，化学量論反応とは明確な違いがある．本章では，エナンチオ選択的な反応を含め触媒反応に適用される原理について述べる．本章の内容は，以降の章に含まれるすべての反応，さらには本書で取上げられていない触媒反応一般に適用できる．本章後半では，エナンチオ選択的な触媒作用に特有の原理について述べる．エナンチオ選択的触媒反応では，触媒のキラリティーに基づいて光学活性な化合物を得ることができる．

14・1 一般的な原理

14・1・1 触媒の定義

“触媒”という用語は，1836 年 Berzelius により初めて導入され，1894 年 Ostwald により定義された．Ostwald は，触媒とはそれ自身消費されることなく化学反応の速度を増大させる物質のことであると述べた．この基本的な定義は，現在でも一般的に用いられている．触媒反応では，触媒は一連の変換反応を経て生成物を与え，そしてこの一連の反応の後には初めの触媒が再生されなければならない．その結果，触媒は反応基質に対して触媒量用いるだけでよい．

さまざまな触媒反応の反応機構については本書の以降の章で詳しく述べる．しかし一連の反応によりどのようにして最初の触媒が再生するかを説明するための典型例として，最も単純な有機金属触媒反応の一つであるエチレンの水素化反応の各段階をここに示す．触媒反応の反応機構は，環状に配置された中間体を結びつける触媒サイクルとして表現されることが多いが，スキーム 14・1 に示したように直線的に各段階を示すことによっても，最初のロジウム錯体が等モル量のエチレンと水素をエタンに変換した後に再生することを明確に示すことができる．

スキーム 14・1 単純な触媒反応における触媒再生

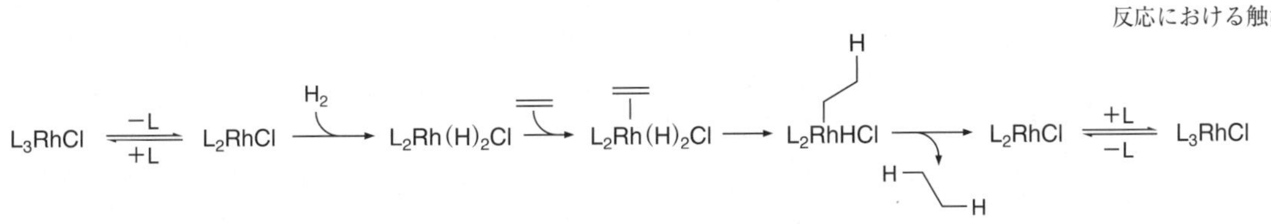

$$L_3RhCl \underset{+L}{\overset{-L}{\rightleftharpoons}} L_2RhCl \xrightarrow{H_2} L_2Rh(H)_2Cl \xrightarrow{=} L_2Rh(H)_2Cl(=) \longrightarrow L_2RhHCl(CH_2CH_2H) \longrightarrow L_2RhCl + H\text{—}CH_2CH_2\text{—}H \underset{-L}{\overset{+L}{\rightleftharpoons}} L_3RhCl$$

14・1・2 触媒作用のエネルギー論

図 14・1 は触媒反応と非触媒反応の反応座標図を最も単純化して表したものである．より詳しい図は後ほど紹介する．この図に示したように，触媒は，最もエネルギーの高い遷移状

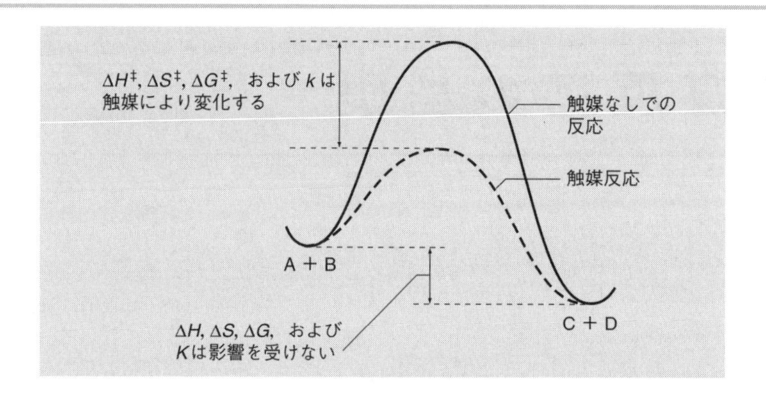

図 14・1　触媒反応と触媒なしでの反応に対する単純化した反応座標

態の自由エネルギーを低下させることにより，反応速度を増加させる．触媒は反応の遷移状態のエネルギーを変化させるだけであり，反応物（基質あるいは出発物）や生成物のエネルギーは変化させない．したがって触媒は，反応速度のみを変化させ，反応物と生成物のモル比を定める熱力学や平衡定数を変化させることはない．合成的に有用であるが，熱力学的に非常に吸熱的な反応は，想定することはできるものの非常に活性な触媒を用いても同じ温度では十分な量の生成物を得ることはできない．

しかしこのような触媒系であっても，以下のようにすることにより，より多くの生成物を得ることが可能である．すなわち，平衡は温度などの反応条件の変化によりシフトする．発熱反応では，Le Châtelier の原理から，より低温の条件でより多くの量の生成物を得ることができると予測される．したがって触媒を用いて，発熱反応を触媒存在下でより低温で行えるようにすることができれば，より多くの量の生成物を得ることが可能となる．

窒素と水素から低温でアンモニアを合成する反応の触媒の開発研究は，この効果を示す好例である．Haber–Bosch 法は，式 14.1 に示すようにアルミナに担持した不均一系の鉄触媒

$$3\,H_2 + N_2 \xrightarrow[\substack{250\ \text{atm} \\ 450\sim500\ ^\circ\text{C}}]{\substack{Fe/Al_2O_3 \\ \text{添加剤}}} \underset{10\sim20\%}{2\,NH_3} \qquad (\Delta H = -92.4\ \text{kJ/mol}) \tag{14.1}$$

の存在下，高温高圧で窒素と水素との反応によりアンモニアを生成する有名な反応である．この反応の収率は熱力学的理由によって制限を受ける．この反応は発熱反応（しかもエントロピー的には不利）なので，より低温で反応が行えるような触媒を開発することができれば，収率を高めることができる．

14・1・3　触媒反応の反応座標図

触媒を用いた場合は，遷移状態がより安定化されるので，非触媒反応と比べ反応の活性化エネルギーが小さい．遷移状態は不安定で過渡的な反応種であり，触媒は遷移状態だけに作用しているわけではない．代わりに，触媒は一つあるいはそれ以上の反応物と結合し，触媒反応の遷移状態においても結合したままである．そこから生成物の解離を伴ってもとの触媒が再生するか，あるいは触媒を再生する前駆体が生成する．

触媒との相互作用を反映した図 14・1 のエネルギー図よりもより正確な反応座標図を図 14・2 に示す．これらの曲線を考察することにより，触媒と反応剤を区別して基底状態のエネルギーと遷移状態のエネルギーを比較することの重要性が理解できる．一つ目の反応座標 **I** は，反応物（S）が触媒なしで熱的に反応して生成物（P）を生じる反応に対応している．2 番目から 4 番目の反応座標 **II**～**IV** は，添加剤 A，B，C 存在下での類似した反応に対応している．三つの反応座標では，いずれも，反応物と添加剤の付加体（S•A，S•B，S•C）が

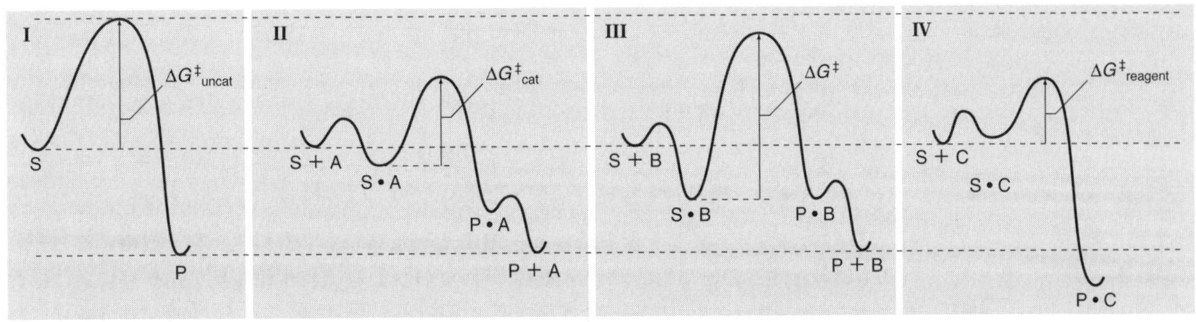

図 14・2 触媒なしでの反応(**I**)，Aにより触媒される反応(**II**)，添加剤Bとの付加体を経由し進行する反応(**III**)，反応剤Cを含む反応(**IV**) それぞれの反応座標図
（訳注：**I**〜**IV** を相対的に比較するため，出発物であるS，S+A，S+Cが同じエネルギー値になるように図示している）

生成することを示している．**II** と **III** ではわかりやすくするために，付加体のエネルギーがそれぞれの反応剤のエネルギーよりも低くなっている例を示した．このエネルギー関係は触媒反応に必須のものではなく，付加体のエネルギーが反応剤よりも高いような反応座標においても同じ原理が作用している．

反応物と添加剤との複合体から出発して三つの重要なシナリオが可能である．反応座標 **II** では，化学種AはS•Aを形成することにより反応物Sを安定化するよりも遷移状態をより大きく安定化する．加えて，化学種P•Aはこの反応座標では生成物を放出するとともにAを再生する．このシナリオは触媒反応を構成しており，Aが触媒となっている．反応座標 **III** においても，添加剤Bと反応物Sが形成する複合体S•Bは生成物を形成してからBを再生する．しかしこの反応座標の全体のエネルギー図をみると触媒反応とはならない．この反応座標では，添加剤BはS•Bを形成することにより遷移状態よりもSをより安定化する．その結果，このシナリオにおける活性化エネルギーは添加剤Bなしの反応よりも大きくなる．したがってこの場合触媒量のB存在下でも，よりエネルギーの低い，触媒の関与しない経路でS（反応物）はP（生成物）に変換される．反応座標 **IV** では，化学種Cは反応物および生成物の両者と付加体を形成する．このシナリオでは反応座標は生成物とCとの複合体であるP•Cで終わる．ついでP•Cに対して別の反応剤（水や酸や酸化剤など）を加えることにより第二の反応を行い，生成物（ここでは示していない）を放出させる．C存在下での反応はCなしの反応よりも速く進行し，選択性に影響を与えることができるが，化合物Cも反応で変化してしまう．したがって，このシナリオでは，化合物Cは触媒ではなく反応剤であり，化学量論量用いる必要がある．

後の章で述べる触媒反応の多くの例は，Aが触媒として作用する最初のシナリオのパターンであり，その一例をスキーム 14・1 に示した．2番目のシナリオでは反応は加速されず一般に報告されないので，その例はほとんど見あたらない．しかし触媒反応を，添加剤が触媒ではなく反応剤として働く3番目のシナリオに従って進行することが知られている反応と比較することは有益である．

11章で述べたη^6-アレーン錯体の多くの反応は，金属錯体が触媒としてではなく反応剤として働く例である．η^6-アレーン錯体に関する研究の目的の一つは，化学量論反応での反応性を触媒反応に活用することである．Pt(II)-オレフィン錯体の古典的な化学も，金属種が反応剤としてふるまうか触媒として働くかの違いを示す良い例である．式(14.2) の反応では，出発物のPt(II)-オレフィン錯体はアミンと反応して安定なアミノアルキル中間体を生

$$\text{(alkene)Pt(Cl)(NHR}_2\text{)Cl} \xrightarrow{\text{NHR}_2} \text{(azaplatinacyclobutane)Pt(Cl)(NHR}_2\text{)} + \text{R}_2\text{NH·HCl} \xrightarrow{\text{NaBH}_4} \text{(amine, NR}_2\text{)} \tag{14.2}$$

じる．この錯体に還元剤を作用させるとオレフィンのヒドロアミノ化体が得られる．しかし，この場合，アミノアルキル錯体と $NaBH_4$ との反応により有機化合物を放出するとともに Pt(0)種を生じるものの，これを初めに用いた Pt(II)種に再生する反応剤が反応系には含まれていないので，この反応は触媒反応とはならない．オレフィンのヒドロ官能基化反応について 16 章で述べるが，最近になって，配位したオレフィンに求核攻撃する反応が触媒的なオレフィンのアミノ化反応へと展開されている．

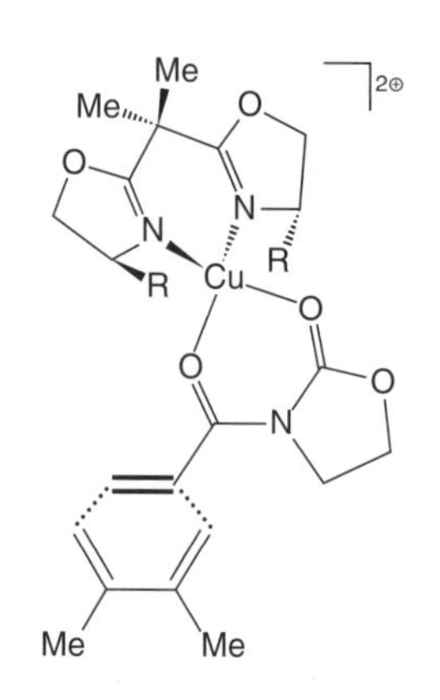

図 14・3　銅-ビスオキサゾリン錯体により触媒されるエナンチオ選択的 Diels-Alder 反応に対して提唱された遷移状態．この遷移状態でのジエンとアクリル酸エステルの向きは触媒なしでの［4+2］付加環化反応の遷移状態と類似している．Evans, D. A.; Barnes, D. M.; Johnson, J. S.; Leckta, T.; von Matt, P.; Miller, S. J.; Murry, J. A.; Norcross, R. D.; Shaughnessy, E. A.; Campos, K. R. *J. Am. Chem. Soc.* **1999**, *121*, 7582 より．

14・1・4　遷移状態の安定化の起源

触媒は，非触媒反応の遷移状態と同様の構造を保ちながら相互作用して安定化することにより最もエネルギーの高い遷移状態のエネルギーを低下させることもあるし，まったく新しい反応経路をつくり出すこともある．図 14・1 に示した反応座標図では，その反応機構は非触媒反応の機構と類似したものである．いずれも不安定な付加体形成後そのまま生成物を与え，非触媒反応と類似した原子の配列から成る遷移状態を経由して起こる．この状況は酵素触媒反応においてよくみられる．

この非触媒反応と類似した遷移状態の安定化は，Lewis 酸による触媒反応など，遷移金属錯体により触媒される反応でもみられる．たとえば遷移金属錯体により触媒される Diels-Alder 反応は，非触媒反応の協奏的［4+2］付加環化機構と類似した機構で起こることがある．この場合，触媒である Lewis 酸に配位することにより基質の電子的性質が変化し，［4+2］付加環化反応の障壁を減少させている．図 14・3 には，銅触媒を用いたエナンチオ選択的な Diels-Alder 反応で提唱されている遷移状態を示す．この遷移状態の構造は，計算により求めたビスオキサゾリン銅とアクリル酸誘導体とから形成される Lewis 酸錯体の構造を基に提案されている．

有機金属化学では触媒反応が非触媒反応とはまったく異なる機構で進行することが多い．この場合，反応は通常多段階で起こるが，個々の段階の活性化エネルギーは非触媒反応の活性化エネルギーよりも低い．その結果，反応全体のエネルギー障壁は非触媒反応のものより

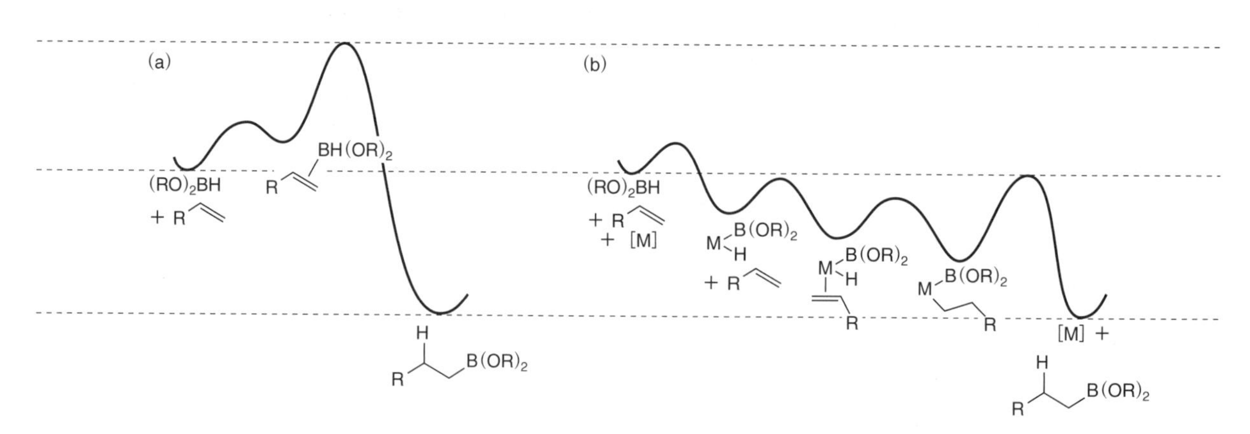

図 14・4　非触媒(a) および後周期遷移金属触媒による(b) アルケンのヒドロホウ素化反応の反応座標の比較（訳注：図 14・2 と同様，反応の活性化エネルギーを比較しやすいように，原系を基準にした相対的エネルギーとして表示した）

低くなる．カテコールボランなどのジアルコキシボラン $(RO)_2BH$ を用いたアルケンの非触媒的および触媒的なヒドロホウ素化反応（16 章参照）を比較すると，このことがよくわかる．非触媒反応とロジウム触媒を用いた反応の定性的な反応座標を図 14・4 に示す．触媒がないと B−H 結合は協奏的な 4 中心の遷移状態を経由してアルケンに対して付加するが，溶媒量のアルケンを用いて高温が必要である．一方，後周期遷移金属触媒によるヒドロホウ素化反応では，まず酸化的付加反応により B−H 結合が切断される．オレフィンの配位と移動挿入反応により C−H 結合が形成され，還元的脱離反応により生成物であるアルキルボロン酸エステルの B−C 結合が形成するとともに初めの金属錯体が再生する．

14・1・5 触媒作用に関する用語

14・1・5a 触媒サイクル

触媒反応の各段階を結びつけたものは**触媒サイクル**（catalytic cycle）とよばれることが多い．この用語は，反応剤が消費され生成物が生じ触媒が再生する一連の反応過程のことを示す．一般的な形で図 14・5 に示したように，触媒サイクルの出発点は反応の終点でもあるの

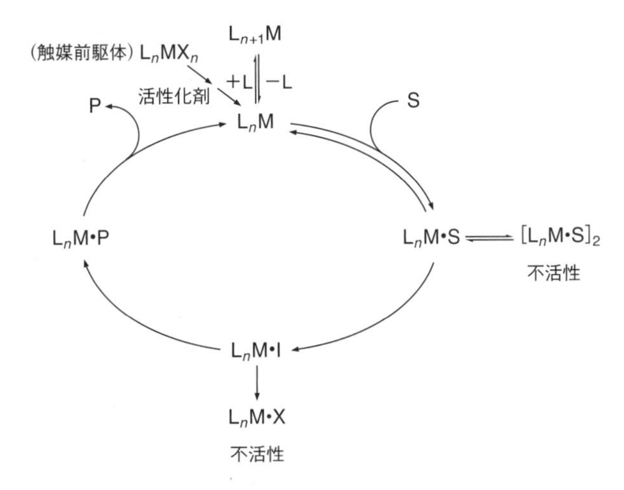

図 14・5 触媒前駆体が存在する触媒サイクルと不活性な化学種の可逆的および非可逆的生成を示した例

で，この一連の反応は一般に円の形で書かれる．この例では，触媒前駆体 L_nMX_n から活性な触媒 L_nM が生成する．ついでこの活性な触媒は基質と結びついて触媒-基質付加体 $L_nM{\bullet}S$ を生じる．この付加体に含まれた基質は金属上で何らかの変換反応を起こして中間体 $L_nM{\bullet}I$ を生じ，これは続いて $L_nM{\bullet}P$ へと変換される．生成物 P が解離することにより触媒が再生する．触媒は平衡的に配位子 L が配位して $L_{n+1}M$ を形成することにより触媒サイクルから外に出るか，あるいは新たな基質分子と結合して新たなサイクルが開始される．多段階反応から成る触媒サイクルにおいては，触媒（active catalyst）の濃度は，サイクル中に存在するすべての触媒種の濃度の総計のことである．すべての触媒が“活性”な状態にあり，触媒サイクル中に存在するとき，最大の効率が発揮される．

14・1・5b 触媒前駆体，触媒の不活性化，促進剤

反応速度を増加させるため反応系に加えられる化合物は真の触媒ではなく，触媒反応経路に存在する中間体を生成する錯体や化合物の混合物であることがしばしばある．この場合，触媒過程では再生されないので，この錯体は**触媒前駆体**（catalyst precursor）とよばれる．真の触媒は触媒前駆体から生成するので，通常この前駆体は触媒サイクルからはずれて描かれる（図 14・5 参照）．

触媒前駆体と真の触媒との違いは，15 および 19 章で述べる触媒的水素化反応およびクロスカップリング反応で例示できる．多くの場合，水素化反応は一般式［$Rh(COD)L_2$］$^+$（COD：シクロオクタジエン），$Ru(OAc)_2L_2$，あるいは［$Ru(COT)(H)L_2$］$^+$（COT：シクロオクタトリエン）で表される錯体によって開始される．スキーム 14・2 にルテニウム錯体の

スキーム 14・2

触媒前駆体 ＋ H_2 (1 atm) —溶媒→ [$(P\frown P)Ru(H)(sol)_3$]$^\oplus$ ＋ シクロオクタン

触媒前駆体　　活性な触媒

例を示したように，オレフィン基質と反応する化学種に変換するため，シクロオクタトリエン配位子はまず初めに水素化されなければならない．同様に，ハロゲン化アリールと典型有機金属求核剤とのクロスカップリング反応の多くにおいて，活性な触媒は $Pd(OAc)_2$ とホスフィンとの反応により生成する．この前駆体と配位子からまず $L_2Pd(OAc)_2$ が生成し，反応条件により機構は異なるが，この Pd(II) 種はホスフィンの配位した Pd(0) 錯体に還元される[1]．$L_2Pd(OAc)_2$ の求核剤による還元反応を経る活性な Pd(0) 錯体の生成機構をスキーム 14・3 に示す．活性な触媒が高収率で生成する場合もあれば，触媒前駆体からの活性な触媒の生成速度と収率により触媒反応の効率が下がる場合もある[2)~4)]．

スキーム 14・3

$$Pd(OAc)_2 + PR_3 \longrightarrow Pd(PR_3)_2(OAc)_2 \xrightarrow[-2\,MOAc]{2\,R'M} Pd(PR_3)_2R'_2 \xrightarrow[-R'-R']{PR_3} Pd(PR_3)_{3\,\text{または}\,4}$$

触媒前駆体　　　　2 MOAc　　R′−R′　活性な触媒

触媒サイクルを構成する一連の反応により活性な触媒が再生しなければならないので，非可逆的な触媒の分解は触媒サイクルからはずれる反応である．図 14・5 にはこのような反応の一例として $L_nM{\bullet}I$ から $L_nM{\bullet}X$ が生じる非可逆的な反応を示した．触媒が不活性化される際に起こる反応例として，ホスフィン配位子の P−C 結合切断やシクロメタル化反応，あるいは配位子の解離と中心金属が金属の形で析出する過程などがあげられる．

また，触媒サイクルからはずれる反応が起こると，触媒が目的物を生成する生産的な反応に利用できなくなるため触媒反応速度が遅くなることにつながる．このような可逆的な $L_{n+1}M$ の形成や $L_nM{\bullet}S$ 二量体の形成（図 14・5 参照）は，触媒サイクルの外側に向けて描かれることが多い．安定な錯体が触媒サイクルに入るためには，しばしば供与性配位子の解離が起こらなければならず，この過程は図 14・5 に $L_{n+1}M$ と L_nM 間の平衡として示してある．このような触媒サイクルの外部に向けた平衡のよくみられる一例として，Pd(0) 種からのホスフィンの解離により酸化的付加反応を起こす活性中間体を生成する反応をあげることができる．もう一つの例として，15 章で述べる $RhCl(PPh_3)_3$ により触媒されるオレフィンの水素化反応に含まれる可逆的な二量体生成反応がある．前者の例では，配位子の解離は，通常触媒サイクルよりも速く起こる[5),6)]．後者の例では，単量体と二量体との間の平衡は触媒サイクルよりも遅い[7)]．

触媒反応の速度と選択性は少量添加される反応添加剤により高められることがよくある．これらの添加剤はしばしば**促進剤**（promoter）あるいは**助触媒**（co-catalyst）とよばれる．プロトン酸や Lewis 酸はよくみられる促進剤である．16 章で述べるように，トリアリールボランは遷移金属錯体により触媒されるヒドロシアノ化反応の Lewis 酸促進剤である．

14・1・5c　反応効率の定量的表現

触媒反応の効率を表すいくつかの数値がある．その一つとして，触媒による生産量を表す**触媒回転数**（turnover number，TON）がある．触媒回転数とは，触媒 1 mol に対して得られた生成物のモル数である（式 14.3）．

$$\text{触媒回転数（TON）} = \frac{\text{生成物のモル数}}{\text{触媒のモル数}} \tag{14.3}$$

ロジウム触媒によるヒドロホルミル化反応のような工業スケールでの反応は，数十万の触媒回転数で進行する．一方，十分に効率化されていない反応では触媒回転数が 10～20 のこともある．二つ目の数値として**触媒回転頻度**（turnover frequency，TOF）がある．これは単位時間当たりに 1 mol の触媒が生産した生成物のモル数である．言い換えると，単位時間当たりの触媒回転数である（式 14.4）．

$$\text{触媒回転頻度（TOF）} = \frac{\text{TON}}{\text{反応時間}} \tag{14.4}$$

反応速度は時間とともに変化するので，報告されている触媒回転頻度は，実際には反応の進行過程の平均化された触媒回転頻度か，反応開始直後の触媒回転頻度か[訳注1]，気体状の反応剤を一定の圧に保った条件での触媒回転頻度のいずれかであることが多い．活性な触媒種の実際の濃度は普通わからないので，報告されている触媒反応速度のほとんどは触媒前駆体がすべて活性な触媒へと変換されたと仮定して算出された，見かけの触媒回転頻度である．

訳注 1：触媒の失活過程がある反応であっても，反応初期のデータを用いて TOF を求め，その活性を表すことがあるので注意する必要がある．

14・1・6　触媒反応の反応速度論と静止状態

触媒サイクルのそれぞれの段階の**反応速度定数**（rate constant）は異なるが，反応が定常状態になると，触媒反応のそれぞれの段階の実際の反応速度は同一となる．それぞれの段階の反応速度は，反応速度定数と触媒サイクル上にある反応剤や化学種の濃度に比例している（たとえば $\text{触媒}_a + \text{反応剤}_a \xrightarrow{k_a} \text{触媒}_b$ という反応では，正味の反応速度（net rate）は $k_a \cdot [\text{触媒}_a][\text{反応剤}_a]$ で与えられる）．可逆的な段階では，正味の反応速度は，正方向の反応速度から逆方向の反応速度を差し引いたものに等しい．触媒サイクル上の化学種の濃度は，触媒サイクルのそれぞれの段階の反応速度が一定になるように変化する．最も小さい擬一次の反応速度定数（上記の例では $k_a[\text{反応剤}_a]$）で与えられる）をもつ段階は“触媒回転制限段階（turnover-limiting step）”とよばれる．触媒反応の速度は $k_{tls} \cdot [\text{触媒}][\text{反応剤}]$ を超えることができないので，この段階が触媒反応の効率を決定する．この場合，反応系中の触媒のほとんどが触媒回転制限段階の直前の化学種として存在する．この段階は一般に“律速段階（rate-limiting step）”とよばれることが多いが，触媒サイクルのすべての段階は同じ速度で進行するのでこれは正しくない用語法である[訳注2]．

“触媒静止状態（catalyst resting state）”という用語[訳注3]は，最も高い濃度で存在する触媒種のことをさす．**静止状態**（resting state）は，触媒サイクルからはずれて存在し可逆的に触媒を生じる化学種である場合もあるし，触媒サイクル上に存在する化学種の一つである場合もある．たとえば $L_3Pd(0)$ や $L_4Pd(0)$ 錯体は，酸化的付加が律速段階である多くのパラジウム触媒反応の静止状態である．

生産的な触媒サイクルからはずれて存在し，可逆的に触媒サイクルに戻る化学種を**休止状態**（dormant state）とよぶことがある．このような休止状態を図 14・5 中に $L_{n+1}M$ として示した．上記で述べた静止状態の $L_3Pd(0)$ や $L_4Pd(0)$ は休止状態と考えてもよいであろう．休止状態が触媒サイクル中の化学種の一つである場合は，それが律速段階に関わる化学種であり，この化学種の制御が触媒効率を最大にする条件である．

訳注 2：本書の著者は，触媒サイクルにおいてすべての反応は同じ速度で進行するので，律速段階（rate-limiting step）という表現は誤りであり，擬一次反応速度定数（$k_a \cdot [\text{反応剤}]$）の最も小さい段階を触媒回転制限段階（turnover-limiting step）というべきだと述べているが，日本語としてはまだ一般的には用いられていないので，本書では turnover-limiting step を律速段階と訳す．

訳注 3：ここでは resting state を静止状態，dormant state を休止状態と訳しているが，これらは日本語としてしばしば混用されている．

14・1・7　均一系触媒と不均一系触媒

触媒はしばしば**均一系触媒**（homogenous catalyst）と**不均一系触媒**（heterogeneous catalyst）とよばれるグループに二分される．均一系触媒は反応剤と同じ相に存在し，これは通常液相である．一般に均一系触媒は明確な構造をもつ分子種である．不均一系触媒は反応剤とは異なる相に存在する．反応剤が気相に存在し不均一系触媒は固体であることが多いが，反応剤が液相に存在し（反応剤が液体である場合や溶液に固体が溶解している状態），触媒が不溶性の固体である場合もある．

それぞれの触媒には利点と欠点がある．均一系触媒の利点の一つは，液相中の反応剤と熱の拡散速度が速い点である．もう一つの利点は，NMR 分光法などの液相分析法により構造を明確にすることのできる化合物を用いて反応を行える点があげられる．三つ目の利点として，配位子の立体構造により形づくられる三次元構造を制御できることがあげられる．均一系触媒はその構造を制御できるため，これらの触媒は不均一系触媒よりも活性が高く，選択性も高いことが多い．また，均一系触媒の反応は，位置選択性，ジアステレオ選択性，エナンチオ選択性が不均一系触媒の反応よりも高いことが多い．

同時に均一系触媒には欠点もある．たとえば，触媒がいったん分解してしまうとこれを再生することができない．ふつう触媒の分解は，配位子の不可逆的な反応や金属の析出によって起こる．そのため，これらの分解物から触媒を再生することは難しい．また，別の欠点として触媒を反応生成物から分離することが困難な場合があることがあげられる．触媒が分解するような温度で蒸留することにより生成物と触媒を分離することが多い．また，少量の触媒が生成物といっしょに結晶化することもある．この触媒の混入は，触媒を用いて医薬品原料を合成する場合に特に問題となる．

不均一系触媒の利点は，安価で，生成物からの分離が容易で，安定性が高く，再使用可能なことである．これらの触媒は，金属塩の混合物から有機配位子なしで調製されることが多い．配位子は均一系触媒の最も高価な部分であることが多く，かつ再利用できないので，不均一系触媒に配位子を用いないことはより安価になることにつながる．さらに不均一系触媒が固体で生成物が液体である場合には，沪過するだけで生成物から取除くことができる．生成物が気体の場合には分離はさらに容易である．不均一系触媒は高温でも安定な場合が多い．そのため，触媒存在下でも遅い反応を不均一系触媒を用いて高温で行うことにより実用的な反応にすることができる．最後に不均一系触媒は酸化・還元反応にしばしば用いられる．これらの場合，2 回目の反応剤を加える前に不活性化された触媒を酸化あるいは還元することにより，活性な触媒へと再生できる．

同時に不均一系触媒には欠点もある．たとえば触媒の有効濃度が低いため反応速度が遅い．有効濃度が低いのは，二相の界面でのみ触媒が反応剤と反応できるためであり，また触媒活性部位が固体の欠損のある場所に存在することが多いためである．このため，表面積の広い不均一系触媒を生成しようと多大な努力が費やされてきた．また，別の欠点として，正確な三次元構造の欠如，ならびに部分構造や触媒活性部位の性質の不均質性があげられる．このように不均一系触媒は明確で，単分散かつ制御可能な触媒構造でないため，不均一系触媒反応における選択性は均一系触媒反応と比べ低く，エナンチオ選択的な触媒などに必要なキラルな構造など特定の触媒環境を構築する妨げとなっている．このため，固体触媒の利点と均一系触媒の均一な洗練された構造体とを結びつけるため，非常に活性の高い選択的な触媒を固相担体に担持する努力が続けられている．

14・1・7a　均一系触媒と不均一系触媒を区別する

触媒が均一系か不均一系かを明確に示すことは必ずしも容易ではない．ある場合には，可溶な触媒前駆体を用いて触媒される反応が，実際にはナノ粒子やコロイド状の金属粒子によって触媒されていることがある[8)~12)]．またある場合には，固相に担持された触媒が実際には担体から切り離されて可溶な均一系触媒となって作用していることもある．反応が均一系あるいは不均一系の化学種のどちらによって触媒されているかは，反応溶液中に固体が存在するかどうかで区別がつくと考えるかもしれない．しかしさらなるデータなしには反応が溶解している化合物によって触媒されているのか，固体の化合物によってされているかを決定することはできない．また，溶液は一見すると完全に溶解しているようにみえる場合でも，実際にはナノ粒子やコロイド種を含んでいることがある．しかし，この場合もこれらの化学種が本節で述べた方法によって同定されたものである場合，さらなるデータなしに反応が完全に溶解した化合物によって進行しているのか，ナノ粒子などによって進行しているのかを決定することはできない．本節では，どのようにして溶液中で固体を同定するか，また溶解した化学種と固体化学種のいずれが反応の真の活性な触媒であるかを明らかにするための実験について述べる．この問題について詳しく述べた総説がいくつか出版されている[13)~16)]．

均一に見える溶液中にナノクラスターが存在するか否かを明らかにするために，ふつう光散乱と透過型電子顕微鏡（TEM）を用いる．Finke は，ナノ粒子が存在するか否かを知る最も決定的な手法は TEM であると述べている．これらの固体は低酸化状態の，しばしば 0 価の，金属を含んでいるので，水素化反応[15),16)]，ヒドロシリル化反応[17)]，酸素原子や窒素原子の α 位に水素原子を含むアルコールやアミンとのカップリング反応，あるいは強力な還元力をもつ有機金属反応剤[18),19)]とのカップリング反応など，還元条件下で行われる触媒反応が，ナノ粒子物質を生成しやすい状況を提供するのに最も適した反応であると考えられてきた[14)]．

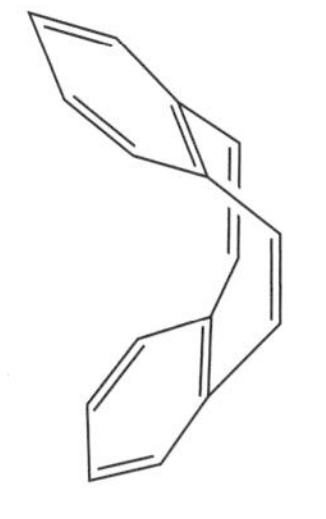
図 14・6 ジベンゾ[*a,e*]シクロオクタテトラエンの構造

溶液に溶けた物質か固体の物質のどちらが触媒反応に関与しているかを明らかにするため，添加剤の効果や三相試験，速度論的解析に至るまでさまざまな方法が用いられてきた．均一系か不均一系かを明確にするために最も初期に提案された試験法の例として，水銀の添加効果，およびジベンゾ[*a,e*]シクロオクタテトラエン（図 14・6）の添加効果を調べる方法がある．水銀は，表面積の大きい固体の空孔をふさぐことにより不均一系触媒反応を被毒させることが明らかにされている[20)]．そのため不均一系触媒によって触媒される反応は通常水銀添加により阻害されるのに対し，均一系触媒反応は阻害されない．しかしコロイド系に対する水銀の効果は確立されておらず，また，均一系の錯体も水銀と反応して変化することがある．したがってこの試験は示唆的であるが，決定的なものではない．また逆に，ジベンゾ[*a,e*]シクロオクタテトラエンは溶解した錯体と結びついてその触媒活性を阻害するが，金属固体表面にはそれほど結合しない[21)]．したがって不均一系触媒によって触媒される反応は，通常この添加剤によって影響されないが，均一系触媒反応の場合は不活性化される．したがってジベンゾ[*a,e*]シクロオクタテトラエンの反応に及ぼす効果は，均一系と不均一系の触媒を区別するのに用いられてきた．しかしこのジエンはすべての均一系触媒と結合するわけではなく，これらの情報も決定的なものではない．

これらの限界を打開するためにさらなる試験が考案された．“三相試験”[21)]とよばれる実験では，基質をポリマーのような不溶性の担体に固定化する．触媒も固体の場合には，担持された基質は溶液中の基質よりもずっと反応が遅くなる．しかし触媒が溶解している場合には，両者の反応速度はそれほど大きく変わることはない．この場合，条件として，ポリマーに担持された基質は，均一系触媒を阻害しないように溶媒中で膨潤状態にする必要がある．この均一性に関する試験が行われた反応例を式 14.5, 14.6 に示す[21)]．この試験法のよい点は，仮想

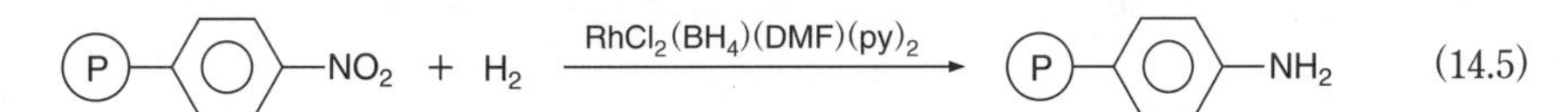

(14.5)

的な触媒を検出することではなく，触媒反応経路自体の検討に基づいていることである．また，ポリチオールのような触媒毒になる高分子を用いる方法がある．これは不均一系触媒に対してはまったく影響を及ぼさないが，均一系触媒反応を遅くすることが知られている[20]．

$$\text{(P)}\!-\!C_6H_4\!-\!C(CH_3)\!=\!CH_2 \xrightarrow{\text{触媒, }H_2} \text{(P)}\!-\!C_6H_4\!-\!CH(CH_3)_2 \quad (14.6)$$

触媒	収率
$RhClL_3$	100%
$Ni(O_2CR)_2 + NaBH_4$	－
$[Rh(NBD)L_2]ClO_4$	90%
Pd/C	－
$[Ir(COD)(P^iPr_3)(py)]PF_6$	100%

McQuillin 触媒（式 14.5）や Crabtree 触媒（式 14.6 に示すイリジウム触媒）などいくつかの均一系触媒は，この三相系試験で確かに均一系であることが確認されているが，異常な反応性もみられた．たとえばある例では，この試験によりアレーンの均一系水素化触媒種の存在が示唆され，また他の例では，この可溶な触媒前駆体から不均一系触媒種が生じていることも示されている．これに対して均一系触媒である $[Rh(C_5Me_5)Cl_2]_2$ は，架橋ポリスチレンビーズ上の，あるいは水和したブタジエン/スチレン共重合体（式 14.7）上のアレーン部位の水素化反応を触媒しないが，架橋ポリマー上のオレフィン部位は水素化する（式 14.8）．これらのことから上記の異常な触媒系では，明らかにオレフィン部位を水素化する均一系の触媒活性種が生成すると同時に，前駆体の分解により不均一系の触媒も生成しているものと考えられる．

$$-\!\!(CH_2-CH(C_6H_5))\!\!-\!\!(CH_2CH_2CH(OH)-CH_2)\!\!- \xrightarrow[H_2,\ Et_3N]{[Rh(C_5Me_5)Cl_2]_2,\ ^iPrOH} \text{反応しない} \quad (14.7)$$

$$\text{(P)}\!-\!C_6H_4\!-\!CH\!=\!CH_2 \xrightarrow[CH_2Cl_2,\ Et_3N,\ H_2]{[Rh(C_5Me_5)Cl_2]_2} \text{(P)}\!-\!C_6H_4\!-\!CH_2CH_3 \quad (14.8)$$

最終的に Finke は，微粒子が光散乱，あるいは TEM により観測される場合に，反応が均一系あるいは不均一系触媒のいずれで進行しているかを区別する最も決定的なデータとして，速度論的測定をあげている[14),15)]．まず第一に，もし生成が認められた固体やナノクラスターが反応を触媒するのであれば，反応は，その反応速度が固体あるいはナノクラスター

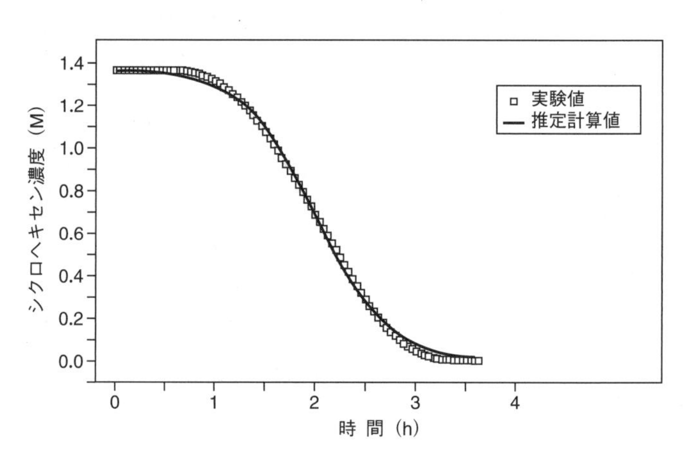

図 14・7　$[Bu_4N]_5Na_3[(1,5\text{-}COD)Ir\cdot P_2\cdot W_{15}Nb_3O_{62}]$ を用いた水素化反応における，シクロヘキセンの濃度の時間に対する S 字状の関係．この曲線は誘導期間の間に反応を触媒するナノクラスターが生じる反応に特徴的なものである[14)]．

の生成とともに加速されてS字状の曲線を描くように進行することが予想される．この反応の進行の様子を図14・7に示す．もし固形物が，活性な可溶性触媒の分解物であるならば，反応速度はこの分解のない場合に比べてより遅くなるであろう．第二に，溶液中に溶けている錯体を同定し，これらの錯体が触媒過程の中間体として活性をもつかどうかを別途明らかにすることが大切である．

14・2 不斉触媒の基礎[22)]

14・2・1 不斉触媒の重要性

アミノ酸や酵素，タンパク質，DNAなどの生命体を構成する分子の多くはキラルであり，二つのエナンチオマーの一方の形でのみ存在する．キラルな有機小分子が生体内のホモキラルな分子と相互作用すると，それぞれのエナンチオマーは異なった相互作用をし，生命体から異なる応答をひき起こす．したがって標的とする生体反応をより特異的に認識し，不要なエナンチオマーによる副作用を軽減するために，最近の医薬品の成分は一般に単一のエナンチオマーとして合成される．単一のエナンチオマーを効率よく生成する必要性から，不斉触媒の研究分野が発展した．不斉触媒反応では，触媒量の光学活性な化合物を用いることによりキラルな生成物が光学活性体として得られる．

14・2・2 不斉合成反応の分類

不斉合成反応の最もよく見られるタイプは，光学活性な触媒をプロキラルな基質に作用させる方法である[22)]．プロキラル中心に結合している置換基とは異なるアキラルな置換基が一方の面から付加するか，あるいは一つの基が別の新しい基により置換されることによりキラル中心が生じる場合，その分子中の位置はプロキラル（prochiral）であるという．たとえば，アルデヒドRCHOの両面は$R \neq H$の場合プロキラルであり，二つの異なる基が置換しているメチレン基の二つの水素原子はプロキラルである．図14・8(a）に示すように，ベンズアルデヒドのカルボニル基へのメチル基の付加は不斉中心を生成し，また，図14・8(b)に示すように酸性条件下でのプロピオフェノンと*N*-ブロモコハク酸イミド（NBS）の反応はキラルなハロゲン化物のラセミ体混合物を生成する．ベンズアルデヒドの両面，およびプロピオフェノンの二つのα水素原子は，エナンチオトピック（enantiotopic）ともよばれる．

プロキラルな部位を含む分子に加え，ラセミ体の化合物に対しても触媒的不斉反応を行うことができる．いくつかの変換反応では，不斉中心は反応の進行中に消失し，平衡状態となったプロキラルな中間体を経由して反応が進行する．このような反応の例として，不斉中心が消失したエノラート中間体を介して進行するケトンの不斉アリール化があげられる（図14・8c)．また，基質のエナンチオマーの一方が他方のエナンチオマーよりも不斉触媒とずっと速く反応する場合もある．この場合，光学活性な生成物が得られ，基質の他方のエナンチオマーは反応せずに残る．この最後の反応は，**速度論的光学分割**（kinetic resolution）とよばれ，その例をヒドロシリル化を利用したエノンの共役還元にみることができる（図14・8d)[23)]．ここではC=C結合の上面と下面それぞれの面でエノンが反応するとジアステレオマーの生成物が生じるので，これら二つの面はジアステレオトピック（diastereotopic）である．ここではまず，アキラルな基質のプロキラル中心での反応に関する原理を紹介し，ついでラセミあるいはメソ化合物の反応に関連する原理を紹介する．

14・2・3 用語ならびに評価法

二つのプロキラルな面の間の関係を記述するために，反応するプロキラル中心の置換基にCahn-Ingold-Prelog則[24),25)]に従って優先順位を割りあてる．これらの置換基が時計回りに

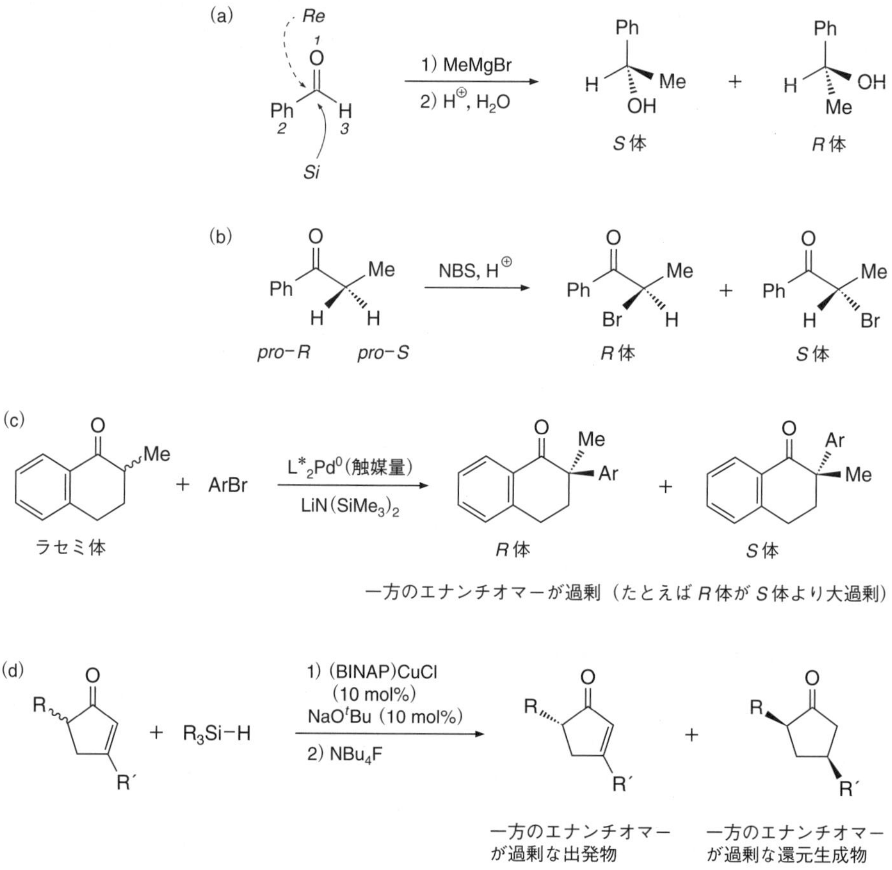

図 14・8　キラルな生成物を与える4種類の反応. (a) はプロキラルな面, (b) はエナンチオトピックな原子, (c) と (d) は動的速度論的光学分割と速度論的光学分割の例を示す.

(a) 1) MeMgBr　2) $H^{\oplus}$, H_2O　S体　R体

(b) NBS, $H^{\oplus}$　pro-R　pro-S　R体　S体

(c) ラセミ体 + ArBr　$L^*{}_2Pd^0$(触媒量)　$LiN(SiMe_3)_2$　R体　S体

一方のエナンチオマーが過剰（たとえばR体がS体より大過剰）

(d) + $R_3Si{-}H$　1) (BINAP)CuCl (10 mol%) NaO^tBu (10 mol%)　2) NBu_4F

一方のエナンチオマーが過剰な出発物　一方のエナンチオマーが過剰な還元生成物

優先順位が高い順に並ぶ場合には，そのプロキラルな面を *Re* 面と定義する．逆に反時計回りに優先順位が高い順に並ぶ場合，そのプロキラルな面を *Si* 面と定義する．図 14・8(a) のベンズアルデヒドの表面は *Si* 面であり，裏面は *Re* 面である．ここではメチル基が *Si* 面から付加すると (*S*)-アルコールが，*Re* 面から付加すると (*R*)-アルコールが生じる．同様に，エナンチオトピックな基は，仮に同一の二つの基の一方を他方より優先順位が高いものとし，他の二つの非等価な原子あるいは基の順位はそのままで *pro-S* あるいは *pro-R* と示す．プロピオフェノンの場合，α水素原子の一つを重水素に置き換えてもよいが，臭素に置き換えてはいけない．これは臭素が最優先順位の基になってしまうからである[訳注]．不斉中心の立体配置が *S* の場合を考えると，優先順位を高くした基は *pro-S* となる．もしそれが *R* であれば，その優先順位を高くした基は *pro-R* となる．生成物の立体配置は基質にもとから存在した置換基と新たに導入された置換基との優先順位によるので，*Si* 面，*Re* 面での反応と，生成物の *S* 体，*R* 体とは無関係である．同様に，*pro-S* あるいは *pro-R* の基での反応と，生成物の *S* 体，*R* 体も直接の関係はない．

訳注：プロピオフェノンの置換基の優先順位は PhCO>Me>H である．二つの H の一方を仮に H より優先順位の高い置換基で置換する際，D で置換すると PhCO>Me>D>H となって上位の二置換基の順序は変わらないが，Br で置換すると Br>PhCO>Me>H となって上位の置換基の順序が変わるので，後者のような置換をしてはいけないという意味である．

14・2・3a　立体選択性の記述法

生成物のエナンチオマー比を表すにはいくつかの方法がある．最新機器が登場する前は，エナンチオマー比を決定する方法として旋光度が用いられ，光学純度として表された（式 14.9）．

$$\text{光学純度(\%)} = \frac{\text{試料の比旋光度}}{\text{単一エナンチオマーの比旋光度}} \times 100 = \text{ee (\%)} \qquad (14.9)$$

この方法は光学的に純粋な化合物の旋光度の値をあらかじめ知っておく必要があり，これを得ることは必ずしも容易ではなかった．今日ではエナンチオマー比を定量的に表すのに旋光度を用いることはほとんどない．最も一般的な方法は，**パーセントエナンチオマー過剰率**（% ee）であり，これは光学純度と関係づけられる（式 14.10）．

$$\text{エナンチオマー過剰率(\%)} = \frac{\text{優勢成分のエナンチオマー量} - \text{劣勢成分のエナンチオマー量}}{\text{優勢成分のエナンチオマー量} + \text{劣勢成分のエナンチオマー量}} \times 100 = \text{ee (\%)} \qquad (14.10)$$

一般に**エナンチオマー過剰率**（ee）はパーセントで表され，%はしばしば省略される．別の表し方として**エナンチオマー比**（er）が使われるようになってきている．それは，最新の方法で得られる生データを直接反映し，ジアステレオメリックな遷移状態間のエネルギー差である $\Delta\Delta G^{\neq}$ と直接的に関連しているからである（式 14.11）．

$$\text{エナンチオマー比} = \frac{\text{優勢成分のエナンチオマー量}}{\text{劣勢成分のエナンチオマー量}} = e^{-(\Delta\Delta G^{\ddagger}/RT)} \qquad (14.11)$$

er は数値ではなく比率（95：5）の形で表される．生成物の ee あるいは er は，いろいろな分析方法を用いて測定できる．最も一般的なものとして，キラルな固定相を詰めたカラムを用いて GC や HPLC で解析する方法がある．

14・2・3b　立体選択性の起源

アキラルな反応剤は触媒なしではプロキラルな基質の二つの面を区別できない．すなわち, アキラルな反応剤の付加反応は *Re* 面に対しても *Si* 面に対しても同じ活性化エネルギー，同じ反応速度で進行し，*R* 体と *S* 体の生成物が等量生成する．一方，不斉触媒存在下，プロキラルな基質とアキラルな反応剤の反応では，一方のプロキラルな面，二つのエナンチオトピックな基の一方，あるいはラセミ体混合物の二つのエナンチオマーの一方が優先して反応する．これはキラルな触媒がプロキラルな基質に作用する際，ジアステレオメリックな遷移状態を生じるためである．空間的な原子の配置が異なり，異なる物理的性質をもつジアステレオメリックな化合物と同様，ジアステレオメリックな遷移状態は，基質，反応剤そして触媒との間の空間的な位置関係が異なる．その結果，ジアステレオメリックな遷移状態はエネルギーが異なる．二つのジアステレオメリックな遷移状態のエネルギー差が大きければ大きいほど，二つのエナンチオメリックな生成物の生成速度の差が大きくなる．エナンチオ選択的な触媒は，非可逆的なエナンチオ選択性決定段階を通じて二つのエナンチオマーの生成速度に影響を与える．反応剤により生成物が平衡状態におかれると，光学活性な生成物がラセミ化を起こすこともある．

14・2・4　立体選択性のエネルギー論

式 14.11 は，不斉触媒反応におけるエナンチオ選択性と温度とジアステレオメリックな遷移状態のエネルギー差（$\Delta\Delta G^{\neq}$）の間の重要な関係を示している．一定温度におけるエネルギー差とそれによるエナンチオ選択性をプロットしたものを図 14・9 に示す．このプロットから，$\Delta\Delta G^{\neq} = 0$ kJ/mol の反応と $\Delta\Delta G^{\neq} = 4$ kJ/mol の反応の間の ee の差は，$\Delta\Delta G^{\neq} = 8$ kJ/mol の反応と $\Delta\Delta G^{\neq} = 12$ kJ/mol の反応の間の ee の差よりも大きいことがわかる．不斉触媒反応が合成的に有用か否かの境目は 80～95% ee の間の選択性の違いによることが多い．大まかにいうと，室温で活性化エネルギーに 5.8 kJ/mol（1.4 kcal/mol）の差があると生成物の比は 10：1 となり，この生成比はおよそ 80% ee に対応する．室温で活性化エネルギーが 8.4 kJ/mol 異なると生成物はおよそ 90% ee となる．

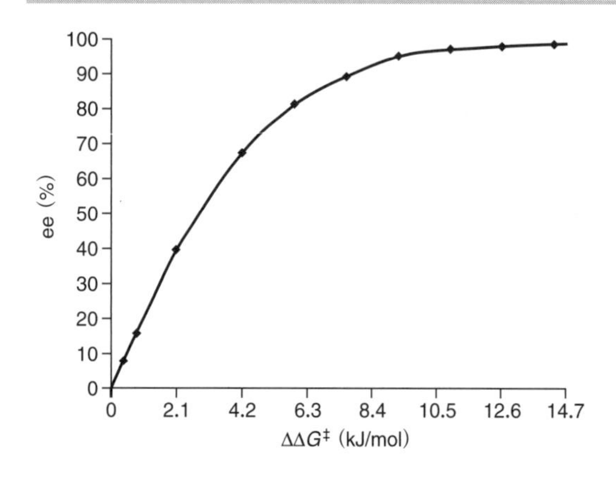

図 14・9　25 ℃でのエナンチオ選択性のジアステレオメリックな遷移状態間のエネルギー差（$\Delta\Delta G^{\neq}$）に対する依存性（訳注：式 14.11 から求めて計算値をもとにプロットしたもの）

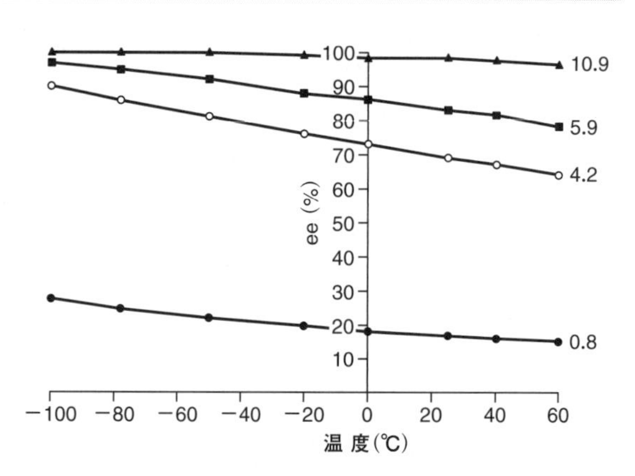

図 14・10　$\Delta\Delta G^{\neq}$ 値がそれぞれ 0.8, 4.2, 5.9, 10.9 kJ/mol の場合の温度に対するエナンチオ選択性の依存性（訳注：式 14.11 から求めて計算値をもとにプロットしたもの）

$\Delta\Delta G^{\neq}$ の値が 0.8，4.2，5.9 および 10.9 kJ/mol の時の温度（℃）とエナンチオ選択性の関係をプロットしたものを図 14・10 に示す．このプロットから，より低温で反応を行うことにより $\Delta\Delta G^{\neq}$ が小さくても高いエナンチオ選択性が達成できることがわかる．たとえば，25 ℃では 98% ee（er では 99：1）の生成物を得るにはジアステレオメリックな遷移状態間のエネルギー差が 10.9 kJ/mol 必要であるが，同じレベルのエナンチオ選択性を −78 ℃で得るには $\Delta\Delta G^{\neq} = 7.5$ kJ/mol で十分である．しかし温度とエナンチオ選択性の関係はこれらの曲線が示すほど単純なものではないことに注意して欲しい．温度によりエナンチオ選択性を決定する段階が変化したり，触媒の構造が変わったりするため，しばしば温度とエナンチオ選択性はもっと複雑な関係性を示す．

反応全体のエネルギー障壁や反応の際に形成されたり切断されたりする個々の結合の強さに比べ，これらのジアステレオメリックな遷移状態間のエネルギー差は小さい．このようなわずかなエネルギー差でほとんど光学的に純粋な生成物が得られるのであれば，なぜ高いエナンチオ選択性を得るのが難しいのだろうか．それは，ジアステレオメリックな遷移状態のエネルギー差をもたらす相互作用を明確にするのが困難だからである．それにもかかわらず膨大な研究により，不斉触媒反応においてエナンチオ選択性の起源を理解する助けとなるさまざまな重要な概念が明らかにされてきた．これらの概念，およびエナンチオ選択的な反応のいくつかの種類について以下に概説する．

不斉触媒反応の機構はさまざまなものがあるが，いずれも，エナンチオ選択性決定段階とよばれる段階を含む．このエナンチオ選択性はジアステレオメリックな遷移状態を経由して起こる最初の非可逆的な段階で決定される．その後の段階はエナンチオ選択性に影響を与えない．

14・2・4a　エナンチオ選択性決定段階が一つしか含まれない反応

最も単純な不斉誘起の例として，エナンチオ選択性決定段階に至る前には基質が触媒に配位することなしに進行する，キラルな触媒とプロキラルな基質との直接的な反応があげられる．図 14・11 に示すこの反応の反応座標図には，二つのジアステレオメリックな遷移状態を経由する二つの反応経路が示されている．この例では，基質と反応剤の無触媒直接反応（たとえば，式 14.12 では基質と PhI=O の直接反応）のエネルギー障壁は触媒反応よりずっ

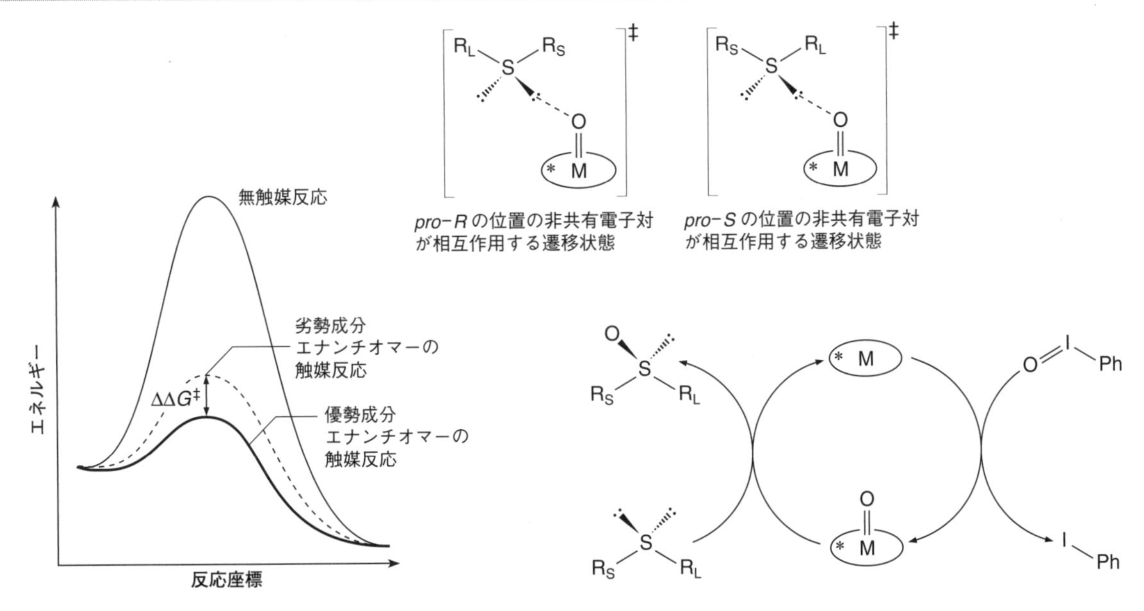

図 14・11 不斉スルホキシ化反応の酸化段階の反応座標図

と高く，エナンチオ選択性に影響しない．すなわち“バックグラウンド反応”は存在しない．

このタイプの挙動を示す不斉反応としてたとえば，スルフィドの不斉酸化反応[26]，オレフィンの不斉エポキシ化反応[27),28] や不斉アジリジン化反応[29),30]，そしてオレフィンの不斉シクロプロパン化反応[31] などの原子移動反応や基の移動反応[32),33] があげられる．スルフィドの不斉酸化反応では，光学活性な低原子価金属錯体がこの場合ヨードソベンゼンにより酸化され，反応性の高いオキソ中間体を生じる．このオキソ配位子がエナンチオ選択性決定段階で直接硫黄原子に移動してスルホキシドを生成する．キラルなサレン型触媒を用いた代表的な例を式 14.12 に示す[34]．

触媒(2 mol%)
PhI=O，室温
触媒＝

(14.12)

14・2・4b エナンチオ選択性決定段階の前に可逆過程を含む反応：不斉触媒に適用された Curtin−Hammett の原理

i) 原 理

エナンチオ選択性が発現する起源は，プロキラルな基質がキラルな触媒にエナンチオ選択性決定段階とは異なる段階で結合する場合にはより複雑となる．このような相互作用により，異なるエネルギーをもつジアステレオメリックな中間体が生成する．このような場合，ジアステレオメリックな中間体間の相互変換のエネルギー障壁と光学活性な生成物を与える反応のエネルギー障壁の関係によりいくつかのシナリオが可能となる．

一番目のシナリオは比較的単純で先に述べた基の移動反応の例と似ている．ジアステレオ

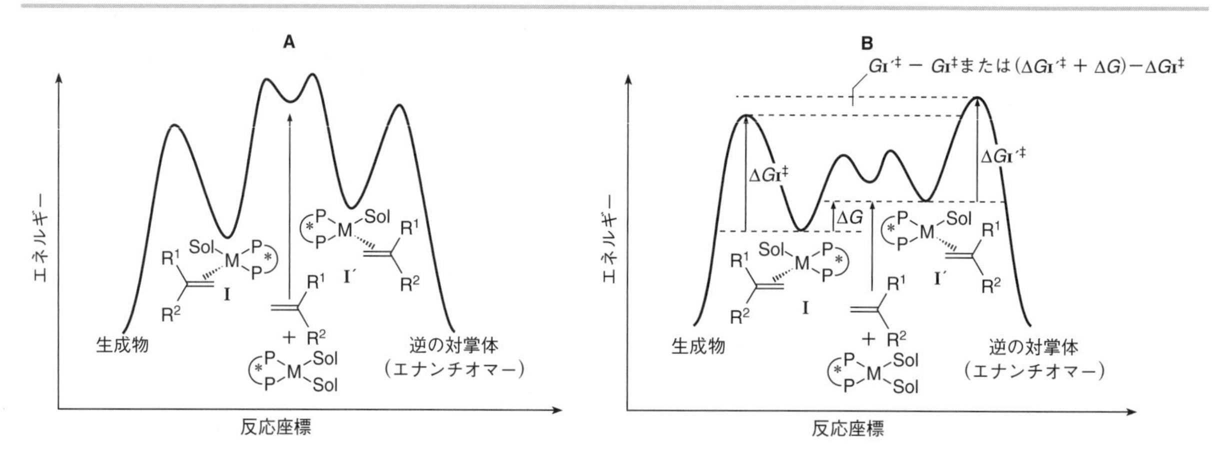

図 14・12　ジアステレオメリックなオレフィン中間体の反応を示す反応座標図．シナリオ **A** ではオレフィンの配位がエナンチオ選択性決定段階である．シナリオ **B** ではジアステレオメリックなオレフィン中間体が速い平衡にあり，エナンチオ選択性の決定は，オレフィン付加体が生成物に変換される段階である．**B** は Curtin-Hammett 条件の反応の例である．

メリックなオレフィン錯体 **I** と **I′** の相互変換がオレフィン錯体から生成物への変換速度と比べて遅い場合には，エナンチオ選択性決定段階はプロキラルなオレフィン面が金属に結合する段階である（図 14・12 **A**）．一方，ジアステレオメリックなオレフィン錯体の相互変換が，そこから生成物を与える反応よりも十分に速い場合は，エナンチオ選択性決定段階は生成物を与える段階の反応である（図 14・12 **B**）．後者のシナリオは“Curtin-Hammett 条件”に合致している．

Curtin-Hammett の原理[35),36)] によると，速やかに相互変換する異性体から競争的に反応が進行する場合，生成物の生成比は二つの異なる生成物に至る反応の最もエネルギー障壁の高い段階の相対的なエネルギー障壁の高さによって決まる（$G_{I'}^{\neq} - G_{I}^{\neq}$，図 14・12 **B**）．この原理はまず初めに立体配座の平衡の効果の説明に適用され Winstein と Holness[37)] および Eliel ら[38)〜40)] によって定量化された．この解析はより一般的なものに適用することができ，現在では相互変換する異性体を経て二つの異なる生成物を与えるさまざまな反応を記述するのに用いられている．Curtin-Hammett 条件下の反応に最も一般的に適用されている単純な式を式 14.13 に示す．この式では K_{eq} は相互変換する中間体 **I** と **I′** 間の平衡定数であり，k_i と $k_{i'}$ は **I** と **I′** それぞれが二つの生成物を与える反応の速度定数である．

$$\frac{[R]}{[S]} = K_{eq}\left(\frac{k_i}{k_{i'}}\right) \tag{14.13}$$

ジアステレオメリックな中間体の相互変換を含む不斉触媒反応では，Curtin-Hammett の原理は，二つのジアステレオメリックな中間体の安定性ではなく，二つのジアステレオメリックな遷移状態の相対的なエネルギーによってエナンチオ選択性が決まることを示している．たとえば，あるエナンチオ選択的な反応の生成物の優勢成分であるエナンチオマーが，よりエネルギーの高いより不安定なジアステレオマー中間体から生じる例が知られている．すなわち，式 14.13 に示すようにジアステレオメリックな中間体 **I** と **I′** 間の平衡定数 K_{eq} と，中間体 **I** と **I′** それぞれの反応の反応速度比 $k_i/k_{i'}$ との両者が二つのエナンチオマーの生成の相対速度に寄与することを示している．

実際には反応速度比 $k_i/k_{i'}$ は二つのジアステレオメリックな中間体の平衡比（K_{eq}）より大きいことも小さいこともある．したがって反応条件によって立体選択性が逆転するようなことが起こってもおかしくない．

ii）Curtin–Hammett の条件下で進行する二つの反応例

1）不斉水素化反応

不斉触媒反応での Curtin–Hammett の原理を示す古典的な例として，(*Z*)-α-アセトアミドケイ皮酸エチルの不斉水素化により α-アミノ酸誘導体を合成する反応がある（式 14.14）．

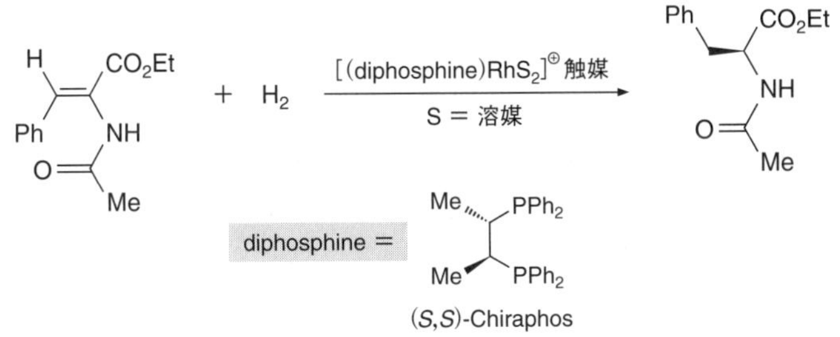

[(diphosphine)RhS₂]⊕ 触媒, S = 溶媒; diphosphine = (*S*,*S*)-Chiraphos　(14.14)

触媒的不斉水素化反応の条件下，エナミド基質はロジウム触媒に配位して，基質の解離と再配位により相互変換するジアステレオメリックな四配位中間体 **I** と **I′** の平衡混合物を生じる（図 14・13）．**I** と **I′** の比は分光学的手法により測定され，＞95：5 であることがわかった．驚くべきことに，優勢成分でよりエネルギーの低い中間体 **I**（＞95％）からは生成物の劣勢成分のエナンチオマーが生じた．1 気圧の水素雰囲気下室温で，この触媒的水素化反応の律速段階でもあるエナンチオ選択性決定段階は水素分子の酸化的付加反応の段階であると述べられている[41)〜45)]．もしこれが正しければ，劣勢成分のジアステレオメリックな中間体 (**I′**) と水素との反応が，優勢成分であるジアステレオマーの反応よりもずっと速くなければならない（すなわち $k'_{OA}[\mathbf{I}'][H_2] >> k_{OA}[\mathbf{I}][H_2]$）．平衡状態で 95：5 以上のジアステレオマー比であることから，実験的に得られた選択性を達成するためには劣勢成分のジアステレオマーの反応性は，優勢成分であるジアステレオマーの反応性よりも 1000 倍以上大きくなければならない．この反応の反応機構に関する研究が不斉触媒[41),46),47)]を理解するのに重要であることに加え，この不斉水素化反応は，L-ドーパ（パーキンソン病の治療薬）など

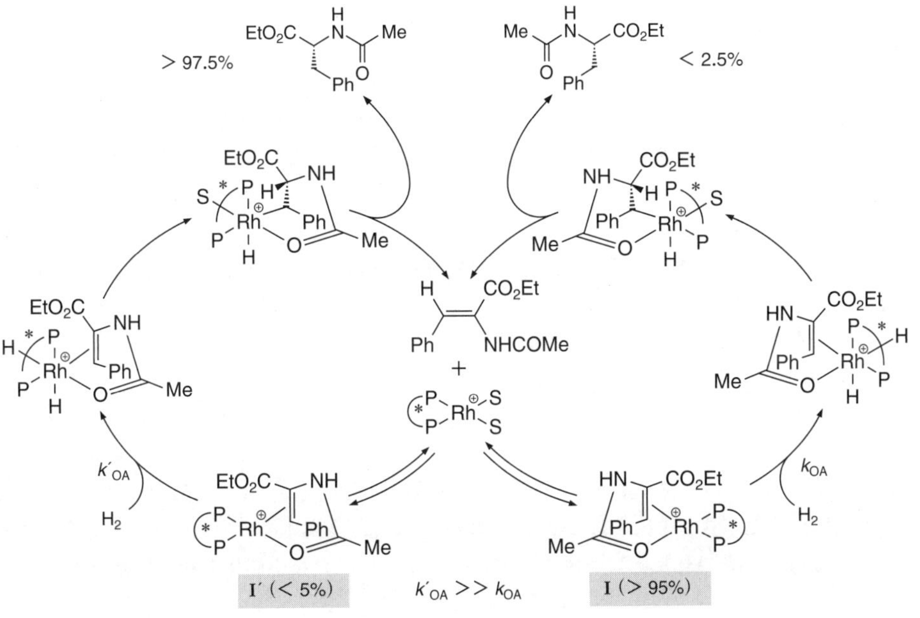

図 14・13　Curtin–Hammett 条件に合致する反応例である不斉水素化反応の反応機構

＞97.5％　＜2.5％　**I′**（＜5％）　$k'_{OA} >> k_{OA}$　**I**（＞95％）

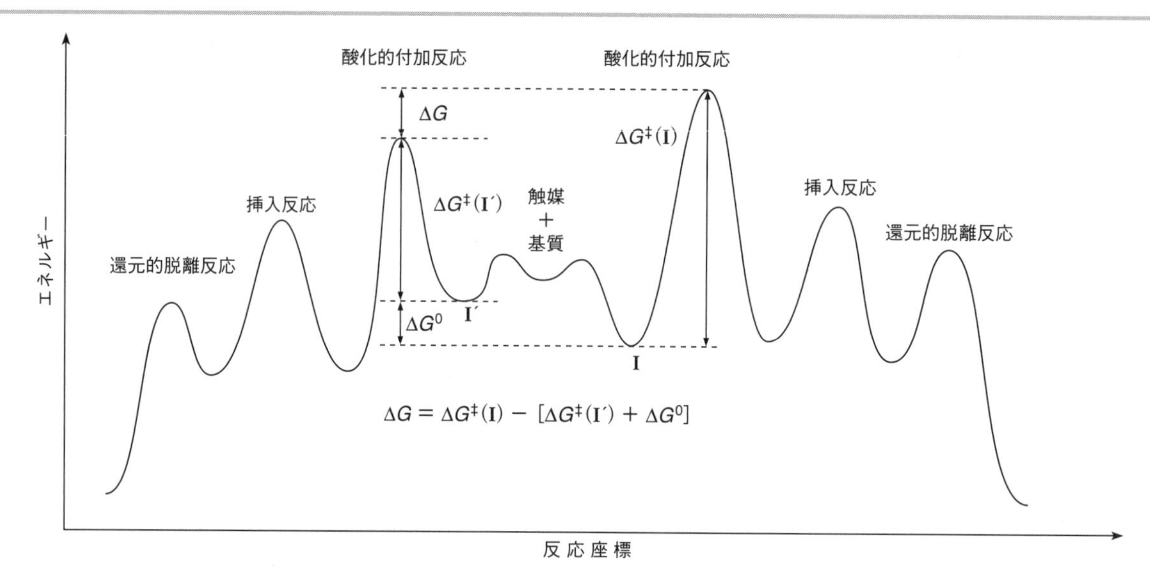

図 14・14　Curtin–Hammett 条件下の不斉水素化反応のエネルギー図．エナンチオ選択性決定段階は水素分子の酸化的付加反応である．

の医薬品の工業的スケールでの合成の一段階として利用されていた[47]．また関連した不斉水素化反応がナプロキセン（Alleve®，鎮痛性の抗炎症薬）などの重要な医薬品の合成に利用されている．この反応のさらに詳しい反応機構といろいろな種類の水素化反応については15章で述べる．

この水素化反応のエネルギー図を図 14・14 に示す．律速段階である酸化的付加反応以降の段階はエナンチオ選択性に影響を与えない（各段階のエネルギーはこの図では近似的に示されている）．この反応座標図からわかるように，この反応の選択性は二つのジアステレオメリックな遷移状態の相対的なエネルギーによって制御されている．

2）アリル位の不斉アルキル化反応

相互変換するジアステレオメリックな中間体を経由して進行する代表的な不斉反応のもう一つの例として，本書で後ほど取扱うパラジウム触媒を用いるアリル位のアルキル化反応がある．この場合，ジアステレオメリックな中間体の相互変換は，反応基質が解離してもとの触媒と解離した基質を再生することによるのではなく，金属中心の配位圏内で起こる．このアリル位のアルキル化反応におけるジアステレオメリックな中間体の相互変換を図 14・15

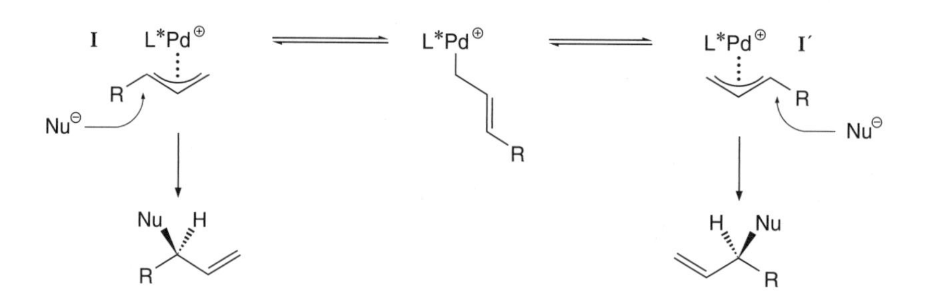

図 14・15　ジアステレオメリックな η^3-アリル錯体 I と I′ は η^1-アリル中間体を経由して相互変換する．エナンチオ選択性決定段階は η^3-η^1-η^3 相互変換と求核攻撃の相対的な反応速度に依存する．

に示した．カチオン性パラジウム中心にはキラルな二座配位子 L*（ビスホスフィンであることが多い）が配位し，ジアステレオメリックな錯体の異性化は，しばしば η^3-η^1-η^3 相互変換(訳注) とよばれる反応機構に従って14電子の η^1-アリルパラジウム種を可逆的に生成する

訳注：π-σ-π 相互変換あるいは π-σ-π 異性化ともいう．

ことによって進行する．

この反応機構でのエナンチオ選択性決定段階は，η^3-η^1-η^3 相互変換と η^3-アリル中間体への求核攻撃の相対的な反応速度によって変わる．η^1-アリル錯体を経由する η^3-η^1-η^3 相互変換が η^3-アリル錯体と求核剤との反応よりもエネルギー障壁が高い場合，エナンチオ選択性決定段階はジアステレオメリックな η^3-アリル中間体 **I** と **I′** の生成の段階となる．このシナリオでは，図 14・15 の反応は Curtin-Hammett 条件下の反応ではない．しかし η^1-アリル錯体を経由する η^3-η^1-η^3 相互変換が η^3-アリル錯体と求核剤との反応よりもエネルギー障壁が明らかに低い場合，立体化学決定段階は η^3-アリル中間体 **I** と **I′** への求核攻撃の段階で，この場合反応は Curtin-Hammett 条件下の反応となる．

いくつかの実験条件を変えると図 14・15 のアリル位置換反応での異性化反応と求核攻撃の相対的な反応速度を変化させることができる．たとえば，求核攻撃よりも η^3-アリル中間体の相互変換反応が速くなると，エナンチオ選択性決定段階が変化する．ジアステレオメリックな η^3-アリル錯体の異性化は単分子反応であるのに対し η^3-アリル中間体への求核攻撃は二分子反応なので，希薄条件下での反応は単分子反応である η^3-η^1-η^3 相互変換よりも相対的に求核攻撃の反応速度が遅くなり，Curtin-Hammett 条件が成立しやすくなる．

このほか，添加剤によって，ジアステレオメリックな中間体から生成物が生成する速度よりも，中間体が相互変換する速度により大きく影響を与えることもできる．この添加剤の効果は，アリル位のアルキル化反応において Curtin-Hammett 条件を達成するために研究が行われてきた．ハロゲン化物イオンは式 14.15 に示した機構に従って η^3-η^1-η^3 相互変換反応

$$\mathbf{I}\ (\eta^3\text{-allyl-}{}^{\oplus}\mathrm{PdL^*},\ \mathrm{R}) \underset{}{\overset{\mathrm{Cl}^{\ominus}\ {}^{\oplus}\mathrm{NR_4}}{\rightleftharpoons}} \mathrm{Cl{-}Pd(L^*){-}CH_2CH{=}CH{-}R} \underset{\mathrm{Cl}^{\ominus}\ {}^{\oplus}\mathrm{NR_4}}{\rightleftharpoons} \mathbf{I'}\ (\eta^3\text{-allyl-}{}^{\oplus}\mathrm{PdL^*},\ \mathrm{R}) \qquad (14.15)$$

を触媒することが知られている[48]．すなわち添加剤の濃度によって，エナンチオ選択性決定段階がアリル中間体の生成段階からアリル中間体と求核剤との反応へとシフトするため，エナンチオ選択性が影響を受ける．事実，この添加剤がエナンチオ選択性決定段階を変化させることを利用して，添加剤の有無によりエナンチオ選択性を逆転させることさえできる[49]．反応温度を変えることによっても触媒反応のエナンチオ選択性決定段階が変化し，低温と高温とで逆のエナンチオマーの生成物が生じることすらある．この効果は 17 章で述べる不斉ヒドロホルミル化反応において観測されている[50]．

14・2・5 不斉の誘起

ある場合には，不斉触媒は基質と結びつく際そのプロキラルな面の一方と優先的に反応する．またある場合には不斉触媒は基質と結びつく際プロキラルな面の一方を遮蔽して，その面からの反応の進行を妨げる．これらの戦略は単純であるにもかかわらず，触媒から基質への不斉誘起のメカニズムは複雑でほとんどの場合十分には理解されていない．さらに，多くの種類のキラルな配位子や触媒が存在し，触媒から基質への不斉誘起の様相は大きく変化する．したがってここではまず触媒の不斉を基質に転写する方法をいくつか紹介し，ついで広く研究されてきたキラルな配位子を含むいくつかの種類の触媒の反応について述べることで，これらの不斉誘起の方法を解説する．

不斉を触媒から基質に転写する最も一般的な方法は，立体的な差違に依存する方法である．触媒と基質の芳香環どうしの π 相互作用や，触媒と基質間の水素結合などの他の触媒-基質相互作用も重要な役割を果たすことができ，立体的な差違といっしょに利用できる．

14・2・5a　C_2 対称の効果

不斉触媒研究の初期には，C_2 対称性配位子を含む触媒が最も良い選択性を与えることがしばしばみられた．Kagan は，この選択性は，対称性の低い配位子を含む触媒に対してよりも C_2 対称な配位子を含む触媒の方が，金属-基質付加体および遷移状態の数がより限定されるためであると提唱した．この考え方は不斉アリル位アルキル化反応に例をみることができる．

C_2 対称性ビスホスフィンを含む触媒は，二つのジアステレオメリックな η^3-アリル中間体を形成する（図 14・15）．一方，対称性の低い P, N 配位子を含む触媒は，求核剤の付加に際してさらに二つ多い合計 4 種のジアステレオメリックな中間体およびジアステレオメリックな遷移状態を生じる．これら P, N 配位子を含む錯体によって生じる四つのジアステレオメリックなアリル中間体を図 14・16 に示す（見やすくするためキラル配位子の骨格は省かれている）．C_2 対称をもたない触媒が高いエナンチオ選択性を示す多くの例が知られているが，C_2 対称な配位子を含む触媒は現在でも最も重要で高い選択性を示す触媒の一つである．

図 14・16　非対称な P, N 配位子を含む四つのジアステレオメリックな η^3-アリル錯体．これらの四つのジアステレオメリックな錯体が存在する点は，C_2 対称な配位子をもつジアステレオメリックな η^3-アリル錯体が二つしか存在しない点と対照的である（図 14・15）．

14・2・5b　象限図

キラルな金属-配位子付加体の立体的な差違についての一般的なモデルに従えば，触媒-基質付加体と遷移状態における面選択性の予測ができるまでになっている．このモデルでは，金属まわりの環境が四分割されており，ここでは水平方向の分割線が触媒の平面あるいは疑似平面と重なるように置かれている．単純にするため C_2 対称な触媒の象限図（四分割図）を示す（図 14・17a）．二つの陰影をつけた対角にある四分割面は，前面に張り出した配位子の置換基が占める空間を表す．一方影の付いていない四分割面は立体障害の小さい空間を表す．たとえば，オレフィンのプロキラルな面の金属への配位によりジアステレオマーが生成し，より安定なジアステレオマーでは，R と R′ 置換基が立体障害の小さい影のついていない四分割面に存在する．これら二つのジアステレオマーの安定性の差は図 14.17(b) と (c) から明らかである．

キラルな配位子をもつ金属錯体が四分割面をブロックする方法は，配位子と金属-配位子付加体の性質によって異なる．ある場合には，配位子の不斉中心が金属の近傍に存在する．

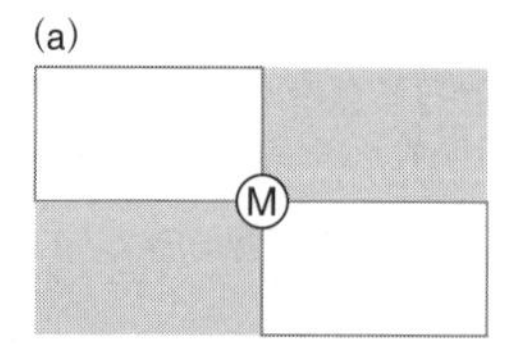

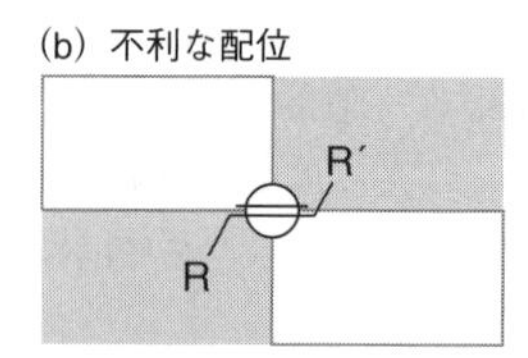

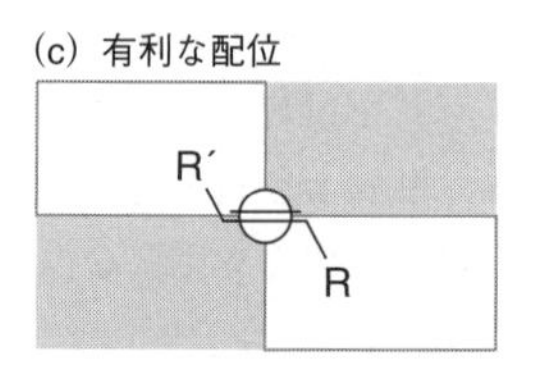

図 14・17　(a) C_2 対称な触媒の象限図．ジアステレオメリックなオレフィン錯体におけるオレフィンの，(b) 不利な配位と，(c) 有利な配位．

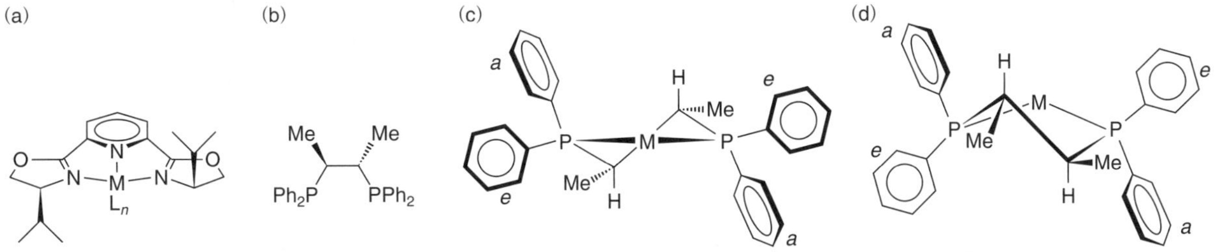

(R,R)-PyBox (S,S)-Chiraphos 前から見た図 後ろから見た図

図 14・18 PyBox と Chiraphos．これらの配位子をもつ触媒の，キラルな環境に寄与する鍵となる置換基の配置を示す．

また他の場合には不斉中心が金属から非常に離れて存在し，どのようにしてこのように離れた不斉中心の効果が反応点に誘起されるのかはっきりしない場合もある．

金属の近傍に不斉中心をもつ配位子の例として PyBox などのビスオキサゾリン配位子があげられる（図 14・18a）．金属に配位することにより，強固な（PyBox）M 付加体が生成する．イソプロピル基が左下と右上の四分割面をブロックし，図 14・17(a) に示したような四分割面を形成する．

金属からより離れた位置に不斉中心をもつ配位子の例として Chiraphos があげられる（図 14・18 b）．この場合不斉誘起の性質は微妙で，不斉中心は間接的に金属上での反応に影響を及ぼしている．Chiraphos 錯体の立体配座は，生じるメタラサイクル中間体においてメチル基が擬エクアトリアル位をとる方がより安定である．このより有利な立体配座によりメタラサイクル中間体は図 14・18(c) にやや誇張して示したようにねじれた立体配座をとる．リン原子に結合したフェニル基は擬アキシアル位（*a*）と擬エクアトリアル（*e*）位に位置する．リン原子上の二つのフェニル基間の立体反発を最小にするため，これらは辺と面が向き合うような位置関係をとる．擬エクアトリアル位のフェニル基の面は手前に突き出ており，擬アキシアル位のフェニル基はその辺がそれほど顕著ではないが手前に突き出ている．擬エクアトリアル位のリン原子上のフェニル基の面の方が擬アキシアル位のフェニル基の辺よりも立体的に嵩高く，したがって左下および右上の四分割面をブロックしている．このようにこのリン原子上のフェニル基の配置は図 14・17(a) の象限図に対応している．

14・2・5c 高選択性を示す配位子の構造（“特別な配位子”）

不斉触媒に用いられるさまざまなキラルな配位子のなかで，広範囲の反応に高いエナンチオ選択性を示す触媒をつねに生成する配位子がいくつかある．広範囲の生体の標的に対し活性を示し，“特別な化学構造(privileged structure)”[51] とよばれている医薬品の部分構造になぞらえて，これらの配位子は“特別な配位子(privileged ligand)”[52] とよばれている．このような配位子の代表例を図 14・19 に示した．BINAP と BINOL はともにビナフチル環のねじれた立体配座に起因するキラリティーをもつ．ラセミ化を起こすには PPh_2 部位と 8 位および 8′ 位の水素原子が互いに接近した状態を経由しなければならないので，中央の C−C 結合の回転障壁は非常に高い．その結果，BINAP と BINOL は高温でもラセミ化しない．

BINAP[53)〜55)] は金属に配位して強固なメタラサイクルを形成するが，この配位子は中央のアリール−アリール結合と 2,2′ 位の P−C 結合を回転させることにより，異なる半径の金属に配位することができる．BINAP に基づいた触媒が不斉を高い効率で基質に誘起できるのは，ビナフチル骨格の軸不斉がフェニル置換基の位置と向きを規制するためである．Chiraphos（図 14・18c）と同様に，七員環メタラサイクルのねじれた立体配座により BINAP のフェニル基は，擬アキシアルと擬エクアトリアル位を占める．これは，図 14・20

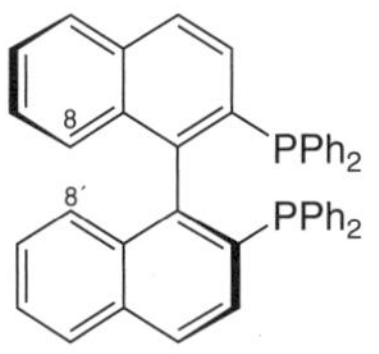

(S)-BINAP

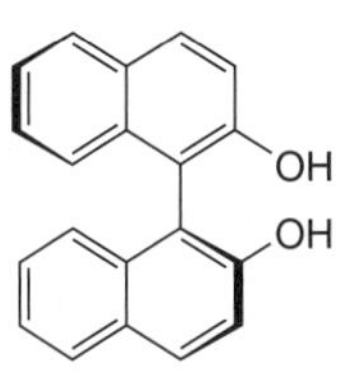

(S)-BINOL

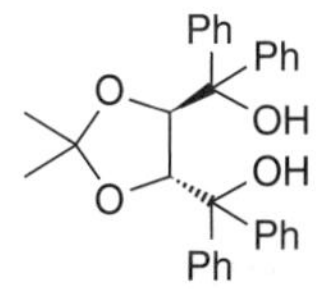

(R,R)-TADDOL

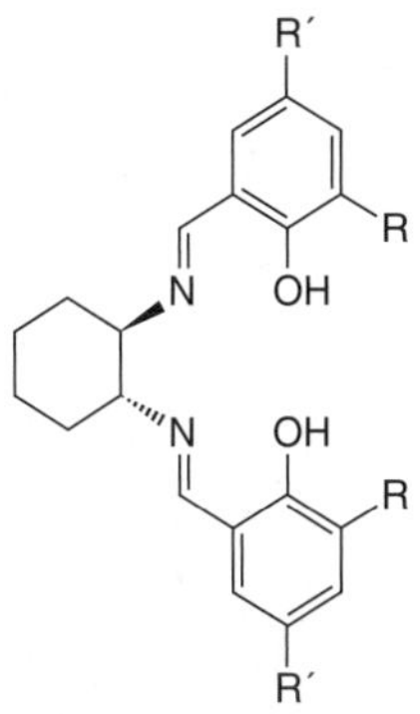

(R,R)-salen

図 14・19 不斉触媒反応において重要な配位子の構造

に示した［(*S*)-BINAP］Ru(O_2C^tBu)$_2$ 錯体の結晶構造のルテニウム-BINAP の部位にみてとれる[56]．この構造のステレオ図を図 14・21 に示す．擬エクアトリアル位のフェニル基は金属中心を越えて手前に突き出ており，擬アキシアルのフェニル基は図に示したように金属の逆側を向いている．

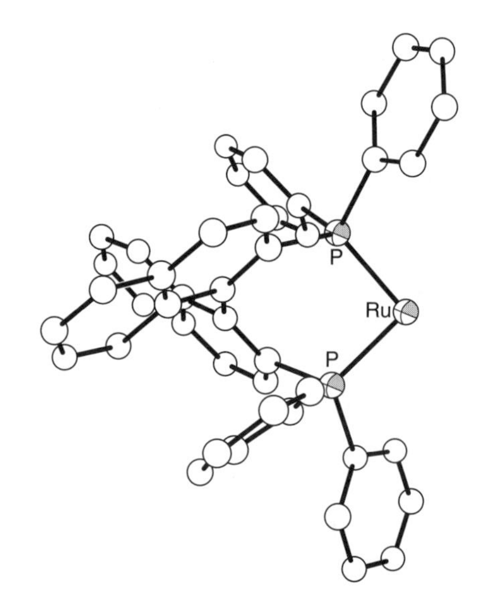

図 14・20　カルボキシラト配位子を省いた［(*S*)-BINAP］Ru(O_2C^tBu)$_2$ の部分構造．擬エクアトリアル位のフェニル基は手前に突き出ており，擬アキシアル位のフェニル基はルテニウム中心から離れた方向を向いている．

多くのキラルな二座ホスフィンの錯体は（すでに示した Chiraphos の例のように）同様の立体配座をとるが，ほとんどの場合擬エクアトリアルと擬アキシアルのフェニル基の位置にこれほど大きな違いを生じない．この配位子をもつ錯体の示す高度なエナンチオ制御の要因は，金属配位部位に向いているエクアトリアル位のフェニル基が大きく突き出ていることと，この配位部位の反対方向を向いているアキシアル位のフェニル基の効果が組合わさった結果によるものと考えられている[57]．図 14・20 の構造からみてとれるように，リン原子に結合したアリール基がかみ合わさることによっても擬アキシアル位と擬エクアトリアル位のフェニル基は異なった立体効果を及ぼす[58),59]．

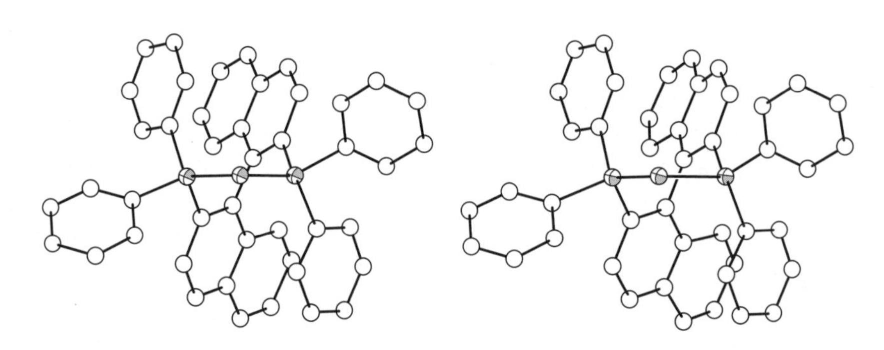

図 14・21　配位子のキラルな環境を表している，金属-BINAP 中心のステレオ図

プロキラルな基質と BINAP-金属部位とから生成する特に重要なタイプの錯体として，(BINAP)Ru 部位と β-ケトエステルから生じる錯体がある．これらの錯体は，式 14.16 に示した最も選択性の高い不斉水素化反応の一つの中間体であり[60)~62]，これについては 15 章

$$\mathrm{RC(=O)CH_2C(=O)OR'} \xrightarrow[\mathrm{H_2}]{[(R)\text{-BINAP}]\mathrm{Ru(OAc)_2}} \mathrm{RCH(OH)CH_2C(=O)OR'} \qquad (14.16)$$

でより詳しく述べる．図14・22に示したように，ケトンのカルボニル基がルテニウムにη^2配位し，エステルは酸素原子上の非共有電子対を通じて配位すると考えられている[60),63)]．ケトン部位がη^2配位し，基質のこの部位がルテニウム-BINAP系に対し大きな立体効果を及ぼすため，触媒の最もすいている部位を占める．ケトンと太線で示したBINAPの手前に突き出たエクアトリアル位のフェニル基との相互作用により，図14・22の左側のジアステレオマーはより不安定となる．一方ケトンのカルボニル基をP上のアキシアル位のフェニル基の四分割面内におくと，フェニル基は基質から離れるように向くので，図の右側のジアステレオマーはより安定となる．以上述べてきた不斉誘起の基本的な考え方は，不斉触媒のさまざまな系に適用できる[22)]．

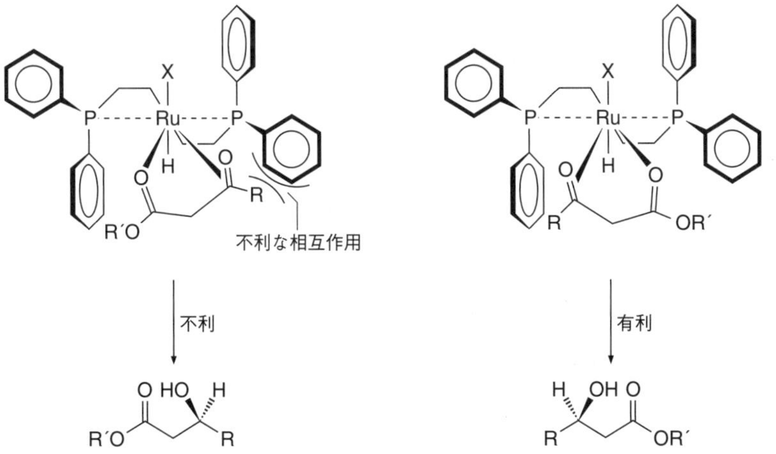

図14・22　式14.16に示した不斉水素化反応での[(*R*)-BINAP]Ru部位へのβ-ケトエステルのキレート配位に対して提唱された図．BINAP配位子のエクアトリアル位のフェニル基は太線で示されている．ケトンと左側の図のエクアトリアル位のフェニル基との立体反発によりこのジアステレオマーは不安定化される．

14・2・6　その他の不斉反応：速度論的光学分割と非対称化

本章でこれまで述べてきた不斉反応は，プロキラルな面あるいは位置の一方で選択的に反応を行うことにより，アキラルな反応剤から光学活性な生成物をつくりだす反応であった．しかし，このような不斉合成の考え方は，ラセミ体混合物からエナンチオマーを分離するような反応や，ラセミ体混合物を単一のエナンチオマー生成物に変換する反応，さらにはアキラルな基質の二つのジアステレオトピックな官能基の一方を選択的に変換する反応などにも適用できる．これらの反応は合成化学的にも有用であり，速度論的光学分割，動的速度論的光学分割，そして非対称化とよばれている．これらの反応は，本章ここまでですでに確立された考え方により理解可能であるが，これに加えてこれらの種類の不斉変換法に特に適用されるいくつかの新しい考え方を理解しておくことが必要である．本章の残りで，このような種類の不斉触媒の要点について述べる．

14・2・6a　速度論的光学分割

速度論的光学分割（kinetic resolution，KR）は，キラルな基質の二つのエナンチオマーとの反応が異なる反応速度で進行することに基づいている．速度論的光学分割により二組の光学活性な化合物が生成する．基質の二つのエナンチオマーのうち，反応性の低い方のエナンチオマーに富んだ基質が未反応で残る．その結果，基質のより反応性の高いエナンチオマーが優先的に反応して生じる光学活性な化合物が得られる．基質と生成物の物理的性質は異なるので，二つのエナンチオマーを分けるよりも容易にこれらを分離できる．

したがってKRは，プロキラルな基質を用いて新しいキラルな要素を生みだすエナンチオ選択的な反応とは明らかに異なる．KR はふつう新たな不斉中心を生じない〔例外を図 14・8d（p.516）に示す〕．むしろ，エナンチオ選択的に新たな官能基を生みだすことにより，一方のエナンチオマーと他のエナンチオマーを区別する．KR は古典的な光学分割とも明らかに異なる．古典的な光学分割は化学量論量のキラルな分割剤を用いて行うが，KR はふつう化学量論量のアキラルな反応剤と触媒量の光学活性な触媒を用いて行う．

KR はラセミ体混合物の二つのエナンチオマーを分離する手法であるので，これにより得られる光学的に純粋な生成物の最大収率は 50％である．そのため KR よりもエナンチオ選択的触媒反応に重点が置かれてきた．エナンチオ選択的な触媒反応では少なくとも原理的には収率 100％で光学活性な生成物を得ることができる．しかし KR も現在に至るまで利用され続けており，合成化学的に有用な新しい KR の開発も行われていることが，これら反応の有用性を証明している．ラセミ体が安価であったり，単一のエナンチオマーを得る実用的なエナンチオ選択的な反応がない場合や，古典的な光学分割法では望みの化合物が高い ee で得られない場合などに，KR はしばしば最善の選択肢となる[64)～67)]．

i）速度論的光学分割の選択性の定量的表現

KR の効率は，基質の両エナンチオマーとキラルな触媒との反応により光学活性な生成物を与える際の相対速度比によって示される．この二つの反応として基質 S_R と S_S（基質 S の R 体と S 体のエナンチオマー）が触媒 Cat_R と反応してエナンチオマー生成物 P_R と P_S を生じる反応を図 14・23 に示す．ここに示した相対的な反応速度定数 k_{rel}（k_{fast}/k_{slow}）と選択性

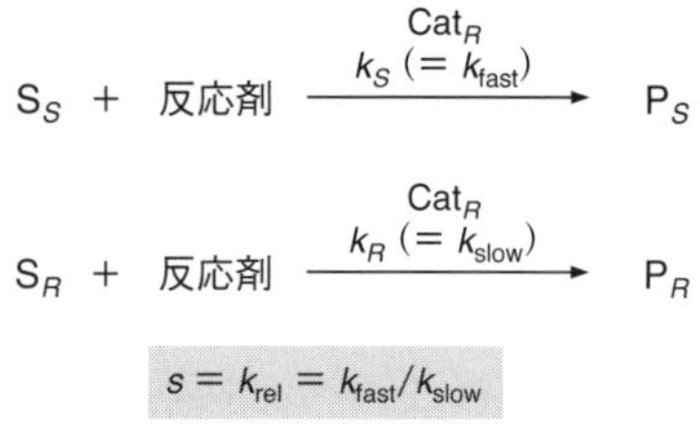

図 14・23　ラセミ体の基質とアキラルな反応剤と分割された触媒の反応による速度論的光学分割．エナンチオマー間の相対反応速度により KR の効率が決まる．

$$S_S + \text{反応剤} \xrightarrow[k_S\,(=k_{fast})]{Cat_R} P_S$$

$$S_R + \text{反応剤} \xrightarrow[k_R\,(=k_{slow})]{Cat_R} P_R$$

$$s = k_{rel} = k_{fast}/k_{slow}$$

因子 s は，二つのエナンチオマーに対するある KR 反応の選択性を表すものとして同じ意味で用いられる．k_{rel} は実験的に求めたある時点での出発物の転化率と ee（ee％ではない！）から式 14.17 を用いて計算できる．

図 14・24　異なる k_{rel} 値に関して ee（％）の転化率（％）に対する依存性

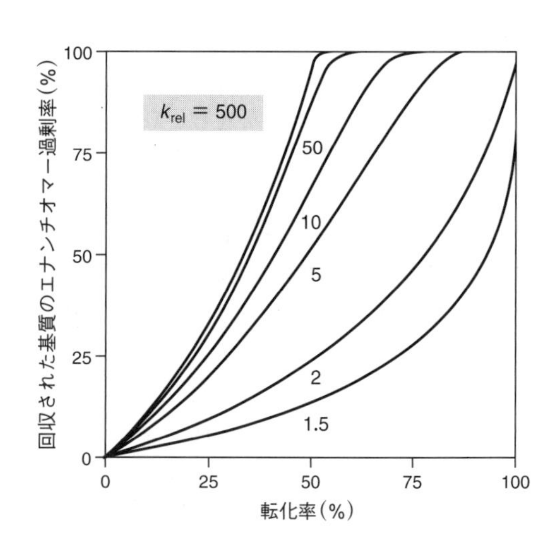

$$s = k_{\mathrm{rel}} = \frac{\ln[(1-c)(1-\mathrm{ee})]}{\ln[(1-c)(1+\mathrm{ee})]} \qquad \begin{array}{l} c = \text{出発物の転化率（訳注参照）} \\ \mathrm{ee} = \text{出発物のエナンチオマー過剰率} \end{array} \qquad (14.17)$$

訳注: 式 14.17 の c および ee は％値ではなく，100％を 1 として表示している.

異なる k_{rel} 値について，回収された基質の ee と転化率の関係を図 14・24 に示した．この図から明白に見てとれることとして，k_{rel} の値が大きくなればなるほど 50％の転化率におけるエナンチオ選択性が高くなることがあげられる．加えて，残された出発物の ee は反応が進むとともに増大する．したがって k_{rel} の値がさほど高くなくても，反応の転化率を 50％以上にすることで残された出発物の ee を高くすることができるが，その回収率は低くなる．一般に $k_{\mathrm{rel}}>10$ 以上の系において，高い ee の回収出発物を実際に実用的な量得ることができる.

ii）速度論的光学分割の選択性のエネルギー論

エナンチオ選択的な触媒反応のエナンチオマー過剰率が活性化自由エネルギーの差 $\Delta\Delta G^{\neq}$ によって決まるのと同じように，KR の選択性因子は，選択性決定段階のジアステレオメリックな遷移状態間の自由エネルギー差によって決まる．この関係を例示した反応座標を図 14・25 に示す．アキラルな反応剤を用いるエナンチオ選択的な反応の反応座標とは密接に関連しているが，明らかに異なっている．S_S と S_R のエネルギーはエナンチオマーなので同一であるが，KR では同一反応系中で基質のそれぞれのエナンチオマーとの二つの異なる反応を含むので，図 14・25 では二つの別の反応座標図が示されている.

ΔΔG‡ = ΔG‡R − ΔG‡S
ΔG‡S
ΔG‡R
SS
SR
PS
PR
s = krel = e^(ΔΔG‡/RT)

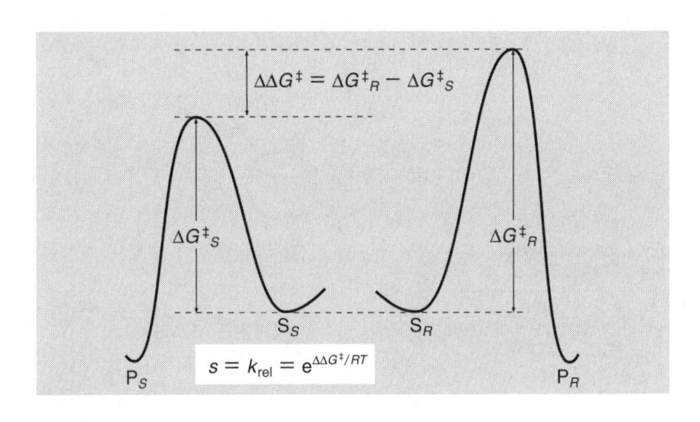

図 14・25　s あるいは k_{rel} と自由エネルギーの間の関係と速度論的光学分割の模式的な反応座標図

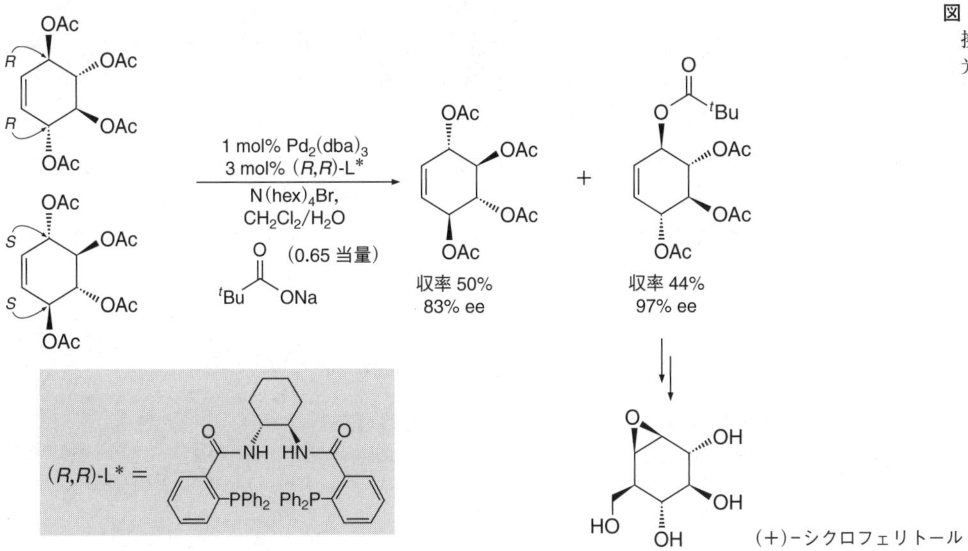

OAc
OAc
OAc
OAc
R
R
S
S
1 mol% Pd2(dba)3
3 mol% (R,R)-L*
N(hex)4Br,
CH2Cl2/H2O
(0.65 当量)
tBu
ONa
収率 50%
83% ee
収率 44%
97% ee
+
(R,R)-L* =
NH
HN
PPh2
Ph2P
OH
HO
(+)-シクロフェリトール

図 14・26　不斉アリル位置換反応における速度論的光学分割

iii）速度論的光学分割の反応例

KRは光学活性な有機化合物を合成する重要な方法である．1980年代以降に開発された，最も重要なKRの一つにSharplessの不斉エポキシ化反応によるラセミ体のアリルアルコール類の分割があげられる[68]．さらに最近開発された重要な反応として，Jacobsenの末端エポキシドの加水分解によるKRがある[69]．合成化学的に価値のあるものであるが，これらの反応は本書で扱う有機金属化学の範囲外の反応である．有機金属化合物を利用するKRの代表的な例を，図に示す．以下，1）反応剤と不斉中心との間で結合が生成する反応（図14・26，前ページ），2）一方のエナンチオマーの不斉中心がなくなる反応（図14・27），そして3）不斉中心に隣接する位置で新しい炭素－炭素二重結合を生成する反応（図14・28）の三つについて紹介する．

最初の例は，酢酸アリル誘導体のKRである．(＋)-シクロフェリトール（cyclophellitol）の不斉合成において，図14・26に示したテトラアセタートのエナンチオマーは，特定のアセタートをピバレート基で置換することにより分割された．式に示した(*R*,*R*)-L* 配位子をもつパラジウム触媒は(*R*)-酢酸アリル誘導体とより速く反応する[70]．

二つ目の例は，ラセミ体の第二級アルコールのKRで，全合成にも利用された反応である[71)～73)]．図14・27に示したように，天然に存在する三環性ジアミンであるスパルテイン

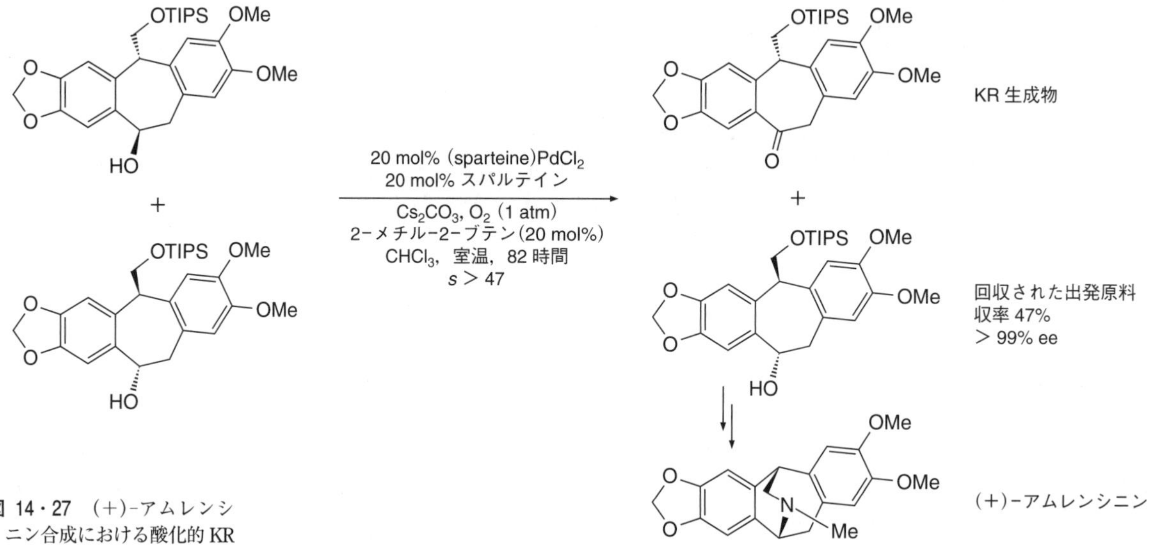

図 14・27　(＋)-アムレンシニン合成における酸化的KR

(sparteine）を，塩化パラジウムと酸化剤である酸素分子とともに作用させると，ラセミ体のベンジルアルコールの一方のエナンチオマーが他方のエナンチオマーよりも速くケトンに酸化される反応を触媒するというものである．目的の未反応のアルコールは収率47％，

図 14・28　不斉閉環メタセシスにおける速度論的光学分割

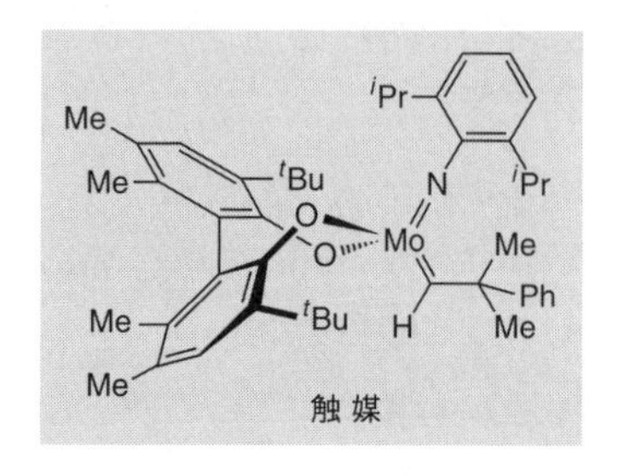

99% ee（s>47）で単離され，(+)-アムレンシニン（amurensinine）へと変換された[74]．

三つ目の例は，不斉中心での官能基変換は含まれていない．この例はジエンの一方のエナンチオマーが選択的に閉環する反応である．21 章でより詳しく述べるように（§21・2・6，p.950），光学活性なビス(アリールオキシド)二座配位子を含むモリブデン錯体はいくつかのキラルなジエンと選択的に反応する．図 14・28 の例は，この触媒を用いたシリル基で保護されたジエノールの KR である[75]．

14・2・6b 動的速度論的光学分割

KR では収率は 50% を超えることは理論的に不可能であるため，KR を基質の両エナンチオマーをともに目的の生成物に変換できるように行う方法が開発された．動的速度論的光学分割（dynamic kinetic resolution，DKR）はこの目的を達成した方法の一つである[61),76)～80]．

KR と DKR の関係を図 14・29 に示す．DKR は，速度論的光学分割（KR）と，アキラルな中間体（図 14・29 の **I**）ないし遷移状態を経由する系中でのキラルな基質の速やかなラセミ化とを組合わせたものである．基質のより速く反応するエナンチオマーが生成物に変換

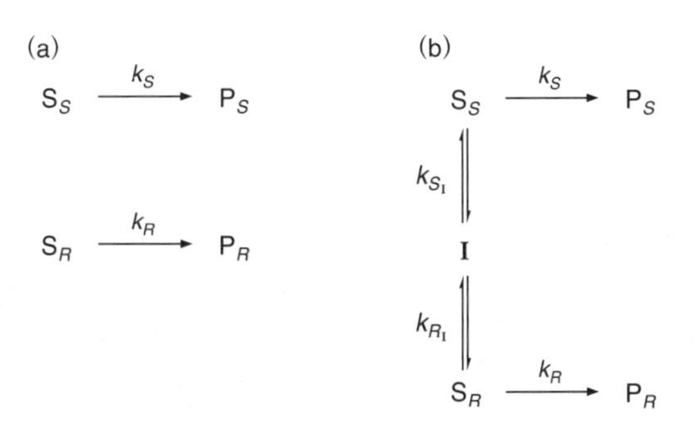

図 14・29 古典的な速度論的光学分割（a）と動的速度論的光学分割（b）との比較．動的速度論的光学分割では，**I** はアキラルな中間体あるいは遷移状態である．

されるとともに，基質のエナンチオマー間の平衡がラセミ化により定常的に達成される．このラセミ化が，基質が生成物に変換されるよりもずっと速ければ，基質の ee は反応の間中ほぼゼロとなる．したがって典型的な DKR では，触媒的不斉反応と同等かそれ以上の反応速度でラセミ化が進行する．すなわち $k_{rac} \geq k_{fast}$ である．基質の両エナンチオマーが十分な平衡状態にあり，k_{fast}/k_{slow} がおよそ 20 で，生成物が触媒に取込まれることなく二つの反応が独立して進行するならば，生成物の ee は 90% になる．DKR 反応の完全な数学的取扱いは，ラセミ化の反応速度が基質が反応する速度よりも十分速くない場合についても取扱わなければならないので複雑であるが，その報告がなされている[81),82]．

i）動的速度論的光学分割の例：不斉水素化による 1,3-ジカルボニル化合物の動的速度論的光学分割

多種多様な DKR の一般的な方法の一つとしてカルボニル基の α 位の不斉中心のラセミ化を伴うものがあげられる[60),61]．塩基触媒によるエノール化によって生じたアキラルな中間体を経て，基質のラセミ化が速やかに進行する．α 置換 β-ジカルボニル化合物は特に穏やかな条件下でラセミ化し，ケトン部位の水素化により高エナンチオ選択的な DKR が進行して α 置換 β-ヒドロキシカルボニル化合物が生じる（図 14・30）．この型の DKR は，工業的規模（120 トン/年）でのカルバペネム系抗生物質の合成の鍵中間体であるアゼチジノン（azetidinone）の合成に利用されている[61]．

図 14・30 に示した α 置換 β-ケトエステルの還元は四つの立体異性体を生じる可能性があるが，しばしば高選択的に単一の立体異性体を与える反応条件を見いだすことができる[61]．

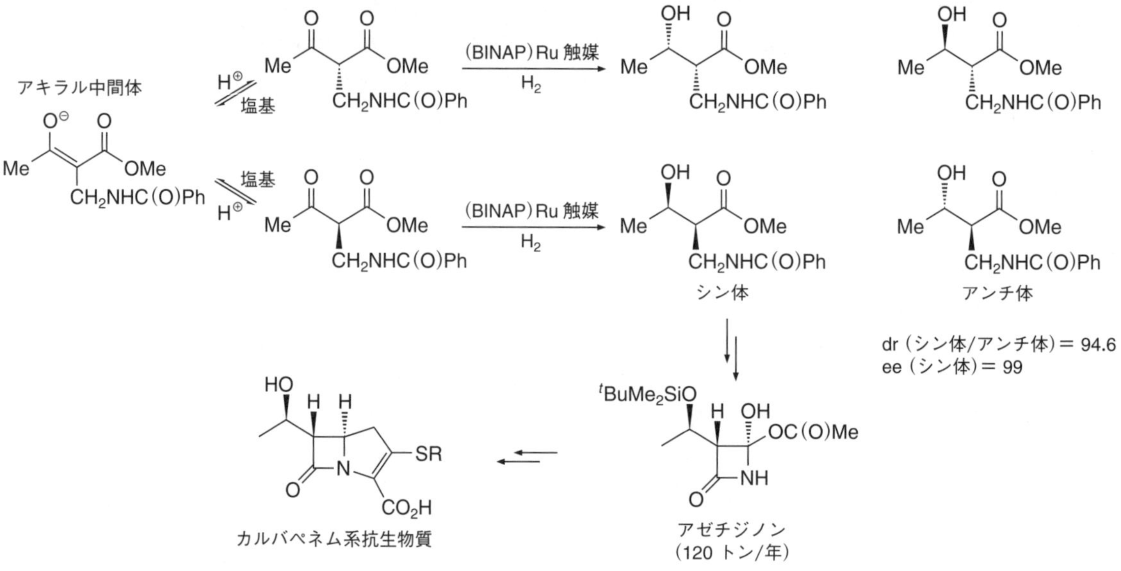

図 14・30　α 置換 β-ケトエステルの不斉還元における DKR．基質のラセミ化と可能な四つのジアステレオメリックな生成物を示す．

触媒の立体配置はケトンのどちらの面が還元されるかを決定し，α 炭素原子の立体配置はカルボニル基間の置換基の種類とケトンに接している基に依存することが明らかになっている．たとえば図 14・30 に示した基質の (*R*)-BINAP を含む触媒存在下での水素化反応は，シン体のジアステレオマーを 94：6 のジアステレオマー選択性で β 炭素原子の立体配置が *R* 体のものを 99% ee で与える．この中間体は図に示したようにカルバペネム系抗生物質に誘導される．

14・2・6c　動的速度論的不斉変換

上記で述べた DKR 反応とは異なる，動的速度論的不斉変換（dynamic kinetic asymmetric transformation, DyKAT）とよばれる手法が知られている[83]．立体化学的な相互変換の反応機構に基づいて DKR と DyKAT は区別される．図 14・29 で示したように DKR ではアキラルな中間体，あるいは遷移状態を経由して基質のエナンチオマーが相互変換する．一般に

図 14・31　エピマー化を含む動的速度論不斉変換 (DyKAT) 反応経路．*R* 体および *S* 体の基質と生成物を S_R, S_S, P_R, P_S で示す．cat* はキラルな触媒．

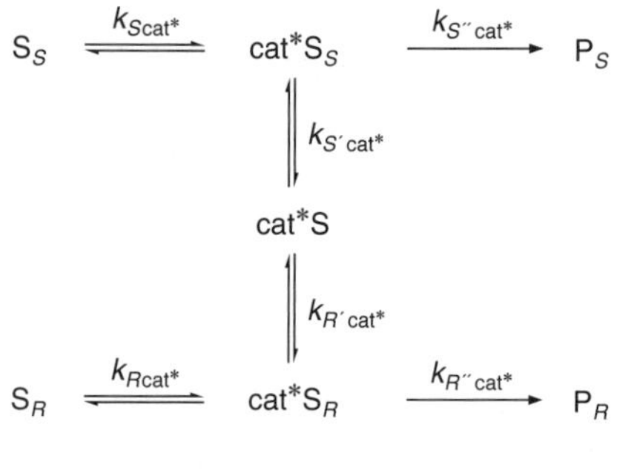

DKR においてラセミ化を促進する触媒はアキラルで，光学分割の段階にはかかわっていない．一方，DyKAT では基質の立体化学の変換も不斉触媒上で起こる（図 14・31）．触媒はキラルなので，基質の立体配置の反転により基質-触媒複合体のジアステレオメリックな錯

体が生成し，したがってここではエピマー化が起こる[84)].

DyKATの一例として式14.18に示した不斉アリル位アルキル化反応がある．すでに図14・15に示したように，ここでは二つのジアステレオメリックなη^3-アリル錯体がη^1-アリル中間体を経由してエピマー化する．

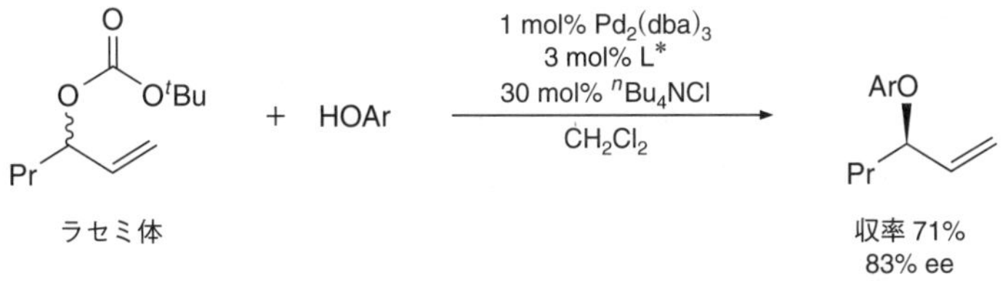

ラセミ体 + HOAr → (1 mol% $Pd_2(dba)_3$, 3 mol% L*, 30 mol% $^nBu_4NCl$, CH_2Cl_2) 収率 71%, 83% ee　(14.18)

もう一つの，上記の例よりもわかりにくいDyKATの例として，ハロゲン化アリールのエナンチオ選択的なホスフィン化がある．この反応は，ラセミ体の第二級ホスフィンとハロゲン化アリールとの反応により高い変換率，および良好なエナンチオ選択性で第三級ホスフィンを与える（図14・32）．出発物の第二級ホスフィンはリン中心の高い反転障壁のためラセミ体である．しかし，リン原子中心は，中間体のホスフィド配位子になるとエピマー化を起こす．したがって触媒反応は，$L^*Pd(Ph)I$中間体とラセミ体の第二級ホスフィンHPArMeと塩基により生じるジアステレオメリックなホスフィド錯体を経て進行する（図14・33）．これらのジアステレオマーは，リン原子の立体配置が決まる還元的脱離を起こすよりも速

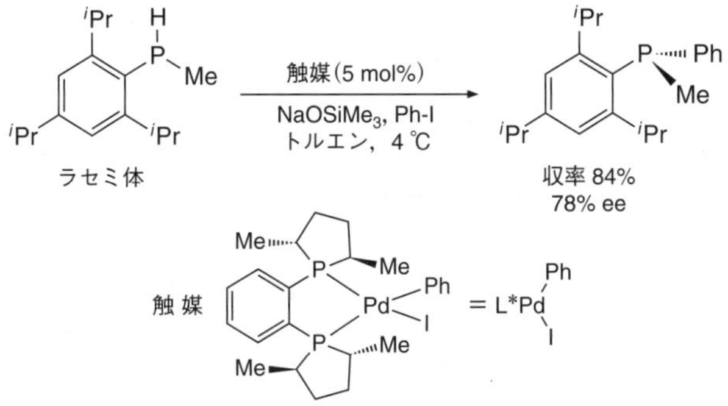

ラセミ体 → (触媒(5 mol%), $NaOSiMe_3$, Ph-I, トルエン，4 ℃) 収率 84%, 78% ee

触媒 = L*Pd(Ph)I

図 14・32　ラセミ体のホスフィンのDyKATにより第三級のP-キラルホスフィンを生成する反応

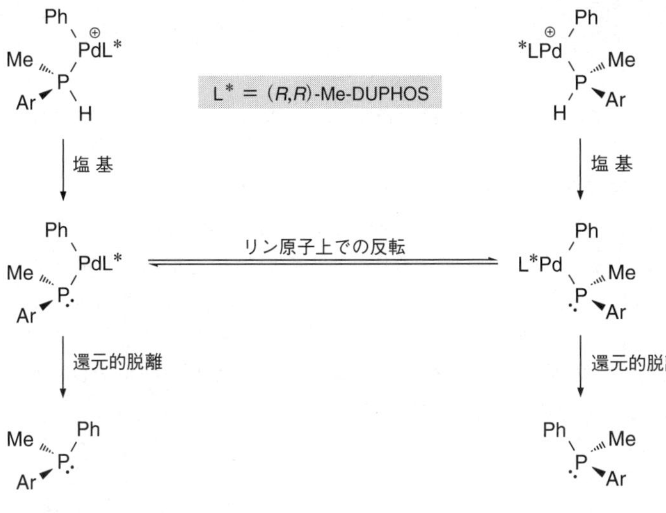

L* = (*R,R*)-Me-DUPHOS

塩基　塩基

リン原子上での反転

還元的脱離　還元的脱離

図 14・33　提唱されたDyKATの反応機構．ここではリン原子上での反転が還元的脱離よりも速い．

く，リン原子上の非共有電子対の反転が進行することにより相互変換する[85]．この反応に高い選択性を示す触媒の一つに (*R*,*R*)-(Me-DUPHOS)Pd(Ph)I がある．

14・2・6d 非対称化

メソ体，あるいは中心対称性をもつ基質の不斉触媒による非対称化 (desymmetrization) は，いくつかの不斉中心を一挙に構築することができるので合成的に有用性が高い[86]．この方法は一般にキラルな反応剤や触媒を用いることにより，基質のエナンチオトピックな原子や官能基が異なる反応性を示すことを利用するものである．以下に示すように，非対称化はKRと類似している点がある．すなわち，ラセミ体の基質のエナンチオマー間の反応性の差を利用する代わりに，触媒は一つの基質の中のエナンチオトピックな基を区別する．そのためKR反応において反応性が高く選択性の高い触媒は，しばしばそのエナンチオトピックな官能基がKR反応の基質での原子の配置に似ているメソ化合物の非対称化において，反応性，選択性ともに高いことが多い．KRとは異なり，非対称化での光学活性体の理論収率は100％である．非対称化の二つの例を以下に述べる．

i) 触媒的不斉ヒドロシリル化によるアキラルなジエンの非対称化

Si−H 結合の C−C 二重結合への付加はヒドロシリル化反応とよばれ，この反応については16章で述べる[87]．ヒドロシリル化反応の生成物であるアルキルシランは，新たに生じたSi−C 結合の酸化によりアルコールに変換できる[88),89]．したがってジビニルカルビノールのヒドロシリル化反応を利用した非対称化により，光学活性な1,3-ジオールを生成できる[90]．(*R*,*R*)-DIOP を配位子としてもつロジウム触媒存在下，(3,5-ジメチルフェニル)シラン誘導体の分子内ヒドロシリル化反応により，図14・34に示した環状生成物を93％ ee で得ることができる[90]．

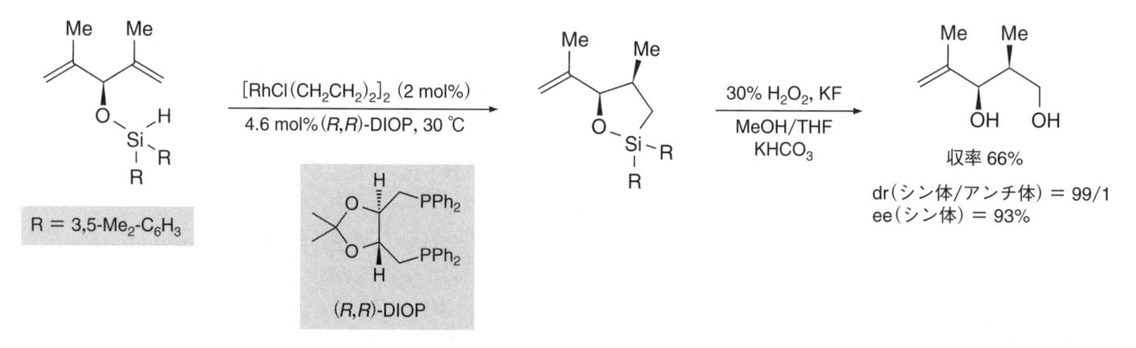

図 14・34　触媒的不斉ヒドロシリル化によるジエンの非対称化．生成物を酸化することにより有用な1,3-ジオールが得られる．

ii) パラジウム触媒を用いたHeck反応による非対称化

エナンチオ選択的な非対称化にうまく利用されたもう一つの例としてHeck反応がある．19章で詳しく述べるが，Heck反応はアリールあるいはビニル求電子剤とオレフィンとのカップリング反応である．式14.19に示すように，この反応では，触媒がエナンチオトピックなオレフィンの一方と優先的に反応して中間体のエノールを生じ，これが異性化してケトンに変換される．このケトンは収率76％，86％ ee で生成し，ベルノレピン (vernolepin) 合成の中間体として用いられている[91]．

OPiv, HO, TfO → 10 mol% (BINAP)PdCl$_2$, K_2CO_3, 60 ℃, 3 日 → [OPiv, HO, H] → OPiv, O, H 収率 76% 86% ee ⇒ OH, O, O, H, O, O ベルノレピン　(14.19)

14・3　まとめ

本章で述べた概念と反応は，本書で概説する有機金属化合物を用いた触媒反応の基本的な特徴を紹介するためのものである．しかし，これらの基本的事項は，触媒作用全般に適用できる．さらに詳しい不斉触媒[22),57)]の基本事項やより網羅的な成書[92),93)]については，引用文献としてまとめた．

文献および注

1. Amatore, C.; Carre, E.; Jutand, A.; M'Barki, M. A. *Organometallics* **1995**, *14*, 1818.
2. Cobley, C. J.; Lennon, I. C.; McCague, R.; Ramsden, J. A.; Zanotti-Gerosa, A. *Tetrahedron Lett.* **2001**, *42*, 7481.
3. Dobbs, D. A.; Vanhessche, K. P. M.; Brazi, E.; Rautenstrauch, V.; Lenoir, J. Y.; Genet, J. P.; Wiles, J.; Bergens, S. H. *Angew. Chem. Int. Ed.* **2000**, *39*, 1992.
4. Wiles, J. A.; Bergens, S. H.; Vanhessche, K. P. M.; Dobbs, D. A.; Rautenstrauch, V. *Angew. Chem. Int. Ed.* **2001**, *40*, 914.
5. Alcazar-Roman, L. M.; Hartwig, J. F. *J. Am. Chem. Soc.* **2001**, *123*, 12905.
6. Shekhar, S.; Ryberg, P.; Hartwig, J. F.; Mathew, J. S.; Blackmond, D. G.; Strieter, E. R.; Buchwald, S. L. *J. Am. Chem. Soc.* **2006**, *128*, 3584.
7. Meakin, P.; Jesson, J. P.; Tolman, C. A. *J. Am. Chem. Soc.* **1972**, *94*, 3240.
8. Davies, I. W.; Matty, L.; Hughes, D. L.; Reider, P. J. *J. Am. Chem. Soc.* **2001**, *123*, 10139.
9. Weck, M.; Jones, C. W. *Inorg. Chem.* **2007**, *46*, 1865.
10. Phan, N. T. S.; Van Der Sluys, M.; Jones, C. W. *Adv. Synth. Catal.* **2006**, *348*, 609.
11. Bergbreiter, D. E.; Osburn, P. L.; Frels, J. D. *Adv. Synth. Catal.* **2005**, *347*, 172.
12. Yu, K. Q.; Sommer, W.; Richardson, J. M.; Weck, M.; Jones, C. W. *Adv. Synth. Catal.* **2005**, *347*, 161.
13. Hamlin, J. E.; Hirai, K.; Millan, A.; Maitlis, P. M. *J. Mol. Catal.* **1980**, *7*, 543.
14. Widegren, J. A.; Finke, R. G. *J. Mol. Catal. A* **2003**, *198*, 317.
15. Widegren, J. A.; Finke, R. G. *J. Mol. Catal. A* **2003**, *191*, 187.
16. Dyson, P. J. *Dalton Trans.* **2003**, 2964.
17. Lewis, L. N.; Colborn, R. E.; Grade, H.; Bryant, G. L.; Sumpter, C. A.; Scott, R. A. *Organometallics* **1995**, *14*, 2202.
18. Reetz, M. T.; Westermann, E.; Lohmer, R.; Lohmer, G. *Tetrahedron Lett.* **1998**, 8449.
19. Reetz, M. T.; Westermann, E. *Angew. Chem. Int. Ed. Engl.* **2000**, *39*, 165.
20. Whitesides, G. M.; Hackett, M.; Brainard, R. L.; Lavalleye, J.-P. P. M.; Sowinski, A. F.; Izumi, A. N.; Moore, S. S.; Brown, D. W.; Staudt, E. M. *Organometallics* **1985**, *4*, 1819.
21. Collman, J. P.; Hegedus, L. S.; Cooke, M. P.; Norton, J. R ; Dolcetti, G.; Marquardt, D. N. *J. Am. Chem. Soc.* **1972**, *94*, 1789.
22. Walsh, P. J.; Kozlowski, M. C. *Fundamentals of Asymmetric Catalysis*; University Science Books: Sausalito, CA, 2009.
23. Jurkauskas, V.; Buchwald, S. L. *J. Am. Chem. Soc.* **2002**, *124*, 2892.
24. Cahn, R. S.; Ingold, C.; Prelog, V. *Angew. Chem., Int. Ed. Engl.* **1966**, *5*, 385.
25. Prelog, V.; Helmchen, G. *Angew. Chem., Int. Ed. Engl.* **1982**, *21*, 567.
26. Kagan, H. B. In *Catalytic Asymmetric Synthesis*; Ojima, I., Ed.; Wiley-VCH: New York, 2000, p 327.
27. Dalton, C. T.; Ryan, K. M.; Wall, V. M.; Bousquet, C.; Gilheany, D. G. *Top. Catal.* **1998**, *5*, 75.
28. Jacobsen, E. N.; Wu, M. H. In *Comprehensive Asymmetric Catalysis*; Jacobsen, E. N., Pfaltz, A., Yamamoto, H., Eds.; Springer: Berlin, 1999; Vol. 2, p 649.
29. Müller, P.; Fruit, C. *Chem. Rev.* **2003**, *103*, 2905.
30. Halfen, J. *Curr. Org. Chem.* **2005**, *9*, 657.
31. Doyle, M. P.; McKervey, A. M.; Ye, T. *Modern Catalytic Methods for Organic Synthesis with Diazo Compounds*; Wiley and Sons, Inc: New York, 1998.
32. Nugent, W. A.; Mayer, J. M. *Metal–Ligand Multiple Bonds*; Wiley: New York, 1988.
33. Katsuki, T. In *Comprehensive Coordination Chemistry II*; Ward, M. D., Ed.; Elsevie: Oxford, U.K., 2004; Vol. 9, p 207.
34. Katsuki, T. *Synlett* **2003**, 281.
35. Curtin, D. Y. *Rec. Chem. Prog.* **1954**, *15*, 111.
36. Seeman, J. I. *Chem. Rev.* **1983**, *83*, 83.
37. Winstein, S.; Holness, N. J. *J. Am. Chem. Soc.* **1955**, *77*, 5562.
38. Eliel, E. L. *Experientia* **1953**, *9*, 91.
39. Eliel, E. L.; Ro, R. S. *Chem. Ind. (London)* **1956**, 251.
40. Eliel, E. L.; Lukach, C. A. *J. Am. Chem. Soc.* **1957**, *79*, 5986.
41. Halpern, J. *Science* **1982**, *217*, 401.
42. 最近の研究については文献 43～45 を参照せよ．
43. Giovannetti, J. S.; Kelly, C. M.; Landis, C. R. *J. Am. Chem. Soc.* **1993**, *115*, 4040.
44. Landis, C. R.; Hilfenhaus, P.; Feldgus, S. *J. Am. Chem. Soc.* **1999**, *121*, 8741.
45. Feldgus, S.; Landis, C. R. *J. Am. Chem. Soc.* **2000**, *122*, 12714.
46. Landis, C. R.; Halpern, J. *J. Am. Chem. Soc.* **1987**, *109*, 1746.
47. Knowles, W. S. *Acc. Chem. Res.* **1983**, *16*, 106.
48. Sjogren, M. P. T.; Hansson, S.; Åkermark, B.; Vitagliano, A. *Organometallics* **1994**, *13*, 1963.
49. Trost, B. M.; Toste, F. D. *J. Am. Chem. Soc.* **1999**, *121*, 4545.

50. Casey, C. P.; Martins, S. C.; Fagan, M. A. *J. Am. Chem. Soc.* **2004**, *126*, 5585.
51. Evans, B. E.; Rittle, K. E.; Bock, M. G.; DiPardo, R. M.; Freidinger, R. M.; Whitter, W. L.; Lundell, G. F.; Veber, D. F.; Anderson, P. S.; Chang, R. S. L.; Lotti, V. J.; Cerino, D. J.; Chen, T. B.; Kling, P. J.; Kunkel, K. A.; Springer, J. P.; Hirshfieldt, J. *J. Med. Chem.* **1988**, *31*, 2235.
52. Yoon, T. P.; Jacobsen, E. N. *Science* **2003**, *299*, 1691.
53. Miyashita, A.; Yasuda, A.; Takaya, H.; Toriumi, T.; Ito, K.; Souchi, T.; Noyori, R. *J. Am. Chem. Soc.* **1980**, *102*, 7932.
54. Noyori, R.; Ohkuma, T. *Angew. Chem. Int. Ed.* **2001**, *40*, 40.
55. Noyori, R.; Yamakawa, M.; Hashiguchi, S. *J. Org. Chem.* **2001**, *66*, 7931.
56. Ohta, T.; Takaya, H.; Noyori, R. *Inorg. Chem.* **1988**, *27*, 566.
57. Noyori, R. *Asymmetric Catalysis in Organic Synthesis*; Wiley: New York, 1994.
58. Morton, D. A. V.; Orpen, A. G. *J. Chem. Soc., Dalton Trans.* **1992**, 641.
59. Brunner, H.; Winter, A.; Breu, J. *J. Organomet. Chem.* **1998**, *553*, 285.
60. Noyori, R.; Takaya, H. *Acc. Chem. Res.* **1990**, *23*, 345.
61. Noyori, R.; Tokunaga, M.; Kitamura, M. *Bull. Chem. Soc. Jpn.* **1995**, *68*, 36.
62. Ashby, M. T.; Halpern, J. *J. Am. Chem. Soc.* **1991**, *113*, 589.
63. Kitamura, M.; Ohkuma, T.; Inoue, S.; Sayo, N.; Kumobayashi, H.; Akutagawa, S.; Ohta, T.; Takaya, H.; Noyori, R. *J. Am. Chem. Soc.* **1988**, *110*, 629.
64. Kagan, H. B.; Fiaud, J. C. *Top. Stereochem.* **1988**, *18*, 249.
65. Keith, J. M.; Larrow, J. F.; Jacobsen, E. N. *Adv. Synth. Catal.* **2001**, *1*, 5.
66. Cook, G. R. *Curr. Org. Chem.* **2000**, *4*, 869.
67. Hoveyda, A. H.; Didiuk, M. T. *Curr. Org. Chem.* **1998**, *2*, 489.
68. Martín, V. S.; Woodard, S. S.; Katsuki, T.; Yamada, Y.; Ikeda, M.; Sharpless, K. B. *J. Am. Chem. Soc.* **1981**, *103*, 6237.
69. Jacobsen, E. N. *Acc. Chem. Res.* **2000**, *33*, 421.
70. Trost, B. M.; Hembre, E. J. *Tetrahedron Lett.* **1999**, *40*, 219.
71. Ferreira, E. M.; Stoltz, B. M. *J. Am. Chem. Soc.* **2001**, *123*, 7725.
72. Jensen, D. R.; Pugsley, J. S.; Sigman, M. S. *J. Am. Chem. Soc.* **2001**, *123*, 7475.
73. Sigman, M. S.; Jensen, D. R. *Acc. Chem. Res.* **2006**, *39*, 221.
74. Tambar, U. K.; Ebner, D. C.; Stoltz, B. M. *J. Am. Chem. Soc.* **2006**, *128*, 11752.
75. Zhu, S. S.; Cefalo, D. R.; La, D. S.; Jamieson, J. Y.; Davis, W. M.; Hoveyda, A. H.; Schrock, R. R. *J. Am. Chem. Soc.* **1999**, *121*, 8251.
76. Ward, R. S. *Tetrahedron: Asymmetry* **1995**, *6*, 1475.
77. El Gihani, M. T.; Williams, J. M. J. *Curr. Opin. Chem. Biol.* **1999**, *3*, 11.
78. Huerta, F. F.; Minidis, A. B. E.; Bäckvall, J.-E. *Chem. Soc. Rev.* **2001**, *30*, 321.
79. Caddick, S.; Jenkins, K. *Chem. Soc. Rev.* **1996**, *25*, 447.
80. Pamies, O.; Bäckvall, J.-E. *Chem. Rev.* **2003**, *103*, 3247.
81. Kitamura, M.; Tokunaga, M.; Noyori, R. *Tetrahedron* **1993**, *49*, 1853.
82. Kitamura, M.; Tokunaga, M.; Noyori, R. *J. Am. Chem. Soc.* **1993**, *115*, 144.
83. Faber, K. *Chem. Eur. J.* **2001**, *7*, 5004.
84. Eliel, E. L.; Wilen, S. H. *Stereochemistry of Organic Compounds*; Wiley: New York; 1994.
85. Moncarz, J. R.; Laritcheva, N. F.; Glueck, D. S. *J. Am. Chem. Soc.* **2002**, *124*, 13356.
86. Willis, M. C. *J. Chem. Soc., Perkin Trans. 1* **1999**, 1765.
87. Hishiyama, H.; Itoh, K. In *Catalytic Asymmetric Synthesis*; Ojima, I., Ed.; Wiley-VCH: New York; 2000, p 111.
88. Tamao, K.; Ishida, N.; Tanaka, T.; Kumada, M. *Organometallics* **1983**, *2*, 1694.
89. Tamao, K.; Kakui, T.; Kumada, M. *J. Am. Chem. Soc.* **1978**, *100*, 2268.
90. Tamao, K.; Tohma, T.; Inui, N.; Nakayama, O.; Ito, Y. *Tetrahedron Lett.* **1990**, *31*, 7333.
91. (a) Sato, Y.; Honda, T.; Shibasaki, M. *Tetrahedron Lett.* **1992**, *33*, 2593; (b) Kondo, K.; Sodeoka, M.; Mori, M.; Shibasaki, M. *Tetrahedron Lett.* **1993**, *34*, 4219.
92. Jacobsen, E. N.; Pfaltz, A.; Yamamoto, H. *Comprehensive Asymmetric Catalysis*; Springer: Berlin, 1999; Vol. 1～3.
93. Ojima, I., Ed. *Catalytic Asymmetric Synthesis*; 2nd ed.; Wiley-VCH: New York, 2000.

15 均一系水素化反応

15・1 はじめに

有機化合物の水素化反応は，日用品やファインケミカルズ（精密化学品）合成において最も重要な反応の一つである．パラジウム/活性炭（Pd/C）や酸化白金から調製されるAdams触媒のような固体あるいは担持型パラジウムおよび白金触媒によるアルケンの水素化反応は，よく知られた反応例である．14章で述べたように，これらの固体触媒は生成物との分離や再利用性に優れている．しかし，均一系触媒による選択的な水素化反応は不均一系のそれよりはるかに多様である．均一系触媒の研究は，ジアステレオ選択性やエナンチオ選択性などの立体化学の制御に焦点をあてているものが多い．立体選択的な均一系水素化反応の目を見張る発展により，2001年のノーベル化学賞は，不斉水素化反応への貢献によりWilliam S. Knowlesと野依良治に贈られている．不斉水素化反応は，現代において第三級不斉炭素中心をもつ化合物の立体化学を制御できる反応として，工業的にも最も広く利用されている．また，均一系触媒を使うことにより配向性官能基を利用した水素化反応や異なる種類のオレフィンの選択的水素化反応，さらには触媒選択によるエノンのケト基あるいはオレフィン部位の選択的水素化反応も制御できるようになっている．さらに，均一系触媒はアセチレン，アルデヒド，ケトン，エステル，芳香族ニトロ化合物，芳香環や芳香族ヘテロ環などの他の官能基も触媒的に水素化できる[1)～6)]．

膨大な数の可溶性の遷移金属錯体が，オレフィンや他の不飽和化合物の水素化反応において触媒前駆体になることが示されている．触媒として，中性やカチオン性のロジウム，ルテニウム，イリジウム触媒やランタニド触媒がよく用いられる．その代表例として，有名なWilkinson触媒やヒドロホルミル化反応（17章）によって生成するアルデヒドを還元する$Rh(CO)H(PPh_3)_3$錯体，さらには医薬，農薬，香料，香味料などの合成中間体の不斉還元に広く用いられている光学活性なロジウム，イリジウム，ルテニウム触媒があげられる．これらに加え，空の配位座や脱離しやすい配位子をもち，補助官能基の配位により，水素化反応の立体選択性や位置選択性が制御できるような触媒，また，芳香環や芳香族ヘテロ環の還元に有効な開発途上の触媒があげられる．過去20～30年間の水素化反応の研究のほとんどは，C=C，C=OやC=N二重結合の不斉還元に焦点があてられている．

“移動水素化反応（transfer hydrogenation）”は相補的な実用的水素化反応である．この反応では，H_2以外の水素等価体が用いられる．この触媒反応では，アルコール，ギ酸，金属ヒドリド（たとえば，$NaBH_4$）や，配位したCOの加水分解（水性ガスシフト反応，11章）により生じる水素が移動する．これらの触媒は，均一系水素化反応触媒と類似の性質を示すため，簡単ではあるが本章で取上げる．触媒的ヒドロシリル化反応によっても，ケトンやイミンの還元が行えるが，これらについては16章で詳述する．

15・2　均一系触媒によるオレフィンの水素化反応の概要

1938 年 Melvin Calvin が，“均一系水素化反応（homogeneous hydrogenation）”という用語を初めて用いた[7),8)]．Calvin は酢酸銅とキノリンから調製した触媒を用いて，*p*-ベンゾキノンの還元反応を報告した．井口は水溶液中ロジウムアンミン（NH_3）錯体を用いて最初のロジウム錯体による均一系水素化反応を報告[9)]し，のちにアニオン性のシアノコバルト錯体による均一系水素化反応も報告している[10),11)]．1960 年代に入って，Wilkinson，Bennett，Coffey は $RhCl(PPh_3)_3$ を合成した[12)~14)]．Wilkinson[12),15)~18)]と Coffey[14)]は，この錯体がアルケンの水素化反応触媒となることを示し，“Wilkinson 触媒”として知られるようになった．この触媒は，確実性，選択性，効率性に優れており，有機合成に日常的に用いられるようになった．Wilkinson 触媒によるオレフィンの水素化反応機構が，Halpern により明らかにされた[19),20)]．それから 20 年ほど経過してから，Crabtree はアルケンの水素化にさらに高い活性を示すカチオン性錯体を見いだした[21),22)]．この触媒，$[Ir(acetone)_2(PCy_3)(pyridine)]^+$ は，第三列遷移金属を含んでいたために特に注目された．この発見以前は，多くの研究者は，第三列金属錯体は第二列金属触媒のモデルとなるだけで，より高い活性を示すとは考えていなかった．Crabtree 触媒や Brown のカチオン性ロジウム触媒は配向性官能基を利用した水素化反応に広く利用され，またエナンチオ選択的水素化反応に利用可能な光学活性な触媒開発研究が行われるようになった．

Wilkinson 触媒が報告されて間もなくして，Mainz 社の Horner ら[23)]と Monsanto 社の Knowles ら[24)]により三つの異なる置換基がリン原子に結合したキラルモノホスフィン配位子をもつ光学活性なロジウム触媒が報告された．2 章で述べたように，このようなホスフィンは光学分割することができ，P-キラルホスフィン配位子とよばれている．30％程度ではあったが，デヒドロアミノ酸の水素化反応においてエナンチオ選択性が観測されている．その後，Kagan らが，図 15・4（p.566）のビスホスフィン DIOP〔(4*R*,5*R*)-(−)-*O*-イソプロピリデン-2,3-ジヒドロキシ-1,4-ビス(ジフェニルホスフィノ)ブタン〕を含むロジウム錯体が，P-キラルモノホスフィンの配位した錯体より高いエナンチオ選択性で不斉水素化反応を触媒することを見いだし[25)]，この研究を通じて配位子のデザインにおける三つの重要な原理を明らかにしている．第一に，Kagan の研究により，モノホスフィンよりビスホスフィンの方がより高いエナンチオ選択性を与えることが示された．ビスホスフィンは強固なキレート構造をつくり，その結果，配位子の動きの自由度が減少する．第二に，C_2 対称性をもつ配位子は，プロキラル[訳注]なオレフィンが配位することによってできる異性体の数を減らし，その結果，水素化反応のエナンチオ選択性の異なる中間体の数を減らすことができることを示した．現在では，配位子の C_2 対称性は高いエナンチオ選択性が得られる触媒の調製に必要な条件ではないことがわかっている[26)]が（以下を参照），これら配位子の設計指針は，Knowles らの P-キラル配位子を含む第二世代触媒にも採用されている．図 15・6（p.567）に示した Monsanto 社によって開発された DIPAMP〔(*R*,*R*)-(−)-1,2-ビス[(*o*-メトキシフェニル)(フェニル)ホスフィノ]エタン〕は C_2 対称性の P-キラルビスホスフィンであり，そのロジウム錯体は高いエナンチオ選択性を示すデヒドロアミノ酸の水素化反応の触媒となる．この反応は，パーキンソン病の特効薬 L-DOPA（3,4-ジヒドロキシ-L-フェニルアラニン）の製造に即座に応用された[27)]．第三に，これらの研究は，金属に配位するリン原子のキラリティーが必ずしも必要でないことを示した．二つのリン原子を結ぶリンカーやその“主骨格”に不斉中心をもつ DIOP を含む触媒を用いてかなり高い不斉収率が得られている．14 章で述べたように，主骨格の立体化学がリン原子に結合したフェニル基の安定配座に影響を与えている．この安定配座により主骨格の立体化学が中心金属の配位座に転写され，それによっ

訳注：プロキラル（prochiral）とは潜在的立体異性のことで，アキラルな分子であるが分子内の対称面を挟んで鏡像的な構造要素があり，その対称面を取除く 1 段階の反応により，キラルな分子に変わりうる性質．

て基質のプロキラル面が識別されている．

1980年代になり，野依らは主骨格のキラリティーがキラル炭素によるものでなくてもよいことを示した．それに代えて，結合している炭素－炭素結合軸回りを自由回転できない二つのアリール基によって生じるアトロプ異性[訳注]が主骨格にキラリティーを付与できる．野依らのBINAP〔2,2′-ビス(ジフェニルホスフィノ)-1,1′-ビナフチル〕錯体[28]に関する精力的な研究によって，アトロプ異性を示すビアリール構造がキラリティーを転写する最も効果的な構造の一つであることが示された．碇屋と野依は，中心金属としてロジウムに代えてルテニウムを含むBINAP錯体が高活性かつ高選択的触媒であることを明らかにした．現在では，種々のオレフィンの水素化反応が，$Ru(BINAP)(OAc)_2$錯体を用いて行われている．つづいて，碇屋によりオレフィンの水素化反応[29]に最初に使用されたジクロリド体の$[Ru(BINAP)Cl_2]_n$が，塩基とともに使用することによって，官能基化されたケトンの水素化反応において活性と選択性に優れていることが示された[30]．その後，ルテニウム-BINAP錯体とアミン配位子を併用することにより新しい機構による高効率，高選択的なケトン類の水素化反応が進行することが，野依らにより示された[31),32]．さまざまなオレフィン，ケトン，イミンのエナンチオ選択的水素化反応に有効な配位子BINAPをもつ触媒の出現により，関連する多くのアトロプ異性配位子が不斉触媒反応のために開発されている[33]．

訳注：キラル中心をもたないが，単結合のまわりの回転が阻害されることでエナンチオマーを生じる性質．

また，高度に不斉水素化能が向上したいくつかの異なるタイプの配位子が開発されている．水素の酸化的付加の速度を向上させるために，アリールホスフィンに代わってアルキルホスフィン型の配位子がDuPont社のBurk[34),35]らにより開発された．このDuPhos配位子とロジウム触媒前駆体を使うと，アリールホスフィンのロジウム触媒では反応速度と選択性が十分ではなかった多くのオレフィンやイミンの水素化反応が進行する．ホスフィノ基と供与性窒素配位部分を一つずつもち，Crabtree触媒の構造を模倣した非対称型の光学活性な“P, N配位子”をもつイリジウム触媒がPfaltz[36)〜38]らによって開発された．最近では，ホスホロアミダイトやキラルジオールから誘導される単座ホスファイト配位子をもつロジウム触媒が再検討され，広範囲の不斉水素化反応に高い選択性を示すことがわかっている[39),40]．

その他の不飽和官能基の水素化反応も有用であるが，多くは開発途上であるか，あるいは不均一系触媒を用いて行われている．シクロアルカンは，石油精製の一環として不均一系触媒による芳香族化合物の水素化反応により工業的規模で製造されており[41]，この還元プロセスによりシクロヘキサンはアジピン酸のようなC_6化合物を工業的に製造するための重要な原料となっている．芳香族化合物の水素化反応に有効な均一系触媒はその不斉水素化反応の触媒への展開が可能であるが，穏和な条件で芳香環の水素化を進行させる均一系触媒の開発は難しい課題である．しかしすでに，高エナンチオ選択的不斉水素化反応を含む芳香族ヘテロ環化合物の水素化反応が開発されている．芳香族ヘテロ環を含む芳香族化合物の均一系触媒による水素化反応に関しては，§15・9で述べる．

カルボン酸レベルの酸化度の官能基の水素化反応はさまざまな規模の合成に有用である．たとえば，ナイロンの製造に必要なモノマーの一つであるヘキサメチレンジアミンはアジポニトリルの水素化反応により製造されている[42]．この還元反応は不均一系触媒により行われているが，ニトリルの還元による実験室規模でのアミン合成に，均一系触媒は便利である．エステルの水素化によるアルデヒド合成は，一般的に行われているエステルをいったんアルコールに還元したのち再酸化してアルデヒドに変換する工程を短くできるうえに，金属ヒドリドによるエステルの還元よりクリーンな反応である．これらの反応例については，§15・10で述べる．

15・3　アキラルな均一系水素化触媒の代表的な例

15・3・1　ロジウム触媒によるオレフィンの水素化反応

15・3・1a　中性ロジウム触媒

i）Wilkinson 触媒の合成

§15・1で述べたように，アルケンの水素化触媒となる $RhCl(PPh_3)_3$（Wilkinson 触媒）は，水素化反応における最も重要な発見の一つである．Wilkinson 触媒と水素の反応については，すでに6章で述べた．この錯体は酸素に対してやや不安定である．すなわち，この錯体は酸素と反応して，トリフェニルホスフィンの一部がトリフェニルホスフィンオキシドとなり，その結果，塩素架橋の二核錯体 $[RhCl(PPh_3)_2]_2$ になる．古い Wilkinson 触媒を使って触媒反応を行った場合，合成したばかりの Wilkinson 触媒を使った場合と異なる位置選択性および立体選択性で生成物が得られることがある．

Wilkinson 触媒の合成にはおもに二つの方法が用いられる．一つ目の方法は非常に簡単だが，トリフェニルホスフィンおよびいくつかのトリアリールホスフィンを含む錯体に限られる．この方法では，三塩化ロジウム(Ⅲ) とトリフェニルホスフィンをエタノール中で加熱する（式 15.1）[16), 43)]．ホスフィンオキシドの生成を伴って，ワインレッドの結晶が得られる．

$$RhCl_3(H_2O)_x + PPh_3 \xrightarrow{CH_3CH_2OH} RhCl(PPh_3)_3 + Ph_3PCl_2 \xrightarrow{H_2O} Ph_3PO + 2\,HCl \quad (15.1)$$

ホスフィンオキシドは，PPh_3 が Rh(Ⅲ) を還元することによって生じる Ph_3PCl_2 の加水分解によって副生する．Wilkinson 触媒中のクロリド配位子は，四配位 d^8 錯体の典型的な配位子置換反応により，ブロミドやヨージド配位子に置換できる（4章）．

二つ目の方法では，$RhCl(PPh_3)_3$ や他の多くの塩化ロジウムのホスフィン錯体を合成することができ，より有用である（式 15.2）．この方法では，$[RhCl(ethylene)_2]_2$ や，さらに溶

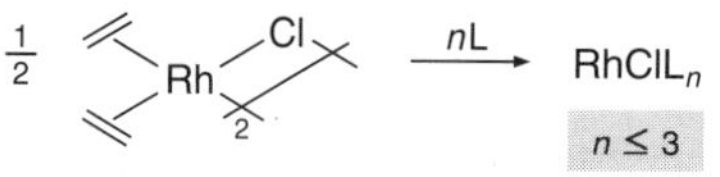

$$\frac{1}{2}\,[(C_2H_4)_2Rh(\mu\text{-}Cl)]_2 \xrightarrow{nL} RhClL_n \quad (L = PPh_3 \text{ または } PR'R_2) \quad n \leq 3 \quad (15.2)$$

解性の高い $[RhCl(cyclooctene)_2]_2$ のオレフィン配位子が PPh_3 や他のホスフィン配位子で置換される．また P/Rh 比を変えることができ，さまざまな反応性を示す水素化触媒を系中で発生させることができる．

ii）Wilkinson 触媒の反応性

共役していないアルケンやアルキンは Wilkinson 触媒によってシス様式で速やかに水素化される．これらの水素化反応は，ベンゼン中，エタノールのような極性共溶媒を用いて，常温，常圧水素の条件下で進行する．極性共溶媒は，のちほど述べるように，触媒反応の律速段階である移動挿入反応を起こりやすくする．

図 15・1には，Wilkinson 触媒によるさまざまなアルケンの水素化反応における相対反応速度が示されており，シクロヘキセンは，1-置換シクロヘキセンの 50 倍の反応性をもつ．反応速度における差は，2章で述べた触媒に対するオレフィン錯体生成の安定度定数に及ぼす立体効果により説明できる．この反応性の差は，式 15.3 の反応におけるシス二置換二重

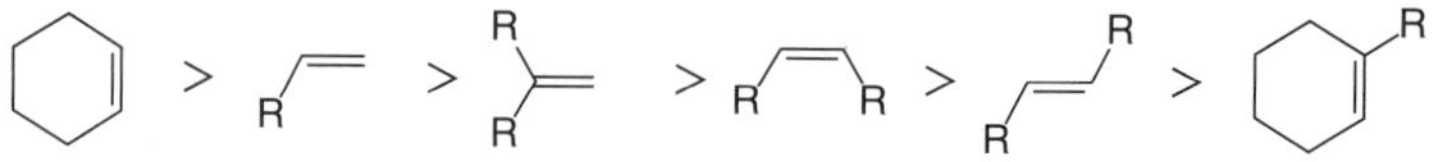

シクロヘキセン > $RCH=CH_2$ > $R_2C=CH_2$ > cis-$RCH=CHR$ > trans-$RCH=CHR$ > 1-R-シクロヘキセン

図 15・1　Wilkinson 触媒による水素化反応におけるアルケンの相対反応性

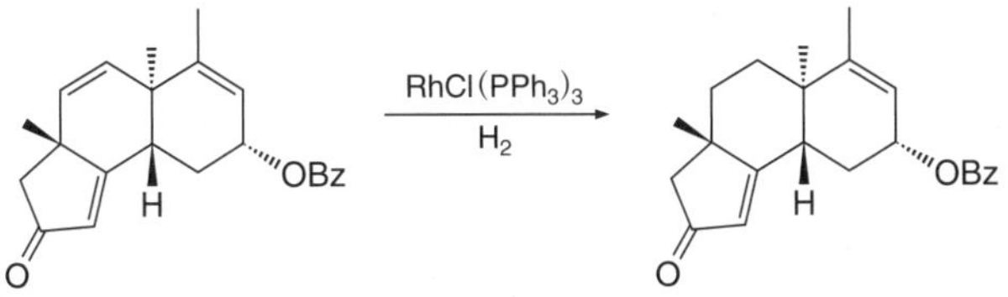

$RhCl(PPh_3)_3$, H_2 (15.3)

結合の選択的還元の結果を見れば明白である．しかし，エチレンや1,3-ブタジエンのように金属に強く配位するオレフィンは常温，常圧においてゆっくりしか水素化されない．これらのオレフィンはきわめて強く金属に配位するために，触媒がサイクル外へ出てしまい，反応機構が変化する．

Wilkinson触媒によるアルケンの水素化では，H_2とD_2の間や，D_2と溶媒やオレフィンのプロトンとの間で同位体のスクランブリング(訳注1)は観測されない[1]が，水素（または重水素）の完全シス付加は実験的にも確認されている．同位体実験で水素と重水素のスクランブリングが観測されないことは，金属上の二つの水素原子が同一のアルケンに移動するジヒドリド金属中間体を経る反応で，9章で述べたように，アルケンに対して金属とヒドリドがシスで付加する移動挿入過程を含むことを意味している．

訳注1：スクランブルとは“引っ掻き回す”ことであるが，ここでは立体化学の入替わりを意味する．また，この言葉は，重水素がアルキル鎖上で速く交換する反応や，CO配位子が分子内で入替わる反応など，さまざまな原子，基，配位子などの交換反応に対しても使われる．

Wilkinson触媒は，分子内に他の官能基をもつオレフィンの水素化反応にもしばしば用いられる．エステル，ケトン，ニトロアレーンをもつオレフィンの水素化反応の選択性やオレフィンが異性化しない点で，不均一系触媒より優れている．Wilkinson触媒の初期の応用例を次に示す．

エルゴステロール（ergosterol）の酢酸エステルに対する重水素の付加は，穏和な条件で進行し，5α,6α-ジジュウテリオ生成物を与える（式15.4）．この結果は，Wilkinson触媒の

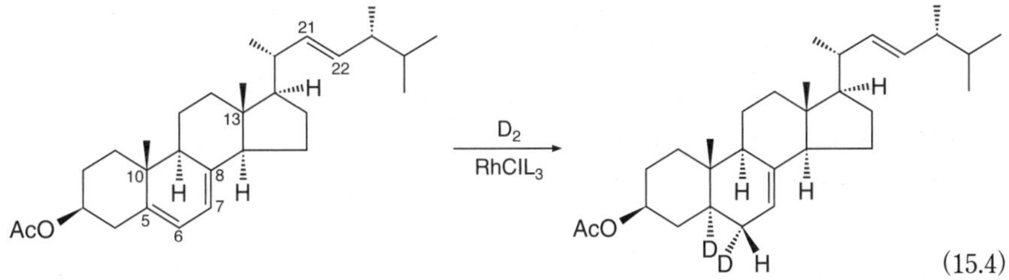

D_2, $RhClL_3$ (15.4)

反応性の特徴をいくつか表している．まず，共役ジエンはC21−C22の二重結合より容易に還元される．つぎに，ジエンは，立体障害の少ないステロイドのα面(訳注2)から水素化を受ける．Δ^7の三置換アルケンやΔ^{21}のトランス二置換アルケン(訳注3)は水素化されない．また，水素の重水素による交換は起こらない．この選択性は，プロスタグランジン（prostaglandin）のトリチウムによる位置選択的標識化にも利用されている（式15.5）[44]．反応性の高いβ-ケトアルコールは影響を受けない．

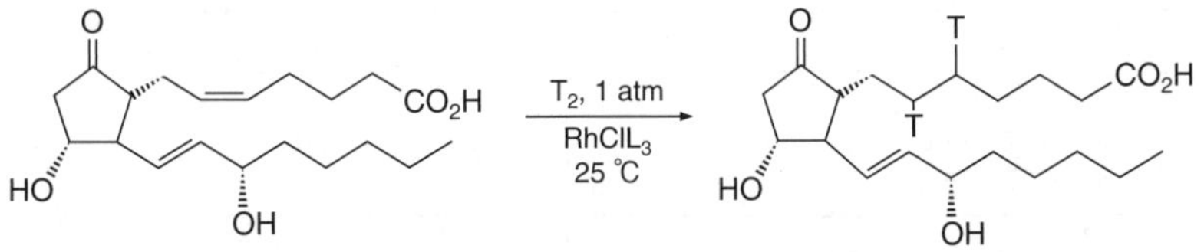

訳注2：コレステロールの構造を平面に表した場合，10位と13位の核間メチル基と同じ側についている置換基をβ置換基とよび，その逆をα置換基とよぶことから，反応剤の接近する面を，同じようにα面，β面とよぶ．

訳注3：Δは環集合骨格や環と非環部分が二重結合で連結されている分子の炭素−炭素二重結合を表す記号（ギリシャ文字デルタ）であり，肩付きの数字が二重結合の位置を表す．

T_2, 1 atm, $RhClL_3$, 25 ℃ (15.5)

Birch[1]らは，Wilkinson触媒と一般的な不均一系触媒との選択性の差を明らかにした．Wilkinson触媒の存在下，1,4-ジヒドロベンゼン（ナフタレンの“Birch還元”により得られる）の水素化が四置換アルケンを与えるのに対して，代表的な不均一系の白金やパラジウム触媒は，不均化を経てテトラリン誘導体を副生成物として与える（式15.6）．式15.5のβ-ケトアルコールの場合と同じように，式15.6のエステル基は還元されない．

$$\xrightarrow[H_2]{RhClL_3}\quad CO_2Me\ 96\%\quad CO_2Me\ 4\% \qquad \xrightarrow[H_2]{PtO_2 \text{または} Pd/BaSO_4}\quad > 49\%\quad 26\% \tag{15.6}$$

また，Wilkinson 触媒によるニトロアルケンの炭素－炭素二重結合の選択的水素化反応も，他の官能基が存在する場合のアルケンの選択的還元の一例である（式 15.7）．多くの不均一

$$PhCH{=}CHNO_2 \xrightarrow[H_2]{RhCl(PPh_3)_3} PhCH_2CH_2NO_2 \tag{15.7}$$

系触媒は，ニトロ基を還元する．また，同様にビニルアセタールのアルコキシ基は，Raney ニッケルによって開裂を起こすが，Wilkinson 触媒を使うとアルケンが選択的に水素化を受ける（式 15.8）．可溶性あるいは，架橋型高分子中のアルケンも不均一系触媒ではほとんど還元されないが，Wilkinson 触媒では水素化される（式 15.9）[45]．

$$\xrightarrow[H_2]{RhClL_3} \tag{15.8}$$

$$Ⓟ{-}C_6H_4{-}C(CH_3){=}CH_2 \xrightarrow[H_2]{RhClL_3} Ⓟ{-}C_6H_4{-}CH(CH_3)_2 \tag{15.9}$$

15・3・1b　カチオン性ロジウム触媒

カチオン性のロジウム錯体もオレフィンの水素化を触媒し，これらの触媒はオレフィンの不斉水素化反応に最もよく用いられるようになった．カチオン性ロジウムジヒドリド触媒は，一般的に $[Rh(H)_2L_2S_2]^+$ と表される（S は，THF や MeOH のような極性溶媒，L_2 は，二つの第三級ホスフィン配位子，より一般的にはキレート型ビスホスフィン）．初期のカチオン性ロジウム触媒として，二座キレート型 DIPHOS やモノホスフィンの PPh_3 を含んだものがあげられる．これらの触媒の研究は，カチオン性錯体を単離し，それらの反応性を研究していた Osborn と Schrock ら[46)～48)] によって始まった．

$[Rh(diene)(PR_3)_2]^+$ の構造をもつ多くの触媒が水素化反応に使われている．表 15・1 にまとめた比較実験[46] から，電子供与性の配位子をもつカチオン性ロジウム錯体は，電子供

表 15・1　PPh_3，PPh_2Me，$PPhMe_2$ 配位子をもつカチオン性ロジウム錯体による 1-ヘキセンの水素化反応の初期速度定数

錯　体	基質濃度 (mM)	$k_{init} \times 10^4 (s^{-1})$
$[Rh(NBD)(PPh_3)_2]^+$	5.3	0.1
$[Rh(NBD)(PPh_2Me)_2]^+$	3.7	3.0
$[Rh(NBD)(PPhMe_2)_3]^+$	3.5	6.0

与性の低い配位子をもつ錯体よりもアルケンの水素化に活性が高い．その後の研究から，二座配位子を含む触媒は単座配位子をもつ触媒より活性が高いことが示されている．特に，$[Rh(norbornadiene)(DPPB)]^+$ は活性が高い[49),50)]〔DPPB：1,4-ビス(ジフェニルホスフィノ)ブタン〕．

Osborn らの研究によって，カチオン性錯体による水素化反応のいくつかの基本的特徴が

明らかにされた[46),51)]．まず第一段階で，活性な触媒は $[Rh(alkene)_2L_2]^+$ の配位アルケンの水素化により発生する（式15.10）．つづいて，水素との反応により，カチオン性ジヒドリ

$$[Rh(NBD)(dppe)]^+ + 2H_2 \xrightarrow{S} [Rh(dppe)S_2]^+ + \text{norbornane} \qquad (15.10)$$

ド錯体 $[Rh(H)_2L_2S_2]^+$ を生じる．最後に，この酸性を示すジヒドリド錯体は，共存する塩基性基や添加した第三級アミンによって中性の錯体となり Wilkinson 触媒の場合と同じ機構で水素化が進行する．カチオン性 Osborn 触媒[訳注1] と中性の触媒は異なる生成物を与える．カチオン性触媒はオレフィンの異性化をひき起こさないのに対して，二つのホスフィンをもつ中性触媒は，オレフィンの異性化を伴いながら水素化し生成物を与える．したがって，カチオン性触媒の反応は，一般的にプロトン性溶媒中や添加剤の存在下で行われる．§15・3・2で述べるように，アキラルなカチオン性触媒は，配向性官能基を利用したジアステレオおよび位置選択的な水素化反応に有用である．

訳注1: Osborn らによって開発された $[Rh(H)_2L_2S_2]^+$（L＝ホスフィン，S＝溶媒）で表されるカチオン性ジヒドリド錯体の総称．これらの前駆体は，表15・1や式15.10に示されるカチオン性の $[Rh(NBD)L_2]^+$ 錯体．

15・3・2 イリジウム触媒：Crabtree 触媒

Crabtree と Felkin は，立体障害のあるオレフィンでも高速で水素化する配位不飽和イリジウム触媒を開発した[21),52)]．この触媒は，“Crabtree 触媒”として知られている．$[Ir(COD)(PCy_3)(Py)]^+$ で表される Crabtree 触媒は，実際は触媒前駆体であり，COD 配位子の水素化によりカチオン性の Ir(Ⅲ)ヒドリド錯体を生じる．多くの均一系触媒，特に中性の触媒と比較して Crabtree 触媒は，酸素に対して安定である．Crabtree 触媒は，カチオン性のために極性官能基と結合するので，その触媒活性は塩化メチレンのような非配位性溶媒中で高くなる．Pfaltz らは，Crabtree 触媒とそのキラルな触媒の活性が，テトラキス[3,5-ビス(トリフルオロメチル)フェニル]ボラート（BArF）[訳注2] のような，嵩高くて配位力の弱いアニオンを使うことにより劇的に向上することを報告している[53),54)]．極性官能基に対して結合するこのカチオン性錯体は，次節で述べる配向性官能基を利用した水素化反応に利用されている．

訳注2: $\mathrm{BArF} = \overset{\ominus}{B}\left(3,5\text{-}(CF_3)_2C_6H_3\right)_4$

Suggs と Crabtree は，ステロイド中の混み合ったオレフィンが，高い α 選択性で水素化されることを報告し（式15.11），同時にその他のオレフィンにも応用し，Crabtree 触媒が

$$\xrightarrow[H_2,\ CH_2Cl_2]{[Ir(COD)(PCy_3)(Py)]PF_6} \qquad (15.11)$$

合成化学的に利用価値の高いことを示した[55)]．Crabtree 触媒は他の官能基があってもオレフィンを選択的に還元する．式15.12には，不均一系触媒では還元されるシクロプロピル基

$$\xrightarrow[H_2,\ CH_2Cl_2]{[Ir(COD)(PCy_3)(Py)]PF_6} \qquad (15.12)$$

や *gem*-ジブロモ基が存在してもオレフィンが還元される例を示した[55]．

表 15・2 では，立体的混み合いの異なる 3 種類のオレフィンの水素化反応における各均一系触媒の反応速度が比較されている．この表のデータから，Crabtree 触媒は，他の中性で

表 15・2　均一系ロジウム，ルテニウム，イリジウム触媒による種々のアルケンの水素化反応における触媒回転頻度

触媒前駆体	温度(°C)	溶媒	触媒回転頻度 (h^{-1})		
			1-ヘキセン	シクロヘキセン	テトラメチルエチレン
$[Ir(COD)(PCy_3)(Py)]^+$	0	CH_2Cl_2	6400	4500	4000
$[Ir(COD)(PMePh_2)_2]^+$	0	CH_2Cl_2	5100	3800	50
$[Ir(COD)(PMePh_2)_2]^+$	0	$CH_3C(O)CH_3$	10	0	0
$[Rh(COD)(PPh_3)_2]^+$	25	CH_2Cl_2	4000	10	0
$[RuClH(PPh_3)_3]$	25	C_6H_6	9000	7	0
$[RhCl(PPh_3)_3]$	25	$C_6H_6/EtOH$	650	700	0
$[RhCl(PPh_3)_3]$	0	$C_6H_6/EtOH$	60	70	0

比較的嵩高いロジウムやルテニウム触媒よりも多置換オレフィンに対してきわめて高い活性を示し，特に，四置換アルケンの水素化では，カチオン性イリジウム錯体のなかでも特に活性が高いことがわかる．また，表の上から 2 番目と 3 番目のデータからカチオン性イリジウム錯体の場合には，配位力の弱い溶媒を使用することが重要であることもわかる．

15・3・3　ルテニウム触媒によるオレフィンの水素化反応

1961 年，Halpern，Harrod，James らは，水中で，塩化ルテニウム(II) を触媒としたカルボン酸の水素化反応が進行することを報告した[56]．この章の後半で述べるように，均一系触媒による不斉水素化の最も成功した例は，アクリル酸誘導体の C=C 二重結合の触媒的不斉還元反応である．Chatt と Hayter はトリアルキルホスフィンを含むルテニウムヒドリド錯体，$RuClH(PR_3)_n$ を報告した[57]．Wilkinson らは，水素化反応の Wilkinson 触媒を発表した直後に，$RuCl_2(PPh_3)_3$ に水素と塩基を反応させると $RuClH(PPh_3)_3$ が生成し，これが末端アルケンの水素化に高い触媒活性を示すことを報告している (式 15.13)[15]．芳香族多環化合物，

$$RCH{=}CH_2 \xrightarrow[H_2]{RuClH(PPh_3)_3} RCH_2CH_3 \qquad (15.13)$$

エステル，ニトリルの水素化に使われる PPh_3 の配位したルテニウム錯体触媒については，本章の終わりで解説する[58]．この錯体は最初期の五配位 d^6 の不飽和錯体の一つである．ルテニウム錯体は，不斉水素化に代表されるように，現在最も広く使われているオレフィンの水素化触媒である．

Wilkinson 触媒と同じく，ルテニウムヒドリド触媒の $RuClH(PPh_3)_3$ は，内部アルケンよりも末端アルケンを選択的に水素化する．この触媒によって末端アルケンは内部アルケンよりも約 1000 倍速く水素化される[1]．この触媒は，多置換アルケンの水素化の例がなく，また他の官能基が配位する配位座もないことからその利用は限られている．

水素化反応におけるルテニウム錯体の反応性と反応機構の研究から，金属中心の不飽和度が高い，キラル配位子を含む $Ru(BINAP)(OAc)_2$ や $[Ru(BINAP)Cl_2]_2$ が開発され，オレフィンやケトンの工業的規模の不斉水素化反応に広く利用されている．これらの反応例については，本章の後半でふれるが，β-ケトエステルのエナンチオ選択的水素化反応例を式 15.14 に示した[59]．

(R)-BINAP-Ru
H_2(100 atm), CH_3OH
32 時間, 20〜30 ℃
基質/触媒比 ＝ 1800
R, OMe → OH, R, OMe
＞ 99% ee
(15.14)

(R)-BINAP-Ru ＝
Ph_2, P, Cl, S, Ru, P, Cl, S, Ph_2
$Ru(BINAP)(OAc)_2$ ＋ HCl から調製

15・3・4 ランタニド触媒[訳注]

ロジウム，イリジウム，ルテニウム触媒ほど一般的に用いられてはいないが，ペンタメチルシクロペンタジエニル配位子を含むランタニド触媒について少しだけふれる．ランタニド触媒は，空気や湿気に弱く，また，エステル，ニトリル，アミドのような官能基に対して高い反応性を示すので合成化学的利用はかなり限られている．しかし，Marks らは，ランタニド触媒が官能基をもたない末端アルケンの水素化反応にきわめて高い活性を示すことを報告した[60]．彼らは，1-ヘキセンの水素化反応が常温常圧の条件において 120,000 h^{-1} を超える触媒回転頻度で進行することを報告した．類似の 4 族の錯体触媒が，ジエンのモノエンへの選択的水素化反応に利用されている．不斉水素化反応に利用できるキラルなランタニド触媒が開発されているが[61]，選択性は後周期遷移金属触媒には及ばない．

訳注：本書では原書の表記に従い，lanthanide をランタニドと訳した．lanthanide（ランタニド），lanthanoid（ランタノイド）の用法については，かねてより La を含めるかどうかで混乱があったが，IUPAC 2005 では La を含めた La〜Lu 元素群の総称として lanthanoid とよぶことを提唱している．語尾が -ide は通常は陰イオンを示す．アクチニドについても同様．

15・4 配向性官能基を利用した水素化反応

Crabtree 触媒や $[Rh(norbornadiene)(DPPB)]^+$ のようなカチオン性ロジウム触媒は，ジエン配位子の還元により生じた空の配位座に溶媒が弱く配位した錯体を与える．配位した溶媒が基質の炭素－炭素二重結合と官能基により置換されることによって，オレフィンの官能基が存在する側の配位面から水素が付加する．Crabtree[62] と Stork[63] は，ほとんど同時期にこのような“配向性官能基を利用した水素化反応（directed hydrogenation）”を報告した．配向性官能基を利用した水素化反応のその後の発展は，Brown[49] らの総説にまとめられており，配向性官能基を利用した反応全般が Evans[64] らの総説にまとめられている．

基質中の官能基はジエンやポリエンのどの C=C 結合を水素化するかを制御することができる．しかしそのほとんどの応用例は，環状あるいは鎖状アルケンのジアステレオ選択的還元反応を行うために基質の配位を利用したものである．配向性官能基を利用した水素化反応に用いられるロジウムやイリジウム触媒の正電荷は，アルコール，エーテル，エステル，ケトン，アミドなどの極性官能基の配位を容易にする．一般的に，水素分子は環状化合物の官能基と同じ側からアルケンに付加する．その立体選択性は，立体的に混んでいない方向から水素が付加する Pd/C による還元とは対照的である．

配向性官能基を利用した水素化反応の代表的な三つの反応例を式 15.15〜15.17 に示す．式 15.15 は官能基の配向性効果を最初に実証したホモアリルアルコールの水素化反応の一例である[63]．式 15.16 は，Crabtree 触媒を用いたアミド基の配向性を利用したより複雑な化合物のジアステレオ選択的還元であり，プミリオトキシン類（pumiliotoxins）合成の一段階である[65]．式 15.17 はヒドロキシ基の配向性を利用してビシクロ化合物の混み合った面から水素の付加が起こることを示している．この例では Crabtree 触媒のほか Brown のカチオン性ロジウム触媒が高い立体選択性を示している[50]．他の多くの反応が Brown のカチオン性ロジウム触媒によって高い立体選択性で進行する．鎖状基質へのジアステレオ選択的付加反応と，その選択性発現については，Evans の総説にまとめられている[64]．

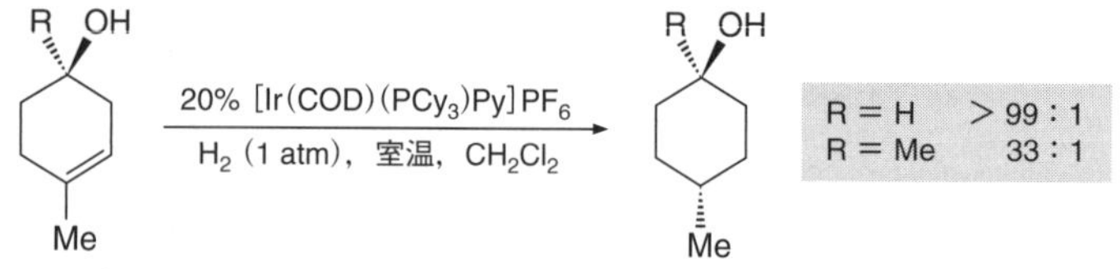

20% $[Ir(COD)(PCy_3)Py]PF_6$, H_2 (1 atm)，室温，CH_2Cl_2　(15.15)

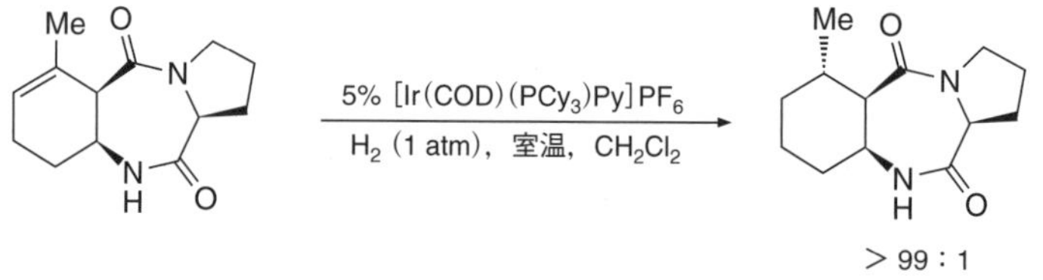

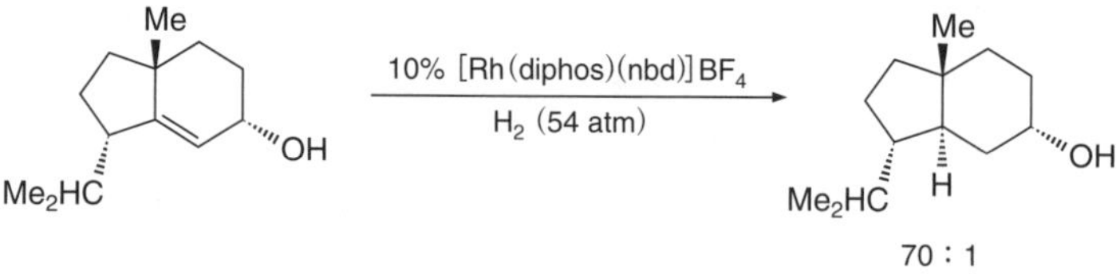

R = H	> 99 : 1
R = Me	33 : 1

5% $[Ir(COD)(PCy_3)Py]PF_6$, H_2 (1 atm)，室温，CH_2Cl_2　(15.16)

> 99 : 1

10% $[Rh(diphos)(nbd)]BF_4$, H_2 (54 atm)　(15.17)

70 : 1

15・5　均一系触媒によるオレフィン，ケトンの水素化反応機構

15・5・1　背　景

有機溶媒中で進行する Wilkinson 触媒を用いたオレフィンの水素化反応と Knowles のロジウム-DIPAMP を用いたデヒドロアミノ酸の不斉水素化反応の機構に関する詳細な研究が，Halpern らによって報告された．この研究から，二つの重要な結論が導きだされている[19),20),66)〜69)]．第一の重要な点は，14 章で述べたように，均一系触媒反応で各種スペクトルで観測できるほど十分な濃度で存在する中間体は，触媒サイクルの真の活性種であるとは限らないことである．ある場合には，これらの化学種は触媒サイクル中の真の中間体と平衡状態にあるか，あるいは非可逆的に生成した生成物を生じない中間体である．触媒反応において観測された錯体に対して速度論的取扱いをすることによって，この錯体が速度に対して正の効果をもつか負の効果をもつかを評価できる．

第二の重要な点として，多段階触媒反応の機構を明らかにするためには，可能な限り各段階の速度式を個々に決定し，触媒反応全体の速度式と関連づけなければならない．すべての段階の速度定数と平衡定数を求め，定量的に全体の触媒反応が説明できれば，提案された機構は妥当なものと考えることができる．多段階反応からなる触媒反応全体の速度論的な挙動に対し，影響を与えるさまざまな要因を単純に決定している研究の多くは，誤りであることが多い．そのような実験では，正しい機構を導くために用いることのできる十分なデータは得られない．これらの反応にはふつう多くの変数があるため，単純な速度論的な研究では特定の経路を限定することは困難である．本書の前著の著者らは，“化学の論文を注意深く読むと，この二つの教訓がしばしば忘れられていることに気づくであろう”と述べている．

15・5・2　代表的反応機構の概要

一般的な水素化反応の機構にはさまざまなものがある．スキーム 15・1〜15・5 はその代表的なものである．スキーム 15・1 と 15・2 は，水素分子の酸化的付加反応とジヒドリド中間体へのアルケンの挿入過程を含んでおり，スキーム 15・3 は水素分子の不均等開裂とモノヒドリド中間体へのアルケンの挿入反応を含んでいる．スキーム 15・1 は中性ロジウム触媒による一般的な機構であり，“ヒドリド機構”または“水素-先行機構(訳注 1)”とよばれる．カチオン性ロジウム触媒によるスキーム 15・2 の機構は，“アルケン機構”または“アルケン-先行機構(訳注 2)”とよばれる．スキーム 15・3 は，もともと Halpern により提唱され，のちに Morris らによって改訂された中性のルテニウム触媒による不飽和カルボン酸の水素化反応

訳注 1: 水素-先行（hydrogen-first）水素の酸化的付加反応が先行して起こること．

訳注 2: アルケン-先行(alkene-first) アルケンの配位ならびに挿入が先行すること．

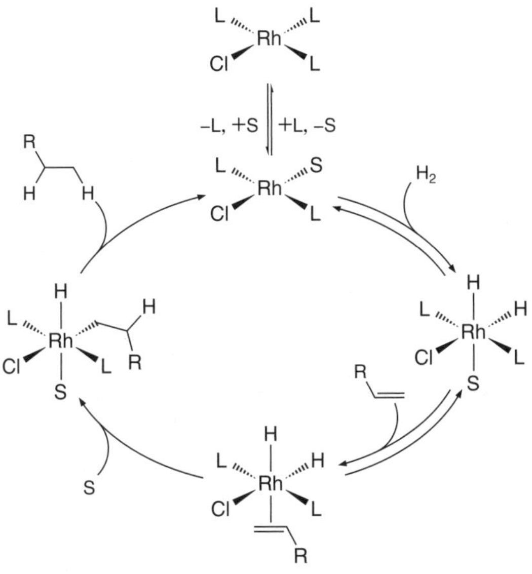

スキーム 15・1 Wilkinson 触媒による水素化反応機構

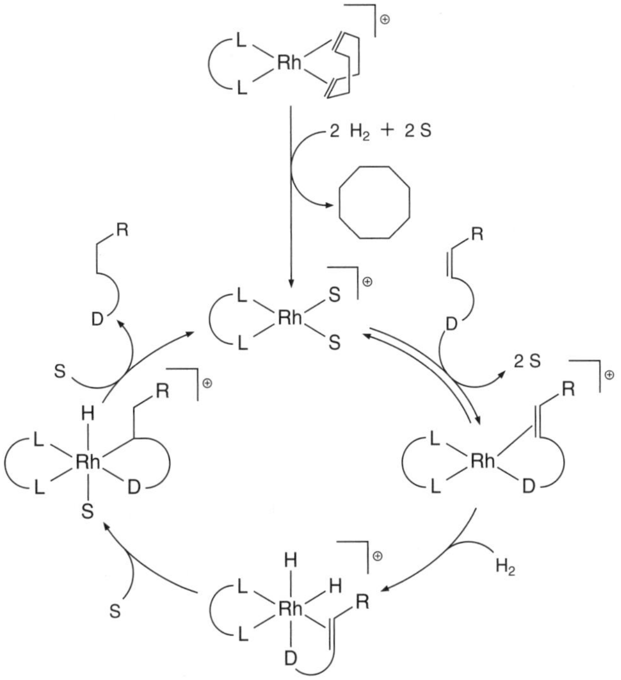

スキーム 15・2 カチオン性ロジウム触媒によるドナー性置換基 D をもったアルケンの水素化反応機構

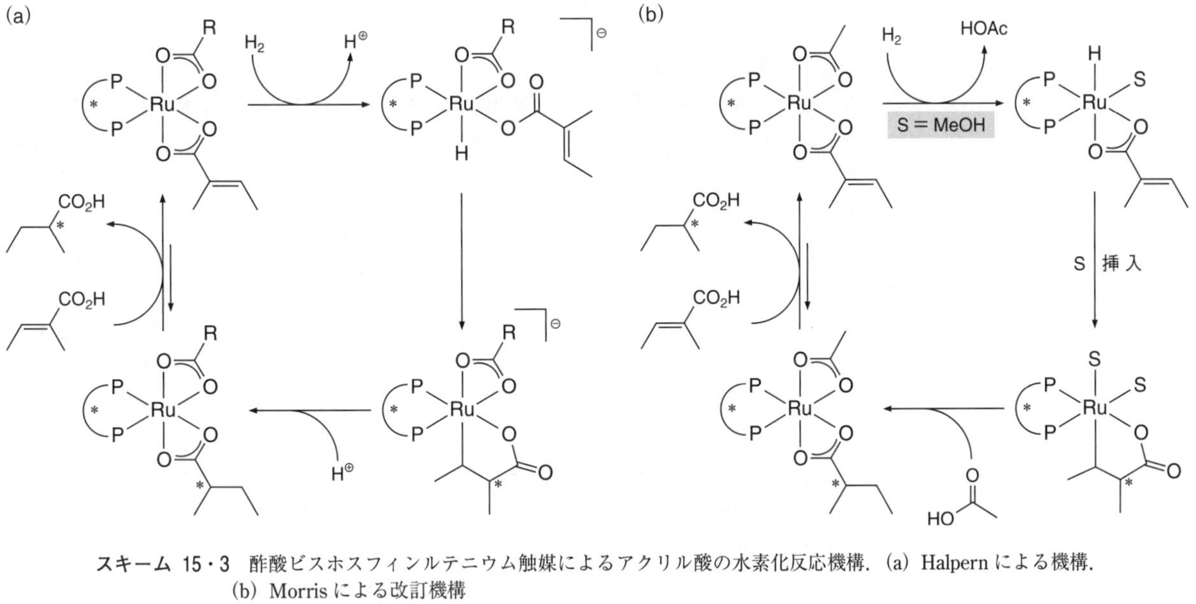

スキーム 15・3 酢酸ビスホスフィンルテニウム触媒によるアクリル酸の水素化反応機構．(a) Halpern による機構．(b) Morris による改訂機構

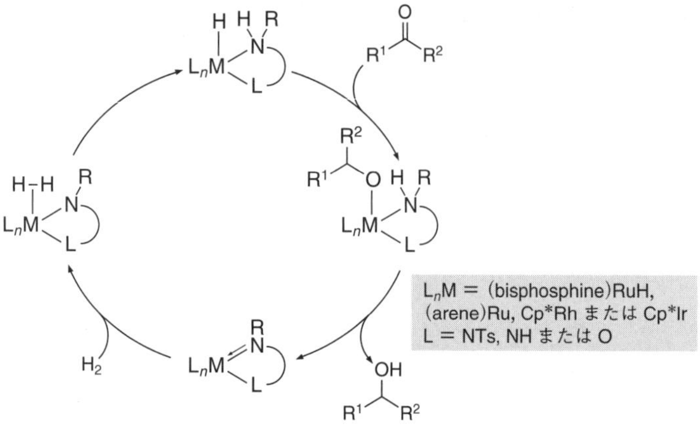

スキーム 15・4　金属－配位子協奏機能触媒によるケトンの水素化反応機構

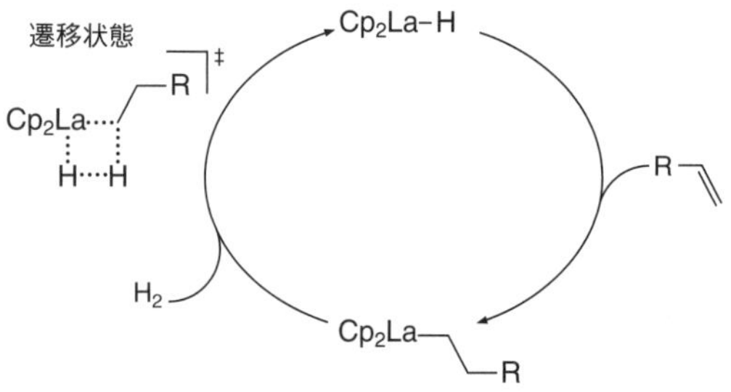

スキーム 15・5　σ結合メタセシスを経るランタニド触媒による水素化反応機構

機構である．スキーム 15・4 は，ホスフィンとアミンあるいはスルホンアミドの 2 種類の配位子をもつ触媒によるケトンやイミンの水素化反応における第四の機構である．この機構には“外圏”機構による水素等価還元剤の移動が含まれている．すなわち，水素分子は酸化的付加せず，また，ヒドリド移動の前に不飽和化合物が金属へ直接配位せずに，ヒドリドとプロトンとして同時に移動する機構である．遷移状態の構造や初期生成物の特定に関する研究が現在行われており，その詳細はこの章の後の部分で述べる．スキーム 15・5 に示した最後の機構は，4 族金属やランタニド触媒によるアルケンやイミンの水素化反応であり，σ結合メタセシス過程を含んでいる．これら五つの機構とそれを支持するデータが次節以後に示されている．

15・5・2a　ジヒドリド錯体に対するオレフィンの挿入機構

i）Wilkinson 触媒による水素化反応

ロジウムホスフィン錯体触媒によるオレフィンの水素化反応はジヒドリド中間体を経由して進行する．Wilkinson 触媒に関する研究では，ヒドリド機構が，カチオン性ロジウムホスフィン錯体触媒の研究では，アルケン機構がそれぞれ示されている．Schrock と Osborn の同位体標識実験により，反応系中に酸あるいは塩基を添加すると，二つの機構が切替わることが古くから示されている[46]．最近の研究では，アルキルホスフィン錯体を用いると，カチオン性金属中心が十分電子豊富になり，それによりヒドリド機構で反応が進行することが示されている[70),71]．これらの点に関しては，この反応機構に関する項の最後で再度議論するが，この二つの経路のエネルギー差が小さいことと，反応経路が配位子や反応溶媒に依存することをここで強調しておく．重要な水素化反応機構の各素過程を議論した後に，キラル触媒を用いた場合に，それぞれの経路で立体化学が制御される要因について述べる．

Halpern は，Wilkinson 触媒を使ったシクロヘキセンの触媒的水素化反応を用いて，提唱されている触媒サイクルにおけるそれぞれの段階の速度と触媒反応全体の速度に関する研究を行った[19),20]．触媒サイクルの主要部分を示したスキーム 15・1 では，ヒドリド機構が説明されているが，Halpern らの研究により導きだされたより完全な全体像をスキーム 15・6 に示す．この全体スキームでは，触媒サイクルの各段階の速度式を個別に決定し，各段階が触媒反応全体の速度式を説明できること，ならびに，以前単離された中間体が触媒反応において速度論的に関与しない中間体であることが明らかにされている．

この系では，触媒反応溶液中に観測され，あるいは単離されたすべての化合物が触媒サイ

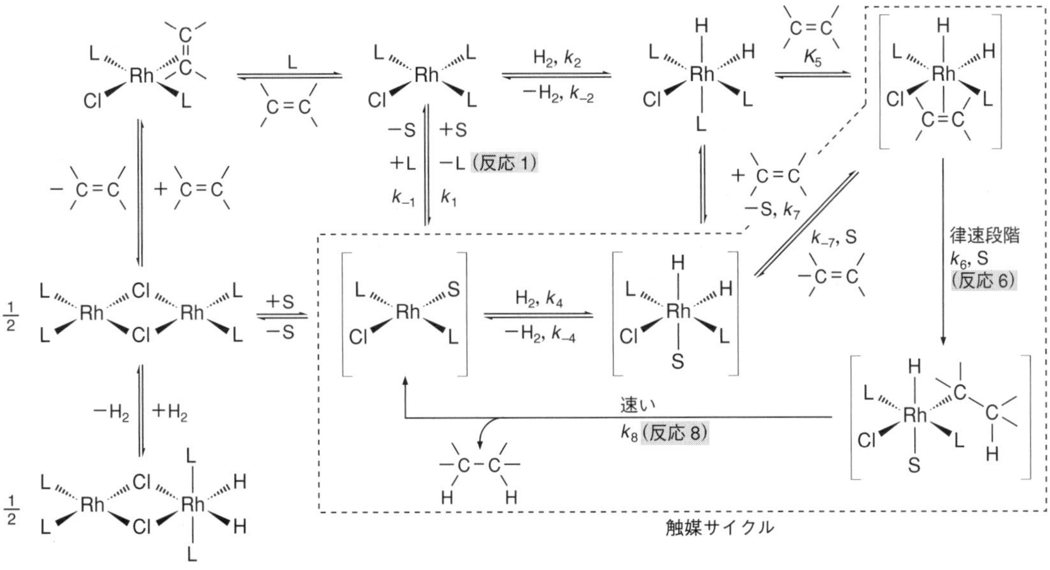

スキーム 15・6

クルからはずれた中間体である．これらの中間体はスキーム 15・6 の破線の囲みの外に示してある．破線の囲みの中の錯体は，提案されている触媒反応の中間体である．スキーム 15・6 の破線の囲みの外の錯体の濃度が高まると，触媒反応は遅くなる．この現象はすべての触媒反応に当てはまるわけではなく，別の反応系においては，触媒反応に直接かかわる錯体が観測されることもある．しかし，この研究は，観測された中間体と触媒サイクルの間の関係を示す反応速度のデータなしに触媒サイクルに直接かかわる中間体であると，反応機構を誤ることがあることを示している．“実際の反応経路に沿った錯体が速度論と熱力学によって明らかにされて初めて，反応機構が明らかになる”と，本書の前著の著者 Collman らは述べている．

Wilkinson 触媒によるオレフィンの水素化反応の全体の機構は，次の三つの部分に分けられる．すなわち，$RhClL_3$ への水素分子の付加，移動挿入による $RhClH_2L_3$ と，オレフィンとの反応，そして水素化生成物の還元的脱離である．オレフィンより先に水素分子が付加するので，スキーム 15・1 と 15・6 の機構はヒドリド機構とよばれる．これらの触媒反応の速度を制御する最初の 2 段階の反応機構について，次の二つの項で説明する．

1）酸化的付加段階の機構

6 章で述べたように，Wilkinson 触媒に対する水素分子の付加は PPh_3 を添加することにより阻害される[72]．これらの詳細な分析から，反応は次の二つの競合する経路で進行することが示されている．一つは，最初のトリスホスフィン錯体への直接付加反応と，もう一つは，トリスホスフィン錯体からホスフィンの解離によって生じるビスホスフィン錯体に対する付加反応である．反応はおもに，$RhClL_3$ からホスフィンが解離して生じる 14 電子の $RhClL_2$ から進行する（スキーム 15・6 の反応 1）．配位子の解離平衡はほとんどトリスホスフィン錯体側にある（$K_1=10^{-5}$ M）．ホスフィンの解離後に，$RhClL_2$ への水素分子の速い付加が起こり，配位不飽和なジヒドリド錯体 $RhClH_2L_2$ を与えるが，この中間体は遊離のトリフェニルホスフィンと会合し，その結果，$RhClH_2L_3$ の飽和ジヒドリド錯体となる．どちらも観測されているが，通常の遊離ホスフィンの存在する条件では，$RhClL_3$ からホスフィンの解離と水素分子の付加を経由して $RhClH_2L_3$ が生成する経路の方が，$RhClL_3$ への水素分子の直接付加より速い．別の実験において，Rh(CO)ClL_2 の光反応で発生させた $RhClL_2$ に対する水素分子の付加は，$RhClL_3$ に対するよりも少なくとも 10^4 倍速く起こることが示されている[73),74)]．水素分子の付加は平衡反応であり，付加反応の立体化学がNMRによる詳細な研究により明らかにされている[75),76)]．

14電子のビスホスフィン錯体，$RhClL_2$ は二量化しやすい傾向がある（スキーム15・6，$K_{eq}=10^6\ M^{-1}$）．スキーム15・6に示すように，二量化した錯体に水素分子が酸化的付加した化合物が，Tolmanらによって同定されている[76),77)]．しかし，この錯体とオレフィンとの反応は極端に遅く，触媒反応における中間体とはなりえない．さらに，不活性な二量体 $Rh_2Cl_2L_4$ に変わる前にビスホスフィン錯体 $RhClL_2(S)$ は水素分子と反応するので，水素が存在する触媒系では，$RhClL_2(S)$ と $Rh_2Cl_2L_4$ 間の平衡は存在していない．

水素が存在しない状態では，オレフィン錯体 $RhClL_2(olefin)$ が生成する．シクロヘキセンのようにロジウムに対する配位力が弱いオレフィンとの錯形成は，オレフィンの水素化反応において重要な副反応とはならない．しかし，エチレンのように比較的大きな平衡定数をもつオレフィンは，安定な $RhClL_2(olefin)$ 錯体を生成することにより，ジヒドリド錯体の生成を競争的に阻害する．

2）移動挿入段階の機構

9章ですでに述べたように，シクロヘキセンとジヒドリド錯体 $RhClH_2(PPh_3)_3$ との反応の速度論的研究が行われている[20),78)]．この研究によって，シクロヘキセンと $RhClH_2(PPh_3)_3$ との反応は式15.18に示されている速度式に従うことが示された．式15.18の速度式による

$$\frac{-d[RhClH_2L_3]}{dt} = k_{obs}\,[RhClH_2L_3] \tag{15.18}$$

$$\text{ここで，}\ k_{obs} = \frac{K_5k_6[C{=}C]}{[L]+K_5[C{=}C]}\ \text{または}\ \frac{1}{k_{obs}} = \left(\frac{1}{K_5k_6}\right)\left(\frac{[L]}{[C{=}C]}\right) + \frac{1}{k_6}$$

と，実際の速度定数の逆数 $1/k_{obs}$ と［L］/［C=C］は，傾き $1/K_5k_6$ で切片 $1/k_6$ の直線関係にある．速度定数 k_6 で表されるオレフィンの移動挿入段階は，水素化反応の触媒サイクルの後半で，そして触媒的水素化反応全体で最も遅い段階である．シクロヘキセンと $RhClH_2(PPh_3)_3$ との反応において，$k_{obs(H)}/k_{obs(D)}=1.15$ という小さな同位体効果が観測されている．スキーム15・6における反応8の生成物を与える段階〔アルキル(ヒドリド)ロジウム錯体からの還元的脱離反応〕は十分に速く，反応6の逆反応は速度論的に無視できる．この結果は，D_2 とオレフィン間に同位体交換が観測されないことと一致する．スキーム15・6に示されているように，配位不飽和中間体における空の配位座は，極性溶媒によって占められている．溶媒の配位する程度には違いがあるが，速度論と平衡論に基づいた研究により活性中間体の化学量論が決定されている．しかし，中間体の立体化学は，これらの実験からは決定できない．関連する錯体の磁化移動法によるNMR[(訳注)]と相対的な反応性に基づいて，Brown[75),79)]はスキーム15・6のオレフィンジヒドリド錯体とアルキルヒドリド錯体の活性中間体のホスフィン配位子はシス位を占めると提唱した．

訳注：magnetization-transfer ^{1}H NMR spectrometry；スピン飽和移動（spin saturation transfer）ともいう．有機金属錯体の可逆な転位反応の研究でよく用いられる方法の一つ．

式15.18の速度式により，シクロヘキセンの水素化反応において観測された速度データは定量的に説明できる．水素圧一定でオレフィンが高濃度（>1M）で，さらに余分のホスフィンを添加しない条件では，移動挿入反応（k_6）は，触媒サイクルにおいて最も遅い段階であるので，全体の速度は，移動挿入段階の速度によって決まる．

スキーム15・6の機構は，Wilkinson触媒によるシクロヘキセンの水素化について確立されているが，オレフィンを少し変化させるだけで支配的な機構が変化することがある．たとえば，シクロヘキセンより大きな平衡定数をもつスチレンとの反応では，スチレン2分子が配位した中間体を含む経路が並行して存在するような速度式に従って反応が進行する[80)]．ま

た，Wilkinsonは，他の配位力の強いエチレンや1,3-ブタジエンのようなオレフィンを用いた場合には，水素化反応が異なる速度式に従うことも示している．このことは，より配位力の強いオレフィンは水素分子の付加前に配位することを示している．

ii）カチオン性ロジウム触媒による水素化反応

1）芳香族ホスフィン配位子を含むカチオン性ロジウム錯体

この章の最初に述べたカチオン性ロジウム錯体は，中性のロジウム触媒とは異なる触媒機構でオレフィンを水素化する．Osbornらの合成研究では，$[RhL_2S_2]^+$の一般式で表される錯体は，水素分子の酸化的付加反応により八面体ジヒドリド錯体を形成することが示されているが[46]，Halpernらの触媒反応の速度論的研究では，水素分子が付加する前にオレフィンが配位する機構が示されている．

DIPHOS触媒[66),68),69)]によるオレフィンの水素化反応の速度論的解析から導かれた機構をスキーム15・7に示す．この機構は，スキーム15・6に示した中性のWilkinson触媒によ

スキーム 15・7

る反応機構とは対照的である．$[Rh(DIPHOS)S_2]^+$によるオレフィン水素化は，おもにスキーム15・2に示したアルケン機構で進行する．この機構は，二つの理由により支持されている．一つ目の理由は，カチオン性錯体に対する水素分子の酸化的付加反応は，中性錯体に対する酸化的付加反応より遅く，また熱力学的に不利である．二つ目の理由は，カチオン性錯体に弱く配位している溶媒は，中性錯体に配位している三つ目のホスフィンがオレフィンに置換されるよりも容易にオレフィンにより置換されることである．ほとんどの場合，カチオン性錯体は，配位性官能基とオレフィン部位がキレート配位するようなオレフィンの水素化反応によく用いられている．すなわち，このようなオレフィンのカチオン性錯体による水素化反応は，1）オレフィンによる配位溶媒分子の置換で始まり，2）H_2の酸化的付加，3）二つのロジウム－ヒドリド結合の一方に対するオレフィンの挿入，4）アルキルロジウムヒドリド錯体からの生成物の還元的脱離により進行する．速度論的解析により中間体であると推定された錯体のうち三つ，すなわち$[Rh(DIPHOS)S_2]^+$，$[Rh(DIPHOS)(olefin)]^+$とヒドリド錯体へのオレフィン挿入体の存在が確認され，スペクトル的に同定された[66),68),81)]．これらの錯体の観測により，触媒反応における真の中間体が直接観測できたことになる．一般にいわれているのとは異なり，これらの真の中間体は，オレフィンの水素化反応の研究の

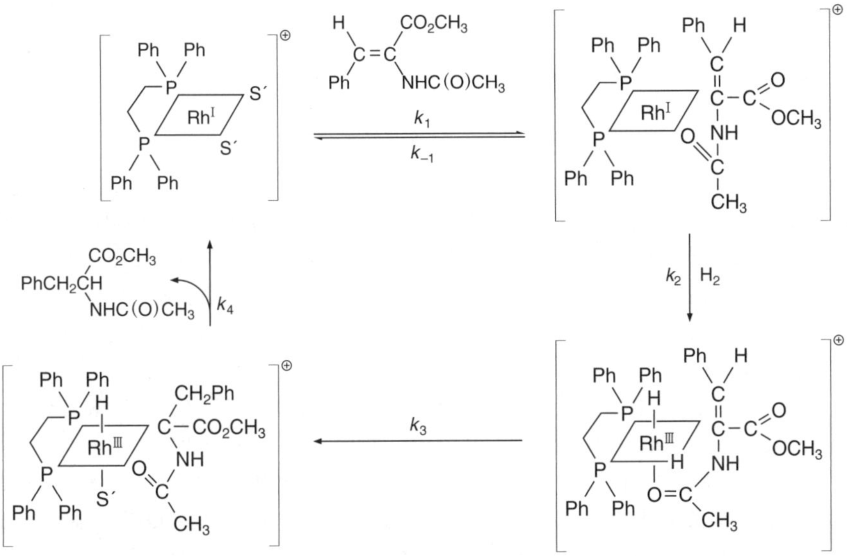

過程でHalpernらのグループにより単離されている．

アルケン機構では，オレフィン錯体は溶媒和された錯体との平衡にある．溶媒とオレフィンの結合平衡定数が式15.19にまとめられている．これらのデータは単純アルケンと同様に

$$[\mathrm{Rh(DIPHOS)}]^+ + \text{不飽和基質} \xrightleftharpoons{K_{eq}} [\mathrm{Rh(DIPHOS)(不飽和基質)}]^+ \quad (15.19)$$

不飽和基質	K_{eq} (M^{-1})	不飽和基質	K_{eq} (M^{-1})
ベンゼン	18	1-ヘキセン	2
トルエン	97	スチレン	20
o-, *m*-, *p*-キシレン	500	アクリル酸メチル	3

芳香族化合物も $[\mathrm{Rh(DIPHOS)S_2}]^+$ に配位することを示している．したがって，水素化反応の条件下還元されない芳香族化合物は，触媒に配位して不活性化する競争的阻害剤となる．(*Z*)-α-アセトアミドケイ皮酸メチル（MAC）が $[\mathrm{Rh(DIPHOS)S_2}]^+$ に対して大きな結合定数をもつ理由が，スキーム15・7に模式的に示した $[\mathrm{Rh(DIPHOS)(MAC)}]^+$ のX線結晶構造解析により明らかにされている[81]．MACは，通常のオレフィン[66),82),83)]の η^2 配位に加えてアミド基カルボニル酸素原子を通じてロジウム原子にキレート配位する．溶液中の $[\mathrm{Rh(DIPHOS)(MAC)}]^+$ の構造は，結晶状態と同じであることが，^{31}P，^{13}Cおよび ^{1}H NMRスペクトルにより明らかにされている．

ロジウムヒドリド錯体に対してオレフィンが移動挿入することによって生じるアルキルヒドリド錯体は，−40 ℃の低温では溶液中で主要成分として存在する[66]．この錯体の構造は，多核NMRスペクトルにより同定されており，移動挿入反応の位置選択性が明らかにされている．また，この移動挿入により部分的に還元された基質を含む5員環メタラサイクルが生じ，ヒドリド配位子がオレフィンのβ炭素原子に，ロジウムがα炭素原子に付加する．スキーム15・7のオレフィンジヒドリド錯体は直接観測されていないが，関連したロジウム触媒の反応では観測されている．

したがって，(*Z*)-α-アセトアミドケイ皮酸メチル（MAC）の水素化反応の触媒サイクルには，MACと $[\mathrm{Rh(DIPHOS)S_2}]^+$ と $[\mathrm{Rh(DIPHOS)(MAC)}]^+$ との間にスキーム15・7に示された前平衡状態が存在する．この平衡は，続く H_2 の酸化的付加反応より速く平衡状態に達し，MACの濃度が中程度でもオレフィン錯体の $[\mathrm{Rh(DIPHOS)(MAC)}]^+$ 側に寄っている．25 ℃，水素圧1 atmでは，オレフィン錯体 $[\mathrm{Rh(DIPHOS)(MAC)}]^+$ に対する H_2 の酸化的付加反応は触媒サイクル全体の律速段階であることが，速度論的解析の結果から明らかにされている．また，H_2 の酸化的付加反応に続く配位オレフィンの移動挿入反応によるアルキルヒドリド錯体の生成は低温で起こることが観測されている．−40 ℃の低温でアルキルヒドリド錯体が直接観測できることから，還元的脱離反応（スキーム15・7の k_4）が律速段階である[66),68),81)]．酸化的付加反応（k_2）の活性化エンタルピー（25 kJ mol^{-1}）は，還元的脱離反応 k_4 の活性化エンタルピー（71 kJ mol^{-1}）より小さいので律速段階は変化する．すなわち，反応の活性化エンタルピーが温度依存性を示し，したがって，還元的脱離段階の速度は，低温では大幅に遅くなる．最後に，還元的脱離反応により $[\mathrm{RhL_2S_2}]^+$ が再生する．ジヒドリド錯体に対してオレフィン挿入が律速段階であるWilkinson触媒による水素化反応の速度定数とは対照的である．

2）<u>アルキルホスフィンを含むカチオン性ロジウム錯体</u>

§15・1ですでに簡単に述べ，§15・7のエナンチオ選択的触媒反応の項で詳しく述べるが，オレフィンの不斉水素化反応は，キラルなアルキルホスフィンの開発により大きく進展した．アリールホスフィンに比べてアルキルホスフィンは電子供与性がより強く，そのためアルケン機構において律速段階であるカチオン性オレフィン錯体への H_2 の酸化的付加反応

が加速され，結果として触媒反応全体の速度が増加すると期待される．このような考えを一つの指針としてさまざまな不斉配位子がデザインされている（ホスフィンの電子的な効果により生成物を生じる触媒反応の最後の還元的脱離段階が抑制されると考えられるが，ロジウムやルテニウム触媒による水素化反応で，この段階が律速段階となる反応は見つかっていない）．実際，キラルなアルキルホスフィン配位子を含む触媒は，カチオン性であるにもかかわらず，十分電子豊富であり，アルケン機構よりむしろヒドリド機構によって反応が進行していると考えられている．

P-キラル二座配位アルキルホスフィンを使った Gridnev と今本らの研究により，この反応の詳細が明らかにされている[70),71),84)~86)]．アルケン機構ではなく，スキーム 15・8 に示す

スキーム 15・8

$R = CO_2Me$

S = 溶媒

ヒドリド機構により触媒反応が進行していることが，今本らの二つのデータから示されている．まず，−90 ℃では溶媒が配位したビスホスフィンジヒドリド錯体 $[Rh(H)_2(L_2)(S)_2]^+$ が生成し，次にこれに MAC が反応し $[Rh(H)_2(L_2)(MAC)]^+$ を生じる．すなわち，溶媒の配位した $[Rh(L_2)(S)_2]^+$ はオレフィンが配位するより先に H_2 と反応することができる．もう一つは，$[Rh(H)_2(L_2)(S)_2]^+$ と MAC との反応により生じる生成物のエナンチオ選択性が，$[Rh(L_2)(MAC)]^+$ に対して水素が酸化的付加して生じる生成物のエナンチオ選択性よりも高く，触媒反応により近い結果が得られている．アルケン機構の酸化的付加段階に対応している $[Rh(L_2)(MAC)]^+$ に対する水素分子の酸化的付加反応は，−90 ℃ではほとんど進行しない．したがって，他の機構を完全には除外できないが，この触媒反応の主要な機構はヒドリド機構であるということができる．本章のちほどで議論する他のカチオン性キラルアルキルホスフィン系にこの結果が当てはまるか否かを結論づけるには，さらなる研究が必要であろう．

iii) アルキルホスフィンを含むカチオン性イリジウム錯体

Crabtree 触媒による単純アルケンの水素化反応の速度論的研究は，反応速度がかなり速く，水素の物質移動が律速段階になる可能性があるので扱いにくい課題である．しかし，Crabtree 触媒を用いる水素およびアルケンとの反応研究はそれぞれ独立して数多く報告されている．この反応系は本章でこれまで述べたロジウムの系とは以下の二つの点で異なっている．一つ目は，この触媒がイリジウムクラスターの生成によって速やかに不活性化されやすく，実際アルケンがない条件下では，Crabtree 触媒への水素分子の酸化的付加反応によってそのようなクラスター錯体が単離されている[87)~89)]．二つ目は，水素分子の酸化的付加反応によりオレフィンが配位したジヒドリド錯体が直接観測されることである[22)]．論争が続いているが，カチオン性イリジウム錯体による水素化反応の理論計算の結果，Ir(Ⅲ) と Ir(Ⅴ) の酸化状態を経由する機構[90),91)]が，Ir(Ⅰ) 種と Ir(Ⅲ) 種を経由する機構[92)]より有力視されている．これら二つの機構をスキーム 15・9 の (a) と (b) に示した．

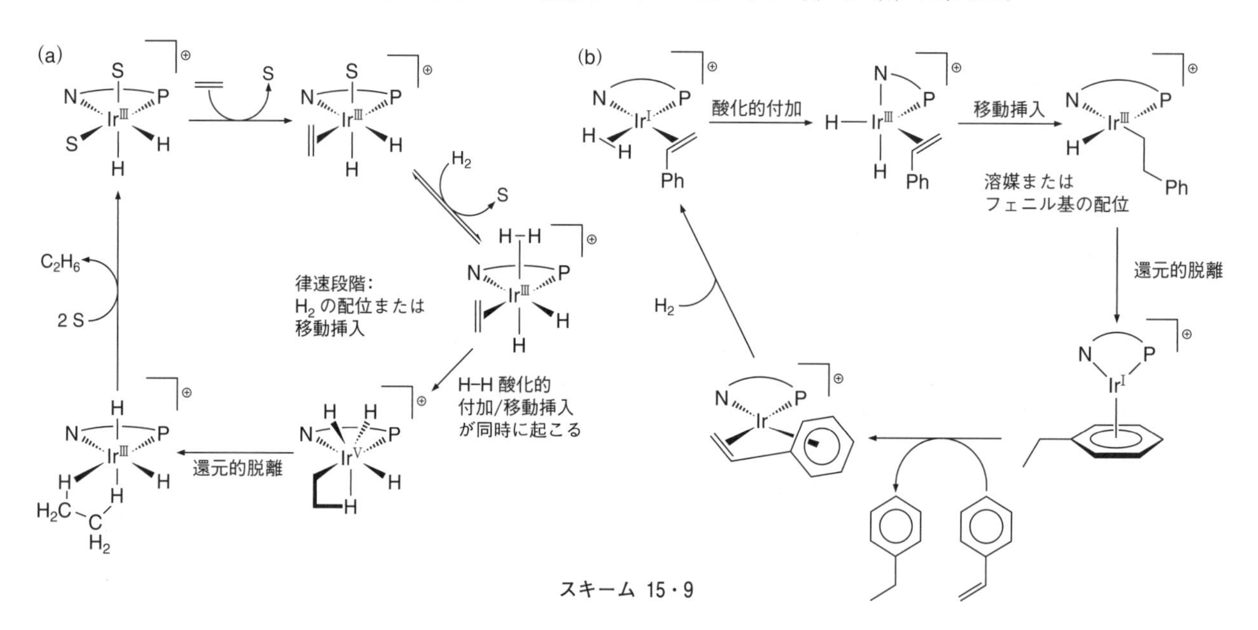

スキーム 15・9

Crabtree らは，カチオン性錯体 $[\mathrm{Ir(diene)LL'}]^+$ と水素および Lewis 塩基との反応を研究した．はじめに，錯体は芳香族類を含む多くの Lewis 塩基の配位を受ける．したがって，イリジウム触媒による反応は，塩化メチレンのように配位力の弱い溶媒中で最もよく進行する．また，これらの錯体と水素との反応（式 15.20, 15.21）では，配位子がともにホスフィ

$$2\,[\mathrm{Ir(COD)L_2}]\mathrm{BF_4} \xrightarrow[7\,\mathrm{H_2}]{-2\,\mathrm{C_8H_{16}}} [\mathrm{L_2HIr(\mu\text{-}H)_3IrHL_2}]\mathrm{BF_4} + \mathrm{HBF_4} \qquad (15.20)$$

$$3\,[\mathrm{Ir(COD)LL'}]\mathrm{BF_4} \xrightarrow[10\,\mathrm{H_2}]{-3\,\mathrm{C_8H_{16}}} [\{\mathrm{Ir(H)_2LL'}\}_3(\mu_3\text{-}\mathrm{H})](\mathrm{BF_4})_2 + \mathrm{HBF_4} \qquad (15.21)$$

ンの場合，架橋ポリヒドリド錯体が生成し，一方，最もよく用いられている Crabtree 触媒のように配位子の一つが $\mathrm{PCy_3}$ でもう一つがピリジンである場合には，μ^3-ヒドリド配位子を含む三核クラスターが生成する．これらの多核錯体は触媒不活性である．さらに，Crabtree は，カチオン性錯体 $[\mathrm{Ir(COD)(PPh_3)_2}]^+$ と水素分子が反応し，ジヒドリド錯体が生成すること，シスジヒドリド錯体が配位子を還元すること（式 15.22），およびトランスジヒドリド

錯体が安定であることを明らかにしている[93]．2章で述べたように，水素分子がカチオン性錯体に結合し，低温で $[IrH_2(H_2)_2L_2]^+$ 型のイリジウム-水素分子錯体が生じる[94]．Crabtreeは側鎖に配位性官能基を含むアルケンが式15.23のノルボルネノール（norbornenol）のようにキレート錯体を与えることも報告している[62),95]．そのようなキレート錯体の生成によ

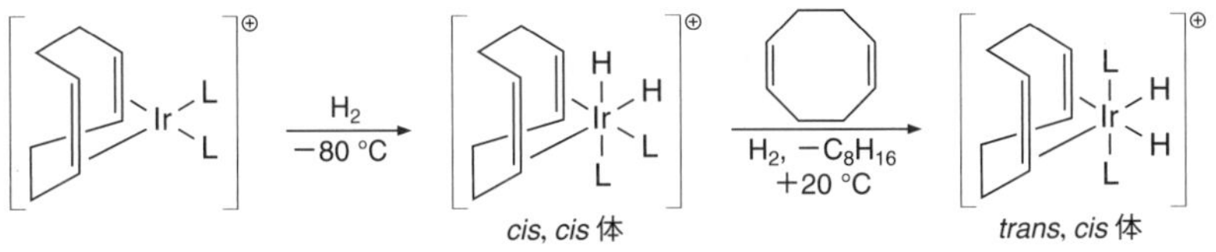

$\xrightarrow[-80\ °C]{H_2}$ *cis, cis* 体 $\xrightarrow[H_2,\ -C_8H_{16},\ +20\ °C]{}$ *trans, cis* 体 (15.22)

$\xrightarrow[0\ °C]{}$ (15.23)

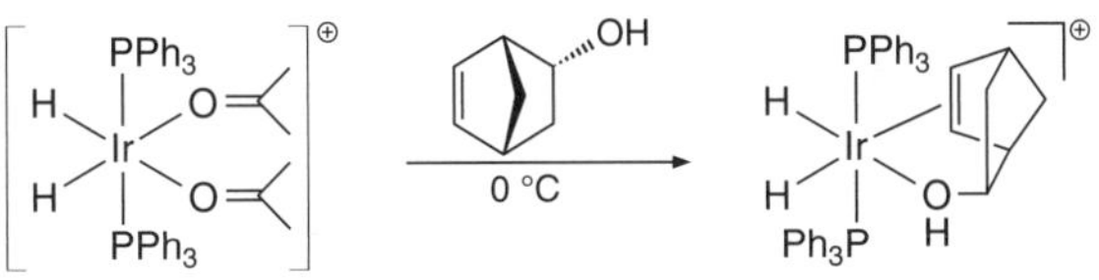

り，§15・4で述べたエノール類の水素化反応における配向性効果を説明することができる．これら一連の研究によって，カチオン性錯体により触媒されるアルケンの水素化反応において，反応条件に依存するものの，$[IrH_2LL'L''(PR_3)]^+$ 錯体が静止状態（14章）であると結論づけている（ここで，Lはホスフィンまたはピリジン，L′とL″はオレフィン，溶媒または配位水素分子）．

さらに最近，キラルな配位子を有するイリジウム触媒が研究されている[36),96),97]．ホスフィンオキサゾリン配位子を有するイリジウム触媒を用いた速度論的研究によって，反応は水素分子に対して1次，オレフィンに対して0次であることが示されている[91]．水素分子はカチオン性錯体 $[IrLL'(olefin)]^+$ に対して低温で速やかに付加すること，触媒の静止状態には水素分子が含まれることから，律速段階における遷移状態には，ヒドリドと配位水素分子の少なくとも2当量の水素分子が関与しているようである．これらのデータとDFT(密度汎関数）計算の結果，アルケン挿入はジヒドリド-水素分子錯体に対して起こり，その結果生成する錯体はカチオン性イリジウム(V)のアルキルトリヒドリド錯体であると結論している．生成物の還元的脱離反応により最初のカチオン性Ir(Ⅲ)ジヒドリド錯体が再生する．しかし，ホスフィンと窒素供与体を含むイリジウム錯体による水素化反応の機構を明らかにするには更なる研究が必要である．

15・5・2b モノヒドリド中間体に対するオレフィン挿入により反応する触媒

i) ロジウムカルボニルヒドリド触媒による水素化反応

$Rh(CO)H(PPh_3)_3$ は，モノヒドリド中間体に対してオレフィンが挿入する機構で水素化が進行する触媒の一つである．末端オレフィンの反応は穏和な条件で起こる（式15.24）．

$$RCH{=}CH_2 \xrightarrow[25\ ℃,\ <1\ atm,\ H_2]{Rh(CO)H(PPh_3)_3} RCH_2CH_3 \qquad (15.24)$$

シクロヘキセンが反応しないことからこの触媒には顕著な基質選択性が認められる[98]．この触媒は内部アルケンの異性化をひき起こすが，それらの水素化は起こらない．アルデヒド，ニトリル，エステルなどの他の不飽和官能基はこの穏和な条件下影響を受けない．

この触媒によるオレフィンの水素化反応の機構をスキーム15・10に示す[99),100]．この反応は“モノヒドリド機構”に分類される．PPh_3 の可逆な解離に続いて，ロジウムヒドリド錯体へのオレフィンの配位と挿入により反応が開始する．その結果生成するアルキル錯体が水素分子の酸化的付加反応と続くアルカンの還元的脱離反応により水素化分解され，最初のヒドリド錯体を再生する．この機構は，反応速度が加えたホスフィンの濃度に反比例すること

スキーム 15・10

$HRh(CO)(PPh_3)_3$

$+Ph_3P$ ⇌ $-Ph_3P$

$(PPh_3)_2(CO)Rh-H$

$(PPh_3)_2(CO)Rh(H)(CH_2=CHR)$

$(PPh_3)_2(CO)RhCH_2CH_2R$

H_2

$(PPh_3)_2(CO)Rh(H)_2CH_2CH_2R$

HCH_2CH_2R

と，よく知られているこのヒドリド錯体へのオレフィン挿入によって支持されている．この錯体はヒドロホルミル化反応（16 章）の触媒として最もよく研究されている．オレフィンのヒドロホルミル化の触媒であるロジウムとコバルトの多くの錯体がモノヒドリド中間体を経るオレフィンの水素化反応の触媒として働く．$Rh(CO)H(PPh_3)_3$ によるアルデヒドのアルコールへの水素化反応は，アルケンのヒドロホルミル化に比べて遅いが，高温高圧のヒドロホルミル化反応の条件下では競争的に起こる副反応である．

ii）ルテニウム触媒による水素化反応

ルテニウム触媒は，現在オレフィンの水素化反応に広く用いられており，ルテニウム触媒によるエナンチオ選択的水素化反応については，§15・7 で詳しく述べる．この節では立体選択的反応に目を向ける前に，ルテニウム触媒による水素化反応の素反応過程について述べる．これらの触媒反応はアニオン性配位子が配位したモノヒドリド錯体を経て進行する．

1）<u>$RuClH(PPh_3)_3$ による水素化反応機構</u>

$Rh(CO)H(PPh_3)_3$ と同様に，ルテニウムのモノヒドリド錯体 $RuClH(PPh_3)_3$ も，オレフィンの触媒的水素化反応において内部オレフィンより末端オレフィンに対し高選択的に反応する．$RuClH(PPh_3)_3$ による触媒反応は，ホスフィンの解離から始まる．$RuClH(PPh_3)_3$ は，芳香族 C−H 結合のアゴスチック相互作用により安定化されている配位不飽和な 16 電子錯体であるが，触媒反応の速度がホスフィンの添加により抑制されることから，最初に PPh_3 が，$RuClH(PPh_3)_3$ から解離するとされている[101]．したがって，この錯体によるオレフィンの水素化反応は，スキーム 15・11 に示したように，$Rh(CO)H(PPh_3)_3$ による水素化反応に類似した機構で進行する．PPh_3 の可逆な解離によって生じるルテニウムヒドリド種に対してオレフィンが挿入し，続いてアルキル錯体の水素化分解が起こる．この水素化分解の段階には，水素分子の酸化的付加反応によって生じるルテニウム(Ⅳ)中間体が含まれている可能性もあるが，おそらく，分子状水素錯体の形成と酸性の高い分子状水素配位子からのアルキル基へのプロトン移動により起こっていると考える方がより妥当である．

iii）$RuL_2(\kappa^2\text{-OAc})_2$ と $[RuCl_2L_2]_2$ によるオレフィンおよびケトンの水素化反応機構

野依らが $RuL_2(\kappa^2\text{-OAc})_2$（$L_2$ = BINAP）によるさまざまな官能基をもつアルケンの不斉水素化反応を報告して以来，ルテニウム触媒は水素化反応に広く用いられるようになり，関連した多くの錯体が不斉水素化反応の触媒として研究されてきている．Halpern らは，この

スキーム 15・11

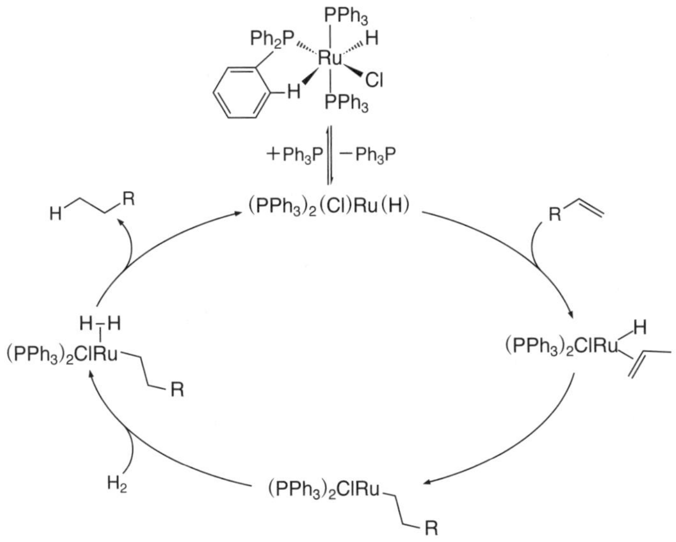

スキーム 15・12

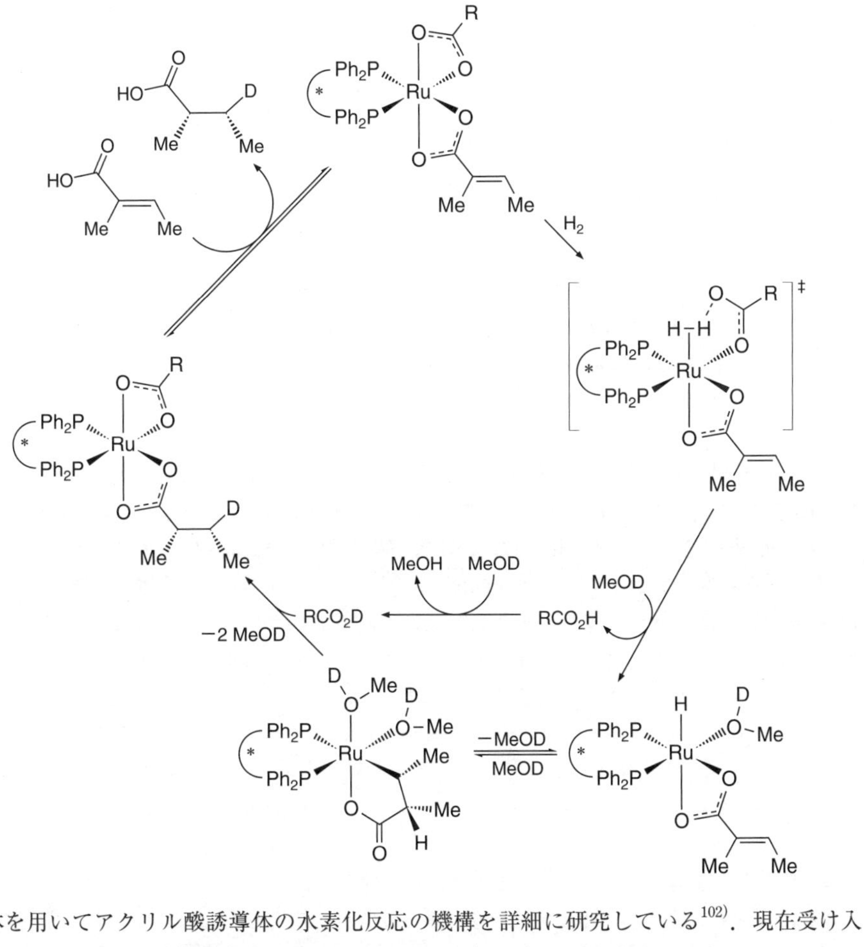

錯体を用いてアクリル酸誘導体の水素化反応の機構を詳細に研究している[102]．現在受け入れられているその反応機構をすでにスキーム 15・3（p.547）に示したが，スキーム 15・12 には重水素標識実験により得られた詳しい反応機構を示した．この機構にはルテニウム(II)種のみが含まれている．Halpern らは，水素との反応によってアニオン性ルテニウムヒドリド

錯体が生成することを提案しているが，Morris らは，総説においてこの提唱機構を修正し，中性のルテニウム錯体が介在する機構を提案している[103]．この修正機構では，触媒前駆体のジアセタト錯体から水素分子の配位とアセタト配位子による分子状水素配位子の脱プロトン化および生成した酢酸のメタノールによる配位子置換により［$Ru(H)L_2(\kappa^2\text{-}OAc)(S)$］が生成する．基質であるオレフィンの配位と続くヒドリド−ルテニウム結合への挿入により，アルキルルテニウム錯体を生成する．このアルキル錯体は酢酸との反応により最初のアセタト錯体に戻る．Ru−C 結合のプロトン化によって生成物を生じる機構は，d_1-メタノールを溶媒とした実験において生成物であるカルボン酸の β 位に重水素原子が取込まれることにより証明されている（メタノール中の重水素原子が酢酸の酸性プロトンと交換して重水素原子を供給する）．

§15・2 で述べたように，ジアセタトルテニウム錯体はオレフィンの水素化反応に活性であるが，［$RuCl_2L_2$］$_2$ は，塩基とアルコール（溶媒もしくは添加剤）を組合わせることにより官能基化されたケトンの水素化反応の実用的な触媒となる．この触媒を用いた官能基化ケトンの水素化反応の現在受け入れられている機構を，スキーム 15・13 に示す[104]．

スキーム 15・13

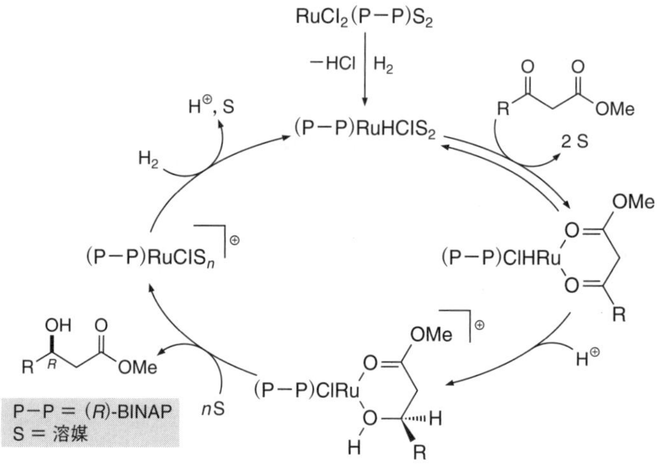

P−P = (*R*)-BINAP
S = 溶媒

［$RuCl_2L_2$］$_2$ 触媒によるケトンの水素化反応は，ジアセタト錯体を用いたオレフィンの水素化反応に比べてあまり詳しく研究されていないが，いくつかの重要なデータが得られている．触媒前駆体のジクロリド錯体は，系中で溶媒が配位したヒドリドクロリド錯体を生じる[105]．この錯体に β-ケトエステルが配位し，続いてカルボニル基が金属−ヒドリド結合間に挿入する．1,2,4-トリカルボニル基質の反応において，アルコキシド錯体が単離され[106]，酸による反応の加速効果が認められている[107),108]．酸による加速は，アルコキシド錯体が素早くプロトン化されるためであると考えられている．溶媒による金属に配位した生成物の置換と水素分子の不均等開裂により，溶媒が配位したヒドリドクロリド錯体が再生される．不飽和カルボン酸の水素化反応と同様に，一連の触媒反応には Ru(Ⅱ)錯体だけが関与していると考えられている．

iv）ラジカル機構により反応するモノヒドリド触媒

現在ではおもに歴史的な重要性しかないが，ラジカル機構で進むモノヒドリド錯体触媒がある．ヒドリド−金属結合へのオレフィンの挿入は，ラジカル中間体を経て進行する．これらの触媒の多くは，ジエン，アクリル酸誘導体，フマル酸エステルを還元することが知られている．9 章で述べたように，移動挿入には，ヒドリド配位子のシス位にオレフィンが配位できる空の配位座が必要である．したがって，配位一酸化炭素がゆっくりと解離する金属カルボニル錯体やヒドリドのシス位がすべて配位子で占められているポルフィリン配位子の場合には，ラジカル経路や“ヒドリド”そのものの直接移動の経路で反応が起こる．ラジカル機構による形式的な直接挿入の基本的な機構をスキーム 15・14 に示す．

$$L_nM-H + PhCH=CH_2 \longrightarrow Ph\dot{C}H-CH_3 + L_nM\cdot$$

$$Ph\dot{C}H-CH_3 + L_nM\cdot \longrightarrow PhCH(ML_n)-CH_3$$

スキーム 15・14

共役していない単純アルケンと比較してビニルアレーンや共役ジエンの高い反応性はラジカルの共役による安定化によって説明できる．よく知られているラジカル経路によるオレフィンへの水素の付加反応の例は，$Mn(CO)_5H$ による α-メチルスチレンの水素化反応である．Halpern らは，CIDNP（chemically induced dynamic nuclear polarization，化学誘起による動的核分極）を用いてこのラジカル反応経路を明らかにした[109]．

v）σ 結合メタセシス機構で進む d^0-モノヒドリド触媒反応

本節の最後に，後周期遷移金属触媒の特徴である酸化的付加と還元的脱離が起こりえないモノヒドリド中間体を経る水素化反応について述べる．d^0 錯体によるアルケンの水素化反応の触媒機構が §15・5・1 のスキーム 15・5 にまとめられている（p.548）．触媒は，ランタノセンアルキル種の水素化分解によって生じるランタノセンヒドリド錯体である．この水素化分解は，6 章で述べた σ 結合メタセシス機構により進行する．次に，このヒドリド錯体がアルケンと反応し移動挿入によりアルキルランタニド種を生じる．アルキルランタニド種は σ 結合メタセシスによる水素化分解により最初のヒドリド錯体を再生する．ジエンの水素化反応では，挿入反応によりアリル金属中間体ができ，続く水素化分解により還元生成物を与えるとともに，最初のヒドリド錯体が再生する．

15・5・2c　外圏機構によるケトンやイミンの水素化反応

§15・2 ならびにケトンの不斉水素化反応の節でさらに詳しく述べられているが，単純ケトンの水素化反応において顕著な活性を示す触媒が開発されている．それらは，ホスフィンと第一級アミンまたはホスフィンとスルホンアミド配位子を含んでいる．これらの触媒によるケトンやイミンの詳細な水素化機構の研究は現在も続いているが，最新のデータによると，これらの触媒反応は後周期遷移金属による水素化触媒に典型的な酸化的付加，移動挿入，還元的脱離の過程を含まない機構により進行することが明らかになっている．実際これらの触媒は，水素分子の不均等開裂をひき起こし，水素が移動する遷移状態においてケトンに対してプロトンとヒドリドが協奏的に作用する機構で働いている．野依は，この機構を“金属-配位子協奏機能触媒作用（bifunctional catalysis）”と名づけている．

ルテニウム触媒の外圏機構により進行するケトンの水素化反応の初期の例の一つが Shvo らによって報告された．この触媒には，ヒドリド配位子とシクロペンタジエニル配位子上のヒドロキシ基がかかわっている．この触媒は，アルコールのラセミ化反応とリパーゼを組合わせることによりアルコールの動的速度論的光学分割を行うことができ，Bäckvall らにより精力的に研究されている[110)〜115)]．関連する研究が Kim らによっても行われている[116),117)]．キラルアミン配位子を含む触媒が野依らによって開発されている[31),32),118)〜121)]ほか，多くの類似触媒が研究されている[122)〜132)]．ホスフィン配位子を含む触媒の多くは，高い反応性と選択性でケトンやイミンの水素化反応を触媒し，またキラルなジアミン，アミノスルホンアミド，アミノアルコールを含む錯体がケトンやイミンの高エナンチオ選択的水素化反応の

スキーム 15・15

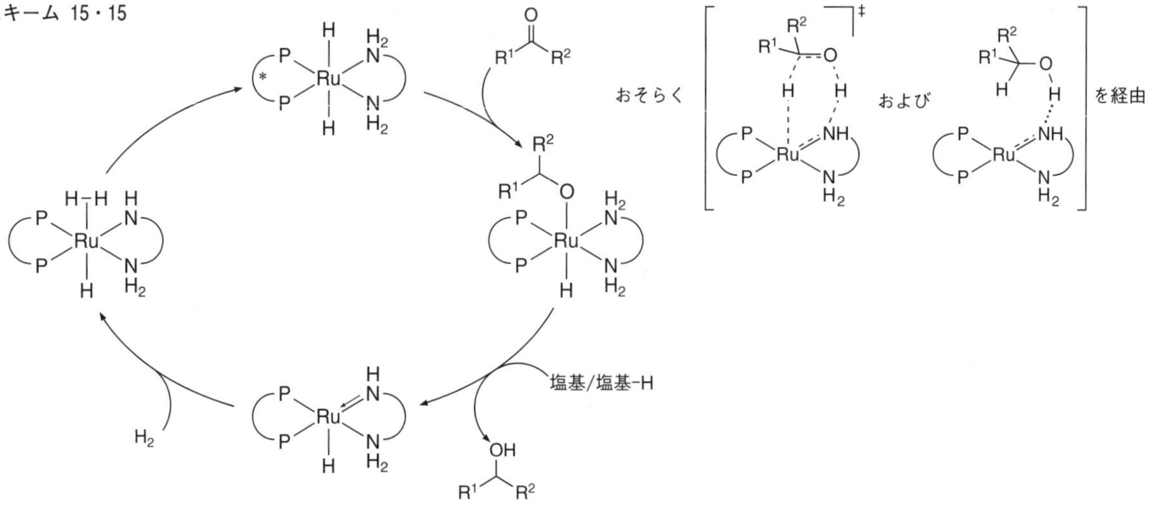

触媒として働く．

Ru(BINAP)(diamine)$(H)_2$ 錯体による触媒反応の機構をスキーム 15・15 に示す[133)〜136)]．関連する機構が，Ru(arene)H(NH_2CHRCHRNHTs)錯体や Shvo 触媒による移動水素化反応で提唱されているが，ジヒドリド錯体が再生する点だけが異なっている．多くの実験と理論計算によって，反応はスキーム 15・15 に示されたヒドリド錯体とケトンからなる 6 員環遷移状態を経由して，ヒドリドとプロトンが同時に移動する機構が示されている．その際，生じるアルコールはアミド配位子と水素結合し，その後に，溶媒中に解離していく[112),133),136)〜148)]．二つの水素原子の同時移動は，ヒドリドと N−H の双方に速度論的同位体効果が観測されることと，Ru(arene)H(NH_2CHRCHRNHTs) とアセトンとの反応において生成物にみられる反応全体の同位体効果が二つの同位体効果を合わせたものとほぼ等しいこと[143)]，ならびに理論計算により支持されている[146),147),149)〜151)]．さらに，この機構は，配位窒素原子上にプロトンがない錯体では活性がないことからも支持されている．

ヒドリド錯体とケトンとの反応により最初に得られる錯体が議論の対象となっている．ある研究者は生じたアルコキシド錯体が配位アミンとの間でプロトン移動を起こすことによりアルコールが生成し放出されると説明している[112)]．他の研究者は，直接の水素移動により遊離のアルコールあるいはアミンが生じ，これらが空の配位座に配位する機構を支持する結果を得ている[142),144),145)]．同位体効果とケトンが配位するための空の配位座がないことを考え合わせると，Ru(BINAP)(diamine)$(H)_2$ との反応の場合には，アミンの水素結合が関与するヒドリド移動によってアルコキシドが生成すると提案されている．また，Shvo 触媒による反応の場合は，シクロペンタジエニル配位子のスリップ[(訳注)] (slip) によりケトンやイミンが配位できるようになる機構が示されている[112),152),153)]．

訳注：金属上の配位子が配位座を変化させること．特に Cp 環のような π 系の配位子が $\eta^5 \rightarrow \eta^3$ の変化をとる．

最近の Bergens らの研究により，この点に関する重要なデータが示されている[133)]．この研究によると，Ru(BINAP)(diamine)$(H)_2$ とケトンとの反応により低温でアルコキシド錯体が生成することが示されている．還元によって生じるアルコールとは異なるアルコール存在下での反応において，初期に生成するアルコキシド錯体はケトンが還元されて生成するアルコキシド錯体である．このデータが意味することは，ヒドリド移動がケトンとアミンとの間の水素結合によってアルコキシド錯体を生成する機構で起こっており，ケトンの金属中心に対する配位や遊離のアルコールの生成は伴っていないということである．これらのデータをまとめると次のようになる．すなわちケトンに対しヒドリドとプロトンが同時に付加しアルコールを生じる．このアルコールは反応直後はアミンと水素結合しているが，解離して遊離のアルコールにならずにアルコキシド種を生成するか，あるいはこの同時に起こるヒドリドとプロトン移動に似た遷移状態を経由して直接アルコキシド錯体を生じる．このヒドリド移動によるアルコキシド生成の後，アルコキシドの脱離が塩基により促進されアミド錯体が生じる．この段階は5章で述べた解離的な配位子置換反応の古典的な共役塩基機構に相当するものである．

生じた不飽和アミド錯体が次に水素分子と反応し最初のモノヒドリド錯体を再生する．この反応には，初めに分子状水素錯体（二水素錯体）が生成し，それに続く塩基性アミド配位子による分子状水素配位子からの脱プロトン化によりヒドリドアミン錯体が生じる水素分子の不均等開裂が含まれる[135),136)]．最後に，移動水素化反応では，この活性種がアルコールまたはギ酸と反応してヒドリド錯体を再生する．アルコールとの反応機構は，微視的に見て，ケトンとの反応の逆反応である．ギ酸との反応ではアミドがプロトン化され，生じたホルマト配位子から CO_2 が放出される（9，10章）[154)]．

15・5・2d　イオン的な水素化反応

金属ヒドリド配位子と酸性のN－H結合からヒドリドとプロトンが同時に移動するケトンの水素化機構では，配位した水素分子からケトンへプロトンとヒドリドが段階的に付加する．この機構によるケトンの水素化反応は，空の配位座のないジヒドリド錯体に見られる．この水素化の機構は，“イオン的な水素化”と位置づけられており，スキーム15・16にこの反

スキーム 15・16

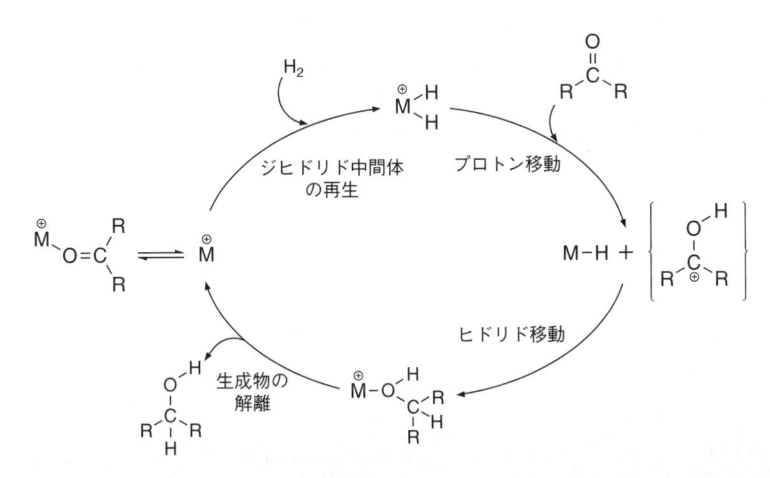

応の一般式を示す[155)]．この機構では，カチオン性ジヒドリド錯体はケトンの酸素原子にプロトンを付加し，生じたオキソニウムイオンが金属上に残っているヒドリド配位子を素早く引抜く．生じたアルコールの解離と水素分子の酸化的付加反応により酸性のジヒドリド錯体が再生する．この機構で進行する触媒は現在も研究が続いており，$[W(CO)_2Cp(O{=}CEt_2)(PPh_3)]^+$ 錯体を用いるケトンの触媒的水素化反応がこの機構で進行する[156),157)]．

15・6　不斉水素化反応に用いられる配位子

有機金属化学における最も重要な発展の一つが，プロキラルなオレフィン，ケトン，イミンなどの不斉水素化反応を触媒する均一系錯体の発見である[27),33),158)~164)]．多くの研究で，100％エナンチオマー過剰率（ee）に迫る光学（不斉）収率が達成されている．この結果は，酵素の立体選択性に匹敵するものであり，高エナンチオマー過剰率で進行する均一系不斉水

素化反応は不均一系触媒で達成できる範囲をはるかに超えている[165]．

この章の後半で述べるように，さまざまな置換パターンのオレフィンの水素化反応が高速，高い触媒回転数でかつ高エナンチオ選択的に進行する．20年前には，デヒドロアミノ酸の不斉還元反応が唯一の成功例であり，エナンチオ選択性をもたらす鍵と鍵穴モデルの概念がなかったために今日の広範囲のエナンチオ選択的水素化反応の実現を予想することは難しかった（以下を見よ）．本書の前著，“Principle and Applications of Organotransition Metal Chemistry”の著者Collmanらは，“MAC（アクリル酸メチル）のような限られたオレフィンだけが高エナンチオ選択性を与え，他の不斉水素化触媒の系統的な研究の望みは薄いであろう”とすら述べていた．

§15・6と§15・7では，さまざまな種類の触媒とそれらを使った不斉水素化反応について述べる．触媒種を明らかにしたり，新しい水素化触媒を見いだすには経験と設計が必須であるが，以下に示すこれまでに得られた研究成果を見てわかるように，成功例ともいえる触媒開発が多数知られている．§15・6には，オレフィン，ケトン，イミンの不斉水素化反応に有効なロジウム，ルテニウム，イリジウム触媒を調製するときに用いられる主要な配位子がまとめられている．§15・7では，これらの触媒が各種の水素化反応にどのように使われているかを示す．

15・6・1　主骨格にキラリティーをもつ芳香族ビスホスフィン配位子

15・6・1a　軸不斉配位子

§15・1で述べたように，最初のエナンチオ選択的水素化反応は，P-キラルビスホスフィンによって達成された．しかし，水素化反応の適用範囲は，軸不斉芳香族ホスフィンの出現により格段に広がった．代表的な軸不斉配位子を図15・2に示す．最初に報告されたBINAPは野依ら[28]により開発されたものであるが，その合成法を式15.25に示した．

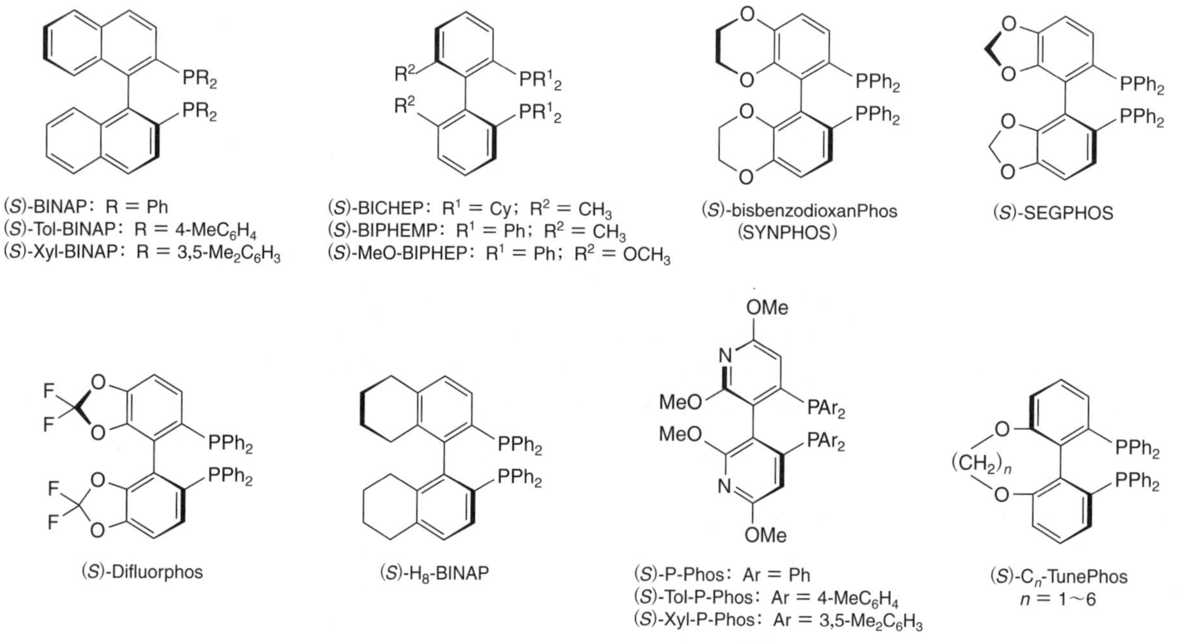

(*S*)-BINAP：R = Ph
(*S*)-Tol-BINAP：R = 4-MeC_6H_4
(*S*)-Xyl-BINAP：R = 3,5-$Me_2C_6H_3$

(*S*)-BICHEP：R^1 = Cy；R^2 = CH_3
(*S*)-BIPHEMP：R^1 = Ph；R^2 = CH_3
(*S*)-MeO-BIPHEP：R^1 = Ph；R^2 = OCH_3

(*S*)-bisbenzodioxanPhos
(SYNPHOS)

(*S*)-SEGPHOS

(*S*)-Difluorphos

(*S*)-H_8-BINAP

(*S*)-P-Phos：Ar = Ph
(*S*)-Tol-P-Phos：Ar = 4-MeC_6H_4
(*S*)-Xyl-P-Phos：Ar = 3,5-$Me_2C_6H_3$

(*S*)-C_n-TunePhos
n = 1〜6

図 15・2　代表的な軸不斉ビスホスフィン配位子．BINAPは図上段左に示されている．

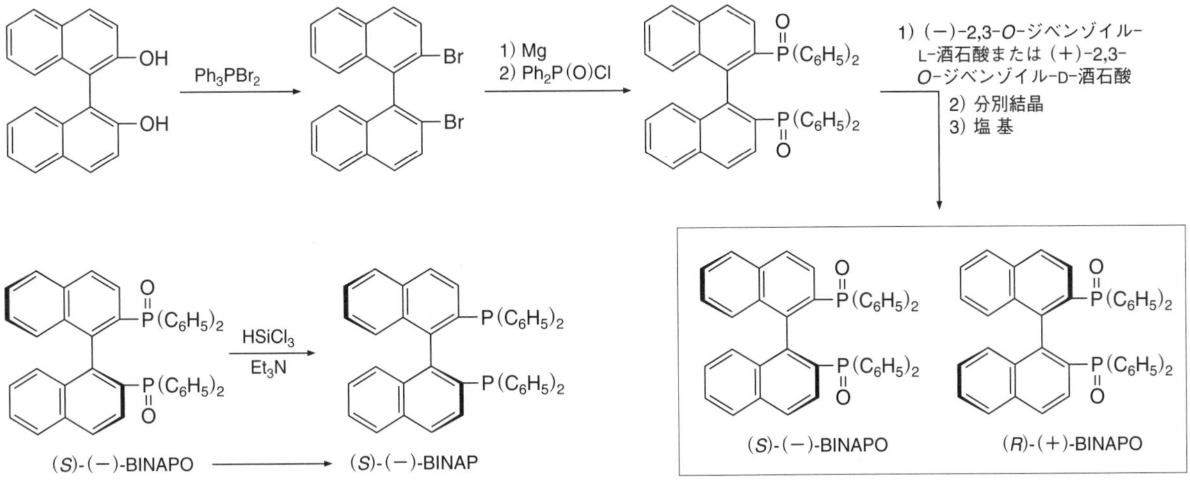

OH OH Ph_3PBr_2 → Br Br 1) Mg 2) $Ph_2P(O)Cl$ → $P(O)(C_6H_5)_2$ $P(O)(C_6H_5)_2$

1) (−)-2,3-*O*-ジベンゾイル-L-酒石酸または (+)-2,3-*O*-ジベンゾイル-D-酒石酸
2) 分別結晶
3) 塩基

(*S*)-(−)-BINAPO (*R*)-(+)-BINAPO

(*S*)-(−)-BINAPO —$HSiCl_3$, Et_3N→ (*S*)-(−)-BINAP

(15.25)

BINAPの合成は当初困難を極めた．2,2′-ビ-1,1′-ナフトールからホスフィンへの変換には多段階を要する．当初は，ビナフトールを高温条件下，対応する二臭化物に変換していた．つぎに，ラセミ体の二臭化物をビスホスフィンオキシドにした後，光学分割と還元によって光学的に純粋なBINAPを得ている[166]．初期の合成では，ラセミ体のBINAPをジアステレオマーのパラジウム錯体に変換した後，分割している[28]．ビスホスフィンオキシドの分割を利用する合成法が図15・2に示した多くの誘導体の合成に利用されている．現在では，光学活性ビナフトールを用いる改良BINAP合成法が開発されている．この合成経路では，光学活性ビナフトール[167),168] をビストリフラートに変換後，第二級ホスフィンとのカップリング反応により光学活性な配位子へと導いている[169]．この経路は式15.26に示されている．

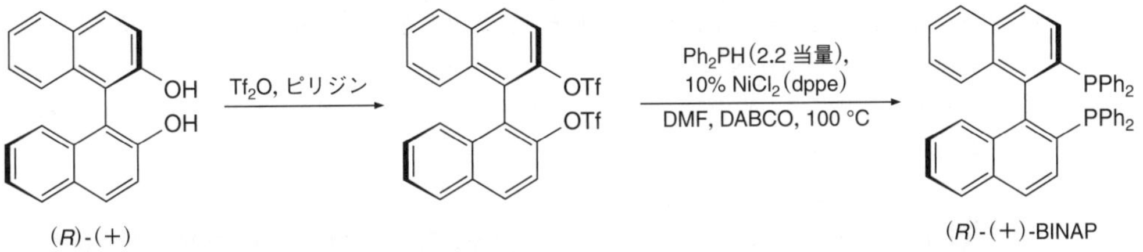

(*R*)-(+) OH OH —Tf_2O, ピリジン→ OTf OTf —Ph_2PH(2.2 当量), 10% $NiCl_2$(dppe), DMF, DABCO, 100 °C→ PPh_2 PPh_2 (*R*)-(+)-BINAP (15.26)

配位子BINAPを含む触媒が高い反応性と選択性を示すことが明らかとなり，アトロプ異性のビアリール骨格を含む関連する配位子が数多く開発された．それらの多くのものは，BINAP構造に基づく特許を回避するために開発されたが，その多くは，特定の反応に対しより高速で，より高い触媒活性をもち，より高エナンチオ選択性で進行する触媒の開発につながった．これらの研究からいくつかの設計指針が得られている．まず第一に，配位子のビアリール骨格がつくり出す二面角はエナンチオ選択性に影響を及ぼす．代表的な配位子の二面角を表15・3に示す．高砂香料工業株式会社で開発されたSEGPHOS配位子の二面角は，BINAPより小さく，そのルテニウム触媒は，さまざまなカルボニル化合物の水素化反応においてBINAPより高いエナンチオ選択性を示す[170),171]．Zhangらは，TunePhosと名づけられた異なる長さのアルキルリンカーをもつ一連の配位子を合成し，ビアリール型配位子の二面角を系統的に制御することに成功している[172]．

第二に，リンに結合したアリール基上の置換基，特に3,5位の置換基がギアの働きをして，回転の自由度を抑制することによりエナンチオ選択性を向上させることができる[173]．たとえば，同じケトンの水素化反応で，Ru(diamine)H_2(3,5-Xyl-BINAP)は，Ru(BINAP)-

表 15・3　アトロプ異性ビスホスフィン配位子のビフェニル部位の二面角

配位子	ビフェニル部位の二面角†
(*R*)-BINAP	86°
(*R*)-SEGPHOS =	67°
(*R*)-MeO-BIPHEP =	72°

† Jeulin, S.; de Paule, S. D.; Ratovelomanana-Vidal, V.; Genet, J. P.; Champion, N.; Dellis, P. *Proc. Natl. Acad. Sci. U.S.A.* **2004**, *101*, 5799.

(diamine)H_2 よりずっと高いエナンチオ選択性を発現する[174].

最後に，ビアリール骨格の電子的性質が選択性に影響を与えることである．Chan らは P-Phos という BINAP のビピリジルホスフィン類縁体を合成し，そのルテニウム触媒による不飽和カルボン酸や単純ケトンの不斉水素化反応が高いエナンチオマー過剰率で進行することを報告している[175)~178]．高谷らは，部分的に飽和構造になったより電子供与性の高い H_8-BINAP を合成し，そのルテニウム触媒による不飽和カルボン酸の水素化反応が BINAP より高いエナンチオ選択性で進行することを報告している[179),180].

15・6・1b　キラルフェロセンを含む配位子

除草剤メトラクロール（metolachlor）の合成に利用されたイミンの不斉水素化反応は，大規模に不斉水素化反応が成功した例の一つであり，基本骨格にフェロセンを含むキラルビスホスフィンの開発によって達成された．これらの一連の配位子は，各種水素化反応を含む多くの不斉反応に対して高活性で高選択的な触媒を生成する．これらの配位子には，フェロセンの一つのシクロペンタジエニル基に二つの置換基が結合した場合と，二つのシクロペンタジエニル基のそれぞれにホスフィノ基が一つ置換したビスホスフィンの場合がある．これらの配位子の多くは，Ugi-アミンとして知られているフェロセニルエチルアミンのジアステレオ選択的なリチオ化反応によって得られる[181].

Togni と Spindler は，図 15・3[182] の上段左に示した “Josiphos” 配位子とよばれる一群のビスホスフィンを報告した．“Josiphos” はこれを最初に合成した研究者の名にちなんで名づけられ，これらの配位子を含む触媒の最も顕著な特徴は，Knowles の P-キラル配位子や野依の BINAP 配位子のような C_2 対称性がなくても高いエナンチオ選択性を発現できることであった．その代わりにこれらの配位子は非対称なフェロセン骨格を含んでいる．このフェロセン骨格には，二つの不斉要素すなわち，不斉炭素と “面不斉” が含まれている．一つの Cp 環上に二つの異なる置換基を含むフェロセンはキラルとなり，この不斉要素は “面性キラリティー（planar chirality）” とよばれている．

Josiphos に代表されるこれらの配位子を有するロジウム触媒は，α-アセトアミドケイ皮酸エステル，イタコン酸ジメチルや β-ケトエステルの水素化反応において高い活性と選択性を示す．この章で後述（p.572）するように，Josiphos タイプの PPF-P^tBu_2 は，(+)-ビオチン（biotin）[183] の工業的な製造に利用されているし，Xyliphos は，(*S*)-メトラクロール[184),185] の合成に利用されている．

フェロセンで連結された他のキラル配位子が図 15・3 に示されている．これらのなかには，“TRAP” とよばれるトランスキレート型配位子も含まれている．これらの配位子につい

(*R*)-(*S*)-Josiphos：R = Cy；R′ = Ph
(*R*)-(*S*)-PPF-P^tBu_2：R = ^{t}Bu；R′ = Ph
(*R*)-(*S*)-Xyliphos：R = 3,5-$Me_2C_6H_3$；R′ = Ph
(*R*)-(*S*)-Cy_2PF-PCy_2：R = Cy；R′ = Cy
：R = ^{t}Bu；R′ = 4-CF_3-C_6H_4

MandyPhos (FERRIPHOS)
R = Me；Ar = Ph
R = Me；Ar = *o*-トリル
R = Me；Ar = 2-Np
R = ^{i}Pr；Ar = Ph
R = N(Me)$_2$；Ar = Ph

TaniaPhos
R^1 = NMe_2；R^2 = H
R^1 = *N*-ピロリジル；R^2 = H
R^1 = Me；R^2 = H
R^1 = ^{i}Pr；R^2 = H
R^1 = H；R^2 = OMe

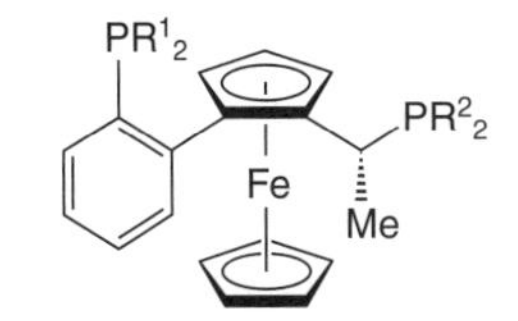

WalPhos
R^1 = Ph；R^2 = 3,5-$(CF_3)_2C_6H_3$
R^1 = 3,5-Me_2-4-$MeOC_6H_2$,
R^2 = 3,5-$(CF_3)_2C_6H_3$

(*R,S*)-BPPFA：X = NMe_2
(*R,S*)-BPPOH：X = OH
：X = N(CH_3)(CH_2)$_2$N

(*R,R*)-(*R,S*)-TRAP
EtTRAP：R = Et
PrTRAP：R = Pr
BuTRAP：R = Bu
PhTRAP：R = Ph

(*S,S*)-FerroPHOS

(*S,S*)-Et-FerroTANE：R = Et

図 15・3　代表的なキラルフェロセニルビスホスフィン

ては，§15・9 の芳香族ヘテロ環の水素化反応でふれる[186]．これらの配位子には，二つのシクロペンタジエニル環のそれぞれに一つのジアリールまたはジアルキルホスフィノ基が置換している．配位子のキラリティーは，フェロセニル基（たとえば，MandyPhos）やリン上の置換基（たとえば，FerroTANE）[187] により生じる．Burk は，Et-FerroTANE を含むロジウム触媒がイタコン酸エステル[187] や (*E*)-(β-アシルアミノ)アクリル酸エステル[188] の水素化反応に高い選択性を示すことを報告している．

15・6・1c　アルキル鎖を主骨格にもつ配位子

キラル中心がリン原子を連結する炭素原子上にある Kagan らの先駆的なキラルビスホスフィンの開発以来，さまざまなキラルプール[訳注] 由来のキラル中心をもつビスホスフィン配位子が合成されている．原型の DIOP 配位子の主骨格を堅固にした構造や，他の入手容易で比較的堅固な構造をもつものなどがある．図 15・4 にはそれら代表的な配位子が示されている．DIOP* 配位子は，金属と配位子が形成する環状構造が単一の配座構造をとりやすいよう設計されている．BICP や BPPM などのように，二つのリン原子間が比較的長くても，環状リンカーにより堅固な構造をとるものもある．また，DEGPHOS や NORPHOS は Chiraphos〔(*S,S*)-2,3-ビス(ジフェニルホスフィノ)ブタン〕より堅固な 2 炭素で連結された環状の構造をもつ[189),190]．またこれらの配位子のなかには，水素化反応において非常に高い活性と選択性を示す触媒の調製に用いられる珍しい主骨格をもつ配位子が二つある．SDP[191] にはスピロ環状構造が含まれており，PHANEPHOS[192] には，シクロファン構造が含まれている．後者は BINAP の二つのホスフィノ基と同じような位置にリン原子を配置した配位子である．

訳注：キラル化合物を合成する際に出発物質として用いられる天然に広く存在する光学活性化合物のことである．大量に入手できるが，構造が限定されるので適用範囲が狭い．

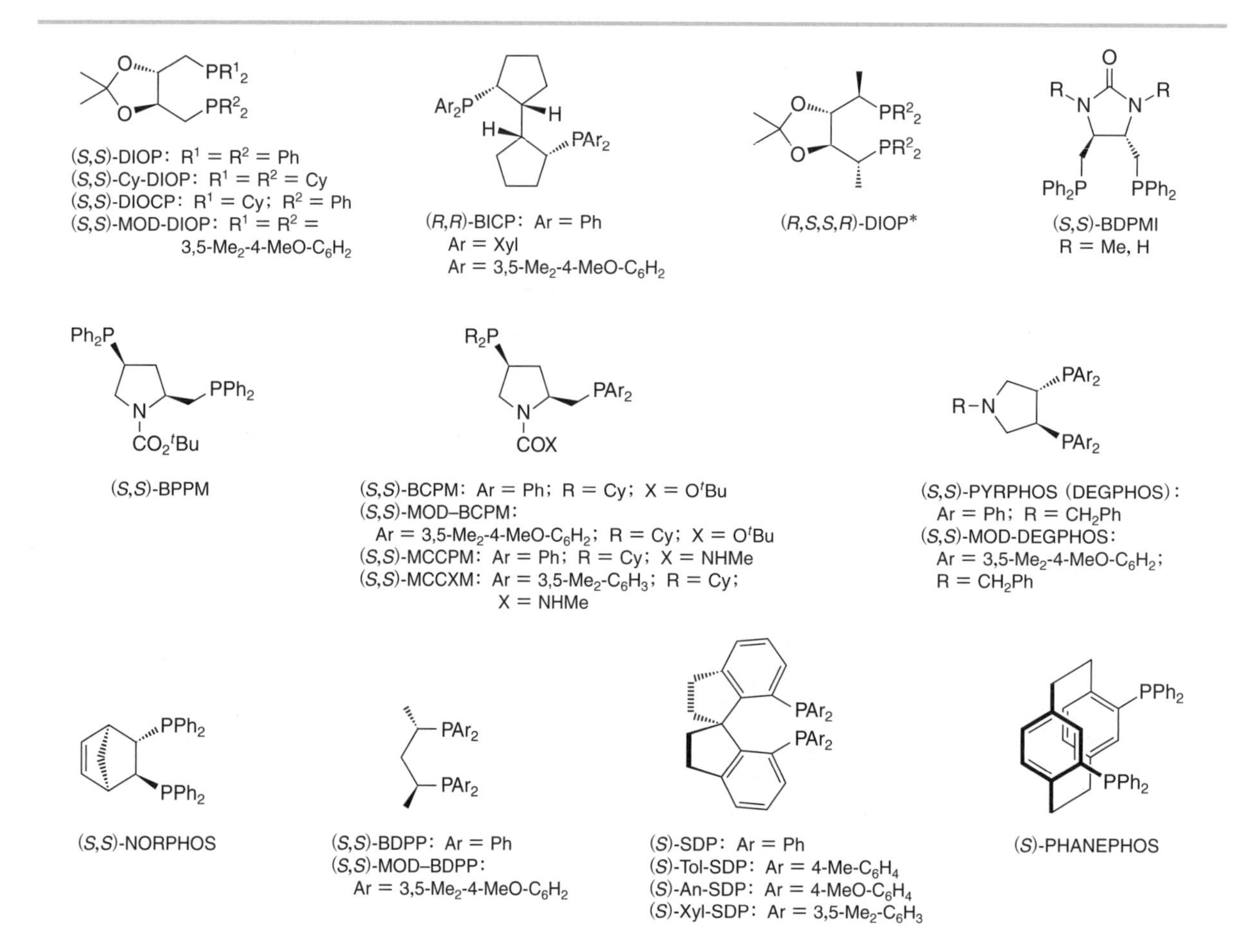

図 15・4　さまざまなキラルな主骨格をもつ配位子

15・6・2　リン原子上にアルキル基が置換したビスホスフィン配位子

前述のように，ホスホラン環をもつビスホスフィンは，BINAP 以後，最も大きな進展のあった配位子構造の一つである．図 15・5 に，原型の配位子（上段左の二つの構造）とのちに合成された代表的な類縁体の構造を示す．これらの配位子が登場するまで，ビスホスフィン配位子はキラルな主骨格をもつものかリン原子がキラル中心となるもののみであった．また，これまでの配位子のほとんどには，リン原子上にアリール基が含まれていた[193]．一方 Burk らによって合成された DuPhos や BPE 配位子には，リン原子上の置換基上にキラリティーがあり，しかも置換基は脂肪族である[35),194)~196]．これらの配位子を使うと，ロジウム触媒によるカルボン酸やイタコン酸の不斉水素化反応がきわめて高効率的に進行する．また，これらの配位子は，いくつかの企業において α-アミノ酸の製造に利用されている．

これらの配位子のうち，Zhang らにより合成された二つのタイプの配位子は特に高い活性をもつ．BINAPHANE はロジウム触媒によるエナミドの不斉水素化反応に効果的である[197),198]．たとえば，デヒドロ-β-アミノ酸の E/Z 異性体混合物を最高 99%のエナンチオ選択性で水素化する．また，PennPhos のロジウム錯体は，共配位子としてジアミンを使わなくても単純ジアルキルケトンやアルキルアリールケトンを高エナンチオ選択的に水素化する[199),200]．

(*S,S*)-Me-BPE：R = Me
(*S,S*)-Et-BPE：R = Et
(*S,S*)-^{i}Pr-BPE：R = ^{i}Pr
(*S,S*)-Ph-BPE：R = Ph

(*S,S*)-Me-DuPHOS：R = Me
(*S,S*)-Et-DuPHOS：R = Et
(*S,S*)-^{i}Pr-DuPHOS：R = ^{i}Pr

RoPHOS

R = Me, Et

MalPHOS

R = Bn
R = ^{t}Bu

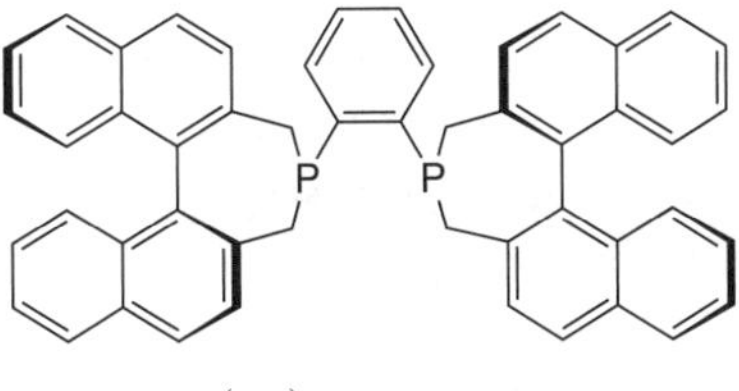

(*S,S*)-BINAPHANE

(*R,S,R,S*)-Me-PennPhos

図 15・5 代表的なビスホスホラン配位子

15・6・3 P-キラルホスフィン配位子

この章で何度も述べたように，Knowlesがロジウム触媒によるデヒドロ α-アミノ酸の水素化反応に C_2 対称のキレート型ビスホスフィン配位子 DIPAMP を使って以来，不斉水素化反応が実用的であると認識されるようになった[201),202)]．しかし，P-キラルビスホスフィン

(*S,S*)-DIPAMP

(*S,S*)-^{t}Bu-BisP*：R = ^{t}Bu
(*S,S*)-Ad-BisP*：R = 1-アダマンチル
(*S,S*)-Cy-BisP*：R = Cy

(*S,S*)-^{t}Bu-MiniPhos：R = ^{t}Bu
(*S,S*)-Cy-MiniPhos：R = Cy
(*S,S*)-^{i}Pr-MiniPhos：R = ^{i}Pr

tri-chicken-foot Phos

X = CH, N

非対称 BisP*
R^1 = 1-Ad；R^2 = ^{t}Bu
R^1 = 1-Ad；R^2 = Cy

(*S,S,R,R*)-TangPhos

(*S,S,R,R*)-DuanPhos

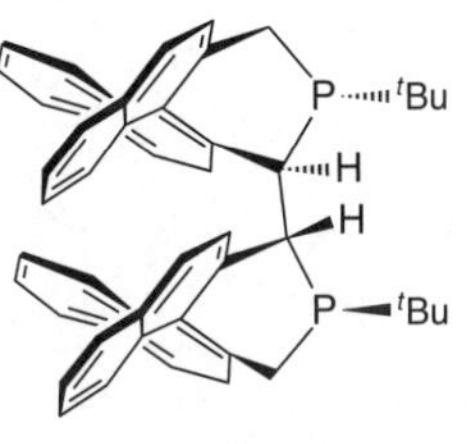

Binapine

図 15・6 代表的な P-キラルホスフィン配位子

配位子の合成が必ずしも容易ではないため，その後の発展は遅れることになった．しかし，二つのメチル基を有する第三級のホスフィンボランのジアステレオ選択的なリチオ化反応[203]やエフェドリンを含むホスフィンへのジアステレオ選択的付加反応[204]の開発により，これらの配位子を容易に調製できるようになった．今本らは，ジアステレオ選択的なリチオ化反応を使ってBisP*のような一連のP-キラル配位子を合成し，その後，このタイプの配位子が発展することになった（図15・6）[70),86),205),206]．BisP*配位子を含むロジウム錯体は，さまざまな種類の基質の水素化反応の高活性，高エナンチオ選択的な触媒である[70),86),207)〜209]．反応機構の解説で述べたように^{t}Bu-BisP*のロジウム触媒による不斉水素化反応の研究によって，カチオン性の錯体でも"ヒドリド先行"機構で反応が進行することが明らかにされた[210),211]．

15・6・4　P, N 配位子

§15・3・2で述べたように，高活性Crabtreeイリジウム触媒にはドナー性のPとN配位子がそれぞれ一つずつ含まれている．この構造の不斉水素化触媒の調製には，パラジウム触媒によるアリル位置換反応[212)〜214]に最初に利用されたキレート型のP, N配位子が使われている．代表的なP, N配位子を図15・7に示す．この型の最初の配位子は一つのホスフィ

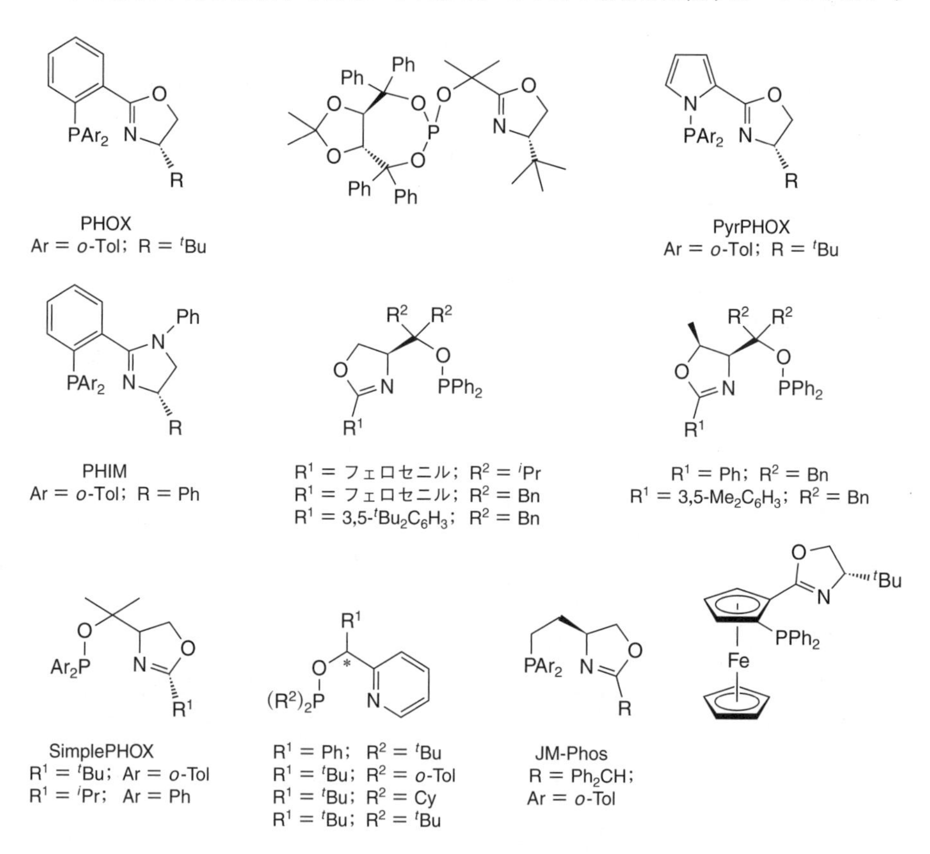

図15・7　単純オレフィンの不斉水素化反応に有効なP, N配位子

ノ基とオキサゾリンがアリール基でつながれた構造である[215]．原型の配位子はPHOX（phosphino oxazoline）とよばれている．のちに連結部位の異なる関連するP, N配位子が開発され，それらのイリジウム触媒は単純オレフィンの水素化反応において高活性で選択的な触媒として働く[36)〜38),216)〜221]．Burgessは，単純オレフィンの不斉水素化のため，関連する多くの配位子を報告し，それらのうちの一つはJM-Phosとよばれている[97),222]．

さらに，配位子の窒素原子上に酸性プロトンをもつ P, N 配位子が開発され，イミド，エステル，エポキシドのような極性官能基の水素化反応に利用されている．いくつかの代表的な配位子を図 15・8 に示した．アキラルなものからプロリンから誘導されるキラルなものまでこれら P, N 配位子はごく最近になって開発された．図 15・8 に示した配位子を含む触媒を用いて，反応性の低い極性官能基の水素化反応を行った例を §15・10 で述べる．

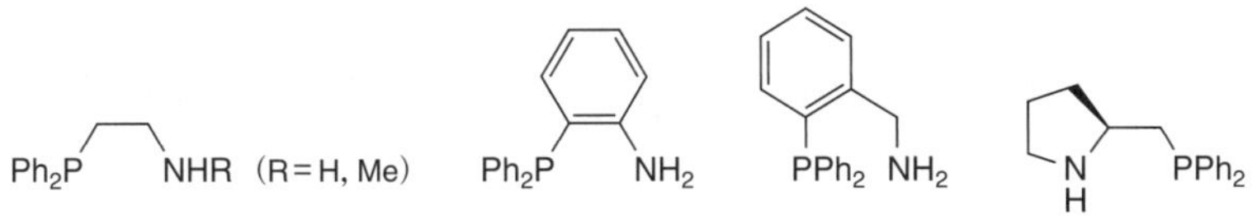

Ph_2P　NHR（R = H, Me）　Ph_2P　NH_2　PPh_2　NH_2　N H　PPh_2

図 15・8　エステル，イミド，エポキシドの水素化に効果的な金属-配位子協奏機能触媒の調製に用いられる P, N 配位子

15・6・5　ホスファイトおよびホスホロアミダイト配位子

この章で述べる不斉水素化反応のために開発された最後の重要な配位子は，単座型のリン配位子の再検討により見いだされた．前述したとおり，最初のオレフィンの不斉水素化反応には単座ホスフィンを含むロジウム錯体が使われた．反応においてエナンチオ選択性はみられたものの，その値は低いものであった．したがって，最近報告された単座配位子を含むロジウム触媒が，さまざまなオレフィンを高エナンチオ選択的に水素化することは注目すべき成果である．代表的な単座配位子を図 15・9 に示す．ホスファイト，ホスフィニト（ホスフィナイト），ホスホロアミダイト配位子は，合成が簡単であることが特徴である．これらの配位子は，PCl_3 に対してジオール，アルコール，アミンを反応させて数段階で容易に調製できる．このように合成法が簡便なため，触媒の活性や選択性を調べるうえで重要な単座配位子のライブラリーが構築できるようになった[223),224)]．単座配位子の特徴として，最高の選択性を達成するために二つの異なる単座配位子を混合して使用することができる[225),226)]．しかし，単座配位子から調製した触媒はやや不安定になる．したがって，これらの触媒の触媒回転数は，この章の前段で紹介したキレート型配位子の場合に比べて一般に低い．それでも，イタコン酸ジメチルの水素化反応では，最高 40,000 の触媒回転数，96.9% ee で不斉水素化が達成されている[227)]．

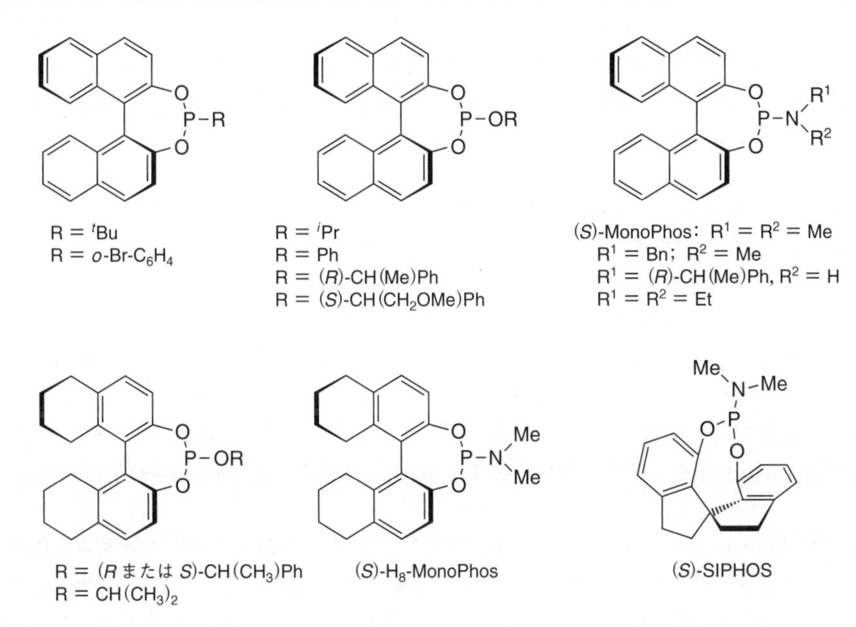

図 15・9　不斉水素化反応に使われる代表的な単座型ホスファイトとホスホロアミダイト配位子

Reetz，De Vries，Feringa は，ほとんど同時期に単座配位子を使った水素化反応を報告した．Reetz は図 15・9 の上段左に示された一連のモノホスファイトを開発し，ロジウム触媒によるイタコン酸ジメチルの不斉水素化反応を報告している[228),229)]．De Vries と Feringa は図 15・9 の右側に示したホスホロアミダイトを開発し，リン原子上にジメチルアミノ基を有する単純なホスホロアミダイト MonoPhos がロジウム触媒によるデヒドロアミノ酸誘導体の不斉水素化反応において 99% ee 以上の選択性で生成物を与えることを見いだしている[230)]．これらの触媒は α-アリールエナミドの水素化にも有効である[231)]．さらに，2 種類の類似のホスホロアミダイトを含む触媒は，(β-アシルアミノ)アクリル酸エステルを高エナンチオ選択的に水素化する[232)]．

15・7　不斉水素化反応と移動水素化反応の例

水素化反応は，光学純度の高い化合物合成のプロセス化学において最も利用されている均一系触媒反応である．高エナンチオ選択的な水素化反応の応用範囲はきわめて広く，配位性官能基を含むオレフィンやケトンから単純アルケンやケトンに及ぶ．前節で述べたキラルな配位子を含む触媒を用いて，提唱された機構により進行するさまざまなタイプの基質の不斉水素化反応の例をこの節で紹介する．まずオレフィンの水素化反応を紹介し，続いてケトン，イミンの水素化反応を述べ，最後に芳香族ヘテロ環化合物の不斉水素化反応について述べる．なお，工業的な応用例として，これらの水素化反応によるキラル化合物製造の例も示す．これらの応用例の多くは，Solvias 社の Blaser，Schmidt，Spindler，Thommen らの優れた総説やモノグラフから選んだものである[233),234)]．他の反応例や，展望，詳細に興味のある読者はこれらの著書を読まれることを勧める．

15・7・1　オレフィンの不斉水素化反応

15・7・1a　エナミドの不斉水素化反応

この章ですでに何度か述べたように，α-アミノ酸である L-DOPA の前駆体の水素化反応が，高いエナンチオ選択性で進行した不斉水素化反応の最初の例である．§15・5 の水素化の機構で述べたように，これらのオレフィンは，C=C 二重結合とアミド基のカルボニル酸素原子で金属に配位する．このような二点配位によって，デヒドロ-α-アミノ酸以外の基質に対しても選択的な反応が起こる．この節では，デヒドロ-α-アミノ酸，デヒドロ-β-アミノ酸のほか，カルボキシ基をもたない単純なエナミド類の水素化反応について紹介する．

i) デヒドロ-α-アミノ酸〔α-(アシルアミノ)アクリル酸とそのエステル〕の不斉水素化反応

C_2 対称の P-キラルビスホスフィン DIPAMP が初めて高収率，高エナンチオ選択的なデヒドロアミノ酸の水素化反応に用いられて以来，今日までに，より高速で，より高い触媒回転数で，同等かそれ以上のエナンチオ選択性で生成物を与える多くの触媒が見いだされている(式 15.27)．これらの触媒のほとんどでロジウムとホスフィン配位子が使われている．この

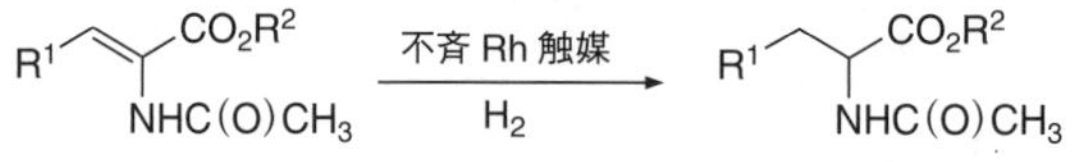

$$R^1CH=C(CO_2R^2)NHC(O)CH_3 \xrightarrow[H_2]{\text{不斉 Rh 触媒}} R^1CH_2CH(CO_2R^2)NHC(O)CH_3 \qquad (15.27)$$

A: $R^1 = H$, $R^2 = H$
B: $R^1 = H$, $R^2 = CH_3$
C: $R^1 = Ph$, $R^2 = H$
D: $R^1 = Ph$, $R^2 = CH_3$

96% ee 以上で生成物を与える 57 の配位子を含むロジウム触媒

水素化反応は，不斉触媒研究において新しい配位子ができた際の検証反応の一つになっている．2004 年に発表された総説には，ロジウム触媒によって α-アミノ酸前駆体を 96% ee 以

上のエナンチオ選択性で水素化する 57 の配位子が採録されている[122]．これらのロジウム触媒による反応では，通常アミノ酸前駆体としてそれらのエステルが使用されている．§15・6 で紹介した配位子のほとんどが，ロジウム錯体として使用され，高エナンチオ選択的に α-アミノ酸を与える．

非常に多くの触媒が α-アセトアミドケイ皮酸エステルを水素化によってフェニルアラニン誘導体に変換できる一方，不斉水素化反応により他の α-アミノ酸を合成する触媒の開発にはそれぞれ困難が伴った．本節で何度か述べるが，水素化反応そのものと同じくらい基質の合成が問題となることがある．たとえば，脂肪族 α-アミノ酸合成の前駆体の水素化反応の問題点は，二重結合の幾何配置の決まった脂肪族三置換アルケンを合成することが難しい点である．また，たとえばピリジルアミノ酸のように，塩基性の窒素を含むヘテロ芳香環の置換した基質は，触媒がピリジンの配位を受けて失活することから水素化反応が困難となることがある．さらに，β 置換の α-アミノ酸を与える四置換アルケンは，オレフィンの配位が弱いために特に水素化が困難である．また，工業的合成において，反応は高い基質/触媒比（高い触媒回転数）と高速，可能であれば中程度の圧力の水素で進行することが要求される．この意味では，α-アセトアミドケイ皮酸エステルの触媒的水素化反応はこれらの要求を満たしている．

アルケンの E, Z 異性体の水素化反応は異なるエナンチオマーを与え，その結果低いエナンチオ選択性になるために，高いエナンチオマー過剰率で生成物を得るためには，立体化学の決まったオレフィンを用いる必要がある．大スケールで効率的に立体化学の決まったオレフィンを得ることは難しいために，両異性体から同じエナンチオマーを生じる触媒がしばしば必要となる．式 15.28 と 15.29 に示すようにロジウム-DuPhos 触媒は，脂肪族デヒドロ-

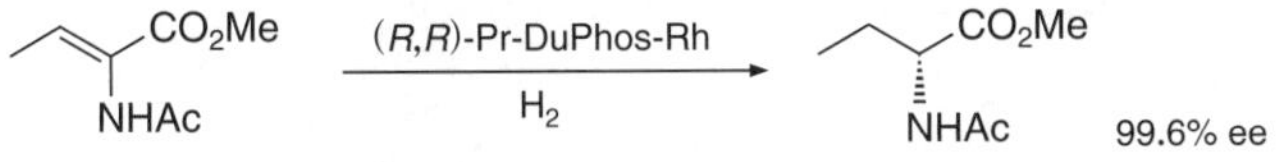

CO2Me / NHAc ——(R,R)-Pr-DuPhos-Rh, H_2——→ CO2Me / NHAc 99.6% ee (15.28)

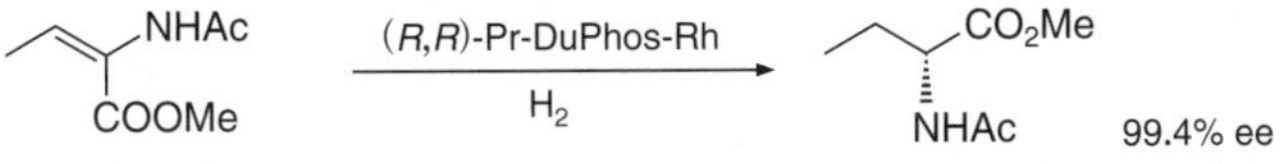

NHAc / COOMe ——(R,R)-Pr-DuPhos-Rh, H_2——→ CO2Me / NHAc 99.4% ee (15.29)

α-アミノ酸の両方の異性体を高いエナンチオ選択性で単一のエナンチオマーへと変換できる[235]．芳香族ヘテロ環を含む基質の水素化反応については，Rh-DuPhos を使いピリジンの窒素原子をプロトン化する酸を添加することで解決されている[236]．高活性な Rh-DuPhos は，比較的少ない触媒量で，四置換 α-アシルエナミドでさえ，高い選択性で水素化できる（式 15.30）[237]．

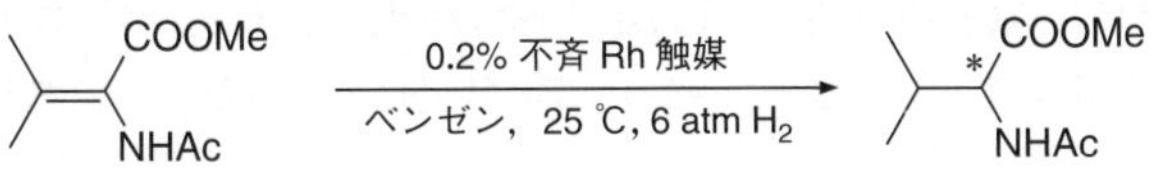

COOMe / NHAc ——0.2% 不斉 Rh 触媒, ベンゼン，25 ℃, 6 atm H_2——→ *COOMe / NHAc (15.30)

配位子	生成物（絶対立体配置）%ee
(*S,S*)-Me-DuPhos	96.0 (*S*)
(*R,R*)-Me-BPE	98.2 (*R*)

図 15・10 に Rh-DuPhos 触媒を用いた水素化反応による α-アミノ酸の工業的合成例を，その活性と選択性とともに示した．これらの反応のうちのいくつかは，1000 から 50,000 の触媒回転数でかつ高いエナンチオ選択性で進行する[238)~240]．一般的には，そのプロセスが工業的に実用化されるにはコスト面から 1000 から 5000 の触媒回転数が必要である．

式 15.31 と 15.32 は，より複雑な化合物の水素化反応により α-アミノ酸誘導体を合成した例である．一つ目の反応は，精密化学品会社 Lonza 社によって行われたジアステレオ選択

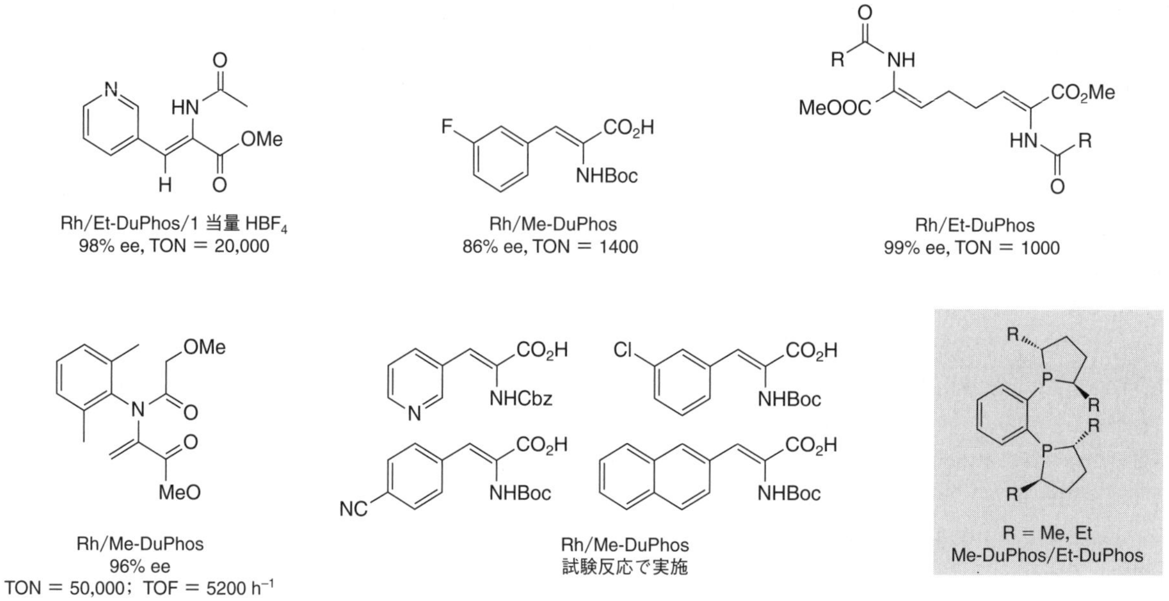

Rh/Et-DuPhos/1 当量 HBF_4
98% ee, TON = 20,000

Rh/Me-DuPhos
86% ee, TON = 1400

Rh/Et-DuPhos
99% ee, TON = 1000

Rh/Me-DuPhos
96% ee
TON = 50,000； TOF = 5200 h^{-1}

Rh/Me-DuPhos
試験反応で実施

R = Me, Et
Me-DuPhos/Et-DuPhos

図 15・10　ロジウム-DuPhos触媒による工業的不斉水素化反応に用いられる α-アミノ酸前駆体[224)~226)]

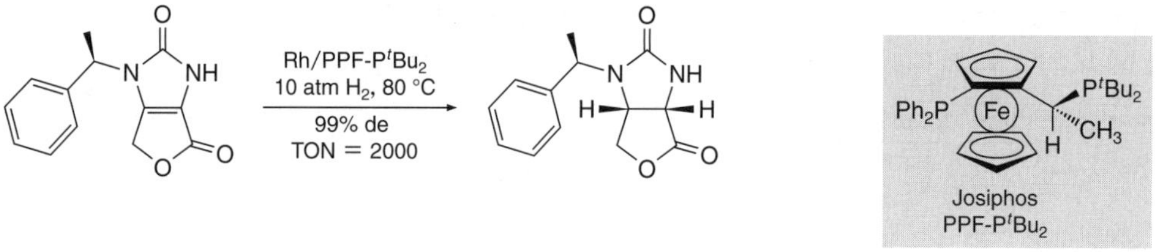

Rh/PPF-P^tBu_2, 10 atm H_2, 80 °C; 99% de, TON = 2000　(15.31)

Josiphos PPF-P^tBu_2

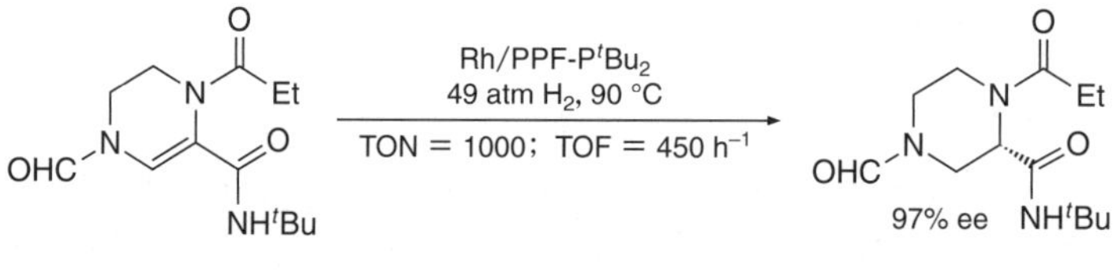

Rh/PPF-P^tBu_2, 49 atm H_2, 90 °C; TON = 1000； TOF = 450 h^{-1}; 97% ee　(15.32)

的な水素化反応を利用したビタミンのビオチン（biotin）合成の一段階である[241)~243)]．二つ目の例は，Lonza 社の Rh-Josiphos 触媒を使った 200 トン規模の α-アミノ酸合成である[241)]．この生成物は，インジナビル（Crixivan®）合成の中間体であり，これはリバーストランスクリプターゼ阻害剤とともに用いることにより，初の AIDS 特効薬となったものである[241),244),245)]．

ii）デヒドロ-β-アミノ酸〔β-(アシルアミノ)アクリル酸およびエステル〕の不斉水素化反応

デヒドロ-β-アミノ酸も，オレフィンとアミドのカルボニル酸素原子で触媒に配位できる．したがって，これら基質のエナンチオ選択的な水素化反応も通常ロジウム触媒を用いて行われ，多くの異なる配位子を用いて高いエナンチオ選択性が得られている．Zhang の総説には，92% ee 以上の選択性で還元生成物を与える 41 の配位子の例が示されている[122)]．

これらの基質の実際の水素化反応では，オレフィンの立体化学の問題に再び直面することになる．多くの合成法では，β-アセトアミドアクリル酸エステルの Z 体と E 体の異性体混合物ができてしまう．したがって，両方のオレフィンを水素化できる触媒の開発が重要であるが，両方のオレフィンから同一のエナンチオマーを与える触媒が最も実用的であると考えられる．BINAP[246]，DuPhos[247]，BICP[248]，BDPMI[249]，*o*-Ph-HexaMeO-BIPHEP[250]，DuanPhos[251]，^{t}Bu-BisP*[207]，TangPhos[252]，や単座ホスホロアミダイト[182),232)]などのキラルリン配位子を含むロジウムやルテニウム触媒が（*E*）-3-アルキル-3-（アセトアミド）アクリル酸エステルを高エナンチオ選択的に水素化する．しかし，式15.33に示したように，

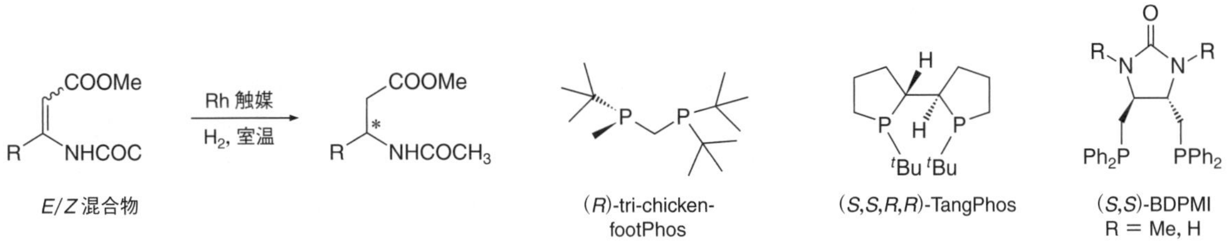

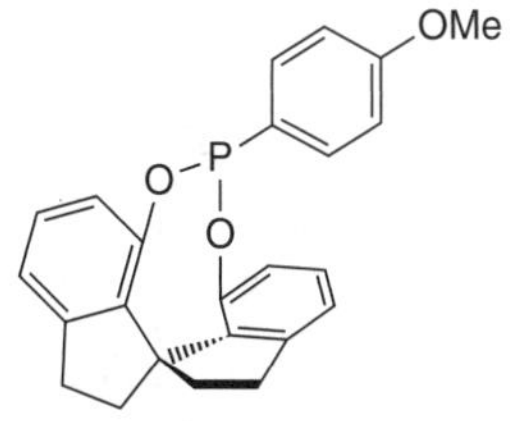

配位子	反応基質	反応条件	ee（%）
(*S,S,R,R*)-TangPhos	R = CH_3	THF, 1.4 atm H_2	99.5（*R*）
(*R*)-BDPMI	R = CH_3	THF, 1.4 atm H_2	98（*R*）
tri-chicken-footPhos	R = CH_3	THF, 1.4 atm H_2	98（*R*）
ArP（*o*-Spiro）	R = *p*-MeO-Ph	CH_2Cl_2, 99 atm H_2	98（*R*）
ArP（*o*-Spiro）	R = Ph	トルエン，99 atm H_2	93（*R*）

(15.33)

*E*と*Z*両方の異性体混合物を水素化できるキラル配位子は限られている．たとえば，BDPMI[249]，TangPhos[252]，（*R*）-tri-chicken-foot（鶏足型）-ホスフィン[253]や式中に示されたスピロジオラート[184),232)]を含む単座ホスホニト[254]配位子などである．関連したRh-BisP*による3-アルキル-3-（アシルアミノ）アクリル酸エステルの触媒的水素化反応の機構研究によると，反応は基質のβ炭素原子にロジウムが結合したモノヒドリド中間体を経由して進行することが示されている[207]．

iii）単純エナミドの不斉水素化反応

単純エナミドの不斉水素化反応により，窒素原子のα位に不斉中心をもち，N上が保護されたアミンが合成できる．これらの基質をきわめて高エナンチオ選択的に水素化できる触媒が開発されている．α-メチルアミンを与える一置換エナミドの反応や式15.34の反応は，

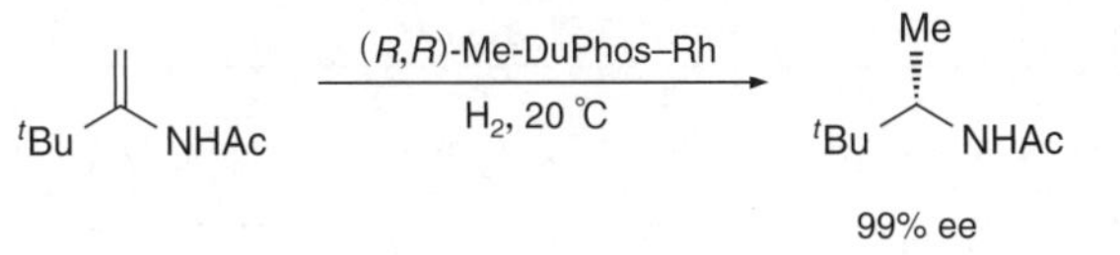

(15.34)

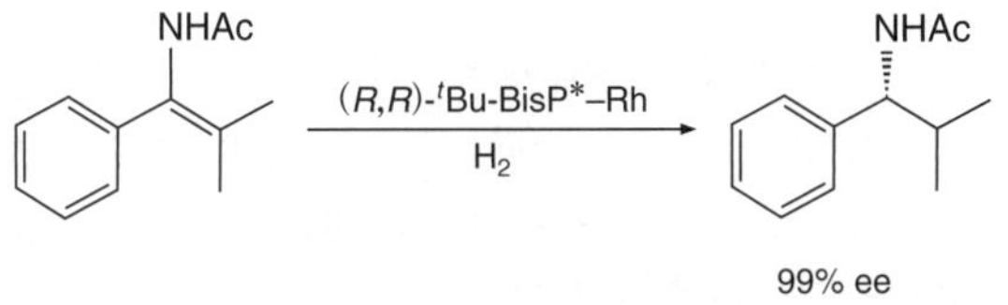

(15.35)

きわめて高いエナンチオ選択性で進行する反応例である．式15.35の四置換エナミドでさえ，P-キラル（*R,R*）-^{t}Bu-BisP*配位子を有するロジウム触媒を使用すれば高エナンチオ選択的に水素化される[70]．

他の多くのプロキラルなオレフィンの反応と同様に，エナミンの立体化学は選択性に影響する．したがって，一つの立体化学しかとりえない環状エナミドの場合には，高選択的な反応が起こる（式15.36）．一方，二つの立体異性体が反応して，同一のエナンチオマーを高選

NHAc → (R,S,R,S)-Me-PennPhos-Rh / MeOH, 室温, 2.7 atm H_2 → NHAc 98% ee　(15.36)

Me / NHAc → 0.1% Rh-DuanPhos / MeOH, 室温, 1.4 atm H_2 → Me / * NHAc 97% ee　(15.37)

択的に与える触媒も開発されている．式 15.37 には高エナンチオ選択的に進行する，エナミドの *E*/*Z* 異性体混合物の Rh-DuanPhos 錯体による触媒的水素化反応の例を示している[251]．

15・7・1b　α-(アシルオキシ)アクリル酸エステルの不斉水素化反応

エナミドと類似の構造をもつエノールエステルは，C=C 結合とカルボニル酸素原子で金属に配位することができるが，アミドの酸素原子に比べてエステルの酸素原子の塩基性が低いために金属への配位は弱くなる．そのため，α-(アシルオキシ)アクリル酸エステルの水素化反応は，α-(アシルアミノ)アクリル酸エステルの水素化反応より難しい．しかし，α-(アシルオキシ)アクリル酸エステルの不斉水素化反応の生成物は有用な α-ヒドロキシカルボン酸誘導体である．

α-(アシルオキシ)アクリル酸エステルの水素化反応に有効な触媒がいくつか報告されている．DIPAMP[255),256)]，DuPhos[34),257)]，BINAP[256)]，FERRIPHOS[258)]，TaniaPhos[259)] のロジウムやルテニウム錯体触媒が α-(アシルオキシ)アクリル酸エステルを高エナンチオ選択的に水素化する．DuPhos のロジウム錯体や BINAP のルテニウム錯体による触媒反応の結果を式 15.38 に示した．さまざまな α-(アシルオキシ)アクリル酸エステルの水素化反応が

R(C=C)(OAc)C(=O)OEt → Rh または Ru 触媒 / H_2 → R–CH₂–*CH(OAc)–C(=O)OEt　(15.38)

触媒	R	立体化学	反応条件	生成物の% ee（絶対立体配置）
(R,R)-Et-DuPhos-Rh	H		MeOH, 室温, 2 atm H_2	> 99 (R)
(R)-BINAP-Ru	^{i}Pr	E/Z	MeOH, 50 ℃, 50 atm H_2	98 (S)
(R,R)-Et-DuPhos-Rh	Ph	E/Z	MeOH, 室温, 3 atm H_2	95.6 (R)

Et-DuPhos-Rh 触媒により高エナンチオ選択的に進行する[257)]．β 置換 α-(アシルオキシ)アクリル酸エステルの *E*/*Z* 異性体混合物もこの触媒により高い選択性で水素化を受ける．

15・7・1c　α,β-不飽和カルボン酸の不斉水素化反応

オレフィンの不斉水素化反応における大きな進展の一つは，α,β-不飽和カルボン酸の水素化に有効なルテニウム触媒の発見である．反応機構の節で説明したとおり，α,β-不飽和カルボン酸はカルボキシラートがアニオン性の配位子としてルテニウムに結合する．Ru(BINAP)-$(OAc)_2$ は，これらの基質の不斉水素化反応に特に高い活性と選択性を示す触媒前駆体である[260)]．その他多くの配位子が，α,β-不飽和カルボン酸の不斉水素化反応のために開発されている．そのなかでも，H_8-BINAP[261),262)]，MeO-BIPHEP[263)]，BIPHEMP[263)] や P-Phos[175)~178)]，のようなビアリール骨格をもつアトロプ異性配位子が，高エナンチオ選択的に反応を触媒する．チグリン酸（tiglic acid）の水素化反応では（式 15.39），H_8-BINAP 配位子をもつルテニウム触媒がとりわけ高速で，高エナンチオ選択的に還元体を与える．2-アリールプ

$$\text{(Z)-2-methyl-2-butenoic acid} \xrightarrow{H_2,\ \text{Ru 触媒}} \text{2-methylbutanoic acid (COOH, *)} \quad (15.39)$$

触 媒	基質/触媒比	反応条件	生成物の % ee（絶対立体配置）
$Ru(OAc)_2$[(*R*)-BINAP]	100	MeOH, 15〜30 ℃, 4 atm H_2	91 (*R*)
$Ru(OAc)_2$[(*S*)-H_8-BINAP]	200	MeOH, 10〜25 ℃, 1.5 atm H_2	97 (*S*)

ロピオン酸の水素化反応では，良好なエナンチオ選択性を得るには高圧の水素が必須である（式 15.40）．ごく最近，Zhou らによって報告されたスピロ環状の P, N 配位子を含むイリジウム触媒により，低圧の水素でしかも高い触媒回転数で水素化反応が進行することが示されている[264]．

$$\xrightarrow[\text{MeOH, 20 ℃, 180 atm } H_2]{\text{Ru-(}R\text{)-BIPHEMP-(OAc)}_2} \quad (15.40)$$

94% ee

式 15.41 には，不斉水素化反応による，抗炎症薬（*S*）-ナプロキセン（naproxen）の合成例を示す．ナプロキセンの合成において問題となるのは，反応基質の合成であり，そのため不斉水素化反応はこの化合物の工業的合成法になっていない．

$$\xrightarrow[\text{MeOH, 13 atm } H_2]{\text{Ru-(}S\text{)-BINAP(OAc)}_2} \quad (15.41)$$

(*S*)-ナプロキセン
97% ee

キラルホスフィン配位子を含む多くのロジウムやルテニウム触媒が高いエナンチオ選択性で β, γ-不飽和化合物のイタコン酸やそのエステルを水素化できることが示されている（式 15.42）．Zhang[122] の総説には，95% ee 以上の不斉収率で水素化が進行する 26 の触媒が示

$$\text{ROOC-C(=CH}_2\text{)-CH}_2\text{-COOR} \xrightarrow[H_2]{\text{不斉 Rh 触媒}} \text{ROOC-C*H(CH}_3\text{)-CH}_2\text{-COOR} \quad (15.42)$$

95% ee 以上を与える 26 の触媒

されている．活性な触媒の調製には，電子豊富なホスフィンとして，BICHEP[265]，Et-DuPhos[266]，Ph-BPE[267]，TangPhos[268]，や DuanPhos[251] が用いられている．また，電子不足なビスホスフィンやホスフィナイト配位子も用いられる[269)〜271]．MonoPhos[231),272] のようなホスホロアミダイトや単純ホスファイト[227),228] などの単座リン配位子もイタコン酸誘導体の水素化の触媒として用いられ，高い触媒回転数と高いエナンチオマー過剰率の高速反応が達成されている．P, N 配位子を含むイリジウム触媒はイタコン酸エステルを高エナンチオ選択的に水素化する[273]．

1,1-二置換オレフィン型のイタコン酸誘導体以外に 1,2-二置換オレフィン型の基質の水素化反応の例として，β, γ-不飽和エステルの工業的水素化反応を式 15.43 に示す[274)〜276]．生成

$$\xrightarrow[\text{90\% ee; TON = 2000; TOF = 200 h}^{-1}]{\text{Ru/Josiphos または Me-DuPhos; 室温, 89 atm } H_2} \quad (15.43)$$

物は香料に用いられ，年間数トンの化合物がこの不斉水素化を利用して生産されている．この化合物は Firmenich 社で Josiphos や Me-DuPhos のような電子豊富なビスホスフィンのルテニウム錯体を用いた水素化反応により製造されている[275)〜277)]．

15・7・1d 不飽和アルコールの不斉水素化反応

ルテニウム触媒の開発によって，不飽和カルボン酸の水素化反応と同様に，不飽和アルコールの不斉水素化反応も有用なプロセスになっている．アリルアルコールの水素化反応は非常に効率よく進行するため，香料やビタミンの製造に工業的規模で利用されている．これらの反応の機構は詳細には研究されていないが，不飽和アミドやエステルの場合と同様に，アリルアルコールが二点配位で錯体を形成すると予想されている．これらの反応は，Ru(BINAP)$(OAc)_2$ 触媒の存在下，高い選択性で進行することが初めて示された[278),279)]．また，P, N 配位子を含むイリジウム触媒も高い選択性を示すことが報告されている[36),280)]．

式 15.44 と 15.45 には，高い触媒回転数とエナンチオ選択性で進行する Ru-BINAP や Ru-BIPHEP 触媒による工業的規模での光学活性アルコールの合成例が示されている．ゲラニオールの水素化反応により (*S*)-または (*R*)-シトロネロールが 96〜99% ee でほぼ定量的に得られる[278),279)]．C-6 と C-7 間の二重結合は水素化されない．高いエナンチオ選択性を

ゲラニオール —[$Ru(OOCCF_3)_2$/BINAP, 20 ℃, 99 atm H_2; 97% ee; TON = 50,000; TOF = 500 h^{-1}]→ シトロネロール (15.44)

—[Ru/MeO-BIPHEP, 20 ℃, 59 atm H_2; 99% de; TON = 150,000; TOF = 13,000 h^{-1}]→ ビタミン E (トコフェロール) の側鎖前駆体 (15.45)

得るためには高圧の水素が必須である．低圧の水素を用いた場合にはゲラニオールの異性化が起こるためである[281),282)]．ほかに MeO-BIPHEP のようなアトロプ異性配位子がアリルアルコールの水素化反応では，高活性で高選択的な触媒を生成する[281)〜284)]．式 15.45 に示す水素化反応は，Ru-BIPHEP 触媒によるビタミン E の側鎖合成の試験規模での反応である[283)〜285)]．

15・7・1e 単純オレフィンの不斉水素化反応[273)]

これまで述べてきたオレフィンは，C=C 二重結合以外の官能基を介して金属に配位し，明確な構造の錯体を形成する．一方，官能基をもたないオレフィンの不斉水素化反応は最も難しい反応である．これまで述べてきたさまざまな触媒のなかで三置換や四置換のオレフィンを水素化できるものは少なく，これらのオレフィンを不斉水素化できる例はほとんどない．§15・3 で述べたオレフィンの水素化反応のアキラルな触媒を思い出してみよう．Wilkinson 触媒もルテニウムヒドリド錯体も，三置換アルケンの水素化にはほとんど活性を示さず，四置換アルケンに至ってはまったく反応しない．したがって，単純アルケンの不斉水素化反応の初期の研究では 4 族やランタニド金属の錯体が用いられた．また，それ以降の研究では，Crabtree 触媒の不斉化に焦点が当てられた．

チタン[286)] やジルコニウム[287)] の光学活性なメタロセン型錯体が官能基化されていない三置換や四置換オレフィンの不斉水素化反応の触媒となる．3 章で述べたように，メタロセン錯体は二つのインデニル基やテトラヒドロインデニル基の回転を抑えるために側鎖で連結させるとキラルになる．22 章で述べるオレフィン重合用に開発された触媒の一つに，エ

チレンビス(テトラヒドロインデニル)配位子 EBTHI をもつものがある．(EBTHI)TiH や(EBTHI)ZrH_2 は三置換と四置換の芳香族オレフィンをエナンチオ選択的に水素化することが示された[286),287)]．チタン触媒の調製と水素化反応の条件が式 15.46 に示されている．ネオ

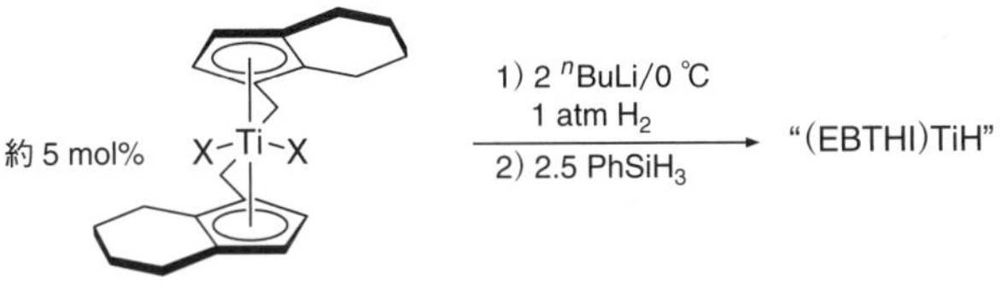

約 5 mol% X–Ti–X　1) 2 ^{n}BuLi/0 ℃　1 atm H_2　2) 2.5 $PhSiH_3$ → "(EBTHI)TiH"

X_2 = 1,1′-ビナフト-2,2′-ジオラート

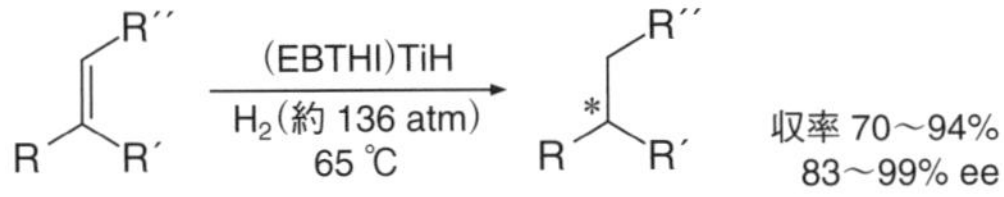

R(R′)C=CH–R″ —(EBTHI)TiH, H_2(約 136 atm), 65 ℃→ R(R′)C*H–CH$_2$–R″　収率 70〜94%　83〜99% ee　(15.46)

メンチル基をもつキラルなランタノセン錯体が研究されていて（図 15・11），2-フェニル-1-ブテンを −80 ℃において 96% ee で水素化する[61)]．これらの触媒の応用例は，合成に経費や手間がかかることと誘導体を得ることが難しいこと，および取扱いが面倒なことから限られている．

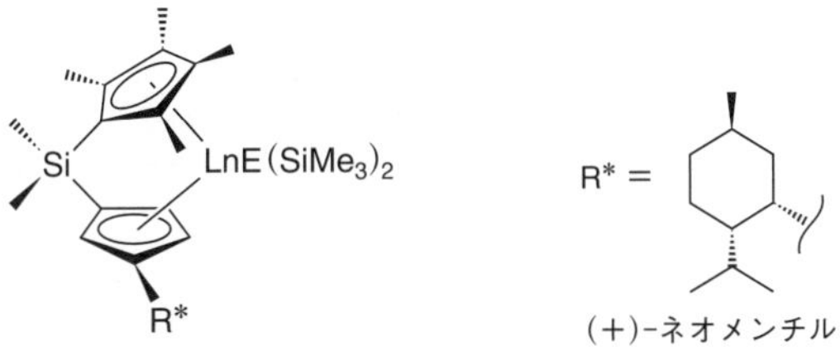

Si　LnE(SiMe$_3$)$_2$　R*　R* =　(+)-ネオメンチル

E = CH, N
Ln = La, Nd, Sm, Y, Lu

図 15・11 単純オレフィンの不斉水素化反応の研究で用いられたキラルランタニド触媒

最近最も注目されているのは，P, N 配位子を含むカチオン性キラルイリジウム触媒の開発である．高いエナンチオ選択性が達成された代表的な水素化反応の例を式 15.47〜15.51 に示

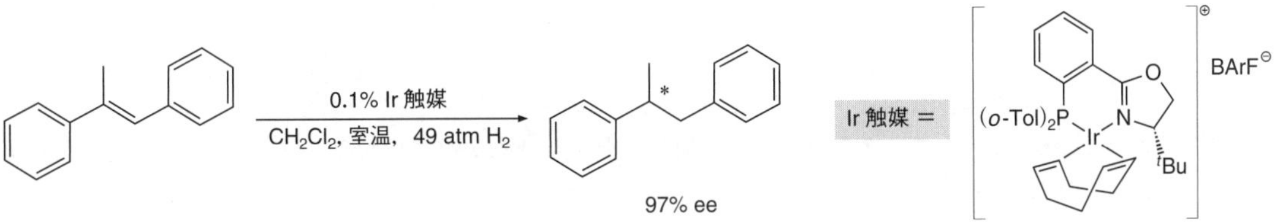

—0.1% Ir 触媒, CH_2Cl_2, 室温, 49 atm H_2→ 97% ee　Ir 触媒 = [(o-Tol)$_2$P–Ir–N (O, ^{t}Bu)]$^⊕$ BArF$^⊖$　(15.47)

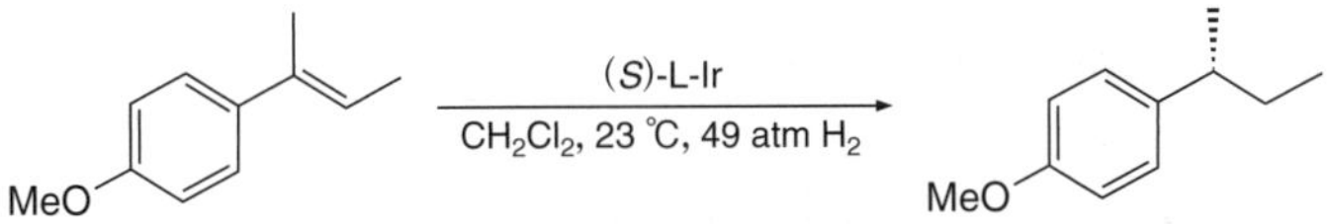

MeO —(S)-L-Ir, CH_2Cl_2, 23 ℃, 49 atm H_2→ MeO　99% ee　(15.48)

L = 図 15・12 の配位子

した．各種パラ置換の (*E*)-メチルスチルベン誘導体は，Phox-Ir 触媒（図 15・12）により良好なエナンチオ選択性で水素化される[37),38)]．*E* と *Z* の三置換オレフィンの水素化反応は，それぞれ異なるエナンチオマーを与える．すなわち，立体化学純度の高いオレフィンを用いることが高エナンチオ選択性を得るのに重要となる．四置換オレフィンの水素化反応では，90% ee 以上の不斉収率が達成されている[288)]．2-アリールブテンのような二置換の末端オレフィンの水素化反応では，89% ee でキラルな水素化生成物が得られている（式 15.50）．立

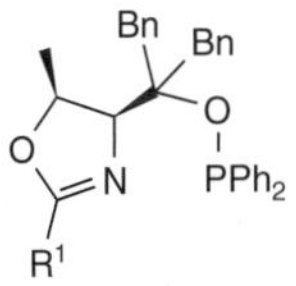

Bn Bn O N O PPh$_2$ R^1

R^1 = 3,5-Me_2Ph

図 15・12 単純オレフィンのイリジウム触媒不斉水素化反応に用いられた配位子

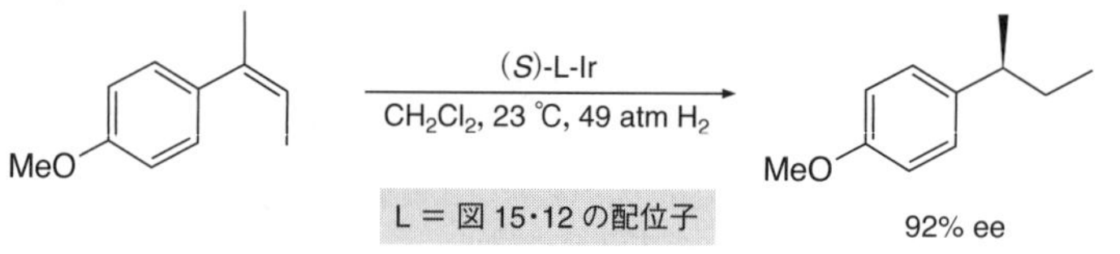

(*S*)-L-Ir
CH_2Cl_2, 23 ℃, 49 atm H_2
L = 図 15・12 の配位子
MeO　MeO
92% ee
(15.49)

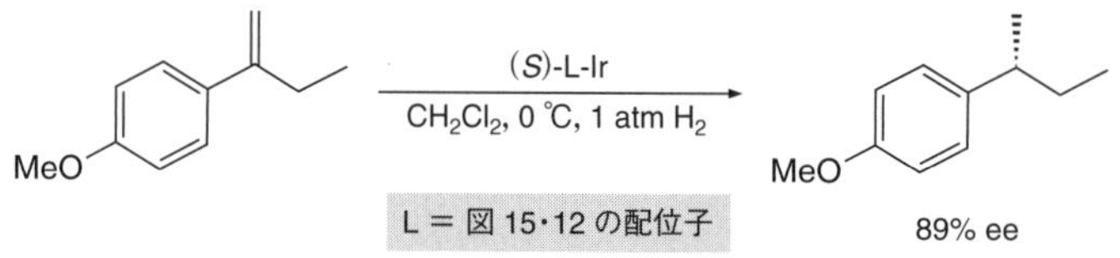

(*S*)-L-Ir
CH_2Cl_2, 0 ℃, 1 atm H_2
L = 図 15・12 の配位子
MeO　MeO
89% ee
(15.50)

体選択的な水素化反応のうち最も興味深い反応例の一つは，複数の二重結合の多重水素化によるビタミンE側鎖のジアステレオ選択的水素化反応である（式 15.51）[289].

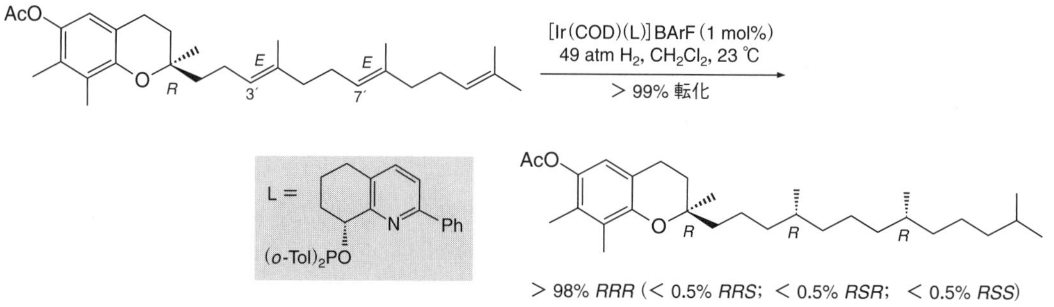

AcO
R　*E* 3′　*E* 7′
[Ir(COD)(L)]BArF (1 mol%)
49 atm H_2, CH_2Cl_2, 23 ℃
> 99% 転化
L =
N　Ph
(*o*-Tol)$_2$PO
AcO
R　*R*　*R*
(15.51)
> 98% *RRR* (< 0.5% *RRS*; < 0.5% *RSR*; < 0.5% *RSS*)

15・7・1f　ケトンの不斉水素化反応

すでに述べたように，過去20年間に劇的に発展した不斉水素化反応の一つに，ルテニウム触媒によるケトンの水素化反応がある．反応は官能基化されたケトンおよび単純ケトンの水素化反応に分類される．官能基化されたケトンは，α-またはβ-ケトエステル，α-アミノケトンやα-ヒドロキシケトンなどである．ルテニウムやロジウムのビスホスフィン錯体により良好な選択性が得られているが，選択性の高いものはルテニウム錯体に多い．ごく最近，アルキルアリールケトンやジアリールケトンのような他の官能基をもたない単純ケトンの不斉水素化反応も開発されている．これら単純ケトンの水素化反応には，ほとんどの場合，ビスホスフィンとジアミン配位子を含む触媒が用いられる．単純ケトンの移動水素化反応には，ホスフィンではなくトシルアミドやアミノアルコールを含む触媒が用いられる．そのような水素化反応や移動水素化反応の機構は§15・5においてすでに述べた．

i）官能基化されたケトンの不斉水素化反応

1）α-ケトエステルの不斉水素化反応

BINAPの塩化ルテニウム錯体がα-ケトエステルの水素化反応の触媒として働くことが野依らによって報告されて以来，他の多くのアトロプ異性ビスホスフィンを含む触媒の研究が行われている．代表的な三つの結果を式 15.52 にまとめた．ルテニウム-SEGPHOSおよびルテニウム-BICHEP錯体（図 15・2，p.562）による反応では，アルキル置換α-ケトエステルの水素化反応が高エナンチオ選択的に進行する．いくつかの中性ロジウム錯体もこの反応の触媒となる[290),291)].

この水素化反応の応用例として，環状のα-ケトエステルである4,4-ジメチル-2,3-フランジオンの反応を式 15.53 に示す．このα-ケトエステルは，式中網かけて示されたbppmタ

(15.52)

不斉触媒	R	XR^1	基質/触媒比	反応条件	ee (%)
(*R*)-SEGPHOS-Ru	^{t}Bu	OEt	1000	EtOH, 70 ℃, 50 atm H_2	98.5 (*R*)
(*R*)-BICHEP-Ru	Ph	OMe	100	EtOH, 25 ℃, 5 atm H_2	> 99 (*S*)
(*S*)-BINAP-Ru	4-MePh	OMe	150	MeOH, 30 ℃, 100 atm H_2	93 (*S*)

イプの配位子をもつ中性のロジウム触媒によりきわめて高い触媒回転数と良好なエナンチオ選択性で水素化される[283]．Roche 社では，この生成物を補酵素 A の部分骨格であり，ビタミン B 群の一つであるパントテン酸（pantothenic acid）の合成に用いている[283]．

触媒 1/2 $[Rh(O_2CCF_3)]_2$ /*m*-Tol-POPPM
40 ℃, 39 atm H_2
TON = 200,000, TOF = 15,000 h^{-1}
91% ee
m-Tol-POPPM
(15.53)

パントテン酸　　補酵素 A

2) β-ケトエステルの不斉水素化反応[292]

β-ケトエステルを水素化する触媒が開発されている（式 15.54）．水素化反応は反応性の高いケト基で選択的に起こる．水素化反応の発展について §15・2 で述べたように，ルテニウム-BINAP 錯体のアニオン性配位子をアセタト配位子からクロリド配位子に代えることによ

$[Ru(BINAP)Cl_2]_2$, H_2　(15.54)

り，官能基をもつケトンの水素化反応が高効率，高選択的に進行するようになる[59]．β-ケトエステルの反応は，最初ルテニウム-BINAP 触媒で行われた．現在では，多くの配位子が β-ケトエステルの不斉水素化反応に応用されている．Zhang の総説[122] には，95% ee 以上の選択性で脂肪族 β-ケトエステルを水素化できる BPE[293]，BisP*[294]，や PHANEPHOS[295] など 20 の配位子が紹介されている．しかし，SEGPHOS や BINAP を含む原型の触媒がそのなかでも最も効果的に働く．BINAP 触媒はアリール置換の β-ケトエステルの水素化反応には，あまり選択性が高くない．それに比べて，式 15.55 に示したようにアニオン性のルテ

$[NH_2Me_2][\{RuCl[(R)\text{-SEGPHOS}]\}_2(\mu\text{-Cl})_3]$
MeOH, 80 ℃, 30 atm H_2
基質/触媒比＝10,000
97.6% ee　(15.55)

ニウム-SEGPHOS 錯体はアリール置換の β-ケトエステルの水素化反応において，高い触媒回転数と高いエナンチオ選択性で生成物を与える[170]．

β-ケトエステルの水素化反応の最も有用な点の一つは，二つのカルボニル基に挟まれた炭素原子上に置換基を一つもつラセミ体の基質が利用できることである．それらの例を式15.56と15.57に示す[296),297)]．1,3-ジカルボニル化合物の金属への配位により二つのカルボニ

Ru(COD)(methallyl)$_2$ + (*R*)-BINAP
CH_2Cl_2, 80 ℃, 90 atm H_2
99% ee
98% de
(15.56)

{Ru[(*S*)-BINAP]Cl_2}(DMF)$_n$
CH_2Cl_2, 50 ℃, 30 atm H_2
基質/触媒比 = 250, 92%
NH_2•HCl
anti-(2*S*,3*S*)-
96% ee
95% de
(15.57)

ル基に挟まれた炭素原子上の水素原子は非常に酸性が高くなり，そのため，基質のラセミ化が水素化の段階より速やかに起こる．置換β-ケトエステルの二つのエナンチオマーのうち一方の水素化反応が触媒により立体化学が制御されながら進行する．多くの場合，反応するのはアンチ体のジアステレオマーを与えるエナンチオマーである．生成物は，β-ケトエステルより酸性が低下するので，それ以上ラセミ化は進行せず，そのため高いエナンチオ選択性とジアステレオ選択性で生成物が得られる．この位置には，アルキル基を置換させることができるが，より合成上有用なのはヘテロ原子置換基である．たとえば，式15.56や15.57のようにクロロ基やアミノ基をもつものなど，さまざまなヘテロ置換基をもつβ-ケトエステルが，きわめて高いエナンチオ選択性で水素化され，ほぼ単一のジアステレオマーを与える[170),298)〜300)]．

この動的速度論的光学分割による反応が，高砂香料工業株式会社で実際の製造に使われている[170),300),301)]．[Ru(cymene)I_2]$_2$とTol-BINAPが，二つのカルボニル基に挟まれた炭素原子上にアミドメチル基を有するβ-ケトエステルの水素化反応に用いられている（式15.58）．

[Ru(cymene)I_2]$_2$/Tol-BINAP, H_2
ee > 97%, de > 94%
TON = 1000; TOF = 200 h^{-1}
NHC(O)Ph
OTBS, OAc, NH
(15.58)

生成物は，カルバペネム系抗生物質の合成に利用されている．この水素化反応は年間50〜120トンの生産規模で稼働している．

他のβ-ケトエステルの水素化反応も工業的規模で実施されている．MSC Technologies社やLanxess社[302),303)]は，BINAPやBIPHEP誘導体を配位子として使ってこれらの反応を行っている．BINAPの場合，触媒回転数は10,000〜20,000であり，触媒回転頻度は12,000 h^{-1}で進行する．

動的速度論的光学分割は，環状β-ケトエステルを用いても行うことができる．二つの例を式15.59と15.60に示す．このような環状基質では，二つのカルボニル基に挟まれた炭素原子に不斉中心がある．これらの基質の動的速度論的光学分割を利用した水素化反応も選択的に起こり，単一の立体異性体を優先的に与える．反応は，ルテニウム-BINAP触媒の存在下，99：1のジアステレオマー比で進行し，主ジアステレオマーにおけるエナンチオ選択性は93%に達する[85)]．ケト基とエステル基の位置を入れ替えることも可能である．式15.60の環状β-ケトエステルの水素化では，高ジアステレオ，高エナンチオ選択的に*syn*-ジアステレオマーが得られる[304)]．

$Ru[(R)\text{-}BINAP]Cl_2 \cdot C_6H_6$

CH_2Cl_2, 50 °C, 100 atm H_2

基質/触媒比 = 1170

アンチ体　シン体

アンチ体：シン体 = 99：1

93% ee (*R*, *R*)

(15.59)

$[Ru[(S)\text{-}BINAP](p\text{-}cymene)I]^{\oplus}I^{\ominus}$

H_2

$MeOH/CH_2Cl_2$ (3：1)

シン体　アンチ体

シン体：アンチ体 = 99：1

(15.60)

3) β-ジケトンの不斉水素化反応

β-ジケトンの水素化反応ではジオールが生成する．二つの異なる配位子を用いたアセチルアセトンの水素化反応による *anti*-ジオールの合成を式 15.61 に示す．多くの配位子がこの反応に活性がありエナンチオ選択的にジオールを与える．ここでも BINAP や BIPHEMP を含む触媒により単一のエナンチオマーをジアステレオ選択的に得ることができる．しかし，これらの反応は，高圧の水素下で行う必要がある[30),305)]．

0.2% Ru/L

H_2

(*R,R*) アンチ体　(*S,S*) アンチ体　シン体

(15.61)

配位子	反応条件	de (%)	ee (%)
(*R*)-BINAP	MeOH, 室温, 72 atm H_2	98	100 (*R,R*)
(*S*)-BIPHEMP	EtOH, 50 ℃, 100 atm H_2	98	99.9 (*S,S*)

4) α-およびβ-アミノまたはヒドロキシケトンの不斉水素化反応

ケトンの水素化反応により光学活性なアミノアルコールが合成できる．α-アミノケトンの水素化反応はきわめて高い選択性で進行する．この場合，アミノ基の配位により基質が二点配位すると考えられる．反応には，ホスフィンの配位したルテニウム触媒が用いられる[304)]．式 15.62 のアルキル置換の α-アミノケトンの水素化反応が，BINAP のみを光学活性

$Ru[(S)\text{-}BINAP](p\text{-}cymene)I$

$CH_2Cl_2/MeOH$, 30 ℃

105 atm H_2

基質/触媒比 = 1100　ee = 99.4% (*S*)

(15.62)

配位子としてもつルテニウム触媒により非常に高いエナンチオ選択性で進行する．しかし，次節で述べる単純ケトンの不斉水素化反応に用いられるルテニウム-ジアミン-ビスホスフィン触媒を用いると，アミノ基の配位がなくても反応が進行する[306)]．式 15.63 の Xyl-BINAP と DAIPEN ジアミン配位子を含む野依触媒による α-アミノアセトフェノンの水素化反応が報告されている．α-アミノケトンの水素化反応は，アミノアルコール構造を含む医薬品の合成に利用されている．たとえば，鬱血性心不全の治療薬のデノパミン（denopamine）塩酸塩の前駆体合成に利用されている．式 15.64 の α-アミノケトンの水素化反応は，この医薬品の短段階合成に用いられるキラルアミノアルコールを与える[306)]．さらに，α-アミノケ

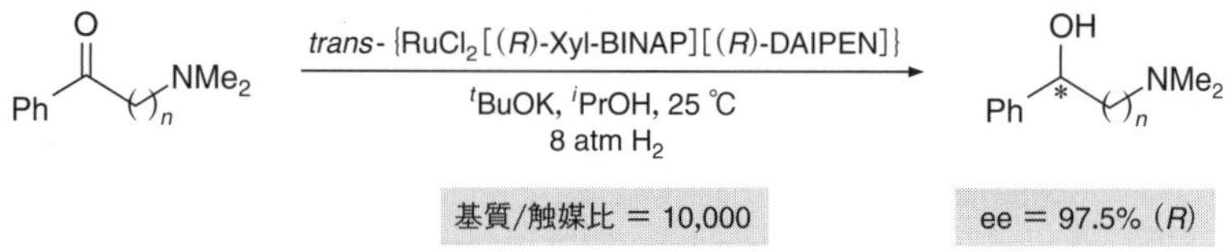

$$\text{PhC(O)(CH}_2)_n\text{NMe}_2 \xrightarrow[\substack{^t\text{BuOK, }^i\text{PrOH, 25 °C} \\ \text{8 atm H}_2}]{trans\text{-}\{\text{RuCl}_2[(R)\text{-Xyl-BINAP}][(R)\text{-DAIPEN}]\}} \text{PhC}^*\text{H(OH)(CH}_2)_n\text{NMe}_2 \tag{15.63}$$

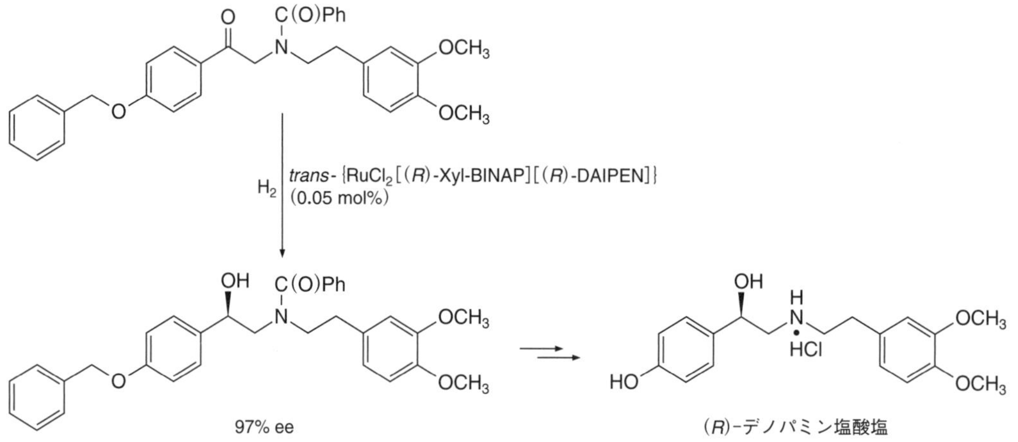

基質/触媒比 = 10,000　　ee = 97.5% (*R*)

H_2, *trans*-{$RuCl_2$[(*R*)-Xyl-BINAP][(*R*)-DAIPEN]} (0.05 mol%)

97% ee　　→→　(*R*)-デノパミン塩酸塩　(15.64)

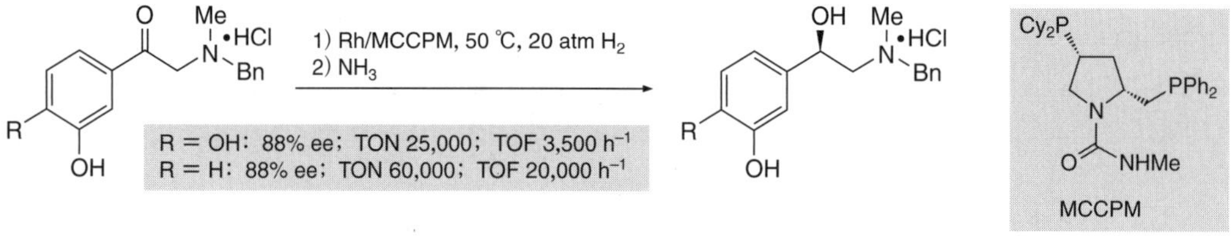

1) Rh/MCCPM, 50 ℃, 20 atm H_2
2) NH_3

R = OH: 88% ee; TON 25,000; TOF 3,500 h^{-1}
R = H: 88% ee; TON 60,000; TOF 20,000 h^{-1}

MCCPM　(15.65)

トンの水素化反応は，アドレナリン（adrenalin）やフェニルエフェドリン（phenyl ephedrine）の前駆体合成にも応用されている（式 15.65）[307].

β-アミノケトンの不斉水素化により光学活性なアミノアルコールを与える反応は，生成物のアミノアルコールが最も広く用いられている抗うつ薬の前駆体となるため，特に需要が高い．α-アミノケトンの還元触媒と比べβ-アミノケトンの還元に適した触媒の開発はより困難であったが，いくつかの触媒が開発されている．式 15.66 に示した研究では，DuanPhos 配位子を含むロジウム触媒が（*S*)-フルオキセチン〔(*S*)-fluoxetine；プロザック（Prozac®)〕の合成前駆体を高エナンチオ選択的に水素化できる．

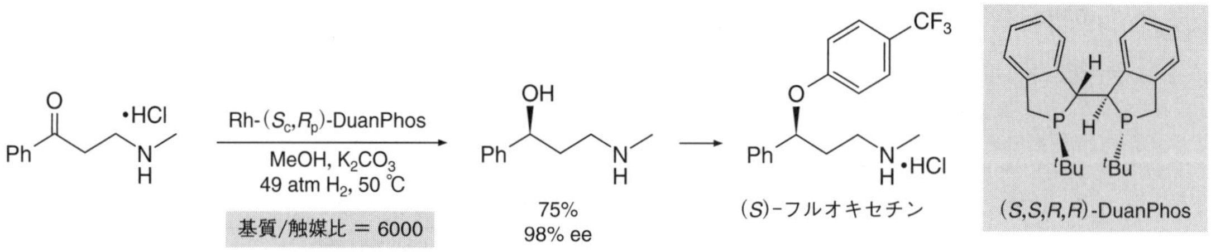

Rh-(S_c,R_p)-DuanPhos
MeOH, K_2CO_3
49 atm H_2, 50 ℃
基質/触媒比 = 6000

75%
98% ee

(*S*)-フルオキセチン　(*S*,*S*,*R*,*R*)-DuanPhos　(15.66)

α-ヒドロキシケトンの高エナンチオ選択的な不斉水素化反応も開発されている．式 15.67 に示した工業プロセスでは，光学活性な 1,2-プロパンジオールが 94% ee の不斉収率でルテニウム-Tol-BINAP 触媒による α-ヒドロキシアセトンの水素化反応により合成されている．この反応は，年間 50 トン規模でキラルな殺菌剤の（*S*)-オキサフロキサジン（oxafloxazin）の製造に利用されている[170),299)].

$Ru_2Cl_2Et_3N$/Tol-BINAP
50 ℃, 25 atm H_2
94% ee
TON 2000；TOF 300 h^{-1}

P(*p*-Tol)$_2$
P(*p*-Tol)$_2$
Tol-BINAP
(15.67)

ii) 官能基をもたないケトンの水素化反応[308)]

官能基をもたない単純ケトンの水素化反応は，触媒に対して配位できる隣接する官能基がなく，強固な二点配位構造をとれないために，官能基をもたないオレフィンの水素化反応と同じように難しい．しかし，単純ケトンの不斉水素化反応の実用的な触媒が研究され，現在では工業プロセスとしても使われている．すでに述べたように，ビスホスフィンとジアミンからなる野依触媒の開発によりケトンの不斉水素化反応は，実用的なレベルになっている．Zhang らは脂肪族ビスホスフィンの PennPhos のロジウム触媒を用いて単純ケトンの不斉水素化反応を報告している．反応には，2,6-ルチジンと KBr の添加が必要であるが，現在のところ反応機構についてはよくわかっていない．しかし，いくつかのジアルキルケトンやアルキルアリールケトンの反応において，高いエナンチオ選択性が達成されている（式 15.68, 15.69）．

Ph–CO–Et → [RhCl(COD)]$_2$-(*R,S,R,S*)-Me-PennPhos, 2,6-ルチジン ＋ KBr, MeOH, 室温，30 atm H_2, 88 時間 → Ph–C*H(OH)–Et　95% ee　(15.68)

^{n}Bu–CO–Me → [RhCl(COD)]$_2$-(*R,S,R,S*)-Me-PennPhos, 2,6-ルチジン ＋ KBr, MeOH, 室温，30 atm H_2, 88 時間 → ^{n}Bu–C*H(OH)–Me　75% ee　(15.69)

単純ケトンの不斉水素化反応に用いられた最初のビスホスフィン-ジアミン触媒は，図 15・13 に示した *trans*-{$RuCl_2$[(*S*)-Tol-BINAP][(*S*)-DPEN]} から調製された．この塩化ルテニウム錯体はイソプロピルアルコール溶媒中で ^{t}BuOK により系中でジヒドリド触媒に変化する．ヒドリドクロリド錯体は塩基が存在しないと活性がない[308)]．式 15.70 に示された

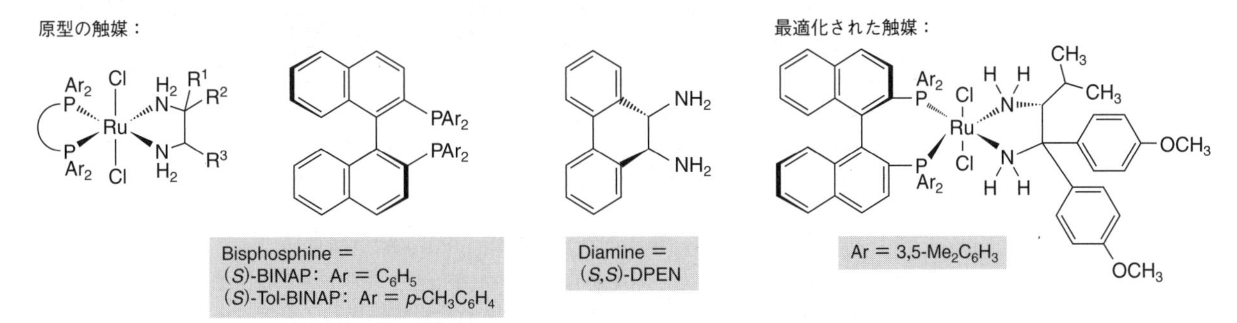

図 15・13　単純ケトンの水素化反応のための野依触媒

単純アルキルアリールケトンの不斉水素化において，この錯体はきわめて活性で高い選択性を示す[31)]．キシリル基を含む PhanePhos[309)] や P-Phos[310)] などのビスホスフィンを使うと，同等かそれ以上の活性が得られる．現在では，20 以上の触媒によってアセトフェノンが

$$\text{PhC(O)Me} \xrightarrow[\text{}^i\text{PrOH, 25〜28 °C, 34 atm H}_2\text{, 36 時間}]{trans\text{-RuCl}_2[(R)\text{-Xyl-P-Phos}][(R,R)\text{-DPEN}] + {}^t\text{BuOK}} \text{PhCH(OH)Me}^* \quad (15.70)$$

99% ee

基質/触媒比＝10,000

93% ee 以上の不斉収率で還元できるようになっている．代表的な二つの工業プロセスの反応条件を式 15.71 に示す[311),312)].

Ru/dm-BINAP/DPEN または DAIPEN
室温, 1〜8 atm H_2
99% ee；TON 上限 100,000

Ru/Xyl-PhanePhos/DPEN
室温, 8 atm H_2
98〜99% ee；TON 5〜10,000；TOF 5000 h^{-1}

Xyl-PhanePhos　DPEN　DAIPEN

(15.71)

基質によっては，塩基が使えない場合があり，反応を進行させるために望ましくない工夫が必要になることもある．しかし $Ru(BH_4)$(bisphosphine)(diamine)(H)[313)] を用いることによって，この塩基の使用を避けることができる．

ビスホスフィンとジアミンのさまざまな組合わせがケトンの不斉水素化に利用されており，それぞれの基質に応じた最適化がはかられている．*trans*-{$RuCl_2$[(*S*)-Xyl-BINAP][(*S*)-DAIPEN]} は，単純ケトンの水素化反応に最もよく用いられる触媒の一つである．この触媒は，ビスホスフィンとジアミンの両方を最適化することによって得られた．Xyl-BINAP 配位子は，リン原子上のアリール基の 3,5 位に二つのメチル基をもっており，それにより配位子のコンホメーションが制限される．この場合ジアミンには C_2 対称性は必要ではない．この触媒の開発によって，ケトンの水素化反応の応用範囲が広がり，α, β-不飽和ケトンの水素化反応においてオレフィンではなくカルボニル基を化学選択的[(訳注)] (chemoselective) に，しかもエナンチオ選択的に還元でき，アリルアルコールが得られるようになった（式 15.72)[174)]．メチル基とビニル基を区別した立体選択的な水素化反応の代表例を式 15.73 に示した．この反応はボロヒドリド触媒を使って塩基を用いずに行われている[313)].

訳注：ケモ選択性，官能基選択性ともいう．反応剤が共存する複数の官能基のうちどれと優先的に反応するかの選択性．

$$\text{PhCH=CHC(O)Me} \xrightarrow[\text{NaO}^t\text{Bu, }^i\text{PrOH, 基質/触媒比＝100,000, 80 atm H}_2]{\text{Ru(Xyl-BINAP)(DAIPEN)Cl}_2} \text{PhCH=CHCH(OH)Me}^* \quad (15.72)$$

収率 100%
97% ee (*R*)

$$\xrightarrow[\text{}^i\text{PrOH, 23〜25 °C, 8 atm H}_2\text{, 16 時間; 95\%}]{trans\text{-}\{\text{RuH}(\kappa^1\text{-BH}_4)[(S)\text{-Xyl-BINAP}][(S,S)\text{-DPEN}]\}\ (0.025\text{ mol \%})} \quad (15.73)$$

99% ee

ケトンが異なる立体的，電子的性質をもち合わせている場合は，ジアリールケトンやアリールヘテロアリールケトンの水素化反応もエナンチオ選択的に進行する．その代表的な例を式 15.74 に示した．この反応では，最適化された野依触媒によりアリールチアゾリルケトンがきわめて高いエナンチオ選択性で還元される[314)]．この生成物を用いて，PDE-Ⅳ阻害剤の合成が行われている．

ジアルキルケトンの不斉水素化反応は，アリールアルキルケトンやエノンの不斉水素化反応より格段に難しい．ジアルキルケトンの不斉水素化反応では，触媒は二つのアルキル基の立体的な嵩高さに応じてケトンのプロキラル面を区別する必要がある．これには，いまだに

trans-{$RuCl_2$[(R)-Xyl-BINAP](R)-DAIPEN]}
^{i}PrOH-THF, 室温, 2.7 atm H_2, K_2CO_3
基質/触媒比 = 1000

> 99% ee

PDE-Ⅳ阻害剤

(15.74)

一般的な方法が開発されていないが，メチルシクロアルキルケトンやメチル *t*-ブチルケトンの場合に良好なエナンチオ選択性で還元が起こる．野依らのルテニウム触媒や，Zhang らのロジウム-PennPhos が現在のところ最も効果的である．このタイプの不斉水素化の例を三つ式 15.75 に示した[174),199)]．

キラル触媒, H_2

(15.75)

触　媒	R	基質/触媒比	反応条件	収 率(%)	ee(%)
trans-$RuCl_2$[(*S*)-Xyl-BINAP][(*S*)-DAIPEN] + ^{t}BuOK	シクロヘキシル	11,000	^{i}PrOH, 28 ℃, 8 atm H_2, 20 時間	99	85 (*R*)
trans-$RuCl_2$[(*S*)-Xyl-BINAP][(*S*)-DAIPEN] + ^{t}BuOK	シクロプロピル	11,000	^{i}PrOH, 28 ℃, 8 atm H_2, 12 時間	96	95 (*R*)
[RhCl(COD)]$_2$-(*R,S,R,S*)-Me-PennPhos + 2,6-ルチジン + KBr	^{i}Bu	100	MeOH, 室温, 30 atm H_2, 75 時間	66	85 (*S*)

脂肪族ケトンの不斉水素化反応の触媒により，α 位にエノール化しうる不斉中心を有するケトンの動的速度論的光学分割ができるようになった．ビスホスフィンとジアミン配位子をもつ触媒は塩基により活性化されると同時に，ケトンのラセミ化の触媒としても働く．そのような反応の例を式 15.76 に示した[315)]．

$RuCl_2$[(*S*)-BINAP](DMF)$_n$-(*R,R*)-DPEN-KOH
^{i}PrOH, 28 ℃, 4 atm H_2, 11 時間

(1*R*,2*R*) 93% ee
シス体：トランス体 = 99.8：0.2

(15.76)

15・7・1g　イミンの不斉水素化反応

さまざまなケトンの不斉水素化反応の目覚ましい発展に比べて，イミンの不斉水素化反応は未だに発展段階である[316)]．いくつかの要因がイミンの水素化反応を難しくしている．まず，イミンも生成物のアミンも金属に対する配位子として触媒を被毒したり反応の競争的阻害剤となったりすることがある．二つ目は，ケトンが二つの置換基をもつのに対して，ケチミンは C=N 上に三つの置換基をもつために，ケトンより立体的に混み合っている．窒素原子上に水素原子をもつイミンは不安定なため系中で発生させ，ただちに使わなければならない．また，イミンには二つの立体異性体が存在する．それらの水素化反応は逆のエナンチオマーを与えるので，全体として低いエナンチオ選択性しか示さない．さらに，イミンの C=N 結合は，ケトンの C=O 結合に比べて分極が小さいために，挿入段階や Ru-ビスホスフィン-ジアミン触媒の外圏機構によるヒドリドとプロトン移動の速度が影響を受ける．多くの

場合，生成物として必要とされるのは，第一級アミンであるため，窒素原子上の置換基は水素化反応の後で除去可能なものでなければならない．このようなイミンのいくつかを本節で述べる反応例にとりあげる．イミンの移動水素化反応についても研究が行われており，これについては，§15・7・2で述べる．イミンの水素化反応の一般的な方法は，いまだ確立されていないが，極性のC=X結合の不斉水素化反応の最も初期の成功例はイミンの水素化である．この水素化反応は，Ciba-Geigy社により開発され，除草剤メトラクロール(metolachor)の大規模合成に利用されている．

3種類の触媒がイミンの不斉水素化反応において研究されてきた．一つは後周期遷移金属錯体前駆体とビスホスフィンから調製される触媒である．これらの触媒はふつうロジウムやイリジウムの前駆体から調製されている．第二の触媒は，前節で紹介した単純オレフィンの不斉水素化反応に用いられたキラルチタノセン[317)〜319)]やジルコノセン[320)]錯体である．第三の触媒はイミンの移動水素化反応に使われているもので，ジアミン，アミノトシルアミドやアミノアルコール配位子を含むルテニウムやロジウム錯体である[321)〜323)]．

i）環状イミンの不斉水素化反応

イミンの不斉水素化反応で最も成功した例が，立体構造が固定された環状イミンの反応である．これらの反応では窒素原子のα位の立体化学が制御され，有用な飽和ヘテロ環化合物を与える．2-アリールピペリジンが生成する例を式15.77に示す．また，天然物合成に利用された有用性の高いイミンの水素化反応の例を式15.78に示す[324)]．さらに，これらの水素化反応により得られる生成物は，BeyermanやRice[325)〜327)]によってモルヒネ(morphine)，デキストロメトルファン（dextromethorphan）やアルカロイドの合成に利用されている（式15.79）[328)]．ベンジルアミンのようなプロトン性のアミンを組合わせた（*S*)-Tol-BINAP-Ir錯体触媒により2-フェニル-3,4,5,6-テトラヒドロピリジンの水素化が90% eeのエナンチオ選択性で進行する[329)]．

[Ir(COD)Cl]$_2$ (0.5 mol%)
(*S*)-Tol-BINAP (1 mol%)
BnNH$_2$ (5 mol%)
MeOH, 20 ℃, 60 atm H_2
Ph　N　→　N H　Ph
90% ee　(15.77)

H_3CO　H_3CO　N　R
[Ir(COD)Cl]$_2$
(*S,S*)-BCPM + フタルイミド
トルエン，2〜5 ℃, 100 atm H_2, 24時間
H_3CO　H_3CO　* NH　R
85〜93% ee　(15.78)

HO　O　HO　NCH$_3$　H　モルヒネ　⟹　CH_3O　NCHO　OR^1　OCH$_3$　R^2　(15.79)

	R^1	R^2	収率(%)	ee(%)
Beyerman中間体	$CH_2C_6H_5$	$OCH_2C_6H_5$	86	97
Rice中間体	H	H	95	99

これらモルヒネアルカロイドの合成前駆体は，エキソ C=C 二重結合によって置換基 R が環に導入されるようなエナミド化合物の水素化反応によっても得られる[330]．基質の合成に基づいて最適な合成経路が決まる．エナミドの方が合成しやすく，野依らは，エナミドから光学活性なテトラヒドロイソキノリンを合成している（式 15.80）[331]．

CH_3O, CH_3O, NC(O)Me, OCH_3, OCH_3 → $Ru(OAc)_2$[(*R*)-BINAP](0.5〜1%)、H_2 (4 atm)、$C_2H_5OH-CH_2Cl_2$、23 ℃, 36〜160 時間 → > 99.5% ee　(15.80)

ii）鎖状の *N*-アルキルイミンの不斉水素化反応

鎖状のイミンの水素化反応は，基質の構造が柔軟で C=N 結合まわりの *E/Z* 立体化学が変化するために難しい．キラルチタノセン触媒は，*N*-アルキルイミンの水素化反応に対して最も活性で，選択性も高い[317)〜319),332]．しかし先に述べたとおり，経費や空気に対する安定性の問題から合成反応への利用例は限られている．そのため，後周期遷移金属触媒の開発におもに努力が払われている．アセトフェノンの *N*-ベンジルイミンの水素化反応における最も高いエナンチオ選択性（96% ee）が，EtOAc と水の混合溶媒中，中性のモノスルホナート（*S,S*）-BDPP-Rh 触媒により得られている（式 15.81）[333]．

$[Rh(COD)Cl]_2$ ＋ モノスルホン化した(*S,S*)-BDPP、EtOAc/H_2O, 20 ℃, 70 atm H_2 → 96% ee　(15.81)

(*S,S*)-BDPP：PPh_nAr_{2-n}, PPhAr、*n* = 1,2 の混合物、Ar = C_6H_4-SO_3Na

しかし，*N*-アリールイミンの不斉水素化反応は，さまざまな触媒を用いて高いエナンチオ選択性が達成されている．これらのイミンの水素化反応の高い選択性にはいくつかの理由がある．まず第一に，アセトフェノンの *N*-アリールケチミンの立体化学は，単一である．第二に，*Re* 面と *Si* 面を区別する際に，トランスに位置する π 系の二つのアリール基が有効に作用する．この効果は，単純オレフィンの不斉水素化反応においても見られた．長い反応時間と高い反応温度を必要とするが，Et-DuPhos と（*R,R*）-*trans*-ジアミノシクロヘキサン配位子による触媒（式 15.82）が，*N*-アリールイミンの水素化反応に最も高い選択性を示す．

$RuCl_2$[(*R,R*)-Et-DuPhos][(*R,R*)-dach]、^{t}BuOK (5 mol%), ^{i}PrOH、65 ℃, 15 atm H_2, 69 時間 → HN、97% 転化、94% ee　(15.82)

ヨウ素促進剤と f-ビナファンから調製されるイリジウム触媒はより活性が高く，同等なエナンチオ選択性で反応する（式 15.83）[334]．この触媒は次に述べるメトラクロールの前駆体を与える水素化反応触媒と密接な関係がある．

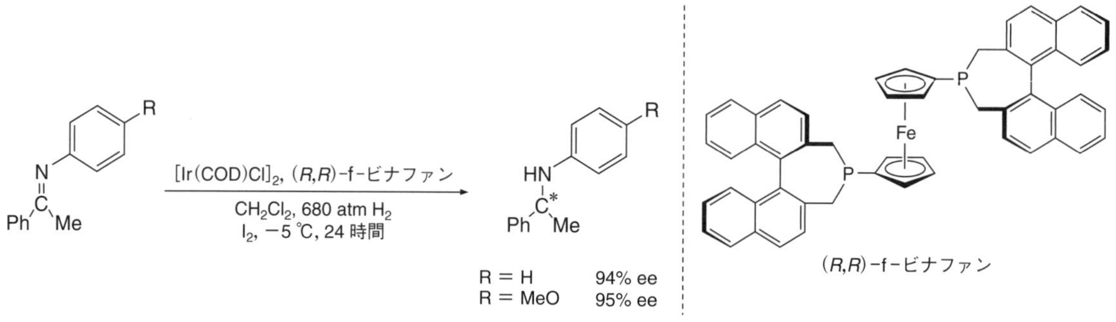
R
N
C
Ph
Me
[Ir(COD)Cl]2, (R,R)-f-ビナファン
CH2Cl2, 680 atm H2
I2, −5 ℃, 24 時間
HN
C*
R = H　94% ee
R = MeO　95% ee
P
Fe
(R,R)-f-ビナファン

(15.83)

iii) 鎖状の *N*-アリールイミンの不斉水素化反応

画期的なイミンの水素化反応の例を式 15.84 に示した．約 10 年かけて開発されたこの反応は，メトラクロールの合成前駆体を与える（図 15・14）．この反応にはいくつかの重要な新しい知見が含まれている．第一に，エナンチオ選択的触媒としてそれまであまり注目されていなかったイリジウムを使った不斉触媒反応である．第二に，新しいタイプの配位子としてフェロセニルビスホスフィンの Josiphos タイプの一つ Xyliphos が使われている．第三に，反応速度が，他の C=X 結合（X = NR, O）の水素化反応よりずっと速い点である．この反応の開発については総説が書かれている[184),185),335)]．

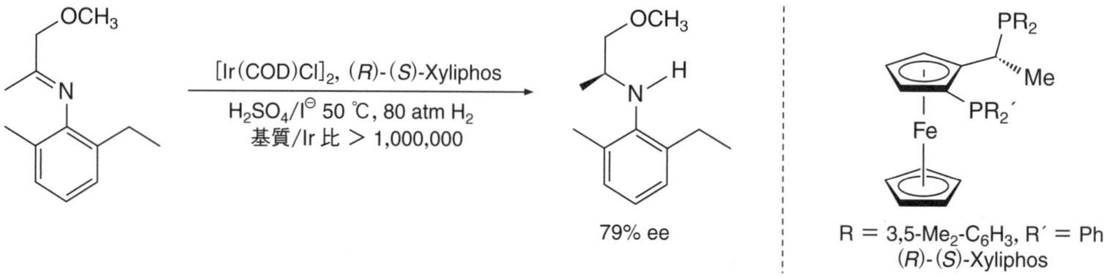
OCH3
N
[Ir(COD)Cl]2, (R)-(S)-Xyliphos
H2SO4/I⊖ 50 ℃, 80 atm H2
基質/Ir 比 > 1,000,000
H
79% ee
PR2
Me
PR2′
Fe
R = 3,5-Me2-C6H3, R′ = Ph
(R)-(S)-Xyliphos

(15.84)

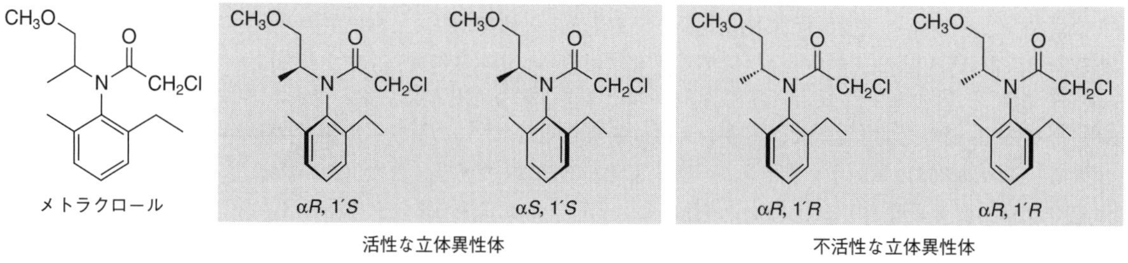
CH3O
O
N
CH2Cl
メトラクロール
αR, 1′S
αS, 1′S
αR, 1′R
αR, 1′R
活性な立体異性体
不活性な立体異性体

図 15・14　メトラクロールの構造と除草剤の活性発現に重要な立体化学

この反応は，不斉反応のなかでも最大規模で実施されており，年間 1 万トン規模で稼働している．最適化された条件下で触媒回転数は，100 万回に達し，反応初期の触媒回転頻度は，180 万回 h^{-1} である．アミンの逆のエナンチオマーから得られる生成物は，生物活性がなく無毒である．したがって，79% のエナンチオ選択性は製造には十分である．なぜなら，光学活性な化合物を使えば，散布する量が減るからである．その他の触媒も高いエナンチオ選択性を示すが，その活性は必ずしも同じではない．

この水素化反応の機構の詳細は明らかにはなっていないが，この章の初めの議論によれば，いくつかの特徴に注目すべきである．反応は，金属-配位子協奏機能触媒系によるヒドリドとプロトンの移動機構ではなく，ほぼ間違いなく金属ヒドリドへのイミンの挿入により起こっている（9 章参照）．なぜならこのイリジウム触媒にはプロトン性の配位子は含まれていない．高速反応実現のためには，酸とヨウ化物イオンが促進剤として必要になる．ヨウ化物イオンにはイリジウム(Ⅲ)種を安定化する効果があり，酸には生成物のアミンを金属上から解離させる効果があると考えられている．

iv）アロイルヒドラゾンやホスフィニルケチミンの不斉水素化反応

基質が二点配位できるような官能基をもったイミンの不斉水素化反応が研究されている．二つのタイプの基質の反応例を式 15.85 と 15.86 に示す．最初の例は，アロイルヒドラゾン

{Rh[(*R*,*R*)-Et-DuPhos](NBD)} OTf (0.2 mol%)
^{i}PrOH, 4 atm H_2
−10 ℃, 24 時間
95% ee (*S*) (15.85)

0.2% $[Rh(NBD)_2]BF_4$ + (*R*)-(*S*)-Cy_2PF-PCy_2
MeOH, H_2 (70 atm), 60 ℃, 1 時間
99% ee (15.86)

の水素化反応であり，エナンチオ選択的に *N*-アルキルヒドラジンを与える[336]．生成物の N−N 結合の酸化的な開裂によって第一級アミンが得られる．

ジフェニルホスフィニルアミンを加水分解すると第一級アミンが得られる．ジフェニルホスフィニルイミンの不斉水素化反応は，光学活性な第一級アミンを得る有用な合成反応になる．アロイルヒドラゾンのアミド基と同じようにリン原子上の酸素原子によって，基質が触媒に二点配位できる．式 15.86 に示したように，このタイプのイミンの不斉水素化反応は，Josiphos 配位子を含むロジウム触媒により高エナンチオ選択的に進行する[337]．

イミンの不斉水素化反応の最後の二つの例は，医薬品の合成中間体の製造である[338]．この反応の検討は，N 上に保護基をもたないエナミンの不斉水素化反応ができるのではないかという期待から始まった．実際，式 15.87 に示すようにエナミンからアミンがエナンチオ選

Rh/Josiphos
50 ℃, 7 atm H_2
94% ee；TON = 350；TOF 約 50 h^{-1} (15.87)

択的に得られる．この反応は，Josiphos 配位子を含むロジウム触媒により進行する．しかし，重水素を用いた反応では，二つのオレフィン炭素原子上に重水素が取込まれない．その代わり重水素は窒素原子の α 位にのみ取込まれた．この同位体標識実験によって，真の中間体は NH-イミンであり，これが水素化を受けたことがわかる．このイミンは反応系中で β-ケトアミドにアンモニアを付加させても得ることができる．論文として発表されていないが，高砂香料工業の研究者らは，酢酸アンモニウムと β-ケトエステルの反応により系中でイミンを発生させ，β-ケトアミドの還元的不斉アミノ化反応が高選択的に起こることを明らかにしている（式 15.88）[339]．この反応では，3,5-二置換型 Segphos 配位子を含むルテニウム錯体が用いられている．

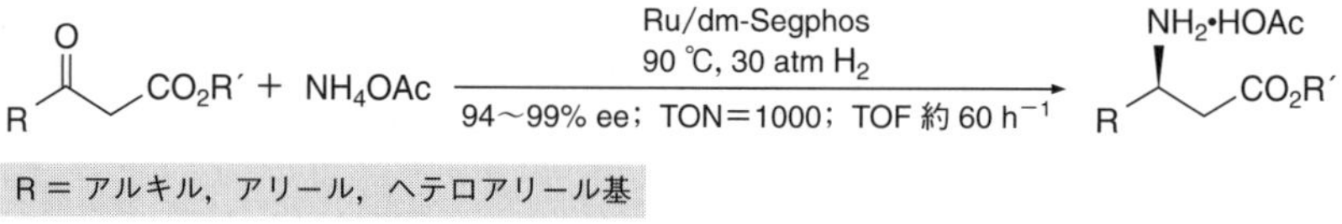

Ru/dm-Segphos, 90 ℃, 30 atm H_2; 94～99% ee; TON＝1000; TOF 約 60 h^{-1}

$RCOCH_2CO_2R' + NH_4OAc \longrightarrow RCH(NH_2 \cdot HOAc)CH_2CO_2R'$　(15.88)

R＝アルキル，アリール，ヘテロアリール基

15・7・2　ケトンやイミンのエナンチオ選択的移動水素化反応[120),123)～125),127)～132),340),341)]

Meerwein-Ponndorf-Verley 反応は，古くから用いられているケトンの還元反応であり，平衡反応条件下における，酸化アルミニウムとアルコールによるケトンの触媒的な還元反応である．アルコールを使ったケトンやイミンの“移動水素化反応”は，これとは異なる機構で進行する類似の還元反応である．遷移金属触媒により進行するこの型の反応は，最近までほとんど進展がなかった．しかし，野依らがアミノスルホンアミド（図 15・15）とアミノアルコールを含むルテニウム錯体を触媒として用い，アルコール溶媒中でケトンのエナンチオ選択的な移動水素化反応が高収率で進行することを見いだして以来，様相が変わった[329),342)]．平衡反応であるため，これらの反応を実施する際には注意が必要である．反応が可逆であるため，生成物はラセミ化しやすく，したがって，長時間の反応においては，低いエナンチオマー過剰率しか得られない．このラセミ化を抑えるためにドナー性溶媒のアルコールを過剰量用いる必要がある．

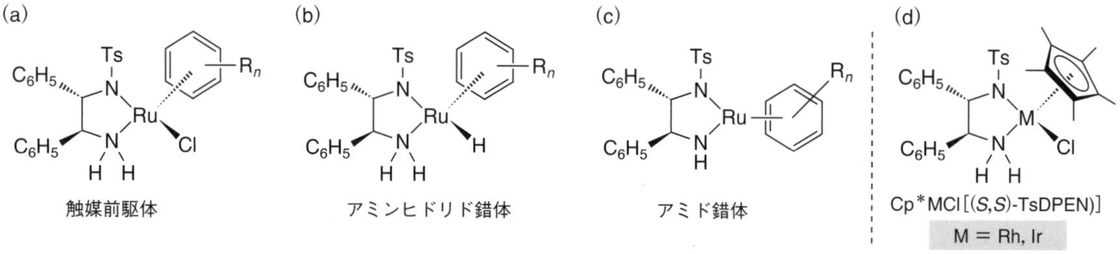

(a) 触媒前駆体　(b) アミンヒドリド錯体　(c) アミド錯体　(d) Cp*MCl[(*S*,*S*)-TsDPEN)]　M＝Rh, Ir

図 15・15　(a) 移動水素化反応のための原型の野依触媒前駆体，(b) 還元型 18 電子錯体，(c) H_2 移動後の酸化型 16 電子錯体，(d) 原型の野依触媒である Cp*Rh および Cp*Ir 型錯体．Cp* をキラルなアミノアルコールで置換した錯体が Avecia 社で開発されている．

野依らが水素源としてギ酸とトリエチルアミンを用いてケトンの還元を報告して以来，移動水素化反応は，より実用的なものとなった[118)]．Cp*Rh や Cp*Ir 基を含む関連する触媒とモノスルホニルジアミンとの混合系がいくつかのグループによって報告されている（図 15・15）[343)～345)]．ルテニウム触媒が，Lanxess 社で工業的に用いられているほか，ロジウムやイリジウム触媒が Avecia 社で工業的規模の移動水素化反応に使われている．後者の触媒は，catalytic asymmetric transfer hydrogenation の頭文字をとって CATHy® として商標登録されている．

移動水素化反応の一つの利点は，高圧の水素を必要としないことである．もう一つの利点は，触媒がアミノアルコールとアレーンまたはシクロペンタジエニル配位子をもつ錯体から容易に調製できる点である．しかし，適切な反応容器があれば，水素も安価でクリーンな反応剤であり，触媒費用が問題にならないほど触媒回転数がかなり高いという利点がある．そのため，工業的なケトンの還元には，ほとんどの場合移動水素化反応よりも水素化反応が用いられる．それにもかかわらず，移動水素化反応は実験室レベルで実施するには便利であり，触媒の調製にもそれほど費用がかからないことから，Avecia 社では工業的な規模でこれを実施している．これらの触媒によるケトンやイミンの移動水素化反応の機構は §15・5

においてすでに説明した．これらの反応は，スキーム 15・17 にまとめたように，外圏協奏機能触媒作用による機構で進行すると考えられている．このスキームでは，ヒドリド配位子が金属-配位子の協奏的遷移状態と同じように溶媒のアルコールから触媒に移るか，ギ酸によるアミドのプロトン化とそれに続く配位ギ酸アニオンからの脱炭酸によりヒドリドを与えるかの二つの機構が考えられている（§15・5・2c）[154]．

スキーム 15・17

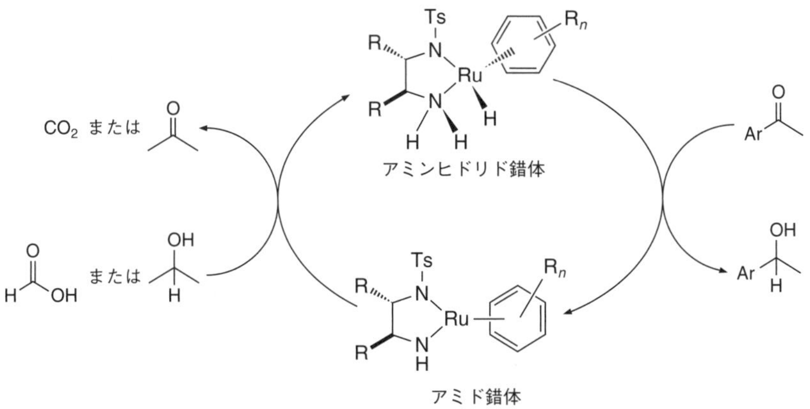

アミンヒドリド錯体

CO_2 または（アセトン）

（ギ酸）または（2-プロパノール）

（ArCOCH₃）→（ArCH(OH)CH₃）

アミド錯体

図 15・16 には，CATHy 触媒によって製造されている光学活性アルコールやアミン（Avecia 社の Blacker の総説[346]）がまとめられている．このなかには，前節で述べた異なる種類の水素化反応の生成物も含まれている．すなわち，アルキルアリールケトン，α-ケトエステル，脂肪族ケトン，α,β-不飽和ケトン，環状ケトン，α-ヒドロキシケトンの還元生成物も含まれている．さらに，移動水素化反応は，*N*-ジフェニルホスフィニルイミンの還元による光学活性アミンの合成にも用いられる．これらの移動水素化反応は，アルキルアリールケトン，環状ケトン，単純脂肪族ケトンから誘導されるケチミンの還元にも利用されている．

光学活性なアミンは，触媒的な Leuckart-Wallach 反応[347] を用いて，ケトンとギ酸アンモニウムから直接得ることもできる（式 15.89）[348]．イミンはギ酸アンモニウムから生じるアンモニアによって生成し，還元剤もギ酸アニオンから調達される．[Ru(BINAP)Cl_2]$_2$ 触媒を使うと，アミンとギ酸アミドが主生成物として生じる．ギ酸アミドは加水分解により第一級アミンを高収率，高エナンチオ選択的に与える．

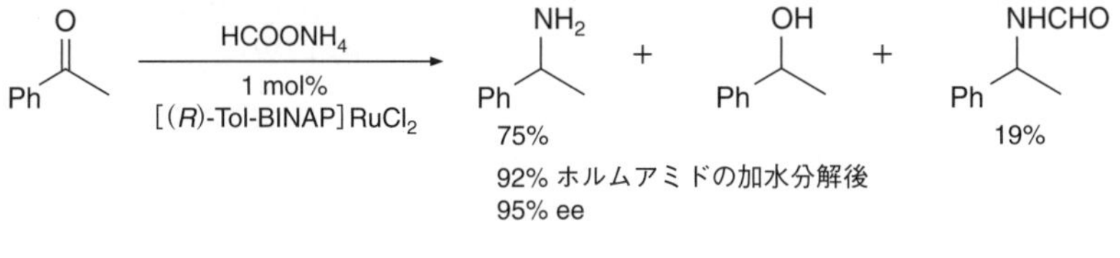

PhCOCH₃ —($HCOONH_4$, 1 mol% [(*R*)-Tol-BINAP]$RuCl_2$)→ PhCH(NH_2)CH₃ 75%（92% ホルムアミドの加水分解後, 95% ee） + PhCH(OH)CH₃ + PhCH(NHCHO)CH₃ 19% (15.89)

15・7・3 α-アセトアミドケイ皮酸エステルの触媒的不斉水素化反応の機構

すでに述べたように，工業的不斉水素化反応の最初の例は，Monsanto 社の Knowles によって開発された L-DOPA の製造プロセスである[202]．L-DOPA はパーキンソン病の治療薬である．Halpern と Brown はこのエナンチオ選択的反応の機構を研究し，その結果は，物理有機化学的な原理が不斉触媒研究に役立つことを示す非常に啓発的なものであった．この反応例は，14 章のエナンチオ選択性の制御法についてのケーススタディとして取上げられている．その結果についてもう一度簡単にふれる．

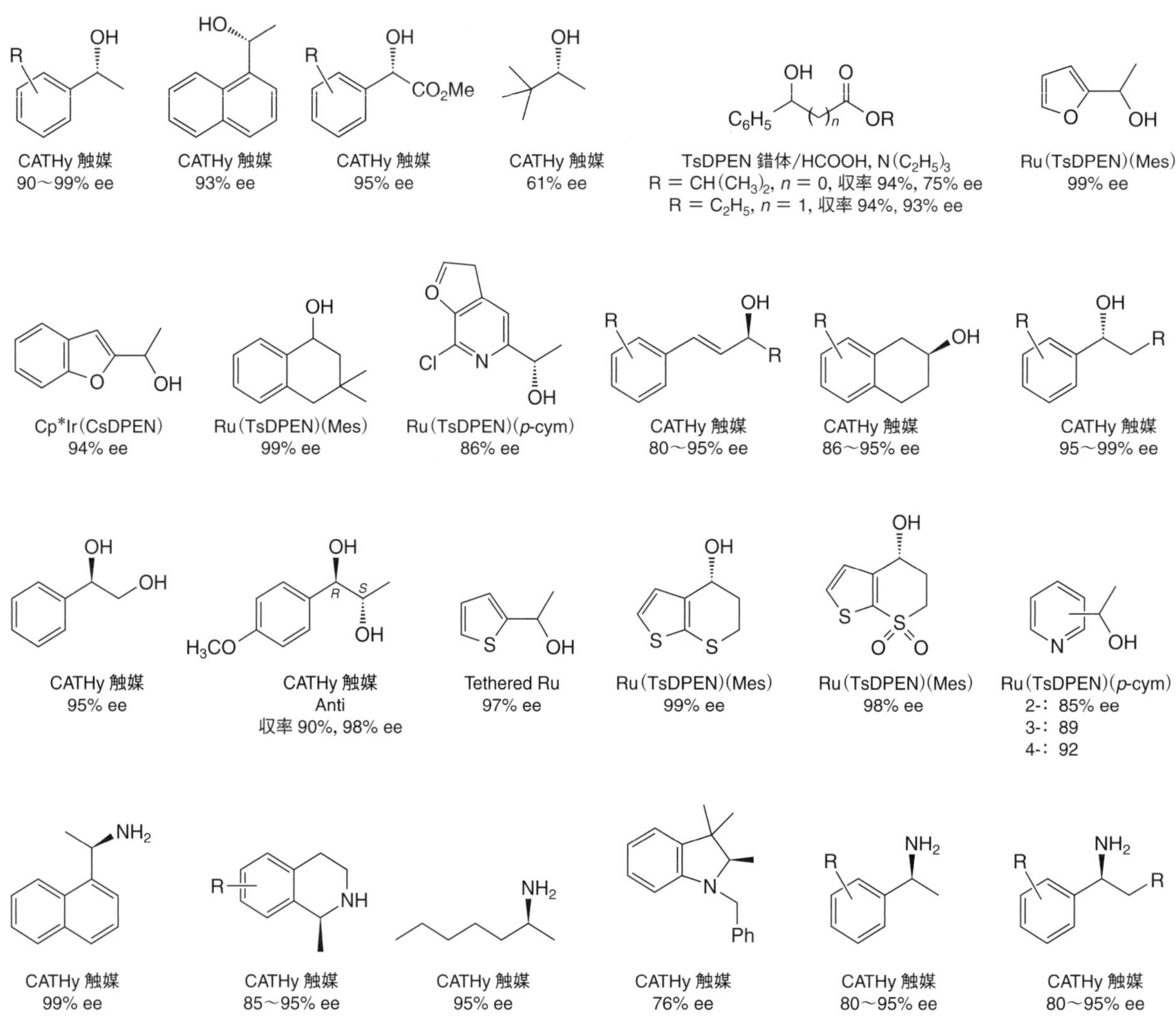

図 15・16　移動水素化反応で得られる光学活性アルコールとアミン

MAC や EAC などの（*Z*)-α-アセトアミドケイ皮酸誘導体のようなプロキラルなオレフィンは，ロジウム-DIPAMP 触媒に結合してスキーム 15・18[69] に示すジアステレオマー錯体 **A** および **A′** を生じる．それぞれのジアステレオマーに水素分子が酸化的付加してジアステレオマーの関係にあるヒドリド錯体 **B** と **B′** を与え，さらにそれぞれの錯体が移動挿入反応によりアルキルヒドリド錯体 **C** と **C′** になる．最終的には，**C** と **C′** からの還元的脱離反応により生成物のアミノ酸エステルを与える．H_2 の付加反応がロジウムに配位しているオレフィンの面で起こることを考えると，生成物の立体化学をこの二つの経路から予測できる．*N*-アセチル-(*R*)-フェニルアラニンエステルが，オレフィン付加体 **A** から生成し，*S* 体の生成物が **A′** から生成することになる．

多核 NMR の研究により，キラル配位子の（*S,S*)-CHIRAPHOS のロジウム錯体を用いる EAC の反応において，単一のジアステレオマー（**A** か **A′**）が生成することが明らかにされた．生成物のキラリティーは，ふつうこの基質が配位した安定な錯体の構造により決定されると予想される．これは，酵素の基質特異性に関する Fischer の概念に起源のある一種の“鍵と鍵穴”機構である．しかしながら，この予想は実験結果と合致しない．触媒反応の生

スキーム 15・18

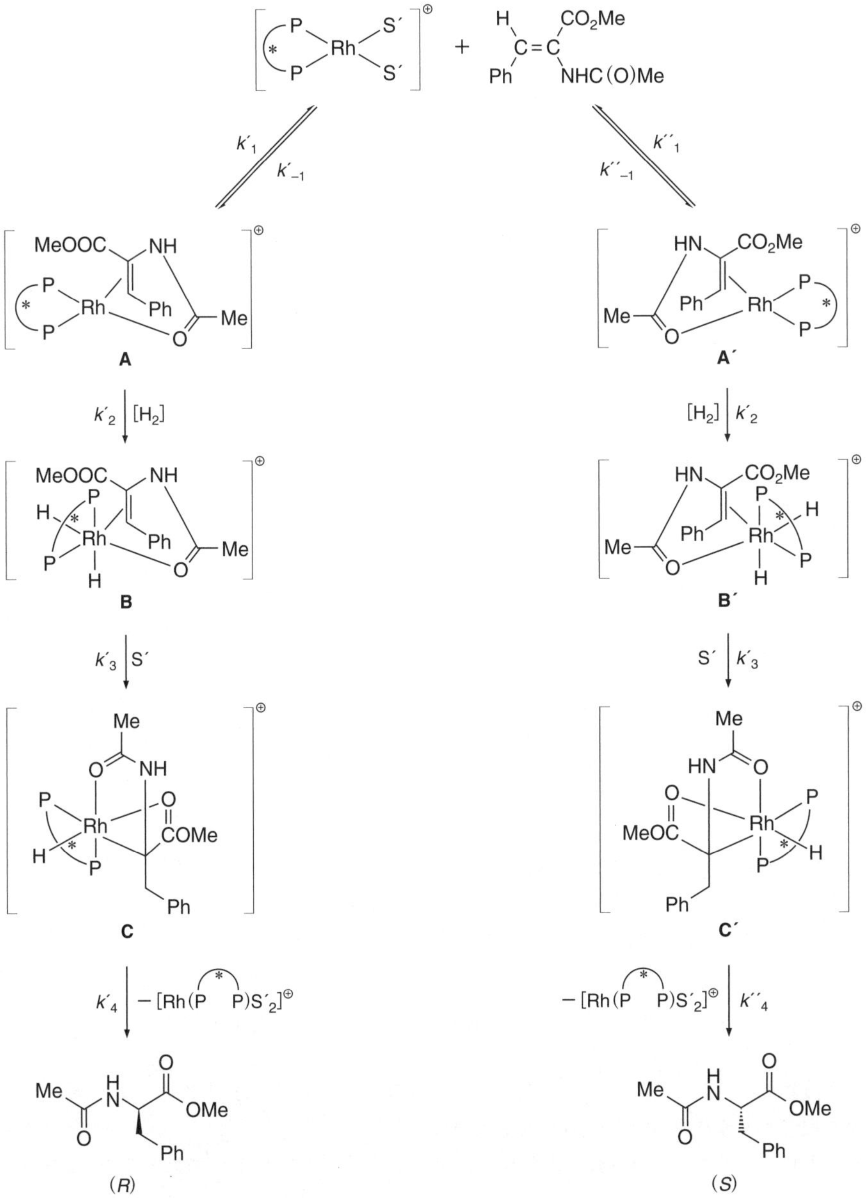

成物の優勢エナンチオマーは実際少ない方のジアステレオマー錯体，すなわちオレフィン錯体 **A** から生成していた．

二つのデータが生成量の少ないジアステレオマーのオレフィン錯体が主生成物のエナンチオマーを与えることを支持している．第一に［Rh(*S,S*-CHIRAPHOS)(EAC)］$^+$ の主ジアステレオマーの構造が，単結晶 X 線構造解析により決定されている．このジアステレオマーからは，*N*-アセチル-(*S*)-フェニルアラニンエチルエステルを与えると予想されるが，実際の触媒反応の主エナンチオマーは，*R* 体であった．第二に，(*R,R*)-DIPAMP のロジウム錯体[83),349),350)] による MAC の水素化反応では，オレフィン錯体の両方のジアステレオマーが観測されている．これら二つのジアステレオマーが相互変換しない低温での NMR の研究により，生成量の少ない方のジアステレオマーが生成量の多いジアステレオマーより速やかに

H_2 と反応して，還元生成物を与えることが示された．

これらのデータは，H_2 の酸化的付加に対して二つのジアステレオマーの関係にあるオレフィン錯体の反応速度が大きく異なることを示している．MAC-DIPAMP 錯体 **A** では（スキーム 15・18），25 ℃の反応において，少ない方のジアステレオマーが多い方のジアステレオマーより 10^3 倍速く反応する．さらに，活性化エネルギーで表されるジアステレオマー間の反応性の差は，二つのジアステレオマーの関係にあるオレフィン錯体の熱力学的安定性の差より大きいはずである．これらのエネルギー差を，図 15・17 のエネルギー図に示した．

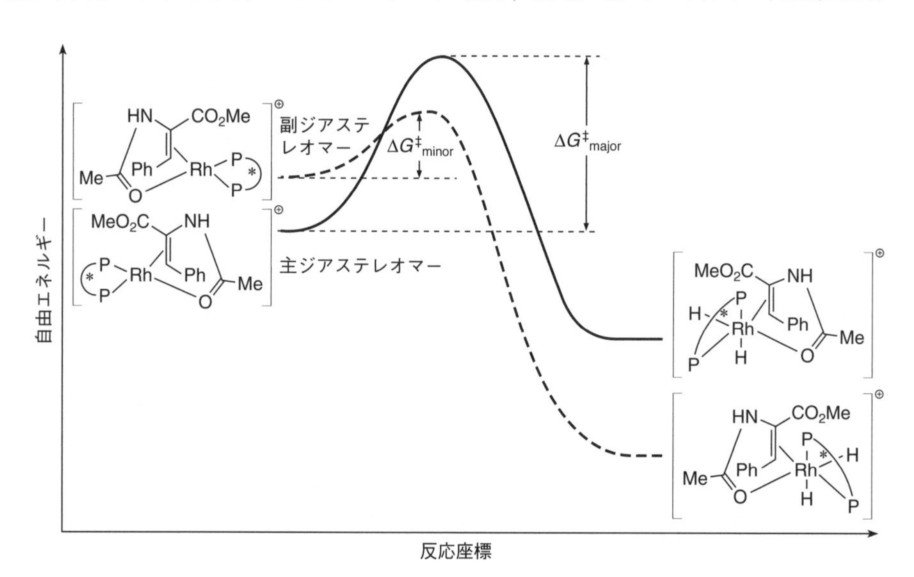

図 15・17　オレフィン錯体の二つのジアステレオマーへの水素の付加反応の自由エネルギー図

14 章で述べたように，この反応に Curtin-Hammett の原理を適用することができ，二つのジアステレオマーの関係にあるオレフィン錯体の平衡が H_2 の付加より速ければ，高いエナンチオ選択性が得られることになる．この平衡に対する H_2 の酸化的付加反応の相対速度は，水素濃度に依存するので，エナンチオ選択性は水素圧依存性を示す．MAC の反応におけるエナンチオ選択性は，水素圧が低いとき，高くなる場合のあることが示されている[351),352)]．さらに，反応温度を下げることによって，ジアステレオマーの関係にあるオレフィン錯体間の平衡が H_2 の付加以上に遅くなるので，低温での水素化反応は，低いエナンチオ選択性でしか生成物を与えない場合もある．

デヒドロ-α-アミノ酸の不斉水素化反応に使われる他の多くの触媒では，少ない方のオレフィン錯体のジアステレオマーから主エナンチオマーの生成物が生成すると考えられる．完全な速度論的，構造論的分析をせずとも，この現象を検証することのできる簡単な実験がある．一つの基準は，光学収率が水素圧に依存するか否かである．Halpern の速度論解析[69)]によると，高い水素圧ではエナンチオ選択性が低下し，優勢生成物のキラリティーは逆転することさえ起こると予想される．これは，実際に観測され[351),352)]，高い水素圧は水素の付加反応を加速するが，ジアステレオマー **A** と **A′** の平衡には影響しない[351)~353)]．この直観に反した現象は低濃度のジアステレオマーが優勢エナンチオマーを生成する他の系でも判定に用いられている．

他のタイプの水素化反応や他の配位子を用いた水素化反応におけるエナンチオ選択性発現は，生成量の多いジアステレオマーと少ないジアステレオマーの相対反応速度について，必ずしも同じ結論にはならない．Evans らは，P, S 配位子をもつロジウム触媒による水素化反応において，生成物の主エナンチオマーを与える立体化学をもった単一の錯体の生成を報告している[354]．主ジアステレオマー中間体が主エナンチオマー生成物を与える反応として，Heller らは，ロジウム-DIPAMP 錯体による β-アシルアミノアクリル酸エステルの不斉水素化反応を報告している[355),356]．

同位体標識実験と相対速度の解析および反応中間体の単結晶 X 線構造解析による詳細な研究によって，ルテニウム-BINAP 錯体による水素化反応[357),358] の各段階の相対速度がロジウム触媒による反応の場合と異なることが示されている．ルテニウムヒドリド錯体に対するオレフィンの挿入反応は速く，また平衡反応である．そのため，挿入反応によって生じる主ジアステレオマーが生成物の主エナンチオマーを与えることが示されている．いくつかの同位体標識実験から，[Ru(BINAP)(H)(MAC)(NCMe)]$^+$ に対する MAC の挿入が平衡反応であることが示されている．実験結果をスキーム 15・19 に示した．この実験から，挿入後

スキーム 15・19

の中間体が水素との反応によって生成物を与える脱離過程が，基質のオレフィンの脱離と再挿入の過程より遅いことがわかる[358]．アルキル錯体と D_2 との反応により生じる生成物の β 位が重水素化されることや，単一のジアステレオマーのアルキル錯体から 90% ee の生成物が生じることなどから挿入段階が平衡反応であることがわかる．このアルキル錯体の主ジアステレオマーが単離され，単結晶 X 線構造解析により確認されている[357]．Ru−C 結合の水素化分解が立体配置保持で起こると仮定すれば，主ジアステレオマーから水素化反応の主エナンチオマーが生成すると考えられる（式 15.90）．すなわち，Rh-MAC 錯体のうち低濃度

MAC　2 mol% [Ru]，4 atm H_2，MeOH，30 ℃, 30 時間，86% ee (*R*)，収率 100%

1) 4 atm H_2，MeOH，30 ℃, 30 時間　2) MeCN，還流 2.5 時間　83% ee (*R*)

[Ru] = [Ru((*R*)-BINAP)(H)(MeCN)(sol)$_2$]BF_4

NMR と X 線構造解析によって明らかにされた主ジアステレオマー

(15.90)

のジアステレオマーから主エナンチオマーが生成するという Halpern らの観測結果は，エナンチオ選択性の発現機構を考えるときの Curtin-Hammett の原理の重要性を強調したものであって，中間体と生成物の立体化学の関係を支配する“法則”ではないことを肝に銘じて

おくことである．

15・8　アルキンおよび共役ジエンの水素化反応

アルキンの水素化反応は*Z*-アルケンを与える．この反応には，一般的に，Lindlar触媒($Pd/CaCO_3$，鉛で被毒)[359]のような不均一系触媒が用いられる．この触媒の汎用性とアルキンの水素化生成物にキラリティーがないことを考えると，オレフィン，ケトン，イミンの均一系触媒による水素化反応に比べて，アルキンの均一系触媒による水素化反応の研究はそれほど注目されていない．しかし，均一系触媒の場合，*Z*体から*E*体への異性化による生成物も，二重結合位置の異性化もほとんどみられない．

共役ジエンの水素化反応もまたアルケンを与える．この場合，生成物のアルケンには，アリル位やホモアリル位に不斉中心が存在しうる．しかし，共役ジエンの不斉水素化反応が研究されるようになったのは最近であり，この合成上の問題に対する汎用的な方法の開発には至っていない[360)~363)]．しかし，均一系触媒が発展する過程の初期のいくつかの研究では，ジエンの水素化反応速度を制御しうる要因を理解することに重点がおかれ，その結果，クロム触媒がジエンの選択的な1,4-水素化反応に有効であることが示されている．

アルキンやジエンの水素化触媒の開発にはいくつかの問題点を克服しなければならない．触媒は，生成物のアルケンよりもアルキンやジエンの水素化反応に対してずっと高い活性を示す必要があることは明白である．また，触媒は，ヒドリド錯体中間体の生成物アルケンへの挿入に続くβ水素脱離反応や，アリルヒドリド中間体の生成により生成物の異性化をひき起こしてはならない．また，ジエンは水素化を受けて，1,2や1,4付加体の混合物を与えることが多い．末端アセチレンは反応性の高いC−H結合をもつため，それにより配位子がプロトン化を受けたり，アセチレンC−H結合の酸化的付加反応が起こり不活性なアセチリド錯体となることがある．さらに，ジエンやアルキンはアルケンより強く遷移金属に配位するため，触媒が失活する場合もあるが，同時にこの性質を利用して，アルケン存在下アルキンやジエンの選択的な還元も可能となる．

15・8・1　ロジウム触媒によるアルキンおよび共役ジエンの水素化反応

Wilkinson触媒は内部アルケンより末端アルケンとずっと速く反応するので，内部アルキンを選択的に水素化する際に用いられるが，末端アルキンを選択的に還元するのには利用できない．しかし，アキラルなホスフィン配位子を有するOsbornのカチオン性ロジウム触媒が，アルキンの部分水素化反応に最もよく用いられている[47)]．この触媒は，内部アルキンの水素化反応に高い活性を示し，生成物の内部アルケンに対しては活性が低い．オレフィンの水素化反応触媒として§15・3・1 b（p. 542）で述べたように，生成物であるオレフィンの異性化を抑制するために触媒の正電荷を維持する酸の添加が必要である．また，この触媒は末端アルキンによって失活する．

これらのカチオン性ロジウム触媒を用いた，共役ジエンの水素化反応も研究されている．基質や条件にもよるが，ジエンの還元反応は高い触媒回転頻度（140～330 h^{-1}）で進行する．しかし，1,2と1,4-水素化生成物の混合物が生成する[48),364),365)]．

アルキンの水素化反応の機構（スキーム15・20）は，本章ですでに述べたオレフィンの水素化機構と類似したジヒドリド経路で進行すると考えられている．$[RhL_n]^+$への水素分子の酸化的付加反応と続くアルキンの配位，そして一方のロジウム−ヒドリド結合への挿入反応を経て，ビニルヒドリドロジウム中間体を与える．そこからの還元的脱離反応により$[RhL_n]^+$活性種が再生される．

スキーム 15・20

それとは対照的に，ジエンの水素化反応は（スキーム 15・21），まずジエンの配位と続く水素の酸化的付加反応によりジエンジヒドリド錯体を与える．この反応の順序は，ジエンの $[RhL_2]^+$ に対する強い配位力によってもたらされる．二つあるロジウムヒドリド結合の一方へのジエンの移動挿入によってアリルヒドリド中間体を与える．この中間体からの還元的脱離反応によりモノエン生成物を生じる．この機構におけるアリルヒドリド中間体は観測さ

スキーム 15・21

れないが，おそらくアリル基は η^3 配位しているか，金属が η^3 中間体を経由して一方のアリル炭素原子からもう一方のアリル炭素原子上へ転位していると考えられる．スキーム 15・21 に示すように，η^3 型の配位をするか，あるいは金属の素早い転位が起こることにより，1,2 と 1,4-付加生成物の混合物が生成する．ルテニウム，ロジウム，イリジウムを触媒とする，ミルセン(myrcene) のようなテルペンの水素化反応において生成物が混合物として得られることが示されている（式 15.91）[366]．

(15.91)

15・8・2　クロム触媒によるアルキンおよび共役ジエンの水素化反応

一般式 Cr(arene)$(CO)_3$ で表されるクロム触媒はアルキンやジエンを水素化して選択的にアルケンを与える．この触媒は，Wilkinson 触媒[101]が開発された時期の 1968 年 Cais[367] と Frankel[368]により報告された．その水素化反応の例を式 15.92 に示した．この触媒は，アルケンに対してはまったく不活性なため，アルキンの水素化反応に対して極めて選択的である．しかし，この触媒によるアルキンの水素化反応には，高圧の水素が必要である．そのため，この触媒はアルキンの部分還元にはほとんど利用されていない．

Cr$(CO)_3$(naphthalene)，8 時間，49 atm H_2；87%　(15.92)

しかし，この触媒は，1,4-付加型でジエン[369)~371)]の水素化を触媒し，*Z*-モノエンを与えるために，ジエンの水素化反応に利用されている．この位置選択性は，式 15.93 に示されたジエンに対する D_2 の付加反応により明らかにされている[371]．1,4-ジエン（“skipped” ジエン）からも *cis*-モノエンが得られる[372]．クロム触媒は，二つのビニル基に挟まれた活性なアリル位 C−H 結合を開裂し，共役ジエンに異性化させた後，続く水素の付加により *cis*-アルケンを与える．この反応は，不均一系触媒を使うと生成する *E*-アルケン部分をもつ植物油（“トランス油脂”）を生成しない部分水素化反応の一つの方法として研究されてきた．

CO₂Me → (arene)Cr$(CO)_3$，D_2, 17 atm，160 ℃ → D D CO₂Me　(15.93)

この反応の最もよく研究されている触媒前駆体は，$Cr(CO)_3L_3$ である（L_3 はアレーン[372),373)]，$(CH_3CN)_3$，$(CO)_3$[369),370)]）．アレーン型の触媒は配位飽和な触媒前駆体が熱や光で活性化を受けて，$Cr(CO)_3(S)_3$（S は溶媒）を生じると考えられている[369),370)]．最も活性な触媒はナフタレン錯体 $Cr(CO)_3(\eta^6$-naphthalene)である[372),373)]．

スキーム 15・22

ジエンの水素化反応の機構をスキーム 15・22 に示す．$Cr(CO)_3(S)_3$ が生じた後に，水素化反応はジエンの配位か H_2 の酸化的付加反応により開始すると考えられている．スキーム 15・22 のジエンの水素化反応は，ジエンまたは H_2 の配位によって開始する二つの経路で同時に進行すると考えられている．1,4-位置選択性についてはよくわかっていない．ジエンが金属に配位する際，s-*cis* 構造[訳注] をとる必要のあることが示されている．この s-*cis*-ジエン

訳注：s-*cis* は共役化合物の二重結合に挟まれた単結合（s: single bond）の回転によってできる立体配座（conformation）を表す表記．s-*trans* は，もう一つの立体配座を表す．

に対する二つのヒドリド配位子の付加により1,4-付加生成物のアルケンが得られる．合成化学的応用の観点から，高い1,4-付加選択性を示す反応を式15.94に示した[374),375)]．袖岡と柴﨑はプロスタサイクリン（prostacyclin）やその誘導体の立体選択的合成にクロム触媒によるジエンの水素化反応を利用している[376)]．

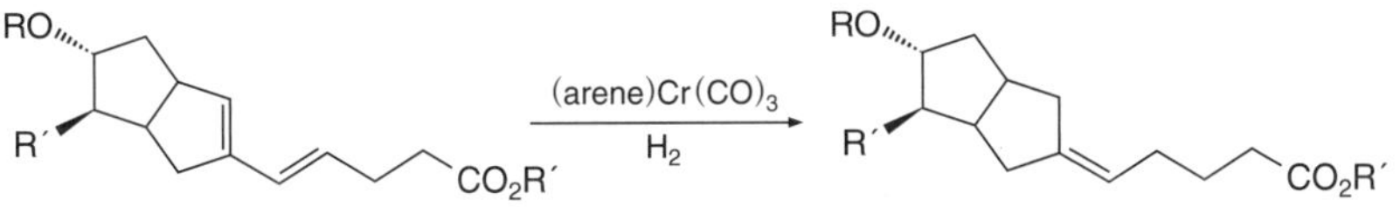

$$\text{(diene, RO, R}', \text{CO}_2\text{R}') \xrightarrow[\text{H}_2]{\text{(arene)Cr(CO)}_3} \text{(alkene, RO, R}', \text{CO}_2\text{R}') \quad (15.94)$$

15・8・3 パラジウム触媒によるアルキンおよび共役ジエンの水素化反応

アルケンの水素化反応に用いられる均一系パラジウム触媒は還元を受けてコロイド状パラジウムを与える．Elsevierらは，水素源として水素[377)]またはギ酸アンモニウム[378)]を用いて，末端および内部アルキンのシス選択的な部分水素化反応に活性で選択性が高い触媒を報告している．この水素化反応（式15.95）には，オレフィンの重合（22章）に用いられてい

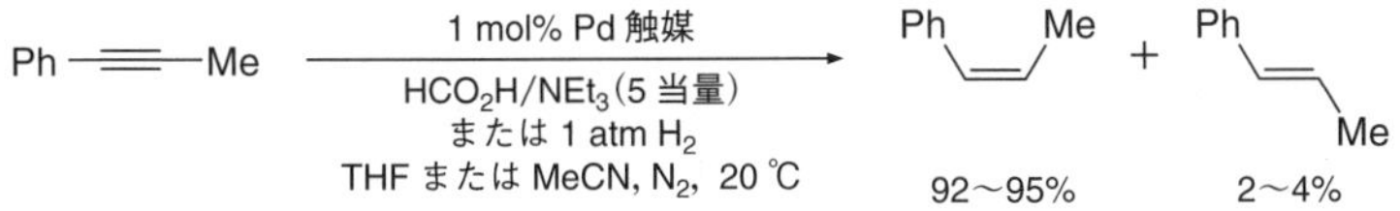

$$\text{Ph—≡—Me} \xrightarrow[\substack{\text{HCO}_2\text{H/NEt}_3\text{(5 当量)} \\ \text{または 1 atm H}_2 \\ \text{THF または MeCN, N}_2\text{, 20 ℃}}]{\text{1 mol\% Pd 触媒}} \underset{92\sim95\%}{(Z)\text{-PhCH=CHMe}} + \underset{2\sim4\%}{(E)\text{-PhCH=CHMe}} \quad (15.95)$$

水素化反応
Pd触媒

移動水素化反応
Pd触媒
IMes

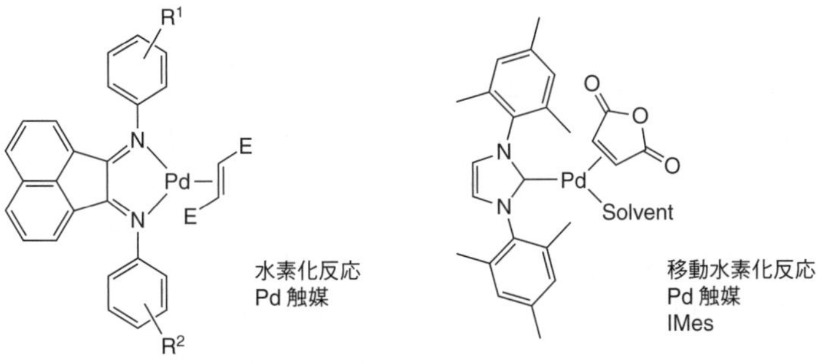

るα-ジイミン配位子を含むパラジウム触媒が使用されている．ギ酸を用いる移動水素化反応（式15.95）の触媒として，窒素原子上にメシチル基をもつIMes[訳注] *N*-ヘテロ環状カルベン配位子（2章参照）が使用されている．水素化反応において，脂肪族や芳香族の内部アルキンが水素化され90%以上の収率で*Z*-アルケンを与える．ジフェニルアセチレンの水素化反応の場合にのみ，最大6%の*E*-アルケンも生成する．同様の選択性が移動水素化反応においてもみられる．

訳注：1,3-ビス(1,3,5-トリメチルフェニル)イミダゾール-2-イリデン配位子

15・9 均一系触媒による芳香族化合物および芳香族ヘテロ環化合物の水素化反応

多くの均一系遷移金属錯体がアレーン類の水素化反応の触媒前駆体となる[164),379)〜384)]．これらの触媒は二つのグループに分類できる．すなわち，ナフタレンやアントラセンのように芳香族多環化合物を一つの環を残して水素化する系と，芳香族単環化合物を水素化できる系である[382)〜384)]．反応機構の研究によれば，第一の分類に属する触媒は少なくともそのうちのいくつかは均一系触媒であるが，芳香族単環化合物の水素化反応に用いられる可溶な触媒はすべて不均一系触媒として働くコロイド状金属を生じていると考えられている[382)〜384)]．可溶な触媒前駆体から発生する触媒，特にロジウムとパラジウムの二元系触媒はアレーンの

水素化反応にきわめて高い活性を示す[385)～391)]．最近，芳香族ヘテロ環化合物を水素化することのできる均一系触媒の開発が注目を集め，それらの研究は，芳香族ヘテロ環のエナンチオ選択的水素化反応を目指している．芳香族ヘテロ環は，アレーンより反応性が高く，そのため真に有効な均一系触媒が見いだされている．いくつかの触媒により，キラルな飽和ヘテロ環化合物が高いエナンチオ選択性で得られるようになった[392),393)]．この節では，水素化反応を芳香族多環化合物，芳香族単環化合物，ヘテロ6員環（ピリジン，キノリン，イソキノリンなど）とヘテロ5員環（ピロール，インドール，フランなど）に分類して紹介する．

15・9・1　均一系触媒による芳香族多環化合物の水素化反応

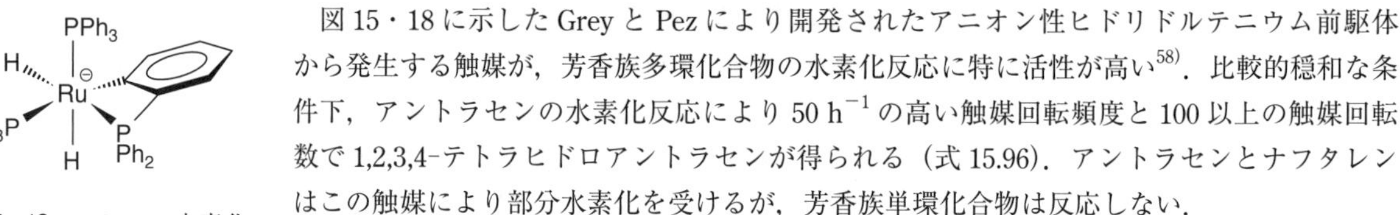

図 15・18　アレーン水素化反応のアニオン性触媒前駆体

図 15・18 に示した Grey と Pez により開発されたアニオン性ヒドリドルテニウム前駆体から発生する触媒が，芳香族多環化合物の水素化反応に特に活性が高い[58)]．比較的穏和な条件下，アントラセンの水素化反応により 50 h^{-1} の高い触媒回転頻度と 100 以上の触媒回転数で 1,2,3,4-テトラヒドロアントラセンが得られる（式 15.96）．アントラセンとナフタレンはこの触媒により部分水素化を受けるが，芳香族単環化合物は反応しない．

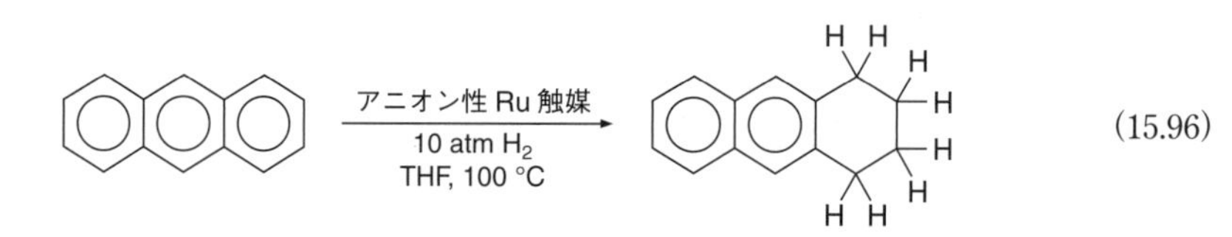

(15.96)

アニオン性のシクロメタル化した触媒前駆体とその誘導体の錯体化学がアントラセンとの化学量論反応とともに，Halpern らにより報告されている[394)]．これらの研究から，芳香族多環化合物の触媒的水素化反応の機構が提唱されている．触媒反応全体の速度論的研究は報告されていないが，Halpern らの化学量論反応に基づいた研究は，反応が均一系触媒により進行することを強く示すものである．

シクロメタル化した触媒前駆体に水素が非可逆的に付加して生じる $[RuH_3(PPh_3)_3]^-$（式 15.97）とアントラセンが反応して生じるアントラセン錯体 $[Ru(\eta^4\text{-anthracene})H(PPh_3)_2]^-$ が触媒であると推定されている（式 15.98）．アントラセンに対して 4 mol の水素が反応してテトラヒドロアントラセンと式 15.99 に示したペンタヒドリド錯体を与える．反応は 25 ℃

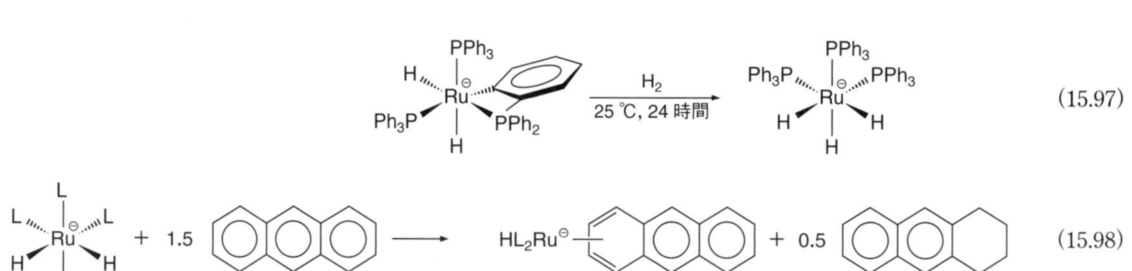

(15.97)

(15.98)

$$[Ru(anthracene)HL_2]^{\ominus} + 4\,H_2 \xrightarrow[THF]{25\,℃} [RuH_5L_2]^{\ominus} + \text{(1,2,3,4-テトラヒドロアントラセン)} \quad (15.99)$$

において速く進行する．ペンタヒドリド錯体は 2 mol のアントラセンと反応して，η^4-アントラセン錯体とともにもう 1 mol のテトラヒドロアントラセンを与える（式 15.100）．ペン

$$[RuH_5L_2]^{\ominus} + [2\ \text{anthracene}] \xrightarrow[24\ 時間]{25\ ℃} [Ru(\eta^4\text{-anthracene})HL_2]^{\ominus} + \text{1,2,3,4-tetrahydroanthracene} \qquad (15.100)$$

タヒドリド錯体を与えるη^4-アントラセン錯体と水素との反応とペンタヒドリド錯体からη^4-アントラセン錯体を与える反応が繰返すことにより想定される触媒サイクルができあがる．ペンタヒドリド錯体が$Ru(\eta^4\text{-anthracene})H(PPh_3)_2$を再生する式15.100は，水素の$\eta^4$-アントラセン錯体への付加反応より遅い．$Ru(\eta^4\text{-anthracene})H(PPh_3)_2$におけるアントラセンの$\eta^4$配位により，還元は位置選択的に起こり，またベンゼンやトルエン，テトラヒドロナフタレンのような芳香族単環化合物が反応しないことは，それらが安定なη^4-アレーン錯体を形成しないことから説明できる．

芳香族多環化合物は$Co(CO)_4H$のようなモノヒドリド触媒でも水素化される（式15.101）．この反応の位置選択性はGreyやPezのルテニウム錯体触媒によるアントラセンの水素化と

$$\text{9,10-R}_2\text{-anthracene} \xrightarrow[\text{約 200 atm } H_2,\ 200\ ℃]{Co(CO)_4H} \text{9,10-R}_2\text{-9,10-dihydroanthracene} \qquad (15.101)$$

は異なっている．この位置選択性の差は，反応機構の違いにより説明できる．HalpernはCo(CO)$_4$H触媒による芳香族多環化合物の水素化反応が水素移動で起こっていることを示した[395]．

$Co(CO)_4H$触媒による反応は，アントラセンのπ錯体の形成よりむしろ水素移動で起こっていると考えられている．というのは，一酸化炭素雰囲気下で反応を行うとカルボニル化は起こらず，反応速度も低下しないし，また，9,10-ジヒドロアントラセンだけが生成し，それらはシスとトランス体の混合物である．さらに，9,10位に導入した重水素とH_2の交換が起こる．

これらのデータからわかることは，スキーム15・23に示したように反応が段階的なラジ

スキーム 15・23

$$\text{9,10-R}_2\text{-anthracene} \underset{}{\overset{Co(CO)_4H}{\rightleftharpoons}} \text{9-H-9,10-R}_2\text{-anthracenyl radical} + \cdot Co(CO)_4 \xrightarrow{Co(CO)_4H} \text{9,10-R}_2\text{-9,10-dihydroanthracene} + \cdot Co(CO)_4$$

$$2\ \cdot Co(CO)_4 \longrightarrow Co_2(CO)_8$$

$$Co_2(CO)_8 + H_2 \rightleftharpoons 2\ Co(CO)_4H$$

全体で

$$\text{9,10-R}_2\text{-anthracene} \xrightarrow[H_2]{\text{触媒量 } Co(CO)_4H} \text{9,10-R}_2\text{-9,10-dihydroanthracene}$$

カル機構[395]で進行していることである．アントラセンに対して$Co(CO)_4H$からの水素原子の供与が可逆的に起こる．さらに，別の$Co(CO)_4H$から水素原子の素早い引抜きが起こり，

還元生成物と•$Co(CO)_4$を与える．•$Co(CO)_4$の二量化によって生成する$Co_2(CO)_8$は水素化分解により最初の$HCo(CO)_4$に戻る．

律速段階である水素原子の移動段階の活性化エンタルピーはフリーラジカルに対するアントラセンの反応のしやすさに依存する．ラジカルはアントラセンの9,10位で最も安定であるため，9,10-ジヒドロアントラセンが生じる．また，移動挿入反応でないために立体異性体の混合物が得られる．この機構により単純なベンゼン誘導体がまったく反応しないことも説明できる．1,4-ヘキサジエニルラジカルはベンゼンとコバルトヒドリドよりはるかにエネルギー準位が高いため，穏和な条件で進行する触媒サイクル過程で生成物を与えることは難しい．

15・9・2　芳香族単環化合物の水素化反応

$Co(\eta^3\text{-allyl})[P(OMe)_3]_3$，$[RhCl_2Cp^*]_2$，$Ru(\eta^6\text{-}C_6H_6)(\eta^4\text{-}C_6H_6)$や$\{[Ru(\eta^6\text{-}C_6H_6)]_2(\mu\text{-}H)(\mu\text{-}Cl)\}Cl$のような可溶性の金属錯体は，ベンゼンやその誘導体の水素化反応の触媒前駆体となる．一般にこれらの触媒は高圧の水素を必要とし，可溶性の錯体としては反応は遅く，しかも触媒寿命は短い．実用的な観点から，“均一系”の芳香族単環化合物の水素化反応は，すでに確立されている不均一系触媒に取って替わるほど十分な選択性と反応性を有していない．

可溶性の触媒前駆体から活性な不均一系触媒が発生しているかどうかを明らかにするため多くの努力が払われた[382)～384)]．アレーンの還元に用いられるこれらの触媒のうち大半が，実際には不均一系触媒を発生していると，近年考えられるようになっている．Finkeらは，金属の微粒子が集合して真の触媒活性種を生成するのに必要な誘導期が触媒反応に存在することを明らかにした[383),384)]．

最も高活性な触媒は，Angeliciらによって報告されたアレーンの水素化反応である．これは不均一系パラジウム触媒を担持したシリカ上に連結したビピリジンとピリジルホスフィンをもつロジウム錯体である[385),389)]．この触媒は，アレーンの水素化にきわめて活性が高く，常温常圧の水素でベンゼンを還元できる．他の場合と同様に，この反応でもコロイド状触媒が発生している．しかし，この場合，ロジウムとパラジウムの組合わせによりこれまでの触媒より活性な触媒が調製されており，このような二金属不均一系触媒の研究が続いている[390),391)]．

15・9・3　芳香族ヘテロ環化合物の不斉水素化反応

芳香族ヘテロ環化合物の均一系水素化反応でかなりの進展が見られる[393),396),397)]．これらのうちで最も興味をもたれている反応は，立体化学が制御されたピペリジン，テトラヒドロキノリン，ピロリジン，ジヒドロインドール，テトラヒドロフラン，ジヒドロフランなどのような飽和ヘテロ環化合物の合成反応である．Glorius[392)]らは，図15・19に示した防虫剤

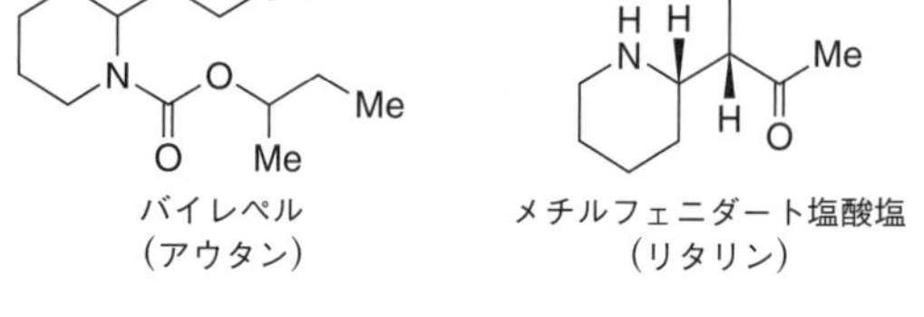

図 15・19　ピリジンの不斉水素化反応で合成できる二つの標的化合物

バイレペル(Bayrepel®)と注意欠陥多動性障害[398)]の治療薬としてよく知られているリタリン（Ritalin®）がピリジンの水素化反応を利用した合成標的化合物となりうると述べている．

均一系触媒による不斉水素化反応を用いた光学活性なヘテロ環構築のアプローチがいくつか報告されている．活性化されていない芳香族ヘテロ環の不斉水素化反応がその一例であり，キノリン，イソキノリン，キノキサリン（ベンゾピラジン）などの芳香族ヘテロ多環化合物において良い結果が得られている．ピリジンの直接的不斉水素化反応の成功例は少ない[399]．これを克服するために修飾したピリジンの水素化反応が研究されている．たとえば，ピリジンやその関連のベンゾ縮環したヘテロ環の窒素原子上をアシル化したり，他の補助基を導入してピリジンをより電子不足にするとともに，触媒が近づきやすくしている．二つ目の例では，ピリジンにキラル補助基を付け，アキラルな触媒によってジアステレオ選択的に生成物を得ている．

ヘテロ6員環の還元が特に難しいのは，これらの化合物が塩基性を示すため，金属に配位して触媒を不活性化したり，あるいはアキラルな配位子として働くからである．最も成功した例は，窒素原子に隣接してベンゼン環を縮環させたり，窒素原子のα位がキラル中心になるように置換基を導入した系である．これらの基質は立体的要因により金属にそれほど強く配位できない．芳香族ヘテロ環の還元の難しいもう一つの点は，熱力学的な反応の駆動力が低いことと，C−N π結合の金属に対する配位力がイミンの場合より低いことである．これらの問題点のため，ピリジンの水素化反応は，イミンの水素化反応で最も活性の高いイリジウム触媒や多置換アルケンの水素化反応に有効なCrabtree触媒に関連するイリジウム触媒を用いて良い結果が得られている．

15・9・3a　芳香族ヘテロ6員環化合物の不斉水素化反応

初期に行われたキナゾリン，フラン，ピリミジンなどの芳香族ヘテロ環化合物の不斉水素化反応が村田，高谷やLonza社の研究者らにより報告された[400)〜402)]．しかし，これらの反応は中程度のエナンチオ選択性でしか進行しない．つづいて，高いエナンチオマー過剰率で進行するベンゼン環の縮環した含窒素ヘテロ6員環化合物のヘテロ環部分の不斉水素化反応が開発された．これら初期の二つの例を，式15.102と15.103に示した．このような水素化の最初の例は，式15.102に示したBianchiniらのキナゾリンの還元反応である[403]．置換キノリンの還元が，最近，メトラクロール合成の前駆体の還元条件とほぼ同じ条件下，MeO-BIPHEP配位子[404]を含むイリジウム触媒を用いて高収率，高エナンチオ選択的に進行することが示された（式15.103）．

Ir触媒
MeOH, 5 atm H_2, 100 ℃
収率54%
90% ee
Ir触媒
P = PPh_2
(15.102)

$[Ir(COD)Cl]_2$
(*R*)-MeO-BIPHEP
トルエン，I_2, 49 atm H_2
15例で90% ee以上
R = Etの場合，収率88%，96% ee
(15.103)

窒素原子上の置換基による活性化効果を明らかにしたイソキノリンとピリジン誘導体の水素化反応を式15.104と15.105に示した．イソキノリンは式15.103の2-置換キノリンより金属に容易に配位するので，活性化されていない場合は，低い転換率しか得られない．しか

R = Me, Et, Bu, Ph　R′ = Me, Bn

$[IrCl(COD)]_2$ (0.5 mol%)
(S)-SEGPHOS (1.1 mol%)
H_2 (40 atm), THF
室温，12～15 時間

NC(O)R′
60～83% ee　(15.104)

触媒 (2 mol%)
I_2 (2 mol%), H_2 (28 atm)
トルエン，室温，6 時間

NHBz
50～90% ee

Raney ニッケル
または Li/NH_3
> 85%

触媒 = $(p\text{-}F\text{-}C_6H_4)_2P$ … Ir COD … ^tBu　$BAr_4^{\ominus}$

Ar = 3,5-ビストリフルオロメチルフェニル　(15.105)

し，Zhou らはアシル化した後に水素化することによって，かなり高いエナンチオ選択性で還元生成物が得られることを報告した[405]．Charette らはピリジンの水素化を活性化するために異なる手法を用いた．ピリジンを *N*-ベンゾイルイミノピリジニウムイリドとしてヒドラジド誘導体に変換して，ピリジンをより電子不足にし，さらに金属に対する第二の配位点を導入している．水素化反応と N−N 結合の開裂反応により 2-置換ピペリジンがかなり高いエナンチオ選択性で得られる[406]．Glorius は，ピリジンの 2 位にオキサゾリジノン補助基を導入することによって不均一系触媒により 3-置換ピペリジンが高エナンチオ選択的に得られることを報告している（式 15.106）．水素化分解による補助基の除去により光学活性な 3-置換ピペリジンが高エナンチオ選択的に得られる[407]．

1) 99 atm H_2
AcOH, $Pd(OH)_2/C$
2) HCl, 抽出

H・HCl
収率 90%
98% ee

^iPr
収率 93%
> 99% ee　(15.106)

15・9・3b　芳香族ヘテロ 5 員環化合物の不斉水素化反応

ピロール，インドール，フラン，ベンゾフランは，C=N や C=O 二重結合性より C=C 二重結合性が強い．したがって，これらの水素化反応は，イミンやケトンよりエナミドやエノールエーテルの水素化反応により近い．ピリジンやピラジン，またはそれらのベンゾ縮環体の水素化反応のように，ピロール，インドール，フラン，ベンゾフランのエナンチオ選択的な水素化反応では，生理活性化合物や天然物の重要な構造である立体化学の定まったヘテロ環が構築できる．この章の最初に示した TRAP 配位子（p.564）を含むロジウムやルテニウム触媒や P, N 配位子を含むイリジウム触媒を用いて，これらのヘテロ環化合物のエナンチオ選択的な水素化反応の重要な進展が桑野により報告されている．

芳香族ヘテロ 5 員環化合物の最もエナンチオ選択性の高い水素化反応がインドールを用いて達成された．これらインドールは N 上に，アセチル基，Boc 基，トシル基などが置換している．エナンチオ選択的水素化反応の二つの例を，式 15.107[408] と 15.108[409] に示す．いずれの反応も，関連したインドール誘導体の水素化反応とともに，トランス形に配位できるビスフェロセニルホスフィンである “TRAP” を含むロジウム触媒により進行する．とりわけ高いエナンチオ選択性が 3-置換インドールの水素化反応において得られている．また，*N*-

Bu + H_2
Rh(acac)(COD)(1.0 mol%)
(S,S)-(R,R)-PhTRAP (1.05 mol%)
^{i}PrOH, 60 ℃, 2 時間
N Ac Bu

収率 77%
85% ee (R)

Ph_2P H Me Fe Fe Me H PPh_2
(S,S)-(R,R)-PhTRAP

(15.107)

R + H_2(49 atm)
[Rh(nbd)$_2$]SbF$_6$ (1.0 mol%)
(S,S)-(R,R)-PhTRAP (1.0 mol%)
Cs_2CO_3 (10 mol%)
^{i}PrOH, 80 ℃, 24 時間
N Ts R

R = Me, ^{i}Pr, Ph, CH_2CH_2FG
FG = OTBS, NHBoc, $CO_2{}^{t}Bu$

収率 71〜96%
95〜98% ee

(15.108)

Boc 置換インドールの還元が TRAP 配位子を含むルテニウム触媒を用いて行われている[410].

ピロールのエナンチオ選択的な水素化反応も行われているが，インドールより少し複雑である．この反応には，N-Boc 置換ピロールとルテニウム-TRAP 触媒が使われている（式 15.109）．また，一置換，二置換，三置換ピロールにも適用できる．たとえば，4,5-ジメチルピロール-2-カルボン酸エステルの不斉還元では，二つのオレフィン部分へ同じ側から水素が付加した三つの不斉中心をもつ生成物が高いエナンチオ選択性で得られる[186]．これらの反応では，置換基の少ない C=C 二重結合から還元が始まる．

R^2 R^3 N R^1 Boc
[Ru(COD)(η^3-methallyl)$_2$] (2.5 mol%)
(S,S)-(R,R)-PhTRAP (2.8 mol%)
Et_3N (25%), H_2 (50 atm)
EtOAc, 80 ℃, 24 時間
R^2 R^3 N R^1 Boc

R^1 = Me, CO_2Me, Ar
R^2 = Me, CO_2Me, C_3H_7, Ar
R^2, R^3 = $-(CH_2)_4-$
R^3 = Me, CO_2Me, Ar

74〜99% ee

(15.109)

フランは，ヘテロ原子上に置換基を導入できないため立体的，電子的性質を調節することができない．フラン環上に配位性の置換基がない場合は，その水素化反応は単純オレフィンの水素化反応とほとんど同じである．したがって，フランの不斉水素化反応は，P, N 配位子をもつイリジウム触媒によって最も高い選択性で進行する．Pfaltz らにより報告された P, N 配位子を使った代表例を式 15.110 に示す．2-置換フランや，2-または 3-置換ベンゾフランの水素化反応は特に高いエナンチオ選択性で進行する[411]．

R^2 O R^1 + H_2(49〜99 atm)
触媒(1〜2 mol %)
溶媒, 40 ℃, 24 時間
R^2 O R^1

触媒 = R N Ir$^{\oplus}$(COD) O P $^{t}Bu_2$

R = Ph, Me

反応基質(収率とエナンチオマー過剰率):

基質	収率	ee
2-($CH_2CH_2CO_2Et$)フラン	> 99%	93% ee
2-Me ベンゾフラン	> 99%	93% ee
2-CO_2Et ベンゾフラン	47%	> 99% ee
3-Me ベンゾフラン	> 98%	> 92% ee

(15.110)

15・10　均一系触媒による他の官能基の水素化反応

アルデヒド，エステル，ニトリル，ニトロ基の水素化反応はキラル化合物を与える水素化反応ほど注目されていなかった．しかし，廃棄物をあまり出さない反応への関心の高まりから，この領域の研究が加速されている．アルデヒド，エステル，ニトリルは典型元素ヒドリドにより還元されるが，ニトロ基は亜鉛のような化学量論量の金属を用いて還元される．したがって，これらの官能基の触媒的水素化反応は，これまでのものより廃棄物の少ない還元反応になる．この章の最後の節では，これら官能基の水素化反応に使われる代表的な触媒について紹介する．

15・10・1　エステルの水素化反応

ケトンの水素化反応と比較してエステルの水素化を触媒できる錯体は少ない．不均一系触媒を使っても，比較的高温（200〜300 ℃）や高圧水素（>68 atm）が必要となる．しかし，近年，H_2 を還元剤とした均一系触媒によるカルボン酸エステルの水素化反応の開発に興味がもたれ，いくつかの重要な進展が報告されている．

1981 年 Grey らにより，式 15.111 に示すアニオン性ルテニウム触媒前駆体が，穏和な条件下，活性エステル（アルコキシカルボニル基の隣に電子求引性基を有するエステル）を触媒的に水素化することが報告された．電子求引性基がなければ，水素化反応の転化率は

$$H_3C{-}C(=O){-}OCH_3 \xrightarrow[\text{90 ℃, トルエン}]{\text{Ru 触媒前駆体, 10 atm, } H_2} CH_3CH_2OH + CH_3OH + H_3C{-}C(=O){-}OCH_2CH_3 \qquad (15.111)$$

Ru 触媒前駆体 = $[K(diglyme)]^{\oplus}\ [RuH_2(PPh_3)_2(PPh_2C_6H_4)]^{\ominus}$

低い[412]．つづいて，Halpern らによって反応活性種が中性の $RuH_4(PPh_3)_3$ であることが示された[413]．Mattedi らは，ルテニウムクラスター $Ru_4(CO)_8H_4(PBu_3)_4$ と単核の $Ru(CO)_2(OC(O)Me)_2(PBu_3)_2$ によるジカルボン酸エステルの水素化反応を報告したが，これらの反応は，遅く，高圧の水素（128 atm，180 ℃，144 時間）を必要とする[414)〜416]．

さらに活性の高い触媒がルテニウムと多座ホスフィンまたは P, N 配位子から調製できる．Elsevier らはマレイン酸ジメチルの水素化反応（式 15.112），およびフッ素化溶媒中での活性化されていない安息香酸ベンジルやパルミチン酸メチルの水素化反応（式 15.113）を報告

$$\text{マレイン酸ジメチル (DMM)} \xrightarrow[H_2]{Ru(acac)_3,\ MeC(CH_2PPh_2)_3} \text{ブタン-1,4-ジオール (BDO)}\ HOCH_2CH_2CH_2CH_2OH \qquad (15.112)$$

$$C_{15}H_{31}C(=O)OMe\ \text{パルミチン酸メチル (MP)} \xrightarrow[H_2]{Ru(acac)_3,\ MeC(CH_2PPh_2)_3} C_{15}H_{31}{-}CH_2OH\ \text{ヘキサデカン-1-オール (HDO)} \qquad (15.113)$$

した．この研究に使用された触媒は，$Ru(acac)_3$ と三座ホスフィンの $MeC(CH_2PPh_2)_3$ から調製されている．従来のエステルの水素化反応に比べ反応条件は穏和であるが，ケトンの水素化反応と比較すると依然高温と高圧（84 atm，120 ℃）が必要である[417),418]．Zn を Ru(Ⅲ)

の補助還元剤とした関連する還元反応も報告されている[419].

P, N 配位子を用いた Milstein[420]，Saudan[421]，や碇屋[422] らの研究により重要な改良がなされた．Milstein らはルテニウムのピンサー型錯体による活性化されていないエステルの水素化反応を報告している[420]．Milstein のルテニウムのピンサー型錯体の場合，添加剤は必要なく，水素化反応は比較的穏和な中性条件で進行する．この反応の機構に関する実験データは少なく，スキーム 15・24 に示したようにその想定機構は複雑である．ピンサー型配位子は，酸化と還元を受けるが，アミノ基は解離して基質が配位できる空の配位座を生じると考えられている．一つのサイクルにおいてエステルは還元されアルデヒドを与え，二つ目のサイクルでアルデヒドが還元される．想定されている機構は，左側のサイクルの 12 時の位置のルテニウムジヒドリドから始まる．エステルがルテニウムジヒドリド種に配位し，ヒドリド移動により還元されヘミアセタールのアニオンが結合した錯体となる．還元的脱離反応により遊離のヘミアセタールを生じ，これがアルデヒドに変換される．金属上の配位子からのヒドリド移動と不飽和となった配位子の水素化により最初のルテニウムジヒドリド錯体が再生する．生じたアルデヒドが二つ目のサイクルによりさらに還元されて，アルコールへと変換される．

スキーム 15・24

さらに最近になって，Saudan らはジホスフィンジアミン配位子をもつ野依触媒と逆の連結様式の P, N 配位子を含む一連のルテニウム錯体を報告した．これらの P, N 配位子をもつ触媒は，エステルの水素化触媒として最も高い活性を示す均一系触媒である（式 15.114）[421]．これらの触媒は，以前の触媒と比較して，低温，低圧で高い触媒回転数と触媒回転頻度で反応する（TON＝ 2000，TOF＝ 800〜2000 h^{-1}，100 ℃，49 atm H_2）．これらの反応によりアルコールが良好な化学選択性で得られる．最後の触媒は，碇屋らにより報告されたシクロペンタジエニル基と P, N 配位子を含む触媒であり，安息香酸エステルやラクトンを還元してベンジルアルコールやジオールを与える[422]．この反応の詳細な機構は明らかでないが，少なくとも二つの要件が触媒活性発現に必要である．まず，配位子は，金属上にヒドリド配位子，配位子窒素原子上にプロトンをもつ形の中間体を生成できる必要がある．二つ目として，触媒活性種の一つの配位子にはリンと窒素が必須である．

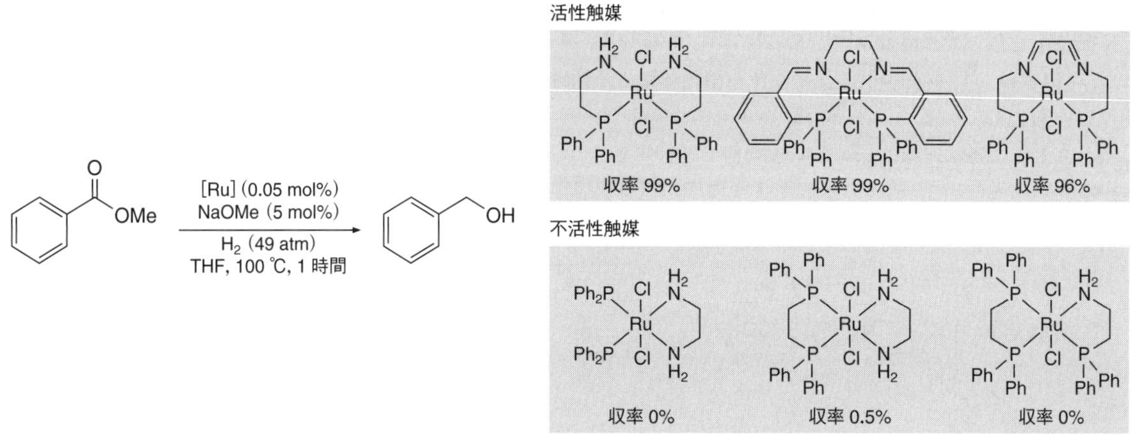

活性触媒

収率 99%　収率 99%　収率 96%

不活性触媒

収率 0%　収率 0.5%　収率 0%

[Ru] (0.05 mol%)　NaOMe (5 mol%)　H_2 (49 atm)　THF, 100 ℃, 1 時間

(15.114)

15・10・2　カルボン酸無水物とイミドの水素化反応

カルボン酸無水物の水素化反応は，不均一系触媒を用いて大スケールで実施されている．ブタンの徹底酸化によって得られる無水マレイン酸の水素化反応は，テトラヒドロフラン製造法の一つである[423),424)]．実験室レベルでも，均一系触媒による酸無水物の水素化反応は利用価値が高い．無水コハク酸の部分水素化反応によりラクトンが得られるが，古くから行われている均一系の $RuCl_2(PPh_3)_3$ 触媒を使った反応例を式 15.115 に示した[425),426)]．水の

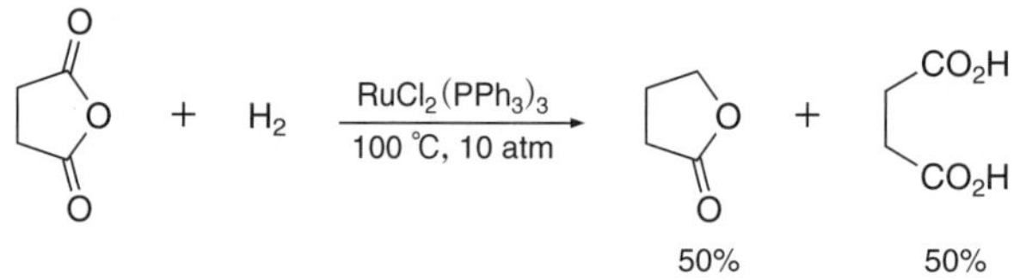

$RuCl_2(PPh_3)_3$　100 ℃, 10 atm　50%　50%　(15.115)

生成と，それによる酸無水物の開環によって還元不活性なコハク酸が生成するので，収率は理論上 50% となる．環状酸無水物の水素化反応により，キラルな生成物を与えるものもある[427)]．

最近になり，イミドの水素化反応が報告された[422),428)]．反応は，$Cp^*RuCl(PPh_2CH_2CH_2NH_2)$ 触媒で進行する．また，イミドの不斉水素化反応が，プロリンから誘導される P, N 配位子をもつ Cp^*Ru 触媒により進行する．*N*-ベンジルイミドは還元的開環によりヒドロキシカルボン酸アミドを与える（式 15.116）．この反応は，水素化反応によるフタルイミドの脱保護

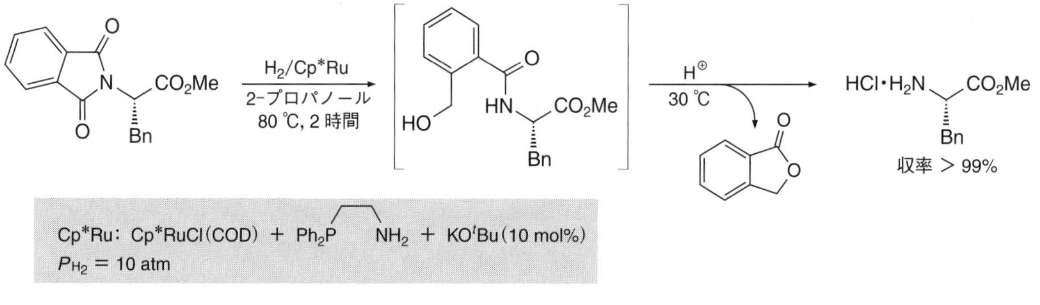

H_2/Cp^*Ru　2-プロパノール　80 ℃, 2 時間　$H^{\oplus}$　30 ℃　収率 > 99%　(15.116)

Cp^*Ru: $Cp^*RuCl(COD)$ + Ph_2P～NH_2 + KO^tBu (10 mol%)
P_{H_2} = 10 atm

反応になる．3 位が置換されたグルタルイミドの水素化反応により非対称化されたキラルな生成物を得ることができる（式 15.117）．また，プロリンから導かれる P, N 配位子を含む触媒を使った反応により，抗うつ薬パロキセチン（paroxetine）の前駆体を高いエナンチオマー

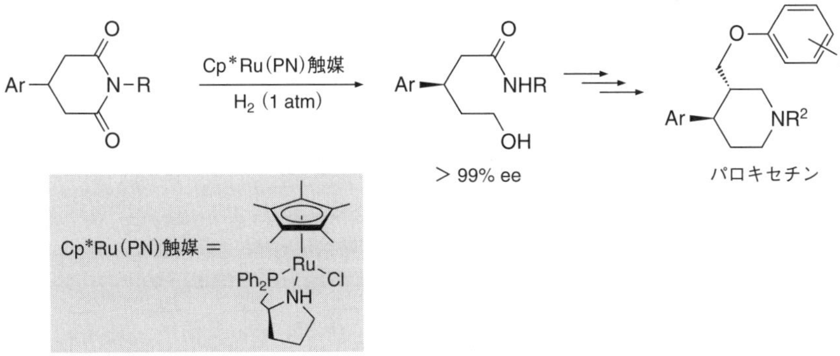

$$\text{Ar-(glutarimide)N-R} \xrightarrow[\text{H}_2\ (1\ \text{atm})]{\text{Cp*Ru(PN)触媒}} \text{Ar-CH(CH}_2\text{CONHR)(CH}_2\text{CH}_2\text{OH)} \longrightarrow\longrightarrow \text{パロキセチン} \quad (15.117)$$

＞99% ee

Cp*Ru(PN)触媒 = Cp*Ru(Ph$_2$P–NH)Cl

過剰率で得ることができる．

カルボン酸のアルデヒドへの変換には，一般的に典型金属ヒドリドを使ってアルコールまで還元し，その後酸化によってアルデヒドにする方法か，化学量論量のアルミニウムヒドリド DIBAL によってエステルを還元する方法がとられている．したがって，カルボン酸エステルの選択的な水素化反応によるアルデヒドの合成反応は，廃棄物を減らせる意味でも重要である．アルデヒド生成物に比べてカルボン酸の低い反応性を克服するために，山本らはカルボン酸をいったん酸無水物に変換した後，水素化してアルデヒドにする反応を開発した(式 15.118)．

$$\underset{2\ \text{mmol}}{\text{RCO}_2\text{H}} + \underset{30\ \text{atm}}{\text{H}_2} \xrightarrow[\text{THF, 80 ℃, 24 時間}]{\text{Pd(PPh}_3)_4\ 0.02\ \text{mmol},\ (^t\text{BuCO})_2\text{O}\ 6\ \text{mmol}} \text{RCHO} \quad (15.118)$$

R = アルキル，アリール，ヘテロアリール基

山本らは，まず Pd(PPh$_3$)$_4$ 触媒による鎖状のカルボン酸無水物の水素化反応が進行することを見いだした[429),430)]．反応は，スキーム 15・25 に示すように，酸無水物の酸化的付加と続く Pd[C(O)R](OC(O)R)(PPh$_3$)$_2$ のアシル基およびカルボキシラート基の水素化により，アルデヒドとカルボン酸の当量混合物を与える機構で進行すると提案されている．酸無水物を経由してカルボン酸をアルデヒドへ完全に変換するために，より嵩高く，反応性の低いピバル酸無水物を用いて混合酸無水物を発生させる方法が開発された．すなわち，酸無水物の交換反応と混合酸無水物の O−C(O)R 結合のうち立体障害の小さいアシル基の選択的な水素化を組合わせることにより（スキーム 15・26），カルボン酸の触媒的直接水素化反応

スキーム 15・25

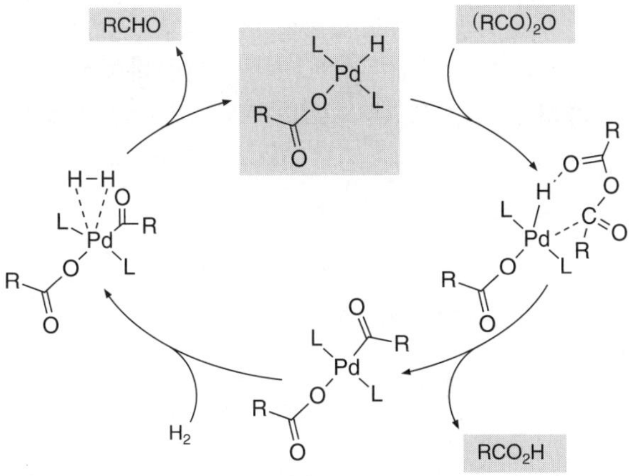

スキーム 15・26

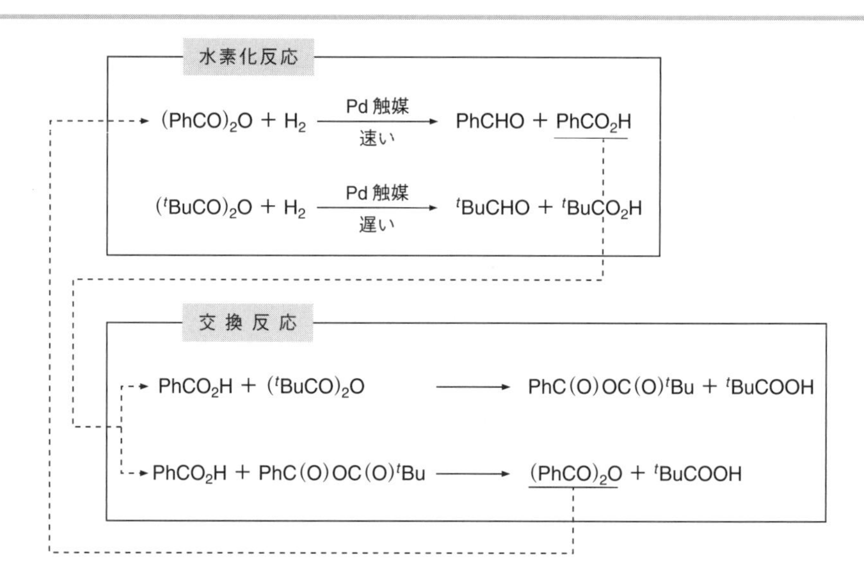

が可能となった．この反応は，ジカルボン酸やトリカルボン酸を含めて，脂肪族，芳香族，ヘテロ環含有のカルボン酸にも適用できる．

15・10・3　ニトリルの水素化反応

ニトリルの水素化反応は，高温，高圧下で不均一系触媒により工業的規模で実施されている重要なプロセスの一つである．均一系触媒を用いたニトリルの水素化反応がそれほど注目されていないうえに，均一系触媒といわれているもののなかには実際には不均一系触媒として働いているものがある[431]．それでも，ニトリルの水素化反応に高活性な触媒がいくつか知られている．反応は，ニトリルやその部分還元生成物のイミンが金属－ヒドリド結合へ挿入するか，または，金属-配位子協奏機能触媒の特徴である外圏機構により進行すると考えられている．

ルテニウムやロジウム錯体がニトリルの触媒的水素化反応を促進し，穏和な条件下良好な選択性で第一級アミンが得られる．特に，大塚らは $RhH(P^iPr_3)_3$ がさまざまなニトリルを穏和な条件（1 atm H_2，20 ℃，2 時間）で水素化しアミンを与えることを報告している（式 15.119）[432]．反応は可逆であるため，第一級アミンは $RhH(P^iPr_3)_3$ の存在下，脱水素化され，ニトリルを与える（式 15.120）．イリジウム触媒を用いたアミンの脱水素化反応も最近報告されている[433]．

$$\mathrm{R{-}C{\equiv}N} \xrightarrow[\substack{1\ \mathrm{atm}\ \mathrm{H_2} \\ 20\ ℃,\ \mathrm{THF}}]{\mathrm{RhH(P^iPr_3)_3}} \underset{45\sim100\%}{\mathrm{R{-}CH_2NH_2}} \tag{15.119}$$

$R = {}^nBu, {}^iPr, {}^tBu, Bn, CH_2{=}CHCH_2, Ph$

$$\mathrm{PhCH_2NH_2} \xrightarrow[110\ ℃,\ トルエン]{\mathrm{RhH(P^iPr_3)_3}} \mathrm{PhC{\equiv}N + H_2} \tag{15.120}$$

ごく最近，Morris らは P－NH－NH－P の四座配位子を含むルテニウム触媒によるベンゾニトリルの水素化反応を報告した（式 15.121）[434]．アミンの N－H と金属ヒドリドが同時に移動する反応が連続して 2 度，外圏機構で進行していると考えられている．一段階目はニトリルが反応し，二段階目はイミンが反応する（スキーム 15・27）．この機構は，DFT 計算によっても支持されている．Ru(COD)(methallyl)$_2$ と DPPF からなる触媒によって，

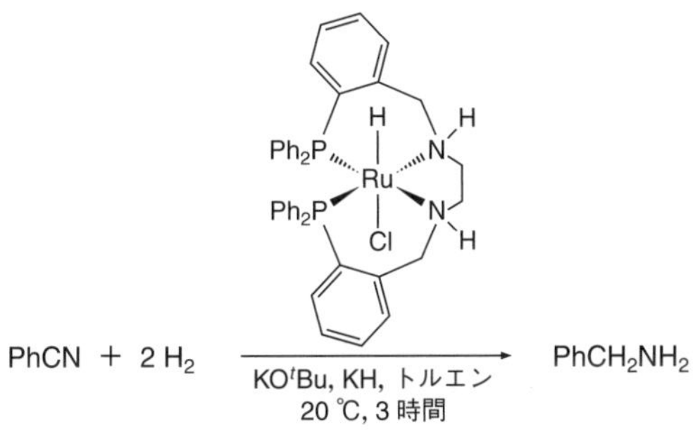

$$PhCN + 2H_2 \xrightarrow[\text{KO}^t\text{Bu, KH, トルエン, 20 ℃, 3 時間}]{} PhCH_2NH_2 \quad (15.121)$$

芳香族と芳香族ヘテロ環ニトリル化合物の水素化反応が高収率で進行することが報告されている[435].

スキーム 15・27

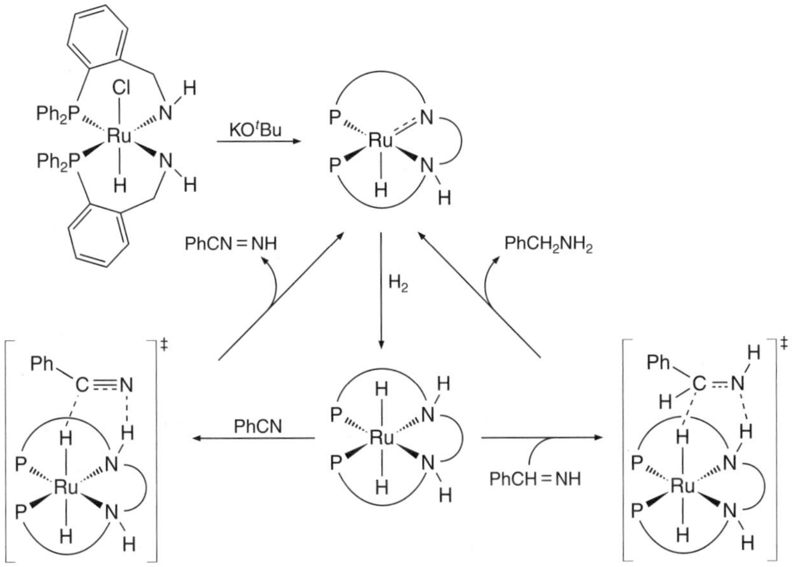

15・11 まとめ

均一系触媒による水素化反応は工業規模のファインケミカルズ合成に最もよく使われる均一系触媒反応である．最初の反応は70年以上も前に報告されたが，ここ40年以上にわたり活発に研究が行われている．今日使われている触媒の最初の報告はWilkinsonとCoffeyによって発表された．この発見を端緒として，カチオン性ロジウム触媒や，ルテニウム触媒，イリジウム触媒，クロム触媒のほか最外殻にd電子をもたない触媒が発見された．α-(アシルアミノ)アクリル酸エステルを水素化してエナンチオ選択的にアミノ酸へ変換する触媒の発見を契機として，不斉水素化反応に利用可能な何百ものキラル触媒が開発された．1980年のBINAP配位子の出現以来，不斉水素化反応は特に発展し，さまざまな種類の不飽和化合物の水素化反応の触媒が見いだされた．アルキルホスフィン，アリールホスフィン，P-キラルホスフィン，混合P, N配位子，ホスホニト，ホスファイト，ホスホロアミダイトを用いることにより特定のオレフィンの水素化反応に選択的に働く触媒が開発されてきた．ケトンの不斉水素化反応は，光学活性な化合物の合成に同様のインパクトを与えている．また，イミンの水素化反応にも同様の応用の可能性が示されている．また，芳香族ヘテロ環の不斉水素化反応は，光学活性なヘテロ環合成法として開発が始まったところである．

アキラルな触媒による水素化反応は，これまでよく利用されてきたが，近いうちにさらに発展するであろう．配向性官能基を利用した水素化反応により，エナンチオ選択性の制御と同じくらい重要なジアステレオ選択性制御をさらに発展させることに成功した．また，よりクリーンな化学プロセスをさらに推進する必要から，エステル，カルボン酸，ニトリル，ニトロ基などの水素化反応は非遷移金属のヒドリドを使わずにアキラルな還元生成物を得る重要な反応となるだろう．

文献および注

1. Birch, A. J.; Williamson, D. H. *Org. React.* **1976**, *24*, 1.
2. James, B. R. *Homogeneous Hydrogenation*; Wiley: New York, 1973.
3. James, B. R. In *Comprehensive Organometallic Chemistry*, 1st ed.; Wilkinson, G., Stone, F. G. A., Abel, E. W., Eds.; Pergamon Press: New York, 1982; Vol. 8, p 285.
4. James, B. R.; Stone, F. G. A.; West, R. *Adv. Organomet. Chem.* **1979**, *17*, 319.
5. Jardine, F. H. *Prog. Inorg. Chem.* **1981**, *28*, 63.
6. Tolman, C. A.; Faller, J. W. In *Homogeneous Catalysis with Metal Phosphine Complexes*; Pignolet, L., Ed.; Plenum Press: New York, 1983; p 13.
7. Calvin, M.; Polanyl, M. *Trans. Faraday Soc.* **1938**, *34*, 1181.
8. Calvin, M. *J. Am. Chem. Soc.* **1939**, *61*, 2230.
9. Iguchi, M. *J. Chem. Soc. Jpn.* **1939**, *60*, 1287.
10. Iguchi, M. *J. Chem. Soc. Jpn.* **1942**, *63*, 634.
11. Iguchi, M. *J. Chem. Soc. Jpn.* **1942**, *63*, 1752.
12. Jardine, F. H.; Osborn, J. A.; Wilkinson, G.; Young, J. F. *Chem. Ind.* (*London*) **1965**, 560.
13. Bennet, M. A.; Longstaff, P. A. *Chem. Ind.* (*London*) **1965**, 846.
14. Coffey, R. S. Br. Patent 1,121,642, 1965.
15. Evans, D.; Osborn, J. A.; Jardine, F. H.; Wilkinson, G. *Nature* **1965**, *208*, 1203.
16. Osborn, J. A.; Jardine, F. H.; Young, J. F.; Wilkinson, G. *J. Chem. Soc. A* **1966**, 1711.
17. Baird, M. C.; Mague, J. T.; Osborn, J. A.; Wilkinson, G. *J. Chem. Soc.* **1967**, 1347.
18. Hallman, P. S.; Evans, D.; Osborn, J. A.; Wilkinson, G. *J. Chem. Soc., Chem. Commun.* **1967**, 305.
19. Dawans, F.; Morel, D. *J. Mol. Catal.* **1978**, *3*, 403.
20. Halpern, J.; Okamoto, T.; Zakhariev, A. *J. Mol. Catal.* **1977**, *2*, 65.
21. Crabtree, R. H.; Felkin, H.; Morris, G. E. *J. Organomet. Chem.* **1977**, *141*, 205.
22. Crabtree, R. H.; Felkin, H.; Fillebeenkhan, T.; Morris, G. E. *J. Organomet. Chem.* **1979**, *168*, 183.
23. Horner, L.; Siegel, H.; Büthe, H. *Angew. Chem., Int. Ed. Engl.* **1968**, *7*, 942.
24. Knowles, W. S.; Sabacky, M. J. *J. Chem. Soc., Chem. Commun.* **1968**, 1445.
25. Dang, T. P.; Kagan, H. B. *J. Chem. Soc., Chem. Commun.* **1971**, 481.
26. Inoguchi, K.; Sakuraba, S.; Achiwa, K. *Synlett* **1992**, 169.
27. Knowles, W. S. *Angew. Chem. Int. Ed.* **2002**, *41*, 1999.
28. Miyashita, A.; Yasuda, A.; Takaya, H.; Toriumi, K.; Ito, T.; Souchi, T.; Noyori, R. *J. Am. Chem. Soc.* **1980**, *102*, 7932.
29. Ikariya, T.; Ishii, Y.; Kawano, H.; Arai, T.; Saburi, M.; Yoshikawa, S.; Akutagawa, S. *J. Chem. Soc., Chem. Commun.* **1985**, 922.
30. Kitamura, M.; Ohkuma, T.; Inoue, S.; Sayo, N.; Kumobayashi, H.; Akutagawa, S.; Ohta, T.; Takaya, H.; Noyori, R. *J. Am. Chem. Soc.* **1988**, *110*, 629.
31. Ohkuma, T.; Ooka, H.; Hashiguchi, S.; Ikariya, T.; Noyori, R. *J. Am. Chem. Soc.* **1995**, *117*, 2675.
32. Hashiguchi, S.; Fujii, A.; Takehara, J.; Ikariya, T.; Noyori, R. *J. Am. Chem. Soc.* **1995**, *117*, 7562.
33. Noyori, R. *Angew. Chem. Int. Ed.* **2002**, *41*, 2008.
34. Burk, M. J. *J. Am. Chem. Soc.* **1991**, *113*, 8518.
35. Burk, M. J.; Feaster, J. E.; Nugent, W. A.; Harlow, R. L. *J. Am. Chem. Soc.* **1993**, *115*, 10125.
36. Roseblade, S. J.; Pfaltz, A. *Acc. Chem. Res.* **2007**, *40*, 1402.
37. Blackmond, D. G.; Lightfoot, A.; Pfaltz, A.; Rosner, T.; Schnider, P.; Zimmermann, N. *Chirality* **2000**, *12*, 442.
38. Lightfoot, A.; Schnider, P.; Pfaltz, A. *Angew. Chem. Int. Ed.* **1998**, *37*, 2897.
39. van den Berg, M.; Minnaard, A. J.; Schudde, E. P.; van Esch, J.; de Vries, A. H. M.; de Vries, J. G.; Feringa, B. L. *J. Am. Chem. Soc.* **2000**, *122*, 11539.
40. Reetz, M. T.; Mehler, G. *Angew. Chem. Int. Ed.* **2000**, *39*, 3889.
41. Campbell, M. L. In *Ullmann's Encyclopedia of Industrial Chemistry* (*Online*); Wiley-VCH: Weinheim, 2002; p DOI: 10.1002/14356007.a12_629.
42. Smiley, R. A. In *Ullmann's Encyclopedia of Industrial Chemistry* (*Online*); Wiley-VCH: Weinheim, 2002; p DOI: 10.1002/14356007.a12_629.
43. Osborn, J. A.; Wilkinson, G. *Inorg. Synth.* **1990**, *28*, 77.
44. Koch, G. K.; Dalenber, J. W. *J. Labelled Compd.* **1970**, *6*, 395.
45. Collman, J. P.; Cooke, M. P.; Dolcetti, G.; Hegedus, L. S.; Marquardt, D. N.; Norton, J. R. *J. Am. Chem. Soc.* **1972**, *94*, 1789.
46. Schrock, R. R.; Osborn, J. A. *J. Am. Chem. Soc.* **1976**, *98*, 2134.
47. Schrock, R. R.; Osborn, J. A. *J. Am. Chem. Soc.* **1976**, *98*, 2143.
48. Schrock, R. R.; Osborn, J. A. *J. Am. Chem. Soc.* **1976**, *98*, 4450.
49. Brown, J. M. *Angew. Chem., Int. Ed. Engl.* **1987**, *26*, 190.
50. Evans, D. A.; Morrissey, M. M. *J. Am. Chem. Soc.* **1984**, *106*, 3866.
51. Schrock, R. R.; Osborn, J. A. *J. Chem. Soc., Chem. Commun.* **1970**, 567.
52. Crabtree, R. *Acc. Chem. Res.* **1979**, *12*, 331.
53. Wüstenberg, B.; Pfaltz, A. *Adv. Synth. Catal.* **2008**, *350*, 174.
54. Smidt, S. P.; Zimmermann, N.; Studer, M.; Pfaltz, A. *Chem.—Eur. J.* **2004**, *10*, 4685.
55. Suggs, J. W.; Cox, S. D.; Crabtree, R. H.; Quirk, J. M. *Tetrahedron Lett.* **1981**, *22*, 303.
56. Halpern, J.; Harrod, J. F.; James, B. R. *J. Am. Chem. Soc.* **1961**, *83*, 753.
57. Chatt, J.; Hayter, R. G. *J. Chem. Soc.* **1961**, 2605.
58. Grey, R. A.; Pez, G. P.; Wallo, A. *J. Am. Chem. Soc.* **1980**, *102*, 5948.
59. Noyori, R.; Ohkuma, T.; Kitamura, M.; Takaya, H.; Sayo, N.; Kumobayashi, H.; Akutagawa, S. *J. Am. Chem. Soc.* **1987**, *109*, 5856.
60. Jeske, G.; Lauke, H.; Mauermann, H.; Schumann, H.; Marks, T. J. *J. Am. Chem. Soc.* **1985**, *107*, 8111.

61. Giardello, M. A.; Conticello, V. P.; Brard, L.; Gagne, M. R.; Marks, T. J. *J. Am. Chem. Soc.* **1994**, *116*, 10241.
62. Crabtree, R. H.; Davis, M. W. *Organometallics* **1983**, *2*, 681.
63. Stork, G.; Kahne, D. E. *J. Am. Chem. Soc.* **1983**, *105*, 1072.
64. Hoveyda, A. H.; Evans, D. A.; Fu, G. C. *Chem. Rev.* **1993**, *93*, 1307.
65. Schultz, A. G.; McCloskey, P. J. *J. Org. Chem.* **1985**, *50*, 5905.
66. Chan, A. S. C.; Halpern, J. *J. Am. Chem. Soc.* **1980**, *102*, 838.
67. Halpern, J. *Inorg. Chim. Acta* **1981**, *50*, 11.
68. Halpern, J.; Riley, D. P.; Chan, A. S. C.; Pluth, J. J. *J. Am. Chem. Soc.* **1977**, *99*, 8055.
69. Halpern, J. *Science* **1982**, *217*, 401.
70. Gridnev, I. D.; Higashi, N.; Asakura, K.; Imamoto, T. *J. Am. Chem. Soc.* **2000**, *122*, 7183.
71. Gridnev, I. D.; Imamoto, T.; Hoge, G.; Kouchi, M.; Takahashi, H. *J. Am. Chem. Soc.* **2008**, *130*, 2560.
72. Halpern, J.; Wong, C. S. *J. Chem. Soc., Chem. Commun.* **1973**, 629.
73. Wink, D. A.; Ford, P. C. *J. Am. Chem. Soc.* **1985**, *107*, 1794.
74. Wink, D. A.; Ford, P. C. *J. Am. Chem. Soc.* **1986**, *108*, 4838.
75. Brown, J. M.; Evans, P. L.; Lucy, A. R. *J. Chem. Soc., Perkin Trans. 2* **1987**, 1589.
76. Duckett, S. B.; Newell, C. L.; Eisenberg, R. *J. Am. Chem. Soc.* **1994**, *116*, 10548.
77. Meakin, P.; Tolman, C. A.; Jesson, J. P. *J. Am. Chem. Soc.* **1972**, *94*, 3240.
78. Halpern, J.; Okamoto, T. *Inorg. Chim. Acta* **1984**, *89*, L53.
79. Brown, J. M.; Canning, L. R.; Lucy, A. R. *J. Chem. Soc., Chem. Commun.* **1984**, 915.
80. Halpern, J. *Inorg. Chim. Acta* **1981**, *50*, 11.
81. Chan, A. S. C.; Pluth, J. J.; Halpern, J. *Inorg. Chim. Acta* **1979**, *37*, L477.
82. Brown, J. M.; Chaloner, P. A. *J. Chem. Soc., Chem. Commun.* **1980**, 344.
83. Brown, J. M.; Chaloner, P. A.; Morris, G. A. *J. Chem. Soc., Chem. Commun.* **1983**, 664.
84. Gridnev, I. D.; Imamoto, T. *Acc. Chem. Res.* **2004**, 37, 633.
85. Gridnev, I. D.; Imamoto, T. *Chem. Commun.* **2009**, 7447.
86. Gridnev, I. D.; Yamanoi, Y.; Higashi, N.; Tsuruta, H.; Yasutake, M.; Imamoto, T. *Adv. Synth. Catal.* **2001**, *343*, 118.
87. Chodosh, D. F.; Crabtree, R. H.; Felkin, H.; Morehouse, S.; Morris, G. E. *Inorg. Chem.* **1982**, *21*, 1307.
88. Chodosh, D. F.; Crabtree, R. H.; Felkin, H.; Morris, G. E. *J. Organomet. Chem.* **1978**, *161*, C67.
89. Crabtree, R. H.; Felkin, H.; Morris, G. E.; King, T. J.; Richards, J. A. *J. Organomet. Chem.* **1976**, *113*, C7.
90. Cui, X. H.; Fan, Y. B.; Hall, M. B.; Burgess, K. *Chem.—Eur. J.* **2005**, *11*, 6859.
91. Brandt, P.; Hedberg, C.; Andersson, P. G. *Chem.—Eur. J.* **2003**, *9*, 339.
92. Dietiker, R.; Chen, P. *Angew. Chem. Int. Ed.* **2004**, *43*, 5513.
93. Crabtree, R. H. In *Handbook of Homogeneous Hydrogenation*; de Vries, J. G., Elsevier, C. J., Eds.; Wiley-VCH: Weinheim, 2007; Vol. 1, p 31.
94. Crabtree, R. H.; Lavin, M. *J. Chem. Soc., Chem. Commun.* **1985**, 1661.
95. Crabtree, R. H.; Davis, M. W. *J. Org. Chem.* **1986**, *51*, 2655.
96. Pfaltz, A.; Blankenstein, J.; Hilgraf, R.; Hormann, E.; McIntyre, S.; Menges, F.; Schonleber, M.; Smidt, S. P.; Wustenberg, B.; Zimmermann, N. *Adv. Synth. Catal.* **2003**, *345*, 33.
97. Perry, M. C.; Cui, X. H.; Powell, M. T.; Hou, D. R.; Reibenspies, J. H.; Burgess, K. *J. Am. Chem. Soc.* **2003**, *125*, 113.
98. Sanchez-Delgado, R. A.; DeOchoa, O. L. *J. Mol. Catal.* **1979**, *6*, 303.
99. O'Connor, C.; Yagupsky, G.; Evans, D.; Wilkinson, G. *J. Chem. Soc., Chem. Commun.* **1968**, 420.
100. O'Connor, C.; Wilkinson, G. *J. Chem. Soc. A* **1968**, 2665.
101. Hallman, P. S.; McGarvey, B. R.; Wilkinson, G. *J. Chem. Soc. A* **1968**, 3143.
102. Ashby, M. T.; Halpern, J. *J. Am. Chem. Soc.* **1991**, *113*, 589.
103. Morris, R. H. In *Handbook of Homogeneous Hydrogenation*; de Vries, J. G., Elsevier, C. J., Eds.; Wiley-VCH: Weinheim, 2007; Vol. 1, p 45.
104. Noyori, R.; Kitamura, M.; Ohkuma, T. *Proc. Natl. Acad. Sci. U. S.A.* **2004**, *101*, 5356.
105. Noyori, R.; Ohkuma, T. *Angew. Chem. Int. Ed.* **2001**, *40*, 40.
106. Daley, C. J. A.; Bergens, S. H. *J. Am. Chem. Soc.* **2002**, *124*, 3680.
107. King, S. A.; Thompson, A. S.; King, A. O.; Verhoeven, T. R. *J. Org. Chem.* **1992**, *57*, 6689.
108. Akotsi, O. M.; Metera, K.; Reid, R. D.; McDonald, R.; Bergens, S. H. *Chirality* **2000**, *12*, 514.
109. Sweany, R. L.; Halpern, J. *J. Am. Chem. Soc.* **1977**, *99*, 8335.
110. Persson, B. A.; Larsson, A. L. E.; Le Ray, M.; Bäckvall, J. E. *J. Am. Chem. Soc.* **1999**, *121*, 1645.
111. Martin-Matute, B.; Edin, M.; Bogar, K.; Bäckvall, J. E. *Angew. Chem. Int. Ed.* **2004**, *43*, 6535.
112. Martin-Matute, B.; Edin, M.; Bogar, K.; Kaynak, F. B.; Bäckvall, J. E. *J. Am. Chem. Soc.* **2005**, *127*, 8817.
113. Martin-Matute, B.; Bäckvall, J. E. *Curr. Opin. Chem. Biol.* **2007**, *11*, 226.
114. Pamies, O.; Bäckvall, J. E. *Trends Biotechnol.* **2004**, *22*, 130.
115. Pamies, O.; Bäckvall, J. E. *Chem. Rev.* **2003**, *103*, 3247.
116. Choi, J. H.; Kim, Y. H.; Nam, S. H.; Shin, S. T.; Kim, M.-J.; Park, J. *Angew. Chem. Int. Ed.* **2002**, *41*, 2373.
117. Kim, M. J.; Chung, Y. I.; Choi, Y. K.; Lee, H. K.; Kim, D.; Park, J. *J. Am. Chem. Soc.* **2003**, *125*, 11494.
118. Fujii, A.; Hashiguchi, S.; Uematsu, N.; Ikariya, T.; Noyori, R. *J. Am. Chem. Soc.* **1996**, *118*, 2521.
119. Doucet, H.; Ohkuma, T.; Murata, K.; Yokozawa, T.; Kozawa, M.; Katayama, E.; England, A. F.; Ikariya, T.; Noyori, R. *Angew. Chem. Int. Ed.* **1998**, *37*, 1703.
120. Noyori, R.; Hashiguchi, S. *Acc. Chem. Res.* **1997**, *30*, 97.
121. Ikariya, T.; Murata, K.; Noyori, R. *Org. Biomol. Chem.* **2006**, *4*, 393.
122. Tang, W.; Zhang, X. *Chem. Rev.* **2003**, *103*, 3029.
123. Gladiali, S.; Alberico, E. *Chem. Soc. Rev.* **2006**, *35*, 226.
124. Gladiali, S.; Alberico, E. In *Transition Metals for Organic Synthesis*, 2nd ed.; Beller, M., Bolm, C., Eds.; Wiley-VCH: Weinheim, 2004; Vol. 2, p 145.
125. Everaere, K.; Mortreux, A.; Carpentier, J. F. *Adv. Synth. Catal.* **2003**, *345*, 67.
126. Blacker, A. J.; Martin, J. In *Asymmetric Catalysis on Industrial Scale*; Blaser, H. U., Schmidt, E., Eds.; Wiley-VCH: Weinheim, 2004; p 201.
127. Carmona, D.; Lamata, M. P.; Oro, L. A. *Eur. J. Inorg. Chem.* **2002**, 2239.
128. Bäckvall, J. E. *J. Organomet. Chem.* **2002**, *652*, 105.
129. Wills, M.; Palmer, M.; Smith, A.; Kenny, J.; Walsgrove, T. *Molecules* **2000**, *5*, 4.
130. Palmer, M. J.; Wills, M. *Tetrahedron: Asymmetry* **1999**, *10*, 2045.
131. Naota, T.; Takaya, H.; Murahashi, S. I. *Chem. Rev.* **1998**, *98*, 2599.
132. Fehring, V.; Selke, R. *Angew. Chem. Int. Ed.* **1998**, *37*, 1827.
133. Hamilton, R. J.; Bergens, S. H. *J. Am. Chem. Soc.* **2008**, *130*, 11979.
134. Yamakawa, M.; Ito, H.; Noyori, R. *J. Am. Chem. Soc.* **2000**, *122*,

1466.
135. Abdur-Rashid, K.; Clapham, S. E.; Hadzovic, A.; Harvey, J. N.; Lough, A. J.; Morris, R. H. *J. Am. Chem. Soc.* **2002**, *124*, 15104.
136. Clapham, S. E.; Hadzovic, A.; Morris, R. H. *Coord. Chem. Rev.* **2004**, *248*, 2201.
137. Hamilton, R. J.; Bergens, S. H. *J. Am. Chem. Soc.* **2006**, *128*, 13700.
138. Hamilton, R. J.; Leong, C. G.; Bigam, G.; Miskolzie, M.; Bergens, S. H. *J. Am. Chem. Soc.* **2005**, *127*, 4152.
139. Sandoval, C. A.; Ohkuma, T.; Muniz, K.; Noyori, R. *J. Am. Chem. Soc.* **2003**, *125*, 13490.
140. Abdur-Rashid, K.; Faatz, M.; Lough, A. J.; Morris, R. H. *J. Am. Chem. Soc.* **2001**, *123*, 7474.
141. Abdur-Rashid, K.; Clapham, S. E.; Hadzovic, A.; Harvey, J. N.; Lough, A. J.; Morris, R. H. *J. Am. Chem. Soc.* **2002**, *124*, 15104.
142. Casey, C. P.; Singer, S. W.; Powell, D. R.; Hayashi, R. K.; Kavana, M. *J. Am. Chem. Soc.* **2001**, *123*, 1090.
143. Casey, C. P.; Johnson, J. B. *J. Org. Chem.* **2003**, *68*, 1998.
144. Casey, C. P.; Clark, T. B.; Guzei, I. A. *J. Am. Chem. Soc.* **2007**, *129*, 11821.
145. Casey, C. P.; Bikzhanova, G. A.; Cui, Q.; Guzei, I. A. *J. Am. Chem. Soc.* **2005**, *127*, 14062.
146. Yamakawa, M.; Ito, H.; Noyori, R. *J. Am. Chem. Soc.* **2000**, *122*, 1466.
147. Handgraaf, J. W.; Meijer, E. J. *J. Am. Chem. Soc.* **2007**, *129*, 3099.
148. Ito, M.; Hirakawa, M.; Murata, K.; Ikariya, T. *Organometallics* **2001**, *20*, 379.
149. Hedberg, C.; Kallstrom, K.; Arvidsson, P. I.; Brandt, P.; Andersson, P. G. *J. Am. Chem. Soc.* **2005**, *127*, 15083.
150. Di Tommaso, D.; French, S. A.; Zanotti-Gerosa, A.; Hancock, F.; Palin, E. J.; Catlow, C. R. A. *Inorg. Chem.* **2008**, *47*, 2674.
151. Leyssens, T.; Peeters, D.; Harvey, J. N. *Organometallics* **2008**, *27*, 1514.
152. Samec, J. S. M.; Ell, A. H.; Aberg, J. B.; Privalov, T.; Eriksson, L.; Bäckvall, J. E. *J. Am. Chem. Soc.* **2006**, *128*, 14293.
153. Johnson, J. B.; Bäckvall, J. E. *J. Org. Chem.* **2003**, *68*, 7681.
154. Koike, T.; Ikariya, T. *Adv. Synth. Catal.* **2004**, *346*, 37.
155. Bullock, R. M. *Chem.—Eur. J.* **2004**, *10*, 2366.
156. Bullock, R. M.; Voges, M. H. *J. Am. Chem. Soc.* **2000**, *122*, 12594.
157. Voges, M. H.; Bullock, R. M. *J. Chem. Soc., Dalton Trans.* **2002**, 759.
158. Kagan, H. B.; Fiaud, J. C. *Top. Stereochem.* **1978**, *10*, 175.
159. Morrison, J. D.; Masler, W. F.; Neuberg, M. K. *Adv. Catal.* **1976**, *25*, 81.
160. Kagan, H. B. *Pure. Appl. Chem.* **1975**, *43*, 401.
161. Marko, L.; Heil, B. *Catal. Rev.* **1973**, *8*, 269.
162. Valentine, D.; Scott, J. W. *Synthesis* **1978**, 329.
163. Knowles, W. S.; Sabacky, M. J.; Vineyard, B. D. *Adv. Chem. Ser.* **1974**, *132*, 274.
164. Lapporte, S. J.; Schuett, W. R. *J. Org. Chem.* **1963**, *28*, 1947.
165. Harada, K. In *Asymmetric Synthesis*; Morrison, J. D., Ed.; Academic Press: New York, 1985; Vol. 5, p 345.
166. Takaya, H.; Akutagawa, S.; Noyori, R. *Org. Synth.* **1989**, *67*, 20.
167. Kazlauskas, R. J. *Org. Synth.* **1998**, *Coll. Vol. 9*, 77.
168. Cai, D.; Hughes, D. L.; Verhoeven, T. R.; Reider, P. J. *Org. Synth.* **2004**, *Coll. Vol. 10*, 93.
169. Cai, D.; Payack, J. F.; Bender, D. R.; Hughes, D. L.; Verhoeven, T. R.; Reider, P. J. *Org. Synth.* **2004**, *10*, 112.
170. Saito, T.; Yokozawa, T.; Ishizaki, T.; Moroi, T.; Sayo, N.; Miura, T.; Kumobayashi, H. *Adv. Synth. Catal.* **2001**, *343*, 264.
171. Saito, T.; Yokozawa, T.; Zhang, X.; Sayo, N. U.S. Patent 5,872,273, 1999.
172. Wu, S.; Wang, W.; Tang, W.; Lin, M.; Zhang, X. *Org. Lett.* **2002**, *4*, 4495.
173. Dotta, P.; Kumar, P. G. A.; Pregosin, P. S.; Albinati, A.; Rizzato, S. *Organometallics* **2004**, *23*, 2295.
174. Ohkuma, T.; Koizumi, M.; Doucet, H.; Pham, T.; Kozawa, M.; Murata, K.; Katayama, E.; Yokozawa, T.; Ikariya, T.; Noyori, R. *J. Am. Chem. Soc.* **1998**, *120*, 13529.
175. Wu, J.; Ji, J. X.; Guo, R. W.; Yeung, C. H.; Chan, A. S. C. *Chem.—Eur. J.* **2003**, *9*, 2963.
176. Wu, J.; Pai, C. C.; Kwok, W. H.; Guo, R. W.; Au-Yeung, T. T. L.; Yeung, C. H.; Chan, A. S. C. *Tetrahedron: Asymmetry* **2003**, *14*, 987.
177. Wu, J.; Chen, H.; Kwok, W. H.; Lam, K. H.; Zhou, Z. Y.; Yeung, C. H.; Chan, A. S. C. *Tetrahedron Lett.* **2002**, *43*, 1539.
178. Pai, C. C.; Lin, C. W.; Lin, C. C.; Chen, C. C.; Chan, A. S. C. *J. Am. Chem. Soc.* **2000**, *122*, 11513.
179. Zhang, X. Y.; Mashima, K.; Koyano, K.; Sayo, N.; Kumobayashi, H.; Akutagawa, S.; Takaya, H. *J. Chem. Soc., Perkin Trans. 1* **1994**, 2309.
180. Zhang, X. Y.; Mashima, K.; Koyano, K.; Sayo, N.; Kumobayashi, H.; Akutagawa, S.; Takaya, H. *Tetrahedron Lett.* **1991**, *32*, 7283.
181. Marquarding, D.; Klusack, H.; Gokel, G.; Hoffman, P.; Ugi, I. *J. Am. Chem. Soc.* **1970**, *92*, 5389.
182. Togni, A.; Breutel, C.; Schnyder, A.; Spindler, F.; Landert, H.; Tijani, A. *J. Am. Chem. Soc.* **1994**, *116*, 4062.
183. McGarrity, J.; Spindler, F.; Fuchs, R.; Eyer, M. LONZA AG, EP-A 624587 A2, 1995.
184. Blaser, H.-U. *Adv. Synth. Catal.* **2002**, *344*, 17.
185. Blaser, H.-U.; Buser, H.-P.; Coers, K.; Hanreich, R.; Jalett, H.-P.; Jelsch, E.; Pugin, B.; Schneider, H.-D.; Spindler, F.; Wegmann, A. *Chimia* **1999**, *53*, 275.
186. Kuwano, R.; Kashiwabara, M.; Ohsumi, M.; Kusano, H. *J. Am. Chem. Soc.* **2008**, *130*, 808.
187. Berens, U.; Burk, M. J.; Gerlach, A.; Hems, W. *Angew. Chem. Int. Ed.* **2000**, *39*, 1981.
188. You, J. S.; Drexler, H. J.; Zhang, S. L.; Fischer, C.; Heller, D. *Angew. Chem. Int. Ed.* **2003**, *42*, 913.
189. Fryzuk, M. D.; Bosnich, B. *J. Am. Chem. Soc.* **1977**, *99*, 6262.
190. Kunin, A. J.; Farid, R.; Johnson, C. E.; Eisenberg, R. *J. Am. Chem. Soc.* **1985**, *107*, 5315.
191. Xie, J. H.; Wang, L. X.; Fu, Y.; Zhu, S. F.; Fan, B. M.; Duan, H. F.; Zhou, Q. L. *J. Am. Chem. Soc.* **2003**, *125*, 4404.
192. Pye, P. J.; Rossen, K.; Reamer, R. A.; Tsou, N. N.; Volante, R. P.; Reider, P. J. *J. Am. Chem. Soc.* **1997**, *119*, 6207.
193. For an exception see: Tani, K.; Suwa, K.; Tanigawa, E.; Ise, T.; Yamagata, T.; Tatsuno, Y.; Otsuka, S. *J. Organomet. Chem.* **1989**, *370*, 203.
194. Burk, M. J. *Acc. Chem. Res.* **2000**, *33*, 363.
195. Nugent, W. A.; Rajanbabu, T. V.; Burk, M. J. *Science* **1993**, *259*, 479.
196. Burk, M. J.; Feaster, J. E.; Harlow, R. L. *Organometallics* **1990**, *9*, 2653.
197. Xiao, D. M.; Zhang, Z. G.; Zhang, X. M. *Org. Lett.* **1999**, *1*, 1679.
198. Chi, Y. X.; Zhang, X. M. *Tetrahedron Lett.* **2002**, *43*, 4849.
199. Jiang, Q. Z.; Jiang, Y. T.; Xiao, D. M.; Cao, P.; Zhang, X. M. *Angew. Chem. Int. Ed.* **1998**, *37*, 1100.
200. Zhang, Z. G.; Zhu, G. X.; Jiang, Q. Z.; Xiao, D. M.; Zhang, X. M. *J. Org. Chem.* **1999**, *64*, 1774.
201. Vineyard, B. D.; Knowles, W. S.; Sabacky, M. J.; Bachman, G. L.; Weinkauff, D. J. *J. Am. Chem. Soc.* **1977**, *99*, 5946.
202. Knowles, W. S. *Acc. Chem. Res.* **1983**, *16*, 106.
203. Muci, A. R.; Campos, K. R.; Evans, D. A. *J. Am. Chem. Soc.*, **1995**,

117, 9075.
204. Juge, S.; Stephan, M.; Laffitte, J. A.; Genet, J. P. *Tetrahedron Lett.* **1990**, *31*, 6357.
205. Imamoto, T.; Watanabe, J.; Wada, Y.; Masuda, H.; Yamada, H.; Tsuruta, H.; Matsukawa, S.; Yamaguchi, K. *J. Am. Chem. Soc.* **1998**, *120*, 1635.
206. Crépy, K. V. L.; Imamoto, T. *Adv. Synth. Catal.* **2003**, *345*, 79.
207. Yasutake, M.; Gridnev, I. D.; Higashi, N.; Imamoto, T. *Org. Lett.* **2001**, *3*, 1701.
208. Imamoto, T.; Watanabe, J.; Wada, Y.; Masuda, H.; Yamada, H.; Tsuruta, H.; Matsukawa, S.; Yamaguchi, K. *J. Am. Chem. Soc.* **1998**, *120*, 1635.
209. Ohashi, A.; Imamoto, T. *Org. Lett.* **2001**, *3*, 373.
210. Gridnev, I. D.; Higashi, N.; Asakura, K.; Imamoto, T. *J. Am. Chem. Soc.* **2000**, *122*, 7183.
211. Gridnev, I. D.; Yasutake, M.; Higashi, N.; Imamoto, T. *J. Am. Chem. Soc.* **2001**, *123*, 5268.
212. von Matt, P.; Loiseleur, O.; Koch, G.; Pfaltz, A.; Lefeber, C.; Feucht, T.; Helmchen, G. *Tetrahedron: Asymmetry* **1994**, *5*, 573.
213. Williams, J. M. J. *Synlett* **1996**, 705.
214. Helmchen, G.; Pfaltz, A. *Acc. Chem. Res.* **2000**, *33*, 336.
215. Pfaltz, A. *Acta Chem. Scand.* **1996**, *50*, 189.
216. Hilgraf, R.; Pfaltz, A. *Synlett* **1999**, 1814.
217. Cozzi, P. G.; Zimmermann, N.; Hilgraf, R.; Schaffner, S.; Pfaltz, A. *Adv. Synth. Catal.* **2001**, *343*, 450.
218. Blankenstein, J.; Pfaltz, A. *Angew. Chem. Int. Ed.* **2001**, *40*, 4445.
219. Menges, F.; Neuburger, M.; Pfaltz, A. *Org. Lett.* **2002**, *4*, 4713.
220. Menges, F.; Pfaltz, A. *Adv. Synth. Catal.* **2002**, *344*, 40.
221. Smidt, S. P.; Menges, F.; Pfaltz, A. *Org. Lett.* **2004**, *6*, 2023.
222. Hou, D.-R.; Reibenspies, J.; Colacot, T. J.; Burgess, K. *Chem.—Eur. J.* **2001**, *7*, 5391.
223. Duursma, A.; Lefort, L.; Boogers, J. A. F.; de Vries, A. H. M.; de Vries, J. G.; Minnaard, A. J.; Feringa, B. L. *Org. Biomol. Chem.* **2004**, *2*, 1682.
224. van Zijl, A. W.; Arnold, L. A.; Minnaard, A. J.; Feringa, B. L. *Adv. Synth. Catal.* **2004**, *346*, 413.
225. Reetz, M. T.; Sell, T.; Meiswinkel, A.; Mehler, G. *Angew. Chem. Int. Ed.* **2003**, *42*, 790.
226. Reetz, M. T. *Angew. Chem. Int. Ed.* **2008**, *47*, 2556.
227. Gergely, I.; Hegedus, C.; Gulyas, H.; Szollosy, A.; Monsees, A.; Riermeier, T.; Bakos, J. *Tetrahedron: Asymmetry* **2003**, *14*, 1087.
228. Reetz, M. T.; Mehler, G. *Angew. Chem. Int. Ed.* **2000**, *39*, 3889.
229. Reetz, M. T.; Mehler, G.; Meiswinkel, A.; Sell, T. *Tetrahedron Lett.* **2002**, *43*, 7941.
230. van den Berg, M.; Minnaard, A. J.; Schudde, E. P.; van Esch, J.; de Vries, A. H. M.; de Vries, J. G.; Feringa, B. L. *J. Am. Chem. Soc.* **2000**, *122*, 11539.
231. van den Berg, M.; Haak, R. M.; Minnaard, A. J.; de Vries, A. H. M.; de Vries, J. G.; Feringa, B. L. *Adv. Synth. Catal.* **2002**, *344*, 1003.
232. Peña, D.; Minnaard, A. J.; de Vries, J. G.; Feringa, B. L. *J. Am. Chem. Soc.* **2002**, *124*, 14552.
233. Blaser, H. U.; Schmidt, E. *Asymmetric Catalysis on Industrial Scale*; Wiley-VCH: Weinheim, 2004.
234. Blaser, H.-U.; Spindler, F.; Thommen, M. In The *Handbook of Homogeneous Hydrogenation*; de Vries, J. G., Elsevier, C. J., Eds.; Wiley-VCH: Weinheim, 2007; Vol. 3, p 1279.
235. Burk, M. J.; Feaster, J. E.; Nugent, W. A.; Harlow, R. L. *J. Am. Chem. Soc.* **1993**, *115*, 10125.
236. Dobler, C.; Kreuzfeld, H. J.; Michalik, M.; Krause, H. W. *Tetrahedron: Asymmetry* **1996**, *7*, 117.
237. Burk, M. J.; Gross, M. F.; Martinez, J. P. *J. Am. Chem. Soc.* **1995**, *117*, 9375.
238. Cobley, C. J.; Johnson, N. B.; Lennon, I. C.; McCague, R.; Ramsden, J. A.; Zanotti-Gerosa, A. In *Asymmetric Catalysis on Industrial Scale*; Blaser, H. U., Schmidt, E., Eds.; Wiley-VCH: Weinheim, 2004; p 269.
239. Hiebl, J.; Kollmann, H.; Rovenszky, F.; Winkler, K. *J. Org. Chem.* **1999**, *64*, 1947.
240. Blaser, H. U.; Spindler, F. *Top. Catal.* **1997**, *4*, 275.
241. McGarrity, J. F.; Brieden, W.; Fuchs, R.; Mettler, H.-P.; Schmidt, B.; Werbitzky, O. In *Asymmetric Catalysis on Industrial Scale*; Blaser, H. U., Schmidt, E., Eds.; Wiley-VCH: Weinheim, 2004; p 283.
242. Imwinkelried, R. *Chimia* **1997**, *51*, 300.
243. Fuchs, R. Eur. Patent 803502, 1996.
244. Brieden, W. In *Proceedings of the Chiral USA '97 Symposium*; Spring Innovation: Stockport, UK, 1997, p 45.
245. Brieden, W. In *Proceedings of the ChiraSource '99 Symposium*; The Catalyst Group, Spring House: USA, 1999.
246. Lubell, W. D.; Kitamura, M.; Noyori, R. *Tetrahedron: Asymmetry* **1991**, *2*, 543.
247. Heller, D.; Holz, J.; Drexler, H. J.; Lang, J.; Drauz, K.; Krimmer, H. P.; Borner, A. *J. Org. Chem.* **2001**, *66*, 6816.
248. Zhu, G.; Chen, Z.; Zhang, X. *J. Org. Chem.* **1999**, *64*, 6907.
249. Lee, S. G.; Zhang, Y. J. *Org. Lett.* **2002**, *4*, 2429.
250. Tang, W.; Chi, Y.; Zhang, X. *Org. Lett.* **2002**, *4*, 1695.
251. Liu, D. A.; Zhang, X. M. *Eur. J. Org. Chem.* **2005**, 646.
252. Tang, W.; Zhang, X. *Org. Lett.* **2002**, *4*, 4159
253. Wu, H. P.; Hoge, G. *Org. Lett.* **2004**, *6*, 3645.
254. Fu, Y.; Hou, G. H.; Xie, J. H.; Xing, L.; Wang, L. X.; Zhou, Q. L. *J. Org. Chem.* **2004**, *69*, 8157.
255. Koenig, K. E.; Bachman, G. L.; Vineyard, B. D. *J. Org. Chem.* **1980**, *45*, 2362.
256. Schmidt, U.; Langner, J.; Kirschbaum, B.; Braun, C. *Synthesis* **1994**, 1138.
257. Burk, M. J.; Kalberg, C. S.; Pizzano, A. *J. Am. Chem. Soc.* **1998**, *120*, 4345.
258. Lotz, M.; Ireland, T.; Perea, J. J. A.; Knochel, P. *Tetrahedron: Asymmetry* **1999**, *10*, 1839.
259. Lotz, M.; Polborn, K.; Knochel, P. *Angew. Chem. Int. Ed.* **2002**, *41*, 4708.
260. Ohta, T.; Takaya, H.; Kitamura, M.; Nagai, K.; Noyori, R. *J. Org. Chem.* **1987**, *52*, 3174.
261. Zhang, X.; Uemura, T.; Matsumura, K.; Sayo, N.; Kumobayashi, H.; Takaya, H. *Synlett* **1994**, 501.
262. Uemura, T.; Zhang, X.; Matsumura, K.; Sayo, N.; Kumobayashi, H.; Ohta, T.; Nozaki, K.; Takaya, H. *J. Org. Chem.* **1996**, *61*, 5510.
263. Genet, J. P.; Pinel, C.; Ratovelomanana-Vidal, V.; Mallart, S.; Pfister, X.; Bischoff, L.; Deandrade, M. C. C.; Darses, S.; Galopin, C.; Laffitte, J. A. *Tetrahedron: Asymmetry* **1994**, *5*, 675.
264. Li, S.; Zhu, S.-F.; Zhang, C.-M.; Song, S.; Zhou, Q.-L. *J. Am. Chem. Soc.* **2008**, *130*, 8584.
265. Chiba, T.; Miyashita, A.; Nohira, H.; Takaya, H. *Tetrahedron Lett.* **1991**, *32*, 4745.
266. Burk, M. J.; Bienewald, F.; Harris, M.; Zanotti-Gerosa, A. *Angew. Chem. Int. Ed.* **1998**, *37*, 1931.
267. Pilkington, C. J.; Zanotti-Gerosa, A. *Org. Lett.* **2003**, *5*, 1273.
268. Tang, W.; Liu, D.; Zhang, X. *Org. Lett.* **2003**, *5*, 205.
269. Reetz, M. T.; Gosberg, A.; Goddard, R.; Kyung, S.-H. *Chem. Commun.* **1998**, 2077.
270. Reetz, M. T.; Neugebauer, T. *Angew. Chem., Int. Ed. Engl.* **1999**,

38, 179.
271. Hu, X. P.; Zheng, Z. *Org. Lett.* **2004**, *6*, 3585.
272. Jia, X.; Guo, R.; Li, X.; Yao, X.; Chan, A. *Tetrahedron Lett.* **2002**, *43*, 5541.
273. Cui, X. H.; Burgess, K. *Chem. Rev.* **2005**, *105*, 3272.
274. Burk, M. J.; Casy, G.; Johnson, N. B. *J. Org. Chem.* **1998**, *63*, 6084.
275. Dobbs, D. A; Vanhessche, K. P. M.; Rautenstrauch, V. PCT/IB1998/000776, 1998.
276. Dobbs, D. A.; Vanhessche, K. P. M.; Brazi, E.; Rautenstrauch, V.; Lenoir, J. Y.; Genet, J. P.; Wiles, J.; Bergens, S. H. *Angew. Chem. Int. Ed.* **2000**, *39*, 1992.
277. Rautenstrauch, V. In *Proceedings of the Chiral USA '97 Symposium*; Spring Innovation: Stockport, UK, 1999; p 204.
278. Akutagawa, S. *Top. Catal.* **1997**, *4*, 271.
279. Takaya, H.; Ohta, T.; Sayo, N.; Kumobayashi, H.; Akutagawa, S.; Inoue, S.; Kasahara, I.; Noyori, R. *J. Am. Chem. Soc.* **1987**, *109*, 1596.
280. Källström, K.; Munslow, I.; Andersson, P. G. *Chem. Eur. J.* **2006**, *12*, 3194.
281. Wang, J.; Sun, Y. K.; Leblond, C.; Landau, R. N.; Blackmond, D. G. *J. Catal.* **1996**, *161*, 752.
282. Sun, Y. K.; LeBlond, C.; Wang, J.; Blackmond, D. G. *J. Am. Chem. Soc.* **1995**, *117*, 12647.
283. Schmid, R.; Scalone, M. In *Comprehensive Asymmetric Catalysis I-III*; Jacobsen, E. N., Pfaltz, A., Yamamoto, H., Eds.; Springer: Berlin, 1999; Vol. 3, p 1439.
284. Netscher, T.; Scalone, M.; Schmid, R. In *Asymmetric Catalysis on Industrial Scale*; Blaser, H. U., Schmidt, E., Eds.; Wiley-VCH: Weinheim, 2004; p 71.
285. Akutagawa, S. *Appl. Catal., A* **1995**, *128*, 171.
286. Broene, R. D.; Buchwald, S. L. *J. Am. Chem. Soc.* **1993**, *115*, 12569.
287. Troutman, M. V.; Appella, D. H.; Buchwald, S. L. *J. Am. Chem. Soc.* **1999**, *121*, 4916.
288. Schrems, M. G.; Neumann, E.; Pfaltz, A. *Angew. Chem. Int. Ed.* **2007**, *46*, 8274.
289. Bell, S.; Wustenberg, B.; Kaiser, S.; Menges, F.; Netscher, T.; Pfaltz, A. *Science* **2006**, *311*, 642.
290. Boaz, N. W.; Debenham, S. D.; Mackenzie, E. B.; Large, S. E. *Org. Lett.* **2002**, *4*, 2421.
291. Boaz, N. W. *Tetrahedron Lett.* **1998**, *39*, 5505.
292. Ager, D. J.; Laneman, S. A. *Tetrahedron: Asymmetry* **1997**, *8*, 3327.
293. Burk, M. J.; Harper, T. G. P.; Kalberg, C. S. *J. Am. Chem. Soc.* **1995**, *117*, 4423.
294. Yamano, T.; Taya, N.; Kawada, H.; Huang, T.; Imamoto, T. *Tetrahedron Lett.* **1999**, *40*, 2577.
295. Pye, P. J.; Rossen, K.; Reamer, R. A.; Volante, R. P.; Reider, P. J. *Tetrahedron Lett.* **1998**, *39*, 4441.
296. Genet, J. P.; Deandrade, M. C. C.; Ratovelomanana-Vidal, V. *Tetrahedron Lett.* **1995**, *36*, 2063.
297. Makino, K.; Goto, T.; Hiroki, Y.; Hamada, Y. *Angew. Chem. Int. Ed.* **2004**, *43*, 882.
298. Blaser, H. U.; Gamboni, R.; Pugin, B.; Rihs, G.; Sedelmeier, G.; Schaub, B.; Schmidt, E.; Schmitz, B.;Spindler, F.; Wetter, H. In *Process Chemistry in the Pharmaceutical Industry*; Gadamasetti, K. G., Ed.; Marcel Dekker: New York, 1999; p 189.
299. Kumobayashi, H. *Rec. Trav. Chim. Pays-Bas* **1996**, *115*, 201.
300. Noyori, R.; Tokunaga, M.; Kitamura, M. *Bull. Chem. Soc. Jpn.* **1995**, *68*, 36.
301. Noyori, R.; Ikeda, T.; Ohkuma, T.; Widhelm, M.; Kitamura, M.; Takaya, H.; Akutagawa, S.; Sayo, N.; Saito, T.; Taketomi, T.; Kumobayashi, H. *J. Am. Chem. Soc.* **1989**, *111*, 9134.
302. Blaser, H.-U.; Spindler, F.; Thommen, M. In The *Handbook of Homogeneous Hydrogenation*; de Vries, J. G., Elsevier, C. J., Eds.; Wiley-VCH: Weinheim, 2007; Vol. 3, p 1306.
303. Rouhi, M. *Chem. Eng. News* **2004**, *82*, 47.
304. Mashima, K.; Kusano, K. H.; Sato, N.; Matsumura, Y.; Nozaki, K.; Kumobayashi, H.; Sayo, N.; Hori, Y.; Ishizaki, T.; Akutagawa, S.; Takaya, H. *J. Org. Chem.* **1994**, *59*, 3064.
305. Mezzetti, A.; Tschumper, A.; Consiglio, G, *J. Chem. Soc., Dalton Trans.* **1995**, 49.
306. Ohkuma, T.; Ishii, D.; Takeno, H.; Noyori, R. *J. Am. Chem. Soc.* **2000**, *122*, 6510.
307. Klinger, F. D.; Wolter, L.; Dietrich, W. Eur. Patent 1147075, 1999.
308. Noyori, R.; Ohkuma, T. *Angew. Chem. Int. Ed.* **2001**, *40*, 40.
309. Burk, M. J.; Hems, W.; Herzberg, D.; Malan, C.; Zanotti-Gerosa, A. *Org. Lett.* **2000**, *2*, 4173.
310. Wu, J.; Chen, H.; Kwok, W.; Guo, R. W.; Zhou, Z. Y.; Yeung, C.; Chan, A. S. C. *J. Org. Chem.* **2002**, *67*, 7908.
311. Kumobayashi, H.; Miura, T.; Sayo, N.; Saito, T.; Zhang, X. Y. *Synlett* **2001**, 1055.
312. Chaplin, D.; Harrison, P.; Henschke, J. P.; Lennon, I. C.; Meek, G.; Moran, P.; Pilkington, C. J.; Ramsden, J. A.; Watkins, S.; Zanotti-Gerosa, A. *Org. Process Res. Dev.* **2003**, *7*, 89.
313. Ohkuma, T.; Koizumi, M.; Muniz, K.; Hilt, G.; Kabuto, C.; Noyori, R. *J. Am. Chem. Soc.* **2002**, *124*, 6508.
314. Chen, C. Y.; Reamer, R. A.; Chilenski, J. R.; McWilliams, C. J. *Org. Lett.* **2003**, *5*, 5039.
315. Ohkuma, T.; Ooka, H.; Yamakawa, M.; Ikariya, T.; Noyori, R. *J. Org. Chem.* **1996**, *61*, 4872.
316. Bolm, C. *Angew. Chem., Int. Ed. Engl.* **1993**, *32*, 232.
317. Viso, A.; Lee, N. E.; Buchwald, S. L. *J. Am. Chem. Soc.* **1994**, *116*, 9373.
318. Willoughby, C. A.; Buchwald, S. L. *J. Am. Chem. Soc.* **1994**, *116*, 8952.
319. Willoughby, C. A.; Buchwald, S. L. *J. Org. Chem.* **1993**, *58*, 7627.
320. Ringwald, M.; Sturmer, R.; Brintzinger, H. H. *J. Am. Chem. Soc.* **1999**, *121*, 1524.
321. Cobley, C. J.; Henschke, J. P.; Ramsden, J. A. WO 0208169, WO2001GB03271 20010720, 2002.
322. Cobley, C. J.; Henschke, J. P. *Adv. Synth. Catal.* **2003**, *345*, 195.
323. Abdur-Rashid, K.; Lough, A. J.; Morris, R. H. *Organometallics* **2000**, *19*, 2655.
324. Morimoto, T.; Achiwa, K. *Tetrahedron: Asymmetry* **1995**, *6*, 2661.
325. Rice, K. C. *J. Org. Chem.* **1980**, *45*, 3135.
326. Lie, T. S.; Maat, L.; Beyerman, H. C. *Rec. Trav. Chim. Pays-Bas* **1979**, *98*, 419.
327. Rice, K. C. In The *Chemistry and Biology of Isoquinoline Alkaloids*; Phillipson, J. D., Roberts, M. F., Zenk, M. H., Eds.; Springer-Verlag: Berlin, 1985; p 191.
328. Blakemore, P. R.; White, J. D. *Chem. Commun.* **2002**, 1159.
329. Tani, K.; Onouchi, J.; Yamagata, T.; Kataoka, Y. *Chem. Lett.* **1995**, 955.
330. Kitamura, M.; Hsiao, Y.; Noyori, R.; Takaya, H. *Tetrahedron Lett.* **1987**, *28*, 4829.
331. Noyori, R.; Ohta, M.; Hsiao, Y.; Kitamura, M.; Ohta, T.; Takaya, H. *J. Am. Chem. Soc.* **1986**, *108*, 7117.
332. Willoughby, C. A.; Buchwald, S. L. *J. Am. Chem. Soc.* **1992**, *114*, 7562.
333. Bakos, J.; Orosz, A.; Heil, B.; Laghmari, M.; Lhoste, P.; Sinou, D.

J. Chem. Soc., Chem. Commun. **1991**, 1684.
334. Xiao, D. M.; Zhang, X. M. *Angew. Chem. Int. Ed.* **2001**, *40*, 3425.
335. Blaser, H.-U.; Hanreich, R.; Schneider, H.-D.; Spindler, F.; Steinacher, B. In *Asymmetric Catalysis on Industrial Scale*; Blaser, H. U., Schmidt, E., Eds.; Wiley-VCH: Weinheim, 2004; p 55.
336. Burk, M. J.; Feaster, J. E. *J. Am. Chem. Soc.* **1992**, *114*, 6266.
337. Spindler, F.; Blaser, H.-U. *Adv. Synth. Catal.* **2001**, *343*, 68.
338. Rouhi, M. *Chem. Eng. News* **2004**, *82*, 28.
339. Saito, T. In *19th NACS Meeting*; Philadelphia, 2005.
340. Blacker, J.; Martin, J. In *Asymmetric Catalysis on Industrial Scale*; Blaser, H. U., Schmidt, E., Eds.; Wiley-VCH: Weinheim, 2004; p 201.
341. Ikariya, T.; Blacker, A. J. *Acc. Chem. Res.* **2007**, *40*, 1300.
342. Uematsu, N.; Fujii, A.; Hashiguchi, S.; Ikariya, T.; Noyori, R. *J. Am. Chem. Soc.* **1996**, *118*, 4916.
343. Mashima, K.; Abe, T.; Tani, K. *Chem. Lett.* **1998**, 1199.
344. Mao, J. M.; Baker, D. C. *Org. Lett.* **1999**, *1*, 841.
345. Murata, K.; Ikariya, T.; Noyori, R. *J. Org. Chem.* **1999**, *64*, 2186.
346. Blacker, J.; Martin, J. In *Asymmetric Catalysis on Industrial Scale*; Blaser, H. U., Schmidt, E., Eds.; Wiley-VCH: Weinheim, 2004; p 201.
347. Moore, M. L. *Org. React.* **1949**, *5*, 301.
348. Kadyrov, R.; Riermeier, T. H. *Angew. Chem. Int. Ed.* **2003**, *42*, 5472.
349. Brown, J. M.; Chaloner, P. A. *J. Chem. Soc., Chem. Commun.* **1980**, 344.
350. Alcock, N. W.; Brown, J. M.; Derome, A. E.; Lucy, A. R. *J. Chem. Soc., Chem. Commun.* **1985**, 575.
351. Ojima, I.; Kogure, T.; Yoda, N. *J. Org. Chem.* **1980**, *45*, 4728.
352. Ojima, I.; Kogure, T.; Yoda, N. *Chem. Lett.* **1979**, 495.
353. Sinou, D. *Tetrahedron Lett.* **1981**, *22*, 2987.
354. Evans, D. A.; Campos, K. R.; Tedrow, J. S.; Michael, F. E.; Gagne, M. R. *J. Am. Chem. Soc.* **2000**, *122*, 7905.
355. Schmidt, T.; Baumann, W.; Drexler, H. J.; Arrieta, A.; Heller, D.; Buschmann, H. *Organometallics* **2005**, *24*, 3842.
356. Drexler, H. J.; Baumann, W.; Schmidt, T.; Zhang, S. L.; Sun, A. L.; Spannenberg, A.; Fischer, C.; Buschmann, H.; Heller, D. *Angew. Chem. Int. Ed.* **2005**, *44*, 1184.
357. Wiles, J. A.; Bergens, S. H.; Young, V. G. *J. Am. Chem. Soc.* **1997**, *119*, 2940.
358. Wiles, J. A.; Bergens, S. H. *Organometallics* **1998**, *17*, 2228.
359. Hutchins, R. O.; Hutchins, M. G. K. In *Chemistry of Triple-Bonded Functional Groups*; Rappoport, Z., Patai, S., Eds.; Wiley: 1983; Vol. 1, p 571.
360. Cui, X.; Burgess, K. *J. Am. Chem. Soc.* **2003**, *125*, 14212.
361. Muramatsu, H.; Kawano, H.; Ishii, Y.; Saburi, M.; Uchida, Y. *J. Chem. Soc., Chem. Commun.* **1989**, 769.
362. Burk, M. J.; Allen, J. G.; Kiesman, W. F. *J. Am. Chem. Soc.* **1998**, *120*, 657.
363. Beghetto, V.; Matteoli, U.; Scrivanti, *A. Chem. Commun.* **2000**, 155.
364. Heldal, J. A.; Frankel, E. N. *J. Am. Oil Chem. Soc.* **1985**, *62*, 1117.
365. Spencer, A. *J. Organomet. Chem.* **1975**, *93*, 389.
366. Speziali, M. G.; Moura, F. C. C.; Robles-Dutenhefner, P. A.; Araujo, M. H.; Gusevskaya, E. V.; dos Santos, E. N. *J. Mol. Catal. A* **2005**, *239*, 10.
367. Cais, M.; Frankel, E. N.; Rejoan, A. *Tetrahedron Lett.* **1968**, 1919.
368. Frankel, E. N.; Selke, E.; Glass, C. A. *J. Am. Chem. Soc.* **1968**, *90*, 2446.
369. Wrighton, M.; Schroeder, M. A. *J. Am. Chem. Soc.* **1973**, *95*, 5764.
370. Mirbach, M. J.; Tuyet, N. P.; Saus, A. *J. Organomet. Chem.* **1982**, *236*, 309.
371. Frankel, E. N.; Selke, E.; Glass, C. A. *J. Am. Chem. Soc.* **1968**, *90*, 2446.
372. Tucker, J. R.; Riley, D. P. *J. Organomet. Chem.* **1985**, *279*, 49.
373. Lemaux, P.; Jaouen, G.; Saillard, J. Y. *J. Organomet. Chem.* **1981**, *212*, 193.
374. Sodeoka, M.; Shibasaki, M. *J. Org. Chem.* **1985**, *50*, 1147.
375. Vasil'ev, A. A.; Serebryakov, E. P. *Russ. Chem. Bull.* **2002**, *51*, 1341.
376. Sodeoka, M.; Shibasaki, M. *Synthesis* **1993**, 643.
377. van Laren, M. W.; Elsevier, C. J. *Angew. Chem. Int. Ed.* **1999**, *38*, 3715.
378. Hauwert, P.; Maestri, G.; Sprengers, J. W.; Catellani, M.; Elsevier, C. J. *Angew. Chem. Int. Ed.* **2008**, *47*,3223.
379. Sloan, M. F.; Matlack, A. S.; Breslow, D. S. *J. Am. Chem. Soc.* **1963**, *85*, 4014.
380. Kroll, W. R. *J. Catal.* **1969**, *15*, 281.
381. Lapporte, S. J. *Ann. N.Y. Acad. Sci.* **1969**, *158*, 510.
382. Dyson, P. J. *J. Chem. Soc., Dalton Trans.* **2003**, 2964.
383. Widegren, J. A.; Finke, R. G. *J. Mol. Catal. A* **2003**, *198*, 317.
384. Widegren, J. A.; Finke, R. G. *J. Mol. Catal. A* **2003**, *191*, 187.
385. Gao, H. R.; Angelici, R. J. *J. Am. Chem. Soc.* **1997**, *119*, 6937.
386. Gao, H. R.; Angelici, R. J. *J. Mol. Catal. A* **1999**, *149*, 63.
387. Gao, H. R.; Angelici, R. J. *Organometallics* **1999**, *18*, 989.
388. Perera, M.; Angelici, R. J. *J. Mol. Catal.* **1999**, *149*, 99.
389. Yang, H.; Gao, H. R.; Angelici, R. J. *Organometallics* **2000**, *19*, 622.
390. Abu-Reziq, R.; Avnir, D.; Miloslavski, I.; Schumann, H.; Blum, J. *J. Mol. Catal. A* **2002**, *185*, 179.
391. Barbaro, P.; Bianchini, C.; Dal Santo, V.; Meli, A.; Moneti, S.; Psaro, R.; Scaffidi, A.; Sordelli, L.; Vizza, F. *J. Am. Chem. Soc.* **2006**, *128*, 7065.
392. Glorius, F. *Org. Biomol. Chem.* **2005**, *3*, 4171.
393. Kuwano, R. *Heterocycles* **2008**, *76*, 909 .
394. Wilczynski, R.; Fordyce, W. A.; Halpern, J. *J. Am. Chem. Soc.* **1983**, *105*, 2066.
395. Feder, H. M.; Halpern, J. *J. Am. Chem. Soc.* **1975**, *97*, 7186.
396. Zhou, Y.-G. *Acc. Chem. Res.* **2007**, *40*, 1357.
397. Glorius, F. *Org. Biomol. Chem.* **2005**, *3*, 4171.
398. Gilman, V. *Chem. Eng. News* **2005**, *83*, 108.
399. Studer, M.; Wedemeyer-Exl, C.; Spindler, F.; Blaser, H. U. *Monatsh. Chem.* **2000**, *131*, 1335.
400. Murata, S.; Sugimoto, T.; Matsuura, S. *Heterocycles* **1987**, *26*, 763.
401. Ohta, T.; Miyake, T.; Seido, N.; Kumobayashi, H.; Takaya, H. *J. Org. Chem.* **1995**, *60*, 357.
402. Fuchs, R. U.S. Patent 5,886,181, 1997.
403. Bianchini, C.; Barbaro, P.; Scapacci, G.; Farnetti, E.; Graziani, M. *Organometallics* **1998**, *17*, 3308.
404. Wang, W. B.; Lu, S. M.; Yang, P. Y.; Han, X. W.; Zhou, Y. G. *J. Am. Chem. Soc.* **2003**, *125*, 10536.
405. Lu, S. M.; Wang, Y. Q.; Han, X. W.; Zhou, Y. G. *Angew. Chem. Int. Ed.* **2006**, *45*, 2260.
406. Legault, C. Y.; Charette, A. B. *J. Am. Chem. Soc.* **2005**, *127*, 8966.
407. Glorius, F.; Spielkamp, N.; Holle, S.; Goddard, R.; Lehmann, C. W. *Angew. Chem. Int. Ed.* **2004**, *43*, 2850.
408. Kuwano, R.; Sato, K.; Kurokawa, T.; Karube, D.; Ito, Y. *J. Am. Chem. Soc.* **2000**, *122*, 7614.
409. Kuwano, R.; Kaneda, K.; Ito, T.; Sato, K.; Kurokawa, T.; Ito, Y. *Org. Lett.* **2004**, *6*, 2213.
410. Kuwano, R.; Kashiwabara, M. *Org. Lett.* **2006**, *8*, 2653.

411. Kaiser, S.; Smidt, S. P.; Pfaltz, A. *Angew. Chem. Int. Ed.* **2006**, *45*, 5194.
412. Grey, R. A.; Pez, G. P.; Wallo, A. *J. Am. Chem. Soc.* **1981**, *103*, 7536.
413. Linn, D. E.; Halpern, J. *J. Am. Chem. Soc.* **1987**, *109*, 2969.
414. Matteoli, U.; Bianchi, M.; Menchi, G.; Frediani, P.; Piacenti, F. *J. Mol. Catal.* **1984**, *22*, 353.
415. Matteoli, U.; Menchi, G.; Bianchi, M.; Piacenti, F. *J. Organomet. Chem.* **1986**, *299*, 233.
416. Matteoli, U.; Menchi, G.; Bianchi, M.; Piacenti, F.; Ianelli, S.; Nardelli, M. *J. Organomet. Chem.* **1995**, *498*, 177.
417. Teunissen, H. T.; Elsevier, C. J. *Chem. Commun.* **1997**, 667.
418. Teunissen, H. T.; Elsevier, C. J. *Chem. Commun.* **1998**, 1367.
419. Nomura, K.; Ogura, H.; Imanishi, Y. *J. Mol. Catal. A* **2002**, *178*, 105.
420. Zhang, J.; Leitus, G.; Ben-David, Y.; Milstein, D. *Angew. Chem. Int. Ed.* **2006**, *45*, 1113.
421. Saudan, L. A.; Saudan, C. M.; Debieux, C.; Wyss, P. *Angew. Chem. Int. Ed.* **2007**, *46*, 7473.
422. Ito, M.; Ikariya, T. *J. Syn. Org. Chem. Jpn.* **2008**, *66*, 1042.
423. Müller, H. In *Ullmann's Encyclopedia of Industrial Chemistry* (*Online*); Wiley-VCH: Weinheim, 2002; p DOI: 10.1002/14356007.a26_221.
424. Kanetaka, J.; Asano, T.; Masumune, S. *Ind. Eng. Chem.* **1970**, *62*, 24
425. Lyons, J. E. *J. Chem. Soc., Chem. Commun.* **1975**, 412.
426. Morand, P.; Kayser, M. *J. Chem. Soc., Chem. Commun.* **1976**, 314.
427. Ishii, Y. *Kagaku to Kogyo* **1987**, *40*, 30.
428. Ito, M.; Sakaguchi, A.; Kobayashi, C.; Ikariya, T. *J. Am. Chem. Soc.* **2007**, *129*, 290.
429. Nagayama, K.; Shimizu, I.; Yamamoto, A. *Chem. Lett.* **1998**, 1143.
430. Nagayama, K.; Shimizu, I.; Yamamoto, A. *Bull. Chem. Soc. Jpn.* **2001**, *74*, 1803.
431. Debellefon, C.; Fouilloux, P. *Catal. Rev.* **1994**, *36*, 459.
432. Yoshida, T.; Okano, T.; Otsuka, S. *J. Chem. Soc., Chem. Commun.* **1979**, 870.
433. Bernskoetter, W. H.; Brookhart, M. *Organometallics* **2008**, *27*, 2036.
434. Li, T.; Bergner, I.; Haque, F. N.; Iuliis, M. Z. D.; Song, D.; Morris, R. H. *Organometallics* **2007**, *26*, 5940.
435. Enthaler, S.; Addis, D.; Junge, K.; Erre, G.; Beller, M. *Chem. Eur. J.* **2008**, *14*, 9491.

オレフィンのヒドロ官能基化反応と酸化的官能基化反応

16

16・1 はじめに

遷移金属触媒を用いた，H－X 結合の炭素－炭素多重結合への付加反応（式 16.1）は，50 年近くにわたり広く研究が行われてきており，現在でも活発な研究が行われている．水やアンモニアのアルケンへの逆 Markovnikov 型の付加反応は，"holy grail" といってもよい最も難しい触媒反応の一つであり[訳注 1]，未解決の問題として残されている．しかし他のさまざまな種類の H－X 結合の逆 Markovnikov 型の付加反応が実現されており，そのなかには工業的に年間数百万トンのスケールで行われている反応もある．C－H，N－H，O－H，B－H，Si－H，Al－H，S－H，P－H 結合に加え，Si－Si，B－B，B－Si，B－Sn などの元素－元素結合の付加反応もさまざまな位置選択性で行えるようになっている．最近のモノグラフ[1]や触媒の便覧[2]，そして総説論文[3]などにより，これらの反応を網羅的に知ることができる．位置選択性を制御する要因についての総説[4]も報告されている．

R／≡（アルケンまたはアルキン） ＋ H－X →（触媒） R(H)C–C–X または R(X)C–C–H　(16.1)

訳注 1: "holy grail" とは最後の晩餐でキリストが使った聖杯のことで，のちにこれを探し出す多くの伝説が生まれ，達成することが非常に難しいことをほのめかすときに用いる英語独特の表現である．

パラジウムのπ錯体を経由するオレフィンの酸化的な官能基化反応も，アセトアルデヒドや酢酸ビニルの工業的生産を含め，長い歴史がある．オレフィンをビニルエーテルやエナミンに変換するような関連する反応も，ファインケミカルズ（精密化学品）の合成のため最近活発に研究されている．これらの酸化的な C－O および C－N 結合形成は，酸素分子を含めさまざまな酸化剤を用いて行われており，分子間および分子内反応いずれについても研究されている．

本章は，最も深く研究されている反応であり，本書でこれまでに述べてきた量論反応から導きだされるこれらの反応の一部に焦点をあてる．すなわち，本章前半の数節ではヒドロシアノ化反応[訳注 2]，ヒドロシリル化，ジシリル化，ヒドロホウ素化，ジボリル化，シリルボリル化，そしてヒドロアミノ化反応に集点をあてる．最後の節では，オレフィンのパラジウム触媒による酸化反応と金属触媒による酸化的アミノ化反応について述べる．

訳注 2: ヒドロシアン化反応ともいう．

16・2 オレフィンとアルキンの均一系触媒によるヒドロシアノ化反応

16・2・1 ヒドロシアノ化反応とは

ヒドロシアノ化（hydrocyanation）反応は，HCN が炭素－炭素あるいは炭素－ヘテロ原子多重結合に付加して新たな C－C 結合を含む生成物を与える反応である[5)～14)]．有機金属錯体を用いる反応例の多くは，式 16.2 と 16.3 に示すように HCN の炭素－炭素多重結合へ

R／＝ ＋ HCN →（触媒） R–CH(H)–CH$_2$–CN　(16.2)

＋ HCN 触媒 → CN ＋ CN 触媒 → NC CN
触媒
H_2 触媒
H_2N NH_2

(16.3)

の付加反応である．Lewis 酸やペプチドは，HCN をエナンチオ選択的にアルデヒドやイミンに付加させてシアノヒドリンやアミノ酸の前駆体を与える反応の触媒として用いられてきた[15)~20)]．HCN はオレフィンに直接付加できるほどには酸性が十分に高くなく，また C－H 結合は強いのでラジカル経由で付加反応を起こさせることも難しいため，HCN を活性化されていないオレフィンに付加させるには触媒が必要である．実際，非常に多くの可溶性の遷移金属錯体により HCN のアルケンやアルキンへの付加反応が触媒される．

遷移金属錯体を触媒とする HCN のオレフィンへの付加反応は 1950 年ごろから研究されてきた．均一系触媒を用いる最初のヒドロシアノ化反応として，コバルトカルボニルを触媒とする反応が Arthur によって報告された[21)]．この反応では分岐したニトリルが主生成物として得られる．ホスファイトが配位したニッケル錯体は，ヒドロシアノ化反応の活性がより高く，末端アルケンとの反応で逆 Markovnikov 型の生成物を与える．ニッケル触媒を用いる最初のヒドロシアノ化反応は Drinkard[22)~25)] ならびに Brown[6),26)] と Rick によって見いだされた．このニッケル触媒を用いた反応は DuPont 社で工業的に重要なブタジエンへの付加反応へと展開された（式 16.3）．Taylor と Swift は，ブタジエンのヒドロシアノ化反応について言及し[27)]，Drinkard はこれを利用してアジポニトリルの合成法[22)~25)] を開発した．この反応の反応機構は，Tolman によって詳しく調べられた[28)]．その結果，ブタジエンのヒドロシアノ化反応は 1971 年に工業化された[7),13)]．ヒドロシアノ化反応の開発は，均一系触媒の初期の成功例の一つである．それ以来触媒に関して大きな改善がなされ，これについては多くの総説が書かれている[5)~14)]．

16・2・2　アルケンのヒドロシアノ化反応の例

ニッケル触媒による α-オレフィンのヒドロシアノ化反応では，一般に，末端ニトリルが主生成物として得られるが，その異性体も生成する．一方，ニッケル触媒を用いたビニルアレーンのヒドロシアノ化反応では，一般に分岐した生成物が得られる[29)]．不斉ヒドロシアノ化反応に関する §16・2・5（p.625）で詳しく述べるが，分岐した生成物が得られるのは，η^3-フェネチル錯体が安定であるためである．ヒドロシアノ化反応の相対的な反応速度は次

スキーム 16・1

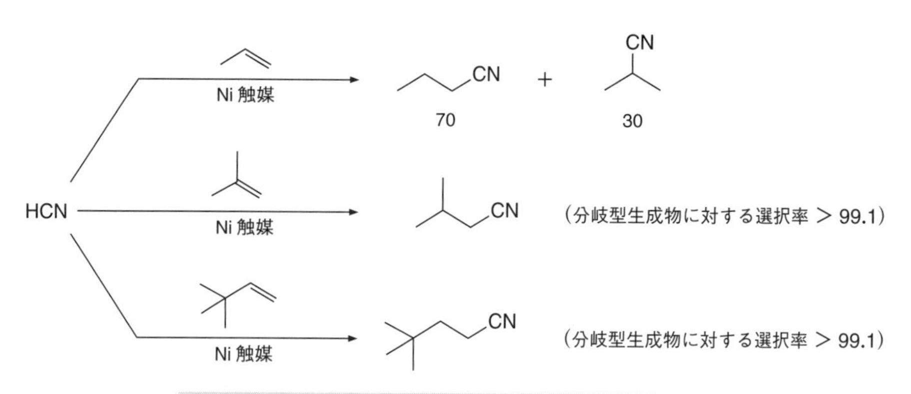

のとおりである[21]．エチレン＞スチレン＞プロペン≈1-ヘキセン＞二置換オレフィン．これらの反応の例と直鎖型と分岐型生成物の生成比をスキーム 16・1 に示す[30]．

内部オレフィンの反応では，中間体のシアニド金属アルキル錯体の異性化を経て，末端のアルキルニトリルが生じることがある．この異性化は，17 章で述べる内部オレフィンのヒドロホルミル化反応の際に起こる異性化と同様のものである．事実ニッケル触媒は HCN をヘキセンに付加させるよりも速くオレフィンを平衡混合物へと異性化させてしまう．そのため内部ヘキセン類は末端のアルカンニトリルを与える．

HCN の毒性のため日常的な合成にヒドロシアノ化反応を用いることは難しく，合成手法としてはあまり発展していない．しかしアセトンのシアノヒドリンは，より有毒な HCN の便利な代用品として用いることができる場合がある．このアセトンシアノヒドリンを用いた一例を式 16.4 に示す[31),32]．

$$\xrightarrow[\text{トルエン, 24 時間}]{(CH_3)_2C(OH)CN,\ Ni(COD)_2/\text{配位子}} \qquad (16.4)$$

助触媒の使用が，実用的なヒドロシアノ化反応の発展に重要であった[28]．単純アルケンのヒドロシアノ化反応の反応速度と触媒の寿命は，Lewis 酸存在下で反応を行うことにより劇的に増加する．表 16・1 に示したように，プロペンの反応はアルミニウムや亜鉛のハロゲン化物の存在下でずっと速く進行する[30]．Lewis 酸助触媒は，ブタジエンのヒドロシアノ化反応のいくつかの段階が進行する際に起こる異性化反応や選択的な付加反応を促進する．この効果については本節でのちほど述べる．

表 16・1　$HNi(CN)[P(O\text{-}o\text{-}Tol)_3]_3$ 触媒存在下 75% トルエン/25% CD_2Cl_2 中でのプロペンのヒドロシアノ化反応の相対速度[30]

Lewis 酸	おおよその $t_{1/2}$(min)			直鎖型生成物（%）
	−25 ℃	−0 ℃	+25 ℃	
$AlCl_3$	10			72
$ZnCl_2$			<4	70
なし		60		72
なし			>7	70
BPh_3			>60	89

モノオレフィンのヒドロシアノ化反応は現在も発展中であるが，式 16.3 に示したブタジエンのヒドロシアノ化反応は現在知られている最も大規模な均一系触媒プロセスの一つである．この反応はアジポニトリルとよばれる 1,4-ジニトリルを生じ，これは 6,6-ナイロンのジアミンモノマーの前駆体である．この位置異性体が生成するためには，可逆的なヒドロシアノ化反応と異性化反応が必要とされるが，ジエンのヒドロシアノ化反応については §16・2・4 (p.624) で述べる．

16・2・3　ヒドロシアノ化反応の機構

16・2・3a　アルケンのヒドロシアノ化反応の機構

可溶な錯体により触媒されるアルケンのヒドロシアノ化反応の機構は，水素化反応やヒドロシリル化反応の機構と密接に関連している．ヒドロシアノ化反応は，HCN の酸化的付加反応，M－H 結合へのオレフィンの挿入反応，そして還元的脱離反応による新しい C－C 結合の生成からなる一連の反応を経て進行する．コバルトカルボニルを用いる最初のヒドロシアノ化反応の機構はあまり研究されていないが，ニッケル錯体を用いる触媒反応の機構は深く研究され，明確にされている．

Tolman により推定された Ni(0)種と P(O-*o*-Tol)$_3$ の組合わせにより触媒されるエチレンのヒドロシアノ化反応の機構をスキーム 16・2 に示す[12]．L_2Ni(ethylene)錯体は単離されており，HCN が付加することが示されている．より高級オレフィンの Ni(0)錯体の安定性は低い．この反応機構では，HCN の Ni(0)オレフィン錯体への酸化的付加反応によりシアニド金属ヒドリド錯体が生成する．エチレン存在下でこの錯体にはオレフィンが配位しているが，高級オレフィン存在下ではこの錯体は L_3Ni(H)(CN) という組成となっている．金属ヒドリド種へのオレフィンの挿入反応は，シアニド金属ヒドリド種へのオレフィンの配位により開始される移動挿入機構で起こる．アルキルシアニドの還元的脱離反応により触媒サイクルが完結し，この段階は本章で後ほど述べるように Lewis 酸により加速される．

スキーム 16・2

スキーム 16・3

内部オレフィンの反応は，末端オレフィンの反応よりも複雑である（スキーム 16・3）．すでに述べたように，内部オレフィンの反応によりしばしば末端のニトリルが得られる．ここでは，内部オレフィンが挿入して生成する分岐型アルキル金属中間体（スキーム 16・3 の **A**）が還元的脱離して分岐型ニトリルを生じるよりも速く末端アルキル金属中間体 **B** に異性化し，ここから最終生成物である直鎖型ニトリルが還元的脱離する．内部オレフィンは末端オレフィンよりも反応が遅く，これは金属ヒドリド種への内部オレフィンの挿入がより遅いためである．$ZnCl_2$ や $AlCl_3$ などの Lewis 酸は，これらアルケンの反応を促進する．

末端オレフィンのニッケル触媒を用いたヒドロシアノ化反応の位置選択性は，可逆的な挿入反応の位置選択性と，直鎖型および分岐型のシアニド金属アルキル錯体からの非可逆的な還元的脱離反応の相対的な速度によって決まる（スキーム 16・4）．挿入段階の位置選択性

スキーム 16・4

は，還元的脱離反応の速度の差よりも顕著であると考えられている．位置選択性はオレフィン基質の性質と触媒の両者に影響される．末端オレフィンへの HCN の付加による末端ニトリルの生成は，嵩高い配位子をもつニッケル触媒を用いた反応で一般にみられる．この位置選択性は，金属ヒドリド種の挿入が起こる際の立体効果によるものと考えられる．これらの位置選択性を制御する要因は，ヒドロホルミル化反応の位置選択性を制御する要因と類似している．

しかし Lewis 酸はオレフィンのヒドロシアノ化反応の位置選択性に大きな影響を与える．Lewis 酸は以下に詳しく述べるようにシアノ基に配位すると考えられる．嵩高い BPh_3 の配位により配位錯体中での立体反発が増大し，この立体効果により末端アルキルニッケル錯体の生成がさらに熱力学的に有利になると考えられる[28]．

いくつかの実験により，スキーム 16・2〜16・4 に示した反応経路が提案されている．Jackson[11),33)〜35)] と Bäckvall[36)〜38)] は，Ni(0) および Pd(0)触媒によるアルケンへの HCN の付加の立体化学を研究した．これらの研究により反応はシス付加で進行することがわかった．この付加反応の様式は式 16.5 に示したトランス体の，一つ重水素化された *t*-ブチルエ

$$ {}^{t}\text{Bu}(\text{H})\text{C}=\text{C}(\text{H})(\text{D}) + \text{DCN} \xrightarrow[\substack{\text{ZnCl}_2,\ \text{P(OPh)}_3 \\ \text{CH}_3\text{CN},\ 80\ ^{\circ}\text{C}}]{\text{Ni[P(OPh)}_3]_4} {}^{t}\text{BuCH(D)CH(D)CN} + {}^{t}\text{BuCH}_2\text{CHDCN} + {}^{t}\text{BuCD}_2\text{CHDCN} \quad (16.5) $$

（> 90% エリトロ体）

70　：　15　：　15

チレンと DCN との反応で確認されている．また，式 16.5 に示した三つ重水素原子が導入された生成物が副生することより，オレフィン挿入が可逆反応であることもわかる．挿入反応と β 水素脱離反応により二つ重水素化されたアルケンが一部生じ，これに DCN が付加して三つ重水素化された生成物が得られる．

適切な反応条件とニッケル錯体の性質によりヒドロシアノ化反応が促進される．HCN が酸化的付加するためには，空の配位座が必要である．より小さいホスファイト配位子をもつ触媒は配位飽和な 18 電子の L_4Ni 錯体が最も安定な形であるのに対し，配位子として P(O-*o*-Tol)$_3$ をもつ触媒は，配位不飽和な L_3Ni 錯体が Ni(0)錯体の最も安定な形であるので，特

に反応性が高い．配位子の立体的および電子的性質がホスフィンの解離に及ぼす効果を理解する必要から，Tolman は円錐角と電子パラメーターに関する研究を行った[39]．

ヒドロシアノ化反応の最も遅い段階は還元的脱離反応である．したがって，電子供与能のより高いホスフィン配位子を含む触媒よりもホスファイト配位子を含む触媒の方が反応が速い．さらに還元的脱離反応を促進する添加剤は，反応全体の速度を増大させる．還元的脱離反応によりニトリル生成物の C−C 結合を生成する段階は，Lewis 酸助触媒により加速される場合があると考えられている[28]．この Lewis 酸による還元的脱離反応の加速は，Lewis 酸がシアニド配位子に配位するためと考えられている．これによりシアニド配位子はより求電子的になり，シアニド炭素原子へのアルキル基の分子内攻撃を促進する．この過程はアルキル基のカルボニル配位子への転位を Lewis 酸が促進する効果と同様のものと考えられる．

16・2・3b　不活性化の機構

ヒドロシアノ化反応のニッケル触媒は，ジシアニド錯体 $L_2Ni(CN)_2$ の生成により不活性化される．この化合物の生成の反応速度は HCN に対して二次の依存性を示す．したがってヒドロシアノ化反応は通常 HCN の希薄な条件下で行われる．ホスファイトを添加することによっても触媒の不活性化を抑制できる．

16・2・4　ジエンのヒドロシアノ化反応

ヒドロシアノ化反応の冒頭で述べたように，1,3-ブタジエンへの 2 当量の HCN の付加反応は，アジポニトリルの合成法として大規模な工業的スケールで実施され，これはヘキサメチレンジアミンへと変換されている[13),30]．この反応は複雑で可逆的な段階を含んでいる．全体として反応は式 16.6 と 16.7 に示したいくつかの段階を経て進行している．それぞれの

$$\text{butadiene} + HCN \xrightarrow[NiL_4]{100\ ^\circ C} CH_3{-}CH{=}CH{-}CH_2{-}CN\ (3PN)\ 70\% \;+\; H_2C{=}CH{-}CH(CN){-}CH_3\ (2M3BN)\ 30\% \qquad (16.6)$$

$L = (ArO)_3P$

$$\text{allyl-CH}_2\text{CN} \rightleftharpoons_{HNiL_3CN\cdot A} \text{CH}_3\text{CH=CHCH}_2\text{CN} \longrightarrow \longrightarrow L_2Ni(CN\cdot A){-}(CH_2)_4{-}CN \longrightarrow NC{-}(CH_2)_4{-}CN \qquad (16.7)$$

A = Lewis 酸

A = $ZnCl_2$ のとき　83%
A = BPh_3 のとき　>90%

段階は触媒存在下でのみ進行し，最も活性が高く，かつ選択性の高い触媒は，ニッケル-ホスファイト錯体と，“促進剤”としばしばよばれる Lewis 酸助触媒が組合わされたものである．第一段階で 1 当量の HCN がブタジエンに付加して 3-ペンテンニトリル（3PN）と 2-メチル-3-ブテンニトリル（2M3BN）を生じる．第二段階でニッケル触媒と Lewis 酸促進剤共存下で 2M3BN は異性化して，3PN と 2M3BN のおよそ 93：7 の平衡混合物となる．3PN は 4-ペンテンニトリル（4PN）を含むペンテンニトリルの混合物に異性化する．この混合物に HCN が付加すると，α, ω-置換体であるアジポニトリル生成物が得られる．Lewis 酸としてトリアリールボランを加えると，異性化反応が十分に速く起こって直鎖型ジニトリルが高選択的に得られる．Lewis 酸の種類による選択性の違いについてのデータを表 16・2 と表 16・3 に示す[30]．この異性化反応に関するいろいろなモデル研究が報告されている[40)~44]．

2-メチル-3-ブテンニトリルの 3-ペンテンニトリルへの異性化は，HCN の脱離と再付加

表 16・2　各種 Lewis 酸存在下，Ni 触媒を用いたプロペンのヒドロシアノ化反応の選択性

Lewis 酸	直鎖型生成物（%）
$AlCl_3$	72
$ZnCl_2$	70
なし	72
BPh_3	89

表 16・3　各種ホウ素 Lewis 酸存在下，Ni 触媒を用いた 4-ペンテンニトリルのヒドロシアノ化反応による直鎖型ジニトリル生成の選択性

Lewis 酸	1,4-ブタンジニトリル（%）	Lewis 酸	1,4-ブタンジニトリル（%）
B(*p*-Tol)$_3$	99	B(*o*-Tol)$_3$	74
BPh_3	98	BCy_3	72
B(CH_2Ph)$_3$	80	B(OPh)$_3$	70
なし	77	B(O-*o*-Tol)$_3$	66

により起こると考えられている．さまざまな同位体標識実験が行われ，ヒドロシアノ化反応の起こる順序と可逆性が明らかにされている．分岐型ニトリル異性化反応の機構を解明する実験を式 16.8 に示す[30]．この式の左側に示すように，脱離を起こさずにニトリル基がアリ

NC　D　3PN-d_1　Ni(CN)　Ni(0)　D　CN　2M3BN-d_1　Ni(0)　Ni(H)(CN)　+　D　Ni(CN)　NC　3PN-d_1　D　Ni(CN)　NC　D　3PN-d_1

(16.8)

ル転位すると考えると，3PN-d_1 の唯一の同位体異性体（isotopomer）として 5-ジュウテリオ-3-ペンテンニトリルが得られるはずである．しかし脱離反応により H-Ni-CN 錯体が生じ，遊離の 1-ジュウテリオブタジエンが生じると，その再挿入と，続く同位体標識された 3PN の還元的脱離反応によって 3PN-d_1 の二つの異性体の混合物が生じるはずである．実際に二つの同位体異性体の混合物が得られ，この結果は，異性化が HCN の脱離と再付加により起こることを示している．

16・2・5　不斉ヒドロシアノ化反応

アルケンのエナンチオ選択的なヒドロシアノ化反応は，光学活性なニトリルの合成法として有用な方法となりうるだけでなく，ニトリル基の官能基変換を経てアミド，エステル，アミンなどの有用な合成法にもなる．不斉ヒドロホルミル化反応と同様に，単純オレフィンはアキラルな末端ニトリルを生成する傾向があるので，不斉ヒドロシアノ化反応では位置選択性と立体選択性の両者を制御する必要がある．ノルボルネンのヒドロシアノ化反応は単一の構造異性体を与えるので，まず最初に研究された．しかし中程度のエナンチオ選択性しか得られず，また合成的価値は乏しい[45]．

より優れた成果として，ビニルアレーンのエナンチオ選択的ヒドロシアノ化反応がある[46]．以下に述べる理由により，ビニルアレーンのヒドロシアノ化反応は直鎖型のアキラルな β-アリールニトリルではなく分岐したキラルな α-アリールニトリル生成物を生じる傾向がある．ニトリル生成物の加水分解によりプロフェン薬であるナプロキセン（naproxen）が得られるので，6-メトキシビニルナフタレンのヒドロシアノ化反応についての研究に焦点があてられた．式 16.9 に示すように，このビニルアレーンのヒドロシアノ化反応は，糖質由来のホスフィナイト(phosphinite)配位子を含むニッケル触媒存在下で高エナンチオ選択的に進行する．高エナンチオ選択性を得る一つの鍵は，リン原子上の置換基に弱い電子供与性基を用いることである．

スキーム 16・5 に示した二つの反応経路では，位置選択性発現の起源とエナンチオ選択性

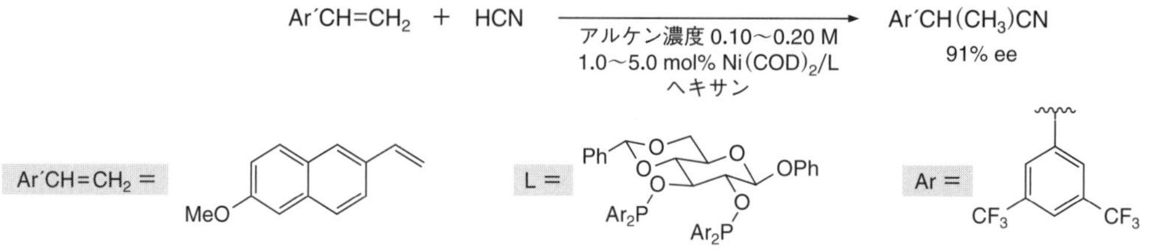

$$\text{Ar'CH=CH}_2 + \text{HCN} \xrightarrow[\substack{1.0\sim5.0\ \text{mol\% Ni(COD)}_2/\text{L} \\ \text{ヘキサン}}]{\text{アルケン濃度 } 0.10\sim0.20\ \text{M}} \text{Ar'CH(CH}_3\text{)CN} \quad 91\%\ \text{ee} \tag{16.9}$$

Ar′CH=CH$_2$ =　L =　Ar =

を制御すると考えられる段階が示されている[46]．分岐体の生成が，ニッケルヒドリド種へのビニルアレーンの挿入による η^3-α-アリールエチル錯体の生成に由来するのはまず確かなところである．逆の位置選択性での挿入反応では，より不安定な η^1-β-アリールエチル錯体を生じる．この錯体からのアルキルシアニドの還元的脱離反応と，ひき続いてのオレフィンの

スキーム 16・5

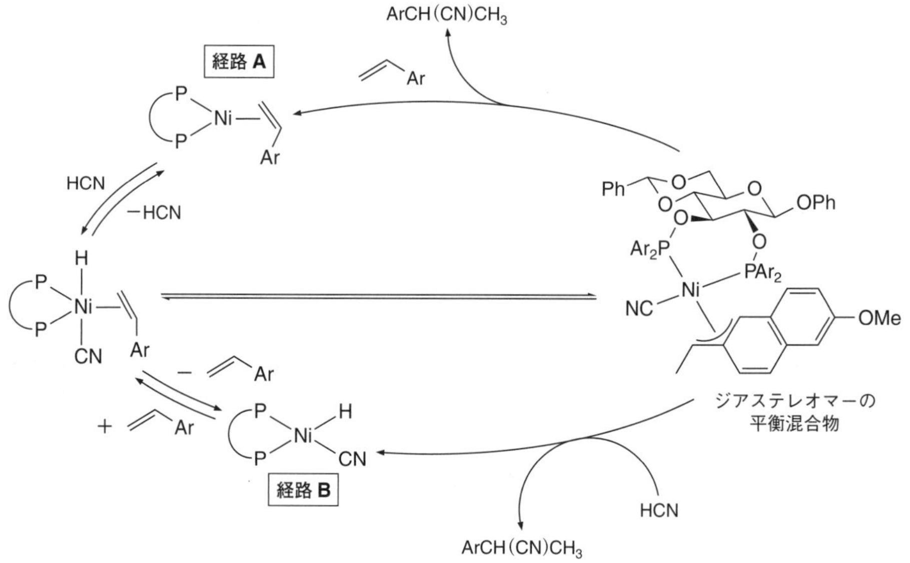

経路 **A**　経路 **B**　ArCH(CN)CH$_3$　HCN　−HCN　ジアステレオマーの平衡混合物

配位と HCN の付加（経路 **A**），あるいは HCN の付加に続いてのオレフィンの配位（経路 **B**）により，η^3-アリールエチル錯体の前駆体が再生する．同位体標識実験によりオレフィン挿入反応は可逆的であることが示されている．したがってこの過程の立体化学は，二つのジアステレオメリックな η^3-アリールエチル錯体の相対的な安定性と，これらの錯体からの還元的脱離反応の相対速度に依存する．

良好なエナンチオ選択性を示すジエンの不斉ヒドロシアノ化反応も報告されている[47),48)]

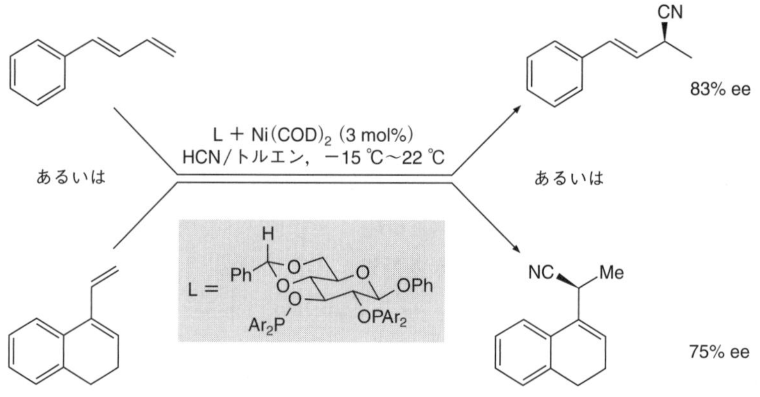

L + Ni(COD)$_2$ (3 mol%)　HCN/トルエン，−15 ℃〜22 ℃　あるいは　83% ee　75% ee　(16.10)

(式 16.10). ビニルアレーンの反応と同様, これらの反応では糖質由来のホスフィナイト配位子を含む触媒が用いられている. アリール基の置換したジエンの反応により, 1,2-ヒドロシアノ化反応生成物が得られる[47]. 1-フェニル-1,3-ブタジエンなどの鎖状ジエンの反応に加え, 環外にビニル基を含むジエンの反応も研究されている[48]. これらの基質は環に隣接する炭素原子上にキラル中心をもつ生成物を与え, そのいくつかの反応は良好なエナンチオ選択性を示す. ジエンのヒドロシアノ化反応のエナンチオ選択性の起源は, ビニルアレーンのヒドロシアノ化反応と同様である. エナンチオ選択性を制御する段階は, Vogt によりアリル配位子とシアニド配位子がカップリングしてアリルニトリル生成物を生じる還元的脱離反応であることが示されている[49].

16・2・6 アルキンのヒドロシアノ化反応

研究例は少ないものの, 均一系遷移金属錯体存在下でのアルキンのヒドロシアノ化反応も報告されている[35),50)~52]. ニッケル(0)触媒を用いた反応は, シスの立体化学で高位置選択的に進行し, 中程度から高い収率で生成物を与える. ここでも立体的および電子的効果により位置選択性が左右される. これらの点は式 16.11 の結果に示されている. 1-ヘキシンなど

$$\mathrm{RC{\equiv}CH} \xrightarrow[\mathrm{Ni[P(OPh)_3]_4}]{\mathrm{HCN}} \underset{\substack{\sim 90\% \\ R = {}^{n}Bu}}{(R)(NC)C{=}C(H)(H)} \quad \text{または} \quad \underset{\substack{>95\% \\ R = {}^{t}Bu}}{(R)(H)C{=}C(H)(CN)} \qquad (16.11)$$

の末端の直鎖型アルキンからはおもに分岐型ニトリルが生じるのに対して, *t*-ブチルアセチレンからは末端ニトリルがほぼ選択的に得られる. DCN を用いた実験により, 反応はシス付加で進行することが示されている[35].

16・2・7 触媒的ヒドロシアノ化反応のまとめ

触媒的な HCN の付加反応がアルケン, ビニルアレーン, 共役ジエン, そしてアルキンに対して進行することが明らかにされてきた. 高い位置選択性および良好なエナンチオ選択性が実現されている. 通常アルケンは末端ニトリルを与え, ビニルアレーンは分岐型ニトリルを与える. 共役ジエンはアルケンやビニルアレーンよりも速く反応する. これらの反応は η^3-アリル中間体を経由して進行し, α, ω-付加体を高選択的に与えるためにはブタジエンへの HCN の最初の付加反応により生じる生成物である分岐型ニトリルの異性化が必要である. アセチレンへの HCN の付加反応はシス選択的に進行し, これもまたニッケル錯体によって触媒される.

16・3 ヒドロシリル化反応とジシリル化反応

16・3・1 ヒドロシリル化反応とジシリル化反応とは

アルケン (式 16.12) およびアルキン (式 16.13) のヒドロシリル化反応(hydrosilylation,

$$(R^1)(R^3)C{=}C(R^2)(R^4) + \mathrm{HSiR_3} \xrightarrow{\text{触媒}} \mathrm{H}(R^1)(R^3)C{-}C(R^2)(R^4)\mathrm{SiR_3} \qquad (16.12)$$

hydrosilation) は, C−C 不飽和結合にケイ素−水素結合が付加して新たにアルキルシランやビニルシランを生じる反応である[53)~57]. この反応はさまざまな金属錯体により触媒される

$$R^1{-}{\equiv}{-}R^2 + HSiR_3 \xrightarrow{\text{触媒}} (R^1)(H)C{=}C(R^2)(SiR_3) \text{ または } (R^1)(H)C{=}C(SiR_3)(R^2) \tag{16.13}$$

が，最もよく用いられるのは白金，ロジウム，およびパラジウムの錯体である．アルケンのヒドロシリル化反応では一般に主生成物として末端のアルキルシランを生じ，ビニルアレーンのヒドロシリル化反応では分岐したキラルなアルキルシランを生じる．アルキンのヒドロシリル化反応も研究されている．一般式 16.13 に示したように，これらの反応は触媒の種類によりシス付加することもトランス付加することもある．シランとオレフィンとの反応によりビニルシランが生じることもある（脱水素シリル化反応 dehydrogenative silylation とよばれる．式 16.14）．ジシランの Si−Si 結合のオレフィンへの付加反応も報告されており（式 16.15），この反応はオレフィンのジシリル化（disilation）反応とよばれる．

$$2\,(R^1)(R^3)C{=}C(R^2)(H) + HSiR_3 \xrightarrow{\text{触媒}} (R^1)(R^3)C{=}C(R^2)(SiR_3) \quad (+\ H_2 \text{ または } R^1R^3CH{-}CH_2R^2) \tag{16.14}$$

$$(R^1)(R^3)C{=}C(R^2)(R^4) + R_3SiSiR_3 \xrightarrow{\text{触媒}} R_3Si{-}C(R^1)(R^3){-}C(R^2)(R^4){-}SiR_3 \tag{16.15}$$

ケトンとイミンのヒドロシリル化反応についても多くの研究が行われている（式 16.16）[55),56)]．これらの反応の生成物はシリルエーテルおよびシリルアミンである．このような

$$R^1C(=X)R^2 + HSiR_3 \xrightarrow{\text{触媒}} R^1C(X{-}SiR_3)(H)R^2 \qquad X = O,\ NR' \tag{16.16}$$

シランの C−X 不飽和結合への付加反応は，加水分解後光学活性なアルコールやアミンを得る目的でおもに行われている．これらの反応の機構はアルケンのヒドロシリル化反応ほど明らかにされておらず，またこの化学は本章のテーマからはずれているので，ケトンとイミンのヒドロシリル化反応については簡単にふれるにとどめる．その代わり本章ではアルケンとアルキンのヒドロシリル化反応の適用範囲と用途の概要を述べ，さまざまな金属錯体により触媒される本反応の機構について詳しく述べる．これらの反応の適用範囲の網羅的な総説が報告されている[54)~59)]．

16・3・2　ヒドロシリル化反応の目的

アルキルシランは工業的用途のための重要なモノマーであり，これらからつくられるポリシロキサンの性質は架橋形成の程度により調整できる．さまざまなアルキルシランモノマーがオレフィンのヒドロシリル化反応によりつくられており，ポリシロキサンの架橋反応もヒドロシリル化反応により行われている．これらシロキサンの用途は，一般に家庭で用いられるシリコーンコーキングから，航空宇宙での用途までさまざまなものがある．ヒドロシリル化反応はファインケミカルズの合成にも利用可能である．アルキルシランは玉尾-Fleming 反応条件[60)~65)]下でアルコールに酸化することができるので，古典的なヒドロホウ素化反応の用途に匹敵する触媒的ヒドロシリル化反応へと展開された．ビニルシランとハロゲン化アリールおよびアルケニルとのクロスカップリング反応[66),67)]の発展は，アルキンのヒドロ

シリル化反応の有用性をさらに増大させた．オレフィンおよびアルキンのヒドロシリル化反応の位置および立体選択性は，オレフィンあるいはアルキンの種類に依存するが，触媒の構造によっても調整できる．分岐型生成物が得られるオレフィンの触媒的不斉ヒドロシリル化反応は，光学活性なアルコールを得る手法となっている．

16・3・3 触媒の歴史と種類

遷移金属触媒によるヒドロシリル化反応は白金，ルテニウム，およびイリジウムの塩化物触媒を用いて1950年代後半に初めて報告された[68)〜70)]．工業的な利用に関しては，塩化白金酸（$H_2PtCl_6{\cdot}nH_2O$）が広く用いられ，この反応に対する活性が非常に高い．この触媒は**Speier触媒**として知られている．この触媒は，式16.17[54)]に示した反応の触媒量の少なさからも明らかなように驚くほど活性が高い．図16・1に示したビニルシロキサン配位子を

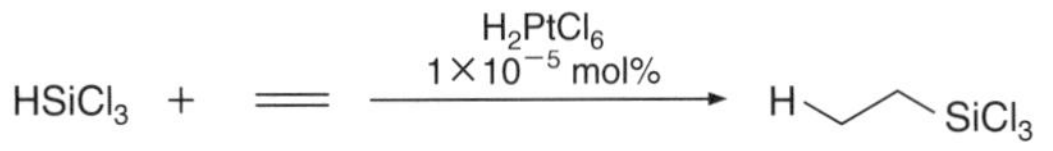

$$HSiCl_3 + CH_2{=}CH_2 \xrightarrow[1\times10^{-5}\ mol\%]{H_2PtCl_6} H{-}CH_2CH_2{-}SiCl_3 \quad (16.17)$$

もつPt(0)錯体（テトラメチルジビニルジシロキサン）白金も，ヒドロシリル化反応の工業的な用途での触媒としてよく用いられている．この触媒は**Karstedt触媒**として知られている[71)]．

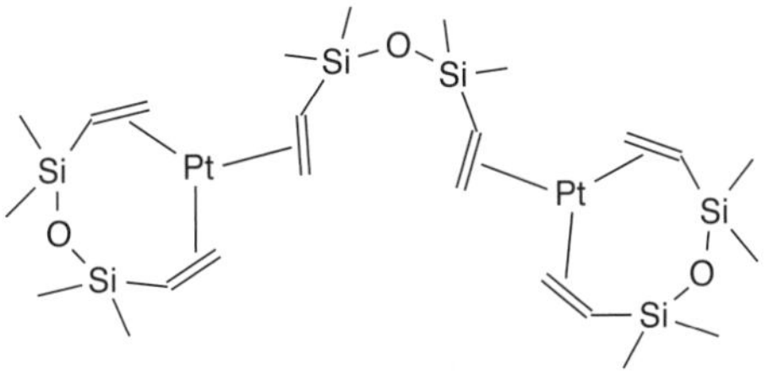

図 16・1 テトラメチルジビニルシロキサン配位子をもつKarstedtのPt(0)触媒

Karstedtの高活性なPt(0)触媒が，均一系触媒なのか，白金コロイドの前駆体であるのかを明らかにするため一連の研究が行われた[72)〜75)]．初期のデータからは，$(COD)PtCl_2$のトリエトキシシランによる還元により触媒活性を示すコロイドが生じることが示された[72),73)]．白金コロイドは，過剰のオレフィンを含む反応の最後にKarstedt触媒からも生成するが，XAFSを用いた構造研究から活性な白金触媒は単量体で，触媒反応中ではPt−C結合をもつことが明らかになった．この事実は，この触媒系が均一系であることを意味している[74)]．これらの反応は，シランの酸化的付加反応，オレフィンのM−H結合への挿入反応，C−Si結合の還元的脱離反応を含むプロセスで起こると考えられる．

ロジウム錯体もオレフィンのヒドロシリル化反応を触媒し，最初に用いられた均一系触媒の一つが**Wilkinson触媒**である[76),77)]．以下に詳しく述べるように，ロジウム錯体を用いるヒドロシリル化反応の機構は白金触媒を用いたものとは異なる．これら二つの反応ではオレフィンが異なる金属−配位子結合に挿入して触媒反応が進行する．ロジウムによる触媒反応では，いわゆる修正Chalk-Harrod機構により進行する[78)〜88)]．ロジウム錯体はケトンの不斉ヒドロシリル化反応に用いられた最初の錯体でもある[89)〜91)]．

パラジウム錯体もヒドロシリル化反応を触媒し，特に不斉ヒドロシリル化反応に対するパラジウム触媒の利用は重要である[92)]．これらのうちで最も選択性の高い触媒は，ビナフチルモノホスフィン配位子を含むものである[92),93)]．また，ランタニド[(訳注)]もヒドロシリル化反応に使用されている[94)]．ランタニド(メタロセン)触媒はオレフィンのヒドロシリル化反応に高活性を示し，キラルな配位子をもつランタニドはある程度のエナンチオマー過剰率で不斉

訳注：本書では原書の表記に従い，lanthanideをランタニドと訳した．lanthanide（ランタニド），lanthanoid（ランタノイド）の用法については，かねてよりLaを含めるかどうかで混乱があったが，IUPAC 2005ではLaを含めたLa〜Lu元素群の総称としてlanthanoidとよぶことを提唱している．語尾が-ideは通常は陰イオンを示す．アクチニドについても同様．

ヒドロシリル化反応を触媒する[94].

16・3・4　ヒドロシリル化反応の例

16・3・4a　アキラルな触媒を用いるオレフィンのヒドロシリル化反応

アルケンのヒドロシリル化反応により末端アルキルシラン生成物が得られる．Speierの原著論文に示されたこの反応の数例を式16.18～16.22に示す．これらの例ではまず，α-オレフィンからは末端の逆Markovnikov付加体が得られる（式16.18）[68]．また，Speier触媒を用いるα, β-不飽和エステルのヒドロシリル化反応では，直鎖型生成物が得られる（式16.19）．内部オレフィンの反応はもっと複雑である．無置換の環状アルケンからは単一の対称な生成物が得られる（式16.20）．しかし式16.21aと式16.21bに示した[95]ように，内部オ

$$\text{CH}_2{=}\text{CHCH}_2\text{OAc} + \text{HSiPhCl}_2 \xrightarrow{\text{H}_2\text{PtCl}_6} \text{PhCl}_2\text{Si(CH}_2)_3\text{OAc} \qquad (16.18)$$

$$\text{CH}_2{=}\text{CHCO}_2\text{Me} + \text{HSiMeCl}_2 \xrightarrow{\text{H}_2\text{PtCl}_6} \text{MeCl}_2\text{SiCH}_2\text{CH}_2\text{CO}_2\text{Me} \qquad (16.19)$$

$$\text{cyclohexene} + \text{HSiMeCl}_2 \xrightarrow{\text{H}_2\text{PtCl}_6} \text{C}_6\text{H}_{11}\text{SiMeCl}_2 \qquad (16.20)$$

$$\text{2-hexene} + \text{HSiMe}_2\text{OSiMe}_2\text{H} \xrightarrow{\text{H}_2\text{PtCl}_6} \underset{87\%}{n\text{-C}_6\text{H}_{13}\text{SiR}_2\text{R}'} + \underset{7\%}{\text{2-(SiR}_2\text{R}')\text{hexane}} + \underset{6\%}{\text{3-(SiR}_2\text{R}')\text{hexane}} \qquad (16.21\text{a})$$

R = Me, R′ = OSiMe$_2$H

$$\text{1-ethylcyclohexene} + \text{HSiCl}_3 \xrightarrow{\text{H}_2\text{PtCl}_6} \text{C}_6\text{H}_{11}\text{CH}_2\text{CH}_2\text{SiCl}_3 \qquad (16.21\text{b})$$

レフィンの反応では，末端オレフィンの反応と同じ主生成物が得られる．この結果は当時説明困難であったが，現在ではよく知られているように第二級のアルキル錯体が容易に第一級のアルキル錯体に異性化するためと，解釈されている．この異性化反応についての詳細は，§16・3・5（ヒドロシリル化反応の機構，p.636）で述べる．最後に，シランによってはSpeier触媒によるアルケンのヒドロシリル化反応の位置選択性が異なることがある．ジクロロシランと2-ヘキセンの反応では，末端のアルキルシランは生成せず，2-および3-アルキルシランが生成する（式16.22）[96]．

$$\text{2-hexene} + \text{H}_2\text{SiCl}_2 \xrightarrow{\text{H}_2\text{PtCl}_6} \underset{34\%}{\text{3-(SiHCl}_2)\text{hexane}} + \underset{66\%}{\text{2-(SiHCl}_2)\text{hexane}} \qquad (16.22)$$

現在では，コバルト，ルテニウム，ロジウム，白金などの他のさまざまな触媒がアルケンのヒドロシリル化反応を触媒することが知られており，生成物の種類は触媒とシランの選択により制御可能である．Wilkinson触媒のようなロジウム錯体[76]は頻繁に用いられている．選択性に関する知見を網羅することは本章の範囲を超えるが，さまざまな触媒とシランの組合わせと生成物の選択性との関連についての総説がいくつか報告されている[97～100]．一例として，クロトノニトリルからはWilkinson触媒存在下でのヒドロシリル化反応によりα-シ

リルニトリルが生成する（式16.23）[101),102)]が，この位置選択性は，関連する式16.19のアクリル酸エステルのSpeier触媒を用いた反応とは逆である．

$$\text{MeCH=CHCN} + \text{HSiR}_3 \xrightarrow{\text{RhCl(PPh}_3)_3} \text{MeCH}_2\text{CH(SiR}_3)\text{CN} \tag{16.23}$$

16・3・4b　ビニルアレーンのヒドロシリル化反応

ビニルアレーンとシランとの反応では，触媒によって生成物が異なる．Speier触媒を用いると位置異性体の混合物が生じ[103),104)]，Wilkinson触媒を用いると，本章のちほどで述べる脱水素シリル化反応が起こりビニルシランがおもに得られる[105)]．一方，パラジウム[93),106)]やニッケル[107)]錯体は分岐したα-フェネチルシランを選択的に与える（式16.24）．この選択

$$\text{ArCH=CH}_2 + \text{HSiR}_3 \xrightarrow{\text{L}_n\text{Pd または L}_n\text{Ni}} \text{PhCH(SiR}_3)\text{CH}_3 \tag{16.24}$$

［反応機構］

$$\text{L}_n\text{M(H)(SiR}_3) \xrightarrow{\text{ArCH=CH}_2} \text{L}_n\text{M(SiR}_3)(\eta^3\text{-benzyl}) \longrightarrow \text{PhCH(SiR}_3)\text{CH}_3 + \text{L}_n\text{M}$$

性は，これまでの章および本章のこれまでの節で述べたビニルアレーンのヒドロホルミル化反応およびヒドロシアノ化反応でみられたのと同じである．この位置選択性は，η^3-ベンジル錯体に似た構造中の金属原子とアレーンのπ系との相互作用に由来するものと考えられる．この相互作用により分岐したアルキル中間体が安定化され，このアリールアルキル配位子のη^3結合様式を経由した生成物が得られる．金属ヒドリド中間体へのビニルアレーンの挿入反応により生じるこのような中間体の構造を式16.24に模式的に示す．

16・3・4c　ジエンのヒドロシリル化反応

ジエンのヒドロシリル化反応においても，用いるシランと触媒の種類により異なる位置異性体生成物を与える．基本的にはジエンのヒドロシリル化反応はアリルシラン反応剤の合成に用いることができる．しかしこれらの反応ではアリルシランとホモアリルシランの両者が生成可能であり，さらにジエンに2度ヒドロシリル化反応を起こした生成物や，ジエンのヒドロシリル化とオリゴマー化反応の両者を起こしたような生成物が得られる可能性があるので複雑である．

ジエンのヒドロシリル化反応の例を式16.25～16.28に示す．Speier触媒を用いたブタジエンのヒドロシリル化反応ではシランが一つ付加した生成物と二つ付加した生成物の混合物が得られるが，イソプレンのヒドロシリル化反応では式16.25に示した[108)]ようにおもに3-メ

$$\text{isoprene} + \text{HSiMe}_2\text{Ph} \xrightarrow{\text{H}_2\text{PtCl}_6\cdot6\text{H}_2\text{O}} \underset{72\%}{\text{Me}_2\text{C=CHCH}_2\text{SiMe}_2\text{Ph}} + \underset{<5\%}{\text{CH}_2\text{=C(Me)CH}_2\text{CH}_2\text{SiMe}_2\text{Ph}} \tag{16.25}$$

チル-2-ブテニルシランが生成する．一方，パラジウムのトリフェニルホスフィン錯体を用いると，ブタジエンに対してシランの1,4-付加だけが起こって[109),110)] 2-ブテニルシランを生じ，イソプレンに対しても同様に2-メチルブテニルシランが生じる（式16.26および式

16.27[112),113)]). Wilkinson 触媒存在下でのトリエトキシシランによるブタジエンのヒドロシリル化反応からも 1,4-付加生成物が得られる（式 16.28)[113)] が，この組合わせを用いてイソ

$$\text{CH}_2{=}\text{CH–CH}{=}\text{CH}_2 + \text{HSiCl}_3 \xrightarrow[100\,^\circ\text{C}]{\text{Pd/PPh}_3} \text{CH}_3\text{CH}{=}\text{CHCH}_2\text{SiCl}_3 \quad (16.26)$$

$$\text{CH}_2{=}\text{C(CH}_3\text{)–CH}{=}\text{CH}_2 + \text{H}_2\text{SiCl}_2 \xrightarrow{\text{Pd/PPh}_3} \text{HCl}_2\text{Si–CH}_2\text{C(CH}_3\text{)}{=}\text{CHCH}_3 \quad (16.27)$$

$$\text{CH}_2{=}\text{CH–CH}{=}\text{CH}_2 + \text{HSi(OEt)}_3 \xrightarrow{\text{RhCl(PPh}_3\text{)}_3} \text{CH}_3\text{CH}{=}\text{CHCH}_2\text{Si(OEt)}_3 \quad (16.28)$$

プレンのヒドロシリル化反応を行うと，Speier 触媒を用いた反応と同じ位置異性体が生じる[112)]．このようにジエンのヒドロシリル化反応ではさまざまな生成物が生じる可能性がある．単一の生成物を与える条件を見いだすことは可能だが，位置選択性を制御する要因を簡潔にまとめることは困難である．

16・3・4d　オレフィンの脱水素シリル化反応

オレフィンの脱水素シリル化反応によりビニルシランを生成する反応は，ヒドロシリル化反応と競合する反応である．ほとんどの場合，ビニルシランは副生物であるが，この副生物の生成がヒドロシリル化反応を利用する際，重要になることがある．この副生物の生成機構の重要性については本節では後ほど述べる．しかしある場合には，脱水素シリル化反応により生じるビニルシランが主生成物となることがある．上述したように，Wilkinson 触媒を用いるスチレンとトリエチルシランの反応ではビニルシランが主生成物となる[105)]．同様に $Ru_3(CO)_{12}$ を触媒として用いた場合にも，スチレンの脱水素シリル化反応が高収率で進行する（式 16.29)[114)]．スチレンは水素受容体としても働き，エチルベンゼンを副生物として与える．ルテニウムポリヒドリド種を触媒とするエチレンの脱水素シリル化反応も，収率よく進行する[115)]．

$$2\,\text{PhCH}{=}\text{CH}_2 + \text{HSiR}_3 \xrightarrow[50\sim100\,^\circ\text{C}]{\text{Ru}_3\text{(CO)}_{12}} \text{PhCH}{=}\text{CHSiR}_3 + \text{PhCH}_2\text{CH}_3 \quad (16.29)$$

16・3・4e　アルキンのヒドロシリル化反応

ビニルシランはアルキンのヒドロシリル化反応によっても生成する．アルケンのヒドロシリル化反応の選択性と同様に，アルキンのヒドロシリル化反応の選択性も触媒とシランの両者によって制御できる．アルキンのヒドロシリル化反応では二つの位置異性体のどちらでも，またアルキンに対しシランがシスあるいはトランス付加した生成物どちらでも得ることができる．

白金触媒によるアルキンのヒドロシリル化反応では，シランがアルキン部位にシス付加した生成物を与える傾向がある．すなわち，末端アセチレンの反応により得られる主生成物は，式 16.30 に示すようにトランス体の (E)-ビニルシランである．この例は，単純な Speier 触媒では，アルキンのヒドロシリル化反応の位置選択性を十分に制御できないことも示している．

$$n\text{-C}_5\text{H}_{11}\text{C}{\equiv}\text{CH} + \text{HSiCl}_3 \xrightarrow{\text{H}_2\text{PtCl}_6\cdot 6\text{H}_2\text{O}} n\text{-C}_5\text{H}_{11}\text{CH}{=}\text{CHSiCl}_3 + n\text{-C}_5\text{H}_{11}\text{C(SiCl}_3\text{)}{=}\text{CH}_2 \quad (78:22) \quad (16.30)$$

武内らは，アルキンのヒドロシリル化反応の立体選択性が配位子と溶媒によって制御できることを明らかにしている（式 16.31)[116)]．$[Rh(COD)_2]^+$ と PPh_3 から調製した触媒を用いてエタノール溶媒中でトリエチルシランによりヘキシンをヒドロシリル化すると，Si−H 結

$$ {}^{n}\text{Bu}-\!\!\equiv \;+\; \text{HSiEt}_3 \xrightarrow[\text{EtOH}]{[\text{Rh}]} \mathbf{A} + \mathbf{B} + \mathbf{C} \tag{16.31} $$

[Rh]	A	B	C
$[Rh(COD)_2]BF_4/2PPh_3$	5	95	0
$[Rh(COD)Cl]_2$	94	4	2

合のアルキンへのシス付加が進行する．一方，トランス付加は，ホスフィンを添加せず中性のロジウム触媒を用いることにより同じ溶媒中で同じ反応で行うことができる．トランス付加はトルエン中 Wilkinson 触媒を用いても行うことができる（式 16.32）．§16・3・5b iv）(p.639）で述べるように，トランス付加はビニル中間体の異性化によるものと考えられている[56),117),118)]．

$$ {}^{n}\text{Bu}-\!\!\equiv + \text{HSiEt}_3 \xrightarrow[\text{トルエン}]{\text{触媒量 RhCl(PPh}_3)_3} (79\sim98\%) + (1\sim10\%) + (1\sim14\%) \tag{16.32} $$

位置選択性と立体選択性は，ルテニウム触媒を用いても変化させることができる[119)〜123)]．ルテニウム触媒を用いたアルキンのヒドロシリル化反応の例を，式 16.33〜16.35 に示す．

$$ \text{AcO}\diagup\!\!\diagdown\!\!\diagup\!\equiv \xrightarrow[\text{THF/H}_2\text{O, HSiEt}_3]{\text{Ru 触媒}} \text{1,1-置換体} + \text{1,2-置換体} \tag{16.33} $$

Ru 触媒 ＝ $[CpRu(NCMe)_3]^{\oplus} PF_6^{\ominus}$

(1,1-：1,2-)の比	収 率
＞20：1	89%

$$ + (\text{EtO})_3\text{SiH} \xrightarrow{1\%\ \text{Ru 触媒}} \quad 86\%,\ \text{位置選択性 } 5:1 \tag{16.34} $$

Ru 触媒 ＝ $[Cp^*Ru(NCMe)_3]^{\oplus} PF_6^{\ominus}$

$$ + \text{Et}_3\text{SiH} \xrightarrow[\text{1\% Ru 触媒}]{\text{式 16.34 と同じ}} \quad 99\%,\ \text{位置選択性 } 13:1 \tag{16.35} $$

$[CpRu(NCMe)_3]^+$ を触媒とする末端アルキンのヒドロシリル化反応では，シリル基がアルキンの内側の炭素原子に付加した生成物がほぼ選択的に生じる[123),124)]ことに注意して欲しい．この錯体は内部アルキンのヒドロシリル化反応も触媒する．最も強調すべきことは，このルテニウム錯体および Cp* 類縁体である $[Cp^*Ru(NCMe)_3]^+$ は，内部アルキンに対し完全にトランス選択的にヒドロシリル化反応が進行した生成物を与える点である[119),123)]．同様に，$[Ru(cymene)Cl_2]_2$[125)] は末端アルキンのトランス付加型ヒドロシリル化反応を触媒し，この場合，末端のビニルシランを与える．ヒドロシリル化反応に関しては広範な研究が行われており，ルテニウム触媒を用いたヒドロシリル化反応はさまざまな官能基があっても進行し，ヒドロキシ基やカルボニル基はヒドロシリル化反応の位置選択性を制御できることが示されている．この配向性への効果の例を式 16.35 に示す[126)]．

16・3・4f　オレフィンの不斉ヒドロシリル化反応[127)〜131)]

本章ですでに述べたように，オレフィンのエナンチオ選択的なヒドロシリル化反応は光学活性なアルコールを合成する有用な方法になりうるものである．高エナンチオ選択的なヒドロシリル化反応の例は限られているが，アルケンおよびビニルアレーンの不斉ヒドロシリル化反応において高い選択性が実現されている．最も選択性の高い反応の多くは，軸不斉をもったキラルなモノホスフィン配位子を含むパラジウム触媒を用いて行われている[128),129),131),132)]．

ヒドロシリル化反応によりキラルな生成物が得られるかどうかは，オレフィンの置換パターンとヒドロシリル化反応の位置選択性に依存している．1,1-二置換オレフィンのヒドロシリル化反応生成物は，アルケンの二つの置換基が異なる場合キラルとなる．末端オレフィンのヒドロシリル化反応ではヒドロシリル化反応の位置選択性が一般にみられるものとは逆で，分岐した生成物を与える場合にキラルな生成物となる．1,1-二置換アルケンの不斉ヒドロシリル化反応のエナンチオマー過剰率は高くはないが，末端オレフィンへの付加により分岐したアルキルシランを生じる不斉ヒドロシリル化反応は高い ee で進行する．

軸不斉をもつビアリールモノホスフィンのパラジウム錯体を触媒とするアルケンおよびビニルアレーンの反応は分岐型生成物を与え，これらの生成物は高い ee で得られる．式 16.36

R-CH=CH₂ + $HSiCl_3$ —[Pd/L (< 0.1 mol%), 40 ℃]→ A（$SiCl_3$ 置換分岐体，*R）(+ Cl_3Si–CH₂CH₂–R, B)　(16.36)

A —[1) $EtOH/Et_3N$　2) H_2O_2, $KF/KHCO_3$]→ OH 体（*R）

L = （2-OMe, 2′-PPh_2 ビナフチル）

R	A/B	アルコール(% ee)
$^nC_4H_9$	89/11	94 (*R*)
CH_2CH_2Ph	81/19	97 (*S*)
cyclo-C_6H_{11}	97/3	95 (*R*)

に示すように，ヘキセン，4-フェニル-1-ブテン，そしてビニルシクロヘキサンのヒドロシリル化反応によりヒドロシリル化体が主生成物として 94〜97% ee で得られる[132),133)]．1-ヘキセンのような単純な α-オレフィンのエナンチオ選択的な反応はまれである．ノルボルネンのエナンチオ選択的な反応はより一般的である．この傾向と一致して，ノルボルネンのヒドロシリル化反応はパラジウム触媒存在下進行し，エキソ体のアルキルシランを与え，これを酸化するとエキソ-ノルボルニルアルコールが 93〜95% ee で生成する[134)]．

ビニルアレーンのヒドロシリル化反応の例を式 16.37 に示す．この場合，メトキシ基の置換したビナフチル配位子を含む触媒を用いるとエナンチオ選択性の低い生成物しか得られない[107)]が，関連した無置換の 2-ジフェニルホスフィノ-2,2-ビナフチル配位子をもつパラジウム触媒を用いると高エナンチオ選択的にヒドロシリル化体が生じる[93)]．これらの反応はスチレンや β-アルキル置換スチレンに対して高位置および立体選択的に進行する．ジエンのヒドロシリル化反応は光学活性なアリルシランの合成法として利用可能である．しかしこれらの反応では現在までのところ中程度の ee しか得られていない[135),136)]．

$$\mathrm{Ar{-}CH{=}CH{-}R} + \mathrm{HSiCl_3} \xrightarrow[\substack{\mathrm{L\ (0.2\ mol\%)} \\ 0\ ^\circ\mathrm{C}}]{[\mathrm{PdCl}(\pi\text{-}\mathrm{C_3H_5})]_2\ (0.1\ \mathrm{mol\%\ Pd})} \mathrm{Ar{-}CH(SiCl_3){-}CH_2{-}R} \xrightarrow[\substack{\mathrm{KHCO_3,\ KF} \\ \mathrm{THF/MeOH}}]{\mathrm{H_2O_2}} \mathrm{Ar{-}CH(OH){-}CH_2{-}R}\ (R) \qquad (16.37)$$

L = (H, PPh_2 を有するビナフチル配位子)

R = H	% ee
Ar = 4-$CF_3C_6H_4$	96% ee
Ar = 4-MeC_6H_4	89% ee
Ar = 4-$MeOC_6H_4$	61% ee

Ar = Ph	% ee
R = Me	89% ee (20 ℃)
R = ^{n}Bu	92% ee (20 ℃)

16・3・4 g　ケトンおよびイミンのヒドロシリル化反応

ケトンおよびイミンのヒドロシリル化反応に関する文献は広範にわたる．この反応では，安価で，しかも気体（H_2）ではなく液体あるいは固体の反応剤を用いてこれらの不飽和化合物を還元できる．本章の冒頭で述べたように，これらの文献の多くは，ケトンおよびイミンのエナンチオ選択的ヒドロシリル化反応により光学活性なアルコールやアミンが生成する反応に焦点をあてている．液体の反応剤を用いる便利さに加えて，ケイ素原子上の置換基を変えることによって還元反応の立体選択性を制御できる．

最近まで，ケトンのエナンチオ選択的還元反応のほとんどがロジウム触媒を用いて行われていた．1972 年に，アキラルな Wilkinson 触媒を用いるカルボニル化合物のヒドロシリル化反応が報告された[137),138)]．ルテニウム[139),140)]および白金[141)]錯体を触媒とする反応も同時期に報告された．さまざまなキラル配位子を用いた広範な研究のなかで，Brunner は式 16.38 a に示すチアゾリジン骨格をもつ配位子を用いてアセトフェノンのヒドロシリル化反応が高収率で進行することを見いだした[90),91)]．西山は式 16.38 b に示すように三塩化ロジウムと pybox 配位子の組合わせにより高選択性が実現できることを見いだした[142)]．イミンのヒドロシリル化反応も後周期遷移金属触媒を用いて行われているが，エナンチオ選択性は低い．チタン(Ⅲ)種を触媒として用いてより高い選択性が実現されている（式 16.38 c）[143)]．

$$\mathrm{H_3C{-}CO{-}Ph} + \mathrm{H_2SiPh_2} \xrightarrow[2)\ \mathrm{H^{\oplus}/H_2O}]{1)\ 触媒} \mathrm{H_3C{-}CH(OH){-}Ph}\ (87\%\ ee) \qquad (16.38\mathrm{a})$$

触媒 = $[(COD)RhCl]_2$ + (2-ピリジル基, $MeCO_2C$ を有するチアゾリジン配位子)

$$\mathrm{H_3C{-}CO{-}Ph} + \mathrm{H_2SiPh_2} \xrightarrow[2)\ \mathrm{H^{\oplus}/H_2O}]{1)\ \mathrm{LRhCl_3},\ \mathrm{AgBF_4}} \mathrm{H_3C{-}CH(OH){-}Ph}\ (93\%\ ee) \qquad (16.38\mathrm{b})$$

L = (^{i}Pr 置換 pybox 配位子)

$$\mathrm{Ph{-}C(CH_3){=}N{-}CH_3} \xrightarrow[2)\ \mathrm{H^{\oplus}/H_2O}処理]{1)\ 1\ \mathrm{mol\%}\ \text{"H–Ti"},\ \mathrm{PhSiH_3},\ 室温} \mathrm{Ph{-}CH(CH_3){-}NH{-}CH_3} \qquad (16.38\mathrm{c})$$

収率 95%
97% ee

さらに最近になって，銅触媒を用いるアリールケトンとアリールイミンの不斉ヒドロシリル化反応が開発された[144)~146)]．この場合，軸不斉のキラルなビアリールビスホスフィン配位子をもつ銅錯体が，ケトンのヒドロシリル化反応に非常に高い活性を示す触媒となる．これらの反応はヒドロシランポリマー（PMHS）を用いて高い選択性で進行する．このような反応の一例を式 16.38 d に示す．これらの反応は *N*-ホスホリルアリールケチミンの高エナンチオ選択的ヒドロシリル化反応にも展開されている（式 16.38 e）[147)]．

$Me_3SiO-(SiH(Me)-O)_n-SiMe_3$

PMHS ＝ ポリメチルヒドロシロキサン

0.5 mol% CuCl, 0.5 mol% ^{t}BuONa, 0.0009 mol% L, 5 当量 PMHS（ヒドリドとして）, −50 ℃, 24 時間, 1.3 M トルエン, 反応後 $H^{\oplus}/H_2O$ 処理

92% ee

L ＝

(16.38 d)

1% CuCl, 1% NaOMe, 1% (*R*)-(−)-DTBM-SEGPHOS, TMDS, ^{t}BuOH, PhMe, 室温, 17 時間, 反応後 NaOH/MeOH 処理

N-P(O)(xylyl)$_2$ → HN-P(O)(xylyl)$_2$

(16.38 e)

R ＝ H；95%；95.3% ee
R ＝ OMe；87%；93.5% ee
TMDS ＝ テトラメチルジシロキサン

(*R*)-(−)-DTBM-SEGPHOS

16・3・5　ヒドロシリル化反応の機構

ヒドロシリル化反応の機構は本書のこれまでの章で述べた一連の基本的な反応を含んでいる．最もよく引用されるヒドロシリル化反応の機構は Chalk と Harrod により初めて提案され[148)]，シランの酸化的付加反応，金属−ヒドリド結合へのオレフィンの挿入反応，ケイ素−炭素結合の還元的脱離反応による有機ケイ素化合物の生成からなる．さらに最近になって，金属−ケイ素結合へのオレフィンの挿入反応を含む，これとは異なる反応機構の存在が明らかにされ，これはしばしば修正 Chalk–Harrod 機構[79)~89)]とよばれる．これらの段階について述べる前に，Speier 触媒，および Karstedt 触媒を用いたそれぞれの反応に関する反応機構の問題について簡単に述べる．

16・3・5a　Speier 触媒および Karstedt 触媒を用いた反応の誘導期と反応相

Speier “触媒”（$H_2PtCl_6 \cdot nH_2O$）は触媒前駆体であり，Karstedt “触媒” Pt_2（tetramethyldivinylsiloxane)$_3$ も触媒前駆体と考えられている．Speier 触媒を用いる反応には誘導期が存在する．この誘導期は，現在では Pt(Ⅳ)種から Pt(0)触媒への還元に必要であると考えられており，これは生じる Pt(0)錯体による触媒反応の全過程よりも遅い[98),149)]．通常この触媒はイソプロピルアルコール溶液として使用され，この溶媒が還元剤として働く．Karstedt 触媒は Pt(0)種なので，この触媒を用いた反応の誘導期は Speier 触媒を用いた反応ほど顕著で

はない．§16・3・3で述べたKarstedt触媒が本当に均一系触媒として作用しているのか，あるいは白金の粒子が真の触媒であるのかを明らかにするために行われた研究[72)〜74),149)]の結果から，現在のところこの触媒系は均一系であると考えられている[75)]．ロジウムおよびパラジウム錯体を用いた反応は均一系で進行する．

16・3・5b　触媒サイクルの全体像

ヒドロシリル化反応の古典的なChalk-Harrod機構[150)]をスキーム16・6に，修正Chalk-Harrod機構[78)〜88),99),117),151),152)]をスキーム16・7に示す．Chalk-Harrod機構では，まずシランの酸化的付加反応が起こりシリルヒドリド錯体を生成する．つづいてオレフィンが金属－ヒドリド結合に移動挿入してアルキルシリル錯体を生じ，ここからアルキルシランが還元的脱離するとともに，最初の低原子価金属錯体が再生する．修正Chalk-Harrod機構では，シランの酸化的付加反応に続いて金属－ケイ素結合にオレフィンが移動挿入する．還元的脱離反応によりC－H結合が生成し，生成物である有機ケイ素化合物が得られる．Speier触媒およびKarstedt触媒を含め，白金触媒を用いた反応はChalk-Harrod機構に従うと考えられている[153),154)]．ロジウム触媒を用いた反応は修正Chalk-Harrod機構に従うと考えられている[152)]．

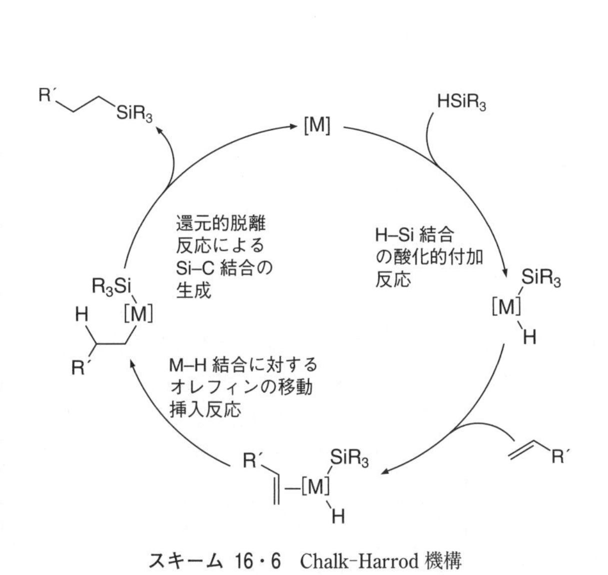

スキーム 16・6　Chalk-Harrod機構

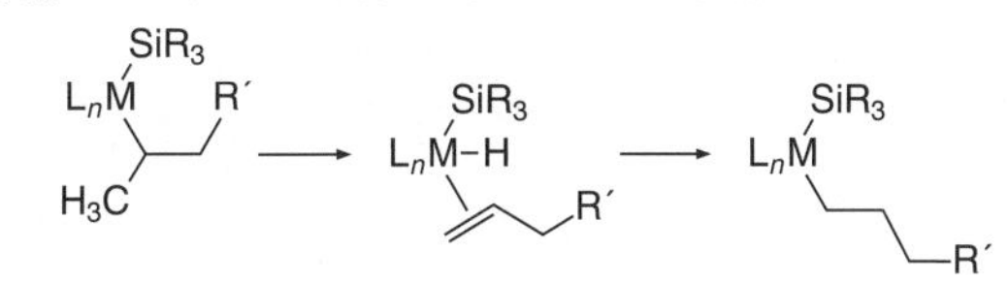

スキーム 16・7　修正Chalk-Harrod機構

i）Chalk－Harrod機構

Chalk-Harrod機構では，まず，シランがPt(0)錯体に対して酸化的付加する．Speier触媒を用いて開始された反応の活性種に結合している配位子は不明であるが，基質であるオレフィンが配位していると考えられる．Karstedt触媒，あるいは関連する$Pt(COD)_2$錯体から生じる活性な触媒上に存在する配位子は，もともと存在するジエン配位子か，基質のオレフィンであろう．シランの酸化的付加反応の機構の詳細は6章に述べられている．簡潔にいうと，この反応はシランが空の配位座に配位してシランのσ錯体を生成し，続いてSi－H結合が開裂してシリルヒドリド種が生成する．

この酸化的付加反応に続いてオレフィンあるいはアルキンが白金－ヒドリド結合に挿入し，アルキルあるいはビニルヒドリド錯体を生成する．挿入段階の位置選択性およびアルキルシリル錯体（あるいはアルケニルシリル錯体）の反応性によりオレフィン（あるいはアルキン）のヒドロシリル化反応の位置選択性が制御される．これらの白金触媒により末端アルキルシランが生成することを思い出して欲しい．この位置選択性は末端オレフィンの挿入反応が直鎖型のアルキル白金中間体を生成するように進行することを示している．明らかに，これらの触媒を用いた場合のスチレンやアクリル酸誘導体の白金ヒドリドへの挿入反応は，同様の位置選択性で進行する．

しかし，内部オレフィンから末端アルキルシランが生成するという実験事実から，アルキル白金中間体の異性化は最後のC－Si結合形成反応よりも速いことがわかる．この異性化は一連の脱離反応と挿入反応を繰返して起こる．この過程は移動挿入反応について述べた9章で解説したものであり，スキーム16・7の一番下に示されている．この挿入反応，あるいは挿入と金属の末端炭素原子への移動に続いてアルキルシランの還元的脱離反応が起こる．炭素－ケイ素結合を生成する還元的脱離反応は，炭素－水素結合を生成する還元的脱離反応よりも遅いが，この反応は前例があり，その例は還元的脱離反応を扱った8章で示した．この反応は協奏的で炭素原子とケイ素原子の立体化学を保持したまま進行する．

ii）修正Chalk-Harrod機構を支持する証拠

いくつかの実験結果から，白金以外の金属を含む触媒のいくつかはChalk-Harrod機構に従って反応するわけではないと提唱されるようになった．まず第一に，炭素－ケイ素結合を生じる還元的脱離反応が少数の錯体でしか起こらないことから，金属－ケイ素結合へのオレフィンの挿入によるC－Si結合生成が，還元的脱離反応によるC－Si結合の生成よりも速く進行することが示唆された．第二に，シランとアルケンとの反応のいくつかで，ビニルシランが副生成物[81),83)]あるいは主生成物[80),84),114),115)]として得られることがChalk-Harrod機構では説明できない．そうではなくて，M－Si結合にオレフィンが挿入した後，生じるβ-シリルアルキル錯体からβ水素脱離反応が起こればビニルシラン生成物が得られることが説明できる．この一連の反応を式16.39に示す．第三に，計算化学的手法により，Wilkinson

$$L_nRh{-}SiR_3 \;+\; H_2C{=}CH_2 \;\longrightarrow\; L_nRh{-}CH_2CH_2{-}SiR_3 \;\longrightarrow\; L_nRh{-}H \;+\; H_2C{=}CH{-}SiR_3 \qquad (16.39)$$

触媒のモデルから生成する中間体のRh－Si結合へのエチレンの挿入反応の障壁は，アルキルロジウム-シリル錯体からのC－Si結合を生成する還元的脱離反応の障壁よりもずっと低いことが示された[152)]．

現在ではいくつかの系でのアルケンのヒドロシリル化反応は，修正Chalk-Harrod機構で進行すると考えられている．$(CO)_4CoSiMe_3$のM－Si結合へのエチレンの挿入反応に関するWrightonの研究[86),87)]により，この光触媒反応がスキーム16・8に示した反応機構で起こると結論されている．挿入によるβ-シリルアルキル生成物の有機ケイ素化合物への変換は，一連のシランの酸化的付加反応，およびC－H結合を生成する還元的脱離反応により起こると考えられている．$CpRh(ethylene)_2$を用いたヒドロシリル化反応の機構に関するPerutzの研究[88)]により，オレフィンの挿入反応がロジウム－シリル結合に対して起こることが提唱され，また，Brookhartらによる$[Cp(P(OMe)_3)CoEt]^+$錯体を用いたヒドロシリル化反応の機構の徹底的な研究[54)]により，この機構を支持する強力な証拠が得られている．

iii）σ結合メタセシスによるアルケンのヒドロシリル化反応

ランタニド触媒は，一連の酸化的付加反応-還元的脱離反応を起こすのに必要な適切な酸

スキーム 16・8

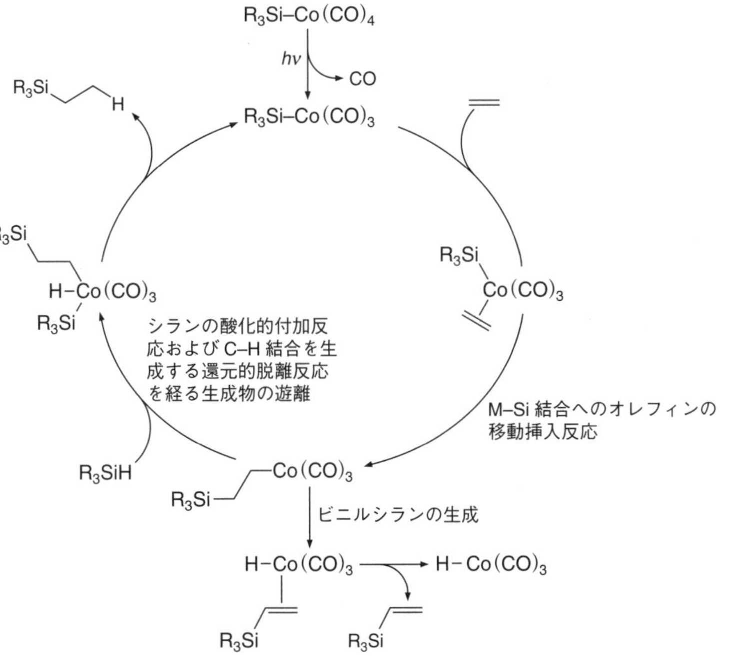

化状態が存在しないため，これらの触媒を用いた反応は異なる反応機構で進行する．これらのヒドロシリル化反応は，C－Si 結合が還元的脱離反応でなくσ結合メタセシス反応を経て生成するという Chalk-Harrod 機構に類似した機構で進行すると考えられる[94]．スキーム 16・9 に示すように，アルキル前駆体から金属ヒドリド種に変換された後，アルケンが挿入しアルキルイットリウム錯体が生成する．このアルキル錯体がσ結合メタセシス反応によりシランと反応して，アルキルシランと金属ヒドリド種が生成する．

スキーム 16・9

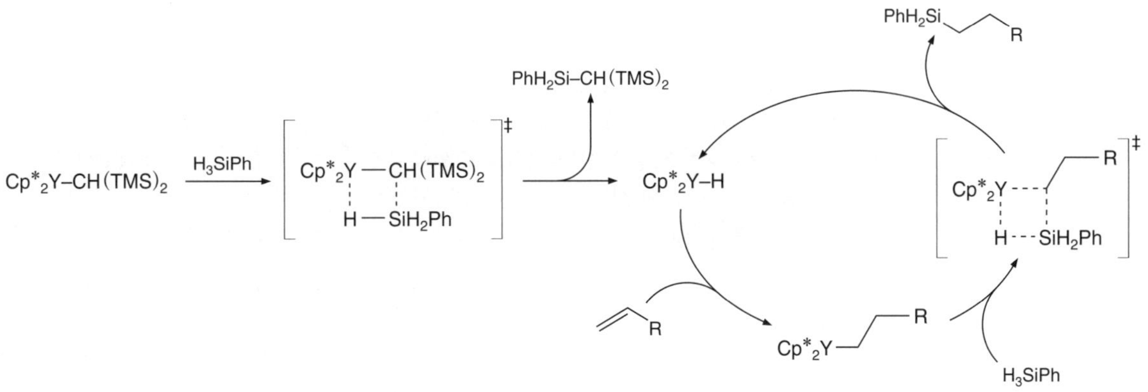

iv）アルキンのヒドロシリル化反応の機構

アルキンのヒドロシリル化反応も，スキーム 16・10 に示すように Chalk-Harrod 機構ないし修正 Chalk-Harrod 機構で進行しうる．これらの機構の一つではアルキンにシランがシス付加した生成物が生じる．これらのヒドロシリル化反応の位置選択性の起源は実験的には十分わかっていない．しかし計算化学的手法[156]により，ルテニウム触媒を用いた反応でみられる異常な Markovnikov 型生成物は，アルキンが M－Si 結合に挿入して η^2-ビニル中間体を生じることによって得られると論じられている．これらの η^2-ビニル中間体をスキーム

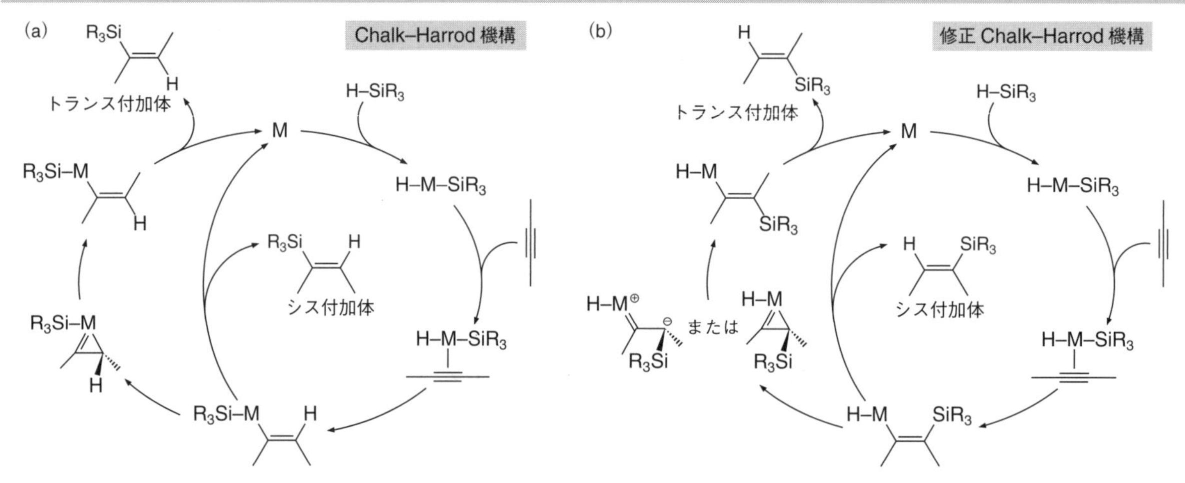

スキーム 16・10　アルキンのヒドロシリル化反応に対する Chalk–Harrod 機構と修正 Chalk–Harrod 機構を η^2-ビニル中間体を経る異性化反応と組合わせたトランス付加反応の解釈

16・10 に示す．

Chalk–Harrod および修正 Chalk–Harrod 機構によりトランス付加生成物を生じる経路もスキーム 16・10 に示されている．トランス付加体の生成は η^2-ビニル錯体の動的挙動あるいは双性イオン中間体により理解できる[117]．η^2-ビニル錯体は立体化学の反転を起こすことが知られており，スキーム 16・10 の二つのサイクルの左下に示した機構のいずれかで異性化を起こすと考えられている．一つは η^2-ビニル錯体が再度開環する際に C−C 結合の回転が起こるというものであり，もう一つは双性イオン中間体を経由するというものである．初めに生成するシス形 η^1-ビニル中間体は立体的な相互作用のためトランスの η^1-ビニル錯体よりも不安定となる．このようなアルキンへのトランス挿入反応は 9 章（移動挿入反応）で詳しく解説した．

16・3・6　ジシリル化反応[157]

Si−Si 結合のアルキンやオレフィンへの付加反応についても，2 箇所でクロスカップリングできる合成中間体や酸化してジオールを与えるような合成中間体を得る反応として研究されている．この付加反応は現在のところ適用範囲が限られているが，特定のパラジウム錯体はアルケンやアルキンのジシリル化反応を触媒する[158)~160]．イソシアニド配位子をもつパラジウム錯体がこの付加反応に最も高い触媒活性を示すことがわかっている．このジシリル化反応の例を式 16.40 と式 16.41 に示す．この反応はおそらくジシランのイソシアニド配位

$$\mathrm{Ph{-}SiMe_2{-}SiMe_2{-}Ph} + n\text{-hexyl}{-}\mathrm{C{\equiv}C{-}H} \xrightarrow[\text{トルエン，還流}]{\text{2 mol\% Pd(OAc)}_2,\ \text{isocyanide (NC)}} (\mathrm{PhMe_2Si})(n\text{-hexyl})\mathrm{C{=}C}(\mathrm{SiMe_2Ph})(\mathrm{H})\ \ 94\% \qquad (16.40)$$

$$\mathrm{Me_3Si{-}SiMe_2{-}O{-}CH_2CH_2{-}C{\equiv}C{-}Me} \xrightarrow[\text{トルエン，還流，1 時間}]{\text{1 mol\% Pd(OAc)}_2,\ \text{0.15 当量 isocyanide (NC)}} \text{(Me}_3\text{Si)(Me)C=C (ring: SiMe}_2\text{–O–CH}_2\text{CH}_2\text{)}\ \ 93\% \qquad (16.41)$$

子をもつパラジウム(0)錯体への酸化的付加反応[161),162]，オレフィンあるいはアルキンの移動挿入反応，そして第二の C−Si を生成する還元的脱離反応を経て進行する．アルケンやア

ルキンのジボリル化反応はより大きく発展しており次節で述べる．

16・4 遷移金属触媒によるヒドロホウ素化，ジボリル化，シリルボリル化，スタンニルボリル化反応

16・4・1 ヒドロホウ素化反応とジボリル化反応の概要

オレフィンのヒドロホウ素化反応(hydroboration)は古典的な有機合成反応である[163),164)]．ジアルキルボランは触媒なしでもアルケンに速やかに付加する．しかし，カテコールボランやピナコールボランなどのジアルコキシボランはオレフィンやアルキンに対する付加はずっと遅い．したがって遷移金属錯体は，無触媒反応の影響を受けないほど速くジアルコキシボランのオレフィンやアルキンへの付加反応を触媒できる．化学選択性，位置選択性，エナンチオ選択性，ジアステレオ選択性を変えることが可能であるため，多くの研究グループが金属触媒を用いたヒドロホウ素化反応の開発を行っている[165)〜167)]．エナンチオ選択的ヒドロホウ素化反応は，化学量論量のキラルな置換基をもつボランを用いずとも光学活性なアルキルボランを合成できる．

この触媒的ヒドロホウ素化反応に触発されて，遷移金属触媒を用いるアルケンやアルキンのジボリル化反応が発展した[3),168)]．アルケンやアルキンのジボリル化反応により二官能性化合物が生じ，アルケンへの付加反応は今や高エナンチオ選択的に行えるようになってきている．ここでは，アルケン，アルキンおよびジエンの触媒的ヒドロホウ素化反応およびジボリル化反応に利用することのできる触媒の種類，さらには選択性やこれら反応の際に生じる副生物を説明することのできる触媒サイクルについて説明する．

16・4・2 触媒的ヒドロホウ素化反応の歴史

触媒的ヒドロホウ素化反応の最初の例は1980年代に報告された．Sneddonは，遷移金属錯体触媒によるホウ素クラスター中のB−H結合のアルキンへの付加に関する一連の論文を発表した[169)〜177)]．これらの反応の一例を式16.42に示す．これらの反応により新しいかご型

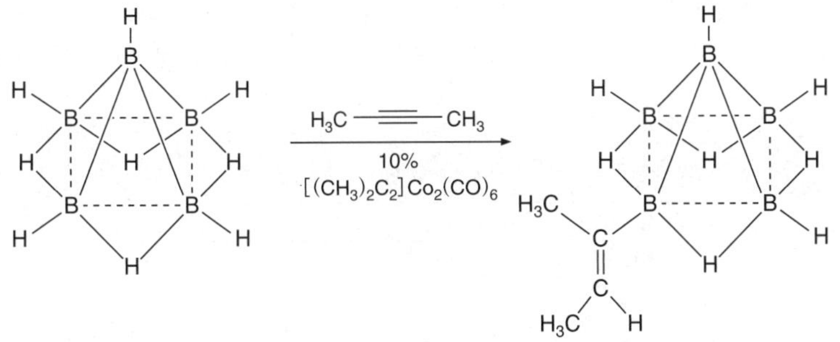

H_3C—C≡C—CH_3, 10% $[(CH_3)_2C_2]Co_2(CO)_6$ (16.42)

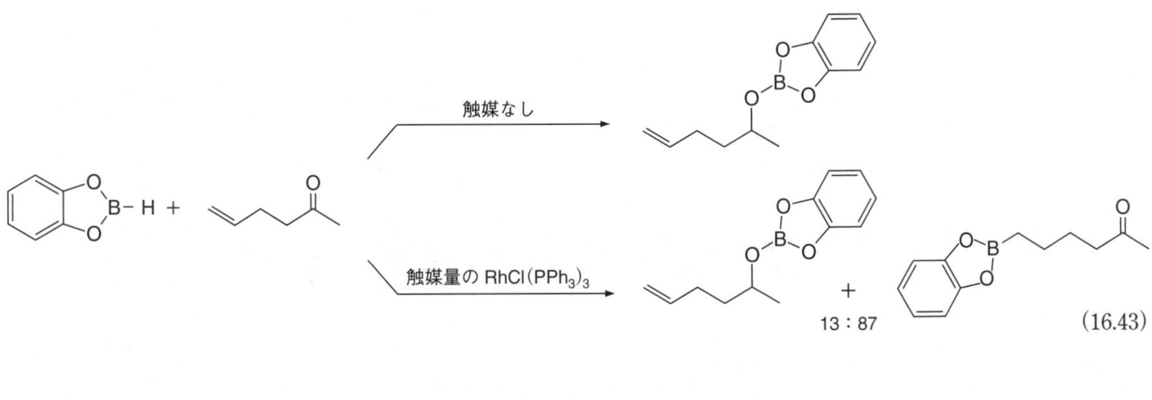

触媒なし

触媒量の $RhCl(PPh_3)_3$

13 : 87 (16.43)

ホウ素化合物および炭化ホウ素材料の前駆体が得られる．1985 年 Nöth は，Wilkinson 触媒によるカテコールボランを用いたオレフィンのヒドロホウ素化反応を報告した[178]．式 16.43 に示したこの反応例をみると，触媒反応と無触媒反応の化学選択性の違いがよくわかる．このNöth らの報告書をきっかけに，触媒的ヒドロホウ素化反応が有機合成の手法として発展した．前周期および後周期遷移金属錯体触媒を用いた研究が行われ，触媒反応と無触媒反応の選択性の違いを明確にする研究も行われた．

16・4・3　金属触媒によるヒドロホウ素化反応の例

金属触媒を用いたアルケンおよびアルキンのヒドロホウ素化反応の例を式 16.44～16.50 に示す．式 16.44[179)～184)] のビニルアレーンのヒドロホウ素化反応の例では，遷移金属触媒を

$$ArCH{=}CH_2 \xrightarrow[2.\ H_2O_2/OH^{\ominus}]{1.\ HBcat,\ 触媒} Ar\text{-}CH(OH)\text{-}CH_3 + Ar\text{-}CH_2CH_2\text{-}OH \quad (16.44)$$

Ar = Ph, 4-MeC_6H_4

触　媒		
$RhCl(PPh_3)_3$（アルゴン中）	> 99	< 1
$RhCl(PPh_3)_3$（空気中）	24	76
$[Rh(COD)_2]BF_4$/dppb	99	1
Cp_2TiMe_2（ベンゼン中）	0	100

用いたカテコールボランのヒドロホウ素化反応の位置選択性が，触媒が存在しないときのジアルキルボランを用いたヒドロホウ素化反応の位置選択性とは逆転している．たとえばアルゴン下では後周期遷移金属触媒を用いた反応では分岐したヒドロホウ素化生成物がおもに生じる[179),180)]．その位置選択性は多くの後周期遷移金属錯体を触媒として用いたビニルアレーンのヒドロシリル化反応やヒドロホルミル化反応の選択性と同じである．式 16.44 の例は，金属の種類が異なると位置選択性の異なる生成物が生じる場合があり[181),182)]，電荷や配位子の数，さらには反応条件（2 番目の例では，空気はおそらくホスフィン配位子を酸化して触媒の組成を変化させている）により選択性が変化することを示している[183)～185)]．

式 16.45 の例は，金属触媒によるアルケンのヒドロホウ素化反応の位置選択性が金属触媒によるビニルアレーンのヒドロホウ素化反応と対照的であることを示している．金属触媒に

$$BuCH{=}CH_2 \xrightarrow[2.\ H_2O_2/OH^{\ominus}]{1.\ HBcat,\ 触媒} Bu\text{-}CH(OH)\text{-}CH_3 + Bu\text{-}CH_2CH_2\text{-}OH \quad (16.45)$$

触　媒		
$RhCl(PPh_3)_3$	1	99
$Cp^*{}_2Sm(THF)$	< 1	> 99

よる 1-アルケンのヒドロホウ素化反応の主生成物は末端ボランである[180),186)～188)]．これらの末端ボランは，式 16.46 に示すように内部アルケンからも生成できる．Speier 触媒を用いたヒドロシリル化反応と同様，Wilkinson 触媒を用いた 4-オクテンのヒドロホウ素化反応では，異性化とヒドロホウ素化の連続反応により末端ボランが生じる[189),190)]．THF 中で

$$(E)\text{-}C_3H_7CH{=}CHC_3H_7 \xrightarrow[2.\ H_2O_2/OH^{\ominus}]{1.\ HBX_2/RhCl(PPh_3)_3} \text{1-オクタノール} + \text{2-オクタノール} + \text{3-オクタノール} + \text{4-オクタノール} \quad (16.46)$$

ボラン	溶 媒	1-オール	2-オール	3-オール	4-オール
HBcat	THF	0	0	0	100
HBpin	CH_2Cl_2	100	0	0	0

Wilkinson触媒を用いてカテコールボランの反応を行うと，異性化せずにヒドロホウ素化体を得ることができる．しかしピナコールボランの反応を同じ触媒を用いて塩化メチレン中で行うと末端アルキルボラン生成物が得られる（式16.46）．

前周期遷移金属錯体やランタニド錯体もアルケンのヒドロホウ素化反応を触媒する．式16.44に示すようにチタノセン錯体はビニルアレーンのヒドロホウ素化反応を触媒する[181),182)]．また式16.45に示すようにランタノセン錯体はアルケンのヒドロホウ素化反応を触媒する[187)]．配位子をもたないランタニド錯体やジルコノセン錯体もこれらの反応を触媒することが報告されているが，これらの場合，ヒドロホウ素化反応が触媒されるようにみえるのは，カテコールボランからBH_3が触媒的に生じ，このBH_3がオレフィンに触媒なしで直接付加することにより起こるためのようである．

1,3-ジエンのヒドロホウ素化反応も報告されており，これらの反応では*Z*体のアリルボロン酸エステルが生成する．これらの反応はパラジウム触媒を用いた例が報告されており，η^3-アリル中間体を経由して進行すると考えられている．ブタジエンおよびイソプレンと反応を行った後，生成物をベンズアルデヒドに付加させた例を式16.47に示す[191),192)]．この式には，ボランの酸化的付加反応により生じるパラジウムヒドリド種とジエンとの反応により生成するアリルパラジウム種を経由する反応機構も示した．

R-ジエン + HBcat —[$Pd(PPh_3)_4$, ベンゼン，室温]→ (Z)-Me-CH=C(R)-CH$_2$-Bcat —[PhCHO]→ 生成物 (Me, Ph, R, OH) (16.47)

［反応機構］ $+(PPh_3)_nPd$, HBcat → $L_2Pd(H)(Bcat)$ → (ジエン) → η^3-アリル$Pd(L)(Bcat)$ → $-(PPh_3)_nPd$

L = PPh_3, ジエン

R	収率(%)
H	81（シン体 > 99%）
Me	89（シン体 > 99%）

遷移金属触媒を用いたアルキンのヒドロホウ素化反応も研究されており，この反応により，パラジウム触媒を用いたクロスカップリング反応に有用なビニルボロン酸エステルが合成できる．この場合，遷移金属触媒は反応の位置選択性と立体選択性に大きく影響する．式16.48に示すように，チタン[181),182)]およびロジウム[189)]の錯体により触媒される反応はいずれも末端のビニルボロン酸エステルを選択的に与えるのに対し，Wilkinson触媒による反応は選択性が低い．P^iPr_3配位子を含むロジウム(I)錯体により触媒される反応は，アルキン

R^1-C≡C-H —[HBX_2, 触媒]→ (E)-R^1(H)C=CH-BX_2 + (Z)-H(R^1)C=CH-BX_2 + R^1(X_2B)C=CH$_2$ (16.48)

アルキン	ボラン	触媒	(E)-末端	(Z)-末端	内部
p-Tol−C≡C−H	HBcat	$Ti(CO)_2Cp_2$	100	0	0
C_4H_9−C≡C−H	HBpin	$Rh(CO)Cl(PPh_3)_2$	99	0	1
p-Tol−C≡C−H	HBpin	$RhCl(PPh_3)_3$	48	0	52
Ph−C≡C−H	HBcat	$[Rh(cod)Cl]_2/4P^iPr_3$	1	99	0

に対しトランス選択的にヒドロホウ素化反応が進行した生成物を高選択的に与える[193]．この付加反応の立体化学は，§16・3・4e で述べたロジウムおよびルテニウム触媒を用いたアルキンのトランスヒドロシリル化反応に類似したものである．このトランス付加の反応機構は明確にされてはいないが，おそらくアルキンのトランスヒドロシリル化反応の場合と同様にビニルロジウム中間体の異性化により起こると考えられている．

16・4・4　不斉ヒドロホウ素化反応

オレフィンの触媒的不斉ヒドロホウ素化反応は，キラルな置換基をもたない化学量論量のボラン反応剤を用いても進行し，したがって触媒を用いずに化学量論量のキラルな有機ホウ素化合物を用いて行う不斉ヒドロホウ素化反応と比べてより効率のよい代替法となる．オレフィンの不斉ヒドロシリル化反応と同様に，オレフィンの不斉ヒドロホウ素化反応は，ビニルアレーンおよびノルボルネンへの付加反応で最も高い選択性が達成されている．ジェミナル二置換オレフィンの新しい不斉中心をもつ逆 Markovnikov 型付加生成物を与えるエナンチオ選択的な反応は，高選択的には進行しない．しかしホウ素原子が置換した炭素原子に新しい不斉中心をもつ生成物を与える反応は，高エナンチオ選択的に進行する．QUINAP 配位子をもつロジウム錯体は，ビニルアレーンとノルボルネン両者のヒドロホウ素化反応で最も高いエナンチオ選択性を実現している[194),195]．この配位子を用いた結果を式 16.49 と式 16.50 に示す．

+ H−B(catechol)　1 mol% [Rh(COD)((*S*)-QUINAP)]OTf　→　H_2O_2, $HO^{\ominus}$　→　91% ee　(16.49)

(*S*)-QUINAP = 　N　PPh_2

+ H−B(catechol)　1 mol% [Rh(COD)((*S*)-QUINAP)]OTf　→　H_2O_2, $HO^{\ominus}$　→　OH　91% ee　(16.50)

16・4・5　オレフィンのヒドロホウ素化反応の機構

オレフィンの触媒的ヒドロホウ素化反応の機構は 2 種類あると考えられており，それぞれさらに二つの種類に分けられる[167]．Wilkinson 触媒やホスフィンをもたないロジウム触媒による反応は，酸化的付加反応，移動挿入反応，そして還元的脱離反応により 2 種の異なった中間体を経由して進行すると考えられている．前周期遷移金属やランタニドにより触媒される反応の機構は，酸化や還元を経ずに進行し，2 種類の反応機構が存在することが明らかにされている．これら四つの反応機構をスキーム 16・11〜16・14 に示す．

Wilkinson 触媒を用いるカテコールボランによるヒドロホウ素化反応の機構が最も研究されている[180),196),197]が，最も複雑である．主反応経路をスキーム 16・11 に示すが，まずボランの $RhCl(PPh_3)_3$ への酸化的付加反応により 16 電子配置の［$RhCl(PPh_3)_2$](Bcat)(H) が生じる[179]．この錯体はその金属−ヒドリド結合へアルケンの挿入反応を起こして，直鎖型のアルキル錯体［$RhCl(PPh_3)_2$](Bcat)(CH_2CH_2R) が生じる．ここから還元的脱離反応が進行して末端アルキルボラン生成物が得られる．しかしWilkinson触媒を用いたビニルアレーンのヒドロホウ素化反応の際には，さらに別の反応も起こる．第一に，酸化的付加反応により単一の生成物が生成するわけではない[179]．第二に，ビニルボロン酸エステルが副生物として生じる[198]．ヒドロシリル化反応の際に副成するビニルシランと同様に，これらの生成物は，競合して進行する金属－ホウ素結合へのオレフィンの挿入反応により生じると考えられる[179]．さらにカテコールボランは比較的不安定なため分解して $H_3B \cdot PPh_3$ を与える[(訳注),179),199]．

訳注：カテコールボランの不均化により BH_3 が生成し，これがWilkinson錯体由来の PPh_3 と付加体を形成したもの．

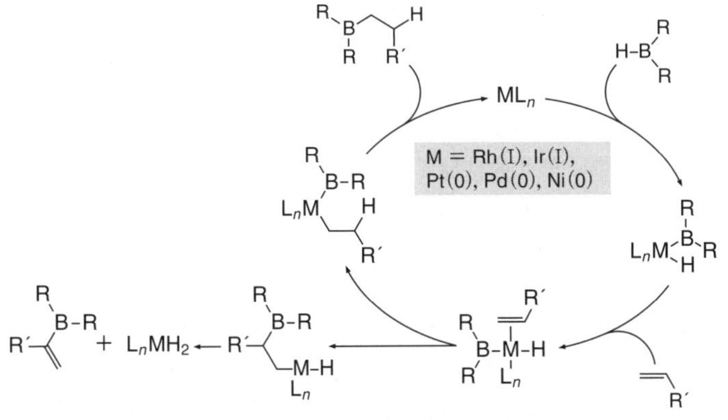

M = Rh(I), Ir(I), Pt(0), Pd(0), Ni(0)

スキーム 16・11

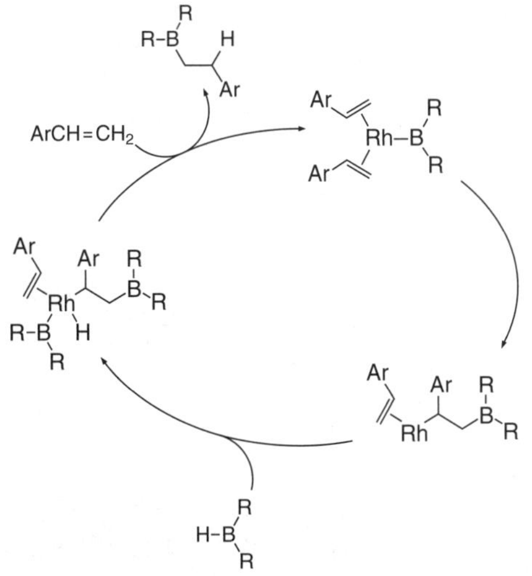

スキーム 16・12

配位子をもたないカチオン錯体を用いる反応は，スキーム16・12に示すようにボリルロジウム(I)錯体を経由して進行すると提唱されているが，この機構を支持するデータは少ない．理論化学計算[200]によると，ボリル－金属結合へのオレフィンの挿入反応が起こり，この段階に続いてボランの酸化的付加反応と続く還元的脱離反応により生成物のC－H結合が生じ，ボリルロジウム(I)錯体が再生する．

チタノセン錯体およびランタノセン錯体により触媒される反応は，異なる機構で進行する(スキーム16・13とスキーム16・14)．チタン錯体触媒によるビニルアレーンのヒドロホウ素化反応の機構をスキーム16・13に示す[182]．この機構では，チタノセンビスボラン錯体がボランを解離してアルケンあるいはアルキンが配位した16電子錯体を生成する．生じるメタラサイクルのチタンに結合した炭素原子と配位したボランのホウ素原子がカップリングし

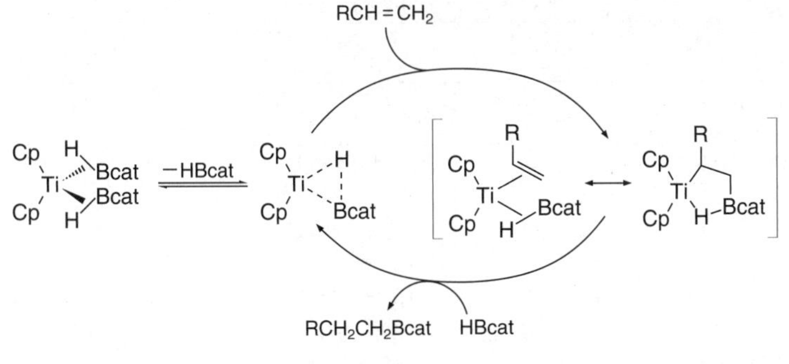

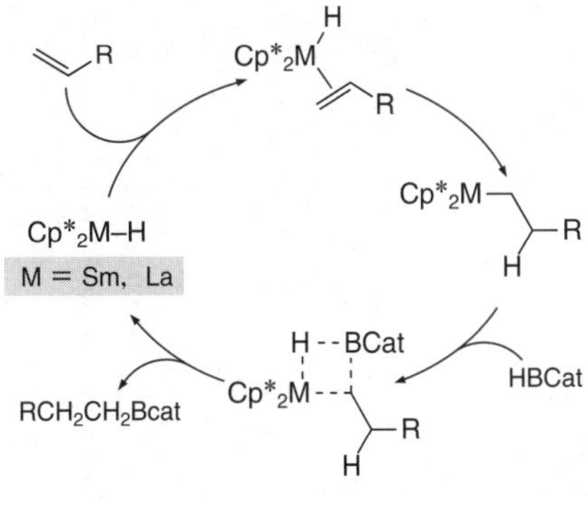

スキーム 16・13

M = Sm, La

スキーム 16・14

訳注：ジボランはB−B結合があるものもないものもさすので，（ ）中に含まれる水素原子の数を示してこれらを区別する．ジボラン(6)はB_2H_6を示し，B−B結合をもたない，B−H−B 3中心2電子結合で結びつけられた分子である．一方，ジボラン(4)はH_2B-BH_2をさし，B−B結合をもつ．ジボラン(4)類はジボロンともよぶ．本書では紛れをなくすため，ジボラン(4)類はジボロンと表記する．

て最終生成物を与える．スキーム16・14に示すランタノセン触媒による反応の機構は，ランタノセン触媒によるヒドロシリル化反応の機構に似ている．この機構では，オレフィンは金属−ヒドリド結合に挿入し，ボランとアルキル基とのσ結合メタセシスによりアルキルボロン酸エステルが生じ，金属ヒドリド種を再生する[187]．

16・4・6　ジボリル化，シリルボリル化，スタンニルボリル化反応

アルコキシ基を含むジボロン反応剤[訳注]は安定で市販されている．最も一般的なジボロン反応剤のうちの二つを図16・2に示す．二つのホウ素原子にピナコラートやカテコラート基が結合している（pinB–Bpin, catB–Bcat）．これらジボロン反応剤のB−B結合の酸化的付加反応はさまざまな遷移金属錯体に対して起こり[201)〜206)]，ジシラン反応剤のSi−Si結合の酸化的付加反応よりも容易に進行する．そのため，アルケンやアルキンのジボリル化反応（diboration）は，対応するジシリル化反応よりもより広く研究されてきた．シリルボラン[207),208)]やスタンニルボラン[208),209)]の酸化的付加反応もジシランの付加反応より容易に進行し，これらのアルキンへの付加反応も報告されている．以下の節ではジボリル化反応について焦点をあてる．

pinB–Bpin
または B_2pin_2

catB–Bcat
または B_2cat_2

図16・2　アルケンやアルキンのジボリル化反応に一般に用いられるテトラアルコキシジボロン反応剤

16・4・6a　アルキンのジボリル化，シリルボリル化，スタンニルボリル化反応

表16・4は2001年に宮浦らの報告した網羅的な総説[167)]から引用したものであるが，アルキンのジボリル化，シリルボリル化およびスタンニルボリル化反応に用いられる触媒の適用範囲と種類をまとめたものである．これらのデータは単純な白金(0)のPPh_3錯体がジボリル化反応に適した触媒であることを示している[201),210),211)]．また，B_2pin_2およびB_2cat_2いずれも末端アルキンに付加するが，テトラアミノジボロンは付加しにくいことを示している．最後に，イソシアニド配位子をもつパラジウム錯体はアルキンのシリルボリル化反応（silylboration）[212),213)]を，また単純な$Pd(PPh_3)_4$は末端アルキンのスタンニルボリル化反応（stannylboration）[209)]を触媒する．

表16・4　パラジウムおよび白金触媒を用いるアルキンのジボリル化反応，シリルボリル化反応，スタンニルボリル化反応の例

X−B< ＋ R−≡−H —Pt(0)またはPd(0)触媒→ (R)(X)C=C(H)(B<)

番号	X−B<	R	触媒/反応条件	収率(%)
1	$(MeO)_2B–B(OMe)_2$	$n-C_6H_{13}$	$Pt(PPh_3)_4$/80 ℃	89
2	catB–Bcat	$n-C_6H_{13}$	$Pt(PPh_3)_4$/80 ℃	>95
3	pinB–Bpin	$n-C_6H_{13}$	$Pt(PPh_3)_4$/80 ℃	92
4		Ph	$Pt(PPh_3)_4$/80 ℃	79
5		$N{\equiv}C(CH_2)_3$	$Pt(PPh_3)_4$/80 ℃	79
6		$MeO_2C(CH_2)_4$	$Pt(PPh_3)_4$/80 ℃	89
7	$(Me_2N)_2B–B(NMe_2)_2$	$n-C_6H_{13}$	$Pt(PPh_3)_4$/120 ℃	7
8	$R_3Si–B(NR_2)_2$	$n-C_6H_{13}$	$Pd_2(dba)_3$/4 etpo/80 ℃	92
9	$R_3Si–Bpin$	$n-C_6H_{13}$	$Pd(OAc)_2$/15 RNC/110 ℃	92
10	$Me_3Sn–B(NR_2)_2$	$n-C_6H_{13}$	$Pd(PPh_3)_4$/室温	83
11		Ph	$Pd(PPh_3)_4$/室温	73

etpo = $P(OCH_2)_3CCH_2CH_3$　RNC = $^tBuCH_2CMe_2NC$

16・4・6b アルケンのジボリル化反応

アルケンのジボリル化反応はより実現が困難な反応であった．先と同様に宮浦の総説[167]から引用した表 16・5 は，一連のアルケンのジボリル化反応の結果をまとめたものである．

表 16・5 アルケンのジボリル化反応の例

$(RO)_2B-B(OR)_2$ + $R^1CH=CHR^2$ —触媒, 室温～50 ℃→ $(RO)_2B-CH(R^1)-CH(R^2)-B(OR)_2$

$(RO)_2BB(OR)_2$	アルケン	触媒/反応条件	収率(%)
pinB–Bpin	1-デセン	$Pt(dba)_2$/50 ℃	82
	スチレン	$Pt(dba)_2$/50 ℃	86
	シクロペンテン	$Pt(dba)_2$/50 ℃	85
	シクロヘキセン	$Pt(dba)_2$/50 ℃	0
	ノルボルネン	$Pt(dba)_2$/50 ℃	85
catB–Bcat	1-ヘキセン	$Pt(cod)_2$/室温	95
	ノルボルネン	$Pt(cod)_2$/室温	93
	$4-MeOC_6H_4CH=CH_2$	$AuCl(PEt_3)$/2dcpe/室温	高い
	スチレン	[(acac)Rh(dppm)]B_2cat_3/室温	87
	PhCH=CHPh	[(acac)Rh(dppm)]B_2cat_3/室温	92～99

dcpe：1,2-ビス(ジシクロヘキシルホスフィノ)エタン
dppm：1,1-ビス(ジフェニルホスフィノ)メタン
B_2cat_3：

これらの例から，ホスフィンやイソシアニド配位子をもたない 10 族金属錯体がこれらの付加に対して最も活性が高いことがわかる[214)～216)]．金[217)]やロジウム[218)]錯体もビニルアレーンのジボリル化反応を触媒することが示されている．

初期の研究では，金属上にジエン以外の配位子が存在しないことから，アルケンのエナンチオ選択的ジボリル化反応の開発は困難と考えられていた．しかしその後，配位子をもつ金属触媒を用いてジボリル化反応を行うことのできる反応系が見いだされた．ホスフィン配位子をもつパラジウム錯体はアレンのジボリル化反応を触媒し[219)]，そのエナンチオ選択的ジボリル化反応が報告されている[220)]．その一例を式 16.51 に示す．さらにロジウムのビスホ

Decyl–CH=C=CH₂ + B_2pin_2 —2.5% $Pd_2(dba)_3$, 6 mol% (*R*,*R*)-L / トルエン，14 時間，室温→ 生成物（Bpin, Bpin, Decyl） (*R*,*R*)-L = (16.51)

収率 61%
82% ee

5% (QUINAP)

Ph–CH=CH–Me + catB–Bcat —5% [$(COD)_2Rh$]BF_4 / THF, 22 ℃, H_2O_2, NaOH→ Ph–CH(OH)–CH(OH)–Me (16.52)

収率 24%
35：1 シン体/アンチ体
88% ee シン体

スフィン錯体が単純アルケンのジボリル化反応の触媒となることが見いだされた．適切なホスフィン配位子を用いると，これらの反応は高エナンチオ選択的に進行する[221]．式 16.52 と式 16.53 に示すように，β-メチルスチレンと 5-デセンのエナンチオ選択的ジボリル化反応は QUINAP 配位子をもつロジウム錯体により触媒される．

trans-5-デセン → [0.5% (nbd)Rh(acac), 0.5% (*S*)-QUINAP; B_2cat_2; 反応後 H_2O_2, NaOH 処理] → Butyl–CH(OH)–CH(OH)–Butyl　収率 69%　15：1 シン体/アンチ体　98.8% ee　(16.53)

16・4・6c　ジボリル化反応の機構

アルケンやアルキンのジボリル化反応は，スキーム 16・15 に示す一般的な反応経路で進行すると考えられている．関連するシリルボリル化反応やスタンニルボリル化反応も同様の機構で進行する．この反応機構では，ジボラン，シリルボラン，あるいはスタンニルボランの酸化的付加反応により，それぞれビスボリル，シリルボリル，あるいはスタンニル

スキーム 16・15

ボリル錯体が生成する．これらの酸化的付加反応については 6 章で述べた．たとえば，宮浦と石山，Marder，Smith いずれもがジボロン化合物の Pt(0) への酸化的付加反応を報告し[201),222),223]，Marder はジボロン化合物の Rh(I) への酸化的付加反応の例を報告している[224]．これらの反応は計算化学的にも研究されている[204),225]．加えて田中はスタンニルボリル化反応の最初の段階であるスタンニルボランの Pt(0) への酸化的付加反応[209] を，また，小澤はシリルボリル化反応の最初の段階であるシリルボランの Pt(0) への酸化的付加反応を報告している[207]．これらの酸化的付加反応に続いて，ジボリル化反応の場合は M−B 結合へのアルキンの移動挿入反応が起こる．アルキンの挿入反応は，シリルボリル化およびスタンニルボリル化反応では，M−B，M−Si あるいは M−Sn 結合に移動挿入反応が起こる場合がある．そして還元的脱離反応により最終生成物が得られる．

16・5　遷移金属触媒によるオレフィンおよびアルキンのヒドロアミノ化反応

16・5・1　ヒドロアミノ化反応の基本事項

ヒドロアミノ化反応（hydroamination）とは，アミンあるいはその関連化合物の N−H 結合が C−C 多重結合に付加する反応である（式 16.54 および式 16.55）．これらの生成物は古

$$R^1—\overset{---}{\equiv}—H + HNR_2 \xrightarrow{\text{触媒}} \text{(}R^1, H / H, NR_2\text{)} \text{ または } \text{(}R^1, H / R_2N, H\text{)} \quad (16.54)$$

$$R^1—\overset{---}{\equiv}\frown NHR \xrightarrow{\text{触媒}} \text{(環状 } R^1, H, N\text{–}R\text{)} \text{ または } \text{(環状 } R^1, H, RN\text{)} \quad (16.55)$$

典的な有機反応によって得ることができるが，これらの方法の多くは余分な反応剤やオレフィン由来の化合物の使用が必要である．そのため，触媒的ヒドロアミノ化反応に関する研究が50年近くもの間行われてきており，特にアンモニアのアルケンへの逆Markovnikov付加は，触媒反応で未解決な問題の上位10位リストに含まれている[226]．同時に，触媒的ヒドロアミノ化反応は一般的な反応というレベルには到達しておらず，触媒的な逆Markovnikov型のアルケンのヒドロアミノ化反応はいまだ報告されていない．しかしながら，遷移金属触媒を用いるヒドロアミノ化反応に関しては最近大きな進展がみられている．そしてこのトピックスに関する膨大な数の論文が1990年代後半から21世紀の最初の10年にかけて報告されている．

本節では，遷移金属触媒を用いるヒドロアミノ化反応に焦点をあてる．酸[227),228]，塩基[229),230]，水銀や銅などの典型元素金属，不均一系触媒などを用いた触媒的ヒドロアミノ化反応に関する多くの研究が報告されているが，これらの反応機構の素過程は本書の範囲外であるので，本章ではこれらの触媒を用いて行うヒドロアミノ化反応については割愛する．これについては多くの総説[3),231)~241]を参照されたい．

アンモニアのエチレンへの分子間付加反応についての計算化学的研究によると，反応はエンタルピー的に有利である．一方，分子間反応はエントロピー的には不利である．アリールアミンのビニルアレーンへの付加反応の熱力学なパラメーターが最近になって溶液中で測定されている[242]．これらの研究を式16.56にまとめたが，ビニルアレーンへの付加は自由エ

$$\text{ビニルアレーン } (n = 0,1) + \text{Ar–N(H)–R } (R = H,\ Me) \underset{\substack{2\ \text{mol\% L/CpPd}(\eta^3\text{-allyl}) \\ 2\ \text{mol\% HOTf}}}{\overset{2\ \text{mol\% } L_2Pd(OTf)_2}{\rightleftharpoons}} \text{(80 °C)} \text{ 付加生成物 (Ar–N–R)} \quad (16.56)$$

$K = 0.16 \sim 155\ M^{-1}$
$\Delta G = 5.4 \sim -14.6\ \text{kJ/mol}$

ネルギーがほぼ0で進行することが明らかにされている．アリールアミンのビニルアレーンへの付加は熱力学的に有利であるが，β置換ビニルアレーンへの付加は不利であり，付加生成物を良好な収率で得るためには高濃度条件が必要である．

ヒドロアミノ化反応は，いまや，N−H結合を含むさまざまな種類の化合物やさまざまな種類のアルケンおよびアルキンに適用できる．これらの反応の適用範囲は急速に拡大しており，多くの総説が報告されているので，本節ではこれら反応の適用範囲の概要を示すにとどめる．ついでヒドロアミノ化反応のさまざまな反応機構についての知見をまとめる．これらの反応機構は本書のこれまでの章で述べた一連の基本的な反応から成り立っている．

16・5・2 ヒドロアミノ化反応の適用範囲

ヒドロアミノ化反応の適用範囲は，オレフィンやアルキンに付加するN−H結合を含む化合物の種類によって分類でき，また，アルケン，ビニルアレーン，ジエン，アレン，アルキンなどの炭素−炭素π結合を含む反応剤の種類によっても分類できる．触媒の適用範囲

と反応速度は，反応にかかわる炭素−炭素π結合の種類に大きく依存するので，本節ではアルケン，ビニルアレーン，アレン，ジエン，そしてアルキンの反応に分類して述べる．

16・5・2a　アルケンのヒドロアミノ化反応

最初に報告されたヒドロアミノ化反応はアルケンへの付加反応であるが，アルケンのヒドロアミノ化反応は，他のヒドロアミノ化反応と比べてより難しい反応であることがわかっている．1971 年 Coulson は，$RhCl_3$ 触媒によるエチレンへの第二級アミンの付加を報告した[243]．式 16.57 に示すエチレンやプロピレンへのアミドの付加は，Widenhoefer により最近

$$\text{PhC(O)NH}_2 \xrightarrow[\text{H}_2\text{C=CH}_2\ (3.4\ \text{atm}),\ \text{ジオキサン},\ 120\ ^\circ\text{C}]{2.5\%\ [\text{Pt(ethylene)Cl}_2]_2,\ 5\%\ \text{PPh}_3} \text{PhC(O)NHCH}_2\text{CH}_3 \tag{16.57}$$

になって報告され[244]，ノルボルネンへのアニリンの付加は，Milstein と Casalnuovo により報告された[245]．アニリンのノルボルネンへの付加反応の触媒活性は低いが，この研究から得られたいくつかの重要な反応機構に関する発見については 9 章で述べられており，§16・5・3c（p.663）にまとめられている．より反応性の低い内部オレフィンへの異性化が起こらないエチレン，プロピレン，ノルボルネンへのアミンの付加反応は，より高級オレフィンへの付加よりも単純である．Brunet は，酸を添加したハロゲン化白金をイオン液体中で用いる，アリールアミンのエチレンおよびヘキセンへの付加反応を報告している（式 16.58）[246),247]．

$$\text{PhNH}_2 + \text{1-hexene} \xrightarrow[{}^n\text{Bu}_4\text{PBr},\ 150\ ^\circ\text{C},\ 96\ \text{時間},\ \text{TON} > 240]{\text{PtBr}_2\ (1\ \text{mol\%}),\ \text{H}^+\ (3\ \text{mol\%})} \text{PhNHCH(CH}_3\text{)C}_4\text{H}_9 + \text{PhNHC}_6\text{H}_{13} \tag{16.58}$$

70%（95：5 混合物）

第一級アミンのアルケンへの分子間付加反応もランタニド触媒を用いて報告されている．これらの反応は遅いが高い転化率で進行する．後周期遷移金属錯体触媒によるヒドロアミノ化反応と同様，これらの反応では N−H 結合がオレフィンに Markovnikov 付加した生成物を与える．このような反応の一例を式 16.59 に示す[248),249]．

$$\text{1-pentene (過剰)} + {}^n\text{PrNH}_2 \xrightarrow[\text{C}_6\text{D}_6,\ 60\ ^\circ\text{C}]{\text{Me}_2\text{Si(C}_5\text{Me}_4)_2\text{NdCH(TMS)}_2\ (20\%)} \text{CH}_3\text{CH}_2\text{CH}_2\text{CH(NH}^n\text{Pr)CH}_3 \tag{16.59}$$

90%, TOF = 0.4 h^{-1}

アミンおよび関連化合物の N−H 結合のアルケンへの分子内付加反応については多くの例が報告されている．これらの環化反応の最も活性な触媒はランタニドおよび 4 族金属錯体であるが，カルシウム錯体がジェミナルジメチル基をリンカー上に含むアミノアルケンを環化する例（式 16.60）[250] や，ジルコノセンおよびチタノセン錯体がアミノアルケンの分子内

$$\text{H}_2\text{NCH}_2\text{C(CH}_3)_2\text{CH}_2\text{CH=CH}_2 \xrightarrow[10\%\ \text{[(ArNC(Me)CHC(Me)NAr)Ca(N(SiMe}_3)_2)(\text{THF})]}]{15\ \text{分},\ 25\ ^\circ\text{C}} \text{2,4,4-trimethylpyrrolidine} \tag{16.60}$$

Ar = C_6H_3-$^i Pr_2$-2,6

ヒドロアミノ化反応を触媒する例も報告されている[251]．

ランタノセン錯体やハーフサンドイッチ型のランタニド錯体[248),249),252)〜269)] を用いたアル

ケンの分子内ヒドロアミノ化反応に関し膨大な研究が行われている．5 および 6 員環を形成するアミノアルケンの基本的な環化反応の例を式 16.61 に示す．これらの反応では Markovnikov 付加のみが進行する．また，式 16.62 に示すようにアリールアミンを用いても行われ

H_2N–$(CH_2)_n$–CH₂CH₂CH=CH₂ —[$Cp^*_2LaCH(TMS)_2$ (3%)，トルエン，60 ℃]→ 2-メチル環状アミン　$n = 1$, TOF = 140 h^{-1}；$n = 2$, TOF = 5 h^{-1}　(16.61)

2-アリルアニリン (NH_2) —[$Cp^*_2LaCH(TMS)_2$ (3%)，トルエン，80 ℃]→ 2-メチルインドリン (N–H)　TOF = 12 h^{-1}　(16.62)

ている．ランタニド錯体を触媒とするアミンの分子内反応は高温を必要とするが，1,1-および 1,2-二置換オレフィンに対しても進行する（式 16.63）．

H_2N–CH₂–C(R)(R)–CH₂–C(Me)=CH₂ —[$[(Me_3SiCp)_2LnMe]_2$ (4%)，C_6D_6，25〜120 ℃]→ 2,2-ジメチル-4,4-R-ピロリジン (N–H)　(16.63)

Ln = Nd, Sm
R = H, Me, Ph, $(CH_2)_5$

70〜98%, TOF = 2〜25 h^{-1}

シクロペンタジエニル配位子の大きさと種類は，これら環化反応の速度に影響を与える（表 16・6〜16・8）．表 16・6 に示した環化反応は，サマリウムおよびネオジムを含むモノシクロペンタジエニル錯体存在下で最も速く進行する[260]．ビス(ペンタメチルシクロペンタ

表 16・6　分子内ヒドロアミノ化反応に及ぼす触媒前駆体の影響

H_2N–CH₂–C(Me)₂–CH₂–CH=CH₂ ——→ 2,4,4-トリメチルピロリジン (N–H)

触媒前駆体(訳注)	反応温度 (℃)	触媒回転頻度 TOF (h^{-1})
$[Me_2Si(C_5Me_4)(^tBuN)]SmN(TMS)_2$	25	181
$[Me_2Si(C_5Me_4)(^tBuN)]NdN(TMS)_2$	25	200
$[Me_2Si(C_5Me_4)(^tBuN)]YbCH(TMS)_2$	25	10
$[Me_2Si(C_5Me_4)(^tBuN)]LuCH(TMS)_2$	25	90
$(C_5Me_5)_2LaCH(TMS)_2$	25	95
$(C_5Me_5)_2SmCH(TMS)_2$	60	48
$(C_5Me_5)_2LuCH(TMS)_2$	80	<1
$(EBI)YbN(TMS)_2$	25	0.7

TMS：トリメチルシリル　EBI：1,2-ビス(インデニル)エタンジイル

訳注：表の上から四つの触媒前駆体の構造

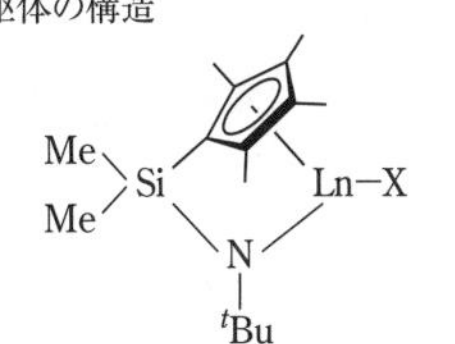

X = $N(TMS)_2$ または $CH(TMS)_2$
Ln：Sm, Nd, Yb, Lu

ジエニル)錯体を触媒としても反応は進行し，なかでも最も活性の高いのはランタンとサマリウム錯体である．1,2-二置換オレフィンの反応は，より小さいサマリウムを含む錯体よりも，より大きいランタン金属を中心に含む錯体を触媒として用いる方がかなり速く進行する（表 16・7）[267]．さらに，二つのシクロペンタジエニル基をジメチルシリル基で結びつけた，金属まわりにより広い反応場を提供しているルテチウム[260]（表 16・6）あるいはサマリウム（表 16・8）触媒を用いる反応は[267]，シリル基により結びつけられていない Cp^*_2M 種による触媒反応よりも速く進行する．

これらの分子内ヒドロアミノ化反応により不斉炭素原子をもつ生成物が得られる．そのためランタニド錯体を触媒とするエナンチオ選択的なオレフィンの分子内アミノ化反応の配位子の開発研究が行われている[237),270]．キラルなシクロペンタジエニル配位子をもつ触媒反応

表 16・7　1,2-二置換オレフィンの分子内ヒドロアミノ化反応に及ぼすイオン半径の効果
(Cp^*： C_5Me_5)

$Cp^*{}_2LnCH(TMS)_2$, o-キシレン-d_{10}, 125 ℃

番号	$Cp^*{}_2LnCH(TMS)_2$	イオン半径(Å)	触媒回転頻度 TOF (h^{-1})
1	$Cp^*{}_2LaCH(TMS)_2$	1.160 (La^{3+})	8.54
2	$Cp^*{}_2SmCH(TMS)_2$	1.079 (Sm^{3+})	0.50
3	$Cp^*{}_2YCH(TMS)_2$	1.016 (Y^{3+})	反応しない

表 16・8　1,2-二置換オレフィンの分子内ヒドロアミノ化反応に及ぼす Cp-M-Cp 配位挟角の効果 (Cp^*： C_5Me_5)

$L_2LnCH(TMS)_2$, o-キシレン-d_{10}, 125 ℃

番号	$L_2LnCH(TMS)_2$	配位挟角［Cp-Ln-Cp］	触媒回転頻度 TOF (h^{-1})
1	$Cp^*{}_2SmCH(TMS)_2$	~134°	0.50
2	$Me_2Si(C_5Me_4)_2SmCH(TMS)_2$	~122°	21.60

の選択性は中程度である．シクロペンタジエニル配位子をもたない触媒の方が高い選択性が達成されている．最も選択性の高い触媒は，Livinghouse が報告したビス(チオラト)配位子をもつイットリウム錯体[271]，Hultzsch の報告したルテチウムの 3,3′-二置換ビナフトラト錯体[238]，そして Schafer の報告した BINAM 型のビスアミダト錯体[272] である．これらの触媒それぞれを用いた代表的な環化反応の例を式 16.64 に示す．

触媒(2~5 mol%), C_6D_6 または C_7D_8　(16.64)

触媒 = (Y 錯体, $N(TMS)_2$, $SiMe_2Ph$)　R = Me　87% ee

触媒 = (Lu 錯体, Si(3,5-xylyl)$_3$, Me_2NBn)　R = H　転化率 ≧98%, 83% ee

触媒 = (Zr 錯体, 2,6-xylyl, NMe_2)　R = Me　転化率 >98%, 93% ee

後周期遷移金属触媒によるアミンのアルケンへの分子内付加反応の例は少ない．このタイプの錯体触媒を用いた反応としては，アミド，カルバミン酸エステル，そしてトシルアミドのアルケンへの付加反応の例が多く報告されている．単純なハロゲン化白金触媒による第二級アミンの分子内アルケンへの付加反応の例を，式 16.65 a に示す[273]．最近報告された $[Rh(COD)_2]BF_4$ とビアリールジアルキルホスフィンから生じる触媒を用いると，環化反応を起こすアミノアルケンの適用範囲はさらに広がる（式 16.65 b）[274]．これらの反応では，

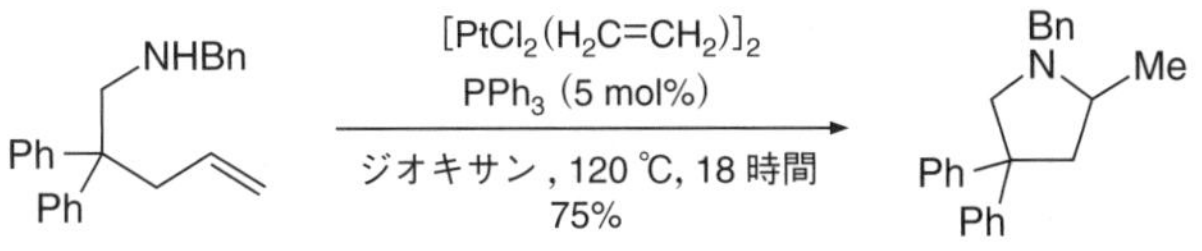

(16.65 a)

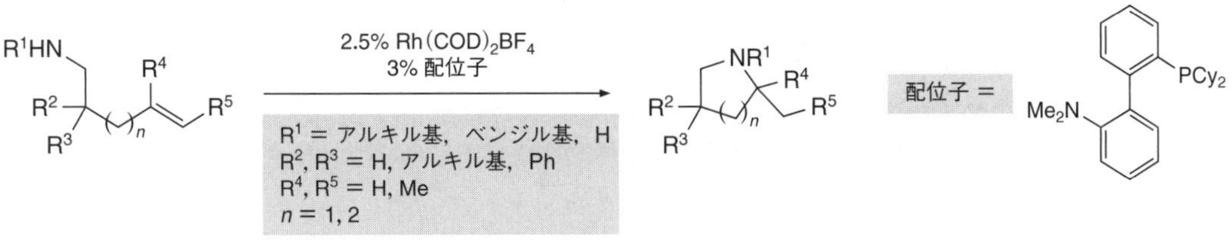

(16.65 b)

環化反応を起こしやすくするような置換基の有無にかかわらず5および6員環が形成される．また，これらの反応は内部オレフィン，末端オレフィンでも，第一級，第二級アミンいずれでも進行する．

アミドやカルバミン酸エステルのような活性化された窒素原子を側鎖に含むアルケンの分子内ヒドロアミノ化反応は最もよく解析された反応であり，その例を式 16.66 a と式 16.66 b

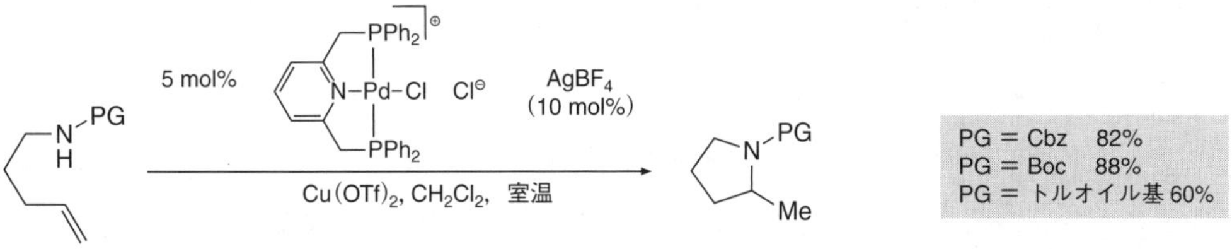

(16.66 a)

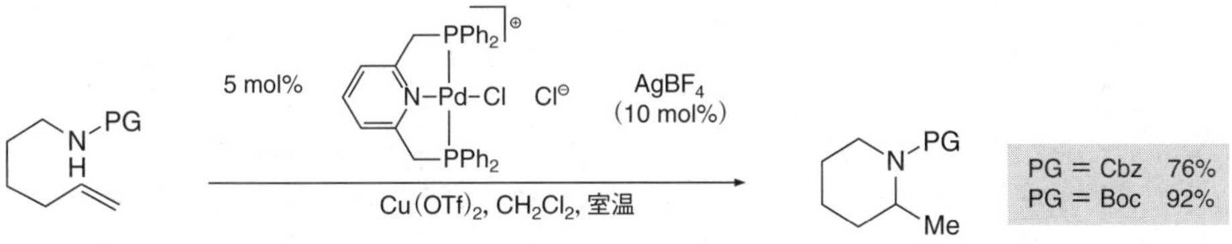

(16.66 b)

に示す．この反応は PNP ピンサー型配位子をもつジカチオン性パラジウム錯体により触媒される[275]．ロジウム触媒を用いるヒドロアミノ化反応と同様，この反応は環化を起こしやすくするような置換基の有無にかかわらず5および6員環が形成される．

16・5・2 b　ビニルアレーンのヒドロアミノ化反応

アミンのビニルアレーンへの付加反応の触媒も開発されている．これらの触媒反応のなかには，後周期遷移金属錯体触媒によるひずみのないオレフィンのヒドロアミノ化反応の初めての例や，ランタニド錯体触媒による例などがある．これらの付加反応は触媒系によって Markovnikov 型または逆 Markovnikov 型の選択性を示す．これらの付加反応は §16・5・3 b で述べるようにいくつかの異なる機構で進行する．

ビニルアレーンの最初のヒドロアミノ化反応は，$Pd(PPh_3)_4$ とトリフルオロメタンスルホン酸から（式 16.67），あるいは $Pd(OCOCF_3)_2$，1,1′-ビス(ジフェニルホスフィノ)フェロセン(DPPF) とトリフルオロメタンスルホン酸から生成するパラジウム触媒を用いて行われた[276]．関連する触媒系ではアルキルアミンの付加も進行する[277]．アリールアミンのビニルアレーンへの付加反応に対するより活性な触媒が，(Xantphos)Pd(allyl)OTf から生成することが報告されている[278]．Xantphos 錯体により触媒される反応では，エノール化可能な水素

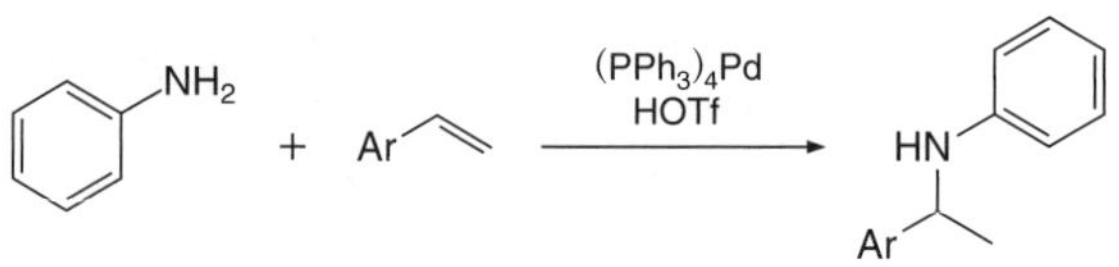

NH_2 + Ar　$(PPh_3)_4Pd$ / HOTf　→　HN / Ar　(16.67)

訳注：アトロプ異性とは，キラル中心をもたないが，単結合のまわりの回転が阻害されることでエナンチオマーを生じる性質をいう．

原子をもつケトンや保護されていないアルコール，カルボン酸，アミド，ニトリル，エステルなどのさまざまな官能基があっても進行することが示されている（式 16.68）．BINAP を配位子とする反応はまずまずのエナンチオ選択性で進行する[276]．一例を式 16.69 に示す．これらの反応は，最近では他のアトロプ異性[訳注]をもつビアリール配位子を用いて行われている[279]．

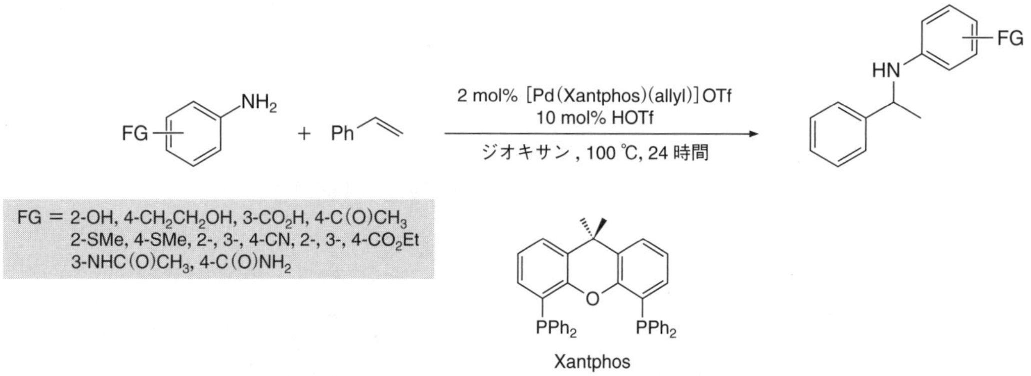

FG　NH_2 + Ph　2 mol% [Pd(Xantphos)(allyl)]OTf / 10 mol% HOTf / ジオキサン，100 ℃，24 時間　→　HN　FG　(16.68)

FG ＝ 2-OH, 4-CH_2CH_2OH, 3-CO_2H, 4-C(O)CH_3
2-SMe, 4-SMe, 2-, 3-, 4-CN, 2-, 3-, 4-CO_2Et
3-NHC(O)CH_3, 4-C(O)NH_2

O　PPh_2　PPh_2
Xantphos

NH_2 + F_3C　10% [(*R*)-BINAP]Pd$(OTf)_2$ / 25 ℃，72 時間　→　NHPh　CH_3　F_3C　80%　81% ee (*S*)　(16.69)

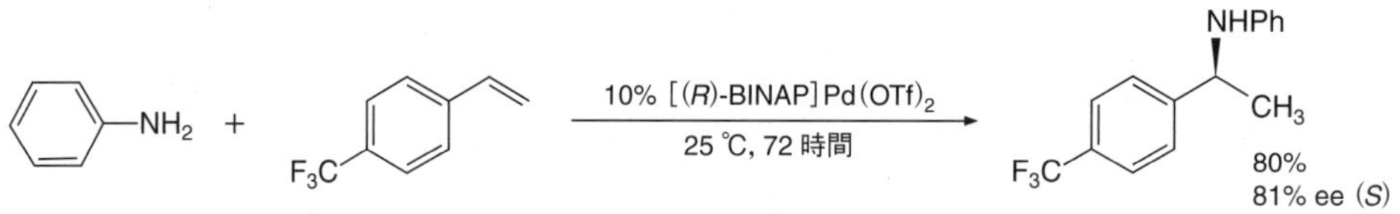

他の後周期遷移金属錯体は，ビニルアレーンの逆 Markovnikov 型のヒドロアミノ化反応を触媒し，ランタニド錯体は分子間反応の場合に，ビニルアレーンの逆 Markovnikov 型のヒドロアミノ化反応を触媒する．これらのヒドロアミノ化反応の例を，式 16.70〜16.73 に示す[249),280)〜282]．一つ目の例[280]では，弱いキレート配位をする DPEphos をもつロジウム錯

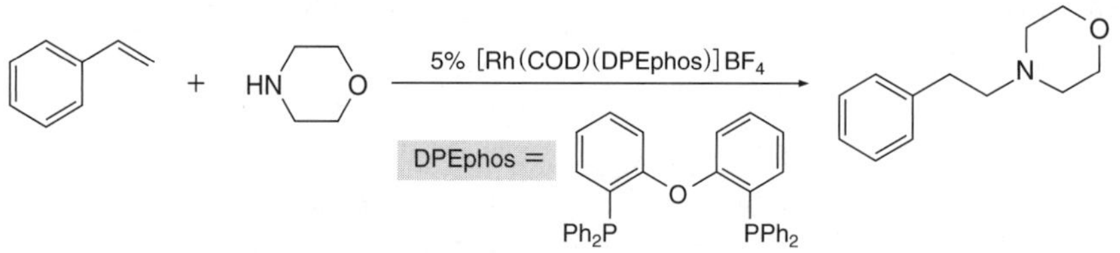

+ HN　O　5% [Rh(COD)(DPEphos)]BF_4　→　N　O　(16.70)

DPEphos ＝　O　Ph_2P　PPh_2

体が，さまざまなビニルアレーンと第二級アミンとの逆 Markovnikov 型のヒドロアミノ化反応を良好な収率で触媒している（式 16.70）．ビニルアレーンの酸化的アミノ化反応により生じるエナミンが，おもな副生物である．単座配位子を含む触媒を用いると，エナミンが主生成物となることが，以前報告されていた[283]．弱くキレート配位するビスホスフィン配位子である，1,4-ビス(ジフェニルホスフィノ)ブタンの配位したロジウム触媒は，側鎖にアミ

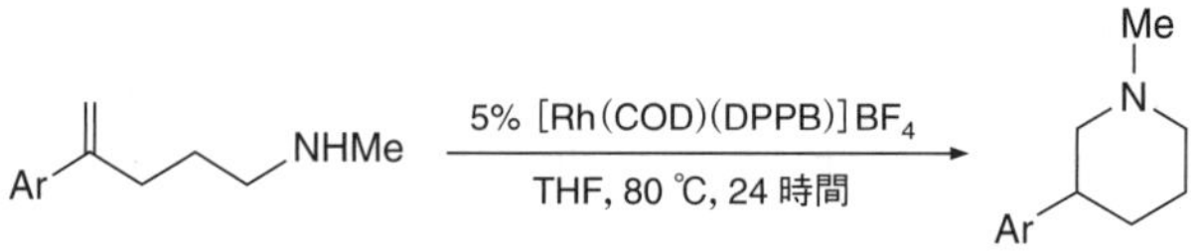

Ar　NHMe　5% [Rh(COD)(DPPB)]BF_4 / THF，80 ℃，24 時間　→　Me　N　Ar　(16.71)

ノ基を含むビニルアレーンの環化をひき起こし3-アリール-1-メチルピペジリンを与える(式16.71)[281].

ルテニウム錯体もビニルアレーンの逆Markovnikov型のヒドロアミノ化反応の触媒となる．この場合，1,5-ビス(ジフェニルホスフィノ)ペンタン（DPPPent），トリフルオロメタンスルホン酸，そしてルテニウム(II)前駆体の組合わせにより，第二級アミンのビニルアレーンへの付加反応を促進する触媒が生成する（式16.72)[282]．この混合物触媒系からは，

5% Ru(COD)(2-methylallyl)$_2$, 7% DPPPent, 10% CF_3SO_3H, ジオキサン, 100 ℃, 24時間; 収率 96%; 中間体

DPPPent: 1,5-ビス(ジフェニルホスフィノ)ペンタン

(16.72)

DPPPent配位子に由来するPCPピンサー型配位子をもつカチオン性η^6-アレーン錯体が生成することが示されている[284]．この反応の機構は，ヒドロアミノ化反応の反応機構の節で詳しく述べるが，アミンのη^6-ビニルアレーン錯体への求核付加の段階を含んでいる．

最後に，かなり異なる金属触媒であるが，ランタノセンを用いても，ビニルアレーンと第一級アミンとの逆Markovnikov型ヒドロアミノ化反応が進行し，生成物としてβ-フェネチルアミンを与える（式16.73)[249]．これらの反応は広範な電子的性質をもつビニルアレーン

LaCH(TMS)$_2$; 90 ℃, C_7D_8

(16.73)

に対して起こる．反応はランタン(アミド)錯体へのスチレンの挿入反応によって進行すると考えられている．

16・5・2c　アレンのヒドロアミノ化反応

アレンのヒドロアミノ化反応は，付加の位置選択性によりイミンあるいはアリルアミンを与える．アレンのヒドロアミノ化反応は，ランタニド錯体，4族金属錯体[285)~288]，パラジウム錯体[289)~290]，金錯体[291),292]を用いた例が報告されており，分子内反応で含窒素芳香族ヘテロ環化合物を与える反応についてより多くの研究がなされている．しかし4族金属を用いて初めて見いだされたヒドロアミノ化反応は，アレン自体の分子間反応であった．

アレンのヒドロアミノ化反応の例をいくつか式16.74～16.78に示す．4族金属錯体触媒を用いたアレンのヒドロアミノ化反応の最初の例として，$Cp_2Zr(NHAr)_2$ (Ar = 2,6-ジメチルフェニル）を用いた反応を式16.74に示す[285]．のちの研究により，チタンのビススルホンアミド錯体の方がこの反応に対する活性がより高いことが示された（式16.75)[288]．式16.75

H_2NAr; $Cp_2Zr(NHAr)_2$, 50 ℃, 5日

(16.74)

Ar = 2,6-ジメチルフェニル

Mes / SO_2 / N / M / NMe_2 / NMe_2 / N / SO_2 / Mes (5 mol%)

^nPr–(allene)–NH_2 → (N, ^nBu) + (NH, ^nPr)　　(16.75)

M	収率	収率
Ti	＞98	—
Zr	11	78

に示すように，ビススルホンアミド配位子をもつ4族金属錯体触媒によるアレンのヒドロアミノ化反応の位置選択性は，金属の種類に依存する．これらのヒドロアミノ化反応は，アレンと反応系中で生成する金属イミド錯体との［2+2］付加環化反応により進行すると考えられる．ランタニド錯体もアレンの環化反応を触媒し，これらの反応は天然物のアルカロイド合成に用いられている[259]．このような反応の一例を式16.76に示す．$Cp^*_2SmCH(TMS)_2$は，この反応に対し高い活性を示す触媒の一つである．これらアレンのヒドロアミノ化反応はSm−N結合へのアレンの分子内挿入反応によって起こると考えられている．

$^nC_3H_7$, H, H, NH_2 → ペンタン, 2 mol% $Cp^*_2SmCH(TMS)_2$ → H, NH, H, $^nC_3H_7$　　(16.76)

後周期遷移金属錯体を触媒とするアレンのヒドロアミノ化反応も報告されており，これらの反応は通常アリルアミン誘導体を生成する．窒素原子上に電子求引性基をもつ基質の分子内反応の例を式16.77と式16.78に示す．また，パラジウム(0)錯体/PPh_3系触媒によるアレンへのアミンの付加反応も報告されている[289]．しかし，高選択的に進行する反応の範囲は限定されている．一方，酸の存在下DPPF配位子をもつアリルパラジウム錯体を触媒とするトシルアミドのアレンへの分子内（式16.77）[293]あるいは分子間[290]ヒドロアミノ化反応は，高収率で進行する．この反応は，酸とアレンから生じるアリルパラジウム中間体を経由して進行するようである．カルバミン酸エステルを有するアレン誘導体の環化反応は金触媒

NH–R (R = Ts) → [Pd(π-allyl)Cl]$_2$, 10 mol% DPPF, 100 mol% 酢酸, THF → N–R (R = Ts)　　(16.77)

NHCbz, Me → Au[(P^{t}Bu$_2$(o-biphenyl)]Cl (5 mol%), AgOTf (5 mol%), ジオキサン, 25 ℃, 30 分 → NHCbz, Me　　(16.78)

96%, $E:Z \geq 50:1$

存在下で進行する（式 16.78）[291].

16・5・2d 1,3-ジエンのヒドロアミノ化反応

1,3-ジエンのヒドロアミノ化反応は古くから知られているが，これらの反応ではしばしば混合物が得られる．さらに最近，ランタニドおよびパラジウム触媒を用いたジエンの分子間および分子内ヒドロアミノ化反応によりアリルアミンが高収率で得られることが報告されている．これらの反応は，高エナンチオ選択的に進行する場合もある．

ニッケル触媒によるブタジエンとアルキルアミンの反応により，4, 8, あるいは 12 個の炭素鎖長のアミン混合物を与える反応（式 16.79）が，1970 年代初頭に活発に研究され

触媒量 Ni(II) または Pd(II) + 配位子 / R_3Al 助触媒
HNR_2 ; H, NR_2 ; H, NR_2

この部分のいずれかの位置に C=C 結合を含む
アミンの混合物 + 類縁した C_{12} アミン

(16.79)

た[294)～295)]．また，パラジウム触媒を用いた研究も行われた[294),296)～298)]．この反応は，生成物に残った二重結合を水素化することにより，中程度の炭素鎖長のアルキルアミンの合成法となる．このジエンのテロマー化反応は，一般的にニッケル(II) ないしパラジウム(II)化合物にホスフィン配位子を添加した触媒系が用いられた．触媒の活性は，アルキルアルミニウム助触媒を添加すると増大した[294),296)]．合成化学的観点からは，1：1 付加体が望ましく，金属に対して配位子の量が多い場合に 1：1 付加体の選択性が高くなる場合があった[299)]．助触媒として酸を添加すると 1：1 付加体の選択性が増大することが示されている[300)].

最近になりブタジエン，イソプレン，シクロヘキサジエンのヒドロアミノ化反応により 1：1 付加体を高選択的に生成するニッケル[301)] およびパラジウム[302)] 錯体が報告されている．ニッケル触媒による反応は，$Ni(COD)_2$ と DPPF を触媒前駆体として助触媒の酸を添加して室温付近で行われる．このような反応の一例を式 16.80 に示す．この反応は，第一級および

HN, O ; $Ni(COD)_2$/DPPF / PhCOOH ; N, O

(16.80)

第二級のアルキルアミン，および環状，非環状ジエンにまで適用可能である．ブタジエンと第二級アルキルアミンの反応も 1：1 付加体を選択的に与える．これらのニッケル触媒によるジエンのヒドロアミノ化反応は可逆的であるため，キラルなアリルアミン生成物のラセミ化をひき起こす．

パラジウム触媒による反応は，単純な $[Pd(allyl)Cl]_2$ とホスフィン配位子との組合わせ，あるいは $Pd(PPh_3)_4$ と酸助触媒とにより進行する．これらの反応は，アリールアミンの付加にも適用可能である．式 16.81 に示すように，いろいろなアリールアミンとシクロヘキサ

$ArNH_2$ + ; $[Pd(\eta^3\text{-allyl})Cl]_2$ /L ; ArHN ; 86～95% ee

L = ; O ; NH ; HN ; O ; PPh_2 ; Ph_2P

(16.81)

ジエンの反応が，Trost 配位子を用いることにより高エナンチオ選択的に進行する．この配位子については 20 章でより詳しく述べる．これらの反応，およびニッケル触媒による反応は，ジエン錯体のプロトン化反応，あるいはパラジウムヒドリド種へのジエンの挿入反応に

より生じる η^3-アリル中間体へのアミンの求核付加により起こる．

ランタニド錯体も 1,3-ジエンのヒドロアミノ化反応を触媒する．アミノアルケンの分子内ヒドロアミノ化反応について開発されたランタニド触媒が，アルキルアミンのジエンへの分子内付加反応に特に高い活性を示す．この反応の適用範囲は広く，キラルアミンの高ジアステレオ選択的な環化反応の代表的な例を式 16.82 に示す．これらの反応は，ランタニド(アミド)中間体へのジエンの挿入反応により生成するアリル金属中間体を経由して進行する．

$$\text{(diene-amine, } H_2N\text{)} \xrightarrow[25\ ^\circ C]{Cp^*{}_2La[CH(TMS)_2]} \text{(2-propenyl-6-methylpiperidine, NH)} \qquad (16.82)$$

シクロヘプタトリエンのヒドロアミノ化反応も報告されている（式 16.83）[303]．この反応の機構は明らかにされていないが，パラジウム触媒によるジエンのヒドロアミノ化反応の機構と類似していると考えられる．全体の反応として 2 度のヒドロアミノ化反応が起こってい

$$\text{(cycloheptatriene)} + PhNH_2 \xrightarrow[\text{トルエン, } 110\ ^\circ C]{2\%\ Pd(TFA)_2,\ 4\%\ Xantphos,\ 10\%\ PhCO_2H} \text{(bicyclic N–Ph)}\ 80\% \qquad (16.83)$$

る．一つはトリエンユニットとの分子間ヒドロアミノ化反応で，もう一つは生じるジエンへの分子内ヒドロアミノ化反応である．

16・5・2e　アルキンのヒドロアミノ化反応[236]

第二級アミンによるアルキンのヒドロアミノ化反応では通常エナミンが生成し，第一級アミンによるアルキンのヒドロアミノ化反応では通常イミンが生成する．これらアルキンのヒドロアミノ化反応は，同様のアルケンのヒドロアミノ化反応よりも熱力学的に有利である．さらにアルキンのヒドロアミノ化反応は，おそらくアルキンがアルケンより遷移金属へ配位しやすいため，アルケンのヒドロアミノ化反応よりも速く進行することが多い．また，[2+2]付加環化反応や移動挿入反応などのヒドロアミノ化反応生成物を与えうる反応は，一般にアルケンとよりもアルキンとの反応の方が速く熱力学的により有利である．そのため，アルケンとよりもアルキンとのヒドロアミノ化反応の方が適用範囲が広く，4 族金属，ランタニド，ロジウム，パラジウム錯体触媒を用いる例が報告されている．これらの反応は，Markovnikov 型位置選択性でも逆 Markovnikov 型の位置選択性でも進行する．加えて，アミンとアルキンとのパラジウム錯体を触媒とする反応では，酸を添加する条件下でアリルアミンを与える例も報告されている．

i) 4 族金属錯体を触媒とするアルキンのヒドロアミノ化反応

4 族金属錯体を触媒とするアルキンのヒドロアミノ化反応は，遷移金属触媒によるヒドロアミノ化反応のなかでも最も古くから研究されてきた[285),304]．これらの反応の一例を，式 16.84 に示す．反応は，立体的に嵩高いアミンを用いた場合にのみ進行し，その反応は遅い．

$$R{-}{\equiv}{-}Me + H_2NAr \xrightarrow[R' = Me,\ NHAr;\ 110\ ^\circ C]{Cp_2Zr(NHAr)R'} \xrightarrow{HCl/H_2O} RCH_2C(O)CH_3 \qquad (16.84)$$

R = Ph, ^{i}Pr

しかし反応は高収率で進行し，空気が存在しなければ触媒は安定である．初期に報告された $CpTiCl_3$ 触媒を用いた分子内反応で環状エナミンを生成する例を，式 16.85 に示す．内部

H_2N–(CH$_2$)$_3$–C≡C–R　$\xrightarrow[\text{THF, 25 ℃}]{\text{CpTiCl}_3\ (20\%)/{}^i\text{Pr}_2\text{NEt}}$　2-(RCH$_2$)-1-ピロリン　94%, TOF ~9 h^{-1}　(16.85)

R = Ph, ^{n}Bu

アルキンの反応ではMarkovnikov型の生成物を与える[305]．以下に詳しく述べるように，これらの反応は，アルキンと金属-イミド錯体中間体との［2+2］付加環化反応により進行する．

これらの結果をふまえて，アルキンのヒドロアミノ化反応を行うために他の4族金属錯体を用いた検討が行われた．たとえば，Cp_2TiMe_2[306)~308)] や $Cp_2Ti(\eta^2\text{-}Me_3SiC{\equiv}CSiMe_3)$[309)] が，アミンやヒドラジンのアルキンへの付加反応の触媒前駆体として用いられた．非メタロセン型の4族金属錯体触媒によるアルキンのヒドロアミノ化反応も報告されている[310)~314)]．4族金属錯体触媒によるアルキンのヒドロアミノ化反応は，ヒドロシリル化反応と連続して行われて対応するアミンを与える（式16.86）[315)]．また，生じるアルジミンへのアルキルリ

Ph–C≡C–Me + H_2N–R　→　PhCH$_2$CH(NHR)Me　(16.86)

1) 10 mol% Cp_2TiMe_2
トルエン，105 ℃, 24 時間
2) $PhSiH_3$
40 mol% ピペリジン
40 mol% MeOH
105 ℃, 24 時間

チウム反応剤の付加と連続して行われ，新しいC−C結合を含む分岐型アミンを生じたりする[316)]．前周期金属錯体触媒を用いるアルキンのヒドロアミノ化反応は，1,4-ジインあるいは1,5-ジインへの分子間反応に続く分子内反応によりピロールを生成する反応などにも利用されている[314)]．

ii）ランタニドおよびアクチニド錯体を触媒とするアルキンのヒドロアミノ化反応

アルキンのヒドロアミノ化反応を触媒する最も活性な錯体は，ランタニドおよびアクチニドの錯体である．ランタニド触媒を用いるアルキンの付加反応の触媒活性は，アルケンへの付加反応と比べて10~10^2倍大きい．そのため分子間付加反応も満足できる速度で進行する．分子間[248)] および分子内[258),317)] 付加反応の両方の例が報告されている（式16.87と式16.88）．ヒドロアミノ化反応によって始まる連続反応も報告されている[317),318)]．式16.89に示すように，アルキンの分子内ヒドロアミノ化反応，これに続くアルケンとの環化反応によ

H_3C–C≡C–R + ^{n}PrNH$_2$　$\xrightarrow[C_6D_6,\ 60\ ℃]{Me_2Si(C_5Me_4)_2NdCH(TMS)_2\ (0.5\%)}$　RCH$_2$C(=N^{n}Pr)CH$_3$　(16.87)

R = Me, Ph　　85~91%, TOF = 1~2 h^{-1}

H_2N–(CH$_2$)$_n$–CH$_2$–C≡C–R　$\xrightarrow[\text{ベンゼン}]{Cp^*_2SmCH(TMS)_2\ (2\%)}$　環状イミン (RCH$_2$置換, n)　(16.88)

92% (R = Me_3Si, n = 1)

R–C≡C–(CH$_2$)$_3$–NH–CH$_2$CH=CH$_2$　$\xrightarrow[\text{ベンゼン，21 ℃}]{Cp^*_2SmCH(TMS)_2\ (2\%)}$　ピロリジジン (R, Me置換)　(16.89)

R = Ph, Me　　68~75%, TOF = 17~777 h^{-1}

りピロリジジン骨格を構築できる．アミノアルキンのヒドロアミノ化反応もアクチニドのウランやトリウム[319),320)] のメタロセン触媒を用いて行われている．これらランタニドやアク

チニド錯体を触媒とするヒドロアミノ化反応は金属アミド中間体へのアルキンの挿入を経て進行する．

iii）ロジウムおよびパラジウム錯体を触媒とするアルキンのヒドロアミノ化反応

最初に報告されたアルキンのヒドロアミノ化反応の一つに，パラジウム錯体を触媒とするインドール合成がある．低原子価の後周期遷移金属錯体を触媒とするアルキンのヒドロアミノ化反応は，ランタニド錯体を触媒とする反応よりも適用範囲が狭い．最近になってロジウム錯体を触媒とするアルキンのヒドロアミノ化反応の例が報告された．

パラジウムおよびロジウム触媒を用いるアルキンのヒドロアミノ化反応の例を式 16.90〜16.92 と表 16・9 に示す．式 16.90[321] の反応は，多くの報告例のあるパラジウム錯体を触媒とする分子内ヒドロアミノ化反応によるインドール合成の一例である[321),322),323]．式 16.91

$$\text{2-(R-C≡C)-C}_6\text{H}_4\text{NHAc} \xrightarrow[\text{CH}_3\text{CN, 還流}]{(\text{CH}_3\text{CN})_2\text{PdCl}_2} \text{1-Ac-2-R-indole} \quad (16.90)$$

$$\text{R}'\text{-C(OH)(CH}_2\text{NH}_2\text{)-C≡C-R} \xrightarrow{\text{Pd(II)}} [\ldots] \xrightarrow{-\text{Pd(II)}} \ldots \longrightarrow \text{2-R-4-R}'\text{-pyrrole} \quad (16.91)$$

$$\text{R-C≡CH} + \text{H}_2\text{NR}^1 \xrightarrow[\text{PCy}_3]{[\text{Rh(COD)}_2]\text{BF}_4} \text{R-C(=NR}^1\text{)-CH}_3 \quad (16.92)$$

の反応は，これよりも早く報告されたアミノ基の置換したプロパルギルアルコールの分子内ヒドロアミノ化反応によるピロール合成の例である．より最近になって，供与性窒素配位子をもつロジウムおよびイリジウム錯体触媒を用いるアルキンの分子内ヒドロアミノ化反応が報告された[324)〜326]．また，カチオン性ロジウム錯体前駆体とトリシクロヘキシルホスフィンとを組合わせた触媒を用いる末端アルキンの分子間ヒドロアミノ化反応の例も知られている[327]．後者の反応は，式 16.92 と表 16・9 に示すように Markovnikov 型付加生成物を与え

表 16・9　$[Rh(COD)_2]BF_4$ と PCy_3 組合わせた触媒によるアルキンのヒドロアミノ化反応の適用範囲

$$\underset{(2\,当量)}{\text{R-C≡CH}} + \text{H}_2\text{NR}^1 \xrightarrow[3X\,\text{mol\%}\,\text{PCy}_3,\ 20\,時間,\ 室温]{X\,\text{mol\%}\,[\text{Rh(COD)}_2]\text{BF}_4} \text{R-C(=NR}^1\text{)-CH}_3$$

番号	アルキン R	アミン R^1	触媒（mol%）	収率（%）
1	n-ヘキシル	C_6H_5	1.5	79
2	n-ブチル	C_6H_5	1.5	83
3[†1]	n-ブチル	2-Me-C_6H_4	1.5	55
4	n-ヘキシル	4-Me-C_6H_4	1.5	73
5	n-ヘキシル	4-MeO-C_6H_4	1.5	63
6	n-ヘキシル	3-F-C_6H_4	1.5	80
7	n-ヘキシル	4-Cl-C_6H_4	1.0	>99
8	フェニル	C_6H_5	2.5	10[†2]

†1　反応時間：44 時間
†2　アニリンの転化率：生成物は GC/MS 分析により同定された．

る．ロジウムおよびイリジウム錯体を触媒とするこれらの反応は，金属に配位したアルキンへの求核攻撃により起こると考えられている．

16・5・3 遷移金属触媒を用いるヒドロアミノ化反応の機構

16・5・3a 反応機構の概要

オレフィンおよびアルキンのヒドロアミノ化反応の機構は多岐にわたる．多くの総説において，これらの反応機構は，N−H 結合を活性化する反応とオレフィンを活性化する反応に分けられている．それぞれの機構においては，いずれにしろ N−H 結合と C−Cπ 結合の両者とも切断しなければならず，また“活性化する”という用語は化学的に曖昧な表現なので，ここではこれらの機構を，C−N 結合を生成する基本的な反応の種類によって三つに分類する．一つ目の反応機構は π 配位した配位子へのアミンの攻撃により進行するもの，二つ目は金属アミド錯体へのオレフィンあるいはアルキンの挿入反応により進行するもの，そして三つ目は金属イミド錯体とアルケンあるいはアルキンとの [2+2] 付加環化反応により進行するものである．それぞれの機構はさらに細分できる．特に π 配位子への攻撃を含む機構は，配位したアルケン，配位したアルキン，η^3-アリルあるいは η^3-ベンジル配位子，さらには η^6-アレーン錯体への攻撃により進行するパターンがある．これまで述べてきた反応は，すべてこの三つの一般的な反応機構のいずれかを経て進行する．

16・5・3b π 錯体へのアミンの攻撃によるヒドロアミノ化反応

i) η^2-オレフィンおよび η^2-アルキン錯体への攻撃によるヒドロアミノ化反応

π 配位子への求核攻撃によって起こるヒドロアミノ化反応は最も古くから知られているヒドロアミノ化反応であるので，まず初めにとりあげる．パラジウム(II)錯体を触媒とするアルケンやアルキンのヒドロアミノ化反応の機構をスキーム 16・16 に示す．この反応経路では，アルケンやアルキンの π 電子系の配位により，カチオン性，あるいは電子不足な中性の金属オレフィン錯体あるいは金属アルキン錯体を生成する．ついで配位したオレフィンあるいはアルキンへのアミンの求核攻撃が起こる．配位したオレフィンやアルキンへの求核攻撃については 11 章で詳しく述べた．11 章で述べたように，この求核攻撃はアルケンあるいはアルキンの置換基のある側で起こる．

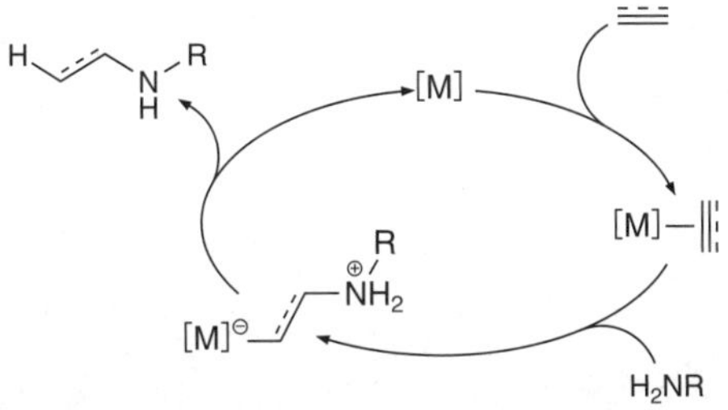

スキーム 16・16

この求核攻撃による生成物は金属アルキルあるいは金属ビニル中間体であり，さらに M−C 結合をプロトン化すると，アミンを生成するとともに，触媒が再生する．このプロトン化反応は，M−C 結合への直接的なプロトン移動か，あるいは金属中心へのプロトン移動と続く還元的脱離反応により C−H 結合を生成する間接的な一連の反応により起こる．基質の N−H 結合は，このプロトン移動を起こして生成物を与えるのに十分な酸性をもっている必要がある．パラジウム(II)錯体を触媒とするアルキンの分子内ヒドロアミノ化反応はこの反応機構で進行する[273),328),329)]．白金(II)錯体を触媒とするオレフィンの分子内ヒドロアミノ化反応や，窒素系配位子[324)～326)]をもつカチオン性ロジウムおよびイリジウム錯体を触媒とするアルキンの分子内ヒドロアミノ化反応は，この一般的機構で進行すると提唱されている．ロジウムの PCy_3 錯体を触媒とするアミンによるアルキンのヒドロアミノ化反応の機構は，現在のところ明らかになっていない．

ii) η^3-アリル錯体および η^3-ベンジル錯体へのアミンの攻撃によるヒドロアミノ化反応

1,3-ジエンやビニルアレーンのヒドロアミノ化反応は，上記とは異なる種類の求核攻撃により進行する．この場合，攻撃は，形式的にはカチオン性の η^3-アリルあるいは η^3-ベンジル錯体に対して起こる．ニッケルおよびパラジウム錯体を触媒とするジエンのヒドロアミノ化反応や，パラジウム錯体を触媒とするビニルアレーン類の Markovnikov 型付加生成物を与えるヒドロアミノ化反応はこの機構で進行する．ロジウム錯体を触媒とするビニルアレーン類のヒドロアミノ化反応により逆 Markovnikov 型付加生成物を生じる反応も知られているが，その機構はいまだ明らかになっていない．

パラジウム(ホスフィン)錯体を触媒とするシクロヘキサジエンの反応を例に，この触媒サイクルをスキーム 16・17 に示す．この機構では，ジエンと Ni(0) あるいは Pd(0) 錯体と酸の

スキーム 16・17

反応，あるいはジエンとカチオン性の Ni(II) あるいは Pd(II) ヒドリド種との反応により，カチオン性の η^3-アリル錯体を生成する．同様に，ビニルアレーンとこれらの組合わされた錯体種のいずれか一つとの反応によりカチオン性 η^3-フェネチルパラジウム錯体が生成する．これらのアリル錯体およびフェネチル錯体が類似の反応系から単離されている[278),301),330)]．ついでアミンが η^3-アリル錯体ないし η^3-フェネチル錯体を攻撃し，有機化合物を生じるとともに Ni(0) あるいは Pd(0) 種を再生する．この η^3-アリル錯体および η^3-ベンジル錯体への求核攻撃については，11 章で詳しく論じた．

iii) η^6-アレーン錯体へのアミンの攻撃によるヒドロアミノ化反応

Ru(methallyl)$_2$(COD)，1,5-ビス(ジフェニルホスフィノ)ペンタン，およびトリフルオロ

スキーム 16・18

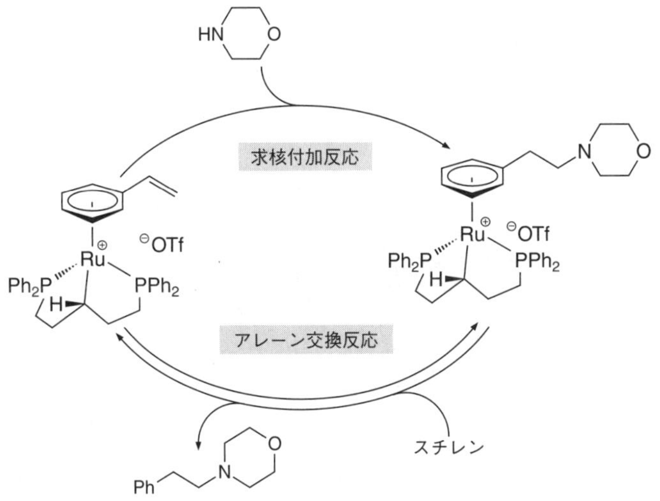

メタンスルホン酸を組合わせた触媒によるビニルアレーンのヒドロアミノ化反応の機構は，η^6-アレーン錯体への攻撃を含む珍しい経路をとる．この経路をスキーム 16・18 に示す．触媒種とスチレンとからビニルアレーンの η^6-アレーン錯体が生成する[284]．この錯体のルテニウム原子には，式 16.93 に示すようにビスホスフィン配位子の中央のメチレン部位を活性化

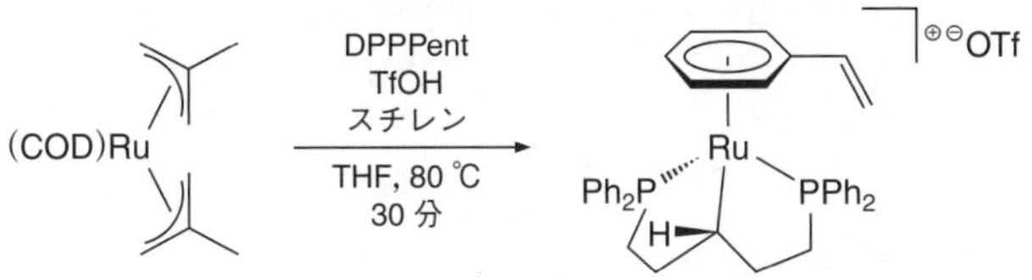

(16.93)

することにより生じる PCP ピンサー型配位子が配位している．ついでこのカチオン性 η^6-ビニルアレーン錯体はアミンの攻撃を受け η^6-アミノアルキルアレーン錯体を生成する．この組合わせの配位子がルテニウムに存在すると，アレーンの変換反応が比較的穏やかな条件で進行し，出発物の η^6-ビニルアレーン錯体を再生する．

16・5・3c　金属－アミド結合へのオレフィンの挿入によるヒドロアミノ化反応

9 章で述べたように，金属－アミド結合へのオレフィンやアルキンの挿入反応の例は少ない．このような挿入反応は，イリジウム(I)錯体を触媒とするノルボルネンのヒドロアミノ化反応の機構や，ランタニドおよびアクチニドの金属錯体を触媒とするアルケンやアルキンのヒドロアミノ化反応の機構の中で提唱されている．この反応は，アニリンの酸化的付加反応により生成するイリジウム(I)アミド錯体で起こることが明確に示されており，この挿入反応については 9 章で述べた[249]．フッ化物イオン[331]の添加を含むこの反応の最も活性なイリジウム(I)触媒を用いる系の機構は明らかにされていない．

ランタニド触媒を用いるアルケン，ジエン，アルキンのヒドロアミノ化反応の機構は，実験および計算化学的手法によって広く研究されている[252),255),265),266),332)~334]．スキーム 16・19 に示した機構は，ランタニド触媒を用いるアミノアルケンの反応の一般的な反応経路である．アミノアルキン，アミノアレン，アミノジエンの反応も同じように進行する．この反応経路は，カチオン性 4 族金属錯体[251),333]を触媒とするアミノアルケンのヒドロアミノ化反応や，カルシウム錯体[250]および亜鉛錯体[335]による反応においても提唱されている．まず触媒前駆体の金属－炭素結合がアミンによりプロトン化されて金属アミド錯体を生成す

スキーム 16・19

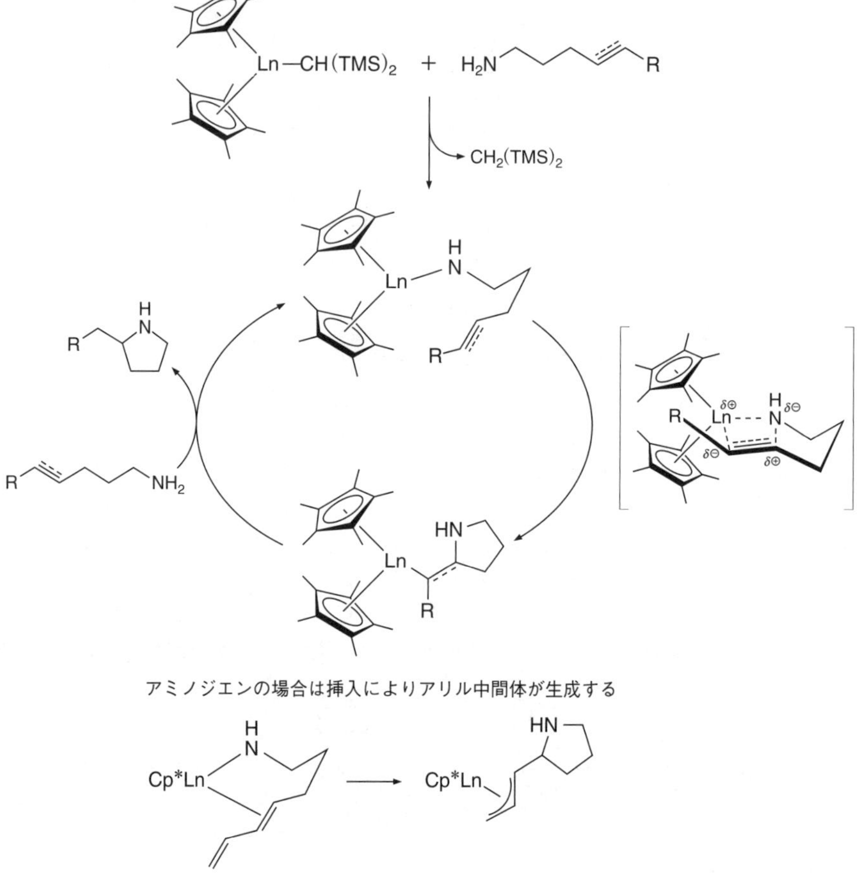

アミノジエンの場合は挿入によりアリル中間体が生成する

る．アミド部位に連結されているオレフィンあるいはアルキン部分は金属中心に配位し，移動挿入反応を起こしてアミノアルキルあるいはアミノビニル中間体を生成する．もう1分子のアミンによりこのアミノアルキル錯体がプロトン化され金属アミド錯体を再生する．移動挿入段階は非可逆であり律速段階である．その結果，反応はアミノアルケンやアミノアルキン反応剤に0次となる．アミノジエンの環化反応が起こるときは，アリル金属種が生成し，このアリル中間体のプロトン化が律速段階と考えられる．

環化反応の立体化学の詳細な研究により，挿入反応の際もう1分子のアミンが，金属中心に配位していることが示されており，また，N−H基質とN−D基質に対する一次のKIE(速度論的同位体効果）値よりプロトン化反応が挿入反応と同時に起こることが示唆されている[255]．もう1分子のアミンの役割を説明するために提唱されている機構を式16.94に示す．この配位したアミンとアミド錯体との間の水素結合がこの挿入段階を加速すると提唱されている．

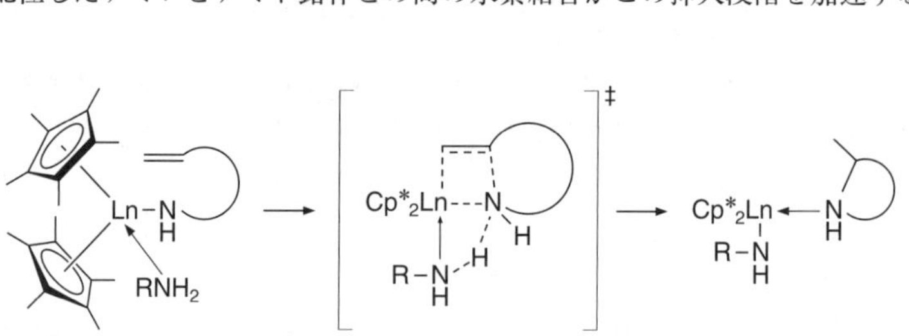

(16.94)

16・5・3d　[2+2]付加環化反応によるヒドロアミノ化反応

中性の4族金属錯体を触媒とするアルキンやアレンのヒドロアミノ化反応の機構は詳しく研究されており，この反応は金属イミド錯体を経由して進行することが示されている[285),287),305)]．この機構の基本的な段階をスキーム16・20に示す．これらの反応は図に示

スキーム 16・20

したようなビス(アミド)錯体，あるいはメチル(アミド)錯体から開始される．前者は可逆的にアミンを放出し，後者は非可逆的にメタンを放出して金属-イミド錯体を生成する．ついでこのイミド錯体は，アルキン，アレン，あるいはアルケンと［2+2］付加環化反応を起こしてアザメタラシクロブテン，あるいはアザメタラシクロブタンを生成する．これらのアザメタラサイクルをアミンがプロトン化し，エナミド(アミド)錯体を生成する．アミド基からエナミド配位子へもう一度プロトン移動が起こり，ヒドロアミノ化反応生成物であるエナミンと出発物のイミド錯体を生成する．エナミンは通常イミンへ互変異性化する．

［2+2］付加環化反応の例とこれら反応の機構については，金属－配位子多重結合を含む錯体に関する13章で詳しく述べた．簡潔にいうと，アルキンあるいはアレンが金属に配位した後に［2+2］付加環化反応が起こる[336)]．この付加環化反応はアルキンおよびアレンに対しては熱力学的に有利であるが，アルケンの反応に対しては熱力学的に不利である[337)]．化学量論的な［2+2］付加環化反応の位置選択性とジルコノセン触媒によるヒドロアミノ化反応の位置選択性に関する研究から，［2+2］付加環化反応は，ジルコノセン錯体を触媒とするヒドロアミノ化反応については可逆的であることがわかっている[305)]．さらに単離されたジルコノセンアザメタラシクロブテンにアルキンを加えると，加えられたアルキンがメタラサイクルに取込まれる交換反応が進行することが示されている．

このように，ジルコノセン錯体を触媒とするヒドロアミノ化反応の触媒サイクルの律速段階は，アザメタラサイクルのプロトン化反応によりエナミンと金属イミド錯体を生成する段階である．アルケンとの反応例がないのは，［2+2］付加環化反応が熱力学的に不利であるためであろう．詳しい研究は行われていないが，他の中性の4族金属触媒を用いたアルキンやアレンのヒドロアミノ化反応はすべて同じように進行すると考えられている．しかしチタノセン錯体を触媒とするアルキンのヒドロアミノ化反応に関する詳しい研究から，これらの反応が実際には，モノシクロペンタジエニル錯体を経由して進行していることが示されている．この場合，メタロセン錯体とアミンの反応によりCp配位子の一つがプロトン化されて，アミド基を含む活性な触媒が生成する．

16・6　オレフィンの酸化的官能基化反応[338]

16・6・1　概　要

オレフィンの酸化的官能基化反応により，アルデヒド，ケトン，ビニルエーテル，酢酸ビニル類，酢酸アリル類，アリルエーテル，さらにはエナミドやアリルアミン，そして新たな炭素－炭素結合を含む化合物を生じる反応は，工業的にも学術研究としても広く研究されてきた[339)～345)]．オレフィンの酸化反応は広範にわたるトピックスであり，有機金属中間体を経由するオレフィンの酸化はそのなかでも重要な反応である．本節では，パラジウム錯体を触媒とし，有機金属中間体を経由するオレフィンの酸化反応に焦点をあてる．§16・6・2b (p.667) および §16・6・4 (p.679) でのアルケンの有機金属錯体を用いる酸化反応の機構に関する項で述べるように，これらの反応は反応条件により，配位した配位子への求核攻撃 (11章) あるいはオレフィンのM－X結合への挿入反応 (9章) により進行すると考えられる．

長年にわたって世界的に供給されるアセトアルデヒドの大半は，パラジウム触媒と助触媒として銅塩を用いた，有機金属中間体を経由するエチレンの酸化により生産されてきている (式 16.95)[346),347)]．この反応は，1890年代にPhillips社により初めて見いだされた，水中での

$$\text{H}_2\text{C=CH}_2 + \tfrac{1}{2}\text{O}_2 \xrightarrow[\text{および PdCl}_2]{\text{触媒量 CuCl}_2} \text{CH}_3\text{CHO} \qquad (16.95)$$

パラジウム(II)種とエチレンとの化学量論反応によるアセトアルデヒド生成反応に基づいている (式 16.96)[343)～345)]．パラジウム(II)塩と銅(II)塩を用いたこの反応の触媒化は，まずConsortium für Elektrochemische Industrie GmbH社により報告され，ついでWacker Chemie社により工業化された[339),346),348)]．この反応は現在では一般に“Wacker反応 (Wacker process)”

$$\text{C}_2\text{H}_4 + \text{H}_2\text{O} + \text{PdCl}_2 \longrightarrow \text{CH}_3\text{CHO} + \text{Pd(0)} + 2\,\text{HCl} \qquad (16.96)$$

とよばれている．同時期にMoiseevは，酢酸存在下エチレンを酸化すると酢酸ビニルが生成することを報告した[349)]．この反応は，関連するパラジウム触媒を用いる酸化反応 (ジエン，ビニルアレーン，そしてα-オレフィンと各種の酸素および窒素求核剤との酸化反応など) を大きく発展させた．これらの反応は汎用化学品，精密化学品，そして天然有機化合物の合成に有用であることが明らかにされてきている．ここでは，最も幅広く研究されてきたヘテロ原子求核剤との反応に焦点をあてる．しかし炭素求核剤との反応によるオレフィンの酸化的官能基化反応[350),351)]や，オレフィンの酸化的二官能基化反応[352)～356)]が現在発展しつつあることにも注意して欲しい．ヘテロ原子求核剤の付加反応に適用できる原理や反応機構の大半は，これらの新しいC－CおよびC－X結合形成反応に適用することができる．

16・6・2　Wacker反応

16・6・2a　Wacker反応の概要

パラジウムと銅を組合わせた触媒系による，エチレンのアセトアルデヒドへの酸化は，Wacker反応とよばれる (式 16.96)．この反応，およびエチレン，酢酸そして酸素から酢酸ビニルを生成する関連反応は，1950年代後半から1960年代初頭に発見された[339),349),357),358)]．Wacker反応は，原料としてのエチレンが低価格なため[347),359),360)]，現在に至るまでアセトアルデヒド合成の主要な工業的手法として利用されている[346),347),359)]．これらの反応は，初めは，オレフィンと水とパラジウム(II)錯体の反応によりアルデヒドやケトンを生成する，化学量論的な酸化反応として研究された．これらの反応では出発物のパラジウム(II)種を再

生するのではなく，パラジウム(0)種を生成するため化学量論反応にとどまっていた．塩化物イオン存在下，塩化銅(II) $CuCl_2$ がパラジウム(0) をパラジウム(II) に効率よく再酸化できるという発見により，この反応はパラジウムと銅を触媒量用いるだけで進行することが明らかにされた[359]．スキーム 16・21 に示した三つの反応を経て，エチレンはアセトアルデヒドに酸化される．

$$H_2C{=}CH_2 + PdCl_2 + H_2O \longrightarrow CH_3CHO + Pd(0) + 2\,HCl$$
$$Pd(0) + 2\,CuCl_2 \longrightarrow PdCl_2 + 2\,CuCl$$
$$2\,CuCl + \tfrac{1}{2}O_2 + 2\,HCl \longrightarrow 2\,CuCl_2 + H_2O$$

全反応：
$$H_2C{=}CH_2 + \tfrac{1}{2}O_2 \xrightarrow[PdCl_2]{CuCl_2} CH_3{-}C({=}O){-}H$$

スキーム 16・21

工業的な Wacker 反応は Pd(0)種を酸素により再酸化するために $CuCl_2$ を触媒として用いているが，実験室では銅助触媒以外の酸化剤を用いることができる．たとえばベンゾキノン，ヘテロポリリン酸，多くの金属イオン，酸素のみなどが酸化剤として用いられる．エチレン（および他のオレフィン）の酸化速度はベンゾキノンや銅塩による影響を受けない（ただし，再酸化剤の存在により酸や Cl^- イオンの濃度が変化する場合は間接的な影響がある[359),361]）．しかし，高級アルケンの反応では，オレフィンの酸化とパラジウムの再酸化が完全に独立しているわけではないことを示す結果が存在する．このような反応系からはパラジウム-銅クラスター種が単離されており[362]，村橋はこれらがオレフィンの酸化反応の間，クラスター構造を保持したまま存在していることを示唆する結果を得ている[363]．

16・6・2b Wacker 反応の機構

Wacker 反応と関連する，パラジウム触媒を用いるさまざまな種類のオレフィンの酸化的官能基化が研究され，これらについては本章で後ほど紹介する．これらの反応とエチレンの酸化反応によりアセトアルデヒドを与える基本的な Wacker 反応との関係を理解するために，まず Wacker 反応の反応機構を議論する．

Wacker 酸化の機構は，50 年近くにわたりさまざまな研究の対象でありまた議論の的でもあった[349),364)~368]．現在のところ，この反応の基本的な段階は反応条件によって変わるようである．反応機構に関する議論の大半は，C−O 結合形成が，配位したオレフィンへの水の求核攻撃によるのか，金属ヒドロキシド錯体へのオレフィンの挿入反応によるのかに費やされている．これらの基本的な反応については 11 章と 9 章でそれぞれ論じた．求核攻撃を含む機構は塩化物イオンの濃度が高い場合に，またオレフィン挿入反応を含む機構は塩化物イオンの濃度が低い場合に起こるようである[369]．

確立された反応機構のデータによると，化学量論反応の反応速度は式 16.97 に示した式に従う[361]．これらのデータから，オレフィンは出発物の塩化パラジウムの塩化物イオンの一

$$\frac{d[CH_3CHO]}{dt} = -\frac{d[C_2H_4]}{dt} = \frac{[PdCl_4{}^{2-}][C_2H_4]}{[Cl^-]^2[H^+]} \qquad (16.97)$$

つと可逆的に置換し，水がもう一つの塩化物イオンと可逆的に置換すると考えられる．この平衡を式 16.98 に示す．

$$[PdCl_4]^{2-} + C_2H_4 + H_2O \rightleftharpoons (C_2H_4)(H_2O)PdCl_2 + 2\,Cl^- \qquad (16.98)$$

この反応速度式と合致する三つの反応機構が提唱されており，これをスキーム 16・22 に

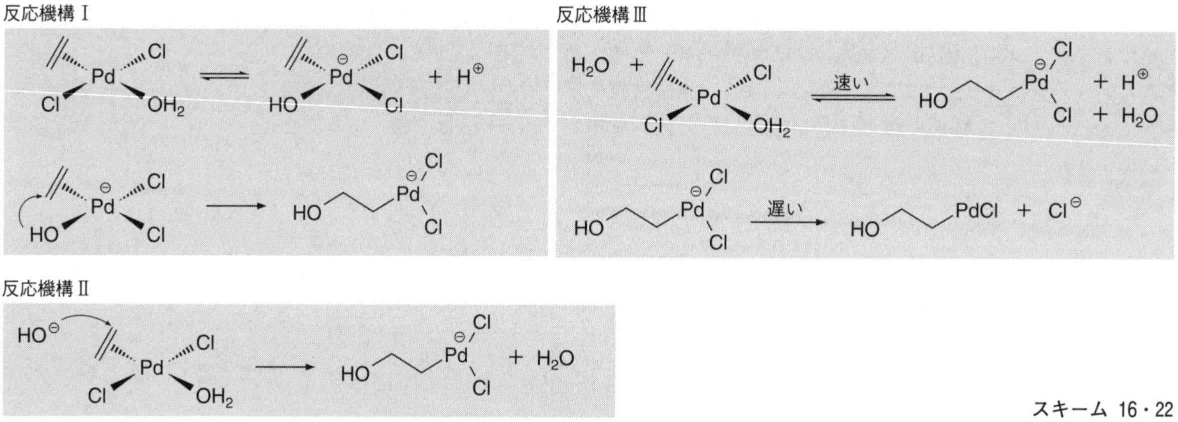

反応機構 I

反応機構 III

反応機構 II

スキーム 16・22

示す．三つの機構のいずれにおいてもヒドロキシエチル中間体が生じるが，この中間体がどのようにして生成するかが異なる．一つ目の反応機構では，水酸化パラジウムの生成とともにトランス体のシス体への異性化を伴う[347),361),370)]．この異性化はクロリド配位子のアクア化と *cis*-$[(C_2H_4)Pd(OH)Cl_2]^-$ 中間体の生成を伴って起こり，その後，金属－ヒドロキシド結合にオレフィンが挿入する．二つ目の反応機構では配位したオレフィンへの水酸化物イオンの外側からの攻撃が律速段階となり，三つ目の機構では配位したオレフィンへの外側からの水の攻撃に続いてプロトン移動と律速段階となる塩化物イオンの解離が起こる．

古典的な反応機構に関する実験の一つにより，アセトアルデヒドの四つの水素原子すべてが出発物のエチレンに含まれていたものであることが示されている（式 16.99）．溶媒の水に

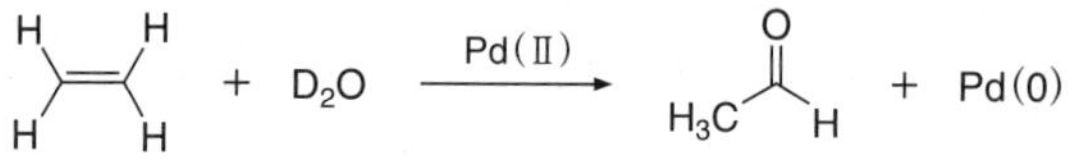

$$H_2C{=}CH_2 + D_2O \xrightarrow{Pd(II)} H_3C{-}CHO + Pd(0) \qquad (16.99)$$

由来する水素原子は一つもない[361),371)]．したがって，ヒドロキシエチル種からのアセトアルデヒドの生成は，アルデヒドに互変異性化するビニルアルコールを経由してはいない．なぜならば，この互変異性化では D_2O 中で最終生成物に水に由来する重水素原子が導入されるはずである．その代わり，スキーム 16・23 の **A** の 2-ヒドロキシエチル配位子は，配位した

スキーム 16・23

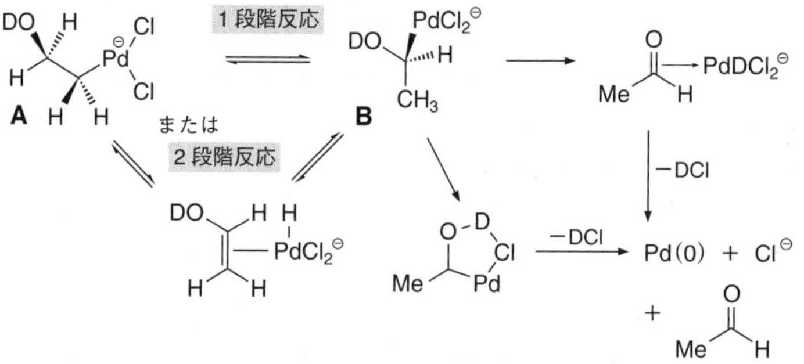

ビニルアルコールを経由する 2 段階の反応か，あるいは 1 段階の反応で，**B** の 1-ヒドロキシエチル配位子に異性化しなければならない．この二つの可能性をスキーム 16・23 の D_2O 中での反応として示す．**B** の酸素原子上からの β 水素脱離反応が起こり，アセトアルデヒドの配位した錯体が生成したあと解離することにより，または，ヒドロキシ基のプロトンが DCl として溶液中に解離することにより，アセトアルデヒドが放出すると考えられる．

化学量論量のWacker反応におけるヒドロキシエチル中間体のC−O結合形成過程の立体化学を研究するため，ÅkermarkはCuCl$_2$および過剰のCl$^-$の存在下*trans*-エチレン-d_2を用いて反応の検討を行ったところ，添加したCl$^-$によりエチレンクロロヒドリンが生成した[365),372)]．同様にStilleは，CO存在下*cis*-エチレン-d_2からβ-プロピオラクトンが生成する反応を研究した（式16.100）[373)]．いずれの実験においても，二重結合に対しPdとOがトランス付加して生成すると考えられる生成物が得られた．この結果は，反応機構IIあるいはIIIの反応に合致するが反応機構Iとは合致しない．

(16.100)

しかし，Henryによる一連の論文[374)~376)]により，Cl$^-$とCuCl$_2$はアセトアルデヒドを生成する同一の中間体を捕捉しているわけではないことが明らかとされた．高濃度のCl$^-$存在下，ヒドロキシアルキル中間体は金属の配位圏内に水酸化物イオンではなく塩化物イオンを含み，ヒドロキシアルキル中間体がβ水素脱離するのを防ぐ働きをする．エチレンクロロヒドリンの生成はその生成速度が［Cl$^-$］に対し逆の一次の依存性を示すのに対し（式16.101），アルデヒドへの酸化反応では［Cl$^-$］に対し逆の二次の依存性を示すので，これらを生成する活性種が異なりエチレンクロロヒドリンの生成は［Cl$^-$］が高濃度で有利になると推定される．

$$\frac{d[\mathrm{ClCH_2CH_2OH}]}{dt} = -\frac{d[\mathrm{C_2H_4}]}{dt} = \frac{[\mathrm{PdCl_4}^{2-}][\mathrm{C_2H_4}]}{[\mathrm{Cl^-}][\mathrm{H^+}]} \qquad (16.101)$$

またHenryによる立体化学に関する研究により，アルデヒドの生成とクロロヒドリンの生成は異なる立体化学で進行していることが示され，この結果は，オレフィンに対する水とパラジウムの付加が，一方はシス付加で，もう一方はトランス付加で進行していることを意味している[375)]．この結果をスキーム16・24にまとめる．過剰の塩化物イオンを添加しないで行った光学活性な（*R*)(*Z*)-アリルアルコールの酸化反応では（*R*)-ケトンが生じるのに対し，塩化物イオンを添加した場合には（*S*)(*Z*)-アリルアルコールを用いて同じMeO$^\ominus$とMeOH混合物の反応を行うことにより，同じ（*R*）の立体化学をもつアリルメチルエーテル生成物が得られる[訳注]．アリルアルコールはそのヒドロキシ基とパラジウム原子上の塩化物

訳注：出発物質中のアリルアルコールは異なる立体化学をもつものが使われているので注意して欲しい．また，上式および下式にある［Pd］は，それぞれ［PdCl$_2$］および［PdCl$_3$］に対応している．［Cl$^-$］濃度が低いときにはPd上の$^-$OMe配位子（Pd−OMe結合）がシス付加するが，［Cl$^-$］濃度が高いときには$^-$OMeイオンがPdの反対側からトランス付加している．なお，配位アルケンに対する求核反応でも類似の立体化学が検討されているので，§16・6・4および上巻9章§9・2・2c (p.360)も参照のこと．

MeO$^\ominus$のシス付加 0.1 M [Cl$^\ominus$]
低濃度のCl$^\ominus$存在下ではシスβ水素脱離反応
異性化
MeO$^\ominus$のトランス付加 ＞2 M [Cl$^\ominus$]
高濃度のCl$^\ominus$存在下ではトランスβ-OH脱離反応

スキーム16・24

イオンとの間の水素結合によりパラジウム原子と結びついていることが知られているので，Henry は，添加した高濃度の塩化物イオン存在下で行った反応では，酸素求核剤は外部から攻撃するのに対し，低濃度の塩化物イオン存在下では Pd−O 結合へのオレフィンの挿入反応により反応が進行すると結論している[375]．いずれにしても塩化物イオンが高濃度の場合と低濃度の場合で得られる生成物の立体配置は逆であり，この二つの反応条件での反応は異なった機構で進行することを示している．

16・6・2c　Wacker 反応と関連したオレフィンの酸化反応

高級オレフィンの酸化も研究されており，これらの反応ではケトンが生成する（式 16.102）．すなわち，パラジウムを用いる置換オレフィンと水との C−O 結合形成反応は内

$$\mathrm{R{-}CH{=}CH_2} + \tfrac{1}{2}\mathrm{O_2} \xrightarrow{\mathrm{Pd(II),\ CuCl_2}} \mathrm{R{-}C({=}O){-}CH_3} \qquad (16.102)$$

部側の炭素原子上で起こる．たとえば，パラジウム触媒を用いたプロペンの酸化ではアセトンが生成し，この反応はアセトンの工業的生産法の一つとなっている．置換オレフィンの酸化によりケトンを生成する反応は，複雑な化合物の合成においてオレフィンをケトンに変換する一般的な手法となっている．パラジウム触媒を用いた複雑な分子の酸化の例は本章でのちほどで述べる．

水以外の各種酸素求核剤とオレフィンとを用いた酸化反応も報告されている．たとえば，オレフィンとアルコールおよびフェノールとからビニルエーテルやアリルエーテルを合成する反応や，オレフィンとカルボン酸からビニルエステルやアリルエステルを合成する反応があげられる．これらの反応はモノオレフィンや 1,3-ジエンを用いて行われている．これらの反応それぞれについて分子間および分子内反応が開発されている．これらの反応についての議論は，配位したオレフィンやジエンへの酸素求核剤の求核攻撃と関連するので 11 章で述べた．

i）アルコールおよびカルボン酸の分子間付加反応

アルコールを求核剤として用いるオレフィンの分子間酸化反応は通常ケタールが生成し，カルボン酸を求核剤として用いるパラジウム触媒を用いたオレフィンの酸化反応ではカルボン酸ビニルまたはアリルエステルが生成する[377]．その結果，アルコールを用いた酸化の多くはジオールを用いて行われ，安定な環状アセタールを生成する．いずれのタイプの酸化反応も大規模な工業的スケールで行われ[378]，酢酸ビニルは，担持したパラジウム触媒を用いて[378]，酢酸存在下気相で[349] エチレンを酸化条件下で反応させることにより得られる．

このオレフィンとアルコールおよびカルボン酸との多様な酸化反応の例を式 16.103 に示す．いずれの反応もアルコキシアルキル錯体あるいはアセトキシアルキル錯体からβ水素

$$\mathrm{R{-}CH_2CH{=}CH_2{-}PdX_2} \xrightarrow[-\mathrm{HX}]{\mathrm{R'OH}} \mathrm{R{-}CH_2{-}CH(PdX){-}CH(H)OR'}$$

R′= Ac のとき酢酸（カルボン酸）, −X−Pd−H → R′O−CH=CH−CH$_2$R または R−CH=CH−CH$_2$OR′

R′= アルキル基（アルコール）, −X−Pd−H → R′O−CH=CH−CH$_2$R $\xrightarrow{\mathrm{R'OH}}$ R−CH$_2$CH$_2$CH(OR′)$_2$　(16.103)

脱離することにより生成物を与える．しかし酸性溶媒中あるいは Pd(II) 種が Lewis 酸触媒として働くことにより，生じるビニルエーテル生成物はもう 1 分子のアルコールと反応してアセタールを生じる．

オレフィンとジオールとの単純な反応例を式 16.104 と式 16.105 に示す．アルケンとの反応は通常ケタールを生じ，アクリル酸エステルやアクリロニトリルなどの電子求引性基をもつオレフィンの反応ではアセタールを生成する．この位置選択性は，式 16.104 と 16.105 の

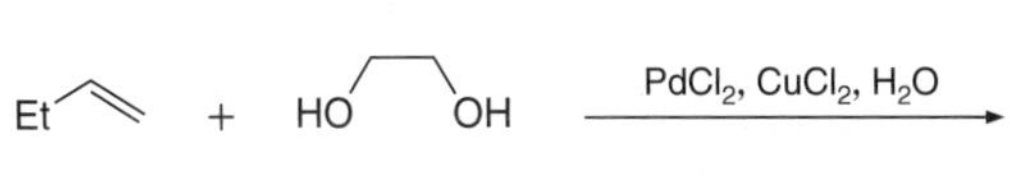

$$\text{Et-CH=CH}_2 + \text{HO}\!\sim\!\text{OH} \xrightarrow{PdCl_2,\ CuCl_2,\ H_2O} \text{2-Et-2-Me-1,3-dioxolane} \tag{16.104}$$

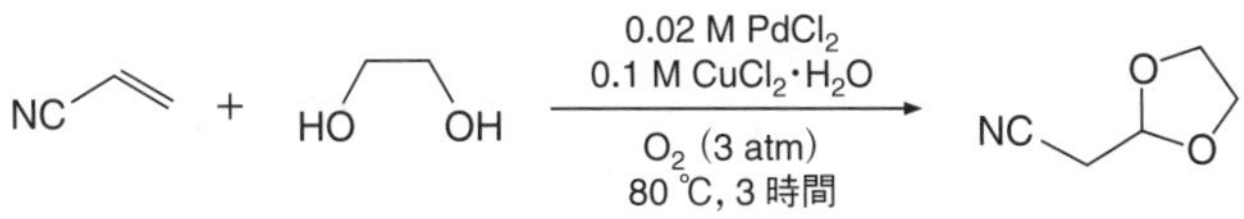

$$\text{NC-CH=CH}_2 + \text{HO}\!\sim\!\text{OH} \xrightarrow[O_2\ (3\ \text{atm}),\ 80\ ^\circ\text{C},\ 3\ 時間]{0.02\ M\ PdCl_2,\ 0.1\ M\ CuCl_2\cdot H_2O} \text{NC-CH}_2\text{-(1,3-dioxolan-2-yl)} \tag{16.105}$$

ブテンとアクリロニトリルとの反応例に示されている[379]．この位置選択性の違いは，図 16・3 に示したアルコキシアルキル中間体の安定性を反映している．例外はあるが，電子求引性基の置換したアルコキシアルキル錯体においては，この基が β 位ではなく α 位にある方がより安定であるのに対し，電子供与性のアルキル基が置換したアルコキシアルキル錯体においては，アルキル置換基が α 位ではなく β 位に存在する方がより安定である．アセタールやケタール生成反応の例外の一つを式 16.106 に示す．この場合，アルケンへの 1,2-付加生成物が生じる[356),380)]．

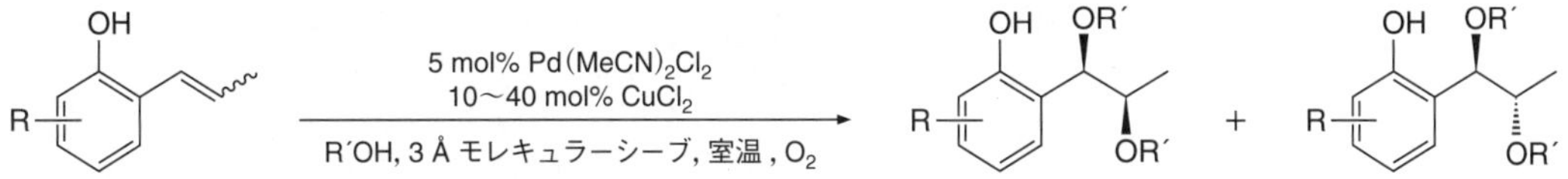

L_nPd–CH_2–CH(R)–OR′

R がアルキル基のときより安定

L_nPd–CH(R)–CH_2–OR′

R = CN, CO_2R のときより安定

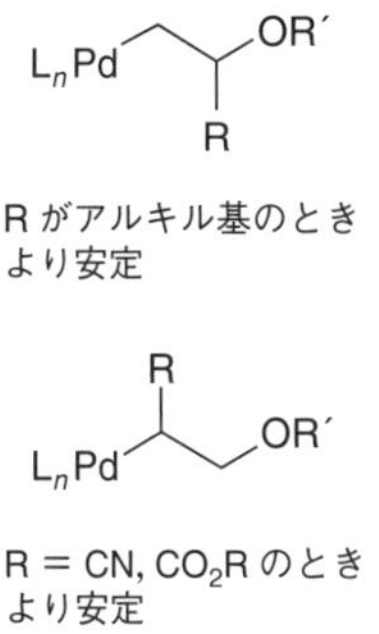

図 16・3 オレフィンの Wacker 型の酸化反応の選択性を制御する中間体

$$\text{R-C}_6\text{H}_3(\text{OH})\text{-CH=CH-CH}_3 \xrightarrow[R'OH,\ 3\ \text{Å}\ モレキュラーシーブ,\ 室温,\ O_2]{5\ mol\%\ Pd(MeCN)_2Cl_2,\ 10\sim40\ mol\%\ CuCl_2} \text{R-C}_6\text{H}_3(\text{OH})\text{-CH(OR}')\text{-CH(OR}')\text{-CH}_3 + \text{R-C}_6\text{H}_3(\text{OH})\text{-CH(OR}')\text{-CH(OR}')\text{-CH}_3 \tag{16.106}$$

式 16.107～16.109 にカルボン酸存在下でのオレフィンの酸化反応の例を示す．これらの反応例では，エチレン，鎖状アルケン，環状アルケンの酸化の選択性を示している．アルケンとカルボン酸との反応ではビニルエステルあるいはアリルエステルが生成する．

すでに述べたように，エチレンと酢酸との酸化反応により酢酸ビニルが生成し（式 16.107），この反応は担持したパラジウム触媒を用いて液相でも気相でも工業的な規模で実

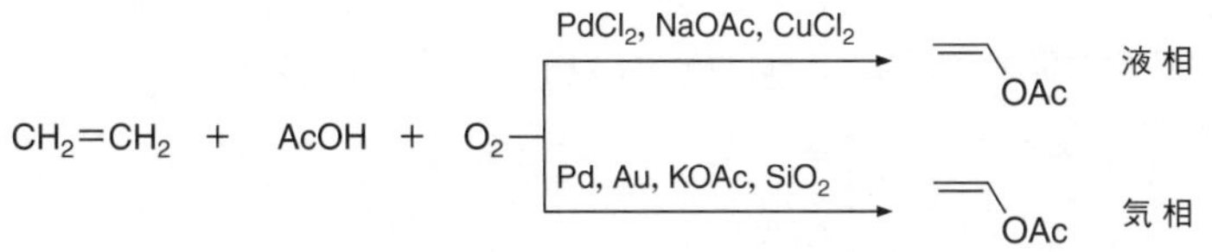

$$CH_2{=}CH_2 + AcOH + O_2 \xrightarrow{PdCl_2,\ NaOAc,\ CuCl_2} CH_2{=}CH\text{-OAc}\ \ (液 相);\quad \xrightarrow{Pd,\ Au,\ KOAc,\ SiO_2} CH_2{=}CH\text{-OAc}\ \ (気 相) \tag{16.107}$$

施されている[378]．パラジウム触媒を用いる酸化反応によりアリルアルコールも生産されている[378]．パラジウムと銅からなる触媒存在下プロペンと酢酸との反応により酢酸アリルが生成し（式 16.108），これは加水分解されてアルコールを与える．環状オレフィンもアリル

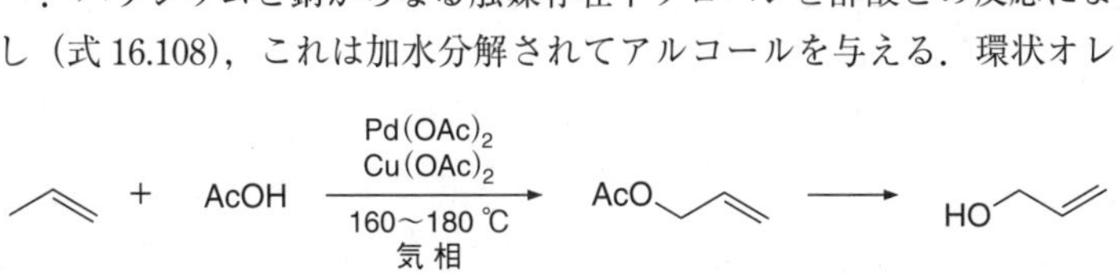

$$CH_3CH{=}CH_2 + AcOH \xrightarrow[160\sim180\ ^\circ\text{C},\ 気 相]{Pd(OAc)_2,\ Cu(OAc)_2} \text{AcO-CH}_2\text{CH=CH}_2 \longrightarrow \text{HO-CH}_2\text{CH=CH}_2 \tag{16.108}$$

位の酸化が起こり，この場合アリルエルテルを生じる．酢酸パラジウムと共酸化剤と添加剤のさまざまな組合わせにより，このアリルエステルが良好ないし高い収率で生成する．式 16.109 にシクロヘキセンの反応の結果をまとめる[381)～391)]．

パラジウム触媒を用いるカルボン酸およびアルコールを供与体とするジエンの分子間酸化

シクロヘキセン + HOAc → (0.2〜5% $Pd(OAc)_2$, 共酸化剤, 添加剤) → 3-アセトキシシクロヘキセン (OAc) 75〜100%　　(16.109)

共酸化剤（mol%）	添加剤
MnO_2 (110)－ベンゾキノン(20)	
O_2－Fe(Pc) (5)－ヒドロキノン(20)	LiOAc
O_2－Co(TPP) (0.5)－ヒドロキノン(20)	LiOAc
O_2－Co(salophen) (5)－ヒドロキノン(20)	LiOAc
O_2－$Cu(OAc)_2$ (5)－ヒドロキノン(10)	
O_2－$Cu(OAc)_2$ (5)－Co(salen) (5)	
O_2－$Fe(NO_3)_3$ (5)	
O_2－ヒドロキノン(20)-NPMoV (25 mg)	Ac_2O
^{t}BuOOH (150)－ベンゾキノン(20)	Na_2CO_3
H_2O_2 (70%, 1.1 当量)－ベンゾキノン(20)	
ベンゾキノン (100)－*o*-メトキシアセトフェノン(20)	

反応は，1,4-付加体を与える．この反応は Bäckvall により広範囲にわたり研究されている[392),393)]．初期には二つのアセトキシ基あるいはアルコキシ基のジエンへの 1,4-付加反応が研究された[394)]が，より最近では，異なる二つの求核剤の分子間付加反応へと展開されている[395)]．環状ジエンへの付加反応の立体化学を制御できることから，この反応は特に有用である．スキーム 16・25 に示すようにシスあるいはトランス付加をそれぞれ選択的に行う

スキーム 16・25

1,3-シクロヘキサジエン + LiOAc → (HOAc, 5 mol% $Pd(OAc)_2$, ベンゾキノン) → AcO–シクロヘキセン–OAc　91% トランス体

1,3-シクロヘキサジエン + LiOAc → (HOAc, 5 mol% $Pd(OAc)_2$, ベンゾキノン, LiCl) → AcO–シクロヘキセン–OAc　98% シス体

条件が開発されている[396)]．塩化物イオンを添加せずに行うとトランスの 1,4-付加体が得られ，塩化物イオン存在下で反応を行うとシスの 1,4-付加体が得られる．

11 章で述べたように，シス体の生成物は，配位したジエンへの外部からの酢酸イオンの攻撃による η^3-アリル中間体の生成，これに続いての第二の酢酸イオンの生成したアリル中

スキーム 16・26

環状ジエン $(CH_2)_n$ → (n = 2,3,4; $Cl^{\ominus}$, $AcO^{\ominus}$) → η^3-アリル–Pd(OAc)(ベンゾキノン)錯体 (OAc, $(CH_2)_n$) → (トランス攻撃, $AcO^{\ominus}$) → AcO, OAc, $(CH_2)_n$ 環状アルケン + Pd(0)

環状ジエン $(CH_2)_n$ → (n = 2,3,4; $Cl^{\ominus}$ 非存在下, $AcO^{\ominus}$) → η^3-アリル–Pd(OAc)(ベンゾキノン)錯体 (OAc, $(CH_2)_n$) → (シス脱離, $AcO^{\ominus}$) → AcO, OAc, $(CH_2)_n$ 環状アルケン + Pd(0)

間体への外部からの攻撃により生じると考えられる．トランス体の生成物は，配位したジエンへの外部からの求核剤の攻撃と，これに続く第二の求核剤の金属中心からアリル中間体への分子内移動反応により生じると考えられる[396]．ベンゾキノンが中間体に配位して脱離を促進することを含め，これらの反応機構をスキーム 16・26 に示す．

ii）アルコールおよびカルボン酸の分子内付加反応

アルコール，フェノール，カルボン酸の分子内酸化反応も広く研究されている．これらの反応は位置選択性が基質の設計により制御できるなどの利点があるため，天然物の合成に利用されている．村橋，Bäckvall, Larock らが，類似した基質の環化反応の初期の例のいくつかを報告している．

o-アリルフェノールの環化反応は村橋により 1970 年代後半に報告された．2-(シクロヘキセン-1-イル)フェノールの反応（式 16.110）は，アルコールを求核剤とする Wacker 型反応

$Pd(OAc)_2$, O_2, 55 ℃ — 71 : 22 : 7, 7.4 回転 (16.100)

の初期の例の一つであり，最近キラルな触媒を用いて再び研究が行われている．アルケノールやアルケンカルボン酸の分子内反応により環状エーテルやラクトンが生成する．これらの反応は Larock や Annby, Andersson らにより報告され，その例を式 16.111 と 16.112 に示

5 mol% $Pd(TFA)_2$, 20 mol% ピリジン, Na_2CO_3（2 当量）, モレキュラーシーブ 3 Å, 1 atm O_2, トルエン（0.1 M）, 80 ℃ — 7.5 時間 69% (16.111)

5 mol% $Pd(OAc)_2$, 1.0 mmol NaOAc, 1 atm O_2, 24 時間, 25 ℃, DMSO — 86% (16.112)

す[400),401]．溶媒として DMSO を用いることがラクトン生成物を得るのに重要である．最近になってアルコールを用いた反応が Stoltz により報告され，トルエン溶媒中ピリジンや関連する配位子を用いて環状エーテルを得ている[402),403]．添加剤あるいは溶媒として加えられる配位子が，これらの酸化反応の開発の鍵をにぎっているが，触媒反応における配位子の特徴は現在のところよくわかってはいない．

これら，酸素供与体を用いたパラジウム触媒によるアルケンの分子内酸化反応の発展と並行して，ジエンの分子内酸化反応により 1,4-付加体を与える反応も展開された．同じ出発物のジエノールを用いた反応の例を二つ式 16.113 に示し[404]，ジエンの分子内ジカルボキシ化反応の例を式 16.114 に示す[405]．ジエンの分子間ジアセトキシ化反応で見られたのと同様に，1 位および 4 位の置換基の相対立体化学は反応条件により異なる．塩化物イオンなしではトランス体が得られ，塩化物イオン存在下ではシス体が得られる．

iii）Wacker 型酸化反応を利用した天然物合成

Wacker 型の酸化反応は汎用化学製品の合成に利用されているだけでなく，複雑な分子の

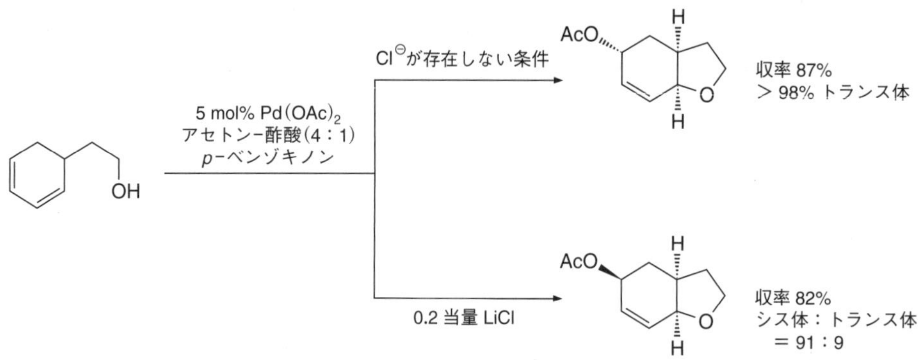

Cl$^{\ominus}$が存在しない条件

5 mol% Pd(OAc)$_2$
アセトン−酢酸(4：1)
p−ベンゾキノン

OH

AcO　H　O　H

収率 87%
＞98% トランス体

(16.113)

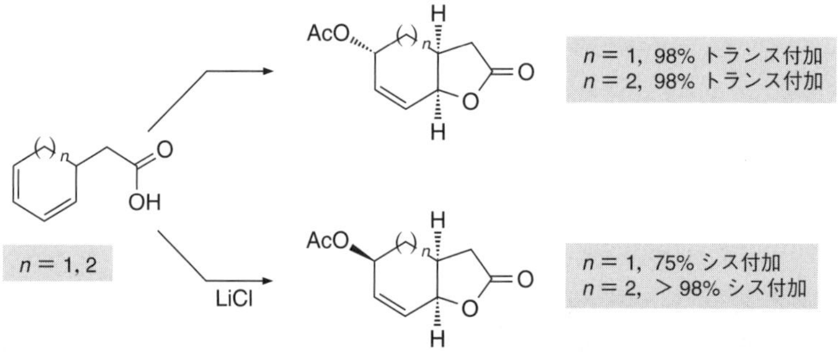

0.2 当量 LiCl

収率 82%
シス体：トランス体
＝91：9

n = 1, 98% トランス付加
n = 2, 98% トランス付加

(16.114)

n = 1, 2

LiCl

n = 1, 75% シス付加
n = 2, ＞98% シス付加

合成にも用いられている．3 種のオレフィンの酸化的官能基化反応の利用例をスキーム 16・27〜16・30 に示す．

一つ目の例では，オレフィンの Wacker 酸化反応によりケトンを生成する反応が，カリクリン (calyculin) のフラグメントの合成に利用されている[406), 407)]．得られたケトンはビニルトリフラートを経由して臭化ビニルに変換された．二つ目の例では，タキソール誘導体の合成に Wacker 反応が利用されている[408)]．ここではオレフィンの Wacker 反応は合成の後半で行われている．側鎖のオレフィン部位の酸化によりケトンが生成し，これはもう一つのケト

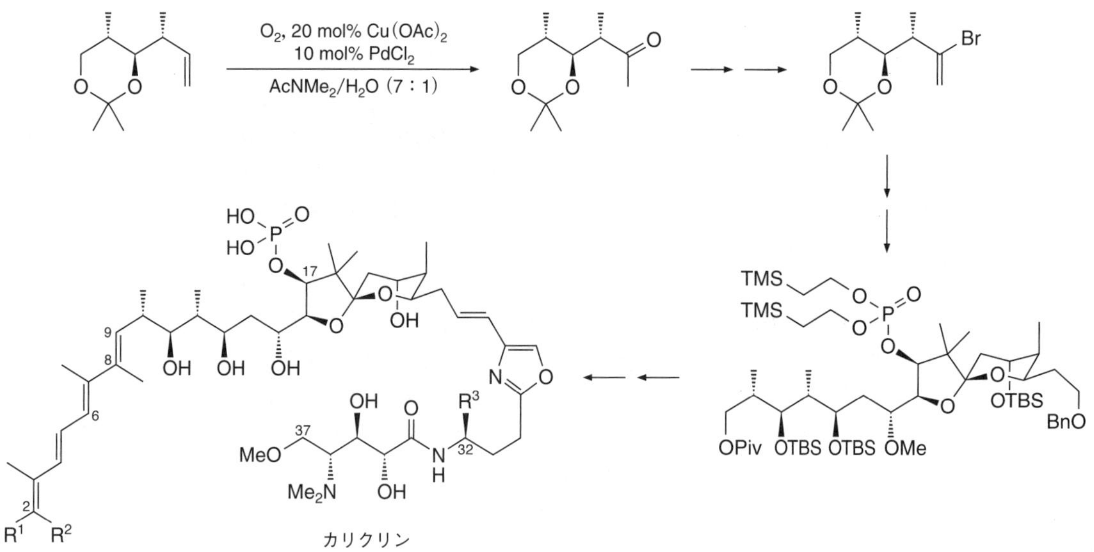

O_2, 20 mol% Cu(OAc)$_2$
10 mol% PdCl$_2$
AcNMe$_2$/H$_2$O (7：1)

Br

TMS　TMS　OPiv　OTBS　OTBS　OMe　OTBS　BnO

HO　HO　P　O　17　OH　OH　OH　OH　9　8　6　2　R^1　R^2　N　O　R^3　OH　O　37　MeO　N　32　H　Me$_2$N　OH

カリクリン

スキーム 16・27

スキーム 16・28

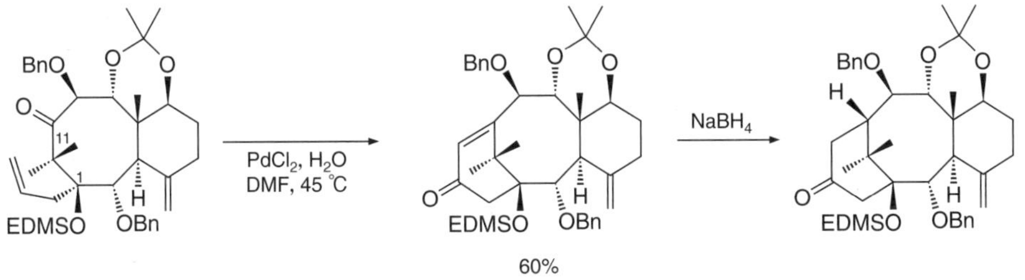

PdCl$_2$, H$_2$O
DMF, 45 ℃

60%

NaBH$_4$

ン官能基と縮合して環化する．

三つ目と四つ目の例は，オレフィンと保護されたアルコールおよびカルボン酸との分子内酸化反応である．シリル基で保護されたアルコールの脱保護と，ひき続いての α, β-不飽和ケトン部位の β 位での C−O 結合形成反応がアルカロイドであるアルストフィリン (alstophylline) 合成の終盤に行われている[409]．ジエンの分子内 1,4-酸化反応が多くの天然物の合成に利用されている．たとえばスキーム 16・30 に示した分子内酸化によりパエオニラクトン (paeonilactone) B の前駆体が合成されている[393),410]．

スキーム 16・29

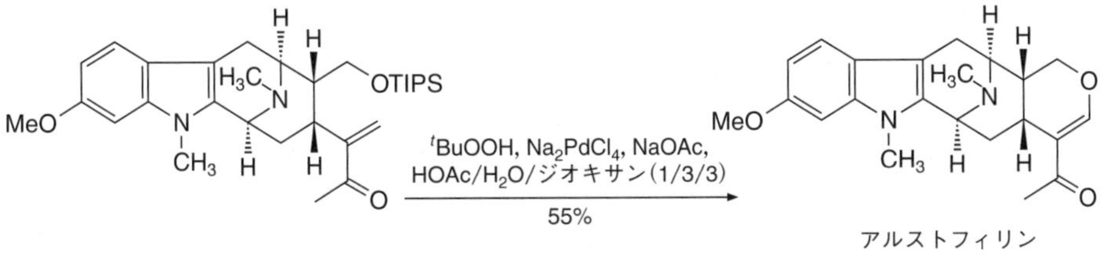

^{t}BuOOH, Na$_2$PdCl$_4$, NaOAc,
HOAc/H$_2$O/ジオキサン (1/3/3)

55%

アルストフィリン

スキーム 16・30

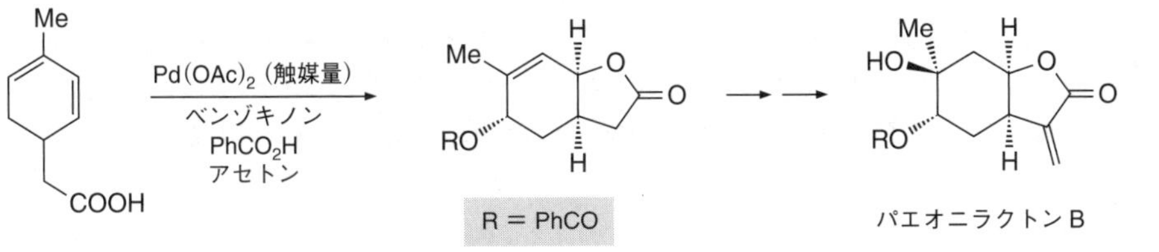

Pd(OAc)$_2$ (触媒量)
ベンゾキノン
PhCO$_2$H
アセトン

R = PhCO

パエオニラクトン B

16・6・3　オレフィンの酸化的アミノ化反応

オレフィンの酸化的アミノ化 (oxidative amination) は，オレフィンのアルコール，フェノール，カルボン酸との酸化反応と平行して報告されている．これらの反応は一般にアミドやイミドを用いて行われる．アミンを用いると，酸性条件でプロトン化されたり，金属中心に強く配位して触媒活性が失われると考えられている．以下に示すようにアリールアミンやロジウム触媒を用いた場合に例外的に反応が進行することがある．これらの酸化反応は分子間反応でも分子内反応でも行われている．酸化剤としてはベンゾキノン，銅あるいは酸素が用いられている．

16・6・3a　分子間酸化的アミノ化反応

最も初期のオレフィンの酸化的アミノ化の例として，村橋により報告されたラクタムと電子不足オレフィンとの反応がある．酸素と CuCl を用いて HMPA 存在下で行った反応の例を式 16.115 に示す[411]．このタイプのオレフィンの酸化的アミノ化反応は，Hegedus らの研究例に示されるように *N*-アルキルアリールアミンを用いて行うこともできる (式 16.116)[412]．

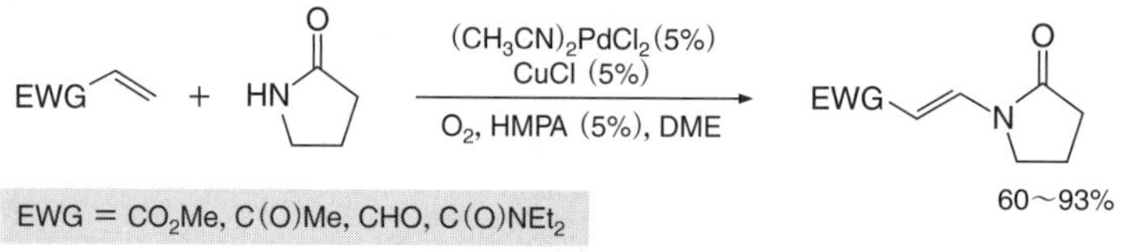

EWG⌒ + HN(2-ピロリドン) —[$(CH_3CN)_2PdCl_2$(5%), CuCl (5%) / O_2, HMPA (5%), DME]→ EWG⌒N(2-ピロリドン) 60～93%　(16.115)

EWG = CO_2Me, C(O)Me, CHO, C(O)NEt_2

PhNHMe + ⌒Z —[10 mol% $(CH_3CN)_2PdCl_2$, ベンゾキノン(1 当量), LiCl (10 当量), THF]→ Ph(Me)N⌒Z　(16.116)

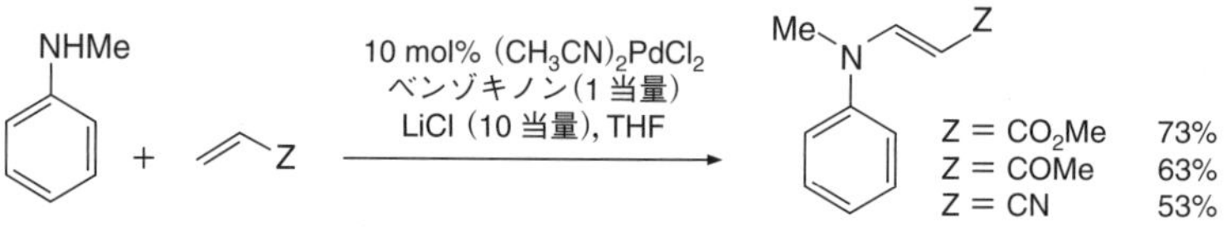

Z = CO_2Me　73%
Z = COMe　63%
Z = CN　53%

アルコールとアクリル酸誘導体との反応と同様に，これらの反応はアクリル酸誘導体のβ位の炭素原子上で進行する．

最近，アミドやイミドを用いたビニルアレーンの酸化的アミノ化反応が Stahl により報告されている[413),414)]．この場合，反応の位置選択性は，第三級アミンの添加の有無により変化する．式 16.117 に示したように，アミン存在下では 1,1-二置換アルケンが生じ，アミンなしでは 1,2-二置換アルケンが生成する[414)]．この位置選択性の変化は，塩基の有無により配位したビニルアレーンへの求核剤の付加の可逆性の度合いが異なるためと提唱されている．スキーム 16・31 に示すように，速度論的に有利な求核攻撃の位置は内部側の炭素原子であり，熱力学的に有利な攻撃位置は η^3-ベンジル錯体が生じる末端側の炭素原子であると提唱されている．塩基存在下では，速度論的生成物は速やかに脱プロトン化され，1,1-二置換アルケンが生じる．塩基がないと脱プロトンの段階が遅くなり，熱力学的に安定な生成物が得られる．

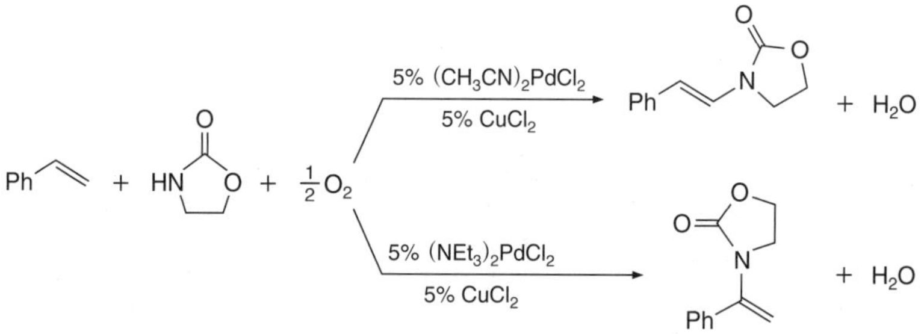

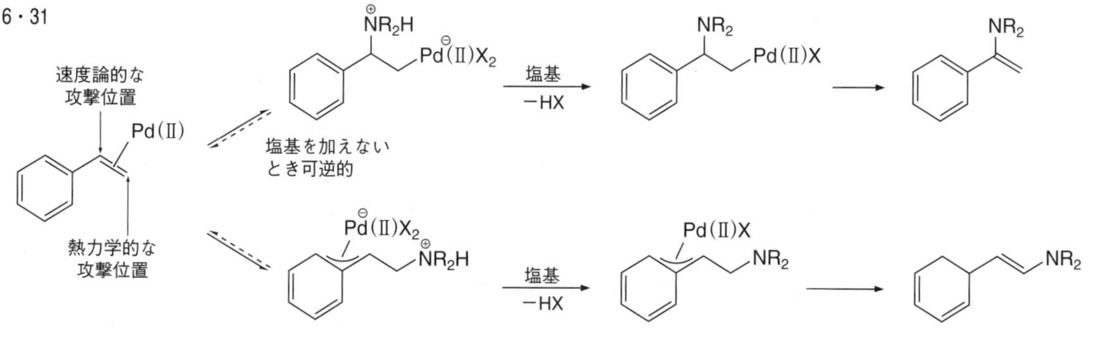

Ph⌒ + HN(オキサゾリジノン) + $\frac{1}{2}O_2$　(16.117)
—[5% $(CH_3CN)_2PdCl_2$ / 5% $CuCl_2$]→ Ph⌒N(オキサゾリジノン) + H_2O
—[5% $(NEt_3)_2PdCl_2$ / 5% $CuCl_2$]→ Ph(C=CH_2)N(オキサゾリジノン) + H_2O

スキーム 16・31

ビニルアレーンの酸化的アミノ化反応はパラジウム触媒を用いる反応に限られてはいない．Beller は，ビニルアレーンと第二級アルキルアミンとの酸化的アミノ化反応が“逆 Markovnikov”型の位置選択性で起こった生成物が得られることを報告している[283),415),416)]．式 16.118 に示すように，この反応では新しい C−N 結合を末端炭素原子上で生成したエナ

$$\mathrm{Ar{-}CH{=}CH_2} + \mathrm{HNR_2} \xrightarrow[\text{THF}]{[\mathrm{Rh(COD)_2}]\mathrm{BF_4}/2\,\mathrm{PPh_3}} \mathrm{Ar{-}CH{=}CH{-}NR_2} + \mathrm{Ar{-}CH_2CH_3} \quad (16.118)$$

HNR₂ = HN（ピペリジン）

ミンが得られる．これらの反応ではビニルアレーンが酸化剤となっている．すなわちエナミンを与える1分子と水素を受取ってエチルアレーンを生成する1分子の合わせて2分子のビニルアレーンが消費される．この反応の機構と触媒サイクルでの2分子目のビニルアレーンの役割はほとんどわかっていない．

Stahlは，単純アルケンの酸化的アミノ化反応生成物が，Pd(II)錯体と酸素存在下，銅触媒なしで生成することも示している[417]．銅存在下で行った同様の反応では，機構はわかっていないがオレフィンの異性化も進行し生成物は混合物となる．したがって，銅を加えずに酸素を酸化剤として行う反応の方が選択性が高い．銅を加えずにフタルイミドを窒素供与体とした反応の例を式16.119に示す．

$$\text{1-hexene} + \mathrm{PhthNH} \xrightarrow[\text{PhCN, 1 atm } \mathrm{O_2},\ 60\,^\circ\mathrm{C},\ 24\text{ 時間}]{\mathrm{Pd(OAc)_2}} \text{2-NPhth-1-hexene} \quad (16.119)$$

収率90%
（他のすべての異性体に対する主生成物の割合 85：15）

PhthNH = （フタルイミド）

16・6・3b 分子内酸化的アミノ化反応

オレフィンの分子内酸化的アミノ化反応も研究されており，類似の分子間反応に先立ってさまざまな分子内反応が報告されている．パラジウム錯体を触媒とするアリールアミンおよびその誘導体と，アルケンの酸化的アミノ化反応によりインドールを生成する反応が，Hegedusにより報告されている（式16.120）[418),419]．これらの反応は，*o*-アリルアニリンや

$$\text{2-allyl-C}_6\mathrm{H_4NHR} \xrightarrow[\text{ベンゾキノン(1 当量)},\ \mathrm{LiCl}\ (10\text{ 当量}),\ \text{THF, 還流}]{10\text{ mol\% } \mathrm{PdCl_2(MeCN)_2}} \text{2-methyl-}N\text{-R-indole} \quad (16.120)$$

R	収率
R = H	86%
R = Me	89%
R = Ac	71%

o-アリルアニリン誘導体を基質とし，$\mathrm{Pd(NCMe)_2Cl_2}$を触媒としてベンゾキノンを酸化剤として行われた．*N*-トシル化された脂肪族アミンの分子内反応がLarockにより報告された[420),421]．たとえば，式16.121に示したトシルアミドにDMSO中酸素存在下$\mathrm{Pd(OAc)_2}$を

$$\text{(E)-CH}_3\text{CH=CH(CH}_2)_4\text{NHTs} + \tfrac{1}{2}\mathrm{O_2} \xrightarrow[25\,^\circ\mathrm{C},\ 72\text{ 時間}]{5\text{ mol\% } \mathrm{Pd(OAc)_2},\ 2\text{ 当量 NaOAc, DMSO}} \text{2-vinyl-}N\text{-Ts-pyrrolidine}\ (93\%) + \mathrm{H_2O} \quad (16.121)$$

$$\text{(E)-CH}_3\text{CH=CH(CH}_2)_4\text{NHTs} + \tfrac{1}{2}\mathrm{O_2} \xrightarrow[\text{トルエン, } 80\,^\circ\mathrm{C}]{5\text{ mol\% } \mathrm{Pd(OAc)_2},\ 10\text{ mol\% ピリジン}} \text{2-vinyl-}N\text{-Ts-pyrrolidine}\ (87\%) + \mathrm{H_2O} \quad (16.122)$$

触媒として作用させることにより，高収率で環化反応が進行する[421]．ピリジンを添加剤とし，トルエン溶媒中で行われている最近報告された関連反応を式 16.122 に示す[422]．

16・6・3c　パラジウム触媒を用いるオレフィンの二官能基化反応

有機金属中間体を経由するアルケンの酸化的二官能基化反応は，これまで述べてきた酸化的反応と比べてまだ十分な研究が行われていない．しかし，パラジウム錯体を触媒とする反応がいくつか報告されており，オレフィンの二官能基化反応は，本書の出版の時点で多くの研究者がその開発に取組んでいる．クロロヒドリン類は，塩化物イオンを添加する条件下での Wacker 反応により生じることが長年知られてきている．この生成物は，β 水素脱離反応の速度よりも速くヒドロキシアルキル種の塩素化が起こることにより生じると考えられる．このクロロヒドリン合成は，式 16.123 に示す二核パラジウム触媒を用いる不斉反応に展開されている[423),424]．

キラル Pd(II)触媒, $CuCl_2$, LiCl, THF/H_2O, O_2, 25 °C
Me–CH=CH$_2$ + H_2O → A + B　(16.123)
94% ee
A：**B** = 3.5：1
195 回転
Pd(II)触媒
L⌒L = (*S*)-BINAP

窒素求核剤の付加によっても二官能性化合物が生成しうる．この付加反応は，いくつかの例で酸化剤を用いて行われている．たとえば式 16.124 のカルバミン酸エステルは，$PhI(OAc)_2$

10 mol% $Pd(OAc)_2$, $PhI(OAc)_2$ (2 当量), Bu_4NOAc (1 当量), CH_3CN, 25 ℃, 7 時間　(16.124)
(*Z*：*E* = 10：1)
収率 92%, 95：1 dr

存在下環化してアセトキシオキサゾリジノンを生じる[352]．この手法は，式 16.125 に示すように分子間反応にも適用できる[425]．

RO–CH$_2$CH=CH$_2$ + HN(フタルイミド) → RO–CH$_2$CH(NPhth)CH$_2$–OAc
5 mol% $Pd(OAc)_2$, $PhI(OAc)_2$ (2.5 当量), DCE, 70 ℃, 20 時間　(16.125)

R	収率
^{n}Pr	84
Bn	80
Bz	75
Ac	58

異なる手法ではあるが，パラジウム触媒を用いるオレフィンのジアミノ化反応も実現されている．ジエンのジアミノ化が尿素を用いて行われており，この反応剤を用いることによりジエンの 1,4-ではなく 1,2-官能基化を行うことができる（式 16.126）[353]．オレフィンとパラジウム触媒存在下，アジリジノンを反応剤として用いることにより，共役ジエンのジアミノ化反応が進行してビシナルジアミンの前駆体が得られる（式 16.127）[426]．

1.2 当量
$(MeCN)_2PdCl_2$ (5%)
(16.126)

R	収率(**A** + **B**)	**A**/**B**
Et	81%	77/23
Bu	82%	90/10

10 mol%
$Pd(PPh_3)_4$
ベンゼン-d_6
65 ℃
(16.127)

16・6・4　アルコール，フェノールおよびアミド求核剤を用いる Wacker 反応の機構研究

16・6・4a　概　要

水酸化物イオンを求核剤として用いる反応について得られている反応機構に関する知見のほとんどは，アルコキシド，フェノキシド，そして窒素求核剤の反応に応用できる．Henry は，水との反応で得られたのと同じ立体化学がアルコールとの反応でも観測されることを示している[366),427),403)]．加えて，フェノキシド求核剤を用いた酸化反応の機構に関する研究において，立体化学が塩化物イオンの濃度に依存するという同様の傾向がみられ[367)]，アミド求核剤を用いた反応の研究により，付加反応の立体化学が供与性配位子と窒素求核剤に依存することが示されている[428)]．本節ですでに述べたジエンの反応でも，塩化物イオンの添加により立体化学が逆転することをすでに示した[396),404),405)]．パラジウム触媒の酸化反応の様式についてはあまり研究が行われていない．C−X 結合形成段階とパラジウムの再酸化の機構については次の二つの項で簡単に述べる．

16・6・4b　C−X 結合生成反応の機構

酸素および窒素供与体を用いた酸化反応生成物の C−O および C−N 結合の生成は，配位したオレフィンへの求核攻撃か，パラジウム−酸素あるいはパラジウム−窒素結合へのオレフィンの挿入によって起こる．金属に配位した配位子への求核攻撃の詳細については 11 章で，移動挿入の段階については 9 章でより詳しく述べた．これらの反応については，Wacker 反応について述べたこれまでのいくつかの節で，触媒反応の立体化学に及ぼす添加剤の効果について述べた際に論じた．Henry は，水を用いた反応で行ったのと同様に，スキーム 16・24 に示す光学分割したアリルアルコールを用いてアルコールとの反応の立体化学に関する研究を行った．これらの実験結果は水を用いた反応の結果と同じであった[366)]．

ほかの実験もこれらの結果を裏付けている．9 章（p.360）で述べた *o*-アリルフェノールの環化反応の立体化学に関する林らの研究結果をもう一度示すのが適切であろう[367)]．スキーム 16・32 に示すように，*trans*-6-(2-ヒドロキシフェニル)-3-ジュウテリオシクロヘキセンを用いた反応は重水素原子を含んだ生成物を生じ，これらの生成物が得られることから C−O 結合形成反応は移動挿入反応により起こっていることがわかる．9 章で述べたように，移動挿入反応によりシス型の縮環化合物を生成する場合，パラジウム原子は重水素原子のトランスに位置し，この重水素原子とパラジウム原子の位置関係から β 重水素脱離反応ではな

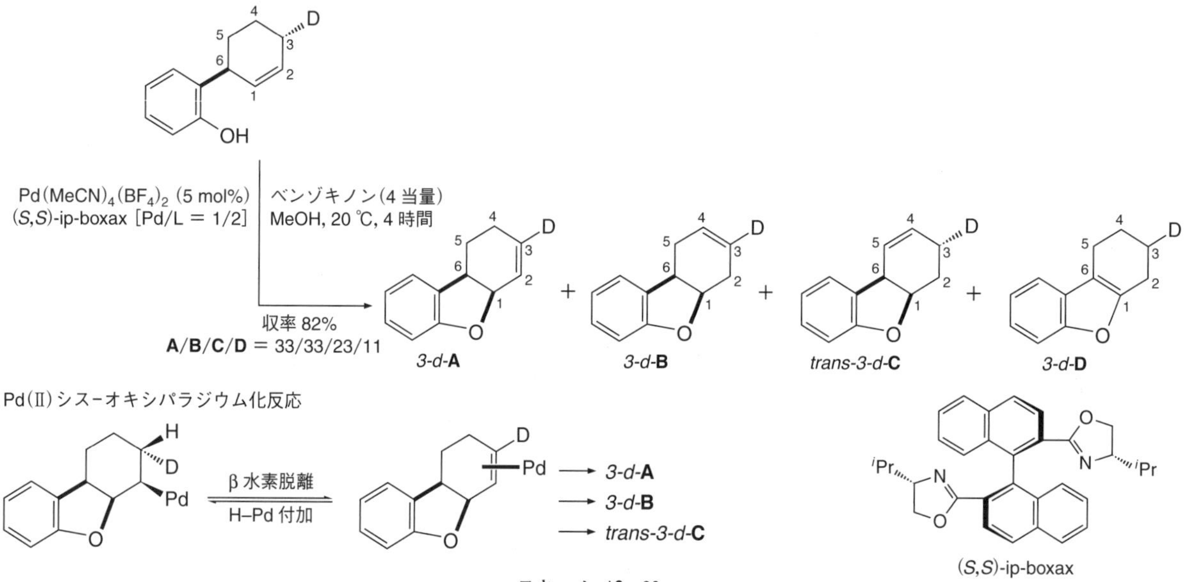

スキーム 16・32

く β 水素脱離反応が進行する．

酸化的アミノ化反応が，パラジウム－窒素結合にオレフィンが挿入することにより起こることを示す結果が得られている．まず第一に，トシルアミドと 2 分子のノルボルネンとの酸化的カップリング反応の立体化学は，反応の最初の段階がスキーム 16・33 に示すようにシ

スキーム 16・33

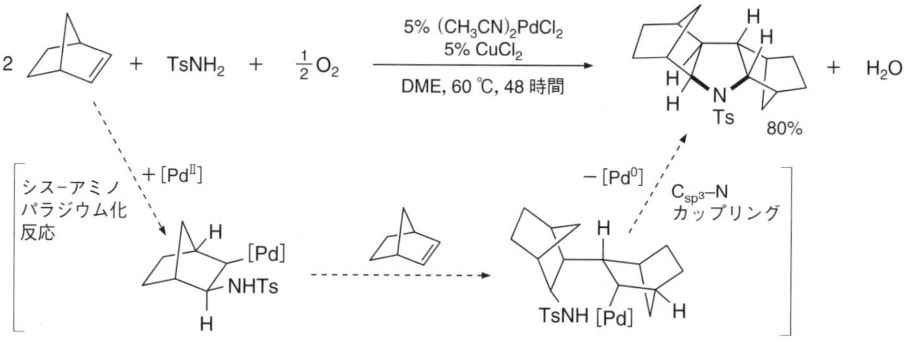

スのアミノパラジウム化により起こることを示している[417]．加えて，鎖状オレフィンからはエナミンが生成し，環状オレフィンからはアリルアミンが生じることから，これらの生成物中の C–N 結合はシスのアミノパラジウム化で起こり，このことから金属はエナミンを生成するように β 水素脱離することができない位置に置かれることがわかる[417]．この立体化学についてスキーム 16・34 に示す．同様に酢酸中でのパラジウム触媒を用いたシクロヘキセンの酸化により得られるアリルエステルは，同様の立体化学的要因の結果得られる．最後に，オレフィンの酸化的アミノ化反応の立体化学のより詳細な解析により，シス付加およびトランス付加のアミノパラジウム化の二つの反応経路が微妙なバランスにより制御されていることが示されている．立体化学の明確なオレフィンの反応により，多くの場合シス付加型のアミノパラジウム化反応が起こることが示されている．しかし，側鎖にスルホンアミドをもつオレフィンの反応は，添加した配位子の種類によりシスあるいはトランスのアミノパラジウム化反応により環化が進行しうる[428]．どちらの経路で反応が起こるかを決定する要因

スキーム 16・34

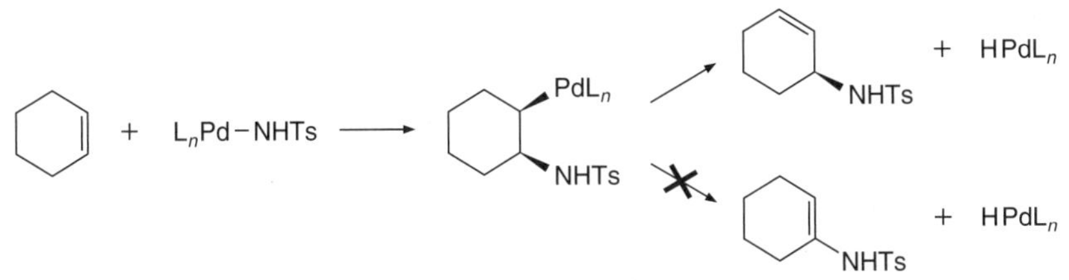

を明確に理解するにはさらなる研究が必要であるが，この結果からこれら二つの反応経路の活性化エネルギーがほぼ同等であることは明白である．

16・6・4c 再酸化反応機構[429]

§16・6・2a (p.666) で述べたように，オレフィン酸化反応の生成物である Pd(0)種を出発物の Pd(II)種に再酸化するためにさまざまな反応剤が用いられてきた．それぞれの酸化剤が Pd(II) を再生する機構は異なる．最も未解明のまま残されているのは，酸性溶液中 $CuCl_2$ を用いる Pd(0) の再酸化反応である．この反応では，形式的には Cl 原子が 2 分子の $CuCl_2$ から一つずつ移動して Pd(0) を再酸化して $PdCl_2$ が再生する．この再酸化反応においては，架橋したオキソ配位子をもつ Cu-Pd クラスターが含まれると考えられている[362),363)]．

キノンによる再酸化反応は，いくつかの反応機構によって起こりうる．酸性溶液中でのキノンによる Pd(0) の再酸化反応は Bäckvall により研究されている．すなわち式 16.128 に示

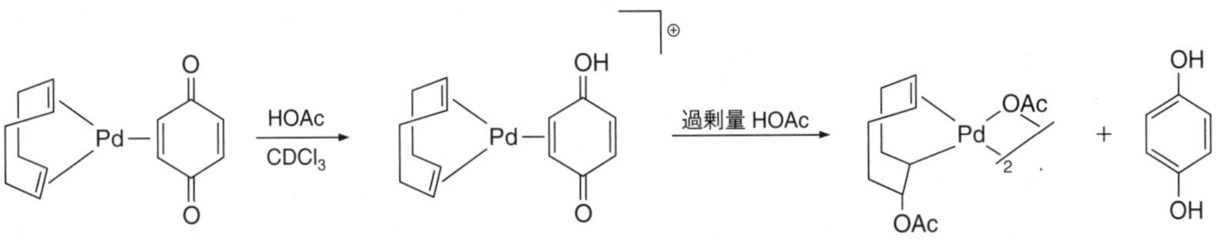

(16.128)

すように Pd(COD)(benzoquinone)錯体のようなよく知られた Pd(0) のキノン錯体は，酸と反応してキノンの酸素原子がプロトン化される．第二のプロトン化によりヒドロキノンと Pd(II)種が生成する．Bäckvall により研究されている共役塩基のジオレフィン錯体への攻撃により，図に示すアセタートイオンが付加した架橋錯体が生成する[430)]．

またキノンは，酸化された有機化合物を放出する際に β 水素脱離反応により生じるパラジウムヒドリド種を捕捉できると考えられる（式 16.129）．パラジウムヒドリド種へのキノ

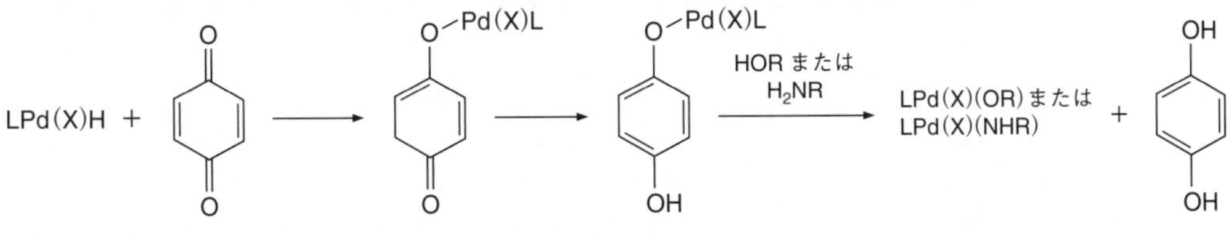

(16.129)

ンの挿入反応によりエノラト中間体が生じ，これは互換異性化してフェノキシド錯体を与える．これは O−H あるいは N−H 結合をもつ反応剤によりプロトン化され，ヒドロキノンが脱離して Pd(II)種が生成する．カルボニル化反応に関する 17 章で述べるが，キノンは，この反応機構によってヒドロエステル化触媒である Pd(II)種が Pd(0)種に還元されるのを防ぐための添加剤として用いられている[431)]．

最後に O_2 を用いた再酸化反応も研究されている．これは酸素を一般的な酸化反応の最終

酸化剤として用いたいと考えているからである．この再酸化反応はまずはパラジウム(ペルオキソ)錯体，$L_2Pd(O_2)$，が生成し，続いて酸によるプロトン化により過酸化水素と出発物のカルボキシラト，アルコキシド，スルホンアミダト，イミダト配位子をもつ $Pd(II)$ 種を生成する．この一連の反応を一般式として式 16.130 に示す．

$$L_nPd + O_2 \longrightarrow L_nPd\begin{pmatrix}O\\|\\O\end{pmatrix} \xrightarrow{2\,HX} L_nPd\begin{pmatrix}X\\X\end{pmatrix} + H_2O_2 \tag{16.130}$$

式 16.130 のそれぞれの段階は個別には観測されている．$Pd(PPh_3)_4$ と酸素との反応により $(PPh_3)_2Pd(O_2)$ を生成する反応は古くから知られている[432)~435)]．$Pd(0)$ 錯体と O_2 との反応により反磁性の $Pd(II)$ ペルオキソ錯体を生成する反応はスピン禁制であるが，最近の計算化学的手法による研究では，酸素分子のエンドオン型の接近と，続いての三重項－一重項のスピンクロスオーバーのエネルギー障壁が低いことが示されている[436)]．すなわち，この反応のスピン禁制的な性質はさほど大きな活性化障壁とはならない．式 16.131 に示したパラ

$$\underset{Ph_3P}{\overset{Ph_3P}{>}}Pd\begin{pmatrix}O\\|\\O\end{pmatrix} \xrightarrow{RCO_2H} \underset{Ph_3P}{\overset{Ph_3P}{>}}M\begin{pmatrix}O-C(=O)R\\O-O-H\end{pmatrix} \xrightarrow{RCO_2H} \underset{Ph_3P}{\overset{Ph_3P}{>}}Pd\begin{pmatrix}O-C(=O)R\\O-C(=O)R\end{pmatrix} + H_2O_2 \tag{16.131}$$

ジウム(ペルオキソ)錯体と酸との反応により過酸化水素を生じる反応は古くから知られている[437)]．したがって，酸素分子の配位とペルオキソ配位子のプロトン化反応は，銅が存在しない条件下の酸素分子と酸によるパラジウム種の再酸化の反応機構として妥当なものである．

16・7 まとめ

C–C 多重結合のヒドロ官能基化反応についての各節で述べた内容からわかるように，これらの反応の広がりや展開のレベルはさまざまである．ブタジエンの C–C 二重結合のヒドロシアノ化反応は，高度に改良され，大規模な工業スケールで実施されている．他の形式のヒドロシアノ化反応は開発の余地が残されている．同様にオレフィンのヒドロシリル化反応は工業的に行われており，非常に活性の高い白金触媒が開発されている．他の形式のヒドロシリル化反応の位置および立体選択性の制御も過去何年かの間に大きく進展している．ホウ素反応剤やアミンのオレフィンやアルキンへの付加反応は十分には発展していないが，現在活発に研究が行われている．最近，アルケンやアルキンのジボリル化反応の発展は著しい．アルケンやアルキンのヒドロアミノ化反応に関する均一系触媒の最初の例は 35 年以上前に報告されていたが，この 10 年非常に活発に研究されている．

これらの反応の機構にはさまざまなものがあるが，分類することができる．ヒドロシアノ化反応，ヒドロシリル化反応およびヒドロホウ素化反応の多くは後周期遷移金属触媒によって進行する．これらの反応では，H–X 結合の酸化的付加反応，続いて M–H あるいは M–X 結合へのオレフィンの移動挿入反応，そして還元的脱離反応により最終生成物に至る．ヒドロシアノ化反応は M–H 結合への不飽和化合物の挿入によって進行するが，ヒドロシリル化反応やヒドロホウ素化反応では，M–H 結合へのオレフィンの挿入反応，または M–X 結合への挿入反応という二つの機構を経て進行することが示されている．アルケンとアルキンの d^0 遷移金属錯体とランタニド錯体を用いるヒドロシリル化反応やヒドロホウ素化反応は，これらの錯体が酸化的付加反応を起こすことができないので異なる反応経路で進行す

る．すなわち，これらの錯体により触媒される反応はσ結合メタセシス機構を経る．

酸化的付加反応，移動挿入反応，そして還元的脱離反応を経るオレフィンのヒドロアミノ化反応は，一例しか知られていない．アミンは求核性をもつので，HCN，シラン，ボランなどの付加反応では観測されない配位オレフィンやアルキンへのアミンの付加反応の経路も可能である．たとえば，後周期遷移金属を触媒とするヒドロアミノ化反応は，多くの場合，配位したアルケンやアルキンへの求核攻撃か，η^3-アリル，η^3-ベンジル，η^6-アレーン錯体への求核攻撃によって進行すると考えられている．ランタニド錯体やアクチニド錯体を触媒とするヒドロアミノ化反応は金属－アミド結合へのオレフィンの挿入によって進行する．最後に，d^0 電子配置の 4 族金属によって触媒されるヒドロアミノ化反応はイミド錯体を経由して進行することが明らかにされている．この場合，[2+2]付加環化反応により C－N 結合が生じ，生成するメタラサイクルのプロトン化反応により生成物が放出される．

おそらく，これらすべての反応についての新しい反応経路，すでに提唱されている反応機構のさらなる明確化，そしてより高い活性ならびに選択性を示す触媒の開発が，今後，それぞれのタイプのヒドロ官能基化反応について行われるものと期待される．

文献および注

1. *Catalytic Heterofunctionalization*; Togni, A., Grutzmacher, H., Eds.; Wiley-VCH: Weinheim, 2001.
2. *Encyclopedia of Catalysis*; Horváth, I. T., Ed.; Wiley-Interscience: Hoboken, 2003.
3. Han, L.-B.; Tanaka, M. *Chem. Commun.* **1999**, 395.
4. Beller, M.; Seayad, J.; Tilack, A.; Jiao, H. *Angew. Chem. Int. Ed.* **2004**, *43*, 3368.
5. Brown, E. S. In *Aspects of Homogeneous Catalysis*; Ugo, R., Ed.; D. Reidel: Dordrecht, The Netherlands, 1974; Vol. 2, p 57.
6. Brown, E. S. In *Organic Synthesis via Metal Carbonyls*; Wender, I., Pino, P., Eds.; Wiley-Interscience: New York, 1977; Vol. 2, p 743.
7. Parshall, G. W. *J. Mol. Catal.* **1978**, *4*, 243.
8. Parshall, G. W. In *Homogeneous Catalysis*, 1st ed.; Wiley: New York, 1980.
9. James, B. R. In *Comprehensive Organometallic Chemistry: The Synthesis, Reactions, and Structures of Organometallic Compounds*; Wilkinson, G., Stone, F. G. A., Abel, E. W., Eds.; Pergamon Press: Oxford, U.K., 1982; p 353.
10. Hubert, A. J.; Puentes, E. In *Catalysis in C1 Chemistry*; Keim, W., Ed.; D. Reidel: Dordrecht, The Netherlands, 1983; p 219.
11. Jackson, W. R.; Perlmutter, P.; Elmes, P. S.; Lovel, C. G.; Thompson, R. J.; Haarburger, D.; Probert, M. K. S.; Smallridge, A. J.; Campi, E. M.; Fitzmaurice, N. J.; Kertesz, M. A. In *5th IUPAC Symposium on Organic Synthesis*; Streith, J., Prinzbach, H., Schill, G., Eds.; Blackwell Scientific: Freiburg, 1984; p 55.
12. Tolman, C. A.; McKinney, R. J.; Seidel, W. C.; Druliner, J. D.; Stevens, W. R. In *Advances in Catalysis*; Eley, D. D., Pines, H., Weisz, P. B., Eds.; Academic Press: New York, 1985; Vol. 33, p 1.
13. Tolman, C. A. *J. Chem. Educ.* **1986**, *63*, 199.
14. Krill, S. In *Applied Homogeneous Catalysis with Organometallic Compounds*, 2nd ed.; Cornils, B., Herrmann, W. A., Eds.; Wiley-VCH: Weinheim, 2002; Vol. 1, p 468.
15. Yet, L. *Angew. Chem. Int. Ed.* **2001**, *40*, 875.
16. Krueger, C.; Kuntz, K.; Dzierba, C.; Wirschun, W.; Gleason, J.; Snapper, M.; Hoveyda, A. *J. Am. Chem. Soc.* **1999**, *121*, 4284.
17. Ishitani, H.; Komiyama, S.; Hasegawa, Y.; Kobayashi, S. *J. Am. Chem. Soc.* **2000**, *122*, 762.
18. Sigman, M. S.; Vachal, P.; Jacobsen, E. N. *Angew. Chem. Int. Ed.* **2000**, *39*, 1279.
19. Deng, H. B.; Isler, M. R.; Snapper, M. L.; Hoveyda, A. H. *Angew. Chem. Int. Ed.* **2002**, *41*, 1009.
20. Vachal, P.; Jacobsen, E. N. *J. Am. Chem. Soc.* **2002**, *124*, 10012.
21. Arthur, P.; England, D. C.; Pratt, B. C.; Whitman, G. M. *J. Am. Chem. Soc.* **1954**, *76*, 5364.
22. Drinkard, W. C., Jr.; Lindsey, R. V., Jr. U.S. Patent 3,496,217, 1968.
23. Drinkard, W. C., Jr. U.S. Patent 3,496,218, 1970.
24. Drinkard, W. C., Jr.; Lindsey, R. V., Jr. U.S. Patent 3,496,215, 1970.
25. Drinkard, W. C., Jr.; Kassal, R. J. U.S. Patent 3,496,217, 1970.
26. Brown, E. S.; Rick, E. A. *J. Chem. Soc. D* **1969**, 112b.
27. Taylor, B. W.; Swift, H. *J. Catal.* **1972**, *26*, 254.
28. Tolman, C. A.; Seidel, W. C.; Druliner, J. D.; Domaille, P. J. *Organometallics* **1984**, *3*, 33.
29. Nugent, W. A.; McKinney, R. J. *J. Org. Chem.* **1985**, *50*, 5370.
30. Tolman, C. A.; McKinney, R. J.; Seidel, W. C.; Druliner, J. D.; Stevens, W. R. *Adv. Catal.* **1985**, *33*, 1.
31. Yan, M.; Xu, Q.-Y.; Chan, A. S. C. *Tetrahedron: Asymmetry* **2000**, *11*, 845.
32. Baker, M. J.; Pringle, P. G. *J. Chem. Soc., Chem. Commun.* **1991**, 1292.
33. Jackson, W. R.; Lovel, C. G. *Aust. J. Chem.* **1982**, *35*, 2052.
34. Jackson, W. R.; Lovel, C. G. *Tetrahedron Lett.* **1982**, *23*, 1621.
35. Jackson, W. R.; Lovel, C. G. *Aust. J. Chem.* **1983**, *36*, 1975.
36. Bäckvall, J. E.; Andell, O. S. *J. Chem. Soc., Chem. Commun.* **1981**, 1098.
37. Bäckvall, J. E.; Andell, O. S. *J. Chem. Soc., Chem. Commun.* **1984**, 260.
38. Bäckvall, J. E.; Andell, O. S. *Organometallics* **1986**, *5*, 2350.
39. Tolman, C. A. *Chem. Rev.* **1977**, *77*, 313.
40. Brunkan, N. M.; Jones, W. D. *J. Organomet. Chem.* **2003**, *683*, 77.
41. Brunkan, N. M.; Brestensky, D. M.; Jones, W. D. *J. Am. Chem. Soc.* **2004**, *126*, 3627.
42. Chaumonnot, A.; Lamy, F.; Sabo-Etienne, S.; Donnadieu, B.; Chaudret, B.; Barthelat, J. C.; Galland, J. C. *Organometallics* **2004**, *23*, 3363.

43. Acosta-Ramirez, A.; Munoz-Hernandez, M.; Jones, W. D.; Garcia, J. J. *J. Organomet. Chem.* **2006**, *691*, 3895.
44. Acosta-Ramirez, A.; Flores-Gaspar, A.; Munoz-Hernandez, M.; Arevalo, A.; Jones, W. D.; Garcia, J. *J. Organometallics* **2007**, *26*, 1712.
45. Horiuchi, T.; Shirakawa, E.; Nozaki, K.; Takaya, H. *Tetrahedron: Asymmetry* **1997**, *8*, 57.
46. Casalnuovo, A. L.; RajanBabu, T. V.; Ayers, T. A.; Warren, T. A. *J. Am. Chem. Soc.* **1994**, *116*, 9869.
47. Saha, B.; RajanBabu, T. V. *Org. Lett.* **2006**, *8*, 4656.
48. Zhang, A. B.; RajanBabu, T. V. *J. Am. Chem. Soc.* **2006**, *128*, 54.
49. Wilting, J.; Janssen, M.; Muller, C.; Vogt, D. *J. Am. Chem. Soc.* **2006**, *128*, 11374.
50. Funabiki, T.; Yamazaki, Y.; Sato, Y.; Yoshida, S. *J. Chem. Soc., Perkin Trans. 2* **1983**, 1915.
51. Funabiki, T.; Sato, H.; Tanaka, N.; Yamazaki, Y.; Yoshida, S. *J. Mol. Catal.* **1990**, *62*, 157.
52. Funabiki, T.; Tatsumi, K.; Yoshida, S. *J. Organomet. Chem.* **1990**, *384*, 199.
53. 40 年にわたる研究の総説として，文献 54～57 を参照せよ．
54. Speier, J. L. *Adv. Organomet. Chem.* **1979**, *17*, 407.
55. Ojima, I. In *The Chemistry of Organic Silicon Compounds*; Patai, S., Rappoport, Z., Eds.; Wiley: New York, 1989; p 1479.
56. Ojima, I.; Li, Z.; Zhu, J. In *The Chemistry of Organic Silicon Compounds*; Rappoport, Z., Apeloig, Y., Eds.; Wiley: New York, 1998; Vol. 2, p 1687.
57. Marciniec, B. *Coord. Chem. Rev.* **2005**, *249*, 2374.
58. Marciniec, B.; Gulinski, J. *J. Organomet. Chem.* **1993**, *446*, 15.
59. Marciniec, B. *Silicon Chem.* **2002**, *1*, 155.
60. Jones, G. R.; Landais, Y. *Tetrahedron* **1996**, *52*, 7599.
61. Smitrovich, J. H.; Woerpel, K. A. *J. Org. Chem.* **1996**, *61*, 6044.
62. Tamao, K.; Ishida, N.; Tanaka, T.; Kumada, M. *Organometallics* **1983**, *2*, 1694.
63. Tamao, K.; Kakui, T.; Akita, M.; Iwahara, T.; Kanatani, R.; Yoshida, J.; Kumada, M. *Tetrahedron* **1983**, *39*, 983.
64. Fleming, I.; Henning, R.; Plaut, H. *J. Chem. Soc., Chem. Commun.* **1984**, 29.
65. Fleming, I.; Henning, R.; Parker, D. C.; Plaut, H. E.; Sanderson, P. E. J. *J. Chem. Soc., Perkin Trans. 1* **1995**, 317.
66. Hatanaka, Y.; Hiyama, T. *Synlett* **1991**, 845.
67. Denmark, S. E.; Sweis, R. F. *Acc. Chem. Res.* **2002**, *35*, 835.
68. Speier, J. L.; Webster, J. A.; Barnes, G. H. *J. Am. Chem. Soc.* **1957**, *79*, 974.
69. ペルオキシド触媒によるヒドロシリル化反応の最初の例については，文献 70 を参照せよ．
70. Sommer, L. H.; Pietrusza, E. W.; Whitmore, F. C. *J. Am. Chem. Soc.* **1947**, *69*, 188.
71. Karstedt, B. D. U.S. Patent 3,775,452, 1973.
72. Lewis, L. N.; Lewis, N. *J. Am. Chem. Soc.* **1986**, *108*, 7228.
73. Lewis, L. N.; Lewis, N.; Uriarte, R. J. *Adv. Chem. Ser.* **1992**, 541.
74. Stein, J.; Lewis, L. N.; Gao, Y.; Scott, R. A. *J. Am. Chem. Soc.* **1999**, *121*, 3693.
75. Lappert, M. F.; Scott, F. P. A. *J. Organomet. Chem.* **1995**, *492*, C11.
76. DeCharentenay, F.; Osborn, J. A.; Wilkinson, G. *J. Chem. Soc. A* **1968**, 787.
77. Rejhon, J.; Hetflejs, J. *Collect. Czech. Chem. Commun.* **1975**, *40*, 3680.
78. Schroeder, M. A.; Wrighton, M. S. *J. Organomet. Chem.* **1977**, *128*, 345.
79. Reichel, C. L.; Wrighton, M. S. *Inorg. Chem.* **1980**, *19*, 3858.
80. Millan, A.; Towns, E.; Maitlis, P. M. *J. Chem. Soc., Chem. Commun.* **1981**, 673.
81. Onopchenko, A.; Sabourin, E. T.; Beach, D. L. *J. Org. Chem.* **1983**, *48*, 5101.
82. Millan, A.; Fernandez, M. J.; Bentz, P.; Maitlis, P. M. *J. Mol. Catal.* **1984**, *26*, 89.
83. Ojima, I.; Fuchikami, T.; Yatabe, M. *J. Organomet. Chem.* **1984**, *260*, 335.
84. Onopchenko, A.; Sabourin, E. T.; Beach, D. L. *J. Org. Chem.* **1984**, *49*, 3389.
85. Oro, L. A.; Fernandez, M. J.; Esteruelas, M. A.; Jimenez, M. S. *J. Mol. Catal.* **1986**, *37*, 151.
86. Randolph, C. L.; Wrighton, M. S. *J. Am. Chem. Soc.* **1986**, *108*, 3366.
87. Seitz, F.; Wrighton, M. S. *Angew. Chem., Int. Ed. Engl.* **1988**, *27*, 289.
88. Duckett, S. B.; Perutz, R. N. *Organometallics* **1992**, *11*, 90.
89. Brunner, H.; Riepl, G.; Weitzer, H. *Angew. Chem., Int. Ed. Engl.* **1983**, *22*, 331.
90. Brunner, H.; Becker, R.; Riepl, G. *Organometallics* **1984**, *3*, 1354.
91. Riant, O.; Mostefaí, N.; Courmarcel, J. *Synthesis* **2004**, 2943.
92. Uozumi, Y.; Hayashï, T. *J. Am. Chem. Soc.* **1991**, *113*, 9887.
93. Kitayama, K.; Uozumi, Y.; Hayashi, T. *J. Chem. Soc., Chem. Commun.* **1995**, 1533.
94. Fu, P. F.; Brard, L.; Li, Y. W.; Marks, T. J. *J. Am. Chem. Soc.* **1995**, *117*, 7157.
95. Bank, H. M.; Saam, J. C.; Speier, J. L. *J. Org. Chem.* **1964**, *29*, 792.
96. Benkeser, R. A.; Muench, W. C. *J. Am. Chem. Soc.* **1973**, *95*, 285.
97. Harrod, J. F.; Chalk, A. J. In *Organic Synthesis via Metal Carbonyls*; Wender, I., Pino, P., Eds.; Wiley: New York, 1977; Vol. 2, p 673.
98. Speier, J. L. In *Advances in Organometallic Chemistry*; West, R., Stone, F., Eds.; Academic Press: New York, 1979; Vol. 17, p 407.
99. Ojima, I. In *The Chemistry of Organic Silicon Compounds*; Patai, S., Rappoport, Z., Eds.; Wiley: Chichester, U.K., 1989; Vol. 1, p 1479.
100. Trost, B. M.; Ball, Z. T. *Synthesis* **2005**, 853.
101. Ojima, I.; Kumagai, M.; Nagai, Y. *J. Organomet. Chem.* **1976**, *111*, 43.
102. Chalk, A. J. *J. Organomet. Chem.* **1970**, *21*, 207.
103. Musolf, M. C.; Speier, J. L. *J. Org. Chem.* **1964**, *29*, 2519.
104. Capka, M.; Svoboda, P.; Hetflejs, J. *Collect. Czech. Chem. Commun.* **1973**, *38*, 3830.
105. Wechsler, D.; Myers, A.; McDonald, R.; Ferguson M. J.; Stradiotto, M. *Inorg. Chem.* **2006**, *45*, 4562.
106. Uozumi, Y.; Kitayama, K.; Hayashi, T. *Tetrahedron: Asymmetry* **1993**, *4*, 2419.
107. Svoboda, P.; Sedlmayer, P.; Hetflejs, J. *Collect. Czech. Chem. Commun.* **1973**, *38*, 1783.
108. Benkeser, R. A.; Merritt, F. M., II; Roche, R. T. *J. Organomet. Chem.* **1978**, *156*, 235.
109. Belyakova, Z. V.; Pomerantseva, M. G.; Popkov, K. K.; Efremova, L. A.; Golubtsov, S. A. *Zh. Obshch. Khim.* **1972**, *42*, 889.
110. Takahashi, S.; Shibano, T.; Kojima, H.; Hagihara, N. *Oganomet. Chem. Synth.* **1970/1971**, *1*, 193.
111. Vaisarova, V.; Capka, M.; Hetflejs, J. *Synth. React. Inorg. Met-Org. Chem.* **1972**, *2*, 289.
112. Ojima, I.; Kumagai, M. *J. Organomet. Chem.* **1978**, *157*, 359.
113. Rejhon, J.; Hetflejs, J. *Collect. Czech. Chem. Commun.* **1975**, *40*, 3190.
114. Seki, Y.; Takeshita, K.; Kawamoto, K.; Murai, S.; Sonoda, N. *Angew. Chem., Int. Ed. Engl.* **1980**, *19*, 928.
115. Delpech, F.; Mansas, J.; Leuser, H.; Sabo-Etienne, S.; Chaudret, B. *Organometallics* **2000**, *19*, 5750.
116. (a) Takeuchi, R.; Tanouchi, N. *J. Chem. Soc., Perkin Trans. 1*

1994, 2909; (b) Takeuchi, R.; Tanouchi, N. *J. Chem. Soc., Chem. Commun.* **1993**, 1319.
117. Ojima, I.; Clos, N.; Donovan, R. J.; Ingallina, P. *Organometallics* **1990**, *9*, 3127.
118. Tanke, R. S.; Crabtree, R. H. *J. Am. Chem. Soc.* **1990**, *112*, 7984.
119. Trost, B. M.; Ball, Z. T.; Joge, T. *J. Am. Chem. Soc.* **2002**, *124*, 7922.
120. Chung, L. W.; Wu, Y. D.; Trost, B. M.; Ball, Z. T. *J. Am. Chem. Soc.* **2003**, *125*, 11578.
121. Trost, B. M.; Ball, Z. T. *J. Am. Chem. Soc.* **2003**, *125*, 30.
122. Trost, B. M.; Ball, Z. T.; Laemmerhold, K. M. *J. Am. Chem. Soc.* **2005**, *127*, 10028.
123. Trost, B. M.; Ball, Z. T. *J. Am. Chem. Soc.* **2005**, *127*, 17644.
124. Trost, B. M.; Fraisse, P. L.; Ball, Z. T. *Angew. Chem. Int. Ed.* **2002**, *41*, 1059.
125. Na, Y. G.; Chang, S. B. *Org. Lett.* **2000**, *2*, 1887.
126. Trost, B. M.; Ball, Z. T.; Joge, T. *Angew. Chem. Int. Ed.* **2003**, *42*, 3415.
127. Brunner, H.; Nishiyama, H.; Itoh, K. In *Catalytic Asymmetric Synthesis*; Ojima, I., Ed.; VCH Publishers: New York, 1993; p 303.
128. Hayashi, T. In *Comprehensive Asymmetric Catalysis I–III*; Jacobsen, E. N., Pfaltz, A., Yamamoto, H., Eds.; Springer: Berlin, 1999; Vol. 1, p 319.
129. Hayashi, T. *Acc. Chem. Res.* **2000**, *33*, 354.
130. Nishiyama, H.; Itoh, K. In *Catalytic Asymmetric Synthesis*, 2nd ed.; Ojima, I., Ed.; Wiley: New York, 2000; p 111.
131. Tang, J.; Hayashi, T. In *Catalytic Heterofunctionalization*; Togni, A., Grutzmacher, H., Eds.; Wiley-VCH: Weinheim, 2001; p 73.
132. Uozumi, Y.; Hayashi, T. *J. Am. Chem. Soc.* **1991**, *113*, 9887.
133. Uozumi, Y.; Kitayama, K.; Hayashi, T.; Yanagi, K.; Fukuyo, E. *Bull. Chem. Soc. Jpn.* **1995**, *68*, 713.
134. Uozumi, Y.; Lee, S.-Y.; Hayashi, T. *Tetrahedron Lett.* **1992**, *33*, 7185.
135. Ohmura, H.; Matsuhashi, H.; Tanaka, M.; Kuroboshi, M.; Hiyama, T.; Hatanaka, Y.; Goda, K. *J. Organomet. Chem.* **1995**, *499*, 167.
136. Kitayama, K.; Tsuji, H.; Uozumi, Y.; Hayashi, T. *Tetrahedron Lett.* **1996**, *37*, 4169.
137. Ojima, I.; Kogure, T.; Nihonyanagi, M.; Nagai, Y. *Bull. Chem. Soc. Jpn.* **1972**, *45*, 3506.
138. Ojima, I.; Nihonyanagi, M.; Nagai, Y. *J. Chem. Soc., Chem. Commun.* **1972**, 938.
139. Corriu, R. J. P.; Moreau, J. J. E. *J. Chem. Soc., Chem. Commun.* **1973**, 38.
140. Eaborn, C.; Odell, K.; Pidcock, A. *J. Organomet. Chem.* **1973**, *63*, 93.
141. Yamamoto, K.; Hayashi, T.; Kumada, M. *J. Organomet. Chem.* **1972**, *46*, C65.
142. Nishiyama, H.; Sakaguchi, H.; Nakamura, T.; Horihata, M.; Kondo, M.; Itoh, K. *Organometallics* **1989**, *8*, 846.
143. Verdaguer, X.; Lange, U. E. W.; Reding, M. T.; Buchwald, S. L. *J. Am. Chem. Soc.* **1996**, *118*, 6784.
144. Lipshutz, B. H.; Frieman, B. A. *Angew. Chem. Int. Ed.* **2005**, *44*, 6345.
145. Lipshutz, B. H.; Noson, K.; Chrisman, W.; Lower, A. *J. Am. Chem. Soc.* **2003**, *125*, 8779.
146. Lipshutz, B. H.; Lower, A.; Noson, K. *Org. Lett.* **2002**, *4*, 4045.
147. Lipshutz, B. H.; Shimizu, H. *Angew. Chem. Int. Ed.* **2004**, *43*, 2228.
148. Chalk, A. J.; Harrod, J. F. *J. Am. Chem. Soc.* **1965**, *87*, 16.
149. Lappert, M. F.; Scott, F. P. A. *J. Organomet. Chem.* **1995**, *492*, C11.
150. Chalk, A. J.; Harrod, J. F. *J. Am. Chem. Soc.* **1965**, *87*, 16.
151. Onopchenko, A.; Sabourin, E. T. *J. Org. Chem.* **1987**, *52*, 4118.
152. Sakaki, S.; Sumimoto, M.; Fukuhara, M.; Sugimoto, M.; Fujimoto, H.; Matsuzaki, S. *Organometallics* **2002**, *21*, 3788.
153. Sakaki, S.; Mizoe, N.; Sugimoto, M. *Organometallics* **1998**, *17*, 2510.
154. Sakaki, S.; Mizoe, N.; Sugimoto, M.; Musashi, Y. *Coord. Chem. Rev.* **1999**, *192*, 933.
155. Brookhart, M.; Grant, B. E. *J. Am. Chem. Soc.* **1993**, *115*, 2151.
156. Chung, L. W.; Wu, Y. D.; Trost, B. M.; Ball, Z. T. *J. Am. Chem. Soc.* **2003**, *125*, 11578.
157. Suginome, M.; Ito, Y. *Chem. Rev.* **2000**, *100*, 3221.
158. Ito, Y.; Suginome, M.; Murakami, M. *J. Org. Chem.* **1991**, *56*, 1948.
159. Murakami, M.; Andersson, P. G.; Suginome, M.; Ito, Y. *J. Am. Chem. Soc.* **1991**, *113*, 3987.
160. Murakami, M.; Suginome, M.; Fujimoto, K.; Nakamura, H.; Andersson, P. G.; Ito, Y. *J. Am. Chem. Soc.* **1993**, *115*, 6487.
161. Yamashita, H.; Kobayashi, T.-a.; Hayashi, T.; Tanaka, M. *Chem. Lett.* **1990**, 1447.
162. Bottoni, A.; Higueruelo, A. P.; Miscione, G. P. *J. Am. Chem. Soc.* **2002**, *124*, 5506.
163. Brown, H. C. *Boranes in Organic Chemistry*; Cornell University Press: Ithaca, N.Y., 1972.
164. Brown, H. C. *Organic Synthesis via Boranes*; Wiley: New York, 1975.
165. Burgess, K.; Ohlmeyer, M. J. *Chem. Rev.* **1991**, *91*, 1179.
166. Beletskaya, I.; Pelter, A. *Tetrahedron* **1997**, *53*, 4957.
167. Miyaura, N. In *Catalytic Heterofunctionalization*; Togni, A., Grutzmacher, H., Eds.; Wiley-VCH: Weinheim, 2001; p 1.
168. Smith, M. R., III. *Prog. Organomet. Chem.* **1999**, *48*, 505.
169. Wilczynski, R.; Sneddon, L. G. *J. Am. Chem. Soc.* **1980**, *102*, 2857.
170. Wilczynski, R.; Sneddon, L. G. *Inorg. Chem.* **1981**, *20*, 3955.
171. Wilczynski, R.; Sneddon, L. G. *Inorg. Chem.* **1982**, *21*, 506.
172. Corcoran, E. W.; Sneddon, L. G. *J. Am. Chem. Soc.* **1985**, *107*, 7446.
173. Lynch, A. T.; Sneddon, L. G. *J. Am. Chem. Soc.* **1987**, *109*, 5867.
174. Sneddon, L. G. *Pure. Appl. Chem.* **1987**, *59*, 837.
175. Lynch, A. T.; Sneddon, L. G. *J. Am. Chem. Soc.* **1989**, *111*, 6201.
176. Pender, M. J.; Wideman, T.; Carroll, P. J.; Sneddon, L. G. *J. Am. Chem. Soc.* **1998**, *120*, 9108.
177. Pender, M. J.; Carroll, P. J.; Sneddon, L. G. *J. Am. Chem. Soc.* **2001**, *123*, 12222.
178. Mannig, D.; Nöth, H. *Angew. Chem., Int. Ed. Engl.* **1985**, *24*, 878.
179. Burgess, K.; van der Donk, W. A.; Westcott, S. A.; Marder, T. B.; Baker, R. T.; Calabrese, G. C. *J. Am. Chem. Soc.* **1992**, *114*, 9350.
180. Evans, D. A.; Fu, G. C.; Anderson, B. A. *J. Am. Chem. Soc.* **1992**, *114*, 6679.
181. He, X. M.; Hartwig, J. F. *J. Am. Chem. Soc.* **1996**, *118*, 1696.
182. Hartwig, J. F.; Muhoro, C. N. *Organometallics* **2000**, *19*, 30.
183. Hayashi, T.; Matsumoto, Y.; Ito, Y. *J. Am. Chem. Soc.* **1989**, *111*, 3426.
184. Hayashi, T.; Matsumoto, Y.; Ito, Y. *Tetrahedron: Asymmetry* **1991**, *2*, 601.
185. Burgess, K.; van der Donk, W. A.; Westcott, S. A.; Marder, T. B.; Baker, R. T.; Calabrese, J. C. *J. Am. Chem. Soc.* **1992**, *114*, 9350.
186. Evans, D. A.; Fu, G. C.; Hoveyda, A. H. *J. Am. Chem. Soc.* **1992**, *114*, 6671.
187. Harrison, K. N.; Marks, T. J. *J. Am. Chem. Soc.* **1992**, *114*, 9220.
188. Bijpost, E. A.; Duchateau, R.; Teuben, J. H. *J. Mol. Catal.* **1995**, *95*, 121.
189. Pereira, S.; Srebnik, M. *Tetrahedron Lett.* **1996**, *37*, 3283.

190. Pereira, S.; Srebnik, M. *J. Am. Chem. Soc.* **1996**, *118*, 909.
191. Matsumoto, Y.; Hayashi, T. *Tetrahedron Lett.* **1991**, *32*, 3387.
192. Satoh, M.; Nomoto, Y.; Miyaura, N.; Suzuki, A. *Tetrahedron Lett.* **1989**, *30*, 3789.
193. Ohmura, T.; Yamamoto, Y.; Miyaura, N. *J. Am. Chem. Soc.* **2000**, *122*, 4990.
194. Brown, J. M.; Hulmes, D. I.; Layzell, T. P. *J. Chem. Soc., Chem. Commun.* **1993**, 1673.
195. Valk, J. M.; Whitlock, G. A.; Layzell, T. P.; Brown, J. M. *Tetrahedron: Asymmetry* **1995**, *6*, 2593.
196. Burgess, K.; van der Donk, W. A.; Kook, A. M. *J. Org. Chem.* **1991**, *56*, 2949.
197. Brown, J. M.; Lloyd-Jones, G. C. *J. Am. Chem. Soc.* **1994**, *116*, 866.
198. Westcott, S. A.; Marder, T. B.; Baker, R. T. *Organometallics* **1993**, *12*, 975.
199. Westcott, S. A.; Blom, H. P.; Marder, T. B.; Baker, R. T.; Calabrese, J. C. *Inorg. Chem.* **1993**, *32*, 2175.
200. Musaev, D. G.; Mebel, A. M.; Morokuma, K. *J. Am. Chem. Soc.* **1994**, *116*, 10693.
201. Ishiyama, T.; Matsuda, N.; Murata, M.; Ozawa, F.; Suzuki, A.; Miyaura, N. *Organometallics* **1996**, *15*, 713.
202. Dai, C.; Stringer, G.; Marder, T. B. *Inorg. Chem.* **1997**, *36*, 272.
203. Marder, T. B.; Norman, N. C.; Rice, C. R.; Robins, E. G. *Chem. Commun.* **1997**, 53.
204. Sakaki, S.; Kikuno, T. *Inorg. Chem.* **1997**, *36*, 226.
205. Curtis, D.; Lesley, M. J. G.; Norman, N. C.; Orpen, A. G.; Starbuck, J. *J. Chem. Soc.* **1999**, 1687.
206. Hartwig, J. F.; He, X. *Angew. Chem., Int. Ed. Engl.* **1996**, *35*, 315.
207. Sagawa, T.; Asano, Y.; Ozawa, F. *Organometallics* **2002**, *21*, 5879.
208. Sakaki, S.; Kai, S.; Sugimoto, M. *Organometallics* **1999**, *18*, 4825.
209. Onozawa, S.; Hatanaka, Y.; Sakakura, T.; Shimada, S.; Tanaka, M. *Organometallics* **1996**, *15*, 5450.
210. Ishiyama, T.; Matsuda, N.; Miyaura, N.; Suzuki, A. *J. Am. Chem. Soc.* **1993**, *115*, 11018.
211. Lesley, G.; Nguyen, P.; Taylor, N. J.; Marder, T. B.; Scott, A. J.; Clegg, W.; Norman, N. C. *Organometallics* **1996**, *15*, 5137.
212. Onozawa, S.; Hatanaka, Y.; Tanaka, M. *Chem. Commun.* **1997**, 1229.
213. Suginome, M.; Matsuda, T.; Nakamura, H.; Ito, Y. *Tetrahedron* **1999**, *55*, 8787.
214. Ishiyama, T.; Yamamoto, M.; Miyaura, N. *J. Chem. Soc., Chem. Commun.* **1997**, 689.
215. Marder, T. B.; Norman, N. C.; Rice, C. R. *Tetrahedron Lett.* **1998**, *39*, 155.
216. Iverson, C. N.; Smith, M. R., III. *Organometallics* **1997**, *16*, 2757.
217. Baker, R. T.; Nguyen, P.; Marder, T. B.; Westcott, S. A. *Angew. Chem., Int. Ed. Engl.* **1995**, *34*, 1336.
218. Dai, C. Y.; Robins, E. G.; Scott, A. J.; Clegg, W.; Yufit, D. S.; Howard, J. A. K.; Marder, T. B. *Chem. Commun.* **1998**, 1983.
219. Ishiyama, T.; Kitano, T.; Miyaura, N. *Tetrahedron Lett.* **1998**, *39*, 2357.
220. Pelz, N. F.; Woodward, A. R.; Burks, H. E.; Sieber, J. D.; Morken, J. P. *J. Am. Chem. Soc.* **2004**, *126*, 16328.
221. Morgan, J. B.; Miller, S. P.; Morken, J. P. *J. Am. Chem. Soc.* **2003**, *125*, 8702.
222. Iverson, C. N.; Smith, M. R., III. *Organometallics* **1996**, *15*, 5155.
223. Clegg, W.; Lawlor, F. J.; Lesley, G.; Marder, T. B.; Norman, N. C.; Orpen, A. G.; Quayle, M. J.; Rice, C. R.; Scott, A. J.; Souza, F. E. S. *J. Organomet. Chem.* **1998**, *550*, 183.
224. Clegg, W.; Lawlor, F. J.; Marder, T. B.; Nguyen, P.; Norman, N. C.; Orpen, A. G.; Quayle, M. J.; Rice, C. R.; Robins, E. G.; Scott, A. J.; Souza, F. E. S.; Stringer, G.; Whittell, G. R. *J. Chem. Soc.* **1998**, 301.
225. Sakaki, S.; Kai, S.; Sugimoto, M. *Organometallics* **1999**, *18*, 4825.
226. Haggin, J. *C&EN* **1993**, *71, May 31*, 23.
227. Rosenfeld, D. C.; Shekhar, S.; Takemiya, A.; Utsunomiya, M.; Hartwig, J. F. *Org. Lett.* **2006**, *8*, 4179.
228. Li, Z. G.; Zhang, J. L.; Brouwer, C.; Yang, C. G.; Reich, N. W.; He, C. *Org. Lett.* **2006**, *8*, 4175.
229. Beller, M.; Breindl, C. *Tetrahedron* **1998**, *54*, 6359.
230. Seayad, J.; Tillack, A.; Hartung, C. G.; Beller, M. *Adv. Synth. Catal.* **2002**, *344*, 795.
231. Gasc, M. B.; Lattes, A.; Perie, J. J. *Tetrahedron* **1983**, *39*, 703.
232. Steinborn, D.; Taube, R. *Z. Anorg. Allem. Chem.* **1986**, *26*, 349.
233. Brunet, J.-J. *Gazz. Chim. Ital.* **1997**, *127*, 111.
234. (a) Müller, T. E.; Beller, M. *Chem. Rev.* **1998**, *98*, 675; (b) Müller, T. E.; Hultzsch, K. C.; Yus, M.; Foubelo, F.; Tada, M. *Chem. Rev.* **2008**, *108*, 3795.
235. Nobis, M.; Driessen-Holscher, B. *Angew. Chem., Int. Ed. Engl.* **2001**, *40*, 3983.
236. Pohlki, F.; Doye, S. *Chem. Soc. Rev.* **2003**, *32*, 104.
237. Roesky, P. W.; Muller, T. E. *Angew. Chem. Int. Ed.* **2003**, *42*, 2708.
238. Hultzsch, K. C. *Adv. Synth. Catal.* **2005**, *347*, 367.
239. Brunet, J. J.; Neibecker, D. In *Catalytic Heterofunctionalization*; Togni, A., Grutzmacher, H., Eds.; Wiley-VCH: Weinheim, 2001; p 91.
240. Beller, M.; Tillack, A.; Seayad, A. In *Transition Metals for Organic Synthesis*, 2nd ed.; Beller, M., Bolm, C., Eds.; Wiley-VCH: Weinheim, 2004; Vol. 2, p 403.
241. Müller, T. E. In *Encyclopedia of Catalysis*; Horvath, I. T., Ed.; Wiley-Interscience: Hoboken, 2003; Vol. 3, p 518.
242. Johns, A. M.; Sakai, N.; Ridder, A.; Hartwig, J. F. *J. Am. Chem. Soc.* **2006**, *128*, 9306.
243. Coulson, D. R. *Tetrahedron Lett.* **1971**, 429.
244. Wang, X.; Widenhoefer, R. A. *Organometallics* **2004**, *23*, 1649.
245. Casalnuovo, A. L.; Calabrese, J. C.; Milstein, D. *J. Am. Chem. Soc.* **1988**, *110*, 6738.
246. Brunet, J. J.; Cadena, M.; Chu, N. C.; Diallo, O.; Jacob, K.; Mothes, E. *Organometallics* **2004**, *23*, 1264.
247. Brunet, J. J.; Chu, N. C.; Diallo, O. *Organometallics* **2005**, *24*, 3104.
248. Li, Y.; Marks, T. J. *Organometallics* **1996**, *15*, 3770.
249. Ryu, J.-S.; Li, G. Y.; Marks, T. J. *J. Am. Chem. Soc.* **2003**, *125*, 12584.
250. Crimmin, M. R.; Casely, I. J.; Hill, M. S. *J. Am. Chem. Soc.* **2005**, *127*, 2042.
251. (a) Gribkov, D. V.; Hultzsch, K. C. *Angew. Chem. Int. Ed.* **2004**, *43*, 5542; (b) Wood, M. C.; Leitch, D. C.; Yeung, C. S.; Kozak, J. A.; Schaefer, L. L. *Agnew. Chem. Int. Ed.* **2007**, *46*, 354; (c) Gott, A. L.; Clarke, A. J.; Clarkson, G. J.; Scott, P. *Chem. Commun.* **2008**, 1422.
252. Hong, S.; Marks, T. J. *Acc. Chem. Res.* **2004**, *37*, 673.
253. Gagné, M. R.; Marks, T. J. *J. Am. Chem. Soc.* **1989**, *111*, 4108.
254. Gagné, M. R.; Nolan, S. P.; Marks, T. J. *Organometallics* **1990**, *9*, 1716.
255. Gagné, M. R.; Stern, C. L.; Marks, T. J. *J. Am. Chem. Soc.* **1992**, *114*, 275.
256. Gagné, M. R.; Brard, L.; Conticello, V. P.; Giardello, M. A.; Stern, C. L.; Marks, T. J. *Organometallics* **1992**, *11*, 2003.
257. Giardello, M. A.; Conticello, V. P.; Brard, L.; Gagne, M. R.; Marks, T. J. *J. Am. Chem. Soc.* **1994**, *116*, 10241.
258. Li, Y. W.; Marks, T. J. *J. Am. Chem. Soc.* **1996**, *118*, 9295.

259. Arredondo, V. M.; Tian, S.; McDonald, F. E.; Marks, T. J. *J. Am. Chem. Soc.* **1999**, *121*, 3633.
260. Tian, S.; Arredondo, V. M.; Stern, C. L.; Marks, T. J. *Organometallics* **1999**, *18*, 2568.
261. Ryu, J. S.; Marks, T. J.; McDonald, F. E. *Org. Lett.* **2001**, *3*, 3091.
262. Douglass, M. R.; Ogasawara, M.; Hong, S.; Metz, M. V.; Marks, T. J. *Organometallics* **2002**, *21*, 283.
263. Hong, S.; Marks, T. J. *J. Am. Chem. Soc.* **2002**, *124*, 7886.
264. Hong, S. W.; Tian, S.; Metz, M. V.; Marks, T. J. *J. Am. Chem. Soc.* **2003**, *125*, 14768.
265. Hong, S.; Kawaoka, A. M.; Marks, T. J. *J. Am. Chem. Soc.* **2003**, *125*, 15878.
266. Motta, A.; Lanza, G.; Fragala, I. L.; Marks, T. J. *Organometallics* **2004**, *23*, 4097.
267. Ryu, J. S.; Marks, T. J.; McDonald, F. E. *J. Org. Chem.* **2004**, *69*, 1038.
268. Molander, G. A.; Dowdy, E. D.; Pack, S. K. *J. Org. Chem.* **2001**, *66*, 4344.
269. Molander, G. A.; Pack, S. K. *J. Org. Chem.* **2003**, *68*, 9214.
270. Hultzsch, K. C. *Adv. Synth. Catal.* **2005**, *347*, 367.
271. Kim, J. Y.; Livinghouse, T. *Org. Lett.* **2005**, *7*, 1737.
272. Wood, M. C.; Leitch, D. C.; Yeung, C. S.; Kozak, J. A.; Schafer, L. L. *Angew. Chem. Int. Ed.* **2007**, *46*, 354.
273. Bender, C. F.; Widenhoefer, R. A. *J. Am. Chem. Soc.* **2005**, *127*, 1070.
274. Liu, Z.; Hartwig, J. F. *J. Am. Chem. Soc.* **2008**, *130*, 1570.
275. Michael, F. E.; Cochran, B. M. *J. Am. Chem. Soc.* **2006**, *128*, 4246.
276. Kawatsura, M.; Hartwig, J. F. *J. Am. Chem. Soc.* **2000**, *122*, 9546.
277. Utsunomiya, M.; Hartwig, J. F. *J. Am. Chem. Soc.* **2003**, *125*, 14286.
278. Johns, A. M.; Utsunomiya, M.; Incarvito, C. D.; Hartwig, J. F. *J. Am. Chem. Soc.* **2006**, *128*, 1828.
279. Hu, A. G.; Ogasawara, M.; Sakamoto, T.; Okada, A.; Nakajima, K.; Takahashi, T.; Lin, W. B. *Adv. Synth. Catal.* **2006**, *348*, 2051.
280. Utsunomiya, M.; Kuwano, R.; Kawatsura, M.; Hartwig, J. F. *J. Am. Chem. Soc.* **2003**, *125*, 5608.
281. Takemiya, A.; Hartwig, J. F. *J. Am. Chem. Soc.* **2006**, *128*, 6042.
282. Utsunomiya, M.; Hartwig, J. F. *J. Am. Chem. Soc.* **2004**, *126*, 2702.
283. Beller, M.; Eichberger, M.; Trauthwein, H. *Angew. Chem., Int. Ed. Engl.* **1997**, *36*, 2225.
284. Takaya, J.; Hartwig, J. F. *J. Am. Chem. Soc.* **2005**, *127*, 5756.
285. Walsh, P. J.; Baranger, A. M.; Bergman, R. G. *J. Am. Chem. Soc.* **1992**, *114*, 1708.
286. Johnson, J. S.; Bergman, R. G. *J. Am. Chem. Soc.* **2001**, *123*, 2923.
287. Straub, B. F.; Bergman, R. G. *Angew. Chem. Int. Ed.* **2001**, *40*, 4632.
288. Ackermann, L.; Bergman, R. G.; Loy, R. N. *J. Am. Chem. Soc.* **2003**, *125*, 11956.
289. Besson, L.; Gore, J.; Cases, B. *Tetrahedron Lett.* **1995**, *36*, 3857.
290. Al-Masum, M.; Meguro, M.; Yamamoto, Y. *Tetrahedron Lett.* **1997**, *38*, 6071.
291. Zhang, Z.; Liu, C.; Kinder, R. E.; Han, X.; Qian, H.; Widenhoefer, R. A. *J. Am. Chem. Soc.* **2006**, *128*, 9066.
292. Nishina, N.; Yamamoto, Y. *Angew. Chem. Int. Ed.* **2006**, *45*, 3314.
293. Meguro, M.; Yamamoto, Y. *Tetrahedron Lett.* **1998**, *39*, 5421.
294. Dzhemilev, U. M.; Yakupova, A. Z.; Minsker, S. K.; Tolstikov, G. A. *Zh. Org. Khim.* **1979**, *15*, 1164.
295. Dzhemilev, U. M.; Yakupova, A. Z.; Tolstikov, G. A. *Izv. Akad. Nauk, Ser. Khim.* **1976**, 2346.
296. Dzhemilev, U. M.; Selimov, F. A.; Yakupova, A. Z.; Tolstikov, G. A. *Russ. Chem. Bull.* **1978**, *27*, 1230.
297. Keim, W.; Roper, M.; Schieren, M. *J. Mol. Catal.* **1983**, *20*, 139.
298. Zakharkin, L. I.; Petrushkina, E. A.; Podvisotskaya, L. S. *Bull. Acad. Sci. USSR* **1983**, 805.
299. Rose, D. *Tetrahedron Lett.* **1972**, 4197.
300. Armbruster, R. W.; Morgan, M. M.; Schmidt, J. L.; Lau, C. M.; Riley, R. M.; Zabrowski, D. L.; Dieck, H. *Organometallics* **1986**, *5*, 234.
301. Pawlas, J.; Nakao, Y.; Kawatsura, M.; Hartwig, J. F. *J. Am. Chem. Soc.* **2002**, *124*, 3669.
302. Löber, O.; Kawatsura, M.; Hartwig, J. F. *J. Am. Chem. Soc.* **2001**, *123*, 4366.
303. Sakai, N.; Ridder, A.; Hartwig, J. F. *J. Am. Chem. Soc.* **2006**, *128*, 8134.
304. McGrane, P. L.; Jensen, M.; Livinghouse, T. *J. Am. Chem. Soc.* **1992**, *114*, 5459.
305. Baranger, A. M.; Walsh, P. J.; Bergman, R. G. *J. Am. Chem. Soc.* **1993**, *115*, 2753.
306. Haak, E.; Bytschkov, I.; Doye, S. *Angew. Chem., Int. Ed. Engl.* **1999**, *38*, 3389.
307. Pohlki, F.; Doye, S. *Angew. Chem. Int. Ed.* **2001**, *40*, 2305.
308. Heutling, A.; Doye, S. *J. Org. Chem.* **2002**, *67*, 1961.
309. Tillack, A.; Castro, I. G.; Hartung, C. G.; Beller, M. *Angew. Chem. Int. Ed.* **2002**, *41*, 2541.
310. Ong, T. G.; Yap, G. P. A.; Richeson, D. S. *Organometallics* **2002**, *21*, 2839.
311. Zhang, Z.; Schafer, L. L. *Org. Lett.* **2003**, *5*, 4733.
312. Bexrud, J. A.; Beard, J. D.; Leitch, D. C.; Schafer, L. L. *Org. Lett.* **2005**, *7*, 1959.
313. Li, Y. H.; Shi, Y. H.; Odom, A. L. *J. Am. Chem. Soc.* **2004**, *126*, 1794.
314. Ramanathan, B.; Keith, A. J.; Armstrong, D.; Odom, A. L. *Org. Lett.* **2004**, *6*, 2957.
315. Heutling, A.; Pohlki, F.; Bytschkov, I.; Doye, S. *Angew. Chem. Int. Ed.* **2005**, *44*, 2951.
316. Castro, I. G.; Tillack, A.; Hartung, C. G.; Beller, M. *Tetrahedron Lett.* **2003**, *44*, 3217.
317. Li, Y. W.; Fu, P. F.; Marks, T. J. *Organometallics* **1994**, *13*, 439.
318. Li, Y. W.; Marks, T. J. *J. Am. Chem. Soc.* **1996**, *118*, 707.
319. Haskel, A.; Straub, T.; Eisen, M. S. *Organometallics* **1996**, *15*, 3773.
320. Straub, T.; Haskel, A.; Neyroud, T. G.; Kapon, M.; Botoshansky, M.; Eisen, M. S. *Organometallics* **2001**, *20*, 5017.
321. Rudisill, D. E.; Stille, J. K. *J. Org. Chem.* **1989**, *54*, 5856.
322. Ackermann, L. *Org. Lett.* **2005**, *7*, 439.
323. Taylor, E. C.; Katz, A. H.; Salgadozamora, H.; McKillop, A. *Tetrahedron Lett.* **1985**, *26*, 5963.
324. Burling, S.; Field, l. D.; Messerle, B. A. *Organometallics* **2000**, *19*, 87.
325. Field, L. D.; Messerle, B. A.; Wren, S. L. *Organometallics* **2003**, *22*, 4393.
326. Burling, S.; Field, L. D.; Messerle, B. A.; Turner, P. *Organometallics* **2004**, *23*, 1714.
327. Hartung, C. G.; Tillack, A.; Trauthwein, H.; Beller, M. *J. Org. Chem.* **2001**, *66*, 6339.
328. Qian, H.; Han, X. Q.; Widenhoefer, R. A. *J. Am. Chem. Soc.* **2004**, *126*, 9536.
329. Qian, H.; Widenhoefer, R. A. *Org. Lett.* **2005**, *7*, 2635.
330. Nettekoven, U.; Hartwig, J. F. *J. Am. Chem. Soc.* **2002**, *124*, 1166.
331. Dorta, R.; Egli, P.; Zurcher, F.; Togni, A. *J. Am. Chem. Soc.* **1997**, *119*, 10857.
332. Tobisch, S. *J. Am. Chem. Soc.* **2005**, *127*, 11979.
333. Tobisch, S. *Dalton Trans.* **2006**, 4277.

334. Motta, A.; Fragala, I. L.; Marks, T. J. *Organometallics* **2006**, *25*, 5533.
335. Zulys, A.; Dochnahl, M.; Hollmann, D.; Lohnwitz, K.; Herrmann, J. S.; Roesky, P. W.; Blechert, S. *Angew. Chem. Int. Ed.* **2005**, *44*, 7794.
336. Walsh, P. J.; Hollander, F. J.; Bergman, R. G. *J. Am. Chem. Soc.* **1988**, *110*, 8729.
337. Polse, J. L.; Andersen, R. A.; Bergmann, R. G. *J. Am. Chem. Soc.* **1998**, *120*, 13405.
338. Beccalli, E. M.; Broggini, G.; Martinelli, M.; Sottocornola, S. *Chem. Rev.* **2007**, *107*, 5318.
339. Smidt, J.; Hafner, W.; Jira, R.; Sieber, R.; Sedlmeier, J.; Sabel, A. *Angew. Chem., Int. Ed. Engl.* **1962**, *1*, 80.
340. Hosokawa, T.; Murahashi, S.-I. *Acc. Chem. Res.* **1990**, *23*, 49.
341. Jira, R. In *Applied Homogeneous Catalysis with Organometallic Compounds: A Comprehensive Handbook in Two Volumes*; Cornils, B., Herrmann, W. A., Eds.; VCH Publishers: New York, 1996; p 394.
342. Jira, R. In *Applied Homogeneous Catalysis with Organometallic Compounds: A Comprehensive Handbook in Two Volumes*; Cornils, B., Herrmann, W. A., Eds.; VCH Publishers: New York, 1996; p 374.
343. Phillips, F. C. *Am. Chem. J.* **1894**, *16*, 255.
344. Anderson, J. S. *J. Chem. Soc. II* **1934**, 971.
345. Kharasch, M. S.; Seyler, R. C.; Mayo, F. R. *J. Am. Chem. Soc.* **1938**, *60*, 882.
346. Smidt, J.; Hafner, W.; Jira, R.; Sedlmeier, J.; Sieber, R.; Ruttinger, R.; Kojer, H. *Angew. Chem.* **1959**, *71*, 176.
347. (a) Jira, R. In *Applied Homogeneous Catalysis with Organometallic Compounds: A Comprehensive Handbook in Two Volumes*; 2nd ed.; Cornils, B., Herrmann, W. A., Eds.; Wiley-VCH Publishers: Weinheim, 2002; p 386; (b) Henry, P. M. In *Handbook of Organopalladium Chemistry for Organic Synthesis*; Negishi, E.-i., de Meijere, A., Eds.; Wiley Interscience: New York, 2002; p 2189.
348. Smidt, J. *Chem. Ind. (London)* **1962**, 54.
349. Moiseev, I. I.; Vargaftik, M. N.; Syrkin, J. K. *Dok. Akad. Nauk* **1960**, *133*, 377.
350. Pei, T.; Wang, X.; Widenhoefer, F. A. *J. Am. Chem. Soc.* **2003**, *125*, 648.
351. Ferreira, E. M.; Stoltz, B. M. *J. Am. Chem. Soc.* **2003**, *125*, 9578.
352. Alexanian, E. J.; Lee, C.; Sorensen, E. J. *J. Am. Chem. Soc.* **2005**, *127*, 7690.
353. Bar, G. L. J.; Lloyd-Jones, G. C.; Booker-Milburn, K. I. *J. Am. Chem. Soc.* **2005**, *127*, 7308.
354. Streuff, J.; Hovelmann, C. H.; Nieger, M.; Muniz, K. *J. Am. Chem. Soc.* **2005**, *127*, 14586.
355. Zabawa, T. P.; Kasi, D.; Chemler, S. R. *J. Am. Chem. Soc.* **2005**, *127*, 11250.
356. Schultz, M. J.; Sigman, M. S. *J. Am. Chem. Soc.* **2006**, *128*, 1460.
357. Smidt, J.; Hafner, W.; Jira, R.; Sedlmeier, J.; Sieber, R.; Ruttinger, R.; Kojer, H. *Angew. Chem.* **1959**, *71*, 176.
358. Smidt, J.; Sedlmeier, J.; Hafner, W.; Sieber, R.; Sabel, A.; Jira, R. *Angew. Chem.* **1962**, *74*, 93.
359. Jira, R. In *Applied Homogeneous Catalysis with Organometallic Compounds*, 2nd ed.; Cornils B., Herrman, W. A., Eds.; Wiley-VCH: 2002; Vol. 1, p 386.
360. Fleischmann, G.; Jira, R. *Ullmann's Encyclopedia of Industrial Chemistry*, 7th ed.; Wiley-VCH: Weinheim, 2005.
361. Jira, R.; Freiesleben, W. In *Organometallic Reactions*; Becker, E. I., Tsutsui, M., Eds.; Wiley: New York, 1972; Vol. 3, p 1.
362. Hosokawa, T.; Takano, M.; Murahashi, S. I. *J. Am. Chem. Soc.* **1996**, *118*, 3990.
363. Hosokawa, T.; Murahashi, S. I. *Acc. Chem. Res.* **1990**, *23*, 49.
364. Stille, J. K.; Divakaruni, R. *J. Organomet. Chem.* **1979**, *169*, 239.
365. Bäckvall, J. E.; Åkermark, B.; Ljunggren, S. O. *J. Am. Chem. Soc.* **1979**, *101*, 2411.
366. Hamed, O.; Thompson, C.; Henry, P. M. *J. Org. Chem.* **1997**, *62*, 7082.
367. Hayashi, T.; Yamasaki, K.; Mimura, M.; Uozumi, Y. *J. Am. Chem. Soc.* **2004**, *126*, 3036.
368. Stacchiola, D.; Calaza, F.; Burkholder, L.; Schwabacher, A. W.; Neurock, M.; Tysoe, W. T. *Angew. Chem., Int. Ed.* **2005**, *44*, 4572.
369. Henry, P. M. In *Handbook of Organopalladium Chemistry for Organic Synthesis*; Negishi, E.-i., de Meijere, A., Eds.; Wiley-Interscience: New York, 2002.
370. 詳細な速度論的研究はこの経路を支持している．文献 359, 361, 369 参照.
371. Smidt, J.; Hafner, W.; Jira, R.; Sieber, R.; Sedlmeier, J.; Sabel, A. *Angew. Chem., Int. Ed. Engl.* **1962**, *1*, 80.
372. Bäckvall, J. E. *Tetrahedron Lett.* **1977**, 467.
373. Stille, J. K.; Divakaruni, R. *J. Am. Chem. Soc.* **1978**, *100*, 1303.
374. Gregor, N.; Zaw, K.; Henry, P. M. *Organometallics* **1984**, *3*, 1251.
375. Hamed, O.; Thompson, C.; Henry, P. M. *J. Org. Chem.* **1997**, *62*, 7082.
376. Hamed, O.; Henry, P. M.; Thompson, C. *J. Org. Chem.* **1999**, *64*, 7745.
377. Hosokawa, T.; Murahashi, S.-I. In *Handbook of Organopalladium Chemistry for Organic Synthesis*; Negishi, E.-i., de Meijere, A., Eds.; Wiley-Interscience: New York, 2002; Vol. 2, p 2141.
378. Tsuji, J. *Synthesis* **1990**, 739.
379. Lloyd, W. G.; Luberoff, B. J. *J. Org. Chem.* **1969**, *34*, 3949.
380. Chevrin, C.; Le Bras, J.; Henin, F.; Muzart, J. *Synthesis* **2005**, 2615.
381. Heumann, A.; Åkermark, B. *Angew. Chem., Int. Ed. Engl.* **1984**, *23*, 453.
382. Hansson, S.; Heumann, A.; Rein, T.; Åkermark, B. *J. Org. Chem.* **1990**, *55*, 975.
383. Heumann, A.; Åkermark, B.; Hansson, S.; Rein, T. *Org. Synth.* **1990**, *68*, 109.
384. Bäckvall, J. E.; Hopkins, R. B.; Grennberg, H.; Mader, M. M.; Awasthi, A. K. *J. Am. Chem. Soc.* **1990**, *112*, 5160.
385. Bystrom, S. E.; Larsson, E. M.; Akermark, B. *J. Org. Chem.* **1990**, *55*, 5674.
386. Larsson, E. M.; Akermark, B. Tetrahedron Lett. 1993, 34, 2523.
387. Yokota, T.; Fujibayashi, S.; Nishiyama, Y.; Sakaguchi, S.; Ishii, Y. *J. Mol. Catal.* **1996**, *114*, 113.
388. Åkermark, B.; Larsson, E. M.; Oslob, J. D. *J. Org. Chem.* **1994**, *59*, 5729.
389. Uemura, S.; Fukuzawa, S.; Toshimitsu, A.; Okano, M. *Tetrahedron Lett.* **1982**, *23*, 87.
390. Jia, C. G.; Muller, P.; Mimoun, H. *J. Mol. Catal.* **1995**, *101*, 127.
391. McMurry, J. E.; Kocovsky, P. *Tetrahedron Lett.* **1984**, *25*, 4187.
392. Bäckvall, J. E. *Acc. Chem. Res.* **1983**, *16*, 335.
393. Bäckvall, J. E. *Pure Appl. Chem.* **1999**, *71*, 1065.
394. Bäckvall, J. E. In *Metal-Catalyzed Cross-Coupling Reactions*; Stang, P. J., Diederich, F., Eds.; Wiley-VCH: Weinheim, 1998; p 339.
395. Aranyos, A.; Szabo, K. J.; Backvall, J. E. *J. Org. Chem.* **1998**, *63*, 2523.
396. Bäckvall, J. E.; Bystrom, S. E.; Nordberg, R. E. *J. Org. Chem.* **1984**, *49*, 4619.
397. Hosokawa, T.; Yamashia, S.; Murahashi, S. I.; Sonoda, A. *Bull. Chem. Soc. Jpn.* **1976**, *49*, 3662.
398. Hosokawa, T.; Miyagi, S.; Murahashi, S. I.; Sonoda, A. *J. Org.*

Chem. **1978**, *43*, 2752.
399. Hosokawa, T.; Kono, T.; Uno, T.; Murahashi, S. I. *Bull. Chem. Soc. Jpn*. **1986**, *59*, 2191.
400. Larock, R. C.; Hightower, T. R. *J. Org. Chem*. **1993**, *58*, 5298.
401. Annby, U.; Stenkula, M.; Andersson, C.-M. *Tetrahedron Lett*. **1993**, *34*, 8545.
402. Trend, R. M.; Ramtohul, Y. K.; Ferreira, E. M.; Stoltz, B. M. *Angew. Chem. Int. Ed*. **2003**, *42*, 2892.
403. Trend, R. M.; Ramtohul, Y. K.; Stoltz, B. M. *J. Am. Chem. Soc*. **2005**, *127*, 17778.
404. Bäckvall, J. E.; Andersson, P. G. *J. Am. Chem. Soc*. **1992**, *114*, 6374.
405. Bäckvall, J. E.; Granberg, K. L.; Andersson, P. G.; Gatti, R.; Gogoll, A. *J. Org. Chem*. **1993**, *58*, 5445.
406. Smith, A. B.; Friestad, G. K.; Barbosa, J.; Bertounesque, E.; Hull, K. G.; Iwashima, M.; Qiu, Y. P.; Salvatore, B. A.; Spoors, P. G.; Duan, J. J. W. *J. Am. Chem. Soc*. **1999**, *121*, 10468.
407. Smith, A. B.; Friestad, G. K.; Barbosa, J.; Bertounesque, E.; Duan, J. J. W.; Hull, K. G.; Iwashima, M.; Qiu, Y. P.; Spoors, P. G.; Salvatore, B. A. *J. Am. Chem. Soc*. **1999**, *121*, 10478.
408. Iwadare, H.; Sakoh, H.; Arai, H.; Shiina, I.; Mukaiyama, T. *Chem. Lett*. **1999**, 817.
409. Liao, X. B.; Zhou, H.; Wearing, X. Z.; Ma, J.; Cook, J. M. *Org. Lett*. **2005**, *7*, 3501.
410. Jonasson, C.; Ronn, M.; Bäckvall, J. E. *J. Org. Chem*. **2000**, *65*, 2122.
411. Hosokawa, T.; Takano, M.; Kuroki, Y.; Murahashi, S. I. *Tetrahedron Lett*. **1992**, *33*, 6643.
412. Bozell, J. J.; Hegedus, L. S. *J. Org. Chem*. **1981**, *46*, 2561.
413. Timokhin, V. I.; Anastasi, N. R.; Stahl, S. S. *J. Am. Chem. Soc*. **2003**, *125*, 12996.
414. Timokhin, V. I.; Stahl, S. S. *J. Am. Chem. Soc*. **2005**, *127*, 17888.
415. Beller, M.; Trauthwein, H.; Eichberger, M.; Breindl, C.; Muller, T. E.; Zapf, A. *J. Organomet. Chem*. **1998**, *566*, 277.
416. Beller, M.; Trauthwein, H.; Eichberger, M.; Breindl, C.; Herwig, J.; Muller, T. E.; Thiel, O. R. *Chem. Eur. J*. **1999**, *5*, 1306.
417. Brice, J. L.; Harang, J. E.; Timokhin, V. I.; Anastasi, N. R.; Stahl, S. S. *J. Am. Chem. Soc*. **2005**, *127*, 2868.
418. Hegedus, L. S.; Allen, G. F.; Waterman, E. L. *J. Am. Chem. Soc*. **1976**, *98*, 2674.
419. Hegedus, L. S.; Allen, G. F.; Bozell, J. J.; Waterman, E. L. *J. Am. Chem. Soc*. **1978**, *100*, 5800.
420. Ronn, M.; Backvall, J. E.; Andersson, P. G. *Tetrahedron Lett*. **1995**, *36*, 7749.
421. Larock, R. C.; Hightower, T. R.; Hasvold, L. A.; Peterson, K. P. *J. Org. Chem*. **1996**, *61*, 3584.
422. Fix, S. R.; Brice, J. L.; Stahl, S. S. *Angew. Chem., Int. Ed. Engl*. **2002**, *41*, 164.
423. El-Qisairi, A.; Hamed, O.; Henry, P. M. *J. Org. Chem*. **1998**, *63*, 2790.
424. El-Qisairi, A. K.; Qaseer, H. A.; Henry, P. M. *J. Organomet. Chem*. **2002**, *656*, 168.
425. Liu, G. S.; Stahl, S. S. *J. Am. Chem. Soc*. **2006**, *128*, 7179.
426. Du, H. F.; Zhao, B. G.; Shi, Y. *J. Am. Chem. Soc*. **2007**, *129*, 762.
427. 塩化物イオンの有無にかかわらず，分子内環化反応において同じ立体化学がみられる．最近の研究については文献 402 を参照．
428. Liu, G.; Stahl, S. S. *J. Am. Chem. Soc*. **2007**, *129*, 6328.
429. Popp, B. V.; Stahl, S. S. *Top. Organomet. Chem*. **2007**, *22*, 149.
430. Grennberg, H.; Gogoll, A.; Bäckvall, J. E. *Organometallics* **1993**, *12*, 1790.
431. Drent, E.; van Broekhoven, J. A. M.; Doyle, M. J. *J. Organomet. Chem*. **1991**, *417*, 235.
432. Takahashi, S.; Sonogashira, K.; Hagihara, N. *Nippon Kagaku Zasshi* **1966**, *87*, 610.
433. Wilke, G.; Schott, H.; Heimbach, P. *Angew. Chem., Int. Ed. Engl*. **1967**, *6*, 92.
434. Nyman, C. J.; Wymore, C. E.; Wilkinson, G. *J. Chem. Soc. A* **1968**, 561.
435. Aboelella, N. W.; York, J. T.; Reynolds, A. M.; Fujita, K.; Kinsinger, C. R.; Cramer, C. J.; Riordan, C. G.; Tolman, W. B. *Chem. Commun*. **2004**, 1716.
436. Landis, C. R.; Morales, C. M.; Stahl, S. S. *J. Am. Chem. Soc*. **2004**, *126*, 16302.
437. Muto, S.; Ogata, H.; Kamiya, Y. *Chem. Lett*. **1975**, 809.

17 触媒的カルボニル化反応

17・1 概　要

カルボニル化反応は，有機遷移金属錯体を用いる均一系触媒反応のなかで，最も初期に開発されたものの一つである．現在ではこれらの触媒反応の多くが工業化され，実用化されている工業プロセスのなかで最も大きな規模で行われている．また，重要な汎用化学品の新規合成法となっているカルボニル化反応もある．カルボニル化反応に関する関心が大きいことは，一酸化炭素および一酸化炭素と水素の混合ガス（合成ガス）が石炭から大量に入手できることに起因している．合成ガスの一酸化炭素と水素の比率は，一酸化炭素と水から二酸化炭素と水素を合成する“水性ガスシフト（water gas shift）反応”を用いることにより，調節できる．1940 年代に，BASF 社の Walter Reppe により，オレフィンおよびアセチレンの一連のカルボニル化反応が発見され，続いて 1950 年代には Richard Heck がこれらの反応の反応機構を提案している．これらの反応の多くは，コバルトのような第一列の遷移金属触媒により進行するが，現在ではほとんどのカルボニル化反応について，ロジウム，イリジウム，パラジウムなどの“白金族”の金属触媒が用いられている．

ホスフィンやホスファイトが配位したロジウム錯体触媒によるプロペンのヒドロホルミル化反応，すなわちプロペンと一酸化炭素，水素との反応により，毎年何百万トンものアルデヒドとアルコールが合成されている．エステルやカルボン酸は，ヒドロホルミル化反応の水素の代わりにアルコールや水を用いることにより合成される．また，近年ではイリジウム触媒を用いるプロセスに改良されたメタノールのカルボニル化反応により，年間百万トンの単位で酢酸が合成されている．主鎖にケトンのカルボニル基をもつ機能性高分子が，エチレンと CO のみを用いる見事な共重合反応で効率よく合成できることも見いだされた．精密化学品や医薬品中間体の合成にも，関連するカルボニル化反応が開発されている．たとえば，ヒドロホルミル化反応において，アミンを共存させると，アルコールではなくアルキルアミンが合成でき，この過程はヒドロアミノメチル化反応とよばれる．また，ひずんだヘテロ環化合物は，CO との反応により環拡大や開環反応が進行し，有用な合成中間体となる．プロスタグランジンのような医薬品として重要な化合物にみられるシクロペンテノン環は，アルキン，アルケン，一酸化炭素の組合わせにより構築できる．

均一系貴金属触媒を用いて汎用化学品を合成することは，経済的に不利で採算が合わないと考えられた時期もあったが，これらの貴金属触媒の飛躍的な高活性化と長寿命化により，汎用化学品の合成にも利用できるようになってきた．さらにカルボニル化反応の高い選択性や，付加反応を基本とするため無駄がないことなどから，高付加価値の精密化学品の効率的合成が可能となってきた．本章では，工業的に，また大学の研究室で広く行われているいくつかのカルボニル化反応について，その適用範囲や反応機構について述べる．またそれぞれの反応のより詳細な内容については，触媒的カルボニル化反応に関する多くの総説やモノグラフを参照されたい[1]．

17・2　酢酸および無水酢酸を合成する触媒的カルボニル化反応

17・2・1　ロジウム触媒によるメタノールのカルボニル化反応：Monsanto 酢酸合成法

メタノールのカルボニル化反応による酢酸合成（式 17.1）は，均一系触媒反応の工業的な

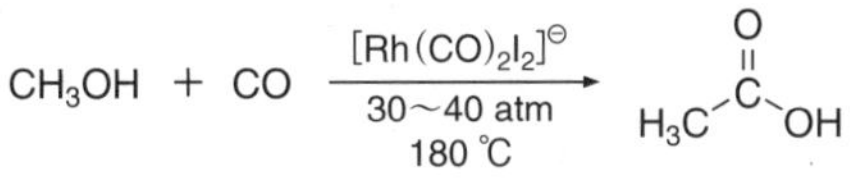

$$\mathrm{CH_3OH} + \mathrm{CO} \xrightarrow[\substack{30\sim40\ \mathrm{atm} \\ 180\ ^\circ\mathrm{C}}]{[\mathrm{Rh(CO)_2I_2}]^{\ominus}} \mathrm{H_3C{-}C({=}O){-}OH} \tag{17.1}$$

利用として，最も大規模に成功した例の一つである[1)〜3)]．2004 年の全世界での酢酸製造能力は，年間 770 万トンと見積もられ，このうち 80%がメタノールのカルボニル化法による．また，メタノールのカルボニル化反応は，反応機構がよくわかっている触媒プロセスの一つであり，機構論的研究に基づいて触媒が改良されてきた．すべての 9，10 族金属元素は，ヨウ化物イオンと組合わせることにより，メタノールのカルボニル化反応に対して触媒活性をもつ．1965 年に，BASF 社はコバルトとヨウ化物イオンの組合わせによるメタノールの高圧カルボニル化法を報告した[4)〜6)]．本プロセスでは，十分な反応速度に達するのに 210 ℃，700 atm という過酷な反応条件を必要とした．1970 年に，Monsanto 社は，これまでの 1/100 倍の触媒量，低温（180 ℃），低圧（30〜40 atm）で高選択的に進行するメタノールのカルボニル化反応による酢酸合成法を工業化した．ロジウム，またヨウ素でさえ酢酸に比べて高価であるが，このプロセスはどの触媒成分もほとんど損失がないため，経済的に成り立つ．このロジウム触媒 Monsanto 法は現在も使用されているが，BP（British Petroleum）社は 1996 年にイリジウム，ヨウ素，および促進剤を用いた Cativa™ 法を導入し[7)]，現在では，この新しい手法が主流となりつつある．

メタノールのカルボニル化反応においては，有機反応および有機金属反応の両方を触媒化する必要がある．触媒過程は五つの段階からなり，ロジウムカルボニル錯体による触媒反応の機構をスキーム 17・1 に示した．

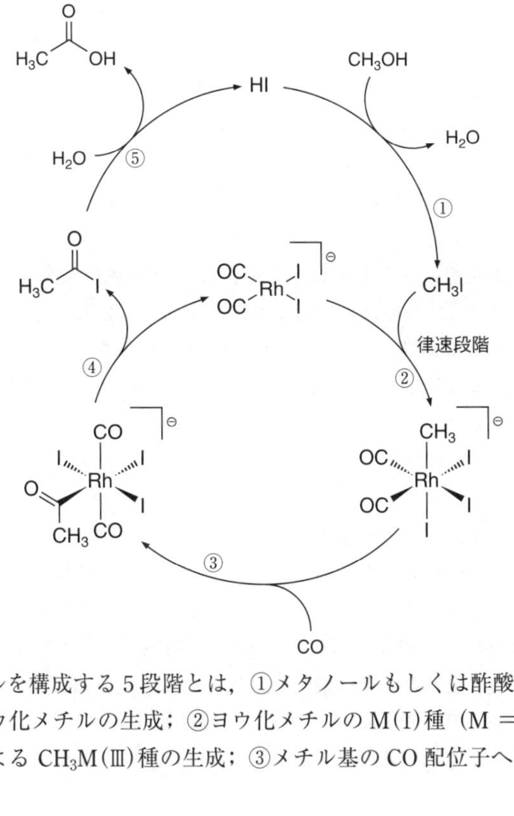

スキーム 17・1　ロジウムカルボニル錯体によるメタノールのカルボニル化反応の機構

この触媒サイクルを構成する 5 段階とは，①メタノールもしくは酢酸メチルとヨウ化水素との反応によるヨウ化メチルの生成；②ヨウ化メチルの M(I)種（M ＝ Rh または Ir）への酸化的付加反応による $\mathrm{CH_3M(III)}$種の生成；③メチル基の CO 配位子への移動を経るアセチ

ル金属種の生成；④ヨウ化物イオンあるいは他の求核剤のアシル炭素原子への求核攻撃，続いてヨウ化アシルや他のアシル化物の還元的脱離反応とM(I)種の再生；そして⑤ヨウ化アシルあるいは他のアシル化物と水との反応による酢酸生成とヨウ化水素の再生，である．

Monsanto 法は徹底的に研究され，スキーム 17・1 に示すアニオン性ロジウム種のみからなる比較的単純な反応機構が提唱されている[3]．実際，どのようなロジウム錯体，あるいはヨウ化物イオン源を用いても，$[Rh(CO)_2I_2]^-$ 種とヨウ化メチルを発生する“触媒前駆体(precatalyst)”として作用する．高圧下での赤外分光測定から，触媒反応の溶液中のおもなロジウム種は $[Rh(CO)_2I_2]^-$(ν_{CO} = 2055，1985 cm^{-1}) であることがわかっており，酢酸生成の反応速度は，ロジウム種とヨウ化メチルにそれぞれ一次であり，反応基質（一酸化炭素とメタノール）および生成物（酢酸）濃度には依存しない．この速度式に基づいて，本触媒反応の律速段階は，ヨウ化メチルの $[Rh(CO)_2I_2]^-$ への酸化的付加反応であると提唱されている．

触媒プロセスにおける各段階は，スキーム 17・2 にまとめたように，それぞれ独立して詳細に検討されている．初期の研究で Forster らは，ヨウ化メチルの $[AsPh_4][Rh(CO)_2I_2]$ への酸化的付加反応が室温で進行すること，これに続く生成したロジウム－メチル結合への一酸化炭素の移動挿入反応により，アセチルロジウム錯体が生成し，さらに本錯体を単離し，単結晶 X 線構造解析により二量体として存在することを明らかにした[8]．このアセチル錯体は一酸化炭素との反応により，$[Rh(CO)_2(COCH_3)I_3]^-$ 種を生成する．また IR および NMR 測定により，この錯体は *mer, trans* 体であることが明らかとなった[9]．真空下では，この異性体から CO が脱離し，二量体に戻るが，一酸化炭素雰囲気下で室温以上に温めると，ヨウ化アセチルの還元的脱離反応を経て $[Rh(CO)_2I_2]^-$ が再生する．

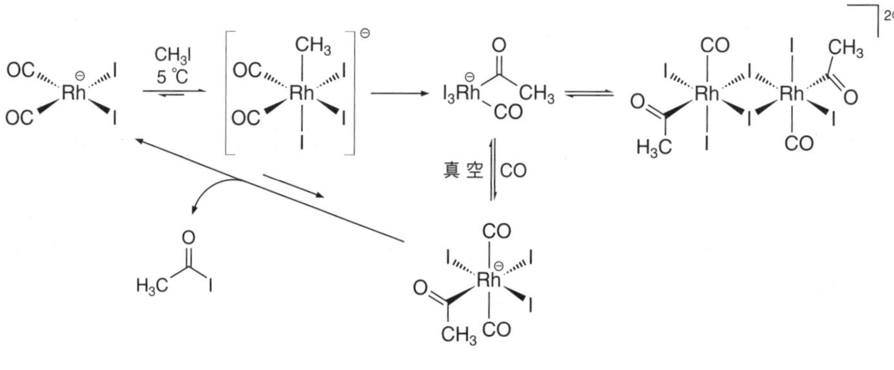

スキーム 17・2

その後，Haynes と Maitlis は，ヨウ化メチルと $[Rh(CO)_2I_2]^-$ との反応を無溶媒で 5 ℃で行い，速度論的に不安定なメチル錯体 $[RhCH_3(CO)_2I_3]^-$ が定常状態で少量（1%）生成することを観測した．この錯体を一酸化炭素雰囲気下におくと，ヨウ化メチルの還元的脱離反応よりも約 9 倍速く，一酸化炭素がメチル－ロジウム結合に挿入した単量体のアセチル錯体へと変換される[10]．このアニオン性で単量体のアセチル錯体 $[Rh(CO)_2(COCH_3)I_3]^-$ は，ヨウ化アセチルの $[Rh(CO)_2I_2]^-$ への酸化的付加反応でも生成することから，触媒サイクルにおけるすべての鍵段階がそれぞれ独立に観測され，メチル錯体から単量体のアセチル錯体への変換以外のすべての反応が可逆的であることが明らかとなった．

ヨウ化メチルとヨウ化アセチルの $[Rh(CO)_2I_2]^-$ への酸化的付加反応の機構を，スキーム 17・3 に示した．ヨウ化アルキルの酸化的付加反応については，8 章で詳細に述べた．簡潔に述べると，ヨウ化メチルの $[Rh(CO)_2I_2]^-$ への付加反応は，$[Rh(CO)_2I_2]^-$ のヨウ化メチルへの S_N2 攻撃により進行すると考えられ，$[Rh(CO)_2I_2]^-$ の高い求核性は，ヨージド配

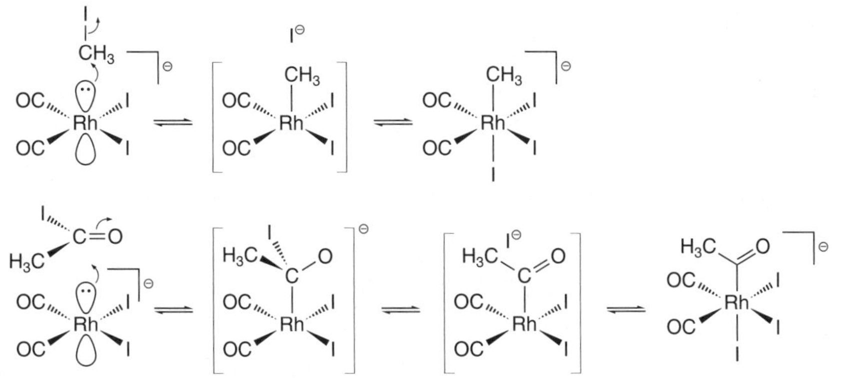

スキーム 17・3

位子の強い電子供与性と錯体全体の負電荷による．このヨージド錯体は，対応するクロリドおよびブロミド錯体より高い求核性をもち，中性の $Rh(AsPh_3)_2(CO)I$ に比べて 10^5 倍反応性が高い[11]．ハロゲン化アシルと $[Rh(CO)_2I_2]^-$ との反応では，アシル炭素原子への求核付加反応により四面体構造の中間体が生成し，これからヨウ化物イオンが放出される．この反応機構は，カルボン酸誘導体の有機反応の典型的な反応経路に従ったものである．$[Rh(CO)_2(COCH_3)I_3]^-$ からのヨウ化アセチルの還元的脱離反応は，この過程の微視的に可逆な逆反応がよく知られていることから起こると考えられている．あるいは，反応系に存在する，酢酸，水，メタノールのような他の求核剤がアシルロジウム錯体へ攻撃し，酢酸誘導体が生成することも考えられる[12]．*mer, trans*-$[Rh(CO)_2(COCH_3)I_3]^-$ 体からの *fac* 異性体への異性化により，ヨウ化アセチルの還元的脱離反応が促進される可能性も提案されているが[13]，本脱離反応がこのような異性化反応を経由していることを示すデータはない．

Monsanto 法における副反応は，HI による $[Rh(CO)_2I_2]^-$ の酸化反応により，難溶性の RhI_3 および不活性な $[Rh(CO)_2I_4]^-$ が生成することである[14]．この副反応を回避する一つの方法は，プロセスを比較的大量の水(>10%) 存在下で行うことであり，これによって RhI_3 の溶解性が向上し，さらに水性ガスシフト反応（$CO+H_2O \rightarrow CO_2+H_2$）により Rh(III) が Rh(I) へと還元，消費される（スキーム 17・4）[15]．しかし，最終的に無水酢酸を得るよ

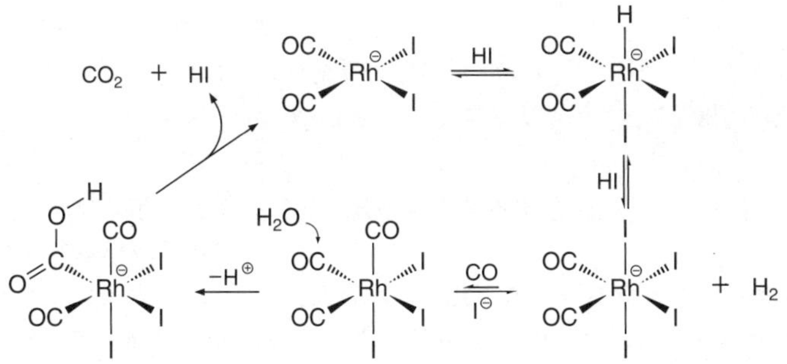

スキーム 17・4 酢酸合成時の水性ガスシフト反応による Rh(III) の Rh(I) への還元

うな反応の場合には，多量のエネルギー消費型プロセスにより添加した水を除かなければならない．この問題を改善するため，ヨウ化物塩が促進剤として用いられる．Celanese 社の研究者は，LiI もしくは LiOAc を添加することにより，ごく少量の水の添加で酢酸を合成することに成功した[16]．ヨウ化物イオンの濃度が高くなることで，より反応性の高いジアニオン性の $[Rh(CO)_2I_3]^{2-}$ 錯体を生じる可能性が示唆されている[17]．しかし，まだこの反応種は直接的には観察されておらず，この仮説を支持するデータも不十分な状況である．

17・2・2　酢酸メチルのカルボニル化反応：Eastman Chemical 社による無水酢酸合成プロセス

Eastman Chemical 社で開発された酢酸メチルのカルボニル化反応による無水酢酸の合成は，メタノールのロジウム触媒カルボニル化反応による酢酸合成に密接に関連している[18),19)]．1983 年には，Eastman 社によるカルボニル化プロセスが工業化され，年間 36 万トンを超える無水酢酸が製造されている．この無水酢酸合成の反応機構（スキーム 17・5）は，酢酸合成の機構と密接に関連している．本反応は，酢酸メチルと LiI または HI からヨウ化メチルが生成する段階から始まる．この最初の過程は，無水条件下で行う必要があり，不活性な Rh(III)種の生成量を最小にし，かつ求電子剤である酢酸メチル（ヨウ化メチルと酢酸リチウムとの反応により生成する）とメタノールの平衡反応を移動させ，加速するために，水素と LiOAc を添加して行う必要がある．

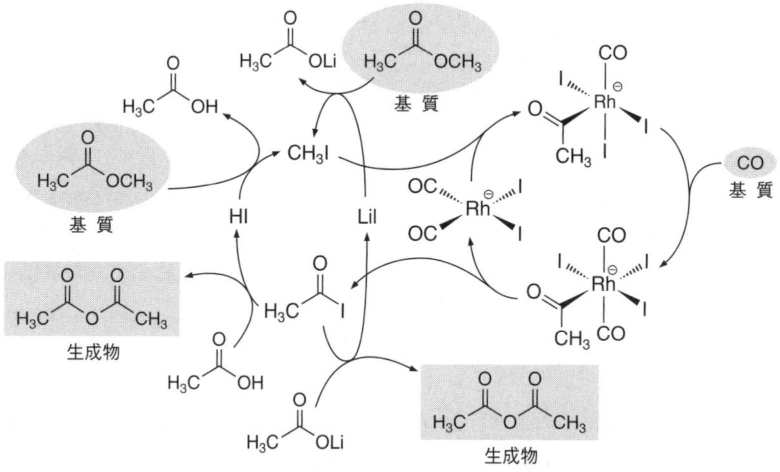

スキーム 17・5　Eastman 無水酢酸合成プロセスの推定反応機構

Eastman 法は，石炭からの化学品製造を可能にした最初の例である．すなわち，Lurgi 反応器の中で水との反応により，石炭は合成ガス($CO+H_2$）へと変換される．この合成ガスは精製された後，不均一系触媒反応によりメタノールに変換され，さらに酢酸（無水酢酸の利用からリサイクルされる）とメタノールとの反応により得られる酢酸メチルが Eastman カルボニル化法の出発物となっている．

17・2・3　イリジウムを触媒とするメタノールのカルボニル化反応：BP 社の Cativa™ プロセス

イリジウムカルボニル化合物とヨウ化物イオン添加剤とを組合わせた触媒系によるメタノールのカルボニル化反応は，Monsanto 社によって 1970 年代に初めて報告された．このプロセスの反応機構は，Forster らにより明らかにされている[20)]．1990 年代には，BP 社により ［$Ru(CO)_3I_2]_2$ のような“促進剤（promoter)”を含んだイリジウムとヨウ化物イオン複合系を改良した触媒系が報告された．これらのイリジウムを基盤とした Cativa™ 触媒は，従来のロジウム触媒の約 5 倍の活性をもち，少量の水（約 5 wt%）存在下でより安定であり，溶解性も高い[7)]．加えて，イリジウムはロジウムよりも安価である．BP 社はこの新規 Cativa™ 触媒を用いたプラントを建設したのみならず，イリジウムおよびロジウムを用いる触媒系に共通性があったため，ロジウム触媒による既存のプラントをイリジウムの Cativa™ 触媒によるプラントに切替えることができた．

イリジウム触媒を用いたプロセスとロジウム触媒を用いたプロセスの反応機構には多くの共通性がある一方，重要な違いがある[21]．Monsanto 法の反応速度式は Rh とヨウ化メチルの濃度にのみ依存したが，BP 社によるイリジウム触媒系の反応速度式は，CO 圧，水，酢酸メチル，ヨウ化メチル，ルテニウム促進剤，およびイリジウムの濃度に依存し，より複雑で，また各成分に一次とならない．イリジウム触媒系の反応系中を赤外分光法で直接観測することにより，アニオン性メチル Ir(Ⅲ)錯体である *fac, cis*-$[Ir(CO)_2I_3Me]^-$ が，おもなイリジウム種であることが確認されている（2100, 2047 cm^{-1}）[22]．またイリジウム触媒系ではヨウ化メチルの酸化的付加反応は律速段階ではなく，イリジウム－メチル結合への CO 挿入過程が律速段階である．

均一系触媒を用いる工業プロセスにおいては，第三列の遷移金属は第二列の遷移金属ほど一般的ではない．最近まで第三列金属は反応性が低いと考えられ，より活性の高い第一列，第二列金属のモデルとして利用されてきた．第三列金属では，金属－配位子間結合がより強く，より高い酸化状態を取りやすい．これらの強い金属－配位子間結合のため CO の解離と IrI_3 の析出が低減することによって触媒の安定性が向上するが，CO の挿入速度は劇的に減少する．結果としてこの挿入段階が律速段階となり，工業プロセスの触媒では，カルボニル化段階の促進剤が必要になる．

イリジウム触媒ではなぜカルボニル化の段階が律速段階になるかについて，モデル研究により解明されている（スキーム 17・6）．ヨウ化メチルの $[Ir(CO)_2I_2]^-$ への酸化的付加反応の速度は，$[Rh(CO)_2I_2]^-$ への酸化的付加反応の速度より 150 倍速い．この加速効果は，第二列金属よりも第三列金属でより強い結合ができること，第二列金属より第三列金属の求核性が高いこと，および第三列金属では高酸化状態をとりやすい傾向にあることに起因する[23]．これに対して，*fac, cis*-$[Ir(CO)_2I_3Me]^-$ への CO 挿入反応は，ロジウムの系に比べて約 10^5 倍遅くなる[24]．第三列金属における強い金属－配位子結合により，この CO 挿入反応が著しく阻害されるからである．

Cativa™ プロセスにおける $Ru(CO)_4I_2$ のような“促進剤”の役割も，モデル研究により明らかにされている．化学量論量以下の $[Ru(CO)_3I_2]_2$ をアニオン性メチルイリジウム錯体 *fac, cis*-$[Ir(CO)_2I_3Me]^-$ に加えると，20 倍カルボニル化反応が促進された．一方，ヨウ化物イオンを添加すると，促進剤の効果は打ち消された（スキーム 17・7）[22]．したがって

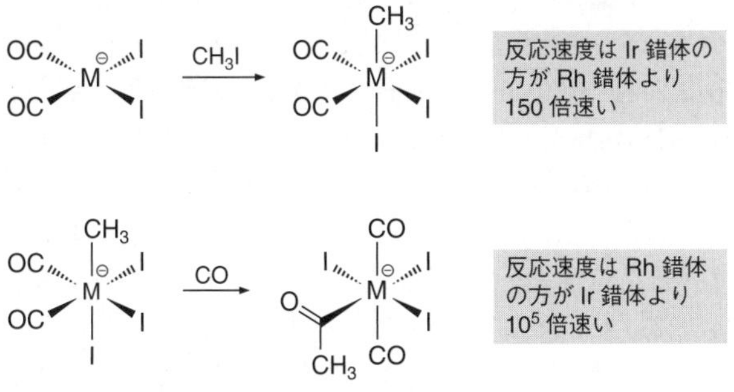

反応速度は Ir 錯体の方が Rh 錯体より 150 倍速い

反応速度は Rh 錯体の方が Ir 錯体より 10^5 倍速い

スキーム 17・6

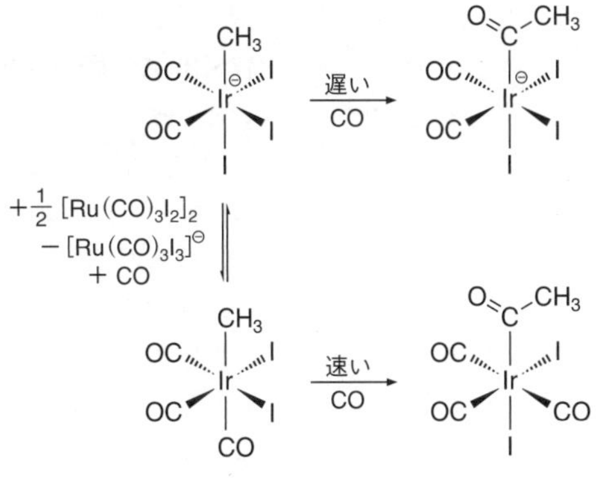

スキーム 17・7

促進剤は，ヨウ化メチルの酸化的付加反応により生成したアニオン性イリジウム種からヨウ化物イオンを受取り，中性のトリカルボニル種を発生させる役割を果たしていると考えられる．このトリカルボニル種 $Ir(CO)_3I_2Me$ の CO 挿入反応は，アニオン性の *fac, cis*-

$[Ir(CO)_2I_3Me]^-$ より700倍速く進行する．

このように Cativa™ プロセスには，アニオン性，および中性イリジウム錯体の両方が含まれる（スキーム17・8）[22]．ヨウ化メチルの $[Ir(CO)_2I_2]^-$ への酸化的付加反応により，五配

スキーム 17・8

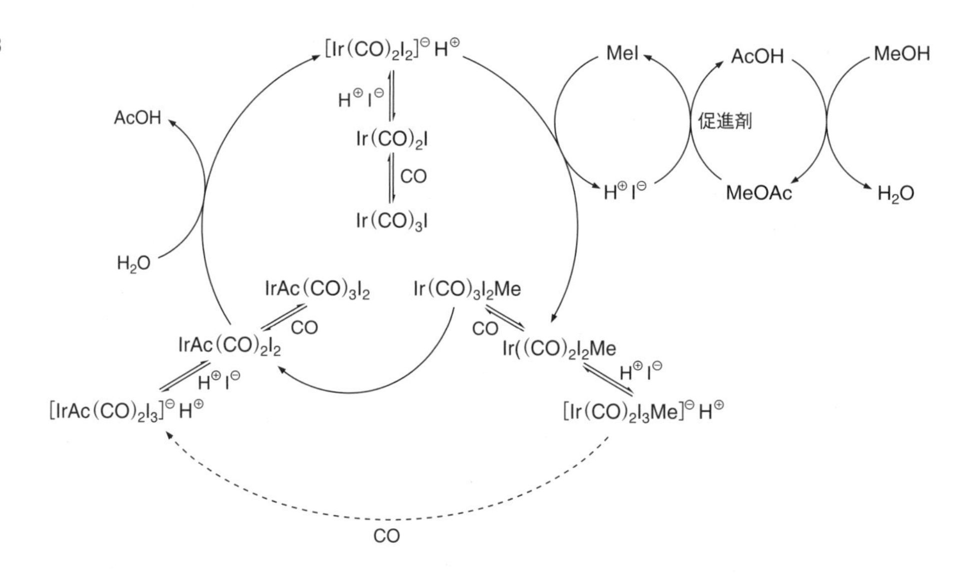

位中間体が生成することから反応が始まり，これが可逆的に I^- と反応して反応静止状態の *fac, cis*-$[Ir(CO)_2I_3Me]^-$ を生成するか，あるいは直接COと反応して中性の $Ir(CO)_3I_2Me$ を生成する．この中性メチルイリジウム錯体は，速やかにCO挿入反応を起こし，五配位中間体を生成する．この中間体は，水分子の攻撃を受けて酢酸を生成するか，もしくは可逆的にCOあるいは I^- と反応して安定種を生成する．促進剤は，I^- と結合して［促進剤−I］$^-H_3O^+$ 付加体を生成し，これが HI + MeOAc → MeI + HOAc の反応の Brønsted 酸触媒となる．促進剤が存在することにより，I^- の濃度が適正に制御され，中性の中間体によるカルボニル化反応が促進される．

17・3　オレフィンのヒドロホルミル化反応

17・3・1　概　要

ヒドロホルミル化反応は，オレフィン，一酸化炭素，水素が反応してアルデヒドを生成する触媒反応である[25),26)]．この反応はBASF社のOtto Roelenにより見いだされ[27)]，Adkinsによりヒドロホルミル化（hydroformylation）反応と命名された[28)]．また本反応は，しばしば“オキソ”法とよばれる．形式的にはホルムアルデヒドの構成成分がC=C結合に付加する．一般的な副反応は，アルケンの水素化反応，アルデヒドの水素化反応，そしてアルケンの異性化反応である．ヒドロホルミル化反応も，最も大規模に行われている均一系触媒を用いる工業プロセスの一つであり，年間630万トンのアルデヒドが製造されている（地球上のヒト1人当たり年間0.9 kgに及ぶ！）アルデヒドは，アルコールやカルボン酸，およびその他の有用な最終生成物に変換される．ヒドロホルミル化反応の大きな用途の一つは，プロペンの *n*-ブチルアルデヒドとイソブチルアルデヒド（*i*-ブチルアルデヒド）混合物への変換である（式17.2）．欲しい生成物は *n*-ブチルアルデヒドであることから，*n*：*i*〔normalとiso，一般的には直鎖型（linear）と分岐型（branched）の比という意味で *l*/*b* とよばれる〕比を最大にすることと，これを制御する要因の解明に多大な努力が払われてきた．

$$\mathrm{R{-}CH{=}CH_2} \xrightarrow[\text{120〜180 ℃}]{\mathrm{Co(CO)_4H},\ \mathrm{CO/H_2},\ \text{200〜300 atm}} \text{直鎖型アルデヒド} + \text{分岐型アルデヒド} \quad (17.2)$$

$l : b$ = 3〜4 : 1

式 17.3 ではまず *n*-ブチルアルデヒドのアルドール縮合と，続く水素化反応により 2-エチルヘキサン-1-オールが生成する．そしてこれはフタル酸ジ(2-エチルヘキシル)（DEHP あるいは“フタル酸ジオクチル”とよばれる）に変換される．DEHP はポリ塩化ビニルの可塑剤として使用される広範に存在する化合物である．

$$\text{ブチルアルデヒド} \xrightarrow{\text{アルドール反応}} \text{2-エチルヘキセナール} \xrightarrow{\mathrm{H_2}} \text{2-エチルヘキサン-1-オール (OH)} \longrightarrow \text{DEHP} \quad (17.3)$$

Otto Roelen によるヒドロホルミル化反応は，不均一系シリカ担持酸化コバルト触媒を用いる Fischer-Tropsch 反応へのアルケンの影響を検討する過程で発見された．そののち，ヒドロホルミル化反応は，実際には系中で生成する $Co(CO)_4H$ による均一系触媒反応であることが明らかとなった[29]．多くの金属がヒドロホルミル化反応の触媒となるが，最も高活性であったのはコバルト，ロジウム，パラジウム，白金であった．本章では，最も広く用いられている $Co(CO)_4H$，$Co(CO)_3H(PR_3)$，$Rh(CO)_2H(PR_3)_2$，そして $Rh(CO)_2$(diphosphine)H 触媒を中心に述べる．

17・3・2 $Co(CO)_4H$ 触媒によるヒドロホルミル化反応

$Co(CO)_4H$ 触媒によるヒドロホルミル化反応は，通常高温（120〜170 ℃），高圧（200〜300 atm）の“合成ガス”とよばれる CO/H_2（1 : 1）混合ガス下で行われる[30),31)]．これらの反応は一般的に，プロペン，1-オクテン，あるいは Shell 社の高級オレフィン製造プロセス（SHOP）で合成される C_{10} と C_{12} の内部アルケンの混合物を用いて行われている．

17・3・2a $Co(CO)_4H$ 触媒によるヒドロホルミル化反応の機構

高い酸性を示す遷移金属“ヒドリド”錯体 $Co(CO)_4H$ は，水素と $Co_2(CO)_8$ との反応により生成する．$Co(CO)_4H$ は，三方両錐構造をとる d^8 電子配置の 18 電子錯体であり，ヒドリド配位子はアピカル位を占める．$Co(CO)_4H$ 触媒によるヒドロホルミル化反応では，工業的に利用可能な反応速度に達するために高温が必要とされる．さらに，コバルトクラスターや金属コバルトの生成を抑制するためには，高圧の CO が必要である．コバルトカルボニル触媒によるヒドロホルミル化反応の反応速度は，$[H_2]$ および $[CO]^{-1}$ に比例する[32),33)]．したがって，CO/H_2（1 : 1）混合ガスの圧力の増加は，反応速度に対してほとんど影響しないが，触媒の分解を抑制する．

コバルト触媒による，ヒドロホルミル化反応の機構は多くの研究者により研究されているが，いまだ完全には解明されていない．速度論的研究や，生成物解析，触媒反応条件下での赤外分光測定，触媒サイクルにおけるさまざまな段階のモデル反応，あるいは同位体標識実験が，この多段階反応を解明するために用いられている．モデル化合物として有機コバルトカルボニル錯体を用いた反応に基づき，Heck と Breslow によって初めて提案された反応機構が，現在，コバルト触媒によるヒドロホルミル化反応の機構として一般的に受け入れられている（スキーム 17・9）[34)]．

スキーム 17・9

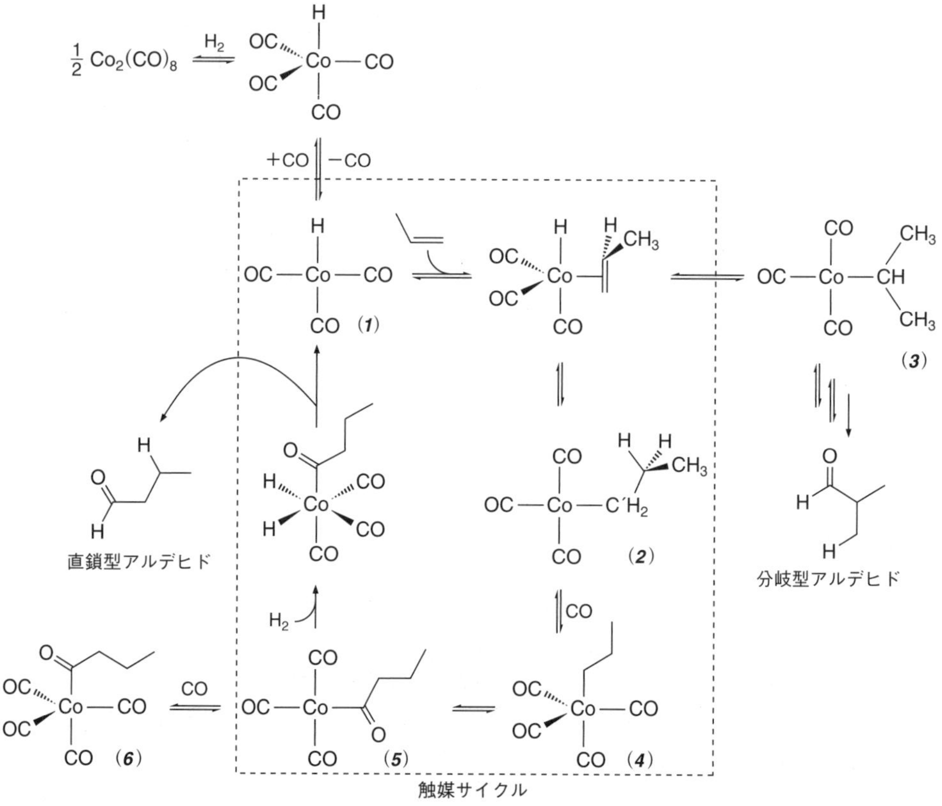

触媒サイクル（スキーム 17・9 の破線枠内）には，18 電子種と 16 電子種が連続して関与している．触媒前駆体である $Co(CO)_4H$ から CO が解離することにより，非常に反応性の高い 16 電子錯体 $Co(CO)_3H$ が生成し（***1***），触媒サイクルに入る．アルケンの配位，続くコバルトヒドリド種への移動挿入反応を経て，直鎖型（***2***）あるいは分岐型（***3***）の $Co(CO)_3R$ 種が生成する．その後，CO の配位により 18 電子錯体である $Co(CO)_4R$ 種（***4***）が生成する．この反応種は別途合成され，すでに解析されている．CO へのアルキル基移動反応を経て $Co(CO)_3\{C(O)R\}$ が生成し（***5***），これに別の CO が配位して $Co(CO)_4\{C(O)R\}$ が生成する（***6***）．これらのアシルコバルト錯体も別途合成され，150 ℃，250 atm の合成ガス下における 1-オクテンのヒドロホルミル化反応中に赤外分光法で観測される唯一のコバルト種である[35]．ここまでの触媒サイクルにおけるすべての反応が可逆反応である可能性がある．

アシルコバルト中間体からのアルデヒド生成に関して，二つの一般的な経路が議論されている．一つ目は，配位不飽和な $Co(CO)_3\{C(O)R\}$ に水素が酸化的付加した後，還元的脱離反応によりアルデヒドが生成する機構である．配位不飽和な $Co(CO)_3\{C(O)R\}$ は，安定な $Co(CO)_4\{C(O)R\}$ からの CO の解離により生じ，これに CO が再配位する前に水素が付加する．もう一つの経路として，$Co(CO)_4H$ 中の H−Co 結合の配位不飽和な $Co(CO)_3\{C(O)R\}$ 種に対する酸化的付加反応，続く還元的脱離反応により，アルデヒドと二核コバルト化合物が生成する可能性も考えられる．

$Co(CO)_4H$ と $Co(CO)_3\{C(O)R\}$ との反応によるアルデヒドの生成は，化学量論的なモデル反応では確認されているものの[36)~38)]，アルデヒドはアシルコバルト種と水素の反応によりアルデヒドが生成するというのが共通認識である[38)~40)]．$[H_2][CO]^{-1}$ に依存する反応速度式と $Co(CO)_4\{C(O)R\}$ が系に存在するおもなコバルト種であるという観測結果は，$Co(CO)_4$-

{C(O)R} の水素化分解反応が律速段階であり，これは，可逆的な CO の解離と続く水素の酸化的付加反応により起こることを示している．このシナリオは，律速段階における反応剤の一つである錯体が蓄積するという古典的なケースである．

シクロヘキセンのような，反応性の低いアルケンのヒドロホルミル化反応においては，$Co(CO)_4H$ と $Co_2(CO)_8$ が観測されている．これらのデータは，先の場合とは異なりアルケンの挿入過程を含む律速段階が存在することと一致している．均一系触媒反応ではしばしば見られるように，触媒反応中に観測される三つのコバルト種〔$Co(CO)_4$\{C(O)R\}, $Co(CO)_4H$, $Co_2(CO)_8$〕は，スキーム 17・9 に示した触媒サイクルの破線枠内には含まれないが，これらは平衡，配位子置換反応，あるいは配位子の解離反応を通して，触媒サイクル中の活性種と密接に関係している．

17・3・2b $Co(CO)_4H$ 触媒によるヒドロホルミル化反応の位置選択性

配位子を添加しない，$Co(CO)_4H$ のみによる末端アルケンのヒドロホルミル化反応では，典型的には 3〜4：1 の比で直鎖型と分岐型アルデヒドが生成する（*l*/*b* 比）．この位置選択性は，コバルトヒドリド種へのオレフィンの不可逆な挿入反応による直鎖あるいは分岐型アルキルコバルト錯体の生成によって決まる可能性がある．一方で，*l*/*b* 比は，可逆的なアルキルコバルト種の生成に続くそれぞれのアルキル錯体への CO の不可逆的挿入により，直鎖型あるいは分岐型アシルコバルト錯体が生成する段階で決まる可能性もある．さらには，*l*/*b* 比は $Co(CO)_4H$，オレフィン，CO から可逆的に生成するアシルコバルト異性体の不可逆的な水素化分解反応により直鎖型および分岐型アルデヒドが生成するとともに，出発物であるコバルトヒドリド種が再生する段階で決まる可能性もある．

$Co(CO)_4H$ とオレフィンからのアルキルコバルト錯体の可逆的生成は確立されている．$Co(CO)_4H$ によるヒドロホルミル化反応の際に起こるアルケンの異性化と，$CD_3(CH_2)_3CH{=}CH_2$ のような基質を比較的低圧の CO/H_2 混合ガス下で反応させた場合の重水素のスクランブリングを説明するためには，アルキルコバルト種の可逆的生成過程が含まれることが必要である（式 17.4）[41]．一連の反応過程で重水素はほとんど失われず，主鎖上にほぼ統計的に分布する[42]．

D_3C（アルケン）
1. $Co_2(CO)_8$, CO/H_2
2. 酸化，MeOH, $H^{\oplus}$
→ $C_6H_{10}D_3CO_2Me$ (17.4)

一方，ヒドリドコバルト-アルケン錯体からアルケンが解離することなく，直鎖型および分岐型アルキルコバルト錯体が相互変換することも知られている．たとえば，式 17.5 に示

1. $Co_2(CO)_8$, CO/H_2
2. Ag_2O
3. CH_2N_2

D → CO_2Me, D (92%) + D, CO_2Me, H (5%) + 他のエステル類 (17.5)

すように，光学活性なアルケンのヒドロホルミル化反応生成物の光学純度と重水素化標識が保持されるためには，アルケンの解離を伴わずに第三級アルキル中間体を経由する異性化反応が進行することが不可欠である[43),44)]．これらの結果は，アルキルコバルト中間体の広範囲かつ速い分子内異性化反応が起こり，金属がアルキル鎖に沿って末端から内部の位置まで移動することを示している．

17・3・3　$Co(CO)_3H(PR_3)$ 触媒によるヒドロホルミル化反応

17・3・3a　$Co(CO)_4H$ 触媒によるヒドロホルミル化反応の速度，選択性および反応機構の比較

コバルト触媒を用いたヒドロホルミル化反応の位置選択性と反応速度は，$Co(CO)_4H$ へのホスフィンの添加により大きく改善される（式 17.6）．この $Co(CO)_3H(PR_3)$ 錯体触媒によ

$$\mathrm{R{\diagup\!\!=}} \xrightarrow[\substack{CO/H_2,\ 30\ atm \\ 100\sim180\ ^\circ C}]{Co(CO)_3H(PR_3)} \text{直鎖型アルデヒド} + \text{分岐型アルデヒド} \quad l:b = 8:1 \qquad PR_3 = \text{(9-}C_{20}H_{41}\text{-9-ホスファビシクロノナン)} \tag{17.6}$$

直鎖型アルデヒド　分岐型アルデヒド

$l:b=8:1$

PR_3 = （P–$C_{20}H_{41}$ 架橋二環）または（P–$C_{20}H_{41}$ 二環）

るヒドロホルミル化反応は，Shell 社の Slaugh および Mullineaux により開発された[45),46)]．モデル研究では，PBu_3 が典型的な添加ホスフィンとして用いられるが，工業的条件下では，より安定で大きな分子量をもつホスファビシクロノナンが用いられる[47)～49)]．ホスフィン配位子の電子供与性により逆供与の効果が増加し，Co－CO 間の結合が強くなる．この Co－CO 結合の強さにより，より低圧の CO 下（50～100 atm），より高温においてもコバルト錯体の分解を起こすことなく反応を行うことができる．加えて，ホスフィン修飾コバルト触媒によるアルケンのヒドロホルミル化反応では，高い l/b 比でアルデヒドが生成する（典型的には約 8：1）．

ホスフィンの電子供与性により，アルデヒドの生成反応に続くアルコールへの水素化反応の速度も向上する．このため，Shell 社はホスフィンの配位したコバルト触媒を使用し，直鎖型内部アルケンから最終的に洗剤の前駆体として用いられる直鎖型末端アルコールが得られるプロセスを開発した．しかし，これらのホスフィンの配位したコバルト触媒を用いるヒドロホルミル化反応の反応速度は，未修飾のコバルト触媒を用いる反応よりも約 5 倍遅く，アルケンの水素化反応が重大な副反応（10～15％）になる．原材料の価格がこのプロセスを行うためのコスト全体の相当量を占めることから，アルケンからの不用なアルカンへの競争的水素化反応は大きな問題である．

ホスフィンを添加した触媒系におけるおもなコバルト種は，ホスフィン非添加時のものとは異なる．ホスフィン修飾触媒によるヒドロホルミル化反応の定常状態における赤外分光測定の結果，アシルコバルト錯体の蓄積は確認されず，ホスフィンの置換したコバルトカルボニル二量体とヒドリド錯体のみが観測された[50)]．

17・3・3b　$Co(CO)_3H(PR_3)$ 触媒による内部アルケンのヒドロホルミル化反応

アルデヒドとアルコールを大量スケールで合成する重要な反応の一つが，内部オレフィンの末端アルデヒドへのヒドロホルミル化反応である．オレフィンのオリゴマー化反応およびオレフィンメタセシス反応に関する 21，22 章で述べるように，SHOP 法で合成した内部オレフィンの大部分がヒドロホルミル化反応に用いられている．内部オレフィンのヒドロホルミル化反応により，直鎖型アルデヒドが生成し，このアルデヒドは直鎖型アルコールへと変換される．内部オレフィンからの直鎖型アルデヒドの生成は，オレフィンのコバルトヒドリド種への挿入反応による分岐型アルキル種の生成と，続く直鎖型アルキル種への異性化反応により起こる．CO の挿入反応と続くアシル錯体の水素化分解反応により，直鎖型アルデヒドが生成する．ホスフィン修飾コバルト触媒系はアルケン異性化反応のよい触媒であり，分岐型アルキル錯体は速やかに直鎖型アルキル錯体に異性化する．このようにして，末端あるいは内部アルケンのいずれを用いても，生成物の l/b 比は通常同じとなる．したがって，ホスフィン修飾コバルト触媒は主として内部アルケンのヒドロホルミル化反応に用いられてい

る．たとえば，$Co_2(CO)_8/2PBu_3$ 触媒系を用い，170 ℃，30 atm の CO/H_2 混合ガス加圧下における 1-あるいは 2-ヘキセンのヒドロホルミル化反応では，いずれも *l/b* 比が 7：1 のアルコールが生成する（式 17.7）[51]．

$$\text{1-hexene or 2-hexene} \xrightarrow[\substack{CO/H_2(1:2),\ 30\ atm \\ 170\ ℃}]{Co(CO)_3H(PR_3)} \text{1-heptanol (75\%)} + \text{2-methylhexanol } (CH_2OH,\ 11\%) + \text{hexane (14\%)} \tag{17.7}$$

17・3・4 ロジウム触媒によるヒドロホルミル化反応

17・3・4a 概 要

第二世代のヒドロホルミル化触媒は，リン配位子をもつロジウム錯体からなり，これらの触媒は Celanese 社，ついで Union Carbide 社の研究者により，1970 年代に開発された[31]．これらの反応は，より低圧の CO 下で行われ，“低圧オキソ”法とよばれている．CO を低圧で用いることにより，製造コストを削減できるとともに，ロジウム上のリン配位子により，反応速度と選択性の微調整が可能であることから工業的に極めて魅力的である．

ホスフィン配位子を添加しない場合には，アルケンのロジウム触媒によるヒドロホルミル化反応は非常に速いが（コバルトの場合よりも 10^3〜10^4 速い），この反応は非選択的で，ほぼ 1：1 で直鎖型および分岐型のアルデヒドを生じる．1965 年に Wilkinson は，$RhCl(PPh_3)_3$ が室温，常圧下でのヒドロホルミル化反応の触媒前駆体として使用可能であり，触媒濃度が高い場合に直鎖型アルデヒドが高い選択性（*l/b* 比＞10）で得られることを見いだした．さらに，これらの反応はアルコール生成やアルケンの水素化，あるいはアルケンの異性化などの競争反応なしに進行する[52]．触媒活性種が $Rh(CO)_2H(PPh_3)_2$ であることはその後明らかにされ，式 17.8 に示した $Rh(CO)H(PPh_3)_3$ や $Rh(acac)(CO)_2$（acac：アセチルアセトナト）

$$\text{R-CH=CH}_2 \xrightarrow[\substack{CO/H_2(1:1),\ 6\ atm \\ 90\ ℃}]{\substack{Rh(acac)(CO)_2 \\ 0.4\ M\ PPh_3}} \underset{\text{直鎖型アルデヒド}}{\text{RCH}_2\text{CH}_2\text{CHO}} + \underset{\text{分岐型アルデヒド}}{\text{RCH(CHO)CH}_3} \quad l:b = 11:1 \tag{17.8}$$

が触媒前駆体としてよく使用されている．これらのホスフィン修飾ロジウムヒドロホルミル化触媒は，特別な高圧反応装置を必要としないことから，一般の合成実験室においてヒドロホルミル化反応を行う場合に用いることができる．

17・3・4b トリアリールホスフィン配位子をもつロジウム錯体触媒によるヒドロホルミル化反応

i）オリジナル触媒の発見と反応性

Union Carbide 社の Pruett らは，ロジウム錯体前駆体と過剰のトリフェニルホスフィンを組合わせることにより，5〜10 atm の CO/H_2 下，90 ℃においてヒドロホルミル化反応を触媒する高活性，高選択的で，かつ安定な触媒系を開発した．この触媒系を用いるヒドロホルミル化反応は，1970 年代初頭に工業化された[53),54]．過剰量のトリフェニルホスフィンを用いるのは，いろいろな経路により分解されるトリフェニルホスフィンを補充したり，またトリフェニルホスフィン配位子の数が少なく選択性の低いロジウム触媒よりも，$Rh(CO)_2H(PPh_3)_2$ の生成を有利にするためである（スキーム 17・10）．高濃度のトリフェニルホスフィン共存下では，ヒドロホルミル化反応の速度は低下するが，より高い *l/b* 選択

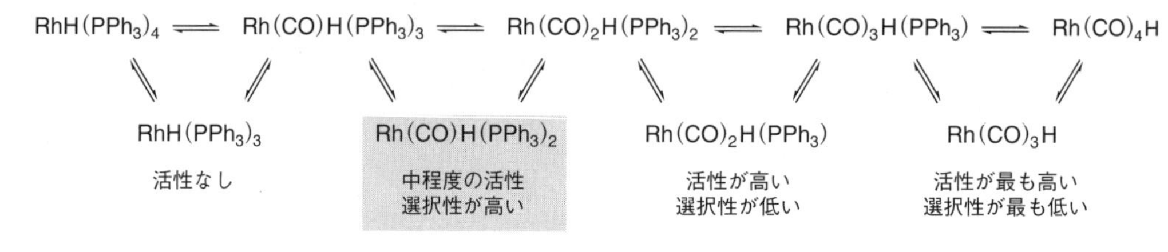

スキーム 17・10

性が得られる．

PPh_3 を含むロジウム触媒を用いた1-アルケンのヒドロホルミル化反応により得られるアルデヒドの *l*/*b* 比は，3～12と変化する．PPh_3 の濃度が高くCO圧が低い場合に最も高い位置選択性が得られる．スキーム17・10に示したように，PPh_3 の濃度が高い場合に，ジホスフィン中間体を経由して直鎖型アルデヒドが選択的に得られる．PPh_3 の濃度が低いときには，より反応性が高い一方，選択性が低いモノホスフィン中間体による反応が主となり，生成物であるアルデヒドの *l*/*b* 比は小さくなる．

立体的な相互作用は，Rh/PPh_3 触媒によるヒドロホルミル化反応の速度および位置選択性の両方に影響を与える．末端アルケンでは，内部アルケンよりも1桁あるいは2桁速くヒドロホルミル化反応が進行し，三置換アルケンよりもおよそ3桁速く進行する[52),55)～57)]．*cis*-2-アルケンは，*trans*-2-アルケンよりも数倍速く反応が進行する．メチル置換基を3位あるいは4位にもつ単純な1-アルケンのなかでは，アルケンに近い部位に置換基が多いオレフィンがより多くの直鎖型生成物を与えるが，反応速度はこれらの置換基によって大きな影響を受けない（図17・1）[58)]．

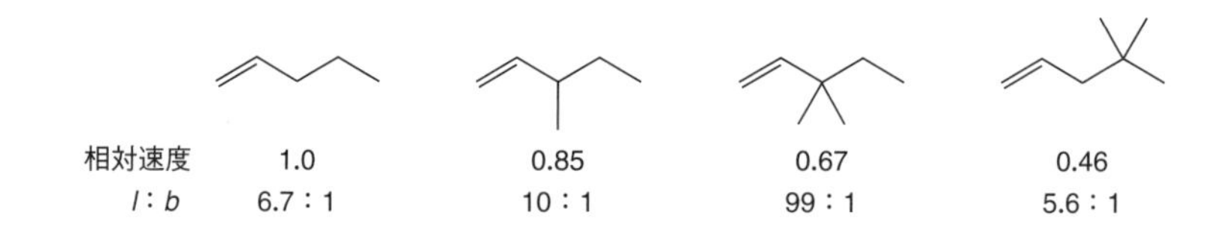

図 17・1　置換アルケンのヒドロホルミル化反応における相対反応速度と *l*/*b* 比

ii）$Rh(CO)_2H(PPh_3)_2$ 触媒によるヒドロホルミル化反応の機構

$Rh(CO)_2H(PPh_3)_2$ 触媒を用いるヒドロホルミル化反応の機構についても，多くの研究が行われている．触媒系に存在する錯体種の同定に焦点をあてた研究と，速度論的データを得ることを目的とした研究に二分される．これらのデータから反応機構に関する情報が得られる．しかし，ヒドロホルミル化反応は，多くの段階を経由し，少なくとも二つの異性体を生成するとともに，いくつかの異性体が存在するロジウム錯体中間体を含んでいる．このため，この触媒系は非常に複雑であり，ここではおおまかな結論を述べる．

触媒系に存在するロジウムヒドリド錯体の構造は，NMR分光法によって推定されている．Brownは $Rh(CO)_2H(PPh_3)_2$ が，室温において85：15のジエクアトリアル異性体/アピカル-エクアトリアル異性体の平衡混合物として存在していることを明らかにした（スキーム17・11）[59)]．この三方両錐構造をもつ錯体の速い平衡は，Berryの擬回転機構もしくはターンスタイル機構[訳注1]のいずれかによって起こる．反応系中の赤外線透過率測定によって，これら二つの異性体が触媒の静止状態[訳注2]にあり，1-オクテンのヒドロホルミル化反応（60～100℃，5～20 atm，Rh濃度＝1 mM，$PPh_3/Rh=5$）においておもに存在する化学種であることが明らかとなった[60)]．

ロジウムと PPh_3 との組合わせによる触媒的ヒドロホルミル化反応の機構における基本的

訳注1: Berryの擬回転機構（上巻p.210）とターンスタイル（turnstile）機構とは三方両錐形（tbp）五配位錯体の分子内構造異性化の機構である．前者は配位子の変角運動により擬似的に回転したように配位子が交換する機構で，後者は隣り合う三つの配位子が一緒に回転することにより位置が入れ替わるものである．

訳注2: 静止状態（resting state）については，14章§14・1・6（p.511）参照．

スキーム 17・11

(ジエクアトリアル体：アピカル–エクアトリアル体の比 85：15)

な過程は，$Co(CO)_4H$ 触媒によるヒドロホルミル化反応の場合と同様である．しかしながら，各中間錯体における配位ホスフィンの数と幾何学構造の組合わせが多岐にわたることから，ロジウム-PPh_3 触媒系の方が中間体の数ははるかに多い．たとえば，五配位錯体におけるホスフィンは，アピカル位あるいはエクアトリアル位を占めることができ，かつ一般的にこれらの錯体の立体構造は固定されていない．同様に，四配位ロジウム錯体における二つのホスフィンは，互いにシスあるいはトランス位に位置することができる．ジエクアトリアルホスフィンをもつ五配位のロジウム(ヒドリド)アルケン錯体は，トランスホスフィンをもつ四配位ロジウムアルキル錯体に変換されることが予想される一方，シスホスフィン配位子をもつアルキル錯体にもなりうる．

加えて，ヒドロホルミル化反応は多くの素反応過程の組合わせから成るため，これを利用して，*l*/*b* 比を制御することができる．アルデヒドの位置選択性は，Rh－H 結合のアルケンへの不可逆的な付加反応，あるいは平衡状態にある直鎖型アルキルと分岐型アルキルロジウム錯体への CO の不可逆な挿入反応，もしくは平衡状態にある直鎖型アシルと分岐型アシルロジウム錯体の混合物の不可逆な水素化分解反応により制御することができる．ヒドロホルミル化反応条件下においては，アルデヒドの生成は不可逆反応であるが，この段階ですら可逆的にならざるをえない場合もある．Brookhart は $Cp^*Rh(CH_2{=}CHMe)_2$ が 80 ℃で *n*-ブチルアルデヒドと *i*-ブチルアルデヒドの相互変換の触媒となること，および触媒反応中に存在する唯一のロジウム種として，$Cp^*Rh(CH_2CH_2Me)_2(CO)$ が観測されることを報告している（式 17.9）[61]．このように，Rh/PPh_3 触媒系の複雑さと生成物選択性が反応条件に極め

$Cp^*Rh(CH_2{=}CHMe)_2$
ベンゼン，80 ℃

(17.9)

て鋭敏に影響を受けることから，このヒドロホルミル化反応の機構の各段階を解明することは極めて困難である．

ロジウム前駆体と PPh_3 との組合わせによる触媒的ヒドロホルミル化反応の速度式は，反

応条件に大きく依存する．“標準的な工業的条件”（$T = 70\sim120$ ℃，CO 5〜25 atm，H_2 5〜25 atm，Rh ≈ 1 mM，そしてアルケン濃度 0.1〜2 M）では，ヒドロホルミル化反応の反応速度は，アルケン濃度，Rh 濃度に 1 次で，H_2 濃度には 0 次であり，配位子（PR_3，あるいは CO，あるいは両方）の濃度には負の次数である[62]．触媒の 静止状態として $Rh(CO)_2H(PPh_3)_2$ が観測されたことと併せて考えると，$Rh(CO)H(L)(PPh_3)_2$ とアルケンから可逆的に生成する $Rh(alkene)(CO)H(PPh_3)_2$ のヒドリド配位子への配位アルケンの挿入反応が律速段階と考えられる．

17・3・4c　水溶性ロジウム触媒によるヒドロホルミル化反応

工業的にヒドロホルミル化反応を行う際に直面する大きな問題は，貴重なロジウム錯体の分離と再利用である．この問題は，生成物であるアルデヒドを蒸留で取出す際，加熱によりロジウム触媒が分解する場合に，特に重要で解決すべき問題となる．この問題を解決するために，Rhone-Poulenc 社の Kuntz は，水溶性ロジウム-トリアリールホスフィン触媒を開発した[63),64]．この触媒系を用いる反応は，有機溶剤と水系の二相系で行われ，触媒は水相に，また生成物は有機相に存在するために，蒸留することなく生成物と触媒との分離が可能である．

本触媒は，PPh_3 をスルホン化した配位子をもつ．この配位子はいくつかのリン化合物の混合物であるが，おもに $P(C_6H_4\text{-}m\text{-}SO_3^-Na^+)_3$ からなる．この配位子のロジウムへの配位により，高い水溶性をもつ触媒が得られる．そこで，二つの非混合相を含む撹拌式反応槽が用いられ，水相には高い水溶性をもつ $Rh(CO)H[P(Ph\text{-}m\text{-}SO_3^-Na^+)_3]_3$ が，そして有機相には生成物であるアルデヒド，原料のアルケンと，アルデヒドの縮合物が含まれる．プロペンは十分な水溶性をもち，良好な反応速度が得られるが，より長鎖のアルケンについては，ヒドロホルミル化反応を工業的に行うために必要な反応速度で反応させるには，水相への溶解性が低すぎる．

17・3・4d　キレート性ビスホスフィン配位子をもつロジウム触媒

i）選択性の低い触媒を用いる初期の研究

ロジウム触媒を用いるヒドロホルミル化反応の概要で述べたように，ロジウム上の配位子が反応速度と生成物選択性に大きな影響を与える．このため，PPh_3 よりも洗練された配位子をもつ触媒が開発されてきた．特に，キレート性ビスホスフィン配位子をもつロジウム錯体を触媒に用いた場合，高い *l*/*b* 選択性でアルデヒドが得られる[54]．ビスホスフィン配位子を用いれば，生成するロジウム種の異性体の数を制限できることから，これらの配位子をもつ錯体は反応機構に関しても十分な知見を与える．

$Rh(CO)_2H(PPh_3)_2$ が，オレフィンと反応して最終的に約 9：1 の *l*/*b* 比をもつアルデヒドを生成する活性種であると信じられていたために，ビスホスフィン配位子をもつロジウム錯体触媒（図 17・2）は，高い位置選択性でアルデヒドを生成すると考えられた．しかし，

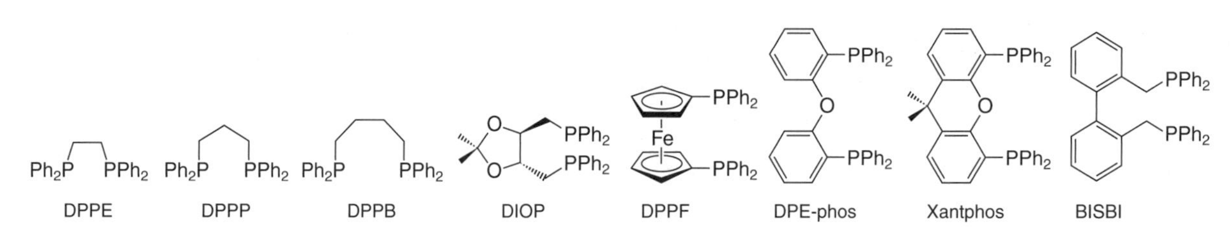

図 17・2　位置選択的ヒドロホルミル化反応用触媒の合成で検討されたビスホスフィン配位子

Rh(CO)H(PPh_3)$_3$ と 1,2-ビス(ジフェニルホスフィノ)エタン(DPPE)や 1,3-ビス(ジフェニルホスフィノ)プロパン(DPPP),あるいは 1,2-ビス(ジフェニルホスフィノ)ブタン(DPPB)のような単純なビスホスフィンから生成する触媒を用いてヒドロホルミル化反応を行った場合,生成物の *l/b* 比は約 4：1 にとどまった[65)~67)].この低い選択性の一つの説明として,五配位のアルケンヒドリド錯体において,キレート配位子の一つのリン原子がアピカル位,もう一つがエクアトリアル位を占める“アピカル-エクアトリアル”キレート配位構造をとってしまうため選択性が低下するというものである.のちに Unruh は,Rh(CO)H(PPh_3)$_3$ と DIOP もしくは DPPF とを組合わせた触媒系を用いた場合に,より高い直鎖-分岐選択性(*l/b* 比が 5〜8：1)が観測されることを報告している[68),69)].これら二つの配位子は広い P−M−P “配位挟角” で金属に結合するため〔配位挟角(bite angle)に関しては,2 章を参照のこと〕,ビスホスフィンの両方のリン原子がエクアトリアル位で金属に配位可能であり,この幾何配置をとる割合が増加するほど,高い位置選択性が得られる.

ii) 広い配位挟角をもつビスホスフィン配位子をもつ触媒

1987 年に Texas Eastman 社の Devon は,ビスホスフィンである BISBI から生成するロジウム錯体触媒が,高温でも非常に高い(30：1)*l/b* 選択性でアルデヒドを与えることを報告した[70)].1989 年の Shell 社の特許[71),72)]では,エーテル結合で結ばれたビスホスフィン配位子とロジウムとを組合わせた触媒系により,*l/b* 比が 10 のアルデヒドが得られることが報告されており,この結果は,最終的に Xantphos の使用につながった[73)~75)].Casey と Whiteker は BISBI の配位した金属錯体の分子モデルについて検討を行い,この配位子は 90° よりずっと広い配位挟角でキレート配位するという結論に達した[76)].彼らは,広い配位挟角をもつ配位子が,アピカル-エクアトリアル配位よりもジエクアトリアル配位をとりやすいために,1-アルケンのヒドロホルミル化反応において,高い *l/b* 選択性でアルデヒドが生成すると推論した.この選択性に対する推論をスキーム 17・12 に示す.

スキーム 17・12

l/b 比が高い

配位子の柔軟性が必要

l/b 比が低い

広い配位挟角をもつ配位子を明らかにするため,Casey と Whiteker[77)] は,“標準配位挟角(natural bite angle)” の概念を導入した.これは二座配位子がとりやすい L−M−L の角度であり,配位子の骨格によってのみ決まり,金属の価数にはよらない.標準配位挟角は,分子力学計算により求めることができる.標準配位挟角は,L−M−L 間の曲がり強度定数を 0 kJ $mol^{-1}rad^{-2}$ にすることと,類似の錯体の X 線構造解析で得られた M−P 間距離を使って,ビスホスフィン-金属フラグメントのひずみエネルギーが最小になるように計算される.また,大きな曲がり強度定数を用いて配位挟角を種々の角度に固定し,ひずみエネルギーを計算することにより,配位子の柔軟性を見積もることが可能なポテンシャル図を構築できる.この “柔軟性の範囲” は 12 kJ mol^{-1} 以下のひずみでとることのできる角度幅で定義される.柔軟性は,広い配位挟角をもつビスホスフィン配位子が,五配位錯体ではジエクアトリアル位の位置，および四配位中間体ではトランス位に広がる際に必要となる．

X線回折で決定した Rh(BISBI)(CO)H(PPh_3) の構造により，二座のビスホスフィンがジエクアトリアル位に配位していることが初めて明確に示された[76]．BISBI 配位子について測定した 124° という配位挟角は，計算による標準配位挟角の 112° に近い．Rh(BISBI)(CO)H-(PPh_3) を 1 atm の CO 下におくと，PPh_3 が CO に置換された Rh(BISBI)$(CO)_2$H が得られ，二つのリン原子がエクアトリアル平面上に存在し，ヒドリドがアピカル位に位置することが NMR および赤外分光法により示された．

さまざまな配位挟角をもつ一連の配位子を用い，穏和な条件下〔34 ℃，6 atm CO/H_2(1:1)，4 mM Rh〕での 1-ヘキセンのヒドロホルミル化反応について検討が行われた[76]．図 17・3からは，BISBI（配位挟角 113°）を用いた場合の 66.5 から DPPE（配位挟角 85°）を用いた場合の 2.1 まで，ビスホスフィンの標準配位挟角と生成物であるアルデヒドの *l*/*b* 比との間に強い相関があることがわかる．なおアルケンの異性化反応はほとんど起こらなかった．この相関の理由についてはまだ解明されていないものの，ビスホスフィンのジエクアトリアル位での配位により高い *l*/*b* 比が達成されると結論されている．

図 17・3　1-ヘキセンのロジウム触媒ヒドロホルミル化反応におけるビスホスフィン配位子の配位挟角と *l*/*b* 選択性との関係[76]

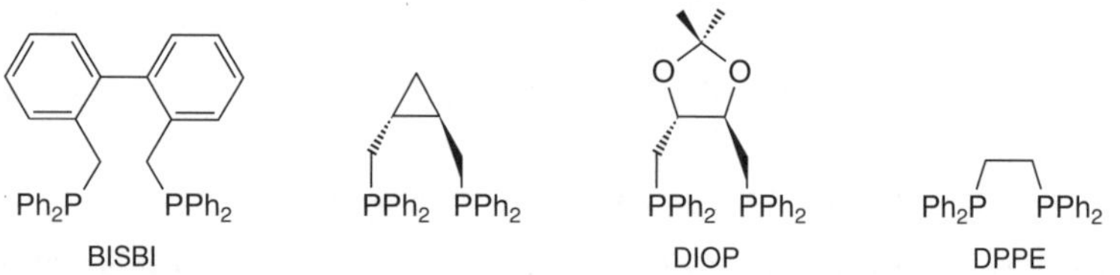

	BISBI		DIOP	DPPE
配位挟角	113°	107°	102°	85°
l/*b* 比	66	12	8.5	2.1

高い選択性を示す要因について，重水素標識化実験により検討が行われている．ロジウムヒドリド種へのアルケン挿入反応により，1-アルキルと 2-アルキルロジウム種を生成する過程が，Rh/BISBI 触媒系において不可逆であるか否かを調べるために，1-ヘキセンのジュウテリオホルミル化反応が穏和な条件下で行われた[78]．可能な平衡過程と重水素の移動をスキーム 17・13 に示した．アルキルロジウム種の生成が不可逆である場合，重水素は生成物であるアルデヒドのカルボニル基の β 炭素原子上にのみ取込まれる．一方，アルキルロジウム種の生成が可逆である場合には，重水素はカルボニル基の α 炭素原子上と出発物の 1-ヘキセンにも導入されるようになる．反応の結果，最初に生成した重水素化直鎖型アルキルロジウム中間体の 96% 以上が，カルボニル基の β 炭素原子上に重水素をもつ直鎖型アルデヒドに変換された．これにより直鎖型アルキルロジウム中間体の生成は不可逆であることがわかった．これに対して，初めに生成した重水素化分岐型アルキルロジウム中間体のわずか 25% がカルボニル基の β 炭素原子上に重水素をもつ分岐型アルデヒドに変換され，未反応

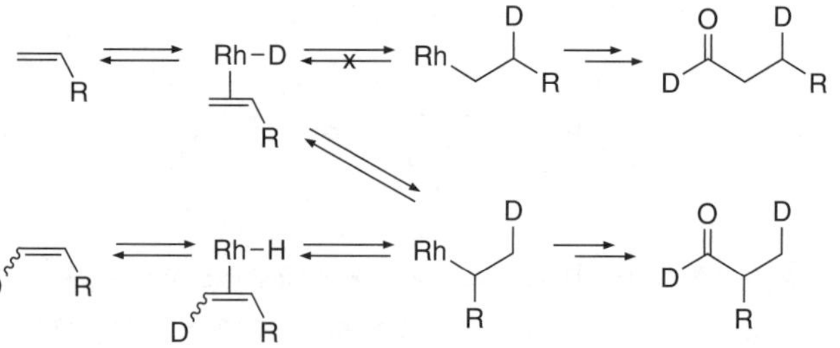

スキーム 17・13

の75%は1-ジュウテリオ-1-ヘキセンに変換されていた．この結果は，分岐型アルキルロジウム種の生成は部分的に可逆であることを示している．このように，Rh/BISBI系における高い *l/b* 選択性は，配位した1-アルケンのロジウムヒドリド種への選択的かつ不可逆的挿入反応により直鎖型アルキルロジウム中間体が生成すること，および分岐型アルキルロジウム中間体を生成する可逆的挿入反応の結果であることが明らかとなった．

一方，DPPEや他のビスホスフィン配位子をもつ触媒を用いた穏和な条件下での1-ヘキセンのジュウテリオホルミル化反応では，アルデヒドのβ位のみに重水素が導入される．この結果は，これらの選択性の低い触媒を用いた場合には，直鎖型および分岐型アルキルロジウム中間体の生成がいずれも不可逆的に進行していることを示している．

位置選択性とキレート配位との相関関係から，BISBIのようなジエクアトリアル配位ビスホスフィン錯体とDIPHOSのようなアピカル-エクアトリアル配位ビスホスフィン錯体とでは，立体あるいは電子的性質が大きく異なると考えられる．この選択性が，第一級および第二級アルキルロジウム中間体を生成する遷移状態間の立体的環境の相違に起因するか否かを明らかにするために，分子力学計算による検討が行われているが，いまだ明確な知見は得られていない[78]．

iii) 位置選択性に対するビスホスフィン配位子の電子的性質の影響

生成物の *l/b* 比に対する配位子の配位挟角および電子的性質との相関関係を理解するために，多くの研究が行われている．ある一連の研究では，異なるキレート配位様式をとり，またジアリールホスフィノ基が異なる電子的性質をもつ一連の対称置換ビスホスフィンを用いて，配位子の電子的性質がアルデヒドの異性体比に与える影響について検討されている[79]．これらの研究に基づいて，エクアトリアル位のホスフィン上の電子求引性置換基は *l/b* 比を増加させる一方，アピカル位のホスフィン上電子求引性基は *l/b* 比を減少させるという仮説が提唱されている．この仮説を検証するために，非対称なDIPHOS誘導体 $[3,5\text{-}(CF_3)_2\text{-}C_6H_3]_2PCH_2CH_2PPh_2$ を配位子とする錯体を触媒として用いて，ヒドロホルミル化反応の検討が行われている．NMR測定の結果，エクアトリアル位には電子求引性ホスフィノ基が，一方，アピカル位に電子供与性ホスフィノ基が配位することが明らかとなった．この非対称ビスホスフィン配位錯体を触媒として用いる反応では，関連するいずれの対称DIPHOS誘導体が配位した錯体を触媒として用いる反応よりも高い *l/b* 比でアルデヒドが得られた[80]．これらの結果から，最も選択性の高いDPPE触媒では，エクアトリアル位により電子供与性の低いホスフィノ基が，アピカル位により電子供与性が高いホスフィノ基が配位するものと結論された．

van Leeuwenは，配位挟角が102°から121°にある一連のXantphos配位子について，その配位子パラメーターがロジウム触媒ヒドロホルミル化反応に与える影響について報告している．これらの配位子のうち二つを図17・4に示した．L_2 がXantphos型の配位子である $Rh(CO)_2HL_2$ 錯体の結晶学的データから，二座配位子が二つのエクアトリアル位を占める，ゆがんだ三方両錐形をとることが明らかとなった[81]．これらの錯体の ^1H，^{31}P NMRスペクトルにより，ジエクアトリアルとアピカル-エクアトリアル異性体の間に速い動的平衡が存在することが示された．ジエクアトリアル配位の割合は，102°の配位挟角をもつ錯体の30%から，114°の配位挟角をもつ錯体の80%にまで変化していた．同じ異性体比が，ヒドロホルミル化触媒系の赤外スペクトルからも決定され，直鎖型アルデヒドの選択性は，配位子の配位挟角が増加するにつれて，88%から96%に増加し，ヒドロホルミル化反応の速度は約10倍増加した[82),83]．

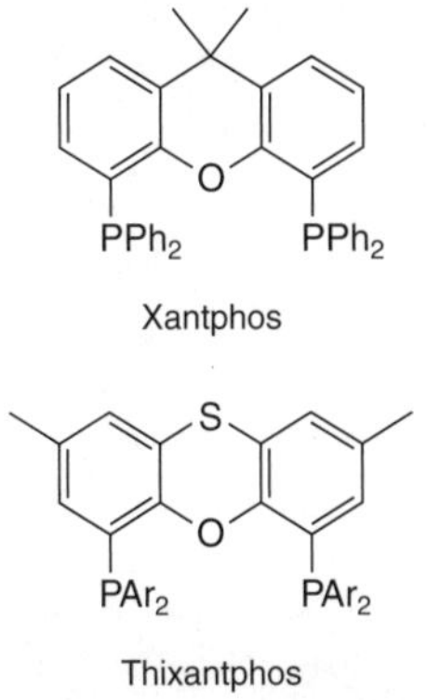

しかし，van Leeuwenらによる研究では，ジエクアトリアル配位種とアピカル-エクアトリ

図17・4 ロジウム触媒ヒドロホルミル化反応に用いる二つのXantphos型配位子

アル配位種の存在比と標準配位挟角との間，および生成物との選択性との間には良い相関がみられなかった．また van Leeuwen らは，直鎖型と分岐型のアルデヒドの生成比とジエクアトリアル配位種とアピカル-エクアトリアル配位種との存在比の組合わせに対する電子的な影響について検討を行っている[83]．なお，これらの研究は，ジアリールホスフィノ基のアリール置換基上に電子供与性および電子求引性基をもつ Thixantphos 配位子を用いて行われた．

その結果，以下の三つの結論が導きだされた．まず，ジアリールホスフィノ基上に電子求引性置換基をもつ触媒を用いた場合，1-オクテンのヒドロホルミル化反応は，ジアリールホスフィノ基上に電子供与性基をもつ触媒反応よりも速く進行した．この結果は，CO の解離とアルケンの配位との間の平衡に配位子の電子的性質が与える影響を，より合理的に説明できる．CO と金属の結合は，アルケンと金属の結合よりも逆供与の寄与が大きく，より電子供与能の低い配位子をもつ錯体からの一酸化炭素の解離平衡は，アルケンの解離平衡よりはるかに増大する．したがって，CO 配位子のアルケンによる置換反応の平衡は電子供与能の低い配位子をもつ錯体で大きくなる．

第二に，直鎖型と分岐型のアルデヒドの生成比は，配位子の電子供与性が減少するにつれて増加する．しかし，すべての反応生成物に対する直鎖型アルデヒドの割合はほぼ一定である．これは，アルケンの異性化により生じる，2-オクテンの生成量が増加するからである．この結果は，直鎖型と分岐型のアルキル錯体の生成比は一定であり，また直鎖型アルキル中間体から直鎖型アルデヒドへの変換は効率的に起こるが，分岐型アルキル中間体から 2-オクテンへの変換はより電子供与性が低い配位子をもつ触媒でより速く進行すると考えれば説明できる．

第三に，ジエクアトリアルとエクアトリアル-アキシアルの配位形式と 1-オクテンのヒドロホルミル化反応のアルデヒド選択性にはほとんど相関がない．配位子のジエクアトリアルとエクアトリアル-アキシアルの配位形式は，配位子の電子的性質に依存している（より電子不足の配位子では，アピカル-エクアトリアル配位形式よりもジエクアトリアル配位が多くなる）．しかし，アルデヒドの位置選択性は，電子豊富な配位子をもつ触媒を用いても，電子不足な配位子をもつ触媒を用いてもほぼ同じである．この結果は，配位挟角と選択性との相関は，大部分，経験的なものであることを示している．このように，van Leeuwen らは，配位挟角の増大とともに選択性が向上するのは，配位挟角が $Rh(CO)_2HL_2$ 種の構造に及ぼす効果よりも，$Rh(CO)HL_2$ 錯体へのアルケンの配位と $Rh(alkene)(CO)HL_2$ 錯体におけるアルケン挿入反応に対する効果によるものと結論している．

17・3・4e　ロジウム触媒による内部アルケンのヒドロホルミル化反応

ある種のホスフィン配位子をもつロジウム錯体は，オレフィンの異性化反応の触媒として作用し，分岐型アルキル錯体の直鎖型アルキル錯体への速い異性化をひき起こす．これらの錯体は，内部アルケンから直鎖型アルケンへの異性化を伴うヒドロホルミル化反応の触媒となる．たとえば，ジベンゾホスホールの置換した Xantphos 配位ロジウム錯体を触媒として用いる末端アルケンのヒドロホルミル化反応では，直鎖型アルデヒドが高い活性と選択性で

1.0 mM [Rh]
CO/H_2, 2 atm
120 ℃
86%
^{t}Bu　^{t}Bu　O　P　P　O　H

(17.10)

生成する(l/b >60). 同時にこの配位子をもつロジウム錯体は, *trans*-2-オクテンと *trans*-4-オクテンのヒドロホルミル化反応においても高い触媒活性と生成物選択性を示し, 86～90% の収率で直鎖型ノナナールを生成する（式 17.10）[84]. これらの非常に嵩高い Xantphos 配位子を用いた触媒では, 分岐型アルキル中間体からのβ水素脱離反応と CO の配位が競争的に起こり, 結果として内部アルケンから直鎖型アルデヒドが選択的に得られる.

17・3・4f　ホスファイトの配位したロジウム触媒によるヒドロホルミル化反応[85]

ホスフィンの配位した錯体に加えて, ホスファイトの配位した錯体も高い直鎖-分岐選択性を示すヒドロホルミル化触媒として作用することが明らかになっており, 工業的に利用されているものもある. 初期のデータは立体障害の大きなモノホスファイトの配位した触媒に関するものであり[53),86)～91)], これら触媒を用いると速く反応が進行した. その後の研究では, ビスホスファイトの配位した錯体が注目され, 一連の特許により, これらの触媒は, アルケンの水素化反応を競争的に起こすことなく, 1-アルケンからの直鎖型アルデヒド生成反応において特に高い触媒活性と生成物選択性を示すことが明らかにされた[92),93)].

ビスホスファイトの配位した錯体触媒によるヒドロホルミル化反応は, 単座のホスファイトの配位した錯体触媒を用いた場合より遅いものの, PPh_3 の配位した錯体触媒を用いた場合の反応より速い. 特に嵩高いホスファイトを比較的長鎖の 5～6 原子でつないだ, 二座ホスファイト配位子が配位した触媒を用いた場合に, アルデヒドの l/b 選択性が高くなる. たとえば Union Carbide 社が開発した式 17.11 に示したビスフェノールで架橋されたホスファ

Rh(acac)(CO)$_2$ / ビスホスファイト / CO/H$_2$, 5 atm / 70 ℃ ; l/b 比 ＝ 53：1 ; MeO, OMe, ^{t}Bu, O, P　(17.11)

イトの配位した触媒では, プロペンから 50：1 以上の l/b 選択性でブチルアルデヒドが得られる. これらのヒドロホルミル化反応は, 簡便に実施できる実験室条件（70 ℃, 5 気圧 CO/H_2）で, 高い官能基選択性で十分な反応速度で進行することから, 有機合成への利用が始まっている. たとえば, 同触媒系により, 分子内にケトン, エステル, アルコール, ニトリル, ハロゲンをもつオレフィンの選択的ヒドロホルミル化反応に極めて有用である（式 17.12）[94].

Rh(acac)(CO)$_2$ / ビスホスファイト / CO/H$_2$, 5 atm / 60 ℃ ; 87%　l/b 比＞ 40：1　(17.12)

17・3・4g　官能基をもつアルケンのロジウム触媒によるヒドロホルミル化反応

汎用化合物として, 官能基をもたないアルケンのヒドロホルミル化生成物が重要であることから, 官能基をもつアルケンのヒドロホルミル化反応についての研究例は, 官能基のないアルケンほど多くは行われてこなかった. しかし, 精密化学品合成へのヒドロホルミル化反応の利用は大きな可能性を秘めており[95], ジェミナル二置換アルケンや内部アルケン, および官能基をもつアルケンのヒドロホルミル化反応が, 有機合成的見地から研究されている.

たとえば，ジェミナル二置換アルケンのヒドロホルミル化反応では，高い選択性で直鎖型生成物が得られることが明らかとなり[96)~101)]，不飽和ヘテロ環をもつ環状アルケンの反応は環状アルデヒドの合成に利用されている．これらの反応例を，式 17.13～17.15 に示した[102)~105)]．

1 mol% Rh(acac)(CO)$_2$, 4 mol% PPh$_3$, CO/H$_2$(1：1), 54 atm, THF, 75 ℃ (17.13)

[Rh], CO/H$_2$, 70～90% (17.14)

[Rh], CO/H$_2$, L = P(O-*o*-Bu^{t}C$_6$H$_4$)$_3$ 68：32 (17.15)

さらに，C=C 二重結合に電子求引性基をもつ多くのオレフィンは，分岐した置換生成物を与える．PPh$_3$ で修飾したロジウムカルボニル錯体を触媒として用いた例をスキーム 17・14 に示した[95),106)~113)]．

また，式 17.16 に示すような配向性官能基を利用したヒドロホルミル化反応についても研究が行われている[114)]．

[Rh(OAc)$_2$]$_2$, アルケン/Rh = 50：1, CO/H$_2$(1：1), 37 atm, 100 ℃, ベンゼン，44 時間 → 80%; LiAlH$_4$, Et$_2$O → 90% (17.16)

これらの反応における分岐選択性は，α 炭素原子上に電子求引性置換基をもつ分岐型アルキル錯体が非常に安定であることによる．この位置選択性については，挿入反応についての 10 章で述べた．また，10 章で議論したように η^3-ベンジル中間体が生成するために，ビニルアレーンのヒドロホルミル化反応では分岐した生成物が高い選択性で得られる[110),111),115),116)]．これらのキラルな分岐した生成物が選択的に得られることから，特にエナンチオ選択的ヒド

スキーム 17・14

R = フタルイミド: Rh(CO)H(PPh$_3$)$_3$, 99 atm, 100 ℃ → 100%
R = CH$_3$: Rh$_6$(CO)$_{16}$, 118 atm, 70 ℃ → 49%
R = F: Rh$_4$(CO)$_{12}$, 109 atm, 80 ℃ → 70%
R = OAc: Rh$_4$(CO)$_{12}$, 214 atm, 60 ℃ → 79%
R = OEt: Rh$_4$(CO)$_{12}$, 99 atm, 20 ℃ → 70%

ロホルミル化反応の開発が注目を集めている．

17・3・4h エナンチオ選択的ヒドロホルミル化反応[117)〜120)]

エナンチオ選択的ヒドロホルミル化反応は，効率的なエナンチオ選択的炭素−炭素結合形成反応として，有機合成上極めて重要である．この反応は特に，ナプロキセン（naproxen）やイブプロフェン（ibuprofen）といった鎮痛剤へ容易に酸化可能なアルデヒドを与えるビニルアレーンについて集中的に検討されている（図17・5）．この研究は30年以上続いているが，DIOPのようなビスホスフィンの配位した触媒を用いた初期の研究での生成物のエナンチオマー過剰率（ee）は低いものであった．ほぼ20年にわたる研究の後，いくつかのビスホスファイト配位子やホスフィン-ホスファイト混合配位子が配位した触媒を用いた場合，オレフィンの種類によるものの高いエナンチオ選択性で分岐型アルデヒドが得られることが明らかとなった．ジアザホスホラン類もこの反応に有効であることが新たに見いだされており，以下に，最もエナンチオ選択性が高いヒドロホルミル化反応を達成した触媒系に焦点を絞って述べる．

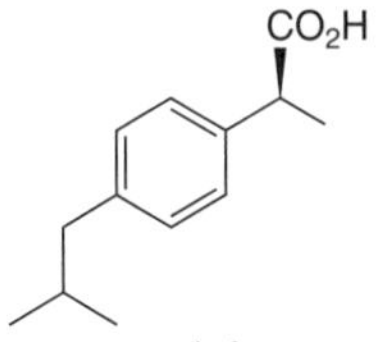

CO_2H

イブプロフェン

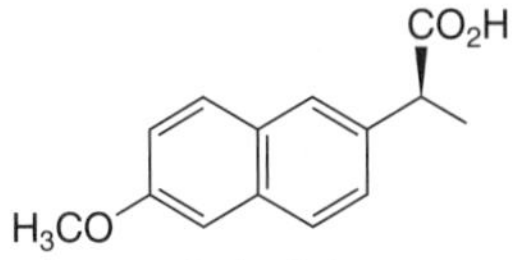

CO_2H

H_3CO

ナプロキセン

図 17・5 ヒドロホルミル化反応と続く酸化反応により合成された二つの非ステロイド性鎮痛薬

エナンチオ選択的ヒドロホルミル化反応を実現するためには，一連の課題を解決する必要がある．まず第一に，アルケンのヒドロホルミル化反応は，分岐型アルデヒドよりも直鎖型アルデヒドを生じやすい．したがって，アルケンのエナンチオ選択的ヒドロホルミル化反応は，カルボニル基のβ位の炭素原子上に不斉中心が構築できる非対称の“ビニリデン型”オレフィン（2,2-二置換アルケン），あるいは分岐型アルデヒドを生成する一置換オレフィンで行う必要がある．これまで述べてきたように，ビニルアレーンや酢酸ビニル，他の電子求引性基をもつオレフィンでは分岐型生成物が得られることから，これらのオレフィンについてエナンチオ選択的ヒドロホルミル化反応の開発が行われてきた．

第二に，単純なアルケンはπ系を通してのみ金属に配位する．そのため，エナミドや関連するアルケンの水素化反応において，高いエナンチオ選択性を示す2点での配位は，単純なアルケンのヒドロホルミル化反応では起こらない．第三に，ヒドロホルミル化反応の触媒は，生成物中のエノール化可能なα位のラセミ化反応が進行するよりも速く生成物を与える，高い活性が必要である．最後に，ロジウム触媒の二つの配位子は不斉環境を構築することができるが，三方両錐環境にある二つのホスフィン配位子は，多くの水素化触媒がとる平面四配位構造に比べてオレフィンから離れた場所にあり，補助配位子の一つ（一酸化炭素配位子）はアキラルである．

白金およびロジウム錯体が，エナンチオ選択的ヒドロホルミル化反応の触媒として研究されてきた．イタコン酸誘導体の不斉ヒドロホルミル化反応は，白金触媒を用いた場合，最も高い選択性で進行する（式17.17）[121)]．しかし，白金触媒による反応で得られた分岐型アル

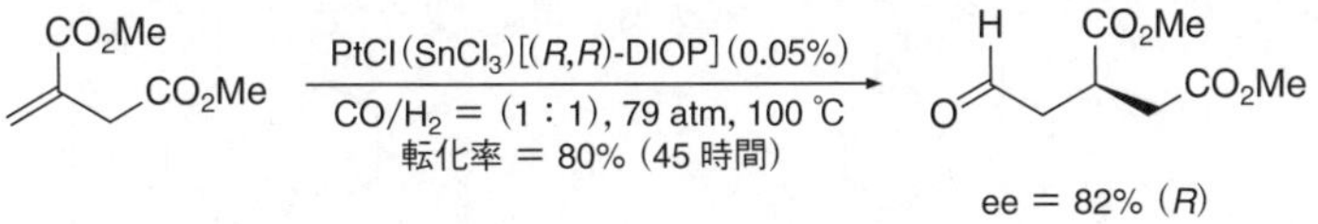

CO_2Me CO_2Me —— PtCl($SnCl_3$)[(*R*,*R*)-DIOP] (0.05%) / CO/H_2 = (1 : 1), 79 atm, 100 ℃ / 転化率 = 80% (45 時間) → H, O, CO_2Me, CO_2Me (17.17)

ee = 82% (*R*)

デヒドの化学収率は低く，白金触媒を用いる一置換オレフィンのエナンチオ選択的ヒドロホルミル化反応では一般に満足できる結果は得られていない．そのため，ロジウム触媒を用いる不斉ヒドロホルミル化反応の開発に，多くの努力が費やされている．

van Leeuwenらは，1,2-，1,4-ビスホスファイト配位子を用いるスチレンのエナンチオ選択的ヒドロホルミル化反応により，高選択的に分岐型アルデヒドが得られることを初めて学術論文に報告した．しかし，この反応でのエナンチオ選択性は低かった[122)]．この研究と同時期に，Union Carbide社のBabinとWhitekerは，1,3-ビスホスファイト配位子（図17・

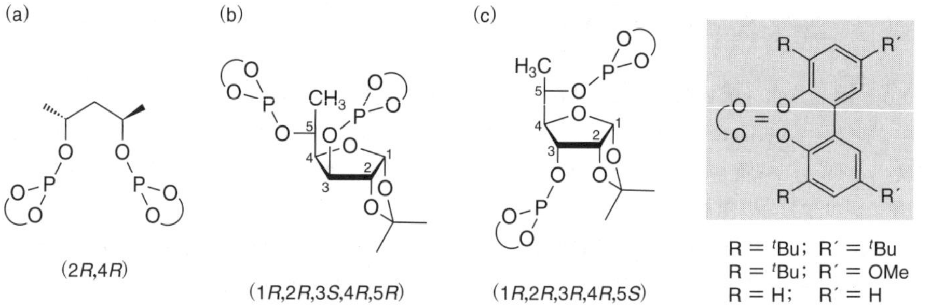

図 17・6　エナンチオ選択的ヒドロホルミル化反応に用いる光学活性なホスファイト配位子

(a) (2*R*,4*R*)　(b) (1*R*,2*R*,3*S*,4*R*,5*R*)　(c) (1*R*,2*R*,3*R*,4*R*,5*S*)

R = ^{t}Bu; R′ = ^{t}Bu
R = ^{t}Bu; R′ = OMe
R = H; R′ = H

6a）を用い，初期の不斉ヒドロホルミル化反応の研究において最も重要な研究を特許として発表した[123]．Babin と Whiteker はその特許の中で，光学活性な 1,3-ジオールから誘導したビスホスファイト配位子が配位したロジウム錯体を触媒として用いると，スチレンのヒドロホルミル化反応が中程度の圧力で良好に進行し，98%の選択性と 98% ee で分岐型アルデヒドが得られることを報告している．

このビスホスファイト構造を種々変化させることにより，高いエナンチオ選択性を発現するために配位子に求められる特徴が明らかとなった．1 位と 3 位に不斉中心をもつ 3 炭素の連結したジオール骨格をもつことが，高い選択性発現のために極めて重要であり，またリン原子上のビフェノラートのオルト位に嵩高い置換基が必要である．

糖を母骨格とする一連のビスホスファイト配位子についても，van Leeuwen[124] と Claver[125)〜128] が合成し検討している．これらの配位子もまた，リン上にビフェノラート基をもつとともに，3 炭素連結ジオール骨格の 1,3 位に不斉中心をもつ．この場合には，環を形成する炭素原子と糖骨格の 5 位の炭素原子との相対的な立体化学が重要である．同様に，アリール基のオルト位に立体的に大きな *t*-ブチル基を，またパラ位に電子供与性のメトキシ基を導入することで，最も選択性の高い触媒を構築できる（図 17・6b, c）．触媒系，特に Rh(acac)$(CO)_2$（図 17・6b，ただし R = ^{t}Bu，R′ = OMe）により，スチレンから 98%以上の位置選択性と 90% ee で *S* 体の分岐生成物を合成できる．

不斉ヒドロホルミル化反応に用いられた初期のビスホスファイトのほとんどは，C_2 対称であったが，その後の大きな進歩として，野崎，高谷らによるホスファイト-ホスフィン混合配位子の利用があげられる[128]．図 17・7 左側に示したアトロプ異性配位子 (*S*, *R*)-BINAPHOS をもつロジウム錯体は，ビニルアレーンのヒドロホルミル化反応を高い *l*/*b* 選択性と高い光学純度で触媒する．ビニルアレーンや酢酸ビニル，ビニルフタルイミドでは，分岐型アルデヒドの割合は一般的に 85%以上であり，光学純度は 83〜97%の間である．また多くの反応，特にビニルアレーンの反応は 92〜95% ee で進行する．

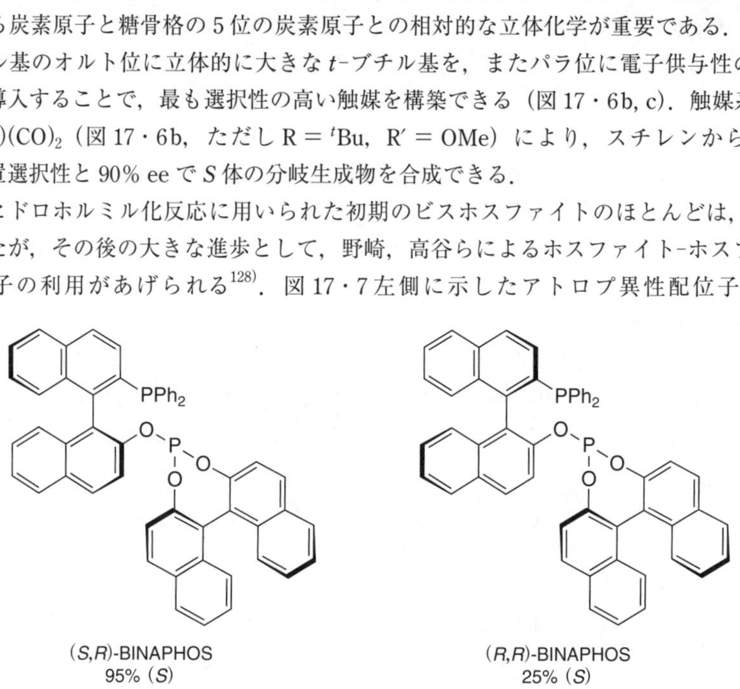

図 17・7　不斉ヒドロホルミル化反応に用いる高谷が開発したホスフィン-ホスファイト配位子(Takaya 配位子)

(*S*,*R*)-BINAPHOS 95% (*S*)　(*R*,*R*)-BINAPHOS 25% (*S*)

Takaya配位子の基本構造に，種々の置換基を導入したホスファイト-ホスフィン配位子について，一連の研究が行われてきた．初期の研究により，ビナフトラート基が逆の立体化学をもつジアステレオメリックな触媒が，大きく異なるエナンチオ選択性を示すことが明らかとなった．(*R*, *S*)-BINAPHOS配位子（とそのエナンチオマー）をもつ触媒は，高いエナンチオ選択性で反応するが，(*R*, *R*)-BINAPHOS配位子（図17・7右）が配位した触媒のエナンチオ選択性は低かった．ホスフィン上のアリール基もエナンチオ選択性に影響し，リン原子上に*meta*-メトキシフェニル基をもつ配位子が配位した錯体が，最も高いエナンチオ選択性で反応する．Takaya配位子が配位した錯体触媒によるエナンチオ選択的ヒドロホルミル化反応の適用範囲を，表17・1に示した．Takaya配位子に関連して，架橋部位の酸素原子

表 17・1　(*S*, *R*)-BINAPHOSの配位したロジウム錯体触媒を用いるオレフィンのエナンチオ選択的ヒドロホルミル化反応の基質適用範囲[120]

基質	生成物	% ee	基質	生成物	% ee
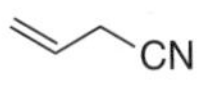 CN	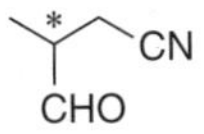 * CN CHO	66	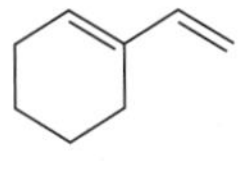	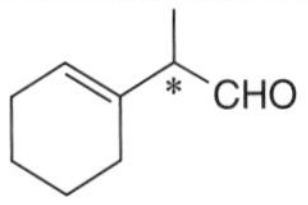 * CHO	97
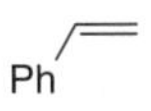 Ph	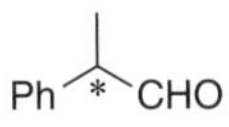 Ph * CHO	98.3	 O	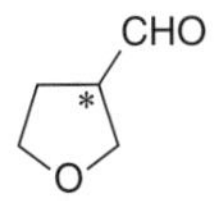 CHO * O	68
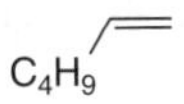 C_4H_9	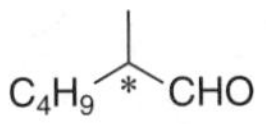 C_4H_9 * CHO	90	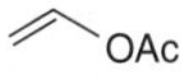 OAc	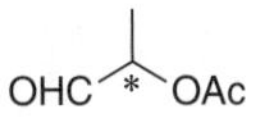 OHC * OAc	92
	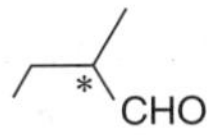 * CHO	89.9	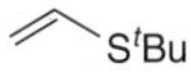 S^{t}Bu	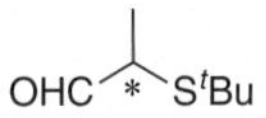 OHC * S^{t}Bu	90
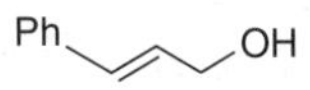 Ph OH	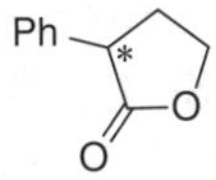 Ph * O O	88	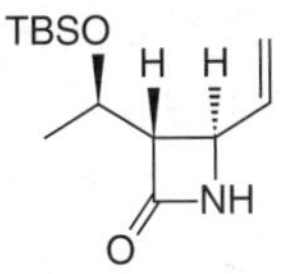 TBSO H H NH O	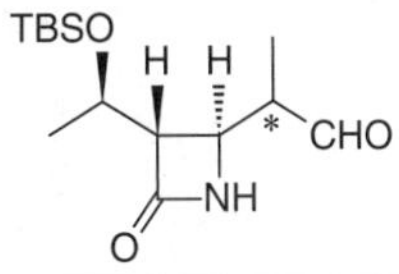 TBSO H H * CHO NH O	89†

† ジアステレオマー過剰率

の代わりに*N*-エチル基をもつホスホロアミダイト-ホスフィン配位子をもつ触媒が，高いエナンチオ選択性を示すことが最近見いだされた[129]．

これらのビスホスファイトあるいはホスファイト-ホスフィン配位子をもつ錯体の構造により，エナンチオ選択性が変化すると考えられる．配位子がエクアトリアル－エクアトリアル型で金属に配位した触媒群は，高いエナンチオ選択性を示すが，異性体の混合物となる触媒群は，低いエナンチオ選択性を示した[130),131]．対照的に，BINAPHOS系では，アキシアル-エクアトリアル型で金属に配位し，ホスフィンはエクアトリアル位を占めることが野崎により提案されている[132),133]．ホスファイト-ホスフィン配位触媒は高エナンチオ選択性を示すが，ビスホスファイト系と同様に，ホスファイト-ホスフィン配位錯体が異性体の混合物となる場合には，エナンチオ選択性は低くなる．

さらに最近になって，Landisは一連のモジュール化された3,4-ジアザホスホラン配位子を開発した．このロジウム錯体は，ビニルアレーン，シアン化アリル，酢酸ビニルのヒドロホルミル化反応を触媒し，良好な位置選択性とエナンチオ選択性で分岐型アルデヒドを与える（スキーム17・15）[134]．最も大きな特徴として，これらの配位子をもつ触媒を用いたヒドロホルミル化反応の速度は，(*R*, *S*)-BINAPHOSあるいはChiraphite配位子をもつ触媒を

スキーム 17・15　［反応条件］

Rh(acac)$(CO)_2$
ジアザホスホラン
CO/H_2, 10 atm,
80 ℃

R =

76% ee (*S*) 89% 分岐型

64% ee (*S*) 84% 分岐型

85% ee (*R*) 96% 分岐型

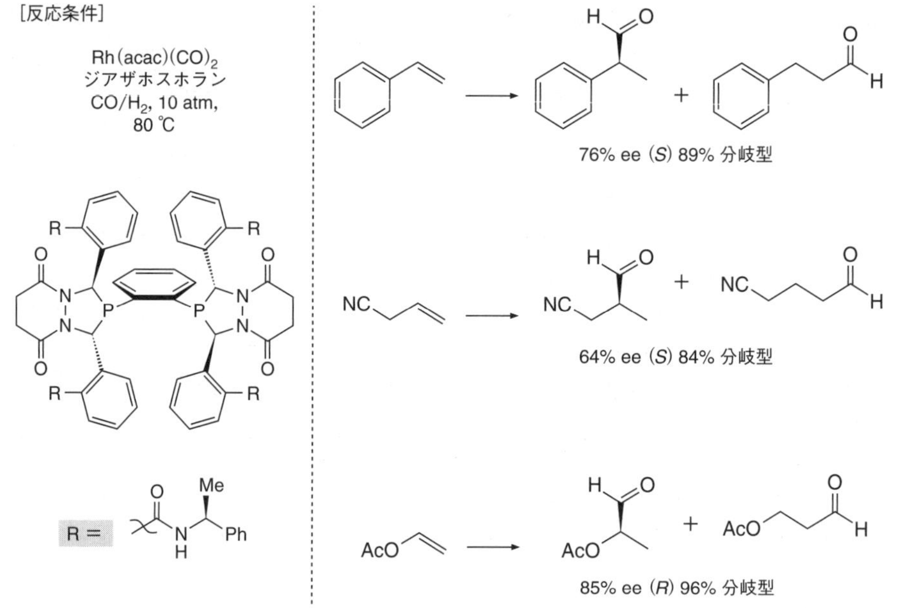

用いた反応より速い．さらにこの配位子をもつ触媒を用いたヒドロホルミル化反応の適用範囲は極めて広い．

同じ配位子由来の触媒は，スチレン，シアン化アリル，酢酸ビニルのヒドロホルミル化反応において，良好な反応速度，位置選択性，エナンチオ選択性を示す．

17・4　ヒドロアミノメチル化反応

多くの反応がヒドロホルミル化反応と組合わせて行われており[135]，最も発展しているプロセスは，ヒドロホルミル化反応と還元的アミノ化反応の組合わせである．これらの反応を組合わせた反応は単一の触媒で進行し，ヒドロアミノメチル化反応(hydroaminomethylation)とよばれ，式 17.18 に示した．これらの反応は形式的にはオレフィンにアミノメチル基の

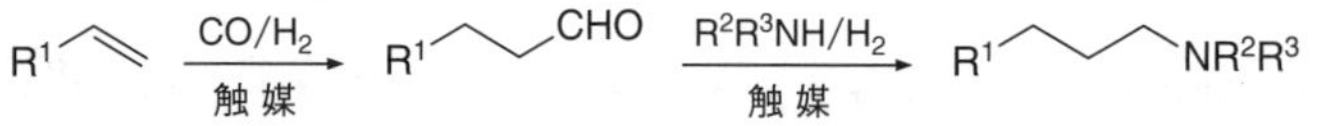

$$R^1\text{CH=CH}_2 \xrightarrow[\text{触媒}]{CO/H_2} R^1\text{CH}_2\text{CH}_2\text{CHO} \xrightarrow[\text{触媒}]{R^2R^3NH/H_2} R^1\text{CH}_2\text{CH}_2\text{CH}_2\text{NR}^2\text{R}^3 \qquad (17.18)$$

C−H 結合が付加する反応である．ヒドロアミノメチル化反応は 20 世紀半ばに発見された[136),137)]が，近年，より実用的なプロセスへと発展している．これらの反応では，アルケンのヒドロホルミル化反応とイミンあるいはエナミンの還元反応を同時に触媒する錯体が必要である．

17・4・1　歴史と最近の発展の概要

初期のヒドロアミノメチル化反応の多くは企業の研究室で開発されており，1940 年代には，不均一系触媒を用いた反応が特許化されている．その後 1950 年代半ばになり，均一系触媒を用いた反応が BASF 社の Walter Reppe によって見いだされた．当初は，鉄ペンタカルボニル錯体を用いて行われ[136)〜138)]，その後，コバルト触媒を用いた反応が報告されている[139)]．初期の反応のほとんどは高圧の CO 下で行われ，この高圧条件のために，有機合成への応用は限られていた．さらに，コバルトや鉄錯体触媒を用いる反応は，十分に高い触媒回転数をもたず，アミン生成の選択性や，末端あるいは分岐型アミンの位置選択性が低く，主生成物の簡単な精製は困難であった．

さらに最近の研究では，ヒドロホルミル化反応で高い活性と位置選択性をもつホスフィン配位ロジウム触媒が利用されている．ホスフィンの配位したロジウム錯体は，ヒドロホルミル化反応生成物とアミンとの縮合により生成するエナミンやイミンの水素化反応を触媒することができる[140),141)]．§17・3で紹介した，末端アルケンから末端アルデヒドを選択的に生成する触媒を用いると，ヒドロアミノメチル化反応により，末端アミンが選択的に得られる[141)]．さらに，アルケンの異性化とヒドロホルミル化反応により，内部アルケンから末端アルデヒドを生成する触媒を用いることにより，内部アルケンのヒドロアミノメチル化反応による末端アミンの合成が可能となった[140)]．これらの反応の例を次項にて示す．

17・4・2 ヒドロアミノメチル化反応の適用範囲

汎用化学品を合成するための最も重要なヒドロアミノメチル化反応は，アンモニアを用いる反応であるが，この反応は依然として実現困難な反応である．ヒドロアミノメチル化反応は，アルケンと第二級脂肪族アミンを用いてしばしば行われ，精密化学品合成に利用することができる．分子内ヒドロアミノメチル化反応も有用であり，含窒素ヘテロ環を構築する多くの例が報告されている．

オレフィンと第二級アミンとのヒドロアミノメチル化反応のいくつかの例を式17.19〜17.21に示した[141)]．$[Rh(COD)_2]BF_4$とXantphosを組合わせたロジウム錯体触媒を用いると，環状および非環状第二級アミンの反応がほとんどの場合，高収率かつl/b比が50：1以上で進行する．ペンテンとピペリジンとの反応を式17.19に示した．これらの反応は，アルコール（式17.20）やアセタール（式17.21）のような官能基をもつアルケンにも適用可能である．

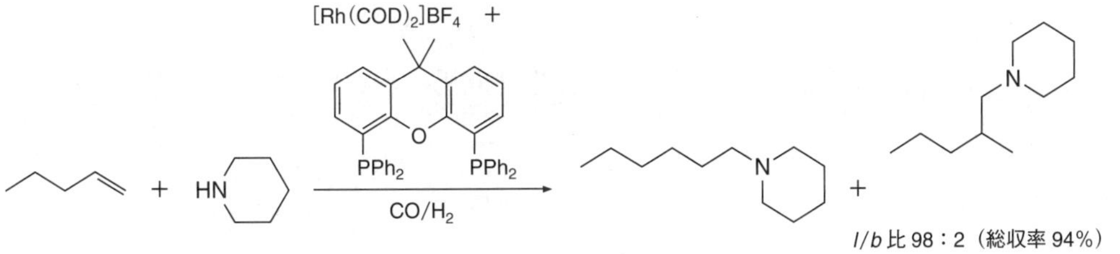
[Rh(COD)2]BF4 +
PPh2
PPh2
HN
CO/H2
N
l/b 比 98：2（総収率 94%）

(17.19)

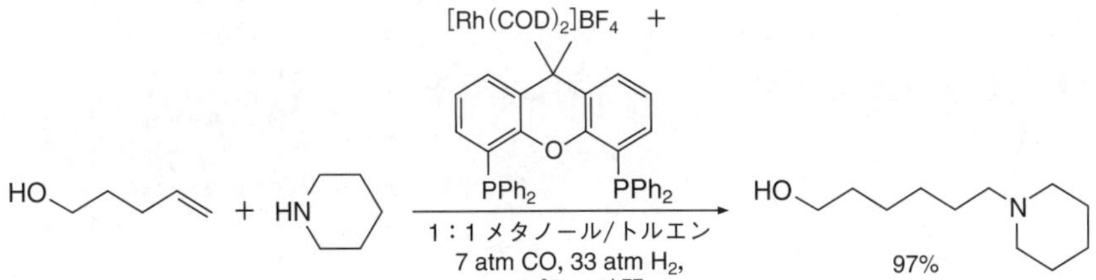
[Rh(COD)2]BF4 +
PPh2
PPh2
HO
HN
1：1 メタノール/トルエン
7 atm CO, 33 atm H2,
125 ℃, 5 時間
97%

(17.20)

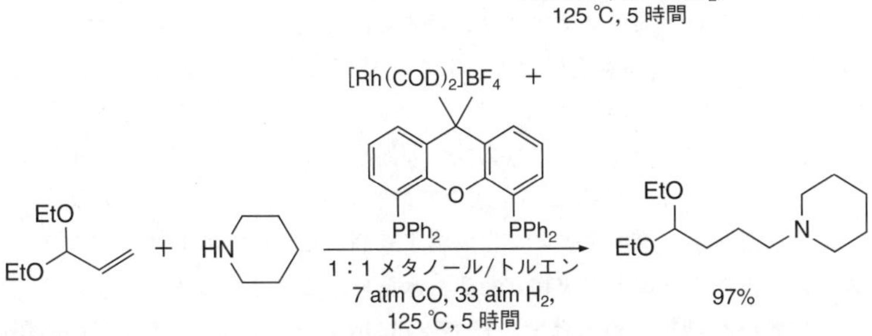
[Rh(COD)2]BF4 +
PPh2
PPh2
EtO
EtO
HN
1：1 メタノール/トルエン
7 atm CO, 33 atm H2,
125 ℃, 5 時間
97%

(17.21)

ビニルアレーンのヒドロアミノメチル化反応も進行し（式17.22，17.23），生成物の位置選択性は触媒によって決まる．ビアリールホスフィノメチルビナフチル配位子あるいは

Xantphos を用いた反応では，直鎖型アミンが主生成物となる[141]．Xantphos 配位子をもつ触媒存在下，ピペリジンを用いる反応では，l/b 比が約 4：1 となる（式 17.22）．これに対して，式 17.23 に示す双性イオン性ロジウム錯体触媒存在下でのビニルアレーンのヒドロアミノメチル化反応では，分岐型異性体が主生成物となる[142]．

$[Rh(COD)_2]BF_4$ ＋ (Xantphos)

スチレン ＋ ピペリジン → (1：1 メタノール/トルエン, 7 atm CO, 33 atm H_2, 125 ℃, 5 時間) → 直鎖型アミン ＋ 分岐型アミン　l/b 比 4：1　(17.22)

Ph⁀ ＋ RR′NH → ($Rh(COD)(\eta^6\text{-}PhBPh_3)$, CO/H_2, THF, 80 ℃) → Ph～NRR′ ＋ Ph(分岐)NRR′　(17.23)

RR′NH ＝ シクロヘキシルアミンのとき l/b 比 1：13

内部アルケンからも末端アミンが生成する．電子不足ビスホスフィンの配位したロジウム触媒を用いた反応の例を式 17.24 に示す[140]．たとえば，2-ペンテン（式 17.24，R ＝ Me）とピペリジンとの反応では，l/b 比は 4：1 となる．一方，過剰の 2-ブテン（式 17.24，R ＝ H）を用いて行った場合には，l/b 比は 96：4 になる．

R(内部アルケン) ＋ CO(10 atm) ＋ H_2(49 atm) ＋ ピペリジン → (0.1 mol% $[Rh(COD)_2]BF_4/L$, 120 ℃, 24 時間) → R～～N(ピペリジン)　(17.24)

L ＝ (ビナフチル骨格の $CH_2P(3,5\text{-}(CF_3)_2C_6H_3)_2$ ×2)

R ＝ Me	R ＝ H
88% 転化率	100% 転化率
98% アミン	91% アミン
82% 直鎖型アミン	87% 直鎖型アミン
l/b 比 82：18	l/b 比 87：13
TON 862	TON 910

アンモニアを用いるヒドロアミノメチル化反応は未だ困難である．これは，生成物であるアミンの求核性がアンモニアよりも高いため，アルデヒドとの縮合反応が優先的に進行する．したがって，アンモニアを用いるヒドロアミノメチル化反応では，ジアルキルおよびトリアルキルアミンが主生成物となる．この選択性の問題を克服するために，アンモニアのヒドロアミノメチル化反応は，水溶性の触媒を用いて二相系で行われる[143]．この反応条件下では，アンモニアの水溶性がアルキルアミン生成物より高いために，水相ではアンモニアとの反応が優先し，第一級アミンが主生成物となる．水溶性のビアリールホスフィノメチルビナフチルの配位した触媒を使用することで，式 17.25 に示すように高い l/b 比で反応が進行する．

精密化学品合成や標的化合物合成法として多様なヒドロアミノメチル化反応が報告されて

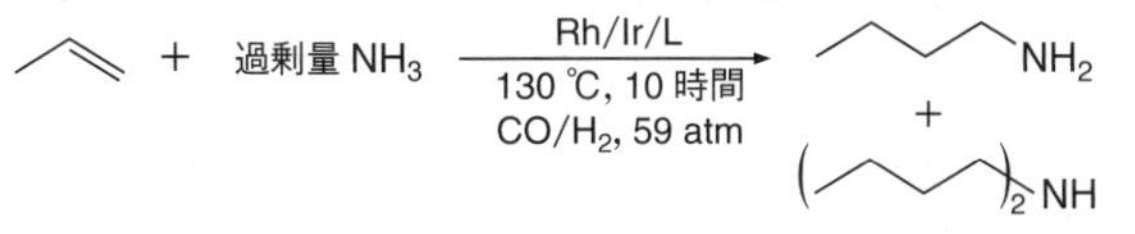

＋ 過剰量 NH_3 —Rh/Ir/L, 130 ℃, 10 時間, CO/H_2, 59 atm→ NH_2 ＋ ( )$_2$NH

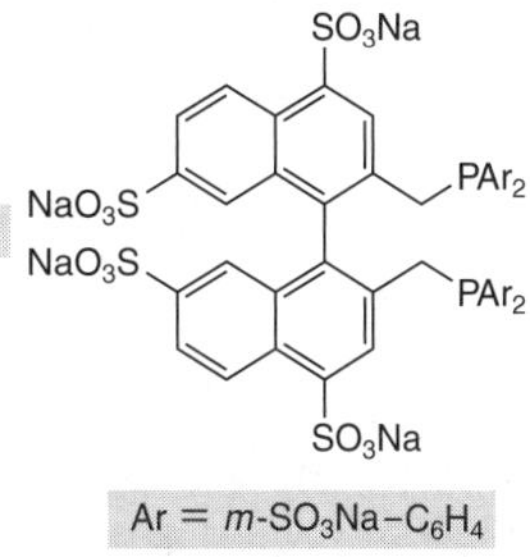

L ＝ SO_3Na, NaO_3S, PAr_2, NaO_3S, PAr_2, SO_3Na

(17.25)

アミンの収率	l/b 比	第一級：第二級
90	99：1	77：23

Ar = m-SO_3Na-C_6H_4

いる．いくつかの例を式 17.26〜17.28 に示した．初めの反応では，メタドン[訳注] 類縁体の構築にヒドロアミノメチル化反応が利用されている[144]．この反応は，ケトンの還元的アミノ化反応を起こすことなく，選択的にアルケン部位で進行する．ヒドロアミノメチル化反応は，医薬品合成にも利用可能であり，Dow 社の Briggs，Kosin，Whiteker は，ヒドロアミノメチル化反応を利用し，イブチリド(ibutilide) およびアリピプラゾール (aripiprazole) の合成を行っている (式 17.27，17.28)[145]．これらの反応は，ヒドロアミノメチル化反応の

訳注：メタドン (methadone)．モルヒネに似た薬理作用をもち，同程度の鎮痛作用がある．

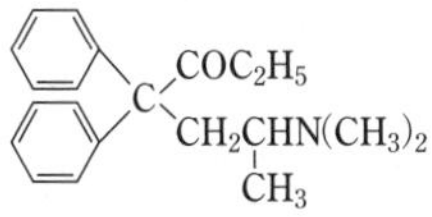

COC_2H_5, $CH_2CHN(CH_3)_2$, CH_3

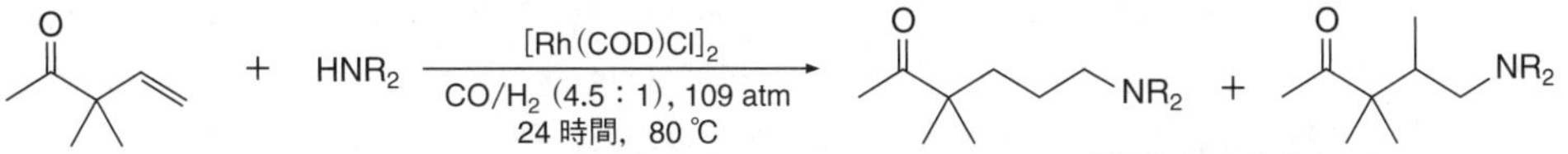

O ＋ HNR_2 —$[Rh(COD)Cl]_2$, CO/H_2 (4.5：1), 109 atm, 24 時間, 80 ℃→ NR_2 ＋ NR_2 (17.26)

l/b 比 4：1 から 8：1
収率 63〜96%

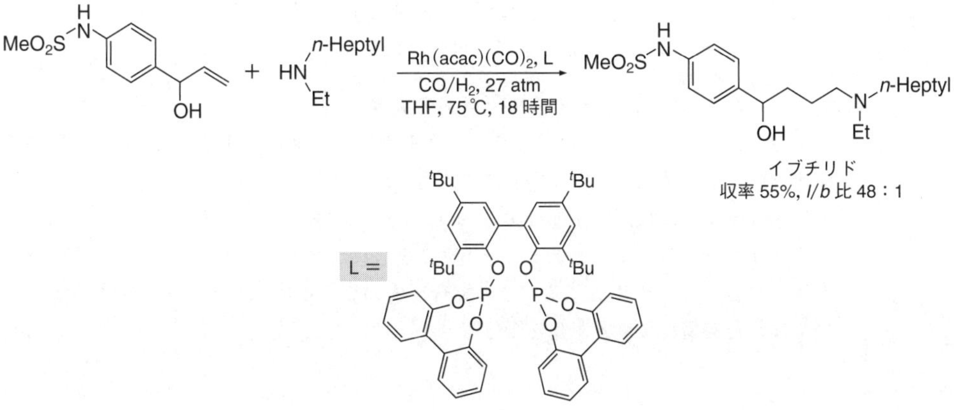

MeO_2S-NH … OH ＋ HN(n-Heptyl)(Et) —Rh(acac)$(CO)_2$, L, CO/H_2, 27 atm, THF, 75 ℃, 18 時間→ MeO_2S-NH … OH … N(n-Heptyl)(Et) (17.27)

イブチリド
収率 55%，l/b 比 48：1

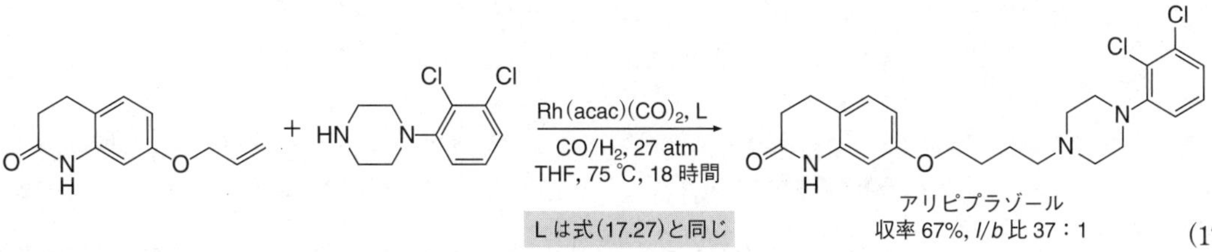

L ＝ ^tBu, ^tBu, ^tBu, ^tBu, O-P-O, O-P-O

O=…N-H…O ＋ HN…N-(Cl, Cl) —Rh(acac)$(CO)_2$, L, CO/H_2, 27 atm, THF, 75 ℃, 18 時間→ (Cl, Cl) (17.28)

L は式(17.27)と同じ

アリピプラゾール
収率 67%，l/b 比 37：1

化学の汎用性を示しており，スルホンアミド基やヒドロキシ基，あるいはラクタムの N−H 結合が存在しても問題ない．これらの反応は，式に示すように $Rh(acac)(CO)_2$ およびビスホスファイトから生成するロジウム触媒を用いて行われる．同時に，表 17・2 に示した結果からは，イミン中間体の水素化反応によるアミン生成物の高い l/b 比を与える反応条件と高

表 17・2　$Rh(acac)(CO)_2$ と式 17.27 に示した配位子とを組合わせた触媒系における配位子/ロジウム比がピペリジンを用いる 1-ペンテンのヒドロアミノメチル化反応に及ぼす効果

配位子/ロジウム比	転化率（%）	アミンの割合（%）	直鎖-分岐（l/b）比
1.0	96.6	8	40.0
0.9	97.0	92	12.1
0.8	97.3	100	6.4

い収率を与える反応条件との間に微妙なバランスがあることがわかる．

二つのフラグメントをつなぐことに加えて，ヒドロアミノメチル化反応は，分子内反応により含窒素ヘテロ環の構築に用いられている．二つの例を式 17.29 に示した[146)~148)]．おそら

[M] = $Rh(CO)_3HPPh_3$
[M] = $Co_2Rh_2(CO)_{12}$
[M], CO/H_2

R^1	R^2	n	収率（%）
CH_2Ph	H	3	83～85
PhCO	CH_3	1	85

(17.29)

くこれらの反応には，末端アルデヒドの生成に高い選択性を示す触媒の利用が効果的であろう．最後に，ヒドロアミノメチル化反応は材料化学の分野でも利用されており，たとえば式 17.30 では，アミノ基を側鎖にもつ高分子の合成に利用されている[149)~151)]．

Rh/L, CO/H_2, 109 atm, 120 ℃ → [CHO … +HNR_2, $-H_2O$ → NR_2] → Rh/L, H_2 → NR_2　(17.30)

17・4・3　ヒドロアミノメチル化反応の機構

スキーム 17・16 にまとめたように，ヒドロアミノメチル化反応は，二つの触媒反応が非触媒反応により連結された反応と考えることができる．まず，前節で述べたアルケンの触媒的ヒドロホルミル化反応が進行する．つづいて，非触媒反応であるアミンとアルデヒドの縮合反応が進行する．第二級アミンを用いた場合にはエナミンが生成し，第一級アミンを用いた場合にはイミンが生成する．この縮合反応の後，生成したエナミンあるいはイミンが 15 章で述べた機構により水素化を受ける．

スキーム 17・16

R^1 —[M], CO/H_2→ R^1 CHO 直鎖型異性体 / R^1 CHO 分岐型異性体 —HNR^2R^3→
$R^2 = H$: R^1 =NR^3 + 分岐型異性体 —[M], H_2→ R^1 NHR^3 + 分岐型異性体
$R^2, R^3 \neq H$: R^1 NR^2R^3 + 分岐型異性体 —[M], H_2→ R^1 NR^2R^3 + 分岐型異性体

この一連の反応を進行させるにはいくつかの要素が必要である．まず，触媒が高濃度のアミンにより失活しないことが必要である．二座配位子の使用により，アミンによる触媒の分解が抑制できる．第二に，触媒が，比較的電子豊富なエナミンの水素化反応を触媒できる程度に十分に電子豊富である必要があるが，ヒドロホルミル化反応を抑制するほど過度に電子豊富ではない必要がある．これらの特性は多くの触媒系で実現されており，その多くはヒド

ロホルミル化反応により開始される連続反応についての総説に記載されている[135]．ホスフィン配位子をもたない触媒系が報告されている一方，トリフェニルホスフィンあるいはより新しいビスホスフィンやビスホスファイト配位子をもつ触媒系が上記の式の例にみられるように報告されている．

17・5 アルケンおよびアルキンのヒドロカルボキシ化反応，および ヒドロエステル化反応

17・5・1 概 要

アルケンやアルキンのヒドロカルボキシ化反応およびヒドロエステル化反応は，カルボニル化反応の別の展開であり，工業的に重要であることから非常に多く研究が行われている[152),153]．これらの反応は，アルケンあるいはアルキンとCOおよび水，あるいはアルコールとの反応により，カルボン酸やエステルを合成する反応である．これらの反応においても，式17.31と17.32にまとめたように分岐型と直鎖型の生成物が得られる．この変換反応

alkyl-CH=CH$_2$ + CO + ROH —(Pd/L, 酸助触媒)→ alkyl-CH$_2$CH$_2$C(=O)OR （17.31）
R＝Hまたはアルキル基

Ar-CH=CH$_2$ + CO + ROH —(Pd/L, 酸助触媒)→ CH$_3$CH(Ar)C(=O)OR （17.32）
R＝Hまたはアルキル基

全体の機構は，ヒドロホルミル化反応と密接に関係し，水素の代わりに水やアルコールを用いる．一般的な機構の一つでは，オレフィンのヒドリド種への挿入反応により，アルキル遷移金属種が生成し，その後のCO挿入反応によりアシル金属中間体が生成する．このアシル錯体と水あるいはアルコールの反応によって生成物が得られるとともに，金属ヒドリド種が再生する．この反応は，本章で後述するCOとアルケンの交互共重合とも密接に関連している[154]が，アルコールの存在と触媒の種類により単量体の生成物が得られる．コバルトやロジウム触媒を用いて最も広く検討されているヒドロホルミル化反応とは対照的に，ヒドロカルボキシ化反応やヒドロエステル化反応はパラジウム触媒と助触媒となる酸共存下で最も効率的に進行する．

多くのカルボニル化反応と同様，ヒドロカルボキシ化反応とヒドロエステル化反応は，Reppeにより初めて報告された．これら初期の反応は，アルキンのヒドロカルボキシ化反応であり[155]，ニッケルカルボニルを触媒とし，非常に低い触媒回転数で進行する反応であった．現在では，ヒドロカルボキシ化反応，ヒドロエステル化反応とも，大学や企業の研究室の両方において詳細に検討されている．その結果，この化学が新規な工業プロセスの一部として工業化されている．また，これらのプロセスの反応機構は現在広く受け入れられている．本節では，ヒドロカルボキシ化反応およびヒドロエステル化反応の適用範囲と工業への応用，これらのプロセスに用いられる種々の触媒，およびアルケンとアルキンのヒドロエステル化反応の触媒サイクルを構成する基本ステップについて紹介する．

17・5・2 ヒドロエステル化反応およびヒドロカルボキシ化反応の合成標的

オレフィンのヒドロエステル化反応の価値は，触媒反応によって生成するエステルが汎用性のある官能基であること，およびエステル生成のために用いられる反応剤が容易に入手できる（結果的に安価である）ことによる．オレフィンおよび金属上の配位子によって分岐型

あるいは直鎖型異性体を選択的に合成できること，またアルケンおよびアルキンと反応が行えること，さらに環化反応によりラクトンを合成できることなどから，この反応は合成的に重要なものになっている．さらに，ナイロンモノマーの一つであるアジピン酸を合成するブタジエンの2段階の連続するヒドロエステル化反応を開発するため多くの研究が行われている[156]．しかしこの反応はいまだ工業的なプロセスとして利用できるほどの十分な選択性と反応性をもっていない．

いくつかの他の種類のヒドロカルボキシ化反応とヒドロエステル化反応が，精密化学品や汎用化学品の合成に適した反応速度と選択性で行われている．ヒドロエステル化反応の一つの標的化合物は，一般的に“アクリル”とよばれるポリ(メチルメタクリレート）のモノマーであるメタクリル酸メチルの合成である．メタクリル酸メチルは，2005年に210万トンが製造されており，その多くが，アセトンシアノヒドリンから製造されている．しかし，他の二つの代替経路は触媒的カルボニル化反応を含むものである．一つ目の経路は，メチルアセチレンのヒドロエステル化反応であり，この反応はニッケルカルボニルを触媒としたメチルアセチレンのカルボニル化反応によりメタクリル酸メチルを合成する最初に開発された経路と関連した反応である[157]．二つ目は，エチレンのヒドロエステル化反応，生成したエステルのホルムアルデヒドへのアルドール付加，そして脱水反応の連続的な反応である．この一連の反応は，Lucite社の新規“アルファ”プロセスとよばれ，式17.33に示した[158]．このエチレンのヒドロエステル化反応によるメタクリル酸メチルの合成経路では，水のみが副生成物として生成する．

$$= \; + \; CO \; + \; MeOH \xrightarrow[\text{酸助触媒}]{Pd/L} \text{プロピオン酸メチル (OMe)} \xrightarrow[\text{塩基}]{H_2CO} \text{HO–CH}_2\text{–CH(CH}_3\text{)–CO–OMe} \xrightarrow{-H_2O} \text{メタクリル酸メチル (OMe)} \qquad (17.33)$$

ビニルアレーンのヒドロカルボキシ化反応も，一般的な非ステロイド系抗炎症剤であるイブプロフェンやナプロキセンといったα-アリールカルボン酸の，簡便でクリーンな合成法として広く研究が行われている[159)〜161)]．この反応により，ビニルアレーンはヒドロカルボキシ化反応を受けて分岐型α-アリールカルボン酸を生成する．一連の特許や論文にこのヒドロカルボキシ化反応や[162)〜165)]，これと関連するヒドロエステル化反応[160),161),166)]が報告されている．16章で述べたヒドロシリル化反応やヒドロシアノ化反応，あるいは本章で述べたヒドロホルミル化反応のように，ビニルアレーンの反応における位置選択性はアルケンの反応と対照的である．ビニルアレーンの反応では，分岐型のヒドロカルボキシ化生成物を生じる．

触媒をPPh_3[160),161)]やネオメンチルジフェニルホスフィン[162)〜166)]といった単座配位子を用いて発生させると，分岐型異性体生成の選択性とカルボン酸あるいはエステル生成能は，式17.34に示すように例外的に高い．また式17.35に示したように，Albemarle社により，

$$\text{スチレン} \xrightarrow[\text{メタノール-アセトン, 50 ℃}]{PdCl_2\ (0.01\ 当量),\ RPPh_2\ (0.02\ 当量),\ CO\ (20\ atm)\ 24\ 時間} \underset{\text{分岐型}}{\text{PhCH(CH}_3\text{)}CO_2Me} + \underset{\text{直鎖型}}{\text{PhCH}_2\text{CH}_2CO_2Me} \qquad (17.34)$$

R = ネオメンチル

l/*b* 比 0
収率 95%

これらの配位子を用いて極めて効率的なナプロキセン合成法が開発された[159]．ナプロキセンは，連続したHeck反応により2-ブロモ-6-メトキシナフタレンから対応するビニルナフ

Pd/L
酸助触媒

MeO (naphthalene vinyl) + CO + H_2O → MeO (naphthyl)–CH(CH$_3$)–COOH (17.35)

タレンを合成し（19 章），続くパラジウム触媒を用いたヒドロカルボキシ化反応により合成された．残念ながら，商業的理由から本プロセスの使用は減少している．

この反応の不斉化により，エナンチオ選択的にカルボン酸やエステルを合成する価値は高い．たとえばノルボルネンの不斉ヒドロカルボキシ化反応は高い選択性で進行することが報告[167),168)]されているが，ビニルアレーンの不斉ヒドロエステル化反応の成功例は少ない．これらの反応が高収率かつ 90％を超える高エナンチオ選択性で進行したという報告はない[166),169)]．

17・5・3 アルケンとアルキンのヒドロエステル化反応およびヒドロカルボキシ化反応の触媒

オレフィンのヒドロカルボキシ化反応およびヒドロエステル化反応において，最も高活性，高選択性を示す触媒は，パラジウム，ホスフィン配位子，酸助触媒を組合わせた触媒系である．オレフィンのヒドロエステル化反応の初期の触媒はほとんどが単座配位子をもつものであったが，最近キレート配位子を含む高活性，高選択的な触媒が見いだされている．ビニルナフタレンのヒドロカルボキシ化反応において最も高活性で高い位置選択性を示す触媒は，ネオメンチルジフェニルホスフィン配位子をもつものであり[159)]，ブタジエンのヒドロエステル化反応に最も高い選択性を示す触媒の一つは，パラジウム前駆体，酸助触媒，酸の緩衝剤となるピリジンおよび PPh_3 配位子を組合わせた触媒系である[156)]．

しかし，メチルアセチレンおよびエチレンのヒドロエステル化反応に対して最も高活性および高選択性を示す触媒は二座配位子をもつものである．エチレンと高級アルケンのヒドロエステル化反応に最も高活性および高選択性を示す触媒は，1,2-ビス(ジ-*t*-ブチルホスフィノメチル)ベンゼンを配位子としてもつ[170)]．この配位子は ICI Acrylics 社の Tooze によって見いだされた（立体的に混み合った二座配位子の初期の研究については参考論文[171)]を参照のこと）．この配位子の柔軟性と大きな配位挟角により，この錯体は，モノホスフィン錯体と同様にトランス配置をとることができると考えられる[170)]．これらの配位子を含むパラジウム触媒の構造決定が行われる前に，1,4-ビス(ジフェニルホスフィノ)ブタンの配位した錯体触媒による反応が Alper らにより報告された[172)]．メチルアセチレンのヒドロエステル化反応[157)]において最も高活性，高選択性を示す触媒は 2-ピリジルジフェニルホスフィン配位子をもっており，柔軟性のある二座配位子であるとみなすことができる[173)]．

ヒドロエステル化反応にルテニウム触媒が活性を示すことも知られているが，これらの触媒は CO とアルコールとの組合わせを用いるのではなく，ギ酸エステルの付加反応の形でヒドロエステル化反応を触媒する[174)]．なお，これらの研究についての先導的な文献を示した[175)〜181)]．ギ酸ピリジルメチルを使用すると，より穏和な条件で反応が進行することも知られている（式 17.36）．これらの基質は，ピリジル基が触媒に配位するように設計されてい

$Ru_3(CO)_{12}$
(5 mol%)
DMF
135 ℃

R–CH=CH$_2$ + H–C(=O)–O–CH$_2$–(2-pyridyl) → R–CH$_2$CH$_2$–CO_2CH_2Py + R–CH(CH$_3$)–CO_2CH_2Py (17.36)

る[179),182)]．オレフィン，CO，アミンからのアミドの合成はそれほど発展していないが，この反応やホルムアミドのオレフィンへの付加反応に対する最も高活性な触媒は $Ru_3(CO)_{12}$

である[182]．ギ酸ピリジルメチルを用いたルテニウム触媒によるヒドロエステル化反応は，スキーム 17・17 に示した HIV インテグラーゼ阻害剤のラクトン部位の合成に用いられている．

スキーム 17・17

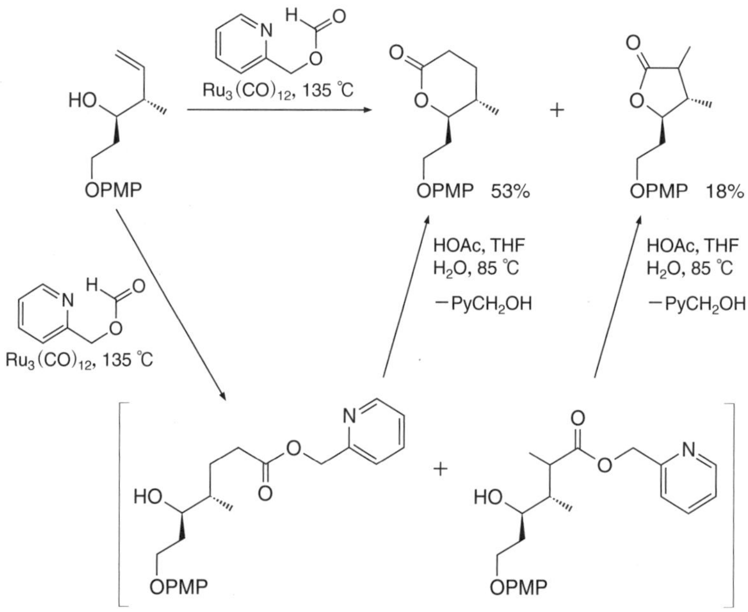

$Ru_3(CO)_{12}$, 135 ℃

OPMP 53%

OPMP 18%

HOAc, THF
H_2O, 85 ℃
−$PyCH_2OH$

17・5・4 ヒドロエステル化反応およびヒドロカルボキシ化反応の適用範囲

17・5・4a アルケンのヒドロエステル化反応およびヒドロカルボキシ化反応

i) アルケンの分子間ヒドロエステル化反応およびヒドロカルボキシ化反応

アルケンおよびアルキンのヒドロエステル化反応の大部分は，エチレンおよびプロピンからのメタクリル酸メチル前駆体やメタクリル酸メチルそのものの合成に焦点が当てられ発展してきた．これは，これらの反応生成物が汎用化成品の合成に重要であるためである．しかし，これらの反応は，高級末端オレフィンや異性化とヒドロエステル化を組合わせた内部オレフィンからの末端エステル合成，側鎖にオレフィンを含む高分子化合物の合成，および官能基をもつジエン，アルキン，アルケンなどについても行われてきた．これらの反応は，プロキラルなオレフィンから光学活性エステルを合成する触媒を用いても検討されている．以下では，それぞれの反応形式とともに，これらの反応を触媒する錯体について具体的に述べる．

エチレンと CO，メタノールからプロパン酸メチルを合成する反応には，種々のホスフィノメチルベンゼンの配位した錯体が触媒として用いられる．これらの反応の結果を，式 17.37 と表 17・3 に示した．これらの結果から，1,2-ビス(ジ-t-ブチルホスフィノメチル)ベンゼン配位子(DTBPMB) の，嵩高い t-ブチル基が高い活性および選択性の実現に重要であり，芳香環上の置換基にはあまり影響を受けないことがわかる．この配位子をもつ触媒を用いて行った反応では，CO/エチレン共重合体やオリゴマーよりも単量体のエステルが高選択的に生成する．さらに，エステル生成の触媒活性は，1 時間当たりの触媒回転数 12,000 に達する目覚ましい結果が得られている．

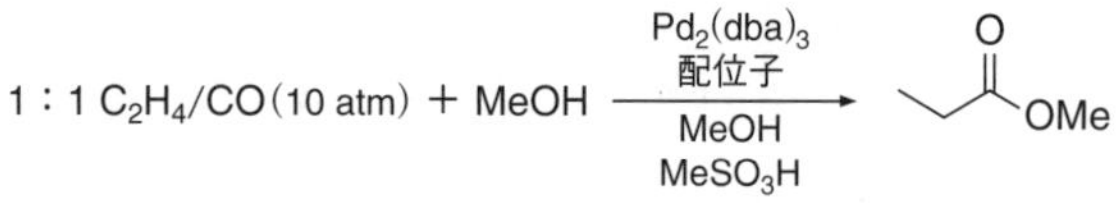

$$1:1\ C_2H_4/CO(10\ atm) + MeOH \xrightarrow[MeOH,\ MeSO_3H]{Pd_2(dba)_3,\ 配位子} CH_3CH_2CO_2Me \tag{17.37}$$

表 17・3 エチレンのヒドロエステル化反応において触媒の構造が触媒活性と選択性に及ぼす効果

	錯体	触媒活性†1	選択性†2 (%)	P-Pd-P 配位挟角 (°)
dba：ジベンジリデンアセトン	$R^1 = R^2 = {}^tBu$, X = H	12,000	99.9	103.9
	$R^1 = R^2 = {}^tBu$, X = NO_2	11,500	99.9	
	$R^1 = R^2 = {}^tBu$, X = OMe	11,800	99.9	
	$R^1 = R^2 = {}^iPr$, X = H	200	20	104.3
	$R^1 = R^2 = Cy$, X = H	200	25	103.9
	$R^1 = R^2 = Ph$, X = H	400	20	104.6
	$R^1 = {}^tBu$, $R^2 = Cy$, X = H	500	30	

†1 1時間当たりの触媒回転数
†2 CO/エチレン共重合体およびオリゴマーに対するプロパン酸メチル生成量

この錯体は，高級末端オレフィンや内部オレフィンから直鎖型エステルを合成する反応の触媒としても働く．オクテンと1 atmのCOをメタノール溶媒中，メタンスルホン酸存在下で反応させると，高収率でノナン酸メチルを生成する．式17.38に示すように2-, 3-，あるいは4-オクテンを4 atmのCO下で同様に反応させると，同じノナン酸メチルが得られる．

$$\text{octene (1-, 2-, 3-, or 4-)} + 1\sim4\ \text{atm CO} \xrightarrow[\text{MeOH},\ MeSO_3H]{Pd_2(dba)_3,\ \text{DTBPMB}} n\text{-}C_8H_{17}C(=O)OMe \tag{17.38}$$

または

DTBPMB = $C_6H_4(CH_2P{}^tBu_2)_2$

直鎖選択性は，4-オクテンの場合の94%から，2-オクテンと1-オクテンの場合の99%にまで達する．分岐型オレフィンとして2-, 3-，あるいは4-メチル-1-ペンテンからは，4-メチル-2-ペンテンと同様に末端エステルが得られる[183]．

ギ酸がヒドロキシ基のもととなる反応条件下での直鎖型カルボン酸合成法も報告されている．この反応では，オレフィンとCOおよびギ酸との反応でカルボン酸が得られる．これらの反応は1,4-ビス(ジフェニルホスフィノ)ブタン（DPPB）の配位したパラジウム触媒を用いてDTBPMBの配位したパラジウム錯体を触媒に用いたエステル化反応よりも高温で行われる．カルボン酸の生成する過程を式17.39に示した．標識されたCOを用いると，標識されたカルボン酸が生成する．したがって，カルボニル基はギ酸ではなくCOに由来する．

$$\text{R}\!\diagup\!\!\!=\ + \ ^*CO + HCO_2H \xrightarrow[\text{MeOH},\ p\text{-TolSO}_3\text{H},\ 150\ ^\circ\text{C}]{Pd_2(dba)_3,\ \text{DPPB}} RCH_2CH_2C^*(=O)OC(=O)H \longrightarrow RCH_2CH_2C^*(=O)OH + CO \tag{17.39}$$

DPPB = $Ph_2P(CH_2)_4PPh_2$

これらのヒドロカルボキシ化反応は，一連の官能基を含む末端アルケンを用いても行われている[172]．式17.40にまとめたように，これらの反応はケト基，シアノ基，ホルミル基，アセトキシ基，カルボン酸，アミド官能基をもつアルケンでも進行する．さらに，ビニル側

$$\text{R}\!\diagup\!\!\!=\ + CO + HCO_2H \xrightarrow[\text{MeOH},\ p\text{-TolSO}_3\text{H},\ 150\ ^\circ\text{C}]{Pd_2(dba)_3,\ \text{DPPB}} RCH_2CH_2C(=O)OH \tag{17.40}$$

R = $CH_3C(=O)CH_2CH_2$–, $HC(=O)C(CH_3)_2CH_2CH_2$–, $NCCH_2$–, $MeC(=O)OCH_2CH_2$–, $HOC(=O)CH_2CH_2$–, 2-oxopyrrolidin-1-yl (N–)

鎖をもつポリブタジエンを用いて本反応を行うと，カルボン酸官能基を側鎖にもつポリマーが生成する（式 17.41）．

$n \approx 45$

Pd(OAc)$_2$ (0.02 mmol), DPPB (0.04 mmol) / HCO$_2$H (10 mmol), CO (6.8 atm) / DME, 150 ℃, 21 時間 → CO$_2$H　(17.41)

ii）オレフィンの分子内ヒドロエステル化反応

アルケンの分子内ヒドロエステル化反応により，ラクトンが合成できる．この反応は複雑な分子の合成にはあまり利用されていないものの，反応の適用範囲や潜在的な有用性を示す例がいくつか報告されている．式 17.42〜17.44 に示したように，この反応は光学活性なラクトン[184]，ベンゾ縮環ラクトン[185]，およびラクタム[185] の合成に利用されている．式 17.43

Ph, OH + CO/H$_2$ — Pd$_2$(dba)$_3$, CHCl$_3$ / (−)-BPPM, CH$_2$Cl$_2$ / 100 ℃, 54 atm → Ph, *, O, O　86% (81% ee)　(17.42)

(−)-BPPM = Ph$_2$P, N, PPh$_2$, O, O^{t}Bu

R^1, R^2, OH + CO/H$_2$ — Pd(II), DPPB / CH$_2$Cl$_2$, 41 atm / 100〜150 ℃ → R^2, R^1, O, O　(17.43)

には，異性化反応とカルボニル化反応を組合わせて得られる生成物について，また式 17.44 では，触媒の配位子によって，環のサイズがどのように制御できるかについて示した．

NH$_2$ + CO/H$_2$ (5 : 1) — Pd(OAc)$_2$, 配位子 / CH$_2$Cl$_2$, 41 atm / 80〜100 ℃ → N H, O + N H, O　(17.44)

配位子 =			
PCy$_3$	収率 95%	100	0
DPPB	収率 75%	0	100

17・5・4b　アルキンのヒドロエステル化反応

アルキンのヒドロエステル化反応（式 17.45）は，まず Ni(CO)$_4$ を触媒として検討され[186]，生成物としてアクリル酸エステルが得られた．この反応に対してはるかに高活性な

R—≡—H + CO + MeOH — Ni(CO)$_4$ (Reppe 反応) / Pd(OAc)$_2$/L → R, O, O−Me　(17.45)

R = H: アクリル酸メチル
R = Me: メタクリル酸メチル (MMA)

触媒として，現在では，酢酸パラジウムと 2-ピリジルホスフィンを組合わせた触媒系が用いられている[173]．Shell 社の Drent がこれらの配位子を用いてアルキンのヒドロエステル化反応を行った．

プロピンのヒドロエステル化反応は，メタクリル酸メチル（式 17.45，R = Me）の有用な合成法となるため多くの研究が行われている．この反応における配位子 L の効果と配位子に存在するピリジル基（Py）の窒素原子の位置の効果について，表 17・4 にまとめた．

表 17・4 配位子中の窒素原子の有無と位置がプロピンのヒドロエステル化反応に及ぼす効果（MMA：メタクリル酸エチル）

配位子の型	温 度（℃）	平均速度 (mol/mol Pd h)	選択性 (% MMA)
PPh_3	115	約 10	89
4-$PyPPh_2$	90	約 10	90
3-$PyPPh_2$	70	1,000	99.2
2-$PyPPh_2$	45	40,000	98.9
2-(6-CH_3-Py)PPh_2	60	50,000	99.95

PPh_3 の配位した錯体を触媒とした反応の速度は遅く，選択性も低い．一方，金属にキレート配位できないピリジルジフェニルホスフィン配位子を用いた場合，反応速度は改善された．さらに 2-ピリジルジフェニルホスフィン配位子を用いることにより，反応速度は劇的に向上する．そして，より嵩高い 2-(6-メチルピリジル)ジフェニルホスフィン配位子を用いることにより，反応速度と生成物選択性はさらに向上する．この場合 4 員環を形成することになるものの，この配位子は金属にキレート配位すると考えられている．生成物選択性の要因について，さらに詳細な提案がなされているが[173]，これらの提案の基礎となった反応機構は，その後，誤りであることが明らかにされた．

17・5・4c ブタジエンのヒドロエステル化反応

ブタジエンのヒドロエステル化はあまり発展してないが，本反応はアジピン酸およびカプロラクタムの合成法となりうるため，多くの企業で研究が行われている．学術論文にはほとんどこの反応に関する情報が公表されていないため，ここでは詳細に述べない．この反応を実現する際に解決すべき問題として，末端エステル生成の位置選択性，安定なアリル金属中間体が生成しやすいこと，複数のジエン単位をもつ高分子あるいはオリゴマー分子が生成しやすいことがあげられる．

17・5・5 ヒドロエステル化反応の機構

アルケンのヒドロエステル化反応の反応機構については 2 種類のものが考えられてきた．一つは“アルコキシドサイクル”とよばれる機構であり，金属アルコキシド種への CO の挿入反応により始まる（スキーム 17・18）．もう一つは“ヒドリドサイクル”であり，アルケンの金属－ヒドリド結合への挿入反応により始まる（スキーム 17・19）．それぞれの経路の相対的な重要性は，用いる供与性配位子の種類に大きく依存する．しかし，ビス(ジ-*t*-ブチルホスフィノメチル)ベンゼンの配位した触媒によるエチレンのヒドロエステル化反応は，現在，パラジウム-ヒドリド種を経由して進行する機構が一般に受け入れられている．アルキンのヒドロエステル化反応の機構はまだ確立されていないが，アルケンのヒドロエステル化反応の機構と共通するいくつかの過程を経て進行していると考えられる．

アルコキシド機構は，まずパラジウムアルコキシド種への CO の挿入反応が起こり，続くアルケンの金属－アルコキシカルボニル結合への挿入反応により，アルキルパラジウム錯体が生成する（スキーム 17・18）．この金属-アルキル種のアルコールによるプロトン化により，生成物が遊離するとともに，パラジウムアルコキシド種が再生する．しかしこの反応機構は，エチレンからのプロパン酸メチルの生成反応については認められていない．反応機構に含まれるいずれの過程についても先例があるが，アルコキシドからの還元生成物が生成しないことから，この経路には異論が唱えられている．さらに，パラジウム(アルコキシカルボニル)錯体へのエチレン挿入反応により生成するアルキルパラジウム中間体（スキーム

17・18）が，金属にキレート配位しており，その加メタノール分解は，もう一つのヒドリド機構の各段階よりも遅い[187]．

スキーム 17・18 オレフィンのヒドロエステル化反応における"アルコキシドサイクル"

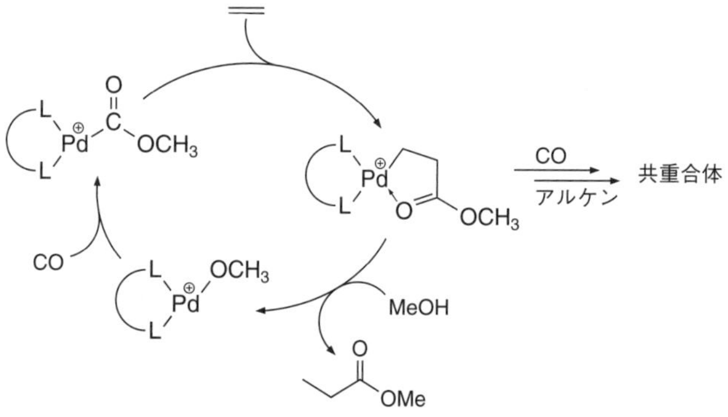

より好ましいとされるヒドリド機構（スキーム 17・19）は，酸助触媒によるパラジウムヒドリド種の生成を含む機構である[187]．このヒドリド錯体は，配位力が弱いスルホン酸アニオンをもっており，オレフィンのパラジウムヒドリド種への挿入反応により，アルキルパラジウム錯体が生成する．この挿入反応は，オレフィンによるスルホン酸アニオンの置換反応を経て進行し，その結果，オレフィンの配位したカチオン性のヒドリド錯体が生成する．

スキーム 17・19 オレフィンのヒドロエステル化反応における"ヒドリドサイクル"

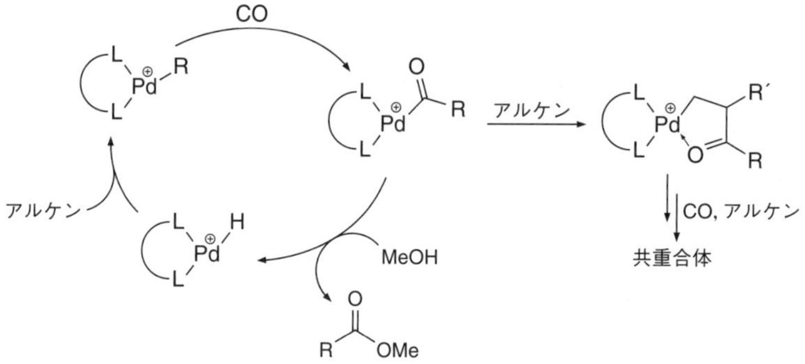

続く CO の金属アルキル種への挿入反応により，アシルパラジウム錯体が生成し，このアシル錯体とアルコールとの反応により，エステルが生成するとともに，パラジウムヒドリド種が再生される．アルコキシド機構と同様に，これらの各過程について先例が報告されている．オレフィンの金属ヒドリド種への挿入反応や CO の金属アルキル錯体への挿入反応については，すでに 9 章で述べた．アシル錯体と水やアルコールを含む求核剤との反応については，11 章で述べている．山本は，本章で後述するハロアレーン，CO，アルコールからの触媒的エステル合成反応の機構の一部としてこの反応を検討している[188]．

ヒドリド機構のそれぞれの過程は，1,2-ビス(ジ-*t*-ブチルホスフィノメチル)ベンゼン(DTBPMB)[189)~191)]，ビス(ジイソブチルホスフィノ)プロパン[187] および PPh_3[192] を含む系において直接観測されている．これらの研究により，スキーム 17・19 に示したヒドリドサイクルにおける個々の素過程が起こること，および律速段階はアシルパラジウム錯体の加メタノール分解の段階であることが示された（式 17.46）．加メタノール分解の反応速度に影響を与える配位子の特性についても研究が行われており，シス配置をとることのできる二座配位子を用いた場合に，トランス配置に錯体を固定する配位子を用いる場合より，反応が速いことが報告されている．これらの結果は，メタノールがアシル配位子のシス位に配位し，配

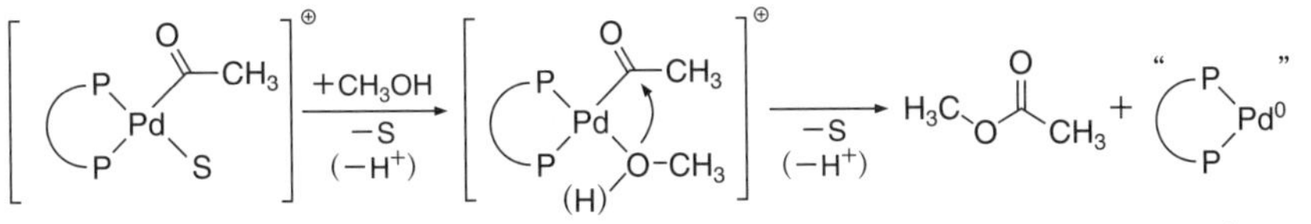

(17.46)

位したアルコールやアルコキシドの酸素原子がアシル配位子のカルボニル基を攻撃する機構を支持している[193]．

アルキンのヒドロエステル化反応も CO 挿入反応とアシル金属中間体の加アルコール分解を経る反応機構で進行する．しかし，プロトン移動を伴う過程が，アルケンのヒドロエステル化反応とは異なる場合がある[194]．上述のように，プロピンのヒドロエステル化反応によりメタクリル酸メチルを生成する反応に特に高活性を示す触媒系として，2-ピリジルジフェニルホスフィン配位子を含む系がある[173]．この配位子ではピリジル基の窒素原子が塩基として働きアルコールのアシル中間体への付加反応を促進し，さらにプロトンがアルキンへ戻ることでビニル錯体中間体を生成する過程に関与する．この過程の機構としてスキーム 17・20 に示したように，アルキン錯体のプロトン化によりビニルパラジウム中間体を生成する

スキーム 17・20

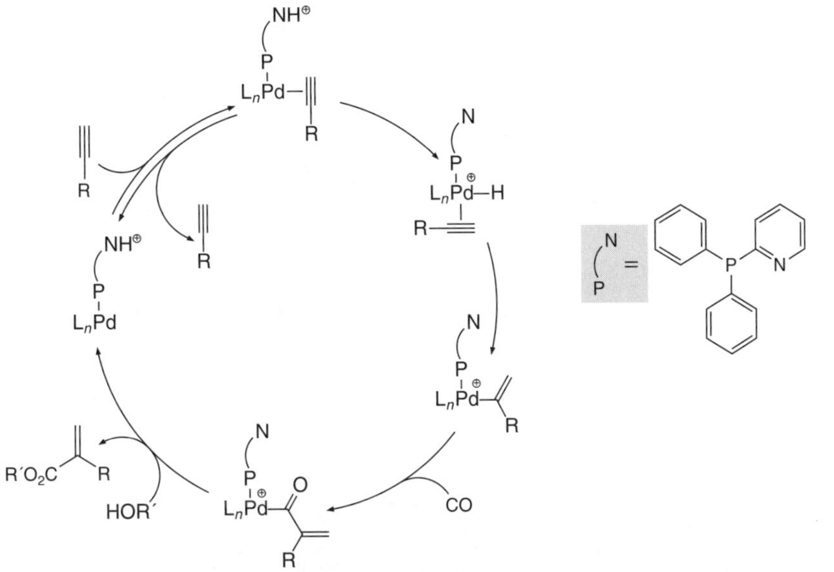

機構が提唱されている．その後，CO のパラジウム－ビニル結合への挿入によりアシル中間体が生成し，メタノールとの反応により生成物を与えるとともに，配位子にピリジニウム基をもつパラジウム(0)種が生成する．このメタノールとの反応を，配位子である 2-ピリジル基が促進している．最後にアルキンが配位し，最初の化学種が再生する．

17・6 エポキシドとアジリジンのカルボニル化反応

エポキシドおよびアジリジンのカルボニル化反応について，数十年にわたって研究が行われ，現在，2 種類の反応が確立されている[195]．エポキシドやアジリジンの環拡大による β-ラクトンや β-ラクタム生成反応に高活性を示す触媒も開発されている．加えて，エポキシドのヒドロホルミル化反応による α-ヒドロキシアルデヒド（保護された α-ヒドロキシアセタールを含む）を合成する反応も開発されており，同様の反応条件で，エポキシドの連続的

ヒドロホルミル化反応と水素化反応による1,3-ジオールの合成も実現されている．これらの反応には，中性のコバルトカルボニル触媒 $Co_2(CO)_8$，Lewis 酸性を示す対カチオンをもつアニオン性コバルトカルボニル触媒 $[Co(CO)_4]^-$，あるいはコバルトとルテニウムカルボニルを組合わせた触媒系が用いられている[196]．

これらの反応は，高分子合成や有機合成におけるビルディングブロックを合成する反応として有用である．エポキシドやアジリジンのカルボニル化反応により得られるβ-ラクトンやβ-ラクタムは，開環重合に利用可能なモノマーである．また，1,3-ジオール，特にプロパンジオールは，ポリエステルの大規模合成に利用されている．同時に，エポキシドのヒドロホルミル化反応により得られるα-ヒドロキシアルデヒドは，一般に得るのが難しいアルデヒドエノラートとのアルドール縮合生成物と等価である．光学活性なエポキシドの合成，あるいは光学分割を可能にする反応が開発されることにより，精密化学品合成に向けてエポキシドのカルボニル化反応の重要性が増している．

17・6・1　エポキシドとアジリジンの環拡大カルボニル化反応

17・6・1a　概　要

ひずんだヘテロ環化合物のカルボニル化反応は，コバルトカルボニルヒドリドやコバルトカルボニルアニオンとサレン配位型の Lewis 酸性をもつ遷移金属をカチオンとするいくつかの触媒で進行する．これらのカルボニル化反応は，三つのタイプに分類される．すなわち，開環カルボニル化反応，開環カルボニル化重合反応，環拡大カルボニル化反応に分けられる．これらの反応は，高分子合成に用いられる1,3-プロパンジオールの工業的大規模合成や，新規重合反応のためのモノマー合成，光学活性エポキシドからのビルディングブロック合成，および典型的な有機合成中間体の合成に利用されている．スキーム 17・21 に示したように，これらのカルボニル化反応により，1,3-ジオール，β-ラクトン，無水コハク酸，β-ラクタム，ポリ(β-ヒドロキシアルカン酸エステル)，ポリ(β-ペプチド)，β-ヒドロキシエステルなどが一般的に得られる[197),198]．

スキーム 17・21　エポキシドのカルボニル化反応の例

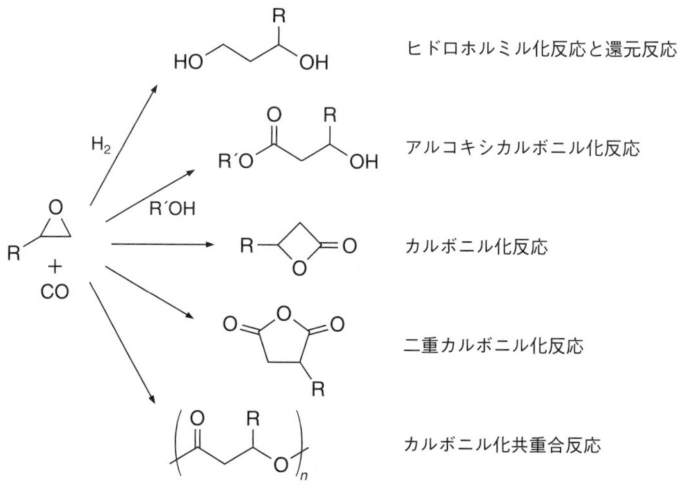

ヒドロホルミル化反応と還元反応
アルコキシカルボニル化反応
カルボニル化反応
二重カルボニル化反応
カルボニル化共重合反応

17・6・1b　エポキシドとアジリジンのカルボニル化反応の歴史

エポキシドのカルボニル化反応は1960年代に見いだされ，最近になってさらに進展がみられている．類似のアジリジンのカルボニル化反応についても多く研究が行われている．構造の明確な触媒の出現により，本反応は，汎用材料の合成から複雑な分子の合成における問題の解決にまでその利用が拡大している．本章では，この反応に用いられる最近の触媒の進展とこれらの反応の合成上の重要性，および反応機構に焦点を当てて説明する．

1963年にHeckはエポキシドおよびオキセタンと［$Co(CO)_4$］$^-$との反応によるアシルコバルト化合物の合成を報告した（スキーム17・22）[199]．これらのアシル錯体とアルコールや

R = H, Me ; + CO ; $Co(CO)_4H$; R = H, Me, n = 1 ; R′OH ; R = H, n = 2 ; NCy_2Et

スキーム17・22 Heckによるエポキシドとオキセタンのカルボニル化反応

アミン塩基との反応により，β-ヒドロキシエステルあるいはγ-ラクトンが得られる．この報告の前後に，種々のヘテロ環化合物の触媒的環拡大反応が報告され[200)~206]，エポキシドの環拡大カルボニル化反応の最初の例が，1970年代後半から1980年代初めにかけて報告された[207)~210]．ただし，これらの反応に用いることのできるエポキシドは，ビニルオキシランやスチレンオキシドに限られており，高温高圧が必要であった．アジリジンのコバルト触媒を用いたカルボニル化反応は，1990年代中頃に報告された[211]．1990年代に，DrentおよびKragtwijkにより，エポキシドのカルボニル化反応の進展が特許として報告された[212]．この特許では，エポキシドのカルボニル化反応が$Co_2(CO)_8$と3-ヒドロキシピリジン(3-HP)のような，コバルト源とヒドロキシ基の置換したピリジンとを組合わせた触媒系で進行し，β-ラクトンが得られると報告されている．その後の他の研究者らの研究により，この反応系ではラクトンとポリ(ヒドロキシアルカン酸エステル)オリゴマーの混合物が生成していることが明らかとなった[213)~215]．

17・6・1c エポキシドのカルボニル化反応における触媒系と基質適用範囲

初期のヘテロ環化合物のカルボニル化反応の多くの例がテトラヒドロフラン，オキセタン，アゼチジンに関するものであったのに対して，最近の報告の多くは，エポキシドとアジリジンのカルボニル化反応に焦点が当てられている．また，現時点ではエポキシドの環拡大反応は，アジリジンの反応よりもより一般的であり，より穏和な条件下で進行する．1994年以前は，エポキシドの環拡大カルボニル化反応は，いくつかの基質に限られていた．DrentとKragtwijkにより1994年に発表された特許は，これらのカルボニル化反応に関する研究を促し，この研究により本反応の適用範囲が劇的に広がった．

2001年にAlperらは，中性のLewis酸（たとえば$BF_3 \cdot OEt_2$）と［PPN］$^+$［$Co(CO)_4$］$^-$〔［PPN］$^+$：ビス(トリフェニルホスフィン)イミニウムカチオン〕の混合物が，一連のエポキシドの環拡大カルボニル化反応の触媒となることを報告した（スキーム17・23）[215]．彼

+ CO 60 atm ; 0.5〜4 mol% $BF_3 \cdot OEt_2$; 0.5〜4 mol% $[PPN]^{\oplus}[Co(CO)_4]^{\ominus}$; 80 ℃, 24〜48 時間, DME

R = H, Me, ^{n}Bu, ^{n}Hex, CH_2Cl, CH_2O^iPr, $(CH_2)_2CH{=}CH_2$, $(CH_2)_4CH{=}CH_2$

スキーム17・23 Alperによるエポキシドのカルボニル化反応によるβ-ラクトン合成

らは，この反応がLewis酸非存在下では進行しなかったことから，Lewis酸と求核的な金属カルボニル種を組合わせた場合にのみ，触媒活性がみられることを明らかにした．この反応は遅いものの（典型的には24〜48時間），いくつかのβ-ラクトンが収率60〜90%で得られた．無置換あるいは1,2-二置換エポキシドでは生成物の収率は低い．2002年に，Coatesらは，$[Al(salph)(THF)_2]^+[Co(CO)_4]^-$(salph = *N*,*N'*-*o*-フェニレンビス(3,5-ジ-*t*-ブチルサリチリデンイミン)配位子；スキーム17・24）を触媒とする反応を報告しており[213]，本錯体

スキーム 17・24　エポキシドのカルボニル化反応によるβ-ラクトン合成のために設計された$[Lewis 酸]^+[Co(CO)_4]^-$触媒

$[Co(CO)_4]^{\ominus}$

	M	⬭
1	Al	1,2-C_6H_4
2	Al	(*R*,*R*)-1,2-C_6H_{10}
3	Cr	1,2-C_6H_4

$[Co(CO)_4]^{\ominus}$

	M	R^1	R^2
4	Cr	Ph	H
5	Cr	H	Et
6	Al	*p*-Cl–C_6H_4	H

には，Lewis酸性を示すカチオンと求核性をもつ金属アニオンが共存している．これらの触媒を用いて環拡大カルボニル化反応を行えるエポキシドを，図17・8に示した[213]．

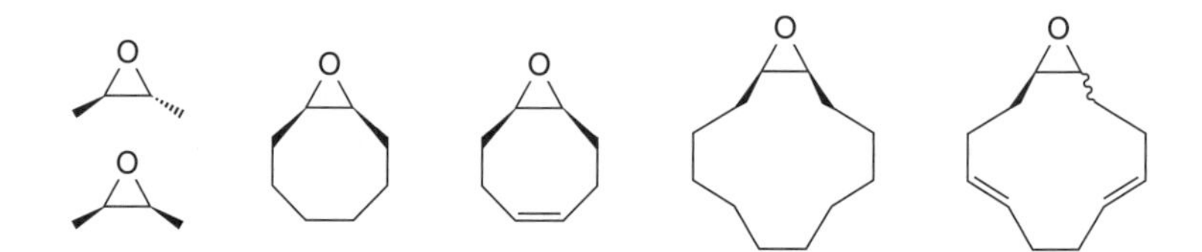

図 17・8　スキーム17・24に示した触媒**4**および**5**による環拡大カルボニル化反応が進行する二置換エポキシド

スキーム17・24に示したサレンアルミニウム錯体**1**と$[PPN]^+[Co(CO)_4]^-$/Lewis酸触媒系は，β-ラクトン合成に高い活性と選択性を示す触媒であるが，$[Cr(THF)_2(TPP)]^+$ $[Co(CO)_4]^-$（スキーム17・24の**4**，TPP: *meso*-テトラフェニルポルフィリナト配位子）と$[(OEP)Cr(THF)_2]^+[Co(CO)_4]^-$（スキーム17・24の**5**，OEP: 2,3,7,8,12,13,17,18-オクタエチルポルフィリナト配位子）を触媒として用いることにより，触媒活性が大きく改善した．クロムをLewis酸として含むこれらの錯体を触媒として用いることにより，高い反応速度および広い基質適用範囲でのエポキシドのカルボニル化反応が可能となった[216),217]．これらの錯体は，二置換あるいは大環状の二環性エポキシドのカルボニル化反応においても触媒として作用し，以前の触媒反応よりも低圧，かつ少ない触媒量で反応が進行する（図17・8）[218]．この錯体は，ヒドロキシメチル基の置換したβ-ラクトンを生成可能な，グリシジルエーテル誘導体のカルボニル化反応[219]，あるいは側鎖にエステルや第三級アミド基をもつエポキシドの環拡大カルボニル化反応の触媒として作用する（スキーム17・25）[216]．

Lewis酸と金属アニオン種を含むより高活性な触媒の開発により，1 atmのCO下，室温で反応が進行するようになった．この触媒はCO挿入反応と競争して起こるアルキルコバル

$$\text{RO-CH}_2\text{-epoxide} + \text{CO}\ (60\ \text{atm}) \xrightarrow[\text{溶媒なし, 60 ℃, 6 時間}]{0.06\sim0.4\ \text{mol\%}\ \mathbf{5}} \beta\text{-lactone}$$

収率 88% 以上

R = SiMe$_2{}^t$Bu, Bn, CH$_2$CH=CH$_2$ またはフリル基

$$\text{R-epoxide} + \text{CO}\ (60\ \text{atm}) \xrightarrow[\text{溶媒なし, 6 時間}]{0.03\sim1.3\ \text{mol\%}\ \mathbf{5}} \beta\text{-lactone}$$

収率 97% 以上

60 ℃において：R = (CH$_2$)$_x$OC(O)^{n}Pr (x = 2 または 3), (CH$_2$)$_2$CO$_2{}^n$Pr, (CH$_2$)$_8$C(O)NMe$_2$
40 ℃において：R = CH$_2$OAc, CH$_2$OC(O)^{n}Pr, CH$_2$OC(O)Ph

スキーム 17・25 スキーム 17・24 に示した錯体**5**により進行するエポキシドの触媒的カルボニル化反応

ト中間体からのβ水素脱離反応[220]により生成すると考えられるケトンの副生を抑制する[221]．[(salph)Cr(THF)$_2$]$^+$[Co(CO)$_4$]$^-$ で触媒される一連のエポキシドの反応は，一酸化炭素を詰めたバルーンの圧力下で進行し，数グラムのスケールで生成物を与える[222]．

17・6・2 ラクトンおよびエポキシドのカルボニル化反応による無水コハク酸の合成

β-ラクトンのカルボニル化反応による無水コハク酸の合成も，サレンの配位したアルミニウム Lewis 酸とコバルトカルボニルアニオンとを組合わせた触媒系で進行する（式 17.47）[223]．これらの反応は無置換β-プロピオラクトンだけでなく，アルキル，アルケニル，

$$\beta\text{-lactone}(R^1, R^2) + \text{CO}\ (14\ \text{atm}) \xrightarrow[\text{トルエン, 24 時間, 24}\sim\text{80 ℃}]{\text{Al}^{\oplus}\text{Co}^{\ominus}\ \text{触媒}} \text{succinic anhydride}(R^1, R^2) \qquad (17.47)$$

90〜98%

R^1 = H, Me
R^2 = H, Me, Et, decyl, CH$_2$O^{n}Bu, CH$_2$OSiMe$_2{}^t$Bu, (CH$_2$)$_2$CH=CH$_2$

Al$^{\oplus}$Co$^{\ominus}$ 触媒 = [(salph-^{t}Bu)Al(THF)$_2$]$^{\oplus}$[Co(CO)$_4$]$^{\ominus}$

(楕円) = 1,2-C$_6$H$_4$

エーテル置換基をもつラクトンでも進行する．これらの基質はすべて 90% 以上の収率で無水コハク酸に変換された．光学的に純粋な (*R*)-β-ブチロラクトンを用いた場合，出発物のラクトンのβ位の立体配置の反転を伴って，反応が進行することが明らかとなった[224]．この結果と一致して，二置換 *cis*-3,4-ジメチルオキセタン-2-オンのカルボニル化反応では，トランス体の生成物が得られたことから，β-ラクトンのα炭素の立体配置は保持されるものの，β炭素の立体配置は反転することが示唆された．

エポキシドからの無水コハク酸の直接合成は，アルミニウム Lewis 酸とコバルトカルボニルアニオンを組合わせた触媒系を用いて達成されている（式 17.48）[225]．この触媒系を用いるエポキシドおよびβ-ラクトンの混合物のカルボニル化反応では，すべてのエポキシドのカルボニル化反応が進行した後に，β-ラクトンのカルボニル化反応が連続的に独立して進行することが見いだされた．β-ラクトンのカルボニル化反応は，極性あるいはドナー性溶媒中では遅い．エポキシドとβ-ラクトンのカルボニル化反応は，逆の溶媒依存性を示す

$$\text{R-epoxide (1.8 M)} + \text{CO (58 atm)} \xrightarrow[\text{90 ℃, 3 時間}]{\text{Al}^{\oplus}\text{Co}^{\ominus}\text{ 触媒, 1,4-ジオキサン}} \text{succinic anhydride (R), > 95\%} \quad (17.48)$$

R = p-Cl-C_6H_4

$[Co(CO)_4]^{\ominus}$

$Al^{\oplus}Co^{\ominus}$ 触媒

ことから，単一容器中でのエポキシドの酸無水物へのカルボニル化反応は，溶媒として何を使用するかが重要である（たとえば1,4-ジオキサン）．すなわち，ドナー性が十分高い溶媒では，エポキシドのカルボニル化反応が促進されるのに対し，極性が十分に低い溶媒では，β-ラクトンのカルボニル化反応が促進される．

17・6・3　エポキシドの開環カルボニル化反応

エポキシドの開環反応により有用化合物を合成するいくつかの触媒反応が開発されている．これらの開環反応には，エポキシドのヒドロホルミル化反応，アルコキシカルボニル化反応，開環カルボニル化-重合反応が含まれる．これらの反応はおよそ50年近く前から知られているが，工業的生産に十分な効率で進行するプロセスは，20世紀後半から21世紀初頭にかけて，おもにShell社により開発された．

エポキシドのヒドロホルミル化反応（エポキシドとCO，水素との反応）によるβ-ヒドロキシアルデヒド，あるいは1,3-ジオールの生成について，広く研究が行われている．反応を式17.49に示した．1,3-ジオールあるいはβ-ヒドロキシアルデヒドのどちらが優先して生成

$$\text{R-epoxide} + CO + H_2 \xrightarrow{\text{触媒}} \text{RCH(OH)CH}_2\text{CHO} + \text{RCH(OH)CH}_2\text{CH}_2\text{OH} \quad (17.49)$$

するかは，反応条件に依存する．この反応の多くは特許に記載されているが[226]，学術論文誌にも長年にわたって報告されている[227),228]．これらをまとめると，ジオールは，コバルトカルボニルと水素化触媒である$Ru_3(CO)_{12}$のような助触媒を用いた反応，あるいは，ホスホランのようなアルキル基をもつジホスフィンの配位したコバルトカルボニル触媒を用いた反応で生成する[229)〜233]．水素化反応を促進する触媒なしにコバルトカルボニル触媒との反応を行った場合には，おもにβ-ヒドロキシアルデヒドが生成する．これらの反応のなかで最も重要なものは，エチレンオキシド，CO，H_2から1,3-プロパンジオールを生成する反応である．1,3-プロパンジオールは，大規模な工業的スケールでのポリエステル合成に用いられる重要なモノマーである[234]．

エポキシドとCO，アルコールの反応であるアルコキシカルボニル化反応により，β-ヒドロキシエステルが生成し，エポキシドのアミノカルボニル化反応により，β-ヒドロキシアミドが生成する．生成物は，反応が難しい酢酸誘導体のアルドール反応生成物類縁体である．エポキシドのメトキシカルボニル化反応の最初の例として，$Co_2(CO)_8$を触媒として用いる反応が，Eisenmannらにより報告された[235a]．その後，他のアルコール[235b]やエピクロロヒドリン[236]を用いる研究が報告された．3-ヒドロキシピリジンとコバルトを触媒とするエポキシドの開環カルボニル化反応に関する特許は，この触媒系を用いて光学活性なエポキシドを光学活性なβ-ヒドロキシエステルおよびアミドに変換する多くの研究が行われるきっかけとなった．この変換反応は，3-ヒドロキシピリジンと$Co_2(CO)_8$の2：1混合触媒系で達成された（式17.50）[237]．この反応は多くの場合，高い選択性をもち[238]，絶対立体配

5 mol% $Co_2(CO)_8$
10 mol% 3-ヒドロキシピリジン
MeOH, THF, 55〜65 ℃
R = Me, Et, ${}^nBu$, ${}^nHex$, CH_2Cl, $(CH_2)_2CH{=}CH_2$, CH_2OBn, CO_2Me
+ CO 45 atm
HO O OMe

(17.50)

置と光学純度は基本的に保持される．つづいて，プロピレンオキシドの低圧 CO 下における高収率，高選択的なメトキシカルボニル化反応が報告された[239]．加えて，Lewis 酸がエチレンオキシドのメトキシカルボニル化反応を促進することも明らかとなっている[240]．

最後に，エポキシドのβ-ヒドロキシアミドへの転換は，エポキシドと CO，およびシリルアミンとの反応により達成された（式 17.51）．この反応はもともと $Co_2(CO)_8$ を触媒として

Me_3Si−N(モルホリン) + CO 1 atm
1) 2.5〜5 mol%, $Co_2(CO)_8$ 25〜50 ℃, 4〜24 時間, EtOAc
2) HCl
アミド（主生成物） + アミン（副生成物）
R = Me, Et, ${}^nBu$, CH_2Cl, $(CH_2)_2CH{=}CH_2$, CH_2O^iPr, CH_2OBn, $CH_2OC(O)^nPr$

(17.51)

1 atm の CO 下，室温で 24〜50 時間の反応により，β-シリルオキシアミドが収率 60〜84% で得られる反応として報告された．光学活性 β-ヒドロキシケトンに変換可能な光学活性 β-ヒドロキシモルホリンアミドが，最近，同じ $Co_2(CO)_8$ 触媒を用いて合成された．光学活性な末端エポキシドは Jacobsen の加水分解を利用する速度論的光学分割により合成可能であることから[241]，これらのカルボニル化反応は，有用な合成中間体の合成法として重要性を増している．

プロピレンオキシドと一酸化炭素との開環共重合反応により，ポリヒドロキシアルカン酸の一つであるポリ(β-ヒドロキシ酪酸)（PHB，式 17.52）が生成する．ポリヒドロキシアル

+ CO 40〜87 atm
"Co"
R = H, Me, Et

(17.52)

カン酸（PHA）のなかには物理的・機械的性質が，イソタクチックポリプロピレンと同等のものがある．この重合法は古川らによって 1965 年に初めて報告され[242]，最近では，小坂田[243]，Rieger[244)〜250]，Alper[251] らによって研究が行われている．これらの重合反応は，$Co_2(CO)_8$ に添加物を加えて行われる．$Co_2(CO)_8$，1,10-フェナントロリン誘導体，および臭化ベンジルの組合わせにより，数平均分子量 M_n が 194,000，多分散度 M_w/M_n が 1.41 のポリエステルが得られる．プロピレンオキシドに加えて，1,2-エポキシブタンについても，CO との共重合が良好に進行し，対応するポリ(β-ヒドロキシペンタン酸エステル)が M_n 16,700，M_w/M_n 1.28 で得られる．臭化ベンジルの役割は明らかではない．関連するアジリジンと CO の共重合反応によるポリアミド合成も報告されている[252]．得られたポリマーの M_n は最高 27,500 に達し，典型的な M_w/M_n は 1.11 から 1.64 である．

これらの共重合反応は，エポキシドと CO との直接共重合反応，もしくはエポキシドのβ-ラクトンへのカルボニル化反応と続くラクトンの開環重合反応のいずれかで進行していると考えられる．Rieger ら，Alper らはこれらの重合反応が，エポキシドと CO との直接共重合反応により進行していることを明らかにした[214),251]．エポキシドと CO との直接共重合反応については，さまざまな反応機構が提案されており[214),242),251]，その多くは，遷移状態においてエポキシドとアシルコバルト種，および窒素塩基や $[Co(CO)_4]^-$ のような求核剤との反応を含むが，その詳細は十分に明らかとはなっていない．

17・6・4　アジリジンのカルボニル化反応における触媒種と基質適用範囲

アジリジンのカルボニル化反応の開発研究は，エポキシドのカルボニル化反応の発展と並行して進展してきた．この反応により生成するβ-ラクタムは，医薬品化学[253)~255)]，有機化学[256)~261)]，そして高分子化学[262)~265)]において重要である．この反応は，Alper，Davoli，Prati，Coates らの研究により大きく進展し[266)~271)]，一連のアジリジンのカルボニル化反応は，$[Rh(CO)_2Cl]_2$ あるいは $Co_2(CO)_8$ を触媒として用い発展してきた．最近，Lewis 酸カチオンと $[Co(CO)_4]^-$ アニオンを組合わせた触媒系を用いることにより，反応速度の向上と基質適用範囲の拡大が達成された．

いくつかの種類のアジリジンのカルボニル化反応が報告されている．一般的には，二つの炭素原子にアルキルあるいはベンジル置換基をもつアジリジンのカルボニル化反応では，置換基の少ない炭素原子の C−N 結合に CO が挿入する[266),269)]．$Co_2(CO)_8$ 触媒を用いる一連の反応を，式 17.53 に示した．これに対して，二つの炭素原子のうちの一方にアリール基をもつアジリジンのカルボニル化反応は，ベンジル位で起こる．これらの反応例を，式 17.54 に示した[266),269),271)]．$[Rh(CO)_2Cl]_2$ 触媒を用いるフェニル基の置換したアジリジンのカルボニル化反応も Alper によって報告されており，その代表例を式 17.55 に示した[272)]．

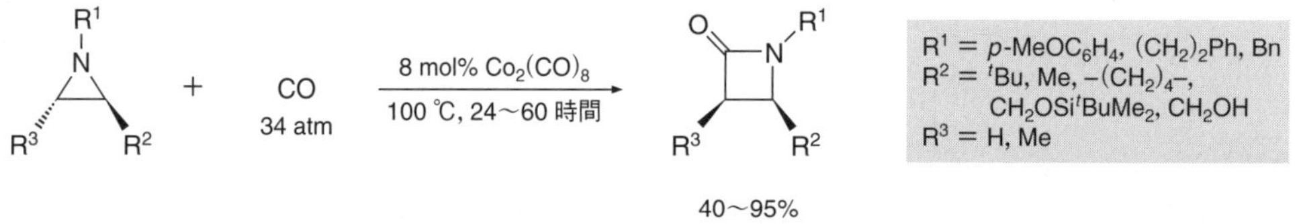
R1
N
R3
R2
+
CO
34 atm
8 mol% Co2(CO)8
100 ℃, 24〜60 時間
O
N
R1
R3
R2
40〜95%
R1 = p-MeOC6H4, (CH2)2Ph, Bn
R2 = tBu, Me, −(CH2)4−, CH2OSitBuMe2, CH2OH
R3 = H, Me

(17.53)

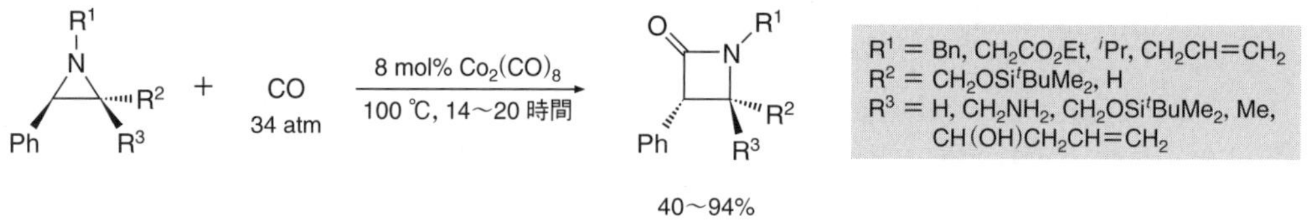
R1
N
R2
Ph
R3
+
CO
34 atm
8 mol% Co2(CO)8
100 ℃, 14〜20 時間
O
N
R1
R2
Ph
R3
40〜94%
R1 = Bn, CH2CO2Et, iPr, CH2CH=CH2
R2 = CH2OSitBuMe2, H
R3 = H, CH2NH2, CH2OSitBuMe2, Me, CH(OH)CH2CH=CH2

(17.54)

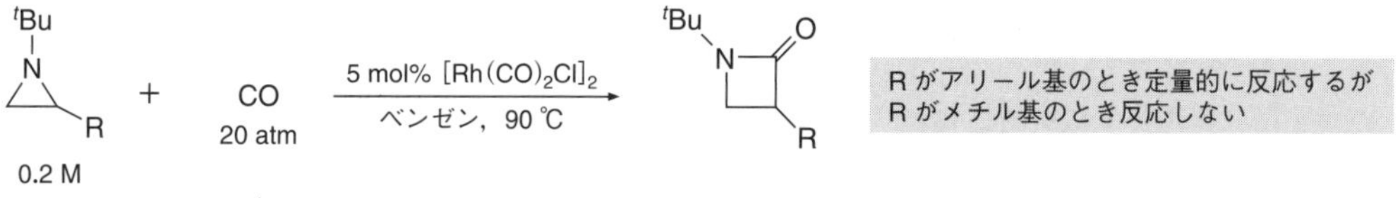
tBu
N
R
0.2 M
+
CO
20 atm
5 mol% [Rh(CO)2Cl]2
ベンゼン，90 ℃
tBu
N
O
R
R がアリール基のとき定量的に反応するが
R がメチル基のとき反応しない

(17.55)

アジリジンの速度論的光学分割についても報告されている．Alper は，$[Rh(COD)Cl]_2$ 触媒と光学的に純粋なメントールの組合わせにより，*N*-*t*-ブチル-あるいは *N*-アダマンチル-2-アリールアジリジンのカルボニル化反応が進行し，対応する *N*-アルキル-3-フェニルアゼチジン-2-オンが，単離収率は中程度であるものの，最高 99.5% の光学収率で得られることを報告している[273)]．エポキシドや関連する基質のコバルト触媒を用いるカルボニル化反応と同様に，カルボニルが挿入する位置での立体配置は反転する．

より立体障害の小さい炭素原子で反応が選択的に進行するのは，立体効果による．アジリジンのフェニル基の置換した炭素原子で反応が選択的に進行するのは，触媒にフェニル基が配位するためと提案されているが[273),274)]，理論計算では，触媒にはアジリジンの窒素原子が配位することが示唆されている[275)]．いずれの場合も脂肪族 C−X 結合が開裂する酸化的付加反応よりも，ベンジル位の C−X 結合が開裂する酸化的付加反応が優先して起こり，これらの結果は，アジリジンのフェニル基の置換した炭素原子の C−N 結合に CO 挿入反応が優先する傾向と一致している．

エポキシドのカルボニル化反応と同様，アジリジンのカルボニル化反応についても，Lewis 酸カチオンと $Co(CO)_4^-$ アニオンを組合わせた触媒を用いることにより，反応速度や基質適用範囲の向上がみられる．特にアジリジンのカルボニル化反応に高活性を示す触媒として，$[Cp_2Ti(THF)_2]^+[Co(CO)_4]^-$ が報告されている．式 17.56 に示したように，この触媒

Bn–N(cyclohexene aziridine) + CO (61 atm) $\xrightarrow[\text{DME}]{Co_2(CO)_8}$ bicyclic β-lactam (Bn–N, C=O) (17.56)

触 媒	mol%	T (℃)	t (時間)	収率 (%)
$Cp_2Ti^{\oplus}/[Co(CO)_4]^{\ominus}$	5	80	18	80
スキーム 17・24 の $Al^{\oplus}/Co^{\ominus}$ 触媒	5	80	18	＞5
$Co_2(CO)_8$	8	100	48	28

は *N*-ベンジルシクロヘキセンイミンのカルボニル化反応に対して $Co_2(CO)_8$ よりはるかに高い活性を示す[218]．*N*-トシル-2-メチルアジリジンのカルボニル化反応も達成されており（式 17.57），本反応は光学活性な *N*-トシルアジリジンに適用可能であることから，重要性が

Ts–N(2-Me aziridine) + CO (61 atm) $\xrightarrow[\text{DME}]{Co_2(CO)_8}$ Ts–N β-lactam (Me) (17.57)

触 媒	mol%	T (℃)	t (時間)	収率 (%)
$Cp_2Ti^{\oplus}/[Co(CO)_4]^{\ominus}$	5	90	6	35
スキーム 17・24 の $Al^{\oplus}/Co^{\ominus}$ 触媒	5	90	6	99

高い[276]．チタンとコバルトを組合わせた触媒系を用いる *N*-トシル-2-メチルアジリジンのカルボニル化反応では，転化率が 35％にとどまるが，アルミニウムとコバルトを組合わせた触媒系を用いた場合には，同様の反応条件下で反応は完結する．

17・6・5 エポキシドのカルボニル化反応の機構

エポキシドの環拡大カルボニル化反応の機構に関する研究が行われている．エポキシドからの β-ラクトンの触媒的合成により，新しいカルボニル化合物が生成することから，***in situ*** IR 測定(訳注) によって容易に反応の追跡が可能である[277]．速度論や反応性の研究に加えて，理論計算により[278),279]，エポキシドの環拡大カルボニル化反応の反応機構の解明が行われている．本項ではこれらの結果に基づいてカルボニル化反応の化学の機構的な側面を述べる．

エポキシドのカルボニル化反応について一般的に受け入れられている反応機構をスキーム 17・26 に示した[277]．この触媒サイクルにおける基本的な反応は，アジリジンのカルボニル化反応においても起こっていると考えられる．Alper は，$[Co(CO)_4]^-$ によるアジリジンの環拡大カルボニル化反応の触媒サイクルについて初めて提案を行い[266),267]，Coates は，Lewis 酸とコバルトカルボニルアニオンからなる錯体によるエポキシドの触媒的カルボニル化反応について，同様の触媒サイクルを提案している（スキーム 17・26）[213),218]．この反応機構は四つの反応段階からなる．すなわち 1）Lewis 酸への配位による基質の活性化，2）$[Co(CO)_4]^-$ による基質への S_N2 攻撃，3）新しく生成したコバルト－炭素結合への CO 挿入反応と続く CO の取込み，4）生成物の脱離を伴う閉環反応と触媒活性種の再生，である．

このサイクルは，いくつかのデータにより支持されている．一般にヘテロ原子と最も立体障害の少ない炭素原子との結合にカルボニル挿入反応が起こる．活性化されたエポキシドの

訳注：反応器内（たとえば，オートクレーブなど）にセンサーを挿入し，赤外分光法によりリアルタイムに反応をモニタリングする方法．サンプリングの困難な反応（高圧，高温，低温，嫌気性，毒性，腐食性）でも，"その場"解析が可能であり，反応開始点・終点，反応速度や，反応中間体および触媒活性種の挙動について，詳細な情報が得られる．

スキーム 17・26　Al$^{\oplus}$/Co$^{\ominus}$触媒によるエポキシドのカルボニル化反応の触媒サイクル．L = Lewis 塩基（溶媒，エポキシド，ラクトン）．**1** はスキーム 17・24 に示した触媒 **1** をさす．

最も置換基の少ない炭素に［$Co(CO)_4$］$^-$ が求核攻撃した後，この反応点で CO 挿入が起こり，生成物が得られる．第二に，1,2-二置換エポキシドのカルボニル化反応では，α 炭素原子(生成物中のカルボニル基が結合した炭素原子）における立体配置の反転が起こる．これは，S_N2 経路により C−O あるいは C−N 結合の開裂が起こることと一致している．同様に，より置換基の少ない炭素原子への攻撃が選択的に起こることから，アルミニウムを Lewis 酸とするコバルト触媒で進行する（*R*)-プロピレンオキシドのカルボニル化反応は，ラクトンのβ 炭素原子の立体化学が完全に保持された（*R*)-β-ブチロラクトンを与える[213]．例外は存在するものの[280]，これらの傾向は，この触媒サイクルを強く支持している．

エポキシドのカルボニル化反応による β-ヒドロキシアルデヒド，β-ヒドロキシエステル，および β-ヒドロキシアミドの生成機構の最初の過程は同じであり，同様の触媒サイクルで進行する．スキーム 17・27 に示したように，エポキシドへの求核攻撃と続くカルボニル化反応によりアシルコバルト種が生成し，これと水素との反応ではヒドロキシアルデヒドが(これはさらにジオールまで水素化される)，アルコールとの反応ではエステルが，また，シリルアミンとの反応では β-シロキシアミドを生成する．水素化分解反応は，アルケンのヒドロホルミル化反応で起こる水素化分解反応と同様に進行し，生成したコバルトヒドリド種は，アルコキシドをプロトン化するのに十分な酸性を示す．アシル中間体とアルコールとの反応も，アルケンのヒドロエステル化反応によるエステル生成反応と同様である．シリルアミンとの反応の機構についてはあまり研究されていない．

ラクトンのカルボニル化反応による無水コハク酸の生成は，エポキシドのカルボニル化反応と同様の機構で進行すると考えられる．その機構をスキーム 17・28 に示した．この場合，β-ラクトンは Lewis 酸中心に配位することにより活性化され，［$Co(CO)_4$］$^-$ により S_N2 攻撃を受ける．この系における求核攻撃は，環内の酸素原子に隣接する炭素原子上で起こり，

スキーム 17・27

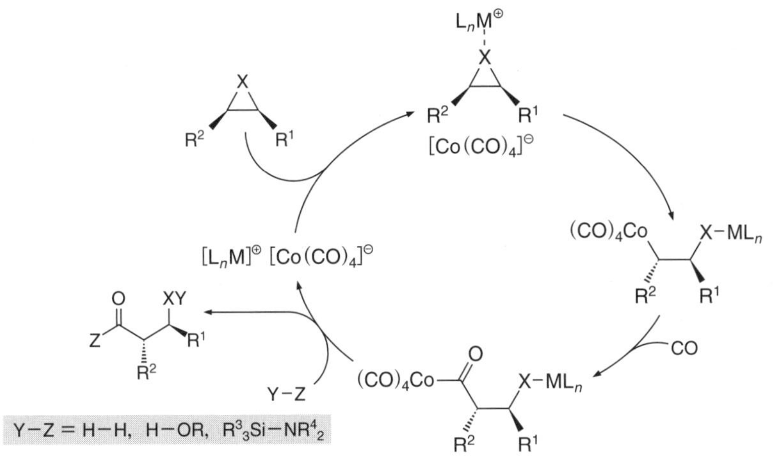

$Y{-}Z = H{-}H,\ H{-}OR,\ R^3{}_3Si{-}NR^4{}_2$

スキーム 17・28

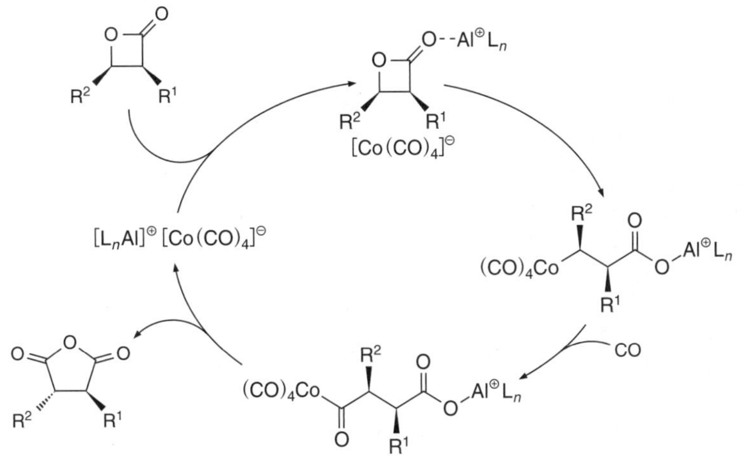

ラクトンのカルボキシラート基が脱離基として働く．続いて CO のコバルト−アルキル結合への挿入反応が起こり，カルボキシラート基がコバルトアシル種を攻撃して 5 員環酸無水物を生成するとともに，触媒活性種が再生する．アルミニウム Lewis 酸を含む触媒を用いた β-ラクトンのカルボニル化反応について，さらに検討が行われており，β-ラクトンのアルミニウムカチオンへの配位を含む前平衡を経て反応が進行し，続く β-ラクトン環の開環が律速段階となる．

17・7　有機ハロゲン化物のカルボニル化反応

パラジウム触媒を用いる有機ハロゲン化物のカルボニル化反応によりエステル，アミド，ケトン，およびアルデヒドを生成する反応（式 17.58）については，多くの研究が行われ，

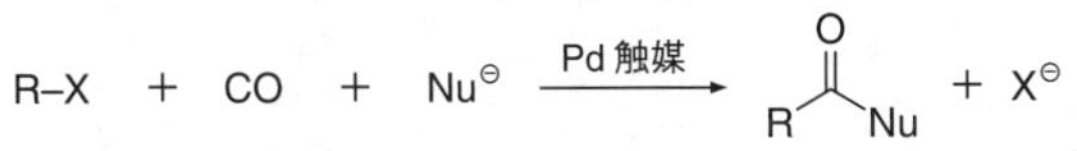

$$\mathrm{R{-}X} + \mathrm{CO} + \mathrm{Nu}^{\ominus} \xrightarrow{\text{Pd 触媒}} \mathrm{RC(=O)Nu} + \mathrm{X}^{\ominus} \qquad (17.58)$$

総説にも詳細に記載されている[281)〜288)]．これらの反応は，19 章で述べるパラジウム触媒を用いるクロスカップリング反応と密接に関係しているが，これらの反応を CO 下で行った場合には，直接的なクロスカップリング生成物ではなく，有機カルボニル化合物が得られる．

カルボニル化反応によるエステル合成は，典型的には有機ハロゲン化物と一酸化炭素，アルコール，塩基とを組合わせて行われ，アミドを生成するカルボニル化反応は，有機ハロゲン化物と一酸化炭素，および第一級あるいは第二級アミンとを組合わせて行われる．ケトンの合成には，アルキル基を移動させるために有機典型元素金属化合物が必要であり，有機ハロゲン化物と一酸化炭素，および有機ボロン酸エステル，有機スズ化合物，有機亜鉛化合物のいずれかを組合わせて行われる．有機ハロゲン化物のカルボニル化反応によりアルデヒドを得る反応は，これら一連の反応のなかでは最も発展が遅れたが，最近報告された芳香族ハロゲン化物と一酸化炭素および水素（合成ガス）を用いる反応により，今後このタイプの反応はより実用的な方法になるものと考えられる．

有機ハロゲン化物のカルボニル化反応の大半は，芳香族ハロゲン化物あるいはハロゲン化ビニルを用いて行われるが，ハロゲン化ベンジルや単純な脂肪族ハロゲン化物に関しても展開がみられる．また，芳香族ハロゲン化物のカルボニル化反応の大半は，芳香族ヨウ化物を用いて行われるが，電子不足な芳香族臭化物を用いた反応も報告されている．しかし，電子豊富な芳香族臭化物や芳香族塩化物で行われた例はほとんどない．これらの反応の多くはホスフィン配位子をもつパラジウム錯体を触媒として行われている．

17・7・1　有機ハロゲン化物のカルボニル化反応によるエステルおよびアミドの合成

17・7・1a　発見と適用範囲

芳香族ハロゲン化物のパラジウム触媒を用いたカルボニル化反応の最初の例は，1974年と1975年に報告された（式17.59）[289),290)]．Heckは，芳香族ヨウ化物と一酸化炭素，アル

$$\mathrm{RX} \xrightarrow[\substack{\mathrm{R'OH}\ \text{または}\ \mathrm{R'NH_2} \\ \mathrm{Pd(OAc)_2/PPh_3}}]{\mathrm{CO}} \mathrm{RCO_2R'}\ \text{または}\ \mathrm{RC(O)NHR'} \qquad (17.59)$$

RX = (aryl–X, vinyl–X, R-substituted benzyl–X)　X = I, Br, Cl, OTf

コールとの反応を，第三級アミンおよび触媒量の酢酸パラジウムとトリフェニルホスフィン存在下で行うことにより，安息香酸エステルが得られることを初めて報告した[289)]．同時に，同じタイプのパラジウム錯体触媒を用い，芳香族ヨウ化物，一酸化炭素，第一級アミンと塩基として第三級アミンを用いることにより，ベンズアミドが得られることも報告した[291)]．ハロゲン化ビニルについても同様の反応が報告されており，これらの反応ではアルケン部位の立体化学は保持される[289)]．

最近，Osborn[292)]とMilstein[293)]は芳香族塩化物と一酸化炭素，塩基の反応による芳香族エステルの合成法を報告しており，Alperは二相系を用いる芳香族塩化物からのカルボン酸合成法を報告した[294)]．Milsteinの反応については，式17.60に示したが，Osbornの反応は同様の反応条件下，PCy_3を配位子として用いて行われている．これらは，芳香族塩化物を用いて行った初めてのカップリング型反応の例である．

$$\mathrm{PhCl} \xrightarrow[\substack{\text{配位子} \\ \mathrm{NaOAc,\ MeOH} \\ 150\ ^\circ\mathrm{C}}]{\substack{\mathrm{CO\ (5\ atm)} \\ \mathrm{Pd(OAc)_2}}} \mathrm{PhCO_2Me} \qquad (17.60)$$

$(dippp)_2Pd(0)$

配位子	TON
dippp	809
dippb	409
PMe_3	0
PPh_3	0

芳香族ハロゲン化物のカルボニル化反応は，分子内でも進行する．ラクタムを合成する反応の一般式と，ベンゾラクタム合成の具体例[295)]を式17.61に示した[295)~298)]．芳香族ハロゲ

[一般式]

YH, X → CO (1 atm), Pd(OAc)$_2$–PPh$_3$, Bu$_3$N → YH, PdXL$_n$, O → Y, O　(17.61)

Y = NR, O

[合成例]

NBn, O, 63%

NR, O, R = H 38%, R = Bn 65%

NR, O, R = H 41%, R = Bn 63%

ン化物のカルボニル化反応は，高分子合成にも応用されており，式 17.62 に示すように，芳香族ジハロゲン化物とジアミンとの反応によりポリアミドを合成できる[299]．

Cl, Cl ＋ H_2N–Ar–NH_2 ＋ CO → 1.5 mol%, Pd(OAc)$_2$/(^{i}Pr)$_2$P(CH$_2$)$_3$P(^{i}Pr)$_2$, DBU, DMAc/175 ℃ → O, C, C, O, H, N–Ar–N, H, n　(17.62)

1,4-または 1,3-
ジクロロベンゼン

芳香族ハロゲン化物およびハロゲン化ビニルのカルボニル化反応に加えて，芳香族およびビニルトリフラートのカルボニル化反応により，エステルおよびアミドを得ることもできる．これらの反応例を式 17.63 に示した[300]．

N, O, CO_2Ph → LiHMDS, THF, −78 ℃; Cl, N, NTf$_2$ → N, OTf, CO_2Ph, 90% → CO (3.4 atm), Pd(OAc)$_2$, PR$_3$, MeOH/DMF, NEt$_3$, 室温, 3 時間 → N, CO_2Me, CO_2Ph, 71%

→ (R)-BINAP-RuCl$_2$, H$_2$, MeOH, 80 ℃ → N, CO_2Me, CO_2Ph, 82%, 79% ee → H$_2$, PtO$_2$, HCl, MeOH → $\overset{\oplus}{N}$, H_2, CO_2Me, $Cl^{\ominus}$, 95%　(17.63)

辻により，式 17.64 に示した芳香族ハロゲン化物のエステル化反応の応用例が報告されている[301]．電子豊富で立体障害の大きい芳香族ヨウ化物と第二級アルコールとの反応により，大環状ラクトン前駆体が得られる．

OMe, I, MeO, SPh ＋ OH, O, O, I → CO (12 atm), PdCl$_2$, K$_2$CO$_3$，ベンゼン, 120 ℃，10 時間

OMe, O, O, MeO, SPh, I, O, O, 70% → OH, O, O, HO, O, ゼアラレノン, zearalenone　(17.64)

ハロゲン化ベンジルと一酸化炭素とアルコールからのエステル合成反応は良好な収率で進行する[302]．しかし，脂肪族ハロゲン化物の反応は以下の二つの理由により限定されている．まず，脂肪族ハロゲン化物のパラジウム錯体への酸化的付加反応は，芳香族ハロゲン化物よ

り起こりにくい．この反応性の差については7章で述べた．もう一つの理由は，中間体であるハロゲン化アルキルパラジウムからのβ水素脱離反応が起こることである．9，10章で述べたように，これらの障害を乗り越えた成功例もあり，脂肪族ハロゲン化物をクロスカップリング反応に利用する研究は始まったところである．しかし，脂肪族ハロゲン化物のカルボニル化反応は未だに困難な課題として残されている．

17・7・1b　芳香族ハロゲン化物のエステル化およびアミド化反応の機構

芳香族ハロゲン化物の，一酸化炭素とアルコールあるいはアミンとの反応によるエステルあるいはアミド生成反応は，似通った2通りの経路で進行する．これらの反応経路は19章で述べるクロスカップリング反応の機構と関連しており，そこでの議論を参照すると理解の助けとなるだろう．スキーム17・29に，芳香族ハロゲン化物からエステルおよびアミドを生成する反応経路の概要を示した．

スキーム 17・29

芳香族ハロゲン化物のエステル化およびアミド化反応の機構としては，一酸化炭素とホスフィン配位子をもつPd(0)錯体への芳香族ハロゲン化物の酸化的付加反応で始まり，ハロゲン化アリールパラジウム中間体が生成する．その後，この錯体は二つの異なる経路で反応する．一方は，COがハロゲンを置換し，カチオン性カルボニル種が生成する．これがさらに，アルコールあるいはアミンの求核攻撃を受けてアルコキシカルボニルあるいはカルバモイル配位子をもつアリールパラジウム錯体が生成し，還元的脱離反応を経てエステルあるいはアミドが生成する．もう一方は，ハロゲン化アリールパラジウム錯体がCOの移動挿入を起こし，ハロゲン化ベンゾイルパラジウム錯体が生成する．この錯体が，アルコールあるいはアミンと反応してエステルあるいはアミドが生成する．

山本はこのカルボニル化反応の機構について，単離したモデル化合物を用いた研究も含め，注意深く検討を行った結果を報告している[188),303)]．これらの研究によりいくつかの反応経路が明らかにされ，求電子剤が芳香族ハロゲン化物かハロゲン化ベンジルのどちらであるか，求核剤がアミンあるいはアルコキシドのどちらであるかに依存して反応経路が決まることが明らかとなった．得られた実験結果は，スキーム17・29に示す2番目の経路b，すなわちCOのパラジウム－アリール結合への挿入によりハロゲン化ベンゾイルパラジウム中間体が生成する経路を支持している[188)]．これらの錯体はPMe_3およびPPh_3配位子を用いることにより単離され，アルコールおよびアミン塩基との反応によりエステルが生成することが，またアミンのみの反応ではアミドが生成することが示された．

これらの研究により，二つの異なる反応機構でベンゾイルパラジウム錯体からエステルおよびアミドが生成することが示された．特に重要なのは，アシルパラジウム錯体とアミンおよびアルコールの混合物との一連の反応について，PPh_3の添加量を変化させて行った検討である．高濃度のPPh_3存在下ではアミドがより多く生成し，低濃度のPPh_3存在下では，エステルがより多く生成する．これらの結果は，スキーム17・30に示したように，二つの

スキーム 17・30

$$L_2Pd(X)(COPh) \xrightarrow[-L]{+ROH} LXPd(COPh)(O(H)-R) \xrightarrow[-HNR_3X]{+NR_3} LPd(COPh)(OR) \longrightarrow RO-C(=O)-Ph + L_nPd(0)$$

Lの添加により阻害される

$$L_2Pd(X)(COPh) \xrightarrow{+ 2\,HNR_2} R_2N-C(=O)-Ph + H_2NR_2X + L_nPd(0)$$

Lの添加に影響されない

求核剤で反応する触媒活性種の配位数が異なり，異なる経路でエステルとアミドが生成することを示唆している．すなわち，エステルはホスフィンの解離により生成した．アルコール錯体の脱プロトン化反応により，ベンゾイルパラジウムアルコキシド錯体が生成し，さらに還元的脱離を起こすことにより生成する一方，アミドは供与性配位子の解離を伴わずにベンゾイル基をアミンが直接攻撃することにより生成する．

17・8 COとオレフィンの共重合反応

17・8・1 反応の概要とポリマーの性質

式17.65に示したように，一酸化炭素とオレフィンの共重合反応[304)~308)]によりポリケトンが生成する．この重合反応は，オレフィンのヒドロエステル化反応およびヒドロカルボキ

$$CO + CH_2{=}CHR \xrightarrow{\text{触媒}} -[C(=O)-CH_2-CH(R)]_n- \quad R = H, Ph, Me \tag{17.65}$$

シ化反応と密接に関連している．ヒドロエステル化反応で生成するアシル中間体とオレフィンあるいはアルコールとの反応速度の違いにより，共重合体が生成するか，単量体エステルが生成するかが決まる．アシル中間体とオレフィンおよびアルコールとの反応の相対反応速度の差は，本節で述べるように，パラジウム上の補助配位子の変化によりもたらされる．

少量のプロピレンが取込まれた，一酸化炭素とエチレンの交互共重合反応により合成したポリケトンは，Shell社により1980年代から1990年代に開発され，Carilonとして商標登録されている．SommazziとBarbassiによるこれらの化合物の高分子としての性質をまとめた総説[308)]によると，“Carilonの性質はナイロンやポリアセタールのようなエンジニアリングプラスチック[(訳注)]のものと近い…それらはポリオレフィンのように加工が可能である一方，結晶性高分子と同様の化学的な安定性とともに非晶性高分子の物理的性質，衝撃応答，熱的性質をもっている．それらの性質は，汎用性高分子〔ポリエチレン（PE）やポリ塩化ビニル（PVC）のような〕の性質と，ポリアミドやポリエステルのように中程度の性質を示すエンジニアリングプラスチックとの境界に位置する”．Drentは，パラジウム触媒を用いるこれらのポリマーの合成法を見いだし，Shell Chemical社においてこれらのポリマーをブレンドすることにより商品化された．このポリマーを合成する試験プラントはオランダに建設されたが，おもにビジネス上の理由からShell社はこの技術を断念し，2002年にSRI International社にその特許が譲渡された．

訳注：エンジニアリングプラスチックとは耐熱性や機械的強度が汎用プラスチックスと比べて高いものをいう．ポリアミドやポリカーボネート，ポリアセタールなどが代表的．

17・8・2 CO/エチレン共重合体合成のための触媒の発展

エチレンと一酸化炭素の共重合体の合成については，1940年代初期から知られている．1941年にBayer社において高温高圧プロセス（230℃，200 atm）でこの共重合体が合成さ

れた[309]．約10年後には，このポリマーはDuPont社のBrubakerによりラジカル反応により合成された[310]．この材料は完全な交互共重合体ではなく，後述の理由から，高分子の規則性は安定性に大きな影響を及ぼすことがわかっている．Reppeは1948年にシアン化ニッケルを用いてこのような材料合成の最初の遷移金属錯体を用いた反応を報告している[311),312]．その後，Gough[313]はトリフェニルホスフィン配位子をもつ塩化パラジウム触媒を用いた一酸化炭素とエチレンとの交互共重合体の合成法を特許として報告しており，シアン化パラジウム[314),315]，シアン化パラジウム[316]あるいはハロゲン化パラジウム[317]とPPh_3との組合わせ，またPd(0)ホスフィン錯体と酸とを組合わせた[317]触媒系など，いずれもこの反応に利用できることが，特許に記載されている．

1980年代初頭に，Senはジカチオン性パラジウム錯体［$Pd(NCMe)_4$]$(BF_4)_2$とトリフェニルホスフィンを触媒前駆体として用いるCO/エチレンオリゴマーの合成を報告した[307),318]．これらの触媒では，以前の触媒よりも穏和な条件下で重合反応が進行する．Senにより報告された材料は，比較的分子量の低いものであり，触媒は今日知られているものよりも活性が低かったが，本発見によりカチオン性パラジウム錯体がそれ以前に研究されてきた中性の錯体よりも触媒活性が高いことが示された．

Shell社は，1980年代に，一酸化炭素とエチレンからの高分子量でかつ完全な交互共重合体の合成に初めて成功した[319)～322]．このポリマーは高い融点，高い溶媒安定性をもち，結晶性と上述したエンジニアリングプラスチックとしての性質をもっていた．さらに，Shell社の触媒により合成されたこのポリマーは，完全な交互共重合体であった．一酸化炭素とエチレンが高分子鎖中で完全に交互に配置されていることは，ポリマーの安定性のために極めて重要である．たとえば，α-ジケトンであれば光分解を受けC−C結合開裂を起こすこと，γ水素をもつケトンであればγ位（NorrishⅡ型開裂）からの光化学的水素引抜きが起こる．このポリマーには二つのエチレン単位が連続して取込まれた場合に存在するγ水素がなく，またCOが連続して取込まれた場合に生じるα-ジケトンが存在しないことから，これらのポリケトンは工業的利用にも十分安定である．

これらの高分子量で完全な交互共重合体は，二座配位子をもつカチオン性パラジウム錯体触媒により生成する[305]．少なくとも比較的短い連結鎖をもつ二座配位子を用いることにより，アルコール溶媒中での反応の選択性が変わり，生成物がエステルから共重合体へと変化する．以下に詳述するように，アルコール溶媒中で生成したポリマーは少なくとも一つのエステル末端基をもっており[305]，この末端基があることから，重合過程の停止反応あるいは開始反応の一つが，アシルパラジウム中間体とアルコールの反応であり，これによりエステルと金属ヒドリド種を生成することが示唆される．

触媒活性と選択性に対する配位子のドナー原子と連結鎖長の効果は非常に微妙である．配位子の連結鎖の効果について図17・9に示した．最も速い反応速度と大きな分子量が得られるのは，配位子が3炭素原子からなる連結鎖をもつ触媒である．オレフィンのヒドロエステル化反応による単量体エステルの合成に，現在最も高い活性を示す触媒は，ビスホスフィンである1,2-ビス(ジ-*t*-ブチルホスフィノメチル)ベンゼンを配位子としてもつことから，ヒドロエステル化反応と共重合反応に対して適した触媒を区別する要素は，モノホスフィン配位子（初期のヒドロエステル化触媒）あるいはビスホスフィン配位子（最も活性の高い共重合触媒）をもつという単純なものではなく，はるかに微妙なものである．フェナントロリンのような二座窒素配位子に関しても多くの研究が行われており，COとアルケンとの共重合反応に対して高い活性と選択性をもつ触媒系が見いだされている．ヒドロエステル化反応と共重合反応との競争を避けるため，いくつかの共重合反応は，ヘキサフルオロイソプロピルアルコールのような弱い求核性しかもたないアルコール溶媒中か，もしくは塩化メチレンの

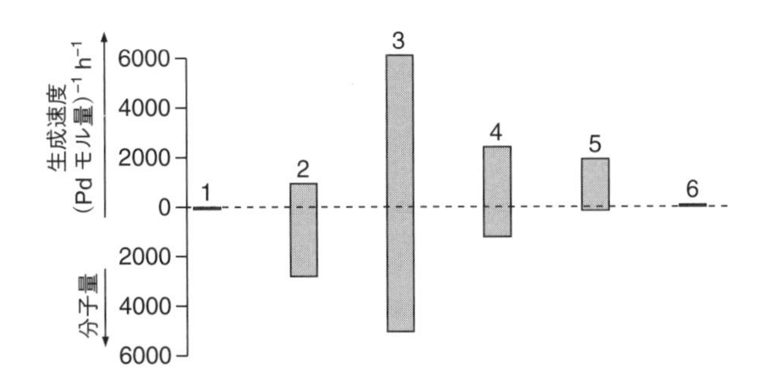

図 17・9　CO とエチレンとの共重合反応によるポリケトンの生成速度と分子量に対する $Ph_2P(CH_2)_nPPh_2$ 配位子の CH_2 鎖長（棒グラフの上の数字）の影響[304)]

ような非プロトン性溶媒中で行われている．

17・8・3　CO とエチレンの共重合反応の機構

17・8・3a　触媒サイクル全体：連鎖成長反応の各段階

DPPP の配位したパラジウム触媒による一酸化炭素とエチレンとの共重合反応における基本的な段階をスキーム 17・31 に示した[323)]．この反応機構の炭素鎖成長段階として，エチレ

スキーム 17・31

[Pd] = (Ph₂P(CH₂)₃PPh₂)Pd

律速段階

高い CO 圧における休止状態

低い CO 圧における休止状態

ンのアシルパラジウム錯体への移動挿入反応と，メタラサイクルであるγ-ケトアルキル錯体への CO 挿入反応が交互に起こっていると考えられる．CO は金属中心に十分強く結合し，メタラサイクル中のケトンのカルボニル基と置換することにより，アシル錯体生成の前段階であるアルキルカルボニル種を生成する．これらの挿入反応については 9 章に記載した．連鎖停止反応と触媒の失活過程については，のちほどこの項で述べる．

この触媒の静止状態（触媒種の定義については 14 章を参照）は，キレートしたγ-ケトアルキル錯体もしくはアシルカルボニル錯体のいずれかである．γ-ケトアルキル錯体は，1,3-ビス(ジフェニルホスフィノ)プロパン配位子を用い，エチレンより CO の量が少ない条件下で反応を行った場合の静止状態であり，一方，アシルカルボニル錯体は，CO の量がエチレンより多い場合の静止状態である．また，アシルカルボニル錯体は，フェナントロリンを供与性配位子として用いて反応を行った場合の静止状態である．エチレンに対して CO の量が少ない条件下では，すべての段階が可逆であり，エチレンの挿入反応によりγ-ケトアルキル錯体が生成する過程が律速段階となる．

二座配位子をもつ触媒が高い活性を示すのは，高分子鎖の成長末端と不飽和反応物(CO とオレフィン）が好ましい配置をとることができるためと考えられる[323)~325)]．パラジウム(II)触媒に二座配位子があると，高分子成長末端に対して基質がシスで配位することにな

る．そしてポリマーを生成する移動挿入反応では，配位した基質と，基質が挿入する共有結合性配位子とがシス配置をとる必要がある（9 章参照）．

Vrieze と Elsevier[326),327)] そして Brookhart[323)~325),328)~330)] は，重合過程における挿入反応について研究を行った．Brookhart らは，一酸化炭素とエチレンの取込みが，ほぼ完全に交互で起こる理由に関して定量的な検討を行った．二座のホスフィン配位子をもつパラジウム錯体への種々の挿入過程の活性化障壁のデータを図 17・10 にまとめた[323),330)]．アルキル

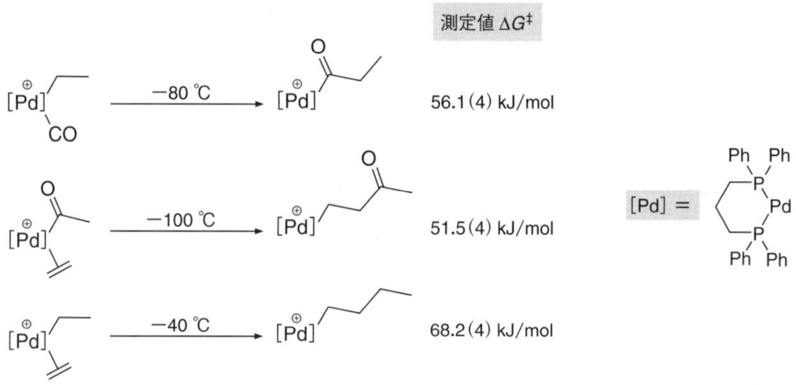

図 17・10　DPPP の配位したパラジウム触媒による CO とエチレンとの共重合反応における挿入反応，およびこれと競争するポリエチレンを生成する挿入反応の活性化障壁

測定値 $\Delta G^{\ddagger}$

−80 ℃　56.1(4) kJ/mol

−100 ℃　51.5(4) kJ/mol

−40 ℃　68.2(4) kJ/mol

[Pd] = (Ph₂P(CH₂)₃PPh₂)Pd

パラジウム錯体への一酸化炭素の挿入によりアシルパラジウム種を生成する反応，およびカチオン性アシルパラジウム種へのエチレンの挿入により γ-ケトアルキルパラジウム錯体が生成する反応の活性化エネルギーは，いずれもエチレンがアルキルパラジウム種へ挿入する反応の活性化エネルギーより低い．これらの挿入反応は −80 ℃ や −100 ℃ で進行し，それぞれの活性化障壁は 56.1，51.5 kJ/mol である．

これらの反応を，CO あるいはエチレンの逐次挿入により，位置不規則な高分子鎖を生成する反応と比較することも可能である．エチレンと一酸化炭素との配位子置換反応により生成するエチレンの配位したアシル錯体は，アシルカルボニル錯体より高エネルギー状態にある．それでもなお，このエチレンアシル錯体はアシル基への挿入活性をもつ錯体である．これは 9 章で述べたように，CO の金属-アシル錯体への挿入が熱力学的に不利な反応であることによる（速度論的に抑制されているわけではない）．二座配位子をもつカチオン性アルキルパラジウム錯体を用いた場合，CO がない状態では速い速度でエチレンの重合反応が進行する．このため，エチレンの逐次挿入反応は CO とエチレンの完全交互挿入反応と競争することが予想される．エチレンのアルキル金属種への挿入反応は低温で進行するが，CO の挿入反応に匹敵する速度で反応を行うためには −40 ℃ が必要であり，その活性化障壁は 68.2 kJ/mol とより高い．

これらの活性化障壁は，フェナントロリン配位子をもつカチオン性パラジウム種を用いた反応についても測定されている[324),328)]．この触媒反応の各段階についてスキーム 17・32 にまとめた．フェナントロリンの配位したアルキルパラジウム錯体への CO とエチレンの挿入反応の活性化障壁を，図 17・11 のエネルギー図に示した．この場合，アシルカルボニル種が触媒の静止状態であり，CO のアルキル錯体への挿入反応の活性化障壁は 62 kJ/mol である．アルキルエチレン錯体はアルキルカルボニル種に比べて，11 kJ/mol 高エネルギー状態にあり，エチレン挿入反応の活性化障壁は，アルキルエチレン錯体よりさらに 81 kJ/mol 高エネルギーである．したがって，CO を含むこの系におけるエチレン挿入反応の複合的な活性化障壁は 92 kJ/mol になる．これらのデータおよびアルキル錯体への CO 挿入反応の活性化障壁である 62 kJ/mol に基づくと，エチレン 2 分子が連続して挿入する反応は，10^6 回の

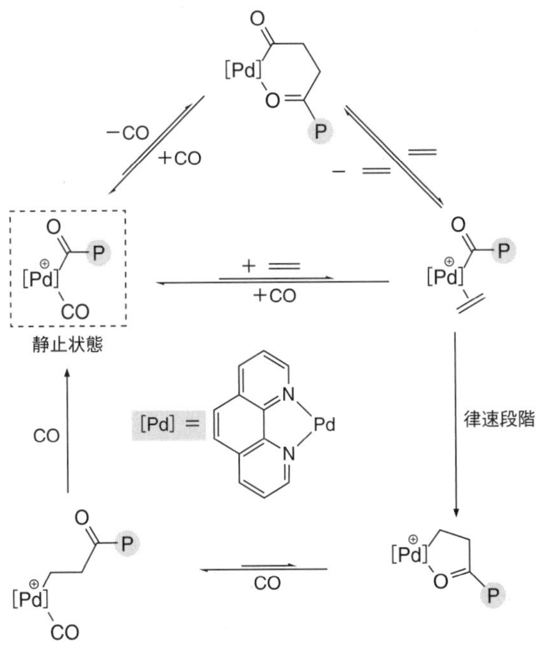

スキーム 17・32

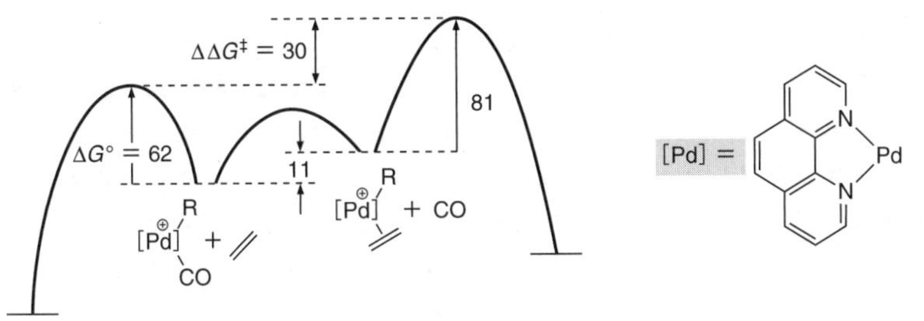

図 17・11 パラジウム触媒によるエチレンとCOとの共重合反応におけるエチレンおよびCO挿入反応の自由エネルギー図. 単位はすべてkJ/mol.

触媒回転の間に1回しか起こっていないことになる.

17・8・3b 連鎖停止反応と触媒の分解

22章で詳述するが，ポリマーの分子量は連鎖成長段階と連鎖移動段階の相対速度で制御される. このため，連鎖移動段階の反応機構についても研究が行われてきた. 連鎖移動段階の機構の一つは，アシル基とアルコールとの反応によりエステルとパラジウムヒドリド種が生成する反応である. この過程を式17.66に示した. このパラジウムヒドリド種にオレフィンが挿入してアルキル錯体が生成し，次に金属－アルキル結合に一酸化炭素が挿入してアシル錯体が生成，その後，連鎖成長が始まる. この反応機構により，エステルおよびケトン部位を一つずつ末端にもつ高分子が生成する. これらの末端基は，低温で反応を行った場合に生成するポリマーにおいて観測されている[305].

アルコール溶媒なしでは，連鎖移動反応はβ水素脱離反応により，あるいはより可能性が高いのは，β水素原子が配位したオレフィンモノマーに直接移動する形式の連鎖移動反応により進行すると考えられる[331]（アルケン重合反応におけるこの過程の詳細については22章を参照せよ）. 連鎖移動段階がこれらの反応機構で進行すると，式17.67に示すように，末端がオレフィンのポリマーが生成する. オレフィン停止型ポリマーの生成は，共重合反応をアルコール溶媒中で行った場合には観測されないが，極性の高い非プロトン性溶媒中で行った

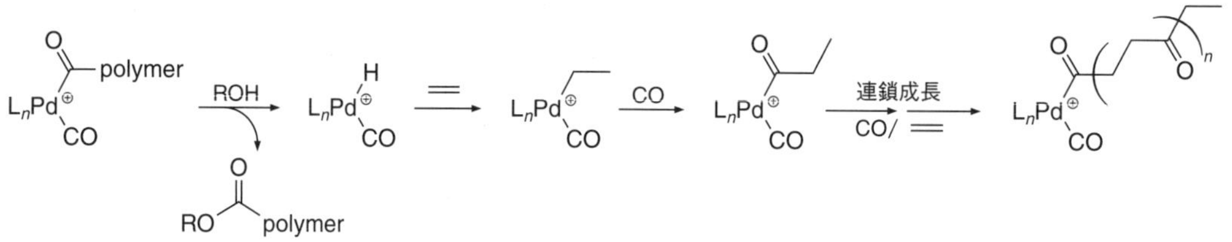

(17.66)

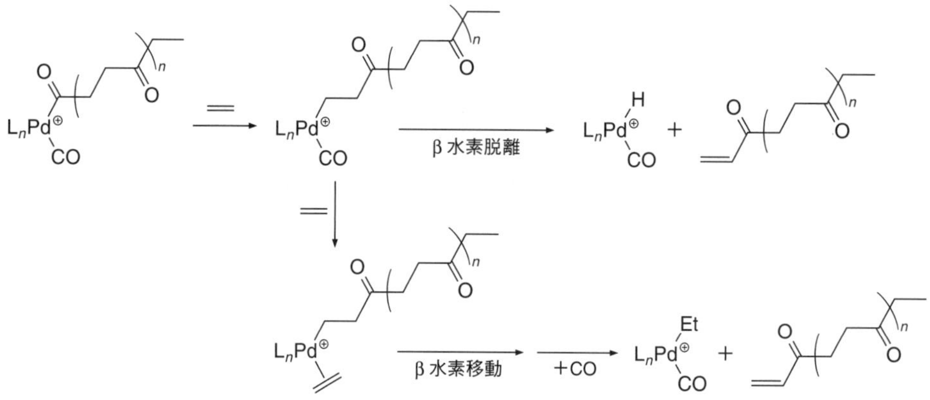

(17.67)

場合に観測されている[332]．Brookhart は，アルコールなしでの CO とスチレンの共重合反応（下記参照）では，“リビング重合”が起こり，この際，触媒が高分子鎖成長末端に結合した状態で残ることを明らかにしている（リビング重合に関する詳細は 21，22 章を参照）[333]．

触媒分解の過程を明らかにすることはより困難であるが，これは触媒分解に至る反応の割合がポリマー生成過程の割合よりはるかに少ないからである．それでも，添加剤としてキノンを加えることによって，触媒失活の経路に関する若干の知見が得られている．式 17.66 や式 17.67 に示す連鎖停止反応はいずれもパラジウムヒドリド種を生成するが，これは不安定であり多くの場合還元され，パラジウム(0)錯体やパラジウム金属が生成する．キノンの添加によりパラジウムヒドリドが捕捉されパラジウムエノラート種を生成するか，あるいはパラジウム(0) を酸化してパラジウム(II)錯体とヒドロキノンを生成する．加えて，図 17・12 に示すような特異な架橋ホスフィン配位子をもつジカチオン性パラジウム二量体（架橋ホスフィン配位子については 2 章を参照せよ）が，パラジウム(II)ジカチオンとパラジウム(0)種との反応で生成する触媒分解生成物の候補と考えられている[334]．

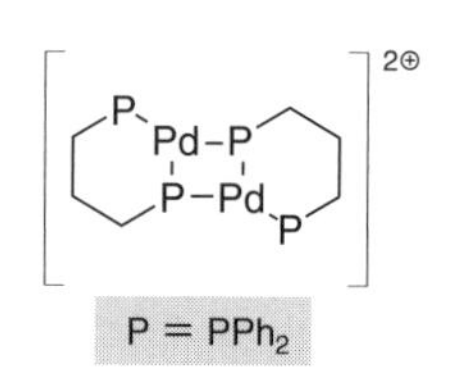

図 17・12　CO とオレフィンとの共重合反応において同定された触媒分解生成物

17・8・4　CO と末端オレフィンとの共重合反応[335]

17・8・4a　概　要

一酸化炭素と末端オレフィンから生成する共重合体に関する研究も活発に行われている．これらのポリマーは工業化段階には至っていないが，特異な性質をもつことからこれらの共重合反応に有効な触媒の開発，およびこの種の共重合反応の選択性を制御する方法について多くの研究が行われている．ポリプロピレンのように高分子鎖に相対的な立体化学が存在する他の多くの高分子とは異なり，一酸化炭素とプロペンからなるこの共重合体は不斉中心をもち光学活性である．このタイプの高分子の二つの立体規則的な異性体の構造を図 17・13 に示した．これらは，主鎖に不斉中心をもつ非天然合成高分子の一つである．したがって，光学活性な触媒を用いれば，エナンチオマー過剰な高分子を合成することができる．

一酸化炭素とプロペンの共重合反応は，位置選択性および立体選択性の両面から検討する必要があり，触媒は，末端オレフィンの挿入の位置選択性と主鎖中の相対立体配置，および

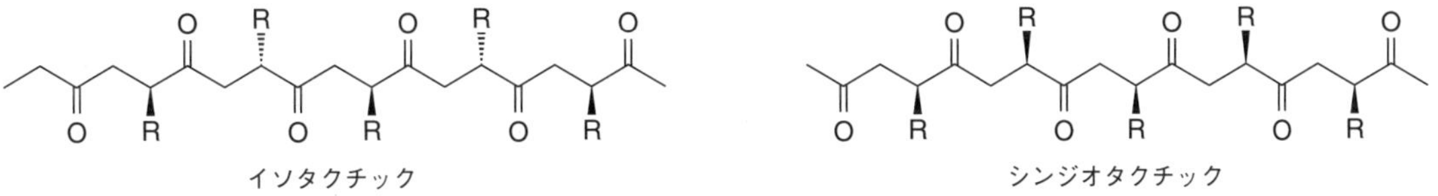

イソタクチック　シンジオタクチック

図 17・13　COと置換オレフィンから生成した共重合体の二つの立体規則性（22章 p.976の訳注を参照せよ）

絶対立体配置を制御しなければならない．一酸化炭素と置換オレフィンとの共重合反応に関する研究のほとんどに，オレフィンとしてスチレンとプロペンが用いられてきた．一酸化炭素とスチレンとの共重合反応における位置選択性，および立体選択性は，一酸化炭素とプロペンとの共重合反応における位置選択性，および立体選択性と完全に異なる．この違いは，オレフィンの電子的性質が異なるために挿入反応の位置選択性に大きな影響が出るためである．まず，一酸化炭素とスチレンとの共重合反応について述べ，次に一酸化炭素とプロペンとの共重合反応について述べる．

17・8・4b　COとスチレンとの共重合反応

一酸化炭素とスチレンとの共重合反応は，一酸化炭素と置換アルケンとの共重合のなかで最も立体選択性の高い反応である．一酸化炭素とエチレンとの共重合反応と同様に，一酸化炭素とスチレンとの共重合反応は完全な交互共重合である．さらに，スチレンの挿入過程の位置選択性は高い．

i）全体の機構

一酸化炭素とスチレンとの共重合反応の反応機構をスキーム 17・33 に示した．オレフィン挿入過程の位置選択性は注目すべきものである．この共重合反応では，アリール基が金属中心のα位に位置するように，金属－アシル結合へのスチレンの 2,1-挿入(訳注) が起こる．この挿入反応の位置選択性は，関連するビニルアレーンのヒドロエステル化反応およびヒド

訳注：金属に対して電子求引性基をα位に置くような位置選択性での挿入反応（9章，p.349参照）．

スキーム 17・33

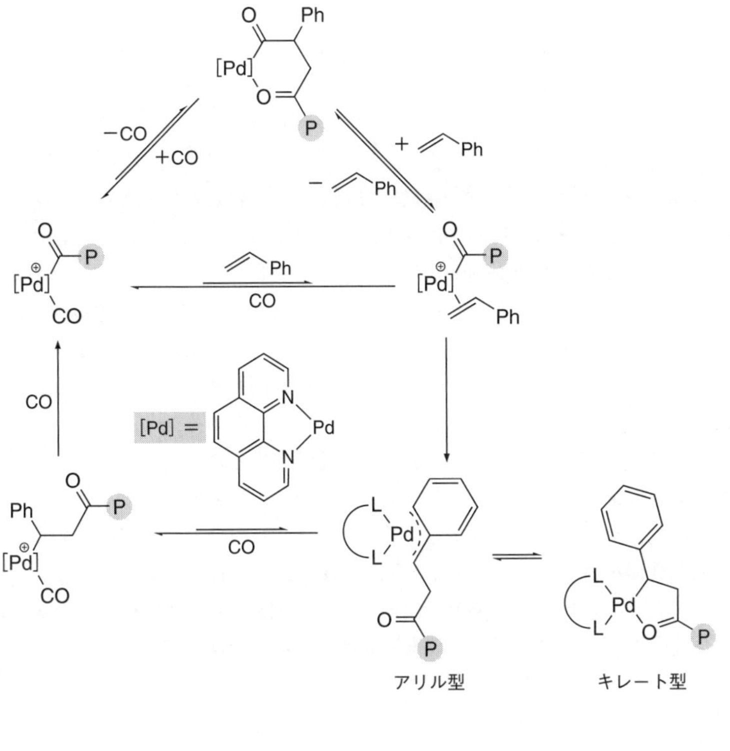

−CO　+CO　+ Ph　− Ph　Ph　CO　CO　[Pd] =　Pd　CO　アリル型　キレート型

ロカルボキシ化反応でも示されている．式 17.68 に示すように，重合時のアシルパラジウム中間体へのスチレンの挿入により得られる生成物を直接観測することでもこの位置選択性が示されてきた[333]．本書ですでに述べたように，この位置選択性は，アリール基の電子的性質と η^3-ベンジル構造を生成する能力に起因する．

1 当量　　$K = 3$（−100 ℃）　　(17.68)

ii）立体選択性の制御

主鎖上の不斉炭素原子の相対的な立体化学は，触媒（触媒規制，あるいは“鏡像異性反応場制御”）あるいは成長高分子鎖（連鎖末端規制）により制御される．主鎖上の不斉炭素の相対的な立体化学は，アキラルな触媒あるいはキラルな触媒を用いて重合反応を行った場合で異なり，これらの二つの効果が重要であることを示している．

ビピリジン[336]，あるいは 1,10-フェナントロリン配位子をもつカチオン性パラジウム錯体触媒による一酸化炭素とスチレンの共重合反応では，図 17・13 に示した“シンジオタクチック（syndiotactic）”高分子が生成する．立体選択性の程度は，配位子と反応条件に依存している[333),335),337),338]．この高分子は，高分子鎖に沿ってそのキラル中心の立体化学が交互に変化する．アキラルな配位子をもつ触媒を用いているため，挿入したモノマーの相対的な立体化学は高分子成長鎖により制御されなければならない．他のアキラルな配位子をもつ触媒により生成する共重合体の立体化学は，より規則性に乏しい．どのように高分子鎖がパラジウム上の配位環境に影響を及ぼすかについては，一例として図 17・14 に示したような構造によるものが提案されている[304]．

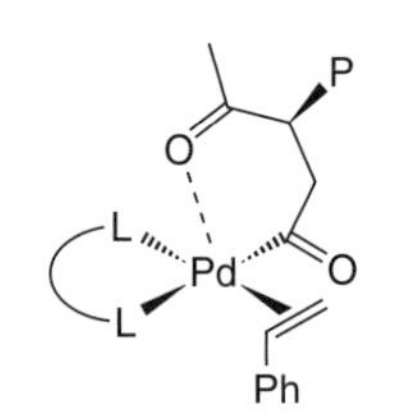

図 17・14　ポリマーの立体化学が金属中心に伝わるモデル

アキラルな触媒により発現する相対的な立体化学とは対照的に，キラルな配位子をもつ触媒を用いた場合には，図 17・13 に示す“イソタクチック（isotactic）”高分子が生成する．たとえば，ビスオキサゾリン配位子をもつカチオン性パラジウム触媒により，高度にイソタクチックな高分子が生成し[339]，アザビスオキサゾリン配位子をもつ触媒を用いた場合には，さらに活性が向上する[340]．これらの触媒を用いてイソタクチック高分子の生成が確認されたことは，触媒により誘起される立体選択性が，アキラルな触媒を用いた重合反応でみられる連鎖末端規制による立体選択性より優先することを意味している．

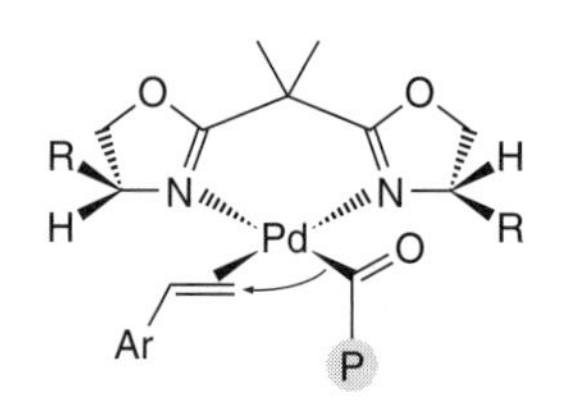

図 17・15　CO とスチレンとの共重合反応での触媒による立体制御のモデル

ビスオキサゾリン配位子をもつ触媒により得られた高分子の高い立体規則性について，その立体化学的モデルを図 17・15 に示した[339]．このモデルでは，触媒にオレフィンが配位する際，オレフィンの置換基がキラル配位子の突き出た置換基から遠ざかるようにして配位することにより，挿入過程の立体化学が制御されている．その後，オレフィンのアシル基への挿入反応により，主鎖にイソタクチックな立体化学が生まれる．すなわち，同じ立体化学でそれぞれの挿入反応が起こり，イソタクチック高分子が生成する．

連鎖末端規制と触媒規制による立体化学は，必ずしも異なるわけではない．オレフィン重合反応の立体化学の詳細については 22 章に記載するが，簡単にまとめると，一酸化炭素とスチレンとの共重合反応に用いられたような C_2 対称性をもつ触媒を用いた場合には，イソタクチック高分子が生成するが，連鎖末端規制による重合反応では，シンジオタクチックあるいはイソタクチックな高分子のいずれかが生成する．他の対称性をもつ触媒についても，それぞれに適した重合反応が設計され，イソタクチック以外の構造をもつ高分子が合成されている．

17・8・4c COとプロペンとの共重合反応

一酸化炭素とプロペンとの共重合反応は，一酸化炭素とエチレンおよび一酸化炭素とスチレンとの共重合反応の両方と関連している．二つの反応における高分子鎖成長の基本的な段階は同じであり，スキーム17・34に示した．しかし，挿入段階での位置選択性に大きな違いがある．さらに，COとプロペンとの共重合体を位置および立体選択的に生じる触媒と，COとスチレンとの共重合体を位置および立体選択的に生じる触媒とは異なる．

スキーム 17・34

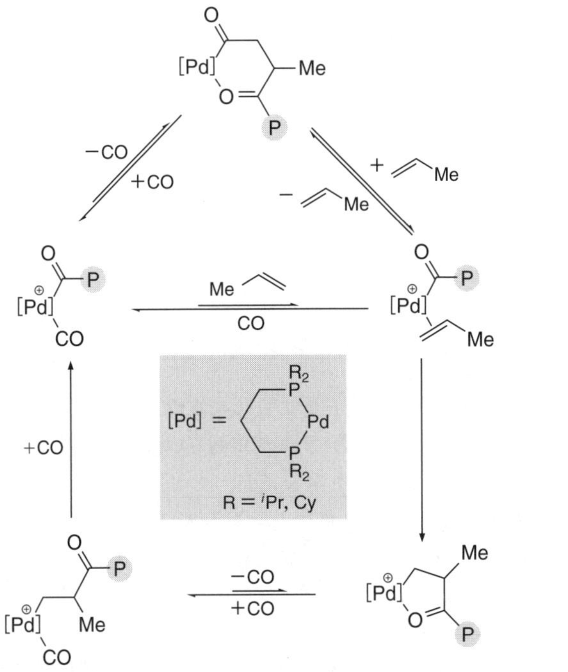

i）挿入反応の位置選択性

一酸化炭素とエチレンあるいはスチレンのいずれかとの共重合体のように，一酸化炭素とプロペンとの共重合体も完全な交互共重合体となる．このことから，プロペンの連続挿入反応あるいはCOの連続挿入反応に対する活性化障壁は，プロペンがアシル中間体に挿入する，あるいはCOがアルキル中間体に挿入する際の活性化障壁よりも高い．しかし，CO/エチレン共重合反応に用いられた配位子を用いてこれらの重合反応を行っても，得られたポリマーは位置制御されていない．

一酸化炭素とプロペンから生成する共重合体では，末端オレフィンの金属－アシル結合への挿入反応は，COとスチレンとの共重合反応の場合に起こる2,1-挿入ではなく1,2-挿入により進行する傾向がある．CO/エチレンの共重合反応に用いた1,3-ビス(ジフェニルホスフィノ)プロパンを配位子とする触媒を用いて，一酸化炭素とプロペンとの共重合反応を行うと，ある程度位置制御されたポリマーが得られる[341]．しかし，キレート型アルキルホスフィン配位子をもつ触媒の場合には，プロペンの1,2-挿入により，より高度に立体制御されたポリマーが生成する（下記参照）．たとえば，Consiglioは1,3-ビス(ジイソプロピルホスフィノ)プロパンを配位子とする触媒により一酸化炭素とプロペンの共重合反応を行うと，ほぼ完全に位置制御されたポリマーが得られることを報告している．

この位置選択性は，金属ヒドリド種への1,2-挿入を起こす1-アルケンのヒドロエステル化反応およびヒドロカルボキシ化反応の位置選択性と一致している．共重合反応の個々の段階について検討することにより，プロペンの1,2-挿入反応が直接観測されている．この過程を直接観測した一例として，BINAPHOSを配位子とする触媒を用いた反応を式17.69に示した[342),343)]．

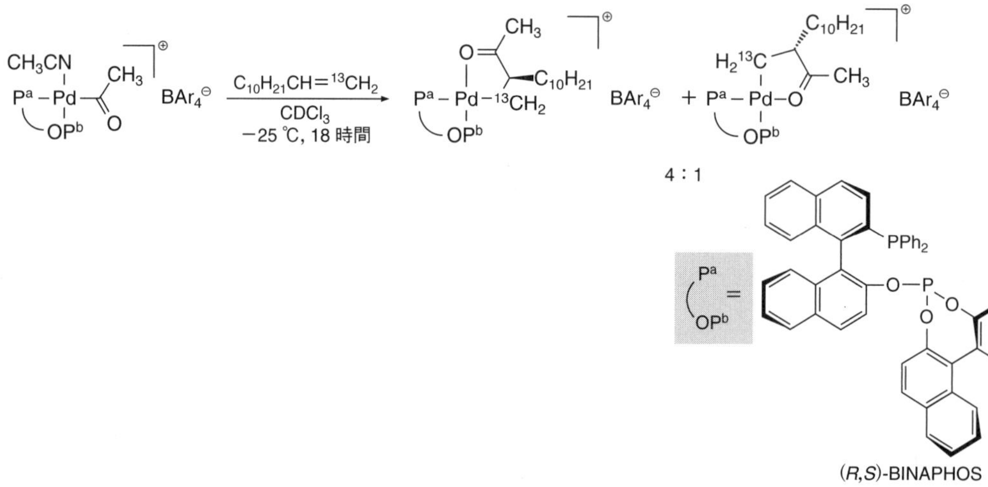

$C_{10}H_{21}CH{=}^{13}CH_2$, $CDCl_3$, −25 ℃, 18時間　(17.69)

4 : 1

(R,S)-BINAPHOS

ii) 挿入反応の立体選択性

一酸化炭素とスチレンとの共重合反応の立体選択性と同様に，一酸化炭素とプロペンとの共重合反応の立体選択性についても，アキラルあるいはキラル配位子をもつ触媒を用いて検討されている．シンジオタクチック高分子が，アキラルな1,3-ビス(ジイソプロピルホスフィノ)プロパンと1,3-ビス(ジシクロヘキシルホスフィノ)プロパンを配位子とする触媒により生成する．触媒にキラリティーがないため，ここでも連鎖成長末端がシンジオタクチック構造を形成するように，オレフィン挿入反応の相対的な立体化学を制御する必要がある．

一酸化炭素とプロペンから生じるイソタクチック共重合体はさらに合成が困難である．一酸化炭素とプロペンとの立体選択的共重合反応は，アルキル置換ビスホスフィン配位子をもつ触媒を用いた場合に最も選択的に進行する．Consiglioは，図17・16に示したジアルキルホスフィノビアリール配位子をもつ触媒を用いる高イソタクチックCO/プロペン共重合体の合成を報告している[344)]．同様にSenは，DuPhos（図17・16）を配位子とするパラジウム触媒を用いて，高イソタクチックCO/プロペン共重合体を合成した[345)]．

野崎は，より対称性が低く，ホスフィンとホスファイト配位部分を一つずつもつBINAPHOS配位子（式17.69参照）を用い，一酸化炭素とプロペンとの共重合反応を行うと，高イソタクチック共重合体が生じることを報告している[342),343)]（式17.70）．この重合反応過程

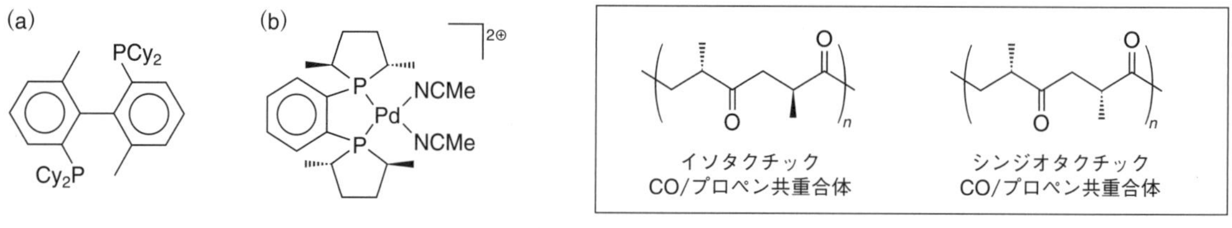

(a) (b)

イソタクチック CO/プロペン共重合体　シンジオタクチック CO/プロペン共重合体

図 17・16　シンジオタクチックなCO/プロペン共重合反応に用いるConsiglioにより報告されたビアリールビスホスフィン配位子 (a) とSenにより報告された触媒 (b)

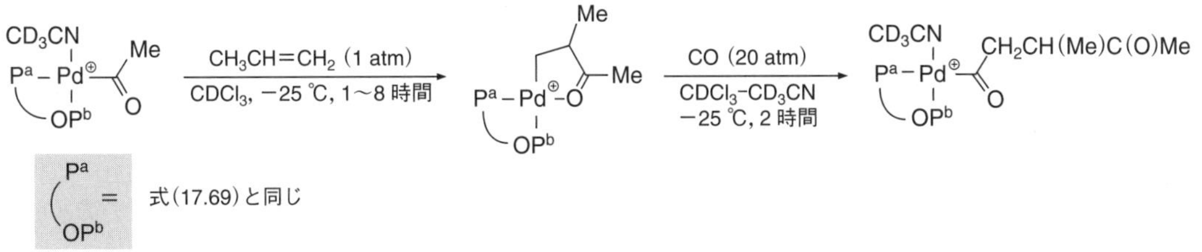

(17.70)

に対する NMR を用いた研究により，一方の中間体におけるアシル基は，供与性ホスフィンに対してトランス位を占めること，および他方の中間体におけるアルキル基は，供与性ホスファイトに対してトランス位を占めることが明らかとなった．したがって，挿入反応に先立ちアルケンはホスファイトのトランス位に，CO は供与性ホスフィンのトランス位でそれぞれ配位することになる．

iii) CO とプロペンとの共重合反応により得られる高分子の構造

一酸化炭素とプロペンあるいはスチレンとの共重合反応で異なる最後の点は，ある条件で最初に生成するポリマーの構造である．プロトン性溶媒中で一酸化炭素とプロペンとの共重合反応により生成したポリマーは，図 17・17 に示したように，縮環したテトラヒドロフランのケタール構造をとる．この高分子はアルコール中に酸を加えることで開環して図 17・13（p.747）に示すような高分子を生成する．この化合物の生成について，いくつかの反応機構が提唱されているが，ケタール構造をとる理由については未解決のままである．非プロトン性溶媒中で合成したポリマーは，非環状構造をとる．

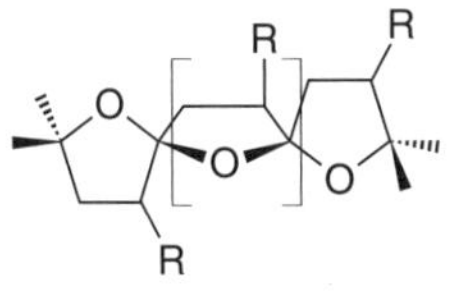

図 17・17　プロトン性化合物が存在しない場合に生成する CO/プロペン共重合体のケタール構造

17・9 Pauson–Khand 反応

17・9・1 概　要

本章の最後に Pauson–Khand 反応を簡単に紹介する[346)〜351)]．Pauson–Khand 反応（PKR）は，一般的には式 17.71 に示すように，アルキン，アルケン，一酸化炭素からシクロペンテ

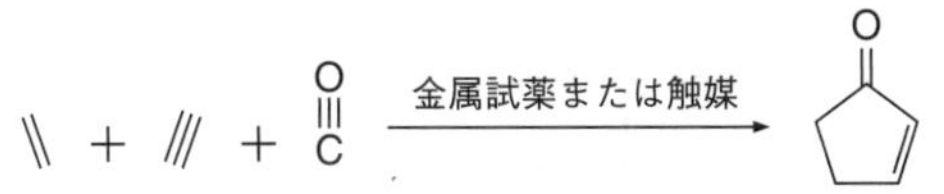

(17.71)

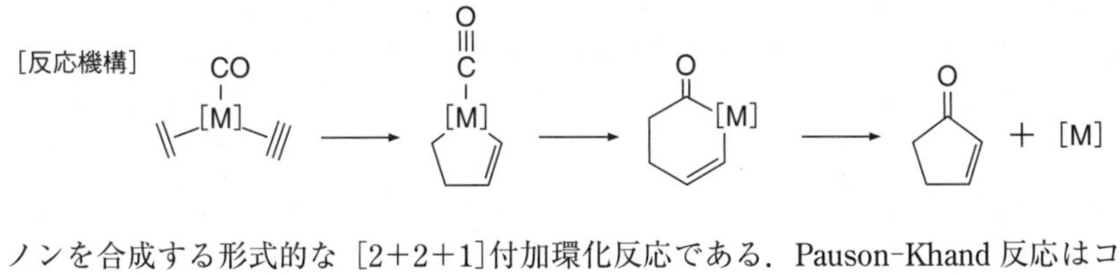

ノンを合成する形式的な［2+2+1］付加環化反応である．Pauson–Khand 反応はコバルトカルボニルを用いた量論反応として報告されたが，近年，触媒反応へと展開されている．ごく最近，エナンチオ選択的な触媒反応も開発されている．Ti, Mo, W, Fe, Co, Ni, Ru, Rh, Ir そして Pd 錯体のいずれも，この反応の触媒として働く．

Pauson–Khand 反応（PKR）は，1970 年代初頭に Pauson と Khand によって発見された[352),353)]．これまでに二核および単核触媒の両方が開発されており，多くの場合，反応機構の詳細は不明である．しかし，Magnus により 1980 年代に提唱された反応機構が一般的に受け入れられている[354)]．反応はまずアルキンとアルケンの金属上のカップリングで始まり，メタラシクロペンテン錯体が生成する．CO が M−C 結合の一方に挿入し，還元的脱離反応によりシクロペンテノンが生成する．元来，PKR は転化率が低く，基質適用範囲も比較的狭かったが，過去 20 年以上にわたる添加物の検討を含む改良により，劇的に反応速度が向上し，基質適用範囲が広がった．

Pauson-Khand 反応については，大学の研究室で広く研究が行われており，数多くの天然物合成にも用いられてきた．これらの PKR は，有機合成に広く用いられていることから本節で触れるが，本章で述べてきた他のカルボニル化反応のように工業的規模での発展がいまだなされていないことから，簡単な紹介にとどめる．本節では，原報の反応と反応速度向上のための改良，アレンの PKR，不斉反応への展開，そして PKR の有機合成への応用について紹介する．

17・9・2　Pauson-Khand 反応の起源

PKR は，ノルボルナジエンとヘキサカルボニル二コバルトにアルキンが結合した錯体との化学量論反応として初めて報告された（式 17.72）[352]．Pauson らはまた，アルキン，オレ

$Co_2(CO)_6$ Ph—≡ ＋ [ノルボルナジエン] —DME, 60～70 ℃, 4 時間→ [生成物] 45%　(17.72)

フィンと CO からのシクロペンテノン合成の初めての触媒的分子間反応を報告した（式 17.73）[353]．最初の分子内 PKR は，それから約 10 年後に Schore によって報告された（式 17.74）[355]．この時点から，分子内 PKR は，分子間 PKR よりも詳細に研究が行われてきた．

アセチレン/CO (1：1), 10 mol% $Co_2(CO)_8$, イソオクタン, 60～70 ℃ → 74%　(17.73)

1.0 当量 $Co_2(CO)_8$, 1 atm CO, CO 吹込み, トリメチルペンタン, 95 ℃, 4 日 → 収率 31%　(17.74)

17・9・3　添加剤の影響

多くの添加剤により PKR が促進されることが明らかとなっている．Smit はシリカゲル上へコバルト錯体を吸着させることで，反応速度と収率が向上することを報告している[356]．しかし，Schreiber[357] と Jeong[358] が報告したように，アミン *N*-オキシドの添加が PKR を促進する最も一般的な方法である（式 17.75 での NMO）．アミン *N*-オキシドが反応速度を向上させるのは，5 章で述べたように CO の解離を促進し，オレフィンの配位を容易にする

EtO_2C, EtO_2C, $Co_2(CO)_6$ —NMO, CH_2Cl_2, 室温，8 時間→ EtO_2C, EtO_2C, =O 87%　(17.75)

NMO = *N*-メチルモルホリン *N*-オキシド

ためである．しかし，この方法による分子間 PKR の促進効果は小さかった．これは，アミン *N*-オキシドを加えた場合，オレフィンが存在しなければアルキン-$Co_2(CO)_6$ 錯体の分解が速やかに起こるためである．

ジアルキルスルフィドのような他の添加剤も分子間 Pauson-Khand 反応の収率を向上させる[359]．スキーム 17・35 の反応において，メチルブチルスルフィド存在下では，85%の収率で Pauson-Khand 生成物が得られる．しかし，NMO を加えても Pauson-Khand 生成物は得られない．

スキーム 17・35

17・9・4 $Co_2(CO)_8$ 以外の触媒

高温ではヘキサカルボニル二コバルト錯体は不安定であることから，他のコバルト錯体が PKR に使用されている．たとえば Chung と Jeong は，Co(COD)(indenyl) 触媒[360]（式 17.76）存在下，ノルボルナジエンとフェニルアセチレンとの反応を 15 atm の CO 下，100 ℃で行

(17.76)

うと対応するシクロペンテノンが収率 93%で得られることを報告した．Chung はさらに，同じ反応が $Co(acac)_2$ と $NaBH_4$ を組合わせた触媒系で進行することを報告している[361]．

他の遷移金属錯体も Pauson-Khand 反応の触媒となることが報告されている．Buchwald は，$Ti(CO)_2Cp_2$ 存在下，1.2 atm の CO 下，90 ℃での分子内 PKR を報告した[362)~367]．しかし，触媒的 Pauson-Khand 反応の多くは，後周期遷移金属錯体触媒を用いて行われている．村井[368] と光藤[369] は同時期にジオキサン中あるいは *N*, *N*-ジメチルアセトアミド(DMAc)中，140~160 ℃，10~15 atm の CO 下でルテニウムカルボニルクラスター触媒による分子内 PKR を報告している．ロジウム錯体触媒を用いる最初の PKR は，奈良坂により報告された[370]．この場合，1 atm 以下の CO 圧でも十分な反応速度で反応が進行する．柴田は，触媒量の PPh_3 と $[Ir(COD)Cl]_2$ 存在下，1 atm の CO 下，キシレン中での加熱還流で PKR が進行することを報告した[371]．Adrio と Carretero は，溶媒の配位したモリブデンカルボニル錯体 $Mo(CO)_3(DMF)_3$ が二置換の電子不足オレフィンのみならず，一置換オレフィンとの分子内 PKR の触媒となることを明らかにした[372]．また Hoye は，$W(CO)_5(THF)$ 触媒を用いる分子内 PKR を報告した[373]．鉄[374] およびパラジウム[375] 錯体が PKR の触媒となることも報告されている．

17・9・5 アレンの Pauson-Khand 反応

多くの Pauson-Khand 反応は，アルケン，アルキンと CO を使って行われている．しかし，アレンインの PKR も開発されている（スキーム 17・36）[347]．奈良坂は，鉄触媒による分子内アレンインの PKR の初めての例を報告しており[376]．また Brummond は，アレンの PKR について広く検討を行っている．これらの反応には，$Mo(CO)_6$ と DMSO を組合わせ

スキーム 17・36

R^1, R^3, R^4 = H,
R^2 = アルキル基

$Mo(CO)_6$
DMSO/トルエン
100 ℃

R^1 = TMS,
R^2, R^3, R^4 = H

R^1, R^2 = H,
R^3, R^4 = アルキル基

R^1, R^2, R^3 = H,
R^4 = アルキル基またはシリル基

た触媒系，あるいは $[Rh(CO)_2Cl]_2$ が触媒として用いられており，いくつかの例を式 17.77 と式 17.78 に示した[377)~382)]．式 17.77 と式 17.78 に示した反応では，モリブデンとロジウム触媒において，生成物の位置選択性が異なることが示されている．理論計算から，八面体構造の Mo(0) 種と平面四配位の Rh(I) 種という幾何学構造のため，位置選択性が異なることが示された[382)]．

$Mo(CO)_6$, DMSO
100 ℃, 68%　　(17.77)

5 mol% $[Rh(CO)_2Cl]_2$
CO (1 atm)，トルエン　　(17.78)

n = 1, 2　　n = 1, 2

17・9・6　触媒的不斉 Pauson–Khand 反応

最初の触媒的不斉 PKR の研究は，1996 年に Buchwald と Hicks が報告した[364)]．3 章で述べたアンサインデニル配位子をもつキラルなチタノセンカルボニル錯体（図 17・18）を用いることにより，エンイン類の触媒的環化反応が進行し，二環性シクロペンテノンが高収率かつ良好なエナンチオ選択性で得られる．廣井はコバルト触媒を用いる不斉 PKR の最初の例を報告した．これらの反応では，BINAP を配位子として，また $Co_2(CO)_8$ をコバルト成分として用いると，中程度の収率かつ良好なエナンチオ選択性で生成物が得られる[383)]．

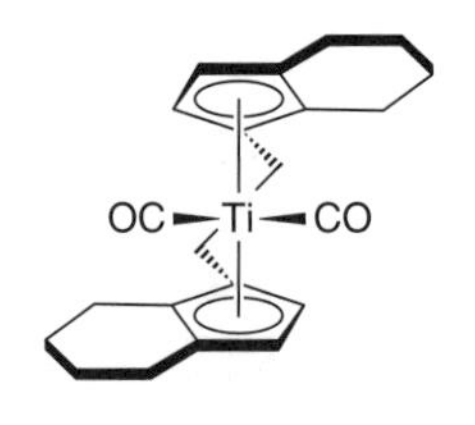

(*S,S*)-Ti(CO)$_2$(EBTHI)

図 17・18　不斉 PKR 反応に初めて用いられた触媒

不斉 PKR に関するより最近の研究では，ロジウムおよびイリジウム錯体触媒を用いた反応に焦点があてられている．Jeong らは，$[Rh(CO)_2Cl]_2$，(*S*)-BINAP および AgOTf を組合わせた触媒を用いる反応を報告しており，基質の適用範囲は狭いものの良好あるいは非常に高いエナンチオマー過剰率を示す（式 17.79）[384)]．ホスフィン配位子を用いることにより，Ir 触媒を用いる PKR の収率が向上することが見いだされ，その後柴田らは Tol-BINAP と $[Ir(COD)Cl]_2$ を組合わせた触媒系を用いる分子内 PKR が高収率かつ高エナンチオ選択的に進行することを報告している（式 17.80）[371]．

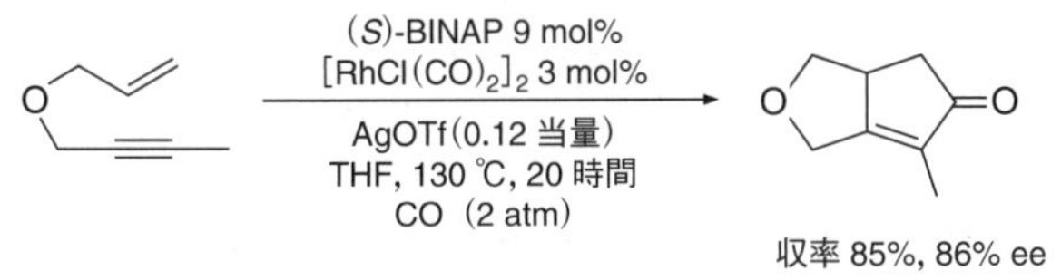

(S)-BINAP 9 mol%
$[RhCl(CO)_2]_2$ 3 mol%
AgOTf（0.12 当量）
THF, 130 ℃, 20 時間
CO（2 atm）
収率 85%, 86% ee
(17.79)

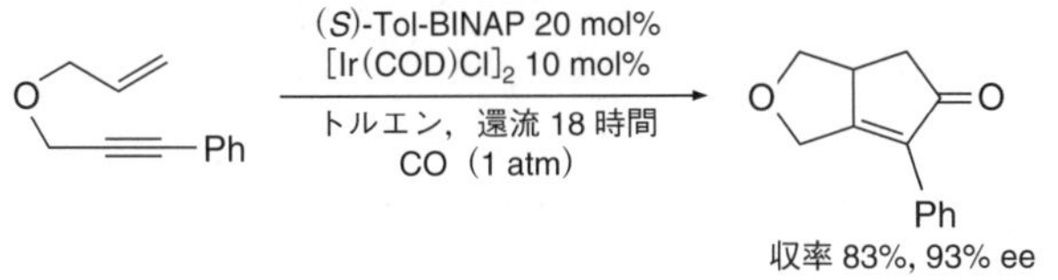

(S)-Tol-BINAP 20 mol%
$[Ir(COD)Cl]_2$ 10 mol%
トルエン，還流 18 時間
CO（1 atm）
収率 83%, 93% ee
(17.80)

17・9・7 分子間 Pauson−Khand 反応

分子間 PKR については研究例が少ないが，これは位置選択性の制御が困難であることが一因である[350]．分子間 PKR の開発戦略としては，アルケンへの配向基の導入やひずんだアルケンを用いることがあげられる．

アルケンと反応する相手のアルキンとをコバルト金属中心に先に配位させることにより，高度に遷移状態が制御される．この戦略により，反応速度と選択性が著しく向上した．式 17.81 と式 17.82 に例を示した．Krafft は，アルキル鎖にアミノ基とチオエーテル基をもつ

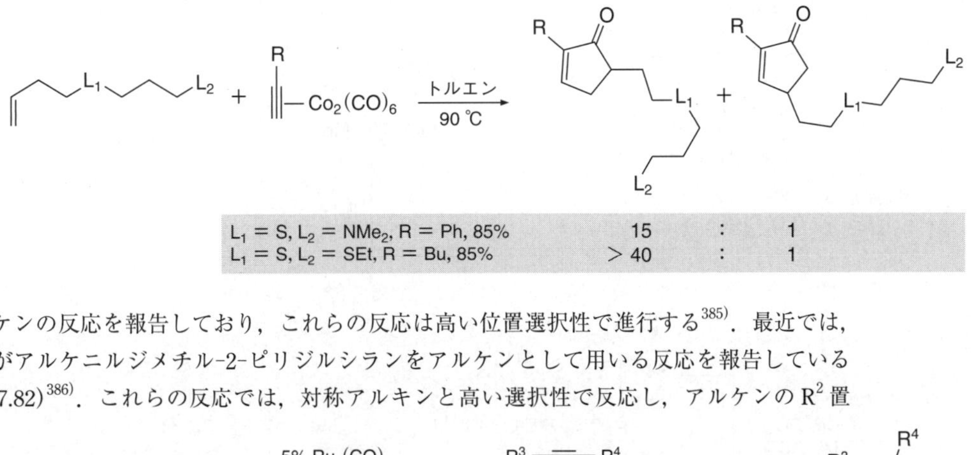

$+ \; R{-}C{\equiv}C{-}Co_2(CO)_6$ トルエン 90 ℃ (17.81)

L_1 = S, L_2 = NMe_2, R = Ph, 85%	15	:	1
L_1 = S, L_2 = SEt, R = Bu, 85%	> 40	:	1

アルケンの反応を報告しており，これらの反応は高い位置選択性で進行する[385]．最近では，吉田がアルケニルジメチル-2-ピリジルシランをアルケンとして用いる反応を報告している（式 17.82）[386]．これらの反応では，対称アルキンと高い選択性で反応し，アルケンの R^2 置換基がカルボニル基の α 位に位置したシクロペンテノンが得られる．この置換基は，ケイ素上のピリジル基の配向能およびケイ素固有の α-アニオン安定化効果により，生成物のこの位置をとる．

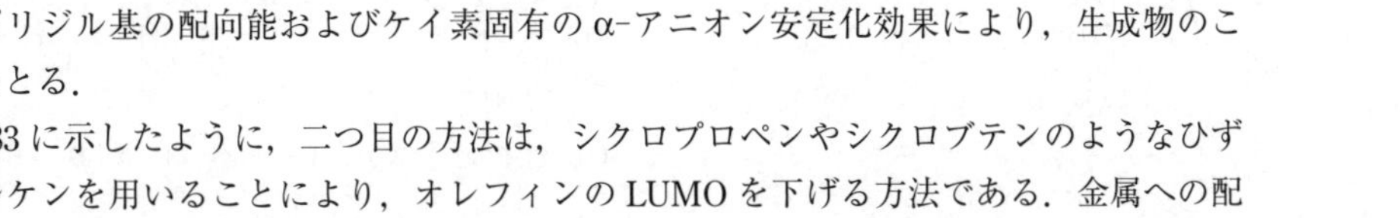

5% $Ru_3(CO)_{12}$, CO（1 atm）, トルエンまたはキシレン, 100〜140 ℃, 10 分 → $R^3{-}C{\equiv}C{-}R^4$（1.5 当量）, ゆっくり添加（3 時間）, 100〜140 ℃, 24 時間 → 加水分解　55〜91%　(17.82)

式 17.83 に示したように，二つ目の方法は，シクロプロペンやシクロブテンのようなひずんだアルケンを用いることにより，オレフィンの LUMO を下げる方法である．金属への配位によりひずみが解消されることから，オレフィンの金属への結合定数が大きくなる（3 章参照）．これらの要因により，ひずんだアルケンではより反応が速く進行することが報告されている[387]．

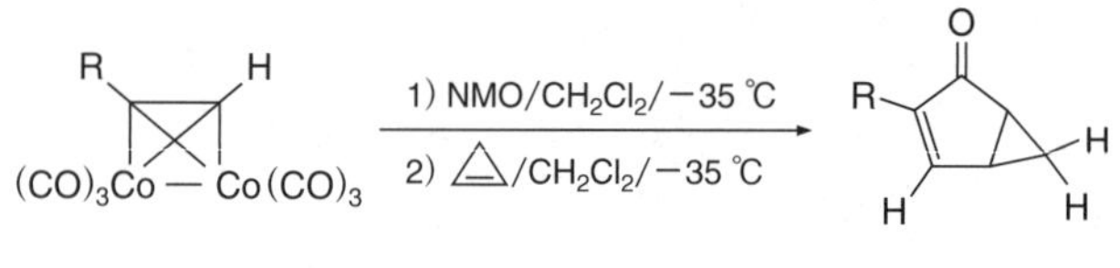

(17.83)

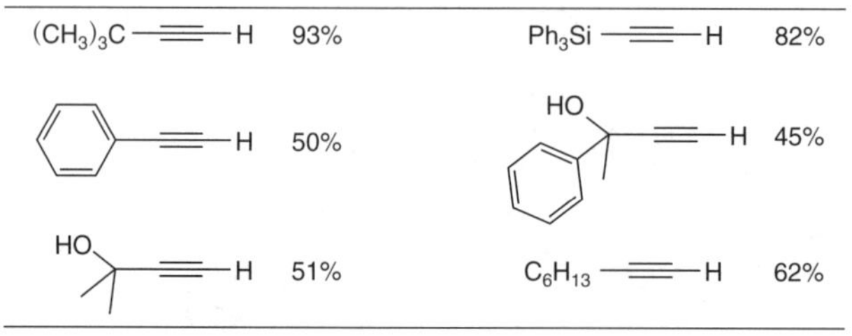

$(CH_3)_3C$—≡—H	93%	Ph_3Si—≡—H	82%
Ph—≡—H	50%	HO(Ph)(Me)C—≡—H	45%
HO$(CH_3)_2$C—≡—H	51%	C_6H_{13}—≡—H	62%

1) NMO/CH_2Cl_2/−35 ℃
2) シクロプロペン/CH_2Cl_2/−35 ℃

17・9・8　Pauson-Khand 反応の応用

天然物合成にPKRが利用されている例で最もよく引用されているのは，スキーム 17・37 に示した Schreiber による (+)-エポキシジクチメン (epoxydictymene) の合成である．この合成のため，彼らはまずスキーム中央にあるエンインを合成した[388),389)]．この化合物を $Co_2(CO)_8$ と反応させ，二コバルト-アルキン錯体を生成する．その後，Nicholas 反応を用いて5員環と8員環の縮環した二環性化合物を合成した．さらにこの反応に続いて分子内 PKR を行うことにより，多環化合物が高収率で得られる．

スキーム 17・37

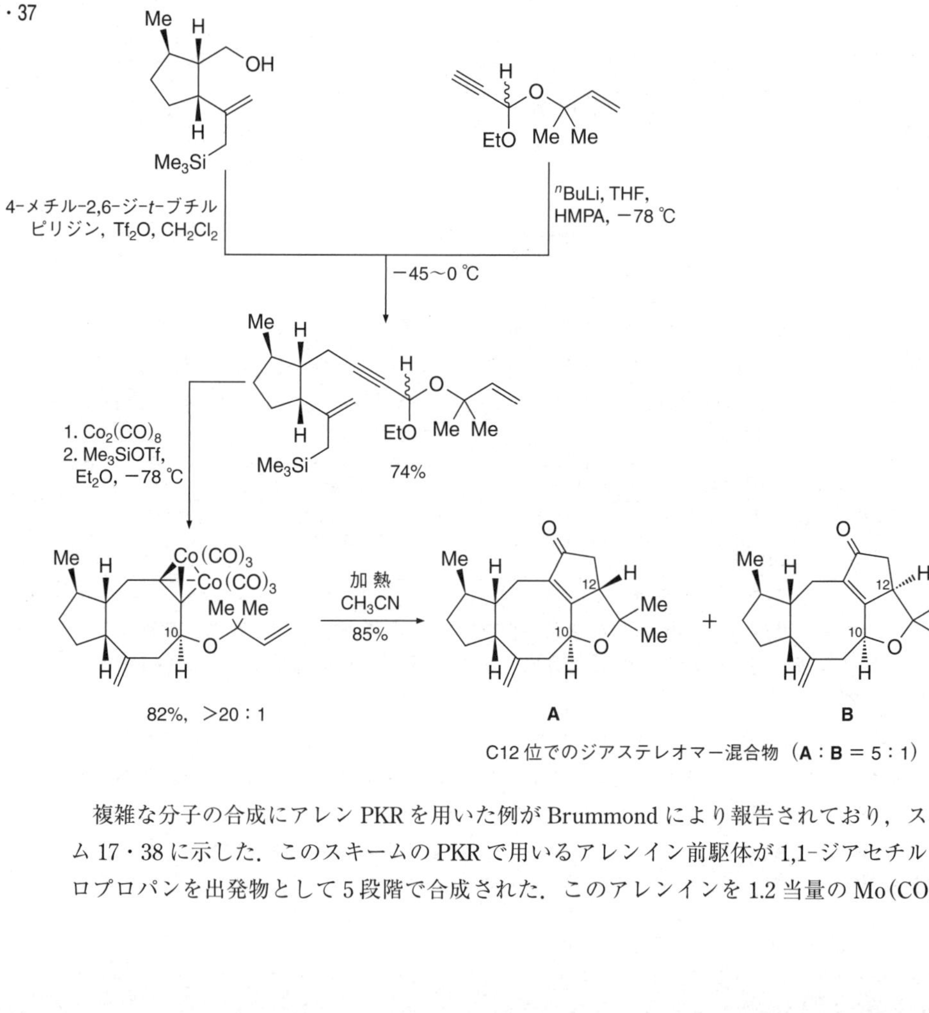

4-メチル-2,6-ジ-t-ブチルピリジン, Tf_2O, CH_2Cl_2

^{n}BuLi, THF, HMPA, −78 ℃

−45〜0 ℃

74%

1. $Co_2(CO)_8$
2. Me_3SiOTf, Et_2O, −78 ℃

82%, ＞20：1

加熱
CH_3CN
85%

A　＋　B

C12 位でのジアステレオマー混合物 (A：B＝5：1)

複雑な分子の合成にアレン PKR を用いた例が Brummond により報告されており，スキーム 17・38 に示した．このスキームの PKR で用いるアレンイン前駆体が 1,1-ジアセチルシクロプロパンを出発物として5段階で合成された．このアレンインを 1.2 当量の $Mo(CO)_6$ と

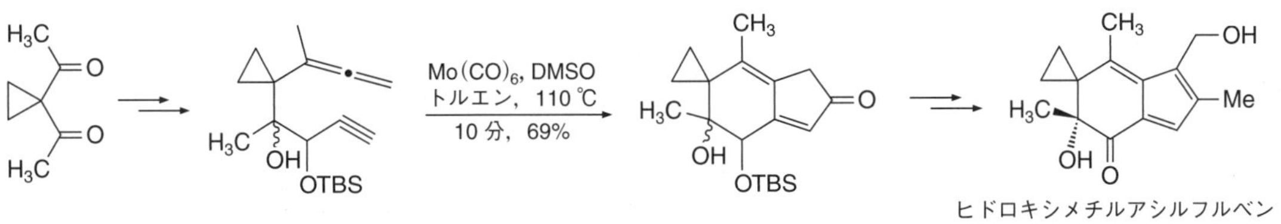

Mo(CO)$_6$, DMSO
トルエン, 110 ℃
10 分, 69%

ヒドロキシメチルアシルフルベン

スキーム 17・38

10 当量の DMSO とともに，トルエン中 100 ℃で反応させることにより，6,5-縮環系を含む目的生成物が得られた．さらに，この化合物はヒドロキシメチルアシルフルベン天然物の合成に利用されている．

17・9・9 Pauson-Khand 反応の機構

コバルトカルボニル系で促進される Pauson-Khand 反応の機構として現在受け入れられているのは，Magnus によって提唱された機構である[354]．この反応機構をスキーム 17・39

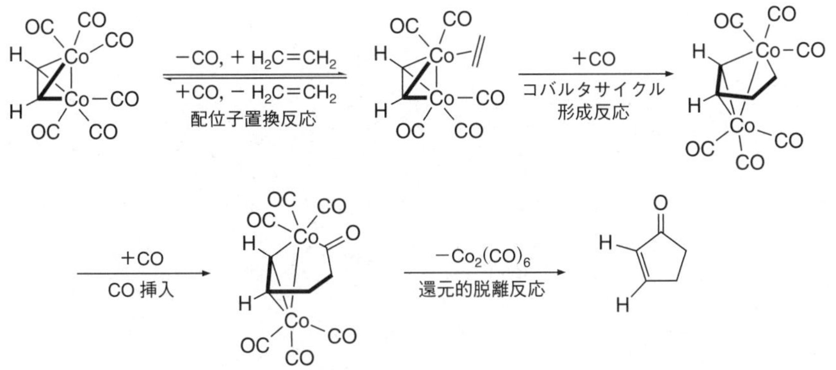

−CO, + $H_2C=CH_2$
+CO, − $H_2C=CH_2$
配位子置換反応

+CO
コバルタサイクル形成反応

+CO
CO 挿入

−$Co_2(CO)_6$
還元的脱離反応

スキーム 17・39

にまとめた．反応はまずコバルトヘキサカルボニル錯体の CO 配位子のオレフィンによる不可逆的な置換反応により始まる．オレフィンの配位に続いて，アルキンとオレフィンとの還元的カップリング反応[訳注]が起こり，生成したメタラサイクルへの CO の挿入，還元的脱離反応によりシクロペンテノンが生成するとともに，ジコバルト錯体が再生する．

Pericas は，DFT 計算を用いて反応機構の検討を行っており，これらの計算結果を図 17・19 にまとめた[387]．これらの結果から，CO の解離は 140 kJ/mol の吸熱反応であり，オレフィン配位は 90 kJ/mol の発熱反応であることが示された．したがって，配位子置換過程は 50 kJ/mol の吸熱反応である，還元的カップリング反応は発熱的でも吸熱的でもないが，CO の配位不飽和コバルト種への配位は非常に発熱的である．したがって，コバルタサイクルの生成過程は全体として大きな発熱反応であり，反応が CO 存在下で行われた場合には不可逆反応となる．

$Co_2(CO)_8$ 以外の錯体触媒を用いた PKR に関して，詳細な反応機構の研究は行われていない．しかし，触媒サイクルはスキーム 17・40 に示した経路に従うと考えられている．この反応機構は，オレフィンとアルキンの一つの金属中心への配位から始まり，それらが還元的カップリングすることにより，メタラシクロペンテンが生成する．CO の挿入，続く還元的脱離反応によってシクロペンテノンと最初の触媒が生成する．

訳注：Pauson-Khand 型の反応は一般に“酸化的環化カルボニル化反応”とよぶが，これは触媒金属中心に注目してメタラサイクル生成時に金属が $M^0 \rightarrow M^{+2}$ と酸化されるからである．一方，ここで“還元的カップリング反応”と称するのはオレフィン，アルキンに注目しているためであり，生成物であるシクロペンテノン中ではオレフィンは単結合として，また，アルキンは二重結合として組込まれるため，“還元的カップリング反応”と表現している（触媒金属中心については考慮していない）．

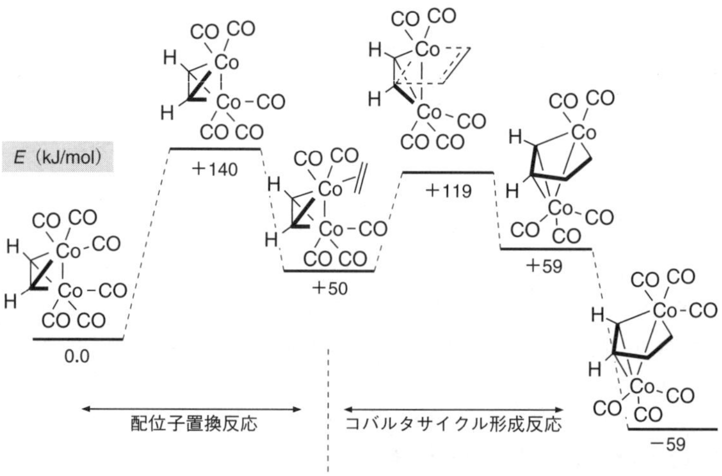

図 17・19　コバルトカルボニルにより促進される Pauson-Khand 反応における中間体のエネルギー準位

スキーム 17・40

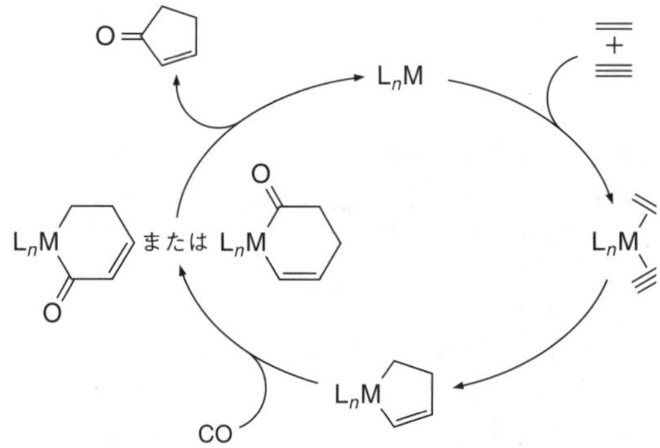

文献および注

1. 最近の解説および総説をまとめた成書として，以下を参照．(a) *Applied Homogeneous Catalysis with Organometallic Compounds*, 2nd ed.; Cornils, B., Herrmann, W. A., Eds.; Wiley-VCH: Weinheim, 2002; Vol. 1, Chapter 2.1; (b) *Catalytic Carbonylation Reactions (Topics in Organometallic Chemistry)*; Beller, M., Ed.; Springer: Berlin, 2006; (c) *Modern Carbonylation Methods*; Kollár, L., Ed.; Wiley-VCH: Weinheim, 2008.
2. (a) Roth, J. F.; Craddock, J. H.; Hershman, A.; Paulik, F. E. *Chemical Technology* **1971**, 600; (b) Grove, H. D. *Hydrocarbon Process.* **1972**, *51*, 76.
3. Forster, D. *Adv. Organomet. Chem.* **1979**, *17*, 255.
4. Ellwood, P. *Chem. Eng. News* **1969**, 148.
5. Falbe, J. *Carbon Monoxide in Organic Synthesis*; Springer-Verlag: New York, 1970.
6. *New Syntheses with Carbon Monoxide*; Falbe, J., Ed.; Springer-Verlag: New York, 1980.
7. Jones, J. H. *Platinum Metals Rev.* **2000**, *44*, 94.
8. Adamson, G. W.; Daly, J. J.; Forster, D. *J. Organomet. Chem.* **1974**, *71*, C17.
9. Adams, H.; Bailey, N. A.; Mann, B. E.; Manuel, C. P.; Spencer, C. M.; Kent, A. G. *J. Chem. Soc., Dalton Trans.* **1988**, 489.
10. Haynes, A.; Mann, B. E.; Morris, G. E.; Maitlis, P. M. *J. Am. Chem. Soc.* **1993**, *115*, 4093.
11. Forster, D. *J. Am. Chem. Soc.* **1975**, *97*, 951.
12. Parshall, G. *Homogeneous Catalysis*; Wiley-Interscience: New York, 1980; p 81.
13. Howe, L. A.; Bunel, E. E. *Polyhedron* **1995**, *14*, 167.
14. Forster, D.; Dekleva, T. W. *J. Chem. Educ.* **1986**, *63*, 204.
15. Baker, E. C.; Hendriksen, D. E.; Eisenberg, R. *J. Am. Chem. Soc.* **1980**, *102*, 1020.
16. Murphy, M.A.; Smith, B.L.; Torrence, G.P.; Aguilo, A.*J. Organomet. Chem.* **1986**, *303*, 257.
17. Hickey, C. E.; Maitlis, P. M. *J. Chem. Soc., Chem. Commun.* **1984**, 1609.
18. Polichnowski, S. W. *J. Chem. Ed.* **1986**, *63*, 206.
19. Larkins, T. H.; Polichnowski, S. W.; Tustin, G. C.; Young, D. A. U.S. Patent 4,374,070, 1983.
20. Forster, D. *J. Chem. Soc., Dalton Trans.* **1979**, 1639.
21. Haynes, A. *Top. Organomet. Chem.* **2006**, *18*, 179.
22. Haynes, A.; Maitlis, P. M.; Morris, G. E.; Sunley, G. J.; Adams, H.; Badger, P. W.; Bowers, C. M.; Cook, D. B.; Elliott, P. I. P.; Ghaffar, T.; Green, H.; Griffin, T. R.; Payne, M.; Pearson, J. M.; Taylor, M. J.; Vickers, P. W.; Watt, R. J. *J. Am. Chem. Soc.* **2004**, *126*, 2847.
23. Ellis, P. R.; Pearson, J. M.; Haynes, A.; Adams, H.; Bailey, N. A.; Maitlis, P. M. *Organometallics* **1994**, *13*, 3215.
24. Bassetti, M.; Monti, D.; Haynes, A.; Pearson, J. M.; Stanbridge, I. A.; Maitlis, P. M. *Gazz. Chim. Ital.* **1992**, *122*, 391.
25. Frohning, C. D.; Kohlpaintner, C. W.; Bohnen, H.-W. In *Applied*

Homogeneous Catalysis with Organometallic Compounds, 2nd ed.; Cornils, B., Herrmann, W. A., Eds.; Wiley-VCH: Weinheim, 2002; Vol. 1, p 31.
26. 1994～2006年にかけてのヒドロホルミル化反応の動向はUngvary, F. による *Coord. Chem. Rev.* 誌の年次調査を参照せよ.
27. Roelen, O. DRP 849548, 1938.
28. Adkins, H.; Krsek, G. *J. Am. Chem. Soc.* **1948**, *70*, 383.
29. Wender, I.; Orchin, M.; Storch, H. H. *J. Am. Chem. Soc.* **1950**, *72*, 4842.
30. Cornils, B. In *New Syntheses with Carbon Monoxide*; Falbe, J., Ed.; Springer-Verlag: New York, **1980**; p 177.
31. Frohning, C. D.; Kohlpaintner, C. W.; Bohnen, H. W. In *Applied Homogeneous Catalysis with Organometallic Compounds*; 2nd ed.; Cornils, B., Hermann W. A., Eds.; Wiley-VCH: Weinheim, 2002; p 33.
32. Bálint Heil, L. M. *Chem. Ber.* **1968**, *101*, 2209.
33. Natta, G.; Ercoli, R.; Castellano, S.; Barbieri, F. H. *J. Am. Chem. Soc.* **1954**, *76*, 4049.
34. Heck, R. F.; Breslow, D. S. *J. Am. Chem. Soc.* **1961**, *83*, 4023.
35. Whyman, R. *J. Organomet. Chem.* **1974**, *81*, 97.
36. Ungvary, F.; Marko, L. *Organometallics* **1983**, *2*, 1608.
37. Azran, J.; Orchin, M. *Organometallics* **1984**, *3*, 197.
38. Kovacs, I.; Ungvary, F.; Marko, L. *Organometallics* **1986**, *5*, 209.
39. Mirbach, M. F. *Inorg. Chim. Acta* **1984**, *88*, 209.
40. Mirbach, M. F. *J. Organomet. Chem.* **1984**, *265*, 205.
41. Bianchi, M.; Piacenti, F.; Frediani, P.; Matteoli, U. *J. Organomet. Chem.* **1977**, *137*, 361.
42. アルデヒド生成物は解析のためカルボン酸エステルに変換した.
43. Piacenti, F.; Pucci, S.; Bianchi, M.; Lazzaroni, R.; Pino, P. *J. Am. Chem. Soc.* **1968**, *90*, 6847.
44. Casey, C. P.; Cyr, C. R. *J. Am. Chem. Soc.* **1973**, *95*, 2240.
45. Slaugh, L. H.; Mullineaux, R. D. *J. Organomet. Chem.* **1968**, *13*, 469.
46. Masters, C. In *Homogeneous Transition-Metal Catalysis, A Gentle Art*; Chapman and Hall: London, 1981.
47. Weise, K.-D.; Obst, D. *Top. Organomet. Chem.* **2006**, *18*, 1.
48. Crause, C.; Bennie, L.; Damoense, L.; Dwyer, C. L.; Grove, C.; Grimmer, N.; Rensburg, W. J. v.; Kirk, M. M.; Mokheseng, K. M.; Otto, S.; Steynberg, P. J. *J. Chem. Soc., Dalton Trans.* **2003**, 2036.
49. Winkle, J. L. v.; Lorenzo, S.; Morris, R. C.; Mason, R. F. U.S. Patent 3420898, 1969.
50. Piacenti, F.; Bianchi, M.; Bendetti, M. *Chim. Ind. Milan* **1969**, *49*, 245.
51. Hershman, A.; Craddock, J. H. *Ind. Eng. Chem. Prod. Res. Develop.* **1968**, *7*, 226.
52. Evans, D.; Yagupsky, G.; Wilkinson, G. J. *J. Chem. Soc. A* **1968**, 3133.
53. Pruett, R. L.; Smith, J. A. *J. Org. Chem.* **1969**, *34*, 327.
54. van Leeuwen, P. W. M. N.; Casey, C. P.; Whiteker, G. T. In *Rhodium Catalyzed Hydroformylation*; van Leeuwen, P. W. N. M., Claver, C., Eds.; Kluwer: Dordrecht, The Netherlands, 2000; Vol. 22, Chapter 4 (pp.63～105).
55. Young, J. F.; Osborn, J. A.; Jardine F. H.; Wilkinson, G. *Chem. Commun. (London)*, **1965**, 131.
56. Evans, D.; Yagupsky, G.; Wilkinson, G. J. *J. Chem. Soc. A* **1968**, 2660.
57. Brown, C. K.; Wilkinson, G. *J. Chem. Soc. A* **1970**, 2753.
58. VanRooy, A.; deBruijn, J. N. H.; Roobeek, K. F.; Kamer, P. C. J.; van Leeuwen, P. *J. Organomet. Chem.* **1996**, *507*, 69.
59. Brown, J. M.; Kent, A. G. *J. Chem. Soc., Perkin Trans. 2* **1987**, 1597.
60. Dieguez, M.; Claver, C.; Masdeu-Bulto, A. M.; Ruiz, A.; van Leeuwen, P. W. N. M.; Schoemaker, G. C. *Organometallics* **1999**, *18*, 2107.
61. Lenges, C. P.; Brookhart, M. *Angew. Chem., Int. Ed.* **1999**, *38*, 3533.
62. van Leeuwen, P.W.M.N.; Casey, C.P.; Whiteker, G. T. In *Rhodium Catalyzed Hydroformylation*; van Leeuwen, P. W. N. M., Claver, C., Eds.; Kluwer: Dordrecht, The Netherlands, 2000; Vol. 22, p 69.
63. Kuntz, E. French Patent 2,314,910, 1975.
64. In *Aqueous Phase Organometallic Catalysis*, 2nd ed.; Cornils, B., Herrmann, W. A., Eds.; Wiley: Wienheim, 2004; p 351.
65. Sanger, A. R.; Schallig, L. R. *J. Mol. Catal.* **1977**, *3*, 101.
66. Sanger, A. R. *J. Mol. Catal.* **1978**, *3*, 221.
67. Pittman, C. U.; Hirao, A. *J. Org. Chem.* **1978**, *43*, 640.
68. Hughes, O. R.; Unruh, J. D. *J. Mol. Catal.* **1981**, *12*, 71.
69. Unruh, J. D.; Christenson, J. R. *J. Mol. Catal.* **1982**, *14*, 19.
70. Devon, T. J.; Phillips, G. W.; Puckette, T. A.; Stavinoha, J. L.; Vanderbilt, J. J. U.S. Patent 4,694,109, 1987.
71. van Leeuwen, P. W. N. M.; Grotenhuis, P. A. M.; Goodall, B. L. Eur. Pat. Appl. 309056, 1989.
72. Thewissen, D.; Timmer, K.; Noltes, J. G.; Marsman, J. W.; Laine, R. M. *Inorg. Chim. Acta* **1985**, *97*, 143.
73. Kranenburg, M.; van der Burgt, Y. E. M.; Kamer, P. C. J.; van Leeuwen, P. W. N. M.; Goubitz, K.; Fraanje, J. *Organometallics* **1995**, *14*, 3081.
74. Bronger, R. P. J.; Kamer, P. C. J.; van Leeuwen, P. W. N. M. *Organometallics* **2003**, *22*, 5358.
75. van der Veen, L.; Keeven, P.; Schoemaker, G.; Reek, J.; Kamer, P.; van Leeuwen, P.; Lutz, M.; Spek, A. *Organometallics* **2000**, *19*, 872.
76. Casey, C. P.; Whiteker, G. T.; Melville, M. G.; Petrovich, L. M.; Gavney, J. A.; Powell, D. R. *J. Am. Chem. Soc.* **1992**, *114*, 5535.
77. Casey, C. P.; Whiteker, G. T. *Isr. J. Chem.* **1990**, *30*, 299.
78. Casey, C. P.; Petrovich, L. M. *J. Am. Chem. Soc.* **1995**, *117*, 6007.
79. Casey, C. P.; Paulsen, E. L.; Beuttenmueller, E. W.; Proft, B. R.; Petrovich, L. M.; Matter, B. A.; Powell, D. R. *J. Am. Chem. Soc.* **1997**, *119*, 11817.
80. Casey, C. P.; Paulsen, E. L.; Beuttenmueller, E. W.; Proft, B. R.; Matter, B. A.; Powell, D. R. *J. Am. Chem. Soc.* **1999**, *121*, 63.
81. van der Veen, L. A.; Boele, M. D. K.; Bregman, F. R.; Kamer, P. C. J.; van Leeuwen, P. W. N. M.; Goubitz, K.; Fraanje, J.; Schenk, H.; Bo, C. *J. Am. Chem. Soc.* **1998**, *120*, 11616.
82. Buhling, A.; Kamer, P. C. J.; van Leeuwen, W. N. M.; Elgersma, J. W.; Goubitz, K.; Fraanje, J.; *Organometallics*, **1997**, *16*, 3027.
83. van der Veen, L. A.; Kamer, P. C. J.; van Leeuwen, W. N. M. *Organometallics*, **1999**, *18*, 4765.
84. van der Veen, L. A.; Kamer, P. C. J.; van Leeuwen, P. *Angew. Chem. Int. Ed.* **1999**, *38*, 336.
85. Kamer, P. C. J.; Reek, J. N. H.; van Leeuwen, P. W. N. M. In *Rhodium Catalyzed Hydroformylation*; van Leeuwen, P. W. N. M., Claver, C., Eds.; Kluwer: Dordrecht, The Netherlands, 2000; Vol. 22, Chapter 3.
86. Pruett, R. L.; Smith, J. A. African Patent 6,804,937, 1968.
87. van Leeuwen, P. W. N. M.; Roobeek, C. F. British Patent 2,068,377, 1980.
88. van Leeuwen, P.; Roobeek, C. F. *J. Organomet. Chem.* **1983**, *258*, 343.
89. Jongsma, T.; Challa, G.; van Leeuwen, P. *J. Organomet. Chem.* **1991**, *421*, 121.
90. Vanrooy, A.; Orij, E. N.; Kamer, P. C. J.; van Leeuwen, P. *Organometallics* **1995**, *14*, 34.
91. Billig, E.; Abatjoglou, A. G.; Bryant, D. R.; Murray, R. E.; Maher,

J. M. U.S. Patent 4,599,206, 1989.
92. Billig, E.; Abatjoglou, A. G.; Bryant, D. R. U.S. Patent 4,668,651, 1987.
93. Billig, E.; Abatjoglou, A. G.; Bryant, D. R. U.S. Patent 4,769,498, 1988.
94. Cuny, G. D.; Buchwald, S. L. *J. Am. Chem. Soc.* **1993**, *115*, 2066.
95. Castillon, S.; Fernandez, E. In *Rhodium Catalyzed Hydroformylation*; van Leeuwen, P. W. N. M., Claver, C., Eds.; Kluwer: Dordrecht, The Netherlands, 2000; Vol. 22, p 284.
96. Matsui, Y.; Orchin, M. *J. Organomet. Chem.* **1983**, *246*, 57.
97. Botteghi, C.; Cazzolato, L.; Marchetti, M.; Paganelli, S. *J. Org. Chem.* **1995**, *60*, 6612.
98. Botteghi, C.; Marchetti, M.; Paganelli, S.; Sechi, B. *J. Mol. Catal.* **1997**, *118*, 173.
99. Kleemann, A.; Engel, J. *Pharmazeutische Wirkstoffe*; George Thieme Verlag: Stuttgart, 1987.
100. Elks, J.; Ganellin, G. R. *Dictionary of Drugs*; Chapman Hall: London, 1990.
101. Kleemann, A. *Chem.-Ztg.* **1977**, *101*, 389.
102. Leighton, J. L.; O'Neil, D. N. *J. Am. Chem. Soc.* **1997**, *119*, 11118.
103. Sarraf, S. T.; Leighton, J. L. *Tetrahedron Lett.* **1998**, *39*, 6423.
104. Botteghi, C.; Soccolini, F. *Synthesis* **1985**, 592.
105. Polo, A.; Claver, C.; Castillon, S.; Ruiz, A.; Bayon, J. C.; Real, J.; Mealli, C.; Masi, D. *Organometallics* **1992**, *11*, 3525.
106. Fell, B.; Barl, M. *J. Mol. Catal.* **1977**, *2*, 301.
107. Abatjoglou, A. G.; Bryant, D. R.; Desposito, L. C. *J. Mol. Catal.* **1983**, *18*, 381.
108. Becker, Y.; Eisenstadt, A.; Stille, J. K. *J. Org. Chem.* **1980**, *45*, 2145.
109. Delogu, G.; Faedda, G.; Gladiali, S. *J. Organomet. Chem.* **1984**, *268*, 167.
110. Ojima, I. *Chem. Rev.* **1988**, *88*, 1011.
111. Fuchikami, T.; Ojima, I. *J. Am. Chem. Soc.* **1982**, *104*, 3527.
112. Crameri, Y.; Ochsner, P. A.; Schudel, P. European Patent Appl. EP52775, 1982.
113. Lazzaroni, R.; Settambolo, R.; Uccellobarretta, G. *Organometallics* **1995**, *14*, 4644.
114. Jackson, W. R.; Perlmutter, P.; Tasdelen, E. E. *J. Chem. Soc., Chem. Commun.* **1990**, 763.
115. Kawabata, Y.; Suzuki, T. M.; Ogata, *I. Chem. Lett.* **1978**, 361.
116. Hayashi, T.; Tanaka, M.; Ogata, I. *J. Mol. Catal.* **1981**, *13*, 323.
117. Claver, C.; van Leeuwen, P. W. M. N. In *Rhodium Catalyzed Hydroformylation*; van Leeuwen, P. W. N. M., Claver, C., Eds.; Kluwer: Dordrecht, The Netherlands, 2000; Vol. 22, Chapter 5.
118. Gladiali, S.; Bayon, J. C.; Claver, C. *Tetrahedron: Asymmetry* **1995**, *6*, 1453.
119. Agbossou, F.; Carpentier, J. F.; Mortreaux, *A. Chem. Rev.* **1995**, *95*, 2485.
120. Dieguez, M.; Pamies, O.; Claver, C. *Tetrahedron: Asymmetry* **2004**, *15*, 2113.
121. Kollar, L.; Consiglio, G.; Pino, P. *J. Organomet. Chem.* **1987**, *330*, 305.
122. Buisman, G. J. H.; Kamer, P. C. J.; van Leeuwen, P. *Tetrahedron: Asymmetry* **1993**, *4*, 1625.
123. Babin, J. E.; Whiteker, G. T. WO 93/03839, 1993.
124. Buisman, G. J. H.; Martin, M. E.; Vos, E. J.; Klootwijk, A.; Kamer, P. C. J.; van Leeuwen, P. *Tetrahedron: Asymmetry* **1995**, *6*, 719.
125. Dieguez, M.; Pamies, O.; Ruiz, A.; Castillon, S.; Claver, C. *Chem. Commun.* **2000**, 1607.
126. Dieguez, M.; Ruiz, A.; Claver, C. *J. Chem. Soc., Dalton Trans.* **2003**, 2957.
127. Pamies, O.; Net, G.; Ruiz, A.; Claver, C. *Tetrahedron: Asymmetry* **2000**, *11*, 1097.
128. (a) Nozaki, K.; Sakai, N.; Nanno, T.; Higashijima, T.; Mano, S.; Horiuchi, T.; Takaya, H. *J. Am. Chem. Soc.* **1997**, *119*, 4413; (b) Sakai, N.; Mano, S.; Nozaki, K.; Takaya, H. *J. Am. Chem. Soc.* **1993**, *115*, 7033; (c) Nozaki, K.; Matsuo, T.; Shibahara, F.; Hiyama, T. *Adv. Synth. Catal.* **2001**, *343*, 61.
129. Yan, Y.; Zhang, X. M. *J. Am. Chem. Soc.* **2006**, *128*, 7198.
130. Zou, Y.; Yan, Y.; Zhang, X.; *Tetrahedron Lett.* **2007**, *48*, 4781.
131. Buisman, G. J. H.; van der Veen, L. A.; Klootwijk, A.; de Lange, W. G. J.; Kamer, P. C. J.; van Leeuwen, P.; Vogt, D. *Organometallics* **1997**, *16*, 2929.
132. Buisman, G. J. H.; van der Veen, L. A.; Kamer, P. C. J.; van Leeuwen, P. *Organometallics* **1997**, *16*, 5681.
133. Nozaki, K.; Matsuo, T.; Shibahara, F.; Hiyama, T. *Organometallics* **2003**, *22*, 594.
134. (a) Clark, T. P.; Landis, C. R.; Freed, S. L.; Klosin, J.; Abboud, K. A. *J. Am. Chem. Soc.* **2005**, *127*, 5040; (b) Klosin, J.; Landis, C. R. *Acc. Chem. Res.* **2007**, *40*, 1251.
135. Eilbracht, P.; Barfacker, L.; Buss, C.; Eilbracht, P.; Barfacker, L.; Buss, C.; Hollmann, C.; Kitsos-Rzychon, B. E.; Kranemann, C. L.; Rische, T.; Roggenbuck, R.; Schmidt, A. *Chem. Rev.* **1999**, *99*, 3329.
136. Reppe, V. W. *Experientia* **1949**, *5*, 93.
137. Olin, J. F.; Deger, T. E. U.S. Patent 2,422,631, 1947.
138. Brunet, J. J.; Neibecker, D.; Agbossou, F.; Srivastava, R. S. *J. Mol. Catal.* **1994**, *87*, 223.
139. Larson, A. T. U.S. Patent 2,497,310, 1950.
140. Seayad, A.; Ahmed, M.; Klein, H.; Jackstell, R.; Gross, T.; Beller, M. *Science* **2002**, *297*, 1676.
141. Ahmed, M.; Seayad, A. M.; Jackstell, R.; Beller, M. *J. Am. Chem. Soc.* **2003**, *125*, 10311.
142. Lin, Y. S.; El Ali, B.; Alper, H. *Tetrahedron Lett.* **2001**, *42*, 2423.
143. Zimmermann, B.; Herwig, J.; Beller, M. *Angew. Chem. Int. Ed.* **1999**, *38*, 2372.
144. Rische, T.; Eilbracht, P. *Synthesis* **1997**, 1331.
145. Briggs, J. R.; Klosin, J.; Whiteker, G. T. *Org. Lett.* **2005**, *7*, 4795.
146. Ojima, I.; Zhang, Z. *J. Org. Chem.* **1988**, *53*, 4422.
147. Zhang, Z.; Ojima, I. *J. Organomet. Chem.* **1993**, *454*, 281.
148. da Rosa, R. G.; de Campos, J. D. R.; Buffon, R. *J. Mol. Catal.* **1999**, *137*, 297.
149. Jachimowicz, F. GE Patent 3,106,139, 1981.
150. Jachimowicz, F.; Hansson, A. Can. Patent 1,231,199, 1984.
151. Jachimowicz, F.; Hansson, A. In *Catalysis of Organic Reactions*; Augustine, R. L., Ed.; Marcel Dekker: New York, 1985; p 381.
152. El Ali, B.; Alper, H. In *Handbook of Organopalladium Chemistry for Organic Synthesis*; Negishi, E.-i., Ed.; Wiley-Interscience: New York, 2002; Vol. II, p 2333.
153. El Ali, B.; Alper, H. In *Transition Metals for Organic Synthesis*, 2nd ed.; Beller, M., Bolm, C., Eds.; Wiley-VCH: Weinheim, 2004; Vol. I, p 113.
154. Drent, E.; Budzelaar, P. H. M. *Chem. Rev.* **1996**, *96*, 663.
155. Mullen, A. In *New Syntheses with Carbon Monoxide*; Falbe, J., Ed.; Springer-Verlag: New York, 1980; p 243.
156. D'Amore, M. B. U.S. Patent 5,026,901, 1991.
157. Happel, J.; Umemura, S.; Sakakibara, Y.; Blanck, H.; Kunichika, S. *Ind. Eng. Chem., Proc. Design Dev.* **1975**, *14*, 44.
158. http://pubs.acs.org/cen/news/83/i26/8326buscl a.html.
159. Chen, A.; Ren, L.; Crudden, C. M. *J. Org. Chem.* **1999**, *64*, 9704.
160. Seayad, A.; Jayasree, S.; Chaudhari, R. V. *Org. Lett.* **1999**, *1*, 459.
161. Seayad, A.; Jayasree, S.; Chaudhari, R. V. *Catal. Lett.* **1999**, *61*, 99.
162. Lin, R. W.; Herndon, R. C., Jr.; Allen, R. H.; Chockalingham, K.

C.; Focht, G. D.; Roy, R. K. Wo, 9830529, 1998.
163. Wu, T.-C.; Chockalingham, K. C.; Klobucar, W. D.; Focht, G. D. Wo, 9830522, 1998.
164. Wu, T.-C. U.S. Patent 5,322,959, 1994.
165. Wu, T.-C. U.S. Patent 5,315,026, 1994.
166. Kawashima, Y.; Okano, K.; Nozaki, K.; Hiyama, T. *Bull. Chem. Soc. Jpn*. **2004**, *77*, 347.
167. Zhou, H.; Lu, S.; Hou, J.; Chen, J.; Fu, H.; Wang, H. *Chem. Lett.* **1996**, *25*, 339.
168. Zhou, H. Y.; Hou, J. G.; Cheng, J.; Lu, S. J.; Fu, H. X.; Wang, H. Q. *J. Organomet. Chem*. **1997**, *543*, 227.
169. Alper, H.; Hamel, N. *J. Am. Chem. Soc.* **1990**, *112*, 2803.
170. Clegg, W.; Eastham, G. R.; Elsegood, M. R. J.; Tooze, R. P.; Wang, X. L.; Whiston, K. *Chem. Commun*. **1999**, 1877.
171. Drent, E.; Kragtwijk, E. Eur. Pat. Appl. EP495548, 1992.
172. El Ali, B.; Alper, H. *J. Mol. Catal*. **1992**, *77*, 7.
173. Drent, E.; Arnoldy, P.; Budzelaar, P. H. M. *J. Organomet. Chem*. **1994**, *475*, 57.
174. Lugan, N.; Lavigne, G. *Organometallics* **1995**, *14*, 1712.
175. Keim, W.; Becker, J. *J. Mol. Catal*. **1989**, *54*, 95.
176. Nahmed, E. M.; Jenner, G. *J. Mol. Catal*. **1990**, *59*, L15.
177. Legrand, C.; Castanet, Y.; Mortreux, A.; Petit, F. *J. Chem. Soc., Chem. Commun*. **1994**, 1173.
178. Kondo, T.; Okada, T.; Mitsudo, T.-a. *Organometallics* **1999**, *18*, 4123.
179. Na, Y.; Ko, S.; Hwang, L. K.; Chang, S. *Tetrahedron Lett*. **2003**, *44*, 4475.
180. Ko, S.; Lee, C.; Choi, M.-G.; Na, Y.; Chang, S. *J. Org. Chem*. **2003**, *68*, 1607.
181. Park, E. J.; Lee, J. M.; Han, H.; Chang, S. *Org. Lett*. **2006**, *8*, 4355.
182. Ko, S.; Na, Y.; Chang, S. *J. Am. Chem. Soc*. **2002**, *124*, 750.
183. Rodriguez, C. J.; Foster, D. F.; Eastham, G. R.; Cole-Hamilton, D. J. *Chem. Commun*. **2004**, 1720.
184. Yu, W. Y.; Bensimon, C.; Alper, H. *Chem. Eur. J*. **1997**, *3*, 417.
185. ElAli, B.; Okuro, K.; Vasapollo, G.; Alper, H. *J. Am. Chem. Soc*. **1996**, *118*, 4264.
186. Reppe, W. *Ann. Chem*. **1953**, *582*, 1.
187. Liu, J. K.; Heaton, B. T.; Iggo, J. A.; Whyman, R.; Bickley, J. F.; Steiner, A. *Chem. Eur. J*. **2006**, *12*, 4417.
188. Lin, Y.-S.; Yamamoto, A. *Organometallics* **1998**, *17*, 3466.
189. Eastham, G. R.; Heaton, B. T.; Iggo, J. A.; Tooze, R. P.; Whyman, R.; Zacchini, S. *Chem. Commun*. **2000**, 609.
190. Clegg, W.; Eastham, G. R.; Elsegood, M. R. J.; Heaton, B. T.; Iggo, J. A.; Tooze, R. P.; Whyman, R.; Zacchini, S. *Organometallics* **2002**, *21*, 1832.
191. Clegg, W.; Eastham, G. R.; Elsegood, M. R. J.; Heaton, B. T.; Iggo, J. A.; Tooze, R. P.; Whyman, R.; Zacchini, S. *J. Chem. Soc., Dalton Trans*. **2002**, 3300.
192. Seayad, A.; Jayasree, S.; Damodaran, K.; Toniolo, L.; Chaudhari, R. V. *J. Organomet. Chem*. **2000**, *601*, 100.
193. van Leeuwen, P. W. N. M.; Zuideveld, M. A.; Swennenhuis, B. H. G.; Freixa, Z.; Kamer, P. C. J.; Goubitz, K.; Fraanje, J.; Lutz, M.; Spek, A. L. *J. Am. Chem. Soc*. **2003**, *125*, 5523.
194. Scrivanti, A.; Beghetto, V.; Campagna, E.; Zanato, M.; Matteoli, U. *Organometallics* **1998**, *17*, 630.
195. 総説：文献 197a および 198 を参照せよ．
196. Slaugh, L. H.; Knifton, J. F.; Weider, P. R.; Powell, J. B.; Allen, K. D.; James, T. G. U.S. Patent 6,576,802, 2003.
197. (a) Khumtaveeporn, K.; Alper, H. *Acc. Chem. Res*. **1995**, *28*, 414; (b) Vasapollo, G.; Mele, G. *Curr. Org. Chem*. **2006**, *10*, 1397.
198. Church, T. L.; Getzler, Y. D. Y. L.; Byrne, C. M.; Coates, G. W. *Chem. Commun*. **2007**, 657.
199. Heck, R. F. *J. Am. Chem. Soc*. **1963**, *85*, 1460.
200. 優れた研究として文献 201〜206 がある．
201. Reppe, W.; Kröper, H.; V. Kutepow, N.; Pistor, H. J.; Weissbarth, O. *Liebigs Ann. Chem*. **1953**, *582*, 72.
202. Eisenmann, J. L.; Yamartino, R. L.; Howard, J. F. J. *J. Org. Chem*. **1961**, *26*, 2102.
203. Murahashi, S.; Horiie, S. *J. Am. Chem. Soc*. **1956**, *78*, 4816.
204. Reppe, W.; Kröper, H.; Pistor, H. J.; Weissbarth, O. *Liebigs Ann. Chem*. **1953**, *582*, 87.
205. Nienburg, H. J.; Elschnigg, G. German Patent 1,066,572, 1959.
206. Murahashi, S. *J. Am. Chem. Soc*. **1955**, *77*, 6403.
207. Aumann, R.; Ring, H. *Angew. Chem., Int. Ed. Engl*. **1977**, *50*, 16.
208. Aumann, R.; Ring, H.; Kruger, C.; Goddard, R. *Chem. Ber*. **1979**, *112*, 3644.
209. Kamiya, Y.; Kawato, K.; Ohta, H. *Chem. Lett*. **1980**, 154.
210. Alper, H.; Arzoumanian, H.; Petrignani, J.-F.; Maldonado, M. S. *J. Chem. Soc., Chem. Commun*. **1985**, 340.
211. Piotti, M. E.; Alper, H. *J. Am. Chem. Soc*. **1996**, *118*, 111.
212. Drent , E.; Kragtwijk, E. Eur. Pat. Appl. EP 577206; *Chem. Abstr*. **1994**, *120*, 191517c.
213. Getzler, Y. D. Y. L.; Mahadevan, V.; Lobkovsky, E. B.; Coates, G. W. *J. Am. Chem. Soc*. **2002**, *124*, 1174.
214. Allmendinger, M.; Eberhardt, R.; Luinstra, G.; Rieger, B. *J. Am. Chem. Soc*. **2002**, *124*, 5646.
215. Lee, J. T.; Thomas, P. J.; Alper, H. *J. Org. Chem*. **2001**, *66*, 5424.
216. Schmidt, J. A. R.; Lobkovsky, E. B.; Coates, G. W. *J. Am. Chem. Soc*. **2005**, *127*, 11426.
217. Schmidt, J. A. R.; Mahadevan, V.; Getzler, Y. D. Y. L.; Coates, G. W. *Org. Lett*. **2004**, *6*, 373.
218. Mahadevan, V.; Getzler, Y. D. Y. L.; Coates, G. W. *Angew. Chem. Int. Ed*. **2002**, *41*, 2781.
219. Greene, T. W.; Wuts, P. G. M. *Protective Groups in Organic Synthesis*, 2nd ed.; Wiley: New York, 1991.
220. Prandi, J.; Namy, J. L.; Menoret, G.; Kagan, H. B. *J. Organomet. Chem*. **1985**, *285*, 449.
221. Eisenmann, J. L. *J. Org. Chem*. **1962**, *27*, 2706.
222. Kramer, J. W.; Lobkovsky, E. B.; Coates, G. W. *Org. Lett*. **2006**, *8*, 3709.
223. Getzler, Y. D. Y. L.; Kundnani, V.; Lobkovsky, E. B.; Coates, G. W. *J. Am. Chem. Soc*. **2004**, *126*, 6842.
224. 55 ℃でカルボニル化反応を行った場合には，(*S*)-メチルコハク酸無水物が 99% ee（エナンチオマー過剰率，または光学純度）で得られたが，80 ℃で反応を行った場合には，生成物が一部ラセミ化した（ee が低下）．
225. Rowley, J. M.; Lobkovsky, E. B.; Coates, G. W. *J. A. Chem. Soc*. **2007**, *129*, 4948.
226. Allen, K. D.; James, T. G.; Knifton, J. F.; Powell, J. B.; Slaugh, L. H.; Weider, P. R. PCT Int. Appl. WO 098887; *Chem. Abstr*. **2002**, *138*, 14854.
227. Nakano, K.; Katayama, M.; Ishihara, S.; Hiyama, T.; Nozaki, K. *Synlett* **2004**, *8*, 1367.
228. Weber, R.; Englert, U.; Ganter, B.; Keim, W.; Mothrath, M. *Chem. Commun*. **2000**, 1419.
229. Arhancet, J. P.; Forschner, T. C.; Powell, J. B.; Semple, T. C.; Slaugh, L. H.; Thomason, T. B.; Weider, P. R.; Allen, K. D.; Eubanks, D. C. WO, 9,610,552, 1996.
230. Allen, K. D.; Knifton, J. F.; Powell, J. B.; Slaugh, L. H.; Talmadge, G. J.; Weider, P. R.; Williams, T. S. WO, 2,001,072,675, 2001.
231. Allen, K. D.; James, T. G.; Knifton, J. F.; Powell, J. B.; Slaugh, L. H.; Weider, P. R. WO, 2,002,098,887, 2002.

232. Allen, K. D.; Arhancet, J. P.; Knifton, J. F.; Powell, J. B.; Slaugh, L. H.; Weider, P. R. WO, 2,003,068,720, 2003.
233. Allen, K. D.; Powell, J. B.; Weider, P. R.; Knifton, J. F. U.S. Patent 2,003,040,647, 2003.
234. Sullivan, C. J. In *Ullman's Encyclopedia of Industrial Chemistry*; Elvers, B., Hawkins, S., Russey, W., Schulz, G., Eds.; Wiley: New York, 1993.
235. (a) Eisenmann, J. L.; Yamartino, R. L.; Howard, J. F. *J. Org. Chem*. **1961**, *26*, 2102; (b) Samain, H.; Carpentier, J. F.; Mortreux, A.; Petit, F. *New J. Chem*. **1991**, *15*, 367.
236. McClure, J. D. *J. Org. Chem*. **1967**, *32*, 3888.
237. Hinterding, K.; Jacobsen, E. N. *J. Org. Chem*. **1999**, *64*, 2164.
238. メトキシカルボニル化反応において，得られた分岐型生成物の構造については明確に述べられていないが，[α]-R,-[β]-ヒドロキシエステルであると考えられる．
239. Liu, J.; Chen, J.; Xia, C. *J. Mol. Catal*. **2006**, *250*, 232.
240. Kim, H. S.; Bae, J. Y.; Lee, J. S.; Jeong, C. I.; Choi, D. K.; Kang, S. O.; Cheong, M. *Appl. Catal., A* **2006**, *301*, 75.
241. Tokunaga, M.; Larrow, J. F.; Kakiuchi, F.; Jacobsen, E. N. *Science* **1997**, *277*, 936.
242. Furukawa, J.; Iseda, Y.; Saegusa, T.; Fujii, H. *Makromol. Chem*. **1965**, *89*, 263.
243. Takeuchi, D.; Sakaguchi, Y.; Osakada, K. *J. Polym. Sci., Part A: Polym. Chem*. **2002**, *40*, 4530.
244. Allmendinger, M.; Molnar, F.; Zintl, M.; Luinstra, G. A.; Preishuber-Pflugl, P.; Rieger, B. *Chem. Eur. J*. **2005**, *11*, 5327.
245. Allmendinger, M.; Zintl, M.; Eberhardt, R.; Luinstra, G. A.; Molnar, F.; Rieger, B. *J. Organomet. Chem*. **2004**, *689*, 971.
246. Allmendinger, M.; Eberhardt, R.; Luinstra, G. A.; Rieger, B. *Macromol. Chem. Phys*. **2003**, *204*, 564.
247. Allmendinger, M.; Eberhardt, R.; Luinstra, G. A.; Molnar, F.; Rieger, B. *Z. Anorg. Allg. Chem*. **2003**, *629*, 1347.
248. (a) Allmendinger, M.; Eberhardt, R.; Luinstra, G.; Rieger, B. *Polym. Mater. Sci. Eng*. **2002**, *87*, 223; (b) Allmendinger, M.; Eberhardt, R.; Luinstra, G.; Rieger, B. *Polym. Mater. Sci. Eng*. **2002**, *87*, 89.
249. Luinstra, G.; Molnar, F.; Rieger, B.; Allmendinger, M. WO 012860, 2004.
250. Zintl, M.; Hearley, A. K.; Rieger, B. In *Leading Edge Organometallic Chemistry Research*; Cato, M. A., Ed.; Nova Science Publishers: New York, 2006.
251. Lee, J. T.; Alper, H. *Macromolecules* **2004**, *37*, 2417.
252. Liu, G.; Jia, L. *Angew. Chem. Int. Ed*. **2006**, *45*, 129.
253. Kidwai, M.; Sapra, P.; Bhushan, K. R. *Curr. Med. Chem*. **1999**, *6*, 195.
254. Schofield, C. J.; Walter, M. W. In *Amino Acids, Peptides, and Proteins*, Davies, J. S., Ed; Royal Society of Chemistry: Cambridge, U.K., 1999; Vol. 30.
255. Konaklieva, M. I. *Curr. Med. Chem.: Anti-Infect. Agents* **2002**, *1*, 215.
256. Alcaide, B.; Almendros, P. *Curr. Org. Chem*. **2002**, *6*, 245.
257. Brown, A. G. *Pure Appl. Chem*. **1987**, *59*, 475.
258. Ojima, I. *Adv. Asym. Synth*. **1995**, *1*, 95.
259. Palomo, C.; Aizpurua, J. M.; Ganboa, I.; Oiarbide, M. *Amino Acids* **1999**, *16*, 321.
260. Alcaide, B.; Almendros, P. *Synlett* **2002**, 381.
261. Alcaide, B.; Almendros, P. *Curr. Med. Chem*. **2004**, *11*, 1921.
262. Hashimoto, K.; Hotta, K.; Okada, M.; Nagata, S. *J. Polym. Sci., Part A: Polym. Chem*. **1995**, *33*, 1995.
263. Hashimoto, K.; Oi, T.; Yasuda, J.; Hotta, K.; Okada, M. *J. Polym. Sci., Part A: Polym. Chem*. **1997**, *35*, 1831.
264. Hashimoto, K.; Yasuda, J.; Kobayashi, M. *J. Polym. Sci., Part A: Polym. Chem*. **1999**, *37*, 909.
265. Cheng, J. J.; Deming, T. J. *J. Am. Chem. Soc*. **2001**, *123*, 9457.
266. Piotti, M. E.; Alper, H. *J. Am. Chem. Soc*. **1996**, *118*, 111.
267. Davoli, P.; Moretti, I.; Prati, F.; Alper, H. *J. Org. Chem*. **1999**, *64*, 518.
268. Davoli, P.; Prati, F. *Heterocycles* **2000**, *53*, 2379.
269. Davoli, P.; Forni, A.; Moretti, I.; Prati, F.; Torre, G. *Tetrahedron* **2001**, *57*, 1801.
270. Lu, S.-M.; Alper, H. *J. Org. Chem*. **2004**, *69*, 3558.
271. Davoli, P.; Spaggiari, A.; Ciamaroni, E.; Forni, A.; Torre, G.; Prati, F. *Heterocycles* **2004**, *63*, 2499.
272. Alper, H.; Urso, F.; Smith, D. J. H. *J. Am. Chem. Soc*. **1983**, *105*, 6737.
273. Calet, S.; Urso, F.; Alper, H. *J. Am. Chem. Soc*. **1989**, *111*, 931.
274. Khumtaveeporn, K.; Alper, H.; *Acc. Chem. Res*. **1995**, *28*, 414.
275. Ardura, D.; Lopez, R.; Sordo, T.; *J. Org. Chem*. **2006**, *71*, 7315.
276. (a) Leung, W. H.; Mak, W. L.; Chan, E. Y. Y.; Lam, T. C. H.; Lee, W. S.; Kwong, H. L.; Yeung, L. L. *Synlett* **2002**, 1688; (b) Osborn, H.; Sweeney, J. *Tetrahedron: Asymmetry* **1997**, *8*, 1693; (c) Tanner, D. *Angew. Chem., Int. Ed. Engl*. **1994**, *33*, 599.
277. Church, T. L.; Getzler, Y. D. Y. L.; Coates, G. W. *J. Am. Chem. Soc*. **2006**, *128*, 10125.
278. Molnar, F.; Luinstra, G. A.; Allmendinger, M.; Rieger, B. *Chem. Eur. J*. **2003**, *9*, 1273.
279. Stirling, A.; Iannuzzi, M.; Parrinello, M.; Molnar, F.; Bernhart, V.; Luinstra, G. A. *Organometallics* **2005**, *24*, 2533.
280. シクロペンテンオキシドのカルボニル化反応が，立体化学を保持したまま進行することは，この傾向に対する例外である．これは，環化過程において立体配座が束縛されるためと考えられる．文献 216 参照．
281. Mori, M. In *Handbook of Organopalladium Chemistry for Organic Synthesis*; Negishi, E.-i., Ed.; Wiley: New York, 2002; Vol. 2, p 2313.
282. *Applied Homogeneous Catalysis with Organometallic Compounds: A Comprehensive Handbook in Two Volumes*; Cornils, B., Herrmann, W. A., Eds.; Wiley-VCH: Weinheim, 1996.
283. Tsuji, J. *Palladium Reagents and Catalysts: New Perspectives for the 21st Century*; Wiley: Chichester, U.K., 2004.
284. Beller, M.; Cornils, B.; Frohning, C. D.; Kohlpaintner, C. W. *J. Mol. Catal*. **1995**, *104*, 17.
285. Bates, R. W. In *Comprehensive Organometallic Chemistry, A Review of the Literature 1982–1994*; Abel, E. W., Stone, F. G. A., Wilkinson, G., Eds.; Pergamon Press: New York, 1995; Vol. 12, p 349.
286. Tkatchenko, I. In *Comprehensive Organometallic Chemistry*; Wilkinson, G., Stone, F. G. A., Abel, E. W., Eds.; Pergamon Press: Oxford, U.K., 1982; Vol. 8.
287. *Carbonylation: Direct Synthesis of Carbonyl Compounds*, Colquhoun, H. M., Thompson, D. J., Twigg, M. V., Eds.; Plenum: New York, 1991.
288. Heck, R. F. *Palladium Reagents in Organic Syntheses*; Academic Press: New York, 1985.
289. Schoenberg, A.; Bartoletti, I.; Heck, R. F. *J. Org. Chem*. **1974**, *39*, 3318.
290. Ito, T.; Mori, K.; Mizoroki, T.; Ozaki, A. *Bull. Chem. Soc. Jpn*. **1975**, *48*, 2091.
291. Shoenberg, A.; Heck, R. F. *J. Org. Chem*. **1974**, *39*, 3327.
292. Huser, M.; Youinou, M. T.; Osborn, J. A. *Angew. Chem., Int. Ed. Engl*. **1989**, *28*, 1427.
293. Ben-David, Y.; Portnoy, M.; Milstein, D. *J. Am. Chem. Soc*. **1989**,

111, 8742.
294. Grushin, V. V.; Alper, H. *J. Chem. Soc., Chem. Commun.* **1992**, 611.
295. Mori, M.; Chiba, K.; Ban, Y. *J. Org. Chem.* **1978**, *43*, 1684.
296. Mori, M.; Chiba, K.; Inotsume, N.; Ban, Y. *Heterocycles* **1979**, *12*, 921.
297. Martin, L. D.; Stille, J. K. *J. Org. Chem.* **1982**, *47*, 3630.
298. Cowell, A.; Stille, J. K. *J. Am. Chem. Soc.* **1980**, *102*, 4193.
299. Kim, J. S.; Sen, A. *J. Mol. Catal.* **1999**, *143*, 197.
300. Foti, C. J.; Comins, D. L. *J. Org. Chem.* **1995**, *60*, 2656.
301. Takahashi, T.; Nagashima, T.; Tsuji, J. *Chem. Lett.* **1980**, *9*, 369.
302. Lin, Y.-S.; Yamamoto, A. *Tetrahedron Lett.* **1997**, *38*, 3747.
303. Komiya, S.; Akai, Y.; Tanaka, K.; Yamamoto, T.; Yamamoto, A. *Organometallics* **1985**, *4*, 1130.
304. Drent, E.; Budzelaar, P. H. M. *Chem. Rev.* **1996**, *96*, 663.
305. Drent, E.; Vanbroekhoven, J. A. M.; Doyle, M. J. *J. Organomet. Chem.* **1991**, *417*, 235.
306. Sen, A. *Adv. Polym. Sci.* **1986**, *73–4*, 125.
307. Sen, A. *Acc. Chem. Res.* **1993**, *26*, 303.
308. Sommazzi, A.; Garbassi, F. *Prog. Polym. Sci.* **1997**, *22*, 1547.
309. Ballauf, F.; Bayer, O.; Leichmann, L. German Patent 863,711, 1941.
310. Brubaker, M. M. U.S. Patent 2,495,286, 1950.
311. Reppe, W.; Mangini, A. U.S. Patent 880,297, 1948.
312. Reppe, W.; Mangini, A. U.S. Patent 2,577,208, 1951.
313. Gough, A. British Patent 1,081,304, 1967.
314. Fenton, D. M. U.S. Patent 3,530,109, 1970.
315. Fenton, D. M. U.S. Patent 4,076,911, 1978.
316. Nozaki, K. U.S. Patent 3,835,123, 1974.
317. Nozaki, K. U.S. Patent 3,689,460, 1972.
318. Sen, A.; Lai, T. W. *J. Am. Chem. Soc.* **1982**, *104*, 3520.
319. Drent, E. E.P. Appl. 121,965, 1984.
320. Drent, E. E.P. Appl. 181,014, 1986.
321. van Broekhoven, J. A. M.; Drent, E.; Klei, E. E.P. Appl. 213,671, 1987.
322. van Broekhoven, J. A. M.; Drent, E. E.P. Appl. 235,865, 1987.
323. Shultz, C. S.; Ledford, J.; DeSimone, J. M.; Brookhart, M. *J. Am. Chem. Soc.* **2000**, *122*, 6351.
324. Rix, F. C.; Brookhart, M. *J. Am. Chem. Soc.* **1995**, *117*, 1137.
325. Rix, F. C.; Brookhart, M.; White, P. S. *J. Am. Chem. Soc.* **1996**, *118*, 4746.
326. Dekker, G. P. C. N.; Elsevier, C. J.; Vrieze, K.; van Leeuwen, P. W. N. M. *Organometallics* **1992**, *11*, 1598.
327. Vanasselt, R.; Gielens, E.; Rulke, R. E.; Vrieze, K.; Elsevier, C. J. *J. Am. Chem. Soc.* **1994**, *116*, 977.
328. Rix, F. C.; Brookhart, M.; White, P. S. *J. Am. Chem. Soc.* **1996**, *118*, 4746.
329. Rix, F. C.; Brookhart, M.; White, P. S. *J. Am. Chem. Soc.* **1996**, *118*, 2436.
330. Ledford, J.; Shultz, C. S.; Gates, D. P.; White, P. S.; DeSimone, J. M.; Brookhart, M. *Organometallics* **2001**, *20*, 5266.
331. Maurice Brookhart の未発表データに関する私信による.
332. Drent, E. E.P. Appl. 317,003, 1989.
333. Brookhart, M.; Rix, F. C.; Desimone, J. M.; Barborak, J. C. *J. Am. Chem. Soc.* **1992**, *114*, 5894.
334. Budzelaar, P. H. M.; van Leeuwen, P.; Roobeek, C. F.; Orpen, A. G. *Organometallics* **1992**, *11*, 23.
335. Nozaki, K.; Hiyama, T. *J. Organomet. Chem.* **1999**, *576*, 248.
336. Corradini, P.; Derosa, C.; Panunzi, A.; Petrucci, G.; Pino, P. *Chimia* **1990**, *44*, 52.
337. Barsacchi, M.; Consiglio, G.; Medici, L.; Petrucci, G.; U.V. Suter *Angew. Chem., Int. Ed. Engl.* **1991**, *30*, 989.
338. Aeby, A.; Consiglio, G. *Helv. Chim. Acta* **1998**, *81*, 35.
339. Brookhart, M.; Wagner, M. I. *J. Am. Chem. Soc.* **1994**, *116*, 3641.
340. Schatz, A.; Scarel, A.; Zangrando, E.; Mosca, L.; Carfagna, C.; Gissibl, A.; Milani, B.; Reiser, O. *Organometallics* **2006**, *25*, 4065.
341. 特許の一覧およびデータは，文献 41，42 および 154 を参照.
342. Nozaki, K.; Sato, N.; Takaya, H. *J. Am. Chem. Soc.* **1995**, *117*, 9911.
343. Nozaki, K.; Sato, N.; Tonomura, Y.; Yasutomi, M.; Takaya, H.; Hiyama, T.; Matsubara, T.; Koga, N. *J. Am. Chem. Soc.* **1997**, *119*, 12779.
344. Bronco, S.; Consiglio, G.; Hutter, R.; Batistini, A.; Suter, U. W. *Macromolecules* **1994**, *27*, 4436.
345. Jiang, Z. Z.; Sen, A. *J. Am. Chem. Soc.* **1995**, *117*, 4455.
346. Strübing, D.; Beller, M. *Top. Organomet. Chem.* **2006**, *18*, 165.
347. Alcaide, B.; Almendros, P. *Eur. J. Org. Chem.* **2004**, 3377.
348. Blanco-Urgoiti, J.; Anorbe, L.; Perez-Serrano, L.; Domínguez, G.; Pérez-Castells, J. *Chem. Soc. Rev.* **2004**, *33*, 32.
349. (a) Gibson, S. E.; Stevenazzi, A. *Angew. Chem. Int. Ed.* **2003**, *42*, 1800; (b) Gibson, S. E.; Mainolfi, N. *Angew. Chem. Int. Ed.* **2005**, *44*, 3022.
350. Brummond, K. M.; Kent, J. L. *Tetrahedron* **2000**, 3263.
351. Rivero, M. R.; Adrio, J.; Carretero, J. C. *Eur. J. Org. Chem.* **2002**, 2881.
352. Khand, I. U.; Knox, G. R.; Pauson, P. L.; Watts, W. E. *J. Chem. Soc. D* **1971**, 36.
353. Khand, I. U.; Knox, G. R.; Pauson, P. L.; Watts, W. E.; Foreman, M. I. *J. Chem. Soc., Perkin Trans.* **1 1973**, 977.
354. Magnus, P.; Principe, L. M. *Tetrahedron Lett.* **1985**, *26*, 4851.
355. Schore, N. E.; Croudace, M. C. *J. Org. Chem.* **1981**, *46*, 5436.
356. Simonian, S. O.; Smit, W. A.; Gybin, A. S.; Shashkov, A. S.; Mikaelian, G. S.; Tarasov, V. A.; Ibragimov, I. I.; R., C.; Froen, D. E. *Tetrahedron Lett.* **1986**, *27*, 1245.
357. Shambayati, S.; Crowe, W. E.; Schreiber, S. L. *Tetrahedron Lett.* **1990**, *31*, 5289.
358. Jeong, N.; Chung, Y. K.; Lee, B. Y.; Lee, S. H.; Yoo, S. *Synlett* **1991**, 204.
359. Sugihara, T.; Yamadab, M.; Yamaguchi, M.; Nishizawa, M. *Synlett* **1999**, 771.
360. Lee, B. Y.; Chung, Y. K.; Jeong, N.; Lee, Y.; Hwang, S. H. *J. Am. Chem. Soc.* **1994**, *116*, 8793.
361. Lee, N. Y.; Chung, Y. K. *Tetrahedron Lett.* **1996**, *37*, 3145.
362. Hicks, F. A.; Buchwald, S. L. *J. Am. Chem. Soc.* **1999**, *121*, 7026.
363. Hicks, F. A.; Kablaoui, N. M.; Buchwald, S. L. *J. Am. Chem. Soc.* **1996**, *118*, 9450.
364. Hicks, F. A.; Buchwald, S. L. *J. Am. Chem. Soc.* **1996**, *118*, 11688.
365. Hicks, F. A.; Kablaoui, N. M.; Buchwald, S. L. *J. Am. Chem. Soc.* **1999**, *121*, 5881.
366. Kablaoui, N. M.; Hicks, F. A.; Buchwald, S. L. *J. Am. Chem. Soc.* **1996**, *118*, 5818.
367. Kablaoui, N. M.; Hicks, F. A.; Buchwald, S. L. *J. Am. Chem. Soc.* **1997**, *119*, 4424.
368. Morimoto, T.; Chatani, N.; Fukumoto, Y.; Murai, S. *J. Org. Chem.* **1997**, *62*, 3762.
369. Kondo, T.; Suzuki, N.; Okada, T.; Mitsudo, T. *J. Am. Chem. Soc.* **1997**, *119*, 6187.
370. Kobayashi, T.; Koga, Y.; Narasaka, K. *J. Organomet. Chem* **2001**, *624*, 73.
371. Shibata, T.; Takagi, K. *J. Am. Chem. Soc.* **2000**, *122*, 9852.
372. Adrio, J.; Rivero, M. R.; Carretero, J. C. *Org. Lett.* **2005**, *7*, 431.
373. Hoye, T.; Suriano, J. A. *J. Am. Chem. Soc.* **1993**, *115*, 1154.
374. Pearson, A. J.; Dubbert, R. A. *J. Chem. Soc., Chem. Commun.*

1991, 202.
375. Tang, Y.; Deng, L.; Zhang, Y.; Dong, G.; Chen, J.; Yang, Z. *Org. Lett.* **2005**, *7*, 1657.
376. Narasaka, K.; Shibata, T. *Chem. Lett.* **1994**, 315.
377. Brummond, K. M.; Mitasev, B. *Org. Lett.* **2004**, *6*, 2245.
378. Kent, J. L.; Wan, H.; Brummond, K. M. *Tetrahedron Lett.* **1995**, *36*, 2407.
379. Brummond, K. M.; Chen, H.; Fisher, K. D.; Kerekes, A. D.; Rickards, B.; Sill, P. C.; Geib, S. J. *Org. Lett.* **2002**, *4*, 1931.
380. Brummond, K. M.; Wan, H.; Kent, J. L. *J. Org. Chem.* **1998**, *63*, 6535.
381. (a) Brummond, K. M.; Gao, D. *Org. Lett.* **2003**, *5*, 3491; (b) Brummond, K. M.; Curran, D. P.; Mitasev, B.; Fisher, S. *J. Org. Chem.* **2005**, *70*, 1745.
382. Bayden, A. S.; Brummond, K. M.; Jordan, K. D. *Organometallics* **2006**, *25*, 5204.
383. Hiroi, K.; Wanatabe, T.; Kawagishi, R.; Abe, I. *Tetrahedron Lett.* **2000**, *41*, 891.
384. Jeong, N.; Sung, B. K.; Choi, Y. K. *J. Am. Chem. Soc.* **2000**, *122*, 6771.
385. Krafft, M. E.; Juliano, C. A. *J. Org. Chem.* **1992**, *57*, 5106.
386. Itami, K.; Mitsudo, K.; Fujita, K.; Ohashi, Y.; Yoshida, J. *J. Am. Chem. Soc.* **2004**, *126*, 11058.
387. Pericás, M. A.; Balsells, J.; Castro, J.; Marchueta, I.; Moyano, A.; Riera, A.; Vázquez, J.; Verdaguer, X. *Pure Appl. Chem.* **2002**, *74*, 167.
388. Jamison, T. F.; Shambayati, S.; Crowe, W. E.; Schreiber, S. L. *J. Am. Chem. Soc.* **1994**, *116*, 5505.
389. Jamison, T. F.; Shambayati, S.; Crowe, W. E.; Schreiber, S. L. *J. Am. Chem. Soc.* **1997**, *119*, 4353.

18 C−H 結合の触媒的官能基化反応

18・1 概　要

式 18.1 に一般式で示した C−H 結合の選択的切断と官能基化反応は，有機遷移金属化学における長年にわたる達成目標の一つであった[1)〜5)]．“C−H 結合活性化” という用語はややあいまいであるが，触媒的あるいは化学量論的な反応において，アルカン，芳香族化合物やアルキル鎖における反応性の低い C−H 結合と，遷移金属錯体が反応して金属−炭素結合を含む生成物を生じる場合に用いられる．したがってこの定義による C−H 結合活性化は，Friedel-Crafts アルキル化反応や芳香族ニトロ化反応などは含まない．これらの反応では，C−H 結合を切断するが，まず初めに芳香族の π 電子系に求電子的な攻撃を行い，つづいて塩基として働く二つ目の反応剤によって C−H 結合が切断される．また，BuLi のような反応剤が強塩基として働くことによって進行する配向性官能基を利用したオルトメタル化反応も，上記の C−H 結合活性化の範疇には含まれない．

$$\text{R–H} + \text{A} \xrightarrow{\text{触媒}} \text{R–FG} + \text{B} \qquad \text{FG = functional group（官能基）} \tag{18.1}$$

不活性な C−H 結合を切断することによって化学反応を行い，ひき続いて穏やかな条件下で，官能基を化学選択的かつ位置選択的に導入することが，C−H 結合活性化に関する研究の目的である．アルカンや芳香族化合物の C−H 結合切断は一般的にみられる反応である．たとえば，ガスストーブの燃焼部や車のエンジンの中でアルカンは酸化され，二酸化炭素，水，そしてエネルギーが生みだされる．さらにアルカンの非触媒的ハロゲン化反応は，有機化学の初級で教えられている．またアルキルリチウムは，前のパラグラフで述べたように配向性官能基を利用したオルトメタル化反応によって，C−H 結合を切断する[6)]．汎用試薬である *t*-ブチルヒドロペルオキシドですら，HBr の触媒作用によりイソブタンの第三級 C−H 結合と酸素分子との選択的な反応によって合成されている[7),8)]．したがって “C−H 結合活性化” の課題は単に C−H 結合を切断するのではなく，一つの C−H 結合を選択的に切断して，その C−H 結合切断段階を触媒反応へ組込み，触媒的官能基化反応を実現することである．最大の課題は，ラジカルや強力な求電子剤に対して最も反応性が低い C−H 結合についてこの変換を行うことである．

アルカンの官能基化反応における主要な二つの目標は，メタンからメタノールへの選択的酸化反応と，安定な末端アルキル C−H 結合を官能基によって置き換えることである．これらの目標には，アレーン上の配向性置換基や基質の立体的あるいは電子的性質を利用して，脂肪族または芳香族の C−H 結合のうちの特定の C−H 結合を選択的に官能基化することも含まれている．化学原料を生産することを目指して小分子の官能基化のために開発された多くの手法が，今ではより複雑な化合物の合成に用いられるようになっている．

穏やかな条件下でアルカンの官能基化反応が金属錯体により触媒されることは知られている．たとえば，アジピン酸合成に利用されるシクロヘキサノールやシクロヘキサノンの大部分が，シクロヘキサンのコバルト触媒を用いた酸化で生産されている[9)]．しかし，本章は，これ以前の章で述べた，C−H 結合の切断で有機金属化合物を生じる反応を通して進行するアルカンの官能基化反応に焦点をあてる．6 章では，脂肪族あるいは芳香族反応剤の C−H 結合の酸化的付加反応と σ 結合メタセシス反応について述べた．この章で述べる触媒反応の多くは，比較的穏やかな条件下で進行するこれらの反応により C−H 結合が切断されている．本章では，13 章で述べた金属カルベノイド錯体のカルベン部位の挿入によって，脂肪族 C−H 結合が切断される反応についても述べる[10)]．

典型的な不活性 C−H 結合の選択的官能基化反応は，いくつかの課題に直面している．第一に，C−H 結合と反応し，出発物より熱力学的に安定な生成物を生じる反応剤はほとんどないことである．アルカンやアレーンのカルボニル化（式 18.2）といった単純な有機金属錯体の反応から予想される多くの触媒反応は吸熱的（ベンゼンにおいて ΔH=7.1 kJ mol^{-1}）である[11),12)]．同様に X−H 結合をもつ多くの反応剤とアルカンの脱水素的カップリング反応は吸熱的である（式 18.3）[13)~24)]．オレフィンの触媒的な水素化が一般的に観測されることから予想できるように，アルカンの脱水素反応によってオレフィンを生成することは，熱力学的に不利である（式 18.4）[12)]．したがって，このような触媒反応を非平衡条件で行う反応条件を見つけるか，発熱的にアルカンと反応する反応剤を見つけなければならない．さまざまな酸化剤によるアルカンの酸化は熱力学的に有利であるために，このタイプの反応に多くの努力が注がれてきた．

$$\mathrm{C_6H_6} + \mathrm{CO} \longrightarrow \mathrm{C_6H_5CHO} \qquad \Delta H = 7.1\ \mathrm{kJ\ mol^{-1}} \tag{18.2}$$

$$\mathrm{R{-}H} + \mathrm{HX} \longrightarrow \mathrm{RX} + \mathrm{H_2} \qquad \Delta H = 92\ \mathrm{kJ\ mol^{-1}}\ (\mathrm{R} = \mathrm{C_5H_{11}},\ \mathrm{X} = \mathrm{OH}) \tag{18.3}$$

$$\mathrm{RCH_2CH_3} \longrightarrow \mathrm{RCH{=}CH_2} + \mathrm{H_2} \qquad \Delta H = 130\ \mathrm{kJ\ mol^{-1}}\ (\mathrm{R} = \mathrm{C_4H_9}) \tag{18.4}$$

二つ目の問題は，最も強い C−H 結合が，金属触媒を用いて官能基化することが最も望まれるということである．アルカンやアルキル鎖の第二級 C−H 結合は，ラジカル反応によって官能基化することができるので，アルカンの触媒的な官能基化反応における一つの目標は，末端 C−H 結合での反応の開発である．これらの C−H 結合は第二級あるいは第三級の C−H 結合よりも強く[25)]，また末端炭素原子は内部の炭素原子より正電荷が安定化されにくいことから，官能基化されていない C−H 結合の反応の多くは，第二級や第三級の C−H 結合よりも第一級 C−H 結合の方が，起こりにくい．

三つ目の問題点は，C−H 結合活性化の生成物は，一般に生成物の官能基が高反応部位をつくり出すため出発物より反応性が高いことである．たとえば，酸化反応によって生じたアルコールは，一般にはケトンやアルデヒド，またはカルボン酸へとさらに酸化される．同様に，アルカンのカルボニル化反応によって生じたアルデヒドは，縮合反応を起こす．さらなる反応を防ぐ一つの方法は，立体障害となるような官能基を導入するか，あるいは α 位の C−H 結合が酸化されにくくなる官能基を導入することである．電子求引性の高いトリフルオロアセタート基やスルホン酸エステル基をもつ生成物は，出発物である炭化水素よりも酸化されにくい[26),27)]．

以下の節では，有機金属中間体の生成を含む，C−H 結合官能基化反応についていくつかのタイプを選んで述べる．具体的には，白金触媒によるアルカンのアルコールやハロゲン化アルキルへの酸化反応，アレーンやアルカンの酸化的カルボニル化反応あるいはアルキルカルボニル化反応，アレーンの酸化的オレフィン化反応，オレフィンのヒドロアリール化反応，アレーンとアルカンのカルボニル化反応，アルカンの脱水素化反応，アレーンやアルカンと典型元素反応剤との脱水素的カップリング反応，そしてアリールジアゾ酢酸エステル類から発生させたカルベンの第二級C−H結合への挿入反応について述べる．また別の形式の反応，すなわちアリールおよびヘテロアリールC−H結合が切断され，続いてC−C結合を生成して，ビアリールおよびヘテロビアリール化合物を生じる反応については，19章の最後の節で述べる．いくつかの例では，C−H結合官能基化反応の機構について詳細に研究されていることもあり，そのような場合については反応機構についても議論する．

18・2 白金触媒による有機金属反応中間体を経由したアルカンおよびアレーンの酸化反応

18・2・1 白金触媒によるC−H結合活性化反応に関する初期の研究

Shilovは，遷移金属錯体が，触媒的にアルカンのC−H結合を選択的に切断できることを示した先駆者の一人である[28]．Shilovは，白金錯体存在下で，アルカンと重水素化された酸がH/D(水素-重水素）交換反応を触媒的に起こすことを示した（式18.5，表18・1）．さら

$$\mathrm{R{-}H} \xrightarrow[\mathrm{DClO_4,\ CH_3CO_2D,\ D_2O}]{\mathrm{K_2PtCl_4,\ 12\ mol\%}} \mathrm{R{-}D} \qquad (18.5)$$

表18・1 K_2PtCl_4触媒によるCH_3CO_2D/D_2OとアルカンのH/D交換反応における位置選択性

アルカン	反応時間（時間）	重水素比率（%）	Dの取込み率†		
			Me−（%）	$-CH_2-$（%）	−CH−（%）
メタン	95	25	—	—	—
エタン	137	91	91	—	—
ペンタン	137	75	92	57	—
2-メチルブタン	137	69	83	37	9

† 平衡状態での重水素取込み率は92〜96%．

に，Shilovは，酸化剤として白金(Ⅳ)が必要ではあるものの，アルカンの酸化が白金(Ⅱ)触媒の存在下で起こることを示した．これらの反応をトリフルオロ酢酸を溶媒として行うと白金(Ⅳ)酸化剤に由来するハロゲン化アルキル（式18.6）と，溶媒から生じるトリフルオロ酢

$$\text{(pentane)} + \mathrm{H_2PtCl_6} \xrightarrow[\text{水}]{\mathrm{Na_2PtCl_4}\text{（触媒量）}} \text{1-chloropentane} + \text{2-chloropentane} \quad 56:44 \qquad (18.6)$$

酸アルキルエステルとの混合物が生じた[29)〜33)]．白金(Ⅳ)は酸化剤として価格が高いので，この反応は実用的ではない．しかしこれらの結果は，選択的なアルカン官能基化反応が実現可能であることを示唆している．なぜなら，H/D交換反応は，第二級C−H結合よりも第一級C−H結合のほうが速く起こり（表18・1）[34]，第一級と第二級C−H結合の酸化において，ある程度の選択性が観察されたからである[28]．6章で述べたように，これらの結果は，より多くの研究者が，アルカンのC−H結合に挿入，あるいはこれを選択的に切断するような遷移金属錯体を探索し，この結合切断によって直接観察できる生成物をつくり出す研究に取組むきっかけとなった．

18・2・2 アルカン官能基化反応に対するより実用的な白金触媒

Shilovの反応系をもとにして，白金(Ⅳ)よりもより実用的な酸化剤を用いた選択的な触媒

Periana 触媒；

(bpym)PtCl$_2$ =

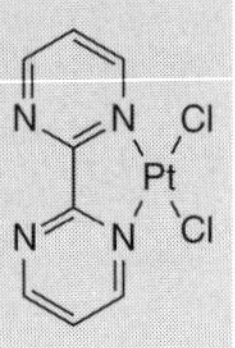

反応系がいくつか開発された．Periana は，三酸化硫黄を含む硫酸中でメタンを酸化する異なる 2 種類の触媒系を報告した．一つ目の触媒は単なるハロゲン化水銀で，この水銀化合物で触媒された反応は，硫酸水素メチルを $10^{-3}\ s^{-1}$ という TOF（触媒回転頻度）で生成する[35]．二つ目の系はより反応性が高く，ビピリミジン配位子を含む白金錯体をもとにしている（式 18.7）[27]．この場合は，メタンは硫酸水素メチルへ 81％の選択性で変換され，500 回以上の

$$CH_4 + 2\,H_2SO_4 \xrightarrow{\text{(bpym)PtCl}_2\text{(触媒量)}} CH_3OSO_3H + 2\,H_2O + SO_2 \qquad (18.7)$$

TOF = $10^{-2}\ s^{-1}$
TON > 500

TON（触媒回転数），そして $10^{-2}\ s^{-1}$ の TOF が観察された．これらの反応においては，酸素原子に結合した電子求引性基がメタノールをさらなる酸化から守るため，メタンのメタノール誘導体への官能基化反応は選択的に進行する．このメタンの酸化プロセスが，加水分解と

スキーム 18・1　メタンからメタノールへの酸化の全素過程（X = OSO_3H）

$$CH_4 + HX + SO_3 \xrightarrow{\text{反応段階 1}} CH_3X + H_2O + SO_2$$

$$CH_3X + H_2O \xrightarrow{\text{反応段階 2}} CH_3OH + HX$$

$$SO_2 + \tfrac{1}{2}O_2 \xrightarrow{\text{反応段階 3}} SO_3$$

$$\text{全反応：}\ CH_4 + \tfrac{1}{2}O_2 \longrightarrow CH_3OH$$

SO_2 の酸化反応と組合わされると，メタンの酸素分子による酸化反応の触媒サイクルが完結する（スキーム 18・1）．残念なことに，硫酸と生成物との分離が困難なことと硫酸の腐食性のため，この反応をメタノールの工業的合成法へ発展させることは困難である．

スキーム 18・2

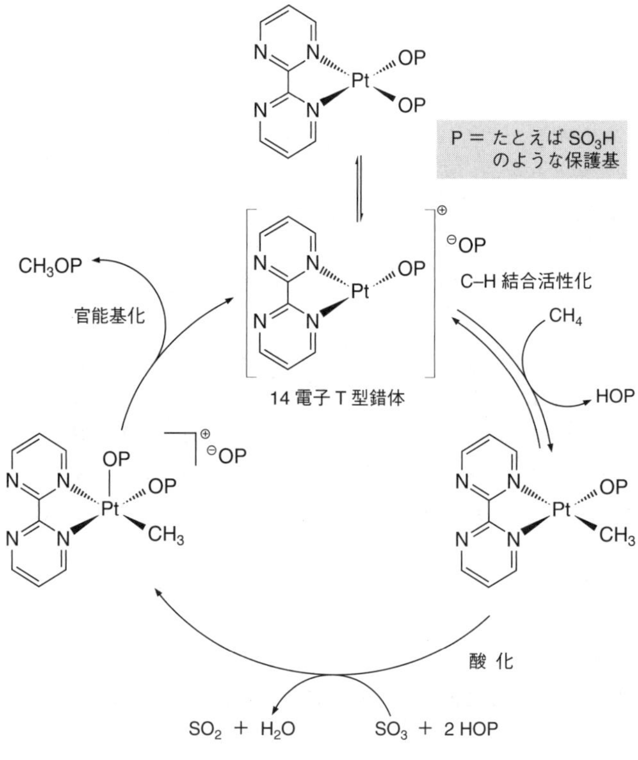

P = たとえば SO_3H のような保護基

C–H 結合活性化

CH_4 → HOP

14 電子 T 型錯体

官能基化　→ CH_3OP

酸 化

SO_3 + 2 HOP → SO_2 + H_2O

提案されているメタン酸化反応の機構をスキーム 18・2 に示す．また各反応段階については次項でより詳細に述べる．この強酸性溶媒中かつ高温条件下の白金（触媒）系の特筆すべき特徴は，ビピリミジン配位子が配位した白金(II)錯体の熱力学的安定性である．白金金属を硫酸中でビピリミジン配位子に加えると，白金(II)ビピリミジン錯体が生成する（式 18.8）．

$$Pt(0) + bpym + 3\,H_2SO_4 \longrightarrow Pt(bpym)(HSO_4)_2 + SO_2 + 2\,H_2O \qquad (18.8)$$

多くの研究者が白金の代わりとなる酸化剤を探してきた．ポリオキソメタラート (polyoxometallate, POM）は，酸素酸化反応のメディエーターとして働くことが示された[36]（式 18.9）．この例では，酸および酸化メディエーターとして働く POM（$H_5PV_2Mo_{10}O_{40}$）上に担持された Periana 触媒存在下，メタンと酸素との反応によってメタノールとアセトアルデヒドの混合物が生じることが報告された．C_2 化合物であるアセトアルデヒドが生成物として

$$CH_4 + \frac{1}{2}O_2 \xrightarrow[50\,℃]{\text{触 媒}} CH_3OH \xrightarrow[CH_4,O_2]{\text{触 媒}} CH_3CHO \qquad (18.9)$$

$[Pt(Mebipym)Cl_2]^{\oplus}[H_4PV_2Mo_{10}O_{40}]^{\ominus}/SiO_2$ 触媒によるメタンの空気下での酸化反応

生成物（μmol）			酸（μmol）	TON
CH_3OH	HCHO	CH_3CHO		
3	1	13	なし	6
30	12	48	H_2SO_4 (150)	31
24	19	49	$H_5PV_2Mo_{10}O_{40}$ (60)	32
46	9	41	$H_5PV_2Mo_{10}O_{40}$ (30)	33

$[H_4PV_2Mo_{10}O_{40}]^{\ominus}$ Me N⊕ N N N Pt^{II} Cl Cl

触媒（POM 担持 Periana 触媒）

生じる反応機構は確かではないが，メタノールから生じたホルムアルデヒドとメタンとの酸化的カップリング反応によるものと提案されている．この反応は 30 前後という中程度の触媒回転数で進行するが，酸素と POM を用いることは，白金(IV) を酸化剤として化学量論量用いる前述の Shilov の反応系に比べると明らかな前進である．

18・2・3　白金触媒による酸化反応の機構

Shilov の最初の結果からはかなりの年数を経てからになるが，Periana の新しい触媒や酸化剤の開発からはほどない時期に，このアルカン官能基化反応についての詳細な反応機構研究が行われた[37)〜41)]．これらの研究から導かれた結果が，スキーム 18・3 にまとめられている．簡潔に説明すると以下のようになる．一般的には Shilov 酸化反応やそれと密接に関連する Periana 酸化反応は，ハロゲン化白金(II)錯体 **A** または水酸化白金(II)錯体からアルキ

スキーム 18・3

CH_4
L L Pt^{II} X X **A**
L L Pt^{II} X CH_3 **B** + HX
$Pt^{IV}Cl_6^{2\ominus}$ $Pt^{II}Cl_4^{2\ominus}$
X X L L Pt^{IV} X CH_3 **C**
CH_3Cl, CH_3OH $+X^{\ominus}$ または HX
$Cl^{\ominus}$ H_2O

ル白金(II)錯体 **B** を生じる C−H 結合活性化反応によって起こると考えられている．さらに次の段階で，酸化剤として加えた白金(IV)錯体からアルキル白金(II)錯体へハロゲンが移動することによってアルキル白金(II)錯体 **B** がアルキル白金(IV)錯体 **C** へと酸化される．そして水，水酸化物イオン，スルホン酸イオンまたはハロゲン化物イオンが，生じたアルキル白金(IV)錯体を攻撃し，C−X 結合形成段階を経てアルコールやハロゲン化アルキルを生じ，初めの白金(II)触媒 **A** を再生する．

この反応機構に関しては，C−H 結合活性化のステップがどのように起こっているかに焦点があてられ，広範な研究が行われてきた．これらの研究の多くは 6 章の酸化的付加反応のところで述べた．カチオン性白金(II)中間体を経る四つの反応を式 18.10〜18.13 に示す[40),42)〜48)]．これらのモデル化合物による酸化的付加反応は，出発物のカチオン性白金錯体

$+ C_6D_6$ / −ネオペンタン-d_1 / 133 ℃ / C_6D_6 溶媒　(18.10)

$+ {}^{13}CH_4$ / $- {}^{12}CH_4$ / 85 ℃ / ペンタフルオロピリジン　(18.11)

+ RH (アレーンまたは ${}^{13}CH_4$) / $- CH_4$ / 45 ℃ / トリフルオロエタノール　(18.12)

$+ C_6H_6, - CH_4$ / 50 ℃ / ベンゼン溶媒　(18.13)

において，アルカンまたは芳香族化合物と中性配位子（トリフルオロエタノールや水，ペルフルオロピリジンまたは THF）の交換反応や，あるいは中性の白金錯体からのトリフラト配位子の脱離を経て進行する．この交換反応により，アルカンの σ 錯体が生成する．この σ 錯体は，次に C−H 結合の酸化的切断を起こし，アルキル白金(IV)ヒドリド中間体を与える．この中間体はアルカンを還元的に解離し，アリール基や標識されたメチル基を含む錯体を生じる．

アルキル白金(II)錯体の白金(IV) への酸化反応に関しては，あまり情報は得られていない．しかしある優れた研究結果によると，トリクロリド(メチル)白金(II)錯体を ${}^{195}Pt$ で標識した塩化白金(IV) によって酸化すると，得られたメチル白金(IV)錯体には ${}^{195}Pt$ の増加が見ら

$$[MePtCl_3]^{2\ominus} + [{}^{195}PtCl_6]^{2\ominus} \xrightarrow{H_2O} [MePtCl_5]^{2\ominus} + [{}^{195}PtCl_4]^{2\ominus} \quad (18.14)$$

[反応機構]

$$[Pt^{IV}Cl_6]^{2\ominus} + [Pt^{II}Cl_3R]^{2\ominus} \longrightarrow [Pt^{II}Cl_4]^{2\ominus} + [Pt^{IV}Cl_4R]^{\ominus} + Cl^{\ominus} \longrightarrow [Pt^{II}Cl_4]^{2\ominus} + [Pt^{IV}Cl_5R]^{2\ominus}$$

れなかった（式 18.14）．この結果は，アルキル白金(Ⅱ)錯体の白金(Ⅳ)による酸化反応が，白金(Ⅳ)からアルキル白金錯体への塩化物イオンの移動によるものであり，白金(Ⅳ)中心へのアルキル基の移動によっては起こっていないことを示している[49]．

この発見は，白金(Ⅳ)以外の酸化剤でもアルキル白金(Ⅱ)種の酸化反応に使用可能であることを示している．前項で述べたPerianaによるメタンの酸化反応の過程で，アルキル白金(Ⅱ)錯体は硫酸中でおそらく SO_3 によってアルキル白金(Ⅳ)錯体[27]へと酸化されており，そのアルキル白金(Ⅳ)錯体では，硫酸と SO_3 酸化剤から生じた $^{-}OSO_3H$ が配位子となっていると考えられる．この酸化段階は，メタンと SO_3 からの CH_3OSO_3H（硫酸水素メチル）を生成する反応の律速段階であると考えられる．同様に，ヘテロポリ酸もアルキル白金(Ⅱ)錯体を白金(Ⅳ)へ酸化できるが，その結果得られた生成物の配位子については明らかとなっていない[36]．さらなる研究において，この反応段階で酸素を酸化剤として用いることが試みられ，メタノール中でのアルキル白金錯体の（酸素）酸化反応では，ヒドロキシドおよびアルコキシド配位子をもった白金(Ⅳ)錯体を生じることが明らかになった（式 18.15）[50),51]．これらの化合物からは，C−O 結合を形成し，アルコールやエーテル生成物を与えるような還元的脱離反応は進行しなかった．

$$(N\text{–}N)Pt(CH_3)_2 \xrightarrow[CH_3OH]{\frac{1}{2}O_2} (N\text{–}N)Pt(OH)(OCH_3)(CH_3)_2 \quad (18.15)$$

N–N = bipy, phen, tmeda

形式的な還元的脱離反応による C−O 結合形成の最終段階の機構については，11 章の一部で述べた．特に，以下の二つのモデル反応から，反応機構に関する情報が得られている．はじめに，メチル白金(Ⅳ)アセタト錯体からの酢酸メチルの還元的脱離反応とメチル白金(Ⅳ)フェノキシド錯体からのメチルアリールエーテルの還元的脱離反応における，反応次数，溶媒効果，電子効果より，メチル白金への背面攻撃によって還元的脱離反応が起こることが示されている[52),53]（式 18.16 およびスキーム 18・4）．第二に，アルキル白金(Ⅳ)錯体へ

$$(P\text{–}P)Pt(CH_3)_3(OR) \rightleftharpoons [(P\text{–}P)Pt(CH_3)_3]^{\oplus}\,{}^{\ominus}OR \longrightarrow (P\text{–}P)Pt(CH_3)_2 + RO\text{−}CH_3 \quad (18.16)$$

P–P = $Ph_2PCH_2CH_2PPh_2$

水が攻撃する際の立体化学に関する研究により，アルコールの生成が背面攻撃による立体配置の反転を伴って起こることが示された[54]．

スキーム 18・4

$$CH_3Cl + [PtCl_4]^{2-} \xleftarrow[\text{(メチル基での } S_N2 \text{ 反応)}]{Cl^{-}} [CH_3PtCl_4]^{-} \xrightarrow[\text{(メチル基での } S_N2 \text{ 反応)}]{H_2O} [PtCl_4]^{2-} + CH_3OH + H^{+}$$

$$[CH_3PtCl_5]^{2-} \underset{Cl^{-}}{\overset{-Cl^{-}}{\rightleftharpoons}} [CH_3PtCl_4]^{-} \overset{H_2O}{\rightleftharpoons} [CH_3PtCl_4(OH_2)]^{-}$$

18・3 アルカンおよびアレーンの配向性官能基を利用した酸化，アミノ化，およびハロゲン化反応[55)]

アルキル鎖あるいはアリール基に結合した官能基が配向性基として働くような，多くの酸化的官能基化反応が報告されている．アルキル鎖あるいはアリール基上の置換基は，遷移金属へ配位できる官能基またはヘテロ環置換基である．これらの基が遷移金属へ配位できることで，二つの機能をもつことになる．第一に配向性基なしではほとんどC−H結合に付加しないような遷移金属錯体でも，配向性基の存在によってC−H結合の切断が誘発される．第二に，配位性置換基は隣接するオルト位への位置選択的官能基化を可能とする．21世紀の初め，このようなタイプの位置選択的官能基化反応を開発するために多くの努力が費やされた．すなわちアセトキシ化，アミノ化，ハロゲン化，そしてC−C結合形成反応などが開発されてきた．またこの考え方をもとにした多数の論文がこの本を書いている間にも報告されている．本節では，この戦略を脂肪族あるいは芳香族C−H結合の官能基化反応へと応用した例を紹介する．

Samesによって報告されたアミノ酸のヒドロキシ化反応は，配向性官能基を利用したC−H結合官能基化反応の最初の例の一つである．Samesは，白金(II)と酸化剤としての塩化銅(II)を組合わせたShilovの反応系により，バリンのメチル基の官能基化反応が行えることを報告した[56)](式18.17)．Sanfordは，近傍のイミン部位を配向性官能基とするアリールおよびアルキル基のさまざまな酸化反応を報告した（式18.18aおよびb）[57),58)]．容易に入手

バリン ——触媒/酸化剤——→ ラクトン　(18.17)

触媒/酸化剤	収率(%)	シン体：アンチ体
16% K_2PtCl_4/K_2PtCl_6	21	5：1
10% K_2PtCl_4/$CuCl_2$	67	3：1
1% K_2PtCl_4/5%$CuCl_2$	20	3：1

$Pd(OAc)_2$ → (MeO–N=C–Pd(OAc) 二量体) —— $PhI(OAc)_2$ → AcO / X / Y 生成物　(18.18a)

X = Y = H
X = OAc, Y = H
X = Y = OAc

8-メチルキノリン —— $Pd(OAc)_2$, AcOH, $PhI(OAc)_2$, 100 ℃ → 8-(アセトキシメチル)キノリン　(18.18b)

可能な $PhI(OAc)_2$ が，これらの反応における酸化剤である．これと密接に関連した配向性官能基を利用する芳香族C−H結合のアミノ化反応として，ペルオキシ二硫酸塩酸化剤と窒素源としてアミドを用いる反応も知られている（式18.18c）[59)]．水酸基に対してカルバマー

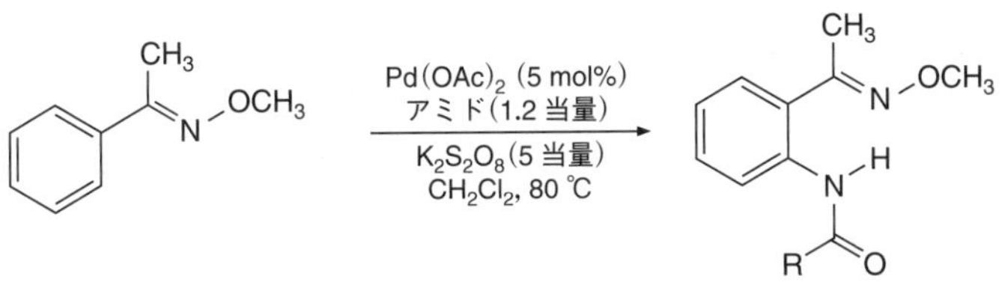

(18.18c)

ト基を付与し，これをテザーとして用いた，アルキルおよびアリル C−H 結合の位置選択的なアミノ化反応が DuBois によって開発された[60]．脂肪族 C−H 結合のアミノ化反応は，13 章で述べたロジウム(ナイトレン)錯体の発生によって進行する．このタイプのアミノ化反応は，有機金属中間体を経て進行しているのではなさそうである．White は，パラジウム触媒を用いたアリル位 C−N 結合の生成が，アリル位 C−H 結合活性化で生じるアリル金属種中間体への求核攻撃によって進行することを明らかにしている（式 18.18d）[61]．

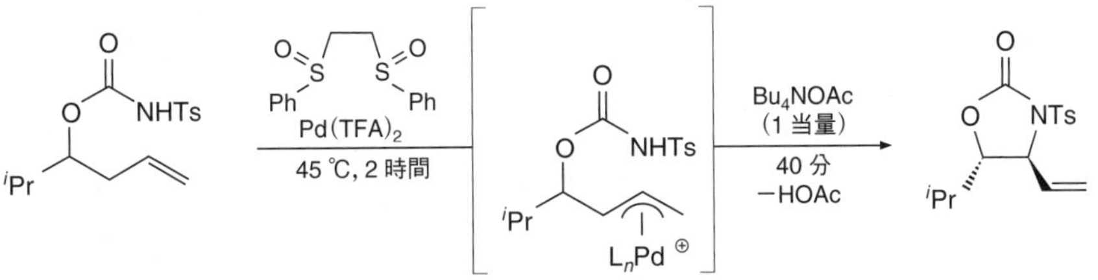

(18.18d)

これに関連した戦略が，脂肪族や芳香族 C−H 結合のハロゲン化反応へとうまく応用されている．Yu はオキサゾリンのパラジウム触媒への配位を利用するアルキル鎖のヨウ素化反応を報告した（式 18.19a）[62]．このヨウ素化反応においては，$PhI(OAc)_2$ と I_2 の組合わせがヨウ素化と酸化を行う反応剤として用いられた．アレーン上の配向基を用いることで，アレーンの位置選択的ハロゲン化反応も可能となった[63]．式 18.19b に触媒反応と非触媒反応

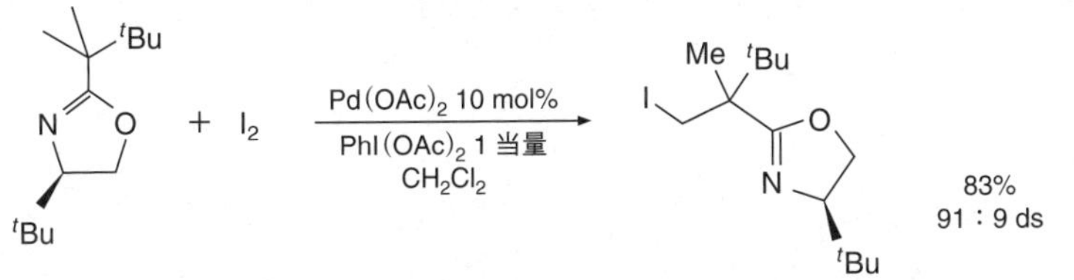

(18.19a)

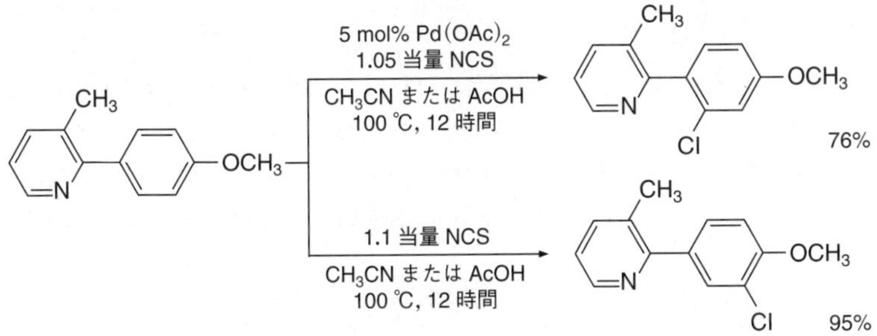

(18.19b)

が示されているように，パラジウム触媒反応は非触媒反応よりも速く進行する．生成物の選択性は，アレーンの電子的な性質よりも，配向性官能基への触媒の配位によって決定される．マイクロ波照射条件では，配向性官能基を利用した芳香族 C−H 結合のフッ素化反応も進行する（式 18.19c）[64]．

これらの酸化的プロセスは，アリールパラジウム(II)中間体の形成と，ひき続くパラジウム(IV)中間体への酸化反応によってひき起こされると考えられていたが，二核パラジウ

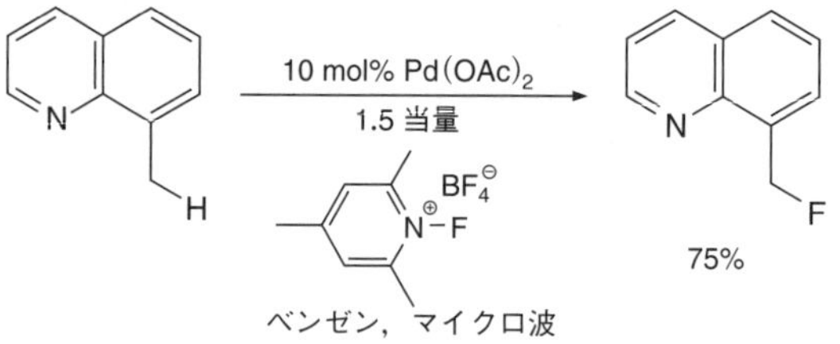

10 mol% $Pd(OAc)_2$
1.5 当量
$BF_4^{\ominus}$ $N^{\oplus}$－F
ベンゼン，マイクロ波
75%
(18.19c)

ム(Ⅲ)種が単離され，これが反応に関わる高原子価パラジウム中間体である可能性もある[65]．ベンゾアト化反応の場合では，アリールパラジウム中間体は，アリールパラジウム(Ⅱ)錯体と PhI(OC(O)Ar′)$_2$ との反応によって形成される．一つのモデル系であるが，この反応剤による酸化反応によって Pd(Ⅳ)中間体が生じ，さらに還元的脱離反応によって Ar－OC(O)Ar′結合が形成されることが示された（式 18.20）．反応機構に関する検討により，こ

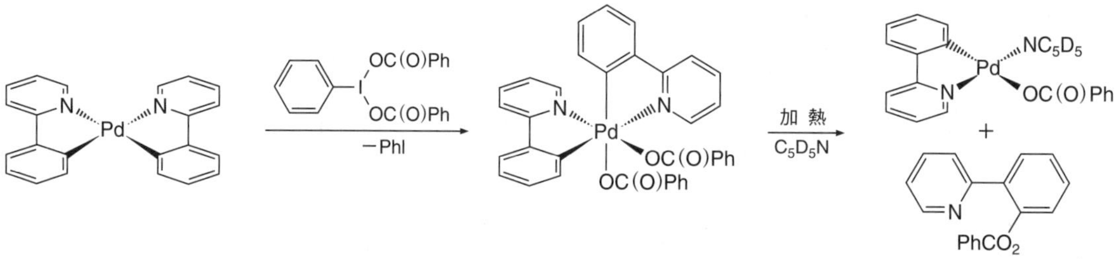

OC(O)Ph
OC(O)Ph
－PhI
加 熱
C_5D_5N
NC_5D_5
OC(O)Ph
$PhCO_2$
(18.20)

れらの反応は直接的な還元的脱離反応か，可能性は低いが，キレートを形成しているピリジル基の解離反応が律速段階となる経路で進行していることが示唆されている[66]．このような炭素－ヘテロ原子結合を生じる還元的脱離反応については，8 章でより詳細に述べた．

配向性基を用いることにより，アルキルおよびアリールの C－H 結合に対する，アリール基の位置選択的カップリング反応も可能となっている．Daugulis は sp^3 C－H 結合のアリール化反応を初めて報告した（式 18.21a）[67]．Daugulis のアリール化反応では，ヨウ化アリー

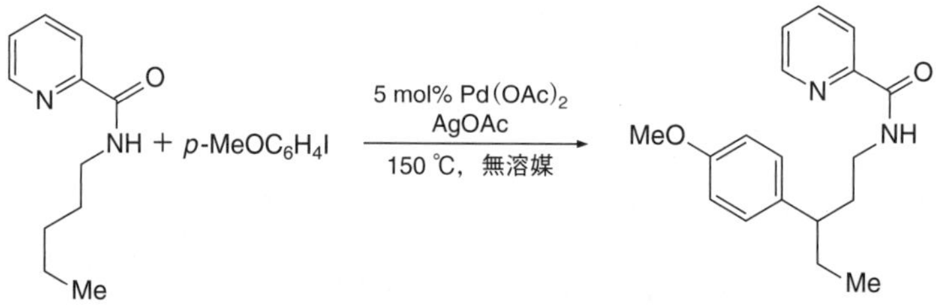

NH ＋ p-$MeOC_6H_4I$
5 mol% $Pd(OAc)_2$
AgOAc
150 ℃，無溶媒
MeO
NH
Me
(18.21a)

ルが反応剤として用いられた．しかしより最近では，ハロゲン化合物を用いずに，異なる二つの芳香族化合物を選択的にカップリングさせる方法が研究されている．一つ目の例では，電子豊富な芳香族ヘテロ環と別の芳香環との電子的性質の違いが利用されている．この戦略では，電子豊富な芳香族ヘテロ環が，芳香族求電子置換反応によって，求電子的な Pd(TFA)$_2$ と

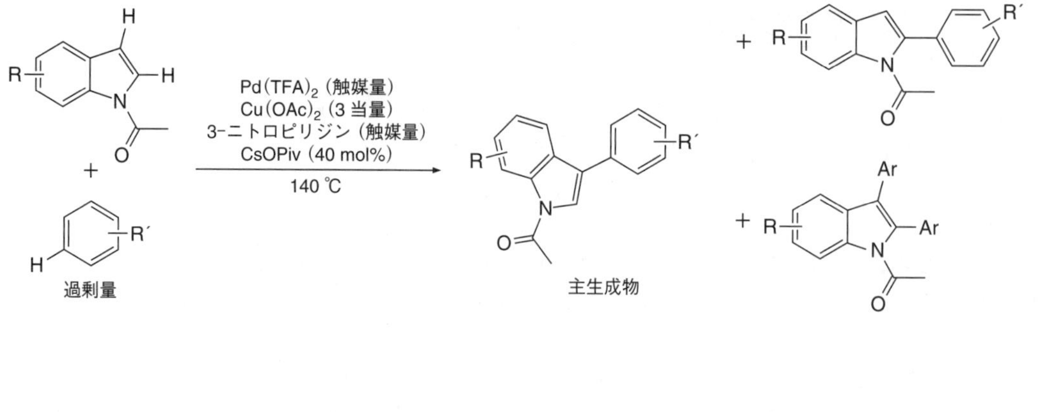

$Pd(TFA)_2$ (触媒量)
$Cu(OAc)_2$ (3 当量)
3-ニトロピリジン (触媒量)
CsOPiv (40 mol%)
140 ℃
過剰量
主生成物
(18.21b)

反応し，一方もう一つの芳香環は，より電子豊富なアリールパラジウム中間体とσ結合メタセシス経路で反応すると考えられる[68),69)]．この選択性については式 18.21b に示されている[68)]．二つ目の例では，一つの基質が配向性基によって活性化され，もう一方の基質は，立体障害のために，最初の芳香環が反応した後に活性化されるように設計されている．このタイプの反応の一例を式 18.21c に示す[70)]．19 章では，芳香環とハロゲン化アリールの直接カップリング反応に関するより広範な議論をする．

(ベンゾ[h]キノリン，H) + Ph–H (98 当量) → [10 mol% $Pd(OAc)_2$, 0.5 当量 BQ, 2 当量 Ag_2CO_3, 4 当量 DMSO / 130 ℃, 12 時間 (89%)] → (10-フェニルベンゾ[h]キノリン，Ph)　(18.21c)

18・4 アルカンおよびアレーンのカルボニル化反応

18・4・1 アルカンおよびアレーンの酸化的カルボニル化反応

アルカンのアルコールやハロゲン化アルキルへの酸化反応が見いだされると同時に，アルカンやアレーンの酸化的カルボニル化反応によるカルボン酸の生成反応が報告された[71)]．藤原は，化学量論量のアセタト(アリール)パラジウム種が $Pd(OAc)_2$ とアレーンとの反応で生成し，その生じたアリールパラジウム錯体がさらに酢酸中で一酸化炭素と反応して芳香族カルボン酸を生じることを示した（式 18.22）[72)]．O_2，^{t}BuOOH，ハロゲン化アルキル，あるいは $K_2S_2O_8$ を酸化剤として加えると，この反応はパラジウムに対して触媒的に進行し，酢酸パラジウム存在下で，ベンゼン，一酸化炭素，酸化剤が反応して安息香酸が生じる（式 18.23）[73)〜76)]．

$$\text{Ar–H} \xrightarrow[-\text{H}^{\oplus}]{\text{Pd(OAc)}_2} \text{Ar–Pd–OAc} \xrightarrow{\text{CO}} \text{Ar–C(=O)–Pd–OAc} \xrightarrow{\text{HOAc}} \text{Ar–CO}_2\text{H} + \text{Ac}_2\text{O} + \text{Pd(0)} \quad (18.22)$$

ArH：アレーンおよびヘテロアレーン

$$\text{C}_6\text{H}_6 + \text{CO} \xrightarrow[\text{K}_2\text{S}_2\text{O}_8/\text{TFA},\ 室温,\ 20\ 時間]{10\%\ \text{Pd(OAc)}_2} \text{C}_6\text{H}_5\text{CO}_2\text{H} \quad 収率\ \sim 100\% \quad (18.23)$$

$K_2S_2O_8$ を酸化剤とした場合に最高の収率が得られた[75),76)]．Sen は，酸性溶媒中における，関連した酸化反応を報告している[77),78)]．

これらの酸化的カルボニル反応はアルカンでも起こるが，アルカンの転化率は低く，触媒回転数（TON）も比較的低い．藤原は，酢酸パラジウムと酢酸銅の存在下，トリフルオロ酢酸中，$K_2S_2O_8$ により，シクロヘキサンが一酸化炭素と反応してシクロヘキサンカルボン酸が生じることを報告した．その際，触媒回転数は 20 に達し，アルカンに対して収率 4% であった（式 18.24）[79),80)]．藤原は，V(O)(acac)$_2$ を触媒として，$K_2S_2O_8$ を酸化剤に用いたメ

$$\text{C}_6\text{H}_{12} + \text{CO} \xrightarrow[\text{K}_2\text{S}_2\text{O}_8/\text{TFA},\ 80\ ℃,\ 20\ 時間]{\text{Pd(OAc)}_2/\text{Cu(OAc)}_2} \text{C}_6\text{H}_{11}\text{CO}_2\text{H} \quad 収率\ 4.3\%,\ \text{TON}\ 19.8 \quad (18.24)$$

$$\text{CH}_4 + \text{CO} \xrightarrow[\text{TFA},\ 80\ ℃,\ 20\ 時間]{\text{VO(acac)}_2/\text{K}_2\text{S}_2\text{O}_8} \text{CH}_3\text{CO}_2\text{H} \quad 収率\ 93\%,\ \text{TON}\ 18 \quad (18.25)$$

タンのカルボキシ化についても報告し（式 18.25）[80]，この反応は，メタンに対して収率 93%，触媒回転数 18 で進行した．Sen は過酸化水素を酸化剤とする，メタンのパラジウム(II)触媒によるメタノール誘導体への酸化反応を報告した[81]．つづいて彼は，100 ℃，水溶媒中で $RhCl_3$ がメタン，一酸化炭素，酸素から酢酸を合成する触媒となることを報告した（式

$$CH_4 + CO + \frac{1}{2}O_2 \xrightarrow[H_2O,\ 100\,^\circ C]{RhCl_3} CH_3CO_2H \qquad (18.26)$$

$$2\,CH_4 + 4\,H_2SO_4 \xrightarrow{Pd(II)} CH_3CO_2H + 4\,SO_2 + 6\,H_2O \qquad (18.27)$$

18.26）[77]．Periana は，メタンから酢酸を生成する類似の変換反応を報告したが，この反応は一酸化炭素の非存在下で行われ，酢酸の炭素原子はいずれもメタンに由来している（式 18.27）[82]．この場合，スキーム 18・5 に示すように一酸化炭素はメタンの酸化によって生じると考えられる．

スキーム 18・5

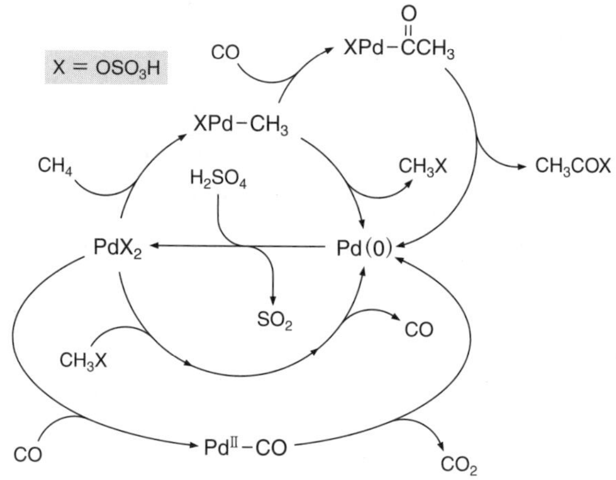

X = OSO_3H

18・4・2　アルカンおよびアレーンのアルキルカルボニル化反応

オレフィンの配向性官能基を利用したヒドロアリール化反応と並行して，ヘテロアレーン，一酸化炭素，アルケンからケトンを合成する一連の論文が報告された．Moore は，一酸化炭素と 1-アルケンがピリジン窒素原子の α 位で反応して，ケトンを生成する触媒反応を初めて報告した（式 18.28）[83]．*N*-ベンジルイミダゾールの立体障害の小さい 4 位の C－H 結合における，同様の反応も報告された（式 18.29）[84),85]．2-アリールピリジン[86] や *N*-^{t}Bu

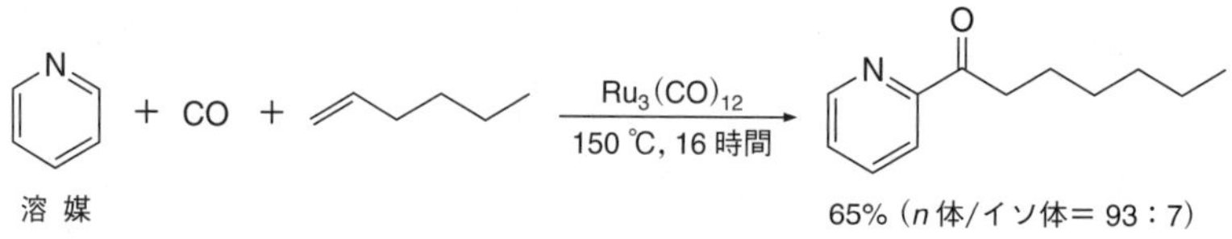

（式 18.28）ピリジン（溶媒）＋ CO ＋ 1-ヘキセン —$Ru_3(CO)_{12}$，150 ℃，16 時間→ 2-ピリジルケトン　65%（*n* 体/イソ体＝ 93：7）　(18.28)

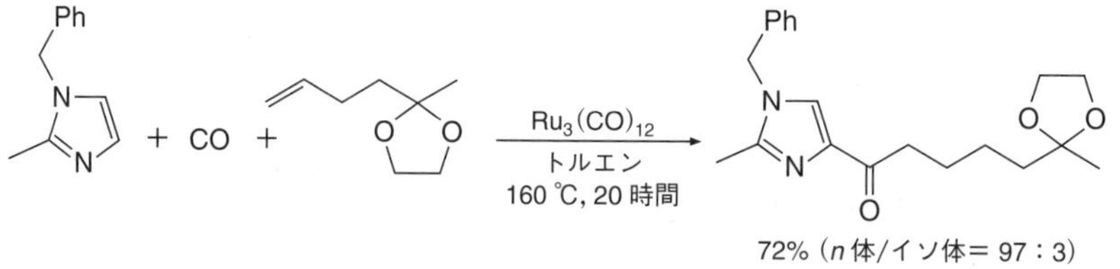

（式 18.29）＋ CO ＋ —$Ru_3(CO)_{12}$，トルエン，160 ℃，20 時間→　72%（*n* 体/イソ体＝ 97：3）　(18.29)

芳香族アルジミン[87]のオルト位C−H結合で，一酸化炭素とエチレンが反応してケトンを生成する反応も報告された（式 18.30, 18.31）．*N*-2-ピリジルピペラジンの sp^3 C−H結合での反応は，アルキルカルボニル化反応と同時にピペラジンの脱水素反応が進行し，α, β-不飽和ケトンが生成する（式 18.32）[88]．提唱されたアルキルカルボニル化反応の機構をスキーム 18・6 に示した．この反応は，C−H結合の酸化的付加反応，金属−水素結合へのオレフィンの挿入反応，金属−ヘテロアリールまたは金属−アルキル結合への CO の挿入反応と還元的脱離反応を経て，生成物中における新たなアリールまたはヘテロアリール−アシル結合が生成すると考えられている．

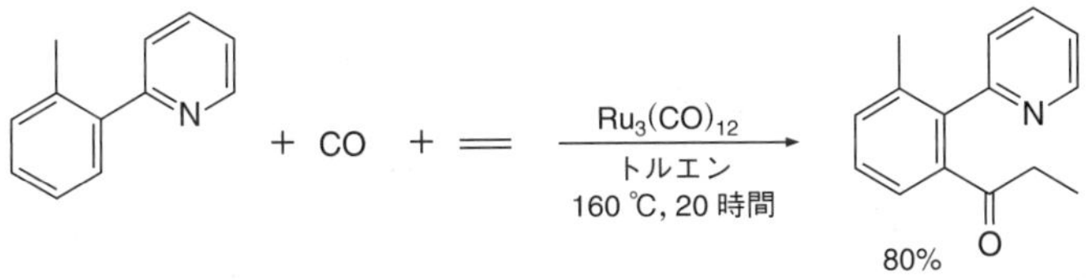

(18.30) + CO + ＝ → $Ru_3(CO)_{12}$, トルエン, 160 ℃, 20 時間; 80%

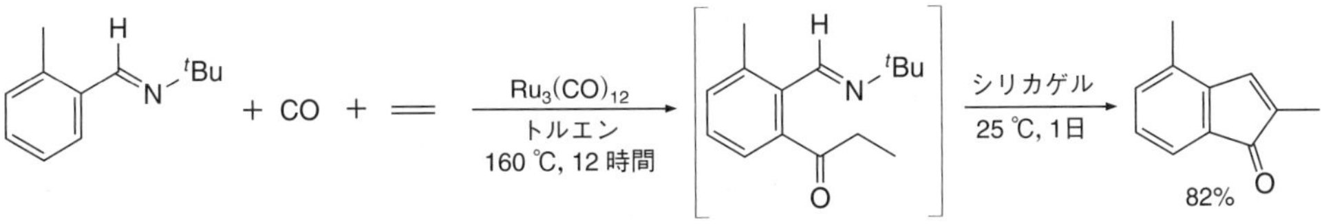

(18.31) + CO + ＝ → $Ru_3(CO)_{12}$, トルエン, 160 ℃, 12 時間; シリカゲル, 25 ℃, 1日; 82%

(18.32) + CO + ＝ → $Rh_4(CO)_{12}$, トルエン, 160 ℃, 20 時間; 85%

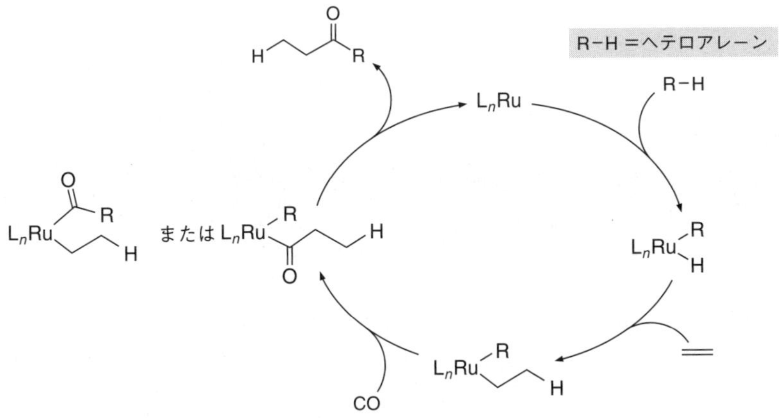

スキーム 18・6

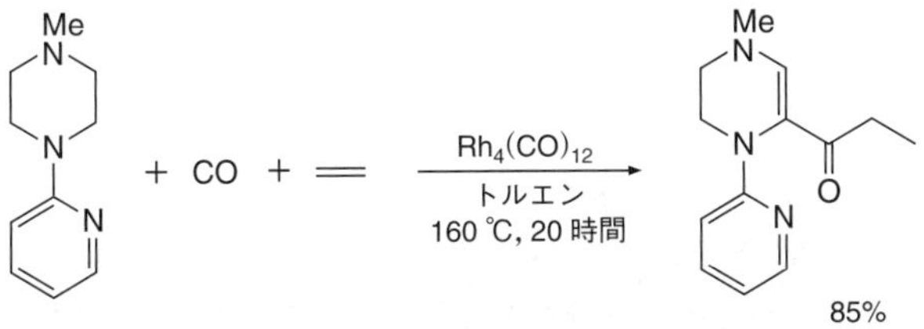

R−H＝ヘテロアレーン

L_nRu; R−H; $L_nRu(R)(H)$; ＝; $L_nRu(R)(CH_2CH_2H)$; CO; $L_nRu(C(O)R)(CH_2CH_2H)$ または $L_nRu(R)(C(O)CH_2CH_2H)$; $H{-}CH_2CH_2{-}C(O)R$

18・4・3 直接的カルボニル化反応によるアルデヒド生成反応

アルカンおよびアレーンから酸化的カルボニル化反応によりカルボン酸を生じる反応と対照的に，アルカンおよびアレーンの単純カルボニル化反応により，アルデヒドを与える反応は吸熱的である[11]．しかしこの反応は光化学反応によって，観測可能な濃度の芳香族および脂肪族アルデヒドを生成することが可能である．$RhMe(CO)(PMe_3)_2$ とアルカン，一酸化炭素の光化学反応条件下での反応では，直鎖型アルデヒドがカルボニル化反応の主生成物として得られる（式 18.33a）[89)〜92)]．しかしこれらのアルデヒドは Norrish II 型光化学反応を起こし（式 18.33b），複数の有機化合物，たとえば炭素数の一つ少ないアルケンなどが生じる[93)]．アレーンのカルボニル化反応では，アルデヒド生成物の収率はより高い．しかし，これらのカルボニル化反応は，7.1 kJ mol^{-1} 吸熱的[11)] であると計算されており，これらの熱力学パラメーターからは，熱反応条件においてアルデヒド生成物は高収率で得られないことが示唆される．

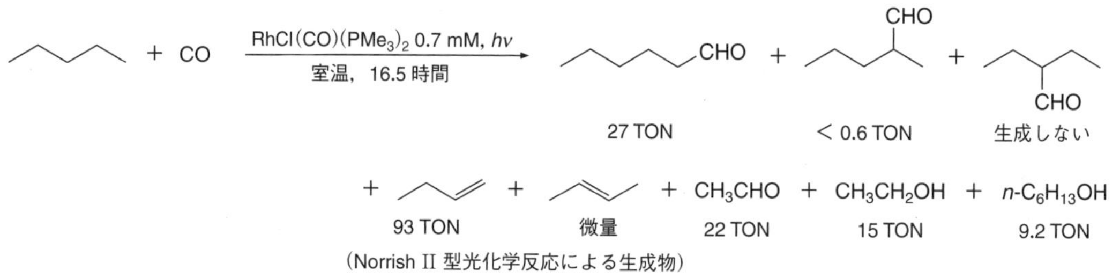
RhCl(CO)(PMe3)2 0.7 mM, hv
室温，16.5 時間
CHO
27 TON
< 0.6 TON
生成しない
93 TON
微量
CH3CHO
22 TON
CH3CH2OH
15 TON
n-C6H13OH
9.2 TON
(Norrish II 型光化学反応による生成物)
(18.33a)

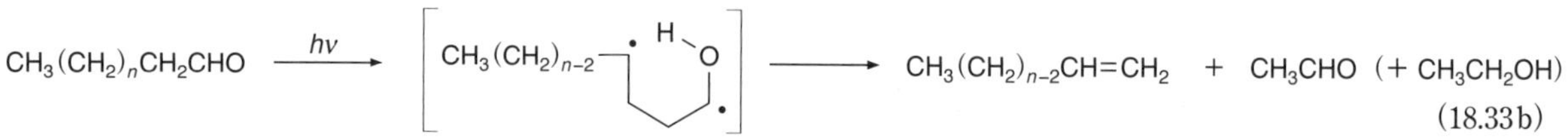
CH3(CH2)nCH2CHO
hv
CH3(CH2)n−2
H
O
CH3(CH2)n−2CH=CH2
CH3CHO (+ CH3CH2OH)
(18.33b)

イソシアニドの C－N 多重結合は，一酸化炭素の C－O 多重結合に比べて弱い[94)]．したがって，C－H 結合のカルボニル化と類似のイソシアニドの C－H 結合への挿入反応は熱力学的により有利なはずである．$Rh(CO)Cl(PMe_3)_2$ を触媒とする光化学反応[95)]条件下でのこの反応の例を式 18.34 に示す[96)]．少し複雑ではあるが，より効率的なイソシアニドの反応が

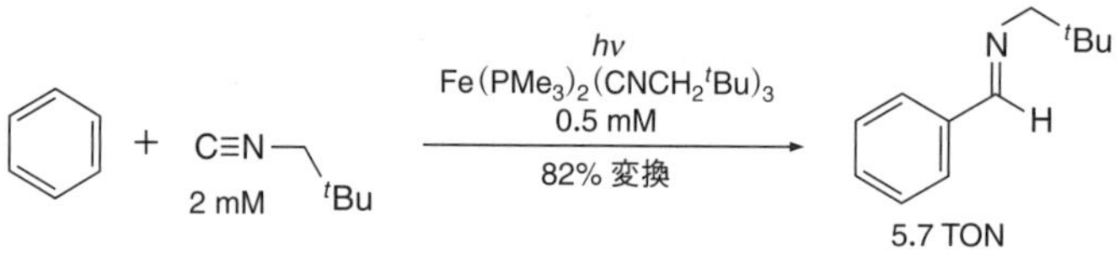
C≡N
2 mM
tBu
hv
Fe(PMe3)2(CNCH2tBu)3
0.5 mM
82% 変換
N
H
5.7 TON
(18.34)

知られている．この反応では，2,6-ジメチルフェニルイソシアニドの *o* 位のメチル基への分子内挿入反応が含まれており，これによりインドール生成物が高収率で得られる（式 18.35）[96),97)]．

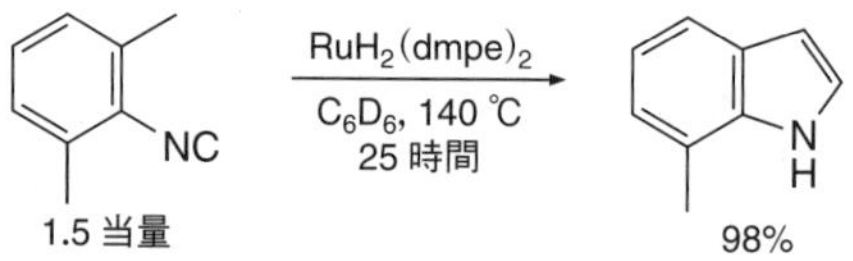
NC
1.5 当量
RuH2(dmpe)2
C6D6, 140 ℃
25 時間
N
H
98%
(18.35)

$Rh(CO)Cl(PMe_3)_2$ 触媒による光化学的カルボニル化反応の反応機構は複雑である（スキーム 18・7）[92)]．共通の光化学過程から生じた共通の中間体を経る二つの経路が同時に進

スキーム 18・7

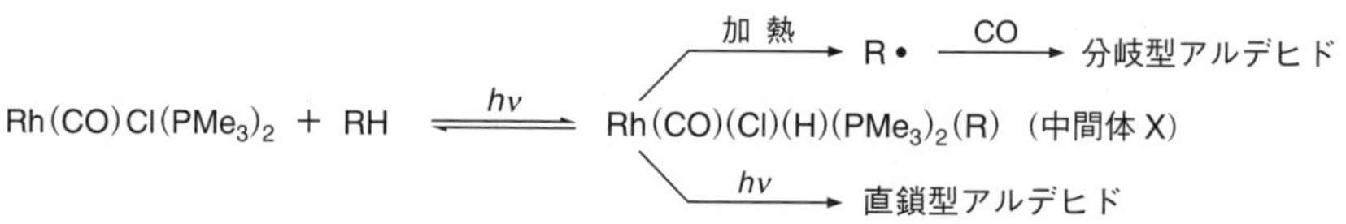
Rh(CO)Cl(PMe3)2 + RH
hv
Rh(CO)(Cl)(H)(PMe3)2(R)（中間体 X）
加 熱
R•
CO
分岐型アルデヒド
hv
直鎖型アルデヒド

行していると考えられる．一つ目の経路（スキーム 18・7 下側）では，二つの光化学過程により進行すると考えられ，直鎖型アルデヒドを与える．二つ目の経路（スキーム 18・7 上側）では，最初の光化学反応のあと，熱的過程が進行すると考えられる．この最初の光化学過程は，まず CO の光化学的解離反応が起こり，さらにアルカンの付加，CO の再結合とい

う過程を経て $Rh(CO)Cl(PMe_3)_2$ とアルカンが反応し，アルキルヒドリド中間体（X）が生じる．この反応は，$Rh(CO)Cl(PMe_3)_2$ から CO が光化学的に解離して生じる $RhCl(PMe_3)_2$ フラグメント[98] とアレーンの反応に似ている[92]．このアルカンのカルボニル化反応で提唱されているアルキルヒドリド中間体 X は NMR で検出されており[92]，十分長い寿命をもつために，スキーム 18・7 下側の第二の光化学過程が進行し，直鎖型アルデヒドを与えると考えられる．ラジカル捕捉剤を加えると分岐型アルデヒドの生成が抑制されたが，これは分岐型アルデヒドがスキーム 18・7 上側の経路で生じていることを示唆している．この経路は，第一級のアルキル中間体と同時に生じる第二級アルキル中間体のロジウム－炭素結合の均等開裂（ホモリシス）により進行すると考えられる．

18・5 脱水素反応

18・5・1 初期の研究

1970 年代の終わりに複数の研究者たちが，アルカンの均一系脱水素反応に注目した．Crabtree はシクロペンタンと $[Ir(H)_2(acetone)_2(PPh_3)_2]BF_4$ の化学量論反応で，シクロペンタジエニル錯体 $[CpIrH(PPh_3)_2]BF_4$ が生じ，また，シクロオクタンとの反応で，シクロオクタジエン錯体 $[Ir(COD)(PPh_3)_2]BF_4$ が生じることを示した（式 18.36, 18.37）[99)～102)]．

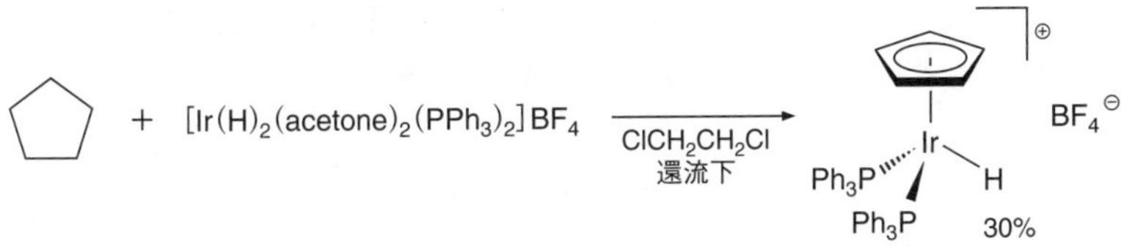

+ [Ir(H)2(acetone)2(PPh3)2]BF4
ClCH2CH2Cl
還流下
Ir
Ph3P
H
Ph3P
30%
BF4

(18.36)

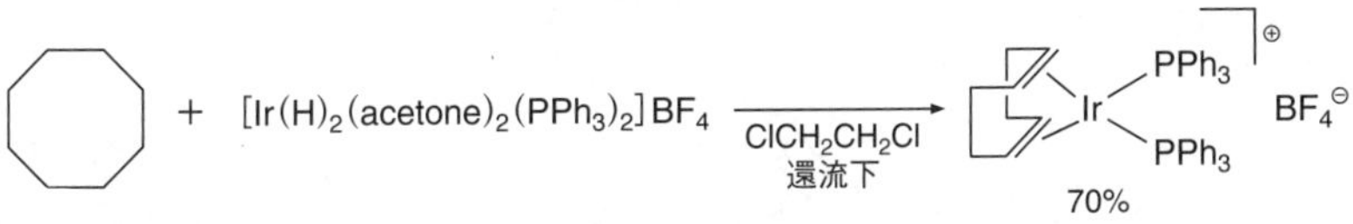

+ [Ir(H)2(acetone)2(PPh3)2]BF4
ClCH2CH2Cl
還流下
Ir
PPh3
PPh3
70%
BF4

(18.37)

Felkin[103)～105)] は *t*-ブチルエチレンを水素受容体として用いる最初の均一系触媒による脱水素反応（式 18.38 と 18.39）を報告した．また彼らは，低い触媒回転数ではあるものの，直鎖アルカンから α-オレフィンが速度論的生成物として生じることを報告した（式 18.40）[105]．

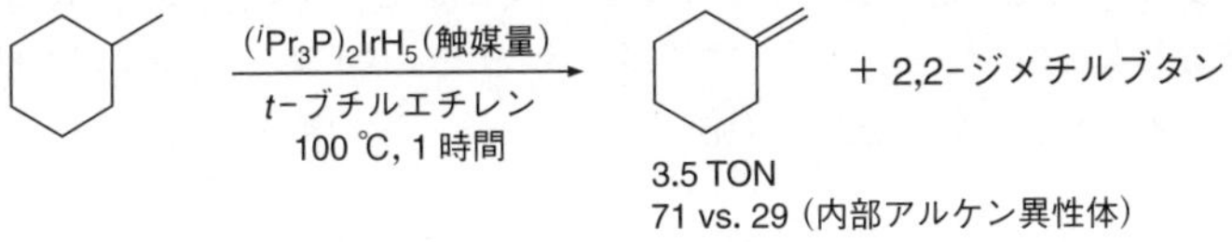

(iPr3P)2IrH5 (触媒量)
t-ブチルエチレン
100 ℃, 1 時間
+ 2,2-ジメチルブタン
3.5 TON
71 vs. 29 (内部アルケン異性体)

(18.38)

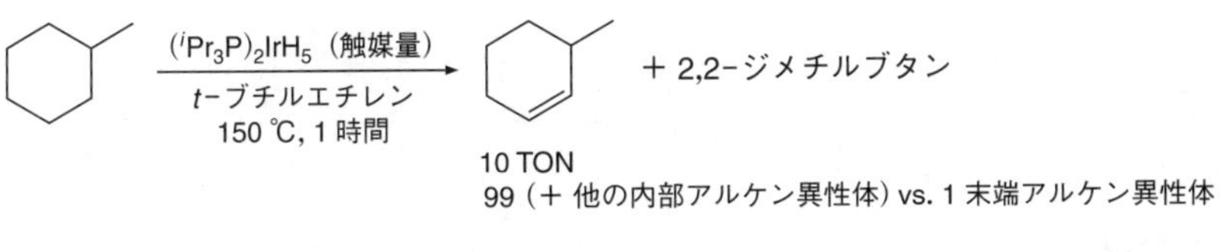

(iPr3P)2IrH5 (触媒量)
t-ブチルエチレン
150 ℃, 1 時間
+ 2,2-ジメチルブタン
10 TON
99 (+ 他の内部アルケン異性体) vs. 1 末端アルケン異性体

(18.39)

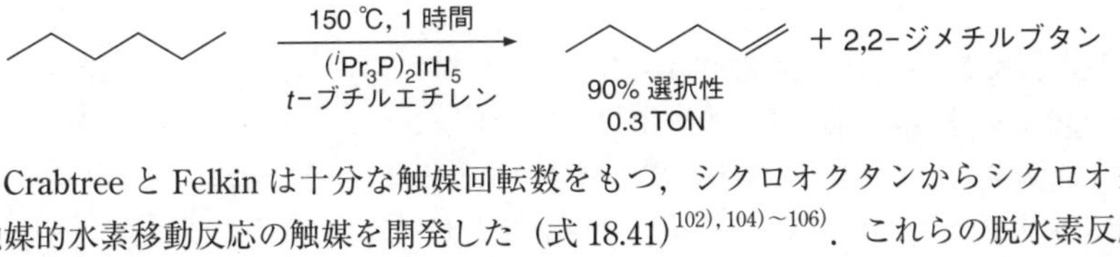

150 ℃, 1 時間
(iPr3P)2IrH5
t-ブチルエチレン
+ 2,2-ジメチルブタン
90% 選択性
0.3 TON

(18.40)

Crabtree と Felkin は十分な触媒回転数をもつ，シクロオクタンからシクロオクテンへの触媒的水素移動反応の触媒を開発した（式 18.41）[102),104)～106)]．これらの脱水素反応はイリジウム錯体 $[Ir(\kappa_2\text{-}O_2CR^1)_2(PR^2_3)_2(H_2)]^+$（$R^1 = CF_3$ または C_2F_5, $R^2 =$ Cy，Ph，または *p*-CF_3-

C_6H_4), $Ir(P^iPr_3)_2H_5$ と $Ir[P(C_6H_4\text{-}p\text{-}F)_3]_2H_5$, およびルテニウム錯体 $Ru[P(C_6H_4)\text{-}p\text{-}F)_3]_3H_4$ を用いて行われた．その後の 10 年間で他のいくつかの研究グループがこのタイプの熱的な水素移動反応に対するさまざまな触媒を報告した[107)〜109)]．齋藤らおよび Crabtree らは開放

触媒 (18.41)

Crabtree 触媒＝ $[Ir(\kappa^2\text{-}O_2CC_2F_5)_2(PR_3)_2(H_2)]^+$ (R = Cy, $C_6H_4CF_3$)
水素受容体が存在する場合の触媒回転数(TON)35；
解放系，還流下，水素受容体が存在しない場合の TON 35.
Felkin 触媒＝ $Ir(P^iPr_3)_2H_5$, $Ir[P(C_6H_4\text{-}p\text{-}F)_3]_2H_5$, $Ru[P(C_6H_4)\text{-}p\text{-}F)_3]_3H_4$
水素受容体が存在する場合の TON 45〜70

系でも脱水素反応が進行することを見いだし[106),110),111)]，この場合，水素が放出され非平衡状態となるため反応が進行する．そしてこの吸熱反応は，オレフィンが検出可能となる程度に進行させることができる．

18・5・2　ピンサー型配位子をもつ錯体により触媒される脱水素反応

これらの脱水素反応は高温で行われるため，触媒の安定性が触媒回転数を向上させる際の問題点となる．ピンサー型配位子は熱的に安定な錯体を生じる三座のアニオン性配位子であり，この配位子の開発によって，高い触媒回転数でアルカンを脱水素する錯体触媒が発見された（式 18.42）[112),113)]．これらの触媒を用いて開放系で水素を追い出すという非平衡条件の

(PCP)IrH_2　＋ トランス異性体　300〜800 TON　(18.42)

(PCP)IrH_2 ＝ ; R ＝ ^{t}Bu(〜 300 TON), ^{i}Pr(〜 800 TON)

アルカンの脱水素反応に加え[114)]，アルカンから *t*-ブチルエチレンへの水素移動を利用する脱水素反応も報告された[115)]．最も高い触媒回転数が観測されたのは，*t*-ブチルエチレンから 2,2-ジメチルブタンへの還元と同時に，シクロデカンからシクロデセンへの変換が起こる移動水素化反応であった（式 18.42）．“受容体のない脱水素反応”では，低い触媒回転数しか観測されなかった．直鎖型アルカンから α-オレフィンへの脱水素反応は，シクロオクタンの脱水素反応より合成化学的により有用なプロセスと考えられる．直鎖型 α-オレフィンは速度論的生成物として生じるが，現在の触媒を用いると，これらのオレフィンは，異性体である内部オレフィンへと高い転化率で変換されてしまう（式 18.43）[116)]．

150 ℃　＋ 2-オクテン(シス体＋トランス体)　(18.43)

(1 mM)
t-ブチルエチレン(水素受容体)

時間(分)	1-オクテン濃度 (mM)	2-オクテン濃度 (mM)
5	11	1.1
10	23	7
30	40	86
60	6	122 + 63(3 異性体)

これらの脱水素反応で最も活性な触媒は図 18・1 にあるような“PCP ピンサー型”配位子または“POCOP ピンサー型”配位子をもつイリジウム錯体である．“PCP ピンサー型”配位子では，炭素供与体がアリール基であり，二つのリン供与体は芳香環の 2 位と 6 位に結合するジ-*t*-ブチルホスフィノメチル基である．“POCOP ピンサー型”配位子では，$^tBu_2PO$ 基が，芳香環の 2 位と 6 位に結合している．最も活性なリン含有ピンサー型触媒は，アリール基の

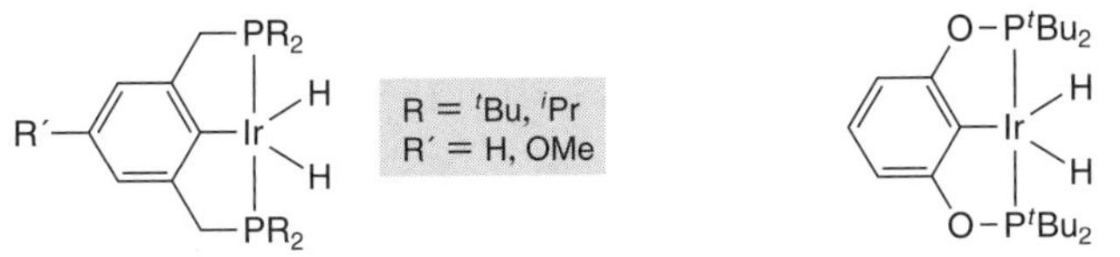

図 18・1 アルカン脱水素触媒反応に活性な二つの錯体

$R = {}^tBu, {}^iPr$
$R' = H, OMe$

パラ位にメトキシ基をもつものである．これらのなかで，シクロオクタンの水素移動反応に対して現在最も活性な触媒は，“POCOP” 型触媒である[117)〜119)]．§18・5・4 に詳細に記すように，この触媒が，ホスフィン配位子を含むピンサー型錯体より高い触媒活性をもつのは，休止状態と水素移動速度の変化のためであり，その違いは金属上の電子密度の低下の結果である．

これらのピンサー型イリジウム錯体は，ポリオレフィンの脱水素反応にも適用されている[120)]．ポリマーの脱水素反応活性は，低分子量のアルカンの脱水素反応ほど高くはないが，これらの錯体は，オクテン-エチレン共重合体の脱水素反応の触媒となり，オレフィン官能基をもつ側鎖を生じる（式 18.44）．加えて，この脱水素反応はアルキルアミンの反応に適用され，生成物としてイミンを与える（式 18.45）[121)]．またアルキルエーテルはビニルエーテルを生じる[115)]．この反応の反応機構は詳細には理解されていないが，アルキル鎖の脱水素とイミンへの異性化ではなく，N−H または α 位 C−H 結合の活性化によって起こると考えられている[121)]．

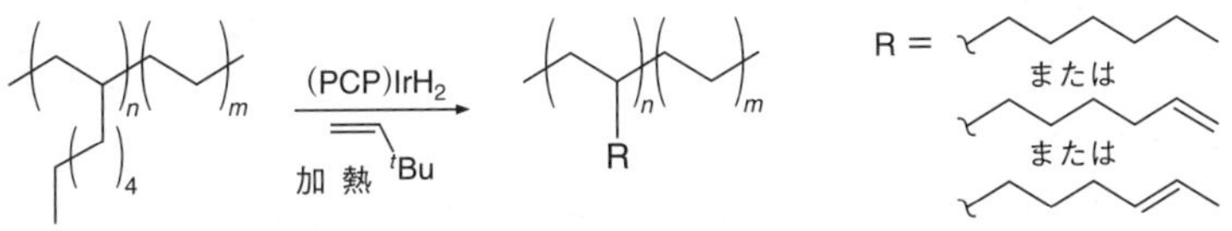

(PCP)IrH₂, 加 熱, ^{t}Bu　　R = または または　　(18.44)

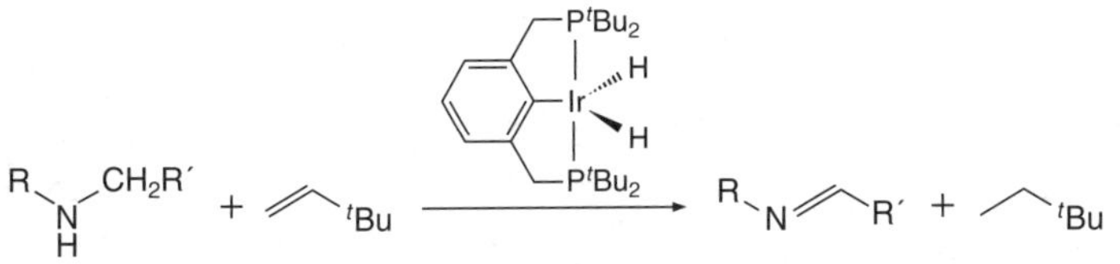

(18.45)

18・5・3 脱水素を経由するアルカンメタセシス反応

アルカンメタセシス反応は，アルカンの C−C 結合の形式的な切断とこれらの結合の再形成によって，異なる炭素鎖長をもつアルカンを生成する反応であり，二重結合の切断と再形成によって新しいアルケンを生じるアルケンのメタセシス反応（21 章）によく似ている（式 18.46）．原理上は，このメタセシス反応は，分子量のより小さいアルカンとより大きいアルカンから，中間的な分子量のアルカンを形成する，あるいは，中間的な分子量のアルカンから分子量の小さいアルカンと大きいアルカンを合成することが可能である．このアルカンメタセシス反応は，蒸留との併用によって，Fischer-Tropsch 法によって生産されたアルカンの分子量分布をより狭い分子量分布へ変換する目的に，究極的には用いることができるだろう．有機金属タンタル錯体によるアルカンのメタセシス反応が初めに報告され，イリジウムとモリブデン錯体の組合わせによる，非常に高活性かつ高選択的な均一反応系がそのあとに報告された．

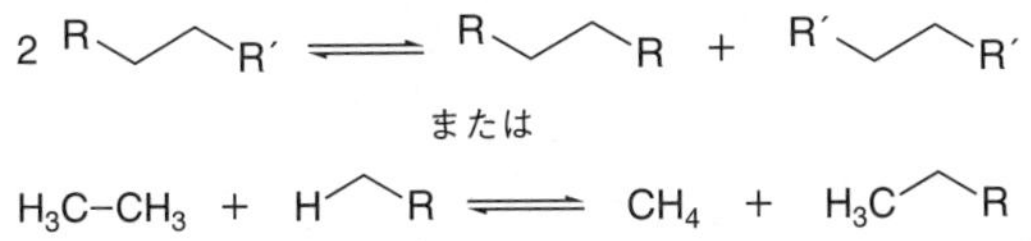

$$2\ RCH_2CH_2R' \rightleftharpoons RCH_2CH_2R + R'CH_2CH_2R'$$

または

$$H_3C{-}CH_3 + HCH_2R \rightleftharpoons CH_4 + H_3CCH_2R \qquad (18.46)$$

スキーム 18・8

$$2\ H_3C-CH_3 \longrightarrow\ \diagup\!\!\diagdown CH_3 + CH_4$$

$$\diagup\!\!\diagdown CH_3 + CH_4 \longrightarrow 2\ H_3C-CH_3$$

スキーム18.8は，Bassetによって報告された，シリカ担持されたタンタルヒドリド錯体触媒による2種類のメタセシス反応を示している[122),123)]．一方のメタセシス反応では，あるアルカンからメタンとプロパンを生じ，もう一方のメタセシス反応では，メタンとアルカンが結合してエタンと炭素鎖長の短いアルカンを生じる．実際にエタンの反応（スキーム18・8上側）では，メタンとプロパンを生じることが示され，プロパンとメタンの逆反応（スキーム18・8下側）では2分子のエタンが生成することが報告された．

アルカンメタセシス反応は，アルカンのC－C結合の酸化的付加反応か，あるいはσ結合メタセシス反応によるアルカンのC－C結合の切断により進行すると考えることも可能であるが，これらに対応する化学量論的なアルカンメタセシス反応は知られていない．その代わり，これらのアルカンメタセシス反応は，担持されたTa－H種によるC－H結合切断によってH_2およびアルキルタンタル錯体が生成し進行することが示された．このアルキルタンタル錯体からβヒドリド脱離が進行してアルケンを生じるか，αヒドリド脱離によってアルキリデンタンタル錯体を形成する[124)]．このアルキリデン錯体とアルケンの組合わせによりアルケンメタセシス反応が誘発される．生成したアルケンが，放出された水素によって還元され，最終的にアルカンを生じる．Bassetらによって示された一連の反応を，スキーム18・9に示す．

スキーム 18・9

(a)

H－Ta　H_2　Ta　Ta　H－Ta　H－Ta　H－Ta　＋ H－Ta

(b)

H－Ta ＋　CH_2 = H－Ta ＋　Ta　Ta　H_2　＋ H－Ta

CH_3－Ta ＋ Ta　$\xrightarrow{H_2}$　H－Ta ＋ CH_4 ＋ C_2H_6

H－Ta ＋　CH_2 = H－Ta ＋　Ta　Ta　H_2　＋ H－Ta

さらに最近では，アルカン脱水素反応に対するピンサー型イリジウム錯体と，オレフィンメタセシス反応で用いられるSchrock型モリブデン触媒（21章）を組合わせると，アルカンメタセシス反応の触媒となることが示された（式18.47）[125]．この触媒の触媒回転数は，数百もあり，エタンとこれに対応する高分子量のアルカンを比較的選択的に生成する．たとえば，ヘキサンはエタンとデカンを主成分とする生成物に変換される．式18.48は（PCP）IrH_2

$$2\ \text{R-CH}_2\text{CH}_3 \xrightarrow{2\,M \quad 2\,MH_2} 2\ \text{R-CH=CH}_2 \xrightarrow{\text{オレフィンメタセシス}} \text{RCH=CHR} + H_2C{=}CH_2 \xrightarrow{2\,MH_2 \quad 2\,M} \text{RCH}_2\text{CH}_2\text{R} + H_3C{-}CH_3 \qquad (18.47)$$

$$2\ \text{n-}C_6H_{14} \xrightarrow[{}^t\text{BuCH=CH}_2\text{(触媒量)}]{(\text{PCP})IrH_2,\ \text{Schrock 型メタセシス触媒}} H_3C{-}CH_3 + \text{n-}C_{10}H_{22} \qquad (18.48)$$

温度 (℃)	反応時間 (時間)	生成物の濃度(mM)													全生成物(M)
		C_2	C_3	C_4	C_5	C_7	C_8	C_9	C_{10}	C_{11}	C_{12}	C_{13}	C_{14}	C_{15}	
125	23	(131)	176	127	306	155	37	49	232	18	4	4	10	2	1.25
	46	(189)	255	193	399	208	61	81	343	31	9	9	22	7	1.81

(PCP)IrH_n 触媒：

$R = {}^tBu$，$n = 2$ または 4

Schrock型メタセシス触媒：

$((H_3C)(F_3C)_2CO)_2Mo(=N\text{-}2,6\text{-}{}^iPr_2C_6H_3)(=CHC(CH_3)_2Ph)$

とモリブデンカルベン錯体を触媒とするヘキサンのメタセシス反応において，生成物分布の時間変化を示している．エタンとデカン以外のアルカンは，反応初期に生じるα-オレフィンが内部オレフィンに異性化し，この内部オレフィンがメタセシスすることによって生成すると考えられる．

18・5・4 脱水素反応の機構

脱水素反応の反応機構は，これまでの章で述べた素反応から構成される．まずアルカンのC－H結合の酸化的付加反応が起こり，続いて生じたアルキル錯体からβ水素脱離反応が進行してアルケンを生成する．アルケンの解離と，水素の還元的脱離反応ないし水素受容体への水素移動反応によって，アルカンと反応する活性種を再生する（スキーム18・10）．

キシレン型骨格をもつピンサー型配位子に関する反応機構はGoldmanによって[126),127)]，またレゾルシノール型骨格をもつピンサー型配位子に関しての反応機構は，Brookhartによって詳細に研究された[117),119),128)]．これらの反応は計算化学によっても詳しく研究された[129),130)]．最もよく知られている研究では，エネルギー計算でのエントロピー項の影響とピンサー型配位子の立体効果の影響も考慮されている[130)]．

これらの実験的および計算化学的研究から，(PCP)Ir型触媒による反応が，スキーム18・10にまとめた経路に従って進行していることが示されている[113)]．初めに，イリジウム(Ⅲ)ジヒドリド錯体は*t*-ブチルエチレン水素受容体と反応してアルキルヒドリド錯体を生じ，これからアルカンが還元的に脱離して（PCP）Ir(Ⅰ)錯体を生じる．このIr(Ⅰ)錯体とオレフィンおよびアルカンの間にはいくつかの反応経路が存在する．この中間体は*t*-ブチルエチレンのビニル位C－H結合に付加してアルケニルヒドリド錯体を生じるが，この経路は触媒サイクルからははずれており，またこの中間体はシクロオクタンの触媒的脱水素反応において最も安定な化学種である．このアルケニルヒドリド種から*t*-ブチルエチレンが還元的

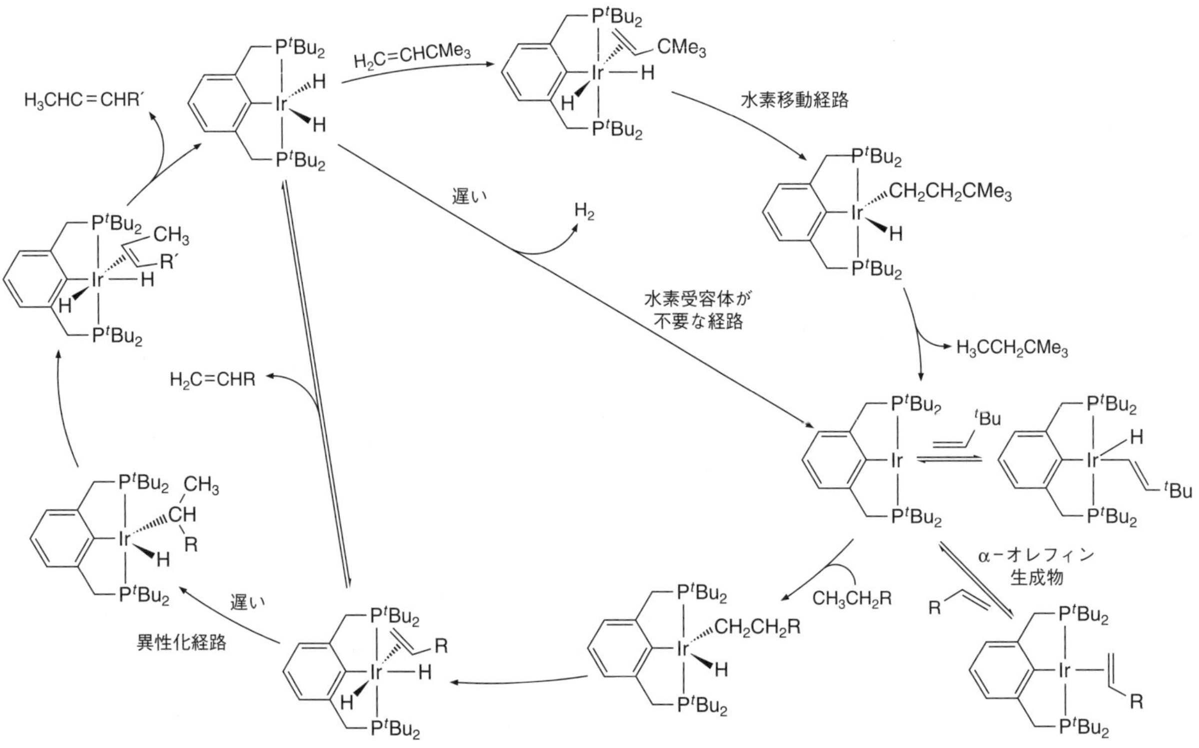

スキーム 18・10

脱離することで，中間体が触媒サイクルに再び戻る．(PCP)Ir(I)錯体へアルケンが配位してIr(I)-オレフィン錯体を生じる経路もあり，これも触媒サイクルからはずれている．最終的に，触媒サイクルの生産的な段階として，(PCP)Ir(I)錯体に対し，反応剤であるアルカンのC−H 結合が酸化的付加する反応が進行する．この反応で生じたアルキルヒドリド錯体からβ水素脱離とアルケンの解離が進行しIr(Ⅲ)ジヒドリド錯体を再生する．

PCP とPOCOP 触媒における，金属上の電子密度の違いは，触媒系における中間化学種の相対的なエネルギーの大きな違いに反映され，またPOCOP 触媒によってシクロオクタンの脱水素反応がより高速に進行する要因となっている[131]．第一に，(PCP)Ir 触媒反応における静止段階[訳注]は，*t*-ブチルエチレン（tbe）の付加によって生じたIr(Ⅲ)ビニルヒドリド錯体であるが，その一方，(POCOP)Ir 触媒反応では，シクロオクテンのη^2-オレフィン錯体が静止段階である．第二に，ヒドリドがオレフィン水素受容体に移動し，2,2-ジメチルブタンを生じる段階はPOCOP 錯体の方が速い．この速度が速い理由は，金属ヒドリド種にオレフィンが挿入して生じるアルキルヒドリド中間体からのアルカンの還元的脱離反応が，金属上の電子密度の減少により加速されるからである．

訳注：静止状態（resting state）については14 章 §14・1・6 (p. 511) 参照．

直鎖型アルカンから直鎖型アルケンを生じる反応も同じ触媒サイクルで進行する．シクロオクタンの脱水素反応は直鎖型アルカンの脱水素反応に比べてより熱力学的に有利であるが，6 章で述べたように，第一級C−H 結合は，一般的には，第二級C−H 結合に比べて速い速度で酸化的付加反応を起こす．したがって，直鎖型アルカンは環状アルカンより速く反応する．しかし，α-オレフィンが蓄積すると触媒プロセスを阻害する．PCP 触媒反応系での静止段階はビニルヒドリド錯体であるが，POCOP 触媒反応系ではα-オレフィンから生じるη^2-オレフィン錯体が静止段階となる．触媒サイクルから離脱するオレフィン錯体が増大することにより，触媒サイクル内にとどまる活性な Ir 錯体の濃度が低下するため，α-オレフィン生成物の増加とともに反応速度が低下する．

18・6 ヒドロアリール化反応

18・6・1 配向性官能基を利用したオレフィンのヒドロアリール化反応

18・6・1a 概 要

1993 年，村井は，アリールケトンとエチレンあるいはビニルシランの反応により，カルボニル基のオルト位の C−H 結合がオレフィンへ付加した生成物を生じることを報告した (式 18.49)[132]．この発見を契機として，さまざまな芳香環の C−H 結合の一連のアルケンへ

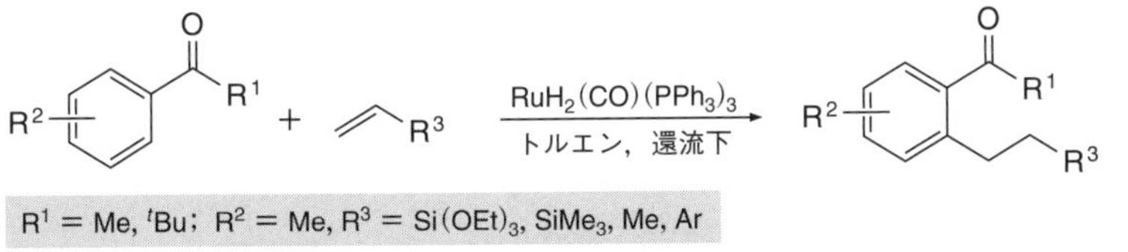

$RuH_2(CO)(PPh_3)_3$ / トルエン，還流下 (18.49)

R^1 = Me, ^{t}Bu；R^2 = Me, R^3 = $Si(OEt)_3$, $SiMe_3$, Me, Ar

の付加反応に関する研究が活発に行われるようになった．オリジナルの反応条件よりも穏やかな条件で反応する触媒や，C−H 活性化を分子内環化反応に拡張してヘテロ環骨格を構築する反応へと展開することによって，この反応は複雑な分子の合成にも利用できるように

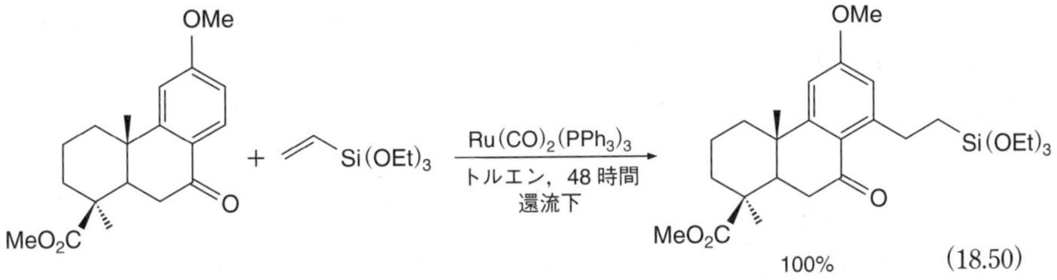

OMe, MeO_2C + $Si(OEt)_3$ → $Ru(CO)_2(PPh_3)_3$ / トルエン，48 時間 / 還流下 → OMe, $Si(OEt)_3$, MeO_2C, 100% (18.50)

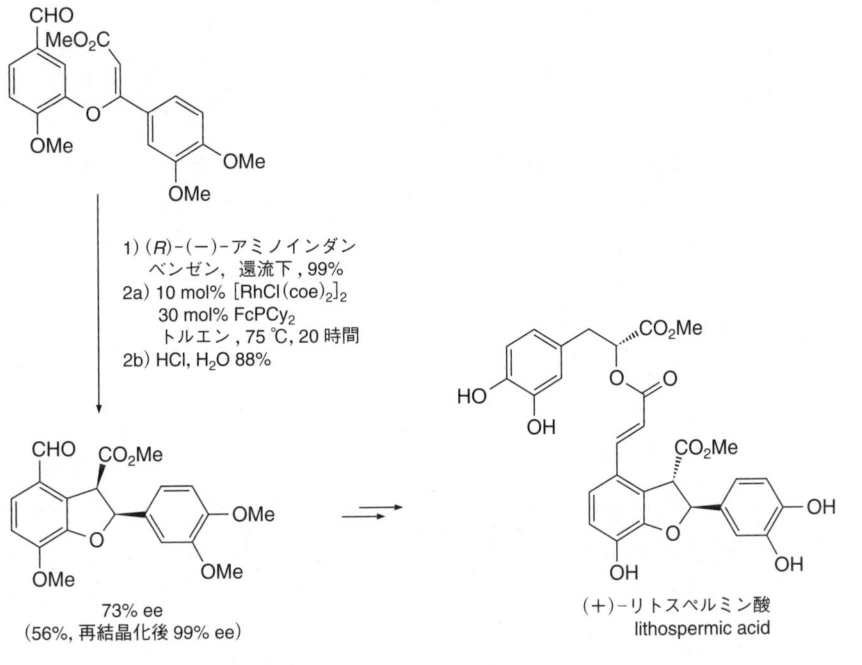

CHO, MeO_2C, O, OMe, OMe, OMe

1) (*R*)-(−)-アミノインダン
ベンゼン，還流下，99%
2a) 10 mol% $[RhCl(coe)_2]_2$
30 mol% $FcPCy_2$
トルエン，75 ℃，20 時間
2b) HCl, H_2O 88%

CHO, CO_2Me, OMe, O, OMe, OMe
73% ee
(56%, 再結晶化後 99% ee)

→ CO_2Me, HO, OH, O, O, CO_2Me, OH, O, OH, OH

(+)-リトスペルミン酸
lithospermic acid (18.51)

なった．たとえば，アルキル化されたテルペノイド[133),134)]と（＋）-リトスペルミン酸（式 18.50 と 18.51）は配向性官能基を利用したヒドロアリール化反応を用いて合成された[135)]．

18・6・1b　反応の適用範囲と触媒

このオレフィンの配向性官能基を利用したヒドロアリール化反応は適用範囲の広い反応へと発展した．すなわちこの反応は，芳香族ケトンや芳香族イミン（式 18.52）[136)]，2-アリールピリジン（式 18.53）[137)]および，ベンゾイミダゾール（式 18.54）[138),139)]のようなヘテロ 5

$Ru_3(CO)_{12}$，トルエン，24 時間，135 ℃（油浴温度）；81%，10%　(18.52)

$[RhCl(COE)_2]_2$/6 PCy_3，THF，120 ℃，5 時間　(18.53)

5% $[RhCl(COE)_2]_2$，7.5 % PCy_3，160 ℃，3 時間　(18.54)

員環化合物の C－H 結合にも応用することができる．当初は，エチレンやビニルシランといった，アリル位に水素原子がなく異性化が進行しないオレフィンが必要とされた．しかし，現在では，異性化が起こりうるアルケンを用いても，異性化せずにアリールイミンのオルト位の C－H 結合で付加反応が進行する例が多く報告されている（式 18.55）[140),141)]．多く

1) 2 mol% $RhCl(PPh_3)_3$，トルエン，150 ℃，2 時間　2) $H^{\oplus}/H_2O$；41～97%　(18.55)

R = ^{t}Bu, ^{n}Bu, $^nC_6H_{13}$, $^nC_{10}H_{21}$, Cy, C_6F_5, Ph, $SiMe_3$, $(CH_2)_6CH{=}CH_2$

の場合，芳香族ケトンの芳香環上の二つのオルト位の C－H 結合が反応したジアルキル化反応が起こる．そのため，芳香環上にオルト位置換基を一つもつ基質がよく用いられていた．たとえば，単純にオルト位にアルキル基を含むものや，α-テトラロンのような二環式化合物が用いられることが多い（式 18.56）．この選択性の問題は，式 18.57[142)]にまとめたように，

$Ru(CO)H_2(PPh_3)_3$，トルエン，還流下　(18.56)

1) 5 mol% $RhCl(PPh_3)_3$，125 または 150 ℃，トルエン　2) 1 N HCl 水溶液；X = CH_2, O, NR，n = 0, 1　(18.57)

分子内反応を行うことによっても解決できる．分子内ヒドロアリール化反応は，光学活性ホスホロアミダイト配位子を含むロジウム触媒を用いても行われ，高いエナンチオマー過剰率の環化生成物を得られた（式 18.58）[143]．

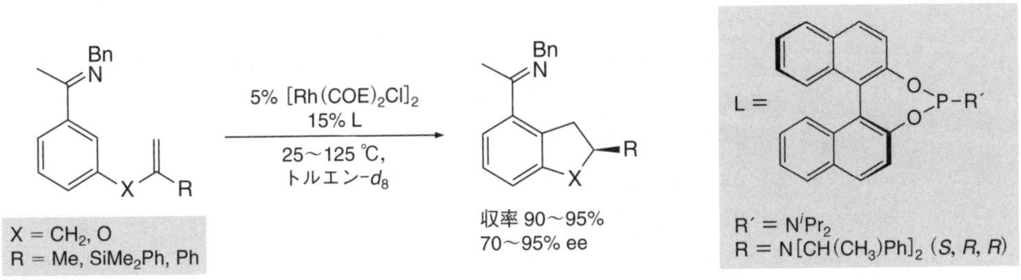

5% $[Rh(COE)_2Cl]_2$
15% L
25～125 ℃,
トルエン-d_8

X = CH_2, O
R = Me, $SiMe_2Ph$, Ph

収率 90～95%
70～95% ee

L =

R′ = N^iPr_2
R = N[CH(CH_3)Ph]$_2$ (*S, R, R*)

(18.58)

さまざまな触媒が，芳香族ケトン，イミン，2-アリールピリジンのC−H 結合でのヒドロアリール化反応に対して用いられてきた．村井によって報告された芳香族ケトンにおける芳香族 C−H 結合のオレフィンへの分子間付加反応は，$RuH_2(CO)(PPh_3)_3$ を触媒として行われた[144),145]．その後 $RuH_2(H_2)_2(PCy_3)_2$ が，室温条件でこの反応を触媒することが示され[146]，またこれとはまったく異なる Rh(I)錯体である $Cp^*Rh(C_2H_3SiMe_3)_2$ もこの反応の触媒となることが明らかになった[147]．*N*-^{t}Bu や *N*-Bn ベンズアルジミンにおける同様の反応は，$Ru_3(CO)_{12}$[136] あるいは $Rh(PPh_3)_3Cl$ を触媒として行われた[142),148]．2-アリールピリジンを用いた反応は $[RhCl(COE)_2]_2$ と PCy_3 を触媒として行われた．

18・6・1c 配向性官能基を利用したオレフィンのヒドロアリール化反応の機構

配向性官能基を利用したヒドロアリール化反応の反応機構が実験的[147),149] および理論的[150),151] に研究された．ルテニウム触媒反応の反応機構（スキーム 18・11）は，オルト位

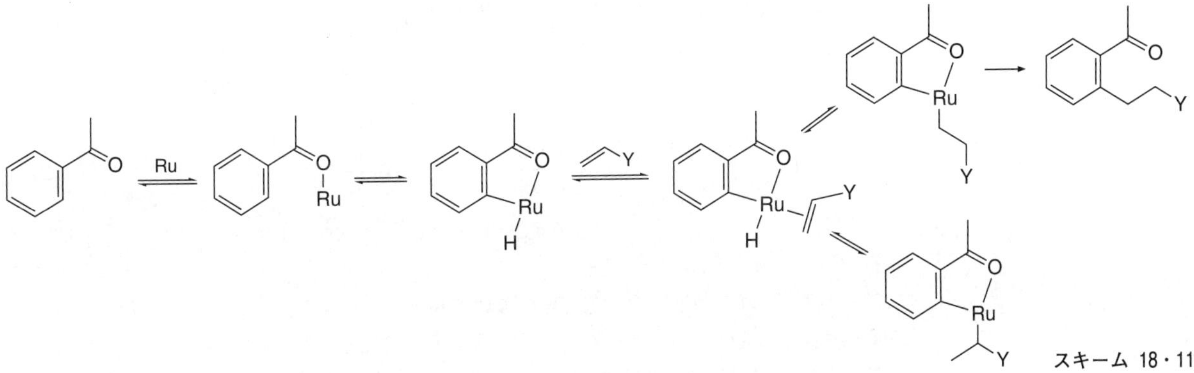

スキーム 18・11

のC−H 結合の酸化的付加反応から開始される．このC−H 結合活性化段階は，標識実験により可逆的であることが明らかになっている[147),149]．この酸化的付加反応に続くオレフィンの挿入反応でアルキルアリール中間体が生じる．このアルキルアリール中間体からの還元的脱離反応により，最終生成物の炭素−炭素結合が形成される．このC−C 結合形成段階は，オルト位の炭素原子上に電子求引性基が存在すると加速されると提案されている．計算化学的研究によると，還元的脱離反応は芳香環のπ電子系へのアルキル基の転位反応に似ており，続く金属の脱離により環の再芳香族化を経て進行することが示唆されている（式 18.59）．M−C(金属−炭素) σ結合によって金属に結合した二つの配位子の還元的脱離反応を起こして進むのがより一般的な機構であるが，この経路の活性化障壁はそれよりも低いと計算された[150),151]．

ヘテロ環化合物のヒドロアリール化反応では別の経路も可能である．Bergman と Ellman

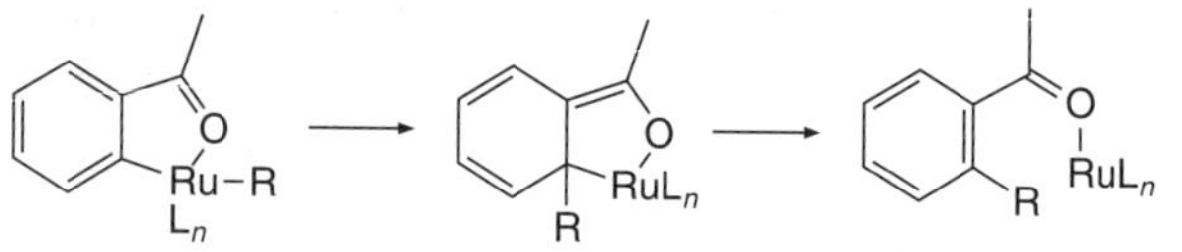

(18.59)

は，イミダゾール型のヘテロ環化合物の分子内反応の反応概構について研究した[139]．これらの研究では，イミダゾールのC−H結合活性化と続く異性化によって*N*-ヘテロ環状カルベン配位子が生じることが明らかにされた（式 18.60）．この異性化に続いて，オレフィンはこのカルベンと［2+2］反応で結合して炭素−炭素結合を生じ，続くプロトン移動によってロジウムヒドリド中間体を生成し，還元的脱離反応によってC−H結合を形成すると考えられている．

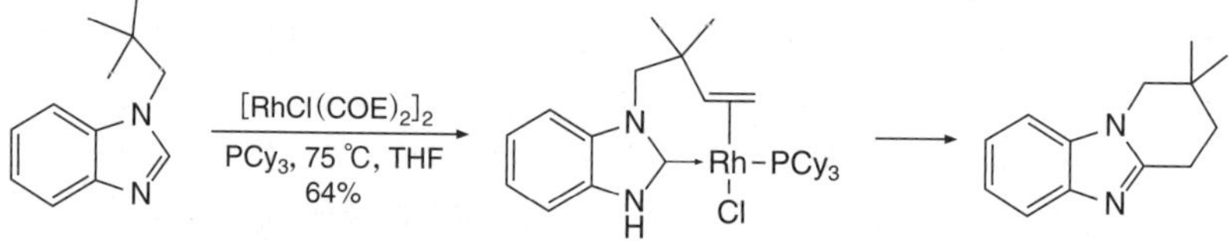

$[RhCl(COE)_2]_2$, PCy_3, 75 ℃, THF, 64%　(18.60)

18・6・2　配向性官能基を利用したアルキンのヒドロアリール化反応

アルキンの分子内および分子間ヒドロアリール化反応に関しては，多くの例が報告されている[152]．Echavarren はアルキンの金触媒による一連のヒドロアリール化反応を報告した[153]．また藤原はアルキンのパラジウム触媒によるヒドロアリール化反応を報告した（式 18.61 と 18.62）[154]．どの反応系においても，反応機構に関する十分なデータはないが，ほとんど

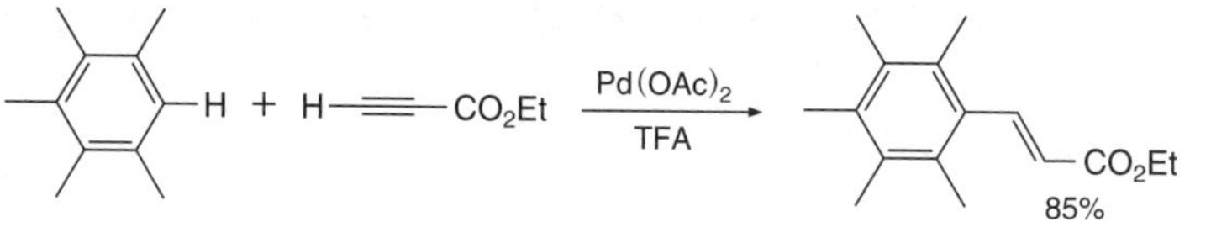

H + H−≡−CO_2Et → ($Pd(OAc)_2$, TFA) 85%　(18.61)

($Pd(OAc)_2$, TFA; X = O, NH)　(18.62)

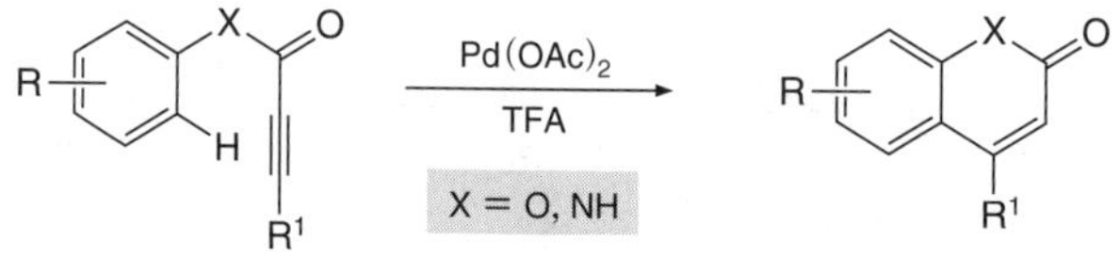

のデータは，これらの反応が，芳香環の酸化的付加反応の後，金属ヒドリド結合へアルキンが挿入する反応機構というよりも，芳香族求電子置換反応で進行していることを示唆していた[155]．芳香族求電子置換反応の経路では，強酸性溶媒中での求電子的な金属錯体へのアルキンの配位がまず起こり，配位したアルキンの一方の炭素原子上に正電荷が蓄積した中間体が生じる．これが芳香環へ求電子的に付加した後，C−H結合の切断と再芳香族化が起こると考えられる．

18・6・3　配向性官能基をもたないオレフィンのヒドロアリール化反応と酸化的アリール化反応

配向性官能基をもたない芳香族化合物のC−H結合切断を利用したオレフィンのアリール化反応もいくつか報告されているが，これらの反応は，二つに分類できる．一つ目は，芳香環のC−H結合がオレフィンに付加しアルキル芳香環生成物を与えるものである．この反応は，ヒドロアリール化反応（hydroarylation）とよばれている．二つ目は，芳香環とオレフィンとの酸化的カップリング反応である．この反応では，アリール置換されたオレフィンが生成物となり，オレフィンの酸化的アリール化反応（oxidative arylation）とよばれている．最初の反応は，Friedel-Crafts 反応で生じるものと同じタイプの生成物を与えるが，その選択性は金属触媒によって制御されている．たとえば，金属触媒反応では，逆 Markovnikov 付加反応による異性体を多く生成したり，絶対立体配置を制御して Markovnikov 付加反応による生成物を得たりすることができる．ヒドロアリール化反応とオレフィンの酸化的アリール化反応の例を式 18.63[156),157)] と式 18.64[154)] に示す．

触媒

Ir 触媒：61　39

Ru 触媒：62　38

Ir 触媒：

Ru 触媒：TpRu(CO)(NCMe)(Ph)

(18.63)

MeO—C₆H₄—H + CH₂=CHCO-OC_8H_{17} —($Pd(OAc)_2$, TFA)→ MeO—C₆H₄—CH=CH—$CO_2C_8H_{17}$　86%

(18.64)

芳香族 C−H 結合のオレフィンへの付加反応は，松本と Periana によりイリジウム触媒[156),158),159)] を用いて，また Gunnoe によりルテニウム触媒[157),160)] を用いてさらなる展開がみられた．いずれの反応系も位置異性体の混合物が得られているが，逆 Markovnikov 付加生成物が Markovnikov 付加生成物よりも多く生成する[156)〜158)]．白金触媒を用いる電子豊富なヘテロ環化合物の C−H 結合の単純アルケンへの分子内付加反応も報告されている（式 18.65）[161)]．ごく最近 Tilley は，スカンドセン（$ScCp_2$）錯体を触媒として用いた，メタンの

$PtCl_2$ 2 mol%

ジオキサン，60 ℃，

5% HCl

Me　Me　Me　92%

(18.65)

C−H 結合のオレフィンへの付加反応を報告している[162)]．この反応は，ゆっくりではあるが，Markovnikov 則に従った位置選択性で進行する．

オレフィンの分子間酸化的アリール化反応については，多くの場合アクリル酸誘導体を用いた反応が報告されている．この反応は，ハロゲン化アリールを用いる Heck 反応の代替反応として開発された．いくつかのグループが，酸化的 C−C 結合形成反応の応用例を報告している．藤原は，パラジウムと銅を触媒として用いる分子間反応の例を報告した（式 18.64）．この反応のルテニウム触媒を用いる分子間反応が，酸素分子を酸化剤として用いて報告されている[163)]．電子豊富な芳香環がオレフィンに付加する酸化的反応（式 18.66）が，天然物合成のなかで，化学量論反応として報告された[164),165)]．この反応は後に触媒反応となることが明らかにされている[157)]．

オレフィンのヒドロアリール化反応の機構は，実験的および理論的方法の両面から研究された[160),166)〜168)]．ルテニウム系に関するこれらの結果をスキーム 18・12 にまとめた．同様の結果はイリジウム触媒系でも得られている．実験的な研究からは，金属-アリール錯体はオレフィンと反応して β-アリールアルキル中間体を生じることがわかっている．二つのグ

Pd(OAc)$_2$
AcOH/THF/
H_2O, O_2,
25 ℃, 36 時間
29%
(出発物質基準 45%)

(+)-アウスタミド
austamide

(+)-デオキシイソアウスタミド
deoxyiso-austamide

(18.66)

ループによる計算化学的な研究によると，このアルキル中間体が芳香環と反応する経路としては，酸化的付加反応と還元的脱離反応による経路と，σ結合メタセシス反応を含む経路の中間的なもの（**A**）が示唆されている．スキーム 18・12 のこの段階は，酸化的水素移動反応（oxidative hydrogen migration）とよばれている[166)〜168)]．

スキーム 18・12

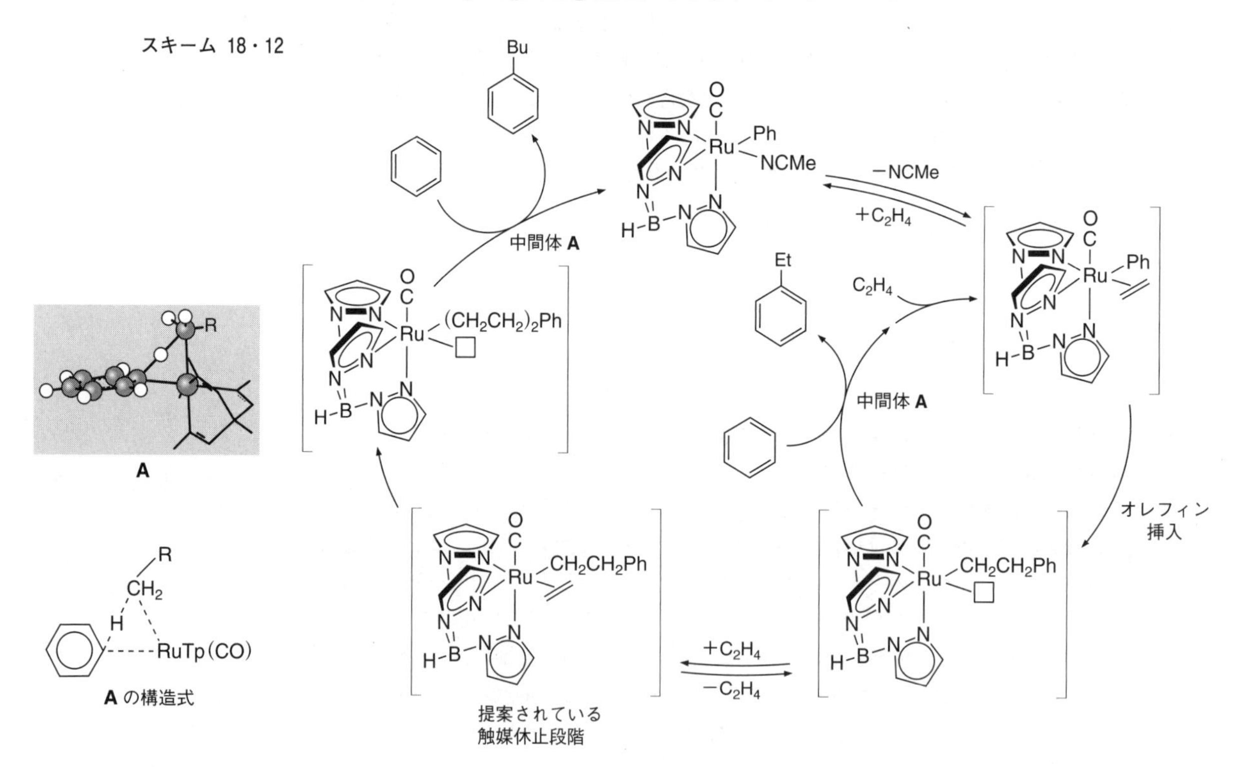

18・7　典型元素反応剤によるアルカンとアレーンの官能基化反応

18・7・1　アルカンのボリル化反応

アルカンとホウ素反応剤の反応は，後周期遷移金属触媒の存在下で進行し，末端 C－H 結合が，ボリル基によって置換された生成物を与える．これは，高い選択性で末端位置が官能基化された生成物を与える最初の反応例である．1999年および2000年に，Hartwigらは，アルカンがジボロン反応剤と反応し，アルキルボロン酸エステルを生じることを報告した[14),16)]．最初アルカンとの反応には，レニウム触媒を用い，光化学反応条件で行われていたが[14)]，のちに，ホウ素反応剤とアルカンの反応がロジウム触媒存在下，熱的条件で進行することが示された（スキーム18・13）[16)]．一連のアルカンおよびアレーンと，ビス(ピナ

スキーム 18・13

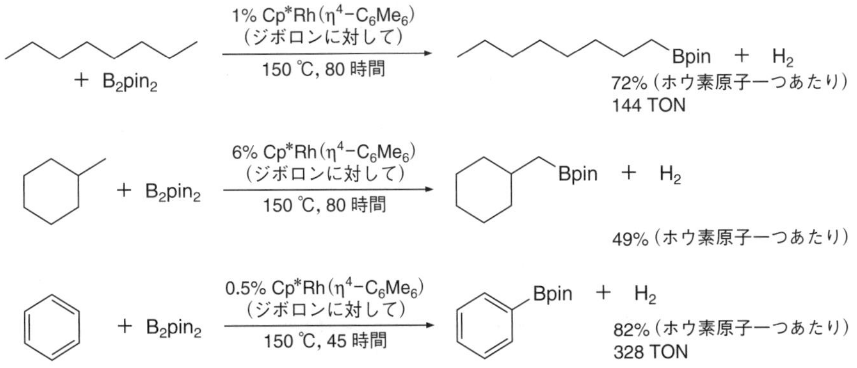

コラト)ジボロンB_2pin_2の$Cp^*Rh(\eta^4\text{-}C_6Me_6)$触媒による反応は，対応する1-アルキルボロン酸エステルとアリールボロン酸エステルを高収率で生じ，触媒回転数はそれぞれ最高144回と328回であった．

ロジウム触媒によるアルカンのボリル化反応では末端C−H結合が官能基化された生成物のみが生じる．この選択性は他のどのような触媒でもこれまで観察されたことがなかったものである．酵素によるアルカンの酸化反応でさえ，一般的にはアルカンの“オメガ”（ω，末端）位と“ω−1（末端から2番目の炭素原子）”位に対する選択性はさまざまで一定でない[169)]．二つの異なる種類のメチル基をもつ分岐型アルカンの反応は，二つのメチル基のうちより立体障害の小さなメチル基で進行した．さらに，ヘテロ原子をもつ基質でも，反応はヘテロ原子のα位ではなく，最も立体障害の小さなメチル基で進行する[170)]．たとえば，ピナコールアセタールや，*t*-ブチルエーテル，フルオロアルカン，トリアルキルアミンいずれも，反応は最も立体障害の小さなメチル基で進行した（式18.67）．

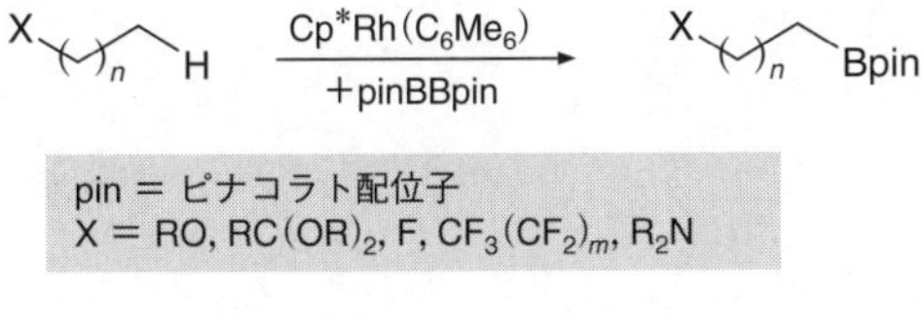

(18.67)

pin = ピナコラト配位子
X = RO, $RC(OR)_2$, F, $CF_3(CF_2)_m$, R_2N

この反応で生じる生成物は有機化学においてよく利用される一般的な反応剤である．ボロン酸エステルは，酸化により対応するアルコールに[171)~173)]，過ヨウ素酸塩を用いた酸化によりボロン酸に[174)]，またアルキルトリフルオロボラートに変換されたり，パラジウム触媒によるクロスカップリング反応にも用いられる[175),176)]．

18・7・2 芳香族化合物のボリル化反応

芳香族化合物のボリル化反応により，さまざまな金属触媒反応に利用可能なアリールボロン酸エステルを直接合成できる．この反応の最初の例を式18.68に示す[15)]．初期の触媒系では，長時間かけても数回の触媒回転数しか得られなかったが，続いて開発された二つの触媒はこの反応に対して非常に効果的である．$Ir(arene)(Bpin)_3$と1,2-ビス(ジフェニルホスフィ

$$C_6H_6 + HBpin \xrightarrow[150\ ℃,\ 120 時間]{Ir 触媒,\ 17\ mol\%} \underset{53\%}{Ph\text{–}Bpin} + H_2 \qquad (18.68)$$

Ir 触媒＝ $Cp^*Ir(PMe_3)(H)(Bpin)$

ノ)エタンの組合わせは，150 ℃の高温条件下，HBpin を反応剤とする芳香環のボリル化反応の触媒となる（式 18.69）[17]．対照的に，$[IrCl(COD)(X)]_2$（X = Cl, OMe）に 4,4′-ジ-*t*-ブチルビピリジン（d*t*bpy）を加えると，アルカンあるいはエーテル溶媒中，アレーンとジボロンの比が 1：1，室温かそれより少し高い温度という反応条件で，この反応[19]が触媒的に進行する（式 18.70）[18),177]．これらの置換芳香族化合物のボリル化反応において，オルト，メタ，パラ位に対する電子的効果の影響はほとんどない．その代わり，位置選択性は立体効果によって制御される．図 18・2 に示したように，1,3-二置換，1,2,3-三置換，あるいは対称 1,2-二置換芳香族化合物は単一の官能基化反応生成物を与える．ヘテロ 5 員環化合物のボリル化反応は，立体効果がない場合，ヘテロ原子のオルト位の C−H 結合で位置選択的に進行する（図 18・2 の上段を見よ）[178),179]．これらの芳香族ヘテロ環化合物は，通常の芳香族化合物よりも反応性が高い．ベンゾフラン，ベンゾチオフェン，インドールの反応ではヘテロ原子の α 位の C−H 結合で反応が進行し，縮環している芳香環上の C−H 結合では反応が起こらない．芳香族化合物の C−H 結合ボリル化反応は特に有用である．これは，ハロゲンや有機リチウム反応剤の使用，あるいは有機マグネシウム反応剤の調製が不要であることと，位置選択性が求電子芳香族置換反応に対して相補的であるためである．

$$Ar\text{–}H + HBpin \xrightarrow[100〜150\ ℃]{2\ mol\%\ (Indenyl)Ir(COD),\ PMe_3,\ DPPE\ または\ DMPE} Ar\text{–}Bpin + H_2 \qquad (18.69)$$

pin＝ピナコラト

メトキシ前駆体を用いる

$$B_2pin_2 + \underset{1.0 当量/B}{2\,H\text{−}Ar} \xrightarrow[ヘキサン,\ 室温]{1/2[Ir(OMe)(COD)]_2/dtbpy\ (3\ mol\%)} 2\,Ar\text{−}Bpin + H_2 \qquad (18.70)$$

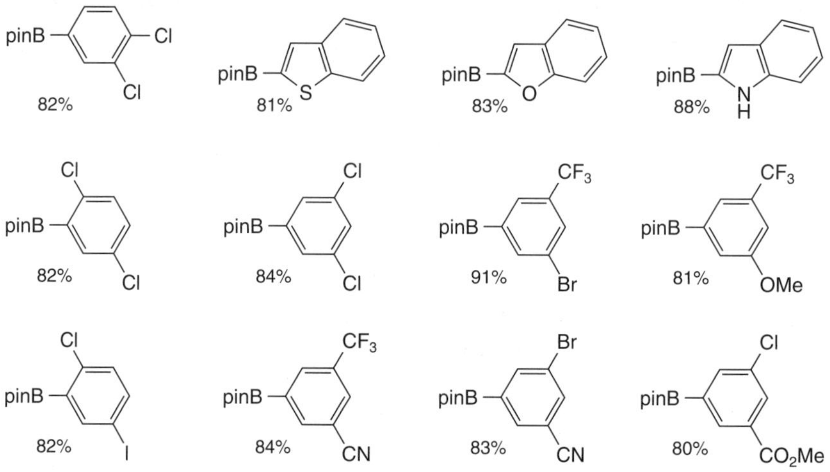

図 18・2　B_2pin_2 を反応剤とした芳香族化合物のボリル化反応の生成物

pinB−C6H3(3,4-Cl2) 82%, 2-pinB-ベンゾチオフェン 81%, 2-pinB-ベンゾフラン 83%, 2-pinB-インドール 88%
pinB−C6H3(2,5-Cl2) 82%, pinB−C6H3(3,5-Cl2) 84%, pinB−C6H3(3-CF3,5-Br) 91%, pinB−C6H3(3-CF3,5-OMe) 81%
pinB−C6H3(2-Cl,5-I) 82%, pinB−C6H3(3-CF3,5-CN) 84%, pinB−C6H3(3-Br,5-CN) 83%, pinB−C6H3(3-Cl,5-CO2Me) 80%

18・7・3　ポリオレフィンのボリル化反応

ポリオレフィンのボリル化反応も行われている（スキーム 18・14）[180)〜182]．ポリブテンの

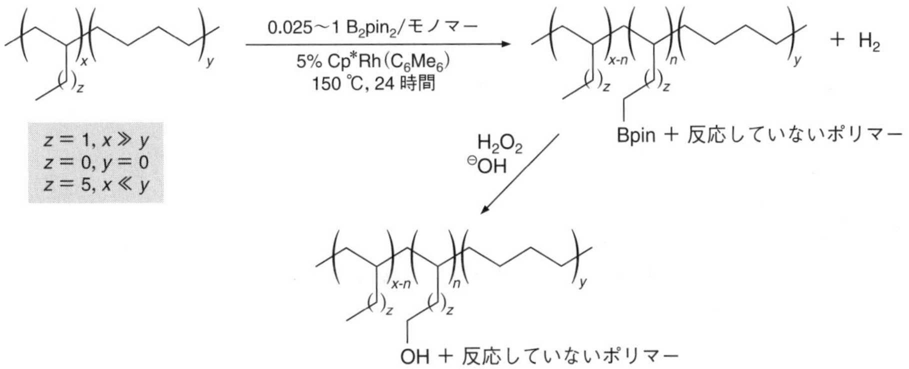

スキーム 18・14

$z = 1, x \gg y$
$z = 0, y = 0$
$z = 5, x \ll y$

0.025〜1 B_2pin_2/モノマー
5% $Cp^*Rh(C_6Me_6)$
150 ℃, 24 時間

+ H_2

Bpin + 反応していないポリマー

H_2O_2
$^{\ominus}OH$

OH + 反応していないポリマー

反応は，側鎖の末端にボリル基を含む生成物を与える．ポリプロピレンのボリル化反応では，メチル基側鎖が選択的に反応するが，エチル基側鎖をもつポリブテンと比べて立体障害が大きいため反応の効率は低い．この反応は，エチレンとオクテンの共重合体でも進行する．これらの場合でもやはり，共重合体のヘキシル基側鎖のメチル基で位置選択的に反応が進行する．これらのボリル化されたポリマーはそれぞれ塩基性条件下で過酸化水素によって酸化され，極性の高いヒドロキシ官能基を側鎖にもつポリオレフィンを与える．

18・7・4 アルカンおよびアレーンのボリル化反応の機構

アルカンとアレーンのボリル化反応の機構が，Hartwig によって報告されている[183),184)]．Cp^*Rh 錯体と（d*t*bpy)Ir 錯体によるアルカンとアレーンの官能基化反応について提唱された触媒サイクルをスキーム 18・15 と 18・16 に示す．これらのサイクルは，16 電子配置の

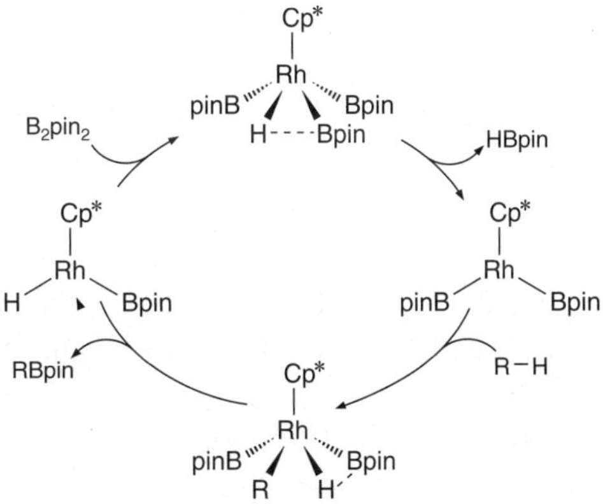

B_2pin_2　Cp^*　Rh　pinB　Bpin　H----Bpin　HBpin
Cp^*　Rh　H　Bpin　Cp^*　Rh　pinB　Bpin
RBpin　R−H
Cp^*　Rh　pinB　Bpin　R　H

スキーム 18・15

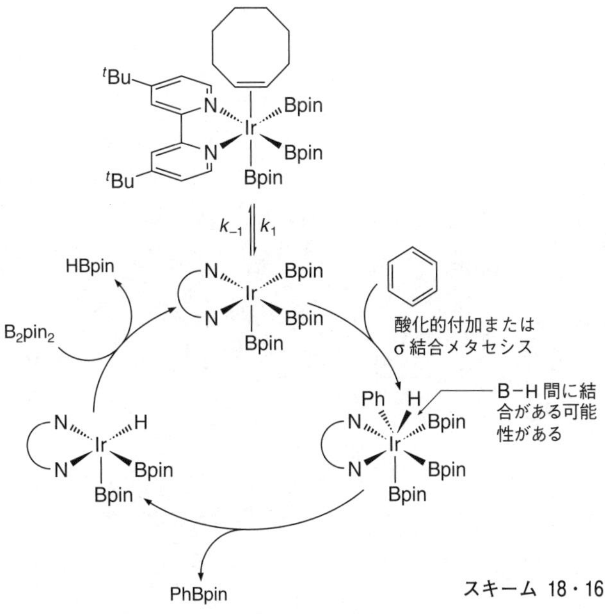

^{t}Bu　N　Ir　Bpin　Bpin　Bpin　^{t}Bu
k_{-1}　k_1
HBpin　N　Ir　Bpin　Bpin　Bpin
B_2pin_2
酸化的付加または
σ結合メタセシス
Ph　H　B−H 間に結合がある可能性がある
N　Ir　H　Bpin　Bpin
N　Ir　Bpin　Bpin　Bpin
PhBpin

スキーム 18・16

金属-ボリル中間体の形成，これらの中間体と C−H 結合との反応，ついで最終生成物の B−C 結合の形成の段階を含んでいる．C−H 結合切断段階については，単離された金属ボリル錯体を研究することでその詳細が明らかになった．

触媒系におけるロジウム-ボリル錯体の形成とその C−H 結合との反応に関する研究結果

を式 18.71 と 18.72 に示す[183]．この触媒系において，ロジウムビス(ボリル)錯体とトリス(ボリル)錯体が NMR によって観測されている．この単離された二つの錯体はアルカンやアレーンと反応することで，触媒反応と同じ化合物を与える．これらの錯体と炭化水素との反応に

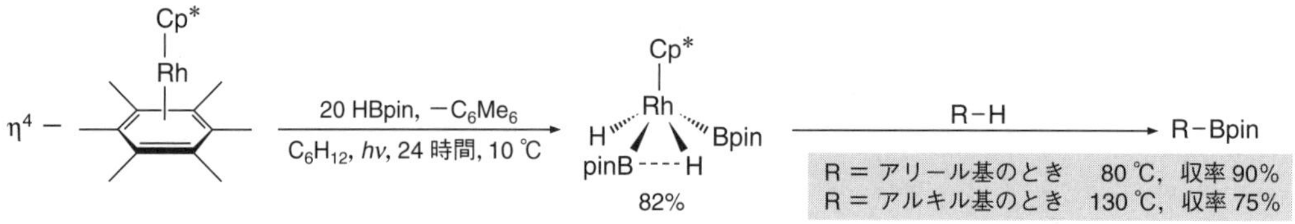

η^4 − (Cp*Rh–C_6Me_6) —(20 HBpin, $-C_6Me_6$; C_6H_{12}, *hv*, 24 時間, 10 ℃)→ Cp*Rh(H)(Bpin)(pinB---H) 82% —(R−H)→ R−Bpin　(18.71)

R = アリール基のとき　80 ℃，収率 90%
R = アルキル基のとき　130 ℃，収率 75%

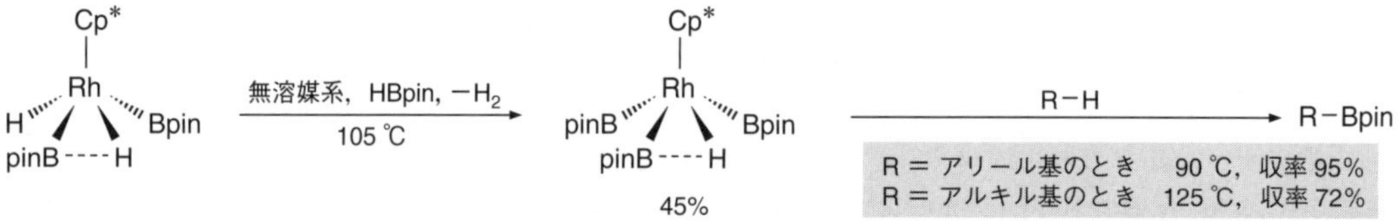

Cp*Rh(H)(Bpin)(pinB---H) —(無溶媒系，HBpin，$-H_2$; 105 ℃)→ Cp*Rh(Bpin)(Bpin)(pinB---H) 45% —(R−H)→ R−Bpin　(18.72)

R = アリール基のとき　90 ℃，収率 95%
R = アルキル基のとき　125 ℃，収率 72%

関する反応機構研究は，ボランがまずはじめに錯体から脱離して 16 電子配置のボリル錯体を形成し，つぎにこれがアルカンやアレーンと反応することを示している．6 章で述べたように，理論的研究によりホウ素原子の p 軌道が C−H 結合切断をしやすくしていることが示されている[183),185)]．式 18.73 に理論計算によって求められた反応経路が示されているが，この C−H 結合切断段階の生成物はボランが配位したアルキル金属錯体である．ひき続く B−C 結合生成反応によってアルキルボロン酸エステル生成物が得られる[183),186)]．

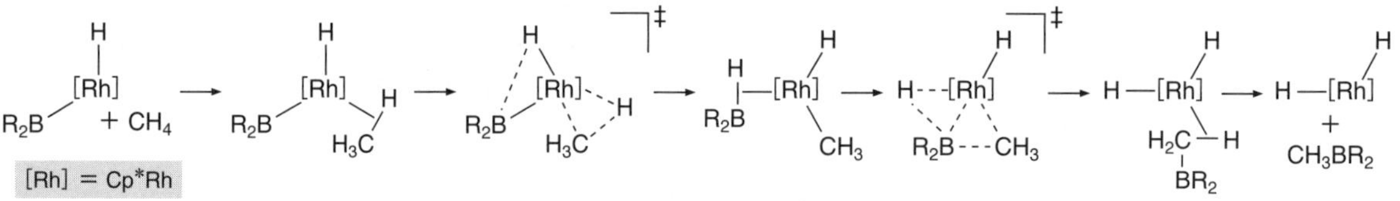

(18.73)

アレーンのボリル化反応によく利用される 4,4′-ジ-*t*-ブチルビピリジン（d*t*bpy）と $[Ir(COD)(OMe)]_2$ 錯体の組合わせからなる触媒系においても，4,4′-ジ-*t*-ブチルビピリジンとシクロオクテンが配位したトリス(ボリル)イリジウム錯体が，直接観測された[184]．この錯体を別途合成して検討したところ，この錯体は室温かそれよりやや高い温度でアレーンと反応し，対応するアリールボロン酸エステルを与えた（式 18.74）．その際 COE が配位し

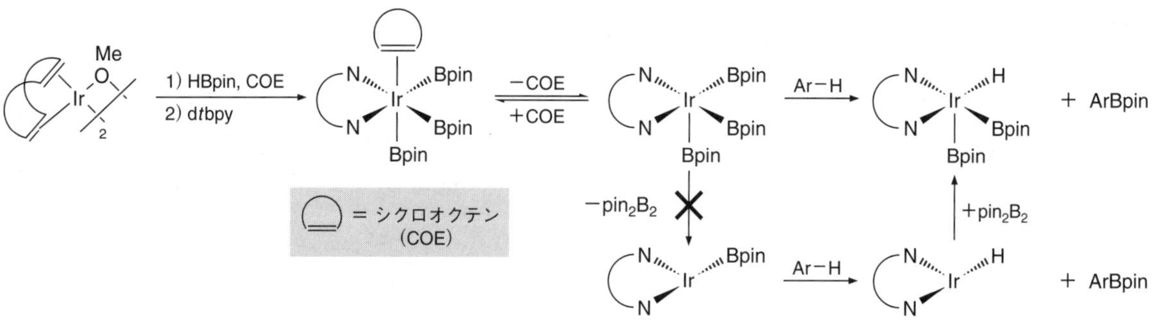

(18.74)

たトリス(ボリル)錯体はシクロオクテンが解離した後にアレーンと反応した．これとは別の経路，すなわち，イリジウム(I)モノボリル錯体による C−H 結合切断を経由する経路は，標識実験により否定された．標識されたジボロン反応剤と金属上のボリル基との交換反応は，C−H 結合の官能基化反応速度よりも遅かった．速度論研究によって，トリス(ボリル)

錯体によるC−H結合の切断は4,4′-ジ-*t*-ブチルビピリジン-イリジウム触媒系によるアレーンのボリル化反応における律速段階であることが示された．

18・7・5　芳香族および脂肪族C−H結合のシリル化反応

ボリル化反応と比べ研究が遅れているものの，芳香族および脂肪族化合物のC−H結合とシラン化合物との脱水素カップリング反応も報告されている（式18.75）．最初の報告は，低

$$\mathrm{R{-}H} + \mathrm{HSiR'_3} \xrightarrow{\text{触媒}} \mathrm{R{-}SiR'_3} + \mathrm{H_2} \qquad (18.75)$$

収率であったものの，ホウ素反応剤によるアルカンあるいはアレーンの官能基化反応よりも先に見いだされている[187]．アレーンのシリル化反応では，反応を容易にするための配向性基をもつ芳香族化合物を用いて行われた[20),23)]．これらのタイプの基質に対するシリル化反応は，配向性官能基を利用したC−H結合官能基化反応とよぶのが最も適切である．配向性基なしでも進行する他のシリル化反応も存在するが，これらは反応を熱力学的により有利にするために，水素受容体の存在を必要とする[188),189)]．より最近では，配向性基や水素受容体を必要としないアリールおよびアルキルC−H結合シリル化反応の例がいくつか報告されている[24)]．

茶谷らは，式18.76に示された芳香族イミンのオルト位シリル化反応[22)]や式18.77に示されたメチルキノリンのベンジル位C−H結合のシリル化反応を報告した[23)]．イミノ基やピリジル基はオルト位シリル化反応を起こりやすくする．田中は，式18.78に示す，ジシリルアレーン反応剤を用いたアレーンのシリル化反応を報告し[189)]，またBerryは式18.79に示す，

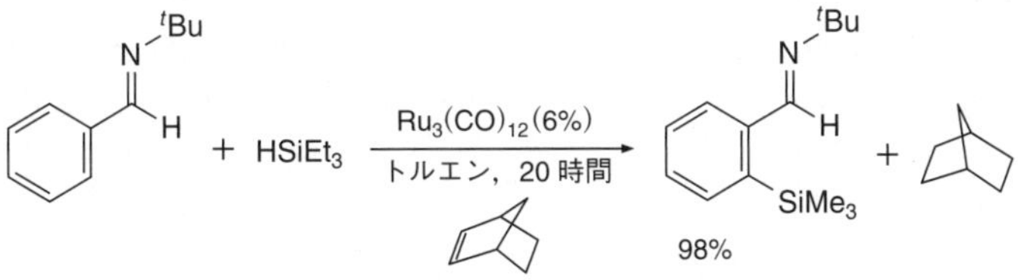

^{t}Bu
N
H
+ HSiEt$_3$
Ru$_3$(CO)$_{12}$(6%)
トルエン，20時間
SiMe$_3$
98%
+

(18.76)

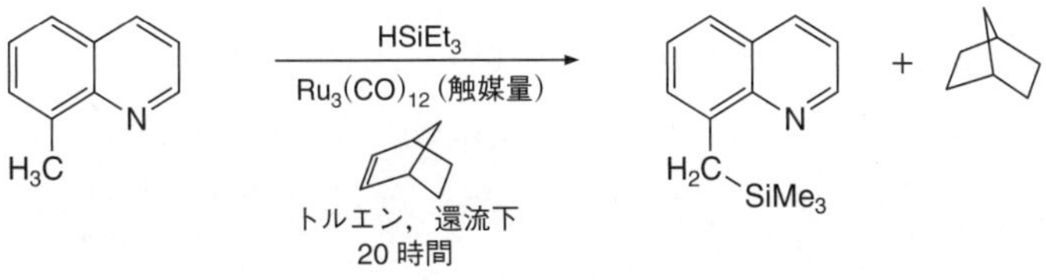

N
H$_3$C
HSiEt$_3$
Ru$_3$(CO)$_{12}$(触媒量)
トルエン，還流下
20時間
H$_2$C
SiMe$_3$
+

(18.77)

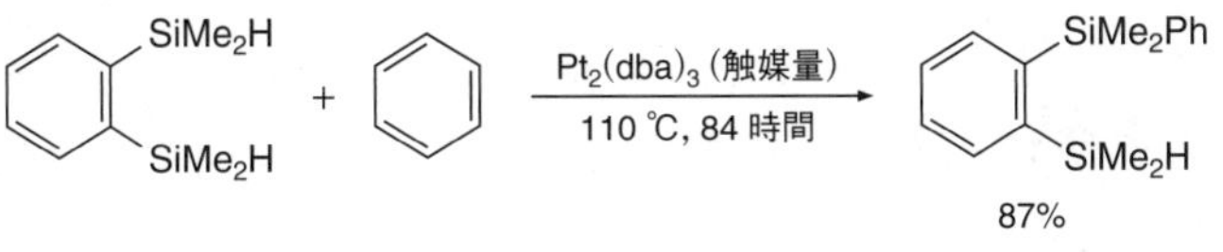

SiMe$_2$H
SiMe$_2$H
+
Pt$_2$(dba)$_3$(触媒量)
110 ℃, 84時間
SiMe$_2$Ph
SiMe$_2$H
87%

(18.78)

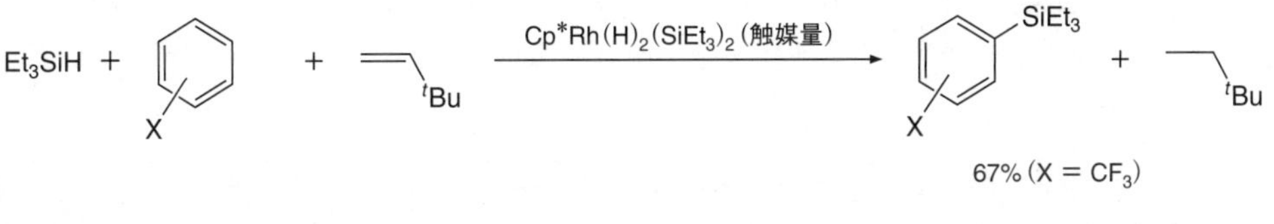

Et$_3$SiH +
X
+
^{t}Bu
Cp*Rh(H)$_2$(SiEt$_3$)$_2$(触媒量)
SiEt$_3$
X
+
^{t}Bu
67% (X = CF$_3$)

(18.79)

シリルロジウムシクロペンタジエニル錯体を触媒とするアレーンとシランとの脱水素カップリング反応を報告した[188)]．式18.78における，ジシリルアレーン反応剤の二つ目のシリル基の役割ははっきりしていない．より最近では，Tilleyがスカンドセンを触媒とするメタン

のシリル化反応により，水素受容体なしでメチルシランを生じる反応を報告したが，反応は遅い（式 18.80）[190),191)]．Hartwig は，配向性基や水素受容体が不要な，白金触媒によるアレーンのシリル化反応を報告した（式 18.81）[24)] が，これらの反応は高温が必要である．同じ触媒で芳香環や脂肪族炭素鎖上の末端メチル基の分子内シリル化反応も報告されている（式 18.82）[24)]．

$$Ph_2SiH_2 + 150\ \mathrm{atm}\ CH_4 \xrightarrow[C_6H_{12},\ 80\ ℃,\ 7\ 日]{10\%\ Cp^*_2ScMe} Ph_2MeSiH + H_2 \qquad (18.80)$$

$$C_6H_6 + HSiEt_3 \xrightarrow[200\ ℃,\ 24\ 時間]{5\ \mathrm{mol}\%\ (Tp^{Me_n})Pt(Me)_2(H)} C_6H_5SiEt_3\ (86\%) + H_2 \qquad (18.81)$$

$$HSi(^nBu)_3 \xrightarrow[200\ ℃,\ 72\ 時間]{(Tp^{Me_2})Pt(Me)_2(H)} {}^nBu_2Si(CH_2)_4\ (80\sim88\%) + H_2 \qquad (18.82)$$

アレーンのシリル化反応の反応機構は，現時点では明確にされていない．しかし，Cp^*-$RhH_2(SiEt_3)_2$ 錯体によるアレーンのシリル化反応は，ジシリル錯体 $Cp^*Rh(SiEt_3)_2$ がアレーンと反応し，$Cp^*Rh(SiEt_3)_2(H)(Ar)$ を形成しながら進行することが提唱されている[188)]．このアレーンの酸化的付加反応で生成した生成物は，アリールシランを還元的に脱離したのち，さらにシランと水素受容体がかかわる経路によって，ジシリル中間体が再生される（スキーム 18・17）．対照的に，スカンドセン触媒の反応は，触媒が d^0 金属中心を含むために，σ結合メタセシス型反応で進行する[190),191)]．この反応機構では，スカンドセン(メチル)錯体はシランと反応してメチルシランとスカンドセンヒドリド種を生じ，これがメタンと反応して水素分子を生成するとともにスカンドセンメチル錯体を再生する（スキーム 18・18）．

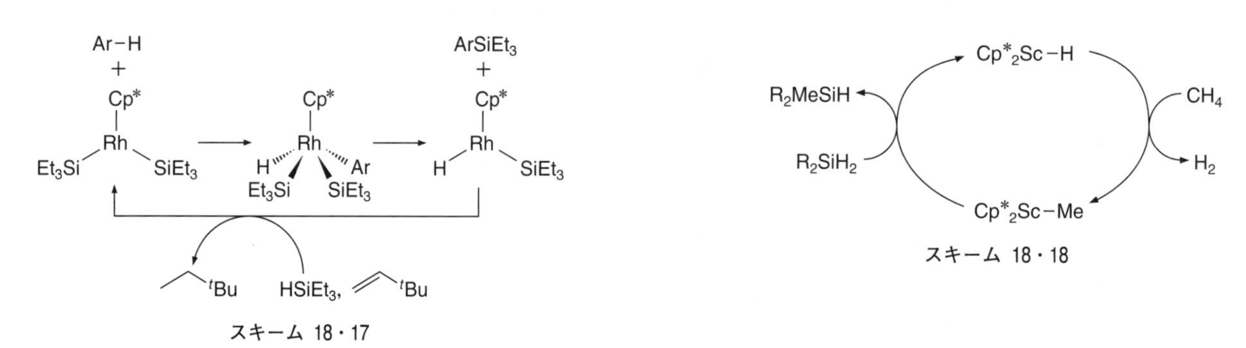

スキーム 18・17

スキーム 18・18

18・8　ヒドロアシル化反応

18・8・1　概　要

触媒の存在下，ホルミル基の C－H 結合がオレフィンに付加してケトンを生じる反応（式 18.83）は“ヒドロアシル化反応（hydroacylation）”とよばれる．分子内ヒドロアシル化反応

$$R^1CH{=}CH_2 + HC(O)R^2 \xrightarrow{触\ 媒} R^1CH_2CH_2C(O)R^2 \qquad (18.83)$$

は分子間ヒドロアシル化反応に先立って報告された．分子内反応は，炭素環状化合物の合成に有用であり，さらにエナンチオ選択的な反応も開発されている．また，分子間反応は，鎖状ケトンの合成に有用な方法となりうるが，どちらの方法も発展途上である．ヒドロアシル

化反応の開発における重要な課題は，アルデヒドの脱カルボニル化反応を抑制しなければならない点である．アルデヒドの脱カルボニル化反応によって脂肪族 C−H 結合をもつ生成物を生じる反応は，ずっと以前に辻によって報告され[192),193)]，それ以来この反応は合成反応として改良されてきた[194)]．アルデヒドのアルドール縮合反応も反応の収率を低下させる．

18・8・2 分子間ヒドロアシル化反応

穏和な条件下でかつ高収率で進行する分子間ヒドロアシル化反応は，ほとんど報告されていない．Rh(ethylene)(acac) 存在下で，4-ヘキセナールとエチレンが室温下 48 時間で反応し，対応するメチルケトンが得られることが，Miller によって報告された（式 18.84）[195)]．

$Rh(C_2H_4)_2(acac)$（触媒量）
$CHCl_3$, 室温, 48 時間
収率 84%　(18.84)

その後，いくつかの異なるロジウム触媒を用いた反応が報告された[196)〜198)]．コバルト類縁体も分子間反応の触媒となる．Brookhart は $Cp^*Co(ethylene)_2$ 存在下，芳香族アルデヒドがビニルシランに付加して，β-シリルケトンを与えることを報告した（式 18.85）[199),200)]．

MeO, H, $SiMe_3$
2〜5 mol% $(\eta^5\text{-}C_5Me_5)Co(C_2H_3SiMe_3)_2$
トルエン，室温，24 時間
MeO, $SiMe_3$, 82%　(18.85)

$Ru_3(CO)_{12}$ 触媒を用いた，一酸化炭素加圧下におけるオレフィンのヒドロアシル化反応が報告されたが，反応温度は高く，反応時間も長い[201),202)]．現在最も活性な触媒は $(\eta^5\text{-}C_5Me_4CF_3)Rh(CH_2CHSiMe_3)_2$ であり，この錯体は，芳香族アルデヒドが，環状内部アルケンあるいは非環状末端アルケンへ付加する反応の触媒となる．Cp 配位子上の電子求引性基は，律速段階である最終生成物の還元的脱離反応を加速する[203)]．

18・8・3 分子内ヒドロアシル化反応

オレフィンの分子内ヒドロアシル化反応は，一般的には分子間反応よりも高収率で進行する．最も単純な反応系では，化学量論量の Wilkinson 錯体存在下，エチレンで飽和した溶媒中で 4-ペンテナールの反応を室温で長時間反応させると，構造異性体であるシクロペンタノンがよい収率で生成した（式 18.86）[204)]．さまざまなシクロペンタノン化合物が類似の方法で合成された[205)〜210)]．

$RhCl(PPh_3)_3$（触媒量）
エチレンで飽和した $CHCl_3$
室温，88 時間
69%　(18.86)

アシル中間体の脱カルボニル化反応は，同じ中間体へのオレフィンの挿入と競合し，またカルボニル錯体は触媒として不活性であるため，脱カルボニル化反応により触媒は被毒される．キレート配位子をもつカチオン性ロジウム錯体を用いると，脱カルボニル化反応による触媒の被毒を抑制することができる．カチオン性ビス(ホスフィン)ロジウム錯体を触媒とする 4-アルケナールの反応は，中性ロジウム錯体を触媒とする反応よりも速く進行し目的生成物のシクロペンタノンを与えた[211)]．

触媒量のビスホスフィン配位子を有するロジウム錯体の存在下，シクロペンタノンを合成する反応において，エナンチオ選択的なヒドロアシル化反応の例がいくつか報告されている．酒井は式 18.87 にあるように，(*R*)-BINAP を配位子として含む触媒の存在下，ほぼ完全なエナンチオ選択性で置換ペンテナールの環化反応が進行することを報告した[212]．Bosnich はこの触媒系で，エナンチオ選択的ヒドロアシル化反応に関する論文を報告した．第三級アルキルまたはアルコキシカルボニル基を 4 位にもつペンテナールの環化反応は，ロジウムの BINAP 錯体を触媒とした場合に高いエナンチオ選択性で進行した（式 18.88）[213)～218]．

[Rh((*R*)-BINAP)]ClO_4(触媒量)
CH_2Cl_2
室温，0.5～2 時間
収率 92%，＞99% ee　　(18.87)

[Rh((*R*)-BINAP)]ClO_4(触媒量)
99% ee　　(18.88)

18・8・4　ヒドロアシル化反応の機構

ヒドロアシル化反応の基本的な触媒サイクルを，スキーム 18・19(a) に示す[218]．ヒドロアシル化反応は，ホルミル基の C－H 結合の酸化的付加反応によりアシルヒドリド錯体を生じることで進行する．次に，この金属ヒドリド種へのオレフィンの挿入によりアルキルアシル中間体が生成する．これらの錯体は，8 章で述べたように，還元的脱離反応を起こす．これらの基本的な段階により触媒サイクルが構成されているが，反応系中ではこの触媒サイクルから外れてさまざまな反応が進行している[218]．このうちのいくつかは触媒サイクルから外れて触媒の被毒をひき起こし，また別の反応は非生産的な可逆反応となることが，H/D 交換実験で明らかになった．スキーム 18・19(b) は，これらの副反応を示している．

上述したように，重要な競合反応の一つは脱カルボニル化反応であり，これは一酸化炭素が配位したアルキルヒドリド中間体を与え，ここからアルカンが還元的に脱離する．これに加えて H/D 交換反応に関する研究から，他の副反応の存在が明らかとなった．たとえば，分子間ヒドロアシル化反応において，オレフィンの挿入は可逆的であり，アルデヒドに含まれる重水素と，オレフィンやエナールのオレフィン部位の水素原子との交換をひき起こす．同様の標識実験から，キレート配位子をもつ触媒では可逆的なカルボニルの挿入反応と脱カルボニル化反応が観測されている．

18・8・5　配向性官能基を利用した分子間ヒドロアシル化反応

ヒドロアシル化反応は遅いものが多く，脱カルボニル化反応がヒドロアシル化反応と競合しうるので，これらの課題を克服する方法が検討された．一つの方法は，アルデヒドの C－H 結合を切断したあとに安定なメタラサイクルを形成するような基質を用いて反応を行うことである．もう一つの方法は，アルデヒドの誘導体であるイミンを用いてヒドロアシル化反応を行うことであり，これは一酸化炭素の逆挿入反応に比べて，イソシアニドの逆挿入反応の方が起こりにくいからである．

配向性官能基を含むアルデヒドを用いて反応を行うという一つ目の方法を，式 18.89 と 18.90 に示す．8-キノリニルカルボアルデヒドによるビニルシクロヘキセンのヒドロアシル化反応において，アルデヒドの C－H 結合の酸化的付加反応により，キノリンの窒素原子が

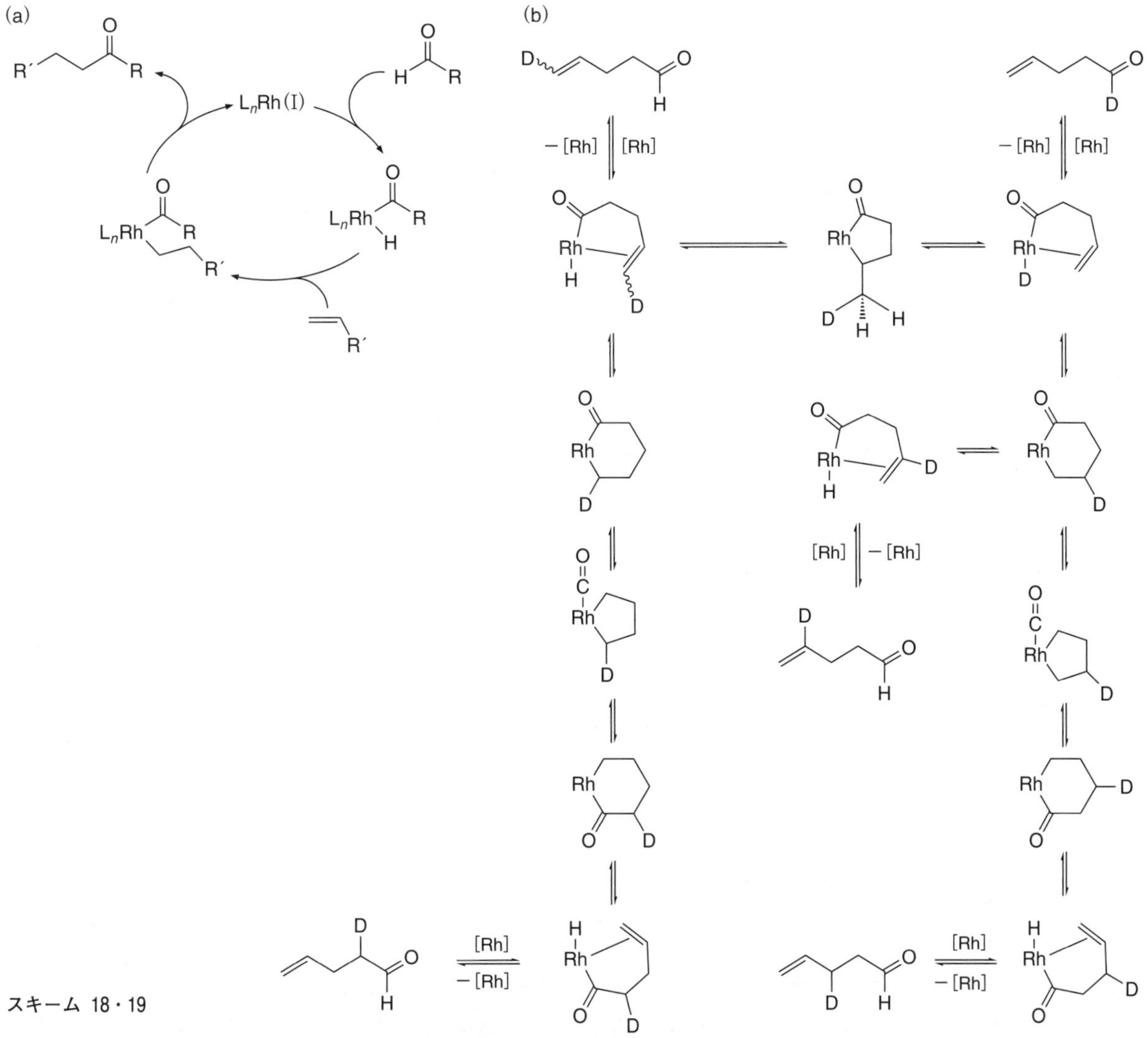

スキーム 18・19

金属に配位した5員環メタラサイクルが生じる[219)~221)]．オレフィンの挿入のあと，C−H結合を形成する還元的脱離反応が進行しヒドロアシル化生成物を与える．5員環メタラサイクルから4員環メタラサイクルを生じる一酸化炭素の逆挿入反応は，メタラサイクルの大きさが拡大するオレフィンの挿入反応よりも起こりにくいようである．関連する反応が直鎖型ア

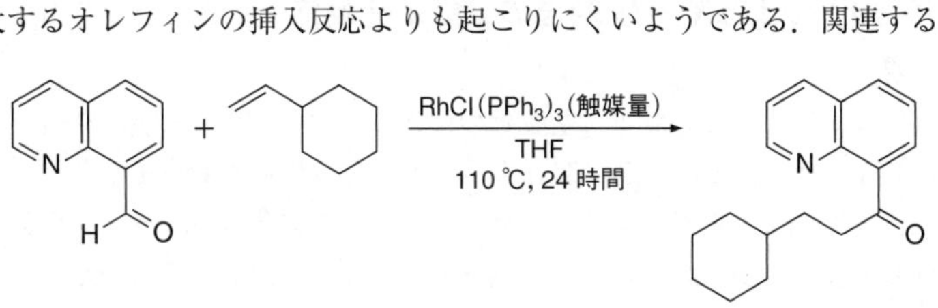

RhCl(PPh$_3$)$_3$(触媒量)
THF
110 ℃, 24 時間

(18.89)

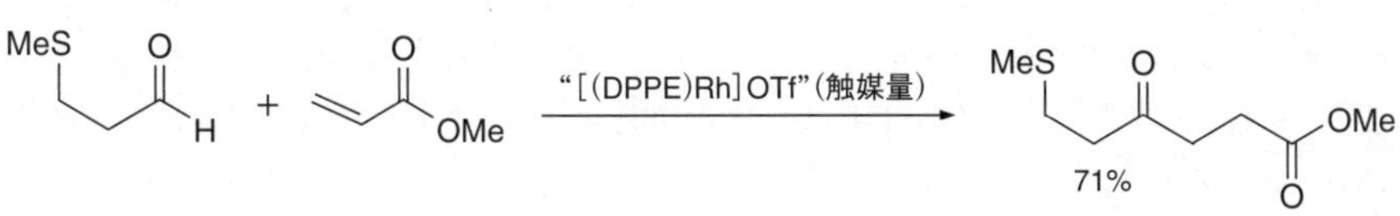

"[(DPPE)Rh]OTf"(触媒量)

71%

(18.90)

ルデヒドの反応で最近報告された[222),223)]．Wilkinson 触媒やキレート配位子をもつ関連錯体を触媒として用いて 3-ベンジルオキシ，メトキシ，あるいはメチルチオ置換基をもつアルデヒドとアクリル酸誘導体の反応が研究された．配位性のメチルチオ基をもつ基質の反応は，dppe 配位子を含む触媒の存在下で最も高い収率で進行した．

イミン誘導体を用いてヒドロアシル化反応を行う二つ目の方法を，式 18.91 とスキーム 18・20 に示す．Suggs は *N*-ピリジルベンズアルジミンのヒドロアシル化反応において，ピリジンがアルジミンの C－H 結合の酸化的付加反応を促進することを報告した（式 18.91)[224)]．イミンの加水分解によってケトンが得られる．スキーム 18・20 に示すように，この二段階反応は，触媒量のアミノピリジンを用いて，ワンポットで行うことができる[225)~227)]．触媒

RhCl(PPh$_3$)$_3$, THF, 160 ℃, 6 時間, 45%　　(18.91)

スキーム 18・20

(触媒量), NH$_2$, RhCl(PPh$_3$)$_3$, トルエン, 150 ℃, 24 時間, 67%, H$_2$O, RhCl(PPh$_3$)$_3$, Ph

量の 2-アミノ-3-ピコリンをベンズアルデヒドに加えると，*N*-ピリジルイミンを生じ，これとオレフィンとの間で，ヒドロアシル化反応が進行する．このとき脱水によって生じた水が，生じたイミンを加水分解して最終生成物のケトンを与えるとともにアミノピコリンを再生する．

18・9　カルベン挿入による C－H 結合の官能基化反応

18・9・1　概　要

今まで述べてきた反応はすべて，触媒と基質との反応によって，金属－炭素結合をもつ中間体が生じ，C－H 結合の官能基化反応が進行する．これとは異なる C－H 結合官能基化反応としてカルベン炭素原子にカルボキシ基の置換したカルベン錯体（カルベノイド錯体）の反応がある．これらの反応の多くの例は分子内反応で，またエナンチオ選択的な反応も広範に研究されている．π 供与性（アリールまたはビニル）基と π 受容性基（カルボキシ基）を一つずつカルベン炭素原子上にもつロジウム(カルベノイド)錯体を用いて，活性化されていない C－H 結合へのカルベンの分子間挿入反応が開発された．これらの反応は，エナンチオ選択的かつジアステレオ選択的に進行する．ほとんどの反応では，ジアゾ化合物がカルベノイド中間体の前駆体として用いられている．分子内反応と分子間反応の双方が，多くの天然

物の合成に利用されている．

C−H 結合に対する反応の選択性は，電子的要因と立体的要因両方に依存する．さらに環の大きさも，C−H 結合への分子内カルベン挿入反応の位置選択性を制御する重要な要因となる．金属-アルキル中間体の形成によって進行する C−H 結合官能基化反応とは異なり，カルベノイド錯体による C−H 結合官能基化反応では，第一級 C−H 結合よりも第二級 C−H 結合の方が優先して反応するが，立体的な理由によって，第三級 C−H 結合よりも，第二級 C−H 結合の方が反応しやすい[228]．この挿入反応は，電子的要因でも制御される．C−H 結合切断が起こる炭素原子には正電荷が生じるが，これが安定化される位置で反応が優先して進行する[229]．したがって，これらの挿入反応は，アルコキシ基やアミノ基の α 位の C−H 結合で起こりやすく，エステルやアセトキシ基の α 位では起こりにくい．これ以前の節で述べた，C−H 結合の切断による金属−炭素結合の形成を含む反応と異なり，カルベンの挿入反応は，強い結合である芳香族 C−H 結合よりも，弱い結合である脂肪族 C−H 結合において優先的に進行する．

18・9・2 カルベン挿入による分子内 C−H 官能基化反応

C−H 結合に対するカルベンの最初の分子内挿入反応は，銅触媒を用いて行われた[230),231]．これらの反応の多くは，光学活性な C_2-対称ビスイミンまたはビスオキサゾリン配位子によるエナンチオ選択的な C−H 結合挿入反応の開発に焦点が置かれていた．*t*-ブチル置換基をもつビスオキサゾリン配位子を含む錯体で，最も高いエナンチオ選択性が達成された[232)〜238]．分子間反応は低収率となるため，これらの触媒は，ほとんど分子内反応で用いられてきたが，嵩高いトリス(ピラゾリル)ボラト配位子を含む銅触媒の存在下，ジアゾ酢酸エチルによるテトラヒドロフランの α 位 C−H 結合挿入反応では，挿入生成物を高収率で与えた（式 18.92）[239]．

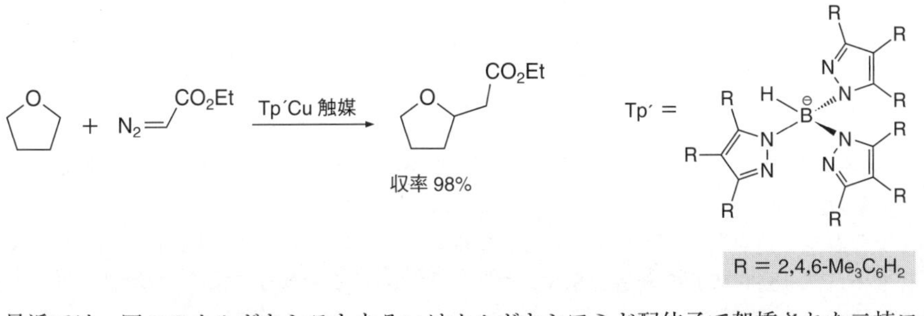

$$\text{THF} + N_2{=}CHCO_2Et \xrightarrow{\text{Tp}'\text{Cu 触媒}} \text{2-(テトラヒドロフリル)}CH_2CO_2Et \quad \text{収率 98\%} \qquad (18.92)$$

Tp′ = HB(N–N ピラゾリル, 3,4,5-R₃)₃⁻

R = 2,4,6-$Me_3C_6H_2$

最近では，四つのカルボキシラトあるいはカルボキシアミド配位子で架橋された二核ロジウム錯体を用いて，エナンチオ選択的なカルベン挿入反応が研究されている．McKervey らは，*N*-ベンゼンスルホニルプロリナト配位子が二つのロジウム金属中心を架橋した錯体によって，カルベンのエナンチオ選択的分子内 C−H 結合挿入反応が進行することを示した（図 18・3a）[234),240)〜243]．Davies は，これらの触媒と，カルベン炭素原子上に π 供与性基（アリールまたはビニル）と π 受容性基（アルコキシカルボニル基，カルバモイル基，またはアシル基）をもつ反応剤とを組合わせることで，反応が高収率かつ高エナンチオ選択的に進行することを示した[10),244]．

カルボキシアミダト配位子で架橋された二核ロジウム錯体は，Doyle らによって開発され，ジアゾエステルあるいはジアゾアセトアミドから誘導された電子受容性カルベンの分子内反応に対して，最も活性かつ選択的な触媒となっている[229),245)〜249]．図 18・3(b) の MEPY 触媒は，これらのロジウム触媒のなかで一般的に使われている．また，MPPIM 錯体は C−H 結合挿入反応において，高いエナンチオ選択性を示す．こうした反応の一例を式 18.93 に示

図 18・3　エナンチオ選択的なカルベン挿入反応に対する McKervey (a) と Doyle (b) の触媒

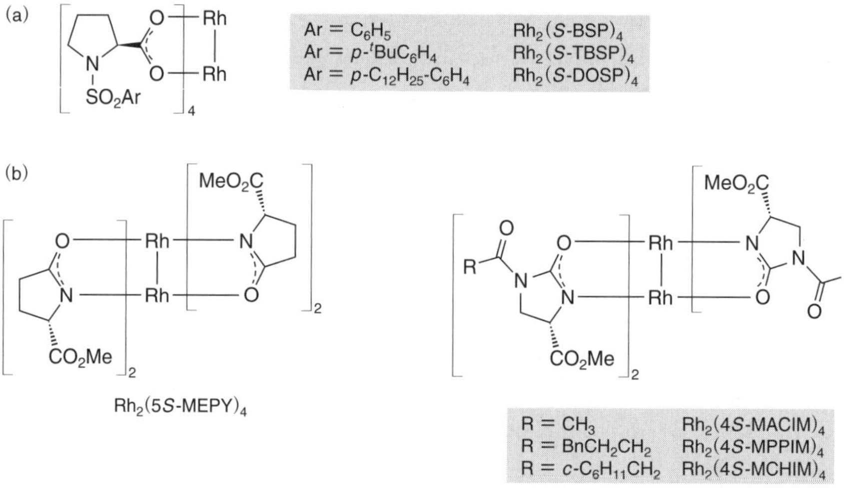

(a)

Ar = C_6H_5	$Rh_2(S\text{-BSP})_4$
Ar = $p\text{-}^tBuC_6H_4$	$Rh_2(S\text{-TBSP})_4$
Ar = $p\text{-}C_{12}H_{25}\text{-}C_6H_4$	$Rh_2(S\text{-DOSP})_4$

(b)

$Rh_2(5S\text{-MEPY})_4$

R = CH_3	$Rh_2(4S\text{-MACIM})_4$
R = $BnCH_2CH_2$	$Rh_2(4S\text{-MPPIM})_4$
R = $c\text{-}C_6H_{11}CH_2$	$Rh_2(4S\text{-MCHIM})_4$

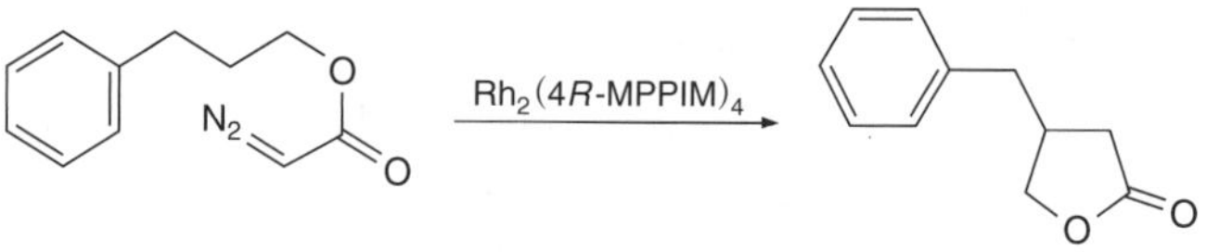

$Rh_2(4R\text{-MPPIM})_4$　収率 56%　91% ee (R)　(18.93)

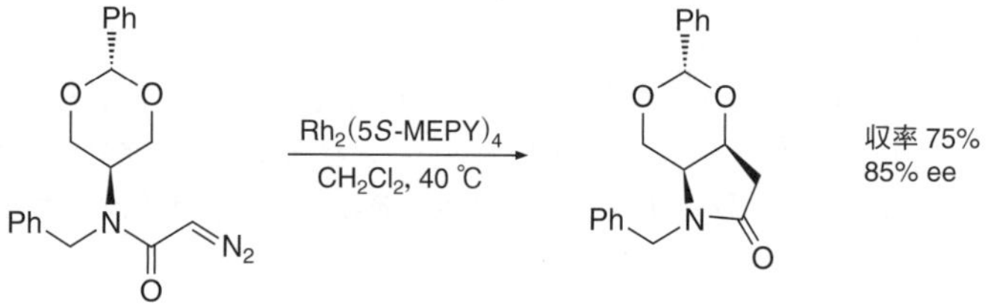

$Rh_2(5S\text{-MEPY})_4$, CH_2Cl_2, 40 ℃　収率 75%　85% ee　(18.94)

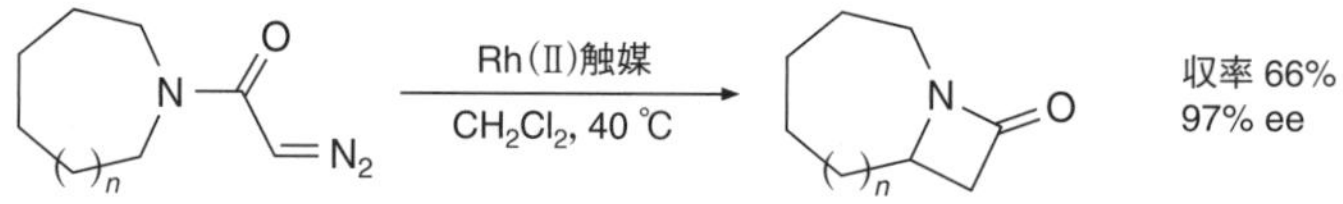

Rh(Ⅱ)触媒, CH_2Cl_2, 40 ℃　収率 66%　97% ee　(18.95)

す[250]．また MEPY 配位子をもつ二核ロジウム錯体による，カルボキシアミドが置換したカルベンの分子内挿入反応の例を，式 18.94 と 18.95 に示す[251),252]．別のカルボキシアミダト配位子をもつ二核ロジウム錯体を触媒として用いた場合に，より高い選択性を示す例も多く存在する．式 18.96 にその一例を示すが[250),253)~255]，多くの例が Davies の総説に詳しく述

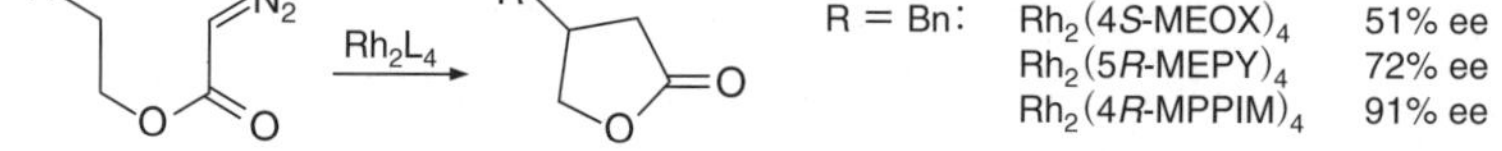

Rh_2L_4　R = Bn：　(18.96)

$Rh_2(4S\text{-MEOX})_4$	51% ee
$Rh_2(5R\text{-MEPY})_4$	72% ee
$Rh_2(4R\text{-MPPIM})_4$	91% ee

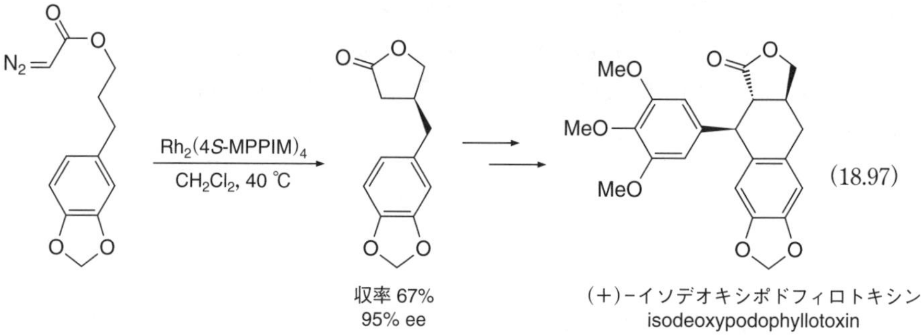

$Rh_2(4S\text{-MPPIM})_4$, CH_2Cl_2, 40 ℃　(18.97)

収率 67%　95% ee

(＋)-イソデオキシポドフィロトキシン isodeoxypodophyllotoxin

べられている[10]．ジアゾエステルの C−H 結合に対する分子内挿入反応を利用した簡単な天然物の合成例を式 18.97 と 18.98 に示す[250),256)]．

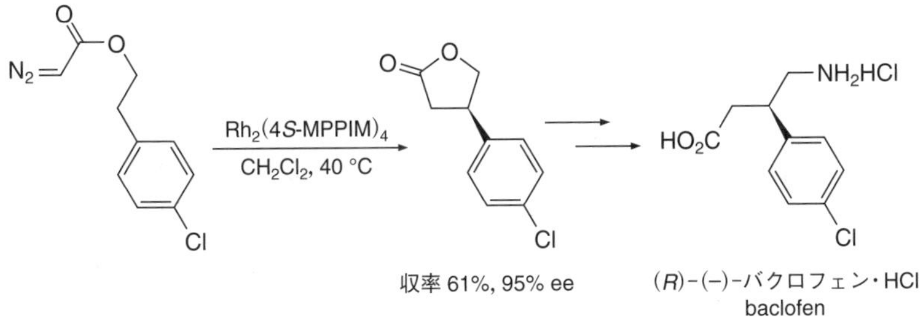

N_2　O　O　Cl　Rh_2(4*S*-MPPIM)$_4$　CH_2Cl_2, 40 °C　O　O　Cl　NH_2HCl　HO_2C　Cl　(18.98)

収率 61%, 95% ee　(*R*)-(−)-バクロフェン・HCl　baclofen

18・9・3　カルベン挿入による分子間 C−H 官能基化反応

Davies は，カルベン炭素原子に π 供与性基と π 受容性基の両方をもつカルベンを研究し，C−H 結合に対するカルベンの分子間反応を大きく進歩させた．ジアゾ酢酸エステル由来のロジウムカルベノイド中間体とアルキル C−H 結合の反応は低収率でしか進行しないが，このおもな原因は，分子間反応が進行する代わりに，これらのカルベンが自分自身と反応してオレフィンを生成するからである[229),257),258)]．しかし，電子受容的なアルコキシカルボニル基をもつカルベノイド中間体に電子供与的な置換基が存在すると，カルベノイド中間体の反応性が弱められ，分子間反応が可能になる．これらのカルベンが C−H 結合と分子間で反応する例が多数報告されており，その多くが，高いエナンチオマー過剰率およびジアステレオマー過剰率で進行する．これらの反応は，通常カルボキシアミダト配位子 (*S*)-DOSP (DOSP: 溶解性を向上させるために芳香環上に *p*-ドデシル基をもつ *N*-アレーンスルホニルカルボキシアミダト配位子，図 18・3 参照）をもつ二核ロジウム錯体を用いて行われた．

供与/受容（共存）型カルベノイドの C−H 結合へのエナンチオ選択的な挿入反応の例が現在までに数多く報告されており，これらの反応は Davies による総説に詳しく述べられて

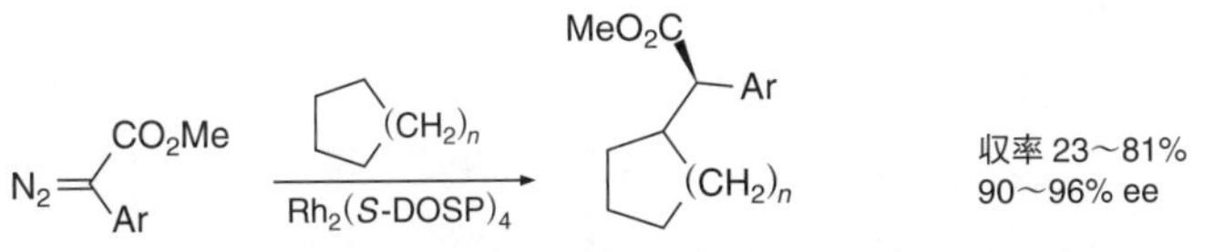

CO_2Me　N_2　Ar　$(CH_2)_n$　Rh_2(*S*-DOSP)$_4$　MeO_2C　Ar　$(CH_2)_n$　収率 23〜81%　90〜96% ee　(18.99)

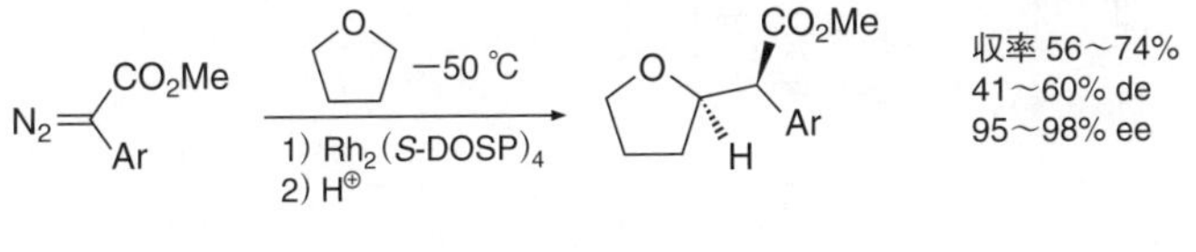

CO_2Me　N_2　Ar　O　−50 ℃　1) Rh_2(*S*-DOSP)$_4$　2) $H^{\oplus}$　O　H　CO_2Me　Ar　収率 56〜74%　41〜60% de　95〜98% ee　(18.100)

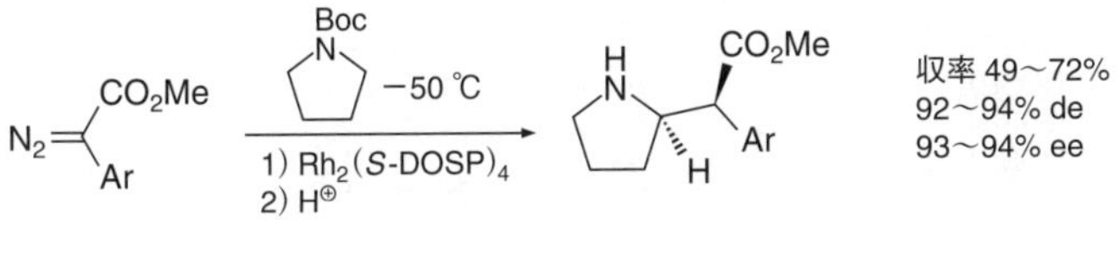

CO_2Me　N_2　Ar　Boc　N　−50 ℃　1) Rh_2(*S*-DOSP)$_4$　2) $H^{\oplus}$　H　N　H　CO_2Me　Ar　収率 49〜72%　92〜94% de　93〜94% ee　(18.101)

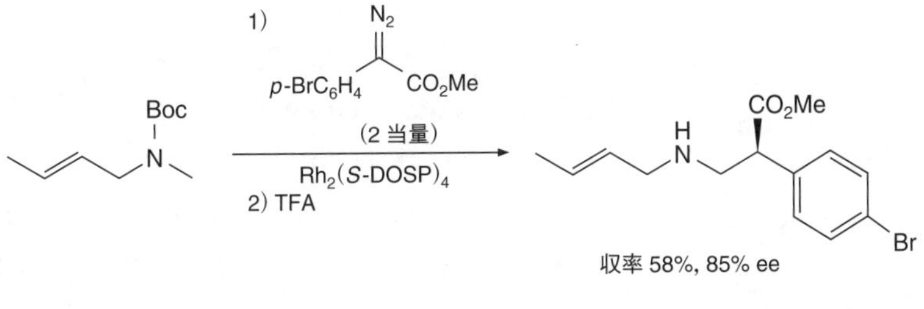

Boc　N　1) N_2　*p*-BrC_6H_4　CO_2Me　(2 当量)　Rh_2(*S*-DOSP)$_4$　2) TFA　H　N　CO_2Me　Br　(18.102)

収率 58%, 85% ee

いる[10),244)]．式 18.99～18.102 には高選択的な反応例をいくつか示す．アリール置換したジアゾ酢酸エステルとシクロペンタンやシクロヘキサンの C－H 結合への分子間挿入反応は，DOSP 配位子をもつ二核ロジウム錯体の存在下で，多くの場合高収率かつ高エナンチオ選択的に進行する[259),260)]．THF[259),260)] のような環状エーテルや *N*-Boc 保護されたピロリジンのような環状アミンの，酸素原子あるいは窒素原子の α 位 C－H 結合への挿入反応も，高エナンチオ選択的に進行する[261),262)]．鎖状の *N*-メチル-*N*-Boc アミンのメチル基での反応も報告されている[263)]．同様に，鎖状の *trans*-アリルシリルエーテルのアリル位での反応も高ジアステレオ選択的かつ高エナンチオ選択的に進行する（式 18.103）[264)]．アリル位 C－H 結

TBSO～R (2 当量)　R = H, Me, プロペニル基, Ph
N_2 / p-Cl-C_6H_4 CO_2Me
Rh_2(R-DOSP)$_4$
ヘキサン，23 ℃
→ MeO_2C, C_6H_4-p-Cl, OTBS, R
収率 35～71%
97～98% de
74～90% ee
(18.103)

合への挿入反応はしばしば中程度のジアステレオ選択性で進行するが，エノールシリルエーテル[265)]や 1,4-シクロヘキサジエン[266),267)]への挿入反応は高い選択性を示し，シクロプロパン化生成物はほとんど生じない（式 18.104 および 18.105）．挿入反応は，ベンジル位の C－H 結合に対して高い立体選択性で進行する（式 18.106）[268)]．これらカルベンの C－H 結合挿

$OSiR_3$, Ph
N_2 / p-BrC_6H_4 CO_2Me
Rh_2(S-DOSP)$_4$
2,2-ジメチルブタン，－30 ℃
→ R_3SiO, Me, CO_2Me, Ph, C_6H_4-p-Br
(18.104)

SiR_3	収率(%)	de(%)	ee(%)
TIPS	66	＞90	71
TBDPS	65	＞90	84

(10 当量)
N_2 / Ph CO_2Me
Rh(Ⅱ)触媒
CH_2Cl_2, 25 ℃
→ Ph, CO_2Me
(18.105)

触 媒	収率(%)	生成物/シクロプロパン化副生成物	ee(%)
Rh_2(S-DOSP)$_4$	98	＞98：2	65 (R)
Rh_2(S-DOSP)$_4$	50	＞98：2	71 (R)
Rh_2(S-DOSP)$_4$	37	＞98：2	72 (R)
Rh_2(S-DOSP)$_4$	80	＞98：2	91 (R)

(10 当量)
N_2 / p-BrC_6H_4 CO_2Me
Rh_2(S-DOSP)$_4$
→ CO_2Me, C_6H_4-p-Br
収率 70%, 74% ee
(18.106)

入反応における位置選択性は，ほとんどの触媒的 C－H 結合活性化反応とは対照的である．なぜなら，このカルベン錯体は，新たな金属－炭素結合を形成しないで，C－H 結合を切断

するからである．スキーム 18・21 には，エナンチオ選択的な分子間 C−H 結合挿入反応によって得られた生成物を経て合成された簡単な天然有機化合物を二つ示した[268)]．

N_2 CO_2Me OMe OTBS

MeO TBSO

$Rh_2(S\text{-DOSP})_4$
2,2−ジメチルブタン，50 ℃

MeO CO_2Me TBSO OMe OTBS
収率 44%, 92% ee

O MeO O HO OMe OH
(−)−コニデンドリン
conidendrin

1) LAH
2) TBAF
収率 87%

OH MeO HO OMe OH
(+)−インペラネン
imperanene

スキーム 18・21

18・10 H/D 交換反応

18 章を終わるにあたり，おそらく最もよくみられるタイプの C−H 結合活性化反応である，H/D 交換反応について簡単に述べる．Shilov は，H/D 交換反応を約 40 年前に報告した[33)]．現在，ここでまとめることができないほどにこの反応はきわめて多くの例が知られている．しかし，この反応は遷移金属錯体が脂肪族，芳香族 C−H 結合を切断する能力をもつかどうかの試金石となっている．H/D 交換反応は，均一系触媒を用いて，重水素ガスか，比較的安価なベンゼン-d_6 または重水を用いて実施される[269),270)]．Heys による先駆的な論文には，医薬分野で重要な化合物に対する Crabtree 触媒を用いた H/D 交換反応について述べられている[271)]．この触媒は，生理活性物質の標識化のために頻繁に用いられている．

この反応は，放射能標識（トリチウム，T）や安定な同位体（重水素）の導入のための有用な合成法となっている．このテーマについては，最近総説が書かれており，近年 H/D 交換反応というトピックはルネッサンスを迎えている[272)]．このルネッサンスは，天然物や最終合成品を直接標識し，医薬品の代謝を調べたり，環境および生物的なサンプルの分析に用いたいという要望から生まれたものである．たとえば，Crabtree の水素化触媒に関連したカチオン性イリジウム触媒による H-T 交換反応が，生物学的アッセイに用いられる分子へのトリチウム標識を導入する方法として利用された[271,273)~276)]．

典型的な H/D 交換反応は，アルキルまたはアリール C−H 結合が，少なくとも一つ重水素をもった中間体へ付加することによって進行する（式 18.107）．アルカンまたはアレーン

$$L_nM{-}D \xrightarrow{R-H} L_nM(R)(H)(D) \longrightarrow L_nM(R)(D)(H) \longrightarrow L_nM{-}H \; + \; R{-}D \qquad (18.107)$$

D_2, C_6D_6, D_2O

が還元的脱離すると，モノ重水素化錯体を再生するが，標識されたアルカンやアレーンが還元的脱離すれば H/D 交換反応が起こる．ジヒドリド中間体の構造に依存して，H と D の位

置の交換（site exchange）が必要となることもある．水素の付加あるいは D_2O や C_6D_6 との H/D 交換反応も，類似の反応機構で進行し，金属重水素化物を再生する．

文献および注

1. Bergman, R. G. *Science* **1984**, *223*, 902.
2. *Selective Hydrocarbon Activation*; Davies, J. A., Watson, P. L., Liebman, J. F., Greenberg, A., Eds.; VCH Publishers: New York, 1990.
3. Arndtsen, B. A.; Bergman, R. G.; Mobley, T. A.; Peterson, T. H. *Acc. Chem. Res.* **1995**, *28*, 154.
4. Shilov, A. E.; Shul'pin, G. B. *Chem. Rev.* **1997**, *97*, 2879.
5. Labinger, J. A.; Bercaw, J. E. *Nature* **2002**, *417*, 507.
6. Hartung, C. G.; Snieckus, V. *The Directed Ortho Metalation Reaction. A Point of Departure for New Synthetic Aromatic Chemistry*; Wiley-VCH: New York, 2002.
7. Shell, U.S. Patent 2,403,772, 1946.
8. Klenk, H.; Götz, P. H.; Siegmeier, R.; Mayr, W. In *Ullmanns Encyclopedia of Industrial Chemistry*; Wiley: New York, 2002; http://www.mrw.interscience.wiley.com/ueic/articles/a19_199/sect2.
9. Musser, M. T. In *Ullmanns Encyclopedia of Industrial Chemistry*; Wiley: New York, 2005; http://www.mrw.interscience.wiley.com/ueic/articles/a08_217/sect3.
10. Davies, H. M. L.; Beckwith, R. E. J. *Chem. Rev.* **2003**, *103*, 2861.
11. Kunin, A. J.; Eisenberg, R. *Organometallics* **1988**, *7*, 2124.
12. Jones, W. D. In *Selective Hydrocarbon Activation*; Davies, J. A., Watson, P. L., Liebman, J. F., Greenberg, A., Eds.; VCH Publishers: New York, 1990; p 113.
13. ボラン反応剤およびシラン反応剤による，アレーンとアルカンのボリル化反応とシリル化反応は例外である．
14. Chen, H.; Hartwig, J. F. *Angew. Chem. Int. Ed.* **1999**, *38*, 3391.
15. Iverson, C. N.; Smith, M. R., III *J. Am. Chem. Soc.* **1999**, *121*, 7696.
16. Chen, H.; Schlecht, S.; Semple, T. C.; Hartwig, J. F. *Science* **2000**, *287*, 1995.
17. Cho, J. Y.; Tse, M. K.; Holmes, D.; Maleczka, R. E.; Smith, M. R. *Science* **2002**, *295*, 305.
18. Ishiyama, T.; Takagi, J.; Hartwig, J. F.; Miyaura, N. *Angew. Chem. Int. Ed.* **2002**, *41*, 3056.
19. Ishiyama, T.; Takagi, J.; Ishida, K.; Miyaura, N.; Anastasi, N.; Hartwig, J. F. *J. Am. Chem. Soc.* **2002**, *124*, 390.
20. Williams, N. A.; Uchimaru, Y.; Tanaka, M. *J. Chem. Soc., Chem. Commun.* **1995**, *1129*.
21. Williams, N. A.; Uchimaru, Y.; Tanaka, M. *Chem. Commun.* **1997**, 461.
22. Kakiuchi, F.; Matsumoto, M.; Tsuchiya, K.; Igi, K.; Hayamizu, T.; Chatani, N.; Murai, S. *J. Organomet. Chem.* **2003**, *686*, 134.
23. Kakiuchi, F.; Tsuchiya, K.; Matsumoto, M.; Mizushima, B.; Chatani, N. *J. Am. Chem. Soc.* **2004**, *126*, 12792.
24. Tsukada, N.; Hartwig, J. F. *J. Am. Chem. Soc.* **2005**, *127*, 5022.
25. McMillen, D. F.; Golden, D. M. *Ann. Rev. Phys. Chem.* **1982**, *33*, 493.
26. Lin, M.; Shen, C.; Garcia-Zayas, E. A.; Sen, A. *J. Am. Chem. Soc.* **2001**, *123*, 1000.
27. Periana, R. A.; Taube, D. J.; Gamble, S.; Taube, H.; Satoh, T.; Fujii, H. *Science* **1998**, *280*, 560.
28. Shilov, A. E.; Shteinman, A. A. *Coord. Chem. Rev.* **1977**, *24*, 97.
29. Goldshleger, N. F.; Lavrushko, V. V.; Khrush, A. P.; Shteinman, A. A. *Bull. Acad. Sci. USSR Div. Chem. Sci.* **1976**, *25*, 2031.
30. Goldshleger, N. F.; Shteinman, A. A. *React. Kinet. Catal. Lett.* **1977**, *6*, 43.
31. Goldshleger, N. F.; Shteinman, A. A.; Shilov, A. E.; Eskova, V. V. *Russ. J. Phys. Chem.* **1972**, *46*, 785.
32. Goldshleger, N. F.; Shteinman, A. A.; Shilov, A. E.; Eskova, V. V. *Zh. Fiz. Khim.* **1972**, *46*, 1353.
33. Goldshleger, N. F.; Tyabin, M. B.; Shilov, A. E.; Shteinman, A. A. *Russ. J. Phys. Chem.* **1969**, *43*, 1222.
34. Hodges, R. J.; Webster, D. E.; Wells, P. B. *J. Chem. Soc., Chem. Commun.* **1971**, 462.
35. Periana, R. A.; Taube, D. J.; Evitt, E. R.; Loffler, D. G.; Wentrcek, P. R.; Voss, G.; Masuda, T. *Science* **1993**, *259*, 340.
36. Bar-Nahum, I.; Khenkin, A. M.; Neumann, R. *J. Am. Chem. Soc.* **2004**, *126*, 10236.
37. Stahl, S. S.; Labinger, J. A.; Bercaw, J. E. *Angew. Chem. Int. Ed.* **1998**, *37*, 2181.
38. Stahl, S. S.; Labinger, J. A.; Bercaw, J. E. *J. Am. Chem. Soc.* **1996**, *118*, 5961.
39. Luinstra, G. A.; Wang, L.; Stahl, S. S.; Labinger, J. A.; Bercaw, J. E. *J. Organomet. Chem.* **1995**, *504*, 75.
40. Johansson, L.; Ryan, O. B.; Tilset, M. *J. Am. Chem. Soc.* **1999**, *121*, 1974.
41. Johansson, L.; Ryan, O. B.; Romming, C.; Tilset, M. *J. Am. Chem. Soc.* **2001**, *123*, 6579.
42. Brainard, R. L.; Nutt, W. R.; Lee, T. R.; Whitesides, G. M. *Organometallics* **1988**, *7*, 2379.
43. Holtcamp, M. W.; Labinger, J. A.; Bercaw, J. E. *J. Am. Chem. Soc.* **1997**, *119*, 848.
44. Johansson, L.; Tilset, M.; Labinger, J. A.; Bercaw, J. E. *J. Am. Chem. Soc.* **2000**, *122*, 10846.
45. Heiberg, H.; Johansson, L.; Gropen, O.; Ryan, O. B.; Swang, O.; Tilset, M. *J. Am. Chem. Soc.* **2000**, *122*, 10831.
46. Procelewska, J.; Zahl, A.; van Eldik, R.; Zhong, H. A.; Labinger, J. A.; Bercaw, J. E. *Inorg. Chem.* **2002**, *41*, 2808.
47. Zhong, H. A.; Labinger, J. A.; Bercaw, J. E. *J. Am. Chem. Soc.* **2002**, *124*, 1378.
48. Thomas, J. C.; Peters, J. C. *J. Am. Chem. Soc.* **2001**, *123*, 5100.
49. Wang, L.; Stahl, S. S.; Labinger, J. A.; Bercaw, J. E. *J. Mol. Cat. A* **1997**, *116*, 269.
50. Rostovtsev, V. V.; Labinger, J. A.; Bercaw, J. E.; Lasseter, T. L.; Goldberg, K. I. *Organometallics* **1998**, *17*, 4530.
51. Rostovtsev, V. V.; Henling, L. M.; Labinger, J. A.; Bercaw, J. E. *Inorg. Chem.* **2002**, *41*, 3608.
52. Williams, B. S.; Holland, A. W.; Goldberg, K. I. *J. Am. Chem. Soc.* **1999**, *121*, 252.
53. Williams, B. S.; Goldberg, K. I. *J. Am. Chem. Soc.* **2001**, *123*, 2576.
54. Luinstra, G. A.; Labinger, J. A.; Bercaw, J. E. *J. Am. Chem. Soc.* **1993**, *115*, 3004.
55. Dick, A. R.; Sanford, M. S. *Tetrahedron* **2006**, *62*, 2439.
56. Dangel, B. D.; Johnson, J. A.; Sames, D. *J. Am. Chem. Soc.* **2001**, *123*, 8149.
57. Desai, L. V.; Hull, K. L.; Sanford, M. S. *J. Am. Chem. Soc.* **2004**, *126*, 9542.
58. Dick, A. R.; Hull, K. L.; Sanford, M. S. *J. Am. Chem. Soc.* **2004**, *126*, 2300.
59. Thu, H. Y.; Yu, W. Y.; Che, C. M. *J. Am. Chem. Soc.* **2006**, *128*,

9048.
60. (a) Espino, C. G.; Wehn, P. M.; Chow, J.; Du Bois, J. *J. Am. Chem. Soc.* **2001**, *123*, 6935; (b) Espino, C. G.; Du Bois, *J. Angew. Chem. Int. Ed.* **2001**, *40*, 598.
61. Fraunhoffer, K. J.; White, M. C. *J. Am. Chem. Soc.* **2007**, *129*, 7274.
62. Giri, R.; Chen, X.; Yu, J. Q. *Angew. Chem. Int. Ed.* **2005**, *44*, 2112.
63. Kalyani, D.; Dick, A. R.; Anani, W. Q.; Sanford, M. S. *Org. Lett.* **2006**, *8*, 2523.
64. Hull, K. L.; Anani, W. Q.; Sanford, M. S. *J. Am. Chem. Soc.* **2006**, *128*, 7134.
65. Powers, D. C.; Ritter, T. *Nat. Chem.* **2009**, *1*, 302.
66. Dick, A. R.; Kampf, J. W.; Sanford, M. S. *J. Am. Chem. Soc.* **2005**, *127*, 12790.
67. Zaitsev, V. G.; Shabashov, D.; Daugulis, A. *J. Am. Chem. Soc.* **2005**, *127*, 13154.
68. Stuart, D. R.; Fagnou, K. *Science* **2007**, *316*, 1172.
69. Dwight, T. A.; Rue, N. R.; Charyk, D.; Josselyn, R.; DeBoef, B. *Org. Lett.* **2007**, *9*, 3137.
70. Hull, K. L.; Sanford, M. S. *J. Am. Chem. Soc.* **2007**, *129*, 11904.
71. Jia, C.; Kitamura, T.; Fujiwara, Y. *Acc. Chem. Res.* **2001**, *34*, 633.
72. Fujiwara, Y.; Kawauchi, T.; Taniguchi, H. *J. Chem. Soc., Chem. Commun.* **1980**, 220.
73. Jintoku, T.; Taniguchi, H.; Fujiwara, Y. *Chem. Lett.* **1987**, 1159.
74. Jintoku, T.; Fujiwara, Y.; Kawata, I.; Kawauchi, T.; Taniguchi, H. *J. Organomet. Chem.* **1990**, *385*, 297.
75. Taniguchi, Y.; Yamaoka, Y.; Nakata, K.; Takaki, K.; Fujiwara, Y. *Chem. Lett.* **1995**, 345.
76. Lu, W. J.; Yamaoka, Y.; Taniguchi, Y.; Kitamura, T.; Takaki, K.; Fujiwara, Y. *J. Organomet. Chem.* **1999**, *580*, 290.
77. Lin, M.; Sen, A. *Nature* **1994**, *368*, 613.
78. Sen, A. *Acc. Chem. Res.* **1998**, *31*, 550.
79. (a) Fujiwara, Y.; Jintoku, T.; Uchida, Y. *New J. Chem.* **1989**, *13*, 649; (b) Fujiwara, Y.; Takaki, K.; Watanabe, J.; Uchida, Y.; Taniguchi, H. *Chem. Lett.* **1989**, 1687.
80. Taniguchi, Y.; Hayashida, T.; Shibasaki, H.; Piao, D. G.; Kitamura, T.; Yamaji, T.; Fujiwara, Y. *Org. Lett.* **1999**, *1*, 557.
81. Kao, L.-C.; Hutson, A. C.; Sen, A. *J. Am. Chem. Soc.* **1991**, *113*, 700.
82. Periana, R. A.; Mironov, O.; Taube, D.; Bhalla, G.; Jones, C. J. *Science* **2003**, *301*, 814.
83. Moore, E. J.; Pretzer, W. R.; Oconnell, T. J.; Harris, J.; Labounty, L.; Chou, L.; Grimmer, S. S. *J. Am. Chem. Soc.* **1992**, *114*, 5888.
84. Chatani, N.; Fukuyama, T.; Kakiuchi, F.; Murai, S. *J. Am. Chem. Soc.* **1996**, *118*, 493.
85. Chatani, N.; Fukuyama, T.; Tatamidani, H.; Kakiuchi, F.; Murai, S. *J. Org. Chem.* **2000**, *65*, 4039.
86. Chatani, N.; Ie, Y.; Kakiuchi, F.; Murai, S. *J. Org. Chem.* **1997**, *62*, 2604.
87. Fukuyama, T.; Chatani, N.; Kakiuchi, F.; Murai, S. *J. Org. Chem.* **1997**, *62*, 5647.
88. Ishii, Y.; Chatani, N.; Kakiuchi, F.; Murai, S. *Organometallics* **1997**, *16*, 3615.
89. Sakakura, T.; Tanaka, M. *J. Chem. Soc., Chem. Commun.* **1987**, 758.
90. Boese, W. T.; Goldman, A. S. *Tetrahedron Lett.* **1992**, *33*, 2119.
91. Khannanov, N. K.; Menchikova, G. N.; Grigoryan, E. A. *Russ. Chem. Bull.* **1994**, *43*, 948.
92. Rosini, G. P.; Zhu, K. M.; Goldman, A. S. *J. Organomet. Chem.* **1995**, *504*, 115.
93. Sakakura, T.; Sodeyama, T.; Sasaki, K.; Wada, K.; Tanaka, M. *J. Am. Chem. Soc.* **1990**, *112*, 7221.
94. Lowry, T. H.; Richardson, T. H. *Mechanism and Theory in Organic Chemistry*, 3rd ed.; Harper & Row, Publishers: New York, 1987; p 162.
95. Tanaka, M.; Sakakura, T.; Tokunaga, Y.; Sodeyama, T. *Chem. Lett.* **1987**, 2373.
96. Jones, W. D.; Foster, G. P.; Putinas, J. M. *J. Am. Chem. Soc.* **1987**, *109*, 5047.
97. Hsu, G. C.; Kosar, W. P.; Jones, W. D. *Organometallics* **1994**, *13*, 385.
98. Choi, J. C.; Sakakura, T. *J. Am. Chem. Soc.* **2003**, *125*, 7762.
99. Crabtree, R. H.; Mihelcic, J. M.; Quirk, J. M. *J. Am. Chem. Soc.* **1979**, *101*, 7738.
100. Crabtree, R. H.; Mellea, M. F.; Mihelcic, J. M.; Quirk, J. M. *J. Am. Chem. Soc.* **1982**, *104*, 107.
101. Crabtree, R. H.; Demou, P. C.; Eden, D.; Mihelcic, J. M.; Parnell, C. A.; Quirk, J. M.; Morris, G. E. *J. Am. Chem. Soc.* **1982**, *104*, 6994.
102. Burk, M. J.; Crabtree, R. H. *J. Am. Chem. Soc.* **1987**, *109*, 8025.
103. Baudry, D.; Ephritikhine, M.; Felkin, H.; Holmes-Smith, R. *J. Chem. Soc., Chem. Commun.* **1983**, 788.
104. Felkin, H.; Fillebeen-Khan, T.; Gault, Y.; Holmes-Smith, R.; Zakrzewski, J. *Tetrahedron Lett.* **1984**, *25*, 1279.
105. Felkin, H.; Fillebeen-Khan, T.; Holmes-Smith, R.; Yingrui, L. *Tetrahedron Lett.* **1985**, *26*, 1999.
106. Aoki, T.; Crabtree, R. *Organometallics* **1993**, *12*, 294.
107. Braunstein, P.; Chauvin, Y.; Nahring, J.; DeCian, A.; Fischer, J.; Tiripicchio, A.; Ugozzoli, F. *Organometallics* **1996**, *15*, 5551.
108. Belli, J.; Jensen, C. M. *Organometallics* **1996**, *15*, 1532.
109. Miller, J. A.; Knox, L. K. *J. Chem. Soc., Chem. Commun.* **1994**, 1449.
110. Fujii, T.; Saito, Y. *J. Chem. Soc., Chem. Commun.* **1990**, 757.
111. Fujii, T.; Higashino, Y.; Saito, Y. *J. Chem. Soc., Dalton Trans.* **1993**, 517.
112. Jensen, C. M. *Chem. Commun.* **1999**, 2443.
113. Goldman, A. S.; Renkema, K. B.; Czerw, M.; Krogh-Jespersen, K. In *Activation and Functionalization of C–H Bonds*; Goldberg, K. I., Goldman, A. S., Eds.; American Chemical Society: Washington, DC, 2004; Vol. 885, p 440.
114. Xu, W. W.; Rosini, G. P.; Krogh-Jespersen, K.; Goldman, A. S.; Gupta, M.; Jensen, C. M.; Kaska, W. C. *Chem. Commun.* **1997**, 2273.
115. Gupta, M.; Kaska, W. C.; Jensen, C. M. *Chem. Commun.* **1997**, 461.
116. Liu, F.; Pak, E. B.; Singh, B.; Jensen, C. M.; Goldman, A. S. *J. Am. Chem. Soc.* **1999**, *121*, 4086.
117. Gottker-Schnetmann, I.; Brookhart, M. *J. Am. Chem. Soc.* **2004**, *126*, 9330.
118. Gottker-Schnetmann, I.; White, P.; Brookhart, M. *J. Am. Chem. Soc.* **2004**, *126*, 1804.
119. Gottker-Schnetmann, I.; White, P. S.; Brookhart, M. *Organometallics* **2004**, *23*, 1766.
120. Ray, A.; Zhu, K. M.; Kissin, Y. V.; Cherian, A. E.; Coates, G. W.; Goldman, A. S. *Chem. Commun.* **2005**, 3388.
121. Gu, X. Q.; Chen, W.; Morales-Morales, D.; Jensen, C. M. *J. Mol. Cat. A* **2002**, *189*, 119.
122. Vidal, V.; Theolier, A.; Thivolle-Cazat, J.; Basset, J. M. *Science* **1997**, *276*, 99.
123. Maury, O.; Lefort, L.; Vidal, V.; Thivolle-Cazat, J.; Basset, J. M. *Angew. Chem. Int. Ed.* **1999**, *38*, 1952.
124. Basset, J. M.; Coperet, C.; Lefort, L.; Maunders, B. M.; Maury, O.; Le Roux, E.; Saggio, G.; Soignier, S.; Soulivong, D.; Sunley, G. J.; Taoufik, M.; Thivolle-Cazat, J. *J. Am. Chem. Soc.* **2005**, *127*, 8604.
125. Goldman, A. S.; Roy, A. H.; Huang, Z.; Ahuja, R.; Schinski, W.; Brookhart, M. *Science* **2006**, *312*, 257.
126. Kanzelberger, M.; Singh, B.; Czerw, M.; Krogh-Jespersen, K.; Goldman, A. S. *J. Am. Chem. Soc.* **2000**, *122*, 11017.

127. Renkema, K. B.; Kissin, Y. V.; Goldman, A. S. *J. Am. Chem. Soc.* **2003**, *125*, 7770.
128. Gottker-Schnetmann, I.; White, P.; Brookhart, M. *J. Am. Chem. Soc.* **2004**, *126*, 1804.
129. Li, S.; Hall, M. B. *Organometallics* **2001**, *20*, 2153.
130. Zhu, K. M.; Achord, P. D.; Zhang, X. W.; Krogh-Jespersen, K.; Goldman, A. S. *J. Am. Chem. Soc.* **2004**, *126*, 13044.
131. Gottker-Schnetmann, I.; Brookhart, M. *J. Am. Chem. Soc.* **2004**, *126*, 9330.
132. Murai, S.; Kakiuchi, F.; Sekine, S.; Tanaka, Y.; Kamatani, A.; Sonoda, M.; Chatani, N. *Nature* **1993**, *366*, 529.
133. Harris, P. W. R.; Woodgate, P. D. *J. Organomet. Chem.* **1996**, *506*, 339.
134. Harris, P. W. R.; Woodgate, P. D. *J. Organomet. Chem.* **1997**, *530*, 211.
135. O'Malley, S. J.; Tan, K. L.; Watzke, A.; Bergman, R. G.; Ellman, J. A. *J. Am. Chem. Soc.* **2005**, *127*, 13496.
136. Kakiuchi, F.; Yamauchi, M.; Chatani, N.; Murai, S. *Chem. Lett.* **1996**, 111.
137. Lim, Y. G.; Kang, J. B.; Kim, Y. H. *J. Chem. Soc., Perkin Trans. 1* **1996**, 2201.
138. Tan, K. L.; Bergman, R. G.; Ellman, J. A. *J. Am. Chem. Soc.* **2001**, *123*, 2685.
139. Tan, K. L.; Bergman, R. G.; Ellman, J. A. *J. Am. Chem. Soc.* **2002**, *124*, 3202.
140. Jun, C.-H.; Hong, J.-B.; Kim, Y.-H.; Chung, K.-Y. *Angew. Chem. Int. Ed.* **2000**, *39*, 3440.
141. Jun, C.-H.; Moon, C. W.; Hong, J.-B.; Lim, S.-G.; Chung, K.-Y.; Kim, Y.-H. *Chem. Eur. J.* **2002**, 485.
142. Thalji, R. K.; Ahrendt, K. A.; Bergman, R. G.; Ellman, J. A. *J. Am. Chem. Soc.* **2001**, *123*, 9692.
143. Thalji, R. K.; Ellman, J. A.; Bergman, R. G. *J. Am. Chem. Soc.* **2004**, *126*, 7192.
144. Kakiuchi, F.; Murai, S. In *Activation of Unreactive Bonds and Organic Synthesis*; Murai, S., Ed.; Springer: Berlin, 1999; Vol. 3, p 47.
145. Kakiuchi, F.; Murai, S. *Acc. Chem. Res.* **2002**, *35*, 826.
146. Busch, S.; Leitner, L. *Adv. Synth. Catal.* **2001**, *343*, 192.
147. Lenges, C. P.; Brookhart, M. *J. Am. Chem. Soc.* **1999**, *121*, 6616.
148. Colby, D. A.; Bergman, R. G.; Ellman, J. A. *Chem. Rev.* **2010**, *110*, 624.
149. Kakiuchi, F.; Ohtaki, H.; Sonoda, M.; Chatani, N.; Murai, S. *Chem. Lett.* **2001**, 918.
150. Matsubara, T.; Koga, N.; Musaev, D. G.; Morokuma, K. *J. Am. Chem. Soc.* **1998**, *120*, 12692.
151. Matsubara, T.; Koga, N.; Musaev, D.; Morokuma, K. *Organometallics* **2000**, *19*, 2318.
152. Nevado, C.; Echavarren, A. M. *Synthesis* **2005**, 167.
153. Nevado, C.; Echavarren, A. M. *Chem. Eur. J.* **2005**, *11*, 3155.
154. Jia, C. G.; Piao, D. G.; Oyamada, J. Z.; Lu, W. J.; Kitamura, T.; Fujiwara, Y. *Science* **2000**, *287*, 1992.
155. Li, K.; Foresee, L. N.; Tunge, J. A. *J. Org. Chem.* **2005**, *70*, 2881.
156. Matsumoto, T.; Taube, D. J.; Periana, R. A.; Taube, H.; Yoshida, H. *J. Am. Chem. Soc.* **2000**, *122*, 7414.
157. Lail, M.; Arrowood, B. N.; Gunnoe, T. B. *J. Am. Chem. Soc.* **2003**, *125*, 7506.
158. Matsumoto, T.; Periana, R. A.; Taube, D. J.; Yoshida, H. *J. Mol. Catal.* **2002**, 1.
159. Periana, R. A.; Liu, X. Y.; Bhalla, G. *Chem. Commun.* **2002**, 3000.
160. Lail, M.; Bell, C. M.; Conner, D.; Cundari, T. R.; Gunnoe, T. B.; Petersen, J. L. *Organometallics* **2004**, *23*, 5007.
161. Liu, C.; Han, X. Q.; Wang, X.; Widenhoefer, R. A. *J. Am. Chem. Soc.* **2004**, *126*, 3700.
162. Sadow, A. D.; Tilley, T. D. *J. Am. Chem. Soc.* **2003**, *125*, 7971.
163. Weissman, H.; Song, X.; Milstein, D. *J. Am. Chem. Soc.* **2001**, *123*, 337.
164. Baran, P. S.; Corey, E. J. *J. Am. Chem. Soc.* **2002**, *124*, 7904.
165. Baran, P. S.; Guerrero, C. A.; Corey, E. J. *J. Am. Chem. Soc.* **2003**, *125*, 5628.
166. Oxgaard, J.; Muller, R. P.; Goddard, W. A.; Periana, R. A. *J. Am. Chem. Soc.* **2004**, *126*, 352.
167. Oxgaard, J.; Goddard, W. A. *J. Am. Chem. Soc.* **2004**, *126*, 442.
168. Oxgaard, J.; Periana, R. A.; William A. Goddard, I. *J. Am. Chem. Soc.* **2004**, *126*, 11658.
169. Fisher, M. B.; Zheng, Y.-M.; Rettie, A. E. *Biochem. Biophys. Res. Commun.* **1998**, *248*, 352.
170. Lawrence, J. D.; Takahashi, M.; Bae, C.; Hartwig, J. F. *J. Am. Chem. Soc.* **2004**, *126*, 15334.
171. Zweifel, G. T.; Brown, H. C. *Org. React.* **1963**, *13*, 22.
172. Brown, H. C. *Boranes in Organic Chemistry*; Cornell University Press: Ithaca, N.Y., 1972.
173. Brown, H. C. *Organic Synthesis via Boranes*; Wiley: New York, 1975.
174. Falck, J. R.; Bondlela, M.; Venkataraman, S. K.; Srinivas, D. *J. Org. Chem.* **2001**, *66*, 7148.
175. Miyaura, N.; Suzuki, A. *Chem. Rev.* **1995**, *95*, 2457.
176. Miyaura, N. In *Metal-Catalyzed Cross-Coupling Reactions*; de Meijere, A., Diederich, F., Eds.; Wiley-VCH: Weinheim, 2004; Vol. 1, p 41.
177. Ishiyama, T.; Nobuta, Y.; Hartwig, J. F.; Miyaura, N. *Chem. Commun.* **2003**, 2924.
178. Takagi, J.; Sato, K.; Hartwig, J. F.; Ishiyama, T.; Miyaura, N. *Tetrahedron Lett.* **2002**, *43*, 5649.
179. Ishiyama, T.; Takagi, J.; Yonekawa, Y.; Hartwig, J. F.; Miyaura, N. *Adv. Synth. Catal.* **2003**, *345*, 1103.
180. Kondo, Y.; Garcia-Cuadrado, D.; Hartwig, J. F.; Boaen, N. K.; Wagner, N. L.; Hillmyer, M. A. *J. Am. Chem. Soc.* **2002**, *124*, 1164.
181. Bae, C.; Hartwig, J. F.; Boaen, N. K.; Long, R. O.; Anderson, K. S.; Hillmyer, M. A. *J. Am. Chem. Soc.* **2005**, *127*, 767.
182. Bae, C.; Hartwig, J. F.; Chung, H.; Harris, N. K.; Switek, K. A.; Hillmyer, M. A. *Angew. Chem. Int. Ed.* **2005**, *44*, 6410.
183. Hartwig, J. F.; Cook, K. S.; Hapke, M.; Incarvito, C.; Fan, Y.; Webster, C. E.; Hall, M. B. *J. Am. Chem. Soc.* **2005**, *127*, 2538.
184. Boller, T. M.; Murphy, J. M.; Hapke, M.; Ishiyama, T.; Miyaura, N.; Hartwig, J. F. *J. Am. Chem. Soc.* **2005**, *127*, 14263.
185. Webster, C. E.; Fan, Y.; Hall, M. B.; Kunz, D.; Hartwig, J. F. *J. Am. Chem. Soc.* **2003**, *125*, 858.
186. Kawamura, K.; Hartwig, J. F. *J. Am. Chem. Soc.* **2001**, *123*, 8422.
187. Gustavson, W. A.; Epstein, P. S.; Curtis, M. D. *Organometallics* **1982**, *1*, 884.
188. Ezbiansky, K.; Djurovich, P. I.; Laforest, M.; Sinning, D. J.; Zayes, R.; Berry, D. H. *Organometallics* **1998**, *17*, 1455.
189. Uchimaru, Y.; El Sayed, A. M. M.; Tanaka, M. *Organometallics* **1993**, *12*, 2065.
190. Sadow, A. D.; Tilley, T. D. *Angew. Chem. Int. Ed.* **2003**, *42*, 803.
191. Sadow, A. D.; Tilley, T. D. *J. Am. Chem. Soc.* **2005**, *127*, 643.
192. Tsuji, J.; Ohno, K. *Tetrahedron Lett.* **1965**, 3969.
193. Tsuji, J.; Ohno, K. *Synthesis* **1969**, *4*, 157.
194. O'Connor, J. M.; Ma, J. *J. Org. Chem.* **1992**, *57*, 5075.
195. Vora, K. P.; Lochow, C. F.; Miller, R. G. *J. Organomet. Chem.* **1980**, *192*, 257.
196. Okano, T.; Kobayashi, T.; Konishi, H.; Kiji, J. *Tetrahedron Lett.*

1982, *23*, 4967.
197. Vora, K. P. *Synth. Commun.* **1983**, *13*, 99.
198. Marder, T. B.; Roe, D. C.; Milstein, D. *Organometallics* **1988**, *7*, 1451.
199. Lenges, C. P.; White, P. S.; Brookhart, M. *J. Am. Chem. Soc.* **1998**, *120*, 6965.
200. Lenges, C. P.; Brookhart, M. *J. Am. Chem. Soc.* **1997**, *119*, 3165.
201. Kondo, T.; Tsuji, Y.; Watanabe, Y. *Tetrahedron Lett.* **1987**, *28*, 6229.
202. Kondo, T.; Akazome, M.; Tsuji, Y.; Watanabe, Y. *J. Org. Chem.* **1990**, *55*, 1286.
203. Roy, A. H.; Lenges, C. P.; Brookhart, M. *J. Am. Chem. Soc.* **2007**, *129*, 2082.
204. Sakai, K.; Oda, O.; Nakamura, N.; Ide, J. *Tetrahedron Lett.* **1972**, 1287.
205. Campbell, R. E.; Lochow, C. F.; Vora, K. P.; Miller, R. G. *J. Am. Chem. Soc.* **1980**, *102*, 5824.
206. Campbell, R. E.; Miller, R. G. *J. Organomet. Chem.* **1980**, *186*, C27.
207. Larock, R. C.; Oertle, K.; Potter, G. F. *J. Am. Chem. Soc.* **1980**, *102*, 190.
208. Taura, Y.; Tanaka, M.; Funakoshi, K.; Sakai, K. *Tetrahedron Lett.* **1989**, *30*, 6349.
209. Taura, Y.; Tanaka, M.; Wu, X. M.; Funakoshi, K.; Sakai, K. *Tetrahedron* **1991**, *47*, 4879.
210. Sakai, K. *J. Synth.Org. Chem. Jpn.* **1993**, *51*, 733.
211. Fairlie, D. P.; Bosnich, B. *Organometallics* **1988**, *7*, 936.
212. Wu, X.-M.; Funakoshi, K.; Sakai, K. *Tetrahedron Lett.* **1992**, *33*, 6331.
213. Barnhart, R. W.; Wang, X. Q.; Noheda, P.; Bergens, S. H.; Whelan, J.; Bosnich, B. *Tetrahedron* **1994**, *50*, 4335.
214. Barnhart, R. W.; Wang, X. Q.; Noheda, P.; Bergens, S. H.; Whelan, J.; Bosnich, B. *J. Am. Chem. Soc.* **1994**, *116*, 1821.
215. Barnhart, R. W.; Bosnich, B. *Organometallics* **1995**, *14*, 4343.
216. Barnhart, R. W.; McMorran, D. A.; Bosnich, B. *Inorg. Chim. Acta* **1997**, *263*, 1.
217. Barnhart, R. W.; McMorran, D. A.; Bosnich, B. *Chem. Commun.* **1997**, 589.
218. Bosnich, B. *Acc. Chem. Res.* **1998**, *31*, 667.
219. Jun, C. H.; Kang, J. B. *Bull. Korean Chem. Soc.* **1993**, *14*, 153.
220. Jun, C. H.; Han, J. S.; Kang, J. B.; Kim, S. I. *Bull. Korean Chem. Soc.* **1994**, *15*, 204.
221. Suggs, J. W. *J. Am. Chem. Soc.* **1978**, *100*, 640.
222. Willis, M. C.; McNally, S. J.; Beswick, P. J. *Angew. Chem. Int. Ed.* **2004**, *43*, 340.
223. Willis, M. C.; Randell-Sly, H. E.; Woodward, R. L.; Currie, G. S. *Org. Lett.* **2005**, *7*, 2249.
224. Suggs, J. W. *J. Am. Chem. Soc.* **1979**, *101*, 489.
225. Jun, C. H.; Lee, H.; Hong, J. B. *J. Org. Chem.* **1997**, *62*, 1200.
226. Jun, C. H.; Lee, D. Y.; Hong, J. B. *Tetrahedron Lett.* **1997**, *38*, 6673.
227. Jun, C. H.; Huh, C. W.; Na, S. J. *Angew. Chem. Int. Ed.* **1998**, *37*, 145.
228. 立体制御による，第二級C－H結合に優先して第一級C－H結合が反応する例が，立体的に遮蔽されたカルベノイド中間体を用いて最近報告された．以下を参照：Thu, H.-Y.; Glenna So-Ming, T.; Huang, J.-S.; Chan, S. L.-F.; Deng, Q.-H.; Che, C.-M. *Angew. Chem., Int. Ed.* **2008**, *47*, 9747.
229. Davies, H. M. L.; Hansen, T.; Churchill, M. R. *J. Am. Chem. Soc.* **2000**, *122*, 3063.
230. (a) Doyle, M.; McKervey, M.; Ye, T. *Modern Catalytic Methods for Organic Synthesis with Diazo Compounds: From Cyclopropanes to Ylides*; Wiley: New York, 1998; (b) Pfaltz, A. In *Comprehensive Asymmetric Catalysis*; Jacobsen, E. N., Pfaltz, A., Yamamoto, H., Eds.; Springer Publishing: Berlin, 1999; Vol. 2.
231. Maas, G. *Top. Curr. Chem.* **1987**, *137*, 75.
232. Muller, P.; Bolea, C. *Helv. Chim. Acta* **2002**, *85*, 483.
233. Lim, H. J.; Sulikowski, G. A. *J. Org. Chem.* **1995**, *60*, 2326.
234. Ye, T.; Garcia, C. F.; McKervey, M. A. *J. Chem. Soc., Perkin Trans. 1* **1995**, 1373.
235. Doyle, M. P.; Phillips, I. M. *Tetrahedron Lett.* **2001**, *42*, 3155.
236. Doyle, M. P.; Hu, W. H. *J. Org. Chem.* **2000**, *65*, 8839.
237. Doyle, M. P.; Kalinin, A. V. *Tetrahedron Lett.* **1996**, *37*, 1371.
238. Wee, A. G. H. *J. Org. Chem.* **2001**, *66*, 8513.
239. Diaz-Requejo, M. M.; Belderrain, T. R.; Nicasio, M. C.; Trofimenko, S.; Perez, P. J. *J. Am. Chem. Soc.* **2002**, *126*, 896.
240. Ye, T.; McKervey, M. A.; Brandes, B. D.; Doyle, M. P. *Tetrahedron Lett.* **1994**, *35*, 7269.
241. Kennedy, M.; McKervey, M. A.; Maguire, A. R.; Roos, G. H. P. *J. Chem. Soc., Chem. Commun.* **1990**, 361.
242. McKervey, M. A.; Ye, T. *J. Chem. Soc., Chem. Commun.* **1992**, 823.
243. Roos, G. H. P.; McKervey, M. A. *Synth. Commun.* **1992**, *22*, 1751.
244. Davies, H. M. L.; Antoulinakis, E. G. *J. Organomet. Chem.* **2001**, *617*, 47.
245. Doyle, M. P. In *Catalytic Asymmetric Synthesis*; Ojima, I., Ed; Wiley-VCH: New York, 2000; Chapter 5.
246. Timmons, D. J.; Doyle, M. P. *J. Organomet. Chem.* **2001**, *617*, 98.
247. Doyle, M. P.; Ren, T. *Prog. Inorg. Chem.* **2001**, *49*, 113.
248. Doyle, M. P. *Russ. Chem. Bull.* **1999**, *48*, 16.
249. Doyle, M. P. *Enantiomer* **1999**, *4*, 621.
250. Bode, J. W.; Doyle, M. P.; Protopopova, M. N.; Zhou, Q. L. *J. Org. Chem.* **1996**, *61*, 9146.
251. Doyle, M. P.; Yan, M.; Phillips, I. M.; Timmons, D. J. *Adv. Synth. Catal.* **2002**, *344*, 91.
252. Doyle, M. P.; Kalinin, A. V. *Synlett* **1995**, 1075.
253. Doyle, M. P.; Vanoeveren, A.; Westrum, L. J.; Protopopova, M. N.; Clayton, T. W. *J. Am. Chem. Soc.* **1991**, *113*, 8982.
254. Doyle, M. P.; Protopopova, M. N.; Zhou, Q. L.; Bode, J. W.; Simonsen, S. H.; Lynch, V. *J. Org. Chem.* **1995**, *60*, 6654.
255. Doyle, M. P.; Hu, W. H.; Valenzuela, M. V. *J. Org. Chem.* **2002**, *67*, 2954.
256. Doyle, M. P.; Hu, W. H. *Chirality* **2002**, *14*, 169.
257. Ye, T.; McKervey, M. A. *Chem. Rev.* **1994**, *94*, 1091.
258. Spero, D. M.; Adams, J. *Tetrahedron Lett.* **1992**, *33*, 1143.
259. Davies, H. M. L.; Hansen, T. *J. Am. Chem. Soc.* **1997**, *119*, 9075.
260. Davies, H. M. L.; Hansen, T.; Churchill, M. R. *J. Am. Chem. Soc.* **2000**, *122*, 3063.
261. Davies, H. M. L.; Walji, A. M.; Townsend, R. J. *Tetrahedron Lett.* **2002**, *43*, 4981.
262. Davies, H. M. L.; Hansen, T.; Hopper, D. W.; Panaro, S. A. *J. Am. Chem. Soc.* **1999**, *121*, 6509.
263. Davies, H. M. L.; Venkataramani, C. *Angew. Chem. Int. Ed.* **2002**, *41*, 2197.
264. Davies, H. M. L.; Antoulinakis, E. G.; Hansen, T. *Org. Lett.* **1999**, *1*, 383.
265. Davies, H. M. L.; Ren, P. D. *J. Am. Chem. Soc.* **2001**, *123*, 2070.
266. Muller, P.; Tohill, S. *Tetrahedron* **2000**, *56*, 1725.
267. Davies, H. M. L.; Stafford, D. G.; Hansen, T. *Org. Lett.* **1999**, *1*, 233.
268. Davies, H. M. L.; Jin, Q. H. *Tetrahedron: Asymmetry* **2003**, *14*, 941.
269. Klei, S. R.; Golden, J. T.; Tilley, T. D.; Bergman, R. G. *J. Am. Chem. Soc.* **2002**, *124*, 2092.
270. Yung, C. M.; Skaddan, M. B.; Bergman, R. G. *J. Am. Chem. Soc.*

2004, *126*, 13033.
271. Shu, A. Y. L.; Chen, W.; Heys, J. R. *J. Organomet. Chem.* **1996**, *524*, 87.
272. Atzrodt, J.; Derdau, V.; Fey, T.; Zimmermann, J. *Angew. Chem. Int. Ed.* **2007**, *46*, 7744.
273. Hesk, D.; Das, P. R.; Evans, B. *J. Labelled Compd. Radiopharm.* **1995**, *36*, 497.
274. Shu, A. Y. L.; Saunders, D.; Levinson, S. H.; Landvatter, S. W.; Mahoney, A.; Senderoff, S. G.; Mack, J. F.; Heys, J. R. *J. Labelled Compd. Radiopharm.* **1999**, *42*, 797.
275. Ellames, G. J.; Gibson, J. S.; Herbert, J. M.; Kerr, W. J.; McNeill, A. H. *J. Labelled Compd. Radiopharm.* **2004**, *47*, 1.
276. Johansen, S. K.; Sorenson, L.; Martiny, L. *J. Labelled Compd. Radiopharm.* **2005**, *48*, 569.

19 遷移金属触媒によるカップリング反応

19・1 クロスカップリング反応の概要

触媒的な求核置換反応は，有機合成において最も汎用されている触媒反応の一つである．式19.1の一般式で示したように，ハロゲン化あるいはスルホン酸アリールならびにビニルの置換反応は，医薬候補品の合成に日常的に利用されているばかりでなく天然物合成や，複雑な共役系有機材料の合成に頻繁に利用されている[1)〜19)]．このような金属触媒反応は，一般にクロスカップリング反応（cross coupling reaction）とよばれている．

$$\text{Ar/vinyl–X} + \text{RM} \xrightarrow{\text{触媒}} \text{Ar/vinyl–R} \qquad (19.1)$$

クロスカップリング反応は，もともと炭素－炭素結合形成反応として開発されたものであるが，現在では，炭素－ヘテロ原子結合形成反応へと展開されている．アリールアミンの炭素－窒素結合形成反応の例が多いが，炭素－酸素および炭素－硫黄結合形成反応のための触媒も精力的に開発されてきた．炭素－リン，炭素－ケイ素，炭素－ホウ素結合形成を行う触媒反応も実現されている．これらの炭素－ヘテロ原子結合形成クロスカップリング反応については，炭素－炭素結合形成クロスカップリング反応のあとに述べる．

クロスカップリング反応に加え，ホモカップリング反応によってもビアリールの炭素－炭素結合を形成できる．ホモカップリング反応には，古くから化学量論量の銅が用いられていたが（式19.2）[20)〜23)]，適切な還元剤存在下，ハロゲン化アリールの遷移金属触媒によるホモカップリング反応も開発されている（式19.3）．一方，遷移金属触媒による典型金属反応剤どうしのホモカップリング反応も報告されている[24)〜35)]．

$$2\ \text{PhI} \xrightarrow{\text{Cu}} \text{Ph–Ph} \qquad (19.2)$$

$$2\ \text{PhX} + \text{M} \xrightarrow{\text{触媒}} \text{Ph–Ph} + \text{MX}_2 \qquad (19.3)$$

アリールあるいはビニル求核種/求電子種のカップリング反応に加え，sp^3混成炭素原子の求核種あるいは求電子種におけるカップリング反応も開発されてきた．なかには，式19.4

$$\text{R}^3\text{R}^2\text{R}^1\text{C–M (＋エナンチオマー)} + \text{Ar–X または vinyl-X} \xrightarrow{\text{触媒}} \text{R}^3\text{R}^2\text{R}^1\text{C–Ar あるいは R}^3\text{R}^2\text{R}^1\text{C–vinyl (光学活性体)} \qquad (19.4)$$

に示すように，ラセミ体あるいはプロキラルな求核剤から，第三級および第四級不斉炭素を構築する反応も実現されている．プロパルギル[36)]およびベンジル求電子剤[37)]の置換反応に加え，アルキル求電子剤の金属触媒による置換反応が，エナンチオ選択的な例を含め，近年報告されている．

銅錯体もクロスカップリング反応の触媒となる．おもに，補助配位子をもつ銅触媒系が再び注目を集め，およそ100年前に初めて報告されたカップリング反応ではあるが，劇的に改善された．銅触媒によるカップリング反応については，貴金属触媒によるカップリング反応のあとに述べる．

脱離基や典型金属反応剤のいずれか，あるいはその両方を導入しなくても直接C−H結合を活性化して進行するカップリング反応も報告されるようになった．このような“直接アリール化”反応は，アリールおよびヘテロアリールC−H結合の触媒的活性化の一種であるが，クロスカップリング反応と密接に関連しているので，銅触媒カップリング反応のあと，本章の最後に述べる．

以上のように本章では，アリールおよびアルキル求電子剤と典型金属元素を含む炭素または窒素求核剤との反応，ハロゲン化アリールとオレフィンとの反応，そのエナンチオ選択的な反応，直接カップリング反応に重点をおき，金属触媒によるカップリング反応について述べる．これら触媒反応の各素過程を扱った章を引用しながら，これら反応の反応機構についても述べる．

19・2　C−C結合形成カップリング反応の分類

19・2・1　クロスカップリング反応の初期の研究：有機マグネシウムを用いるカップリング反応

訳注：熊田-玉尾-Corriuカップリング反応（Kumada-Tamao-Corriu coupling reaction）ともいう．

1972年，熊田とCorriuらは，それぞれ独立に，$NiCl_2(dppb)$あるいは$Ni(acac)_2/dppp$触媒存在下，ハロゲン化アリールとGrignard反応剤とのクロスカップリング反応(訳注)を報告した（式19.5）[38),39)]．同時期に，Kochiらは，鉄ハロゲン化物またはアセチルアセトナ

$$\text{PhBr (または } R^1CH{=}CHX) + R^2MgX \xrightarrow[\text{Ni(acac)}_2,\ \text{NiCl}_2\text{(dppe)},\ \text{FeCl}_3,\ \text{CoCl}_2 \text{ または } \text{CrCl}_2]{\text{Et}_2\text{O},\ 25\ ^\circ\text{C}} \text{PhR}^2 \text{ (または } R^1CH{=}CHR^2) \qquad (19.5)$$

ト錯体を触媒として用いる同様の反応を報告していたが，ごく最近まで，これら鉄錯体は，ニッケル族系の錯体よりも触媒活性が低かった[40)]．これらの研究より遡ること約30年，Kharaschらは，単純なコバルト塩やクロム塩が，アリールGrignard反応剤とハロゲン化アリールおよびビニルとのカップリング反応を触媒することを報告している[41),42)]．このようにクロスカップリング反応は，長年知られていたものの，特に最近の約10年間の進歩によって，簡便かつ信頼できる有機合成手法として確立された．非対称な構造をもつ生成物を選択的に合成する手法の方が，対称な構造をもつ生成物の合成よりも一般に有用であることから，クロスカップリング反応が大きく発展してきた．

19・2・2　有機亜鉛を用いるカップリング反応

熊田とCorriuらの報告以降，クロスカップリング反応に利用できる炭素求核剤の種類が大きく広がった．Grignard反応剤は調製が簡単で，多くの種類が市販されているものの，他の多くの有機典型金属反応剤に比べ，官能基許容性が低い．有機亜鉛，有機スズ，有機ホウ素，有機ケイ素などの有機典型金属反応剤は，より塩基性が低く，官能基許容性も高い．このため，これらの金属反応剤を用いるクロスカップリング反応が，活発に研究されてきた．

有機亜鉛とハロゲン化アリールとの有用な反応を根岸らが初めて報告し（式19.6）[43)]，それ以来，このカップリング反応は，根岸カップリング反応（Negishi coupling reaction）とよばれるようになった．根岸らは，有機ジルコニウムおよび有機アルミニウム化合物とハロ

$$\text{C}_6\text{H}_5\text{–Br} + \text{RZnX} \xrightarrow{5\%\ \text{触媒}} \text{C}_6\text{H}_5\text{–R} + \text{ZnXBr} \quad (19.6)$$

触媒：$Ni(acac)_2/PPh_3/{}^i Bu_2AlH$ から生成させた $(PPh_3)_4Ni$
または $(PPh_3)_2PdCl_2$ と ${}^i Bu_2AlH$

ゲン化アリールとの反応も報告した[44]．根岸らの最初の報告は，ニッケル触媒を用いる反応であったが，彼らに加え，Cassar[45]，Heck[46]，薗頭[47]，村橋[48)~50]らは，パラジウム触媒がより優れていることを報告した．パラジウム触媒の方が，酸素に対してニッケル錯体よりも安定であり，毒性が低いと考えられている．さらに，パラジウム触媒を用いると，ホモカップリング反応やラセミ化，ビニル炭素の立体化学の消失などにつながるラジカル中間体を伴わずに反応が進行する．

19・2・3 有機スズを用いるカップリング反応

小杉と右田らは，1977 年に有機スズとハロゲン化アシルおよびアリールとの反応を[51]，Beletskaya らは，1980 年代初期に有機スズとハロゲン化アリールの反応の初期の例をそれぞれ報告している．Stille らは，ハロゲン化アシルやベンジルとの初期の反応例を報告し，さらに有機スズ化合物とハロゲン化アリールとの反応の合成化学的な有用性を示した（式 19.7）[52]．その結果，このカップリング反応は，Stille カップリング反応（Stille coupling reac-

$$\text{R}^1\text{C(=O)X} \text{ または } \text{C}_6\text{H}_5\text{–X} \text{ または } \text{R}^1\text{CH=CHX} + \text{R}^2{}_3\text{SnR}^3 \xrightarrow{\text{Pd(0)}} \text{R}^1\text{C(=O)R}^3 \text{ または } \text{C}_6\text{H}_5\text{–R}^3 \text{ または } \text{R}^1\text{CH=CHR}^3 \quad (19.7)$$

tion）とよばれるようになった[訳注]．有機スズ化合物は，湿気，酸素に対して安定で，クロマトグラフィー精製も行える．したがって，他の典型金属反応剤と比べて，有機スズは，事前の精製がより容易である．しかし，有機スズおよび反応の副生成物であるハロゲン化スズには，毒性がある．その結果，Stille カップリング反応は，小スケール合成に汎用されるものの，大スケールでの合成，特に医薬品合成には，ほとんど利用されていない．

訳注：右田-小杉-Stille カップリング反応ともよばれる．

19・2・4 有機ケイ素を用いるカップリング反応

有機ケイ素化合物は，有機スズに比べ毒性は低いが，反応性も低い．しかし檜山らは，フッ化物イオン存在下，有機ケイ素化合物がクロスカップリング反応に利用できることを明らかにした（式 19.8）[53)~60]．フッ化物イオンの添加によって，四配位ケイ素化合物は，ア

$$\text{R}^1\text{CH=CHSiMe}_2\text{F} + \text{I–CH=CH–R}^2 \text{ または } \text{I–C}_6\text{H}_4\text{–R}^2 \xrightarrow[\text{THF または DMF}]{2.5\%\ [(\text{allyl})\text{PdCl}]_2,\ (\text{Et}_2\text{N})_3\text{S}^+(\text{Me}_3\text{SiF}_2)^-\ (\text{TASF})} \text{R}^1\text{CH=CH–CH=CH–R}^2 \text{ または } \text{R}^1\text{CH=CH–C}_6\text{H}_4\text{–R}^2 \quad (19.8)$$

ニオン性の超原子価ケイ素化合物を生じる．このアニオン性ケイ素化合物は，中性のものよりも求核性が高く，有機基をケイ素からパラジウムに移動させることができる．檜山らの研究ではフッ素が，玉尾・伊藤らの研究では，アルコキシ基がケイ素に置換したケイ素化合物が用いられている．これら電気陰性度の高い元素の置換基は，ケイ素中心の求電子性を高め，フッ化物イオンの求核攻撃による五配位シリカートの生成を容易にしている．この反応は，今では“檜山カップリング反応（Hiyama coupling reaction）”あるいは“檜山-玉尾カップリング反応（Hiyama-Tamao coupling reaction）”とよばれている．さらに最近，Denmark

らは，フッ化物イオンを必要としない有機シラノラートとハロゲン化アリールおよびビニルとのカップリング反応を開発した[60)]．

19・2・5　有機ホウ素を用いるカップリング反応

現在最も汎用されているクロスカップリング反応は，有機ホウ素化合物を用いるものである．有機ホウ素化合物は，有機スズ化合物よりも毒性が低く，さまざまな官能基と共存できる．しかし，中性の有機ケイ素化合物と同様に，添加剤なしでは中性の有機ホウ素化合物もクロスカップリング反応を起こさない．鈴木らは，水酸化物イオンやフッ化物イオンのようなハードな塩基を添加すると，四配位のアニオン性有機ホウ素化合物が生じて，有機基をホウ素原子から金属触媒に移動させることができるようになり，クロスカップリング反応が進行することを示した（式 19.9）[61)~63)]．この種のカップリング反応は，“鈴木カップリング反応（Suzuki coupling reaction）”とよばれている[訳注), 1), 11), 64)]．

訳注：鈴木-宮浦カップリング反応ともよばれる．

R^1CH=CH$B(OH)_2$ ＋ XCH=CHR^2 （または R^3-C$_6$H$_4$-$B(OH)_2$ ＋ I-C$_6$H$_4$-R^4） —パラジウム触媒，塩基→ R^1CH=CH-CH=CHR^2 または R^3-C$_6$H$_4$-C$_6$H$_4$-R^4 または R^1CH=CH-C$_6$H$_4$-R^4 または R^3-C$_6$H$_4$-CH=CHR^2　(19.9)

鈴木カップリング反応における最もよく用いられる反応剤は，有機ボロン酸である．これら有機ホウ素化合物は，湿気や酸素に対して安定であり，再結晶によって精製できる．一般的には，ホウ酸トリアルキル $B(OR)_3$ と Grignard 反応剤との反応にひき続いて酸処理することによって調製されている．これらの代わりに，空気中で安定な有機トリフルオロボラートも鈴木カップリング反応に利用できるようになってきた[65)~68)]．これらは，有機ボロン酸に KHF_2 を加えることにより調製できる[69)]．トリアルキルボランやアルケニルジアルキルボランと塩基の組合わせも，鈴木カップリング反応に利用されている．これらのトリアルキルボランやビニルボランは，オレフィンやアルキンのヒドロホウ素化反応によって調製される（式 19.10）．9-BBN（9-ボラビシクロ[3.3.1]ノナン）を用いるヒドロホウ素化反応が最もよく利用されているが，これは，二環性の BBN 部位の B−C 結合がトランスメタル化せずに，反応させたいアルキル基やビニル基が選択的に移動するためである．

R−C ≡ C−H —(9-BBN-H)$_2$→ R-CH=CH-(9-BBN) —Ar−X，塩基，Pd 触媒→ R-CH=CH-Ar　(19.10)

19・2・6　アルキンを用いるカップリング反応

反応性の高い C−H 結合をもつ化合物は，典型金属反応剤をあらかじめ調製や単離することなく，触媒と塩基存在下に直接クロスカップリングさせることができる．この種の反応で最も古くから知られている例は，ハロゲン化アリールと末端アルキンとのカップリング反応によるアルキニルアレーンの合成である（式 19.11）．Heck[46)] と Cassar[45)] らは，1975 年にそれぞれ独立にこの反応を報告した．また薗頭らは，銅の添加によってより穏和な条件でこの反応が進行することを示した[47)]．銅の添加によって銅アセチリド種が生じ，これがパラジ

$$\text{Ar–X (または } R^1\text{CH=CH–X)} + H-C\equiv C-R^2 \xrightarrow[\text{HNEt}_2,\ \text{NEt}_3\ \text{またはピペリジン}]{\text{Pd 触媒, CuI}} \text{Ph–C}\equiv\text{C–R}^2 + R^1\text{CH=CH–C}\equiv\text{C–R}^2 \quad (19.11)$$

X = Cl, Br, I, OTf

ウム触媒と反応してカップリング反応が進行すると考えられている．トリフルオロメタンスルホン酸アリールおよびビニル(訳注)とのカップリング反応は，銅を添加しなくても穏和な条件で進行する[70]．このカップリング反応は，“薗頭カップリング反応（Sonogashira coupling reaction）”とよばれている[71),72]．

訳注：アリールトリフラート，ビニルトリフラートともいう．

19・2・7 エノラートおよびその関連化学種を用いるカップリング反応

ハロゲン化あるいはスルホン酸アリールおよびビニルと，酸性 C−H 結合をもつ基質とのパラジウム触媒を用いるカップリング反応も，最近になって報告された[73),74]．ケトン[75)〜79]，エステル[80)〜85]，アミド[86)〜89]，アルデヒド[90)〜92]，ニトリル[93)〜97]，マロン酸エステル[76),98)〜102]，シアノ酢酸エステル[98),103]，環状 1,3-ジケトン[79]，ニトロアルカン[104] のエノラートと，アリールおよびビニル求電子剤を適切な強さの塩基存在下，カップリングさせる反応である（式 19.12）．多くの場合，ハロゲン化アリールと触媒の存在下で，酸性 C−H

$$\text{R–C}_6\text{H}_4\text{–X (または } R^1\text{CH=CH–X)} + R^2\text{C(O)CHR}^3R^4 \text{ または } R^5\text{CHR}^6\text{CN} \text{ または } R^7\text{CHR}^8\text{NO}_2 \xrightarrow{\text{Pd 触媒}} R^2\text{C(O)CR}^3R^4\text{(C}_6\text{H}_4\text{R) または } R^2\text{C(O)CR}^3R^4\text{(CH=CHR}^1) \text{ または } R^5\text{CR}^6\text{(Ar)CN または } R^7\text{CR}^8\text{(Ar)NO}_2 \quad (19.12)$$

R^2 = H, アルキル, アリール, OR または NR_2
R^3 = H, アルキル, アリール, −C(O)OR または CN
R^4〜R^8 = H, アルキルまたはアリール

結合をもつ基質とアルカリ金属塩基を室温で反応させるが，触媒と他の反応剤を加える前に，エノラートをあらかじめ反応系中で発生させることもある．強塩基性を有するアルカリ金属エノラートを用いる代わりに，亜鉛やケイ素エノラートを用いる手法も開発されている（式 19.13）[82),83),105]．亜鉛による反応は，添加剤なしに進行するが，シリルケテンアセター

$$R^1\text{–C}_6\text{H}_4\text{–X} + R^2\text{C(O)CR}^3R^4\text{ZnX または } R^2\text{C(OSiR}_3\text{)=CR}^3R^4 \xrightarrow{\text{Pd 触媒}} R^2\text{C(O)CR}^3R^4\text{(C}_6\text{H}_4R^1) \quad (19.13)$$

R^2 = H, アルキル, アリール, OR または NR_2
R^3, R^4 = H, アルキル, アリール

ルやシリルケチミンアセタール，シリルエノールエーテルの反応では，フッ化物イオンのような添加剤が必要である．ハロゲン化アリールとケトンとの塩基存在下での反応は，より立体障害の少ない α 炭素原子上で選択的に進行するが，ケイ素エノラートの反応では，反応位置は，シリルエノールエーテルやシリルケテンアセタールの構造に依存する(訳注)．第四級炭素原子の構築が，高いエナンチオ選択性で進行する例がいくつか知られている[78),85),87),106),107]．

訳注：ケトンでは，エノラートが 2 種類できる可能性があるので，反応位置が混ざる可能性があるが，シリルエノールエーテル（やシリルケテンアセタール）を用いると，反応位置が決まる．

19・2・8　アルキル求電子剤を用いるカップリング反応

C(sp^2)－C(sp^3)結合形成は，アリールまたはビニル求電子剤とアルキル求核剤とのカップリング反応によることが多い．逆のアルキル求電子剤とアリール求核剤との組合わせでは，ハロゲン化アルキルパラジウム中間体において，トランスメタル化よりもβ水素脱離反応の方が通常速いためである．しかし，配位子と金属を適切に選択すると，アルキル求電子剤のカップリング反応もうまく進行するようになる．アルキル求電子剤のカップリング反応を触媒するさまざまな錯体が，急速に開発されている．

ニッケル錯体と電子不足オレフィン配位子からなる触媒系は，ハロゲン化アルキルのカップリング反応を高収率で進行させる初期の例の一つである[108)~110)]．一方，三座窒素配位子の“Pybox”をもつニッケル錯体[111)]や適切な立体環境を供するトリアルキルホスフィン配位子をもつパラジウム錯体が，アリール求核剤とハロゲン化あるいは*p*-トルエンスルホン酸アルキルとのカップリング反応に有効な触媒になることが最近示された（式 19.14a）[112)~118)]．

R^1(R^2)CH–X ＋ Ar–M —Ni または Pd 触媒→ R^1(R^2)CH–Ar　(19.14a)

R^1, R^2 = アルキルまたは H
M = MgX, ZnX, SnR$_3$, または SiR$_3$

第二級ハロゲン化アルキルのカップリング反応は，酸化的付加反応が遅いため特に難しい（極性基質の酸化的付加反応については 7 章を見よ）．しかし，後周期遷移金属触媒を用いるカップリング反応ではあまり一般的ではないアミノアルコールやジアミン配位子とハロゲン化ニッケルから調製される触媒が，第二級ハロゲン化アルキルとアリールホウ素[119)]およびケイ素[120)]反応剤とのカップリング反応に有効であることが報告された．

カップリング反応の過程で，出発物質である第二級ハロゲン化アルキルの立体化学が失われるため，これらの反応はラジカル機構で進行する酸化的付加反応を経て進行していると考えられている（式 19.14b）[119)]．しかし，ラジカル機構にもかかわらず，エナンチオ選択的に進行するベンジル求電子剤のカップリング反応が報告されている（式 19.14c）[121)]．ニッケル錯体を触媒とするハロゲン化第二級アルキルとアルキルホウ素との反応も報告されている[122)]．

(2-ブロモノルボルナン，または 異性体) ＋ (HO)$_2$B–C$_6$H$_5$ —6% NiI$_2$, 6% *trans*-2-アミノシクロヘキサノール, NaHMDS (2 当量), 2-プロパノール, 60 ℃→ 2-フェニルノルボルナン (Ph)　84〜91%　(19.14b)

5-クロロ-1-ブロモインダン（ラセミ体） ＋ BrZn–CH$_2$CH$_2$–(1,3-ジオキソラン-2-イル)（1.3〜1.6 当量） —10% NiBr$_2$・ジグリム, 13% (*S*)-^{i}Pr-Pybox, 0 ℃, DMA→ 生成物*　91% ee, 収率 82%　(19.14c)

シクロヘキシル–Br ＋ 9-BBN–CH$_2$CH$_2$CH$_2$–Ph（1.8 当量） —6% NiCl$_2$・グリム, 8% *trans*-*N*,*N*′-ジメチル-1,2-シクロヘキサンジアミン, KO^{t}Bu (1.2 当量), ^{i}BuOH (2.0 当量), ジオキサン, 室温→ シクロヘキシル–CH$_2$CH$_2$CH$_2$–Ph　(19.14d)

これらのカップリング反応は，ニッケル触媒前駆体と *trans*-1,2-シクロヘキサンジアミンを組合わせる系で行われている（式 19.14 d）[122]．

アルキルおよびアリール求電子剤とアリール Grignard 反応剤との一連のカップリング反応が，鉄錯体（式 19.15）およびコバルト錯体を用いても触媒的に進行する[123)〜132]．これら

EWG–C₆H₄–X または 2-X-ピリジン ―(RMgX, 5% Fe(acac)₃)→ EWG–C₆H₄–R または 2-R-ピリジン　(19.15)

X = Cl, OTf, OTs　EWG：電子求引性基

の金属錯体を用いる反応は，Kochi や Molander らによる初期の研究が基礎になっている[40),133)〜137]．最近の報告例は，多くの場合，単純な金属塩が用いられているが，構造が明確な金属錯体を触媒前駆体として用いる例も知られている．これらの反応の機構に関して，最新の知見はほとんど得られていないが，初期の研究によると，ラジカル中間体が関与していることが示唆されており，Kochi らは，Fe(I)-Fe(III) による触媒サイクルであると結論している．実際，式 19.16 および式 19.17 に示すように[123]，光学活性なハロゲン化アルキルからは，ラセミ体生成物が，ハロゲン化アルキルの二つのジアステレオマーからは，同じ比率のジアステレオマー混合物がそれぞれ得られる．

$R^1CH(Br)R^2$ + ArMgX ―(5% $FeCl_3$, 0 ℃, TMEDA)→ $R^1CH(Ar)R^2$　(19.16)

^{t}Bu–C₆H₁₀–Br（トランス）または ^{t}Bu–C₆H₁₀–Br（シス）―(ArMgX, $FeCl_3$, 0 ℃)→ ^{t}Bu–C₆H₁₀–Ar　(19.17)

トランス体/シス体＝ 96：4

19・2・9　オレフィンを用いるカップリング反応

C−C 結合形成を伴うカップリング反応の最後の例は，ハロゲン化アリールとオレフィンとの反応である．この反応では，オレフィンの C−H 結合が切断されアリール基に変換される．式 19.18 に一般式として示したこの反応は，溝呂木らによって最初に報告され[138),139]，こ

Ph–X + CH₂=CH–R ―(Pd 触媒, 塩基)→ Ph–CH=CH–R　(19.18)

れに続いてその合成的有用性とその当時最も一般的な反応条件が Heck らによって報告された[46),140),141]．この反応は “Heck カップリング反応（Heck coupling reaction）” とよばれるが，“溝呂木-Heck カップリング反応（Mizoroki-Heck coupling reaction）” とよぶ方が適切である[14)〜17),19),142)〜144]．Heck 反応には，スチレンやアクリル酸エステル誘導体のような電子不足オレフィンが最もよく用いられている．これらのオレフィン基質の電子的性質により，共役系をもつ生成物が生じやすい．エチレンとの反応も効率よく進行する．たとえば，6-メトキシ-2-ブロモナフタレンとエチレンとの Heck 反応は，ナプロキセン（naproxen）の触媒的な短工程工業生産プロセスの一段階である[145)〜148]．一方，内部オレフィンに対する分子間反応では，通常位置異性体の混合物が生じる[149]．内部オレフィンに対しては，分子内反応の有用性がよく認知されている[14),15]．アルキル求電子剤の溝呂木-Heck 反応も報告されているが，例は少ない[150),151]．溝呂木-Heck 反応の応用例については，総説が発表されている[16]．

19・2・10　シアン化物イオンを用いるカップリング反応

例は少ないが最近発展しているのが，ハロゲン化アリールとシアン化物イオンとのカップ

リング反応である（式 19.19）[152)〜169)]．シアン化物イオンは，配位子置換反応に対して活性で，生じる金属シアン化物が安定なため，この反応を触媒的に進行させるのは一見難しいと思われるかもしれない．ハロゲン化アリールとシアン化物イオンとのカップリング反応の例

$$\text{R-C}_6\text{H}_4\text{-X} + \text{M(CN)}_n \text{ または } \text{Me}_2\text{C(OH)CN} \xrightarrow[\{K_4[Fe(CN)_6]\text{について } 0.01\sim0.1\%\ Pd(OAc)_2\}]{\text{Pd 触媒}} \text{R-C}_6\text{H}_4\text{-CN} \quad (19.19)$$

M = K, Zn, $K_4[Fe(CN)_6]$

は，以前から報告されているが，高濃度のシアン化物イオンによって，触媒が失活しやすいという問題があった．多くの反応は，臭化およびヨウ化アリールを用いるものであるが，塩化アリールを用いる例もいくつか報告されている[162),166)]．

キレート型配位子をもつ金属触媒を用い，シアン化物イオンの濃度を制限するような反応条件が開発され，ハロゲン化アリールとのカップリング反応における触媒寿命が改善された．最近ではシアン化物イオンをゆっくり放出するシアノヒドリン[170)]やシアン化トリメチルシラン[163)]を用いる手法，あるいは，シアン化亜鉛のように反応性の低いシアノ化剤を用いる手法が報告されている．より安全なシアノ化剤として，ヘキサシアノ鉄(II)酸カリウムを用いて，高収率で生成物を与える反応が報告されている（式 19.19）[167)〜169)]．この反応剤は，遊離のシアン化物イオンをほとんど放出しないにもかかわらず，触媒反応条件では，シアン化物イオン源として作用し，またほとんど毒性がなく，食品添加物として用いられるほどである．

19・3　エナンチオ選択的クロスカップリング反応

いくつかの形式のエナンチオ選択的なクロスカップリング反応が開発されている．一つは，ラセミ体のフェネチル Grignard 反応剤あるいは亜鉛反応剤とハロゲン化アリールあるいはビニルとのカップリング反応である．フェネチル Grignard 反応剤のラセミ化が，カップリング反応よりも速く起こるので，ラセミ体の Grignard 反応剤からエナンチオマー過剰率の高いカップリング体を得ることができる（式 19.20）[171)〜175)]．もう一つは，プロキラル

$$\text{PhCH(Me)MCl} + \text{BrCH=CHR} \xrightarrow[\text{または } LPdCl_2]{\text{触媒量 } [(R)\text{-}t\text{-leuphos}]NiCl_2} \text{PhC}^*\text{H(Me)CH=CHR} \quad (19.20)$$

M = Mg, Zn

Ni のとき 94% ee
Pd のとき 93% ee

(R)-t-leuphos = $\text{Me}_2\text{N-CH}(^t\text{Bu})\text{-CH}_2\text{PPh}_2$

L = フェロセン（各 Cp 環に PPh_2 および $CH(Me)NMe_2$）

なエノラートとハロゲン化アリールおよびビニルとの反応によって，カルボニル基の α 位に不斉炭素をエナンチオ選択的に構築する反応である（式 19.21）[78),85),87),106),176)]．

第三の反応は，軸不斉をもつビアリールを合成するクロスカップリング反応である（式 19.22 および 19.23）[177)〜182)]．BINAP や BINOL，およびその関連配位子にみられるような 1,1′-ビナフチル骨格の合成に関してよく研究されている（式 19.22）．第四の反応は，新しい不斉中心の形成を伴う Heck 反応である（式 19.24〜19.26）[14),18),183)]．上記 4 種のなかでは，この反応が天然物の合成に最もよく用いられている[14)]．

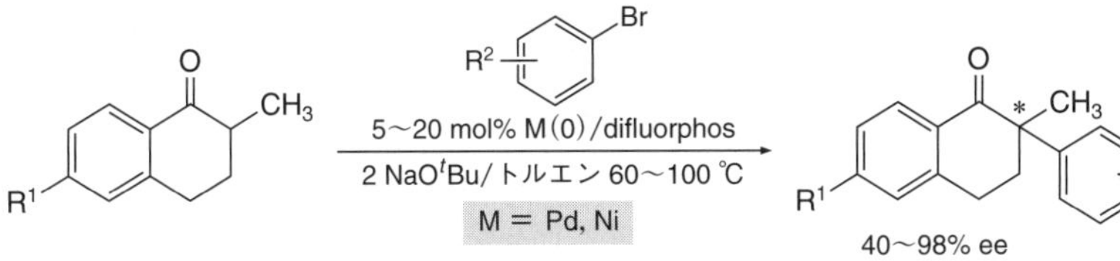

5〜20 mol% M(0)/difluorphos

2 NaO^{t}Bu/トルエン 60〜100 ℃

M = Pd, Ni

40〜98% ee

(19.21)

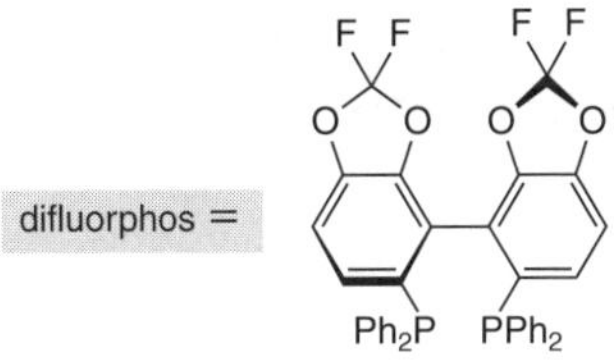

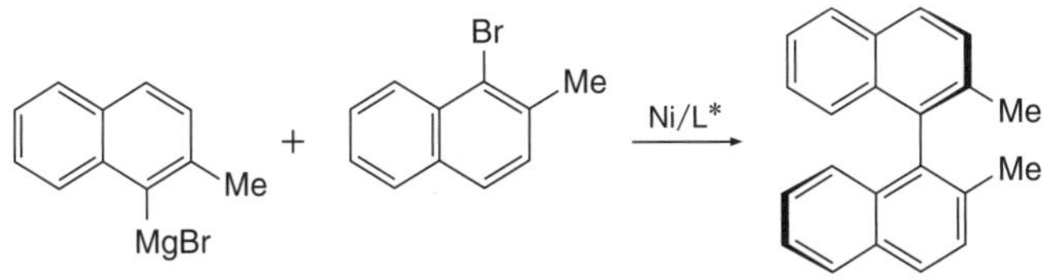

difluorphos =

Ni/L*

(19.22)

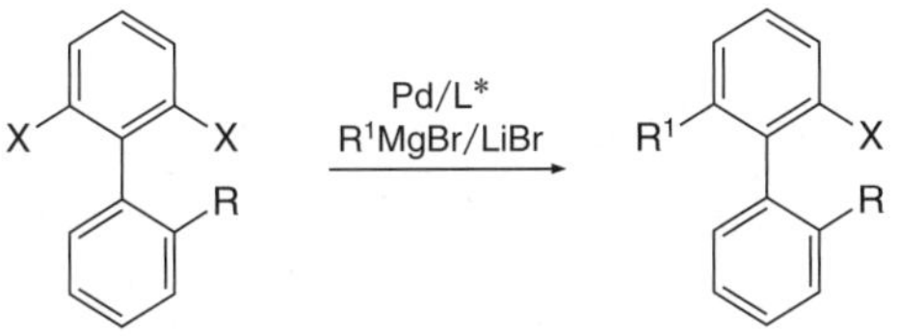

Pd/L*

R^1MgBr/LiBr

(19.23)

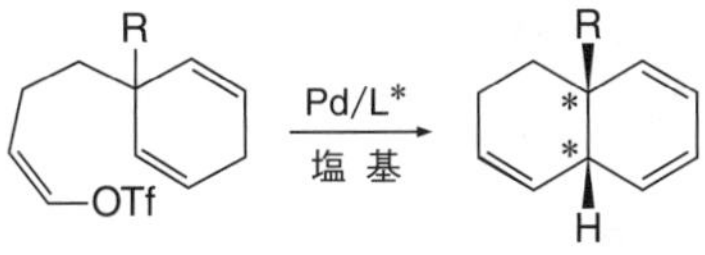

Pd/L*

塩 基

(19.24)

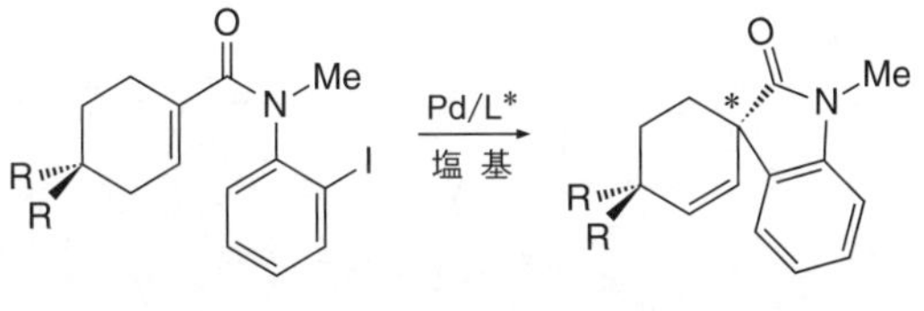

Pd/L*

塩 基

(19.25)

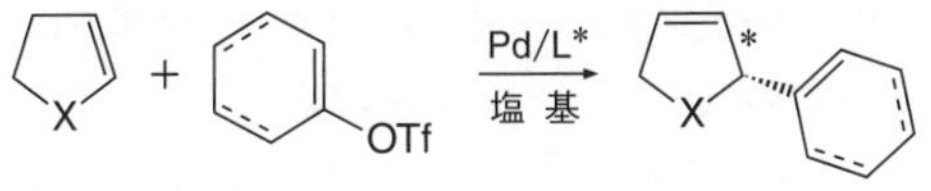

Pd/L*

塩 基

(19.26)

(S)-(R)-PPFA

VALPHOS

ILEPHOS

t-LEUPHOS

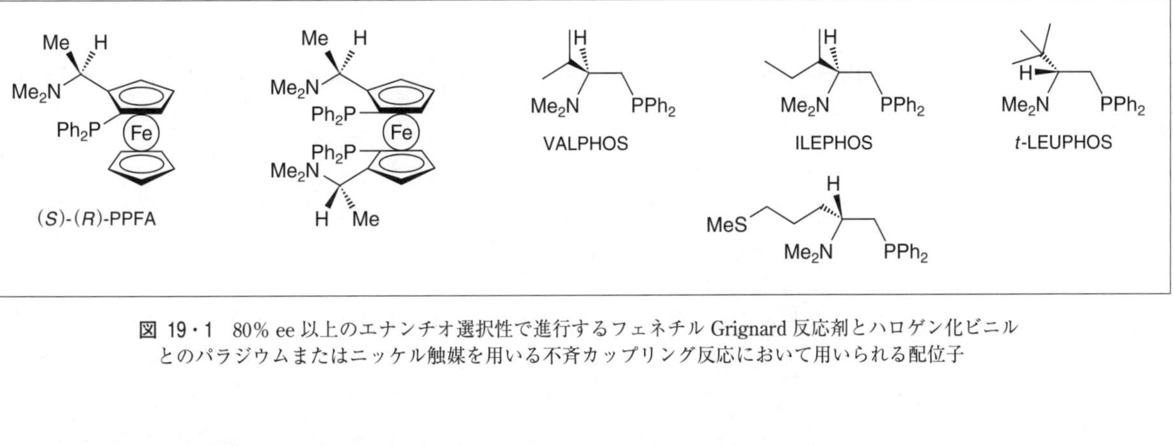

図 19・1 80% ee 以上のエナンチオ選択性で進行するフェネチル Grignard 反応剤とハロゲン化ビニルとのパラジウムまたはニッケル触媒を用いる不斉カップリング反応において用いられる配位子

フェネチル Grignard 反応剤のカップリング反応においては，林・熊田あるいは Kellogg らによって開発されたリン原子一つと窒素，酸素あるいは硫黄原子を含んだ置換基をもつ配位子を用いて，最も良好な結果が得られている[171)~173),184)~187)]．これらの配位子の例を図19・1に示す．最も高いエナンチオ選択性は，β-ブロモスチレンと Grignard 反応剤とのニッケル触媒反応[171),172)]，あるいは Grignard 反応剤とハロゲン化亜鉛とのトランスメタル化によって調製した亜鉛化合物とのパラジウム触媒反応[173),175)]において達成されている（式19.27）．第四級不斉炭素原子をもつ光学活性化合物が，ホウ素[188)]あるいはトリフラート部位を二つもつ基質の不斉非対称化反応によって得られることが最近示された[(訳注)]（式 19.28 および 19.29）[189)]．

訳注：$Pd_2(dba)_3$ について：$Pd(dba)_2$ は再結晶前の組成式であり，実際には $Pd_2(dba)_3 \cdot (dba)$ で，Pd に結合していない dba 配位子は再結晶後にはずれる．

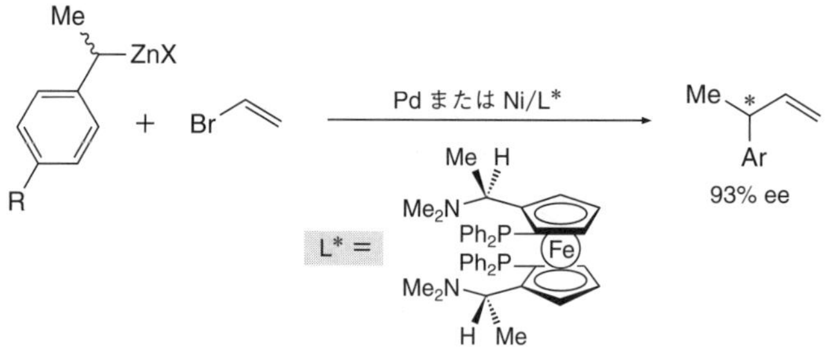

Pd または Ni/L*（式 19.27）：R置換フェネチル–ZnX + Br–CH=CH$_2$ → Me–C*H(Ar)–CH=CH$_2$，93% ee
L* = フェロセン系配位子（Me$_2$N，Ph$_2$P，Fe）

（19.27）

10% $Pd_2(dba)_3$，20% L，40 ℃, THF；H_2O_2/$^{\ominus}$OH：TfO 基質（BBN ×2）→ 58%, 28% ee
L = (S)-(R)-BPPFOAc（PPh$_2$，PPh$_2$，Fe，OAc，H，CH$_3$）

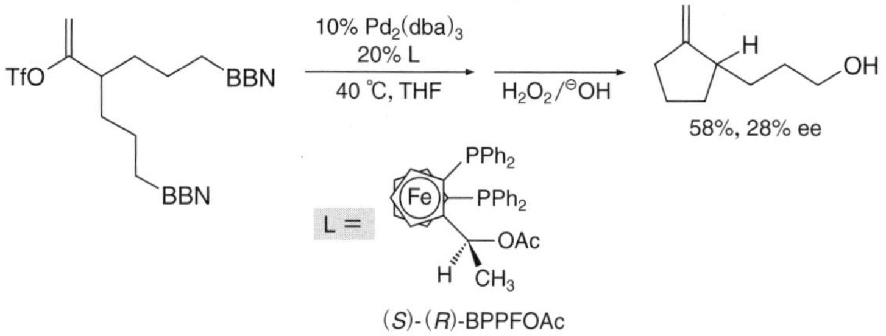

（19.28）

$ArB(OH)_2$，$Pd(OAc)_2$，(S)-MeO-MOP，CsF，ジオキサン，室温：TfO/OTf 基質（Ph，Me）→ TfO/Ar 生成物，66%, 85% ee
Ar = （N-Bs インドール-3-イル）

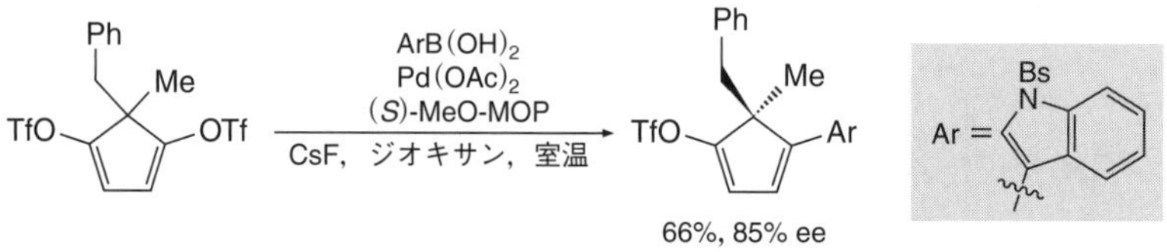

（19.29）

エノラートとハロゲン化アリールおよびビニルとのエナンチオ選択的クロスカップリング反応が，最近報告されている．この反応では，まずα水素原子を一つもつケトンやエステル，アミドが脱プロトンされて，アキラルなエノラートが生じる．このエノラートが，ハロゲン化アリールとカップリングする．ビアリール骨格をもつ二座ホスフィンあるいはビアリール置換基をもつモノホスフィンを配位子とするパラジウムあるいはニッケル触媒によるケトンの分子間不斉アリール化反応[78),106),107),176)]，BINAP を配位子とするニッケル触媒に

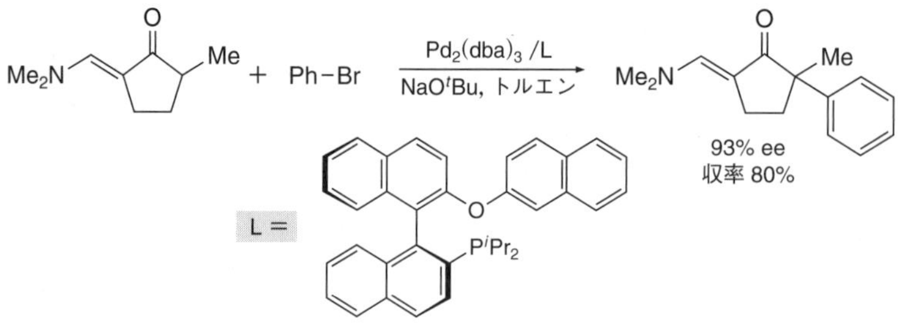

$Pd_2(dba)_3$ /L，NaO^{t}Bu, トルエン：Me$_2$N 置換シクロペンタノン（Me）+ Ph−Br → 生成物（Me，Ph），93% ee，収率 80%
L = （ビナフチル，O–ナフチル，P^{i}Pr$_2$）

（19.30 a）

よるラクトンの不斉アリール化反応[85]，光学活性カルベン配位子をもつパラジウム触媒を用いたアミドの分子内不斉アリール化反応によるオキシインドールの合成[87] が報告されている（式 19.30～19.32）.

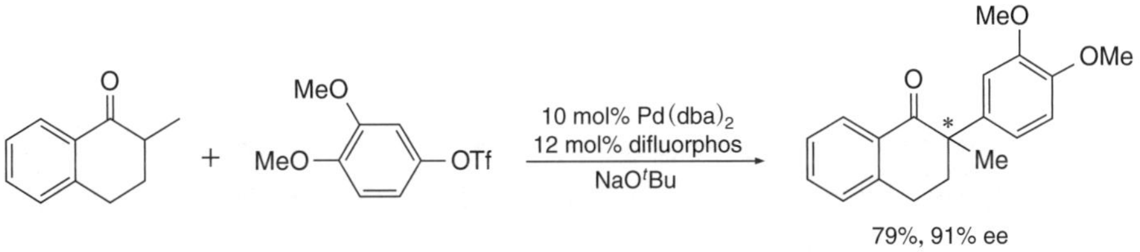

10 mol% Pd(dba)$_2$
12 mol% difluorphos
NaO^{t}Bu
79%, 91% ee (19.30b)

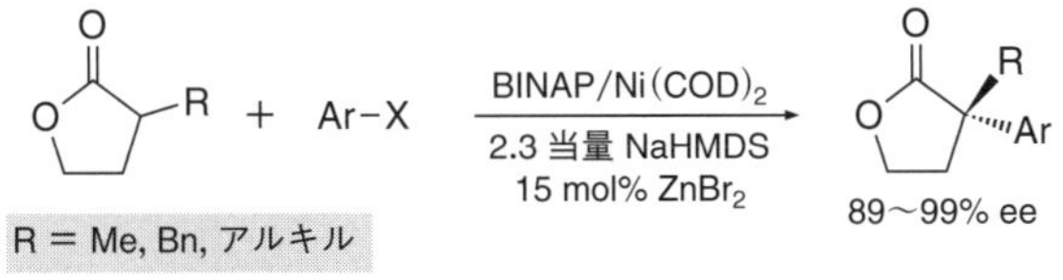

BINAP/Ni(COD)$_2$
2.3 当量 NaHMDS
15 mol% ZnBr$_2$
89～99% ee
R = Me, Bn, アルキル (19.31)

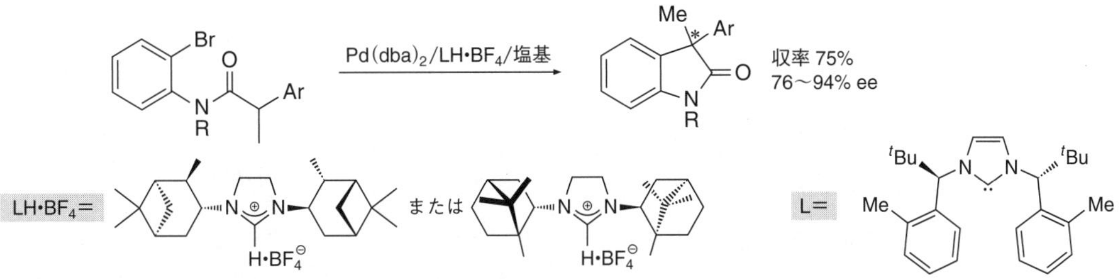

Pd(dba)$_2$/LH・BF$_4$/塩基
収率 75%
76～94% ee (19.32)

LH・BF$_4$= または L=

ビアリールを不斉合成するための触媒系が，いくつか開発されている．その端緒は，林と伊藤らによる報告で，メトキシエチルフェロセニルホスフィンを配位子とするニッケル触媒によるビナフチルの不斉合成（式 19.33）[190] とパラジウム触媒によるビアリールジトリフラートの不斉非対称化反応である（式 19.34）[177),178]．最近では，ハロゲン化アリールの鈴木および

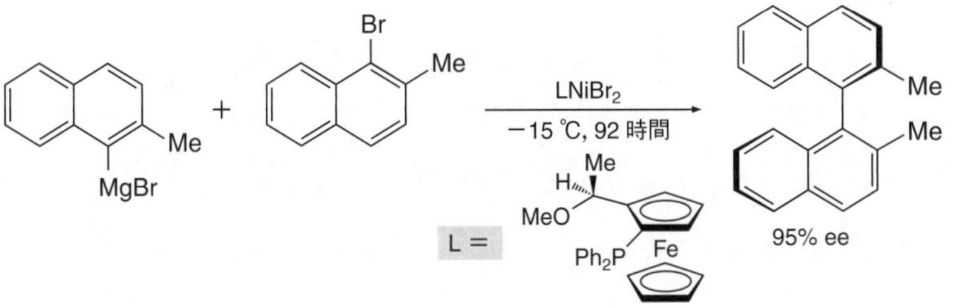

LNiBr$_2$
−15 ℃, 92 時間
L =
95% ee (19.33)

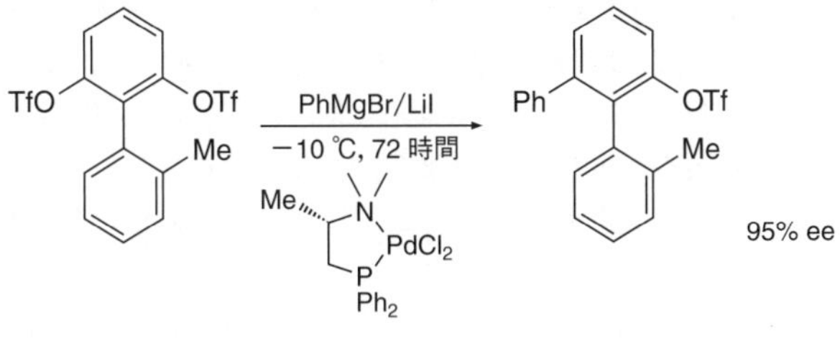

PhMgBr/LiI
−10 ℃, 72 時間
95% ee (19.34)

熊田カップリング反応によるビアリールの不斉合成が研究されている[179)～182]．さまざまなキラルな配位子をもつパラジウム錯体を用いてこの反応の検討が行われ，林の MOP 配位子あるいは Kocovsky らの MAP 配位子をジシクロヘキシルホスフィノ型にしたビナフチルモノホスフィン配位子で，高収率および高エナンチオ選択性が達成されている（式 19.35）[179]．

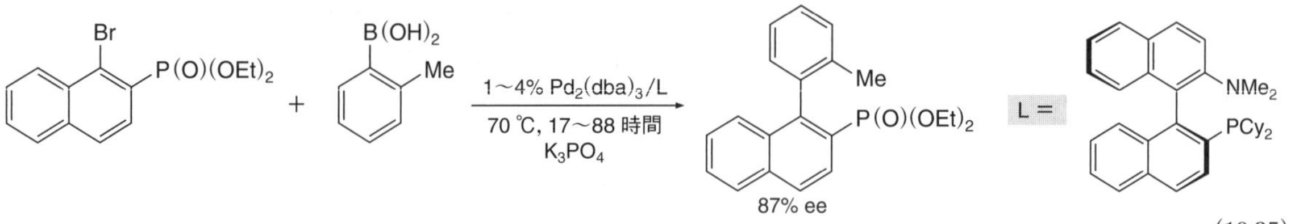

1～4% $Pd_2(dba)_3$/L
70 ℃, 17～88 時間
K_3PO_4
87% ee
L =

(19.35)

柴﨑（式 19.36）および Overman らによって，エナンチオ選択的 Heck 反応の最初の例が報告された[191), 192)]．高エナンチオ選択的に進行する分子間反応は，限られた基質の組合わせでいくつか実現されている一方（式 19.37）[193), 194)]，合成化学的に有用なエナンチオ選択的

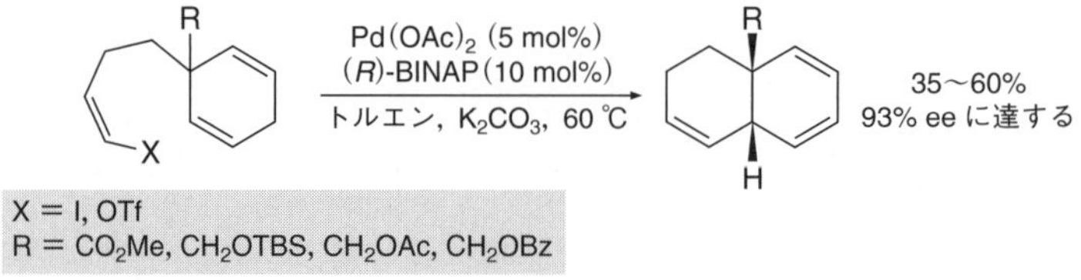

$Pd(OAc)_2$ (5 mol%)
(*R*)-BINAP (10 mol%)
トルエン，K_2CO_3，60 ℃
35～60%
93% ee に達する

(19.36)

X = I, OTf
R = CO_2Me, CH_2OTBS, CH_2OAc, CH_2OBz

$Pd(OAc)_2$ (3 mol%)
(*R*)-BINAP (11 mol%)
プロトンスポンジ
C_6D_6, K_2CO_3, 30 ℃, 91 時間
58%, 78% ee

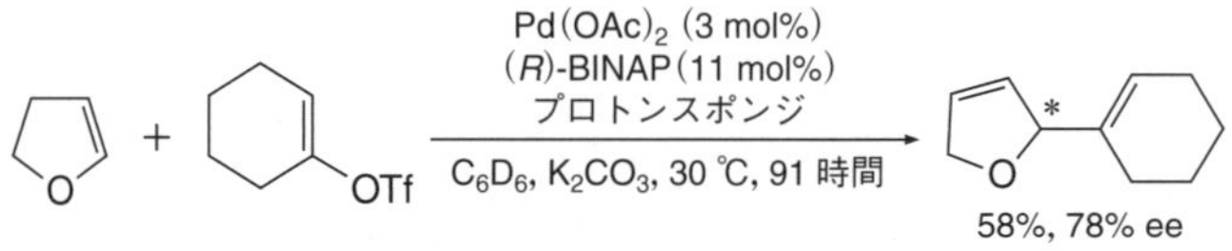

(19.37)

Heck 反応の多くは，分子内反応である．式 19.37[195)] に示す分子間不斉 Heck 反応は，新しいキラル配位子のベンチマークとして利用されている．高エナンチオ選択的な Heck 反応のほとんどにおいて，BINAP 配位子が用いられているが，ホスフィノオキサゾリン配位子も良い結果を与える（下記参照）[196)]．Overman らは，オキシインドール骨格の構築に分子内 Heck 反応を利用して（式 19.38）[197), 198)]，さまざまな天然物の全合成を達成している[14)]．

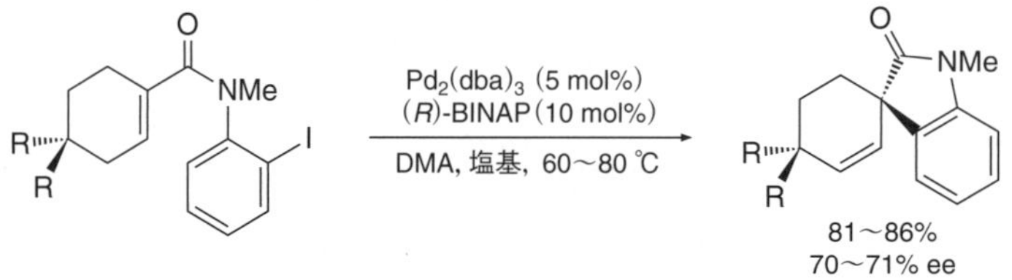

$Pd_2(dba)_3$ (5 mol%)
(*R*)-BINAP (10 mol%)
DMA，塩基，60～80 ℃
81～86%
70～71% ee

(19.38)

Heck 反応の生成物はオレフィンなので，新しく不斉炭素が生じることは一見不可能であるかのように思える．環状オレフィンに対する反応において，β 水素脱離に必要な中間体の構造上の制約によって，不斉炭素原子をもつ生成物がどのように生じるかをスキーム 19・1 に示す．10 章で述べたように，β 水素脱離反応が速やかに進行するためには，金属中心と β 水素原子，オレフィン由来の二つの炭素原子がシン形に同一平面になる配座をとる必要がある．そのため環状オレフィンや，オレフィン挿入に伴って第四級炭素原子が生じるようなオレフィン基質では，元のオレフィン水素原子ではなく，アリル位水素原子が β 水素原子と

スキーム 19・1

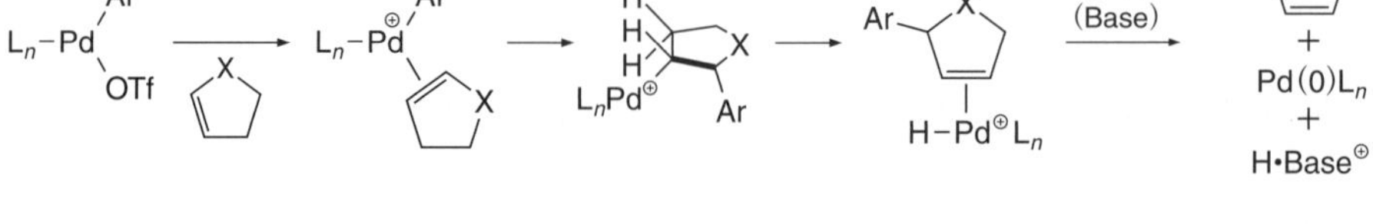

塩 基
(Base)
+ Pd(0)L_n
+ H•$Base^{\oplus}$

して脱離する．このように反応すると，元のオレフィン炭素原子の一方が不斉炭素原子になる．鎖状のオレフィン基質では，中間体の構造にこのような制約が生じないため，オレフィン挿入反応によって第四級炭素原子が生じる場合を除いて，新しい不斉炭素原子は生じない．金属－炭素結合への 1,1-二置換アルケンの分子間挿入反応は通常極めて遅いので，これによって第四級炭素原子が構築されることはまれである．したがって，Heck 反応による不斉第四級炭素原子の構築の成功例は，基本的に分子内反応によるものである．

エナンチオ選択的 Heck 反応に最もよく用いられる配位子は，キレート型の BINAP である．§19・4・3a でキレート効果について詳しく述べるが，キレート型配位子をもつ金属触媒による Heck 反応では，トリフルオロメタンスルホン酸アリール（アリールトリフラート）の反応が，ハロゲン化アリールの反応よりも速い．これは，オレフィンによるトリフラート配位子の置換が，ハライド配位子の置換よりも容易であるためである．しかし，ハロゲン化アリールを用いる分子内不斉 Heck 反応が，BINAP 錯体触媒によっても報告されている．これらは，以下に示す二つの手法で行われる．一つは，銀を対カチオンとする塩基を用いて，ハライド配位子を銀カチオンによって引抜き，挿入前段階のオレフィン配位が可能なカチオン性パラジウム中間体を生じさせる手法である（式 19.38）[197]．第二は，有機塩基を用いる反応で，この場合オレフィン挿入前に中性の五配位オレフィン錯体を生じると考えられている[198),199]．五配位のパラジウム(オレフィン)錯体は，比較的不安定ではあるが，分子内配位なので十分に生成可能であると考えられている．

トリフルオロメタンスルホン酸アリールと環状オレフィンとの分子間反応は，BINAP 以

スキーム 19・2

外のさまざまな配位子を用いて研究されている．フェニルトリフラートと 2,3-ジヒドロフランとの反応が，最もよく研究されているが，2,3-ジヒドロピロール誘導体やシクロペンテンに対するエナンチオ選択的な反応も報告されている．この反応では，スキーム 19・2 の上の式に示すような一連の生成物が，同スキームの下方に示した転位反応を経て得られる[18]．β水素脱離が進行する中間体の幾何配置が環状構造によって制限されるので，最初の生成物は，2,5-ジヒドロフランとなる．しかし，生成物の異性化，あるいは，アルキルまたはオレフィン錯体中間体の異性化が進行して，ビニルエーテル型の生成物も得られる[200]．このような分子間不斉 Heck 反応を高収率および高エナンチオ選択性で進行させる配位子の一つが，スキーム 19・2 に示す Pfaltz らが開発したホスフィノオキサゾリンである[196]．

19・4　クロスカップリング反応の機構

19・4・1　触媒プロセス全体の反応機構

19・4・1a　パラジウム触媒による典型元素有機金属求核剤を用いるクロスカップリング反応の機構

Heck 反応以外のさまざまなクロスカップリング反応の機構は，酸化的付加反応，トランスメタル化反応，還元的脱離反応の三つの素過程からなる．これらクロスカップリング反応の一般的反応機構をスキーム 19・3 に示す．6, 7 および 8 章において酸化的付加反応ならびに還元的脱離反応について詳しく述べたように，結合の切断・形成過程の前段階として，配位子の結合・解離の過程が含まれるので，これらの反応は，実際には多段階反応である．パラジウム(0) やニッケル(0)種を金属中心とする低原子価錯体に対して，まずハロゲン化アリールが酸化的付加して，ハロゲン化アリールニッケルやパラジウム錯体が生じる．つぎにこれらが，Grignard 反応剤や有機亜鉛，スズ，ケイ素，ホウ素反応剤，銅アセチリド，金属エノラートとトランスメタル化し，金属－炭素結合を二つもつ中間体を生成する．銅を添加しない条件での末端アルキンのカップリング反応では，ハロゲン化アリールパラジウム中間体にアルキンが配位し，この配位したアルキン末端が塩基によって脱プロトンされてアリールパラジウム(アセチリド)錯体を生じる．トランスメタル化反応によって生じたこれらの中間体は，還元的脱離反応によって，カップリング生成物と，最初のニッケル(0) やパラジウム(0)錯体を生じる．

19・4・1b　ホモカップリング反応の機構

ホモカップリング反応も，似たような触媒サイクルで進行すると考えられているが，あまり詳しく調べられていない．まず，ハロゲン化アリールがニッケル(0) やパラジウム(0)錯体に酸化的付加する．つぎに，第二のハロゲン化アリールがさらに酸化的付加して，M(Ⅳ)の酸化状態をもつ中間体を生じる可能性も考えられるが，この反応はパラジウム，ニッケルいずれにおいても，起こりにくいと考えられる．一方，ハロゲン化アリール金属種の不均化によって，ジアリール金属とジハロゲン化金属種を生じる反応機構も考えられる．還元的脱離反応によってビアリールが得られ，ジハロゲン化金属種は，亜鉛などの還元剤によって還元され，触媒が再生する反応機構である．

このような反応機構は，場合によってはありうるが，以前に Kochi らは，化学量論量の $Ni(cod)_2$ や，化学量論量の亜鉛と触媒量の $Ni(PEt_3)_2Cl_2$ を組合わせて用いるホモカップリング反応において，もっと複雑な反応機構を提示している[201]．スキーム 19・4 に示すように，この反応機構は複数の酸化状態のニッケル種を含む．ハロゲン化アリールのハロゲン化ニッケル(Ⅰ) への酸化的付加反応によりアリールニッケル(Ⅲ)錯体が生じ，続いてこれに対

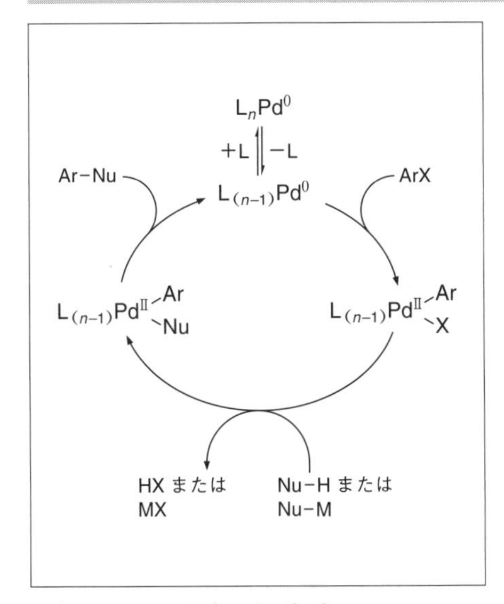

スキーム 19・3

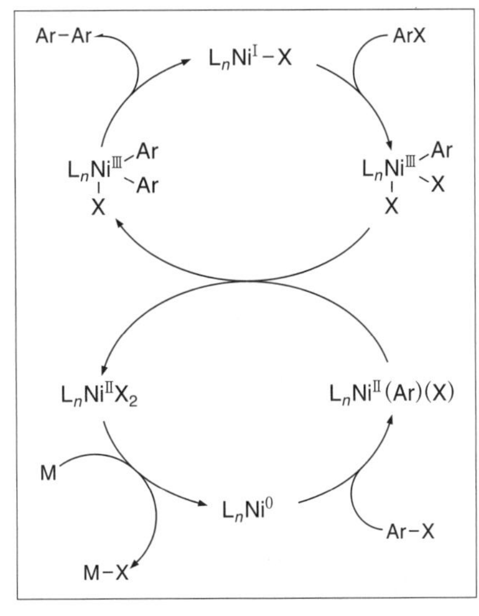

スキーム 19・4

してアリールニッケル(II)錯体からのアリール基の移動が起こる．ジアリールニッケル(III)錯体からの還元的脱離によってビアリールが生成し，ニッケル(I) が再生する．一方，ニッケル(III)種へのアリール基移動によって生じたジハロゲン化ニッケル(II) は，還元されたのち，ハロゲン化アリールの酸化的付加によってハロゲン化アリールニッケル(II) を再生する．この Kochi らによる初期の研究以降，ホモカップリングの反応機構に関する研究は，ほとんど進展していない．

19・4・1c ハロゲン化アリールのオレフィン化反応（溝呂木−Heck カップリング反応）の機構

塩基存在下，オレフィンとハロゲン化アリールおよびビニルまたは対応する擬ハロゲン化物とのパラジウム触媒反応（Heck 反応）は，酸化的付加反応の段階以降は，クロスカップリングとは異なる経路で進行する．スキーム 19・5 に示すように，ハロゲン化アリールあるいはビニルの酸化的付加反応に続いて，オレフィンがパラジウム中心に配位する．このオレフィン配位は，会合機構によるパラジウム上の単座配位子の置換反応によって進行するか，あるいは，ハライド配位子のオレフィンによる置換反応によって，カチオン性オレフィン錯体が生じる可能性もある．この反応には，トリフルオロメタンスルホン酸アリールおよびビニルが用いられることがある．その場合，トリフラト配位子のオレフィンによる置換反応は容易に起こり，カチオン性パラジウム(オレフィン)錯体が生じる．こうして生じたオレフィン錯体は，パラジウム−アリールあるいはビニル結合間へのオレフィン挿入を起こし，アルキルパラジウム中間体を生成する．この挿入段階において，Heck 反応の位置選択性が決まる．アクリル酸エステルやアクリロニトリル，ビニルアレーンなど電子求引性置換基をもつオレフィンの反応では，アルコキシカルボニル，シアノ，アリール基が金属の α 位に位置するような選択性でオレフィンの挿入反応が進行する．生じたアルキルパラジウム錯体からの β 水素脱離によって，置換オレフィン生成物とハロゲン化パラジウムヒドリドあるいは対応するトリフラートが生じる．これらのパラジウム錯体は，塩基と反応してパラジウム(0) を再生するとともに，プロトン化された塩基を生じる．最後のヒドリド錯体の脱プロトン化の反応機構については，まだ詳細に研究されていないが，還元的脱離反応によって酸が生じてこれが塩基と反応する可能性よりも，塩基とパラジウムヒドリドが直接反応する経

スキーム 19・5

路が支持されている[202].

過去10年間に，メタラサイクル型のパラジウム(II)錯体をHeck反応の触媒前駆体として用いる研究が多くなされた[203]．その初期には，これらのパラジウム錯体がHeck反応やクロスカップリング反応の触媒としてそのまま作用し，パラジウム(II)への酸化的付加反応や，アリールパラジウム(IV)種に対するオレフィン挿入反応など，新しい反応機構を含んでいると提唱されていた[204),205]．しかしその後の研究で，メタラサイクル構造のPd−C結合を切断する何らかの反応によって，これらのパラジウム錯体が触媒サイクルに取込まれる前に0価パラジウムに還元されていることが示された[17),206)~209]．パラダサイクル触媒による反応の触媒回転数は高いが，その反応速度は，パラジウム(0)錯体による反応に比べ遅い[210),211].

19・4・2　クロスカップリング反応の各素過程の反応機構

酸化的付加反応，還元的脱離反応，移動挿入反応など，クロスカップリング反応の個々の素過程に関する基本的な情報については，6, 7, 8および9章ですでに述べた．トランスメタル化反応の段階に関する詳細はまだよくわかっていないが，最近得られたいくつかの知見について本章の§19・4・2bで述べる.

19・4・2a　酸化的付加反応

ハロゲン化あるいはトリフルオロメタンスルホン酸アリールおよびビニルの酸化的付加反応については，7章で詳しく述べた．ここでは，クロスカップリング反応の適用範囲を理解するために重要な酸化的付加反応の特徴についていくつか説明する.

スキーム19・6に示すように，酸化的付加反応は14電子ビスホスフィンパラジウム錯体や[212),213]，12電子モノホスフィン錯体など[214]，低配位のパラジウム(0)種に対して進行する．嵩高い単座配位子をもつ錯体に対する酸化的付加反応は速い．より嵩高い配位子をもつ錯体に対する酸化的付加反応が，立体障害の小さい配位子をもつ錯体に対するそれよりも速いことは，一見直感に反するが，これは，配位子の立体障害によって配位子の解離がより容

スキーム 19・6

$$(PPh_3)_4Pd \xrightarrow{-PPh_3} (PPh_3)_3Pd \underset{+PPh_3}{\overset{-PPh_3}{\rightleftharpoons}} (PPh_3)_2Pd \xrightarrow{Ar-X} (PPh_3)_2Pd\begin{smallmatrix}Ar\\X\end{smallmatrix}$$

$$(o\text{-Tol})_3P-Pd-P(o\text{-Tol})_3 \underset{+P(o\text{-Tol})_3}{\overset{-P(o\text{-Tol})_3}{\rightleftharpoons}} (o\text{-Tol})_3P-Pd \xrightarrow{Ar-X} (o\text{-Tol}_3P)Pd\begin{smallmatrix}Ar\\X\end{smallmatrix} \longrightarrow \begin{smallmatrix}Ar\\(o\text{-Tol})_3P\end{smallmatrix}Pd\begin{smallmatrix}X\\X\end{smallmatrix}Pd\begin{smallmatrix}P(o\text{-Tol})_3\\Ar\end{smallmatrix}$$

$$L-Pd-L \underset{+L}{\overset{-L}{\rightleftharpoons}} LPd \xrightarrow{Ar-X} X-\underset{Ar}{Pd}-L \qquad L = (\eta^5\text{-}Ph_5C_5)Fe(\eta^5\text{-}C_5H_4\text{-}P^tBu_2)$$

易に起こり，配位不飽和種の濃度がより高くなるためである．この立体効果は，炭素－ハロゲン結合の切断段階よりも，配位子解離の前平衡に対してより大きく影響されるためであり，定性的なエネルギー変化を図 19・2 に示す．

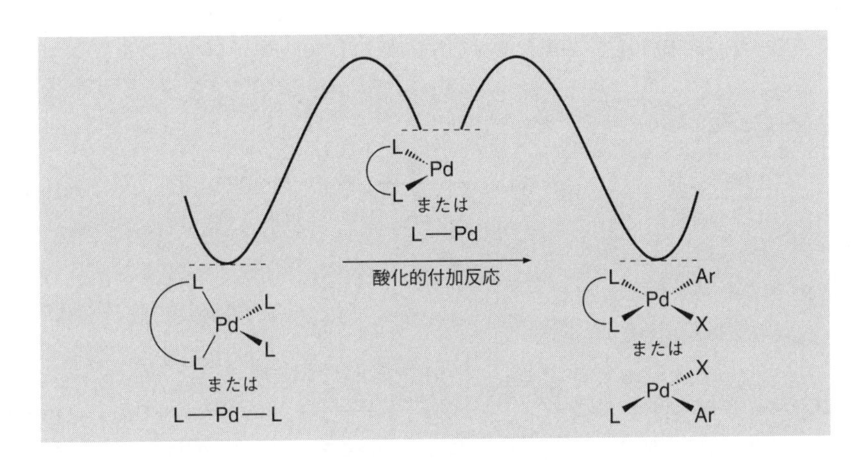

図 19・2　配位子解離と C－X 結合活性化に及ぼす配位子の立体効果

ハロゲン化アリールの酸化的付加反応の相対速度は，ArI ＞ ArBr ＞ ArCl の順になり，スルホン酸アリールでは，ArOTf ＞ ArOTs の順となる．ハロゲン化物とスルホン酸エステルとの相対反応速度の順序は，触媒によって異なる．ほとんどの系では，ArI ＞ ArOTf ＞ ArBr となるが，P^tBu_3 錯体では，ArCl が ArOTf よりも優先して反応する例が報告されている[215]．この相対速度差によって，あるハロゲン部位を他のハロゲンと区別して，あるいは，スルホン酸エステルをハロゲン化物に優先して選択的に反応させることができる．ヨウ化アリールは十分に反応活性であるため，そのカップリング反応は，$Pd_2(dba)_3$（dba：ジベンジリデンアセトン）や $Pd(OAc)_2$ など配位子をもたないパラジウム錯体触媒（ホスフィンやカルベンなどの電子供与性配位子をもたないもの）でも進行する．臭化アリールのカップリング反応は，ホスフィンのような電子供与性配位子をもつ錯体を通常必要とするが，$Pd_2(dba)_3$ や $Pd(OAc)_2$ からコロイド状のパラジウム触媒を生じさせる手法も有効である[216)～219)]．

配位子を適切に選択すると，塩化アリールの穏和な条件下での触媒反応や，パラジウム(0)種への酸化的付加反応の直接観測が可能である[220)～222)]．一般的に，パラジウム触媒による塩化アリールのカップリング反応は，トリアルキルあるいはビアリール(ジアルキル)ホスフィンや，*N*-ヘテロ環状カルベン配位子など，電子供与性が高く立体的に嵩高い配位子をもつ錯体を用いて進行する[3)]．これらの錯体は，アリールホスフィン配位子をもつものに比べ，リン原子上のアルキル基によって金属中心が電子豊富であることに加え，嵩の小さい配位子をもつものに比べ，高活性な低配位錯体の濃度を向上できるため，塩化アリールの酸化的付加反応が進行しやすい．塩化アリールは，臭化アリールよりも安価かつ多くの誘導体が市販されているので，これを用いる触媒反応の開発は，重要な課題であった．

ハロゲン化アリールの電子的性質は，酸化的付加反応の速度に影響を及ぼし，その反応速度は，カップリング反応の基質適用範囲に影響する．芳香環に電子求引性の置換基をもつハロゲン化アリールは，電子供与性置換基をもつものよりも速く反応する[213]．たとえば，4-ブロモアセトフェノンや4-ブロモベンゾニトリルの酸化的付加反応は，4-ブロモアニソール（4-ブロモメトキシベンゼン）のそれよりもずっと速い．その結果，クロスカップリング反応の多くの触媒系において，適用範囲や触媒回転数は，電子不足なハロゲン化アリールの反応の方がより大きい．電子不足なハロゲン化アリールに関して，触媒回転数が百万回に達するような反応が多くの触媒系において認められるが，電子豊富なハロゲン化アリールに関しては，この数字は格段に小さい[223)~225)]．

ニッケル(0)錯体へのハロゲン化アリールの酸化的付加反応は，パラジウム(0)錯体へのそれよりも速い傾向にある．ニッケルは安価であるが，すでに述べたようにニッケル錯体の利用にはいくつかの欠点もある．その一方で，塩化アリール（式 19.39）[226] や *p*-トルエンスルホン酸アリール（式 19.40）[227] の酸化的付加反応がトリアリールホスフィンをもつニッケル

$$(PPh_3)_4Ni + C_6H_5Cl \xrightarrow[\text{1 日},\ -2\,PPh_3]{\text{室温}} Ph_3P-Ni(C_6H_5)(Cl)-PPh_3 \tag{19.39}$$

$$(COD)_2Ni + 2\,PCy_3 + MeO-C_6H_4-OTs \xrightarrow[\text{15 分},\ -2\,COD]{\text{室温}} Cy_3P-Ni(C_6H_4OMe)(OTs)-PCy_3 \tag{19.40}$$

錯体に対して容易に進行し，トリフェニルホスフィンやトリシクロヘキシルホスフィンのような入手容易な配位子を用いて，塩化あるいは *p*-トルエンスルホン酸アリールのクロスカップリング反応が穏和な条件下で進行するニッケル触媒系が報告されている[227)~230)]．

カップリング反応用の触媒前駆体の多くがハロゲンやアセタト配位子をもっているうえに，ハロゲン化物イオンを添加する触媒系も多く，また，多くの反応ではハロゲン化物イオン由来の副生物が生じるため，パラジウム(0)種への酸化的付加反応におけるアニオンの効果が研究されてきた[231)~239)]．その効果は，パラジウム上の配位子の種類や溶媒に依存するが，いくつかの一般的傾向が確立されている．比較的立体障害の小さいトリアリールホスフィンをもつ錯体では，極性溶媒中でハロゲン化物イオンが配位して，$[L_2PdX]^-$ 型錯体が生じる[240]．この錯体の酸化的付加反応に対する反応性は $L_2Pd(0)$ 型錯体のそれに比べて低いが，ハロゲン化物イオン共存下，極性溶媒中では，L_2Pd 型の錯体よりもはるかに高濃度で存在するため，これを経由して反応が進行する．また，スルホン酸アリールの反応において，ハロゲン化物イオンを添加することが多いが，その効果は配位子の種類に依存する．非極性溶媒中でのトリフルオロメタンスルホン酸アリールの $Pd[P(o\text{-Tol})_3]_2$ への酸化的付加反応は，ハロゲン化物イオン共存下においてより速いが，これは，おそらく反応活性なアニオン性の二配位錯体 $Pd[P(o\text{-Tol})_3]X^-$ が生じるためである．スルホン酸アリールと二座アルキルホスフィン配位子をもつパラジウム錯体との反応も，ハロゲン化物イオンによって促進されるが，配位性の弱いアニオンを含む塩の存在によってさらに大きく加速される[239]．したがって，この場合の塩の添加効果は，高活性なアニオン性パラジウム(0)種の生成よりは，

むしろ反応媒体の極性に由来すると考えられる．

19・4・2b トランスメタル化反応の機構

クロスカップリング反応における“トランスメタル化”は，遷移金属上のハライドあるいは擬ハライドを，マグネシウム，亜鉛，スズ，ホウ素またはケイ素反応剤由来の有機基によって置換する反応をさす．クロスカップリング反応では，この素過程によって有機基二つが共有結合した遷移金属錯体が生じ，これが還元的脱離を起こす．有機マグネシウムや亜鉛によるトランスメタル化反応の機構は，ほとんど研究されていない．まず典型元素金属がハライド配位子に配位することによって，ハライド配位子の解離を促進しながら，有機基をパラジウム中心に移動させるような反応機構を考えることができよう（式 19.41）．しかし，より分極が小さく求核性の低い有機ケイ素やスズ，ボロン酸エステルによるトランスメタル化反応の機構は，もっと複雑である．トランスメタル化反応に関する研究の多くは，アルキル，アリール，ヘテロアリールスズとパラジウムとの反応に関して行われてきたが，ホウ素やケイ素からのトランスメタル化反応に関する研究も増えてきている．

$$L_nM-X + RMgX(THF)_2 \longrightarrow \begin{matrix} L_nM\cdots X \\ | \quad \vdots \\ R\cdots Mg-X \\ \vdots \\ (THF)_n \end{matrix} \longrightarrow L_nM-R + MgX_2(THF)_2 \qquad (19.41)$$

Denmark や Echavarren らは，有機ケイ素によるトランスメタル化反応に関する研究を報告している[60),241)]．最近の研究では，有機シラノールのトランスメタル化反応が，水酸基をもたないケイ素反応剤よりも速く進行することが明らかにされている[60),242)~244)]．このトランスメタル化反応について，二つの反応経路が明らかにされている．一つは，フッ化物イオンなしに起こるもの，もう一つはフッ化物イオン共存下に進行するものである（式 19.42 および 19.43）．フッ化物イオンのない場合，アリールパラジウムのビニルシロキシドあるいはアリールシロキシド錯体がまず生じる．式 19.42 に示すようにこの錯体は，ビニル基やアリール基をケイ素からパラジウムに分子内移動させて，ジアリールあるいはアリール(ビニル)パラジウム錯体と $R_2Si{=}O$ を生じる[245)]．フッ化物イオン存在下では，高配位シリカートが生じ，ここからアリール基が，求核的に反応するようにしてハロゲン化アリールパラジウム錯体に移動する[246)]．速度論的なデータから 2 分子のシラノールが関与することが示唆されており，式 19.43 に示すようにフッ化物イオンが配位したジシロキサンが関与していると考えられる．

$$\text{R-CH=CH-Si(Me)_2-O-Pd(L_n)-Ar} \longrightarrow \text{R-CH=CH-Pd(L_n)-Ar} + \text{-(Si(Me)_2-O)_n-} \qquad (19.42)$$

$$[\text{R-CH=CH-SiMe_2(F)-O-SiMe_2-CH=CH-R}]^{\ominus}\ Bu_4N^{\oplus} + \text{I-Pd(L_n)-Ar} \longrightarrow \text{R-CH=CH-Pd(L_n)-Ar} \qquad (19.43)$$

有機ホウ素によるトランスメタル化反応の機構の詳細も，複雑である．ホウ素からパラジウムへのトランスメタル化反応がどのように起こるかについて知見を与える研究が，二，三報告されている．Soderquist と Woerpel らは，アルキルホウ素によるトランスメタル化反応が，ホウ素の置換している炭素原子の立体化学を保持して進行することを示した（式 19.44）[247),248)]．鈴木らは，ハロゲン化アリールパラジウムが水酸化パラジウム錯体に変換されたのちに，有

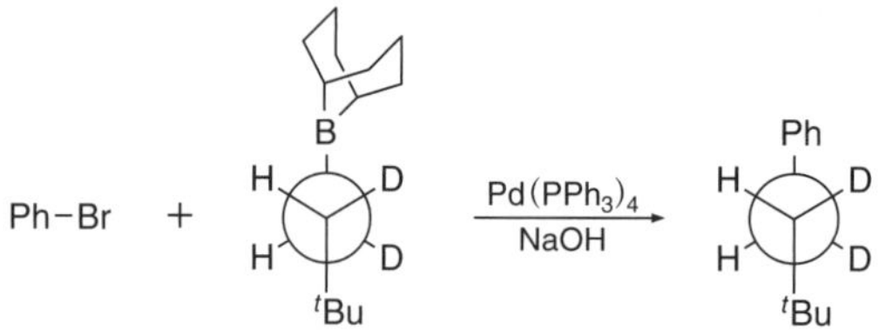

(19.44)

機ホウ素とのトランスメタル化を起こす反応機構を提案している（式 19.45）[63),249)]．しかし鈴木クロスカップリング反応は，多くの場合，無水条件で進行し，またフッ化物イオンを塩

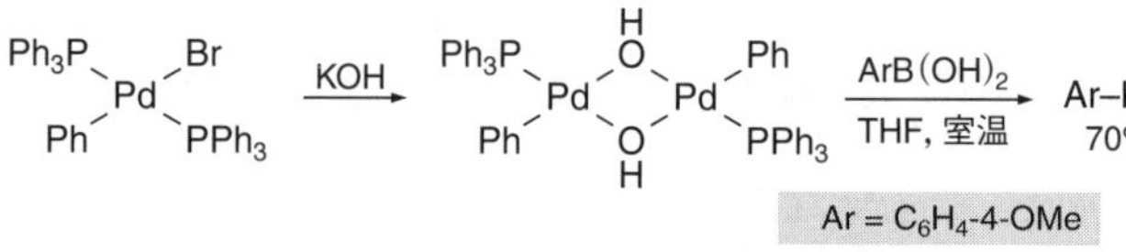

(19.45)

基として進行する場合もある．それゆえに，含水溶媒中や二相系では，水酸化パラジウムが中間体かもしれないが，この生成がトランスメタル化に必須であるわけではない．

有機スズによるトランスメタル化反応に関する研究例は多い．Espinet[250),251)]，Echavarren[252),253)]，Ricci[254)]，Cotter[255)] らによって，単離したハロゲン化アリールパラジウム錯体を用いた研究が行われている（式 19.46）．これらの研究では，C－Sn 結合開裂の前に，トランスメタ

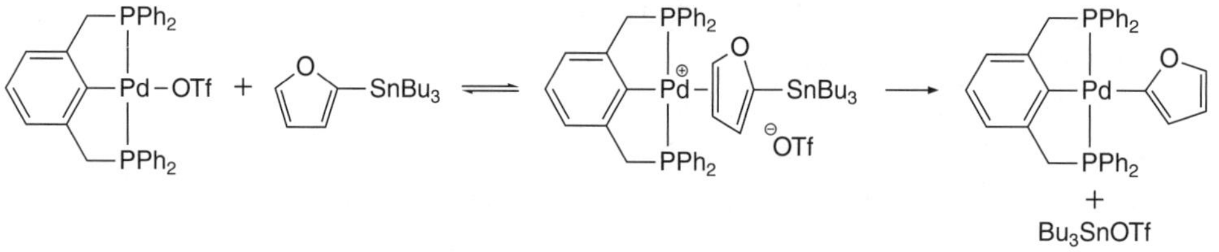

(19.46)

ル化を起こすスズ上の有機基の不飽和結合がパラジウムに配位することが示唆されている．Farina，Hartwig，Amatore らは，速度論的な研究から，多くの場合，酸化的付加反応によって生じた四配位パラジウム中間体から，リンやヒ素配位子が解離して生じる三配位のパラジウム錯体に対してトランスメタル化反応が進行すると結論づけている（式 19.47）[256)～258)]．Espinet らは，パラジウムと有機スズの相互作用が起こった後に，リン配位子が可逆的に解離すると主張しているが[250)]，Amatore らはこの提案に反論している[258)]．

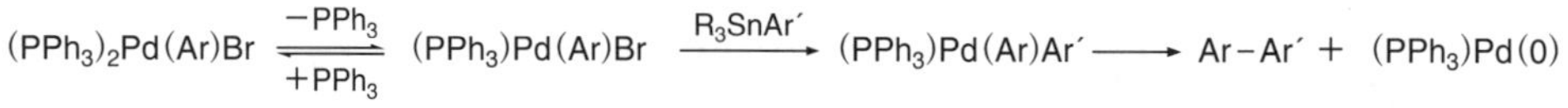

(19.47)

スズからパラジウムへのトランスメタル化反応の機構をさらに不明瞭にする要因として，有機基が移動する際，立体配置の反転あるいは保持のいずれの場合もあることがあげられる．ビニルスズのオレフィン部位の立体配置は，トランスメタル化において保持される（式 19.48）[259)]．しかし，アルキルスズのトランスメタル化においては，反応が立体保持で進行

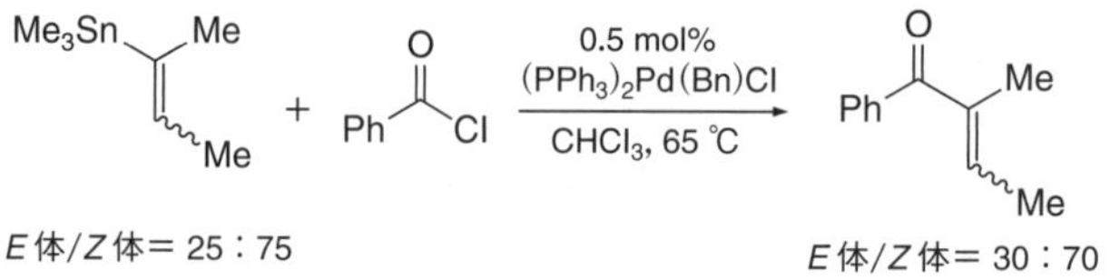

(19.48)

するか反転を伴って進行するかは，溶媒，反応剤あるいはその両方に依存する．ベンジルスズのトランスメタル化反応は，極性溶媒中では立体配置の反転を伴うが（式 19.49）[259)]，低

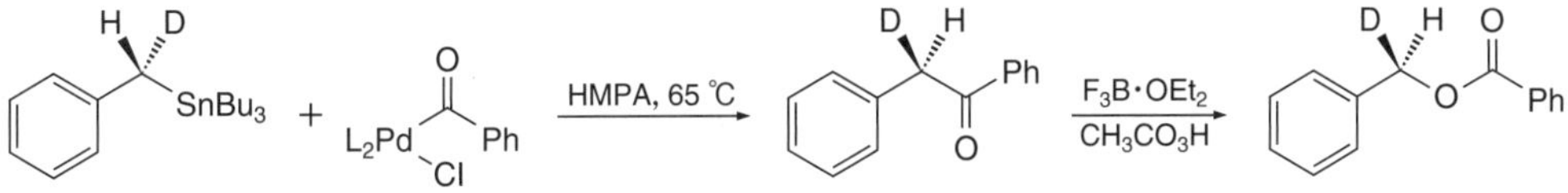

(19.49)

極性溶媒中では，スズのα炭素原子にアルコキシ基をもつ有機スズの反応が立体配置保持で進行することが報告されている（式 19.50 および 19.51）[260),261)].

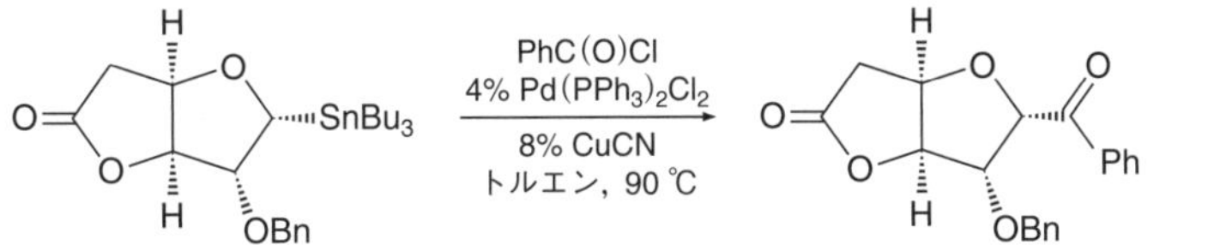

(19.50)

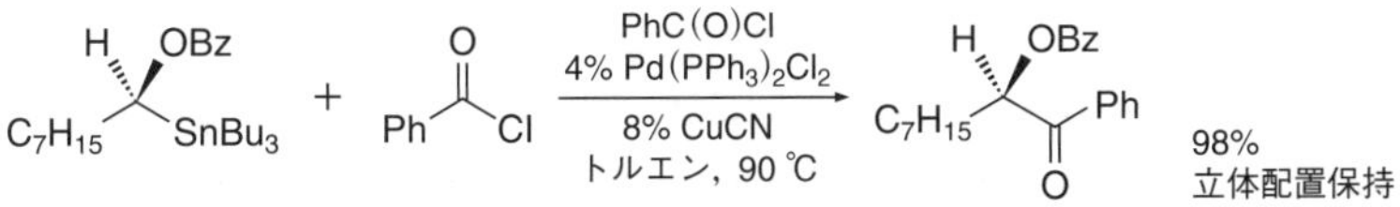

(19.51)

トランスメタル化反応における電子的な効果も，直感に反する．ベンジルスズの反応は，ベンジル基上の電子求引性置換基によって加速される[259)]．この電子的効果は，アルキル基の遷移金属中心への移動反応が求核的であるという見方に矛盾する．

反応の立体化学に影響する溶媒効果を含む以上の実験結果から，トランスメタル化反応がオープン（非環状）型あるいはクローズド（環状）型遷移状態のどちらも経由できるという結論が導きだされた（図 19・3）[250),262)]．S_E〔（脂肪族）求電子置換反応〕-オープン型遷移状態は，立体配置の反転がスズ－炭素結合の臭素による開裂反応の立体化学によく似ているため，Stille 反応[259)] の研究の初期に提案された[263)]．しかし，低極性溶媒中では，立体配置保持の結果と合わせて金属中心の幾何配置の変化を考えると[250),251),264)]，クローズド型の環状遷移状態を経るトランスメタル化が示唆される．このクローズド型遷移状態は，いわゆる酸化的付加反応の機構で考えられている遷移状態と類似の構造となっているという可能性がある[257)]．

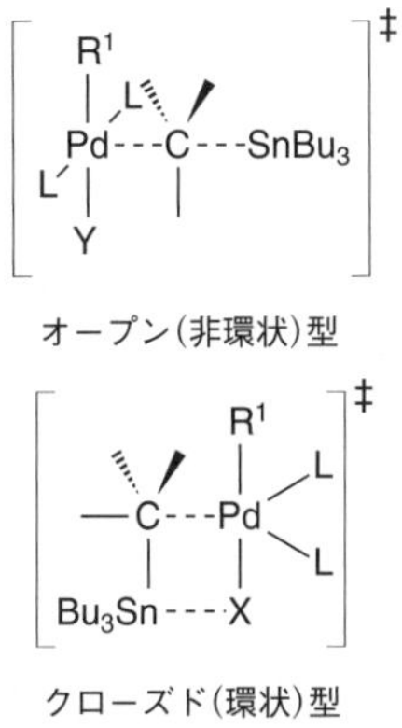

オープン（非環状）型

クローズド（環状）型

図 19・3 有機スズとパラジウム（II）錯体との金属置換反応において提唱されているオープン型およびクローズド型遷移状態

さまざまな有機基のトランスメタル化反応の相対的な反応速度が測定されている．初期の研究では，この相対速度は，PhC≡C ＞ PrC≡C ＞ PhCH＝CH, CH_2＝CH ＞ Ph ＞ $PhCH_2$ ＞ CH_3OCH_2 ＞ CH_3 ＞ Bu と示された[259)]．不飽和基の移動速度が速いのは，C－Sn 結合開裂に先立ってこれらが金属中心に配位しやすいからであろう[250),255)]．

トランスメタル化反応の速度は，スズ上の配位子によっても影響される．有機スズによるトランスメタル化反応は，有機ケイ素の場合と同様，塩基の添加によって加速できる．実際に，フッ化物イオンの添加によって Stille カップリング反応が加速されるという報告がいくつかある[265),266)]．さらに，分子内に Lewis 塩基部位をもつ有機スズによるトランスメタル化反応が，もたないスズ反応剤に比べ速く進行することも明らかにされている．このことは，式 19.52 と式 19.53 に示す二つの反応の比較，およびフェニル基と *o*-ジメチルアミノメチルフェニル基のトランスメタル化反応の相対速度の比較（式 19.54）によって示されている[267)〜270)]．

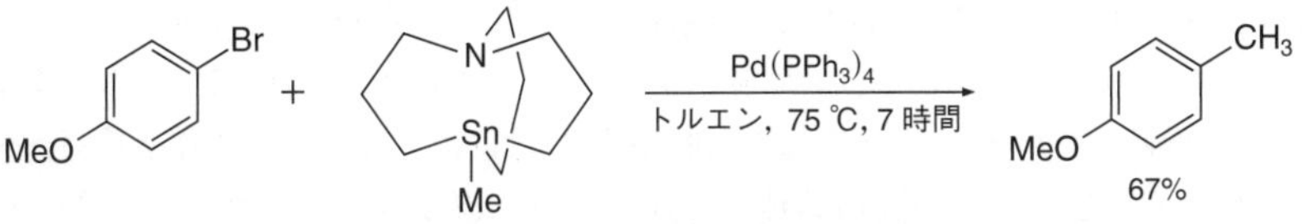

(19.52)

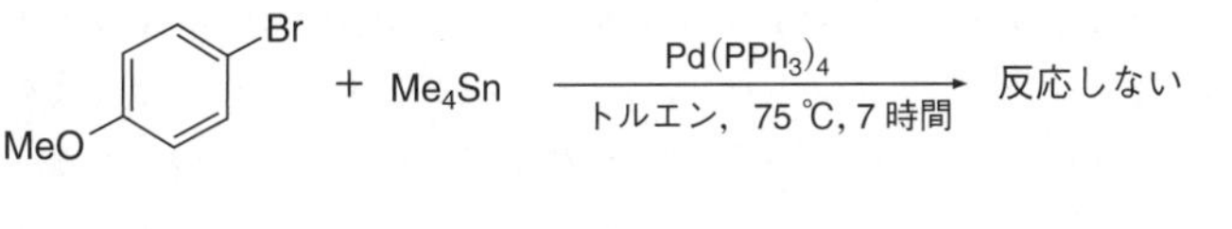

(19.53)

$$\text{2-furoyl chloride} + \begin{matrix} \text{2-(Me}_2\text{NCH}_2\text{)C}_6\text{H}_4\text{SnMePh}_2 \\ k_{rel} = \sim 100 \\ \text{MeSnPh}_3 \\ k_{rel} = 1 \end{matrix} \xrightarrow[\text{THF, 室温}]{\text{Pd}_2(\text{dba})_3,\ \text{AsPh}_3} \text{2-furyl phenyl ketone} \tag{19.54}$$

19・4・2c　還元的脱離反応の機構

有機パラジウム(II)錯体からの還元的脱離反応については，8章で詳細に述べた．単座リン配位子をもつ錯体からの還元的脱離反応は，多くの場合，より安定な四配位錯体から配位子が解離して生じる三配位錯体から進行する．還元的脱離反応が進行するためには，新しいC−C結合を形成する二つのアニオン性配位子が互いにシスに位置する必要があることを思い出してほしい．また，還元的脱離反応は，補助配位子と脱離する金属上の有機基の立体および電子的要因，そして有機基の混成状態にも大きく影響されることも思い出してほしい．本節ではこれらの点について，クロスカップリング反応に関連づけて説明する．

C−C結合形成を伴う還元的脱離反応は，アルキルパラジウム(II)錯体からよりも，アリールおよびビニルパラジウム(II)錯体からの方がより速く起こる．これは，sp^2混成炭素原子どうしあるいはsp^2混成炭素原子とsp^3混成炭素原子間の結合形成を行うクロスカップリング反応が，sp^3混成炭素原子どうしを結合させるクロスカップリング反応よりも進行しやすい理由の一つである．還元的脱離反応の速度に及ぼすアルキル基やアリール基の電子的な性質が，反応の基質適用範囲にも影響する．8章で述べたように，還元的脱離反応は，対称型の錯体ではより電子供与性の高い有機基どうしでより速く起こるが[271)〜273)]，非対称型の錯体では，電子供与性と電子求引性の差がより大きな二つの有機基どうしによる反応がより速く進行する[274)]．

19・4・3　クロスカップリング反応に及ぼす触媒構造の効果

19・4・3a　キレートの効果

クロスカップリング反応に用いるパラジウムおよびニッケル錯体の選択性，安定性，反応性を制御，改善するために，配位子開発に膨大な努力が払われてきた．初期には，配位子なしのパラジウム錯体やパラジウム(トリフェニルホスフィン)錯体がクロスカップリング反応に利用されていた．ついで，反応速度や適用範囲，触媒回転数を向上させるために，特定の電子的および立体的な性質を付与された二座配位子や単座配位子が開発されるようになった．

クロスカップリング反応を改良するための配位子設計の初期の研究の一つは，林らによるものである[275),276)]．彼らは，臭化*s*-ブチルマグネシウムと臭化フェニルとの反応によって，*s*-ブチルベンゼン，*n*-ブチルベンゼン，ブテンが生じることを報告している（表19・1）．これらの生成比は，パラジウム触媒の配位子の種類に強く依存する．トリフェニルホスフィンを配位子とする触媒を用いた反応では，*s*-ブチルベンゼンの収率はわずか4%であった．臭化フェニルが30%残り，*n*-ブチルベンゼンが収率6%で生じた．臭化*s*-ブチルマグネシウムと*trans*-β-ブロモスチレンとの反応は，同触媒存在下，*s*-ブチル基の置換したスチレンおよび*n*-ブチル基の置換したスチレンをそれぞれ収率33%，36%で生じた．これとは対照的に，キレート配位子をもつ$PdCl_2(dppf)$錯体〔dppf: 1,1′-(ビスジフェニルホスフィノ)フェロセン〕存在下，これらの反応を行うと，*s*-ブチルベンゼンが収率93%，*s*-ブチル基の置換したスチレンが収率95%でそれぞれ得られた．*n*-ブチル置換体は，まったく得られなかった．1,4-ビス(ジフェニルホスフィノ)ブタンのような柔軟な連結鎖をもつ二座配位子を用い

表 19・1 クロスカップリング反応におけるアルキル基異性化に及ぼす配位子のキレート効果

(s-BuMgBr) + RBr →(L_nPd)		s-Bu–R	n-Bu–R	R–H	R–Br
L = PPh_3	R = Ph	4	6	6	31
	R = (Ph–CH=CH–)	33	36	4	—
L = dppf	R = Ph	95	0	—	0
	R = (Ph–CH=CH–)	93	0	—	0

ると，*s*-ブチル化体と *n*-ブチル化体の混合物が得られた．

スキーム 19・7 にまとめるように，生成物の分布に及ぼす配位子構造の影響は，還元的脱離反応と β 水素脱離反応の相対的な速度に及ぼすキレート効果に由来する．ハロゲン化アリールパラジウム錯体が酸化的付加反応によって生じたのちに，トランスメタル化反応によって *s*-ブチルパラジウム錯体が生じる．単座配位子や柔軟な構造の二座配位子では，リン配位子の解離が起こる．この配位子の解離によっての三配位中間体が生じ，これが β 水素脱離を起こしてオレフィン配位子をもつパラジウムヒドリド錯体になる[277)~279)]．この錯体からオレフィンが解離すると，ブテンとともにヒドリド錯体が生じ，これが還元的脱離を起こしてアレーン生成物を生じると，反応全体としては，ハロゲン化アリールの水素化脱ハロゲン化反応が進行したことになる．あるいは，この錯体において，オレフィンの再挿入が起こって直鎖型のアルキルパラジウム錯体が生じ，還元的脱離反応によって *n*-ブチル化体が生じる．

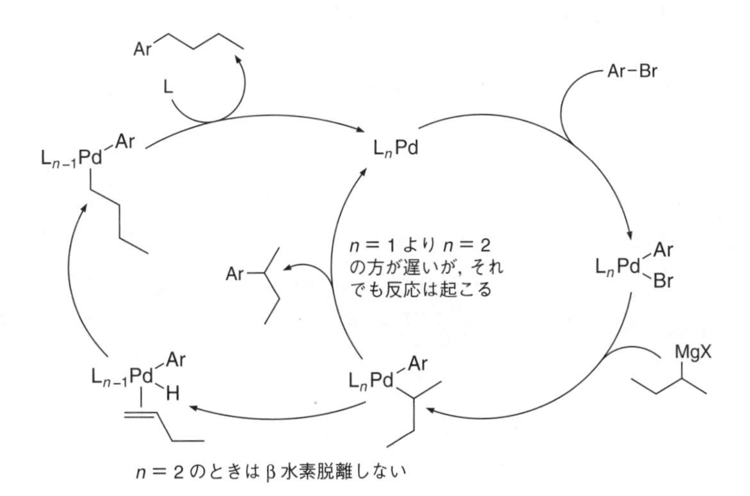

スキーム 19・7

これとは対照的に，キレート型の dppf を配位子としてもつ *s*-ブチルパラジウム錯体からは，リン配位子の解離は容易に起こらない．β 水素脱離反応は，空の配位座をもつ錯体から速やかに進行する（10 章を見よ）一方で[277)~279)]，キレート配位子をもつこの錯体は，容易に空の配位座を生じることがないため，dppf 配位子をもつアルキルパラジウム錯体からの β 水素脱離は遅い．還元的脱離反応は，四配位あるいは三配位パラジウム錯体から進行することができる[273),280)~283)]．四配位錯体からの還元的脱離反応は，三配位錯体からのそれよりも遅い傾向があるが，dppf の大きな配位挟角によって還元的脱離反応が促進される[284),285)]．したがって，β 水素脱離を経由して生じる *n*-ブチル化体やブテンの生成と競合することなく，

s-ブチルパラジウム錯体からの直接的な還元的脱離反応によって *s*-ブチル化体が得られる．

このように，単座配位子や二座配位子をもつ触媒は，それぞれ劇的に異なる速度や選択性で反応するので，基質の種類に応じてそれぞれ利点がある．二座リン配位子をもつ触媒は，オレフィンや転位体，水素化脱ハロゲン化反応によるアレーンなどの副生につながるβ水素脱離を抑えることができるものの，欠点もある．キレート型配位子をもつ触媒は，配位子解離のあとの典型金属反応剤とのトランスメタル化が遅い．したがって，空の配位座をもつ錯体を経て有機スズとのトランスメタル化が起こる Stille 反応においては，一般的に二座配位子よりも単座配位子をもつ触媒を用いて行われる．さらに，通常オレフィンの配位・挿入に空の配位座が必要なハロゲン化アリールの Heck 反応では，ふつうビスホスフィン配位子を用いる反応の方がモノホスフィン配位子を用いる場合よりも遅い[17]．最後に，二座ホスフィン配位子をもつ錯体の酸化的付加反応は，単座ホスフィン配位子をもつ錯体のそれよりも遅いことが多い．キレート配位子を二つをもつ 18 電子の四配位パラジウム(0)種が反応系中に生じる可能性があるが，このような錯体からキレート配位子が解離して，ハロゲン化アリールの酸化的付加が起こる 14 電子錯体を生じさせる段階は遅いうえに，このような配位不飽和種は，18 電子錯体よりもはるかに高エネルギー種である[286),287)]．

19・4・3b　配位子の立体効果

さらに最近，嵩高く電子豊富な配位子を用いることによって，クロスカップリング反応の触媒活性は劇的に向上した．たとえば，トリ-*t*-ブチルホスフィン[76),81)〜83),211),215),288)〜299)]，ビアリール(ジ-*t*-ブチル)ホスフィン[104),223),225),300)〜305)]やフェロセニル(ジアルキル)ホスフィン[306)〜308)]のようなアリール(ジアルキル)ホスフィン，かご型のトリアミノホスフィン[93),94),309)〜313)]，大きな電子供与性と立体障害をもつ *N*-ヘテロ環状カルベン[95),265),314)〜331)]などが，さまざまな種類のクロスカップリング反応に高い活性を示すことがわかった．これらの配位子をもつ錯体では，クロスカップリング反応の初期の研究において一般的に利用されていたアリールホスフィン配位子をもつ錯体に比べ，酸化的付加反応が速い[332)〜334)]．

配位子の立体的および電子的な性質が，触媒サイクルのある段階を促進する一方で，他の段階を遅くするのでは，と考えるかもしれない．しかし，嵩高さによって酸化的付加反応と還元的脱離反応の両方が加速されるようである．嵩高い配位子は，ハロゲン化アリールと反応する配位不飽和種を生じやすいので，酸化的付加反応を促進し（図 19・3，式 19.55 と

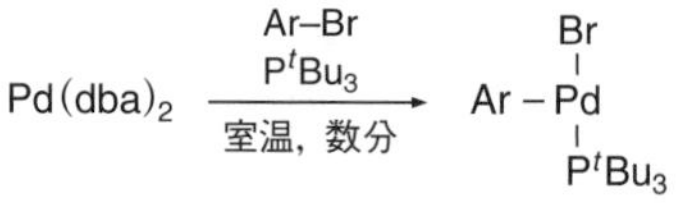

$$\mathrm{Pd(dba)_2} \xrightarrow[\text{室温，数分}]{\mathrm{Ar{-}Br},\ \mathrm{P}^t\mathrm{Bu_3}} \mathrm{Ar{-}Pd(Br)(P}^t\mathrm{Bu_3)} \tag{19.55}$$

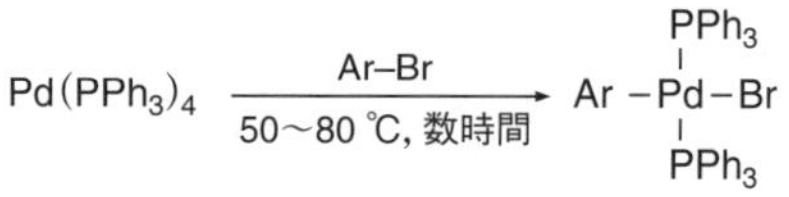

$$\mathrm{Pd(PPh_3)_4} \xrightarrow[\text{50〜80 ℃，数時間}]{\mathrm{Ar{-}Br}} \mathrm{Ar{-}Pd(PPh_3)_2{-}Br} \tag{19.56}$$

19.56 の速度を比較せよ)，また，嵩高い配位子によるパラジウム(II)錯体の立体障害が緩和されるので，還元的脱離反応も促進される[332),333),335)]．さらに，嵩高さによってトランスメタル化反応も促進される場合がある．Stille カップリング反応においては，有機スズと反応できる配位不飽和なパラジウム中間体の濃度が増大するため，単座配位子の嵩高さによってトランスメタル化反応が促進される[257),333)]．トランスメタル化反応の速度に対する同様の効果によって他のクロスカップリング反応においても，反応速度の向上が期待できる．

嵩高く電子供与性の配位子をもつ錯体が，酸化的付加反応に対して高い反応性をもつために，臭化アリールのクロスカップリング反応は室温で進行し，多くの塩化アリールのクロス

カップリング反応も室温から 80 ℃で行えるようになった．たとえば，有機ホウ素化合物を用いる鈴木カップリング反応，有機ケイ素化合物と塩基を組合わせて用いる檜山-玉尾カップリング反応，有機亜鉛化合物を用いる根岸カップリング反応，有機スズ化合物を用いる Stille カップリング反応，そしてオレフィンの Heck カップリング反応，これらすべてが塩化アリールを用いて穏やかな条件で進行することが報告されている[3]．

嵩高いビスホスフィン配位子を用いて，クロスカップリング反応に有効な高活性触媒を生じさせることができる．これらの錯体においても，酸化的付加反応は速い．Milstein らは，嵩高いビスホスフィン配位子をもつ錯体触媒を用いて，塩化アリールの触媒的変換反応を報告している[221),336)~339]．その反応条件は，最近の例ほどには穏和ではないが，これら初期の研究は，クロスカップリング基質の適用範囲を塩化アリールにまで拡大する際に，この種の配位子が有効であることを示している．ごく最近では，フェロセン骨格で，ジ-*t*-ブチルホスフィノ基およびジシクロヘキシルホスフィノ基を一つずつもつビスホスフィン配位子が，酸化的付加反応に極めて高活性なパラジウム錯体を生じることが報告されている（式 19.57）．

$$\text{CpFe(ferrocenyl)}[P^tBu_2][PCy_2]Pd{-}L + PhOTs \xrightarrow[25\,^\circ C,\ 5\,分]{ベンゼン} \text{CpFe(ferrocenyl)}[P^tBu_2][PCy_2]Pd(OTs)(Ph) + L \quad 92\% \qquad L = P(o\text{-Tol})_3 \tag{19.57}$$

キレート配位子によって，有機スズや有機ホウ素とのトランスメタル化反応は遅くなるようだが，塩化および *p*-トルエンスルホン酸アリールを用いる熊田カップリングが，この配位子をもつ触媒存在下，穏和な条件下で進行する．§19・6・2でも述べるように，アミンと塩化アリールおよびヘテロアリールとのカップリングもこの配位子をもつ触媒によって高い触媒回転数で進行する（式 19.58）[239),240]．

$$R{-}C_6H_4{-}Cl + R'NH_2 \xrightarrow[\substack{NaO^tBu,\ DME \\ 70\sim100\,^\circ C}]{\substack{0.005\sim1\ mol\%\ Pd(OAc)_2 \\ 0.005\sim1\ mol\%\ L}} R{-}C_6H_4{-}NHR' \qquad L = \text{Fe}(C_5H_5)(C_5H_3\text{-}CH(CH_3)P^tBu_2\text{-}PCy_2) \tag{19.58}$$

19・4・3c 配位子の電子的な効果

ハロゲン化アリールの酸化的付加反応は，ふつう電子不足な金属錯体に対してよりも電子豊富な金属錯体に対して速く起こり，C−C 結合を形成する還元的脱離反応は，電子豊富な金属錯体からよりも電子不足な金属錯体から速く進行する．したがって，酸化的付加反応が律速段階の場合には，電子豊富な金属中心をもつ錯体を用いる方が反応は速い．このため，反応性の低い臭化アリールや塩化アリールのカップリング反応の多くは，嵩高いアリールホスフィン錯体よりも，嵩高いアルキルホスフィン錯体触媒存在下で，速く進行する．しかし，トランスメタル化反応やオレフィン挿入反応に及ぼす金属中心の電子的な効果についてはまだあまりよくわかっていないので，これらが律速段階の場合には，配位子の電子的な効果を予測することは容易ではない．還元的脱離反応が律速段階になることは通常ないが，β水素脱離のような副反応の還元的脱離反応に対する相対速度によって，カップリング反応の収率が変わる．還元的脱離反応には，あまり電子豊富ではない金属錯体が有利なので，電子供与性の低い配位子がこれを促進する．しかし，還元的脱離反応に及ぼす影響は，立体的な要因の方が電子的な要因よりも大きく[341]，このため嵩高いアルキルホスフィン配位子をもつ錯体が，一般にカップリング反応のよい触媒となる．

19・5　C−C 結合形成クロスカップリング反応の応用

章の冒頭で述べたように，クロスカップリング反応は，医薬およびその候補品の合成に最も汎用される触媒反応の一つとなっている．また，クロスカップリング反応を合成過程に含んだ天然物合成の研究も数多く行われている[342]．大規模なスケールで行われている反応もいくつかある．クロスカップリング反応の応用に関して，多くの総説がすでに出版されている[4),342)〜344)]．

ロサルタン(losartan) は，クロスカップリング反応を利用して大スケールで合成されている化合物の一例である[345),346)]．式 19.59 に示すように，保護されたアリールテトラゾールに

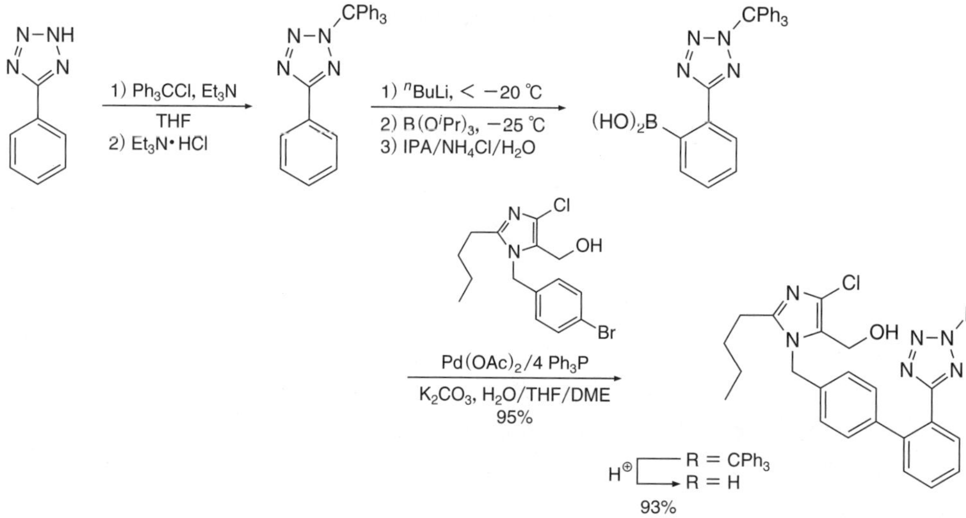

1) Ph_3CCl, Et_3N, THF　2) $Et_3N \cdot HCl$

1) ^nBuLi, < −20 ℃　2) $B(O^iPr)_3$, −25 ℃　3) $IPA/NH_4Cl/H_2O$

$Pd(OAc)_2$/4 Ph_3P, K_2CO_3, H_2O/THF/DME, 95%

$H^{\oplus}$: R = CPh_3 → R = H, 93%

(19.59)

ブチルリチウムを作用させ，生じた有機リチウム種にトリアルキルボラートを反応させ加水分解すると，アリールボロン酸が得られる．これを，式 19.59 に示す臭化アリールとカップリングさせた後，テトラゾールの脱保護を行うとロサルタンが得られる[345]．式 19.60 に示

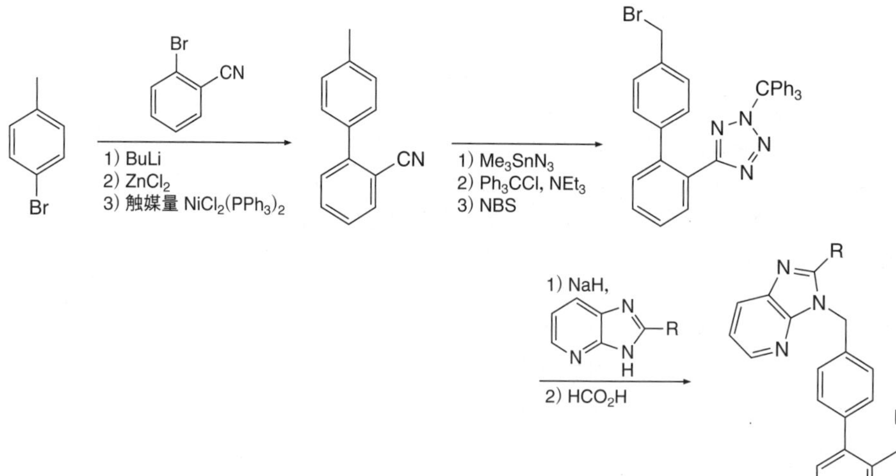

1) BuLi　2) $ZnCl_2$　3) 触媒量 $NiCl_2(PPh_3)_2$

1) Me_3SnN_3　2) Ph_3CCl, NEt_3　3) NBS

1) NaH,　2) HCO_2H

(19.60)

すように，2-ブロモベンゾニトリルとアリール亜鉛とのニッケル触媒を用いたカップリング反応によっても，関連化合物が合成されている．反応生成物のシアノ基をテトラゾールに変換した後，ベンジル位のメチル基を臭素化し，これを用いたイミダゾールやベンゾイミダ

ゾールのアルキル化によって医薬品開発が行われた[346]．

いくつかの研究グループがかかわったクロスカップリング反応の天然物合成への応用例として，エポチロン（epothilone）誘導体の合成を紹介する．この標的化合物は，環内に*Z*-オレフィン部位やこれに由来するエポキシド部位を含んだ大環状化合物である．アルキルホウ素化合物と，立体的に純粋なハロアルケンとのカップリング反応によって，アルケン部位が立体特異的に構築されている．21 章で述べるように，これらの天然物は，オレフィンメタセシスによる閉環反応によっても合成されているが，この場合 *E* 体と *Z* 体の混合物が生じる．式 19.61 に示すように，Danishefsky らは，9-BBN を用いたオレフィンのヒドロホウ素

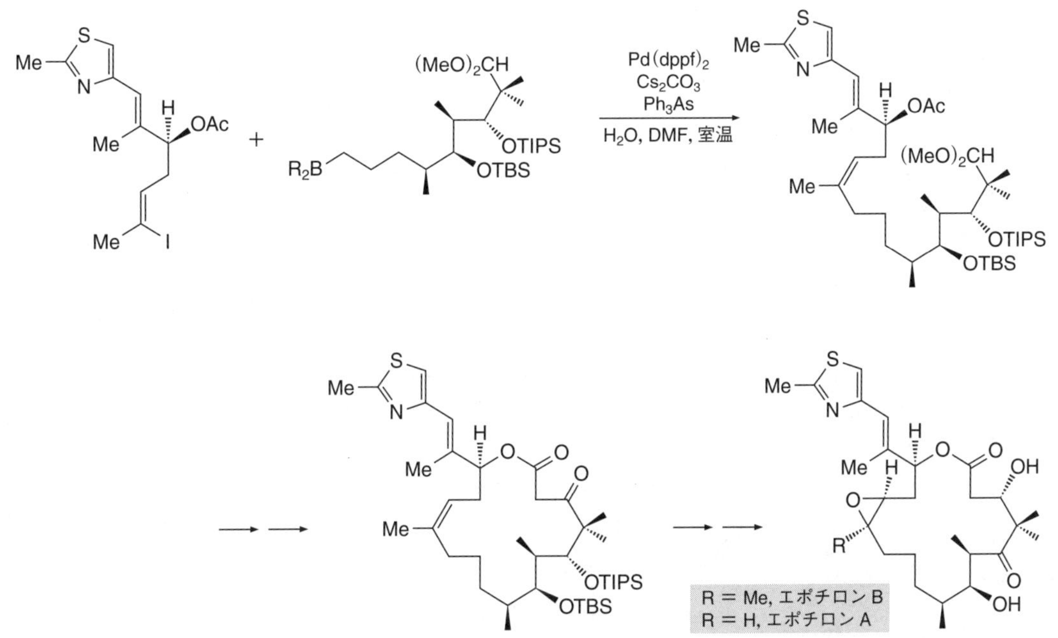
Me
S
N
H
OAc
Me
Me
I
+
(MeO)2CH
OTIPS
OTBS
R2B
Pd(dppf)2
Cs2CO3
Ph3As
H2O, DMF, 室温
(MeO)2CH
OTIPS
OTBS
O
R
OH
R = Me, エポチロン B
R = H, エポチロン A

(19.61)

化反応によってアルキルホウ素化合物を調製し，これとブロモアルケンとのパラジウム触媒を用いるカップリング反応によって環化前駆体を合成し，いくつかのエポチロン誘導体の合成を達成している．

Heck カップリング反応も，医薬品や天然物，材料の合成に利用されている．Merck 社による LTD_4 拮抗薬シングレア（Singulair）の関連化合物 L699,392 は，Heck 反応によって合

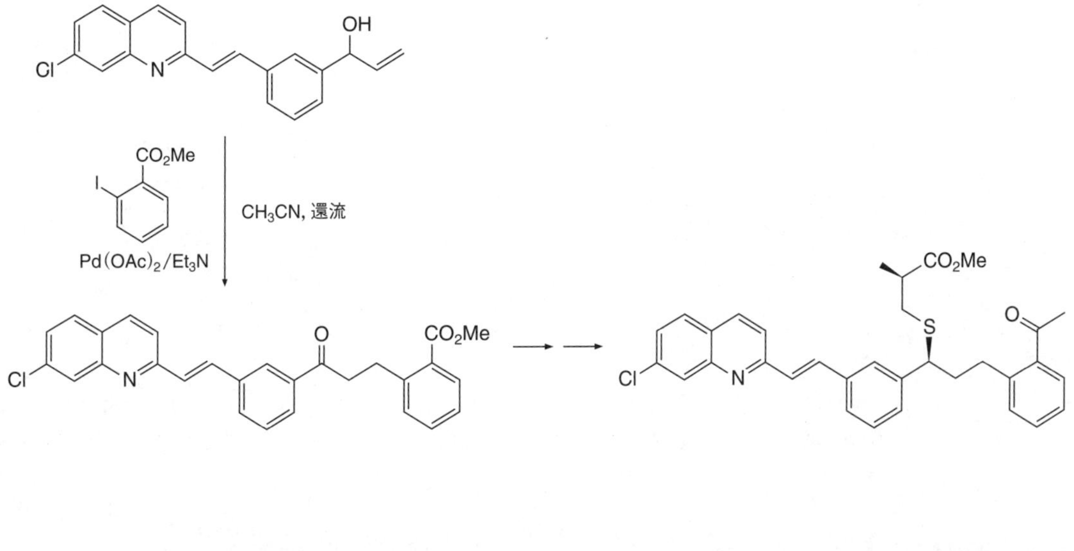
Cl
N
OH
CO2Me
I
Pd(OAc)2/Et3N
CH3CN, 還流
O
CO2Me
S

(19.62)

成されている[347]．配位子なしのパラジウム触媒存在下，アリルアルコールと電子不足ヨウ化アリールを反応させ，生成した置換アリルアルコール誘導体の異性化反応を経てケトンが得られる（式 19.62）．この生成物を用いて，LTD_4 拮抗薬 L699,392 が合成された．Heck 反応は，材料化学分野においても利用されており，光電子物性の観点から注目されているポリ(フェニレンビニレン）が合成されている[348),349]．式 19.63 に示すルテニウムトリス(ビピリジン）錯体もその一例である．Dow 社は，Heck 反応によって得られるモノマーの開環反応を利用した電子材料のコーティング剤の合成を報告している（式 19.64）[343]．

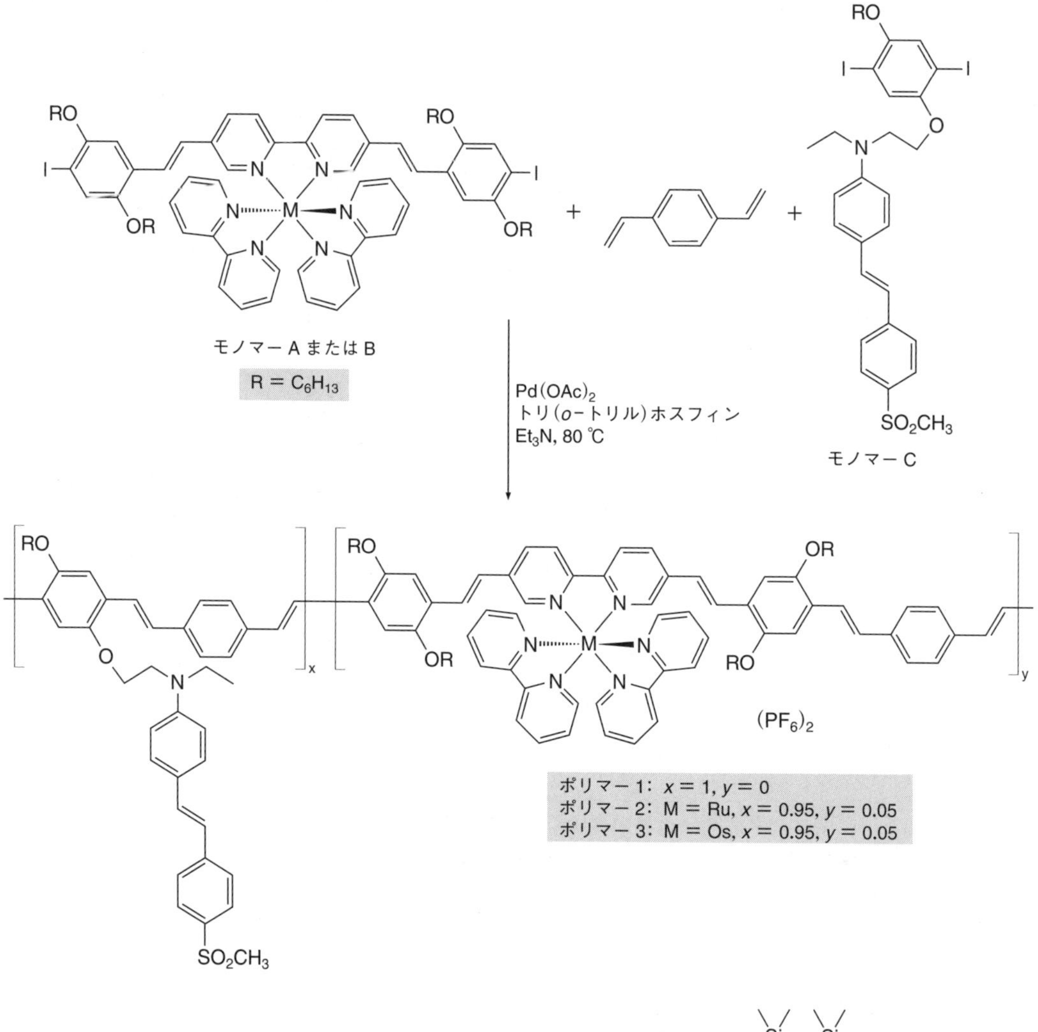

モノマー A または B
R = C_6H_{13}

モノマー C

$Pd(OAc)_2$
トリ(*o*−トリル)ホスフィン
Et_3N, 80 ℃

$(PF_6)_2$

ポリマー 1：$x = 1, y = 0$
ポリマー 2：M = Ru, $x = 0.95, y = 0.05$
ポリマー 3：M = Os, $x = 0.95, y = 0.05$

(19.63)

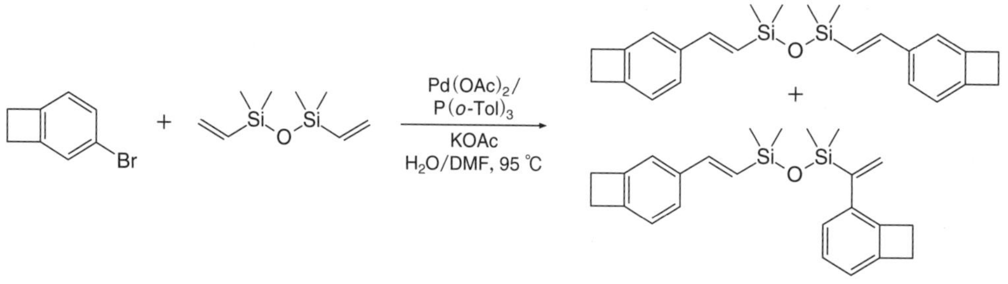

$Pd(OAc)_2$/
$P(o\text{-}Tol)_3$
KOAc
H_2O/DMF, 95 ℃

(19.64)

多くの天然物が，Heck 反応を鍵段階として合成されてきた．これらの天然物は，多くの場合，エナンチオ選択的 Heck 反応によって構築される第三級あるいは第四級不斉中心をもっている．その多くの合成例が，Overman らによるものである．特に顕著な例は，ポリピロリジノインドールアルカロイドの一種であるサイコレイン（psycholeine）の合成である（スキーム 19・8）．この合成では，スキーム 19・8 に示すメソ体の合成中間体がエナンチオ

スキーム 19・8

Pd(OAc)$_2$
(R)-Tol-BINAP
PMP, MeCN
80 ℃

＋ メソ体 21%

サイコレイン

クアドリゲミン C

選択的な分子内 Heck 反応によって不斉非対称化され，二つの第四級不斉中心が新たに構築されている[訳註]．光学活性な主生成物のエナンチオマー過剰率は 90% で，副生成物としてメソ体も得られる．この環化生成物は，アルケン部位の還元，窒素保護基の除去，環化反応によってクアドリゲミン（quadrigemine）C に導かれる．さらにこの化合物は中心の二つの環を酸触媒によって構築することで，サイコレインへと変換されている．

訳注：この反応は典型的な Heck 反応とは異なっている．通常はアリール基が結合する炭素上の水素の β 脱離によりこの炭素を含む二重結合が形成されるが，この場合は第四級炭素原子が形成されるため，アミノ基に隣接するメチレン基から β 水素脱離が起こってエナミンが生成する．

19・6 炭素－ヘテロ原子結合形成クロスカップリング反応

19・6・1 概　要

ハロゲン化アリールおよびビニルとヘテロ原子求核剤との反応は，長年あまり有用ではなかった[350)]．報告例がいくつか散見されていたが，有機合成反応として利用できるレベルではなかった．しかし，ハロゲン化アリールとアミンとのカップリング反応は，現在ではアリールアミンの最も一般的な合成手法となるに至っている[203), 351)〜360)]．ハロゲン化アリールとチオール[361)〜372)] や第二級ホスフィンおよびその他のリン求核剤との反応[373)〜387)] も，有用な反応である．遷移金属触媒によるアルコールとハロゲン化アリールとの反応は，挑戦的

な課題であったが，分子内反応やいくつかの分子間反応は，合成化学的に十分に有用なレベルに達しつつある[291),302),303),306),307),361),388)～400)]．最近は，おもにハロゲン化アリールとヘテロ原子求核剤との銅触媒を用いたカップリング反応の研究に再び焦点があてられているが，これに関しては§19・8で紹介する．

19・6・2　ハロゲン化アリールとアミンとのカップリング反応

19・6・2a　適用範囲

ハロゲン化アリールとアミンとのカップリング反応は，一般的に“Buchwald-Hartwig カップリング反応”とよばれ，現在では，広い基質適用範囲，速い反応速度，高い触媒回転数で行わせることができるようになった（式 19.65 および 19.66）．その結果，この反応は生理活

HNRR′ ＋ (Y-置換 X-ベンゼン) —[$Pd(OAc)_2$/2L, 塩 基, 25～80 ℃]→ (Y-置換 N(R)R′-ベンゼン)　(19.65)

X = Cl, Br, I, OTf, OTs
L = 嵩高い単座配位子: $P(o\text{-Tol})_3$, P^tBu_3, $(\eta^5\text{-}Ph_5C_5)Fe(\eta^5\text{-}C_5H_4\text{-}P^tBu_2)$ (Q-phos),
　　N-ヘテロ環状カルベン, biaryl-PR_2, $^-OP^tBu_2$, Verkade のプロアザホスファトラン類
L = キレートしている二座配位子: dppf, BINAP, Xantphos, Josiphos 配位子

H_2NR ＋ (Y-置換 X-ベンゼン) —[$Pd(OAc)_2$/2L, 塩 基, 25～80 ℃]→ (Y-置換 N(R)H-ベンゼン)　(19.66)

X = Cl, Br, I, OTf, OTs
塩基 = NaO^tBu, Cs_2CO_3, K_3PO_4
L = 式 19.65 の配位子

性化合物や電子材料の合成に利用されている．この反応は，オレフィン重合反応や不斉合成反応など，他の触媒反応で用いられるアミド配位子の合成にも使われている．ハロゲン化アリールとアミンとのカップリング反応については，これまでに総説が複数出版されている[203),351)～359)]．

この触媒反応では，臭化アリールの反応性が最も高く，塩化アリールが次に反応しやすい．理由はよくわかっていないが，ヨウ化アリールの反応性は低い[311),401)～404)]．トリフルオロメタンスルホン酸アリールもアミンとカップリングし[301),405)～410)]，より低反応性の *p*-トルエンスルホン酸アリールでさえもアミノ化できる[239),304),402),411)]．

幅広い第一級および第二級アミンに対して反応させることができるが，これら2種類のアミンにとって最適な触媒は，それぞれ異なる．第二級アルキルアミンを用いるカップリング反応に最も有効な触媒は，嵩高い単座配位子をもつものである[293),294),301),304),308),311),328),412)～415)]．第一級アルキルアミンを用いる場合は，嵩高い二座リン配位子をもつ触媒が最も効果的である[340),416)～418)]．第一級アリールアミンを用いるカップリング反応は，単座，二座いずれの配位子でも進行する．嵩高いフェロセニルビスホスフィン配位子である Josiphos 型の $CyPF^tBu$ を配位子としてもつパラジウム触媒による第一級アルキルアミンの反応は，顕著に高い触媒回転数で進行する[340)]．同配位子をもつパラジウム触媒存在下，アンモニアと *t*-ブトキシド塩基の組合わせや（式 19.67）リチウムアミドを用いても，ハロゲン化アリールのアミノ化反応が進行する[419)]．

合成的に有用な他の窒素求核剤を用いても，このカップリング反応は進行する．ベンゾフェノンイミンは，さまざまな臭化および塩化アリールと反応する（式 19.68）[340),408),420)]．反応生成物は第一級アリールアミンに変換できるので，ベンゾフェノンイミンはアンモニア等価体と見なせる．金属ヘキサメチルジシラジドもアンモニア等価体として利用でき，カッ

または + NH_3 → ($CyPF^tBuPdCl_2$ (1.0 mol%), NaO^tBu (2.0 当量), DME, 90 ℃, 14 atm) → NH_2 置換体（または）

0.05～0.25 M

X = Cl, Br, I

L = $CyPF^tBu$（P^tBu_2, Fe, PCy_2）　(19.67)

$Ph_2C{=}NH$ + ArX（Y） → ($Pd(OAc)_2$/L, 塩 基, 25～80 ℃) → $ArN{=}CPh_2$

X = Cl, Br, I, OTf
塩基 = NaO^tBu, Cs_2CO_3
L = dppf, BINAP, *N*－ヘテロ環状カルベン,
$CyPF^tBu$（嵩高い Josiphos 配位子）　(19.68)

プリング反応に続く加水分解反応によって第一級アリールアミンが得られる[421)～423)]．リチウムおよび亜鉛のヘキサメチルジシラジドは，さまざまなメタおよびパラ置換ハロゲン化アリールとカップリング反応できるものの，オルト置換体とは反応しない（式 19.69）．含窒素ヘテロ環の合成前駆体として利用できるベンゾフェノンヒドラゾンも，さまざまなハロゲン化アリールとクロスカップリング反応する（式 19.70）[340), 424)～426)]．

$LiN(SiMe_3)_2$ + ArX（Y） → ($Pd(OAc)_2$/2L, 塩 基, 25～95 ℃) → $ArN(SiMe_3)_2$

X = Cl, Br
L = P^tBu_3, (biaryl)PR_2
Y はオルト置換基以外　(19.69)

$Ph_2C{=}N{-}NH_2$ + ArX（Y） → ($Pd(OAc)_2$/2L, 塩 基, 25～95 ℃) → $ArNH{-}N{=}CPh_2$

X = Cl, Br, I, OTf
L = dppf, BINAP, *N*－ヘテロ環状
カルベン，$CyPF^tBu$　(19.70)

アンモニアやリチウムアミドを用いる臭化アリールのアミノ化反応が，最近開発された（式 19.71）[419), 427)]．上で述べたように，この反応には，当初電子供与性の高い嵩高いビスホスフィン配位子が用いられていたが[419)]，のちにモノホスフィン錯体も有効であることが明らかにされた[427)]．アンモニアによるアミノ化反応が，モノアリール化に制御できる理由は

R′–C_6H_4–Br + NH_3 および NaO^tBu または $LiNH_2$ → (1% $CyPF^tBuPdCl_2$, DME 80 ℃) → R′–C_6H_4–NH_2　64～94%　(19.71)

よくわかっていないが，大きなモノアリール化体よりも小さなアンモニアの反応を有利にするために，配位子の嵩高さがおそらく重要な因子となっているであろう．これに加え，アンモニアによる配位子置換によって不活性なアミン錯体を生じないような配位子の選択も重要である．

アミド[304), 428)～431)]，カルバミン酸エステル[294)]，スルホキシイミン[432)～434)]，アゾールを用いても，C－N カップリング反応が進行する（式 19.72）[292), 435)～438)]．しかし，これらの窒素求核剤は求核性が低いために，基質適用範囲は制限され，反応速度も遅く，高温を必要とする．式 19.72 に示すように，活性と選択性に現在最も優れる触媒は，ビアリール(ジアルキル)ホスフィン配位子をもつものであるが，パラジウム，配位子ともに多量必要である．8 章で述べたように，これら含窒素基質から生じるアニオン種の電子供与性が，通常のアミド配位子

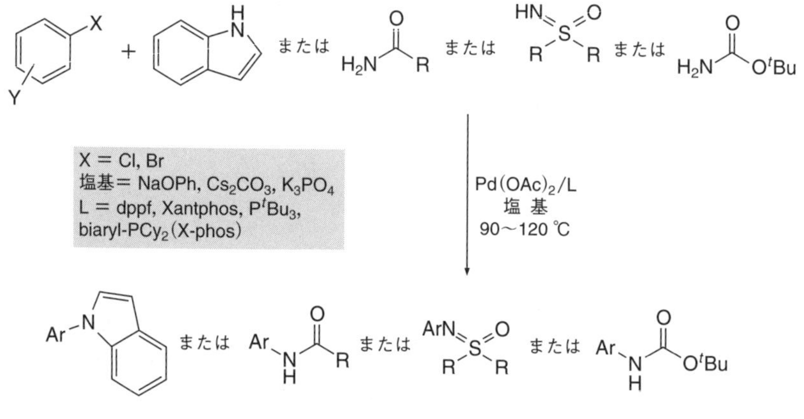

X = Cl, Br
塩基 = NaOPh, Cs_2CO_3, K_3PO_4
L = dppf, Xantphos, P^tBu_3, biaryl-PCy_2 (X-phos)

$Pd(OAc)_2$/L
塩 基
90～120 ℃

(19.72)

のそれよりも低いために，アリール炭素－窒素結合を形成するパラジウム(II)種からの還元的脱離反応が遅い．さらにアミダートは，パラジウムに対して κ^2 型に結合できるが，このような配位形式からの還元的脱離反応は，κ^1-アミダート配位からのそれよりも遅い[439]．

19・6・2b　C－N 結合形成カップリング反応に用いられる触媒

ハロゲン化アリールとアミンやその他の窒素求核剤とのカップリング反応には，大きく4種類の触媒が使用されている．初期には，アルコキシドあるいはシリルアミド塩基存在下，嵩高く単座のトリ(*o*-トリル)ホスフィン配位子をもつ触媒が臭化アリールと第二級アミンとのカップリング反応に用いられた[440)～443]．この触媒系は，これより以前に報告された同配位子をもつパラジウム触媒による臭化アリールとスズアミドとの反応に端を発している[440),441]．つぎに，BINAP[417),418] や dppf[416] のようなアリールビスホスフィンをもつ錯体が，トリ(*o*-トリル)ホスフィンを用いる系よりも幅広い基質適用範囲を示すことが明らかにされた．これらの触媒，特に BINAP 錯体によって，第一級アルキルアミンと電子豊富な臭化アリールとのカップリング反応にまで基質適用範囲が広がった[418]．

これらの触媒系によってアミンの適用範囲は拡大されたが，塩化アリールとの反応は進行せず，また，これらアリールホスフィンを含む触媒では非環状第二級アミンとの反応は低収率であった．嵩高いアルキルホスフィンや *N*-ヘテロ環状カルベン配位子を用いると，塩化アリールの酸化的付加反応が進行する錯体を生じるので[220),221),334),444]，これらによって塩化アリールとアミンとのカップリング反応が実現した．臭化および塩化アリールの両方とアミンとのクロスカップリング反応に有効な配位子を図 19・4 に示す．これらの配位子を用いると，臭化アリールの反応は室温で，塩化アリールの反応は室温から 110 ℃で進行するようになる．

この反応に最もよく利用される配位子の一つは，Buchwald らによって開発されたビアリール(ジアルキル)ホスフィンで[225),304),359]，そのヘテロ芳香環アナログは，Beller と Singer らによって開発された[445)～448]．単純な P^tBu_3 とパラジウム前駆体との組合わせも，高温では高い触媒回転数で[289]，室温では触媒量を上げることで[293),249]，塩化アリールのアミノ化反応を触媒する．さらには，嵩高いフェロセニルホスフィン配位子を用いると，第一級および第二級アミンと塩化アリールとのカップリング反応が進行し[308]，*N*-ヘテロ環状カルベン配位子を用いると，アミンと塩化アリールの穏和な条件下でのカップリング反応が進行する[412),449),450]．これらの配位子をもつ錯体は，環状および非環状いずれの第二級アミンのカップリング反応も触媒する．嵩高い配位子と第二級アミンに由来する立体的要因によって，β水素脱離よりも C－N 結合を形成する還元的脱離反応が速くなるためであろう[451]．

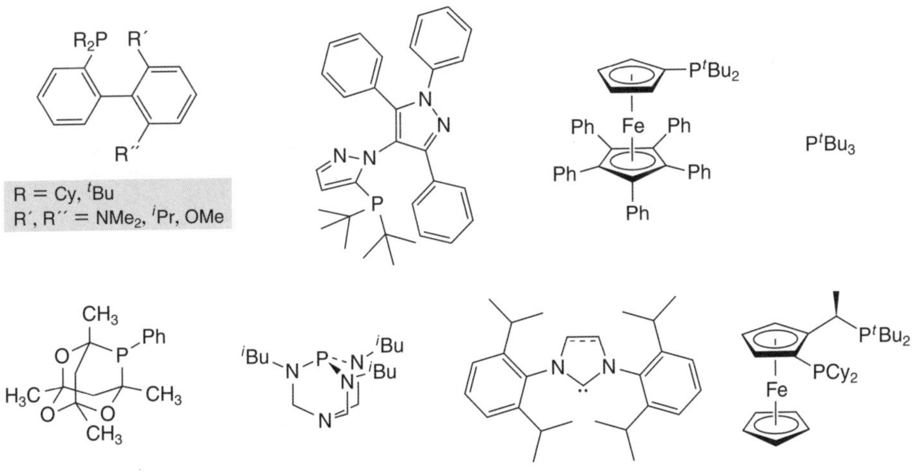
R₂P R′
R″
R = Cy, ᵗBu
R′, R″ = NMe₂, ⁱPr, OMe
N-N
N
N
P
PᵗBu₂
Ph
Fe
Ph
Ph
Ph
Ph
PᵗBu₃
CH₃
Ph
O
P
H₃C
CH₃
O
O
CH₃
ⁱBu
N
P
N
ⁱBu
ⁱBu
N
N
N
N
N
PᵗBu₂
PCy₂
Fe

図 19・4 アミンと塩化アリールのカップリング反応に有効な配位子

多くの場合，嵩高い単座アルキルホスフィンや*N*-ヘテロ環状カルベンの配位した錯体は，第二級アミンとの反応よりも第一級アミンとの反応において触媒としては不安定であり，また，ハロゲン化アリールとの反応よりもハロゲン化されたヘテロ環化合物（ピリジンなど）との反応において，触媒としては不安定である[452)〜454)]．この触媒活性の低下の考えられる原因の一つは，第一級アミンや塩基性の高いヘテロ環による配位子置換反応のしやすさであろう．この点は依然論争の的であるが[455)]，この2種類の基質のカップリング反応の触媒回転数は，ビスホスフィン配位子をもつ触媒を用いた方が大きくなる傾向がある[457)]．

このような第一級アミンや塩基性の高いヘテロ環によるホスフィン配位子の置換を防ぐために，嵩高いビスホスフィン配位子が検討されている[340),456)]．式19.73および図19・4に示すように，フェロセニルビスホスフィンをもつパラジウム触媒による第一級アルキルアミンと塩化アリールおよびヘテロアリールとの反応は，穏和な条件下，極めて高い触媒回転数で進行する．この配位子の嵩高さによって，第二級アミンの反応が第一級アミンの反応よりも遅くなる．ベンゾフェノンイミンやベンゾフェノンヒドラゾンのような他の窒素求核種の反応も，この配位子をもつパラジウム触媒存在下，高収率で進行する．

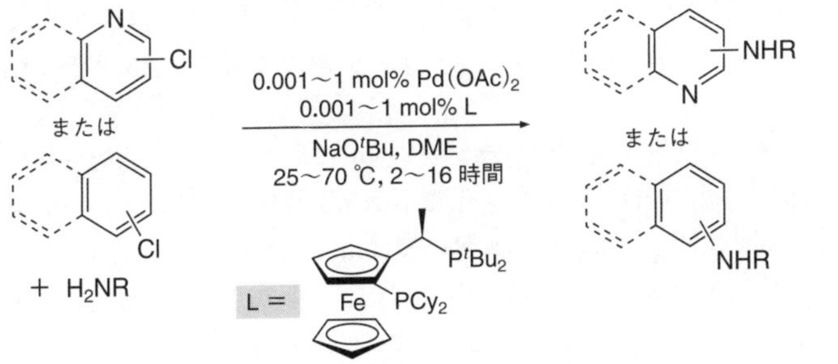
N
Cl
または
Cl
+ H₂NR
0.001〜1 mol% Pd(OAc)₂
0.001〜1 mol% L
NaOᵗBu, DME
25〜70 ℃, 2〜16 時間
L =
PᵗBu₂
Fe
PCy₂
NHR
N
または
NHR

(19.73)

19・6・2c C−N 結合形成カップリング反応の機構

アミンとハロゲン化アリールとのカップリング反応の機構（スキーム19・9）は，炭素求核剤とハロゲン化アリールとのカップリング反応の機構とよく似ている．パラジウム(0)錯体への酸化的付加反応によって，ハロゲン化アリールパラジウム(II)錯体が生じる．7章で述べたように，このパラジウム(0)錯体は，より高配位のパラジウム(0)錯体からの配位子解離によって生じ，配位子が二座の場合は折れ曲がり構造をもつ14電子 L_2Pd 錯体，嵩高いモノホスフィンの場合には12電子錯体である．この12電子錯体は，配位子のC−H結合と

スキーム 19・9

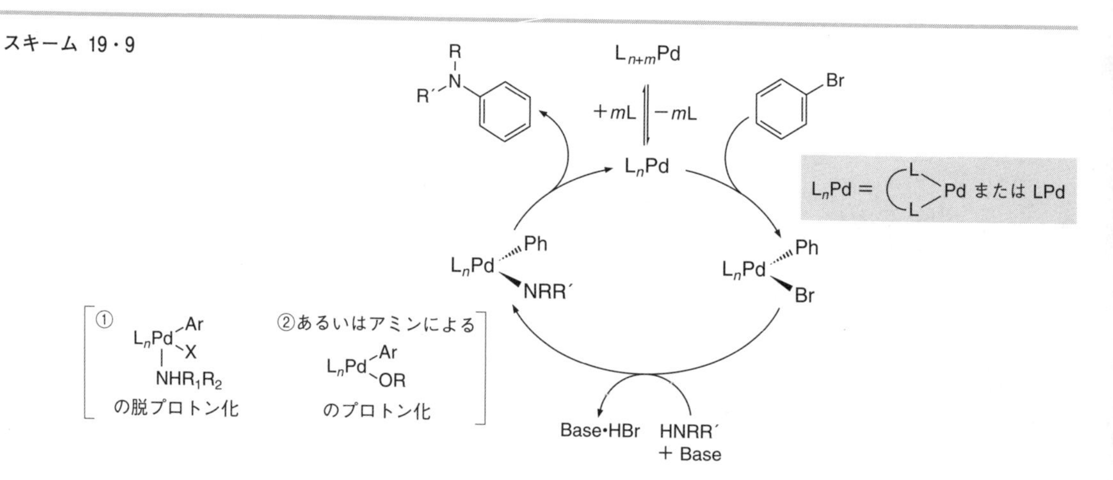

の相互作用によって安定化されることがある．ハロゲン化アリールパラジウム中間体が，可能ないくつかの経路の一つを経てアミンおよび塩基と反応して，アリール(アミド)パラジウム錯体を生じる．多くの場合この反応は，まずアミンがパラジウムに配位したのち，塩基による配位アミンの脱プロトン化反応を経て進行する．アルコキシドを塩基として用いる場合には，まずパラジウムアルコキシド錯体が生じ，これがアミンによってプロトン化されパラジウムアミド種が生じる可能性もある．こうして生じたアリール(アミド)パラジウム錯体から還元的脱離反応が進行してアリールアミンが生じ，パラジウム(0)種が再生する．これらの素反応は，8章ですでに述べたものである．

この反応機構は，詳細に研究されている．触媒サイクルに含まれるパラジウム(0)種の同定や[286),457)]，酸化的付加反応の段階に及ぼすアニオンの効果[458)～460)]，酸化的付加反応におけるパラジウム(0)種からのキレート配位子の解離に対するアミンの効果[461)]，アミド錯体の生成機構[389)]，アミンの還元的脱離反応の機構など[283),416),439),462),464)]，すべての素過程についてよく研究されている．一般に塩化および臭化アリールの酸化的付加反応が，律速段階である．

ある場合には，ハロゲン化物イオンがパラジウム(0) に配位して，酸化的付加反応を促進している可能性がある．あるいは，ハロゲン化物イオンがリン配位子の置換を触媒し，配位不飽和種を生じている可能性や，単に反応媒体の極性に変化を及ぼしている可能性が示唆されている．ハロゲン化物イオンは，極性溶媒中でパラジウム(0) に配位してアニオン性錯体を生じさせ，酸化的付加反応を促進することが示されているが[237),240)]，このようなアニオン性パラジウム(0)錯体による炭素−ハロゲン結合切断反応の速度定数は，より低配位の中性パラジウム(0)種によるものよりも小さい．これについては，§19・4・2a でも述べたが，スキーム 19・10 により詳しくまとめる．三配位アニオン性パラジウム(0)錯体への酸化的付加反応により，五配位のアニオン性パラジウム(II) を生じるわけではないことが理論化学計算によって示唆されており[465)]，実際にこのアニオン種への酸化的付加反応によってどのような生成物が生じるかは，よくわかっていない．

酸化的付加反応の速度が，C−N カップリング反応全体の反応速度を通常支配するが，アリール(アミド)パラジウム錯体の反応が，適用範囲と反応収率に影響を及ぼす．アリールアミンの還元的脱離反応については，8章で述べた．還元的脱離反応は，三配位 14 電子錯体あるいは四配位 16 電子錯体から進行するであろう．パラジウム上に単座の供与性配位子が配位していれば三配位錯体から，二座の供与性配位子であれば四配位錯体から還元的脱離反応が起こる[283),352)]．

スキーム 19・10

$$L_4Pd \xrightarrow{-L} L_3Pd \underset{+L}{\overset{-L}{\rightleftharpoons}} L_2Pd \underset{-X^\ominus}{\overset{+X^\ominus}{\rightleftharpoons}} [L_2PdX]^\ominus$$

$L = PPh_3$

$L_2Pd \xrightarrow{ArX,\ k_{neutral}} L_2Pd(Ar)(X)$ 最終生成物

$[L_2PdX]^\ominus \xrightarrow{ArX,\ k_{anionic}} [L_2Pd(Ar)(X)_2]^\ominus$ 想定生成物

$$k_{neutral} > k_{anionic}$$

しかし極性溶媒中では $[L_2PdX)]^\ominus \gg [L_2Pd]$

アリール(アミド)パラジウム錯体のおもな副反応は，アミド基のβ水素脱離で[451),466),467)]，これによってアリール(ヒドリド)パラジウム錯体とイミンが生じる（スキーム 19・11）．ついでこのアリール(ヒドリド)パラジウム錯体から，アレーンの還元的脱離反応が起こるの

スキーム 19・11

$L_nPd(Ar)(X) \xrightarrow[\text{塩 基}]{HN(R^1)CH_2R^2} L_nPd(Ar)(NR^1CH_2R^2) \longrightarrow L_nPd(H)(Ar)(NR^1{=}CHR^2) \longrightarrow L_nPd(Ar)(H) + R^1N{=}CHR^2 \longrightarrow ArH + L_nPd(0)$

で，全体としてハロゲン化アリールの水素化脱ハロゲン化反応が進行することになる．さまざまなリン配位子やカルベン配位子によって，還元的脱離反応をβ水素脱離よりも有利にできることがわかっており，実際に多くの触媒系においてアリールアミン生成物が高収率で得られている．由来のよくわからないプロトン源によるアミド錯体のプロトン化によって，アミンが生じる副反応も知られている．

還元的脱離反応とβ水素脱離の相対的な速度は，おもに配位子のハプト数と電子的性質によって決まる．本章の最初に述べたように，林らは，キレート配位子を用いることによって還元的脱離反応をβ水素脱離よりも有利にできることを示した．アルキル錯体の場合と同様に，アミド錯体のβ水素脱離においても空の配位座が必要なので[466)]，キレート配位子ではβ水素脱離によりイミンを生成するよりも還元的脱離反応によるアミン生成が優先する（式 19.74）．8 章でも述べたように，リンの配位挟角が還元的脱離反応の速度に影響する．し

$$(dppf)Pd(Ph)(I) \xrightarrow{LiNH^iBu} (dppf)Pd(Ph)(NH^iBu) \xrightarrow{0\ ℃} \text{Ph-NH}^i\text{Bu}\ \ 64\% \qquad (19.74)$$

たがって，dppf や Xantphos のように大きな配位挟角をもつキレート配位子を用いると，β水素脱離よりも還元的脱離反応が速くなり，C－N カップリング反応に有効な触媒を生じさせることができる．嵩高さによっても，還元的脱離反応がβ水素脱離よりも有利になる[451)]．還元的脱離反応によって配位数は少なくなる一方，β水素脱離によって配位数は増加する（その後アレーン体の還元的脱離とイミンの解離が起こって配位数が減少する，スキーム 19・11）．このような理由から，嵩高いアルキルモノホスフィン配位子をもつ錯体が，β水素脱離を起こすために必要な空の配位座をもつにもかかわらず，ハロゲン化アリールの水素化脱ハロゲン化反応を起こさず C－N カップリング反応を選択的に進行させる触媒となる．これは，嵩高い単座配位子をもつ配位不飽和錯体から還元的脱離反応が速く進行するためである．このことは，式 19.75 に示した P^tBu_3 配位のアミド錯体の反応性と dppf 配位のもの

との比較によく示されている．

$$^tBu_3P{-}Pd(Ar){-}N(C_6H_4\text{-}p\text{-}Me)_2 \xrightarrow[\substack{-10\,^\circ C,\ 2\ 時間 \\ P^tBu_3}]{THF} MeO{-}C_6H_4{-}N(C_6H_4\text{-}p\text{-}Me)_2\ (95\%) + Pd(P^tBu_3)_2 \quad (19.75)$$

$Ar = C_6H_4\text{-}p\text{-}OMe$
（dppf−ジトリルアミド錯体では 80 ℃，2 時間かかる）

19・7　カルボニル化を伴うカップリング反応

ハロゲン化アリールと典型元素有機金属反応剤，ヒドリド反応剤または水素とのカップリング反応を一酸化炭素雰囲気下行うと，直接クロスカップリングした生成物ではなく，カルボニル化合物が得られる．ケトンの合成はふつう典型元素有機金属反応剤を用いて行われ，有機ハロゲン化物，一酸化炭素，そして有機ホウ素，有機スズあるいは有機亜鉛のいずれかの組合わせを用いた例が報告されている．ハロゲン化物のカルボニル化反応によるアルデヒドの合成は，これらのなかでは最も研究が遅れているが，ハロゲン化アリールを一酸化炭素と水素の混合ガス（合成ガス）雰囲気下で反応させる手法が実用的である．

19・7・1　有機ハロゲン化物のカルボニル化反応によるケトンの合成

一酸化炭素雰囲気下，ハロゲン化アリールと典型元素有機金属反応剤とからパラジウム触媒を用いてアリールケトンを合成する反応は，長年研究されてきた．この反応の一般式を式 19.76 に示す．この反応は，ハロゲン化あるいはトリフルオロメタンスルホン酸アリールお

$$R{-}X + CO + R'{-}M \xrightarrow{Pd\ 触媒} RC(O)R' + MX \quad (19.76)$$

R = Ar, ビニル，ベンジル，アルキル
$M = SnR''_3,\ BR''_2,\ ZnX$

よびビニルを有機スズ，亜鉛，ホウ素化合物と反応させるものである．以下に示すように，この反応におけるケトン生成物の選択性は，一酸化炭素圧などの反応条件や脱離基の種類に依存する．

有機スズを用いた例が，カルボニル化を伴うカップリング反応の最初の例の一つで，田中および Beletskaya[468] らによって報告された（式 19.77 および 19.78）．Stille カップリング反応との関連から，この反応は，“カルボニル化を伴う Stille カップリング反応（carbonylative Stille coupling reaction）”とよばれる．式 19.79〜19.82 に例を示す．これらは，ハロゲン化ビニルとビニルスズ[469]，ハロゲン化アリールとさまざまな有機スズ[470]，トリフルオロメタ

$$R{-}SnR''_3 + CO + X{-}R' \xrightarrow{[Pd]} R{-}C(O)R' + X{-}SnR''_3 \quad (19.77)$$

$$Ph{-}I + Me_4Sn + CO\ (30\ atm) \xrightarrow[120\,^\circ C]{Pd(PPh_3)_2(Ph)(I)} PhC(O)Me + Me_3SnI \quad (19.78)$$

$$PhCH{=}CH{-}SnBu_3 + I{-}CH{=}CHPh \xrightarrow[\substack{THF \\ 70\%}]{\substack{PdCl_2(PPh_3)_2 \\ 3.3\ atm\ CO}} PhCH{=}CH{-}C(O){-}CH{=}CHPh \quad (19.79)$$

$$\text{Ar–I} + \text{RSnMe}_3 + \text{CO (1 atm)} \xrightarrow[\text{72 時間}]{[(\text{allyl})\text{PdCl}]_2} \text{ArC(O)R} \quad (19.80)$$

Ar = p-C_6H_4X; X = NO_2, CO_2Me, CN, Cl, I, H
R = Me, CH=CH_2, 2-チエニル, p-C_6H_4X (X = OMe, Me, H, Cl, NO_2), C_6F_5, C≡CPh

(19.81) PhCH=CH–$SnBu_3$ + TfO–C_6H_4–Br → $PdCl_2$(dppf), 1 atm CO, DMF, 80% → PhCH=CH–C(O)–C_6H_4–Br

(19.82) TMS–CH=CH–$SnMe_3$ + TfO-シクロペンテン → Pd$(PPh_3)_4$, LiCl, CO, THF, 87% → TMS–CH=CH–C(O)–シクロペンテン

ンスルホン酸アリール[471] およびビニル[472] と有機スズの組合わせを用いた反応例である．

より毒性の低い典型元素有機金属反応剤を用いたカルボニル化反応によるケトンの合成も報告されている．有機アルミニウム[473] や有機亜鉛[474] を用いる例も報告されているが，有機ホウ素を用いるカルボニル化反応が最もよく研究されている．これらの反応は，今では“カルボニル化を伴う鈴木カップリング反応（carbonylative Suzuki coupling reaction）”とよばれている．式 19.83 に示す初期の例は，小島らによって報告されたものである[475]．

$$\text{R–B(9-BBN)} + \text{CO} + \text{ArX} \xrightarrow[\text{Zn(acac)}_2,\ \text{THF-HMPA, 50 ℃}]{\text{PdCl}_2(\text{PPh}_3)_2} \text{RC(O)Ar} \quad (19.83)$$

カルボニル化を伴う鈴木カップリング反応の例を式 19.84〜19.86 に示す．ハロゲン化アリール[476),477] やビニル[478] とアリールおよびアルキルホウ素化合物との反応が，トリフェニルホスフィンを配位子とするパラジウム触媒存在下，一酸化炭素雰囲気下で進行し，対応するケトンが収率よく得られる．分子内反応も知られており，その代表例を式 19.86 に示す[478]．

(19.84) 5-ヨード-1,3-ベンゾジオキソール → CO (1 atm), $PdCl_2(PPh_3)_2$, 1-Naphthyl-B$(OH)_2$, K_3PO_4, アニソール, 80 ℃ → ベンゾジオキソリル–C(=O)–1-ナフチル 86%

(19.85) 1-ヨードシクロヘキセン + $CH_3(CH_2)_7$B(9-BBN) → Pd$(PPh_3)_4$, CO (3 atm), K_3PO_4, ジオキサン → シクロヘキセニル–C(O)–$(CH_2)_7CH_3$ 90%

(19.86) OMOM 置換ヨードシクロヘプテン → 1) 9-BBN 2) CO (1 atm), $PdCl_2(PPh_3)_2$, K_3PO_4, ベンゼン，室温 → OMOM 置換二環性ケトン 74%

カルボニル化を伴う鈴木カップリング反応において，有機ホウ素のトランスメタル化を促すために塩基の添加が必要であるが，その選択が重要である．反応機構の項で詳しく述べる

が，トランスメタル化が一酸化炭素の挿入よりも遅くなければならないからである．

ハロゲン化アリールおよびビニルに比べ例は少ないが，ハロゲン化アルキルのカルボニル化反応によるケトンの合成も報告されている．たとえば，式 19.87 に示すように，光照射下でラジカル中間体を経由させて，ハロゲン化アルキルの酸化的付加反応を促進する手法が報告されている[479]．

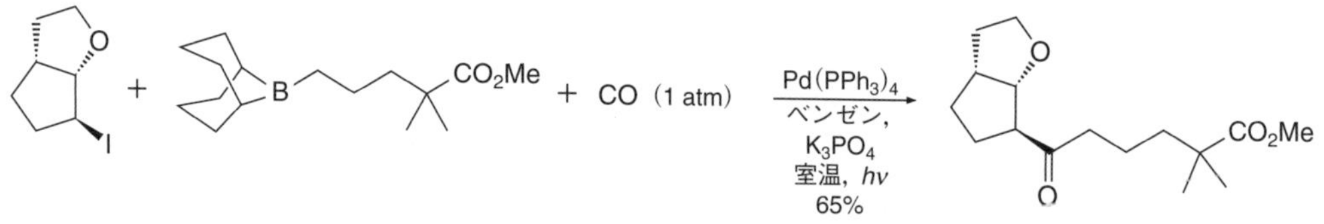

+ CO (1 atm) $\xrightarrow{Pd(PPh_3)_4}$ ベンゼン，K_3PO_4，室温，$h\nu$，65% (19.87)

19・7・2 カルボニル化を伴うカップリング反応によるケトン生成の反応機構

ハロゲン化アリールおよびビニルさらには対応するトリフラートと有機スズ，ホウ素，アルミニウム，亜鉛化合物とのカルボニル化を伴うクロスカップリング反応の機構は，17 章で示した有機ハロゲン化物のエステル化反応の機構によく似ている．触媒サイクルをスキーム 19・12 に示す．ここでは，まず有機ハロゲン化物のパラジウム(0)錯体への酸化的付加反応が起こってハロゲン化有機パラジウム錯体が生じる．つぎに，一酸化炭素の移動挿入反応によってハロゲン化アシルパラジウム中間体が生じる．この中間体と典型金属反応剤とのトランスメタル化反応，還元的脱離反応を経てケトンが生じるとともにパラジウム(0)種が再生される．酸化的付加反応，一酸化炭素の移動挿入反応，ケトンの還元的脱離反応などの素過程は，7，9，および 8 章ですでに詳しく述べた．

スキーム 19・12

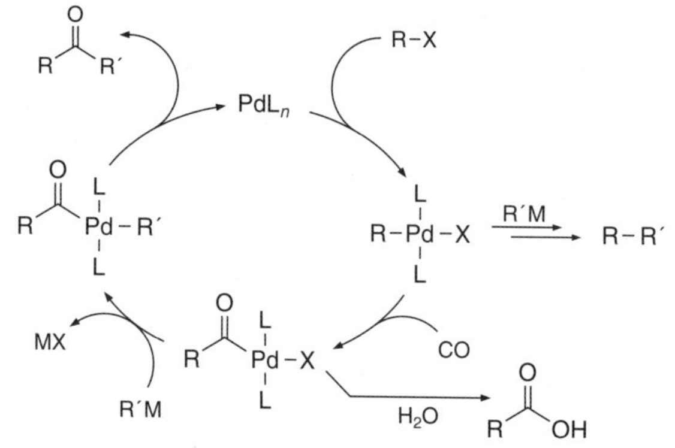

ケトンを選択的に得るためには，触媒サイクル中のいくつかの素過程が適切な相対速度で進行する必要がある．たとえば，ハロゲン化有機パラジウム中間体は，典型金属反応剤とのトランスメタル化反応を経て単純なクロスカップリング体を生じてしまう前に，まず一酸化炭素と反応してアシルパラジウム種に変換されなければならない．このため，高圧の一酸化炭素雰囲気下では，低圧条件よりもケトンを生じやすい．CuI の添加や，$AsPh_3$ を配位子として用いるなどの反応条件の変化によっても，一酸化炭素の挿入反応を促進して還元的脱離反応に優先させることができる．あるいは，トランスメタル化反応の速度を遅くすることによっても，一酸化炭素の挿入反応を優先させることが可能である．塩基やハロゲン化物イオンの添加が，この反応速度に影響を及ぼす．たとえば，弱い塩基を用いれば，強い塩基を用いる場合よりも有機ホウ素とのトランスメタル化反応が遅くなる．さらに，ヨウ化アリールのカルボニル化反応の際に生じるハロゲン化アリールパラジウム種のトランスメタル化反応

は，臭化アリールから生じるパラジウム種よりも遅いと考えられる．したがって，強い塩基よりは弱い塩基を用い，臭化アリールよりはヨウ化アリールを用いることで，ケトンがより高収率で得られる．最後に，アシルパラジウム中間体の還元的脱離反応は，含水溶媒中だとカルボン酸を生じてしまうことがある．スキーム 19・12 の右下に示すように，この場合，ハロゲノ(アシル)パラジウム錯体がヒドロキソ(アシル)パラジウム錯体に変換され，ここから還元的脱離反応が進行しカルボン酸が生じる[476),478)]．ハロゲン化アリールのカルボニル化によるエステル合成に関して §17・7・1 で述べたように，この段階はエステルの還元的脱離反応によく似ている．

19・7・3 有機ハロゲン化物のホルミル化反応

ハロゲン化アリールと一酸化炭素，ヒドリド源との反応によって芳香族アルデヒドを合成する手法も研究されてきたが，実用的な反応例はごく最近になって報告された．そのためこの反応については簡単に述べる．初期の反応は，式 19.88 に示すようにスズヒドリド[480),481)]あるいはケイ素ヒドリド[482)]を用いるものであった．さらに最近，ギ酸塩をヒドリド源として用いる反応が報告されている（式 19.89）[483)]．ギ酸ナトリウムをヒドリド源として用いた

$$\text{H–SnBu}_3 + \text{(Z)-ICH=CHBu} \xrightarrow[\text{THF, 50 °C, 88\%}]{\text{Pd(PPh}_3)_4,\ \text{1 atm CO}} \text{(Z)-HC(O)CH=CHBu} \quad (19.88)$$

（粗生成物の Z : E= 85 : 15）

$$\text{PhCl} + \text{CO} + \text{NaOC(O)H} \xrightarrow[\text{DMF, 150 °C}]{\text{Pd(OAc)}_2/\text{dippp},\ \text{5.4 atm CO}} \text{PhC(O)H} \quad 90\% \quad (19.89)$$

dippp = 1,3-ビス(ジイソプロピルホスフィノ)プロパン

塩化アリールのホルミル化反応による芳香族アルデヒドの合成は，塩化アリールを用いるパラジウム触媒反応の最も初期の例の一つである[337)]．ごく最近の例は，合成ガスを一酸化炭素源およびパラジウムヒドリド源として用いる例も知られるようになった[484)]．

合成ガスを用いるハロゲン化アリールのパラジウム触媒ホルミル化反応を式 19.90 にまとめる[485)]．この反応は，特定の立体的および電子的性質を示す配位子によって達成された．

$$\text{R–C}_6\text{H}_4\text{–Br} + \text{CO/H}_2\ (1:1,\ 5\ \text{atm}) \xrightarrow[\text{TMEDA, 100〜125 °C}]{\text{0.1〜0.33 mol\% Pd/L}} \text{R–C}_6\text{H}_4\text{–CHO}\quad 63〜99\% \quad (19.90)$$

R = 4-OMe, 3-OMe, 2-OMe,
4-F, 3-F, 4-CF_3, 4-CN, 4-NMe_2,
4-C(O)Me, 4-Cl
ArBr = 1-または 2-ブロモナフタレン,
2-または 3-ブロモチオフェン,
2-ブロモベンゾチオフェン

L = $(1\text{-Ad})_2P^n\text{Bu}$

ジアダマンチル(n-ブチル)ホスフィンと酢酸パラジウムから調製した触媒を用いることによって，電子豊富および電子不足な臭化アリールから芳香族アルデヒドが高収率で得られる．ニトロアレーンと 2-ブロモピリジンとの反応は低収率であるが，わずか 0.1〜0.75 mol%の触媒量でも十分な収率で進行する例も知られている．この反応では塩基の選択が重要で，TMEDA（テトラメチルエチレンジアミン）が最も効果的である．反応機構は，最初の報告では示されていないが，ハロゲン化アリールの酸化的付加反応，パラジウム－アリール結合への一酸化炭素の移動挿入反応，アシル錯体の水素化分解とハロゲン化水素の還元的

脱離反応によるパラジウム(0)種の再生を経るものと考えられる．塩基は，水素化分解の段階とハロゲン化水素の中和にかかわっているものと考えられる．

19・8　銅触媒によるクロスカップリング反応

20世紀初頭に，Fritz Ullmann[486)~489)]が銅によるハロゲン化アリールのカップリング反応を報告した．化学量論量の銅を用いた2分子のハロゲン化アリールの還元的カップリングによるビアリールの合成がUllmannらにより報告されたカップリング反応の最初の例である(式19.91)[486)]．2年後にUllmannは，フェノキシドやアリールアミンなどのヘテロ原子求核剤によるハロゲン化アリールのイプソ位求核置換反応が，化学量論量の銅化合物の存在下で進行することを報告した（式19.92)[487)]．これらの反応は，活性化されていないハロゲン化

R^1-C₆H₄-X ＋ R^2-C₆H₄-X —(Cu, ＞200 ℃)→ R^1-C₆H₄-C₆H₄-R^2　(19.91)

X＝ハロゲン

R^1-C₆H₄-X ＋ R^2-C₆H₄-YH —(Cu, K_2CO_3, ＞200 ℃)→ R^1-C₆H₄-Y-C₆H₄-R^2　(19.92)

X＝ハロゲン　Y＝NH, O

アリールの，金属を用いる芳香族求核置換反応の最初の例である．これ以前には，電子不足なハロゲン化アリールと強力な求核剤を用いる必要があった．1906年にIrma Goldbergは，この反応の基質適用範囲を広げ，ハロゲン化アリールとアリールアミンあるいはアミドとの反応によるC(アリール)－N結合形成が触媒量の銅存在下でも進行することを示した[(訳注)]（式19.93)[490)]．それから約20年後には，1,3-ジカルボニル化合物から生じたアニオンによる芳香族求核置換反応がHurtleyによって報告され（式19.94)[491)]，20世紀中盤から後半に

訳注：Ullmann-Goldbergカップリング反応とよばれる．

2-アミノ安息香酸（NH_2, COOH）＋ ブロモベンゼン —(触媒量 Cu, K_2CO_3 / 3時間, 210 ℃, $PhNO_2$)→ N-フェニルアントラニル酸（CO_2H, NH-Ph）　(19.93)

ArX ＋ Y-CH₂-Y —(Cu, 塩基 / 溶媒, 加熱)→ Ar-CH(Y)Y　(19.94)

X＝Br, I
Y＝CO_2Et, CN, Ac
Cu＝CuI, CuBr, Cu_2O, $Cu(OAc)_2$, Cu-bronze
塩基＝NaH, NaOMe, KO^tBu, K_2CO_3, Cs_2CO_3
溶媒＝EtOH, DMSO, THF, トルエン

かけては，ハロゲン化アルキルの求核置換反応にクプラートが利用できることが示された．R_2Cu^-と表記されるモノアニオン性の“低次”クプラートがGilmanらによって報告され[492)]，R_3Cu^{2-}と表記されるジアニオン性の“高次”クプラートがHouseらによって報告された[493)]．さらに，CuCNから調製され，R_2CuCN^{2-}と表記されるジアニオン性のクプラートがLipshutzらによって開発され，汎用されるようになった[494)]．これらの“高次”シアノクプラートは，式19.95に示すようにハロゲン化アルキルや擬ハロゲン化アルキルと反応して置換生成物を生じる．Grignard反応剤からクプラートを触媒的に生じさせて用いる反応も利用されている．

OTs $\xrightarrow[\text{THF, 室温, 8 時間}]{{}^{n}Bu_2Cu(CN)Li_2 \text{ (10 当量)}}$ ${}^{n}Bu$ (> 80%) (19.95)

最近，これらの銅触媒反応がよく研究されるようになり，銅触媒による C−X（X = C，N または O）結合形成に関する数多くの総説が出版されている[495)~502)]．本節では，このような銅触媒によるカップリング反応の展開について述べる．銅触媒反応の反応機構に関する知見は，パラジウムやニッケル触媒によるクロスカップリング反応に比べずっと少ないが，反応機構のよりよい理解につながる実験結果が最近報告されているので，これによって明らかになった反応機構とともに述べる．

19・8・1 銅触媒による C(アリール)−N，C(アリール)−O，C(アリール)−S 結合形成クロスカップリング反応

配位子を添加しない銅塩による初期の Ullmann-Goldberg カップリング反応では，一般に高温（>200 ℃）と化学量論量の銅が必要であった．これらの反応では，ハロゲン化アリールの還元的脱ハロゲン化反応に由来する副生成物も相当量生じた．最近の研究によって，穏和な条件下で進行する銅触媒反応が開発された．以下の項では，銅触媒によるハロゲン化アリールと炭素あるいはヘテロ原子（N，O，S）求核剤とのカップリング反応を例示する．本節は，求核剤の種類別に述べる．基質適用範囲を論じる前に，これらの反応に用いられる触媒の種類について述べる．

19・8・1a 炭素−ヘテロ原子結合形成カップリング反応のための銅触媒の種類

ハロゲン化アリールと窒素，酸素，硫黄，炭素求核剤とのカップリング反応に，さまざまな銅触媒が利用されている．配位子をもたないいろいろな銅触媒前駆体がまず使われ始め，多くの基質の反応に今でも利用され続けている．これらは，ハロゲン化あるいはトリフルオロメタンスルホン酸銅，硝酸銅，酢酸銅，単体の金属銅などである．金属銅，一価あるいは二価いずれの銅触媒前駆体を用いても，カップリング反応は銅(I)種を経由して進行すると考えられている[503)]．多くの反応は，配位子としても作用しうる DMF や DMSO のような塩基性の極性溶媒中で行われる．

反応基質について述べる次節以降でも例示するように，銅触媒によるカップリング反応は，これら触媒前駆体とさまざまな補助配位子を組合わせて用いることによって劇的に改善された．活性な銅触媒を生成する配位子は，パラジウム触媒を用いるクロスカップリング反応に有効な配位子とはまったく異なっている．銅は第一列の遷移金属なので，第二列のパラジウムよりもハードであり，窒素や酸素配位子がより強く配位する．また，反応機構の箇所で述べるが，鍵段階である C−N 結合形成は，ソフトな電子供与性の低いリン配位子よりも窒素配位子で速く進行することが明らかとなっている．

銅触媒前駆体と組合わせて用いられる配位子を図 19・5 に示す．これらは，中性のものも，形式的にアニオン性のものもある．たとえば，古くから利用されてきたフェナントロリンや α-ジイミン，より最近になって研究されるようになった 1,2-ジアミンなどが含まれている．系中で 1,3-ジケトナト錯体を生じる 1,3-ジケトンも含まれる．サレン誘導体やアミノ酸誘導体，ヒドロキシキノリンなどのヘテロ環誘導体などのように，窒素と酸素の組合わせからなる配位子も利用される．現時点では，これらのさまざまな配位子を用いた際の反応性の違いを反応機構に基づいてうまく説明することは難しい．さまざまな配位子から調製される錯体を利用して得られた結果を通じて，銅触媒によるカップリング反応は発展してきた．

"配位子をもたない" 触媒およびその前駆体

CuI　CuBr　$CuBr \cdot SMe_2$　CuCl　CuCN
Cu_2O　$Cu(CH_3CN)_4{}^+PF_6{}^-$　$(CuOTf)_2 \cdot PhH$
$(CuOTf)_2 \cdot PhMe$

あらかじめ調製された配位子含有錯体

$CuBr(PPh_3)_3$
$[Cu(OH)TMEDA]_2Cl_2$

S
O
OCu
CuTC

N
Cu
N
R
Br
PPh_3
R
R = H, Me

N
Cu
N
Br
PPh_3

N, N-配位子

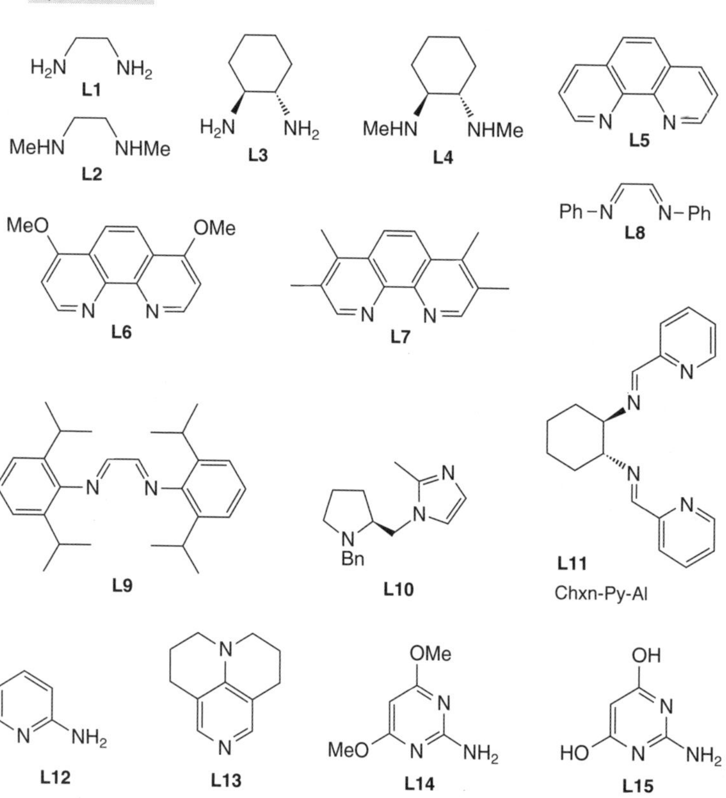

O, O-配位子

O
O
OEt
L30

O
O
R
L31a　R = Me
L31b　R = ^{i}Pr

O
O
L32

HO
OH
L33

HO
OH
OH
L34

OH
OH
L35

OH
Et_2N
O
L36

N, O-配位子

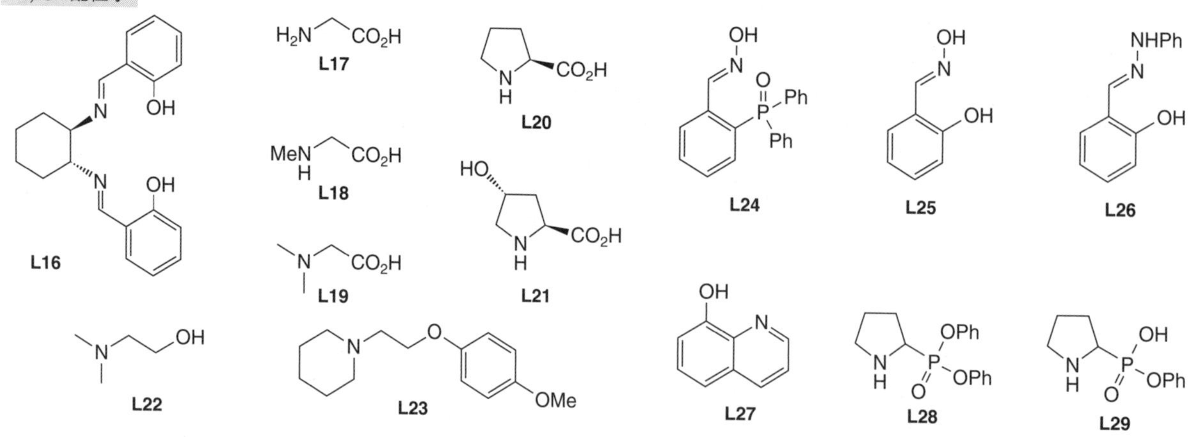

図 19・5　銅触媒によるクロスカップリング反応に用いられるさまざまな配位子の例（文献 502 中の図 1 より）

19・8・1b　銅触媒による炭素－窒素結合形成クロスカップリング反応

i）銅触媒によるアミンのカップリング反応

1）銅触媒によるアリールアミンのカップリング反応

C－N 結合形成カップリング反応の最初の例は，化学量論量の金属銅存在下，無溶媒，加熱還流下での *o*-クロロ安息香酸とアニリンとの反応である（式 19.96）[487),490),504)～507)]．銅粉

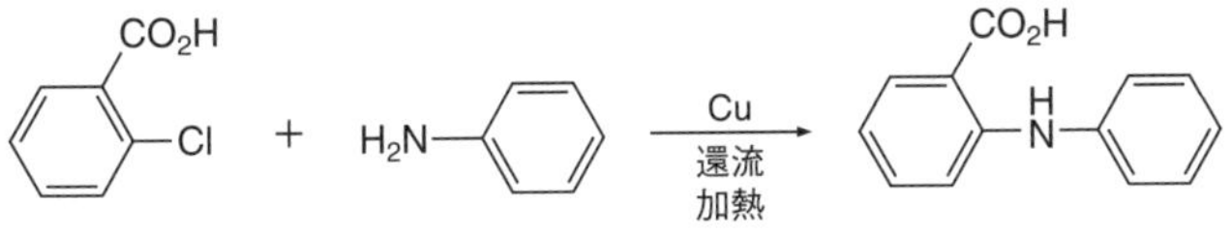

(19.96)

や銅塩，酸化銅，銅合金の存在下，ナトリウムやカリウムの炭酸塩あるいは水酸化物を塩基として用いて，アミルアルコールやニトロベンゼンなどの極性溶媒中，高温（>150 ℃）で行うクロスカップリング反応によって，さまざまなアントラニル酸やジアリールアミンが合成されてきた．この反応は，医薬や農薬，特殊化学品，高分子などの中間体合成に広く利用されてきた[496),508)～521)]．たとえば，アクリジノン（acridinone）の重要な合成中間体である *N*-フェニルアントラニル酸は，水あるいは DMF 中，K_2CO_3 を塩基，銅粉を触媒として *o*-ハロ安息香酸とアニリンから合成された（式 19.97）．

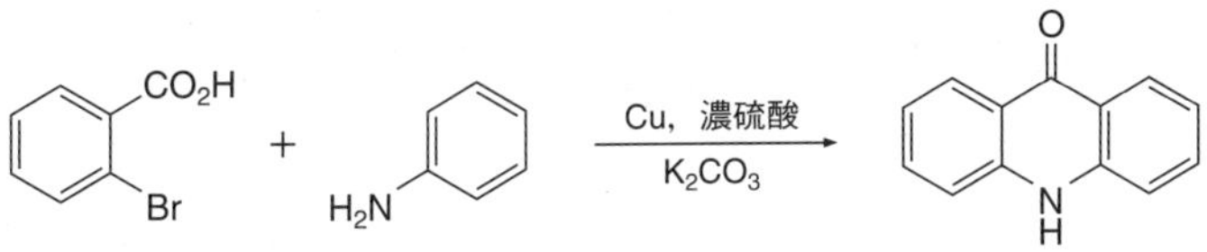

(19.97)

配位子を添加する銅触媒系によって，アミンのカップリング反応を穏和な反応条件下で行えるようになった．そのような反応条件の開発により，このタイプのカップリング反応の適用範囲が劇的に拡大されたが，解決すべき点が依然として存在する．まず，ハロゲン化アリールに関して反応性の序列は I > Br > Cl であり，多くの場合，その反応速度の差は大きい．ハロゲン化アリールとアリールアミンとのカップリング反応のほとんどの報告例は，ヨウ化アリールを用いるものであるが，配位子を添加する銅触媒系では，臭化アリールを反応させることができる例もいくつか報告されている．銅触媒を用いる塩化アリールの反応例，特に活性化されていない塩化アリールの例はごくわずかである[522)～524)]．第二に，アリールアミンおよびアルキルアミンのどちらのカップリング反応も報告されているが，鎖状の第二級アミンのカップリング反応が実用的な収率で進行する例は知られていない．第三に，銅触媒反応は，反応剤の立体的要因に大きく影響を受ける．オルト位に置換基をもつハロゲン化アリールの反応は，ごく最近になって配位子添加の系で報告されているが，配位子を用いない初期の反応条件では，立体障害の小さい基質の反応に比べ収率が大きく低下する．

アミンとハロゲン化アリールとの穏和な条件での分子間カップリング反応の初期の例は，Ma らによって報告されたハロゲン化アリールとアミノ酸とのカップリング反応である[525)]．α-アミノ酸の *N*-アリール化反応が，DMA 溶媒中 CuI（10 mol%）および塩基として K_2CO_3（1.5 当量）存在下，90 ℃で進行し，電子豊富なヨウ化および臭化アリールを反応させることもできる（式 19.98 a）[526)]．さまざまなアミノ酸，ハロゲン化アリール，銅塩の系統的な検討によって，多様な生成物が得られている[527)～529)]．β-アミノ酸や β-アミノエステルとヨウ化および臭化アリールとのカップリング反応は，配位子を添加しなくても CuI 触媒存在下で進行する[527)]．アミノ酸が銅に配位することが知られているので，この反応では，基質が配位子として作用して Ullmann 型カップリング反応に高活性な銅触媒が生じている可能性が示唆されている．プロリンや *N*-メチルグリシン，ピペコリン酸のように第二級ア

$$RNH_2 + ArX \xrightarrow[K_2CO_3,\ DMA,\ 75\sim100\ ℃]{CuI\ (10\ mol\%)} Ar\text{–}NHR \qquad (19.98a)$$

X = Br, I

[合成された化合物]

H–N(Ph)–CH(i-Pr)–COOH　N-Ph–プロリン（COOH）　Me–N(Ph)–CH(i-Pr)–COOH　H–N(Ph)–CH(R)–COOH（R = Bn, Me, MeS(CH$_2$)$_2$）

H–N(Ar)–CH(i-Pr)–COOH　Ar = 3′-MeOC$_6$H$_4$, 4′-HO$_2$CC$_6$H$_4$, 4′-ClC$_6$H$_4$, 3′-HO$_2$CC$_6$H$_4$, 2′-HO$_2$CC$_6$H$_4$, 2′,5′-(CH$_3$)$_2$C$_6$H$_3$, 2′,6′-(CH$_3$)$_2$C$_6$H$_3$, 4′-MeOC$_6$H$_4$

ミノ基をもつアミノ酸も配位子として作用し，ヨウ化および臭化アリールと芳香族アミンとのカップリング反応に活性な銅触媒を生じる[530)~534)]．ピロール-2-カルボン酸を用いる例を示す（式 19.98 b）[535)]．

$$R^1\text{-}C_6H_4\text{-}NH_2 + X\text{-}C_6H_4\text{-}R^2 \xrightarrow[K_3PO_4,\ DMSO,\ 10\sim100\ ℃]{10\ mol\%\ CuI,\ 20\ mol\%\ L} R^1\text{-}C_6H_4\text{-}NH\text{-}C_6H_4\text{-}R^2 \qquad (19.98b)$$

X = I, Br　51～82%　L = ピロール-2-カルボン酸（CO$_2$H）

この研究と同時期に Goodbrand らは，CuCl と 1,10-フェナントロリンから調製される触媒存在下，従来の Ullmann カップリング反応に比べて穏和な反応条件でジアリールアミンの *N*-アリール化反応が進行することを報告している（式 19.99）[536)]．また，有機溶媒に可溶

$$Ar_2'NH\ (ArN(H)Ar') + I\text{–}Ar'' \xrightarrow[125\ ℃]{CuCl\ (3.5\ mol\%),\ L\ (3.5\ mol\%),\ KOH,\ トルエン,\ 4\sim6\ 時間} ArN(Ar')Ar''\quad 61\sim85\%$$

$$Ar\text{–}NH_2\ (0.5\ 当量) + I\text{–}Ar'' \xrightarrow[125\ ℃]{CuCl\ (3.5\%),\ L\ (3.5\%),\ KOH,\ トルエン,\ 4\sim6\ 時間} ArN(Ar'')Ar''\quad 73\sim85\% \qquad (19.99)$$

L = 1,10-フェナントロリン

な CuBr(phen)(PPh$_3$) や CuBr(neocup)(PPh$_3$) などの Cu(I) 錯体を触媒として用いることにより，ヨウ化アリールと芳香族アミンからトリアリールアミンを得ることができる[522),537)]．

配位子添加の銅触媒系による塩化アリールの反応が，いくつか報告されている．クロロベンゼンとジフェニルアミンとのカップリングによってトリアリールアミンを得る反応が，CuBrL(PPh$_3$)（L は 1,10-フェナントロリン，ネオクプロインまたは 2,2-ビピリジン）型の錯体によって触媒され，収率約 50% で目的物が得られる[522)]．オルト位置換基の配位による Ullmann 反応の加速効果は，ピリジン存在下，*o*-クロロ安息香酸とアニリンとの水あるいは DMF 中でのカップリングによって *N*-アリールアントラニル酸を得る反応において利用されている[538)]．

2) 銅触媒によるアルキルアミンのカップリング反応

配位子を添加しない銅触媒系による古典的な Ullmann カップリング反応では，アルキルアミンは反応しないが，配位子添加の銅触媒系ではハロゲン化アリールとアルキルアミンと

のカップリング反応が進行するようになる．アルキルアミンの適用範囲は，通常，ピペリジン，ピペラジン，ピロリジン，モルホリンなどの環状第二級アミンを含み，鎖状の第二級アミンは含まれない．アリールアミンの反応と同様に，塩化アリールとの反応が二，三報告されているが，スルホン酸アリールとの反応例はない．

ハロゲン化アリールとアルキルアミンとのカップリング反応には，さまざまな配位子が利用されている．代表例を式 19.100 および式 19.101 に示す．ハロゲン化アリールとアルキル

$$\text{R-C}_6\text{H}_4\text{-X} + \text{HNR}^1\text{R}^2 \xrightarrow[\text{K}_2\text{CO}_3,\ \text{DMSO},\ 40\sim100\,^\circ\text{C}]{\text{CuI}\ (5\sim10\ \text{mol\%}),\ \text{アミノ酸}\ (10\sim20\ \text{mol\%})} \text{R-C}_6\text{H}_4\text{-NR}^1\text{R}^2 \qquad (19.100)$$

X = I, Br

HNR^1R^2 = 第一級アルキルアミンまたは環状第二級アミン

アミノ酸 = L-プロリン，*N*-メチルグリシン，*N*,*N*-ジメチルグリシン

$$\text{R-C}_6\text{H}_4\text{-I} + \text{HNR}^1\text{R}^2 \xrightarrow[\text{HO(CH}_2)_2\text{OH (2 当量)},\ 2\text{-プロパノール},\ 80\sim100\,^\circ\text{C}]{\text{CuI (5 mol\%)},\ \text{K}_3\text{PO}_4\ \text{(2 当量)}} \text{R-C}_6\text{H}_4\text{-NR}^1\text{R}^2\ \ 70\sim90\% \qquad (19.101)$$

HNR^1R^2 = 第一級アルキルアミンまたは環状第二級アミン

アミンとの反応の初期の例では，α-あるいはβ-アミノ酸（式 19.100）[526),528),529)]，またはβ-アミノアルコール[539)～543)]から調製した銅錯体が用いられた．ヨウ化および臭化アリールならびにヘテロアリールのアミノ化反応は，エチレングリコールを添加剤として，Cu_2O (0.5 mol%)存在下，80 ℃で進行することが報告されている[544)]．この系の改良版は[545),546)]，CuI(5 mol%)，エチレングリコール（2 当量），塩基として K_3PO_4 存在下，2-プロパノール中 80 ℃で行われる（式 19.101）．嵩高いフェノールである 2,6-ジメチルフェノールや 2-フェニルフェノールを添加すると，エチレングリコールを添加する系よりも穏和な条件でアルキルアミンと臭化アリールとのカップリング反応が進行する[545)]．これらの反応においては，大過剰のアミンが必要である．

二座の酸素配位子をもつ銅触媒を用いると，第一級アルキルアミンと臭化アリールとのカップリング反応がさらに改善される[547)]．式 19.102 に示すように，*N*, *N*-ジエチルサリチ

$$\text{R}'\text{-C}_6\text{H}_4\text{-Br} + \text{H}_2\text{NR} \xrightarrow[\text{K}_3\text{PO}_4\ \text{(2 当量)},\ \text{DMF または溶媒なし},\ 18\sim22\ \text{時間},\ 90\,^\circ\text{C}]{\text{CuI (5 mol\%)},\ \text{L}\ (5\sim20\ \text{mol\%})} \text{R}'\text{-C}_6\text{H}_4\text{-NHR}\ \ \text{収率}\ 70\sim95\% \qquad (19.102)$$

L = 2-HO-C₆H₄-C(=O)NEt₂

ルアミド（20 mol%）と CuI からなる触媒によって，臭化アリールとアルキルアミンとのカップリング反応が比較的穏和な条件下で進行する．この反応系では，チオエーテル，ヒドロキシ，ニトリル，ケト，ニトロ，無保護のアミノ基をもつ臭化アリールを用いることができる．Buchwald と de Vries らは，β-ジケトン由来の配位子をもつ銅触媒を用いるヨウ化アリールと第一級アミンとのカップリング反応を報告した（式 19.103）[548),549)]．環状ジケトン配位子を用いると，ヨウ化アリールの反応は室温で，臭化アリールの反応は 90～100 ℃で進行するようになる．

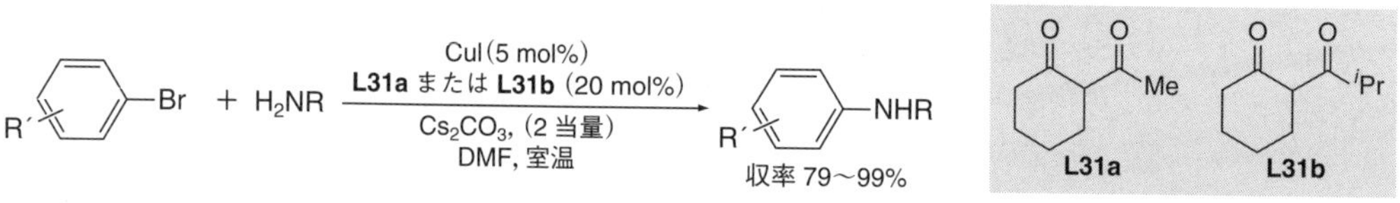

R′-C₆H₄-Br ＋ H_2NR →（CuI (5 mol%)，**L31a** または **L31b** (20 mol%)，Cs_2CO_3，(2 当量)，DMF，室温）→ R′-C₆H₄-NHR　収率 79〜99%

L31a　**L31b**　Me　^{i}Pr　(19.103)

ii）銅触媒によるアミドとハロゲン化アリールのカップリング反応

配位子を添加することによって，銅触媒によるアミドとハロゲン化アリールとのカップリング反応，すなわち Goldberg カップリング反応も劇的に改善された[550]．生成物が有用でありながら，パラジウム触媒系では同カップリング反応の適用範囲および効率に制限があったため，この反応は精力的に研究された．適切な補助配位子を用いると，この反応は広い適用範囲で進行するようになる．

Buchwald らは，CuI とジアミン配位子から調製した触媒存在下，リン酸塩あるいは炭酸塩を塩基として用いると，臭化およびヨウ化アリールと第一級アミドならびに環状第二級アミドとのカップリング反応が進行することを報告している（式 19.104）[551),552]．塩化アリー

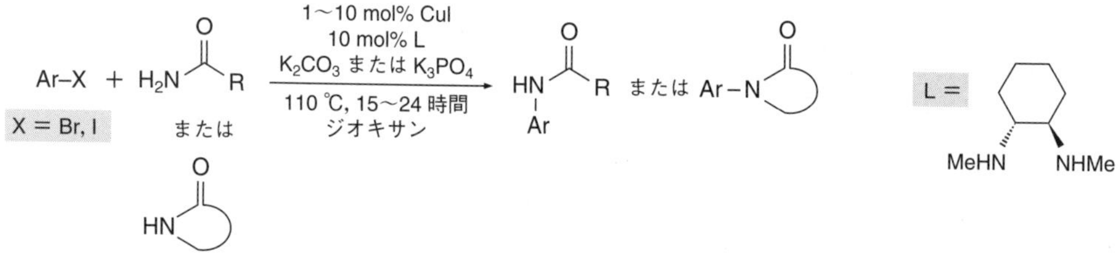

Ar–X ＋ H_2N–C(=O)–R または HN（環状アミド）→（1〜10 mol% CuI，10 mol% L，K_2CO_3 または K_3PO_4，110 ℃，15〜24 時間，ジオキサン）→ HN(Ar)–C(=O)–R または Ar–N（環状アミド）

X = Br, I　　L = MeHN, NHMe（trans-1,2-シクロヘキサンジアミン誘導体）　(19.104)

ルとの反応は，これを溶媒として用いると進行する．合成的価値の高いカルバミン酸エステルとハロゲン化アリールとのカップリング反応も，のちに報告されている[553]．グリシンや[554]，1,1,1-トリス(ヒドロキシメチル)エタン[555),556]，Chxn-Py-Al（構造は p.852，図 19・5 の **L11** を参照）[555),556] を配位子としてもつ銅触媒系も，アミドとハロゲン化アリールとのカップリング反応に有効である．特に β-ケトエステルを配位子とする錯体は，アミドのアリール化を特に穏和な条件下触媒し，なかには室温で進行するものもある[557]．CuI と 1,10-フェナントロリンから調製した触媒を用い，塩基として炭酸セシウム存在下，ヒドラジドとハロゲン化アリールとのカップリング反応も進行する（式 19.105）．立体障害の少ないハロゲン化アリールはヒドラジドの内部の窒素原子が反応し，オルト位に置換基をもつ嵩高いハロゲン化アリールは，末端の窒素原子がアリール化される[558]．

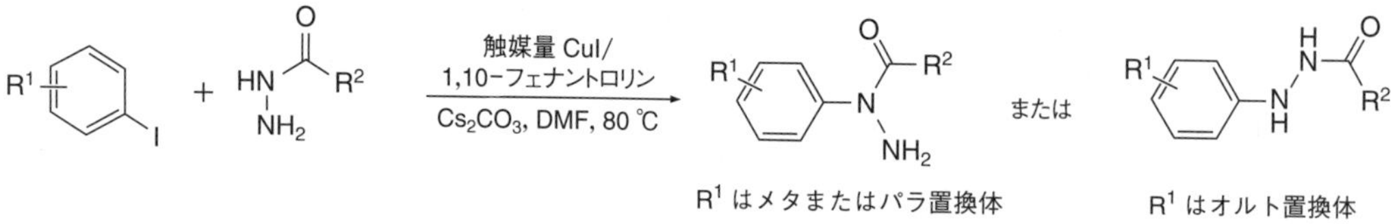

R^1-C₆H₄-I ＋ HN(NH_2)–C(=O)–R^2 →（触媒量 CuI/1,10-フェナントロリン，Cs_2CO_3，DMF，80 ℃）→ R^1-C₆H₄-N(NH_2)–C(=O)–R^2 または R^1-C₆H₄-NH–NH–C(=O)–R^2　(19.105)

R^1 はメタまたはパラ置換体　　R^1 はオルト置換体

iii）銅触媒によるハロゲン化アリールとヘテロ環アミンとのカップリング反応

ヨウ化および臭化アリールとさまざまな含窒素ヘテロ環とのカップリング反応も，安価で単純な銅触媒によって穏和な条件下で進行する．CuI (5〜10 mol%) とジアミン配位子 (10〜20 mol%) とから生じる銅触媒は，インドール，ピロール，ピラゾール，インダゾール，トリアゾールの *N*-アリール化反応に有効で，対応する *N*-アリールアゾール類を高収率で与える[559),560]．ジアミンに加え，他のキレート型配位子もヨウ化および臭化アリールと芳香族ヘテロ環型の求核剤とのカップリング反応に有効である（式 19.106）[561),562]．たとえば，ヨウ化アリールを用いるイミダゾールの銅触媒 *N*-アリール化反応において，サリチルアルドオ

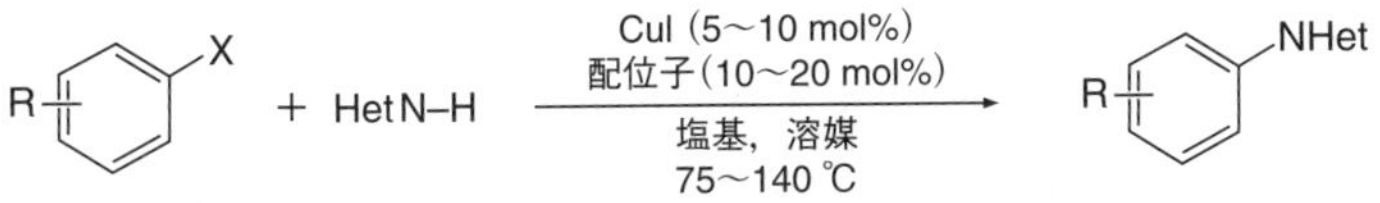

$$\text{R-C}_6\text{H}_4\text{-X} + \text{HetN–H} \xrightarrow[\text{塩基, 溶媒, 75〜140 ℃}]{\text{CuI (5〜10 mol\%), 配位子 (10〜20 mol\%)}} \text{R-C}_6\text{H}_4\text{-NHet} \quad (19.106)$$

X = I, Br
塩基 = Cs_2CO_3, K_3PO_4, K_2CO_3
配位子 = 図19・5の **L4〜L6, L10, L15, L16, L19, L20, L25, L27**
溶媒 = DMF, ジオキサン, キシレン, CH_3CN, DMSO
HetN–H = インドール, ピロール, ピラゾール, インダゾール, トリアゾール, イミダゾール, ベンゾイミダゾール

キシム誘導体[561)]，アミノ酸誘導体[531)]，4,7-ジクロロ-1,10-フェナントロリン[563)]，8-ヒドロキシキノリン[564)]，ホスホロアミダイト[565)] は，多くの配位子[566)〜572)] のなかでも特に有効である．Cu_2O（10 mol%）単独でも，Cs_2CO_3 塩基存在下，DMF 中 100〜110 ℃で，ヨウ化アリール，臭化アリールおよび活性化された塩化アリールとさまざまな電子豊富な芳香族ヘテロ環化合物とのカップリング反応のよい触媒となる[573)]．しかしイミダゾールと臭化アリールおよび立体障害の大きいヨウ化アリールとのカップリング反応は容易ではなく，現在のところ 4,7-ジメトキシ-1,10-フェナントロリンを補助配位子としてもつ銅触媒を用いた場合に限ってまずまずの収率で進行する[574),575)]．アゾール類と塩化アリールとのカップリング反応はほとんど知られていないが，Choudary らは，銅交換フルオロアパタイトを回収再利用可能な不均一系触媒として用いる例を報告している[576)]．

19・8・1c 銅触媒によるハロゲン化アリールと，アルコールやチオールとのカップリング反応

i) ハロゲン化アリールとフェノールとのカップリング反応

§19・8の冒頭でも述べたように Ullmann は，銅と塩基存在下，フェノールとブロモベンゼンとの反応によりビアリールエーテルが得られることを報告した．この Ullmann エーテル合成は，ビアリールエーテルを得る手法として広く利用されてきた[577)〜581)]．しかし初期の反応条件では，高温（150〜200 ℃）で，無溶媒条件または高極性非プロトン性溶媒および化学量論量の銅錯体が必要であった．また，活性化されていないハロゲン化アリールを用いる反応の収率は低かった[582),583)]．今では低温条件下で進行し，広い適用範囲をもつ触媒的手法が開発されている．

ヨウ化あるいは臭化アリールとフェノールの銅触媒によるカップリング反応の例を，式 19.107〜19.113 に示す．$(CuOTf)_2$·PhH 触媒および Cs_2CO_3 塩基存在下，ヨウ化および臭化アリールとさまざまなフェノールとの反応が進行する（式 19.107）[584)]．空気中で安定な

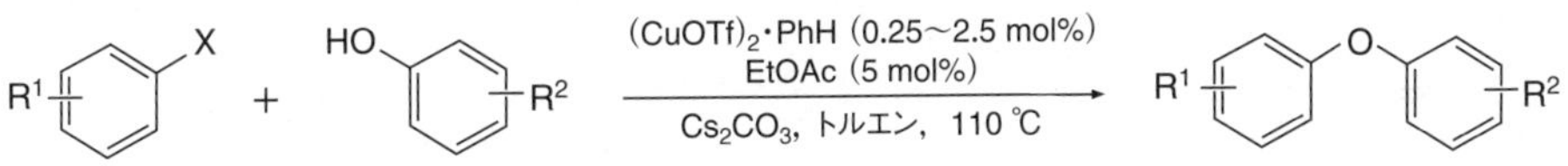

$$\text{R}^1\text{-C}_6\text{H}_4\text{-X} + \text{HO-C}_6\text{H}_4\text{-R}^2 \xrightarrow[\text{Cs}_2\text{CO}_3\text{, トルエン, 110 ℃}]{(\text{CuOTf})_2\cdot\text{PhH (0.25〜2.5 mol\%), EtOAc (5 mol\%)}} \text{R}^1\text{-C}_6\text{H}_4\text{-O-C}_6\text{H}_4\text{-R}^2 \quad (19.107)$$

X = I, Br

R^1 = Me, OMe, CN, ^{t}Bu, C(O)Me, NMe_2
R^2 = Me, ^{i}Pr, Cl

$[Cu(MeCN)_4]PF_6$（5 mol%）もビアリールエーテル合成に利用できる．式 19.108 に示すように，オルトメタル化を経て合成できる *o*-ハロ第三級および第二級ベンズアミドならびにスルホンアミドは，このカップリング反応のよい基質である[585)]．

窒素，酸素およびリンを含む補助配位子をもつ銅錯体も，フェノールとハロゲン化アリールとのカップリング反応を触媒する．初期には，フェナントロリンや PPh_3 の錯体が用いられていた（式 19.109）．Cs_2CO_3 塩基存在下，NMP 溶媒中では，空気中で安定な $CuBr(PPh_3)_3$（5 mol%），CuBr(neocup)(PPh_3)（10 mol%），CuBr(Phen)(PPh_3)（10 mol%）も電子豊富

DMG, X, R[1] ＋ HO, R[2] —[$[Cu(NCMe)_4]PF_6$ (5 mol%)] / Cs_2CO_3, トルエン/キシレン 還流→ DMG, O, R[1], R[2] 収率 49〜92%

X = I, Br, Cl
DMG = C(O)NHEt, $C(O)NEt_2$, SO_2NHEt, SO_2NEt_2
R^1 = H, Me, OMe
R^2 = H, Me, F, OMe, $CONEt_2$

(19.108)

CH_3, N, N, CH_3
neocup：2,9-ジメチル-1,10-フェナントロリン

R^1, OH ＋ R^2, Br —[Cu] (10 mol%) / Cs_2CO_3, トルエン/NMP, ＞100 ℃, 還流→ R^1, O, R^2

[Cu] = CuBr(neocup)(PPh_3),
CuBr(Phen)(PPh_3),
CuBr$(PPh_3)_3$

(19.109)

な臭化アリールと電子豊富なフェノールとのカップリング反応によるビアリールエーテル合成の触媒となる[586)〜588)]．トルエン中 K_2CO_3 塩基存在下，CuCl（10 mol%）と中性の単座窒素配位子 1-ブチルイミダゾール（50 mol%）との組合わせも，さまざまな臭化アリールとフェノールとのカップリング反応の触媒となる[589)]．ハロゲン化アリールとフェノールとの穏和な条件下でのカップリング反応には，CuI と *N, N*-ジメチルグリシン配位子の組合わせも用いられる．この触媒系では，ヨウ化および臭化アリールの反応が 90 ℃で進行するが（式 19.110），嵩高い臭化アリールの反応は低収率である．

R^1, Br ＋ HO, R^2 —10 mol% CuI, 30 mol% *N,N*-ジメチルグリシン・HCl / Cs_2CO_3, ジオキサン, 90 ℃→ R^1, O, R^2

(19.110)

ジケトナト配位子をもつ銅触媒も，ビアリールエーテル合成に利用されている．Merck 社の研究者は，系中でジケトナト銅錯体を生じる CuCl と 2,2,6,6-テトラメチルヘプタン-

R^1, X ＋ HO, R^2 —CuCl (0.5 当量), TMHD (0.5 当量) / Cs_2CO_3, NMP, 120 ℃→ R^1, O, R^2 収率 51〜85%

X = I, Br
R^1 = Me_2N, OMe, Me, $C(O)CH_3$
R^2 = $CO_2{}^iPr$, F, OMe, Me

TMHD = (O, O)

(19.111)

R^1, X ＋ HO, R^2 —CuI (10 mol%), Tripod (10 mol%) / Cs_2CO_3, 1,4-ジオキサン, 110 ℃→ R^1, O, R^2 収率 82〜87%

X = I, Br
R^1 = H, Me, OMe
R^2 = H, Me, OMe

Tripod = (OH, HO, OH)

(19.112)

R^1, X, Y ＋ HO, R^2 —CuI (10 mol%), PPAM (10 mol%) / Cs_2CO_3, DMF, 110 ℃→ R^1, O, Y, R^2 収率 71〜98%

X = I, Br；Y = CH, N
R^1 = H, Me, OMe, NO_2, Ac
R^2 = H, Me, OMe, Cl

PPAM = (N, H, P, O, HO, OPh)

(19.113)

3,5-ジオン（TMHD）との組合わせが，ハロゲン化アリールとフェノールとのカップリング反応に有効であると報告している（式 19.111）[590]．関連する酸素配位子をもつ触媒も，本反応に用いられている．ポリオールあるいはホスホン酸を配位子として利用した例をそれぞれ式 19.112[591] および式 19.113[534] に示す．

ii）ハロゲン化アリールと脂肪族アルコールとのカップリング反応

配位子を添加しない系でのアリールアルキルエーテル合成は，大過剰の銅と強アルコキシド塩基，高温（> 200 ℃）条件が必要であるため，実用的ではなかった．銅触媒による脂肪族アルコールとハロゲン化アリールとのカップリング反応の開発は大変困難であったが，穏和な条件下，実用的な収率で反応を触媒する銅と配位子の組合わせが現在いくつか知られている[592)～596]．現在知られている最も高活性なものは，フェナントロリンあるいはアミノ酸を配位子とする銅触媒である．

CuI（10 mol%）と 1,10-フェナントロリンの存在下，ヨウ化アリールと第一級アルコールとの反応によりアリールアルキルエーテルが高収率で得られることが報告されている[592]．式 19.114 にその反応例を示す．メタノール，エタノール，*n*-ブタノール，ヘプタノールな

R^1-(ヨウ化アリール, Y) + R^2OH → [CuI（10 mol%）, 1,10-フェナントロリン（10 mol%）/ Cs_2CO_3, 110 ℃, 18～24 時間, 溶媒量のアルコールまたはトルエン] → R^1-(アリール)-OR^2　Y = CH, N　(19.114)

［生成物］
Me, Me, OHept 81%; MeO, OMe 88%; H_2N, O^nBu 40%; OMe, O^nBu 72%; N, O^nBu 87%;
MeO, Me 78%; MeO, Me 54%; N, O^iPr 92%; MeO 75%; OMe, Ph 89% 98% ee

どの第一級アルコールがヨウ化アリールと反応して，アリールアルキルエーテルが得られる．電子豊富なヨウ化アリールやハロピリジンとの反応も高収率で進行する．いくつかの第二級アルコールとの反応では，反応中心での立体反発のため収率が低下するが，光学的に純粋なフェネチルアルコールの反応は，立体化学を損なうことなく進行する．テトラメチル-1,10-フェナントロリン（20 mol%）および CuI（10 mol%）存在下，アリル，プロパルギル，ベンジルアルコールやその他の脂肪族アルコールとヨウ化および臭化ビニルの反応も進行して，対応するエーテルが中程度の収率で得られる（式 19.115）[596]．

R^1OH + I-C(R^4)=C(R^2)(R^3) → [CuI（10 mol%）, L（20 mol%）/ Cs_2CO_3, 80～120 ℃, トルエン/*o*-キシレン] → R^1O-C(R^4)=C(R^2)(R^3)　L = (テトラメチル-1,10-フェナントロリン)　(19.115)

R^1 = アリル，プロパルギル，ベンジル，アルキル

N, *N*-ジメチルグリシンと CuI との組合わせも，ハロゲン化アリールとアルコールのカップリング反応の触媒となる[594]．この触媒系でのヨウ化アリールと第一級アルコールとの反応の基質適用範囲は，1,10-フェナントロリン誘導体を配位子とする銅触媒系と同等であるが，テトラメチルフェナントロリン錯体の基質適用範囲の方が広い．

iii）ハロゲン化アリールとアミノアルコールとのカップリング反応

アミノアルコールの*N*-アリール化反応では，中性で二座の窒素配位子をもつ銅錯体とジケトナト配位子をもつ銅錯体で対照的な反応性が報告されている．飛田（ひだ）らは，臭化アントラキノンの古典的な条件でのUllmann型アミノ化反応において，β-アミノアルコールの反応性がアミンのそれよりも高いことを報告している[540]．最近になってBuchwaldらは，β-アミノ第一級アルコールの選択的かつ実用的な*N*-アリール化反応が，CuI（2.5 mol%）およびNaOH存在下，DMSOと水（2：1）または^{i}PrOHの混合溶媒中90 ℃で進行することを報告した[539]．式19.116[(訳注1)]と19.117の反応を比較すると，銅上の配位子の重要性がよく

訳注1：式(19.116)ではジケトン（LH）を反応に用いているが，実際にはジケトナト配位子（L）としてCuに配位している（塩基が共存している）．

$$\text{R-C}_6\text{H}_4\text{-I} + \text{H}_2\text{N}(\text{CH}_2)_n\text{OH}\ (n \geq 3) \xrightarrow[\text{DMF, 室温}]{\text{5 mol\% CuI, 20 mol\% L, 2.0 当量 Cs}_2\text{CO}_3} \text{R-C}_6\text{H}_4\text{-NH}(\text{CH}_2)_n\text{OH} \quad (19.116)$$

収率 80～93%
N：O 20：1～50：1

LH = 2-(2-メチルプロパノイル)シクロヘキサノン（2-イソブチリルシクロヘキサノン）

$$\text{R-C}_6\text{H}_4\text{-I} + \text{H}_2\text{N}(\text{CH}_2)_n\text{OH}\ (n \geq 4) \xrightarrow[\text{DMF, 室温}]{\text{5 mol\% CuI, 20 mol\% L, 2.0 当量 Cs}_2\text{CO}_3} \text{R-C}_6\text{H}_4\text{-O}(\text{CH}_2)_n\text{NH}_2 \quad (19.117)$$

収率 78～81%
O：N 15：1～20：1

L = 3,4,7,8-テトラメチル-1,10-フェナントロリン

わかる[597]．ジケトナト配位子をもつ銅触媒を用いると，OHとNH_2基が少なくとも三つのメチレン基を挟んで離れているアミノアルコールの*N*-アリール化反応が高収率かつ高官能基選択的（>20：1）に進行する．一方，テトラメチルフェナントロリンを配位子とする銅錯体では，OHとNH_2基が少なくとも四つのメチレン基を挟んで離れているアミノアルコールの*O*-アリール化反応が高収率かつ高官能基選択的（>15：1）に進行する．ジケトナト配位子をもつCu(I)錯体は，テトラメチルフェナントロリンが配位したCu(I)錯体に比べ求電子性が低いため，前者では酸素に比べより塩基性の高い窒素が銅に結合しやすいためであるとBuchwaldらは考察している．このアミノ基の高い親和性によって，ジケトナト錯体では*O*-アリール化反応よりも*N*-アリール反応が起こりやすくなる．

iv）ハロゲン化アリールとチオールとのカップリング反応

銅を用いるハロゲン化アリールとチオールとのカップリング反応は，アミンやアルコールとの反応ほどには詳細に研究されていない．しかしこの反応は，さまざまな銅触媒存在下，ヨウ化アリールに対して進行する．初期の例の一つとして，CuBr（20 mol%）をホスファゼン塩基とともに用いる，ヨウ化アリールとチオールからジアリールスルフィドを得る反応がある[598]．CuI（10 mol%）とネオクプロイン[(訳注2)]（10 mol%）およびNaO^{t}Bu存在下，トルエン中の反応によってもジアリールスルフィドやアリール(アルキル)スルフィドを触媒的に合成できる[586]．一般性に優れ，高効率で反応操作も簡便な手法は，CuI（5 mol%）を触媒として，エチレングリコール（2当量）およびK_2CO_3（2当量）存在下，^{i}PrOH中80 ℃でヨウ化アリールとチオールを反応させるものである（式19.118）[599]．この反応条件は，ヨウ化アリールに関して官能基許容性が高く，芳香族および脂肪族アミンや脂肪族アルコール共存下でもチオールとのカップリング反応が選択的に進行する．そのほかにも，C−S結合

訳注2：ネオクプロイン：2,9-ジメチル-1,10-フェナントロリン（p.858のneocupと同じ）

$$\text{R-C}_6\text{H}_4\text{-I} + \text{R}^1\text{SH} \xrightarrow[\text{K}_2\text{CO}_3\text{ (2 当量), }^i\text{PrOH, 80 ℃}]{\text{CuI (5 mol\%), HOCH}_2\text{CH}_2\text{OH (2 当量)}} \text{R-C}_6\text{H}_4\text{-SR}^1 \quad (19.118)$$

R = Me, OMe, NH_2, CN, NO_2, C(O)Me, CHO, CO_2H, OH, CO_2Et
R^1 = アリールまたはアルキル

生成に利用できる反応として銅触媒とともに添加剤を加える系や[591),600)〜602)]，配位子を添加しない銅触媒系[603),604)]などが報告されている．

19・8・2　銅触媒によるハロゲン化アリールとアミン，アルコール，チオールとのカップリング反応の機構

銅触媒によるハロゲン化アリールと窒素および酸素求核剤とのカップリング反応に関して，いろいろな反応機構が提案されてきた．また，硫黄求核剤を用いるカップリング反応にも同様の反応機構が適用できるものと考えられている．初期の研究では，触媒活性種の酸化状態と，ハロゲン化アリールと反応する銅化学種の解明に焦点があてられた．Paine らは，金属銅や銅(I) あるいは銅(II)種を用いる反応がいずれの場合も銅(I)錯体を経由していることを示唆する強い証拠を提示した[605)]．Whitesides[606)]，van Koten[607)]，Cohen[608)]をはじめとする多くの研究者が，配位子を添加しない銅触媒系について検討しており，中性の Cu(I) アルコキシド[606)]あるいはアミド錯体，あるいはアニオン性ビスアルコキシド錯体[607)]がハロゲン化アリールと反応する機構を提唱している．これらの錯体がどのようにしてハロゲン化アリールと反応するか，という点についても，さまざまな反応機構が提案されており，それらを，スキーム 19・13 にまとめる．1 電子移動によるアリールラジカル種の発生や[609)]，

スキーム 19・13　銅アルコキシドおよびアミドとハロゲン化アリールとの反応において提唱されているいくつかの反応機構

Meisenheimer 型中間体を経由する銅に配位したハロゲン化アリールに対する芳香族求核置換反応[605),610)]，ハロゲン化アリールの酸化的付加反応による Cu(III)種の発生[608)]などが含まれる．Cohen らの研究は，Cu(III)中間体が存在する証拠を示した初期の研究例である[608)]．

ジアミン配位子をもつ錯体による触媒反応に関する速度論的研究[611)]とともに，単離した銅錯体を用いたより詳細な機構研究が行われている[612)]．これらの研究から，Cu(I)アミダトあるいはイミダト錯体が，ハロゲン化アリールとアミドやイミドとのカップリング反応に関与していることが示唆されている．またこれらの研究は，二配位のアニオン性クプラート錯体に対するハロゲン化アリールの酸化的付加反応の速度は，二座の供与性配位子を有する三配位の中性の銅錯体よりも遅いことを示唆している．この結論は，ヨードトルエンが，イオン性錯体と中性三配位錯体の平衡混合物との反応によってカップリング生成物を生じる一方で（式 19.119），アンモニウムを対カチオンとしてもつ二配位のアニオン性クプラート錯体との反応ではカップリング生成物を生じない（式 19.120）[611)]という実験事実によって，明らかとなった．さらには，式 19.121 から 19.123 にまとめた二つの実験から明らかなように，中性のアミダト錯体がハロゲン化アリールと反応してカップリング生成物を生じる際には，電子移動によって生じる遊離のアリールラジカルが介在しないことも示されている．すなわちまず，塩化アリールとそれよりも還元されにくい臭化アリールとの反応性を比較すると，臭化アリールの方だけが反応する[612)]．第二に，約 10^{10} s^{-1} の速度定数で環化するはずの

$[L_2Cu][Cu(phth)_2]$ ⇌ LCu(phth) + Me–C₆H₄–I (5〜25 当量) —DMSO→ N-(4-メチルフェニル)フタルイミド　phth = フタルイミド　(19.119)

L = フェナントロリン　120 ℃, $t_{1/2}$ = 35 分
4,4′-ジ-*t*-ブチルビピリジン　120 ℃, $t_{1/2}$ = 18 分
N,N′-ジメチルエチレンジアミン　25 ℃, $t_{1/2}$ = 16 分

$[N^nBu_4]^{\oplus}[Cu(phth)_2]^{\ominus}$ + Me–C₆H₄–I —DMSO, 120 ℃, 23 時間→ 反応しない　(19.120)

(Me,H-N-CH₂CH₂-N-H,Me)Cu–N(ピロリジノン) + 4-クロロベンゾニトリル —110 ℃, 2 時間, トルエン→ 1-(4-シアノフェニル)-2-ピロリジノン 0%　(19.121)

4-クロロベンゾニトリルの
E_0 = −2.03 V (vs. SCE)

(Me,H-N-CH₂CH₂-N-H,Me)Cu–N(ピロリジノン) + 1-ブロモナフタレン —110 ℃, 2 時間, トルエン→ 1-(1-ナフチル)-2-ピロリジノン 97%　(19.122)

1-ブロモナフタレンの
E_0 = −2.17 V (vs. SCE)

$[(phen)_2Cu][Cu(pyrr)_2]$ + 2-ヨードフェニルアリルエーテル —DMSO, 110 ℃, 31 時間→ N-(2-アリルオキシフェニル)-2-ピロリジノン 95.5% + アリルフェニルエーテル 1.9% + 3-メチル-2,3-ジヒドロベンゾフラン 生成しない　(19.123)

アルケン部分をもつヨウ化アリールが環化生成物を与えないことである（式 19.123）[612]．銅に配位したハロゲン化アリールに対する分子内電子移動によってラジカルアニオンが生じ，これを経て反応が進行する可能性は完全には否定できないものの，以上の実験結果は，銅(I)アミダート錯体へのハロゲン化アリールの酸化的付加反応によってアリール銅(III)アミダート種が生じ，これから還元的脱離反応が進行することによって炭素－窒素結合形成が起こり，アリールアミンを生じる反応機構を支持するものである．

したがって，銅触媒による芳香族 C−N および C−O 結合形成クロスカップリング反応は，スキーム 19・14 に示す反応機構で進行するものと考えられる．パラジウム触媒を用いるクロスカップリング反応のように，この触媒サイクルも酸化的付加反応，還元的脱離反応，トランスメタル化反応からなるものである．しかし，トランスメタル化反応と酸化的付加反応の段階が，パラジウム触媒反応の場合とは逆の順序で起こる．銅触媒反応では，まずハロゲン化銅錯体がアニオン性の窒素あるいは酸素配位子をもつ銅錯体に変換された後，これらに対してハロゲン化アリールの酸化的付加が起こり，アリール銅アミド，アミダト，あ

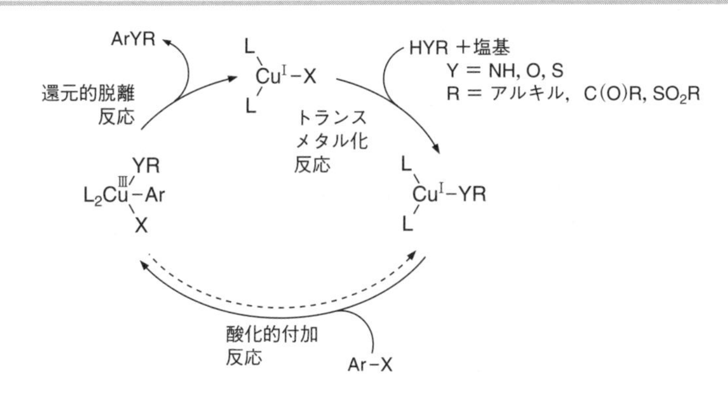

スキーム 19・14

るいはアルコキシド錯体が生成する．生じたCu(III)種から還元的脱離反応によって生成物を生じると同時にハロゲン化銅(I) を再生する．

19・8・3 銅触媒によるアリールボロン酸とアミンおよびアルコールとのカップリング反応（Chan−Evans−Lam カップリング反応）

Chan[613]，Evans[614]，Lam[615] らは，1998 年それぞれ独立に，銅錯体を用いたC(アリール)−O 結合およびC(アリール)−N 結合を形成する別法を報告した．この反応は，化学量論的，あるいは触媒量のCu(II) 反応剤存在下，アリールボロン酸とN−H あるいはO−H 結合をもつ基質を反応させるものである．これらの反応では，初期には化学量論量の銅錯体が用いられていた[616)〜618)]．アミン，アニリン，アミド，尿素，カルバミン酸エステル，スルホンアミドの*N*-アリール化反応が，中程度から高収率で進行する（式 19.124）．多様なボ

$$\text{CH}_3\text{-C}_6\text{H}_4\text{-B(OH)}_2\ (2\ 当量) + \text{X–H}\ (1\ 当量) \xrightarrow[\text{CH}_2\text{Cl}_2,\ 室温]{\text{Cu(OAc)}_2\ (1\ 当量),\ 塩基(2\ 当量)} \text{CH}_3\text{-C}_6\text{H}_4\text{-X} \qquad (19.124)$$

X–H ＝ アミン，アミド，イミド，尿素，スルホンアミド，カルバミン酸エステル
塩 基 ＝ ピリジン，トリエチルアミン

ロン酸誘導体が市販されているうえに，空気中，穏和な条件で行えるため，この反応は小スケールでの合成にすぐに汎用されるようになった．

Collman とZhong らが，アリールボロン酸とN−H 結合をもつ基質との，最初の触媒的な酸化的C−N クロスカップリング反応を報告した[620)]．市販の［$Cu(OH)TMEDA]_2Cl_2$ 10 mol%存在下，イミダゾールとフェニルボロン酸のカップリング反応が，ジクロロメタン中室温で進行する．Lam ら[621)]，および Antilla とBuchwald は[622)]，この触媒的カップリング反応の基質適用範囲を広げ，アミンの利用を可能にした．Lam らは，アリールボロン酸とフェノールとの反応によるアリールエーテル合成も触媒的かつ良好な収率で進行させることに初めて成功した[621)]．酸素を補助酸化剤として用いた場合に，最も高い収率が得られている．これらの初期の報告以降，ボロン酸と脂肪族および芳香族アミン，アミド，ヘテロ環状アミン，アルコールとの銅触媒によるクロスカップリング反応が報告された[621),622)〜628)]．

ボロン酸は，銅を用いたC−S 結合形成反応においても求電子剤として利用することができる．$Cu(OAc)_2$（1.5 当量）存在下，DMF 中 155 ℃で電子的にも構造的にも多様なボロン酸（2 当量）と脂肪族および芳香族チオールとのカップリング反応が進行することを Guy らは報告している[629)]．Liebeskind らは，3-メチルサリチル酸と CuI（20〜30 mol%）から調製した錯体を用いると，上記の反応をより穏和な条件下で行えることを報告している[630)]．

19・8・4　銅触媒による C−C 結合形成カップリング反応

銅錯体は，炭素−炭素結合形成のための反応剤および触媒としても利用されている．銅錯体は，アルキルおよびアリール求核剤によるハロゲン化アルキルの求核置換反応を促進する反応剤としてその独特の反応性が長年知られており，ハロゲン化アルキルやスルホン酸アルキルとのカップリング反応は銅を用いる反応のなかで最もよく利用される反応である．近年では，パラジウム触媒の価格の問題を解決するために，銅触媒を用いるハロゲン化アリールのクロスカップリング反応の研究が行われている．パラジウム触媒反応と競合できるような反応は，現時点ではわずかであるが，クロスカップリング反応における銅触媒の潜在的な有用性が十分に示されている．

19・8・4a　銅を用いる C(アルキル)−C 結合形成クロスカップリング反応

有機銅錯体は，Grignard 反応剤とハロゲン化アルキルとの C−C 結合形成クロスカップリング反応における重要な反応剤である．ハロゲン化アルキルの求核置換反応における有機クプラートの利用に関して，総説や文献が多数報告されている[631)〜634)]．§19・8 の冒頭で述べたように，これらの置換反応に用いられる有機銅錯体は，二つのグループ，すなわち高次クプラートと低次クプラートに分類できる．高次クプラートとは，ジアニオン性のオルガノ銅錯体（R_2XCu^{2-}, X ＝ アルキル, $^{-}$CN, $^{-}$SCN など）であり，低次クプラートは，モノアニオン性のジオルガノ銅錯体（R_2Cu^{-}）である．これらの反応剤とハロゲン化アルキルとの反応は，化学量論量の銅を用いて行われることが多いが，触媒量の銅を用いても行える[494),635),636)]．この場合，銅触媒はハロゲン化アルキルと Grignard 反応剤とともに用いられ，Grignard 反応剤と銅触媒から高次クプラートが系中で生じていると考えられている．Cu(Ⅱ) あるいは Cu(Ⅰ)錯体のどちらも触媒前駆体として用いることができるが，実際の触媒サイクルは Cu(Ⅰ)種から始まる．

i）化学量論量の銅反応剤を用いる C(sp^3)−C(sp^3)カップリング反応

クプラートとハロゲン化アルキルのカップリングは，もともと一般式として式 19.125，より具体的には式 19.126 および 19.127 に示すような反応条件で行われていた[637),639)]．これら

$$\mathrm{RCH_2I} \xrightarrow[-78\ ^\circ\mathrm{C}]{\mathrm{R'_2CuLi,\ THF}} \mathrm{RCH_2R'} \qquad (19.125)$$

$$\mathrm{I\text{-}CH_2CH(NHTs)CO_2CH_3} + \underset{(4\,当量)}{\mathrm{Et_2CuLi}} \xrightarrow{\text{エーテル, }-60\ ^\circ\mathrm{C},\ 3\,時間} \underset{70\%}{\mathrm{Et\text{-}CH_2CH(NHTs)CO_2CH_3}} \qquad (19.126)$$

$$\mathrm{CH_3I} + \mathrm{Li}\left[{}^{t}\mathrm{Bu\text{-}CH(CH_3)\text{-}Cu\text{-}CH_3}\right] \xrightarrow{\text{エーテル, }-70\sim0\ ^\circ\mathrm{C},\ 30\,分} \underset{89\%}{{}^{t}\mathrm{BuCH(CH_3)_2}} \qquad (19.127)$$

の反応では，有機リチウムとハロゲン化銅との反応によって低次のアニオン性 Gilman クプラートが生じ，これがヨウ化第一級アルキルと反応して C(sp^3)−C(sp^3)結合を形成し，生成物を生じる．これらの反応では，生成物を得るために通常 2 当量の有機リチウム反応剤が消費されるが，一方の有機基を選択的に反応させることもできる（式 19.127）．これらの反応は，第二級ハロゲン化アルキルを用いると収率が低く，通常脱離基としてヨウ素が必要である．Lipshutz らによって開発された高次シアノクプラートによって，基質適用範囲は格段に改善された．式 19.128 に示すように，第二級臭化アルキルもこのクプラートと高収率で反応する．Knochel らが，官能基を含む有機ハロゲン化物（アリール，アルケニル，いくつかのアルキル）から Grignard 反応剤を低温で発生させる手法を開発したため，これらクプ

^{n}Bu$_2$Cu(CN)Li$_2$ (10 当量), THF, 0 ℃～室温 → ^{n}Bu 94%　(19.128)

ラートの重要性はいっそう高まった[639)~643)].

ii) 銅触媒による C(sp^3)－C(sp^3)カップリング反応

ハロゲン化およびスルホン酸アルキルと有機リチウム，有機マグネシウム，さらには有機亜鉛とのカップリング反応は，触媒量の銅塩存在下で行うことができる．ヨウ化および臭化アルキルと Grignard 反応剤との触媒的カップリング反応では，Li_2CuCl_4 が触媒前駆体として最もよく用いられる（式 19.129)[644)~647)]．この触媒前駆体存在下，アリールおよびアルケ

Br～～Br ＋ ⟩—MgCl —1 mol% Li_2CuCl_4, THF→ Br (85%)　(19.129)

ニル Grignard 反応剤がハロゲン化アルキルと反応する．触媒活性種が Cu(I)種であることを思い出してほしい．反応条件下，Li_2CuCl_4 の Cu(II)中心は Cu(I) に還元される．Cu(I) 塩である $CuCl_2$·2LiCl も触媒としてよく用いられており，よりよい結果を与えることもある[633)]．CuBr[648),649)] や CuBr-HMPA[650),651)]，CuBr-Me_2S-LiBr-PhSLi[652)~654)] も，さまざまなヨウ化，臭化，*p*-トルエンスルホン酸，メタンスルホン酸第一級アルキルと，アルキル，ビニル，アリールなどさまざまな Grignard 反応剤とのカップリング反応に利用されている．

ごく最近の進歩によって，銅触媒系の基質適用範囲はさらに拡大している．神戸らは，1,3-ジエンや 1-フェニルプロピンを添加することによって，Grignard 反応剤と不活性なフッ化アルキル[655)]や塩化アルキル（式 19.130)[656)] とのカップリング反応に有効な触媒系を報告

^{n}Oct－Cl (1 mol) ＋ ^{s}Bu－MgX (1.5 mol) —2 mol% $CuCl_2$, 10% Ph—≡—Me, THF, 還流, 6 時間→ ^{n}Oct–CH(CH_3)–CH_2CH_3 95%　(19.130)

している．Grignard 反応剤の欠点はカップリング相手に含まれる官能基に制限があることであるが，カルボニルやアルコキシカルボニルなどをもつハロゲン化および *p*-トルエンスルホン酸アルキルと Grignard 反応剤とのカップリング反応が NMP の添加によって進行するようになる[657)]．この反応条件では，第三級アルキル Grignard 反応剤のクロスカップリング反応も高収率で進行する．

クプラートとハロゲン化アルキルのカップリング反応の 2 種類の反応機構をスキーム 19・15 に示す．一つは，クプラートの銅中心がハロゲン化アルキル由来のアルキル基と結合することなく S_N2 型で進行する反応経路である．もう一方は，ハロゲン化アルキルがまずクプラートと反応して Cu(III)中間体を生じ，還元的脱離反応を経て新しい炭素－炭素結合が生じる経路である（スキーム 19・15）．

いくつかの実験データから，Cu(III)中間体が示唆されている．たとえば，現在では Cu(III)

スキーム 19・15　銅触媒によるハロゲン化アルキルのカップリング反応における銅(III)中間体を含む反応機構

訳注：速度定数が既知であるラジカル反応と競わせることで，相対的にラジカル反応の速度定数を求める間接的方法を，ラジカルクロック法という．ラジカル中間体を経由する可能性がある反応において，ラジカル中間体が生成すると開環などの構造変化を伴う系で，あらかじめこの構造変化の速度定数 k を求めておけば，反応生成物に構造変化が起こらない場合には，非ラジカル機構ないし k より大きい反応速度のラジカル機構で反応が進行していることを証明できる．

中間体はNMRによって直接観察できる[658)〜661)]．理論化学計算では，Cu(Ⅲ)中間体生成の過程でクプラートのアルカリ金属イオンがハロゲン化アルキルからのハロゲン脱離反応を促進する機構が提案されている[662),663)]．一方，ラジカルクロック[(訳注)]を利用した研究から，ハロゲン化アルキルの反応は S_N2 あるいは電子移動経由のどちらでも起こりうることが示されている．式 19.131 に示すように，第二級ハロゲン化アルキルあるいは第二級スルホン酸

(19.131)

X	C の立体化学
I	ラセミ化
Br	反 転
Cl	−
OTs	反 転

アルキルの置換反応では，脱離基の種類により立体化学を反転したものもラセミ化したものも得られる．ヨウ化物がより電子移動を受けやすいという傾向と一致して，光学活性なヨウ化アルキルの反応ではラセミ化した生成物が得られ，光学活性な臭化アルキルや p-トルエンスルホン酸アルキルでは立体化学が反転したものが得られる[664),665)]．さらに式 19.132 に示すように，アルケン部位をもつ第二級ヨウ化アルキルの反応ではアルキルラジカルが環化

(19.132)

X	直鎖生成物	環化生成物
I	18%	65%；R＝CH_3（＋ 6% R＝H）
Br	68%	0%；R＝CH_3（＋ 5% R＝H）

したと考えられる生成物がおもに得られる一方で，同様の臭化物の反応では閉環体はほとんど生成しない[666),667)]．したがって，ヨウ化アルキルの反応は電子移動を経て起こり，臭化およびスルホン酸アルキルは S_N2 型で反応すると考えられる．

19・8・4 b　銅触媒による芳香族 C−C 結合形成クロスカップリング反応

触媒的な芳香族 C−N 結合形成反応と同様に，芳香族 C−C 結合を形成するカップリング反応も 20 世紀初頭にはすでに研究されていた．しかし，炭素−ヘテロ原子結合を形成するカップリング反応と比べると，この反応は最近まであまり検討されてこなかった．そのなかでマロン酸エステル，シアノ酢酸エステル，マロノニトリルのように酸性度の高い C−H 結合を有する反応剤とハロゲン化アリールとのカップリング反応は，穏和な条件下，高収率で進行することが知られている（式 19.94）．Stille，鈴木，薗頭カップリングのようなパラジウム触媒反応に類似した銅触媒反応も報告されているが，あまり発展していない．

i）β-ジケトン，シアノ酢酸エステル，マロン酸エステルを用いるカップリング反応

β-ジケトンやシアノ酢酸エステル，マロン酸エステルなど酸性 C−H 結合をもつ基質のカップリング反応は，Hurtley によって 1929 年に初めて報告され[491)]，“Hurtley カップリング反応（Hurtley coupling reaction）”としばしばよばれている．Hurtley は，触媒量の青銅（copper bronze）または酢酸銅存在下，EtOH 還流下で 2-ブロモ安息香酸がアセチルアセトンのナトリウムエノラートとカップリングすることを報告している．のちに，銅触媒および NaH，NaOMe あるいは KO^tBu などの強塩基存在下，アセチルアセトンのような 1,3-ジケトンとオルト位にハロゲンをもつ安息香酸エステルとのカップリング反応が報告され

た[668)〜670)]．ごく最近の研究では，10 mol％の CuI，CuBr，Cu_2O あるいは $Cu(OAc)_2$ などの銅化合物と塩基として K_2CO_3 存在下，DMSO 中 120 ℃でオルト位置換基をもっていないハロゲン化アリールとマロン酸エステルやシアノ酢酸エステル，マロノニトリルのような酸性 C−H 結合をもつ化合物との反応が報告されている[671)]．

Ullmann 反応や Goldberg 反応と同様に，触媒前駆体と配位子から調製した銅触媒を用いると，より穏和な条件下，幅広い基質に対して Hurtley 反応が進行するようになる．Buchwald らは，CuI（5 mol％）と 2-フェニルフェノール（10 mol％）から調製される触媒によって，ヨウ化アリールとマロン酸ジエチルとの反応が，配位子を添加しない系よりも穏和な条件（70 ℃）で進行することを報告している[672)]．しかしこれらの反応では，2-フェニルフェノールのアリール化体や生成物のマロン酸エステル部位での脱炭酸に由来する副生成物が生じる．Cristau，Taillefer らは，CuI（10 mol％）と Schiff 塩基配位子（20 mol％）から生じる触媒を用いると，これら副生成物を生じることなくヨードベンゼンと酸性 C−H 結合をもつ化合物とのカップリング反応が進行することを報告している（式 19.133）[556)]．2005

$Y^1CH_2Y^2$ + I−Ph　→（10 mol% [Cu], 20 mol% Chxn-Py-Al；Cs_2CO_3 1.5 当量，添加剤；溶媒，50〜70 ℃）→　$PhCH(Y^1)(Y^2)$　(19.133)

2 当量
Y = CN, CO_2R, C(O)R

Chxn-Py-Al

年に Ma らは，CuI と L-プロリンからなる触媒系が，基質適用範囲をオルト位配向基をもたない臭化アリールまで拡大できることを報告している[673)]．この触媒系では，アセチルアセトンまたはシアノ酢酸エチルとヨウ化アリールや，ジケトンと臭化ビニルとの反応も進行する．CuI（5 mol％）と 2-ピコリン酸（10 mol％）との組合わせを用いると，Hurtley 反応が室温でも進行するようになる[674)]．さらに，CuI と (2*S*,4*R*)-2-ヒドロキシプロリンから調製した触媒によって，エナンチオ選択的な Hurtley 反応も達成された（式 19.134）[675)]．しかしこの先駆的な報告では，ハロゲン化アリールにオルト位配向基が必要で，脱離基もヨウ素に限られるという制限がある．

F_3CC(O)NH–アリール–I (R) + R^1OC(O)CH(Me)C(O)Me　→（CuI (20 mol%)；L (40 mol%)；−45〜−20 ℃；DMF/H_2O (200：1)；NaOH (2 当量)）→　生成物 60〜93% ee　(19.134)

L = (HO, N–H, CO_2H をもつピロリジン)

ii）銅触媒による Stille および鈴木カップリング反応

パラジウムあるいはパラジウムと銅の組合わせによって触媒される典型的なカップリング反応のなかには，銅触媒単独でも行える例が報告されている．これらの反応は，他の銅触媒反応に比べるとまだあまり利用されていないが，今後発展する可能性があり，ここで簡単に述べる．

パラジウムを用いない銅触媒単独による分子内[676)]および分子間[677)〜680)] Stille カップリング反応が，報告されている．多くの場合，配位子を添加せず，Cu(I)塩のみを用いて反応が行われている．典型的な反応条件は，CuBr または CuI を触媒として用い，添加剤として CsF 存在下，DMF または NMP 溶媒中 60〜90 ℃で反応させるものである[681)]．回収・再利用可能な Cu_2O ナノ粒子触媒（10 mol％），P(*o*-tol)$_3$（20 mol％），$KF\cdot 2H_2O$ および Bu_4NBr 存在下，125〜130 ℃で行うヨウ化アリール，臭化アリールおよび活性化された塩化アリールの Stille 反応を Li と Zhang らが報告している[682]．

化学量論量の銅錯体を用いる必要があるが，穏和な条件でのクロスカップリング反応も報告されている．化学量論量の Cu(I)チオフェン-2-カルボン酸塩（CuTC）存在下，室温あるいはそれ以下で，アリールおよびアルケニルスズ化合物とヨウ化アルケニルのカップリング反応が進行することを Allred と Liebeskind が報告している（式 19.135）[683]．化学量論量の銅錯体を必要とする理由として，トランスメタル化反応が可逆的であり，反応進行とともに蓄積するスズハロゲン化物によって，クロスカップリング反応の進行が阻害されることが示唆されている．しかし，穏和な反応条件，非常に速い反応速度，高い官能基許容性，ヨウ化アルケニルのカップリング反応の際二重結合の移動が起こらないことなど，いくつか利点があり，有機合成に利用されている[684)〜688]．

$$RSnBu_3 + \text{I-alkenyl} \xrightarrow[\text{NMP, 0 ℃〜室温, 5〜30 分}]{\text{CuTC (1.5 当量)}} \text{R-alkenyl} \qquad \text{TC} = \text{thiophene-2-}CO_2^{\ominus} \tag{19.135}$$

有機ホウ素とハロゲン化アリールとの銅触媒によるカップリング反応については，あまり研究されていない．しかし，この反応がパラジウム触媒なしでも進行する可能性を示唆するデータがいくつか得られている．初期の例の一つとして，K_2CO_3 存在下，DMF 中 110 ℃で，銅のナノ粒子が $PhB(OH)_2$ と PhI とのカップリング反応に有効であることが報告されている[689]．より一般性の高い反応系は，CuI および DABCO 共存下，アリールボロン酸とヨウ化あるいは臭化アリールをカップリングさせるものである．しかし，電子豊富な臭化アリールの反応では CuI（100 mol%），DABCO および TBAB（ともに 200 mol%）が必要であるうえに，活性化された塩化アリールの反応では痕跡量のカップリング体を生じるだけである[575),690),691]．後になって，CuI（10 mol%）および TBAB 存在下，DMSO 溶媒中で臭化アリールとの触媒的カップリング反応が進行することが報告されているが，収率はよいものも悪いものもある[691]．銅粉と K_2CO_3 をポリエーテルである PEG-400 中で用いる反応条件では，ヨウ化アリールとボロン酸との反応が高収率で，臭化アリールと塩化アリールの反応が中程度の収率で進行する[692]．このように，鈴木カップリング反応は銅触媒だけでも確かに進行するが，パラジウム触媒系に比べるとはるかに効率が低い．

19・9　直接アリール化反応

19・9・1　概　要

クロスカップリング反応によるビアリール合成の代替法が，ハロゲン化アリールあるいは典型金属反応剤と官能基をもたないアレーンとの直接カップリング反応である（式 19.136）．この反応は，C−H 官能基化反応の一種と見なすことができるので，18 章で述べた触媒反応と関連している．しかしこの反応では，典型的なクロスカップリング生成物と同様の生成物が得られるうえに，カルボニル化合物やアルキンの C−H 結合切断を経るカップリング反応と関連している．そのため，アレーンと芳香族ハロゲン化物との直接カップリング反応をこ

$$R^1\text{-}C_6H_4\text{-H} + X\text{-}C_6H_4\text{-}R^2 \xrightarrow[\text{塩 基}]{\text{遷移金属触媒}} R^1\text{-}C_6H_4\text{-}C_6H_4\text{-}R^2 \tag{19.136}$$

X = I, Br, Cl, OTf
BY$_2$, SnY$_3$, SiY$_3$, ZnY（Y = ハロゲンまたは有機基）

の章で述べることにする．この反応は“直接アリール化反応（direct arylation）”とよばれており，最初の報告以降約20年たってから精力的に研究されるようになった[693)~696)]．

19・9・2 直接アリール化反応の機構

今日まで，さまざまに活性化されたアレーンと，活性化されていない芳香環あるいは芳香族ヘテロ環化合物との直接アリール化反応が報告されている．これらの反応で想定されている反応機構についてまず説明したうえで，基質適用範囲について述べるとよりわかりやすいであろう．一般に直接アリール化反応によるビアリールの合成では，ハロゲン化アリールの遷移金属への酸化的付加反応によるアリール金属種の生成，この酸化的付加体とアレーン基質との反応を経て，最終的にビアリールを与える中間体が生じる．酸化的付加体とアレーン基質との反応には，スキーム19・16に示すようないくつかの反応機構が提唱されている．1）金属中心による芳香族求電子置換反応（S_EAr）[697)~704)]，2）塩基によって促進される協奏的S_E3反応[705)]，3）σ結合メタセシス反応[700),706),707)]，あるいは，協奏的メタル化脱プロトン化反応[708),709)]，4）芳香環のカルボメタル化反応と，それに続く形式的なアンチβ水素脱離反応，あるいは異性化の後のシンβ水素脱離反応[689)~702),704),710)]，5）芳香族C−H結合

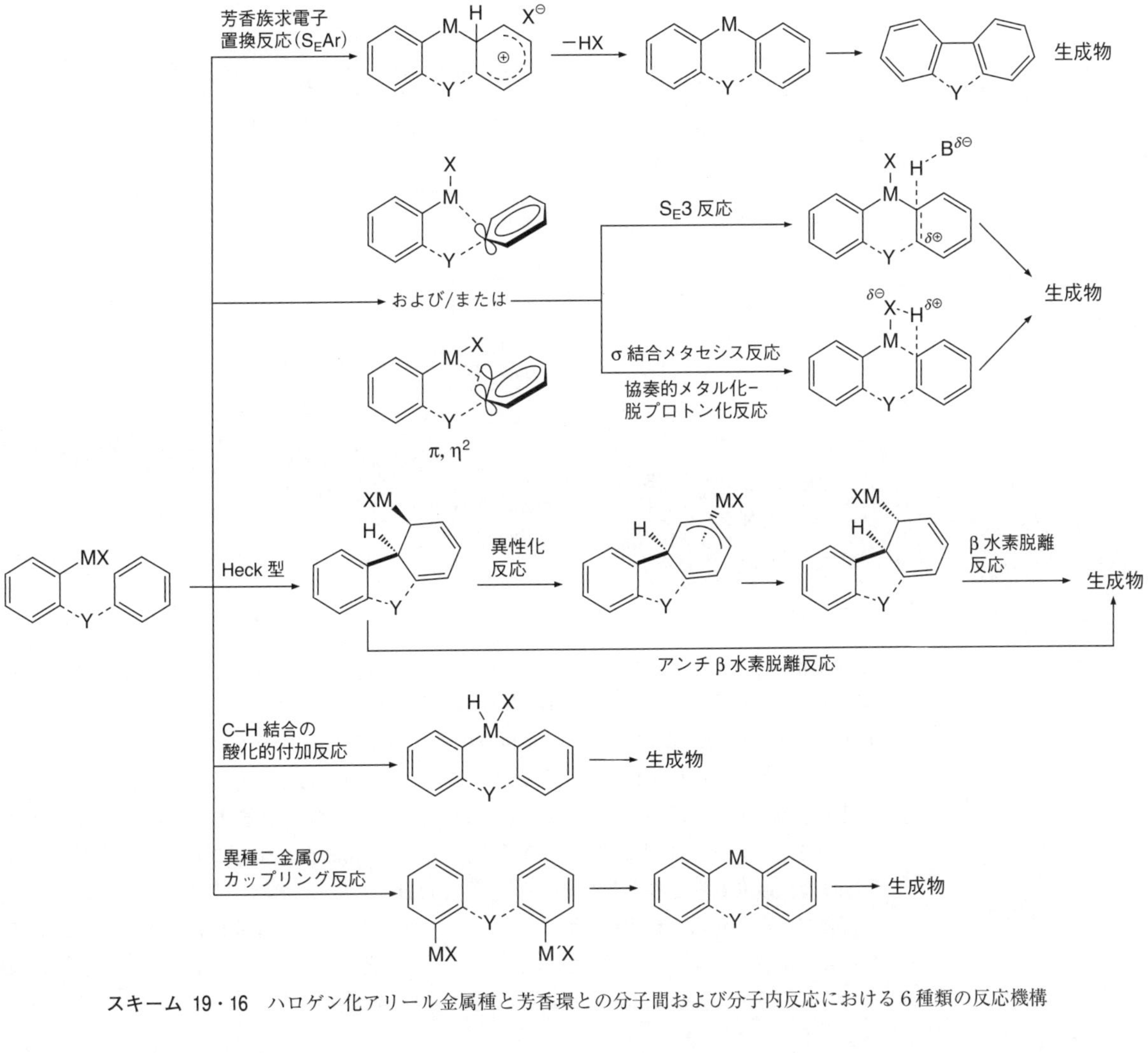

スキーム 19・16 ハロゲン化アリール金属種と芳香環との分子間および分子内反応における6種類の反応機構

の酸化的付加反応[706),711),712)]，あるいは6）第二の金属-アリール種を生じる反応[713)]である．この段階の反応機構は，いくつかの反応系に関して詳細に研究されているが，一般に基質や遷移金属，溶媒，塩基，配位子しだいで異なっている．

19・9・3　直接アリール化反応の遷移金属触媒

多くの遷移金属錯体が直接アリール化反応の触媒として利用されている．これまでに報告された多くの例が，第二列のPd，Ru，Rhを用いている．これらのうち，パラジウム触媒系が最も用途が広く，よく利用されている．一般にパラジウム触媒系は，Pd(0)とPd(II)種を含む反応機構で進行する．パラジウム触媒による分子内および分子間直接アリール化反応は，さまざまな芳香環および芳香族ヘテロ環化合物に適用することができる（式19.137〜19.140）[714)〜717)]．Pd(0)種とPd(II)種を含む機構で進行するパラジウム触媒直接アリール化

Br, O; $Pd(OAc)_2$ (0.1 mol%), 配位子 **A**; K_2CO_3 (2 当量), DMA, 145 ℃; O, 96%; Me_2N, PPh_2, **A**　(19.137)

NHPiv; Me–⟨⟩–I; $Pd(OAc)_2$ (0.2〜5 mol%), AgOAc, CF_3CO_2H, 90 ℃; Me, NHPiv, Me, 95%　(19.138)

F, F; Br–⟨⟩–; $Pd(OAc)_2$ (5 mol%), $P^tBu_2Me\text{-}HBF_4$, K_2CO_3, DMA, 120 ℃; F, F, 85%　(19.139)

N, N, N; + Br, CO_2Et; $Pd(OAc)_2$ (2 mol%), PPh_3, Cs_2CO_3, ジオキサン, 100 ℃; N, N, N, CO_2Et, 84%　(19.140)

反応に用いられる芳香族求電子剤として，ヨウ化，臭化，塩化およびトリフルオロメタンスルホン酸アリール，アリール基置換超原子価ヨウ素化合物，あるいはアリールボロン酸エステルのような典型金属反応剤と酸化剤の組合わせをあげることができる．

アリール基置換超原子価ヨウ素化合物を直接アリール化反応に用いる例では，酸化力の強い超原子価ヨウ素化合物が，Pd(II)種と反応してPd(IV)中間体を生じる反応機構が提唱されている．このPd(IV)中間体からのビアリールの還元的脱離反応によって，活性種であるPd(II)種が再生すると考えられている（式19.141）[718)]．

直接アリール化反応に用いられるパラジウム触媒は，さまざまな配位子を用いて調製されている．配位子によって活性な触媒を発生できるかどうかは，ハロゲン化アリールの種類によるところが大きい．反応性の高いヨウ化アリールのカップリング反応には，PPh_3のよう

$$\text{(DG)Ar–Pd}^{\text{II}} \xrightarrow{[\text{Ar}_2\text{I}]^{\oplus}} [\text{(DG)Ar–Pd}^{\text{IV}}\text{–Ar}]^{\oplus} \xrightarrow{-\text{Pd(II)}} \text{(DG)Ar–Ar} \quad (19.141)$$

DG：配向基

[具体例] 2-(3-メチルフェニル)ピリジン → [$[Ph_2I]BF_4$, $Pd(OAc)_2$ (5 mol%), AcOH, Ac_2O, 110 ℃] → Ph導入生成物 74%

に中程度に電子豊富なホスフィン配位子をもつパラジウム錯体が用いられる．このようなパラジウム錯体は，臭化アリールの反応にも適用できるが，より嵩高く電子豊富なトリアルキルホスフィンやビアリール(ジアルキル)ホスフィンを用いる方が，多くの場合，高収率である[719)～721)]．最近では，塩化アリールを用いるパラジウム触媒直接アリール化反応も報告されている．アリールボロン酸とハロゲン化アリールとのクロスカップリング反応のように[722)]，塩化アリールを用いる直接アリール化反応には嵩高く電子供与性が高いトリアルキルホスフィンやビアリール(ジアルキル)ホスフィン，*N*-ヘテロ環状カルベン配位子が用いられる．配位子を添加しない反応条件も報告されている（Jefferyの反応条件）[703),723),724)]．

ハロゲン化アリールを用いる直接アリール化反応の触媒としてルテニウム錯体も有効である．ルテニウム触媒を用いる反応は，Ru(II)およびRu(IV)中間体を経る反応機構で進行し，保護基を必要としないなどの特長がある．パラジウム触媒を用いる直接アリール化反応と比べ，高原子価のルテニウム中間体が関与するため，窒素原子や酸素原子を介して金属中心に配位する配向基をもつアレーン基質の反応に適している（式19.142および19.143）[725)]．ル

1-(2-ピリジル)ナフタレン → [Ph–Br, $[RuCl_2(\eta^6\text{-}C_6H_6)]_2$ (2.5 mol%), PPh_3, K_2CO_3, NMP, 120 ℃] → 2-Ph生成物 76% (19.142)

ピバロフェノン（^{t}Bu） + Ph–B（5,5-ジメチル-1,3,2-ジオキサボリナン） → [$RuH_2(CO)(PPh_3)_3$ (2 mol%), ピナコロン，還流] → オルト-Ph生成物 76% (19.143)

テニウム触媒系では，臭化，塩化および*p*-トルエンスルホン酸アリールを直接アリール化反応の求電子剤として用いることができる．またアリールボロン酸エステルを用いても反応が進行する（式19.143）[726),727)]．この反応では，ヒドリド捕捉剤として脂肪族ケトン（たとえばピナコロン）が必要である．スキーム19・17に提唱されている反応機構を示すが，まずケトン基質がルテニウムに配位し，つづいてC−H結合の切断が起こり5員環のルテナサイクルが生じる．ピナコロンがルテニウム−水素結合に挿入してアルコキシルテニウム中間体を生じ，これがアリールボロン酸エステルとトランスメタル化反応を起こしジアリールルテニウム中間体とトリアルコキシボランが生じる．還元的脱離反応によってビアリール生成物が生じるとともに，触媒活性種が再生する．

ロジウム錯体は，インドール[728)]，ピロール[729)]，ベンゾイミダゾール，ベンゾオキサゾー

スキーム 19・17

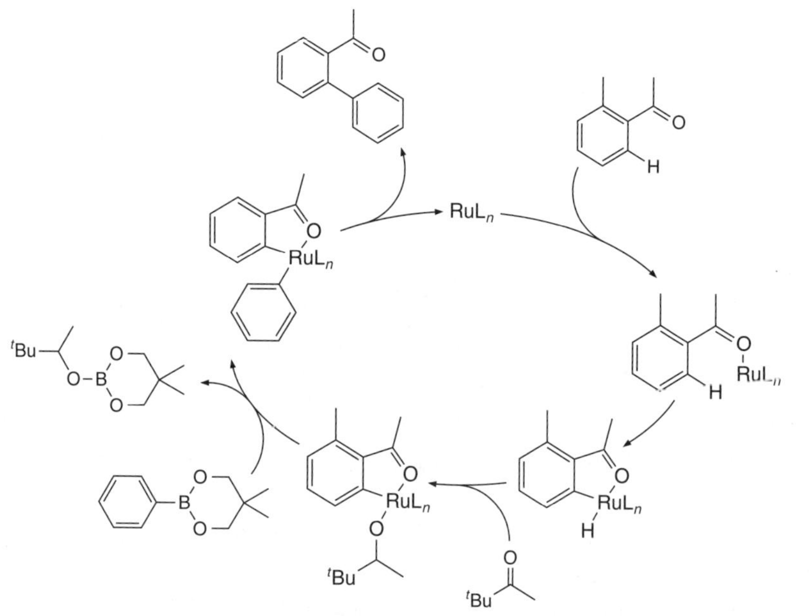

RuL$_n$

ル[730]の直接アリール化反応（式 19.144），および芳香族イミン[731]やフェノール類[732),733]の直接アリール化反応（式 19.145）の触媒となる．これらの反応は，臭化およびヨウ化ア

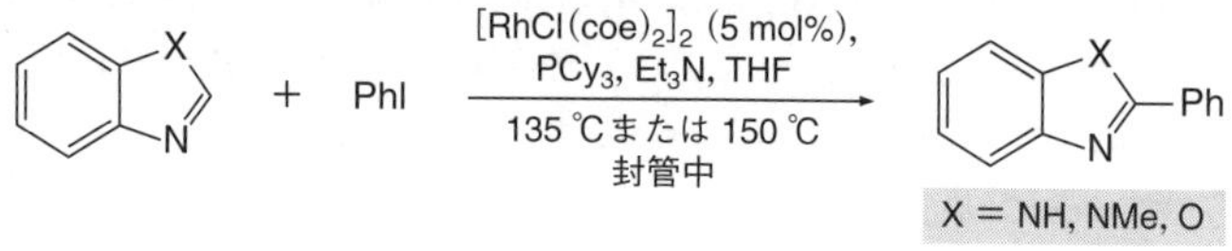

+ PhI　$[RhCl(coe)_2]_2$ (5 mol%), PCy_3, Et_3N, THF / 135 ℃または 150 ℃ 封管中　→ Ph　(19.144)

X = NH, NMe, O

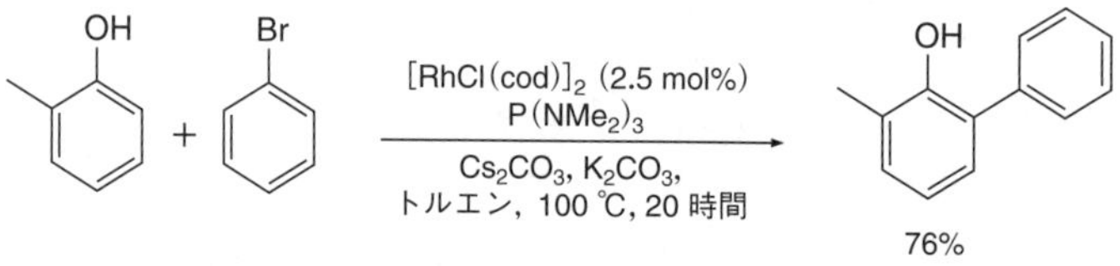

OH　+　Br　$[RhCl(cod)]_2$ (2.5 mol%) $P(NMe_2)_3$ / Cs_2CO_3, K_2CO_3, トルエン, 100 ℃, 20 時間　→ OH　(19.145)

76%

リールを求電子剤として用いて行われ，Rh(I) および Rh(III)中間体を含む触媒サイクルが提唱されている．また，アリール基源としてアリールボロン酸[731]，ナトリウムテトラフェニルボラート[731),734]，テトラフェニルスズ[735]のような求核剤を用いたロジウム触媒による直接アリール化反応も報告されている．これらの例では，まずフェニルロジウム種に配向基が配位した後に，オルトメタル化反応が進行して 5 員環メタラサイクル中間体が生じる（スキーム 19・18）．つづいて還元的脱離反応によってフェニル化体とロジウムヒドリド種が生じ，後者はベンゾフェノンイミン[731]や α-クロロ酢酸エステル[734]の還元に利用されて，触媒活性種が再生する．

直接アリール化反応の多くが，パラジウム，ロジウム，ルテニウム触媒を用いるものであるが，鉄や銅などの第一列遷移金属種を用いる研究もいくつか報告されている．たとえば，アリール亜鉛による 2-アリールピリジンの鉄触媒を用いる直接アリール化反応が報告されている（式 19.146）[736]．ハロゲン化アリール[737]または超原子価ヨウ素化合物[738]による芳香族ヘテロ環の直接アリール化反応（式 19.147）が，ハロゲン化銅によって触媒されることも報告されている．

スキーム 19・18

Ph_4BNa Ph_3B + NaCl [Rh^{I}]−Cl [Rh^{I}]−Ph NH_4Cl NH_3 [Rh^{I}]−H [Rh^{III}]

PhMgBr, $ZnCl_2$-TMEDA, $Fe(acac)_3$ (10 mol%) / $ClC(CH_3)_2CH_2Cl$, 1,10−フェナントロリン, THF, 0 ℃ → 99% (19.146)

CuI (10 mol%), DMF, LiO^{t}Bu, 140 ℃ → 90% (19.147)

19・9・4 直接アリール化反応の位置選択性

アレーン基質には金属中心と同等の速度で反応することのできる非等価なC−H結合が複数存在するので，直接アリール化反応の位置選択性の制御は通常容易ではない．この問題に対する解決策がいくつか検討されてきた．分子内反応により位置選択性を制御したり，あるいは分子間反応であっても配向基をもつアレーン基質を利用したり，立体的あるいは電子的に反応性の異なるC−H結合をもつアレーン基質を用いたりすることで反応を位置選択的に行うことができる．

$Pd(PPh_3)_2Cl_2$, NaOAc / DMA, 100 ℃ → 69% → → ジオンコフィリンC (19.148)

二つのアレーン部位がつながれた基質の分子内反応では，構造的な制限から位置選択的に反応が進行する．二つのアレーン部位を一時的につないでおくことにより，直接アリール化反応を位置選択的に行った例を式 19.148 に示す[739]．このジオンコフィリン (dioncophylline) C の合成において，分子内直接アリール化反応における二つの重要な側面を見ることができる．第一に，分子内アリール化反応は 5，6 員環（式 19.148 に示す）および 7 員環構築に適している．第二に，立体障害の少ない C−H 結合が選択的にアリール化される傾向がある．

位置選択的な分子間直接アリール化反応は，ある C−H 結合を優先して選択的に活性化できるような立体的環境にない場合には，特に挑戦的な課題である．しかし，これを克服する戦略がこれまでにいくつか報告されている（図 19・6）．最も よく利用される方法は配向基をもつアレーン基質を用いる手法である（図 19・6a，式 19.149，式 19.150 を見よ）[718),740]．

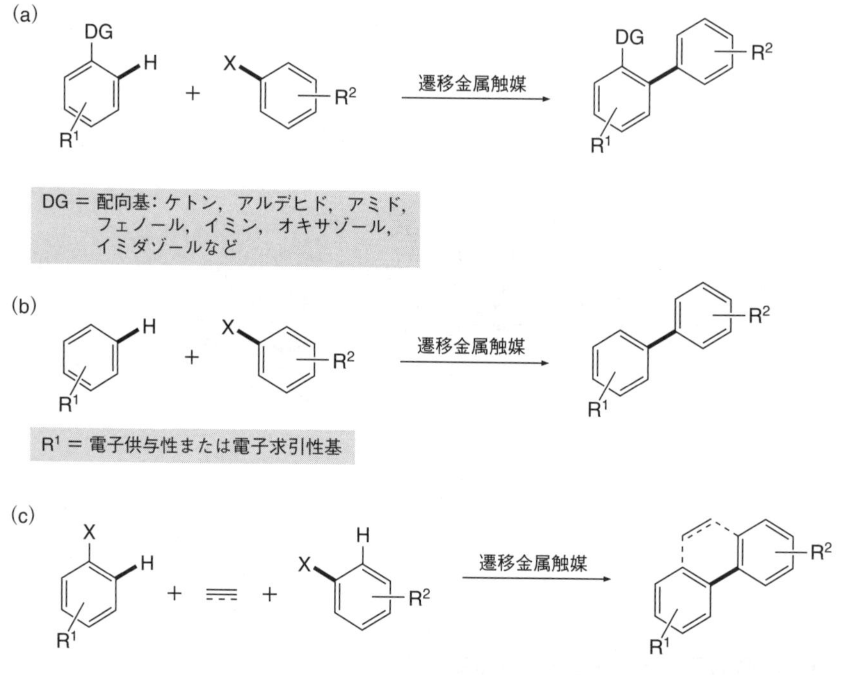

図 19・6　分子間直接アリール化反応における位置選択性制御の手法

(a)

DG，H，R¹，X，R²，遷移金属触媒，DG，R²，R¹

DG = 配向基：ケトン，アルデヒド，アミド，フェノール，イミン，オキサゾール，イミダゾールなど

(b)

H，R¹，X，R²，遷移金属触媒，R²，R¹

R¹ = 電子供与性または電子求引性基

(c)

X，H，R¹，X，H，R²，遷移金属触媒，R²，R¹

位置選択的 C−H 結合活性化のためのこの手法は，触媒的な C−H 結合官能基化に関連して 18 章でも述べたものである．配向基をもつアレーン基質は，オルト位に金属触媒を近づけ，C−H 結合活性化反応によって 5 あるいは 6 員環メタラサイクルを生じる（式 19.149 および

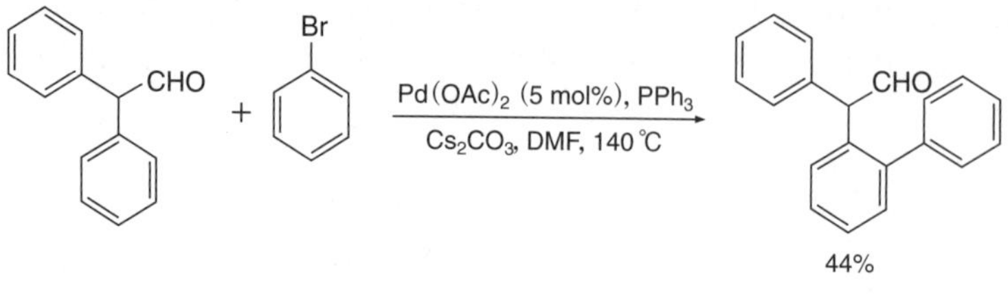

CHO，Br，$Pd(OAc)_2$ (5 mol%)，PPh_3，Cs_2CO_3, DMF, 140 ℃，CHO，44%　　(19.149)

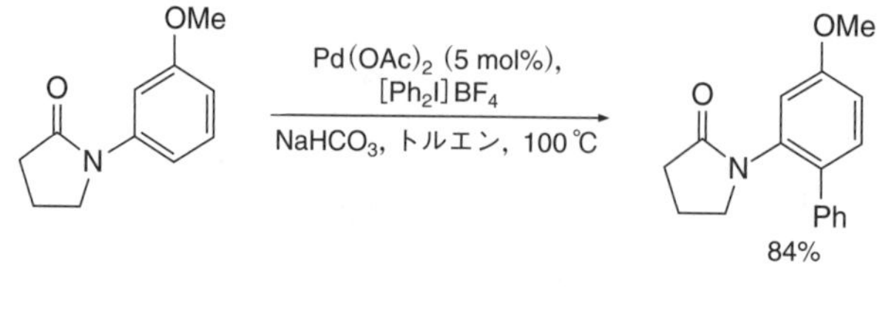

OMe，O，N，$Pd(OAc)_2$ (5 mol%)，$[Ph_2I]BF_4$，$NaHCO_3$，トルエン，100 ℃，OMe，O，N，Ph，84%　　(19.150)

式 19.150 を見よ）．オルト位 C−H が非等価な場合には，通常立体障害のより小さい側が活性化される．

配向基がない場合，アレーン基質の電子的な性質によって C−H 結合活性化反応の位置選択性を制御することができる（図 19・6b を見よ）．電子的環境の違いに基づいて，ある C−H 結合を他と区別して活性化するこの手法は，芳香族ヘテロ環化合物の反応において特によく利用されている．直接アリール化反応の位置選択性は，芳香族ヘテロ環固有の電子的性質に強く依存する．これを覆して位置選択性を自在に制御することは難しいが，反応溶媒を変えたり[701]，助触媒（たとえば，Cu(I)塩）を加えたり[713),741),742]，あるいは触媒[704] や基質[704),728),743] の立体障害によって，位置選択性を向上させたり，相補的に発現させたりできることが報告されている．直接カップリング反応に高い反応性を示す芳香族ヘテロ環の反応活性な位置を図 19・7 に示す．

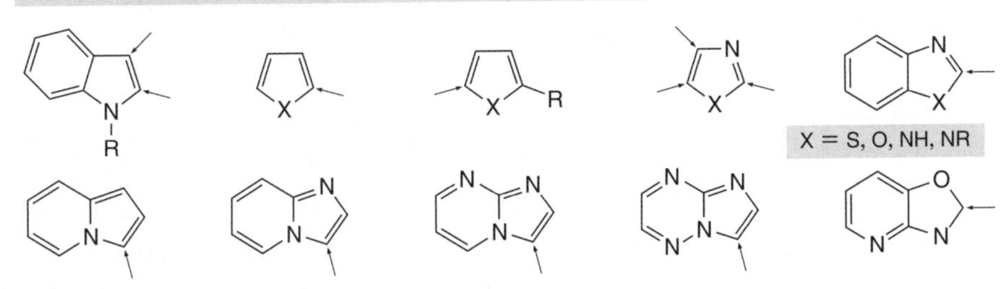

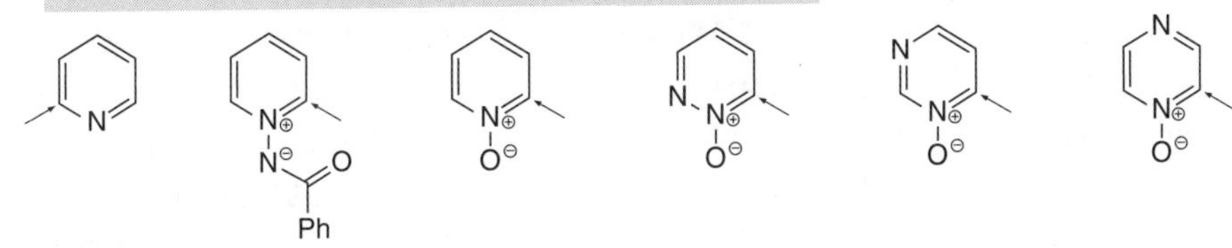

図 19・7 直接カップリング反応における芳香族ヘテロ環の最も活性な反応位置

あるC−H結合を選択的に活性化するような配向基や電子的偏りがないアレーン基質においても，アルケンやアルキンが反応に関与する過程を組込むことによってアルキルあるいはアルケニル金属種を系中で生じさせ，これらを配向基のように利用して，選択的にカップリングさせる手法が知られている（図 19・6c）．たとえば，パラジウム触媒存在下，ブロモベンゼンをノルボルネンと反応させると，ノルボルネン由来の骨格を含有したビアリール生成物が生じる反応が報告されているが，ここでアリール−アリール結合は，直接アリール化反応によって構築されている（式 19.151）[744),745]．この反応の提唱されている反応機構を式 19.152 に示す．まず，パラジウム(0) に対するブロモベンゼンの酸化的付加反応によって，臭化フェニルパラジウム錯体が生じる．高度にひずんだノルボルネンに対するフェニルパラジウム種のシン付加によって，シス-エキソ形のパラジウム中間体が生じる．これには，シン β 水素原子がないために求電子置換によるアリール C−H 結合への挿入が起こり，5 員環のパラダサイクルが生じる．このパラダサイクルに対して，ブロモベンゼンが酸化的付加してパラジウム(IV)中間体が生じ，還元的脱離反応によって中間体 **A** あるいは **B** が生じると

Br
$Pd(PPh_3)_4$ (10 mol%)
^{t}BuOK, アニソール, 105 ℃
65%

(19.151)

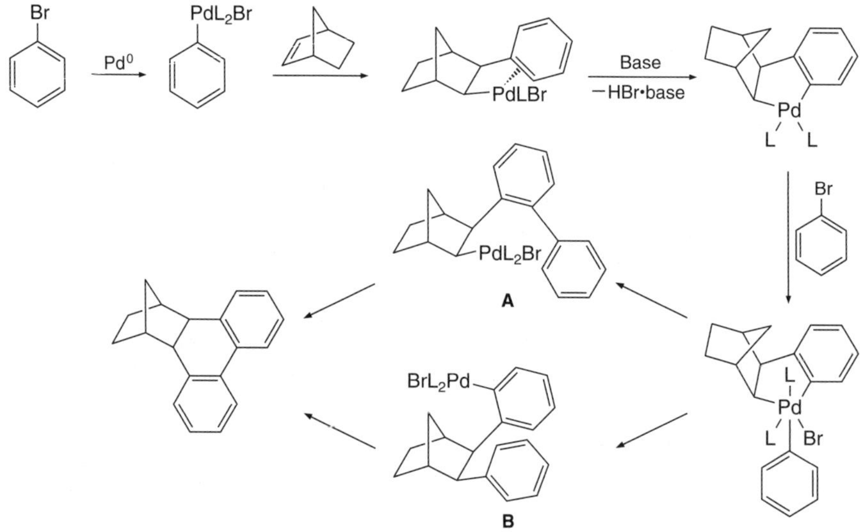

(19.152)

著者らは提唱している．最後に，**A** あるいは **B** の環化反応によって目的物が生じる[744]．ノルボルネン[744),745)]，ジシクロペンタジエン，ノルボルネノール，ノルボルネノン[746)]，インデン[747)]，ジヒドロナフタレントリカルボニルクロム(0)[748)]などのさまざまなひずみをもつアルケンがこの反応に用いられている．ノルボルネンを用いる反応は，Marta Catellani らによる最初の報告がきっかけとなって発展したため，しばしば Catellani カップリング反応 (Catellani coupling reaction) とよばれる[749)]．

この反応では，パラジウム(Ⅳ)種が中間体としてよく提唱されているが，パラジウム(Ⅱ)錯体へのハロゲン化アリールの酸化的付加反応に関する実験的証拠は得られていない．実際に Echavarren らは，パラジウム(Ⅳ)錯体を経ずに反応が進行する可能性を示唆している[750)]．彼らは，パラダサイクルに対するハロゲン化アリールの酸化的付加反応によってパラジウム(Ⅳ)中間体を経るのか（経路 **1**，スキーム 19・19），あるいは，ハロゲン化アリールのパラジウム(0) に対する酸化的付加反応によって生じたパラジウム(Ⅱ)錯体とパラダサイクル中間体との間でのトランスメタル化型のアリール基移動を経るのか（経路 **2**，スキーム 19・19）どうかを，モデル化合物に対する密度汎関数 (DFT) 法による理論化学計算によって検証している．その結果，この種のパラジウム触媒反応では，$C(sp^2)-C(sp^2)$ 結合形成反応は，パラジウム(Ⅳ)錯体を経由することなく進行することが示されている．

スキーム 19・19

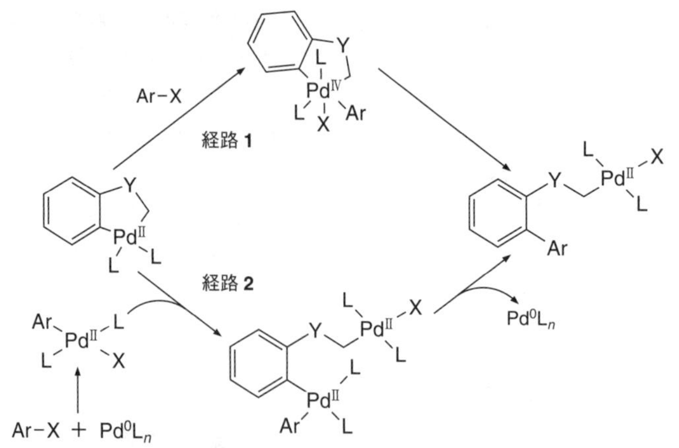

似たようなパラジウム触媒を用いる連続アリール化反応が，α, β-不飽和スルホン，スルホンアミド，ホスフィンオキシド，ホスホン酸エステルなどの鎖状アルケンでも進行する(式 19.153)[751]．これとは対照的に，α, β-不飽和エステルやエノンのような典型的な共役オレフィンは，Heck 反応生成物を生じる．直接アリール化反応は，アリール基や *t*-ブチル基のような大きな置換基をもつアリールアルキンを用いても行うことができる（式 19.154)[752]．

^{i}Pr, SO$_2$Ph, I, Pd(OAc)$_2$ (10 mol%), Ag$_2$CO$_3$, DMF, 120 ℃, Ph, ^{i}Pr, SO$_2$Ph, 69%

(19.153)

I, Pd(OAc)$_2$ (5 mol%), PPh$_3$, NaOAc, ^{n}Bu$_4$NCl, DMF, 100 ℃, Ph, 62%

(19.154)

このノルボルネンを介したパラジウム触媒を用いるカップリング反応は，オルト位に置換基をもつハロゲン化アリールを用いて，シアン化物イオンなどのカップリング剤共存下に行うこともできる（式 19.155)[753]．この場合，ノルボルネンは生成物に含まれない．シアン化物イオン，オレフィン，アリルアルコール，ジフェニルおよびアルキル(フェニル)アセチレン，アリールボロン酸，ヒドリド源，アミドなど，さまざまなカップリング剤を用いた例が報告されている[749]．まずヨウ化アリールのパラジウム(0)種への酸化的付加反応によってヨウ化アリールパラジウム中間体を生じる（スキーム 19・20)．つぎにノルボルネンに対するシン付加，オルト位アリール C−H 結合の活性化によって 5 員環パラダサイクルが生じる．このパラダサイクルに臭化アリールが酸化的付加して Pd(Ⅳ) 錯体が生じると提唱されている．還元的脱離反応によって，アリール−アリール結合が生成する．オルト位置換基による立体障害によって，ノルボルネンが脱離してアリールパラジウム種を生じ，これが続くカップリング反応に供される（ここではアリール−CN カップリング反応)．

I, +, Br, CF$_3$, Pd(OAc)$_2$, P(2-furyl)$_3$, Cs$_2$CO$_3$, K$_4$[Fe(CN)$_6$]・3H$_2$O, CH$_3$CN, マイクロ波照射, 130 ℃, CN, CF$_3$, 94%

(19.155)

19・9・5 直接アリール化反応の反応条件

直接カップリング反応において，塩基や溶媒の選択は非常に重要である．直接アリール化反応では，副生成物として酸が生じるため，基本的に塩基が必要である[754]．K_2CO_3, Cs_2CO_3, KOAc, KO^{t}Bu, CsOPiv などの無機塩がよく用いられている．塩基の種類によって収率や反応速度が異なるうえに，単に酸を中和するだけではなく，より直接的に反応に塩基が関与することを示唆するデータも報告されている[755),756]．ある反応系では，ジアリールパ

スキーム 19・20

ラジウム(II)中間体の生成に塩基が関与している可能性が示されている[755),756)]．§19・9・2で述べたように，この段階は，S_E3 反応あるいは協奏的メタル化-脱プロトン化反応によって進行すると考えられている（スキーム 19・16）．上述した炭酸塩のうち，他の塩基に比べ Cs_2CO_3 と CsOPiv が有機溶媒に対する溶解性が高く，最も有効でよく用いられている．

これらの反応は，DMF, DMA, CH_3CN, NMP, DMSO のような非プロトン性極性溶媒中で行われることが多い．しかし，トルエンやキシレンのような非極性溶媒も用いられている．これらの芳香族化合物は，配向基がなく，電子的に活性化されているわけでもないので，直接アリール化反応に関与する例は報告されていない．

このように直接アリール化反応は，有用な合成手法になりつつある．しかし，より一般的な形で位置選択性を制御できるようになる必要がある．さらには，より低温かつ高収率で反応を進行させる触媒も必要である．

19・10　触媒的な酸化的直接クロスカップリング反応

直接アリール化反応よりもさらに直截的なビアリール化合物合成反応は，活性化されていないアレーン基質二つのC−H結合をそれぞれカップリングさせる反応である．酸化的二量化反応（ホモカップリング）は，さまざまな芳香族および芳香族ヘテロ環化合物を用いて報告されている[757),758)]．一方，異なる不活性アレーン基質どうしのカップリング反応は（式 19.156），"酸化的アレーンクロスカップリング反応（oxidative arene cross-coupling）とよば

$$R^1\text{-}C_6H_4\text{-}H + H\text{-}C_6H_4\text{-}R^2 \xrightarrow{\text{遷移金属触媒}} R^1\text{-}C_6H_4\text{-}C_6H_4\text{-}R^2 \qquad (19.156)$$

れ，ホモカップリング反応を抑えてクロスカップリング生成物を選択的に得ること，C−H結合活性化の位置選択性を両方のアレーン基質において制御することという二つの難題を克服しなければ達成できない．

Fagnou らは，*N*-ピバロイルインドールと置換ベンゼンとのパラジウム触媒を用いる酸化的カップリング反応を通じて，この難題を部分的に克服している（式 19.157）[759]．この反応

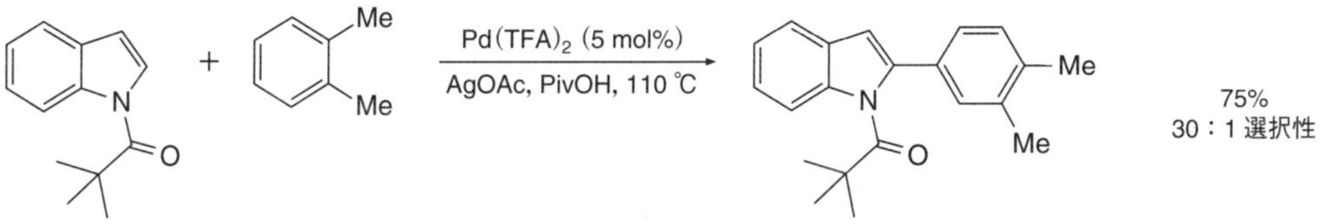

Pd(TFA)$_2$ (5 mol%)
AgOAc, PivOH, 110 ℃
75%
30：1 選択性
(19.157)

では，インドールとベンゼンの両方の基質において高い位置選択性が実現されている．ベンゼン側は，立体障害の少ない C−H 結合が活性化されるため高い位置選択性が発現している．インドール側の位置選択性発現の理由は，よくわかっていないが，式 19.157 に示す反応条件では，*N*-ピバロイルインドールにおいて高い C-2 選択性が達成されている[760]．DeBoef らも同時期に，さまざまな置換ベンゼンとベンゾフランあるいは *N*-アセチルインドールの 2 位でのパラジウム触媒を用いる酸化的クロスカップリング反応を報告している[761]．

Sanford らは，ベンゾ[*h*]キノリンと置換ベンゼンとの酸化的クロスカップリング反応を報告している（式 19.158）[762]．ここでも，両方のカップリング基質において高い位置選択性が

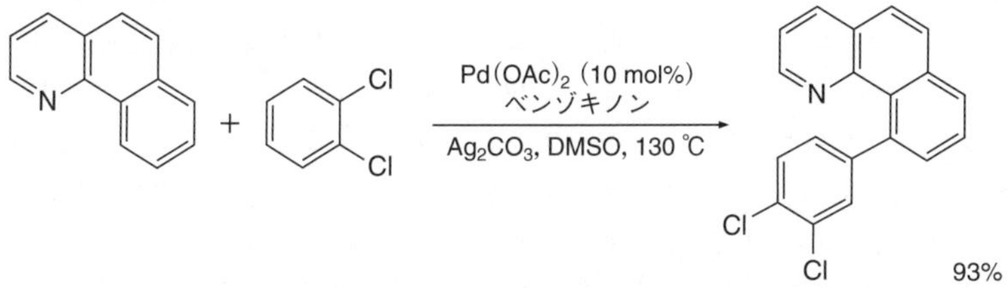

Pd(OAc)$_2$ (10 mol%)
ベンゾキノン
Ag_2CO_3, DMSO, 130 ℃
93%
(19.158)

発現している．ベンゾ[*h*]キノリンの窒素原子が触媒に配位することによって，10 位 C−H 結合が位置選択的に活性化される一方で，置換ベンゼン基質においては，立体障害の少ない C−H 結合が位置選択的に活性化される．ベンゾキノンのアシストによってベンゾ[*h*]キノリンの C−H 結合活性化がまず起こり（スキーム 19・21），次に置換ベンゼンの C−H 結合活性化が起こる．還元的脱離反応によってビアリール生成物を生じた後に，生じた Pd(0) 種が Ag_2CO_3 によって Pd(II) に酸化される．酸化的アレーンクロスカップリング反応に関するこれらの先駆的な報告は，ビアリール合成法としてのこの手法の可能性を示すものであるが，大過剰（30 から 100 当量）のアレーン基質が必要である，酸化のために化学量論量の銀塩を用いる必要があることが多い，用いるパラジウム触媒の量が多い，など現時点では制限も多い．

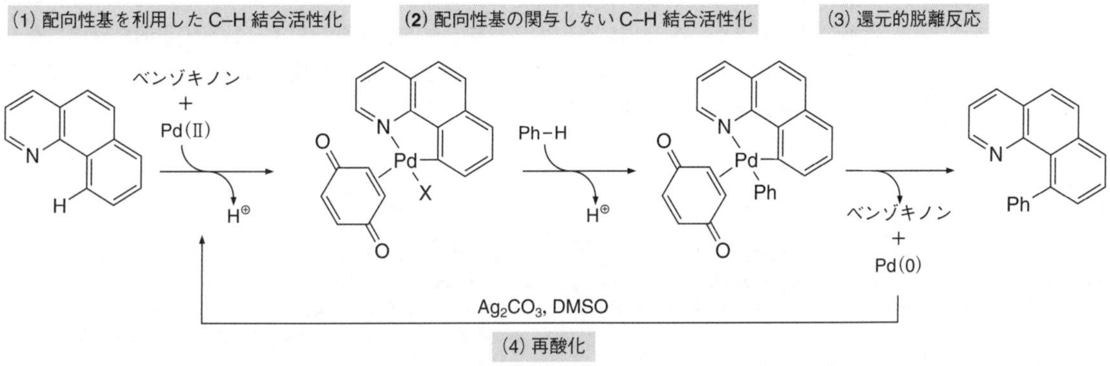

スキーム 19・21

19・11 まとめ

クロスカップリング反応では，ハロゲン化およびスルホン酸アリール，ビニル，アルキルと有機マグネシウム，亜鉛，スズ，ケイ素，ホウ素反応剤，エノラート，シアノアルキルアニオン，アミン，アルコール，チオール，ホスフィンまたはホスフィンオキシド/塩基との反応によって，炭素−炭素および炭素−ヘテロ原子結合の形成が可能である．17章で述べたエステル，アミドの合成法に加えて，一酸化炭素雰囲気下でのクロスカップリング反応によってケトンやアルデヒドを合成することができる．通常パラジウムやニッケルのホスフィン錯体がこれらの反応の触媒となるが，古典的な銅触媒反応が改良され，鉄やコバルト触媒によってもハロゲン化アルキルをカップリングできるようになるなど，クロスカップリング反応が最初に見つかったころと比べると非常に大きな進歩がみられる．ハロゲン化アリールや典型元素有機金属反応剤とアレーン基質との直接カップリング反応も大きく発展してきた．このような直接カップリング反応によって，アレーン基質の両方を活性化しておくことが必ずしも必要ではなくなった．

パラジウム触媒によるカップリング反応の各素過程については，よく研究され理解されているが，他のカップリング反応の反応機構については，まだよくわからないところも多い．パラジウム触媒反応は，有機ハロゲン化物あるいはスルホン酸エステルの酸化的付加反応から始まる．トランスメタル化反応によって典型金属反応剤の求核種が遷移金属中心に移動する．あるいは，エノラートやアミド，アルコキシド，チオラート，ホスフィドなどによる配位子置換反応によって，ハロゲン化物イオンやスルホン酸イオンが置換される．還元的脱離反応によって最終生成物が得られる．カルボニル化を伴うクロスカップリング反応では，トランスメタル化反応の前にCO挿入反応が進行する．ニッケル触媒によるクロスカップリング反応の反応機構は，まだあまりよくわかっていない．初期の研究によると，ホモカップリング反応は，ラジカル種とNi(I)やNi(III)錯体を経る酸化的付加反応によって進行する可能性が示されている．銅触媒によるクロスカップリング反応は，ハロゲン化アリールの酸化的付加反応よりもトランスメタル化反応が先に起こると思われる．鉄触媒によるクロスカップリング反応は，何らかの低原子価種（sub-valent）によって進行すると考えられている．

これらのクロスカップリング反応やカルボニル化を伴うクロスカップリング反応は，医薬品や天然物，有機材料から他の触媒反応のための配位子合成まで，広く応用されている．顕著な反応性をもつ触媒が開発されて，遷移金属触媒反応に対して不活性だと長年思われてきた塩化アリールや*p*-トルエンスルホン酸アリールまで反応できるようになった．通常これらの触媒は，立体的に嵩高く，電子供与性の高い配位子をもっている．同時に，ニッケル，鉄，コバルトなど第一列の遷移金属の単純な錯体が，塩化アリールや*p*-トルエンスルホン酸アリールのカップリング反応を穏和な条件下で触媒できるようになったが，これらの触媒系は特に大スケール合成において，パラジウム触媒系と同様に将来実用的なものになるであろう．全体としてこれらのカップリング反応は，有機合成において最も汎用されている有機金属触媒反応の一つとなっている．

文献および注

1. Bellina, F.; Carpita, A.; Rossi, R. *Synthesis* **2004**, 2419.
2. *Handbook of Organopalladium Chemistry for Organic Synthesis*; Negishi, E.-i., Ed.; Wiley-Interscience: New York, 2002; Vol. I, Chapter III.
3. Littke, A. F.; Fu, G. C. *Angew. Chem. Int. Ed.* **2002**, *41*, 4176.
4. Kotha, S.; Lahiri, K.; Kashinath, D. *Tetrahedron* **2002**, *58*, 9633.
5. Frost, C. G. In *Rodd's Chemistry of Carbon Compounds*, 2nd ed.; Elsevier: Amsterdam, 2001; Vol. 5, p 315.
6. Suzuki, A. *J. Organomet. Chem.* **1999**, *576*, 147.
7. Kingsbury, C. L.; Mehrman, S. J.; Takacs, J. M. *Curr. Org. Chem.* **1999**, *3*, 497.
8. Stanforth, S. P. *Tetrahedron* **1998**, *54*, 263.

9. *Metal-Catalyzed Cross-Coupling Reactions*; Diederich, F., Stang, P. J., Eds.; Wiley-VCH: Weinheim, 1998.
10. *Metal-Catalyzed Cross-Coupling Reactions*; de Meijere, A., Diederich, F., Eds.; Wiley-VCH: Weinheim, 2004.
11. Miyaura, N.; Suzuki, A. *Chem. Rev.* **1995**, *95*, 2457.
12. Stille, J. K. *Angew. Chem., Int. Ed. Engl.* **1986**, *25*, 508.
13. Tietze, L. F.; Ila, H.; Bell, H. P. *Chem. Rev.* **2004**, *104*, 3453.
14. Dounay, A. B.; Overman, L. E. *Chem. Rev.* **2003**, *103*, 2945.
15. Link, J. T. *Org. React.* **2002**, *60*, 157.
16. de Vries, J. G. *Can. J. Chem.* **2001**, *79*, 1086.
17. Beletskaya, I., P.; Cheprakov, A. V. *Chem. Rev.* **2000**, *100*, 3009.
18. Shibasaki, M.; Vogl, E. M. *J. Organomet. Chem.* **1999**, *576*, 1.
19. Demeijere, A.; Meyer, F. E. *Angew. Chem., Int. Ed. Engl.* **1995**, *33*, 2379.
20. Sakellarios, E.; Kyrimis, T. *Ber. Dtsch. Chem. Ges.* **1924**, *57B*, 322.
21. Kharasch, M. S.; Fields, E. K. *J. Am. Chem. Soc.* **1941**, *63*, 2316.
22. Rao, V. V. R.; Kumar, C. V.; Devaprabhakara, D. *J. Org. Chem.* **1979**, *179*, C7.
23. Hassan, J.; Sevignon, M.; Gozzi, C.; Schulz, E.; Lemaire, M. *Chem. Rev.* **2002**, *102*, 1359.
24. Song, Z. Z.; Wong, H. N. C. *J. Org. Chem.* **1994**, *59*, 33.
25. Moreno-Mañas, M.; Perez, M.; Pleixats, R. *J. Org. Chem.* **1996**, *61*, 2346.
26. Kang, S. K.; Kim, T. H.; Pyun, S. J. *J. Chem. Soc., Perkin Trans.* **1** *1997*, 797.
27. Smith, K. A.; Campi, E. M.; Jackson, W. R.; Marcuccio, S.; Naeslund, C. G. M.; Deacon, G. B. *Synlett* **1997**, 131.
28. Yamaguchi, S.; Ohno, S.; Tamao, K. *Synlett* **1997**, 1199.
29. Ishikawa, T.; Ogawa, A.; Hirao, T. *Organometallics* **1998**, *17*, 5713.
30. Inoue, A.; Kitagawa, K.; Shinokubo, H.; Oshima, K. *Tetrahedron* **2000**, *56*, 9601.
31. Kabalka, G. W.; Wang, L. *Tetrahedron Lett.* **2002**, *43*, 3067.
32. Koza, D. J.; Carita, E. *Synthesis* **2002**, 2183.
33. Yoshida, H.; Yamaryo, Y.; Ohshita, J.; Kunai, A. *Tetrahedron Lett.* **2003**, *44*, 1541.
34. Punna, S.; Diaz, D. D.; Finn, M. G. *Synlett* **2004**, 2351.
35. Nagano, T.; Hayashi, T. *Org. Lett.* **2005**, 7.
36. Tsuji, J.; Mandai, T. *Angew. Chem., Int. Ed. Engl.* **1996**, *34*, 2589.
37. Kuwano, R.; Kondo, Y.; Matsuyama, Y. *J. Am. Chem. Soc.* **2003**, *125*, 12104.
38. Tamao, K.; Sumitani, K.; Kumada, M. *J. Am. Chem. Soc.* **1972**, *94*, 4374.
39. Corriu, R. J. P.; Masse, J. P. *J. Chem. Soc., Chem. Commun.* **1972**, 144.
40. (a) Tamura, M.; Kochi, J. *J. Organomet. Chem.* **1971**, *31*, 289; (b) Tamura, M.; Kochi, J. *J. Am. Chem. Soc.* **1971**, *93*, 1487.
41. Kharasch, M. S.; Fields, E. K. *J. Am. Chem. Soc.* **1941**, *63*, 2316.
42. Kharasch, M. S.; Fuchs, C. F. *J. Am. Chem. Soc.* **1943**, *65*, 504.
43. Negishi, E.; King, A. O.; Okukado, N. *J. Org. Chem.* **1977**, *42*, 1821.
44. Negishi, E.-i.; Liu, F. In *Metal-Catalyzed Cross-Coupling Reactions*; Diederich, F., Stang, P. J., Eds.; Wiley-VCH: Weinheim, 1998; p 1.
45. Cassar, L. *J. Organomet. Chem.* **1975**, *93*, 253.
46. Dieck, H. A.; Heck, R. F. *J. Organomet. Chem.* **1975**, *93*, 259.
47. Sonogashira, K.; Tohda, Y.; Hagihara, N. *Tetrahedron Lett.* **1975**, *16*, 4467.
48. Yamamura, M.; Moritani, I.; Murahashi, S. I. *J. Organomet. Chem.* **1975**, *91*, C39.
49. Murahashi, S. I.; Yamamura, M.; Mita, N. *J. Org. Chem.* **1977**, *42*, 2870.
50. Murahashi, S. I.; Yamamura, M.; Yanagisawa, K.; Mita, N.; Kondo, K. *J. Org. Chem.* **1979**, *44*, 2408.
51. Kosugi, M.; Shimizu, Y.; Migita, T. *J. Organomet. Chem.* **1977**, *129*, C36.
52. Stille, J. K. *Pure Appl. Chem.* **1985**, *57*, 1771.
53. Hatanaka, Y.; Hiyama, T. *J. Org. Chem.* **1988**, *53*, 918.
54. Tamao, K.; Kobayashi, K.; Ito, Y. *Tetrahedron Lett.* **1989**, *30*, 6051.
55. Hiyama, T. In *Metal-Catalyzed Cross-Coupling Reactions*; Diederich, F., Stang, P. J., Eds.; Wiley-VCH: Weinheim, 1998; Chapter 10.
56. Mowery, M. E.; DeShong, P. *Org. Lett.* **1999**, *1*, 217.
57. Mowery, M. E.; DeShong, P. *J. Org. Chem.* **1999**, *64*, 3266.
58. Mowery, M. E.; DeShong, P. *J. Org. Chem.* **1999**, *64*, 1684.
59. Lee, H. M.; Nolan, S. P. *Org. Lett.* **2000**, *2*, 2053.
60. Denmark, S. E.; Sweis, R. F. *Acc. Chem. Res.* **2002**, *35*, 835.
61. Miyaura, N.; Yamada, K.; Suzuki, A. *Tetrahedron Lett.* **1979**, *36*, 3437.
62. Miyaura, N.; Suginome, H.; Suzuki, A. *Tetrahedron Lett.* **1981**, *22*, 127.
63. Miyaura, N.; Yamada, K.; Sufinome, H.; Suzuki, A. *J. Am. Chem. Soc.* **1985**, *107*, 972.
64. Suzuki, A. In *Metal-Catalyzed Cross-Coupling Reactions*; Diederich, F., Stang, P. J., Eds.; Wiley-VCH: New York, 1998; Chapter 2.
65. Molander, G. A.; Bernardi, C. R. *J. Org. Chem.* **2002**, *67*, 8424.
66. Molander, G. A.; Katona, B. W.; Machrouhi, F. *J. Org. Chem.* **2002**, *67*, 8416.
67. Molander, G. A.; Yun, C. S. *Tetrahedron* **2002**, *58*, 1465.
68. Molander, G. A.; Ito, T. *Org. Lett.* **2001**, *3*, 393.
69. Vedejs, E.; Chapman, R. W.; Fields, S. C.; Lin, S.; Schrimpf, M. R. *J. Org. Chem.* **1995**, *60*, 3020.
70. Alami, M.; Ferri, F.; Linstrumelle, G. *Tetrahedron Lett.* **1993**, *34*, 6403.
71. Sonogashira, K. In *Handbook of Organopalladium Chemistry for Organic Synthesis*; Negishi, E.-i., Ed.; Wiley-Interscience: New York, 2002; Vol. 1, p 493.
72. Sonogashira, K. In *Metal-Catalyzed Cross-Coupling Reactions*; Diederich, F., Stang, P. J., Eds.; Wiley-VCH: New York, 1998; Chapter 5.
73. Culkin, D. A.; Hartwig, J. F. *Acc. Chem. Res.* **2003**, *36*, 234.
74. Miura, M.; Nomura, M. *Top. Curr. Chem.* **2002**, *219*, 211.
75. Hamann, B. C.; Hartwig, J. F. *J. Am. Chem. Soc.* **1997**, *119*, 12382.
76. Kawatsura, M.; Hartwig, J. F. *J. Am. Chem. Soc.* **1999**, *121*, 1473.
77. Palucki, M.; Buchwald, S. L. *J. Am. Chem. Soc.* **1997**, *119*, 11108.
78. Åhman, J.; Wolfe, J. P.; Troutman, M. V.; Palucki, M.; Buchwald, S. L. *J. Am. Chem. Soc.* **1998**, *120*, 1918.
79. Fox, J. M.; Huang, X. H.; Chieffi, A.; Buchwald, S. L. *J. Am. Chem. Soc.* **2000**, *122*, 1360.
80. Lee, S.; Beare, N. A.; Hartwig, J. F. *J. Am. Chem. Soc.* **2001**, *123*, 8410.
81. Jørgensen, M.; Liu, X.; Wolkowski, J. P.; Hartwig, J. F. *J. Am. Chem. Soc.* **2002**, *124*, 12557.
82. Hama, T.; Liu, X.; Culkin, D.; Hartwig, J. F. *J. Am. Chem. Soc.* **2003**, *125*, 11176.
83. Liu, X.; Hartwig, J. F. *J. Am. Chem. Soc.* **2004**, *126*, 5182.
84. Moradi, W. A.; Buchwald, S. L. *J. Am. Chem. Soc.* **2001**, *123*, 7996.
85. Spielvogel, D. J.; Buchwald, S. L. *J. Am. Chem. Soc.* **2002**, *124*, 3500.
86. Shaughnessy, K. H.; Hamann, B. C.; Hartwig, J. F. *J. Org. Chem.* **1998**, *63*, 6546.
87. Lee, S.; Hartwig, J. *J. Org. Chem.* **2001**, *66*, 3402.
88. Cossy, J.; de Filippis, A.; Pardo, D. G. *Org. Lett.* **2003**, *5*, 3037.
89. de Filippis, A.; Pardo, D. G.; Cossy, J. *Tetrahedron* **2004**, *60*, 9757.
90. Terao, Y.; Fukuoka, Y.; Satoh, T.; Miura, M.; Nomura, M. *Tetrahedron Lett.* **2002**, *43*, 101.

91. Martin, R.; Buchwald, S. L. *Angew. Chem. Int. Ed.* **2007**, *46*, 7236.
92. Vo, G. D.; Hartwig, J. F. *Angew. Chem. Int. Ed.* **2008**, *47*, 2127.
93. You, J. S.; Verkade, J. G. *Angew. Chem. Int. Ed.* **2003**, *42*, 5051.
94. You, J. S.; Verkade, J. G. *J. Org. Chem.* **2003**, *68*, 8003.
95. Gao, C. W.; Tao, X. C.; Qian, Y. L.; Huang, J. L. *Chem. Commun.* **2003**, 1444.
96. Culkin, D. A.; Hartwig, J. F. *J. Am. Chem. Soc.* **2002**, *124*, 234.
97. Satoh, T.; Inoh, J.; Kawamura, Y.; Kawamura, Y.; Miura, M.; Nomura, M. *Bull. Chem. Soc. Jpn.* **1998**, *71*, 2239.
98. Beare, N. A.; Hartwig, J. F. *J. Org. Chem.* **2002**, *67*, 541.
99. Aramendia, M. A.; Borau, V.; Jimenez, C.; Marinas, J. M.; Ruiz, J. R.; Urbano, F. J. *Tetrahedron Lett.* **2002**, *43*, 2847.
100. Kondo, Y.; Inamoto, K.; Uchiyama, M.; Sakamoto, T. *Chem. Commun.* **2001**, 2704.
101. Djakovitch, L.; Kohler, K. *J. Organomet. Chem.* **2000**, *606*, 101.
102. Soai, K.; Yokoyama, S.; Hayasaka, T.; Ebihara, K. *J. Org. Chem.* **1988**, *53*, 4149.
103. Stauffer, S. R.; Beare, N.; Stambuli, J. P.; Hartwig, J. F. *J. Am. Chem. Soc.* **2001**, *123*, 4641.
104. Vogl, E. M.; Buchwald, S. L. *J. Org. Chem.* **2002**, *67*, 106.
105. Chae, J.; Yun, J.; Buchwald, S. L. *Org. Lett.* **2004**, *6*, 4809.
106. Chieffi, A.; Kamikawa, K.; Ahman, J.; Fox, J. M.; Buchwald, S. L. *Org. Lett.* **2001**, *3*, 1897.
107. Liao, X.; Weng, Z.; Hartwig, J. F. *J. Am. Chem. Soc.* **2008**, *130*, 195.
108. Giovannini, R.; Studemann, T.; Dussin, G.; Knochel, P. *Angew. Chem. Int. Ed.* **1998**, *37*, 2387.
109. Giovannini, R.; Studemann, T.; Devasagayaraj, A.; Dussin, G.; Knochel, P. *J. Org. Chem.* **1999**, *64*, 3544.
110. Terao, J.; Watanabe, H.; Ikumi, A.; Kuniyasu, H.; Kambe, N. *J. Am. Chem. Soc.* **2002**, *124*, 4222.
111. Zhou, J. R.; Fu, G. C. *J. Am. Chem. Soc.* **2003**, *125*, 14726.
112. Netherton, M. R.; Dai, C. Y.; Neuschutz, K.; Fu, G. C. *J. Am. Chem. Soc.* **2001**, *123*, 10099.
113. Kirchhoff, J. H.; Dai, C.; Fu, G. C. *Angew. Chem. Int. Ed.* **2002**, *41*, 1945.
114. Netherton, M. R.; Fu, G. C. *Angew. Chem. Int. Ed.* **2002**, *41*, 3910.
115. Kirchhoff, J.; Netherton, M. R.; Hills, I.; Fu, G. *J. Am. Chem. Soc.* **2002**, *124*, 13662.
116. Zhou, J. R.; Fu, G. C. *J. Am. Chem. Soc.* **2003**, *125*, 12527.
117. Wiskur, S. L.; Korte, A.; Fu, G. C. *J. Am. Chem. Soc.* **2004**, *126*, 82.
118. Menzel, K.; Fu, G. C. *J. Am. Chem. Soc.* **2003**, *125*, 3718.
119. González-Bobes, F.; Fu, G. C. *J. Am. Chem. Soc.* **2006**, *128*, 5360.
120. Strotman, N. A.; Sommer, S.; Fu, G. C. *Angew. Chem. Int. Ed.* **2007**, *46*, 3556.
121. Arp, F. O.; Fu, G. C. *J. Am. Chem. Soc.* **2005**, *127*, 10482.
122. Saito, B.; Fu, G. C. *J. Am. Chem. Soc.* **2007**, *129*, 9602.
123. Nakamura, M.; Matsuo, K.; Ito, S.; Nakamura, E. *J. Am. Chem. Soc.* **2004**, *126*, 3686.
124. Martin, R.; Furstner, A. *Angew. Chem. Int. Ed.* **2004**, *43*, 3955.
125. Duplais, C.; Bures, F.; Sapountzis, I.; Korn, T. J.; Cahiez, G.; Knochel, P. *Angew. Chem. Int. Ed.* **2004**, *43*, 2968.
126. Furstner, A.; Mendez, M. *Angew. Chem. Int. Ed.* **2003**, *42*, 5355.
127. Quintin, J.; Franck, X.; Hocquemiller, R.; Figadere, B. *Tetrahedron Lett.* **2002**, *43*, 3547.
128. Furstner, A.; Leitner, A.; Mendez, M.; Krause, H. *J. Am. Chem. Soc.* **2002**, *124*, 13856.
129. Furstner, A.; Leitner, A. *Angew. Chem., Int. Ed. Engl.* **2002**, *41*, 609.
130. Cahiez, G.; Avedissian, H. *Synthesis* **1998**, 1199.
131. Dohle, W.; Kopp, F.; Cahiez, G.; Knochel, P. *Synlett* **2001**, 1901.
132. Cahiez, G.; Marquais, S. *Tetrahedron Lett.* **1996**, *37*, 1773.
133. Tamura, M.; Kochi, J. K. *J. Am. Chem. Soc.* **1971**, *93*, 1487.
134. Kochi, J. K. *Acc. Chem. Res.* **1974**, *7*, 351.
135. Neumann, S. M.; Kochi, J. K. *J. Org. Chem.* **1975**, *40*, 599.
136. Smith, R. S.; Kochi, J. K. *J. Org. Chem.* **1976**, *41*, 502.
137. Molander, G. A.; Rahn, B. J.; Shubert, D. C.; Bonde, S. E. *Tetrahedron Lett.* **1983**, *24*, 5449.
138. Mizoroki, T.; Mori, K.; Ozaki, A. *Bull. Chem. Soc. Jpn.* **1971**, *44*, 581.
139. Mori, K.; Mizoroki, T.; Ozaki, A. *Bull. Chem. Soc. Jpn.* **1973**, *46*, 1505.
140. Heck, R. F.; Nolley, J. P. *J. Org. Chem.* **1972**, *37*, 2320.
141. Heck, R. F. *Acc. Chem. Res.* **1979**, *12*, 146.
142. Tucker, C. E.; de Vries, J. G. *Top. Catal.* **2002**, *19*, 111.
143. Brase, S.; de Meijere, A. In *Handbook of Organopalladium Chemistry for Organic Synthesis*; Negishi, E.-i., Ed.; Wiley-Interscience: New York, 2002; Vol. 1, p 1123.
144. Brase, S.; de Meijere, A. In *Metal-Catalyzed Cross-Coupling Reactions*; Diederich, F., Stang, P. J., Eds.; Wiley-VCH: New York, 1998; Chapter 3.
145. McChesney, J. *Spec. Chem.* **1999**, *6*, 98.
146. Lin, R. W.; Herndon, R.; Allen, R. H.; Chockalingham, K. C.; Focht, G.D.; Roy, R. K. World Patent WO 98/30529, 1998.
147. Wu, T.-C. U.S. Patent 5,536,870, 1996.
148. Wu, T.-C. U.S. Patent 5,315,026, 1994.
149. Gurtler, C.; Buchwald, S. L. *Chem. Eur. J.* **1999**, *5*, 3107.
150. Firmansjah, L.; Fu, G. C. *J. Am. Chem. Soc.* **2007**, *129*, 11340.
151. Glorius, F. *Tetrahedron Lett.* **2003**, *44*, 5751.
152. Cassar, L. *J. Organomet. Chem.* **1973**, *54*, C57.
153. Takagi, K.; Okamoto, T.; Sakakiba.Y; Oka, S. *Chem. Lett.* **1973**, 471.
154. Cassar, L.; Ferrara, S.; Foa, M. *Adv. Chem. Ser.* **1974**, 252.
155. Cassar, L.; Foa, M.; Montanari, F.; Marinelli, G. P. *J. Organomet. Chem.* **1979**, *173*, 335.
156. Sakakibara, Y.; Okuda, F.; Shimobayashi, A.; Kirino, K.; Sakai, M.; Uchino, N.; Takagi, K. *Bull. Chem. Soc. Jpn.* **1988**, *61*, 1985.
157. Chambers, M. R. I.; Widdowson, D. A. *J. Chem. Soc., Perkin Trans. 1* **1989**, 1365.
158. Takagi, K.; Sakakibara, Y. *Chem. Lett.* **1989**, 1957.
159. Sakakibara, Y.; Ido, Y.; Sasaki, K.; Sakai, M.; Uchino, N. *Bull. Chem. Soc. Jpn.* **1993**, *66*, 2776.
160. Kubota, H.; Rice, K. C. *Tetrahedron Lett.* **1998**, *39*, 2907.
161. Sakamoto, T.; Ohsawa, K. *J. Chem. Soc., Perkin Trans. 1* **1999**, 2323.
162. Jin, F. Q.; Confalone, P. N. *Tetrahedron Lett.* **2000**, 41, 3271.
163. Sundermeier, M.; Mutyala, S.; Zapf, A.; Spannenberg, A.; Beller, M. *J. Organomet. Chem.* **2003**, *684*, 50.
164. Sundermeier, M.; Zapf, A.; Beller, M. *Eur. J. Inorg. Chem.* **2003**, 3513.
165. Sundermeier, M.; Zapf, A.; Beller, M. *Angew. Chem. Int. Ed.* **2003**, *42*, 1661.
166. Sundermeier, M.; Zapf, A.; Mutyala, S.; Baumann, W.; Sans, J.; Weiss, S.; Beller, M. *Chem. Eur. J.* **2003**, *9*, 1828.
167. Schareina, T.; Zapf, A.; Beller, M. *J. Organomet. Chem.* **2004**, *689*, 4576.
168. Schareina, T.; Zapf, A.; Beller, M. *Chem. Commun.* **2004**, 1388.
169. Weissman, S. A.; Zewge, D.; Chen, C. *J. Org. Chem.* **2005**, *70*, 1508.
170. Sundermeier, M.; Zapf, A.; Beller, M. *Angew. Chem. Int. Ed.* **2003**, *42*, 1661.
171. Hayashi, T.; Tajika, M.; Tamao, K.; Kumada, M. *J. Am. Chem. Soc.* **1976**, *98*, 3718.
172. Hayashi, T.; Konishi, M.; Fukushima, M.; Mise, T.; Kagotani, M.;

Tajika, M.; Kumada, M. *J. Am. Chem. Soc.* **1982**, *104*, 180.
173. Hayashi, T.; Hagihara, T.; Katsuro, Y.; Kumada, M. *Bull. Chem. Soc. Jpn.* **1983**, *56*, 363.
174. Hayashi, T.; Konishi, M.; Okamoto, Y.; Kabeta, K.; Kumanda, M. *J. Org. Chem.* **1986**, *51*, 3772.
175. Hayashi, T.; Yamamoto, A.; Hojo, M.; Ito, Y. *J. Chem. Soc., Chem. Commun.* **1989**, 495.
176. Hamada, T.; Chieffi, A.; Ahman, J.; Buchwald, S. L. *J. Am. Chem. Soc.* **2002**, *124*, 1261.
177. Kamikawa, T.; Hayashi, T. *Tetrahedron* **1999**, *55*, 3455.
178. Kamikawa, T.; Uozumi, Y.; Hayashi, T. *Tetrahedron Lett.* **1996**, *37*, 3161.
179. Yin, J. J.; Buchwald, S. L. *J. Am. Chem. Soc.* **2000**, *122*, 12051.
180. Cammidge, A. N.; Crepy, K. V. L. *Chem. Commun.* **2000**, 1723.
181. Shimada, T.; Cho, Y. H.; Hayashi, T. *J. Am. Chem. Soc.* **2002**, *124*, 13396.
182. Jensen, J. F.; Johannsen, M. *Org. Lett.* **2003**, *5*, 3025.
183. Shibasaki, M.; Boden, C. D. J.; Kojima, A. *Tetrahedron* **1997**, 7371.
184. Hayashi, T.; Konishi, M.; Fukushima, M.; Kanehira, K.; Hioki, T.; Kumada, M. *J. Org. Chem.* **1983**, *48*, 2195.
185. Hayashi, T.; Fukushima, M.; Konishi, M.; Kumada, M. *Tetrahedron Lett.* **1980**, *21*, 79.
186. Griffin, J. H.; Kellogg, R. M. *J. Org. Chem.* **1985**, *50*, 3261.
187. Vriesema, B. K.; Kellogg, R. M. *Tetrahedron Lett.* **1986**, *27*, 2049.
188. Cho, S. Y.; Shibasaki, M. *Tetrahedron: Asymmetry* **1998**, *9*, 3751.
189. Willis, M. C.; Powell, L. H. W.; Claverie, C. K.; Watson, S. J. *Angew. Chem. Int. Ed.* **2004**, *43*, 1249.
190. Hayashi, T.; Hayashizaki, K.; Kiyoi, T.; Ito, Y. *J. Am. Chem. Soc.* **1988**, *110*, 8153.
191. (a) Sato, Y.; Sodeoka, M.; Shibasaki, M. *J. Org. Chem.* **1989**, *54*, 4738; (b) Sato, Y.; Watanabe, S.; Shibasaki, M. *Tetrahedron Lett.* **1992**, *33*, 2589.
192. Carpenter, N. E.; Kucera, D. J.; Overman, L. E. *J. Org. Chem.* **1989**, *54*, 5846.
193. Loiseleur, O.; Hayashi, M.; Keenan, M.; Schmees, N.; Pfaltz, A. *J. Organomet. Chem.* **1999**, *576*, 16.
194. Loiseleur, O.; Hayashi, M.; Schmees, N.; Pfaltz, A. *Synthesis* **1997**, 1338.
195. Ozawa, F.; Kobatake, Y.; Hayashi, T. *Tetrahedron Lett.* **1993**, *34*, 2505.
196. Loiseleur, O.; Meier, P.; Pfaltz, A. *Angew. Chem., Int. Ed. Engl.* **1996**, *35*, 200.
197. Ashimori, A.; Bachand, B.; Overman, L. E.; Poon, D. J. *J. Am. Chem. Soc.* **1998**, *120*, 6477.
198. Ashimori, A.; Bachand, B.; Calter, M. A.; Govek, S. P.; Overman, L. E.; Poon, D. J. *J. Am. Chem. Soc.* **1998**, *120*, 6488.
199. Overman, L. E.; Poon, D. J. *Angew. Chem., Int. Ed. Engl.* **1997**, *36*, 518.
200. この異性化によって，生成物である両エナンチオマーの速度論的光学分割が起こる可能性がある．したがって，一方のエナンチオマーの収率とエナンチオ選択性が高くない場合，分子間 Heck 反応全体のエナンチオ選択性は，速度論的な選択性とは一致しない可能性がある．
201. Tsou, T. T.; Kochi, J. K. *J. Am. Chem. Soc.* **1979**, *101*, 7547.
202. Hills, I. D.; Fu, G. C. *J. Am. Chem. Soc.* **2004**, *126*, 13178.
203. Bedford, R. B. *Chem. Commun.* **2003**, 1787.
204. Herrmann, W. A.; Brossmer, C.; Öfele, K.; Reisinger, C.-P.; Priermeier, T.; Beller, M.; Fischer, H. *Angew. Chem., Int. Ed. Engl.* **1995**, *34*, 1844.
205. Beller, M.; Fischer, H.; Herrmann, W. A.; Öfele, K.; Brossmer, C. *Angew. Chem., Int. Ed. Engl.* **1995**, *34*, 1848.
206. Louie, J.; Hartwig, J. F. *Angew. Chem., Int. Ed. Engl.* **1996**, *35*, 2359.
207. Herrmann, W. A.; Brossmer, C.; Reisinger, C.-P.; Riermeier, T. H.; Öfele, K.; Beller, M. *Chem. Eur. J.* **1997**, *3*, 1357.
208. Rosner, T.; Le Bars, J.; Pfaltz, A.; Blackmond, D. G. *J. Am. Chem. Soc.* **2001**, *123*, 1848.
209. Ohff, M.; Ohff, A.; van der Boom, M. E.; Milstein, D. *J. Am. Chem. Soc.* **1997**, *119*, 11687.
210. Littke, A. F.; Fu, G. C. *J. Am. Chem. Soc.* **2001**, *123*, 6989.
211. Stambuli, J. P.; Stauffer, S. R.; Shaughnessy, K. H.; Hartwig, J. F. *J. Am. Chem. Soc.* **2001**, *123*, 2677.
212. Fauvarque, J.-F.; Pflüger, F. *J. Organomet. Chem.* **1981**, *208*, 419.
213. Amatore, C.; Pflüger, F. *Organometallics* **1990**, *9*, 2276.
214. Hartwig, J. F.; Paul, F. *J. Am. Chem. Soc.* **1995**, *117*, 5373.
215. Littke, A.; Dai, C.; Fu, G. *J. Am. Chem. Soc.* **2000**, *122*, 4020.
216. Reetz, M. T.; Westermann, E. *Angew. Chem. Int. Ed.* **2000**, *39*, 165.
217. Farina, V. *Adv. Synth. Catal.* **2004**, *346*, 1553.
218. Beletskaya, I. P.; Cheprakov, A. V. *J. Organomet. Chem.* **2004**, *689*, 4055.
219. Reetz, M. T.; de Vries, J. G. *Chem. Commun.* **2004**, 1559.
220. Caddick, S.; Geoffrey, F.; Cloke, N.; Hitchcock, P. B.; Leonard, J.; Lewis, A. K. D.; McKerrecher, D.; Titcomb, L. R. *Organometallics* **2002**, *21*, 4318.
221. Portnoy, M.; Milstein, D. *Organometallics* **1993**, *12*, 1665.
222. Barios-Landeros, F.; Hartwig, J. F. *J. Am. Chem. Soc.* **2005**, *127*, 6944.
223. Yin, J. J.; Rainka, M. P.; Zhang, X. X.; Buchwald, S. L. *J. Am. Chem. Soc.* **2002**, *124*, 1162.
224. Bedford, R. B.; Welch, S. L. *Chem. Commun.* **2001**, 129.
225. Walker, S. D.; Barder, T. E.; Martinelli, J. R.; Buchwald, S. L. *Angew. Chem. Int. Ed.* **2004**, *43*, 1871.
226. Hidai, M.; Kashiwag.T; Ikeuchi, T.; Uchida, Y. *J. Organomet. Chem.* **1971**, *30*, 279.
227. Tang, Z. Y.; Hu, Q. S. *J. Am. Chem. Soc.* **2004**, *126*, 3058.
228. Percec, V.; Bae, J.; Hill, D. H. *J. Org. Chem.* **1995**, *60*, 1060.
229. Percec, V.; Golding, G. M.; Smidrkal, J.; Weichold, O. *J. Org. Chem.* **2004**, *69*, 7790.
230. Percec, V.; Golding, G. M.; Smidrkal, J.; Weichold, O. *J. Org. Chem.* **2004**, *69*, 3447.
231. Amatore, C.; Jutand, A.; Suarez, A. *J. Am. Chem. Soc.* **1993**, *115*, 9531.
232. Amatore, C.; Jutand, A.; Khalil, F.; M'Barki, M. A.; Mottier, L. *Organometallics* **1993**, *12*, 3168.
233. Amatore, C.; Carré, E.; Jutand, A.; M'Barki, M.; Meyer, G. *Organometallics* **1995**, *14*, 5605.
234. Amatore, C.; Carré, E.; Jutand, A.; Tanaka, H.; Ren, Q.; Torii, S. *Chem. Eur. J.* **1996**, *2*, 957.
235. Amatore, C.; Broeker, G.; Jutand, A.; Khalil, F. *J. Am. Chem. Soc.* **1997**, *119*, 5176.
236. Amatore, C.; Carré, E.; Jutand, A. *Acta Chem. Scand.* **1998**, *52*, 100.
237. Amatore, C.; Jutand, A.; Mottier, L. *Eur. J. Inorg. Chem.* **1999**, 1081.
238. Amatore, C.; Jutand, A.; M'Barki, M. A.; Meyer, G.; Mottier, L. *Eur. J. Inorg. Chem.* **2001**, 873.
239. Roy, A. H.; Hartwig, J. F. *Organometallics* **2004**, *23*, 194.
240. Amatore, C.; Jutand, A. *Acc. Chem. Res.* **2000**, *33*, 314.
241. Mateo, C.; Fernandez-Rivas, C.; Echavarren, A. M.; Cardenas, D. J. *Organometallics* **1997**, *16*, 1997.
242. Hagiwara, E.; Gouda, K.-i.; Hatanaka, Y.; Hiyama, T. *Tetrahedron*

Lett. **1997**, *38*, 439.
243. Denmark, S. E.; Kallemeyn, J. M. *Org. Lett.* **2003**, *5*, 3483.
244. Denmark, S. E.; Sweis, R. F. *J. Am. Chem. Soc.* **2001**, *123*, 6439.
245. Denmark, S. E.; Sweis, R. F. *J. Am. Chem. Soc.* **2004**, *126*, 4876.
246. Denmark, S. E.; Sweis, R. F.; Wehrli, D. *J. Am. Chem. Soc.* **2004**, *126*, 4865.
247. Matos, K.; Soderquist, J. A. *J. Org. Chem.* **1998**, *63*, 461.
248. Ridgway, B. H.; Woerpel, K. A. *J. Org. Chem.* **1998**, *63*, 458.
249. Miyaura, N. *Top. Curr. Chem.* **2002**, *219*, 11.
250. Casado, A. L.; Espinet, P. *J. Am. Chem. Soc.* **1998**, *120*, 8978.
251. Casares, J. A.; Espinet, P.; Salas, G. *Chem. Eur. J.* **2002**, *8*, 4843.
252. Cárdenas, D. J.; Mateo, C.; Echavarren, A. M. *Angew. Chem., Int. Ed. Engl.* **1994**, *33*, 2445.
253. Mateo, C.; Cardenas, D. J.; Fernández-Rivas, C.; Echavarren, A. M. *Chem. Eur. J.* **1996**, *2*, 1596.
254. Ricci, A.; Angelucci, F.; Bassetti, M.; Lo Sterzo, C. *J. Am. Chem. Soc.* **2002**, 1060.
255. Cotter, W. D.; Barbour, L.; McNamara, K. L.; Hechter, R.; Lachicotte, R. J. *J. Am. Chem. Soc.* **1998**, *120*, 11016.
256. Farina, V.; Krishnan, B. *J. Am. Chem. Soc.* **1991**, *113*, 9585.
257. Louie, J.; Hartwig, J. F. *J. Am. Chem. Soc.* **1995**, *117*, 11598.
258. Amatore, C.; Bahsoun, A. A.; Jutand, A.; Meyer, G.; Ntepe, A. N.; Ricard, L. *J. Am. Chem. Soc.* **2003**, *125*, 4212.
259. Labadie, J. W.; Stille, J. K. *J. Am. Chem. Soc.* **1983**, *105*, 6129.
260. Ye, J. H.; Bhatt, R. K.; Falck, J. R. *Tetrahedron Lett.* **1993**, *34*, 8007.
261. Ye, J. H.; Bhatt, R. K.; Falck, J. R. *J. Am. Chem. Soc.* **1994**, *116*, 1.
262. Casado, A. L.; Espinet, P.; Gallego, A. M. *J. Am. Chem. Soc.* **2000**, *122*, 11771.
263. McGahey, L. F.; Jensen, F. R. *J. Am. Chem. Soc.* **1979**, *101*, 4397.
264. Espinet, P.; Echavarren, A. M. *Angew. Chem. Int. Ed.* **2004**, *43*, 4704.
265. Grasa, G. A.; Nolan, S. P. *Org. Lett.* **2001**, *3*, 119.
266. Mee, S. P. H.; Lee, V.; Baldwin, J. E. *Angew. Chem. Int. Ed.* **2004**, *43*, 1132.
267. Vedejs, E.; Haight, A. R.; Moss, W. O. *J. Am. Chem. Soc.* **1992**, *114*, 6556.
268. Brown, J. M.; Pearson, M.; Jastrzebski, J.; van Koten, G. *J. Chem. Soc., Chem. Commun.* **1992**, 1440.
269. Brown, J. M.; Pearson, M.; Jastrzebski, J.; van Koten, G. *J. Chem. Soc., Chem. Commun.* **1992**, 1802.
270. Farina, V. *Pure. Appl. Chem.* **1996**, *68*, 73.
271. Culkin, D. A.; Hartwig, J. F. *Organometallics* **2004**, *23*, 3398.
272. Low, J. J.; Goddard, W. A. *J. Am. Chem. Soc.* **1986**, *108*, 6115.
273. Tatsumi, K.; Hoffman, R.; Yamamoto, A.; Stille, J. K. *Bull. Chem. Soc. Jpn.* **1981**, *54*, 1857.
274. Shekhar, S.; Hartwig, J. F. *J. Am. Chem. Soc.* **2004**, *126*, 13016.
275. Hayashi, T.; Konishi, M.; Kumada, M. *Tetrahedron Lett.* **1979**, *21*, 1871.
276. Hayashi, T.; Konishi, M.; Kobori, Y.; Kumada, M.; Higuchi, T.; Hirotsu, K. *J. Am. Chem. Soc.* **1984**, *106*, 158.
277. Whitesides, G. M.; Gaasch, J. F.; Stedronsky, E. R. *J. Am. Chem. Soc.* **1972**, *94*, 5258.
278. Miller, T. M.; Whitesides, G. M. *Organometallics* **1986**, *5*, 1473.
279. Cross, R. J. In *The Chemistry of the Metal–Carbon Bond*; Hartley, F. R., Patai, S., Eds.; Wiley: New York, 1985; Vol. 2, p 559.
280. Brown, J. M.; Cooley, N. A. *Chem. Rev.* **1988**, *88*, 1031.
281. Gillie, A.; Stille, J. K. *J. Am. Chem. Soc.* **1980**, *102*, 4933.
282. Moraviskiy, A.; Stille, J. K. *J. Am. Chem. Soc.* **1981**, *103*, 4182.
283. Driver, M. S.; Hartwig, J. F. *J. Am. Chem. Soc.* **1997**, *119*, 8232.
284. Brown, J. M.; Guiry, P. J. *Inorg. Chim. Acta* **1994**, *220*, 249.
285. 文献 276 の表Ⅳ参照.
286. Alcazar-Roman, L. M.; Hartwig, J. F.; Rheingold, A. L.; Liable-Sands, L. M.; Guzei, I. A. *J. Am. Chem. Soc.* **2000**, *122*, 4618.
287. Alcazar-Roman, L. M.; Hartwig, J. F. *Organometallics* **2002**, *21*, 491.
288. Brunel, J. M. *Mini-Rev. Org. Chem.* **2004**, *1*, 249.
289. Nishiyama, M.; Yamamoto, T.; Koie, Y. *Tetrahedron Lett.* **1998**, *39*, 617.
290. Yamamoto, T.; Nishiyama, M.; Koie, Y. *Tetrahedron Lett.* **1998**, *39*, 2367.
291. Watanabe, M.; Nishiyama, M.; Koie, Y. *Tetrahedron Lett.* **1999**, *40*, 8837.
292. Watanabe, M.; Nishiyama, M.; Yamamoto, T.; Koie, Y. *Tetrahedron Lett.* **2000**, *41*, 481.
293. Stambuli, J. P.; Kuwano, R.; Hartwig, J. F. *Angew. Chem. Int. Ed.* **2002**, *41*, 4746.
294. Hartwig, J. F.; Kawatsura, M.; Hauck, S. I.; Shaughnessy, K. H.; Alcazar-Roman, L. M. *J. Org. Chem.* **1999**, *64*, 5575.
295. Littke, A. F.; Fu, G. C. *Angew. Chem. Int. Ed.* **1998**, *37*, 3387.
296. Littke, A. F.; Fu, G. C. *J. Org. Chem.* **1999**, *64*, 10.
297. Littke, A. F.; Fu, G. C. *Angew. Chem. Int. Ed.* **1999**, *38*, 2411.
298. Dai, C.; Fu, G. C. *J. Am. Chem. Soc.* **2001**, *123*, 2719.
299. Littke, A. F.; Schwarz, L.; Fu, G. C. *J. Am. Chem. Soc.* **2002**, *124*, 6343.
300. Wolfe, J. P.; Singer, R. A.; Yang, B. H.; Buchwald, S. L. *J. Am. Chem. Soc.* **1999**, *121*, 9550.
301. Wolfe, J. P.; Tomori, H.; Sadighi, J. P.; Yin, J. J.; Buchwald, S. L. *J. Org. Chem.* **2000**, *65*, 1158.
302. Torraca, K.; Kuwabe, S.; Buchwald, S. *J. Am. Chem. Soc.* **2000**, *122*, 12907.
303. Torraca, K. E.; Huang, X. H.; Parrish, C. A.; Buchwald, S. L. *J. Am. Chem. Soc.* **2001**, *123*, 10770.
304. Huang, X. H.; Anderson, K. W.; Zim, D.; Jiang, L.; Klapars, A.; Buchwald, S. L. *J. Am. Chem. Soc.* **2003**, *125*, 6653.
305. Milne, J. E.; Buchwald, S. L. *J. Am. Chem. Soc.* **2004**, *126*, 13028.
306. Mann, G.; Incarvito, C.; Rheingold, A. L.; Hartwig, J. F. *J. Am. Chem. Soc.* **1999**, *121*, 3224.
307. Shelby, Q.; Kataoka, N.; Mann, G.; Hartwig, J. F. *J. Am. Chem. Soc.* **2000**, *122*, 10718.
308. Kataoka, N.; Shelby, Q.; Stambuli, J. P.; Hartwig, J. F. *J. Org. Chem.* **2002**, *67*, 5553.
309. Urgaonkar, S.; Nagarajan, M.; Verkade, J. G. *Tetrahedron Lett.* **2002**, *43*, 8921.
310. Urgaonkar, S.; Nagarajan, M.; Verkade, J. G. *J. Org. Chem.* **2003**, *68*, 452.
311. Urgaonkar, S.; Xu, J. H.; Verkade, J. G. *J. Org. Chem.* **2003**, *68*, 8416.
312. You, J.; Verkade, J. G. *J. Org. Chem.* **2003**, *68*, 8003.
313. Urgaonkar, S.; Verkade, J. G. *Adv. Synth. Catal.* **2004**, *346*, 611.
314. Hermann, W. A.; Reisinger, C.; Spiegler, M. *J. Organomet. Chem.* **1998**, *557*, 93.
315. Huang, J.; Nolan, S. *J. Am. Chem. Soc.* **1999**, *121*, 9889.
316. Weskamp, T.; Volker, P. W. B.; Herrman, W. A. *J. Organomet. Chem.* **1999**, *585*, 348.
317. Zhang, C.; Huang, J.; Trudell, M. L.; Nolan, S. P. *J. Org. Chem.* **1999**, *64*, 3804.
318. Böhm, V. P. W.; Gstöttmayr, C. W. K.; Weskamp, T.; Herrmann, W. A. *J. Organomet. Chem.* **2000**, *595*, 186.
319. Böhm, V. P. W.; Weskamp, T.; Gstöttmayr, C. W. K.; Herrmann, W. A. *Angew. Chem. Int. Ed.* **2000**, *39*, 1602.
320. Stauffer, S. R.; Lee, S.; Stambuli, J. P.; Hauck, S. I.; Hartwig, J. F. *Org. Lett.* **2000**, *2*, 1423.

321. Zhang, C.; Trudell, M. L. *Tetrahedron Lett.* **2000**, *41*, 595.
322. Andrus, M. B.; Song, C. *Org. Lett.* **2001**, *3*, 3761.
323. Caddick, S.; Cloke, F. G. N.; Clentsmith, G. K. B.; Hitchcock, P. B.; McKerrecher, D.; Titcomb, L. R.; Williams, M. R. V. *J. Organomet. Chem.* **2001**, *617〜618*, 635.
324. Herrmann, W. A.; Weskamp, T.; Bohm, V. P. W. *Adv. Organomet. Chem.* **2001**, *48*, 1.
325. Yang, C.; Lee, H. M.; Nolan, S. P. *Org. Lett.* **2001**.
326. Desmarets, C.; Schneider, R.; Fort, Y. *J. Org. Chem.* **2002**, 3029.
327. Gstöttmayr, C. W. K.; Böhm, V. P. W.; Herdtweck, E.; Grosche, M.; Herrmann, W. A. *Angew. Chem. Int. Ed.* **2002**, *41*, 1363.
328. Viciu, M. S.; Germaneau, R. F.; Navarro-Fernandez, O.; Stevens, E. D.; Nolan, S. P. *Organometallics* **2002**, *21*, 5470.
329. Altenhoff, G.; Goddard, R.; Lehmann, C. W.; Glorius, F. *Angew. Chem. Int. Ed.* **2003**, *42*, 3690.
330. Navarro, O.; Kelly, R. A.; Nolan, S. P. *J. Am. Chem. Soc.* **2003**, *125*, 16194.
331. Viciu, M. S.; Kelly, R. A., III; Stevens, E. D.; Naud, F.; Studer, M.; Nolan, S. P. *Org. Lett.* **2003**, *5*, 1479.
332. Stambuli, J. P.; Incarvito, C. D.; Buhl, M.; Hartwig, J. F. *J. Am. Chem. Soc.* **2004**, *126*, 1184.
333. Stambuli, J. P.; Buhl, M.; Hartwig, J. F. *J. Am Chem. Soc.* **2002**, *124*, 9346.
334. (a) Barrios-Landeros, F.; Carrow, B. P.; Hartwig, J. F. *J. Am. Chem. Soc.* **2009**, *131*, 8141; (b) Barrios-Landeros, F.; Carrow, B. P.; Hartwig, J. F. *J. Am. Chem. Soc.* **2008**, *130*, 5842.
335. Fitton, P.; Rick, E. A. *J. Organomet. Chem.* **1971**, *28*, 287.
336. Ben-David, Y.; Portnoy, M.; Milstein, D. *J. Am. Chem. Soc.* **1989**, *111*, 8742.
337. Ben-David, Y.; Portnoy, M.; Milstein, D. *J. Chem. Soc., Chem. Commun.* **1989**, 1816.
338. Ben-David, Y.; Portnoy, M.; Gozin, M.; Milstein, D. *Organometallics* **1992**, *11*, 1995.
339. Ben-David, Y.; Gozin, M.; Portnoy, M.; Milstein, D. *J. Mol. Catal.* **1992**, *73*, 173.
340. Shen, Q.; Shekhar, S.; Stambuli, J. P.; Hartwig, J. F. *Angew. Chem. Int. Ed.* **2004**, *44*, 1371.
341. Mann, G.; Shelby, Q.; Roy, A. H.; Hartwig, J. F. *Organometallics* **2003**, 2775.
342. Nicolaou, K. C.; Bulger, P. G.; Sarlah, D. *Angew. Chem. Int. Ed.* **2005**, *44*, 4442.
343. de Vries, J. G. *Can. J. Chem.* **2001**, *79*, 1086.
344. Corbet, J. P.; Mignani, G. *Chem. Rev.* **2006**, *106*, 2651.
345. Larsen, R. D.; King, A. O.; Chen, C. Y.; Corley, E. G.; Foster, B. S.; Roberts, F. E.; Yang, C. H.; Lieberman, D. R.; Reamer, R. A.; Tschaen, D. M.; Verhoeven, T. R.; Reider, P. J. *J. Org. Chem.* **1994**, *59*, 6391.
346. Mantlo, N. B.; Chakravarty, P. K.; Ondeyka, D. L.; Siegl, P. K. S.; Chang, R. S.; Lotti, V. J.; Faust, K. A.; Schorn, T. W.; Chen, T. B.; Schorn, T. W.; Sweet, C. S.; Emmert, S. E.; Patchett, A. A.; Greenlee, W. J. *J. Med. Chem.* **1991**, *34*, 2919.
347. Shinkai, I.; King, A. O.; Larsen, R. D. *Pure. Appl. Chem.* **1994**, *66*, 1551.
348. Peng, Z.; Gharavi, A. R.; Yu, L. *J. Am. Chem. Soc.* **1997**, *119*, 4622.
349. Pan, M.; Bao, Z.; Yu, L. *Macromolecules* **1995**, *28*, 5151.
350. Baranano, D.; Mann, G.; Hartwig, J. F. *Curr. Org. Chem.* **1997**, *1*, 287.
351. Hartwig, J. F. *Angew. Chem. Int. Ed.* **1998**, *37*, 2046.
352. Hartwig, J. F. *Acc. Chem. Res.* **1998**, *31*, 852.
353. Wolfe, J. P.; Wagaw, S.; Marcoux, J.-F.; Buchwald, S. L. *Acc. Chem. Res.* **1998**, *31*, 805.
354. Belfield, A. J.; Brown, G. R.; Foubister, A. J. *Tetrahedron* **1999**, *55*, 11399.
355. Yang, B. H.; Buchwald, S. L. *J. Organomet. Chem.* **1999**, *576*, 125.
356. Hartwig, J. F. In *Modern Amination Methods*; Ricci, A., Ed.; Wiley-VCH: Weinheim, 2000; p 195.
357. Hartwig, J. F. In *Modern Arene Chemistry*; Astruc, C., Ed.; Wiley-VCH: Weinheim, 2002; p 107.
358. Hartwig, J. F. In *Handbook of Organopalladium Chemistry for Organic Synthesis*; Negishi, E.-i., Ed.; Wiley-Interscience: New York, 2002; Vol. 1, p 1051.
359. Muci, A. R.; Buchwald, S. L. *Top. Curr. Chem.* **2002**, *219*, 131.
360. Hartwig, J. F. *Acc. Chem. Res.* **2008**, *41*, 1534.
361. Hartwig, J. F. In *Handbook of Organopalladium Chemistry for Organic Synthesis*; Negishi, E.-i., Ed.; Wiley-Interscience: New York, 2002; Vol. 1, p 1097.
362. Cacchi, S.; Fabrizi, G.; Goggiamani, A.; Parisi, L. M. *Org. Lett.* **2002**, *4*, 4719.
363. Schopfer, U.; Schlapbach, A. *Tetrahedron* **2001**, *57*, 3069.
364. Li, G. Y.; Zheng, G.; Noonan, A. F. *J. Org. Chem.* **2001**, *66*, 8677.
365. Li, G. Y. *Angew. Chem. Int. Ed.* **2001**, *40*, 1513.
366. Hua, R.; Takeda, H.; Onozawa, S.-y.; Abe, Y.; Tanaka, M. *J. Am. Chem. Soc.* **2001**.
367. Zheng, N.; McWilliams, J. C.; Fleitz, F. J.; Armstrong, J. D.; Volante, R. P. *J. Org. Chem.* **1998**, *63*, 9606.
368. Rossi, R.; Bellina, F.; Mannina, L. *Tetrahedron* **1997**, *53*, 1025.
369. Ishiyama, T.; Mori, M.; Suzuki, A.; Miyaura, N. *J. Organomet. Chem.* **1996**, *525*, 225.
370. Carpita, A.; Rossi, R.; Scamuzzi, B. *Tetrahedron Lett.* **1989**, *30*, 2699.
371. Kosugi, M.; Ogata, T.; Terada, M.; Sano, H.; Migita, T. *Bull. Chem. Soc. Jpn.* **1985**, *58*, 3657.
372. Murahashi, S. I.; Yamamura, M.; Yanagisawa, K.; Mita, N.; Kondo, K. *J. Org. Chem.* **1979**, *44*, 2408.
373. Hirao, T.; Masunaga, T.; Yamada, N. *Bull. Chem. Soc. Jpn.* **1982**, *55*, 909.
374. Xu, Y.; Li, Z.; Xia, J.; Guo, H.; Huang, Y. *Synthesis* **1983**, 377.
375. Xu, Y.; Li, Z.; Xia, J.; Guo, H.; Huang, Y. *Synthesis* **1984**, 781.
376. Xu, Y.; Xia, J.; Guo, H. *Synthesis* **1986**, 691.
377. Xu, Y.; Zhang, J. *J. Chem. Soc., Chem. Commun.* **1986**, 1606.
378. Tunney, S. E.; Stille, J. K. *J. Org. Chem.* **1987**, *52*, 748.
379. Zhang, J.; Xu, Y.; Huang, G.; Guo, H. *Tetrahedron Lett.* **1988**, *29*, 1955.
380. Xu, H.; Wei, H.; Zhang, J.; Huang, G. *Tetrahedron Lett.* **1989**, *30*, 949.
381. Al-Masum, M.; Livinghouse, T. *Tetrahedron Lett.* **1999**, *40*, 7731.
382. Beletskaya, I. P.; Veits, Y. A.; Leksunkin, V. A.; Foss, V. L. *Bull. Russ. Acad. Sci.-Div. Chem. Sci.* **1992**, *41*, 1272.
383. Gilbertson, S. R.; Starkey, G. W. *J. Org. Chem.* **1996**, *61*, 2922.
384. Herd, O.; Hessler, A.; Hingst, M.; Tepper, M.; Stelzer, O. *J. Organomet. Chem.* **1996**, *522*, 69.
385. Song, Y.; Mok, K. F.; Leung, P. H.; Chan, S. H. *Inorg. Chem.* **1998**, *37*, 6399.
386. Vyskocil, S.; Smrcina, M.; Hanus, V.; Polasek, M.; Kocovsky, P. *J. Org. Chem.* **1998**, *63*, 7738.
387. Fernandez-Rodriguez, M. A.; Shen, Q. L.; Hartwig, J. F. *J. Am. Chem. Soc.* **2006**, *128*, 2180.
388. Keinan, E.; Sahai, M.; Poth, Z.; Nudelman, A.; Herzig, J. *J. Org. Chem.* **1985**, *50*, 3558.
389. Mann, G.; Hartwig, J. F. *J. Am. Chem. Soc.* **1996**, *118*, 13109.
390. Palucki, M.; Wolfe, J. P.; Buchwald, S. L. *J. Am. Chem. Soc.* **1996**, *118*, 10333.

391. Mann, G.; Hartwig, J. F. *J. Org. Chem.* **1997**, *62*, 5413.
392. Palucki, M.; Wolfe, J. P.; Buchwald, S. L. *J. Am. Chem. Soc.* **1997**, *119*, 3395.
393. Frost, C. G.; Mendonca, P. *J. Chem. Soc., Perkin Trans.* **1998**, 2615.
394. Olivera, R.; San Martin, R.; Dominguez, E. *Tetrahedron Lett.* **2000**, *41*, 4357.
395. Sawyer, J. S. *Tetrahedron* **2000**, *56*, 5045.
396. Kuwabe, S.; Torraca, K. E.; Buchwald, S. L. *J. Am. Chem. Soc.* **2001**, *123*, 12202.
397. Parrish, C. A.; Buchwald, S. L. *J. Org. Chem.* **2001**, *66*, 2498.
398. Ding, S.; Gray, N. S.; Wu, X.; Ding, Q.; Schultz, P. G. *J. Am. Chem. Soc.* **2002**, *124*, 1594.
399. Gao, G. Y.; Colvin, A. J.; Chen, Y.; Zhang, X. P. *Org. Lett.* **2003**, *5*, 3261.
400. Vorogushin, A. V.; Huang, X. H.; Buchwald, S. L. *J. Am. Chem. Soc.* **2005**, *127*, 8146.
401. Wolfe, J. P.; Buchwald, S. L. *J. Org. Chem.* **1996**, *61*, 1133.
402. Hamann, B. C.; Hartwig, J. F. *J. Am. Chem. Soc.* **1998**, *120*, 7369.
403. Ali, M. H.; Buchwald, S. L. *J. Org. Chem.* **2001**, *66*, 2560.
404. Meyers, C.; Maes, B. U. W.; Loones, K. T. J.; Bal, G.; Lemiere, G. L. F.; Dommisse, R. A. *J. Org. Chem.* **2004**, *69*, 6010.
405. Louie, J.; Driver, M. S.; Hamann, B. C.; Hartwig, J. F. *J. Org. Chem.* **1997**, *62*, 1268.
406. Wolfe, J. P.; Buchwald, S. L. *J. Org. Chem.* **1997**, *62*, 1264.
407. Åhman, J.; Buchwald, S. L. *Tetrahedron Lett.* **1997**, *38*, 6363.
408. Wolfe, J. P.; Åhman, J.; Sadighi, J. P.; Singer, R. A.; Buchwald, S. L. *Tetrahedron Lett.* **1997**, *38*, 6367.
409. Vyskocil, S.; Smrcina, M.; Kocovsky, P. *Tetrahedron Lett.* **1998**, *39*, 9289.
410. Anderson, K. W.; Mendez-Perez, M.; Priego, J.; Buchwald, S. L. *J. Org. Chem.* **2003**, *68*, 9563.
411. Ogata, T.; Hartwig, J. F. *J. Am. Chem. Soc.* **2008**, *130*, 13848.
412. Stauffer, S.; Hauck, S. I.; Lee, S.; Stambuli, J.; Hartwig, J. F. *Org. Lett.* **2000**, *2*, 1423.
413. Huang, J.; Grasa, G.; Nolan, S. P. *Org. Lett.* **1999**, *1*, 1307.
414. Grasa, G. A.; Viciu, M. S.; Huang, J. K.; Nolan, S. P. *J. Org. Chem.* **2001**, *66*, 7729.
415. Viciu, M. S.; Kissling, R. M.; Stevens, E. D.; Nolan, S. P. *Org. Lett.* **2002**, *4*, 2229.
416. Driver, M. S.; Hartwig, J. F. *J. Am. Chem. Soc.* **1996**, *118*, 7217.
417. Wolfe, J. P.; Wagaw, S.; Buchwald, S. L. *J. Am. Chem. Soc.* **1996**, *118*, 7215.
418. Wolfe, J. P.; Buchwald, S. L. *J. Org. Chem.* **2000**, *65*, 1144.
419. (a) Shen, Q.; Hartwig, J. F. *J. Am. Chem. Soc.* **2006**, *128*, 10028; (b) Vo, G.; Hartwig, J. F. *J. Am. Chem. Soc.* **2009**, *131*, 11049.
420. Mann, G.; Hartwig, J. F.; Driver, M. S.; Fernandez-Rivas, C. *J. Am. Chem. Soc.* **1998**, *120*, 827.
421. Huang, X. H.; Buchwald, S. L. *Org. Lett.* **2001**, *3*, 3417.
422. Lee, S.; Jorgensen, M.; Hartwig, J. F. *Org. Lett.* **2001**, *3*, 2729.
423. Lee, D.-Y.; Hartwig, J. F. *Org. Lett.* **2005**, *7*, 1169.
424. Wagaw, S.; Yang, B. H.; Buchwald, S. L. *J. Am. Chem. Soc.* **1998**, *120*, 6621.
425. Hartwig, J. F. *Angew. Chem. Int. Ed.* **1998**, *37*, 2090.
426. Wagaw, S.; Yang, B.; Buchwald, S. L. *J. Am. Chem. Soc.* **1999**, *121*, 10251.
427. Surry, D. S.; Buchwald, S. L. *J. Am. Chem. Soc.* **2007**, *129*, 10354.
428. Yang, B. H.; Buchwald, S. L. *Org. Lett.* **1999**, *1*, 35.
429. Edmondson, S. D.; Mastracchio, A.; Parmee, E. R. *Org. Lett.* **2000**, *2*, 1109.
430. Yin, J.; Buchwald, S. L. *Org. Lett.* **2000**, *2*, 1101.
431. Yin, J.; Buchwald, S. L. *J. Am. Chem. Soc.* **2002**, *124*, 6043.
432. Bolm, C.; Hildebrand, J. P. *Tetrahedron Lett.* **1998**, *39*, 5731.
433. Bolm, C.; Hildebrand, J. P. *J. Org. Chem.* **2000**, *65*, 169.
434. Bolm, C.; Martin, M.; Gibson, L. *Synlett* **2002**, *5*, 832.
435. Beletskaya, I. P.; Davydov, D. V.; Moreno-Manas, M. *Tetrahedron Lett.* **1998**, *39*, 5617.
436. Old, D. W.; Harris, M. C.; Buchwald, S. L. *Org. Lett.* **2000**, *2*, 1403.
437. Beletskaya, I. P.; Davydov, D. V.; Gorovoy, M. S. *Tetrahedron Lett.* **2002**, *43*, 6221.
438. Lebedev, A. Y.; Izmer, V. V.; Kazyul'kin, D. N.; Beletskaya, I. P.; Voskoboynikov, A. Z. *Org. Lett.* **2002**, 623.
439. Fujita, K. I.; Yamashita, M.; Puschmann, F.; Alvarez-Falcon, M. M.; Incarvito, C. D.; Hartwig, J. F. *J. Am. Chem. Soc.* **2006**, *128*, 9044.
440. Kosugi, M.; Kameyama, M.; Migita, T. *Chem. Lett.* **1983**, 927.
441. Kosugi, M.; Kameyama, M.; Sano, H.; Migita, T. *Nippon Kagaku Kaishi* **1985**, *3*, 547.
442. Guram, A. S.; Rennels, R. A.; Buchwald, S. L. *Angew. Chem., Int. Ed. Engl.* **1995**, *34*, 1348.
443. Louie, J.; Hartwig, J. F. *Tetrahedron Lett.* **1995**, *36*, 3609.
444. Huser, M.; Youinou, M. T.; Osborn, J. A. *Angew. Chem., Int. Ed. Engl.* **1989**, *28*, 1427.
445. Harkal, S.; Rataboul, F.; Zapf, A.; Fuhrmann, C.; Riermeier, T.; Monsees, A.; Beller, M. *Adv. Synth. Catal.* **2004**, *346*, 1742.
446. Rataboul, F.; Zapf, A.; Jackstell, R.; Harkal, S.; Riermeier, T.; Monsees, A.; Dingerdissen, U.; Beller, M. *Chem. Eur. J.* **2004**, *10*, 2983.
447. Singer, R. A.; Tom, N. J.; Frost, H. N.; Simon, W. M. *Tetrahedron Lett.* **2004**, *45*, 4715.
448. Singer, R. A.; Dore, M. L.; Sieser, J. E.; Berliner, M. A. *Tetrahedron Lett.* **2006**, *47*, 3727.
449. Marion, N.; Navarro, O.; Mei, J. G.; Stevens, E. D.; Scott, N. M.; Nolan, S. P. *J. Am. Chem. Soc.* **2006**, *128*, 4101.
450. Marion, N.; Ecarnot, E. C.; Navarro, O.; Amoroso, D.; Bell, A.; Nolan, S. P. *J. Org. Chem.* **2006**, *71*, 3816.
451. Hartwig, J. F.; Richards, S.; Baranano, D.; Paul, F. *J. Am. Chem. Soc.* **1996**, *118*, 3626.
452. Paul, F.; Patt, J.; Hartwig, J. F. *Organometallics* **1995**, *14*, 3030.
453. Widenhoefer, R. A.; Buchwald, S. L. *Organometallics* **1996**, *15*, 3534.
454. Widenhoefer, R. A.; Buchwald, S. L. *Organometallics* **1996**, *15*, 2755.
455. Anderson, K. W.; Tundel, R. E.; Ikawa, T.; Altman, R. A.; Buchwald, S. L. *Angew. Chem. Int. Ed.* **2006**, *45*, 6523.
456. Shen, Q.; Ogata, T.; Hartwig, J. F. *J. Am. Chem. Soc.* **2008**, *130*, 6586.
457. 6章，7章で述べたように，配位子解離によって高反応性のPd(0)種が生じる．
458. Alcazar-Roman, L. M.; Hartwig, J. F. *J. Am. Chem. Soc.* **2001**, *123*, 12905.
459. Shekhar, S.; Ryberg, P.; Hartwig, J. F. *Org. Lett.* **2006**, *8*, 851.
460. Shekhar, S.; Ryberg, P.; Hartwig, J. F.; Mathew, J. S.; Blackmond, D. G.; Strieter, E. R.; Buchwald, S. L. *J. Am. Chem. Soc.* **2006**, *128*, 3584.
461. 文献459を参照せよ．
462. Driver, M. S.; Hartwig, J. F. *J. Am. Chem. Soc.* **1995**, *117*, 4708.
463. Yamashita, M.; Cuevas Vicario, J. V.; Hartwig, J. F. *J. Am. Chem. Soc.* **2003**, *125*, 16347.
464. Yamashita, M.; Hartwig, J. F. *J. Am. Chem. Soc.* **2004**, *126*, 5344.
465. Goossen, L. J.; Koley, D.; Hermann, H.; Thiel, W. *Chem. Commun.* **2004**, 2141.

466. Hartwig, J. F. *J. Am. Chem. Soc.* **1996**, *118*, 7010.
467. Hamann, B. C.; Hartwig, J. F. *J. Am. Chem. Soc.* **1998**, *120*, 3694.
468. Bumagin, N. A.; Bumagina, I. G.; Nashin, A. N.; Beletskaya, I. P. *Dokl. Akad. Nauk* **1981**, *261*, 532.
469. Goure, W. F.; Wright, M. E.; Davis, P. D.; Labadie, S. S.; Stille, J. K. *J. Am. Chem. Soc.* **1984**, *106*, 6417.
470. Bumagin, N. A.; Bumagina, G.; Kashin, A. N.; Beletskaya, P. *Dokl. Akad. Nauk* **1981**, *261*, 1141.
471. Echavarren, A. M.; Stille, J. K. *J. Am. Chem. Soc.* **1988**, *110*, 1557.
472. Crisp, G. T.; Scott, W. J.; Stille, J. K. *J. Am. Chem. Soc.* **1984**, *106*, 7500.
473. Bumagin, N. A.; Ponomaryov, A. B.; Beletskaya, I. P. *Tetrahedron Lett.* **1985**, *26*, 4819.
474. Tamaru, Y.; Ochiai, H.; Yamada, Y.; Yoshida, Z. *Tetrahedron Lett.* **1983**, *24*, 3869.
475. Wakita, Y.; Yasunaga, T.; Akita, M.; Kojima, M. *J. Organomet. Chem.* **1986**, *301*, C17.
476. Ishiyama, T.; Kizaki, H.; Miyaura, N.; Suzuki, A. *Tetrahedron Lett.* **1993**, *34*, 7595.
477. Ishiyama, T.; Kizaki, H.; Hayashi, T.; Suzuki, A.; Miyaura, N. *J. Org. Chem.* **1998**, *63*, 4726.
478. Ishiyama, T.; Miyaura, N.; Suzuki, A. *Bull. Chem. Soc. Jpn.* **1991**, *64*, 1999.
479. Ishiyama, T.; Miyaura, N.; Suzuki, A. *Tetrahedron Lett.* **1991**, *32*, 623.
480. Baillargeon, V. P.; Stille, J. K. *J. Am. Chem. Soc.* **1983**, *105*, 7175.
481. Baillargeon, V. P.; Stille, J. K. *J. Am. Chem. Soc.* **1986**, *108*, 452.
482. Kikukawa, K.; Totoki, T.; Wada, F.; Matsuda, T. *J. Organomet. Chem.* **1984**, *270*, 283.
483. Pribar, I.; Buchman, O. *J. Org. Chem.* **1984**, *49*, 4009.
484. (a) Klaus, S.; Neumann, H.; Zapf, A.; Strübing, D.; Hübner, S.; Almena, J.; Riermeier, T.; Groß, P.; Sarich, M.; Krahnert, W.-R.; Rossen, K.; Beller, M. *Angew. Chem. Int. Ed.* **2006**, *45*, 154. (b) Brennführer, A.; Neumann, H.; Klaus, S.; Riermeier, T.; Almena, J.; Beller, M. *Tetrahedron* **2007**, *63*, 6252.
485. Klaus, S.; Neumann, H.; Zapf, A.; Strubing, D.; Hubner, S.; Almena, J.; Riemeier, T.; Gross, P.; Sarich, M.; Krahnert, W. R.; Rossen, K.; Beller, M. *Angew. Chem. Int. Ed.* **2006**, *45*, 154.
486. Ullmann, F. *Ber. Dtsch. Chem. Ges.* **1901**, *34*, 2174.
487. Ullmann, F. *Ber. Dtsch. Chem. Ges.* **1903**, *36*, 2382.
488. Ullmann, F.; Sponagel, P. *Ber. Dtsch. Chem. Ges.* **1905**, *36*, 2211.
489. Ullmann, F.; Maag, R. *Ber. Dtsch. Chem. Ges.* **1906**, *39*, 1693.
490. Goldberg, I. *Ber. Dtsch. Chem. Ges.* **1906**, *39*, 1691.
491. Hurtley, W. R. H. *J. Chem. Soc.* **1929**, 1870.
492. Gilman, H.; Jones, R. G.; Woods, L. A. *J. Org. Chem.* **1952**, *17*, 1630.
493. House, H. O.; Koepsell, D. G.; Campbell, W. J. *J. Org. Chem.* **1972**, *37*, 1003.
494. Lipshutz, B. H.; Wilhelm, R. S.; Kozlowski, J. A. *Tetrahedron* **1984**, *40*, 5005.
495. Burnett, J. F. *Chem. Rev.* **1951**, *49*, 273.
496. Lindley, J. *Tetrahedron* **1984**, *40*, 1433.
497. Elliott, G. I.; Konopelski, J. P. *Tetrahedron* **2001**, *57*, 5683.
498. Finet, J.-P.; Fedorov, A. Y.; Combes, S.; Boyer, G. *Curr. Org. Chem.* **2002**, *6*, 597.
499. Kunz, K.; Scholz, U.; Ganzer, D. *Synlett* **2003**, 2428.
500. Thomas, A. W.; Ley, S. V. *Angew. Chem. Int. Ed.* **2003**, *42*, 5400.
501. (a) Soderberg, B. C. G. *Coord. Chem. Rev.* **2004**, *248*, 1085; (b) Beletskaya, I. P.; Cheprakov, A. V. *Coord. Chem. Rev.* **2004**, *248*, 2337.
502. Evano, G.; Blanchard, N.; Toumi, M. *Chem. Rev.* **2008**, *108*, 3054.
503. Paine, A. J. *J. Am. Chem. Soc.* **1987**, *109*, 1496.
504. Weston, P. E.; Adkins, H. *J. Am. Chem. Soc.* **1928**, *50*, 859.
505. Goldberg, I. *Ber. Dtsch. Chem. Ges.* **1907**, *40*, 4541.
506. Goldberg, I.; Nimerovsky, M. *Ber. Dtsch. Chem. Ges.* **1907**, *40*, 2448.
507. アニリンと，カルボキシル活性化基をもたないハロゲン化アリールとのカップリング反応の詳細については，次の文献を参照せよ．Hager, F. D. *Org. Synth. Coll. Vol. 1*, **1941**, 544.
508. Acheson, R. M. *Acridines*; Interscience: New York, 1956.
509. Pellon, R. F.; Carrasco, R.; Rodes, L. *Synth. Commun.* **1993**, *23*, 1447.
510. Carrasco, R.; Pellon, R. F.; Elguero, J.; Paez, J. A. *Synth. Commun.* **1989**, *19*, 2077.
511. Hanoun, J.-P.; Galy, J.-P.; Tenaglia, A. *Synth. Commun.* **1995**, *25*, 2443.
512. Zeide, O. *Ann. Chim.* **1924**, *440*, 311.
513. Pellon, R. F.; Carrasco, R.; Rodes, L. *Synth. Commun.* **1996**, *26*, 3869.
514. Palacios, D. M. L.; Comdom, R. F. P. *Synth. Commun.* **2003**, *33*, 1777.
515. Stepanov, I.; Aingom, L. B. *Zh. Obshch. Khim.* **1959**, *29*, 3436.
516. Tuong, T. D.; Hida, M. *Bull. Chem. Soc. Jpn.* **1970**, *43*, 1763.
517. Iizuka, K.; Akahane, K.; Momose, D.; Nakazawa, M. *J. Med. Chem.* **1981**, *24*, 1139.
518. Lo, Y. S.; Nolan, J. C.; Maren, T. H.; Welstead, J., W. J.; Gripshover, D. F.; Shamblee, D. A. *J. Med. Chem.* **1992**, *35*, 4790.
519. Martinez, G. R.; Walker, K. A. M.; Hirshfeld, D. R.; Bruno, J. J.; Yang, D. S.; Maloney, P. J. *J. Med. Chem.* **1992**, *35*, 620.
520. Pavik, J. W.; Connors, R. E.; Burns, D. S.; Kurzweil, E. M. *J. Am. Chem. Soc.* **1993**, *115*, 7645.
521. Venuti, M. C.; Stephenson, R. A.; Alvarez, R.; Bruno, J. A. *J. Med. Chem.* **1987**, *30*, 2136.
522. Gujadhur, R.; Bates, C. G.; Venkataraman, D. *Org. Lett.* **2001**, *3*, 4315.
523. Haider, J.; Kunz, K.; Scholz, U. *Adv. Synth. Catal.* **2004**, *346*, 717.
524. Xia, N.; Taillefer, M. *Chem.—Eur. J.* **2008**, *14*, 6037.
525. Ma, D.; Cai, Q. *Acc. Chem. Res.* **2008**, *41*, 1450.
526. Cervetto, L.; Demontis, G. C.; Giannaccini, G.; Longoni, B.; Macchia, B.; Macchia, M.; Martinelli, A.; Orlandini, E. *J. Med. Chem.* **1998**, *41*, 4933.
527. Ma, D.; Xia, C.; Jiang, J.; Zhang, J.; Tang, W. *J. Org. Chem.* **2003**, *68*, 442.
528. Ma, D.; Xia, C. *Org. Lett.* **2001**, *3*, 2583.
529. Clement, J.-B.; Hayes, J. F.; Sheldrake, H. M.; Shledrake, P. W.; Wells, A. S. *Synlett* **2001**, 1423.
530. Ma, D.; Cai, Q.; Zhang, H. *Org. Lett.* **2003**, *5*, 2453.
531. Zhang, H.; Cai, Q.; Ma, D. *J. Org. Chem.* **2005**, *70*, 5164.
532. Rao, H.; Fu, H.; Jiang, J.; Zhao, Y. *J. Org. Chem.* **2005**, *70*, 8107.
533. Guo, X.; Rao, H.; Fu, H.; Jiang, Y.; Zhao, Y. *Adv. Synth. Catal.* **2006**, *348*, 2197.
534. Rao, H.; Jin, Y.; Fu, H.; Jiang, Y.; Zhao, Y. *Chem.—Eur. J.* **2006**, *12*, 3636.
535. Altman, R. A.; Anderson, K. W.; Buchwald, S. L. *J. Org. Chem.* **2008**, *73*, 5167.
536. Goodbrand, H. B.; Hu, N.-X. *J. Org. Chem.* **1999**, *64*, 670.
537. Gujadhur, R.; Venkataraman, D.; Kintigh, J. T. *Tetrahedron Lett.* **2001**, *42*, 4791.
538. Pellon, R. F.; Mamposo, T.; Carrasco, R.; Rodes, L. *Synth. Commun.* **1996**, *26*, 3877.
539. Job, G. E.; Buchwald, S. L. *Org. Lett.* **2002**, *4*, 3703.
540. Arai, S.; Yamagishi, T.; Ototake, S.; Hida, M. *Bull. Chem. Soc. Jpn.* **1977**, *50*, 547.

541. Kalinin, A. V.; Bower, J. F.; Riebel, P.; Snieckus, V. *J. Org. Chem.* **1999**, *64*, 2986.
542. Vedejs, E.; Trapencieris, P.; Suna, E. *J. Org. Chem.* **1999**, *64*, 6724.
543. Arterburn, J. B.; Pannala, M.; Gonzalez, A. M. *Tetrahedron Lett.* **2001**, *42*, 1475.
544. Lang, F.; Zewge, D.; Houpis, I. N.; Volante, R. P. *Tetrahedron Lett.* **2001**, *42*, 3251.
545. Kwong, F. Y.; Klapars, A.; Buchwald, S. L. *Org. Lett.* **2002**, *4*, 581.
546. Enguehard, C.; Allouchi, H.; Gueiffier, A.; Buchwald, S. L. *J. Org. Chem.* **2003**, *68*, 4367.
547. Kwong, F. Y.; Buchwald, S. L. *Org. Lett.* **2003**, *5*, 793.
548. Shafir, A.; Buchwald, S. L. *J. Am. Chem. Soc.* **2006**, *128*, 8742.
549. de Lange, B.; Lambers-Verstappen, M. H.; van de Vondervoort, L. S.; Sereinig, N.; de Rijk, R.; de Vries, A. H. M.; de Vries, J. G. *Synlett* **2006**, 3105.
550. Goldberg, I. *Ber. Dtsch. Chem. Ges.* **1906**, *39*, 1691.
551. Klapars, A.; Antilla, J. C.; Huang, X. H.; Buchwald, S. L. *J. Am. Chem. Soc.* **2001**, *123*, 7727.
552. Phillips, D. P.; Hudson, A. R.; Nguyen, B.; Lau, T. L.; McNeill, M. H.; Dalgard, J. E.; Chen, J. H.; Penuliar, R. J.; Miller, T. A.; Zhi, L. *Tetrahedron Lett.* **2006**, *47*, 7137.
553. Mallesham, B.; Rajesh, B. M.; Reddy, P. R.; Srinivas, D.; Trehan, S. *Org. Lett.* **2003**, *5*, 963.
554. Deng, W.; Wang, Y. F.; Zou, W.; Liu, L.; Guo, Q. X. *Tetrahedron Lett.* **2004**, *45*, 2311.
555. Taillefer, M.; Cristau, H. J.; Cellier, P. P.; Spindler, J. F.; Rhone Poulenc Chimie (FR), EP20030756038, France, 2005.
556. Cristau, H. J.; Cellier, P. P.; Spindler, J. F.; Taillefer, M. *Chem.—Eur. J.* **2004**, *10*, 5607.
557. Lv, X.; Bao, W. L. *J. Org. Chem.* **2007**, *72*, 3863.
558. Wolter, M.; Klapars, A.; Buchwald, S. L. *Org. Lett.* **2001**, *3*, 3803.
559. Antilla, J. C.; Baskin, J. M.; Barder, T. E.; Buchwald, S. L. *J. Org. Chem.* **2004**, *69*, 5578.
560. Antilla, J. C.; Klapars, A.; Buchwald, S. L. *J. Am. Chem. Soc.* **2002**, *124*, 11684.
561. Cristau, H.-J.; Cellier, P. P.; Spindler, J.-F.; Taillefer, M. *Chem.—Eur. J.* **2004**, *10*, 5607.
562. Cristau, H.-J.; Cellier, P. P.; Spindler, J.-F.; Taillefer, M. *Eur. J. Org. Chem.* **2004**, 695.
563. Kull, M.; Bekedam, L.; Visser, G. M.; van den Hoogenband, A.; Terpstra, J. W.; Kamer, P. C. J.; van Leeuwen, P. W. N. M.; van Strijdonck, G. P. F. *Tetrahedron Lett.* **2005**, *46*, 2405.
564. Liu, L.; Frohn, M.; Xi., N.; Donminguez, C.; Hungate, R.; Reider, P. J. *J. Org. Chem.* **2005**, *70*, 10135.
565. Zhang, Z.; Mao, J.; Zhu, D.; Wu, F.; Chen, H.; Wan, B. *Tetrahedron* **2006**, 62.
566. Alcalde, E.; Dinares, I.; Rodriguez, S.; Garcia de Miguel, C. *Eur. J. Org. Chem.* **2005**, 1637.
567. Jerphagnon, T.; van Klink, G. P. M.; de Vries, J. G.; van Koten, G. *Org. Lett.* **2005**, *7*, 5241.
568. Xu, L.; Zhu, D.; Wang, R.; Wan, B. *Tetrahedron* **2005**, *62*, 4435.
569. Hosseinzadeh, R.; Tajbakhsh, M.; Alikarami, M. *Tetrahedron Lett.* **2006**, *47*, 5203.
570. Kantam, M. L.; Venkanna, G. T.; Sridhar, C.; Kumar, K. B. *Tetrahedron Lett.* **2006**, *47*, 3897.
571. Xie, Y. X.; Pi, S. F.; Yin, D. L.; Li, J. H. *J. Org. Chem.* **2006**, *71*, 8324.
572. Yang, M.; Liu, F. *J. Org. Chem.* **2007**, *72*, 8969.
573. Arkaitz Correa, C. B. *Adv. Synth. Catal.* **2007**, *349*, 2673.
574. Altman, R. A.; Koval, E. D.; Buchwald, S. L. *J. Org. Chem.* **2007**, *72*, 6190.
575. Altman, R. A.; Buchwald, S. L. *Org. Lett.* **2006**, *8*, 2779.
576. Choudary, B. M.; Sridhar, C.; Kantam, M. L.; Venkanna, G. T.; Sreedhar, B. *J. Am. Chem. Soc.* **2005**, *127*, 9948.
577. Ley, S.V.; Thomas, A.W. *Angew. Chem. Int. Ed.* **2003**, *42*, 5400.
578. Lindley, J. *Tetrahedron* **1984**, *40*, 1433.
579. Evans, D. A.; Ellman, J. A. *J. Am. Chem. Soc.* **1989**, *111*, 1063.
580. Boger, D. L.; Yohannes, D. *J. Org. Chem.* **1990**, *55*, 6000.
581. Boger, D. L.; Patane, M. A.; Zhou, J. *J. Am. Chem. Soc.* **1994**, *116*, 8554.
582. Nicolaou, K. C.; Boddy, C. N. C.; Natarajan, S.; Yue, T. Y.; Li, H.; Brase, S.; Ramanjulu, J. M. *J. Am. Chem. Soc.* **1997**, *119*, 3421.
583. Pellon, R. F.; Carrasco, R.; Milian, V.; Rodes, L. *Synth. Commun.* **1995**, *25*, 1077.
584. Marcoux, J. F.; Doye, S.; Buchwald, S. L. *J. Am. Chem. Soc.* **1997**, *119*, 10539.
585. Kalinin, A. V.; Bower, J. F.; Riebel, P.; Snieckus, V. *J. Org. Chem.* **1999**, *64*, 2986.
586. Bates, C. G.; Gujadhur, R. K.; Venkataraman, D. *Org. Lett.* **2002**, *4*, 2803.
587. Gujadhur, R. K.; Venkataraman, D. *Synth. Commun.* **2001**, *31*, 2865.
588. Gujadhur, R. K.; Bates, C. G.; Venkataraman, D. *Org. Lett.* **2001**, *3*, 4315.
589. Schareina, T.; Zapf, A.; Cotté, A.; Müller, N.; Beller, M. *Tetrahedron Lett.* **2008**, *49*, 1851.
590. Buck, E.; Song, Z. J.; Tschaen, D.; Dormer, P. G.; Volante, R. P.; Reider, P. *J. Org. Lett.* **2002**, *4*, 1623.
591. Chen, Y. J.; Chen, H. H. *Org. Lett.* **2006**, *8*, 5609.
592. Wolter, M.; Nordmann, G.; Job, G. E.; Buchwald, S. L. *Org. Lett.* **2002**, *4*, 973.
593. Hosseinzadeh, R.; Tajbakhsh, M.; Mohadjerani, M.; Alikarami, M. *Synlett* **2005**, 1101.
594. Zhang, H.; Ma, D.; Cao, W. *Synlett* **2007**, 243.
595. Altman, R. A.; Shafir, A.; Choi, A.; Lichtor, P. A.; Buchwald, S. L. *J. Org. Chem.* **2008**, *73*, 284.
596. Nordmann, G.; Buchwald, S. L. *J. Am. Chem. Soc.* **2003**, *125*, 4978.
597. Shafir, A.; Lichtor, P. A.; Buchwald, S. L. *J. Am. Chem. Soc.* **2007**, *129*, 3490.
598. Palomo, C.; Oiabide, R.; Lopez, R.; Gomez-Bengoa, E. *Tetrahedron Lett.* **2000**, *41*, 1283.
599. Kwong, F. Y.; Buchwald, S. L. *Org. Lett.* **2002**, *4*, 3517.
600. Carril, M.; SanMartin, R.; Dominguez, E.; Tellitu, I. *Chem. Eur. J.* **2007**, *13*, 5100.
601. Verma, A. K.; Singh, J.; Chaudhary, R. *Tetrahedron Lett.* **2007**, *48*, 7199.
602. Zhang, H.; Cao, W.; Ma, D. *Synth. Commun.* **2007**, *37*, 25.
603. Sperotto, E.; van Klink, G. P. M.; de Vries, J. G.; van Koten, G. *J. Org. Chem.* **2008**, *73*, 5625.
604. Ranu, B. C.; Saha, A.; Ranjan, J. *Adv. Synth. Catal.* **2007**, *349*, 639.
605. Paine, A. J. *J. Am. Chem. Soc.* **1987**, *109*, 1496.
606. Whitesides, G. M.; Sadowski, J. S.; Lilburn, J. *J. Am. Chem. Soc.* **1974**, *96*, 2829.
607. Aalten, H. L.; Vankoten, G.; Grove, D. M.; Kuilman, T.; Piekstra, O. G.; Hulshof, L. A.; Sheldon, R. A. *Tetrahedron* **1989**, *45*, 5565.
608. Cohen, T.; Wood, J.; Dietz, A. G. *Tetrahedron Lett.* **1974**, 3555.
609. Arai, S.; Hida, M.; Yamagishi, T. *Bull. Chem. Soc. Jpn.* **1978**, *51*, 277.
610. Couture, C.; Paine, A. J. *Can. J. Chem.* **1985**, *63*, 111.
611. Strieter, E. R.; Blackmond, D. G.; Buchwald, S. L. *J. Am. Chem. Soc.* **2005**, *127*, 4120.

612. Tye, J. W.; Weng, Z.; Johns, A. M.; Incarvito, C. D.; Hartwig, J. F. *J. Am. Chem. Soc.* **2008**, *130*, 9971.
613. Chan, D. M. T.; Monaco, K. L.; Wang, R.-P.; Winters, M. P. *Tetrahedron Lett.* **1998**, *39*, 2933.
614. Evans, D. A.; Katz, J. L.; West, T. R. *Tetrahedron Lett.* **1998**, *39*, 2937.
615. Lam, P. Y. S.; Clark, C. G.; Saubern, S.; Adams, J.; Winters, M. P.; Chan, D. M. T.; Combs, A. *Tetrahedron Lett.* **1998**, *39*, 2941.
616. Cundy, D. J.; Forsyth, S. A. *Tetrahedron Lett.* **1998**, *39*, 7979.
617. Lam, P. Y. S.; Bonne, D.; Vincent, G.; Clark, C. G.; Combs, A. P. *Tetrahedron Lett.* **2003**, *44*, 1691.
618. Combs, A. P.; Tadesse, S.; Rafalski, M.; Haque, T. S.; Lam, P. Y. S. *J. Comb. Chem* **2002**, *4*, 179.
619. Das, P.; Basu, B. *Synth. Commun.* **2004**, *34*, 2177.
620. Collman, J. P.; Zhong, M. *Org. Lett.* **2000**, *2*, 1233.
621. Lam, P. Y. S.; Vincent, G.; Clark, C. G.; Deudon, S.; Jadhav, P. K. *Tetrahedron Lett.* **2001**, *42*, 3415.
622. Antilla, J. C.; Buchwald, S. L. *Org. Lett.* **2001**, *3*, 2077.
623. Quach, T. D.; Batey, R. A. *Org. Lett.* **2003**, *5*, 4397.
624. Sasaki, M.; Dalili, S.; Yudin, A. K. *J. Org. Chem.* **2003**, *68*, 2045.
625. Lan, J.-B.; Zhang, G.-L.; Yu, X.-Q.; You, J.-S.; Chen, L.; Yan, M.; Xie, R.-G. *Synlett* **2004**, 1095.
626. Tzschucke, C. C.; Murphy, J. M.; Hartwig, J. F. *Org. Lett.* **2007**, *9*, 761.
627. Kantam, M. L.; Venkanna, G. T.; Sridhar, C.; Sreedhar, B.; Choudary, B. M. *J. Org. Chem.* **2006**, *71*, 9522.
628. Chiang, G. C. H.; Olsson, T. *Org. Lett.* **2004**, *6*, 3079.
629. Herradura, P. S.; Pendola, K. A.; Guy, R. K. *Org. Lett.* **2000**, *2*, 2019.
630. Savarin, C.; Srogl, J.; Liebeskind, L. S. *Org. Lett.* **2002**, *4*, 4309.
631. Tamura, M.; Kochi, J. *Synthesis* **1971**, 303.
632. Lipshutz, B. H. *Acc. Chem. Res.* **1997**, *30*, 277.
633. Johnson, D. K.; Cravarri, J. P.; Faoud, T. I.; Schillinger, K. J.; van Geel, T. A. P.; Stratton, S. M. *Tetrahedron Lett.* **1995**, *36*, 8565.
634. Beletskaya, I. P.; Cheprakov, A. V. *Coord. Chem. Rev.* **2004**, *248*, 2337.
635. Terao, J.; Todo, H.; Begum, S. A.; Kuniyasu, H.; Kambe, N. *Angew. Chem. Int. Ed.* **2007**, *46*, 2086
636. Lipshutz, B. H.; Sengupta, S. *Org. React.* **1992**, *41*, 149.
637. Bertz, S. H. *Tetrahedron Lett.* **1980**, *21*, 3151.
638. Bajgrowicz, J. A.; Elhallaoui, A.; Jacquier, R.; Pigiere, C.; Viallefont, P. *Tetrahedron* **1985**, *41*, 1833.
639. Knochel, P.; Dohle, W.; Gommermann, N.; Kneisel, F. F.; Kopp, F.; Korn, T.; Sapountzis, I.; Vu, V. A. *Angew. Chem. Int. Ed.* **2003**, *42*, 4302.
640. Yang, X.; Knochel, P. *Synlett* **2004**, 81.
641. Yang, X.; Althammer, A.; Knochel, P. *Org. Lett.* **2004**, *6*, 1665.
642. Fleming, F. F.; Zhang, Z.; Liu, W.; Knochel, P. *J. Org. Chem.* **2005**, *70*, 2200.
643. Stoll, A. H.; Krasovskiy, A.; Knochel, P. *Angew. Chem. Int. Ed.* **2006**, *45*, 606.
644. Beletskaya, I. P.; Cheprakov, A. V. *Coord. Chem. Rev.* **2004**, *248*, 2337.
645. Vyvyan, J. R.; Holst, C. L.; Johnson, A. J.; Schwenk, C. M. *J. Org. Chem.* **2002**, *67*, 2263.
646. Nunomoto,S.; Kawakami,Y.; Yamashita, Y. *Bull. Chem. Soc. Jpn.* **1981**, *54*, 2831.
647. Nivlet, A.; Dechoux, L.; Martel, J. P.; Proess, G.; Mannes, D.; Alcaraz, L.; Harnett, J. J.; Le Gall, T.; Mioskowski, C. *Eur. J. Org. Chem.* **1999**, 3241.
648. Fleming, F. F.; Jiang, T. *J. Org. Chem.* **1997**, *62*, 7890.
649. de Lang, R. J.; van Hooijdonk, M.; Brandsma, H.; Kramer, H.; Seinen, W. *Tetrahedron* **1998**, *54*, 2953.
650. Nishimura, J.; Yamada, N.; Horiuchi, Y.; Ueda, A.; Ohbayashi, A.; Oku, A. *Bull. Chem. Soc. Jpn.* **1986**, *59*, 2035.
651. Zhang, H. Y.; Blasko, A.; Yu, J. Q.; Bruice, T. C. *J. Am. Chem. Soc.* **1992**, *114*, 6621.
652. Burns, D. H.; Miller, J. D.; Chan, H. K.; Delaney, M. O. *J. Am. Chem. Soc.* **1997**, *119*, 2125.
653. Burns, D. H.; Chan, H. K.; Miller, J. D.; Jayne, C. L.; Eichhorn, D. M. *J. Org. Chem.* **2000**, *65*, 5185.
654. Moreira, J. A.; Correa, A. G. *Tetrahedron: Asymmetry* **2003**, *14*, 3787.
655. Terao, J.; Ikumi, A.; Kuniyasu, H.; Kambe, N. *J. Am. Chem. Soc.* **2003**, *125*, 5646.
656. Terao, J.; Todo, H.; Begum, A. A.; Kuniyasu, H.; Kambe, N. *Angew. Chem. Int. Ed.* **2007**, *46*, 2086.
657. Cahiez, G.; Chaboche, C.; Jezequel, M. *Tetrahedron* **2000**, *56*, 2733.
658. Gschwind, R. M. *Chem. Rev.* **2008**, *108*, 3029.
659. Gartner, T.; Henze, W.; Gschwind, R. M. *J. Am. Chem. Soc.* **2007**, *129*, 11362.
660. Bartholomew, E. R.; Bertz, S. H.; Cope, S.; Dorton, D. C.; Murphy, M.; Ogle, C. A. *Chem. Commun.* **2008**, 1176.
661. Bertz, S. H.; Cope, S.; Dorton, D.; Murphy, M.; Ogle, C. A. *Angew. Chem. Int. Ed.* **2007**, *46*, 7082.
662. Mori, S.; Nakamura, E.; Morokuma, K. *J. Am. Chem. Soc.* **2000**, *122*, 7294.
663. Nakamura, E.; Mori, S.; Morokuma, K. *J. Am. Chem. Soc.* **1998**, *120*, 8273.
664. Lipshutz, B. H.; Wilhelm, R. S. *J. Am. Chem. Soc.* **1982**, *104*, 4696.
665. Hebert, E. *Tetrahedron Lett.* **1982**, *23*, 415.
666. Ashby, E. C.; Coleman, D. *J. Org. Chem.* **1987**, *52*, 4554.
667. Ashby, E. C.; Depriest, R. N.; Tuncay, A.; Srivastava, S. *Tetrahedron Lett.* **1982**, *23*, 5251.
668. Bruggink, A.; McKillop, A. *Tetrahedron* **1975**, *31*, 2607.
669. Quallich, G. J.; Makowski, T. W.; Sanders, A. F.; Urban, F. J.; Vasquez, E. *J. Org. Chem.* **1998**, *63*, 4116.
670. Ames, D. E.; Ribeiro, J. *J. Chem. Soc., Perkin Trans. 1* **1975**, 1390.
671. Okuro, K.; Furuune, M.; Miura, M.; Nomura, M. *J. Org. Chem.* **1993**, *58*, 7606.
672. Hennessy, E. J.; Buchwald, S. L. *Org. Lett.* **2002**, *4*, 269.
673. Xie, X. A.; Cai, G. R.; Ma, D. W. *Org. Lett.* **2005**, *7*, 4693.
674. Yip, S. F.; Cheung, H. Y.; Zhou, Z. Y.; Kwong, F. Y. *Org. Lett.* **2007**, *9*, 3469.
675. Xie, X.; Chen, Y.; Ma, D. *J. Am. Chem. Soc.* **2006**, *128*, 16050.
676. Piers, E.; Wong, J. *J. Org. Chem.* **1993**, *58*, 3609.
677. Takeda, T.; Matsunaga, K. I.; Kabasawa, Y.; Fujiwara, T. *Chem. Lett.* **1995**, 771.
678. Nudelman, N. S.; Carro, C. *Synlett* **1999**, 1942.
679. Tanaka, H.; Sumida, S.; Torii, S. *Tetrahedron Lett.* **1996**, *37*, 5967.
680. Falck, J. R.; Bhatt, R. K.; Ye, J. H. *J. Am. Chem. Soc.* **1995**, *117*, 5973.
681. Kang, S. K.; Kim, J. S.; Choi, S. C. *J. Org. Chem.* **1997**, *62*, 4208.
682. Li, J.-H.; Tang, B.-X.; Tao, L.-M.; Xie, Y.-X.; Liang, Y.; Zhang, M.-B. *J. Org. Chem.* **2006**, *71*, 7488.
683. Allred, G. D.; Liebeskind, L. S. *J. Am. Chem. Soc.* **1996**, *118*, 2748.
684. Savall, B. M.; Blanchard, N.; Roush, W. R. *Org. Lett.* **2003**, *5*, 377.
685. Armstrong, A.; Blench, T. J. *Tetrahedron* **2002**, *58*, 9321.
686. Dymock, B. W.; Kocienski, P. J.; Pons, J. M. *Synthesis* **1998**, 1655.

687. Maleczka, R. E.; Terrell, L. R.; Geng, F.; Ward, J. S. *Org. Lett.* **2002**, *4*, 2841.
688. Schuppan, J.; Wehlan, H.; Keiper, S.; Koert, U. *Angew. Chem. Int. Ed.* **2001**, *40*, 2063.
689. Thathagar, M. B.; Beckers, J.; Rothenberg, G. *J. Am. Chem. Soc.* **2002**, *124*, 11858.
690. Biscoe, M. R.; Barder, T. E.; Buchwald, S. L. *Angew. Chem. Int. Ed.* **2007**, *46*, 7232.
691. Alonso, F.; Beletskaya, I. P.; Yus, M. *Tetrahedron* **2008**, *64*, 3047.
692. Mao, J.; Guo, J.; Fang, F.; Ji, S.-J. *Tetrahedron* **2008**, *64*, 3905.
693. Alberico, D.; Scott, M. E.; Lautens, M. *Chem. Rev.* **2007**, *107*, 174.
694. Seregin, I. V.; Gevorgyan, V. *Chem. Soc. Rev.* **2007**, *36*, 1173.
695. *Handbook of C–H Transformations*; Dyker, G., Ed.; Wiley-VCH: Weinheim, 2005; Vols. 1 and 2.
696. Campeau, L.-C.; Stuart, D. R.; Fagnou, K. *Aldrichimica Acta* **2007**, *40*, 35.
697. Catellani, M.; Chiusoli, G. P. *J. Organomet. Chem.* **1992**, *425*, 151.
698. Martín-Matute, B.; Mateo, C.; Cardenas, D. J.; Echavarren, A. M. *Chem.—Eur. J.* **2001**, *7*, 2341.
699. Hughes, C. C.; Trauner, D. *Angew. Chem. Int. Ed.* **2002**, *41*, 1569.
700. Hennessy, E. J.; Buchwald, S. L. *J. Am. Chem. Soc.* **2003**, *125*, 12084.
701. Glover, B.; Harvey, K. A.; Liu, B.; Sharp, M. J.; Tymoschenko, M. F. *Org. Lett.* **2003**, *5*, 301.
702. Park, C.-H.; Ryabova, V.; Seregin, I. V.; Sromek, A. W.; Gevorgyan, V. *Org. Lett.* **2004**, *6*, 1159.
703. Gómez-Lor, B.; Echavarren, A. M. *Org. Lett.* **2004**, *6*, 2993.
704. Lane, B. S.; Brown, M. A.; Sames, D. *J. Am. Chem. Soc.* **2005**, *127*, 8050.
705. Zollinger, H. *Adv. Phys. Org. Chem.* **1964**, *2*, 162.
706. Mota, A. J.; Dedieu, A.; Bour, C.; Suffert, J. *J. Am. Chem. Soc.* **2005**, *127*, 7171.
707. Davies, D. L.; Donald, S. A.; Macgregor, S. A. *J. Am. Chem. Soc.* **2005**, *127*, 13754.
708. Gorelsky, S. I.; Lapointe, D.; Fagnou, K. *J. Am. Chem. Soc.* **2008**, *130*, 10848.
709. Garcia-Cuadrado, D.; de Mendoza, P.; Braga, A. A. C.; Maseras, F.; Echavarren, A. M. *J. Am. Chem. Soc.* **2007**, *129*, 6880.
710. Toyota, M.; Ilangovan, A.; Okamoto, R.; Masaki, T.; Arakawa, M.; Ihara, M. *Org. Lett.* **2002**, *4*, 4293.
711. (a) Campo, M. A.; Huang, Q.; Yao, T.; Tian, Q.; Larock, R. C. *J. Am. Chem. Soc.* **2003**, *125*, 11506; (b) Capito, E.; Brown, J. M.; Ricci, A. *Chem. Commun.* **2005**, 1854.
712. C−H 挿入を経る経路は，パラジウム(Ⅳ)中間体を経由しない σ 結合メタセシス反応を経る経路に比べてエネルギー的に不利であることが理論化学計算によって示されている[706].
713. Pivsa-Art, S.; Satoh, T.; Kawamura, Y.; Miura, M.; Nomura, M. *Bull. Chem. Soc. Jpn.* **1998**, *71*, 467.
714. Campeau, L.-C.; Parisien, M.; Fagnou, K. *J. Am. Chem. Soc.* **2004**, *126*, 9186.
715. Daugulis, O.; Zaitsev, V. G. *Angew. Chem. Int. Ed.* **2005**, *44*, 4046.
716. Lafrance, M.; Rowley, C. N.; Woo, T. K.; Fagnou, K. *J. Am. Chem. Soc.* **2006**, *128*, 8754.
717. Li, W.; Nelson, D. P.; Jensen, M. S.; Hoerrner, R. S.; Javadi, G. J.; Cai, D.; Larsen, R. D. *Org. Lett.* **2003**, *5*, 4835.
718. Kalyani, D.; Deprez, N. R.; Desai, L. V.; Sanford, M. S. *J. Am. Chem. Soc.* **2005**, *127*, 7330.
719. Wolfe, J. P.; Buchwald, S. L. *Angew. Chem. Int. Ed.* **1999**, *38*, 2413.
720. Wolfe, J. P.; Buchwald, S. L. *Angew. Chem. Int. Ed.* **1999**, *38*, 3415.
721. Wolfe, J. P.; Singer, R. A.; Yang, B. H.; Buchwald, S. L. *J. Am. Chem. Soc.* **1999**, *121*, 9550.
722. Littke, A. F.; Fu, G. C. *Angew. Chem. Int. Ed.* **2002**, *41*, 4176.
723. Hernández, S.; SanMartin, R.; Tellitu, I.; Dominguez, E. *Org. Lett.* **2003**, *5*, 1095.
724. Dyker, G. *Angew. Chem., Int. Ed. Engl.* **1994**, *33*, 103.
725. Oi, S.; Fukita, S.; Hirata, N.; Watanuki, N.; Miyano, S.; Inoue, Y. *Org. Lett.* **2001**, *3*, 2579.
726. Kakiuchi, F.; Kan, S.; Igi, K.; Chatani, N.; Murai, S. *J. Am. Chem. Soc.* **2003**, *125*, 1698.
727. Kakiuchi, F.; Matsuura, Y.; Kan, S.; Chatani, N. *J. Am. Chem. Soc.* **2005**, *127*, 5936.
728. Touré, B. B.; Lane, B. S.; Sames, D. *Org. Lett.* **2006**, *8*, 1979.
729. Wang, X.; Lane, B. S.; Sames, D. *J. Am. Chem. Soc.* **2005**, *127*, 4996.
730. Lewis, J. C.; Wiedemann, S. H.; Bergman, R. G.; Ellman, J. A. *Org. Lett.* **2004**, *6*, 35.
731. Ueura, K.; Satoh, T.; Miura, M. *Org. Lett.* **2005**, *7*, 2229.
732. Bedford, R. B.; Limmert, M. E. *J. Org. Chem.* **2003**, *68*, 8669.
733. Oi, S.; Watanabe, S.-I.; Fukita, S.; Inoue, Y. *Tetrahedron Lett.* **2003**, *44*, 8665.
734. Miyamura, S.; Tsurugi, H.; Satoh, T.; Miura, M. *J. Organomet. Chem.* **2008**, *693*, 2438.
735. Oi, S.; Fukita, S.; Inoue, Y. *Chem. Commun.* **1998**, 2439.
736. Norinder, J.; Matsumoto, A.; Yoshikai, N.; Nakamura, E. *J. Am. Chem. Soc.* **2008**, *130*, 5858.
737. Do, H.-Q.; Daugulis, O. *J. Am. Chem. Soc.* **2007**, *129*, 12404.
738. Phipps, R. J.; Grimster, N. P.; Gaunt, M. J. *J. Am. Chem. Soc.* **2008**, *130*, 8172.
739. Bringmann, G.; Holenz, J.; Weirich, R.; Rübenacker, M.; Funke, C.; Boyd, M. R.; Gulakowski, R. J.; François, G. *Tetrahedron* **1998**, *54*, 497.
740. Terao, Y.; Kametani, Y.; Wakui, H.; Satoh, T.; Miura, M.; Nomura, M. *Tetrahedron* **2001**, *57*, 5967.
741. Bellina, F.; Cauteruccio, S.; Mannina, L.; Rossi, R.; Viel, S. *J. Org. Chem.* **2005**, *70*, 3997.
742. Bellina, F.; Cauteruccio, S.; Mannina, L.; Rossi, R.; Viel, S. *Eur. J. Org. Chem.* **2006**, 693.
743. Akita, Y.; Itagaki, Y.; Takizawa, S.; Ohta, A. *Chem. Pharm. Bull.* **1989**, *37*, 1477.
744. Catellani, M. *Synlett* **2003**, 298.
745. Catellani, M. *Top. Organomet. Chem.* **2005**, *14*, 21.
746. Albrecht, K.; Reiser, O.; Weber, M.; Knieriem, B.; de Meijere, A. *Tetrahedron* **1994**, *50*, 383.
747. Reiser, O.; Weber, M.; de Meijere, A. *Angew. Chem., Int. Ed. Engl.* **1989**, *28*, 1037.
748. Dongol, K. G.; Matsubara, K.; Mataka, S.; Thiemann, T. *Chem. Commun.* **2002**, 3060.
749. Catellani, M.; Motti, E.; Della Ca', N. Acc. *Chem. Res.* **2008**, *41*, 1512.
750. Cárdenas, D. J.; Martín-Matute, B.; Echavarren, A. M. *J. Am. Chem. Soc.* **2006**, *128*, 5033.
751. Mauleón, P.; Núñez, A. A.; Alonso, I.; Carretero, *J. C. Chem.—Eur. J.* **2003**, *9*, 1511.
752. Larock, R. C.; Tian, Q. *J. Org. Chem.* **2001**, *66*, 7372.
753. Mariampillai, B.; Alliot, J.; Li, M.; Lautens, M. *J. Am. Chem. Soc.* **2007**, *129*, 15372.
754. Bellina, F.; Cauteruccio, S.; Rossi, R. *Eur. J. Org. Chem.* **2006**, 1379.
755. Campeau, L.-C.; Parisien, M.; Jean, A.; Fagnou, K. *J. Am. Chem.*

Soc. **2006**, *128*, 581.
756. García-Cuadrado, D.; Braga, A. A. C.; Maseras, F.; Echavarren, A. M. *J. Am. Chem. Soc.* **2006**, *128*, 1066.
757. Bringmann, G.; Price Mortimer, A. J.; Keller, P. A.; Gresser, M. J.; Garner, J.; Breuning, M. *Angew. Chem. Int. Ed.* **2005**, *44*, 5384.
758. Takahashi, M.; Masui, K.; Sekiguchi, H.; Kobayashi, N.; Mori, A.; Funahashi, M.; Tamaoki, N. *J. Am. Chem. Soc.* **2006**, *128*, 10930.
759. Stuart, D. S.; Villemure, E.; Fagnou, K. *J. Am. Chem. Soc.* **2007**, *129*, 12072.
760. Stuart, D. S.; Fagnou, K. *Science* **2007**, 316.
761. Dwight, T. A.; Rue, N. R.; Charyk, D.; Josselyn, R.; DeBoef, B. *Org. Lett.* **2007**, *9*, 3137.
762. Hull, K. L.; Sanford, M. S. *J. Am. Chem. Soc.* **2007**, *129*, 11904.

20 アリル位置換反応

20・1 概 要

アリル型求電子反応剤と，炭素あるいはヘテロ原子求核剤が，触媒によって S_N2 または S_N2' 置換体を生じる反応（式 20.1）は，"触媒的アリル位置換反応（catalytic allylic substitution)"とよばれる．これらの反応は，遷移金属錯体により触媒される古典的反応であり，

(20.1)

しばしば不斉反応にも利用される．典型的なアリル求電子剤は塩化アリル，酢酸アリルエステル，炭酸アリルエステル，またはアリルアルコールから誘導されるその他のエステルである．求核剤はほとんどの場合，β-ジカルボニル化合物のアニオンや，イミドのアニオンやアミンなどのヘテロ原子求核剤といった，いわゆるソフトな求核剤である．炭素求核剤の反応はアリル位アルキル化反応（allylic alkylation）とよばれることもある．

この反応の反応機構（スキーム 20・1）では，低原子価の金属中心に対するアリル型求電子剤の酸化的付加反応によって η^3-アリル金属中間体が生じると推測されていることが多い．

スキーム 20・1

ほとんどの触媒的アリル位置換反応において，アセタート，ハロゲンまたはカルボナート脱離基は，カチオン性アリル錯体の対イオンとなり，金属に直接結合しない．生成したカチオン性 η^3-アリル金属中間体は，次に求核剤と反応するが，ほとんどの場合，アリル基上で金属が結合している面の反対側から攻撃が起こる．

これらの反応のエナンチオ選択性や非対称アリル中間体を経る反応の位置選択性を制御す

る触媒の開発に対して多くの努力が払われてきた．そしてこれら努力の大半は，パラジウム錯体触媒の開発であった．しかし，モリブデン，タングステン，ルテニウム，ロジウム，イリジウム錯体もエナンチオ選択的あるいは位置選択的な反応の触媒として研究されるようになってきている．遷移金属錯体を用いた触媒的アリル位置換反応に関するこれらの研究と並行して，銅触媒を用いたアリル位置換反応に関する研究も行われている．これらの反応は，しばしばS_N2'置換反応生成物を生じる．触媒的アリル位置換反応が開発されるにつれて，この反応はさまざまな形で天然物合成に利用されている[1]．

20・2 エナンチオ選択的アリル位置換反応に向けた初期の研究

20・2・1 パラジウム(アリル)錯体への化学量論反応

1960年代から1970年代にかけて，辻はη^3型のパラジウム(アリル)錯体が求電子性をもち，安定化された炭素求核剤の攻撃を受けて，新たな炭素−炭素結合を生成することを示した(式20.2)[2]．この反応性は，(allyl)MgBrのような，求核性をもつ典型元素のアリル化合物

$$\frac{1}{2}\left[(\eta^3\text{-allyl})\text{PdCl}\right]_2 + CH_2(CO_2Et)_2 \xrightarrow[\text{DMSO}]{\text{NaH}} \text{allyl}\text{-}CH(CO_2Et)_2 + Pd(0) + NaCl \qquad (20.2)$$

とは対照的である．このη^3結合様式はアリル配位子から金属への電子の流れ込みを促し，アリル配位子は求電子性を示すようになる．錯体上の正電荷は，アリル配位子の求電子性をさらに増加させる．そのため求核剤と速やかに反応するほとんどのη^3-アリル錯体はカチオン性である．

20・2・2 最初の触媒的アリル位置換反応

辻により化学量論的アリル化反応が見いだされた後，東レ(株)の波多(はた)らおよび，Union Carbide社のAtkinsらは，この基本反応を触媒的プロセスに組込んだ．これらのグループは，アリルフェニルエーテル，アリルアルコール，酢酸アリルに対する，カルボキシラートやアルコール，第一級および第二級アミン，アセト酢酸メチルの反応が，Pd(0)錯体やその前駆体によって触媒されることを報告した(式20.3)[3),4)]．これらの最初の報告の後，初

$$R\text{-}CH{=}CH\text{-}CH_2X + H\text{-}Nu \xrightarrow{L_nPd} R\text{-}CH{=}CH\text{-}CH_2Nu \qquad (20.3)$$

X = OH, OAc, OPh
Nu = OAr, NEt_2, MeC(O)$CHCO_2Et$
L_nPd = $Pd(PPh_3)_4$, $Pd(acac)_2/PPh_3$

期の研究では，β-ジカルボニル化合物やシアノエステル，および求核性を示す炭素原子に電子求引性基が二つ置換した類似の化合物から誘導した“ソフトな”カルボアニオンに焦点が当てられた．これらの反応は，ハロゲン化アリルであれば触媒がなくても進行するが，パラジウム触媒添加によって大幅に加速される．またパラジウム触媒は，ハロゲン化アリルよりも入手しやすい酢酸アリルを用いても，穏和な条件で反応を進行させることができ，選択性を金属触媒によって変化させることができる．

この選択性を制御する能力を利用して，パラジウム触媒による置換反応の化学は，エナンチオ選択的反応へと発展した．初期のエナンチオ選択的反応の研究では，ラセミ体あるいはアキラルなアリル求電子剤とソフトな炭素求核剤で置換反応が起こり，もとのアリル基の一方の炭素原子に新たなキラル中心をもつ生成物を生じさせるものであった．エナンチオ選択的なアリル位置換反応を最初に報告したのはTrostらであったが，この報告は化学量論反応であった(式20.4)[5]．Trostらは，エナンチオ選択的アリル位アルキル化反応でいくつかの

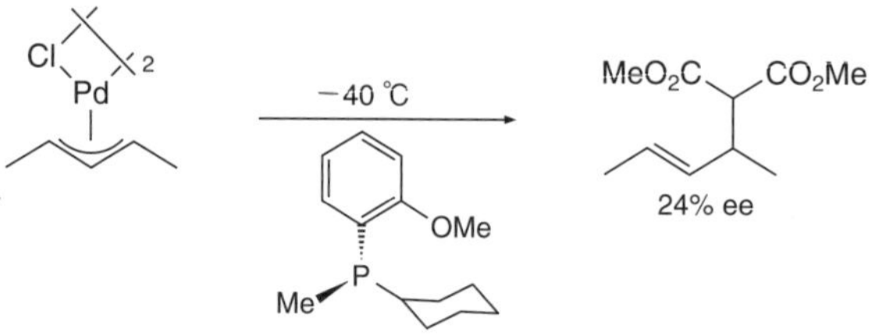

(20.4)

非常に有用性の高い反応を開発しており[6]，またこの反応を利用して多くの天然有機化合物の合成を達成している[7]．パラジウム触媒を用いるアリル位置換反応は，現在“辻-Trost 反応（Tsuji-Trost reaction）”とよばれている[8)~10)]．

20・2・3　アリル位置換反応における最初の触媒

アリル位置換反応は，当初，補助配位子を何も添加しないパラジウム錯体，または古典的な芳香族ホスフィン配位子をもつパラジウム錯体を用いて行われた．より最近になって，この反応の触媒開発研究において，エナンチオ選択的アリル位置換反応を行うための新しい配位子の設計と合成に焦点が当てられるようになった．これらの配位子についてはエナンチオ選択的アリル位置換反応に関する §15・6 においてすでに示されている．

初期のアリル位置換反応の研究[11]では，ほとんどは ［Pd(allyl)Cl］$_2$ のようなパラジウム(0)種の前駆体となる錯体，あるいは $Pd_2(dba)_3$（dba：ジベンジリデンアセトン）のような，比較的解離しやすい配位子をもつ Pd(0)錯体が用いられた．PPh_3 や dppe〔1,2-ビス(ジフェニルホスフィノ)エタン〕のようなホスフィン配位子を用いた反応も報告された[12)~18)]．酢酸アリルと炭酸アリルの反応速度が異なること（以下参照）は，少なくともいくつかの触媒反応において，酸化的付加反応が律速段階であることを示唆している．しかし，生成物中の新しい結合を形成する段階は，求電子的なアリル錯体に対する求核攻撃を含んでおり，ある種の触媒ではこのステップが律速段階であると考えられる．したがって，アリル位置換反応で触媒反応が進行するために必要な触媒の配位子は，十分に電子不足で求電子性の高いアリル錯体を生じ，求核攻撃が進行するようなものでなければならない．そのため，アルキルホスフィンをもつ錯体は，この反応にはほとんど用いられないが，19 章で述べたように，これらはハロゲン化アリールの反応に対しては効果的である．

20・3　基質適用範囲と触媒

20・3・1　求電子剤の適用範囲

ほとんどのアリル位置換反応は，アリルアルコール誘導体，たとえばアリル酢酸エステル，リン酸エステル，炭酸エステルなどを用いて行われている．これらの反応は，さまざまな構造のアリル求電子剤で進行する．アリル求電子剤としては，環状あるいは鎖状，脂肪族あるいは芳香族置換基をもつもの，末端の 1 箇所，あるいは両端に置換基をもつもの，中心炭素原子に置換基をもつものやもたないものなどが利用可能である．以下により詳細に述べるが，これらの置換基は，置換反応の位置選択性に影響を及ぼす．

アリルアルコール誘導体の相対的な反応性は，炭酸アリル＞リン酸アリル＞酢酸アリルの順である（式 20.5~20.7 を参照）[11),19)~21)]．この反応性の違いによって，ある一つのアリルアルコール誘導体を，他の誘導体に対して化学選択的に反応させることが可能となる．他のアリル求電子剤，たとえばアリルスルホン類では炭素－硫黄結合の切断が進行し[22)~24)]，ニトロアリル化合物[25),26)] では炭素－窒素結合の切断が起こる．また，アリルアミンも窒素原

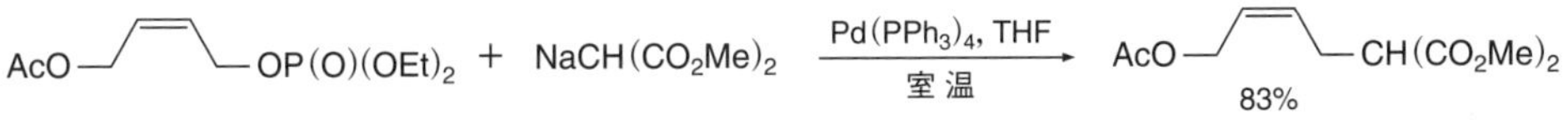

AcO–CH=CH–OP(O)(OEt)$_2$ + NaCH(CO$_2$Me)$_2$ —Pd(PPh$_3$)$_4$, THF / 室温→ AcO–CH=CH–CH(CO$_2$Me)$_2$ 83% (20.5)

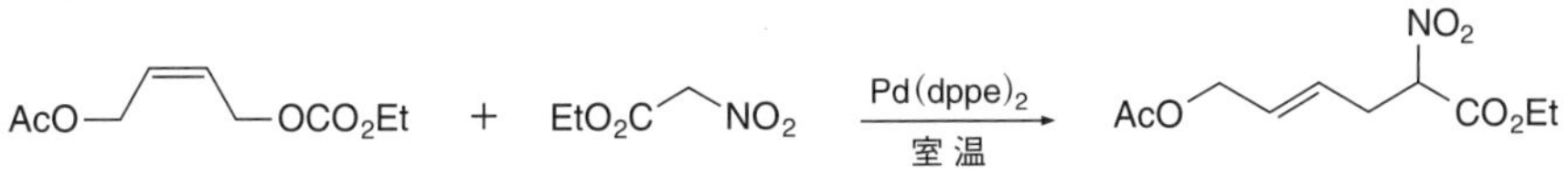

AcO–CH=CH–OCO$_2$Et + EtO$_2$C–NO$_2$ —Pd(dppe)$_2$ / 室温→ AcO–CH=CH–CH(NO$_2$)CO$_2$Et (20.6)

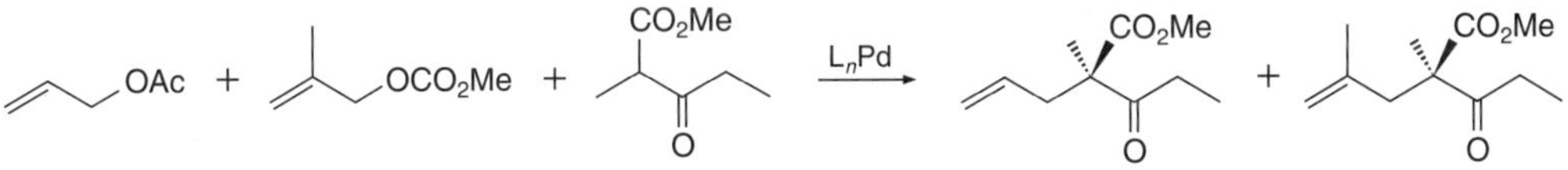

OAc + OCO$_2$Me + CO$_2$Me / O —L_nPd→ CO$_2$Me / O + CO$_2$Me / O (20.7)

L	
PPh_3	16 : 84
$P(OEt)_3$	3 : 97

子上をプロトン化すると炭素－窒素結合の切断が起こり[27)~31)]，これらの反応を利用してアリルパラジウム中間体を発生させることができる．アリルエーテル類も[32)]，利用できる場合があり，特にアリルアセタールやジェミナルジアセタートは有用である（式 20.8 と 20.9）[29),30)]．

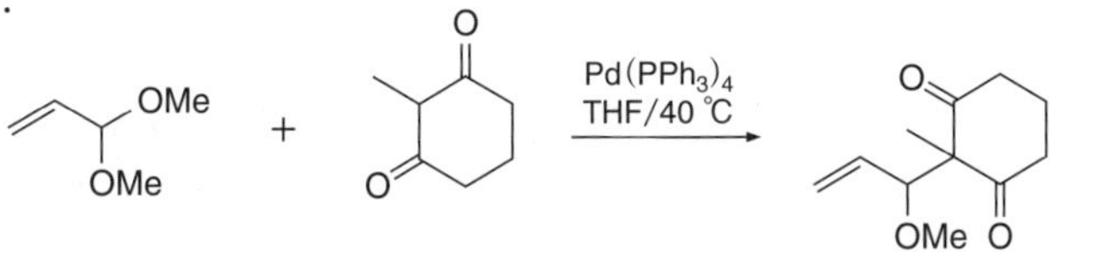

OMe / OMe + O / O —Pd(PPh$_3$)$_4$ / THF/40 ℃→ O / OMe O (20.8)

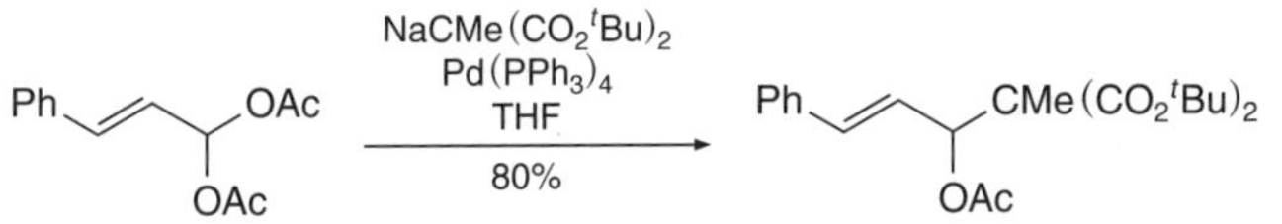

Ph–CH=CH–CH(OAc)OAc —NaCMe(CO$_2{}^t$Bu)$_2$ / Pd(PPh$_3$)$_4$ / THF / 80%→ Ph–CH=CH–CH(OAc)CMe(CO$_2{}^t$Bu)$_2$ (20.9)

炭酸アリル類は，酢酸アリル類よりも反応性が高いだけではなく，しばしば，酸性を示す求核剤前駆体と，塩基の添加なしで反応するという特徴をもつ（式 20.10）．スキーム 20・2

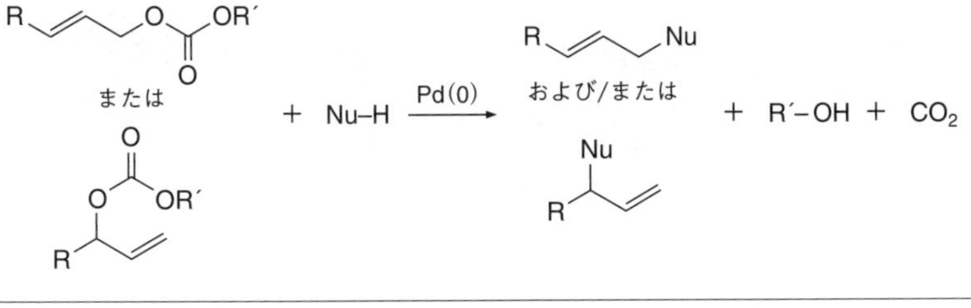

R–CH=CH–CH$_2$–O–C(O)–OR′ または R–CH(OC(O)OR′)–CH=CH$_2$ + Nu–H —Pd(0)→ R–CH=CH–CH$_2$–Nu および/または R–CH(Nu)–CH=CH$_2$ + R′–OH + CO$_2$ (20.10)

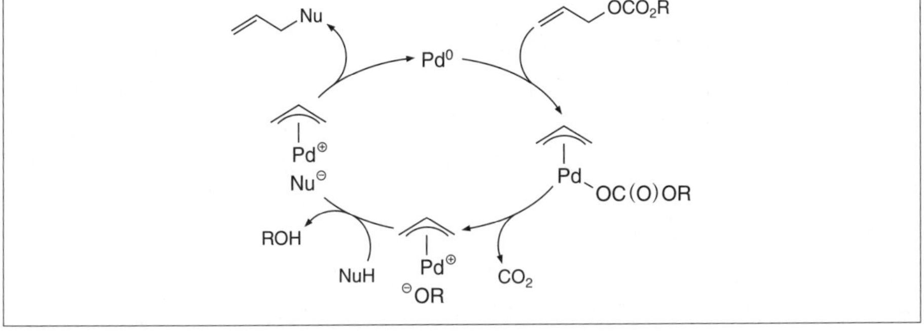

スキーム 20・2

Nu / Pd^0 / OCO$_2$R / Pd / OC(O)OR / CO$_2$ / Pd$^{\oplus}$ / $^{\ominus}$OR / NuH / ROH / Pd$^{\oplus}$ / Nu$^{\ominus}$

に，炭酸アリルを用いるアリル位置換反応の確立された反応機構を示す[35),36)]．炭酸アリルの酸化的付加により，アルキル炭酸イオンを対アニオンとしてもつアリル中間体を生じる．このアルキル炭酸アニオンから二酸化炭素が脱離して，アルコキシドアニオンが生じる．このアルコキシドアニオンは，求核剤前駆体を脱プロトン化し，アリル基を攻撃するアニオン種を生じる．ハードなアルコキシドの攻撃は，ソフトなカルボアニオンの攻撃よりも起こりにくく，酸性な C−H 結合のアルコキシドによる脱プロトン化の方が，アルコキシドの求核攻撃よりも速く進む．これらの要因によって，C−O 結合よりも C−C 結合生成が優先的に起こる．

ビニルエポキシドも，アリル位置換反応の求電子剤として用いられている[37)〜48)]．式 20.11[39)] と式 20.12[38)] に反応例を二つ示した．ビニルエポキシドは，オレフィンが金属に配

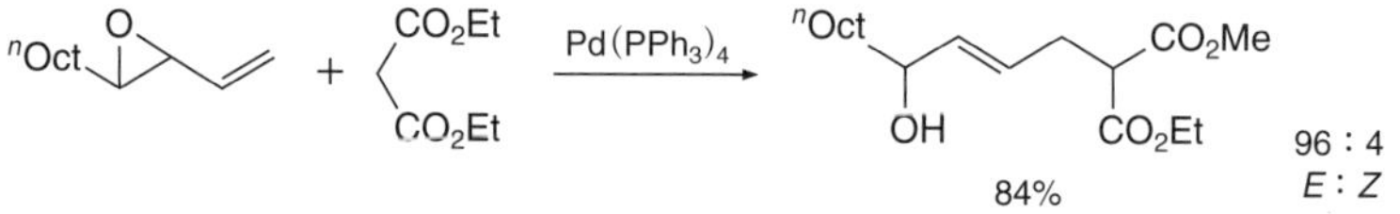

(20.11)

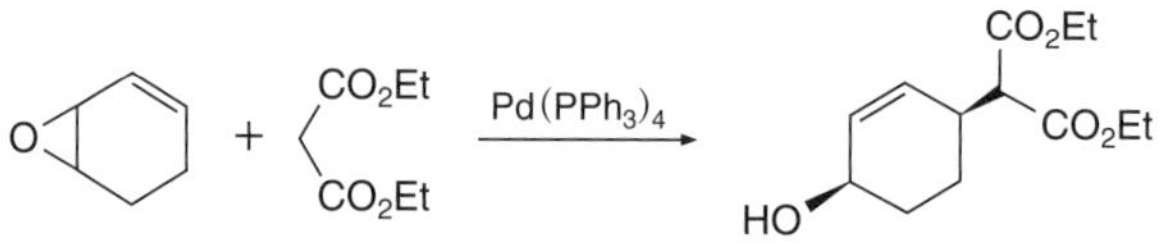

(20.12)

位し，エポキシドを開環させることでアリル-パラジウム中間体を生成する．炭酸アリルの反応と同様に，ビニルエポキシドの反応では，中性の求核剤前駆体を用いる際，塩基を外部から加える必要はない．スキーム 20・3 で示した反応機構のように，分子内にあるアルコキ

スキーム 20・3

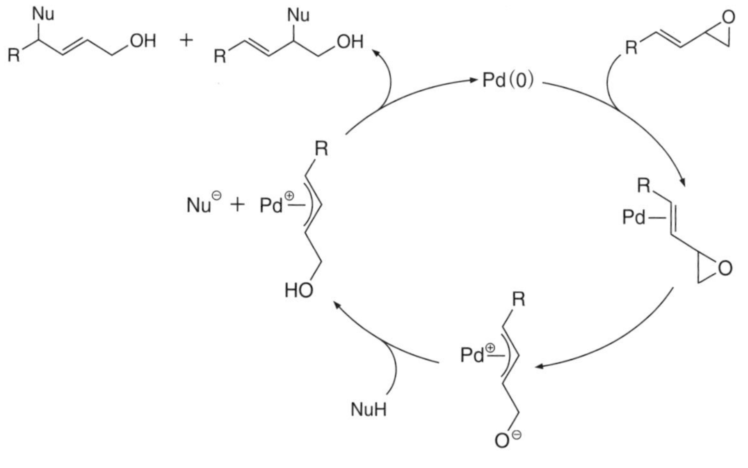

シドが，求核剤前駆体を脱プロトン化し，これがアリル-金属中間体を求核攻撃する．同様の手法により，ビニルアジリジンを用いる反応も開発された[49)]．ビニルエポキシドへの付加反応の求核剤前駆体としては，マロン酸エステルや β-ケトエステルのような酸性水素原子をもつ化合物か，有機スズ化合物のような事前に調製した有機金属化合物が使用可能である[40),41)]．後者の場合では，アルコキシドのスズへの移動により初期生成物としてスズアルコキシドが生成する．

求核剤が，β-ジカルボニル化合物から生じる安定化されたアニオンの場合，これらの反応は，2 回の立体配置の反転を経由することによって立体配置保持で進行する（§20・4・1 参照）が，求核剤が有機典型元素金属反応剤から誘導された安定化されていないアニオン，

たとえば，有機スズ，有機亜鉛，有機マグネシウムなどの場合，この反応は，立体配置の反転を伴って進行する．この立体配置の反転は，酸化的付加反応が立体配置の反転で進行したのち，続くC−C結合形成反応が，立体配置保持で進行するためである[40),50)]．ラセミ体のエポキシドから光学活性な生成物を生じるようなより複雑な反応系については，エナンチオ選択的アリル位置換反応の項で示した．

20・3・2　求核剤の適用範囲

遷移金属触媒によるアリル位置換反応における求核剤の適用範囲は広いが，いくつかの求核剤の適用範囲は，他のものよりもさらに広い．こうしたアリル位置換反応は，最も一般的には，安定化されたソフトな求核剤を用いて行われるが，アミンや，イミド，アミド，アリールオキシドといったヘテロ原子求核剤を用いた反応も報告されている．ハードで安定化されていない炭素求核剤やアルコキシド求核剤の反応は，報告例はあるものの，一般的ではない．アリル位置換反応が進行するソフトな求核剤の種類を図20・1に示した．これらには，β-ジカルボニル化合物，シアノエステルやマロノニトリルをはじめとして，ニトロ基やスルホニル基，イミニル基などの電子求引性基をもつ化合物の脱プロトン化によって生じる“安定化された炭素求核剤”が含まれる．アルカリ金属のエノラートの反応がいくつか報告され，なかには高収率で進行するものがあるが（式20.13）[51)〜54)]，一般的には中程度の収率で進行する[55),56)]．そのため，アルカリ金属のエノラートよりも化学的に安定で，よりハードな性質をもつ金属エノラート求核剤の探索研究が行われた[56)]．たとえば，ホウ素（式20.14）[55),57)〜59)]，ケイ素（式20.15）[60),61)]，スズ（式20.16）[60),62),63)]や亜鉛エノラート（式20.17）[64)]を用いた反応が報告されている[53)]．ケトンのエノラートの等価体としてエナミンの反応も知られている[65)〜73)]．

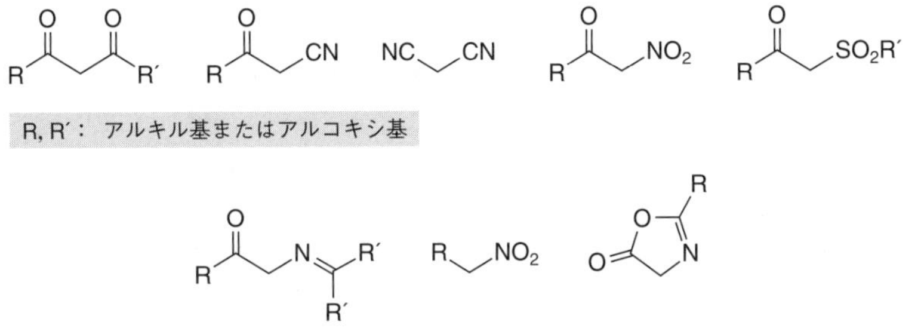

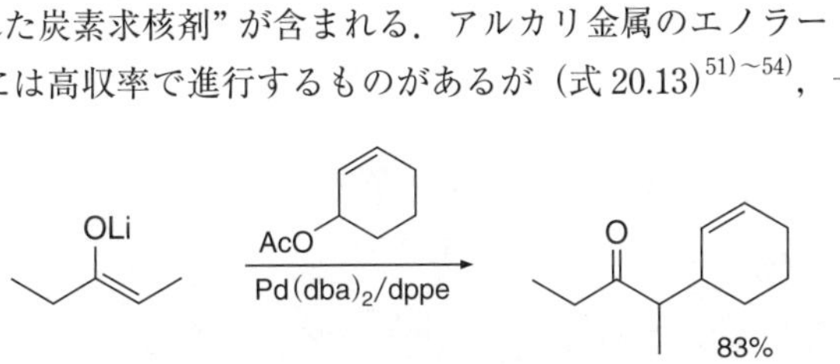

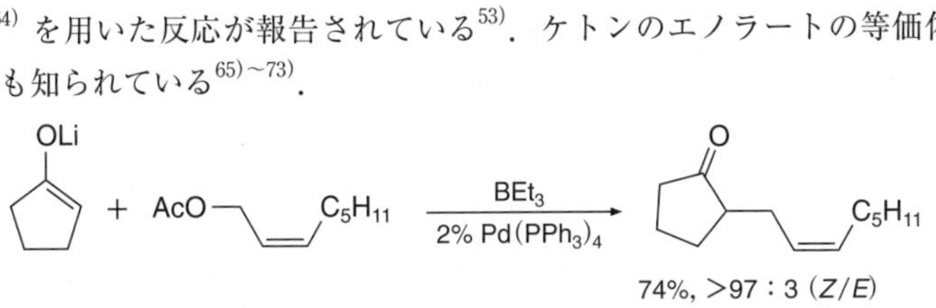

R, R′：アルキル基またはアルコキシ基

図20・1　触媒的アリル位置換反応によく用いられる求核剤前駆体

(20.13)

(20.14)

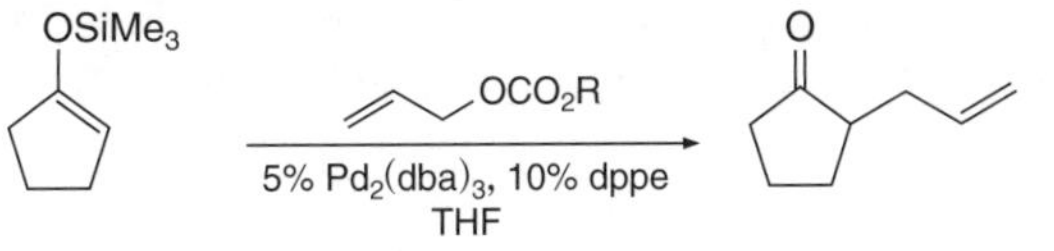

(20.15)

$OSnBu_3$ (cyclopentenyl) + allyl–OCO_2R → 5% $Pd_2(dba)_3$, 10% dppe, THF → 2-allylcyclopentanone　(20.16)

(2-bromozinc-γ-butyrolactone) + AcO–CH₂CH=CH–ⁿPr → $Pd(PPh_3)_4$ → 76% (96% *E*)　(20.17)

あるいは，式 20.18 のアセト酢酸のアリルエステル誘導体のように，エノラート求核剤部位とアリル求電子剤部位とを酸素原子によって連結することもできる[64),74)~81)]．この変換反応の機構をスキーム 20・4 に示す．アリルエステルの C−O 結合の酸化的付加反応によりエ

$Pd(OAc)_2$, Ph_3P; THF，加熱還流，100%　(20.18)

ノラート求核剤のカルボキシラート誘導体を生じ，これが脱炭酸する．この脱炭酸反応は，金属の配位圏内で進行することもあれば[82),83)]，配位圏外ではあるがアリル金属種の近くで進行することもあると考えられている[84),85)]．生じるエノラート求核剤はアリル基を攻撃して，最終置換生成物を与える．

スキーム 20・4

$L_nPd(0)$; $Pd^{\oplus}$; $O^{\ominus}$; CO_2

20・3・3　アリル位置換反応で用いられる金属

アリル位置換反応のほとんどがパラジウム触媒を用いている．しかし，他の金属錯体もアリル位置換反応の触媒となる．特に，モリブデン[43),47),48),86)~96)]，タングステン[97)]，ルテニウム[98)~105)]，ロジウム[50),106)~116)] そしてイリジウム[73),117)~134)] の錯体が，さまざまな炭素求核剤との反応の触媒となる．加えて，ルテニウムやロジウム，イリジウム錯体は，フェノキシド[109),135)] やアルコキシド[136)]，アミン[99),100),137)~139)] やアミド誘導体[107),112),127)~129),140)] との反応の触媒となる．これらの金属錯体によるアリル位置換反応の位置選択性はしばしば，パラジウム触媒による反応に対して補完的な位置選択性を示す．アリル位置換反応の位置選択性は §18・5 で詳細に述べた．これらを大まかにまとめると，Mo，W，Ru，Rh，Ir 錯体を触媒とする，非対称な一置換アリル求電子剤の反応では，アリル求電子剤が，より置換基

の多い末端に求核攻撃したと考えられる生成物を与える傾向がある（式 20.19）．これらの錯体の位置選択性に基づいて，アミンやフェノキシド，アルコキシドと末端炭酸アリルの反応

$$\mathrm{R{-}CH{=}CH{-}CH_2{-}O{-}C(O){-}R'} \xrightarrow[\text{触媒量, } L_nM{-}OC(O)R']{\text{Nu–H, 塩基}} \mathrm{R{-}CH(Nu){-}CH{=}CH_2} + \mathrm{R{-}CH{=}CH{-}CH_2{-}Nu} \quad (20.19)$$

M = Mo, W, Ru, Rh, Ir のときの通常主生成物 ／ M = Ni または Pd のときの通常生成物

により分岐型アリルアミンやアリルエーテルを，高エナンチオ選択的に合成する反応が，ホスホロアミダイト配位子をもつイリジウム錯体を用いて開発された[135),136),138),141)~144)]．また，炭素求核剤を用いた反応が，モリブデン[43),47),48),86)~96),145)]，タングステン[97)]，そしてイリジウム錯体[73),117)~134)]を用いて開発された．パラジウム触媒による同じ反応剤を用いた反応の位置選択性は，配位子と二つの反応剤の種類によって異なるが，一般に，より置換基が少ない末端が攻撃された生成物をより多く生じる傾向がある．パラジウム触媒による炭素求核剤の反応では，直鎖型の生成物が主生成物となることが多い[7),10),146),147)]．

これらのパラジウム以外の金属錯体による触媒反応の機構は，パラジウム錯体による触媒反応に比べてあまり理解が進んでいない．この違いは，部分的には，アリルパラジウム中間体の合成やこれら錯体の反応性[148)]や動的性質[149)~152)]に関する詳細な研究が容易であるためである．しかし，他の金属が触媒となる関連するアリル化反応において，アリル錯体が単離された例はずっと少ない[104),105),153),154)]．

20・4 アリル位置換反応の機構

アリル位置換反応の反応機構を，スキーム 20・1 に示した[151)]．この反応機構は，基本的な二つの段階からなり，正確にはそれぞれはさらに二つの段階に細分化される．まず初めに，パラジウム(0)，モリブデン(0)，ルテニウム(II)，イリジウム(I) あるいはロジウム(I) などの低原子価金属錯体に対し，塩化アリルまたは，アリルアルコール誘導体が配位し，ついで生じた錯体がイオン化することでアリル錯体中間体を生成する．このアリル錯体は，次に求核剤と反応する．この段階は通常アリル錯体中間体に対し，外側から求核攻撃することで起こる．このアリル配位子上への求核攻撃については，11 章で述べた．この攻撃による生成物はオレフィン錯体であり，会合的あるいは解離的な機構で，金属から放出される．これらの反応の中間体は，転位反応を起こすこともあり，これは，触媒反応において位置選択性や立体選択性を制御するために重要である．

20・4・1 パラジウム触媒による反応の機構

アリルエステルのパラジウム(0)種への酸化的付加反応は，アリルパラジウム錯体を生成する一般的な経路である．この反応の進行によって，対イオンとして酢酸イオンや他のカルボン酸イオンを含むカチオン性のアリルパラジウム(II)錯体が生じる．これらの反応については，7 章で述べた．まずアリルエステルのオレフィン部位が金属中心に配位し，続いて配位したアリルエステルがイオン化することによってアリルパラジウム中間体が生じると考えられている．これらの反応は，式 20.20 に示したように，立体配置の反転を伴って進行する[155),156)]．

このアリル錯体中間体への求核攻撃の反応機構は，詳細に研究されている．またこの反応は，11 章で議論した．一般的には，メチレン炭素原子上に二つの電子求引性基をもつ安定化された炭素求核剤や，窒素求核剤は，カチオン性アリルパラジウム錯体に対し，外側から攻撃する．この反応機構によると，触媒サイクルのこの段階で，アリル配位子の末端炭素原

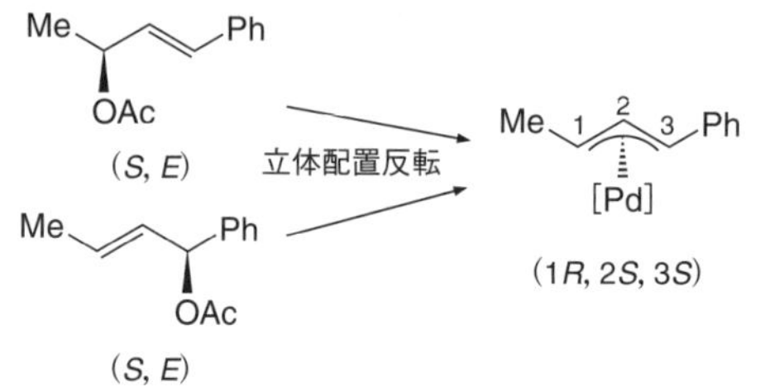

Me　Ph　OAc　(*S*, *E*)　立体配置反転　Me 1 2 3 Ph　[Pd]　(1*R*, 2*S*, 3*S*)　Me　Ph　OAc　(*S*, *E*)

(20.20)

子において立体化学の反転が起こる（スキーム 20・5）．一方，安定化されていない求核剤，たとえばボラート，有機亜鉛，有機スズ，Grignard 反応剤などの反応における立体化学の

スキーム 20・5

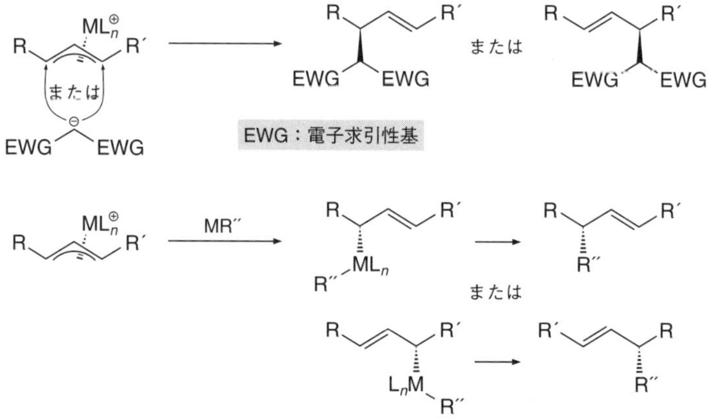

$ML_n^{\oplus}$　R　R′　または　EWG　EWG　→　R　R′　EWG　EWG　または　R　R′　EWG　EWG

EWG：電子求引性基

$ML_n^{\oplus}$　R　R′　MR″　→　R　R′　R″　ML_n　→　R　R′　R″　または　R　R′　L_nM　R″　→　R′　R　R″

結果は，これら求核剤がパラジウムを直接攻撃することによって，アルキル配位子をもつ中間体を生じる（スキーム 20・5）ことを示している．これらの中間体は直接には観察されていないため，アリル基の結合様式は明らかではないが，金属に求核剤が結合することによって，アリル基が η^1 型の結合様式をとると考えられる．求核剤が結合したアリル錯体からの還元的脱離反応により最終置換生成物が得られると同時に，最初の低原子価錯体を再生すると考えられる．この反応機構により，立体配置の保持を伴って C−C 結合が形成される．生成物が生じる段階の立体化学と，酸化的付加反応の段階における立体配置の反転の組合わせの結果，安定化された求核剤を用いたパラジウム触媒によるアリル位置換反応は，全体として立体配置を保持して進行する．一方，パラジウム触媒によるハードな求核剤を用いたアリル位置換反応では，全体として立体配置の反転を伴って進行する．この，触媒反応としての立体化学は，式 20.21[157] や式 20.22[158),159] などの反応によって明らかにされている．

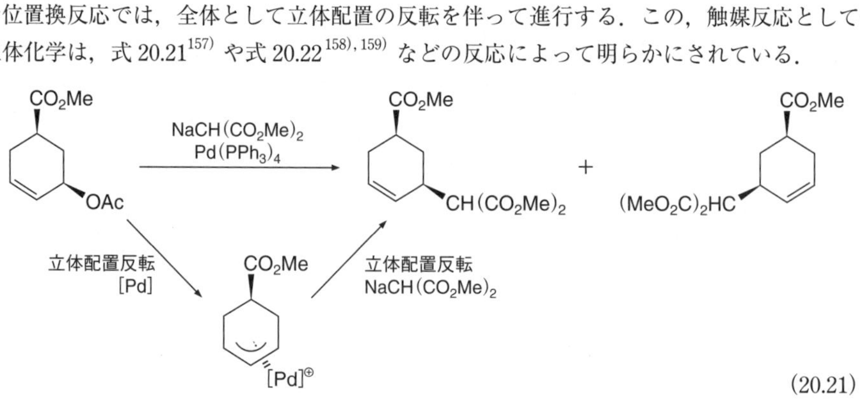

CO_2Me　OAc　$NaCH(CO_2Me)_2$　$Pd(PPh_3)_4$　→　CO_2Me　$CH(CO_2Me)_2$　+　CO_2Me　$(MeO_2C)_2HC$

立体配置反転 [Pd]　CO_2Me　$[Pd]^{\oplus}$　立体配置反転 $NaCH(CO_2Me)_2$

(20.21)

アリル錯体中間体の動的挙動[149] は，触媒反応の位置選択性や立体選択性に大きな影響を与えうる[88),151),160),161]．アリル錯体の動的挙動は温度可変 NMR スペクトルにより詳細に研

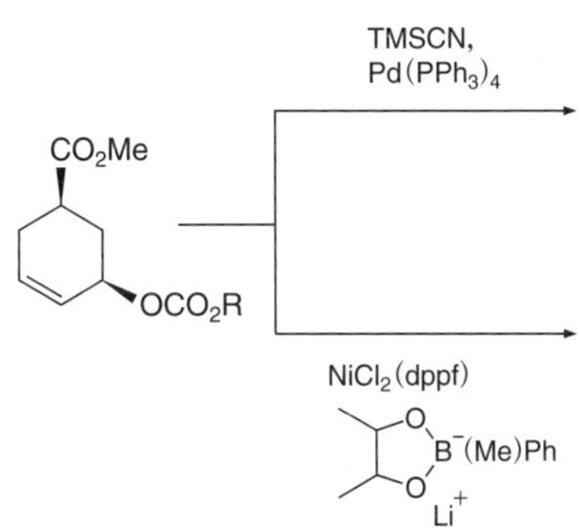

(20.22)

究されている[149),150),152),160)~162)]．アリル錯体は，η^3-η^1-η^3 相互変換と η^1-アリル基が一つの配位サイトから他方のサイトへ移動する構造変化との組合わせによって，転位することができる[162)~164)]．このような分子内相互変換反応により，スキーム 20・6 に示したような構造

スキーム 20・6

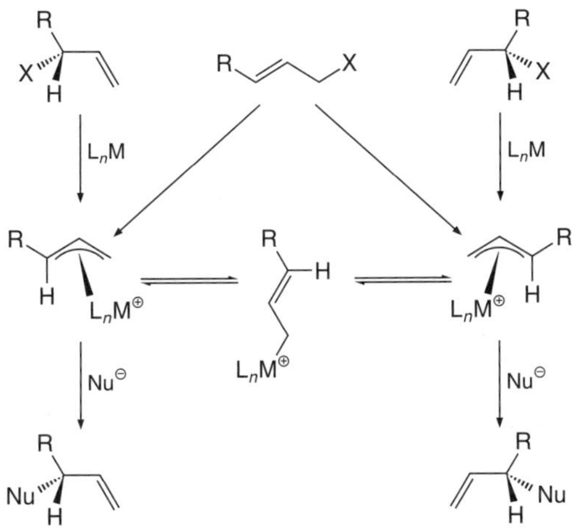

変化が可能となる．このアリル基の一方の面から他方の面への金属の分子内での交換は，アリル基の一方の末端の置換基が同じ場合に起こる．一方，末端の炭素原子がいずれも二つの異なる置換基をもつ場合，η^1 構造（異性体）の金属と結合している炭素がキラル中心であり，スキーム 20・6 に示したのと同様の分子内変換反応ではその立体化学は保持される（スキーム 20・7 を参照）[165)]．

しかし，アリル末端炭素原子がいずれも異なる二つの置換基をもつ場合には，スキーム 20・7 に示すような分子間反応によってアリル基の立体配置の反転が起こりうることを示している[151),166),167)]．アリル基の一つの金属から別の金属への移動は，その立体化学を反転させ，最終的にはアリル錯体のラセミ化をもたらす（スキーム 20・7）．

アリル錯体中間体への求核攻撃が，どの η^3-η^1-η^3 相互変換よりも速い場合，ソフトな求核剤の反応は立体化学の保持を伴って進行するが，それは酸化的付加反応と求核攻撃の両者が立体配置の反転を伴って進行するためである．しかし，求核攻撃が η^3-η^1-η^3 相互変換よりも遅く，かつアリル基の一方の末端炭素原子が対称に置換されている場合，相互変換は出発物の立体化学情報を消失させてしまう．この場合，ラセミ体の基質から光学活性な置換生成物を合成することが可能となる[(訳注)]．これらの相対的な反応速度は，Bosnich らのよく知られた研究によって明らかにされている[151)]．

訳注：本文中の対応する例をあげると，式 20.36，式 20.50.

スキーム 20・7

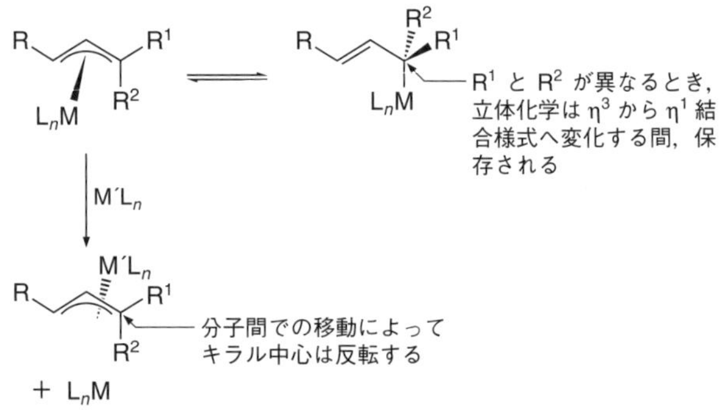

R¹ と R² が異なるとき，立体化学は η^3 から η^1 結合様式へ変化する間，保存される

分子間での移動によってキラル中心は反転する

ハロゲン化物イオンやホスフィンあるいは配位性溶媒などの配位子の添加によって，アリル錯体の転位を加速することができる[88),149),168)]．これらの配位子は金属中心へ結合し，η^1 異性体の形成を促すために，η^3-η^1-η^3 相互変換を加速することができる．あるいは，配位子の添加によって，立体化学が変化しやすい五配位中間体が形成され，転位が誘起されることも考えられる（1 章参照）．溶媒の種類も，これら相互変換の速度に影響を与えることがある．より極性が高い配位性の溶媒は金属に結合することによって転位を加速する傾向がある．また，アリル位置換反応の立体化学に影響を与えるだけでなく，これらの転位で金属中心における立体化学のスクランブリングが起こる．アリル基の二つの末端炭素原子に対し補助配位子がどこに存在するかは，求核攻撃が起こる位置に影響を与える．そのため，金属中心の立体化学がスクランブリングすることにより，出発物であるアリルエステルの構造に依存せずに位置選択的に生成物を生じることが可能となる．これらの位置異性化に関する問題は，§20・5 でより詳細に議論する．

20・4・2　パラジウム以外の金属錯体により触媒される反応の機構

パラジウム以外の金属錯体を触媒として用いる反応のアリル錯体中間体はその構造がほとんど同定されていない．モリブデンのアリル錯体中間体が最近同定された（式 20.23）[90),153)]．

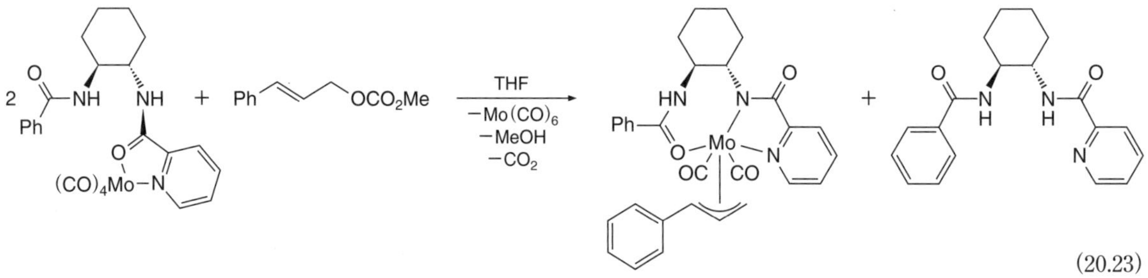

THF, $-Mo(CO)_6$, $-MeOH$, $-CO_2$

(20.23)

この中間体の研究は，驚くべき知見を明らかにした．まず初めに，ビス(ピリジニル)アミド配位子とモノピリジニルアミド配位子から調製した触媒では，同じようにアリル位置換反応が進行する．したがって，活性な触媒におけるモリブデンには，ピリジンが一つだけ配位していると考えられる．第二に，スキーム 20・8 に示したように，触媒サイクルにおいては，一酸化炭素が解離したり，結合したりしている．マロン酸ジエステルのアニオンは，単離されたアリル錯体のみとは反応しないが，遊離の一酸化炭素かあるいは，触媒前駆体の $Mo(CO)_6$ から生じた一酸化炭素が存在する場合にアリル錯体と反応する[90)]．そのため，マロン酸ジエステルのアニオンと反応するアリル錯体の正確な構造は現時点で不明である．

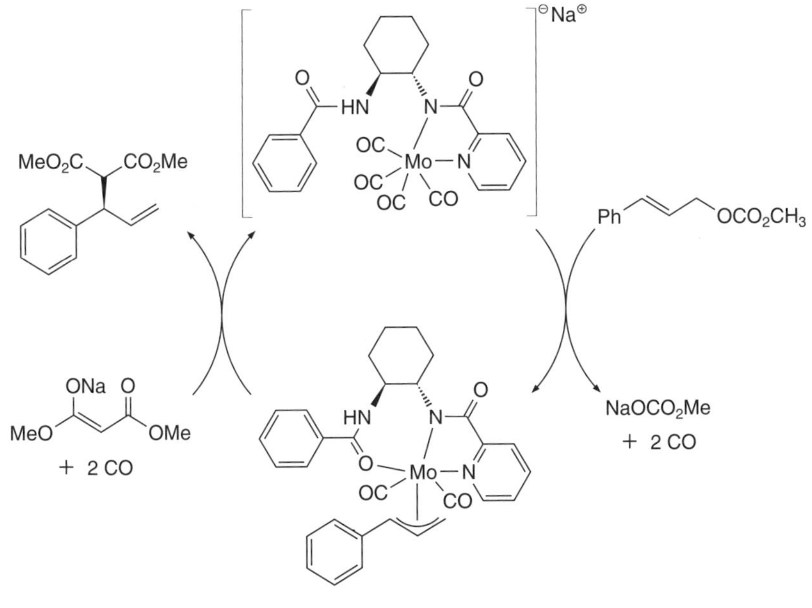

スキーム 20・8

パラジウム以外の金属を触媒とするアリル位置換反応のアリル錯体中間体が同定された例が少ないために，これらのアリル位置換反応の立体化学に関してはあまりよく研究されていない．Evans は，ロジウム錯体が酢酸アリルに対する求核置換反応の触媒となり，その立体配置が全体として保持されることを報告している[106),107),109),112),113)]．モリブデン錯体も酢酸アリルとマロン酸エステル由来の求核剤との反応の触媒となり，その立体配置が保持されて進行する（式 20.24）[153)]．アリル炭酸エステルがモリブデンに付加する際の立体化学と，生

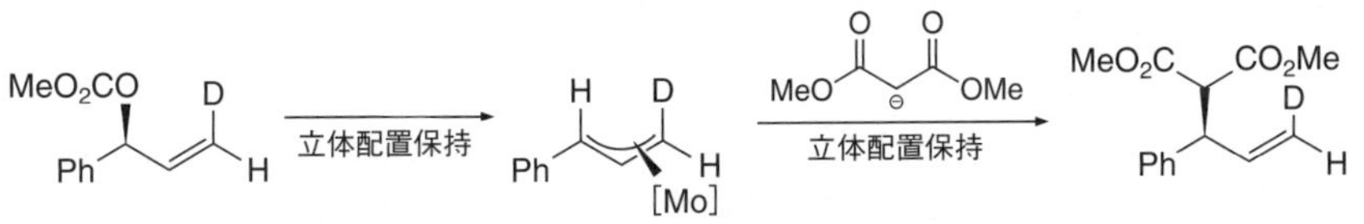

NMR により同定 (20.24)

じたアリルモリブデン錯体中間体に対し求核攻撃する際の立体化学は，1 箇所が重水素置換され立体化学が明確にされたメチル炭酸シンナミルエステルを用いた，エレガントな標識実験によって研究された[153)]（式 20.24）．その結果，アリル炭酸エステルの付加と求核攻撃は，いずれも立体配置を保持して進行することが明らかになった（式 20.24）．これはパラジウム錯体を用いた反応ではいずれも反転して進行することとは異なっている．

20・5 アリル位置換反応の位置選択性

アリル位置換反応の位置選択性は，金属中心とその配位環境の性質に大きく依存している．位置選択性の問題を回避するために，アリル位置換反応における触媒の活性やエナンチオ選択性を検討するための基質としては，ほとんどの場合対称なアリル錯体中間体を生じるものが用いられている．しかし，多くの合成化学的な応用では，非対称なアリル錯体中間体の位置選択的な置換反応が必要となる．アリル錯体中間体に対して求核剤が攻撃する位置によってアリル位置換反応の位置選択性が決定される．

20・5・1　パラジウム触媒反応の位置選択性の傾向と起源

20・5・1a　炭素求核剤の反応

パラジウム触媒によるアリル位置換反応の位置選択性を制御する要因に関しては，非常に多くの研究が行われてきた．この位置選択性に対する，対称あるいは非対称な補助配位子の効果を明らかにする実験が，求核剤の種類や塩基性添加剤の効果を明らかにする実験とともに報告されている．以下に，パラジウム触媒反応に関するこのような研究のいくつかを述べる．

例外は報告されているものの[88),169)～172)]，パラジウム(アリル)錯体は，アリル基末端の電子的性質が同等であれば，アリル基のより立体障害の小さい末端で炭素求核剤と反応する傾向がある．たとえば，マロン酸ジメチルとアリルエステルの反応で生じるアリル錯体中間体において，メチル基とフェニル基，またはメチル基とイソプロピル基がアリル基の両末端に一つずつある場合，約 12：1 の位置選択性でより立体障害の小さい位置で反応が進行する（式 20.25）[156),173)]．同様のアリル位置換反応を，一置換のアリル錯体中間体を生じるような

Me–CH=CH–CH(OAc)–Ph (S)-(E) —[NaCH(CO$_2$Me)$_2$, Pd/dppe]→ Me–CH(CH(CO$_2$Me)$_2$)–CH=CH–Ph (S) + Me–CH=CH–CH(CH(CO$_2$Me)$_2$)–Ph (R)　93 : 7　(20.25)

アリルエステルを用いて行うと，配位子の種類に依存して生成物の混合物が生じることが以前から知られているが，アキラルで直鎖状の生成物が主生成物となることが多い（式 20.26）[174)]．

R–CH=CH–CH$_2$–OC(O)R —[+ Nu$^{\ominus}$, Pd/L]→ R–CH=CH–CH$_2$–Nu（主生成物） + R–CH(Nu)–CH=CH$_2$（副生成物）　(20.26)

アリル配位子のより置換基の多い位置に対する攻撃でキラルな化合物が得られるために，この位置に対して，求核剤を直接攻撃させるために多くの努力が費やされた．Åkermark は，パラジウム上のアリル基の，より置換基の少ない位置と，より置換基の多い位置への攻撃の位置選択性は，補助配位子の電子的性質に依存することを示した[175)～177)]．彼は，置換基の多い炭素原子上に，より多くの正電荷が存在することから，より電子求引性の高い配位子を用いると，より置換基の多い位置への攻撃が優先すると提案している．しかし，パラジウム触媒によるアリル位置換反応で用いられる配位子は多様な構造をもっており，その電子供与性あるいは電子求引性を評価することは難しい．

求核剤の攻撃方向を制御したり，アリル基の一方の末端をもう一方の末端よりも，より求電子的にすることで，アリル求電子剤のより置換基の多い位置での反応を促進するような非対称な配位子が設計されている．たとえば，求核剤と相互作用するような側鎖とフェロセニル基をもつホスフィンが配位したパラジウム触媒を用いると，置換アリルアルコールの酢酸エステルから分岐した生成物が生じる（式 20.27a）[178)]．また，リン原子と窒素配位部位を一つずつもつホスフィノオキサゾリン配位子を用いると，アリル基のより置換基の多い位置で優先して反応する（式 20.27b）[179)]．より最近の例として，アミンや安定化された炭素求核剤

Me–CH=CH–CH$_2$–OC(O)R + PhCH$_2$NH$_2$ —[THF, Pd/L*, 0 ℃]→ Me–CH=CH–CH$_2$–NHCH$_2$Ph + Me–CH(NHCH$_2$Ph)–CH=CH$_2$　3 : 97　(20.27a)

L* = フェロセン（Fe）上に PPh$_2$, PPh$_2$ および CH$_2$–X（H, H–C–X）をもつ配位子；X = NMe–CH(CH$_2$OH)$_2$

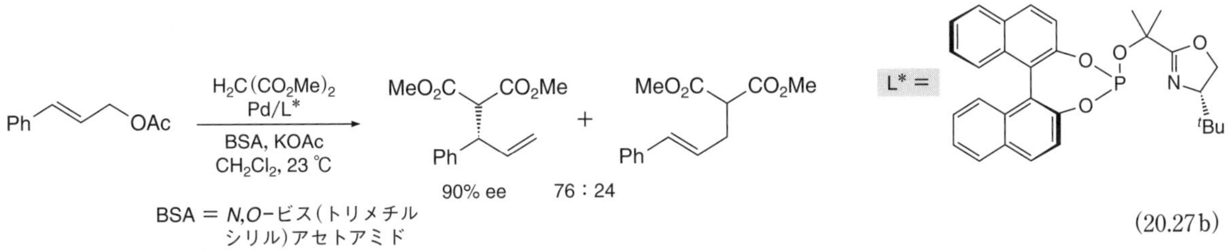

Ph OAc $\xrightarrow[\text{BSA, KOAc, } CH_2Cl_2\text{, 23 ℃}]{H_2C(CO_2Me)_2\text{, Pd/L*}}$ MeO_2C CO_2Me Ph (90% ee) + MeO_2C CO_2Me Ph

76：24

L* = O, O, P, O, O, N, ᵗBu

BSA = *N,O*−ビス(トリメチルシリル)アセトアミド

(20.27 b)

と酢酸アリルとの反応において，フェロセニル配位子をもつパラジウム錯体を触媒として用いると，おもに分岐した置換生成物が生じることが報告されている（式 20.28）[170]．

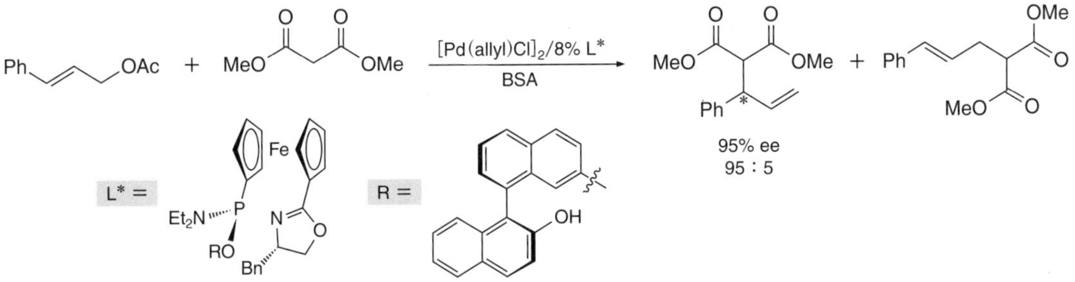

Ph OAc + MeO (O) (O) OMe $\xrightarrow[\text{BSA}]{[Pd(allyl)Cl]_2\text{/8\% L*}}$ MeO (O) (O) OMe Ph * + Ph OMe O MeO O

95% ee
95：5

L* = Fe, Et_2N, P, RO, N, O, Bn

R = OH

(20.28)

アリルエステルの立体的な性質に加えて，アリルエステルの電子的な性質もパラジウム触媒反応の位置選択性に影響を及ぼす．求核攻撃は，やや直感には反するが，電子求引性基から離れた位置で進行する．たとえば，末端に二つの異なる芳香族基をもつアリル求電子剤の反応は，より電子豊富な芳香族基が置換した末端で反応が進行する（式 20.29）[180]．また，式 20.30 に示すように，求核攻撃は基質のメトキシ基が置換したアリル末端で進行している[181),182]．同様に，アリル配位子の一方の末端に，スルホニル基をもつアリル求電子剤の反応では，これらの電子求引性置換基が結合しているのとは反対の末端で求核攻撃が起こる（式 20.31）[183),184]．式 20.31 の位置選択性はスルホニル基と共役し，安定化されたオレフィンをもつ生成物の方がより安定であることにより説明できる．

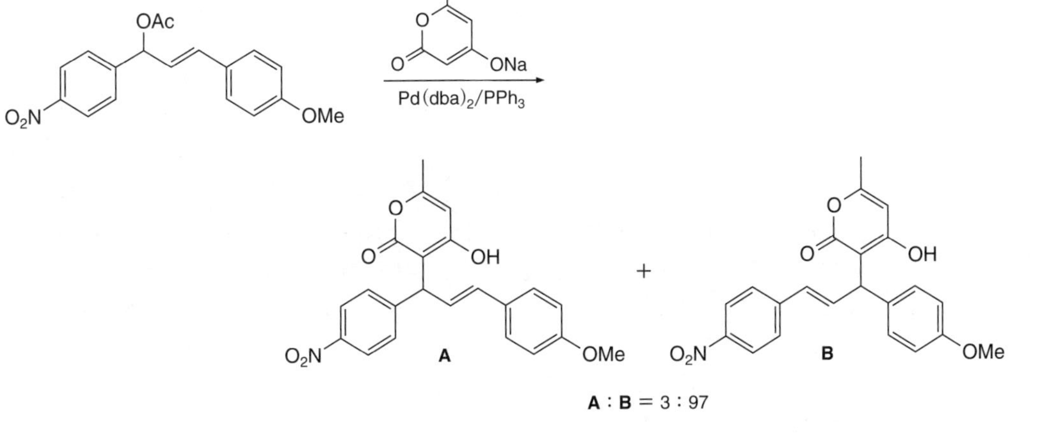

OAc, O_2N, OMe $\xrightarrow[Pd(dba)_2/PPh_3]{\text{O, O, ONa}}$

O, O, OH, O_2N, **A**, OMe + O, O, OH, O_2N, **B**, OMe

A：**B** = 3：97

(20.29)

MeO OAc $\xrightarrow[68\%]{Pd(PPh_3)_4\text{, NaCMe}(CO_2Et)_2}$ MeO, $CMe(CO_2Et)_2$

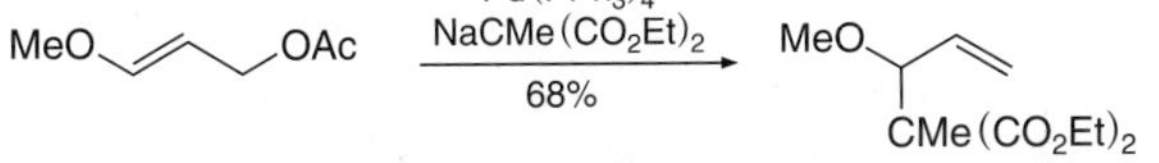

(20.30)

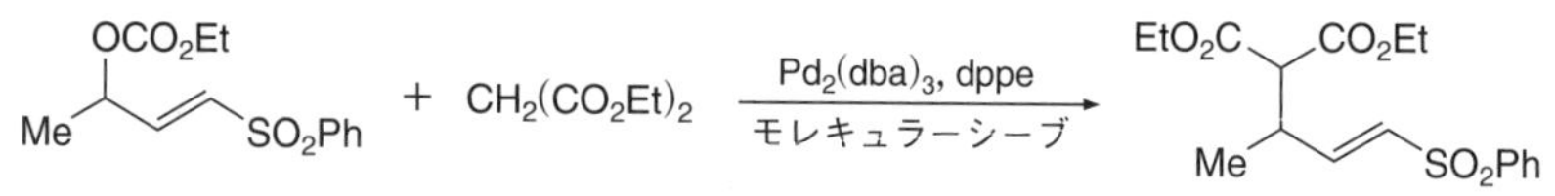

(20.31)

20・5・1b　ヘテロ原子求核剤の反応

ヘテロ原子求核剤を用いた，パラジウム触媒によるアリル位置換反応の位置選択性は，炭素求核剤を用いる反応とは大きく異なる場合がある．一般的には，酸素求核剤や窒素求核剤を用いる反応では，炭素求核剤を用いる反応に比べて，少なくとも速度論的に生じる置換生成物として，分岐の多い生成物が主生成物となる．たとえば，Trost 配位子をもつパラジウム触媒による一置換アリル炭酸エステルとアリールオキシド求核剤の反応では，直鎖型生成物よりも，分岐型生成物をより多く生成する（式 20.32）[88]．ビスホスフィン配位子をもつパラジウム錯体を触媒とするジェミナル二置換のアリルアルコールの酢酸エステルと，アジリジンやヒドロキシルアミン，ヒドラジン誘導体の反応でも，分岐したプレニル生成物が主生成物として生成する（式 20.33a，20.33b）[186)〜188]．

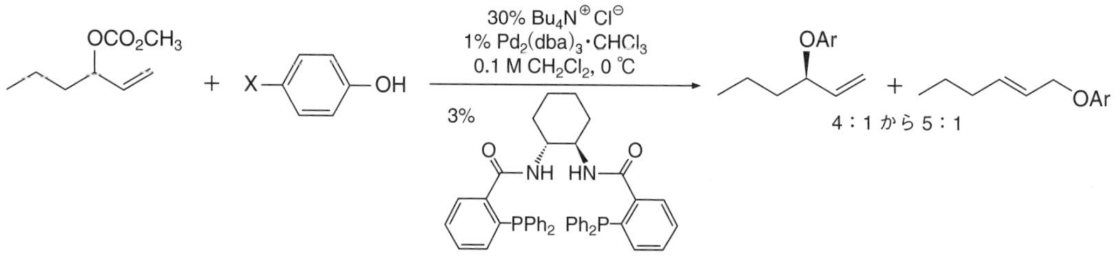

(20.32)

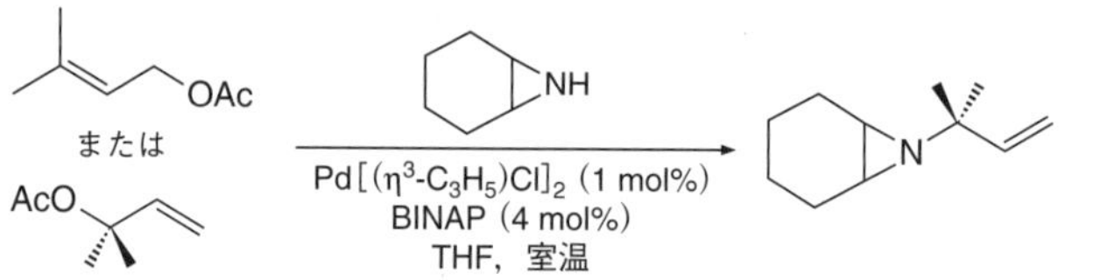

(20.33a)

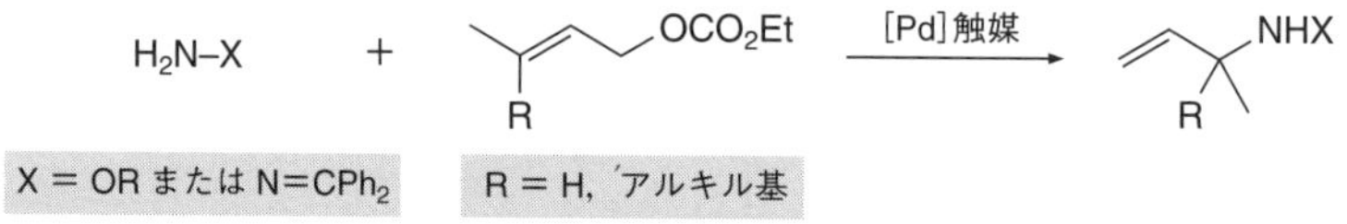

(20.33b)

これらの反応における位置選択性の起源に関する研究により，アミンによる攻撃は，より置換基の多い位置で進行するが，分岐構造をもつ速度論的生成物は，直鎖構造をもつ熱力学的生成物へ，触媒反応による過程よりも速い速度で異性化する[187]ために，最終生成物として直鎖型の異性体が得られるということが明らかになった．しかし，アジリジンやヒドロキシルアミン，ヒドラゾン誘導体の反応で生じる生成物の異性化は，触媒的置換反応よりも遅く，この相対的な反応速度の違いにより，分岐した置換生成物を単離することができる[186)〜188]．アリルアンモニウム塩を求電子剤とする初期のアリル位置換反応の研究で観察されたように，この異性化の過程は，アミンのプロトン化によってパラジウムへ酸化的付加できるアンモニウム塩を生じることで，おそらく進行する[31]．そのため，求核性のない強塩基をアミン求核剤の反応に添加することで，分岐した速度論的生成物の単離が可能となったと考えられる[189]．

20・5・2　パラジウムのメモリー効果

パラジウム触媒による反応の位置選択性やエナンチオ選択性は，出発物であるアリルエステルの置換基の位置や立体化学にも影響される．ある場合には，直鎖のアリルエステルよりも，分岐したアリルエステルの方が，より分岐の多い生成物を多く与える．この効果は，位置選択性に関する“メモリー効果（memory effect）”とよばれている[185),190)〜192)]，この現象の一例が，式 20.34 に示したように，MOP 配位子をもつパラジウム触媒において観察され

Ph～～OAc（**A**）／ Ph(OAc)CH–CH=CH$_2$（**B**） —NaCMe(CO$_2$Me)$_2$, [PdCl(η^3-C$_3$H$_5$)]$_2$ (2 mol% Pd), L*(P/Pd = 2 または 1)→ Ph～～Nu ＋ R(Nu)CH–CH=CH$_2$　（20.34）

Nu = CMe(CO$_2$Me)$_2$

	直鎖型	:	分岐型
A の生成物	79	:	21
B の生成物	23	:	77

L* = “MOP 配位子”（MeO, PPh$_2$）

た[185)]．出発物のキラルなアリルアルコールのエナンチオマー過剰率が，生成物のエナンチオマー過剰率に及ぼす影響は，立体化学における“メモリー効果”と名づけられている．

このメモリー効果の起源に関しては，林や Lloyd-Jones によって詳細に研究されており，複雑な多くの特徴をもっている[185),190)〜192)]．MOP 配位子が結合したパラジウム種を触媒とする反応について，このメモリー効果に対して提唱されている機構を，スキーム 20・9 にまとめた．アリル位置換反応の選択性が説明可能な系は，当初想定されていたように，脱離基がパラジウム(アリル)中間体に結合している場合か，あるいは後の研究で明らかになったように，η^3-アリル中間体において，キラル配位子が，パラジウム上へリン原子と芳香族π共役系上の 2 点で非対称にキレート配位している場合である．リン原子と芳香族π共役系のパラジウムへの配位は，それらのトランス位にあるアリル基の二つの末端炭素に異なる電子的効果を与える．これに加えて微視的可逆性の原理とアリル錯体中間体の動的挙動を総合することで上記のメモリー効果が説明されている[訳注]．

訳注：この反応では，立体化学の反転を伴って η^3-アリル中間体が形成されるが，常にシクロペンテニルエステルのトランス位にリン原子，シス位にナフチル基の炭素原子が配位する傾向がある．このため，出発物のエナンチオマー（この場合は D があるため偽エナンチオマー）はそれぞれジアステレオメリックな中間体を生じる．この中間体の異性化は遅く，ひき続く求核攻撃は，どちらのジアステレオマーに対しても，リン原子上のトランス位で素早く進行するため，結果的に出発物の立体化学が生成物に大きく影響する結果となる（メモリー効果）．

[(P, C)-L]-Pd(0)　遅い　速い　速い

Z = NMe$_2$ のときは (η^1-C) 配位
Z = OMe のときは (η^2-C) 配位

スキーム 20・9
（訳注：η^1-C：もう一つのナフチル基が結合するイプソ位の炭素原子が配位．η^2-C：もう一つのナフチル基が結合するイプソ位の炭素原子と，メトキシ基のイプソ位の炭素原子で配位）

同位体標識された酢酸シクロペンテニルを用いた標識実験に示されるように（スキーム 20・9）[192)]，アリル求電子剤の酸化的付加では，MOP 配位子のなかで，パラジウムへの配位が起こりうるリン原子と芳香族π共役系のうち，芳香族π共役系がもとの脱離基（アセタート）に結合していた末端炭素のシス位となるようにパラジウム(アリル)中間体が生じる．ひき続くパラジウム(アリル)中間体への求核攻撃は，芳香族π共役系より分極しやすくπ受容性の配位子のトランス位で進行するが[193)〜198)]，この場合は，それはホスフィン配位子で

訳注: MAP: 2-ジメチルアミノ-2′-ジフェニルホスフィノ-1,1′-ビナフチル

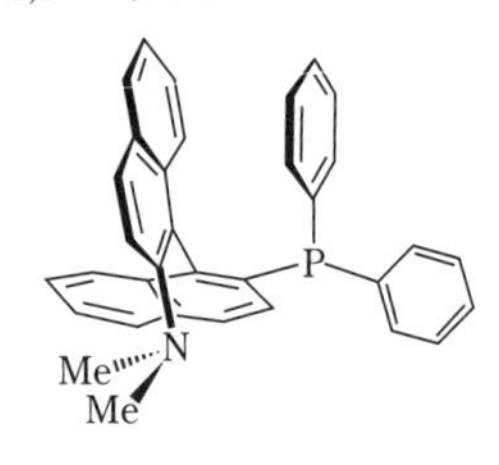

あると考えられる．結果として，求核剤は，出発物のアセタートが結合していたのと同じ炭素原子に結合する．この位置選択性は，アリル錯体中間体の転位反応による両末端のスクランブルが遅い場合に観察される（もしこの転位反応が速ければ，Curtin-Hammett の原理が成り立つ状態となり，求核攻撃の位置選択性は反応剤の脱離基の位置に依存しなくなる）．したがって，アリル基の転位が遅い反応系やアリル錯体中間体において金属と脱離基が結合している反応系の場合は，置換基の位置が保持された生成物を生じることが起こりうる．置換位置の保持に関する他の反応機構も，別の触媒系で可能であるかもしれないが，このメモリー効果の起源は，MOP 配位子をもつ林らの触媒と，アミノホスフィン類縁体である MAP 配位子[訳注] をもつ Kočovský の触媒において最も明確に確立されている．

20・5・3　他の金属錯体を触媒とする反応の位置選択性

パラジウム以外のほとんどの金属の錯体では，アリル位置換反応により，より立体的に込み入った位置での置換化合物を，主生成物として与える．たとえば，窒素やリンの供与性配位子を含むモリブデン，タングステン，ルテニウム，ロジウム，イリジウム錯体はマロン酸エステルと，分岐型あるいは直鎖型のアリル炭酸エステルあるいはシンナミルアルコールの酢酸エステルとの反応の触媒となり，分岐型異性体が置換生成物となる（式 20.35）．最も徹底的に研究された化学種は，ピリジンやオキサゾリンなどの窒素系配位子を含むモリブデン

R⁀⁀OC(O)R　+　$Nu^{\ominus}$　—Mo, W, Ru, Rh, Ir→　R–CH(Nu)–CH=CH₂　+　$^{\ominus}$OC(O)R　　(20.35)

または

R–CH(OC(O)R)–CH=CH₂

やタングステン触媒[43,47,97]，アキラルなホスフィンとホスファイト配位子の混合物を含むロジウム触媒[106,107,109,111–113,115,116,199]，シクロペンタジエニル誘導体を配位子とするルテニウム触媒[98–104,200]，ホスファイトとホスホロアミダイト配位子が結合したイリジウム触媒[108,117–126,135–138,141,143,201–206]である．出発物のアリルエステルの置換位置を保持した生成物を生じる置換反応が進行する場合もある．この現象は，塩化ロジウムカルボニル錯体や $Fe(CO)_3(NO)^-$ 錯体を触媒とした際に観測された[207–209]．後周期遷移金属の錯体はヘテロ原子求核剤の付加反応の触媒となるが，これらの触媒，特にイリジウム[135,136,138,141–144,206] やロジウム[107,109,112,113,115] 触媒は，アリルアミンやアリルエーテルの合成に有用である．

20・6　エナンチオ選択的アリル位置換反応

20・6・1　エナンチオ選択的アリル位置換反応の概要

20・6・1a　エナンチオ選択的アリル位置換反応の形式[1,7,10,146,147,210]

触媒的アリル位置換反応を開発するための努力の大半は，エナンチオ選択的な反応に焦点があてられてきた．たいていのエナンチオ選択的反応では，アリル位の炭素原子の一方にキラル中心が形成される．この新しいキラル中心は金属の配位圏内で形成される．求核剤に新しいキラル中心をもつ生成物を生じるエナンチオ選択的な置換反応は，あまり一般的ではない．後者の反応は，立体化学が金属の直接的な配位圏の外側にある原子に形成されるため，困難な課題であると考えられてきた．

スキーム 20・10 にまとめられているように，アリル位の一方の炭素原子にキラル中心を

スキーム 20・10

生じるようなエナンチオ選択的アリル位置換反応には多くの形式がある．エナンチオ選択的アリル位置換反応を行う手法にはさまざまなものがあり，いろいろな天然有機化合物の合成に利用されている[1]．

スキーム 20・10 の式 **A**，**B** に示すように，この反応では，攻撃を受けるアリル末端を，触媒の補助配位子によって制御することで，対称なアリル求電子剤に新しいキラル中心を形成することができる．これらの対称なアリル求電子剤は，鎖状（**A**），あるいは環状（**B**）のものがあるが，この両者でアリル錯体中間体の立体配置は大きく異なっている．したがって，これら 2 種の対称な求電子剤に対する最適な触媒は異なる[6,8~10,211]．

スキーム 20・10 の式 **C** にあるように，エナンチオ選択的アリル位置換反応は，非対称なアリル求電子剤を用いても行うことができる．この場合，エナンチオ選択性は，金属が結合する面と，生じたアリル配位子の求核攻撃を受ける面によって決定されている．このタイプの反応については，さまざまな金属錯体を用いて研究が行われており，モリブデンとイリジウム錯体は，特に選択性が高い[41,47,135,136,138,141~144,206]．

エナンチオ選択的アリル位置換反応は，二つのエナンチオトピックな脱離基のうち一つを選択的に切断することでも達成可能である．このような選択的な反応は，スキーム 20・10 の式 **D** に示すように，環状基質で可能である．スキーム 20・10 の式 **E** に示すアセタール構造のように，同一炭素原子上にある二つのエナンチオトピックな脱離基のうちの一つを置換することでも，エナンチオ選択的アリル位置換反応を行うことができる．

最後に，これらの反応は，プロキラルな求核剤を用いても行うことができる．スキーム 20・10 の式 **F** に示すように，この場合，キラル中心は求電子剤ではなく，求核剤に生じる．もし，求核剤と求電子剤の両方がプロキラルである場合，絶対立体配置と相対立体配置の両方の立体化学を制御することが必要となる．

20・6・1b　エナンチオ選択的置換反応の触媒

エナンチオ選択的なアリル位置換反応に優れた結果を与える配位子が，本章ですでにいくつか述べられている．この項では，エナンチオ選択的アリル位置換反応の触媒に用いられる配位子についてより詳しく述べる．

パラジウム触媒によるアリル位置換反応は，エナンチオ選択的な変換反応の新しい配位子を評価する標準反応となっている．この置換反応，その大部分は酢酸1,3-ジフェニルアリルの反応で，数百の配位子が評価されている．エナンチオ選択的アリル位置換反応の最近の総説[146]では，酢酸1,3-ジフェニルアリルの反応において，90% ee を超える選択性で進行するパラジウム触媒の配位子の数は50を超える．しかし，選択性が発現することがまれな基質に対して，高い選択性を示す触媒を与える配位子は数が限られている．それらのうちいくつかの配位子を図20・2に示した．

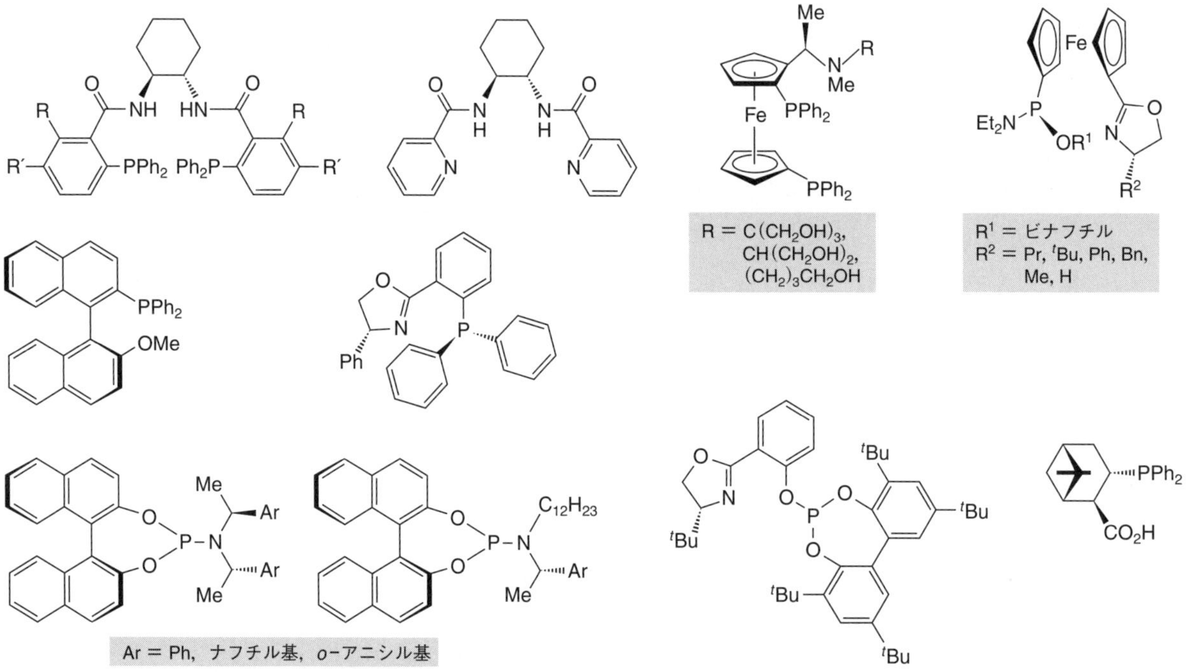

R = $C(CH_2OH)_3$, $CH(CH_2OH)_2$, $(CH_2)_3CH_2OH$

R^1 = ビナフチル
R^2 = Pr, ^{t}Bu, Ph, Bn, Me, H

Ar = Ph，ナフチル基，*o*-アニシル基

図 20・2　パラジウム，モリブデン，イリジウムを用いたアリル位置換反応において高エナンチオ選択的触媒を発生する代表的な配位子

Trost は，幅広いアリル求電子剤とさまざまな求核剤に対して，高活性かつ高い選択性でアリル位置換反応が進行する触媒を生じる配位子を2種類開発した．一つ目は，Trost と Van Vranken[6]によって報告されたビスホスフィン配位子である．この配位子は，広い配位挟角（bite angle）により，配位子によってつくられるキラル環境が，接近する求核剤に影響を及ぼし，アリル位置換生成物のキラリティーを生じさせるという考え方に基づいたものである．この配位子は，アミド結合生成反応を利用してつくられ，その基本構造は比較的単純である．Trost らの開発したもう一つの配位子は，同様の設計指針に基づいたものである．この場合，配位子は C_2 対称な基本骨格に，二つのピリジン環の供与性窒素部位がアミド結合によって連結されている[41]．この配位子は，モリブデンカルボニル錯体に配位してアリル

位置換反応の触媒を生じる．Mo 触媒反応の反応機構に関する先の議論で簡単に述べたが，ピリジン部位を一つもつ配位子が同様に効果的であることが後に見いだされ[90]，この触媒では，ピリジン窒素原子，脱プロトン化されたアミドの窒素原子，そしてアミドカルボニルの酸素原子の三点で金属に配位していることが示されている．

林と伊藤らは，ヘテロ原子官能基を側鎖にもつフェロセニル配位子を報告している．その官能基は，求核剤が一置換アリル錯体中間体のより置換基の多い末端と反応するように誘導できる[169),212]．単座のビナフチルホスフィン配位子 MOP を用いて，酢酸アリルに対する高エナンチオ選択的反応を行うこともできる[185]．位置選択性に関する節で述べたように，MOP 配位子を含む触媒では，置換反応の際，出発物であるアリルエステルの置換位置がおおむね保持される．

ほかに，リン原子とともに，窒素原子あるいは酸素原子いずれかの配位性基をもつ配位子がある．図 20・2 に示したホスフィノオキサゾリンを含む配位子は，Pfaltz，Helmchen，Williams[213),214] らによってそれぞれ独自に開発された著名な配位子であり，多くの触媒反応に利用されている．この配位子をもつ錯体を用いた触媒反応では，高いエナンチオ選択性が得られていることから，高い選択性を示す触媒の生成には C_2 対称性をもつ配位子が必ずしも必要ではないことがわかる．Claver と Pamies はオキサゾリンとホスファイト部位を一つずつもつ関連する配位子が非常に高い活性を示すことを明らかにしている[215]．

Hou と Dai らは，ビナフトラート基をもつ関連したオキサゾリン配位子について報告している．これは，直鎖あるいは分岐したアリルエステルから，分岐したアリルアミンやアリル位アルキル化生成物を選択的に生成する反応の触媒となる[170]．Helmchen は，カルボン酸部位をもつリン配位子を開発し，これが脂肪族環状アリルエステルの反応に対して特に高いエナンチオ選択性を示すことを見いだしている[211]．

最後に，ホスホロアミダイト配位子が，アリル位置換反応に対して高選択的なイリジウム触媒を生成することが示された．図 20・2 に示されている，ビナフトラートと光学活性なアミノ基 —— 二つのフェネチル置換基かあるいは，一つのフェネチル基と一つのアキラルなアルキル基をもつ —— からなるホスホロアミダイトから誘導された錯体が最も選択性が高い[138),216]．これらの配位子は，当初 Feringa と Alexakis によって，銅触媒の反応のためにつくられ[217)~219]，Hartwig らによって初めてアリル位アミノ化反応やエーテル化反応の高活性かつ選択的な触媒として用いられた[135),138),144]．Alexakis らは，フェネチル置換基上のオルト位メトキシ基が反応性を向上させることを示し[130]，Helmchen は，この触媒系を安定カルボアニオンの反応や[128),129),204),220]，いくつかの窒素求核剤の反応に用いた[140),221]．これらの配位子から生じる活性なイリジウム触媒はシクロメタル構造をもち[141]，このシクロメタル構造をふまえ非対称なホスホロアミダイトが利用されるようになった[142),206]．

最後に，シクロペンタジエニル環が連結したリン配位子[100] あるいは，ビスオキサゾリン配位子とシクロペンタジエニル配位子[222] が配位した光学活性ルテニウム錯体が，エナンチオ選択的アリル位置換反応の触媒となることが示されている．非対称な基質の反応では，キラルな分岐生成物が主生成物となる傾向があるが，高いエナンチオ選択性を示す反応の適用範囲は，ジフェニルアリルエステルに限定されている[102]．

20・6・2 求電子剤で分類したエナンチオ選択的アリル位置換反応

20・6・2a 鎖状の求電子剤のエナンチオ選択的アリル位置換反応

i) 対称な鎖状のアリルエステルのエナンチオ選択的アリル位置換反応

対称なアリル錯体中間体を生じる基質の反応におけるエナンチオ選択性は，一方のアリル末端が他方に優先して攻撃されることにより発現する．アリル錯体中間体の両末端はエナンチオトピックであり，金属上の配位子は，求核攻撃の位置を制御する．§20・6の冒頭で述べたように，エナンチオ選択的アリル位置換反応において最も広く研究されている求電子剤は，酢酸1,3-ジフェニルアリルであり，50以上の配位子により，90% ee以上の選択性が実現されている[146]．脂肪族で鎖状のアリルエステル類に対して，エナンチオ選択的な反応を進行させる触媒はずっと少ない．たとえば，ペンタ-3-エニル-2-アセタートとマロン酸ジアルキルとの反応は，ほとんどの錯体触媒で低いエナンチオマー過剰率しか得られない．この基質に対する最も選択性の高い触媒として，Trost（式20.36左），Helmchen（式20.36中央），PamiesとClaver（式20.36右）によって開発された配位子をもつ錯体があげられる[215),223)~225]．

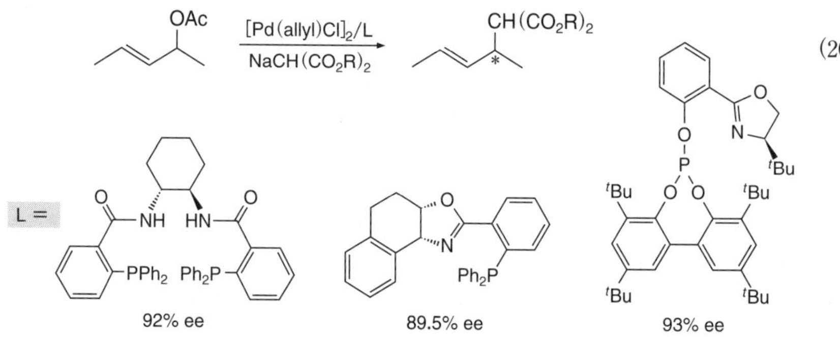

OAc　[Pd(allyl)Cl]$_2$/L　NaCH(CO$_2$R)$_2$　CH(CO$_2$R)$_2$　*　(20.36)

L =　NH　HN　PPh$_2$　Ph$_2$P　92% ee　O　N　Ph$_2$P　89.5% ee　O　N　^{t}Bu　O　P　O　O　^{t}Bu　^{t}Bu　^{t}Bu　^{t}Bu　93% ee

ii）ビニルエポキシドのエナンチオ選択的開環反応

ラセミ体のビニルエポキシドも，エナンチオ選択的アリル位置換反応の求電子剤として利用されている[36),226)~228]．これらの反応は，複雑で動的な不斉触媒過程によって進行する（スキーム20・11）．ビニルエポキシドとキラル触媒との反応により，二つの異なるアリル

スキーム20・11

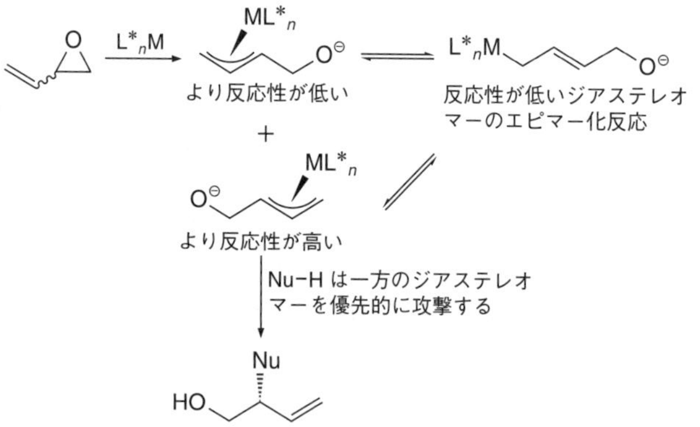

O　L*$_n$M　ML*$_n$　O$^⊖$　より反応性が低い　L*$_n$M　O$^⊖$　反応性が低いジアステレオマーのエピマー化反応　+　ML*$_n$　O$^⊖$　より反応性が高い　Nu–Hは一方のジアステレオマーを優先的に攻撃する　Nu　HO

位末端をもつジアステレオメリックなアリル錯体中間体が生成する．この最初の付加反応は，アリルエステルの酸化的付加反応と同様に，立体配置の反転を伴って進行する．もし，求核剤とこの中間体との反応がより置換基の多い炭素原子上で起こるならば，そしてもしアリル錯体中間体のエピマー化反応よりもこの付加反応が速ければ，この反応は，出発物であるラセミ体混合物のそれぞれから立体配置の反転あるいは保持により進行し，ラセミ体生成物を生じると考えられる．しかし，もし求核剤のアリル錯体中間体への攻撃がアリル基のエピマー化反応よりも遅ければ，最初の付加反応により生じるアリル錯体中間体が異性化を起こすので，光学活性な触媒を用いるエナンチオ選択的反応が可能となる．このアリル錯体中間体の平衡化により，Curtin-Hammettの状況が成立し，二つの中間体の平衡状態での濃度

と二つのジアステレオメリックなアリル錯体中間体への求核付加の反応速度定数の組合わせにより，生成物のエナンチオマー過剰率が制御される．この動的な触媒反応は動的触媒的不斉変換 “DYCAT (dynamic catalytic asymmetric transformation)” とよばれている．ブタジエンモノエポキシドを用いたこの DYCAT 過程は（+）-ブロウソネチン（broussonetine）G（式 20.37）[228] の合成に利用され，またビニルアジリジンを求電子剤として用いる反応に展開された[49]．

$[Pd(allyl)Cl]_2$ 0.4%, (*R*,*R*)-L 1.2%, Na_2CO_3, CH_2Cl_2, 室温

94%, 98% ee

$[Pd_2(dba)_3]\cdot CHCl_3$, (*R*,*R*)-L 0.75%, DBU 0.1%, CH_2Cl_2 室温

アンチ体/シン体(93 : 7), 収率 91%

(*R*,*R*)-L

ブロウソネチン G

(20.37)

iii) 非対称な鎖状基質を用いたエナンチオ選択的反応

1) パラジウム触媒を用いた非対称な鎖状基質のエナンチオ選択的反応

パラジウム触媒による，非対称なアリル錯体中間体を生じるような基質を用いたエナンチオ選択的かつ位置選択的な反応の開発は，対称なアリル中間体を生じる基質のエナンチオ選択的な反応よりもより困難である．非対称なアリル錯体中間体への攻撃によって，二つの位置異性体が生じる可能性がある．§20・5・1 で述べたように，二つのアリル末端が大きさの異なる置換基をもっている場合に，実用的な位置選択的反応が報告されている．たとえば，アリル基の一方の炭素原子がアルコキシ基をもつ場合や，一方の炭素原子が共役置換基をもつ場合である．アリル基が置換基を一つだけしかもたない場合，ほとんどの求核剤とパラジウム触媒の組合わせにおいて，無置換のアリル位末端で置換反応が起こり，アキラルな生成物が生じるが，この傾向に対する例外については §20・5・1 で述べた．いくつかのエナンチオ選択的かつ位置選択的な反応がパラジウム触媒を用いて開発されているが，非対称なアリル求電子剤のエナンチオ選択的反応の多くはパラジウム以外の金属を用いて開発されている．

鎖状のジェミナルなジアセタートの反応が，Trost 配位子をもつ錯体を触媒とすることにより高いエナンチオ選択性かつ位置選択性で進行する[229]．これらの反応は，アリル位置換反応を利用して，対応するアルデヒド（エナール）への不斉求核付加反応の代替反応経路となる．アルデヒドから誘導されたジェミナルジアセタートはさまざまな求核剤と反応し，高

$[(\eta^3\text{-}C_3H_5)PdCl]_2$, (*R*,*R*)-L

87〜93% ee (20.38)

TBDPS = *t*-ブチルジフェニルシリル基

R = Me, Bu, OMOM, NHTroc, $CH_2C\equiv CH$

(*R*,*R*)-L は式(20.39)と同じ

いエナンチオマー過剰率でモノアセタート生成物を与える．この反応の適用範囲を式 20.38 にまとめる．生成物が高度に官能基化されているため，これら反応の生成物は合成化学的に有用である．たとえば，式 20.39 に示した，アズラクトンのアニオンを求核剤としたジェミナルジアセタートのエナンチオ選択的置換反応により，第四級不斉中心をもつ生成物が得られ，これを用いてスフィンゴフンギン（sphingofungin）F の合成が行われた[230),231)]．

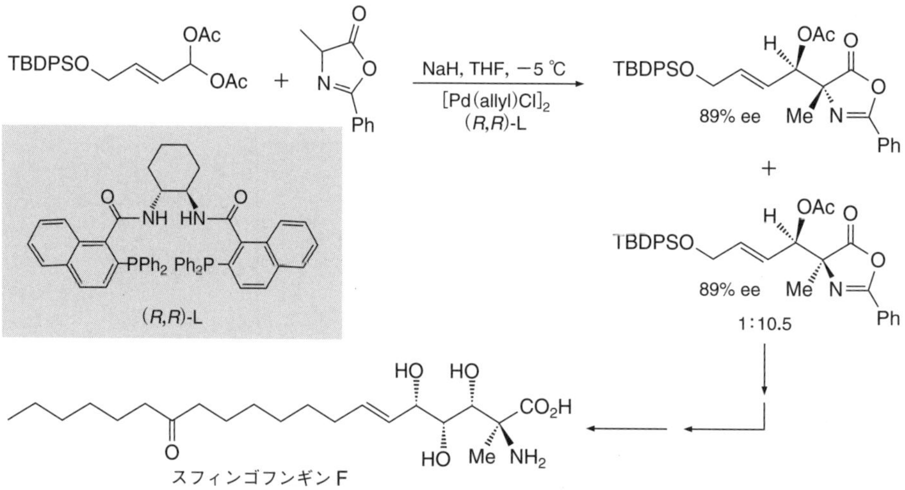

TBDPSO–CH₂CH=CHCH(OAc)₂ ＋ アズラクトン（N=C(Ph)–O）
NaH, THF, −5 ℃ / [Pd(allyl)Cl]$_2$ / (*R,R*)-L
→ 生成物（89% ee）＋ 生成物（89% ee）　1:10.5
→ スフィンゴフンギン F（CO_2H, NH_2, Me, HO）

(*R,R*)-L

(20.39)

2) モリブデン，ルテニウム，ロジウム，イリジウム触媒による非対称なアリルエステルのエナンチオ選択的反応

§20・5・3 で述べたように，パラジウム以外の金属を用いて調製した触媒は，一置換アリル錯体中間体のより置換基の多い方の末端で反応した生成物を生じる傾向がある．窒素配位子をもつモリブデンおよびタングステン触媒は，安定化された炭素求核剤がアリル錯体中間体のより置換基の多い方の末端に攻撃することにより，高いエナンチオマー過剰率で分岐した置換生成物を与える．同じ位置選択性で進行するエナンチオ選択的アリル位置換反応がルテニウム触媒を用いて報告されているが[100),222)]，ルテニウム触媒によって得られる生成物のエナンチオマー過剰率はモリブデンやタングステン触媒を用いて得られる生成物のエナンチオマー過剰率よりも低い．しかし，ルテニウム錯体は，窒素求核剤[100)]や酸素求核剤[222)]との反応も触媒することができる．

末端アリル基をもつ炭酸エステルや分岐したラセミ体のアリル炭酸エステルから，分岐した生成物を生じるタイプのアリル位アルキル化反応において，最も高いエナンチオ選択性を与える触媒として，モリブデンやタングステンの錯体をあげることができる．これらの反応は，$M(CO)_3(NCMe)_3$（M ＝ Mo または W）あるいは $Mo(CO)_6$ と，図 20・3 に示した配位子を組合わせて行われている．ビピリジルジアミド配位子は二つのピリジンとも金属に配位するようにみえるが，本章ですでに述べたように，対応するモノピリジル配位子から調製した触媒（図 20・3 の X ＝ CH）が同様のエナンチオ選択性で反応した．この結果は，式 20.23 の単離されたアリル錯体で示したように，配位子が窒素原子とアミドのカルボニル基によって配位していることを示唆している．

モリブデンやタングステン錯体は，マロナートや関連する 1,3-ジカルボニル化合物，ニトロアルカンといったソフトな求核剤との反応を触媒する．アズラクトンも，ソフトなカルボアニオンであり，Trost は，モリブデンとビス(ピリジン)配位子から調製した錯体が，アズラクトンとアリルリン酸エステルとの，エナンチオ選択的かつジアステレオ選択的なアリル化の触媒となり，第四級の不斉炭素原子をもつアミノ酸を与えることを明らかにしている（式

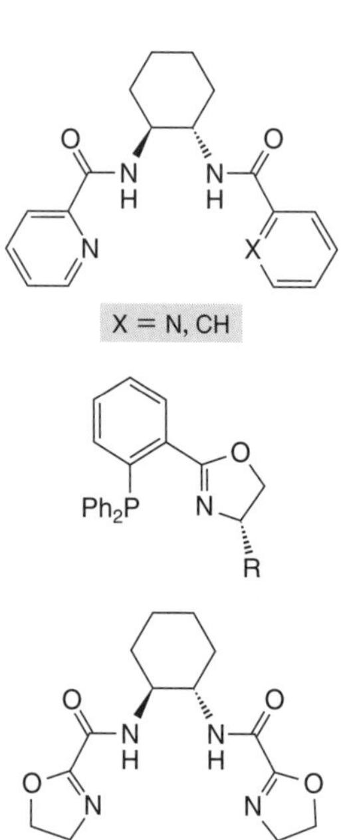

X ＝ N, CH

図 20・3　モリブデン触媒によるエナンチオ選択的なアリル位置換反応の配位子

20.40）．これらの反応では，求核剤はアリル求電子剤のより置換基の多い位置に付加し，キラル中心がアリル炭素原子とアズラクトン炭素原子上に同時に形成される．1,3-ジカルボニル化合物のモリブデン触媒によるアリル化反応を利用して，プロテアーゼ阻害剤チプラナビル（tipranavir）の合成が，Trost によって行われた（式 20.41）．また，Merck 社のプロセスグループは，Trost のビス（ピリジン）配位子を用いる類似のアリル化反応を利用して，チプラナビルのさまざまな類縁体の前駆体となるシクロペンタノンを合成した（式 20.42）．

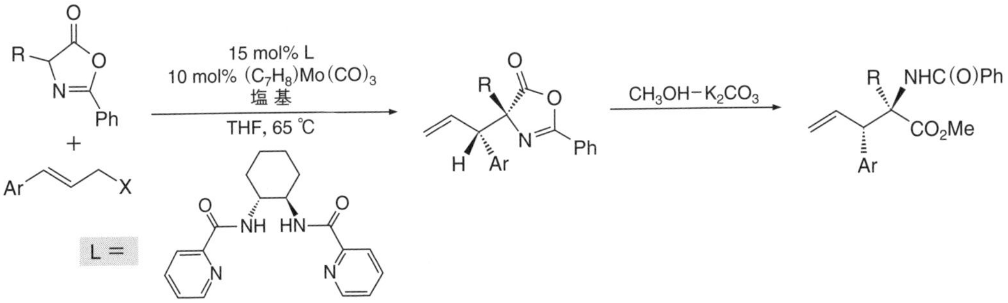

15 mol% L
10 mol% $(C_7H_8)Mo(CO)_3$
塩 基
THF, 65 ℃

$CH_3OH-K_2CO_3$

L =

(20.40)

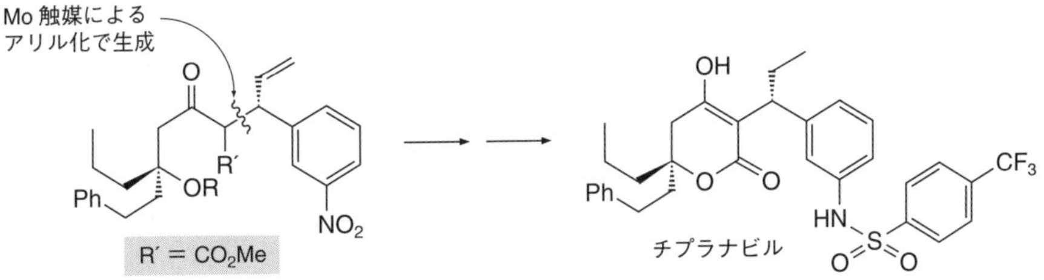

Mo 触媒による
アリル化で生成

R′ = CO_2Me

チプラナビル

(20.41)

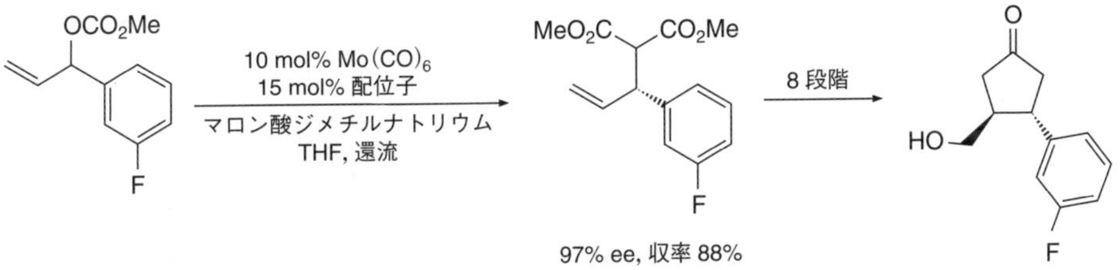

10 mol% $Mo(CO)_6$
15 mol% 配位子
マロン酸ジメチルナトリウム
THF, 還流

97% ee, 収率 88%

8 段階

(20.42)

ロジウムおよびイリジウム触媒は，一置換アリル求電子剤と，とりわけ，安定化された炭素求核剤あるいは安定化されていない炭素求核剤，アミン，トシルアミド，フェノキシド，そしてアルコキシドから，高いエナンチオ選択性で分岐した生成物を与える．ロジウム触媒によるアリル位置換反応の開発は，光学活性な分岐したアリル酢酸エステルやアリル炭酸エステルを用いて，エナンチオマー過剰率を維持したまま生成物を得ることに焦点が当てられている（式 20.43）．Wilkinson 触媒とトリメチルホスファイトを組合わせることにより，マロナー

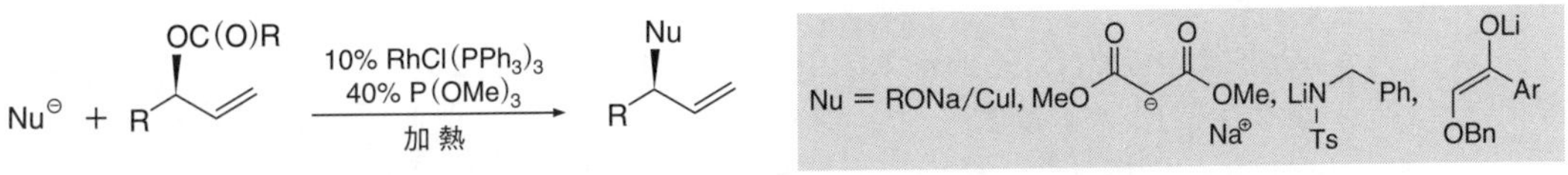

10% $RhCl(PPh_3)_3$
40% $P(OMe)_3$
加 熱

Nu = RONa/CuI, MeO...OMe, LiN(Ts)...Ph, ...

(20.43)

トのような安定化された炭素求核剤[106),111)]や“安定化されていない”銅エノラート[116)]，トシルアミド[107),112)]や銅フェノキシド[109)]，銅アルコキシド[113),115)]のようなヘテロ原子求核剤が，アリル炭酸エステルに付加し，分岐した生成物が立体配置をおおむね保持して得られる．加えて，ロジウム触媒による分岐したラセミ体酢酸アリル誘導体へのマロナートのエナンチオ選択的付加反応の例が報告されている[232)]．このときロジウム触媒には，軸不斉ビナ

R-CH(OAc)-CH=CH$_2$ → [$CH_2(CO_2Me)_2$, Cs_2CO_3, L*/Rh(dpm)(C_2H_4)$_2$ (5 mol%), トルエン, 40 ℃, 12 時間] → R-C*H(CH(COOMe)$_2$)-CH=CH$_2$

L* = Ph$_2$P

R = Ph, 4-MeC$_6$H$_4$, 4-CF$_3$C$_6$H$_4$, 4-ClC$_6$H$_4$, 1-ナフチル
dpm = ジピバロイルメタノアト配位子

(20.44)

フチル部位によって架橋されたホスフィノオキサゾリン配位子が配位している（式 20.44）.

対照的に，ホスホロアミダイト配位子をもつイリジウム錯体触媒は，分岐したアリル位置換反応生成物を高いエナンチオ選択性で与える．武内[121),122),124),125),137)] と Helmchen[117)〜120),129),139),204)] は，ロジウム錯体と同様にイリジウム錯体を用いても，一置換酢酸アリルあるいはアリル炭酸エステルと炭素求核剤や窒素求核剤との反応で，分岐したキラルな生成物が得られることを報告している（式 20.45〜20.47）.

PhCH=CHCH$_2$OAc → [NaCH(COOCH$_3$)$_2$, 1/2 [Ir(COD)Cl]$_2$/L*] → MeO$_2$C-CH(CO$_2$Me)-C*H(Ph)-CH=CH$_2$ ＋ PhCH=CHCH$_2$CH(CO$_2$Me)$_2$

91% ee　95：5

L* = (オキサゾリン, PAr$_2$)　Ar = 4-CF$_3$C$_6$H$_4$

(20.45)

R-CH(OAc)-CH=CH$_2$ または RCH=CHCH$_2$OAc → [ホスホロアミダイト配位子 (4 mol%), NaCH(CO$_2$Me)$_2$ (2 当量), [Ir(COD)Cl]$_2$ (2 mol%), THF] → R-CH(CH(CO$_2$Me)$_2$)-CH=CH$_2$ ＋ RCH=CHCH$_2$CH(CO$_2$Me)$_2$

37〜83% ee

R = CH$_2$CH$_2$Ph, Ph

(20.46)

(E)-2-ヘキセニル-OAc ＋ MeO(O)C-CH(Na)-C(O)OMe → [[Ir(COD)Cl]$_2$ (2 mol%), P(OPh)$_3$ (8 mol%), THF] → 分岐生成物 (MeO$_2$C)$_2$CH-CH(Pr)-CH=CH$_2$ ＋ 直鎖生成物 (OMe, OMe)　96：4

(20.47)

さらに最近では，式 20.48 に示すように，Hartwig らによってホスホロアミダイト配位子をもつイリジウム錯体が，アミンやアリールオキシド，アルカリ金属アルコキシド/CuI，アルコール/塩基，トリフルオロアセトアミド，アゾール，そしてケトンエノラート等価体を用いた反応の触媒となり，ほとんどの場合で 95% あるいはそれ以上のエナンチオマー過剰率が得られることが示されている[73),134)〜136),138),141)〜144),233)〜235)]．彼らは，このイリジウム触媒系が炭酸アリルと，シリルエノールエーテル/フッ化物イオン，あるいはケトンから誘導したエナミンとの反応の触媒となり，エノラートあるいはエノラート等価体が，アリル求電子剤のより置換基の多い位置を攻撃して生じる生成物を，高いエナンチオ選択性で与え

R^1CH=CHCH$_2$OCO$_2R^2$ + Nu–H →([Ir(COD)Cl]$_2$, L*) 分枝生成物 + 直鎖生成物 + HOR + CO_2　(20.48)

90：10 から 99：1
位置選択性
90〜97% ee

R^1 = アリールまたはアルキル基
R^2 = Me, ^{t}Bu
Nu = アルキルアミン，アリールアミン，トリフルオロアセトアミド，アゾール，アリールオキシド，アルコキシド，安定化された炭素求核剤，シリルエノールエーテル

L* = （BINOL 由来ホスホロアミダイト，N 上に Ar(Me)CH 基 2 個）または（ビフェノール由来ホスホロアミダイト，N 上に $C_{12}H_{23}$ と Ph(Me)CH 基）

Ar = Ph, 2-ナフチル基，アニシル基

ることを報告している[134].

活性なイリジウム錯体は，ホスホロアミダイトが [Ir(COD)Cl]$_2$ へ配位して生じる単純な平面四配位型の錯体ではない．式 20.49 に示したように，[Ir(COD)(**L1**)(Cl)] (**L1** = ホス

(COD)Ir(Cl)(**L1**) + **L1** (S_a, S_c, S_c) →(+HNR$_2$, −[H$_2$NR$_2$]Cl, 室温から 50 ℃) シクロメタル化イリジウム錯体　(20.49)

ホロアミダイト）のホスホロアミダイト配位子はシクロメタル化を起こして 5 員環イリダサイクルを形成する[141]．このメタラサイクルを触媒とし，系中で解離する κ^1-ホスホロアミダイト配位子を捕捉する添加剤を加えた反応は，[Ir(COD)Cl]$_2$ と遊離のホスホロアミダイトを用いた反応よりもずっと速く起こる．触媒活性種の構造に関する知見をもとに，初めに用いられた配位子よりも構造的により単純な非対称ホスホロアミダイト配位子の設計が行われた．そしてこれから調製した錯体を用いた置換反応は，初めに用いられたより複雑な配位子から調製された錯体を触媒として用いた反応と，同じ反応速度で進行することがわかった．これらの配位子で最も単純なものは，式 20.48 の右側に示した，*N*-シクロアルキルフェネチルアミンとビフェノールから誘導されたものである[144].

20・6・2b　環状基質のエナンチオ選択的置換反応

§20・6・1a で述べたように，対称なアリル錯体中間体を生じるラセミ体の環状アリルエステルの反応や，エナンチオトピックな二つのアセタート基をもつ環状アリルジアセタートの反応も開発されている．以下の二つの項に，これらの反応とこれらに対して最も高い選択性を示す触媒について述べる．

i) 環状アリルモノエステルのエナンチオ選択的置換反応

環状アリルエステルのエナンチオ選択的アリル位置換反応は，対称な鎖状アリルエステルのエナンチオ選択的反応よりも挑戦的な課題である．一連の反応において，ラセミ体のアリルエステルは，パラジウム触媒存在下で，炭素あるいは窒素求核剤の付加により，光学活性な生成物を与える．これらの例では，アリル錯体中間体の両末端への攻撃によりエナンチオマーが生じる．脂肪族環状アリル炭酸エステルの置換反応において高いエナンチオマー過剰率で生成物を与える配位子は少ない（式 20.50）．5 員環あるいは 6 員環の環状アリル酢酸エステルの高エナンチオ選択的置換反応の触媒を生じる配位子を式 20.50 に示す[211),236)〜238)]．これらは，Trost によって開発されたビスホスフィン配位子や，Helmchen によって開発さ

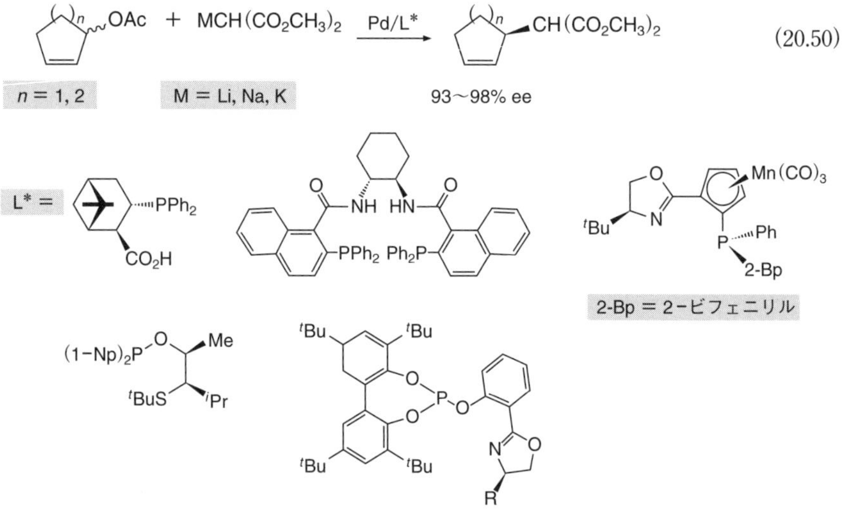
OAc
MCH(CO2CH3)2
Pd/L*
CH(CO2CH3)2
n = 1, 2
M = Li, Na, K
93〜98% ee
L* =
PPh2
CO2H
NH HN
PPh2 Ph2P
Mn(CO)3
tBu
Ph
2-Bp
2-Bp = 2-ビフェニリル
(1-Np)2P
Me
tBuS
iPr
tBu
R

(20.50)

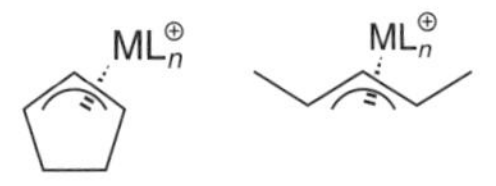

図 20・4　環状と鎖状アリルエステルから発生したアリル錯体の構造の比較

れたシマントレン（cymantrene）から誘導したホスフィノオキサゾリン配位子，Helmchen によって開発されたホスフィノカルボン酸配位子，Evans によって開発されたホスフィナイトスルフィド配位子，Pamies と Claver によって開発されたホスファイトオキサゾリン配位子などである[215]．図 20・4 に示した環状および鎖状の金属アリル部位の構造の違いにより，環状あるいは鎖状基質の反応に対する最適な配位子がしばしば異なっていることを理解することができる．

ii）メソ体の環状ジエステルのエナンチオ選択的置換反応

もう一つのタイプの反応では，二つのエナンチオトピックなアリル酢酸エステル部位を含む環状基質でエナンチオ選択的置換反応が進行する（式 20.51，式 20.52）．これらの反応は，パラジウム触媒，特に Trost らの触媒を用いて行われている[239]．この場合，パラジウム触

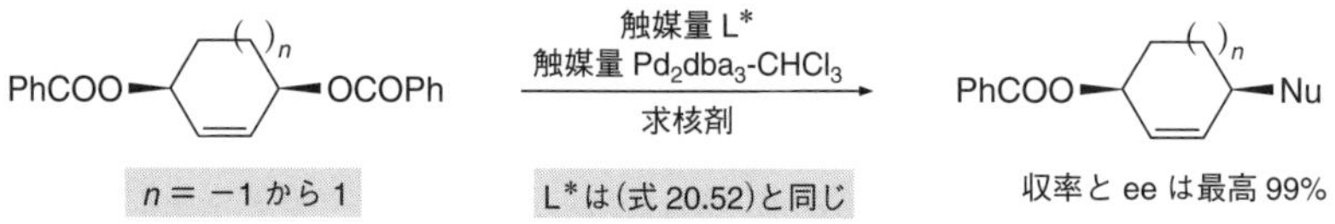
PhCOO
OCOPh
触媒量 L*
触媒量 Pd2dba3-CHCl3
求核剤
Nu
n = −1 から 1
L* は（式 20.52）と同じ
収率と ee は最高 99%

(20.51)

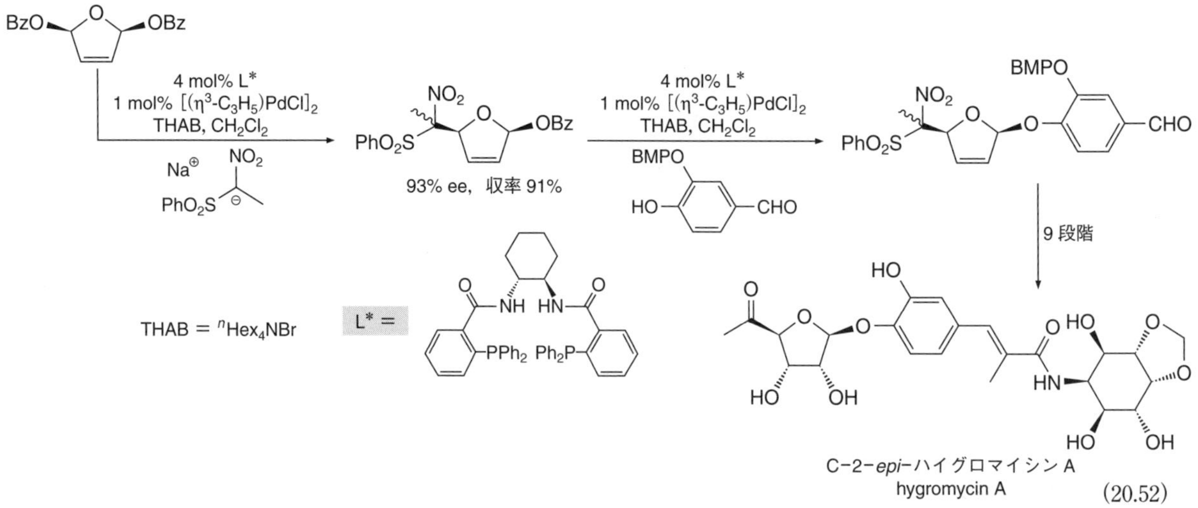
BzO
OBz
4 mol% L*
1 mol% [(η3-C3H5)PdCl]2
THAB, CH2Cl2
NO2
PhO2S
93% ee，収率 91%
BMPO
HO
CHO
9 段階
THAB = nHex4NBr
L* =
NH HN
PPh2 Ph2P
HN
OH
C-2-epi-ハイグロマイシン A
hygromycin A

(20.52)

媒はアキラルなメソ体の基質の二つのエステルのうち，一方のエステルと選択的に反応する．二つのエステル部位での反応により，エナンチオマーの関係にある生成物を生成する．

この手法により，多くの天然化合物や（たとえば，式 20.52 参照）[239)～241)]，*C*-ヌクレオシド（たとえば，式 20.53 参照）[242)]や，さらなる合成化学的利用が可能な光学活性環状化合物の合成が行われている．

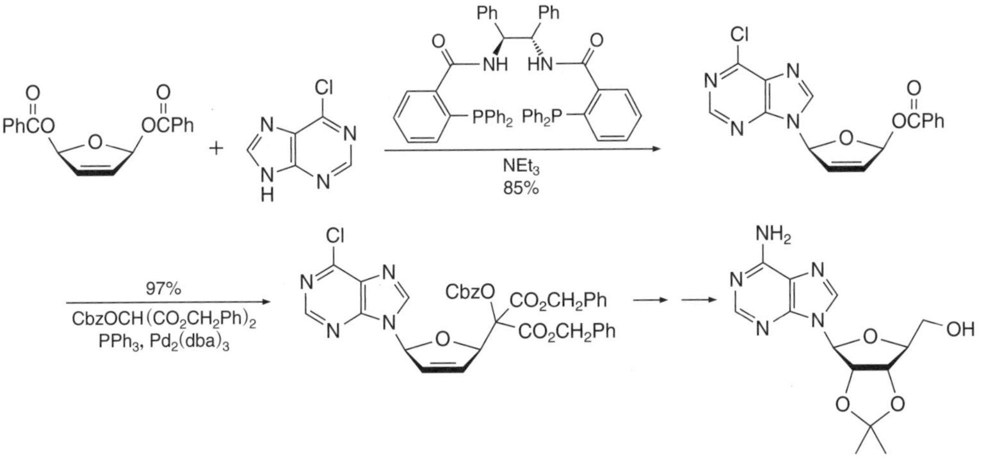

(20.53)

20・6・3　速度論的光学分割

アリルエステルの速度論的光学分割も行われている．14 章で述べたように，多くの場合，ある官能基をもつ基質の速度論的光学分割に対して選択的な触媒は，対応するメソ体の基質に対する反応に対しても選択的であり，その逆もまた成り立つ[243),244)]．メソ体の基質の一方のアセタート基に対するエナンチオ選択的な反応は，アリルエステルのラセミ混合物の両エナンチオマーに対する選択的な反応と同様の立体化学的不斉認識が行われている．一つの実例として，アリル酢酸エステルがピバル酸アニオン求核剤と反応して，出発物より反応性の低いアリルピバル酸エステル生成物を与える反応がある（式 20.54）[245)]．アリル酢酸エステルのラセミ混合物の一方のエナンチオマーの反応が優先的に進行し，ピバル酸エステル生成物がエナンチオ選択的に得られる．式 20.54 の速度論的光学分割生成物を用いて，(+)-シクロフェリトール（cyclophellitol）の合成が行われた．

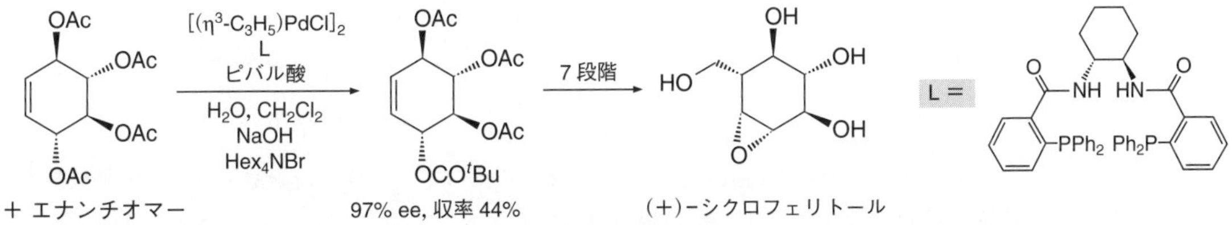

(20.54)

20・6・4　プロキラルな求核剤を用いるエナンチオ選択的アリル位置換反応

エナンチオ選択的アリル位置換反応の最後のアプローチとして，アリルエステルとプロキラルな求核剤との反応がある．この場合，キラル中心はアリル部位には形成されず，求核剤の炭素原子上に形成される．この反応は，シアノエステルや関連する非対称な安定化された炭素求核剤，たとえば保護されたアミノ酸であるアズラクトンなどを用いて行われる．これら求核剤に由来する部位にキラル中心が形成される反応は，アリル部位にキラル中心が形成される反応に比べて，キラル中心が形成される位置が金属から離れているため，特に困難な課題である．

図 20・2 に示した，アミド架橋と広い配位挟角（bite angle）をもつビスホスフィン配位

子は，この反応のために Trost らが設計したものである．これらの配位子は，金属中心から広がって，プロキラルな求核剤を包み込むようなキラルポケットを形成するものと考えられている[246),247)]．これらの配位子を用いることで，プロキラルな求核剤とアリルエステルの置換生成物を高いエナンチオ選択性で得ることができるようになった（式 20.55）．この配位子

1.2 mol%

$$\xrightarrow[\text{テトラメチルグアニジン}]{0.5\ \text{mol\%}\ [(\eta^3\text{-}C_3H_5)PdCl]_2}$$

86% ee　(20.55)

をもつ錯体に加えて，伊藤によって報告された“TRAP”（trans phosphine の略）とよばれる，金属のトランス位に配位可能なビスホスフィン錯体がプロキラルな求核剤を用いたエナンチオ選択的な反応の触媒として利用できる．この場合，求核剤がロジウム上で形成され，そのロジウム錯体からアリルパラジウム錯体中間体へエノラートが移動するように反応条件が設計されている（式 20.56）[248)]．しかし，この非常に広い配位挟角は，エナンチオ選択的な反応に必須ではない．BINAP のパラジウム錯体もプロキラルな求核剤の高エナンチオ選択的なアリル化反応の触媒として用いることができる（式 20.57）[249)]．

Rh(acac)(CO)$_2$ (1 mol%)
[Pd(η^3-C$_3$H$_5$)(COD)]BF$_4$ (1 mol%)
PhTRAP (2 mol%)
THF, −25 ℃, 40 時間
94%

87% ee (*R*)　PhTRAP　(20.56)

[Pd(η^3-allyl)Cl]$_2$
(*R*)-BINAP
^{t}BuOK, トルエン
−30 ℃

91% ee　(20.57)

多くのジアステレオ選択的なアリル化反応によって，アリル炭素原子の一つと求核剤の炭素原子に新たなキラル中心が形成される．たとえば，ホスファイト配位子をもつイリジウム錯体は，求核剤由来の炭素原子とアリル求電子剤由来の炭素原子にそれぞれキラル中心

[Ir(COD)Cl]$_2$
L*
50% KOH/トルエン
0 ℃

97% ee　82 : 18　66% ee　(20.58)

L* =

をもつ生成物をエナンチオ選択的かつジアステレオ選択的に与える反応を触媒する（式 20.58）[202),203)]．式 20.59 に示した別の例では，Trost のパラジウム触媒を用いることにより，関連するモリブデンの触媒と同じように[47)]，アリルエステルとキラルなアズラクトン求核剤

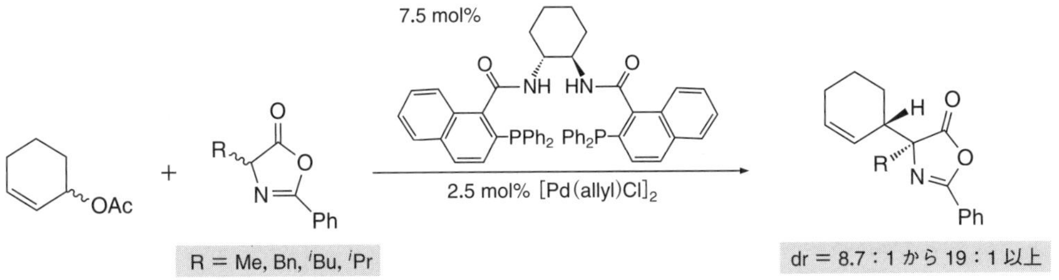

7.5 mol%

2.5 mol% [Pd(allyl)Cl]$_2$

R = Me, Bn, ^{i}Bu, ^{i}Pr

dr = 8.7 : 1 から 19 : 1 以上

(20.59)

前駆体との高ジアステレオ，エナンチオ選択的反応が進行する[250]．これらの反応では，金属はアリル基上の新たなキラル中心を制御すると同時に，このキラル中心と求核剤上に生じる新しいキラル中心との相対立体配置も制御していると考えられる．

最後に，アリルエノールカルボナートの脱炭酸反応を利用して，安定化されていないエノラートのエナンチオ選択的アリル位置換反応を行い，エノラート炭素に新たなキラル中心を形成する反応を紹介する[84),85),251)~257]．これらの反応は，式 20.18 とスキーム 20・4 に示した反応と密接に関連したエナンチオ選択的な反応であり，二つの例を式 20.60 と 20.61 に示す．

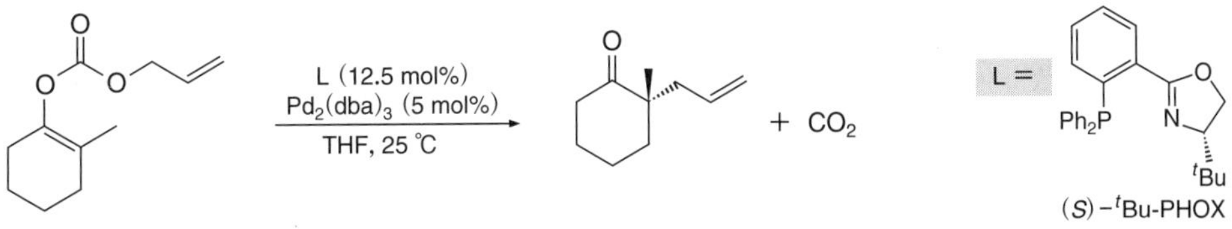

L (12.5 mol%)
Pd$_2$(dba)$_3$ (5 mol%)
THF, 25 ℃
+ CO_2
L = (S)−^{t}Bu-PHOX

(20.60)

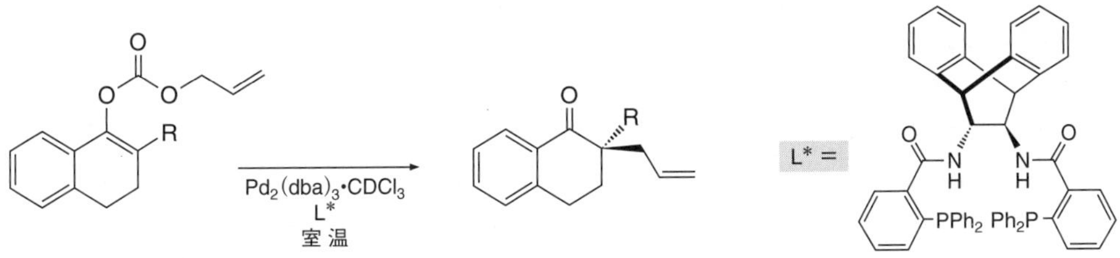

Pd$_2$(dba)$_3$・CDCl$_3$
L*
室温

(20.61)

これらの反応では，新たなキラル中心は，カルボニル基の α 炭素原子上に形成される．これらの反応のほとんどは，環状ケトンのエノラートを生じるようなアリルエノールカルボナートが用いられているが，鎖状のアリルエノールカルボナートのエナンチオ選択的反応も報告されている[257]．アリルエノールカルボナートは，β-ケトエステル異性体よりも脱炭酸を速く起こすが，*O*-アリル β-ケトエステルは合成がより難しく，そのため β-ケトエステルを出発物としたエナンチオ選択的アリル化反応が報告されている[255),258]．アミンおよび α-アミノ酸から脱炭酸を伴いそれぞれアリルおよびホモアリルアミンを生じる反応や（式 20.62），アミドの脱炭酸を伴うエナンチオ選択的アリル化反応が報告されている[85),259]．*O*-アリルイミドを出発物とする，イリジウム触媒による脱炭酸を伴うアミドのエナンチオ選択的アリル化反応も報告されている[260]．

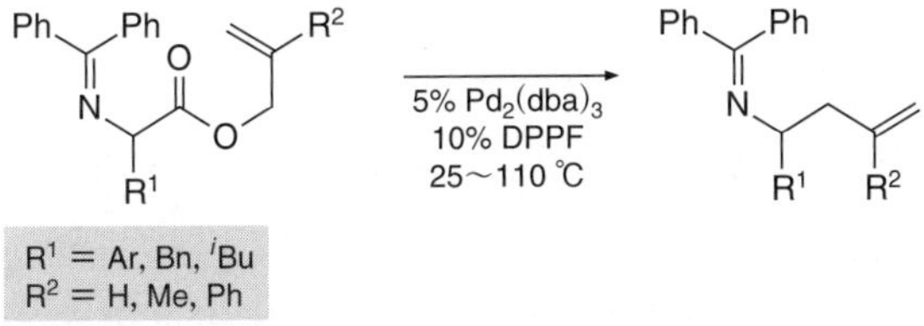

5% Pd$_2$(dba)$_3$
10% DPPF
25〜110 ℃

R^1 = Ar, Bn, ^{i}Bu
R^2 = H, Me, Ph

(20.62)

これらの反応の反応機構は詳しくわかっていないが，機構を示唆するいくつかのデータが得られている．アリルエステルの反応に関して，本章ですでに述べたデータを考慮すると，反応の最初の段階は，アリル－酸素結合の切断による金属－アリル中間体の生成であることは確かである．生成したカルボナートからは，二酸化炭素が自発的に放出されると考えられるが，α-イミノ酸やβ-ケト酸のアニオンから，穏やかな条件下で二酸化炭素が放出されるにはパラジウムが必要である[85]．エノラートが発生した後に立体化学が決定される．エノラートが金属に結合した後に付加するか，あるいは外側から攻撃するかははっきりわかっていないが，ギ酸をプロトン源とした反応では，エノラートのエナンチオ選択的なプロトン化が起こる（式 20.63）[82]．この実験事実は，エノラートがキラルであり，したがって式 20.63

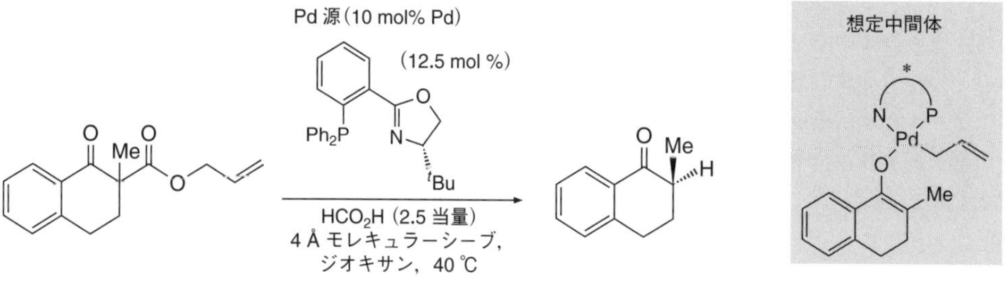

Pd 源（10 mol% Pd）
(12.5 mol %)
Ph$_2$P　^{t}Bu
HCO_2H (2.5 当量)
4 Å モレキュラーシーブ，
ジオキサン，40 ℃
想定中間体
(20.63)

に示したように，エノラートは，触媒サイクルのいずれかの時点でキラル配位子をもつパラジウム部位に結合していなければならないことを示唆している．

20・7　銅触媒によるアリル位置換反応

20・7・1　基本事項

銅触媒を用いたアリル位置換反応[261)～269)]は，本章でこれまで述べてきた他の遷移金属触媒を用いたアリル位置換反応と関連した変換反応であるが，銅触媒を用いるアリル位置換反応には他とは異なる特徴がいくつかあり，この反応を別に取扱うことにする．まず第一に，銅触媒によるアリル位置換反応は，他の金属を触媒として用いる多くのアリル位置換反応とは異なるタイプの求核剤を用いて行われる．第二に，銅触媒による反応の位置選択性は，他の金属錯体を用いる触媒反応の位置選択性，特にパラジウム触媒を用いる反応の選択性とは通常異なっている．そのため，本章のこの最後の節では，銅触媒によるアリル位置換反応について，エナンチオ選択的な反応に重点を置いて述べる．

銅触媒によるアリル位置換反応は，他の遷移金属錯体触媒によるアリル位置換反応で最もよく使用されている“ソフトな”安定化された炭素求核剤ではなく，通常ハードで，安定化されていない炭素求核剤を用いて行われる（式 20.64）．銅触媒によるアリル位置換反応で最

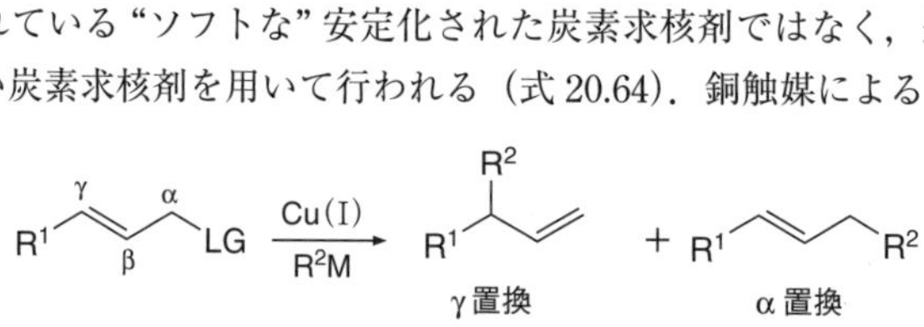

Cu(I)，R^2M
γ置換　α置換
(20.64)

R^2 = アルキル，アリール，ビニル，アリル基
M = ZnX, MgX, AlX_2, Li, など
LG = Cl, Br, OC(O)R, $OP(O)(OR)_2$, OSO_2R, など

も一般的に用いられる求核剤は，ジオルガノ亜鉛，Grignard 反応剤，有機リチウム，トリアルキルアルミニウムである．アリル求電子剤としてよく用いられるのは，ハロゲン化アリル，酢酸アリル，アリル炭酸エステル，アリルリン酸エステル，アリル *p*-トルエンスルホン酸エステルなどである．

銅触媒を用いるアリル位置換反応では通常，脱離基のγ位に求核剤が付加した生成物が得

られる．しかし，銅触媒を用いるアリル位置換反応においてα位置換体とγ位置換体生成の割合は，アリル求電子剤や反応溶媒，反応温度，有機金属求核剤の種類などさまざまな反応条件に依存している．化学量論量の有機銅を用いたアリル位置換反応の初期の例は，有機銅種の種類の重要性を示している．たとえば，モノアルキルクプラート錯体 MeCu(CN)Li による置換シクロヘキセニル酢酸エステルの反応は，γ位選択的に付加が起こり，アンチ形の立体選択性で進行する（式 20.65）[270]．ジアルキルクプラート錯体 Me_2CuLi を用いた同様の

Me, γ, α, OAc —[MeCu(CN)Li または Me_2CuLi]→ Me, Me, γ, α + Me, Me, γ, α (20.65)

MeCu(CN)Li	96	:	4
Me_2CuLi	50	:	50

反応も，アンチ形の立体選択性で進行するものの，位置異性体の混合物が得られる[271]．したがって，銅触媒を用いるアリル位置換反応はしばしば，対称ジアルキルクプラート錯体の生成を避けるような反応条件で行われる．

上述の反応のアンチ立体選択性は，銅の 3d 軌道と，アリル求電子剤の π*(C=C) 軌道および σ*(C−X) 軌道とが同時に相互作用するためと提案されている（図 20・5）[272]．このアンチジアステレオ選択性がほとんどの場合で観察されるものの，アリル求電子剤の脱離基のキレート形成[273)~277)] や，立体的な要因[270),278),279)] によって，本来の立体選択性が逆転することもある．

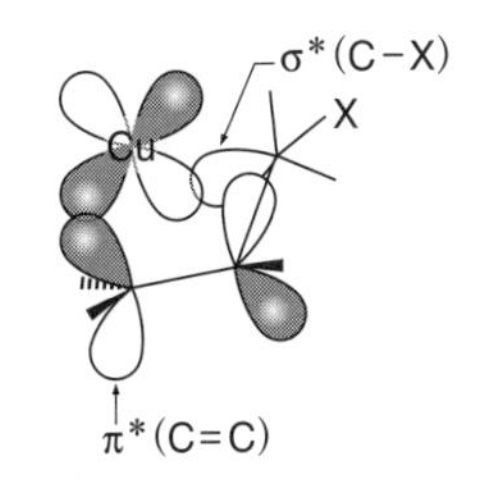

図 20・5 アンチジアステレオ選択性を説明するために提案された軌道相互作用[272]．〔訳注：銅(I)原子の d 軌道が，π*(C=C) 軌道と σ*(C−X) と同時に相互作用することで反応の遷移状態が安定化され，反応が加速すると考えられている．σ*(C−X) は脱離基のヘテロ原子とアリル位の炭素原子の反結合性軌道であり，C−X 結合の反対側に広がっている．このことが "*anti*"-S_N2' 型の立体選択性が発現する原因となっている〕

化学量論量の銅，あるいは銅触媒を用いたアリル位置換反応は過去 40 年以上にわたり広範囲に研究されてきた．1969 年の最初の報告のあと[280]，有機銅によるアリル位置換反応の初期の文献では，化学量論量の金属を用いた反応が述べられている[270),271),278)]．しかし，化学量論以下の銅塩を用いたアリル位置換反応は，1974 年の Schlosser の報告以降に知られるようになった[281]．そして，現在では，銅を用いるアリル位置換反応は，ほとんどの場合触媒量の金属で行われるようになった．さらに，化学量論量以下の銅とキラル配位子とを組合わせることにより，エナンチオ選択的な銅触媒アリル位置換反応の開発が行われるようになった．20 章の本節は，位置選択性やエナンチオ選択性を制御する要因と反応の適用範囲についてまとめた．はじめに合成手法として理解するための基礎として反応機構に関する情報を述べる．この反応機構についての情報は，現在も研究が行われている状況で，パラジウム触媒を用いる反応に比べて，十分に確立されているとはいえない．

20・7・2 銅触媒によるアリル位置換反応の機構

Bäckvall と van Koten により提案された銅触媒を用いるアリル位置換反応の反応機構が，最もよく引用されている（式 20.66 の上部）[282]．この反応機構では，まずアリル求電子剤が銅に配位し，η^2 錯体を形成する．続く酸化的付加反応により反応の立体化学が定まり，銅が脱離基のγ位に結合した η^1-アリル中間体を生成する．この提案された反応機構においては，銅塩の配位子 X の種類によって反応の位置選択性が変化する．配位子 X が電子求引性の場合，対応する Cu(III) 中間体からの速い還元的脱離反応が進行し，γ位置換生成物が生成する．配位子 X がより電子供与性が高いものである場合，銅がγ位に結合した η^1-アリル錯体中間体がより安定となる．このより大きな安定性のため，この中間体が，η^3-アリル Cu(III) 種を経て，より立体障害の小さなα位置換 η^1-アリル Cu(III) 種へ異性化できると提案されている．続く還元的脱離反応によって，α位置換生成物が得られる．

この反応機構の多くの部分が受け入れられているが，中村による計算化学的な研究や[283),284)]

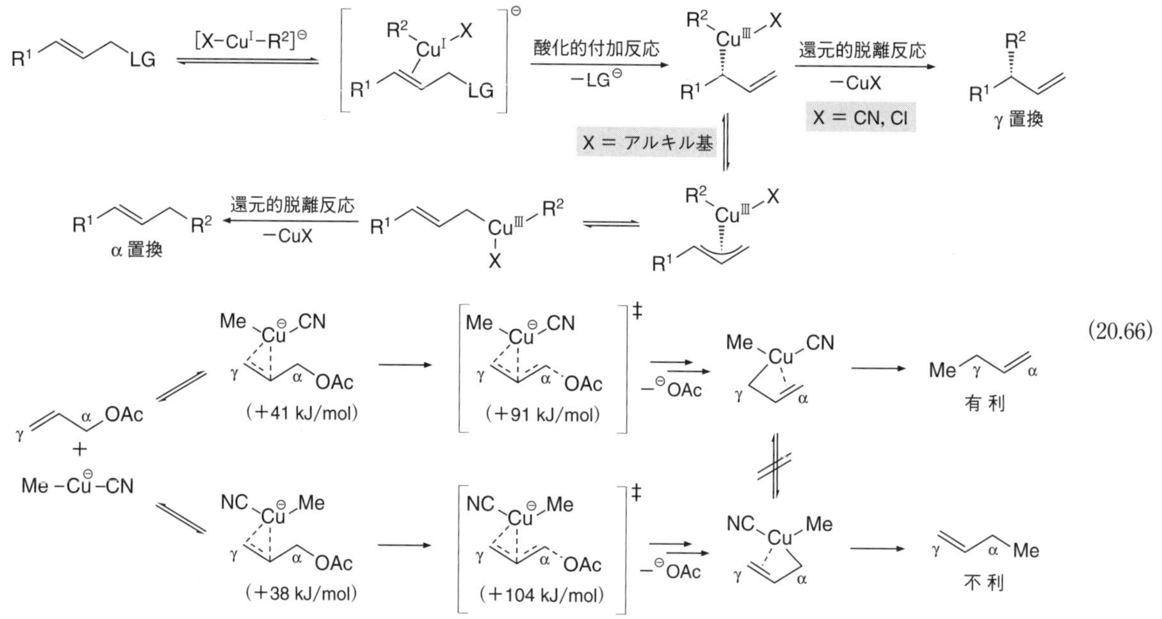

(20.66)

Bertz と Ogle による実験化学的な研究によって[285]，現在得られているデータとの矛盾を解消するには，この提案された反応機構を修正する必要のあることが示唆されている．Bertz と Ogle は，銅触媒を用いるアリル位置換反応で一般的に提案されている，アリル銅(Ⅲ)中間体のスペクトルデータを初めて得た．これらのデータは，アリルジメチル銅(Ⅲ)種の構造がη^3-アリル部位を含んでいることを示唆している．

中村による理論的研究は，シアノ銅(I)アート錯体が触媒となるアリル位アルキル化反応の位置選択性は，アリル求電子剤が酸化的付加する際の銅錯体の非対称な構造によって説明できることを示唆している（式 20.66 の下）．これらの計算から，アリル錯体が，η^3-アリル配位子の二つの末端のトランス位に二つの異なる配位子をもつために，MeCu(CN)Li のアリル酢酸エステルへの付加がγ位選択的となることが示唆されている．メチル基がアセタート脱離基のトランス位に位置した異性体が生じる（R^2 = Me，LG = OAc，式 20.66）酸化的付加反応の遷移状態は，シアニド配位子がアセタート脱離基のトランス位にある異性体が生じる（X = CN，式 20.66）遷移状態に比べて，13 kJ/mol 安定である．メチル基はシス位にあるアリル末端と結合するので，この一連の反応により，出発物のアリル求電子剤の脱離基のγ位に位置するアリル末端とメチル基がカップリングする．反応機構に関するより詳細な理解には，銅錯体を触媒とするハードな求核剤とアリル求電子剤とのγ位選択的なカップリング反応の触媒サイクルでの，シアニドや他の配位子をもつ非対称アリル銅(Ⅲ)錯体についての実験的な研究が必要である．

20・7・3　銅触媒によるエナンチオ選択的アリル位置換反応

銅触媒を用いるアルキル求核剤のアリル求電子剤へのエナンチオ選択的付加反応は，現在では確立された反応である．これらの反応の初期の研究例として，Bäckvall と van Koten による報告がある[286]．彼らは，キラルなアレーンチオラト銅(I)錯体の存在下，アリル酢酸エステルへの Grignard 反応剤の付加がγ選択的に，ある程度のエナンチオ選択性で進行することを報告した（式 20.67）．つづいて，Dübner と Knochel が，ジオルガノ亜鉛を求核剤として用いた銅触媒によるエナンチオ選択的なアリル位置換反応を報告した[287),288]．彼らは，

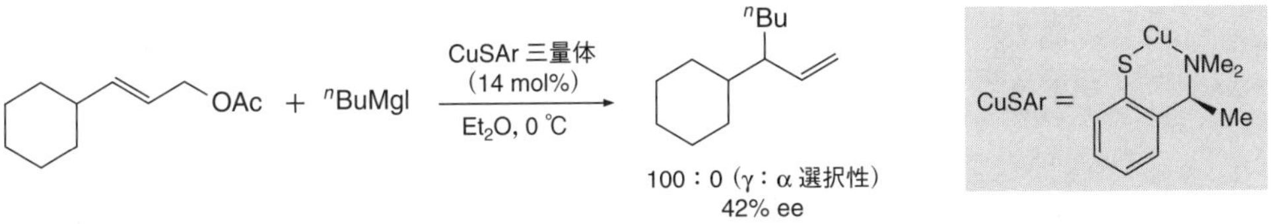

CuSAr 三量体 (14 mol%)
Et_2O, 0 ℃
OAc + ^nBuMgI → ^nBu
100 : 0 (γ : α 選択性)
42% ee
CuSAr = Cu S NMe_2 Me
(20.67)

銅(I)塩とフェロセン骨格をもつキラルアミンの存在下，ハロゲン化アリルへのジアルキル亜鉛の付加反応を報告した（式 20.68）．Pineschi と Feringa らは，ジアルキル亜鉛の環状1,3-ジエンモノエポキシドへの銅触媒によるエナンチオ選択的付加反応の初期の例を報告した[289]．

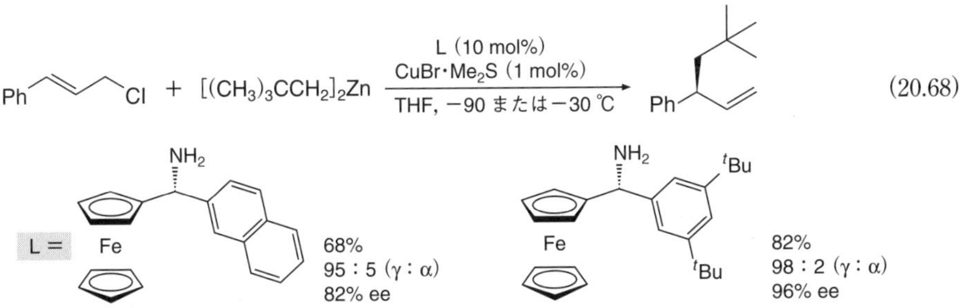

Ph Cl + $[(CH_3)_3CCH_2]_2Zn$ → Ph
L (10 mol%)
$CuBr \cdot Me_2S$ (1 mol%)
THF, −90 または −30 ℃
(20.68)

L = NH_2 Fe
68%
95 : 5 (γ : α)
82% ee

NH_2 ^tBu Fe ^tBu
82%
98 : 2 (γ : α)
96% ee

20・7・3a　求核剤としてのジオルガノ亜鉛

Dübner と Knochel の初期の研究がきっかけとなって，ジオルガノ亜鉛を用いたハロゲン化アリルに対するエナンチオ選択的付加反応に関し，さらに多くの報告がなされた．Zhou[290] や Feringa[291] は，ホスホロアミダイト配位子をもつ銅(I)錯体が，ハロゲン化アリルに対するジアルキル亜鉛の付加反応において，高い位置選択性と中程度から良好なエナンチオ選択性で反応を触媒することを報告した（式 20.69 と 20.70）．さらに Woodward は

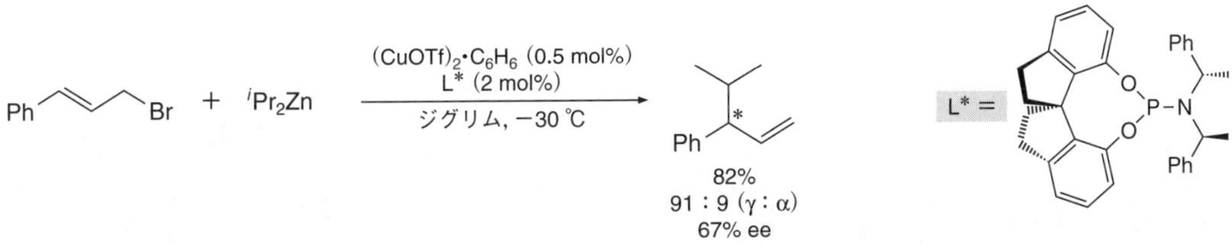

Ph Br + $^iPr_2Zn$ → Ph *
$(CuOTf)_2 \cdot C_6H_6$ (0.5 mol%)
L* (2 mol%)
ジグリム, −30 ℃
82%
91 : 9 (γ : α)
67% ee
L* = O P−N O Ph Ph
(20.69)

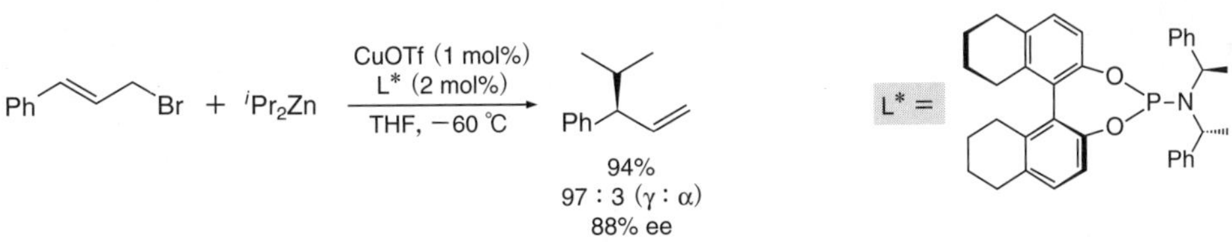

Ph Br + $^iPr_2Zn$ → Ph
CuOTf (1 mol%)
L* (2 mol%)
THF, −60 ℃
94%
97 : 3 (γ : α)
88% ee
L* = O P−N O Ph Ph
(20.70)

Baylis-Hillman 反応によって合成した電子求引性基の置換したアリルクロリドへのジアルキル亜鉛の付加反応によって，β,β-二置換 α-メチレンプロピオン酸エステルが高いエナンチオ選択性で得られることを示した（式 20.71）[292),293]．

アリル求電子剤に対する有機亜鉛反応剤の銅触媒を用いるエナンチオ選択的付加反応は，Hoveyda らによって改良された．彼らはアリルリン酸エステルに対するジアルキル亜鉛のエナンチオ選択的付加が，ペプチド誘導体を配位子としてもつ銅錯体によって高収率かつ高選択的に進行することを報告した（式 20.72）[294),295]．さらに，この方法はアリルリン酸エス

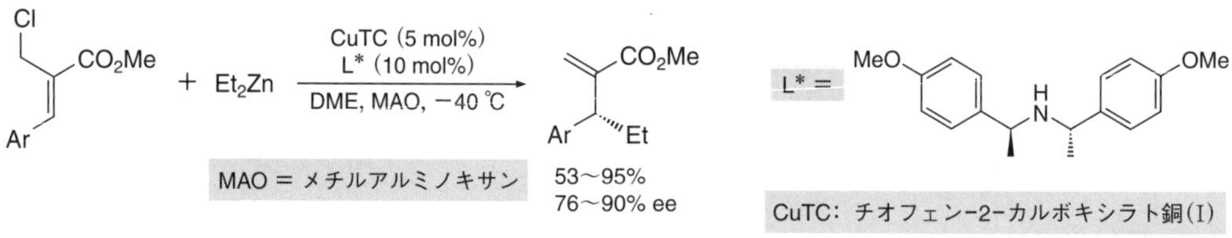

Ar-CH=C(CH₂Cl)CO₂Me + Et_2Zn —[CuTC (5 mol%), L* (10 mol%), DME, MAO, −40 ℃]→ $CH_2=C(CO_2Me)CH(Ar)Et$ 53〜95%, 76〜90% ee　(20.71)

MAO = メチルアルミノキサン

L* = (MeO-C₆H₄-CH(Me))₂NH

CuTC：チオフェン-2-カルボキシラト銅(I)

$R^1CH=C(R^2)CH_2OP(O)(OEt)_2$ + $R^3{}_2Zn$ —[ペプチド配位子 (10 mol%), $(CuOTf)_2C_6H_6$ (5 mol%)]→ $R^1C(R^2)(R^3)CH=CH_2$

R¹ = アリール，アルキル，アルケニル，アルキニル基
R² = H, Me
R³ = アルキニル基

R¹ = Ar, R² = H
61〜90%
40 : 60 から 90 : 10 (γ : α)
84〜95% ee

R¹ = Ar, R² = Me
58〜92%
> 30 : 1 (γ : α)
83〜92% ee

R¹ = アルキル，アルケニル，アルキニル基
R² = Me
68〜76%
4.6 : 1 から > 30 : 1 (γ : α)
78〜96% ee

R¹ = アルキル，アルキニル基
R² = Me
77〜78%
> 30 : 1 (γ : α)
82〜91% ee

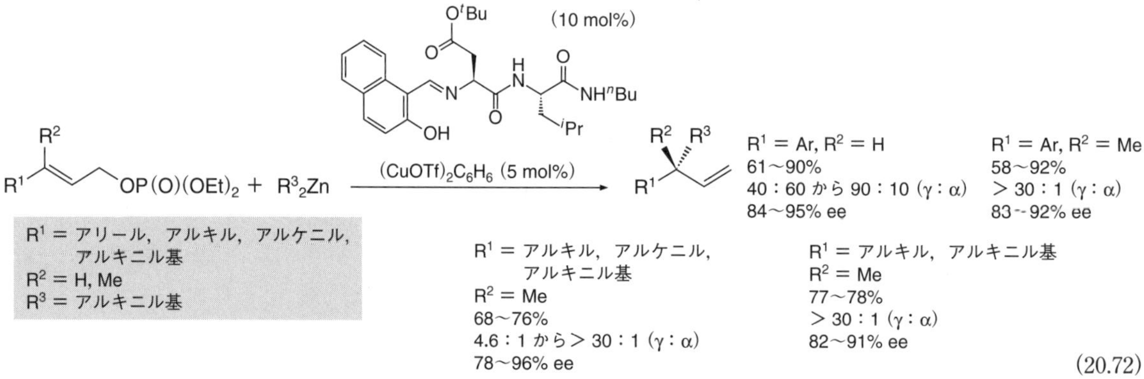

(20.72)

テル上の置換基として驚くほど多くの種類のものが利用可能で，第三級あるいは第四級炭素原子のキラル中心の形成に用いることができる．関連するペプチド誘導体が，γ位に脱離基をもつα, β-不飽和カルボニル化合物とジオルガノ亜鉛求核剤の銅触媒反応の配位子として開発され，これによりα-アルキル-β, γ-不飽和エステルやα, α′-二置換-β, γ-不飽和エステルが合成された[296),297)]．キラルなAg(I)-*N*-ヘテロ環状カルベン錯体二量体がキラルなCu(I)-NHC触媒を生じることを利用して，アリルリン酸エステルへのジアルキル亜鉛の付加反応の選択性の向上に加え，必要とされる銅とキラル配位子の触媒量に関してさらなる改良が行われた（式20.73）[298),299)]．ジオルガノ亜鉛によるケイ素の置換したアリルリン酸エ

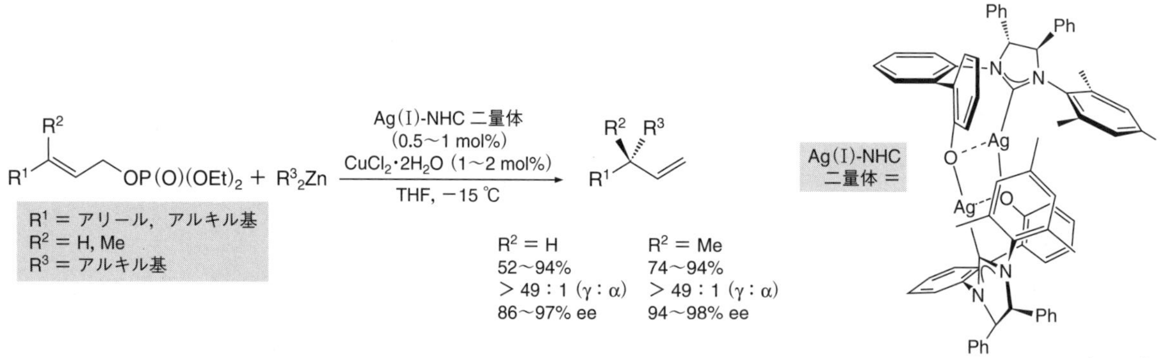

$R^1CH=C(R^2)CH_2OP(O)(OEt)_2$ + $R^3{}_2Zn$ —[Ag(I)-NHC二量体 (0.5〜1 mol%), $CuCl_2 \cdot 2H_2O$ (1〜2 mol%), THF, −15 ℃]→ $R^1C(R^2)(R^3)CH=CH_2$

R¹ = アリール，アルキル基
R² = H, Me
R³ = アルキル基

R² = H
52〜94%
> 49 : 1 (γ : α)
86〜97% ee

R² = Me
74〜94%
> 49 : 1 (γ : α)
94〜98% ee

Ag(I)-NHC二量体 =

(20.73)

ステルのアリル位アルキル化反応に利用可能な銅(I)触媒が，関連するAg(I)-NHC錯体二量体を用いて調製された[300)]．この反応で得られるアリルシランは，ケイ素が置換した炭素原子にキラル中心をもち，ほぼ完全な位置選択性と非常に高いエナンチオ選択性で合成されている（式20.74）．

メソ形環状ビスジエチルリン酸エステルの銅触媒によるエナンチオ選択的非対称化反応はジアルキル亜鉛を用いて行われている．PiarulliとGennariはキラルなシッフ塩基の銅(I)錯体が，ジエチル亜鉛による4-シクロペンテン-1,3-ビス(ジエチルリン酸エステル)のエナンチオ選択的非対称化反応の触媒となることを示した（式20.75）[301)]．Piarulli, Gennariと

Ag(I)-NHC 二量体 (1〜2.5 mol%), $(CuOTf)_2 \cdot C_6H_6$ (1〜2.5 mol%), THF, −15 ℃

$PhMe_2Si$–C(R)=CH–CH_2–OP(O)(OEt)$_2$ + Et_2Zn → Et, R, $SiMe_2Ph$

R = H, Me

R = H: 72%, > 49 : 1 (γ : α), 98% ee
R = Me: 75%, > 49 : 1 (γ : α), 91% ee

Ag(I)-NHC 二量体 =

(20.74)

OP(O)(OEt)$_2$ / OP(O)(OEt)$_2$ + Et_2Zn → OP(O)(OEt)$_2$, Et, 88% ee　(20.75)

Ph, OH, N, O_2, S, N, H, $CHPh_2$ (10 mol%)
$(CuOTf)_2 \cdot C_6H_6$ (10 mol%)
トルエン/THF (95 : 5)
−78 から −60 ℃

Feringa はさらにキラルホスホロアミダイト配位子を用いた銅(I)錯体を用いることにより，シクロヘキセンとシクロヘプテンの二リン酸エステルの非対称化反応のエナンチオ選択性を改善した[302),303)].

20・7・3b　求核剤としての Grignard 反応剤

Bäckvall と van Koten[286)] らによる，Grignard 求核剤を用いた銅触媒によるエナンチオ選択的アリル位アルキル化反応の初期の報告に続いて，さまざまな構造の配位子をもつ触媒を用いてこれら反応の研究が行われた．Bäckvall らは，キラルなフェロセニルチオラト配位子をもつ触媒の存在下，*n*-BuMgI とアリル酢酸エステルの反応が，より高いエナンチオ選択性で進行することを報告した（式 20.76）[304),305)]．岡本らは，4-シロキシ-2-ブテン-1-オールのアリル位アルキル化反応が，キラルな銅(I)-NHC 錯体を触媒として，中程度のエナンチオ選

(cyclohexyl)–CH=CH–CH_2OAc + ^{n}BuMgI → ^{n}Bu product　(20.76)

L* (35 mol%)
CuI (13 mol%)
Et_2O/トルエン

収率 88%
98 : 2 (γ : α 選択性)
64% ee

L* = NMe$_2$, SLi, Fe

択性で進行することを報告した（式 20.77）[306)]．しかし，銅(I)触媒による Grignard 反応剤を用いたアリル位置換反応において（式 20.78），合成化学的に有用なレベルのエナンチオ選択性は，Alexakis が第一，第二，第三世代のホスホロアミダイト配位子（式 20.78）[307)〜309)] を用いるまで，あるいは，Feringa が Taniaphos 配位子（式 20.79）[310)] をこれらの反応に用いるまで達成されなかった．

Alexakis と Feringa は，Grignard 反応剤を用いた銅(I)触媒による高位置およびエナンチオ選択的アリル位アルキル化反応における，アリル求電子剤の適用範囲をさらに拡大してい

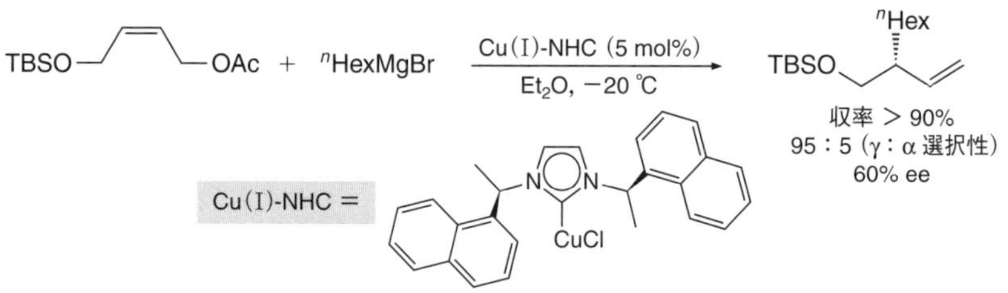

TBSO–CH₂CH=CHCH₂–OAc + ^{n}HexMgBr
Cu(I)-NHC (5 mol%)
Et_2O, −20 ℃
→ TBSO (^{n}Hex)
収率 > 90%
95 : 5 (γ : α 選択性)
60% ee
(20.77)

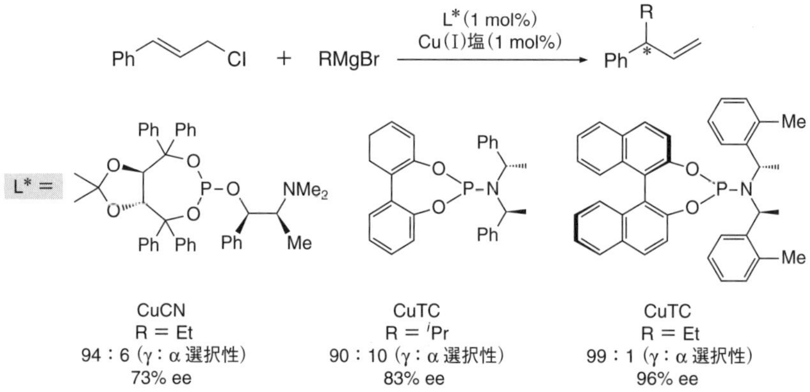

Cu(I)-NHC =
CuCl

Ph–CH=CH–CH₂Cl + RMgBr
L*(1 mol%)
Cu(I)塩(1 mol%)
→ Ph (R) *
(20.78)

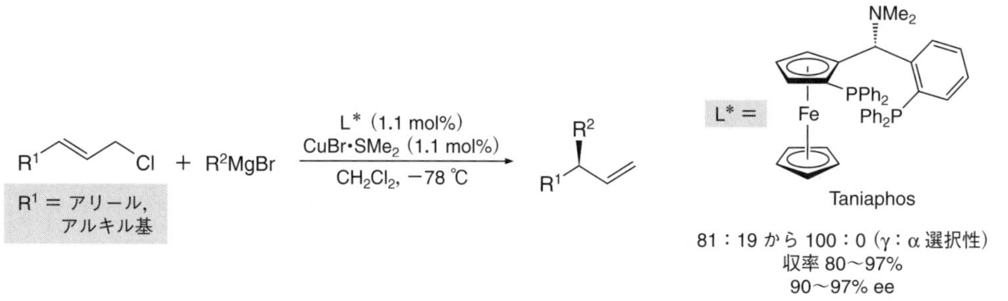

L* =
Ph Ph, O, P–O, NMe_2, Ph Ph, Ph, Me
CuCN
R = Et
94 : 6 (γ : α 選択性)
73% ee

Ph, O, P–N, O, Ph
CuTC
R = ^{i}Pr
90 : 10 (γ : α 選択性)
83% ee

Me, O, P–N, O, Me
CuTC
R = Et
99 : 1 (γ : α 選択性)
96% ee

R^1–CH=CH–CH₂Cl + R^2MgBr
L* (1.1 mol%)
$CuBr\cdot SMe_2$ (1.1 mol%)
CH_2Cl_2, −78 ℃
→ R^1 (R^2)
R^1 = アリール,
アルキル基

L* =
NMe_2
PPh_2
Fe
Ph_2P
Taniaphos
(20.79)

81 : 19 から 100 : 0 (γ : α 選択性)
収率 80〜97%
90〜97% ee

る．Alexakis は，ホスホロアミダイト配位子をもつ銅(I)錯体が，β, γ-二置換塩化アリル（式 20.80）や，環内に二重結合をもつ塩化アリル（式 20.81）への Grignard 反応剤の付加反応の効果的な触媒となることを報告している[311]．さらに，Feringa らは，Cu(I)-Taniaphos 錯体を触媒として用いることにより，3-ブロモプロペニルエステル求電子剤のアリル位置換

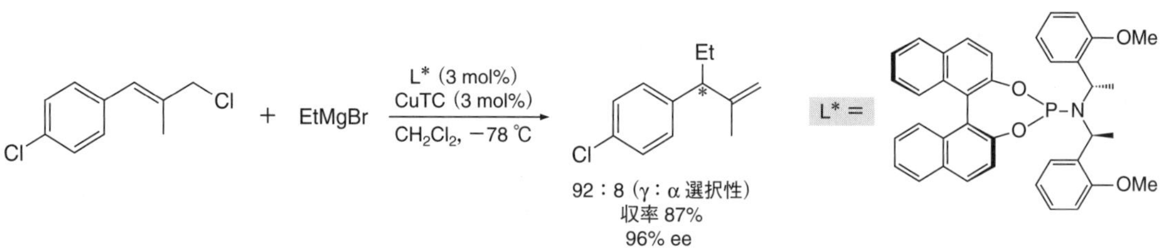

Cl–C₆H₄–CH=C(CH₃)–CH₂Cl + EtMgBr
L* (3 mol%)
CuTC (3 mol%)
CH_2Cl_2, −78 ℃
→ Cl, Et, *
92 : 8 (γ : α 選択性)
収率 87%
96% ee

L* =
OMe
O, P–N, O
OMe
(20.80)

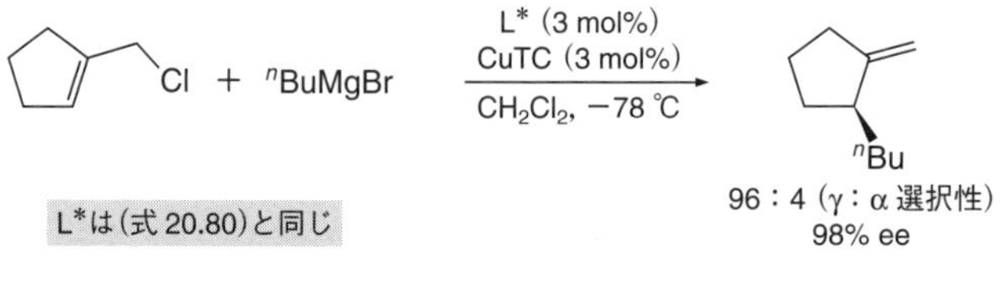

Cl + ^{n}BuMgBr
L* (3 mol%)
CuTC (3 mol%)
CH_2Cl_2, −78 ℃
→ ^{n}Bu
96 : 4 (γ : α 選択性)
98% ee
(20.81)

L*は(式 20.80)と同じ

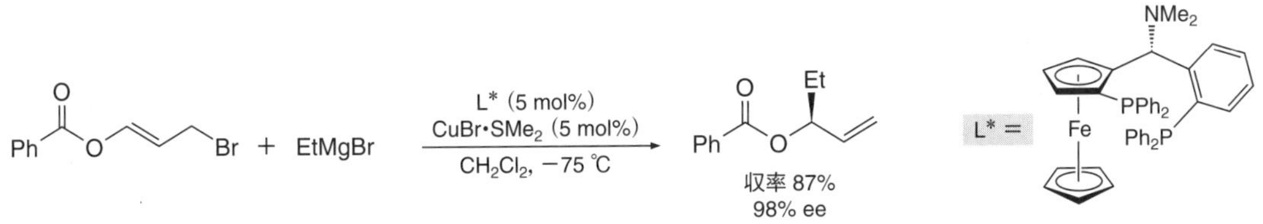

(20.82)

反応が進行し，キラルなアリルエステルを高収率かつ高エナンチオ選択性で与えることを報告した（式 20.82）[312]．

20・7・3c　求核剤としての有機アルミニウム

有機アルミニウムも，エナンチオ選択的な銅触媒によるアリル位アルキル化反応の求核剤として用いることができ，これらの求核剤を用いた反応は立体障害の大きなアリル求電子剤を用いた場合などで他の求核剤よりも速い速度で反応が進行する．Hoveyda らは，鎖状アリル求電子剤とトリアルキルアルミニウム反応剤を用いる銅触媒によるエナンチオ選択的アリル位アルキル化反応を 2007 年に報告した[313]．立体障害の大きいリン酸アリルエステルのアリル位アルキル化反応において，$ZnMe_2$ を求核剤として用いた場合には，低い転化率（<10%）しか得られなかったが，$AlMe_3$ を求核剤として用いた場合には，同じ反応でも高い転化率（>95%）で生成物が得られた．この方法は，ジエンの $AlMe_3$ を用いた二重アリル位アルキル化反応によって対応する C_2 対称な生成物を高エナンチオ選択的に合成する反応に適用された（式 20.83）．さらに関連する手法として，β-二置換アリルリン酸エステルへの，反応系中で発生させたビニルアルミニウム反応剤の銅触媒によるエナンチオ選択的な付加反応が開発された（式 20.84）[314]．

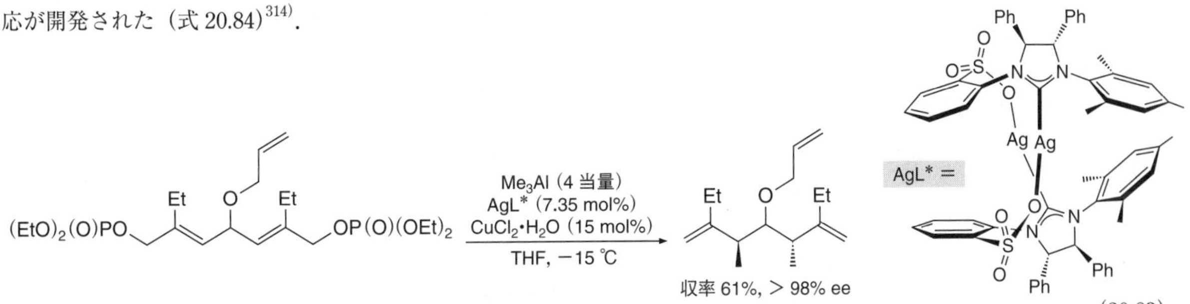

(20.83)

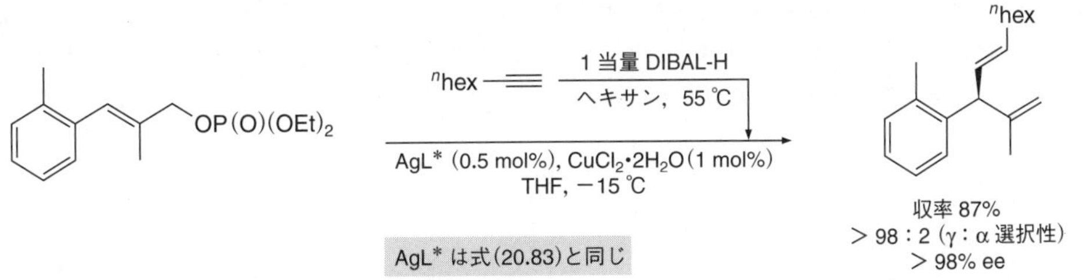

(20.84)

20・7・4　その他の銅触媒によるアリル位置換反応

銅触媒によるエナンチオ選択的アリル位置換反応の適用範囲は，いわゆるハードな炭素求核剤やアキラルな直鎖状求電子剤に限られていない．伊藤と澤村らによる最近の報告では，ジボロン反応剤が（Z）-炭酸アリル類のエナンチオ選択的な銅(I)触媒によるホウ素化反応の求核剤として働くことが示された（式 20.85）[315]．対応するキラルなアリルボロン酸エステルが，高収率かつ高いエナンチオ選択性で単離された．

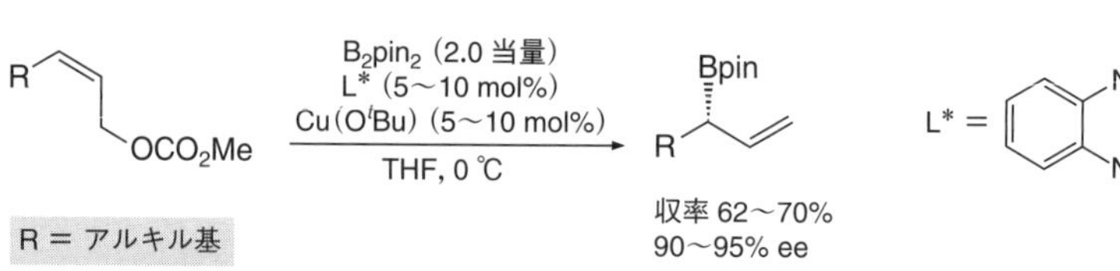

R
OCO$_2$Me
R = アルキル基
B$_2$pin$_2$ (2.0 当量)
L* (5～10 mol%)
Cu(O^{t}Bu) (5～10 mol%)
THF, 0 ℃
Bpin
R
収率 62～70%
90～95% ee
L* =
Me　^{t}Bu
N　P
N　P
^{t}Bu　Me

(20.85)

ラセミ体の環状またはメソ体の二環性エポキシドの不斉開環反応はアリル位置換反応と関連しており，これも銅触媒を用いて行われている．Pineschi，Feringa らは，ジアルキル亜鉛を用いたエポキシドの開環反応による，ラセミ体の環状 1,3-ジエンモノエポキシドの速度論的光学分割を報告した（式 20.86）[289]．のちに，Alexakis は，トリアルキルアルミニウム[316]と Grignard 反応剤を用いて類似の速度論的光学分割反応を開発した（式 20.87）[317]．メソ形の二環性基質の非対称化反応も現在では確立されている．たとえば，オキサベンゾノルボル

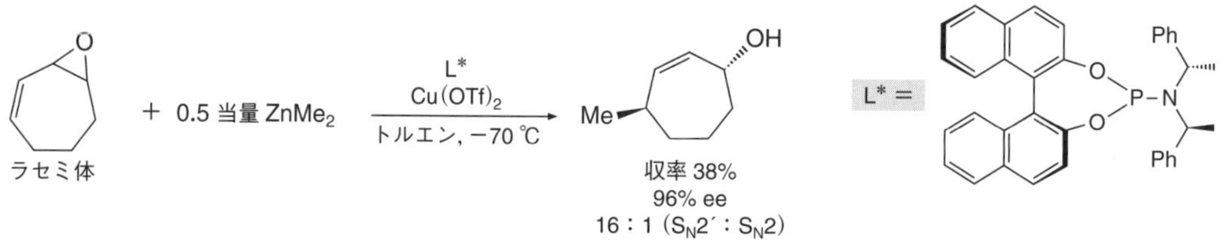

O
ラセミ体
+ 0.5 当量 ZnMe$_2$
L*
Cu(OTf)$_2$
トルエン, −70 ℃
OH
Me
収率 38%
96% ee
16 : 1 (S_N2' : S_N2)
L* =
Ph
O
P−N
O
Ph

(20.86)

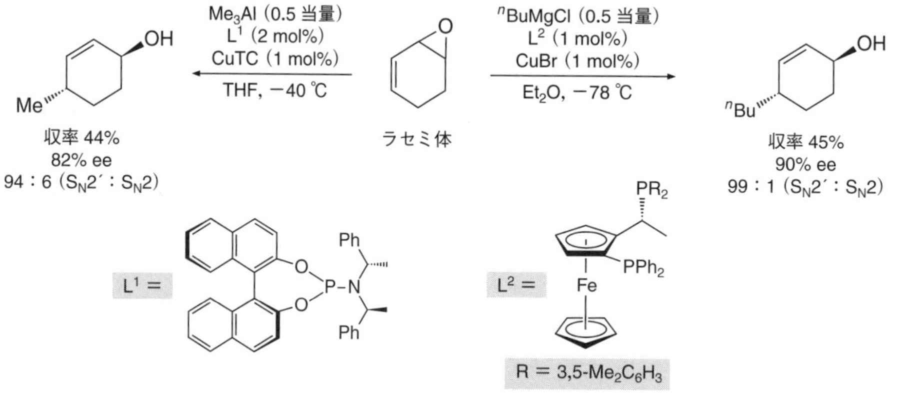

Me$_3$Al (0.5 当量)
L^1 (2 mol%)
CuTC (1 mol%)
THF, −40 ℃
OH
Me
収率 44%
82% ee
94 : 6 (S_N2' : S_N2)
O
ラセミ体
^{n}BuMgCl (0.5 当量)
L^2 (1 mol%)
CuBr (1 mol%)
Et$_2$O, −78 ℃
OH
^{n}Bu
収率 45%
90% ee
99 : 1 (S_N2' : S_N2)

(20.87)

L^1 =
Ph
O
P−N
O
Ph
L^2 =
PR$_2$
PPh$_2$
Fe
R = 3,5-Me$_2$C$_6$H$_3$

ナジエン誘導体は，ジアルキル亜鉛[318),319]や Grignard 反応剤[320]と反応し，光学活性な 2-アルキル-1,2-ジヒドロ-1-ナフトール誘導体を生じる（式 20.88）．最後に，トリアルキルアルミニウム反応剤がメソ形二環性ヒドラジンの銅触媒によるエナンチオ選択的な非対称化反

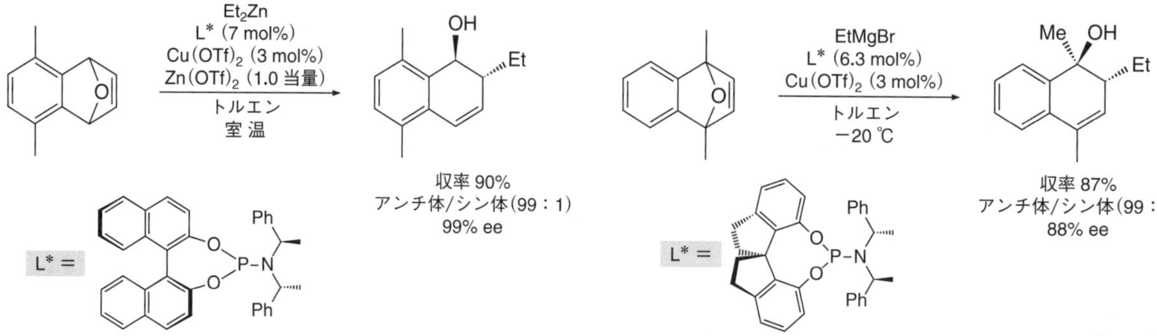

O
Et$_2$Zn
L* (7 mol%)
Cu(OTf)$_2$ (3 mol%)
Zn(OTf)$_2$ (1.0 当量)
トルエン
室温
OH
Et
収率 90%
アンチ体/シン体 (99 : 1)
99% ee
L* =
Ph
O
P−N
O
Ph

O
EtMgBr
L* (6.3 mol%)
Cu(OTf)$_2$ (3 mol%)
トルエン
−20 ℃
Me　OH
Et
収率 87%
アンチ体/シン体 (99 : 1)
88% ee
L* =
Ph
O
P−N
O
Ph

(20.88)

応の求核剤として用いられている（式 20.89）[321)～323)]．

$$\text{L}^* \text{ (6 mol\%)},\ \text{Cu(OTf)}_2,\ \text{CH}_2\text{Cl}_2,\ 0\ ^\circ\text{C};\quad + \text{AlMe}_3 \quad (20.89)$$

収率 81%
94% ee

L* = Ph₂P–N

20・8 まとめ

エナンチオ選択的なアリル位置換反応は，30 年以上にわたって研究が行われてきた．初期のパラジウム(アリル)錯体と求核剤との反応に関する知見は，アリルエーテルあるいはエステルの触媒的置換反応の開発へと発展し，さらにエナンチオ選択的アリル位置換反応の開発に至った．他の金属を触媒として用いることによって，相補的な位置選択性で進行する反応が開発された．さらに，反応の適用範囲は，ヘテロ原子求核剤や安定化されていない炭素求核剤を含むまでに拡張された．これらの反応に適した求電子剤は，さまざまなアリルエステル，アリルエーテル，アリルアルコールとハロゲン化アリルなどである．モノエステルを用いて，あるいは二つの等価なエステルのうちの一方を選択的に切断することによって，エナンチオ選択的な反応も可能である．これらの反応の反応機構は，まず酸化的付加反応により金属アリル錯体を生じる．二段階目は，“ソフトな”求核剤のアリル配位子への求核攻撃か，あるいは“ハードな”求核剤の金属への付加，ひき続く還元的脱離反応により進行する．外圏からの求核攻撃は，通常カチオン型アリル錯体に対して，金属が結合している面の反対側から求核剤が反応することで進行する．例外として，モリブデン(アリル)錯体の反応がある．生成物の解離により初めの触媒が再生する．アリル位置換反応にはさまざまな種類のものがあり，これらの反応，特に不斉アリル位置換反応は，さまざまな天然物の合成に利用されている．

文献および注

1. Trost, B. M.; Crawley, M. L. *Chem. Rev.* **2003**, *103*, 2921.
2. Tsuji, J.; Takahash.H; Morikawa, M. *Tetrahedron Lett.* **1965**, 4387.
3. Hata, G.; Takahash.K; Miyake, A. *J. Chem. Soc., Chem. Commun.* **1970**, 1392.
4. Atkins, K. E.; Walker, W. E.; Manyik, R. M. *Tetrahedron Lett.* **1970**, 3821.
5. Trost, B. M.; Dietsch, T. J. *J. Am. Chem. Soc.* **1973**, *95*, 8200.
6. Trost, B. M.; Van Vranken, D. L. *Angew. Chem., Int. Ed. Engl.* **1992**, *31*, 228.
7. Trost, B. M. *J. Org. Chem.* **2004**, *69*, 5813.
8. Trost, B. M.; Van Vranken, D. L. *Chem. Rev.* **1996**, *96*, 395.
9. Pfaltz, A.; Lautens, M. In *Comprehensive Asymmetric Catalysis I–III*; Jacobsen, E. N., Pfaltz, A.,Yamamoto, H., Eds.; Springer: Berlin, 1999; Vol. 2, p 833.
10. Trost, B. M.; Lee, C. In *Catalytic Asymmetric Synthesis*, 2nd ed.; Ojima, I., Ed.; Wiley-VCH: New York, 2000; p 593.
11. Tsuji, J. In *Handbook of Organopalladium Chemistry for Organic Synthesis*; Negishi, E.-i., Ed.; Wiley-Interscience: New York, 2002; Vol. 2, p 1669.
12. 求核剤の付加に対して，ホスフィンが塩化 η^3-アリルパラジウム二量体を活性化する最初の例については，Trost, B. M.; Fullerton, T. J. *J. Am. Chem. Soc.* **1973**, *95*, 292 を参照．触媒的アリル位置換反応で，初めてホスフィンが配位したパラジウム錯体を用いた例については，Trost, B. M.; Verhoeven, T. R. *J. Am. Chem. Soc.* **1976**, *98*, 630 を参照．より最近の，アキラルなホスフィンをもつ触媒の利用については，文献 13～18 を参照．
13. Bernocchi, E.; Cacchi, S.; Morera, E.; Ortar, G. *Synlett* **1992**, 161.
14. Shimizu, I.; Toyoda, M.; Terashima, T.; Oshima, M.; Hasegawa, H. *Synlett* **1992**, 301.
15. Sulsky, R.; Magnin, D. R. *Synlett* **1993**, 933.
16. Baldwin, I. C.; Williams, J. M. J.; Beckett, R. P. *Tetrahedron: Asymmetry* **1995**, *6*, 1515.
17. Baldwin, I. C.; Williams, J. M. J.; Beckett, R. P. *Tetrahedron: Asymmetry* **1995**, *6*, 679.
18. Zhang, D. Y.; Ghosh, A.; Suling, C.; Miller, M. J. *Tetrahedron Lett.* **1996**, *37*, 3799.

19. Tanigawa, Y.; Nishimura, K.; Kawasaki, A.; Murahashi, S. I. *Tetrahedron Lett.* **1982**, *23*, 5549.
20. Tsuji, J.; Shimizu, I.; Minami, I.; Ohashi, Y.; Sugiura, T.; Takahashi, K. *J. Org. Chem.* **1985**, *50*, 1523.
21. Tsuji, J.; Shimizu, I.; Minami, I.; Ohashi, Y. *Tetrahedron Lett.* **1982**, *23*, 4809.
22. Cuvigny, T.; Julia, M.; Rolando, C. *J. Organomet. Chem.* **1985**, *285*, 395.
23. Kotake, H.; Yamamoto, T.; Kinoshita, H. *Chem. Lett.* **1982**, 1331.
24. Trost, B. M.; Schmuff, N. R.; Miller, M. J. *J. Am. Chem. Soc.* **1980**, *102*, 5979.
25. Ono, N.; Hamamoto, I.; Kaji, A. *J. Chem. Soc., Chem. Commun.* **1982**, 821.
26. Tamura, R.; Hegedus, L. S. *J. Am. Chem. Soc.* **1982**, *104*, 3727.
27. Aresta, M.; Quaranta, E.; Dibenedetto, A.; Giannoccaro, P.; Tommasi, I.; Lanfranchi, M.; Tiripicchio, A. *Organometallics* **1997**, *16*, 834.
28. Aresta, M.; Dibenedetto, A.; Quaranta, E.; Lanfranchi, M.; Tiripicchio, A. *Organometallics* **2000**, *19*, 4199.
29. Yamamoto, T.; Akimoto, M.; Saito, O.; Yamamoto, A. *Organometallics* **1986**, *5*, 1559.
30. Garrohelion, F.; Merzouk, A.; Guibe, F. *J. Org. Chem.* **1993**, *58*, 6109.
31. Hirao, T.; Yamada, N.; Ohshiro, Y.; Agawa, T. *J. Organomet. Chem.* **1982**, *236*, 409.
32. Iourtchenko, A.; Sinou, D. *J. Mol. Catal.* **1997**, *122*, 91.
33. van Heerden, F. R.; Huyser, J. J.; Williams, D. B. G.; Holzapfel, C. W. *Tetrahedron Lett.* **1998**, *39*, 5281.
34. Vicart, N.; Gore, J.; Gazes, B. *Tetrahedron* **1998**, *54*, 11063.
35. Moreno-Manas, M.; Pleixats, R. In *Handbook of Organopalladium Chemistry for Organic Synthesis*; Negishi, E.-i., Ed.; Wiley-Interscience: New York, 2002; Vol. 2, p 1707.
36. Tsuji, J. *Tetrahedron* **1986**, *42*, 4361.
37. Courillon, C.; Thorimbert, S.; Malacria, M. In *Handbook of Organopalladium Chemistry for Organic Synthesis*; Negishi, E.-i., Ed.; Wiley-Interscience: New York, 2002; Vol. 2, p 1795.
38. Trost, B. M.; Molander, G. A. *J. Am. Chem. Soc.* **1981**, *103*, 5969.
39. Tsuji, J.; Kataoka, H.; Kobayashi, Y. *Tetrahedron Lett.* **1981**, *22*, 2575.
40. Echavarren, A. M.; Tueting, D. R.; Stille, J. K. *J. Am. Chem. Soc.* **1988**, *110*, 4039.
41. Tueting, D. R.; Echavarren, A. M.; Stille, J. K. *Tetrahedron* **1989**, *45*, 979.
42. Furstner, A.; Weintritt, H. *J. Am. Chem. Soc.* **1998**, *120*, 2817.
43. Trost, B. M.; Hachiya, I. *J. Am. Chem. Soc.* **1998**, *120*, 1104.
44. Glorius, F.; Neuburger, M.; Pfaltz, A. *Helv. Chim. Acta* **2001**, *84*, 3178.
45. Hughes, D. L.; Palucki, M.; Yasuda, N.; Reamer, R. A.; Reider, P. J. *J. Org. Chem.* **2002**, *67*, 2762.
46. Krska, S. W.; Hughes, D. L.; Reamer, R. A.; Mathre, D. J.; Sun, Y.; Trost, B. M. *J. Am. Chem. Soc.* **2002**, *124*, 12656.
47. Trost, B. M.; Dogra, K. *J. Am. Chem. Soc.* **2002**, *124*, 7256.
48. Trost, B. M.; Dogra, K.; Hachiya, I.; Emura, T.; Hughes, D. L.; Krska, S.; Reamer, R. A.; Palucki, M.; Yasuda, N.; Reider, P. *J. Angew. Chem. Int. Ed.* **2002**, *41*, 1929.
49. Trost, B. M.; Fandrick, D. R. *J. Am. Chem. Soc.* **2003**, *125*, 11836.
50. Evans, P. A.; Uraguchi, D. *J. Am. Chem. Soc.* **2003**, *125*, 7158.
51. Fiaud, J. C.; Malleron, J. L. *J. Chem. Soc., Chem. Commun.* **1981**, 1159.
52. Braun, M.; Meier, T. *Angew. Chem. Int. Ed.* **2006**, *45*, 6952.
53. Braun, M.; Meier, T. *Synlett* **2006**, 661.
54. Zheng, W.-H.; Zheng, B.-H.; Zhang, Y.; Hou, X.-L. *J. Am. Chem. Soc.* **2007**, *129*, 7718.
55. Luo, F. T.; Negishi, E. *Tetrahedron Lett.* **1985**, *26*, 2177.
56. Negishi, E.-i.; Liou, S.-Y. In *Handbook of Organopalladium Chemistry for Organic Synthesis*; Negishi, E.-i., Ed.; Wiley-Interscience: New York, 2002; Vol. 2, p 1769.
57. Negishi, E.; Matsushita, H.; Chatterjee, S.; John, R. A. *J. Org. Chem.* **1982**, *47*, 3188.
58. Negishi, E.; Luo, F. T.; Pecora, A. J.; Silveira, A. *J. Org. Chem.* **1983**, *48*, 2427.
59. Negishi, E.-i.; Chatterjee, S. *Tetrahedron Lett.* **1983**, *24*, 1341.
60. Tsuji, J.; Minami, I.; Shimizu, I. *Chem. Lett.* **1983**, 1325.
61. Baba, T.; Nakano, K.; Nishiyama, S.; Tsurya, S.; Masai, M. *J. Chem. Soc., Chem. Commun.* **1990**, 348.
62. Trost, B. M.; Keinan, E. *Tetrahedron Lett.* **1980**, *21*, 2591.
63. Tsuji, J.; Minami, I.; Shimizu, I. *Tetrahedron Lett.* **1983**, *24*, 4713.
64. Tsuda, T.; Chujo, Y.; Nishi, S.; Tawara, K.; Saegusa, T. *J. Am. Chem. Soc.* **1980**, *102*, 6381.
65. Hiroi, K.; Abe, J.; Suya, K.; Sato, S.; Koyama, T. *J. Org. Chem.* **1994**, *59*, 203.
66. Hiroi, K.; Abe, J. *Heterocycles* **1990**, *30*, 283.
67. Hiroi, K.; Abe, J.; Suya, K.; Sato, S. *Tetrahedron Lett.* **1989**, *30*, 1543.
68. Hiroi, K.; Suya, K.; Sato, S. *J. Chem. Soc., Chem. Commun.* **1986**, 469.
69. Hiroi, K.; Yamada, S. *Chem. Pharm. Bull.* **1973**, *21*, 47.
70. Onoue, H.; Moritani, I.; Murahashi, S. I. *Tetrahedron Lett.* **1973**, 121.
71. Hiroi, K.; Yamada, S.; Achiwa, K. *Chem. Pharm. Bull.* **1972**, *20*, 246.
72. Liu, D.; Xie, F.; Zhang, W. *Tetrahedron Lett.* **2007**, *48*, 7591.
73. Weix, D. J.; Hartwig, J. F. *J. Am. Chem. Soc.* **2007**, *129*, 7720.
74. Shimizu, I.; Yamada, T.; Tsuji, J. *Tetrahedron Lett.* **1980**, *21*, 3199.
75. Shimizu, I.; Minami, I.; Tsuji, J. *Tetrahedron Lett.* **1983**, *24*, 1797.
76. Tsuji, J.; Minami, I.; Shimizu, I. *Tetrahedron Lett.* **1983**, *24*, 1793.
77. Tanaka, T.; Okamura, N.; Bannai, K.; Hazato, A.; Sugiura, S.; Manabe, K.; Kurozumi, S. *Tetrahedron Lett.* **1985**, *26*, 5575.
78. Tsuda, T.; Tokai, M.; Ishida, T.; Saegusa, T. *J. Org. Chem.* **1986**, *51*, 5216.
79. Tsuda, T.; Okada, M.; Nishi, S.; Saegusa, T. *J. Org. Chem.* **1986**, *51*, 421.
80. Tsuji, J.; Yamada, T.; Minami, I.; Yuhara, M.; Nisar, M.; Shimizu, I. *J. Org. Chem.* **1987**, *52*, 2988.
81. Tsuji, J.; Ohashi, Y.; Minami, I. *Tetrahedron Lett.* **1987**, *28*, 2397.
82. Mohr, J. T.; Nishimata, T.; Behenna, D. C.; Stoltz, B. M. *J. Am. Chem. Soc.* **2006**, *128*, 11348.
83. Keith, J. A.; Behenna, D. C.; Mohr, J. T.; Ma, S.; Marinescu, S. C.; Oxgaard, J.; Stoltz, B. M.; Goddard, W. A. *J. Am. Chem. Soc.* **2007**, *129*, 11876.
84. Tunge, J. A.; Burger, E. C. *Eur. J. Org. Chem.* **2005**, 1715.
85. Burger, E. C.; Tunge, J. A. *J. Am. Chem. Soc.* **2006**, *128*, 10002.
86. Trost, B. M.; Lautens, M. *Tetrahedron* **1987**, *43*, 4817.
87. Trost, B. M.; Lautens, M. *J. Am. Chem. Soc.* **1987**, *109*, 1469.
88. Trost, B. M.; Toste, F. D. *J. Am. Chem. Soc.* **1999**, *121*, 4545.
89. Trost, B. M.; Hildbrand, S.; Dogra, K. *J. Am. Chem. Soc.* **1999**, *121*, 10416.
90. Krska, S. W.; Hughes, D. L.; Reamer, R. A.; Mathre, D. J.; Sun, Y.; Trost, B. M. *J. Am. Chem. Soc.* **2002**, *124*, 12656.
91. Trost, B. M.; Andersen, N. G. *J. Am. Chem. Soc.* **2002**, *124*, 14320.
92. Krska, S. W.; Hughes, D. L.; Reamer, R. A.; Mathre, D. J.; Palucki, M.; Yasuda, N.; Sun, Y.; Trost, B. M. *Pure. Appl. Chem.* **2004**, *76*, 625.

93. Trost, B. M.; Zhang, Y. *J. Am. Chem. Soc.* **2006**, *128*, 4590.
94. Trost, B. M.; Dogra, K. *Org. Lett.* **2007**, *9*, 861.
95. Glorius, F.; Pfaltz, A. *Org. Lett.* **1999**, *1*, 141.
96. Malkov, A. V.; Baxendale, I. R.; Dvořák, D.; Mansfield, D. J.; Kočovský, P. *J. Org. Chem.* **1999**, *64*, 2737.
97. Lloyd-Jones, G. C.; Pfaltz, A. *Angew. Chem., Int. Ed. Engl.* **1995**, *34*, 462.
98. Zhang, S. W.; Mitsudo, T.; Kondo, T.; Watanabe, Y. *J. Organomet. Chem.* **1993**, *450*, 197.
99. Morisaki, Y.; Kondo, T.; Mitsudo, T. A. *Organometallics* **1999**, *18*, 4742.
100. Matsushima, Y.; Onitsuka, K.; Kondo, T.; Mitsudo, T.; Takahashi, S. *J. Am. Chem. Soc.* **2001**, *123*, 10405.
101. Trost, B. M.; Fraisse, P. L.; Ball, Z. T. *Angew. Chem. Int. Ed.* **2002**, *41*, 1059.
102. Mbaye, M. D.; Demerseman, B.; Renaud, J.-L.; Toupet, L.; Bruneau, C. *Angew. Chem. Int. Ed.* **2003**, *42*, 5066.
103. Renaud, J.-L.; Bruneau, C.; Demerseman, B. *Synlett* **2003**, 408.
104. Hermatschweiler, R.; Fernandez, I.; Breher, F.; Pregosin, P. S.; Veiros, L. F.; Calhorda, M. J. *Angew. Chem. Int. Ed.* **2005**, *44*, 4397.
105. Hermatschweiler, R.; Fernandez, I.; Pregosin, P. S.; Watson, E. J.; Albinati, A.; Rizzato, S.; Veiros, L. F.; Calhorda, M. J. *Organometallics* **2005**, *24*, 1809.
106. Evans, P. A.; Nelson, J. D. *Tetrahedron Lett.* **1998**, *39*, 1725.
107. Evans, P. A.; Robinson, J. E.; Nelson, J. D. *J. Am. Chem. Soc.* **1999**, *121*, 6761.
108. Lavastre, O.; Morken, J. P. *Angew. Chem. Int. Ed.* **1999**, *38*, 3163.
109. Evans, P. A.; Leahy, D. K. *J. Am. Chem. Soc.* **2000**, *122*, 5012.
110. Muraoka, T.; Matsuda, I.; Itoh, K. *Tetrahedron Lett.* **2000**, *41*, 8807.
111. Evans, P. A.; Kennedy, L. J. *J. Am. Chem. Soc.* **2001**, *123*, 1234.
112. Evans, P. A.; Robinson, J. E.; Moffett, K. K. *Org. Lett.* **2001**, *3*, 3269.
113. Evans, P. A.; Leahy, D. K. *J. Am. Chem. Soc.* **2002**, *124*, 7882.
114. Evans, P. A.; Leahy, D. K.; Slieker, L. M. *Tetrahedron* **2003**, *14*, 3613.
115. Evans, P. A.; Leahy, D. K.; Andrews, W. J.; Uraguchi, D. *Angew. Chem. Int. Ed.* **2004**, *43*, 4788.
116. Evans, P. A.; Lawler, M. J. *J. Am. Chem. Soc.* **2004**, *126*, 8642.
117. Janssen, J. P.; Helmchen, G. *Tetrahedron Lett.* **1997**, *38*, 8025.
118. Bartels, B.; Helmchen, G. *Chem. Commun.* **1999**, 741.
119. Bartels, B.; Garcia-Yebra, C.; Rominger, F.; Helmchen, G. *Eur. J. Inorg. Chem.* **2002**, 2569.
120. Garcia-Yebra, C.; Janssen, J. P.; Rominger, F.; Helmchen, G. *Organometallics* **2004**, *23*, 5459.
121. Takeuchi, R.; Kashio, M. *Angew. Chem., Int. Ed. Engl.* **1997**, *36*, 263.
122. Takeuchi, R.; Kashio, M. *J. Am. Chem. Soc.* **1998**, *120*, 8647.
123. Takeuchi, R.; Shiga, N. *Org. Lett.* **1999**, *1*, 265.
124. Takeuchi, R. *Polyhedron* **2000**, *19*, 557.
125. Takeuchi, R.; Tanabe, K. *Angew. Chem. Int. Ed.* **2000**, *39*, 1975.
126. Takeuchi, R. *Synlett* **2002**, 1954.
127. Schelwies, M.; Dubon, P.; Helmchen, G. *Angew. Chem. Int. Ed.* **2006**, *45*, 2466.
128. Dahnz, A.; Helmchen, G. *Synlett* **2006**, 697.
129. Streiff, S.; Welter, C.; Schelwies, M.; Lipowsky, G.; Miller, N.; Helmchen, G. *Chem. Commun.* **2005**, 2957.
130. Tissot-Croset, K.; Polet, D.; Alexakis, A. *Angew. Chem. Int. Ed.* **2004**, *43*, 2426.
131. Polet, D.; Alexakis, A. *Org. Lett.* **2005**, *7*, 1621.
132. Gnamm, C.; Forster, S.; Miller, N.; Brodner, K.; Helmchen, G. *Synlett* **2007**, 790.
133. Alexakis, A.; Hajjaji, S. E.; Polet, D.; Rathgeb, X. *Org. Lett.* **2007**, *9*, 3393.
134. Graening, T.; Hartwig, J. F. *J. Am. Chem. Soc.* **2005**, *127*, 17192.
135. Lopez, F.; Ohmura, T.; Hartwig, J. F. *J. Am. Chem. Soc.* **2003**, *125*, 3426.
136. Shu, C. T.; Hartwig, J. F. *Angew. Chem. Int. Ed.* **2004**, *43*, 4794.
137. Takeuchi, R.; Ue, N.; Tanabe, K.; Yamashita, K.; Shiga, N. *J. Am. Chem. Soc.* **2001**, *123*, 9525.
138. Ohmura, T.; Hartwig, J. F. *J. Am. Chem. Soc.* **2002**, *124*, 15164.
139. Welter, C.; Dahnz, A.; Brunner, B.; Streiff, S.; Dubon, P.; Helmchen, G. *Org. Lett.* **2005**, *7*, 1239.
140. Weihofen, R.; Tverskoy, E.; Helmchen, G. *Angew. Chem. Int. Ed.* **2006**, *45*, 5546.
141. Kiener, C. A.; Shu, C.; Incarvito, C.; Hartwig, J. F. *J. Am. Chem. Soc.* **2003**, *125*, 14272.
142. Leitner, A.; Shu, C. T.; Hartwig, J. F. *Proc. Natl. Acad. Sci. U.S.A.* **2004**, *101*, 5830.
143. Shu, C. T.; Leitner, A.; Hartwig, J. F. *Angew. Chem. Int. Ed.* **2004**, *43*, 4797.
144. Leitner, A.; Shu, C. T.; Hartwig, J. F. *Org. Lett.* **2005**, *7*, 1093.
145. Lautens, M.; Trost, B. M. *Abstr. Papers Am. Chem. Soc.* **1983**, *186*, 92.
146. Acemoglu, L.; Williams, J. M. J. In *Handbook of Organopalladium Chemistry for Organic Synthesis*; Negishi, E.-i., Ed.; Wiley-Interscience: New York, 2002; Vol. 2, p 1945.
147. Trost, B. M. *Chem. Pharm. Bull.* **2002**, *50*, 1.
148. Tsuji, J.; Minami, I. *Acc. Chem. Res.* **1987**, *20*, 140.
149. Vrieze, K. In *Dynamic Nuclear Magnetic Resonance Spectroscopy*; Jackman, L. M., Cotton, F. A., Eds.; Academic Press: New York, 1975.
150. Faller, J. W. *Adv. Organomet. Chem.* **1977**, *16*, 211.
151. Mackenzie, P. B.; Whelan, J.; Bosnich, B. *J. Am. Chem. Soc.* **1985**, *107*, 2046.
152. Faller, J. W.; Stokes-Huby, H. L.; Albrizzio, M. A. *Helv. Chim. Acta* **2001**, *84*, 3031.
153. Lloyd-Jones, G. C.; Krska, S. W.; Hughes, D. L.; Gouriou, L.; Bonnet, V. D.; Jack, K.; Sun, Y.; Reamer, R. A. *J. Am. Chem. Soc.* **2004**, *126*, 702.
154. (a) Markovic, D.; Hartwig, J. F. *J. Am. Chem. Soc.* **2007**, *129*, 11680; (b) Madrahimov, S.; Markovic, D.; Hartwig, J. F. *J. Am. Chem. Soc.* **2009**, *131*, 7228.
155. Hayashi, T.; Hagihara, T.; Konishi, M.; Kumada, M. *J. Am. Chem. Soc.* **1983**, *105*, 7767.
156. Hayashi, T.; Yamamoto, A.; Hagihara, T. *J. Org. Chem.* **1986**, *51*, 723.
157. Trost, B. M.; Verhoeven, T. R. *J. Am. Chem. Soc.,* **1980**, *102*, 4730.
158. Kobayashi, Y.; Mizojiri, R.; Ikeda, E. *J. Org. Chem.* **1996**, *61*, 5391.
159. Tsuji, Y.; Kusui, T.; Kojima, T.; Sugiura, Y.; Yamada, N.; Tanaka, S.; Ebihara, M.; Kawamura, T. *Organometallics* **1998**, *17*, 4835.
160. Consiglio, G.; Waymouth, R. M. *Chem. Rev.* **1989**, *89*, 257.
161. Pregosin, P. S.; Salzmann, R. *Coord. Chem. Rev.* **1996**, *155*, 35.
162. Faller, J. W.; Thomsen, M. E.; Mattina, M. J. *J. Am. Chem. Soc.* **1971**, *93*, 2642.
163. Corradini, P.; Maglio, G.; Musco, A.; Paiaro, G. *J. Chem. Soc., Chem. Commun.* **1966**, 618.
164. Tsutsui, M.; Courtney, A. *Adv. Organomet. Chem.* **1977**, *16*, 241.
165. Faller, J. W.; Tully, M. T. *J. Am. Chem. Soc.* **1972**, *94*, 2676.
166. Bäckvall, J. E.; Granberg, K. L.; Heumann, A. *Isr. J. Chem.* **1991**, *31*, 17.
167. Granberg, K. L.; Bäckvall, J. E. *J. Am. Chem. Soc.* **1992**, *114*,

6858.
168. Crociani, B.; Di Bianca, F.; Giovenco, A.; Boschi, T. *Inorg. Chim. Acta* **1987**, *127*, 169.
169. Hayashi, T.; Kishi, K.; Yamamoto, A.; Ito, Y. *Tetrahedron Lett.* **1990**, *31*, 1743.
170. You, S. L.; Zhu, X. Z.; Luo, Y. M.; Hou, X. L.; Dai, L. X. *J. Am. Chem. Soc.* **2001**, *123*, 7471.
171. Trost, B. M.; Toste, F. D. *J. Am. Chem. Soc.* **1998**, 9074.
172. Faller, J. W.; Wilt, J. C. *Org. Lett.* **2005**, *7*, 633.
173. Keinan, E.; Sahai, M. *J. Chem. Soc., Chem. Commun.* **1984**, 648.
174. Trost, B. M.; Weber, L.; Strege, P. E.; Fullerton, T. J.; Dietsche, T. J. *J. Am. Chem. Soc.* **1978**, *100*, 3416.
175. Åkermark, B.; Hansson, S.; Krakenberger, B.; Vitagliano, A.; Zetterberg, K. *Organometallics* **1984**, *3*, 679.
176. Åkermark, B.; Zetterberg, K.; Hansson, S.; Krakenberger, B.; Vitagliano, A. *J. Organomet. Chem.* **1987**, *335*, 133.
177. Åkermark, B.; Hansson, S.; Krakenberger, B.; Zetterberg, K.; Vitagliano, A. *Chem. Scr.* **1987**, *27*, 525.
178. Hayashi, T.; Kishi, K.; Yamamoto, A.; Ito, Y. *Tetrahedron Lett.* **1990**, *31*, 1743.
179. Pretot, R.; Pfaltz, A. *Angew. Chem. Int. Ed.* **1998**, *37*, 323.
180. Prat, M.; Ribas, J.; Morenomanas, M. *Tetrahedron* **1992**, *48*, 1695.
181. Vicart, N.; Gore, J.; Cazes, B. *Synlett* **1996**, 850.
182. Vicart, N.; Cazes, B.; Gore, J. *Tetrahedron Lett.* **1995**, *36*, 535.
183. Garrido, J. L.; Alonso, I.; Carretero, J. C. *J. Org. Chem.* **1998**, *63*, 9406.
184. Alonso, I.; Carretero, J. C.; Garrido, J. L.; Magro, V.; Pedregal, C. *J. Org. Chem.* **1997**, *62*, 5682.
185. Hayashi, T.; Kawatsura, M.; Uozumi, Y. *J. Am. Chem. Soc.* **1998**, *120*, 1681.
186. Watson, I. D. G.; Styler, S. A.; Yudin, A. K. *J. Am. Chem. Soc.* **2004**, *126*, 5086.
187. Watson, I. D. G.; Yudin, A. K. *J. Am. Chem. Soc.* **2005**, *127*, 17516.
188. Johns, A. M.; Liu, Z.; Hartwig, J. F. *Angew. Chem. Int. Ed.* **2007**, *46*, 7259.
189. Dubovyk, I.; Watson, I. D. G.; Yudin, A. K. *J. Am. Chem. Soc.* **2007**, *129*, 14172.
190. Lloyd-Jones, G. C.; Stephen, S. C. *Chem.—Eur. J.* **1998**, *4*, 2539.
191. Poli, G.; Scolastico, C. *Chemtracts* **1999**, *12*, 837.
192. Lloyd-Jones, G. C.; Stephen, S. C.; Murray, M.; Butts, C. P.; Vyskočil, Š.; Kočovský, P. *Chem.—Eur. J.* **2000**, *6*, 4348.
193. Brown, J. M.; Hulmes, D. I.; Guiry, P. J. *Tetrahedron* **1994**, *50*, 4493.
194. Ward, T. R. *Organometallics* **1996**, *15*, 2836.
195. Blochl, P. E.; Togni, A. *Organometallics* **1996**, *15*, 4125.
196. Pfaltz, A. *Acta Chem. Scand.* **1996**, *50*, 189.
197. Steinhagen, H.; Reggelin, M.; Helmchen, G. *Angew. Chem., Int. Ed. Engl.* **1997**, *36*, 2108.
198. Jonasson, C.; Kritikos, M.; Backvall, J. E.; Szabo, K. J. *Chem.—Eur. J.* **2000**, *6*, 432.
199. Evans, P. A.; Nelson, J. D. *J. Am. Chem. Soc.* **1998**, *120*, 5581.
200. Kondo, T.; Morisaki, Y.; Uenoyama, S.-y.; Wada, K.; Mitsudo, T.-a. *J. Am. Chem. Soc.* **1999**, *121*, 8657.
201. Fuji, K.; Kinoshita, N.; Tanaka, K.; Kawabata, T. *Chem. Commun.* **1999**, 2289.
202. Kanayama, T.; Yoshida, K.; Miyabe, H.; Kimachi, T.; Takemoto, Y. *J. Org. Chem.* **2003**, *68*, 6197.
203. Kanayama, T.; Yoshida, K.; Miyabe, H.; Takemoto, Y. *Angew. Chem. Int. Ed.* **2003**, *42*, 2054.
204. Lipowsky, G.; Helmchen, G. *Chem. Commun.* **2004**, 116.
205. Miyabe, H.; Yoshida, K.; Yamauchi, M.; Takemoto, Y. *J. Org. Chem.* **2005**, *70*, 2148.
206. Leitner, A.; Shekhar, S.; Pouy, M.; Hartwig, J. F. *J. Am. Chem. Soc.* **2005**, *127*, 15506.
207. Ashfeld, B. L.; Miller, K. A.; Martin, S. F. *Org. Lett.* **2004**, *6*, 1321.
208. Plietker, B. *Angew. Chem. Int. Ed.* **2006**, *45*, 1469.
209. Ashfeld, B. L.; Miller, K. A.; Smith, A. J.; Tran, K.; Martin, S. F. *J. Org. Chem.* **2007**, *72*, 9018.
210. Sesay, S. J.; Williams, J. M. J. *Adv. Asym. Synth.* **1998**, *3*, 235.
211. Knuhl, G.; Sennhenn, P.; Helmchen, G. *J. Chem. Soc., Chem. Commun.* **1995**, 1845.
212. 配向性置換基の初期の例としては以下を参照：Hayashi, T.; Kanehira, K.; Tsuchiya, H.; Kumada, M. *J. Chem. Soc., Chem. Commun.* **1982**, 1162.
213. Koch, G.; Lloyd-Jones, G. C.; Loiseleur, O.; Pfaltz, A.; Pretot, R.; Schaffner, S.; Schnider, P.; Vonmatt, P. *Recl. Trav. Chim. Pays-Bas* **1995**, *114*, 206.
214. Helmchen, G.; Pfaltz, A. *Acc. Chem. Res.* **2000**, *33*, 336.
215. Pàmies, O.; Diéguez, M.; Claver, C. *J. Am. Chem. Soc.* **2005**, *127*, 3646.
216. Leitner, A.; Shekhar, S.; Pouy, M. P.; Hartwig, J. F. *J. Am. Chem. Soc.* **2005**, *127*, 15506.
217. Feringa, B. L. *Acc. Chem. Res.* **2000**, *33*, 346.
218. Alexakis, A.; Vastra, J.; Burton, J.; Benhaim, C.; Mangeney, P. *Tetrahedron Lett.* **1998**, *39*, 7869.
219. Alexakis, A.; Burton, J.; Vastra, J.; Benhaim, C.; Fournioux, X.; Van den Heuvel, A.; Leveque, J.-M.; Maze, F.; Rosset, S. Eur. *J. Org. Chem.* **2000**, 4011.
220. Streiff, S.; Welter, C.; Schelwies, M.; Lipowsky, G.; Miller, N.; Helmchen, G. *Chem. Commun.* **2005**, 2957.
221. Weihofen, R.; Dahnz, A.; Tverskoy, O.; Helmchen, G. N. *Chem. Commun.* **2005**, 3541.
222. Mbaye, M. D.; Renaud, J.-L.; Demerseman, B.; Bruneau, C. *Chem. Commun.* **2004**, 1870.
223. Trost, B. M.; Krueger, A. C.; Bunt, R. C.; Zambrano, J. *J. Am. Chem. Soc.* **1996**, *118*, 6520.
224. Trost, B. M.; Breit, B.; Peukert, S.; Zambrano, J.; Ziller, J. W. *Angew. Chem., Int. Ed. Engl.* **1995**, *34*, 2386.
225. Wiese, B.; Helmchen, G. *Tetrahedron Lett.* **1998**, *39*, 5727.
226. Trost, B. M.; Tenaglia, A. *Tetrahedron Lett.* **1988**, *29*, 2931.
227. Trost, B. M.; McEachern, E. J. *J. Am. Chem. Soc.* **1999**, *121*, 8649.
228. Trost, B. M.; Horne, D. B.; Woltering, M. J. *Angew. Chem. Int. Ed.* **2003**, *42*, 5987.
229. Trost, B. M.; Lee, C. B. *J. Am. Chem. Soc.* **2001**, *123*, 3687.
230. Trost, B. M.; Lee, C. B. *J. Am. Chem. Soc.* **1998**, *120*, 6818.
231. Trost, B. M.; Lee, C. B. *J. Am. Chem. Soc.* **2001**, *123*, 12191.
232. Hayashi, T.; Okada, A.; Suzuka, T.; Kawatsura, M. *Org. Lett.* **2003**, *5*, 1713.
233. Pouy, M. J.; Leitner, A.; Weix, D. J.; Ueno, S.; Hartwig, J. F. *Org. Lett.* **2007**, *9*, 3949.
234. Ueno, S.; Hartwig, J. F. *Angew. Chem. Int. Ed.* **2008**, *47*, 1928.
235. Stanley, L. M.; Hartwig, J. F. *J. Am. Chem. Soc.* **2009**, *131*, 8971.
236. Trost, B. M.; Bunt, R. C. *J. Am. Chem. Soc.* **1994**, *116*, 4089.
237. Kudis, S.; Helmchen, G. *Angew. Chem. Int. Ed.* **1998**, *37*, 3047.
238. Evans, D. A.; Campos, K. R.; Tedrow, J. S.; Michael, F. E.; Gagne, M. R. *J. Am. Chem. Soc.* **2000**, *122*, 7905.
239. Trost, B. M.; Lee, C. B. In *Catalytic Asymmetric Synthesis*; 2nd ed.; Ojima, I., Ed.; Wiley-VCH: New York, 2000; p 503.
240. Trost, B. M.; Dudash, J.; Dirat, O. *Chem.—Eur. J.* **2002**, *8*, 259.
241. Trost, B. M.; Dirat, O.; Dudash, J.; E.J., H. *Angew. Chem. Int. Ed.* **2001**, *40*, 3658.

242. Trost, B. M.; Shi, Z. *J. Am. Chem. Soc.* **1996**, *118*, 3037.
243. Vedejs, E.; Jure, M. *Angew. Chem. Int. Ed.* **2005**, *44*, 3974.
244. Keith, J. M.; Larrow, J. F.; Jacobsen, E. N. *Adv. Synth. Catal.* **2001**, *343*, 5.
245. Trost, B. M.; Hembre, E. J. *Tetrahedron Lett.* **1999**, *40*, 219.
246. Trost, B. M.; Radinov, R.; Grenzer, E. M. *J. Am. Chem. Soc.* **1997**, *119*, 7879.
247. Trost, B. M.; Ariza, X. *Angew. Chem., Int. Ed. Engl.* **1997**, *36*, 2635.
248. Sawamura, M.; Sudoh, M.; Ito, Y. *J. Am. Chem. Soc.* **1996**, *118*, 3309.
249. Kuwano, R.; Ito, Y. *J. Am. Chem. Soc.* **1999**, *121*, 3236.
250. Trost, B. M.; Ariza, X. *Angew. Chem., Int. Ed. Engl.* **1997**, *36*, 2635.
251. Behenna, D. C.; Stoltz, B. M. *J. Am. Chem. Soc.* **2004**, *126*, 15044.
252. Burger, E. C.; Tunge, J. A. *Org. Lett.* **2004**, *6*, 4113.
253. Burger, E. C.; Tunge, J. A. *Org. Lett.* **2004**, *6*, 2603.
254. Burger, E. C.; Tunge, J. A. *Chem. Commun.* **2005**, 2835.
255. Mohr, J. T.; Behenna, D. C.; Harned, A. M.; Stoltz, B. M. *Angew. Chem. Int. Ed.* **2005**, *44*, 6924.
256. Trost, B. M.; Xu, J. Y. *J. Am. Chem. Soc.* **2005**, *127*, 2846.
257. Trost, B. M.; Xu, J. Y. *J. Am. Chem. Soc.* **2005**, *127*, 17180.
258. Trost, B. M.; Bream, R. N.; Xu, J. *Angew. Chem. Int. Ed.* **2006**, *45*, 3109.
259. Mellegaard-Waetzig, S. R.; Rayabarapu, D. K.; Tunge, J. A. *Synlett* **2005**, 2759.
260. Singh, O. V.; Han, H. *J. Am. Chem. Soc.* **2007**, *129*, 774.
261. Magid, R. M. *Tetrahedron* **1980**, *36*, 1901.
262. Lipshutz, B. H.; Sengupta, S. *Org. React.* **1992**, *41*, 135.
263. Karlstrom, A. S. E.; Bäckvall, J. E. In *Modern Organocopper Chemistry*; Krause, N., Ed.; Wiley-VCH: Weinheim, 2002; p 259.
264. Kar, A.; Argade, N. P. *Synthesis* **2005**, 2995.
265. Alexakis, A.; Malan, C.; Lea, L.; Tissot-Croset, K.; Polet, D.; Falciola, C. *Chimia* **2006**, *60*, 124.
266. Alexakis, A.; Bäckvall, J. E.; Krause, N.; Pàmies, O.; Diéguez, M. *Chem. Rev.* **2008**, *108*, 2796.
267. Harutyunyan, S. R.; den Hartog, T.; Geurts, K.; Minnaard, A. J.; Feringa, B. L. *Chem. Rev.* **2008**, *108*, 2824.
268. Falciola, C. A.; Alexakis, A. *Eur. J. Org. Chem.* **2008**, 3765.
269. Yorimitsu, H.; Oshima, K. *Angew. Chem. Int. Ed.* **2005**, *44*, 4435.
270. Goering, H. L.; Kantner, S. S. *J. Org. Chem.* **1984**, *49*, 422.
271. Goering, H. L.; Singleton, V. D. *J. Am. Chem. Soc.* **1976**, *98*, 7854.
272. Corey, E. J.; Boaz, N. W. *Tetrahedron Lett.* **1984**, *25*, 3063.
273. Gallina, C.; Ciattini, P. G. *J. Am. Chem. Soc.* **1979**, *101*, 1035.
274. Calò, V.; Lopez, L.; Carlucci, W. F. *J. Chem. Soc., Perkin Trans. 1* **1983**, 2953.
275. Greene, A. E.; Coelho, F.; Deprés, J.-P.; Brocksom, T. J. *Tetrahedron Lett.* **1988**, *29*, 5661.
276. Breit, B.; Demel, P. *Adv. Synth. Catal.* **2001**, *343*, 429.
277. Breit, B.; Herber, C. *Angew. Chem. Int. Ed.* **2004**, *43*, 3790.
278. Goering, H. L.; Singleton, V. D. *J. Org. Chem.* **1983**, *48*, 1531.
279. Chapleo, C. B.; Finch, A. W.; Lee, T. V.; Roberts, S. M. *J. Chem. Soc., Chem. Commun.* **1979**, 676.
280. Rona, P.; Tökes, L.; Tremble, J.; Crabbé, P. *J. Chem. Soc., Chem. Commun.* **1969**, 43.
281. Fouquet, G.; Schlosser, M. *Angew. Chem., Int. Ed. Engl.* **1974**, *13*, 82.
282. Persson, E. S. M.; van Klaveren, M.; Grove, D. M.; Bäckvall, J. E.; van Koten, G. *Chem.—Eur. J.* **1995**, *1*, 351.
283. Yamanaka, M.; Kato, S.; Nakamura, E. *J. Am. Chem. Soc.* **2004**, *126*, 6287.
284. Yoshikai, N.; Zhang, S.-L.; Nakamura, E. *J. Am. Chem. Soc.* **2008**, *130*, 12862.
285. Bartholomew, E. R.; Bertz, S. H.; Cope, S.; Murphy, M.; Ogle, C. A. *J. Am. Chem. Soc.* **2008**, *130*, 11244.
286. van Klaveren, M.; Persson, E. S. M.; del Villar, A.; Grove, D. M.; Bäckvall, J. E.; van Koten, G. *Tetrahedron Lett.* **1995**, *36*, 3059.
287. Dübner, F.; Knochel, P. *Angew. Chem. Int. Ed.* **1999**, *38*, 379.
288. Dübner, F.; Knochel, P. *Tetrahedron Lett.* **2000**, *41*, 9233.
289. Badalassi, F.; Crotti, P.; Macchia, F.; Pineschi, M.; Arnold, A.; Feringa, B. L. *Tetrahedron Lett.* **1998**, *39*, 7795.
290. Shi, W.-J.; Wang, L.-X.; Fu, Y.; Zhu, S.-F.; Zhou, Q.-L. *Tetrahedron: Asymmetry* **2003**, *14*, 3867.
291. van Zijl, A. W.; Arnold, L. A.; Minnaard, A. J.; Feringa, B. L. *Adv. Synth. Catal.* **2004**, *346*, 413.
292. Goldsmith, P. J.; Teat, S. J.; Woodward, S. *Angew. Chem. Int. Ed.* **2005**, *44*, 2235.
293. Börner, C.; Gimeno, J.; Gladiali, S.; Goldsmith, P. J.; Ramazzotti, D.; Woodward, S. *Chem. Commun.* **2000**, 2433.
294. Kacprzynski, M. A.; Hoveyda, A. H. *J. Am. Chem. Soc.* **2004**, *126*, 10676.
295. Luchaco-Cullis, C. A.; Mizutani, H.; Murphy, K. E.; Hoveyda, A. H. *Angew. Chem. Int. Ed.* **2001**, *40*, 1456.
296. Murphy, K. E.; Hoveyda, A. H. *J. Am. Chem. Soc.* **2003**, *125*, 4690.
297. Murphy, K. E.; Hoveyda, A. H. *Org. Lett.* **2005**, *7*, 1255.
298. Larsen, A. O.; Leu, W.; Oberhuber, C. N.; Campbell, J. E.; Hoveyda, A. H. *J. Am. Chem. Soc.* **2004**, *126*, 11130.
299. Van Veldhuizen, J. J.; Campbell, J. E.; Giudici, R. E.; Hoveyda, A. H. *J. Am. Chem. Soc.* **2005**, *127*, 6877.
300. Kacprzynski, M. A.; May, T. L.; Kazane, S. A.; Hoveyda, A. H. *Angew. Chem. Int. Ed.* **2007**, *46*, 4554.
301. Piarulli, U.; Daubos, P.; Claverie, C.; Roux, M.; Gennari, C. *Angew. Chem. Int. Ed.* **2003**, *42*, 234.
302. Piarulli, U.; Claverie, C.; Daubos, P.; Gennari, C.; Minnaard, A. J.; Feringa, B. L. *Org. Lett.* **2003**, *5*, 4493.
303. Piarulli, U.; Daubos, P.; Claverie, C.; Monti, C.; Gennari, C. *Eur. J. Org. Chem.* **2005**, 895.
304. Karlstrom, A. S. E.; Huerta, F. F.; Meuzelaar, G. J.; Bäckvall, J.-E. *Synlett* **2001**, 923.
305. Cotton, H. K.; Norinder, J.; Bäckvall, J.-E. *Tetrahedron* **2006**, *62*, 5632.
306. Tominaga, S.; Oi, Y.; Kato, T.; An, D. K.; Okamoto, S. *Tetrahedron Lett.* **2004**, *45*, 5585.
307. Alexakis, A.; Malan, C.; Lea, L.; Benhaim, C.; Fournioux, X. *Synlett* **2001**, 927.
308. Alexakis, A.; Croset, K. *Org. Lett.* **2002**, *4*, 4147.
309. Tissot-Croset, K.; Polet, D.; Alexakis, A. *Angew. Chem. Int. Ed.* **2004**, *43*, 2426.
310. López, F.; van Zijl, A. W.; Minnaard, A. J.; Feringa, B. L. *Chem. Commun.* **2006**, 409.
311. Falciola, C. A.; Tissot-Croset, K.; Alexakis, A. *Angew. Chem. Int. Ed.* **2006**, *45*, 5995.
312. Geurts, K.; Fletcher, S. P.; Feringa, B. L. *J. Am. Chem. Soc.* **2006**, *128*, 15572.
313. Gillingham, D. G.; Hoveyda, A. H. *Angew. Chem. Int. Ed.* **2007**, *46*, 3860.
314. Lee, Y.; Akiyama, K.; Gillingham, D. G.; Brown, M. K.; Hoveyda, A. H. *J. Am. Chem. Soc.* **2008**, *130*, 446.
315. Ito, H.; Ito, S.; Sasaki, Y.; Matsuura, K.; Sawamura, M. *J. Am. Chem. Soc.* **2007**, *129*, 14856.
316. Equey, O.; Alexakis, A. *Tetrahedron: Asymmetry* **2004**, *15*, 1531.

317. Millet, R.; Alexakis, A. *Synlett* **2007**, 435.
318. Pineschi, M.; Del Moro, F.; Crotti, P.; Di Bussolo, V.; Macchia, F. *Synthesis* **2005**, 334.
319. Bertozzi, F.; Pineschi, M.; Macchia, F.; Arnold, L. A.; Minnaard, A. J.; Feringa, B. L. *Org. Lett.* **2002**, *4*, 2703.
320. Zhang, W.; Wang, L.-X.; Shi, W.-J.; Zhou, Q.-L. *J. Org. Chem.* **2005**, *70*, 3734.
321. Pineschi, M.; Del Moro, F.; Crotti, P.; Macchia, F. *Org. Lett.* **2005**, 7, 3605.
322. Bournaud, C.; Falciola, C.; Lecourt, T.; Rosset, S.; Alexakis, A.; Micouin, L. *Org. Lett.* **2006**, *8*, 3581.
323. Palais, L.; Mikhel, I. S.; Bournaud, C.; Micouin, L.; Falciola, C. A.; Vuagnoux-d'Augustin, M.; Rosset, S.; Bernardinelli, G.; Alexakis, A. *Angew. Chem. Int. Ed.* **2007**, *46*, 7462.

オレフィンメタセシス反応および アルキンメタセシス反応

21

21・1 はじめに

21・1・1 炭素－炭素多重結合の触媒的メタセシス反応の概要

オレフィンメタセシス反応（olefin metathesis）は，炭素－炭素二重結合を切断して組替えることで，新たな炭素－炭素二重結合をもつ生成物を生じる反応である．この反応は触媒が必要であり，概して熱力学的に制御される（式 21.1）．また，**アルキンメタセシス反応**（alkyne metathesis）では，炭素－炭素三重結合が切断され組替えられることで，新たな炭素－炭素三重結合をもつ化合物が得られる（式 21.2）．これらの触媒反応が強固な炭素－炭

$$2\ R^1R^1C{=}CR^2R^2 \xrightleftharpoons{\text{触媒}} R^1R^1C{=}CR^1R^1 + R^2R^2C{=}CR^2R^2 \tag{21.1}$$

$$2\ R^1{-}C{\equiv}C{-}R^2 \xrightleftharpoons{\text{触媒}} R^1{-}C{\equiv}C{-}R^1 + R^2{-}C{\equiv}C{-}R^2 \tag{21.2}$$

素多重結合を完全に切断して進行することは，発見当初は驚くべきこととしてとらえられていたが，今ではさまざまな遷移金属錯体によりこれらの触媒反応が迅速に進むことがわかってきた．この反応が平衡によって支配されることから，その利用が限られていると考えるかもしれないが，実際にはオレフィンメタセシス反応は遷移金属触媒反応のなかで最も有用な反応の一つとなっている．

オレフィンメタセシス反応は 1950 年代に発見され，当時は不均一系触媒を用いて行われていた．発見当初はおもにその炭素－炭素結合が切断される機構について研究されていたが，現在では構造が明確で，かつさまざまな官能基の存在下で利用可能な均一系触媒が開発されてきている．その結果，オレフィンメタセシス反応の正しい機構を最初に提案した Yves Chauvin と，高活性な錯体触媒を開発した Robert Grubbs，Richard Schrock にノーベル賞が授与されている．オレフィンおよびアルキンメタセシス反応については，多くの総説[1)～6)]や書籍[7)～9)]が出版されており，特に 3 巻からなる解説書 “Handbook of Metathesis”[9)]に最も詳しく記述されている．本章では，メタセシス反応の種類や，広く用いられている触媒，古典的あるいは最近の応用例，反応機構に関する知見について述べる．

21・1・2 メタセシス反応の種類

オレフィンメタセシス反応に関しては，スキーム 21・1 に示した 6 種類の反応が最も詳しく研究されてきた．また，アルキンを用いたメタセシス反応も開発されている．これらの 6 種のメタセシス反応については以下の節で詳しく述べるので，ここでは簡潔に紹介する．

スキーム 21・1 の 1 番目に示した反応は，アルケン同士の単純な平衡反応であり，分子量分布の広いアルケンの混合物を生成するものである．このオレフィンメタセシス反応は，汎用化学製品の大量生産に用いられている．このように平衡状態にしたアルケン混合物から，

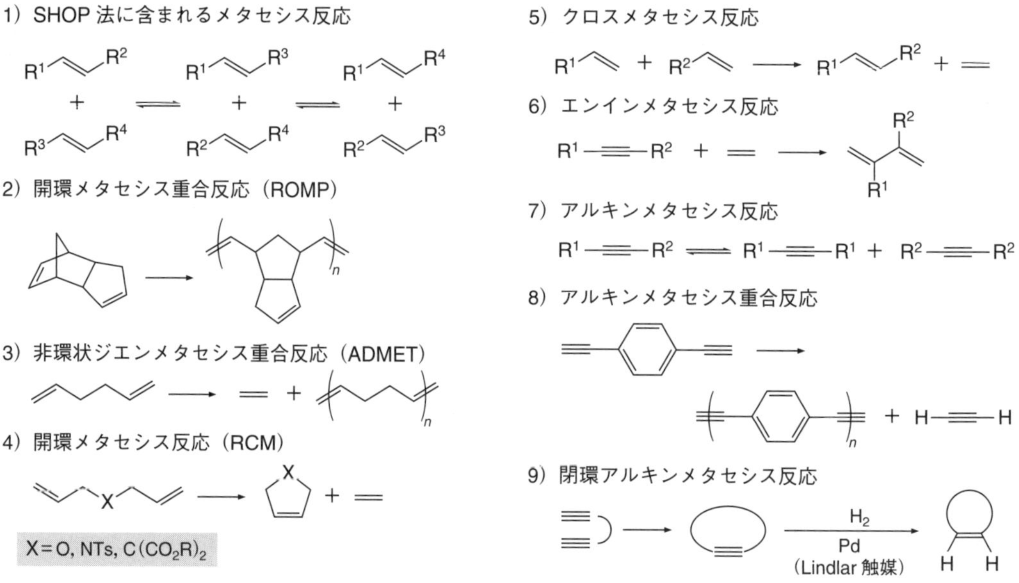

1）SHOP 法に含まれるメタセシス反応
2）開環メタセシス重合反応（ROMP）
3）非環状ジエンメタセシス重合反応（ADMET）
4）開環メタセシス反応（RCM）
X＝O, NTs, C(CO_2R)$_2$
5）クロスメタセシス反応
6）エンインメタセシス反応
7）アルキンメタセシス反応
8）アルキンメタセシス重合反応
9）閉環アルキンメタセシス反応
H_2, Pd（Lindlar 触媒）

スキーム 21・1

目的の分子量の化合物だけを蒸留して得るという方法は，**SHOP 法**（Shell higher olefin process）の一部として利用されている[8]．SHOP 法の概要をスキーム 21・2 に示した(訳註 1)．このプロセスでは，まずエチレンのオリゴマー化反応によってアルケンを合成し，これを用いてオレフィンメタセシス反応を行っている．また，同様のアルケンの平衡を利用するとプロピレンから 2-ブテンを合成でき[10)〜12)]，このプロセスもオレフィンメタセシス反応の古典的な利用例として知られている．

訳注 1：22 章（§22･9･1a）に全体像の説明があるので参照されたい．

スキーム 21・2

アルカン → クラッキング → Ni 触媒 オリゴマー化 → オレフィンメタセシス反応 もしくは 異性化＋オレフィンメタセシス反応 → ＋その他 → $Co_2(CO)_8$, H_2, CO 異性化＋ヒドロホルミル化＋還元 → OH ＋その他

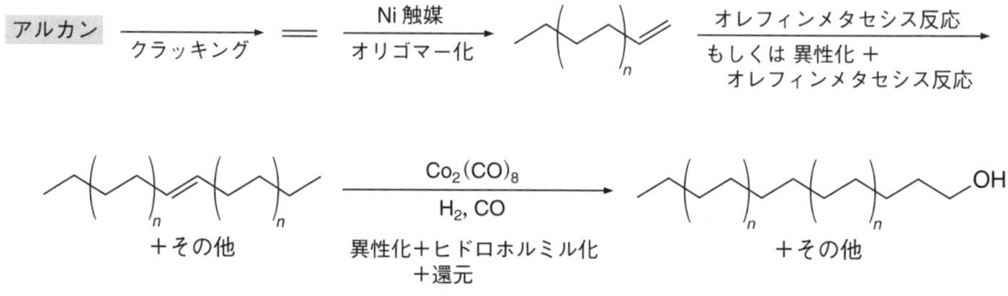

スキーム 21・1 の 2 番目の反応は，**開環メタセシス重合反応**（ring-opening metathesis polymerization, ROMP）である[13]．この反応では形式的に，ひずみのかかった環状オレフィンの炭素−炭素二重結合を切断して，モノマー間で新たな炭素−炭素二重結合を形成することでポリマーが生成する．このプロセスを利用して，シクロオクテンからは Vestenamer® が，ノルボルネンからは Norsorex® が，またジシクロペンタジエンからは Metton® や Telene® が生産されている．また，スキーム 21・1 に示したジシクロペンタジエン由来の ROMP 生成物などのように，側鎖にオレフィン部位をもつポリマーは，この部位を架橋することでエラストマー(訳註 2)の前駆体として研究されている．

訳注 2：弾力性のある高分子性の工業材料のこと．代表例として加硫ゴムなど．

スキーム 21・1 の 3 番目の反応は，**非環状ジエンメタセシス重合反応**（acyclic diene metathesis polymerization, ADMET）である[14),15)]．この反応もオレフィン同士をつなぎ合わせてポリマーを得る方法の一つであるが，この場合にはエチレンを放出しながらジエン同士を連結している．ADMET は，ROMP と比較して分子量の制御が困難な手法であるが，明

確な構造をもつポリマーの合成に用いられている．たとえば，エチレンとプロピレンの完全交互共重合体の構造を得ることが可能である[16]．

スキーム 21・1 の 4 番目の反応は，**閉環メタセシス反応**（ring-closing metathesis, RCM）である．RCM は現在では複雑な有機化合物の合成にも広く利用される反応となっている[6]．また，この反応では一つの分子から二つの分子を生成するため，エントロピーの観点から熱力学的に有利となっている．さらに，エチレンを気体として反応系から追い出して平衡を生成物側に片寄らせるために，しばしば開放系で反応が行われる．RCM は 5 員環や 6 員環の構築に特に有効であるが，天然有機化合物や医薬品候補化合物に含まれる大員環の形成にも用いられている．

スキーム 21・1 の 5 番目の反応は，**クロスメタセシス反応**（cross metathesis）である．選択的なクロスメタセシス反応に関しては，現在活発に開発研究が行われている[17]．エチレンの放出をクロスメタセシス反応の駆動力として利用することが多い．スキーム 21・1 の 1 番目の反応に示したように，クロスメタセシス反応においてはオレフィンの統計的な平衡混合物が得られるはずである．しかし，嵩高いカルベン錯体は立体障害の小さいオレフィンと，電子豊富なカルベン錯体は電子不足オレフィンと反応しやすいといった速度論的な傾向を利用して，数あるホモおよびクロスメタセシス反応生成物から一つのオレフィンを選択的に得ることも可能である．

オレフィン同士のメタセシス反応に加えて，オレフィンとアルキン，あるいはアルキン同士のメタセシス反応も合成上有用な反応となっている．オレフィンとアルキンの間でのメタセシス反応は**エンインメタセシス反応**（enyne metathesis）[18] として知られており，これはスキーム 21・1 に示したアルケンのかかわるメタセシス反応の 6 番目のものである．この反応は，オレフィンとアルキンから一つのジエンを与える．この反応では，形式的に，アルキンの π 結合が一つ失われて炭素－炭素単結合が生成しているので，熱力学的に有利な反応となっている．

アルケンと同様に，アルキンもクロスメタセシス反応や閉環メタセシス反応に利用可能であり，それらの反応はスキーム 21・1 の最後の式 7)～9）に示してある．分子間のアルキンメタセシス反応は共役ポリマーの合成法[19,20] として検討されており，閉環メタセシス反応は天然物合成に利用されている．アルキンは直線状の構造をもつため，閉環アルキンメタセシス反応では大員環化合物を生成しなくてはならない．しかし，この反応は続く水素化反応と併せて用いることで，*Z*-オレフィン部位をもつ大員環の構築法となっている[21]．

21・2 オレフィンメタセシス反応

21・2・1 オレフィンメタセシス触媒の概要

オレフィンメタセシス反応に用いる重要な触媒の例を図 21・1 に示す．このうちの一部は，金属－配位子間に多重結合をもつ錯体について述べた 13 章においてすでに紹介している．オレフィンメタセシス反応を触媒するモリブデンやタングステンの錯体は，Schrock によっておもに開発されており[1]，図 21・1(a) に示したモリブデン錯体は Schrock 触媒とよばれるものである．図 21・1(b)，(c) のルテニウム触媒は，それぞれ第一世代，第二世代 Grubbs 触媒として知られている[22,23]．(d) の錯体は Grubbs 触媒からホスフィン配位子を一つ除いた形に改良したものであり，Hoveyda-Grubbs 触媒ともよばれている[24]．また，これと関連したカチオン性触媒は Hofmann らによって開発された[25]．

Hoveyda-Grubbs 触媒はもともと，触媒の回収・再利用を目的として設計されたものであったが，さまざまな要因により多くのオレフィンメタセシス反応で有効であることが示さ

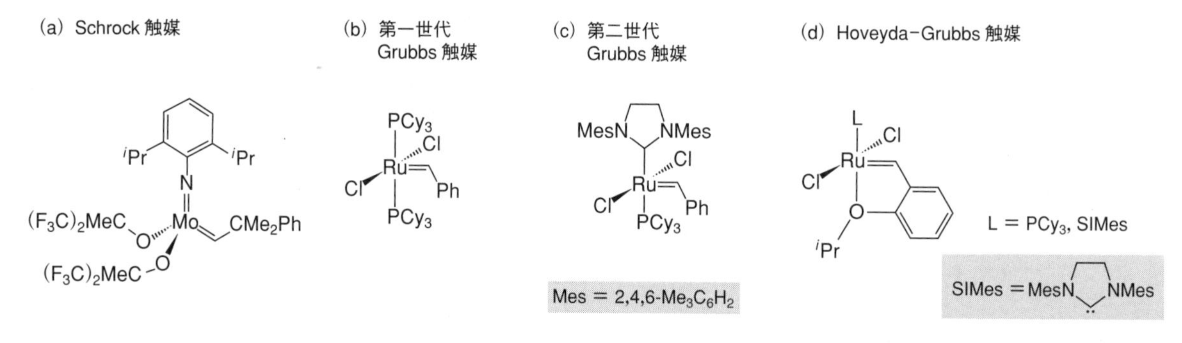

図 21・1　一般的なオレフィンメタセシス触媒

れてきた．たとえば，この触媒にはホスフィン配位子がないため，後述する，中間体として存在するメチレン錯体へのホスフィンの求核攻撃による触媒の失活が起こらない．また，Hoveyda-Grubbs 触媒は，その他のルテニウムメタセシス触媒より熱的に安定であるため，より高温での反応にも有効である．これらの理由により，Hoveyda-Grubbs 型の触媒については，Blechert，Grela などいくつかの研究グループによってさらなる触媒の改良が重ねられ，反応によっては元の触媒の活性を凌駕するものも開発されている．

閉環メタセシスによる 5 員環形成反応において，Hoveyda-Grubbs 型触媒の反応速度を比較した結果を図 21・2 に示す．Blechert はアルコキシ基のオルト位にアリール基を導入すると，金属とアルコキシ基の間の結合が不安定化され反応開始速度を高めることで，高い触媒活性が得られることを示している[26),27)]．また，Grela は電子求引性のニトロ基をアリール基上に導入することで，同様に Ru－O 結合を不安定化し高活性な触媒を開発している[28),29)]．しかしイソプロポキシ基のオルト位置換基による立体効果とニトロ基の電子的効果の両方を共存させると，触媒活性の低下がみられるが，これは触媒の失活が促進されたためと考えられている．

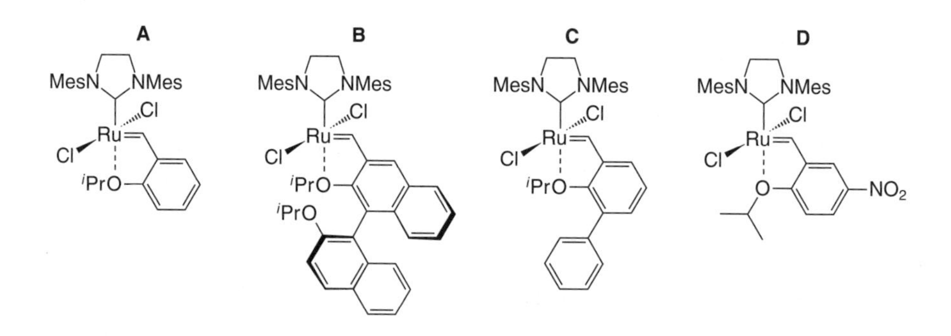

図 21・2　Hoveyda-Grubbs 触媒の相対的な活性（**A** から **D** にいくにつれて RCM 活性は上昇する）

Schrock 型メタセシス触媒の失活は，2 分子の触媒が会合し架橋構造が形成されることで起こると考えられている．そのため，触媒を固体表面上に距離をおいて固定し，触媒間の相互作用が起こらない状態をつくることで，触媒の活性や寿命を向上させることができると考えられる．そこで，Schrock，Coperet，Basset は，Schrock 型のモリブデンやタングステンの触媒を，部分的に脱水したシリカ担体上に担持することで，高活性の触媒を得ることに成功している[30)～34)]．この高い活性は，孤立した触媒活性点と担持触媒の非対称な構造に起因している．

この担持触媒の調製法を式 21.3a に示す．部分的に脱水されたシリカ担体を Schrock 型タングステン触媒のペンタン溶液と反応させると，シリカ表面上にある酸性の水酸基がアルキ

$SiO_{2\text{-}(700)}$
表面上のシラノール

ペンタン，4 時間，25 ℃

$^tBuCH_3$

(21.3a)

ル基をプロトン化しシロキシドにより担持された触媒が生成する．同様に，部分的に脱水されたシリカ担体を二つのピロリル配位子をもつ Schrock 型モリブデン触媒の溶液と反応させると，触媒当たり 1 分子のピロールが脱離することで，モリブデン上に一つのピロリル配位子，イミド配位子，カルベン配位子に加え（式 21.3b），シロキシドが結合した触媒が生じる．この担持モリブデン触媒は均一系錯体触媒と比較して，オレイン酸メチルの自己メタセシス反応において 10 倍の触媒回転頻度を示すことが確認されている[31]．

$SiO_{2\text{-}(700)}$
表面上のシラノール

ベンゼン，2 時間，25 ℃

R_2NH

R′ = Me, Ph
R_2N = ピロリル

(21.3b)

このように担持型モリブデン触媒が高い反応速度を示したのは，触媒活性部位が孤立していることも要因として考えられるが，担持によって触媒の対称性が崩れることで，カルベン錯体とメタラサイクル中間体の電子的要請が程よく調節され，[2+2]付加反応およびその逆反応の障壁が低くなっていることも量子化学計算によって示されている[35]．

21・2・2　オレフィンメタセシス反応の歴史

Grubbs らの総説[23]をもとにして作成したオレフィンメタセシス反応開発の流れを図 21・3 に示す．オレフィンメタセシス反応には 50 年以上の歴史があり[10)〜12),36)]，開発当初は構

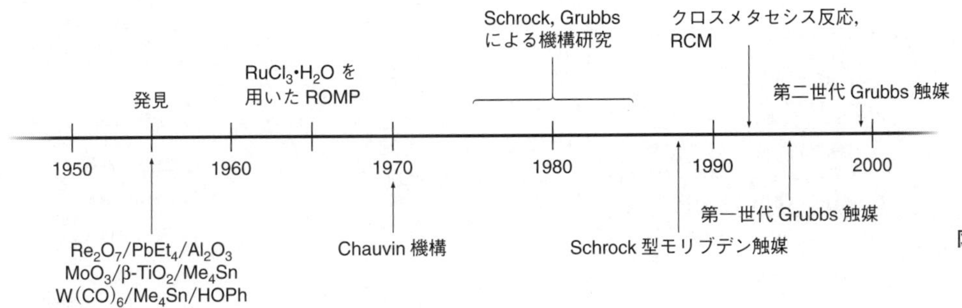

図 21・3　オレフィンメタセシス反応に関する研究の流れ（文献 23 をもとに作成）

造の不明確な触媒が用いられていた．たとえば，過レニウム酸塩と酸化アルミニウム[37),38)]にテトラエチル鉛[39)]を加えた触媒系や，β酸化チタン上に担持した酸化モリブデンにテトラメチルスズを添加した系[40)]，ニオブやケイ素の酸化物上に担持したタングステンフェノキシドをアルキルアルミニウム反応剤で活性化した系[41)]などがあげられる．これらの反応は高い反応温度を必要としていたが，触媒は比較的安価で寿命は長い．これらの触媒は，オレフィンメタセシス反応を用いた汎用化学品の生産に利用されてきた．

1960年代に入って開環メタセシス重合反応がまず開発されたが，触媒としては塩化ルテニウムが利用されていた[42)〜48)]．1970年代から80年代にかけては，Chauvin[49)]とKatz[50)]によって連続的[2+2]付加反応を含む反応機構が提唱された．また，Schrock[51),52)]，Casey[53)]，Grubbs[54),55)]らによって提唱された反応機構に従い，実際に[2+2]付加反応を起こすアルキリデン錯体が初めて合成された．これらの反応機構に関する知見は，明確な構造をもつ錯体を用いた改良型触媒の開発につながった．これらの錯体触媒はより穏和な条件において高活性を示し，場合によっては高い官能基許容性がみられるようになった．1980年代後半にはSchrock型モリブデン触媒[56)]が，また1990年代半ばには第一世代Grubbs触媒が開発された[57),58)]．1993年にはCroweによってSchrock触媒を用いたクロスメタセシス反応の初めての例が報告され[59),60)]，1990年代前半から半ばにかけてのFuとGrubbsの研究[6),61)]により，閉環メタセシス反応が有力な合成手法として認知されるようになった．閉環メタセシス反応の触媒にはまだ改善の余地があるものの，現在用いられている触媒の効率は十分高く，広範な合成的利用がなされている．

21・2・3　オレフィンメタセシス反応の機構

オレフィンメタセシス反応は，スキーム21・3の経路**A**に示すように，連続的な[2+2]付加環化反応とその逆反応を経て進行する．これらの[2+2]付加環化反応に関しては，金属−配位子多重結合について述べた13章で解説しており，その反応速度に対する配位子の組合わせの効果についても同章に記述しているので，ここではその機構について簡潔に述べる．[2+2]反応の段階に先立ち，カルベン錯体の中心金属上には空の配位座が必要である．まず，

スキーム 21・3

経路 A（現在では証明されている）

M=CHR + R′HC=CH2 ⇌ メタラシクロブタン ⇌ M=CH2 + RHC=CHR′ + シス体

M=CH2 + R′HC=CH2 ⇌ メタラシクロブタン ⇌ M=CHR′ + H2C=CH2

経路 B（最終的に除外されている）

RHC=CH2 / M / RHC=CH2 ⇌ RHC⋯CH2 / M / RHC⋯CH2 ⇌ RHC=CHR −M− (CH2=)2

経路 C（最終的に除外されている）

RHC=CH2 / M / RHC=CH2 ⇌ メタラシクロペンタン

RHC=CHR / M / H2C=CH2 ⇌ メタラシクロペンタン

⇌ R−(メタラシクロブタン)M=CH2

この空の配位座にオレフィンが配位してカルベン部位と[2+2]付加反応を起こし，メタラシクロブタン錯体が生成する．つづいて，これが逆[2+2]付加反応を起こすことで新たにオレフィンの配位したカルベン錯体が生成し，ここから新たに生じたオレフィンが解離する．

スキーム 21・4 にこの一連の反応を触媒サイクルとして示す．ここでは末端オレフィンが二量化して，エチレンを生成する機構を示したが，本章に示した他のオレフィンメタセシス反応も同様な機構により解釈できる．この機構ではまず開始段階で触媒として用いたカルベ

スキーム 21・4

(a) 開始 −L $H_2C=CH_2$ $L_nM=CH_2$

(b) 新たなオレフィンを生じない[2+2]付加反応（アルキリデン交換反応）

ン錯体がオレフィンと反応する．もともと金属上に空の配位座がない場合には配位子の解離を伴う．この開始段階に続いてもう 1 分子のオレフィンと［2+2]付加環化反応を起こし，メタラシクロブタン種が生成する．このとき，反応するオレフィンの向きによって，スキーム 21・4(a) に示したように続く逆反応で新たなオレフィンが生成する場合と，(b) に示したように原料のオレフィンが再生する場合がある．後者の反応では，メタラシクロブタン上の二つの置換基の位置が 1 位と 3 位の関係となり離れているため，しばしば前者よりも速く起こる．触媒サイクル中に示したようにメタラシクロブタン中間体は逆[2+2]付加反応により新たなオレフィンとメチリデン錯体を生じる．このメチリデン錯体が基質であるオレフィンと再度反応すると，エチレンとともに最初のアルキリデン錯体が生成する．

現在ではオレフィンメタセシス反応が上記の機構で進行することが広く受け入れられているが，発見当初はその機構は明らかではなかった．“pairwise” 機構と “non-pairwise” 機構という二つの機構のいずれが正しいかを明らかにするため，緻密に設計された多くの実験が報告された．スキーム 21・3 の経路 **A** は，基質であるオレフィンの半分しか含まない金属錯体とオレフィンの反応によって進行するため，“non-pairwise” 機構に相当する．一方，経路 **B** と **C** は，二つのオレフィンがともに金属上の配位圏内に存在しているため，“pairwise” 機構である．これらの機構を区別する実験結果が，Grubbs[54),55)]，Casey[53),62)]，Katz[50),63)〜65)]らによって報告された．

スキーム 21・5 に示した Katz らの結果は，最もわかりやすい結果であろう．(a) に示した実験は，2-ブテンと 4-オクテンを用いてシクロオクテンを開環するというものである．鎖状のオレフィン同士のメタセシス反応が起こらない状況においては，“pairwise” 機構に従うと，シクロオクテン由来の生成物は炭素数 12 と 16 のものしか得られないはずである．この実験は，開環した生成物がゆっくりとメタセシス反応を起こすことや，2-ブテンと 4-オクテンとのメタセシス反応によりやや複雑となるが，反応初期段階における生成物の比率を外挿することにより，炭素数 14 の生成物が反応初期から生成しているのか，あるいは炭素数 12 と 16 の生成物のみがまず生成しているのかを知ることができる．実際に外挿結果から炭素数 14 の生成物は反応初期から存在していることが示されたため，“pairwise” 機構は否定された．また，(b) の実験はより明確な結果を与えている．この実験の生成物は反応不

(a)

+ $CH_3CH{=}CHCH_3$ + $C_3H_7CH{=}CHC_3H_7$ ⟶

C_4　　C_8

pairwise 機構の場合，反応初期には C_{12} および C_{16} 生成物のみが得られる．

non-pairwise 機構の場合，反応初期にはすべての生成物が得られる

=CHCH3 / =CHCH3 (C_{12}) + =CHCH3 / =CHC3H7 (C_{14}) + =CHC3H7 / =CHC3H7 (C_{16}) + $CH_3CH{=}CHC_3H_7$ (C_6)

(b)

=CD2 / =CD2 + =CH2 / =CH2 ⟶ + $CH_2{=}CH_2$ + $CD_2{=}CD_2$ + $CH_2{=}CD_2$

エチレンのすべての同位体異性体が観測された

R = D または
R = H

スキーム 21・5

活性な環状化合物とエチレンである．本実験では，環状生成物が安定であることと，触媒がエチレンに対して反応不活性であることから，生成物がさらにメタセシス反応を起こすことを考慮しなくてよい．この反応では実際に C_2H_4 と $C_2H_2D_2$，C_2D_4 が 1：2：1 の比で生成しており，この結果は “non-pairwise” 機構で考えた場合に予想される結果とよく合致しているが，“pairwise” 機構では説明できないものである．

21・2・4　触媒の失活

オレフィンメタセシス反応に用いられるルテニウム触媒は，簡便に利用できてかつ官能基許容性も高いため，広く合成に用いられてきているが，しばしば多量の触媒量が必要になることがある．そのため，これらの触媒の失活経路を解明し，新たな長寿命触媒設計に活かす研究が進められてきた．式 21.4a～式 21.4c には，触媒失活につながる経路を 3 種類示した．

Cl, Ru=CH2, Cl, PCy3 ―(0.023 M ベンゼン 55 ℃)→ Mes, Ru, H, C≡Ru, Cl, Cl, Cl, Mes + $[CH_3PCy_3]Cl$　(21.4 a)

Grubbs らは第二世代触媒のみをベンゼン中で加熱するだけで，架橋カルビド錯体が生成することを見いだした（式 21.4a）．この錯体の生成機構は明らかとはなっていない．しかし，解離したホスフィンがメチリデン配位子へ攻撃することで生じた形式的に 12 電子配置の中間体に対し，もう 1 分子のルテニウム錯体が反応することで架橋(二核)錯体が生成した後に，架橋部位がカルビド配位子へと変換されるものと考えられている[66]．また，Grubbs らはベンジリデン錯体をエチレン存在下で加熱することで，配位子上にあるアリール基のオルト位メチル基のシクロメタル化が進行することも明らかにしている[67]（式 21.4b）．この反応もメチリデン配位子に対するホスフィンの攻撃により進行すると推定されており，メチルホスホニウム塩が副生成物として定量的に得られる．さらに，メチリデン錯体をピリジン

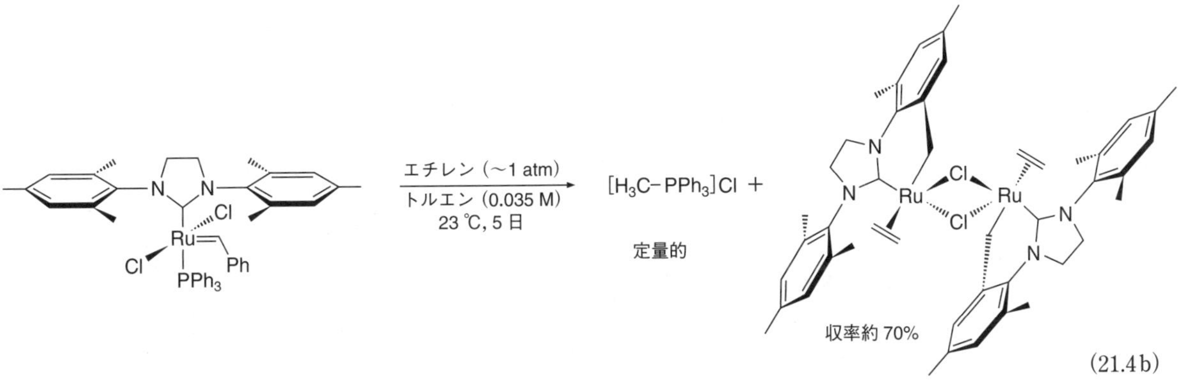

N　N　Cl　Ru　Ph　Cl　PPh_3

エチレン (～1 atm)
トルエン (0.035 M)
23 ℃, 5 日

$[H_3C{-}PPh_3]Cl$ +

定量的

N　N　Ru　Cl　Cl　Ru　N　N

収率約 70%

(21.4b)

N　N　Cl　Ru=CH_2　Cl　PCy_3

過剰量のピリジン

N　N　Cl　N—Ru—N　N　Cl　+ $[CH_3PCy_3]Cl$

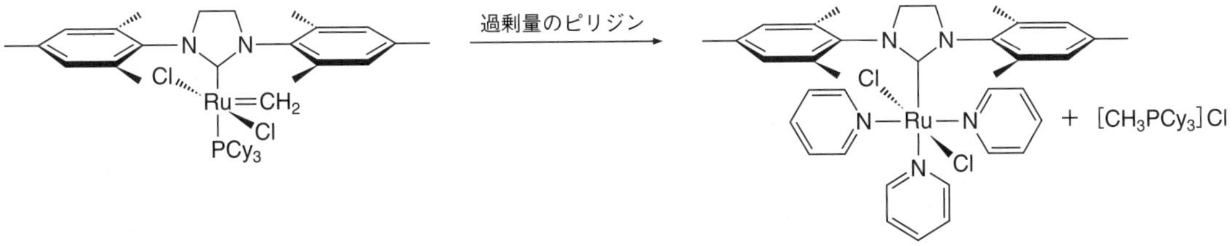

(21.4c)

と反応させた場合にも，メチルホスホニウム塩とともに，18 電子配置のトリス(ピリジン)錯体が生成する（式 21.4c）．これら以外にも触媒失活過程は存在すると考えられるが，今後の研究により明らかにされていくであろう．

21・2・5 オレフィンメタセシス反応の例

21・2・5a 閉環オレフィンメタセシス反応[6]

式 21.5 には，典型的な閉環メタセシス反応の例を示した．一般にジエンの閉環メタセシス反応により，酸素原子[68),69)] や保護された窒素原子[69)～71)] を環内に含む 5，6，7 員環の環状アルケンが生成する．ジアリルエーテル，窒素原子上に保護基を有するジアリルアミン，ジアリルマロン酸エステルなどは，触媒活性試験などにも用いられる閉環メタセシス反応の最も一般的な基質としてあげられる（式 21.5，21.6）．一方，閉環オレフィンメタセシス反

R^1　R^2　X　R^3　$(\ )_n$　R^2　R^1

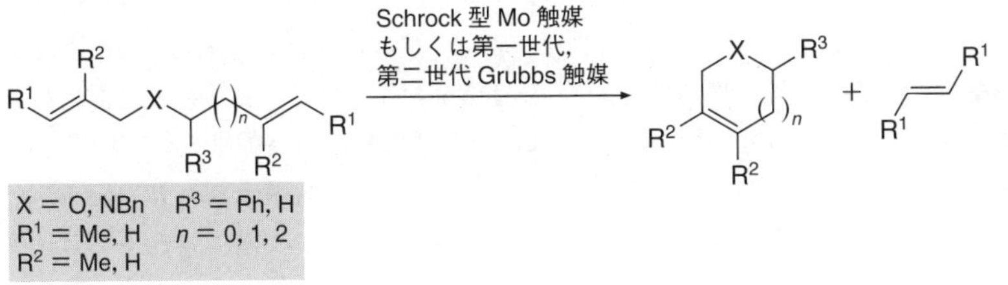

Schrock 型 Mo 触媒
もしくは第一世代，
第二世代 Grubbs 触媒

X　R^3　R^2　R^2　$(\ )_n$　+　R^1　R^1

(21.5)

X = O, NBn　R^3 = Ph, H
R^1 = Me, H　n = 0, 1, 2
R^2 = Me, H

MeO_2C　CO_2Me

第一世代もしくは
第二世代 Grubbs 触媒

MeO_2C　CO_2Me　+ ═

(21.6)

応は大員環形成にも利用でき，これは天然物合成において有力な手法として利用されてきた．閉環メタセシス反応による大員環形成は辻ら[72)] によって初めて報告され（式 21.7），Fürstner ら[73)～75)] によって天然物合成への利用（下記参照）が展開された．高濃度条件で非環状ジエンを反応させると ADMET 重合が進行するが，低濃度条件や環化しやすい立体配座をもつ基質を用いることで天然物に含まれる大員環骨格を構築できる．閉環メタセシス反応による中員環形成は容易ではないが[76),77)]，多くの場合基質のジエンの立体配座によって

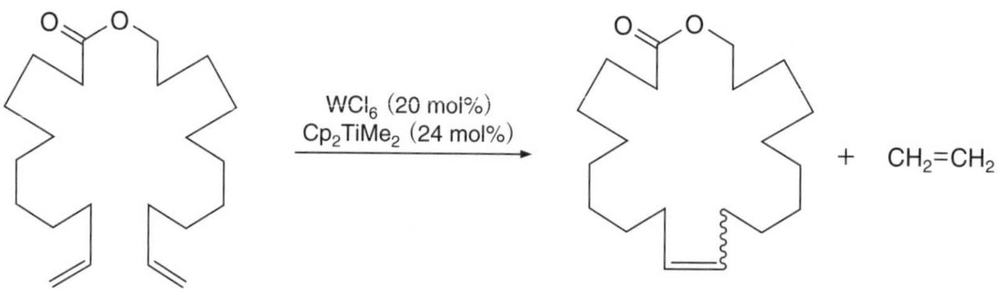

WCl$_6$ (20 mol%)
Cp$_2$TiMe$_2$ (24 mol%)
+ $CH_2=CH_2$ (21.7)

左右される[77]．また，大員環形成によって新たに生じた炭素－炭素二重結合は，しばしば*E*体と*Z*体の混合物として得られる．この*E*体と*Z*体の選択的合成，特に熱力学的により不安定な*Z*体の生成は困難であるが，モリブデン触媒を用いた系において近年進歩がみられてきた[78]．これらの触媒では，メタラサイクル中間体において片側に非常に嵩高い配位子が，反対側に比較的小さな配位子が配置するように設計されている．これによりメタラシクロブタン中間体において生成するアルケン上の置換基いずれもが小さな配位子側に向いた異性体が有利となり，そのため，*Z*体のアルケンが選択的に生成するものと考えられる．

Martin らによって達成されたマンザミン（manzamine）A の全合成[79),80)]は，オレフィンメタセシス反応が天然物合成の合成戦略の鍵として利用できることを示した初期の利用例[81),82)]の一つである．式 21.8 に示したように，この全合成における閉環メタセシス反応は Schrock 型モリブデン触媒を用いて行われている．

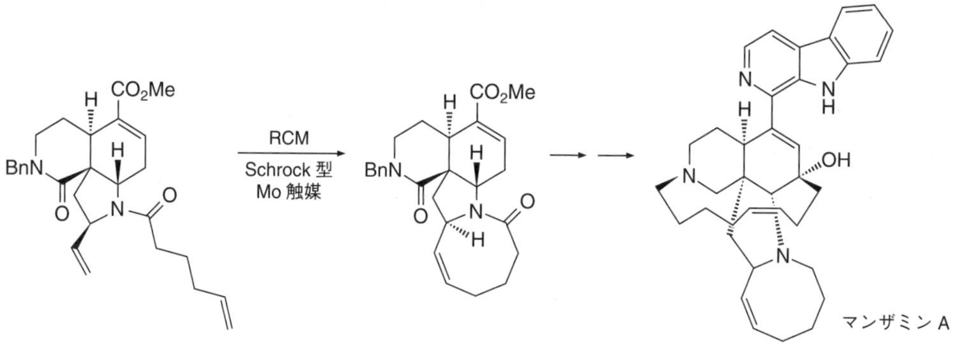

RCM
Schrock 型
Mo 触媒
→ →
マンザミン A
(21.8)

エポチロン(epothilone)類は，閉環オレフィンメタセシス反応の開発と同時期に発見された重要な天然有機化合物群である．これらの化合物は，アルケン部位，あるいはアルケンから生成可能なエポキシド部位を環内に有する 16 員環を含んでいる．従来の逆合成解析においては，これらの化合物は 16 員環のエステル部位を開裂させるのが普通であると考えられ，オレフィン部位を切断するのはそれほど一般的ではなかった．エポチロン B の全合成の一例は，二つのオレフィン部位をエステル結合により連結した基質の閉環メタセシス反応を利用している（スキーム 21・6a）[83]．しかしこの場合，生成物は*E*体と*Z*体のオレフィンの混合物として得られた．

一方，Fürstner らはアルキンメタセシス反応に続いて，得られた大環状アルキンの Lindlar 還元によりエポチロン C の*Z*体オレフィン部位を構築した（スキーム 21・6b）[21),84)]．この手法では，エポチロン B の合成中間体にみられるような三置換オレフィンの合成はできないが，二置換オレフィンの立体化学を制御できる．また，Cummins らが窒素分子の開裂（13 章）[85)~87)]に用いたタイプのトリス(アミド)モリブデン錯体が，アルキンメタセシス反応の高活性な触媒の前駆体となることも Fürstner らによって見いだされている[21),88)]．

以上述べてきた例においては，二置換あるいは三置換アルケンが生成している．これに対し，後周期遷移金属のオレフィンメタセシス触媒を用いた四置換アルケンの構築は大きな課

スキーム 21・6

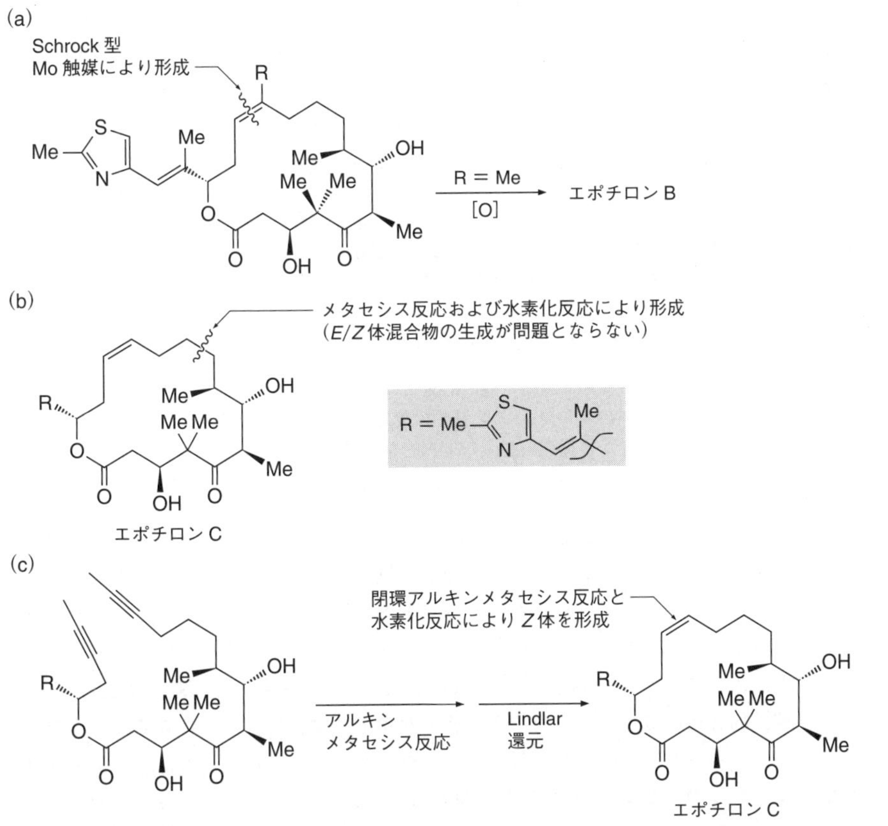

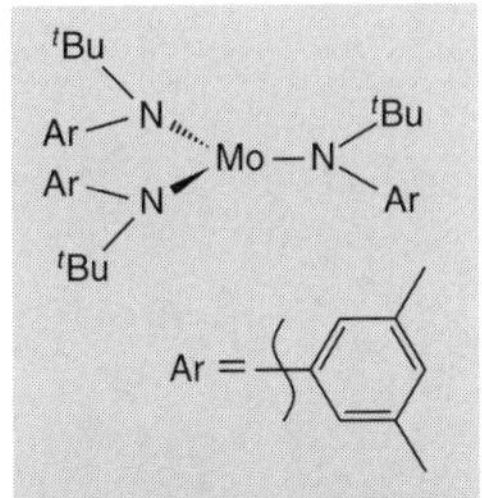

(a)
Schrock 型 Mo 触媒により形成
R = Me, [O] → エポチロン B

(b)
メタセシス反応および水素化反応により形成（E/Z 体混合物の生成が問題とならない）
エポチロン C

(c)
アルキン メタセシス反応 → Lindlar 還元
閉環アルキンメタセシス反応と水素化反応により Z 体を形成
エポチロン C

トリス(アミド)モリブデン錯体：アルキンメタセシス反応の触媒前駆体

題として残されていた．この四置換アルケンの形成に関しては，モリブデン触媒系で最も多くの成功例が報告されている[89]．しかし，Hoveyda–Grubbs 触媒の *N*–ヘテロ環状カルベン配位子の置換基をやや小さくすることで，ルテニウム触媒でも四置換アルケンが生成することが見いだされている．式 21.9 に示したように，これらの触媒では，窒素原子上のアリール基上の置換基はメタ位に導入されていたり，オルト位にメチル基が一つだけ配置されていたりするほか，置換基をもたないものも報告されている[90),91]．このうち，オルト位にメチル基を有する触媒は，5 員環と 6 員環の両方の形成に利用することができる．

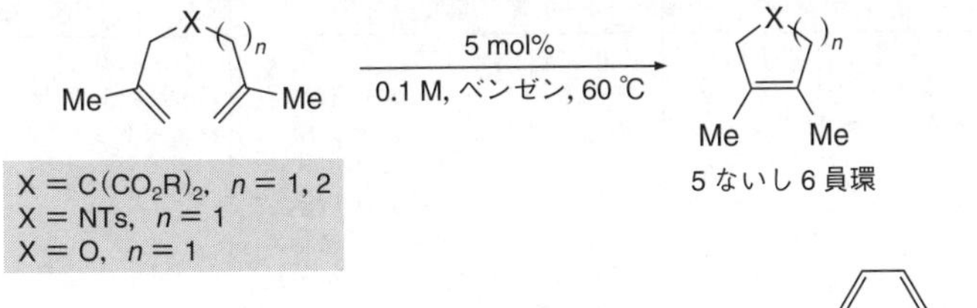

5 mol%, 0.1 M, ベンゼン, 60 ℃ → 5 ないし 6 員環 (21.9)

X = C(CO$_2$R)$_2$, n = 1, 2
X = NTs, n = 1
X = O, n = 1

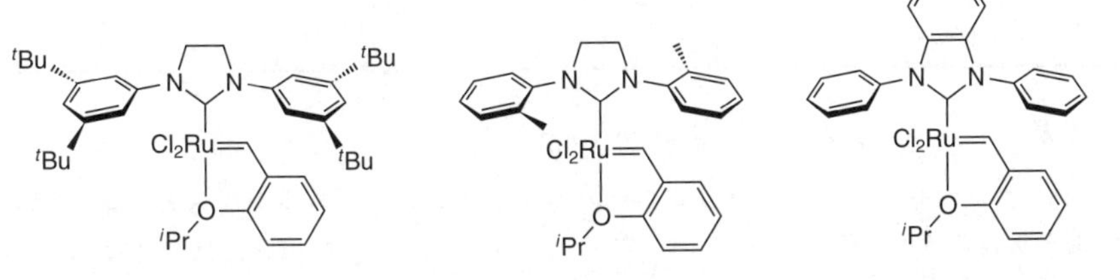

21・2・5b オレフィンのクロスメタセシス反応

クロスメタセシス反応は，有機合成上，大変有用な手法となりつつある[92]．クロスメタセシス反応が合成反応として利用できるかは，生成可能なオレフィン生成物のなかで，一つの生成物だけを選択的に生成できるか否かにかかっている．実際，基質となる2種類のオレフィンを適切な組合わせで選べば，高選択的に生成物を得ることも可能となっている．

高収率で選択的にクロスメタセシス反応生成物を得るための基質の組合わせの指針に関してはすでに報告があり，その指針を図21・4に示す[17]．またオレフィンを反応性によって分類したものを表21・1にまとめる．この指針によると，2種類のオレフィンがともに素早くホモ二量化を起こす場合，生成可能なメタセシス反応生成物のほぼ統計的分布に従った混合物を生じる．また，ホモ二量化反応をゆっくりとかつ不可逆にしか起こさない（タイプII），あるいはまったく起こさない（タイプIII）オレフィンもある．基質として用いる2種類のオレフィンがともにこれらに分類されるとき，クロスメタセシス反応はあまり進行しないか，あるいは統計的分布にはならないものの，十分な選択性は得られず，合成的に有用なものとはならない．しかし，二つの基質を異なるタイプのオレフィンから選べば，クロスメタセシス反応により一つのオレフィン生成物を選択的に生成させることができる．一般的に，立体的に小さい電子豊富なオレフィンはタイプIに属しており，より嵩高く電子不足なオレフィンはタイプIIからIVに含まれている．各オレフィンがどのタイプに属すかは，触媒によっても異なっており，これらの分類についてはGrubbsらの論文[17]などに詳しく解説されている．ここでは，第二世代Grubbs触媒を用いた場合のオレフィンの分類について表21・1に簡潔に示すにとどめる．

図21・4　クロスメタセシス反応に対する反応性に基づくオレフィンの四つのタイプ

オレフィンの反応性（↑）

タイプI：ホモ二量化が速い，ホモ二量体も反応．
タイプII：ホモ二量化が遅い，ホモ二量体はほとんど反応しない．
タイプIII：ホモ二量化しない．
タイプIV：クロスメタセシスしない，触媒を失活させない．

・タイプIのオレフィン2種類の反応：統計的分布に従う混合物を生成．
・タイプI以外の同タイプのオレフィン 2種類の反応：選択的なクロスメタセシス反応は困難．
・異なるタイプのオレフィン2種類の反応：選択的なクロスメタセシス反応が進行

表21・1　第二世代Grubbs触媒を用いた反応におけるオレフィンの分類

タイプI（ホモ二量化が速い）	タイプII（ホモ二量化が遅い）	タイプIII（ホモ二量化しない）	タイプIV（反応しない）
末端オレフィン，第一級アリルアルコールおよびエステル，アリルボロン酸エステル，ハロゲン化アリル，スチレン（オルト位に大きな置換基のないもの），ホスホン酸アリル，アリルシラン，アリルホスフィンオキシド，アリルスルフィド，保護されたアリルアミン	スチレン（オルト位に大きな置換基のあるもの），アクリル酸エステル，アクリルアミド，アクリル酸，アクロレイン，ビニルケトン，無保護の第三級アリルアルコール，ビニルエポキシド，第二級アリルアルコール，ペルフルオロアルキルオレフィン	1,1-二置換オレフィン，三置換オレフィン（嵩高い置換基のないもの），ホスホン酸ビニル，フェニルビニルスルホン，アリル位に第四級炭素原子をもつアルケン（置換基はすべてアルキル基のもの），保護された第三級アリルアルコール	ニトロオレフィン，保護された三置換アリルアルコール

クロスメタセシス反応の初期の報告例[59),60)]として，CroweらによるSchrock型モリブデン触媒を用いたα-オレフィンのアクリロニトリル，スチレン，ビニルシランとの選択的クロスメタセシス反応がある（スキーム21・7）．アクリロニトリルを用いた反応ではα,β-不飽和ニトリルが生成し，さらに水素化させると第一級アミンが得られる．この後，アクリル酸エステルやアリルアルコールとのクロスメタセシス反応が開発され[93)]，これらについても生じる二重結合の水素化反応と組合わせることにより，末端に極性官能基をもつアルカン類

スキーム 21・7

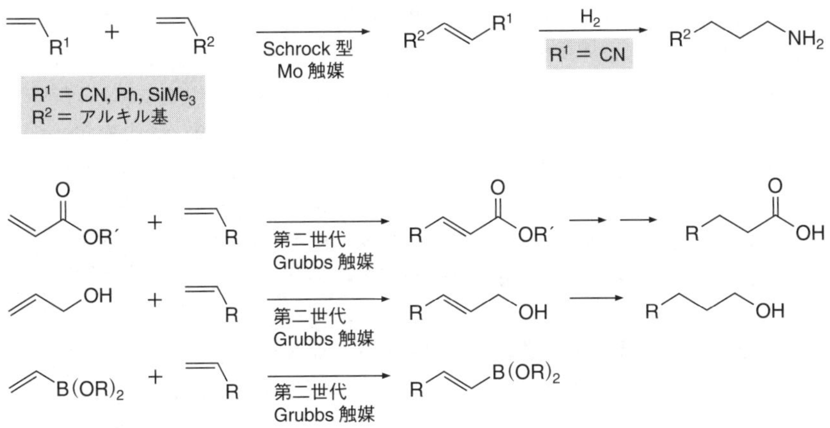

を合成することができる（スキーム 21・7）．アクリル酸エステルを用いたクロスメタセシス反応と水素化反応を組合わせる手法は，オレフィンの形式的なヒドロエステル化反応と見なすことができ，広く利用されるまでになった．また，他の官能基をもつオレフィン類の反応でも，同様に形式的に末端オレフィンに対応する官能基と水素を選択的に導入するヒドロ官能基化反応と考えることができる．また，ビニルボランを用いて同様のクロスメタセシス反応を行うと，置換基をもつビニルボランを生成させることができ，この反応はクロスカップリングなどの反応に用いる基質の合成に有用である[94]．

スキーム 21・8 には，2 種類の異なるオレフィンを用いてメタセシス反応を行ったときに，どのように複雑な平衡系が生じるかが示されている．各段階の相対速度や起こりやすさは十分に解明できておらず，クロスメタセシス反応における選択性の傾向を十分に合理的に説明

スキーム 21・8

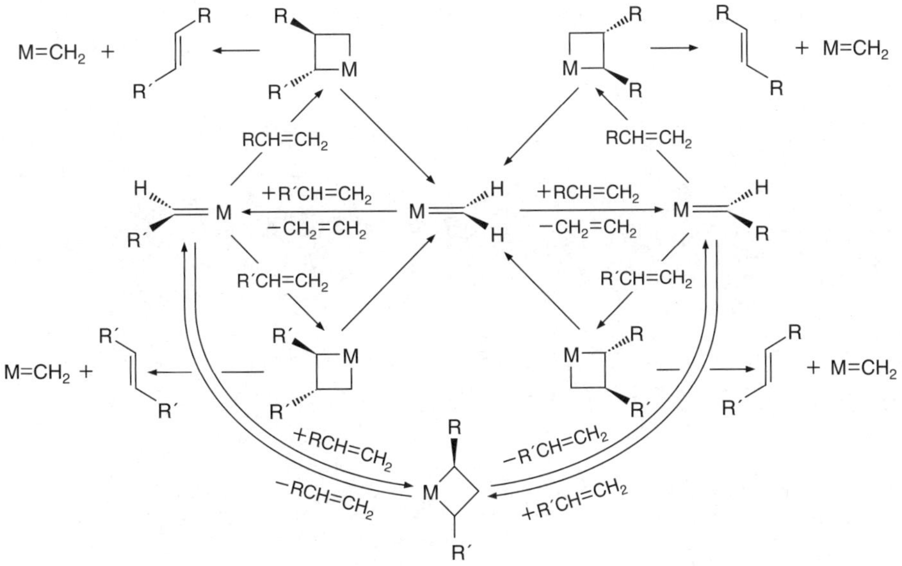

することは困難である．しかし，クロスメタセシス反応における平衡系を考える際には，この [2+2]付加環化反応のいくつかの重要な特徴に留意する必要がある．第一に，[2+2]付加反応によって 1 位と 3 位に置換基をもつメタラサイクルを生成することがあるが，このメタラサイクル中間体からは新たなメタセシス生成物は得られない．第二に，立体的あるいは

電子的要因によって［2+2］付加環化反応が遅い場合がある．たとえば，隣り合った炭素原子上に嵩高い置換基をもつメタラサイクルは生成しにくい．第三に，比較的小さな置換基を有するオレフィン同士のクロスメタセシス反応は立体的には起こりやすいが，ここで生成したオレフィンはさらなるメタセシス反応により切断される可能性がある．したがって，立体的に小さいオレフィン同士のメタセシス反応は可逆である．そのため，これらの小さなオレフィンと嵩高いオレフィンのクロスメタセシス反応においては，後者の基質を過剰量用いることで嵩高い置換基をもつカルベン錯体の形成を促し，クロスメタセシス反応生成物の選択性を向上させるという手法がとられることが多い．

21・2・6　エナンチオ選択的閉環および開環メタセシス反応

エナンチオ選択的閉環メタセシス反応は Hoveyda，Schrock ら，あるいは Grubbs らによって開発された．閉環メタセシス反応では sp^3 炭素原子上での結合形成は起こらないため，不斉合成には利用しにくい反応であると考えられる．しかし，速度論的光学分割や非対称化といった方法により，メタセシス反応によって新しい不斉中心をもつ光学活性な化合物を得ることができる．この不斉メタセシス反応に関しては，当初はラセミ体の基質を用いた閉環反応による速度論的光学分割が行われていたが，その後，アキラルな基質を用いた閉環反応，あるいは開環反応に続く閉環反応による非対称化が研究されるようになった．

高選択的な速度論的光学分割の一例を式 21.10 に示す[95]．14 章で議論したように，速度論的光学分割の選択性は二つのエナンチオマーの生成速度比（s 値，選択性因子）を用いて最もよく表すことができる．なぜなら，これらの反応系において基質や生成物のエナンチオマー過剰率は反応時間とともに変化するからである[96]．たとえば，Schrock 型モリブデン触媒を基に開発された不斉触媒を用いて閉環メタセシス反応を行うと，保護されたアリルアルコール部位を有するジエンは光学活性な環状化合物に変換される（式 21.10）．この反応の s 値は 25 以上であり，この程度の選択性があれば転化率 50％程度の時点で生成物，基質ともに高いエナンチオマー過剰率で得ることができる．

OTES　Me　Me　[Mo]　OTES　Me　+　OTES　Me　Me　$s > 25$
^{i}Pr　^{i}Pr　N　^{t}Bu　Mo　^{t}Bu　O　O　^{t}Bu　[Mo] =
(21.10)

一方，メタセシス反応による非対称化を利用した不斉合成も可能である．たとえば，式 21.11 に示したアキラルなトリエンは，高収率，かつ高エナンチオ選択的に閉環メタセシス

Ph　O　Si　Me_2　Me　Me　[Mo]　Me_2　Si　O　Ph　Me　Me
収率 95%
87% ee
(21.11)

[Mo] = 式 21.10 と同じ

反応生成物へと変換できる[97]．このような非対称化は，開環に続く閉環メタセシスの連続反応としても行うことができる．式 21.12 のビスアリルエーテルに対して反応を行うと，ひず

みの少ない5員環を含むトリエンが高エナンチオ選択的に生成する[98]．また，この開環メタセシス反応に続く閉環メタセシス反応により，式21.13に示したアキラルなノルボルネニルアリルエーテルから，よりひずみの少ない縮環した二環式化合物が高いエナンチオマー過剰率で得られる[99]．

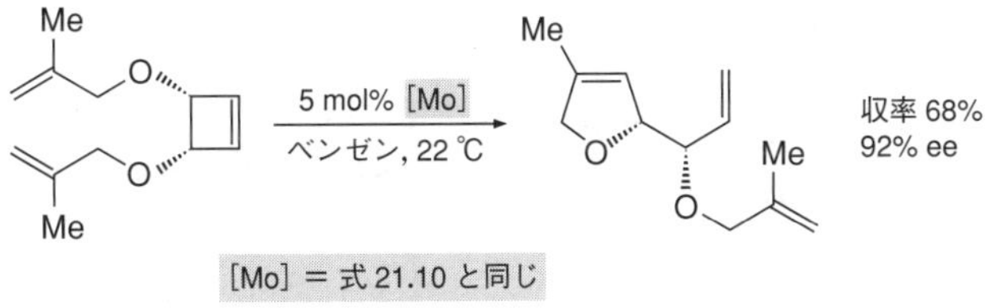

5 mol% [Mo]，ベンゼン，22 ℃　収率 68%　92% ee　(21.12)

[Mo] = 式 21.10 と同じ

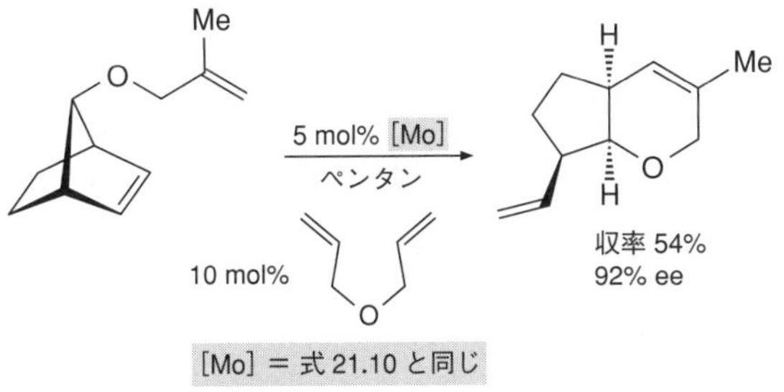

5 mol% [Mo]，ペンタン，10 mol%（ジアリルエーテル）　収率 54%　92% ee　(21.13)

[Mo] = 式 21.10 と同じ

この場合，触媒に対して化学量論量以上のジアリルエーテルを添加することにより，ネオペンチリデン錯体から反応性の高いメチリデン錯体を生成させて触媒反応の開始を促進している．

特筆すべきこととして，この非対称化反応は第四級不斉炭素原子の構築に利用できる．この反応では，二つの置換基の一方で反応を行うことにより，基質の対称面上に位置する第四級炭素原子を，不斉中心とすることができる．式21.14にはこのようなオレフィンメタセシス反応による非対称化の一例を示しており[100]，アキラルで対称な構造をもつトリエンからキラルなジエンが87% eeで得られている．

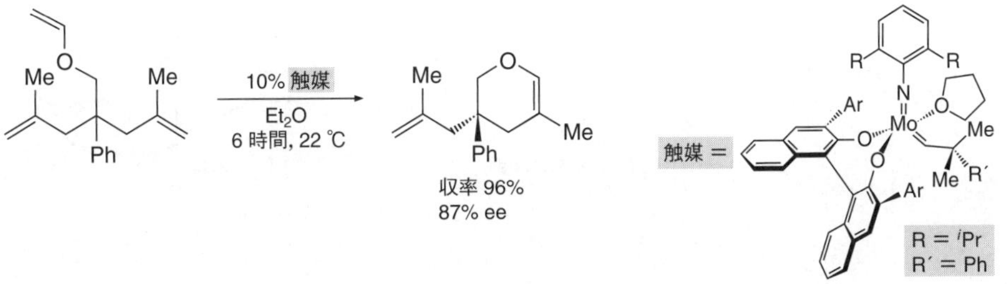

10% 触媒，Et_2O，6 時間，22 ℃　収率 96%　87% ee　(21.14)

触媒 = （Mo錯体；Ar，Me，R′）　R = ^{i}Pr，R′ = Ph

さらに，開環メタセシスとクロスメタセシス反応を組合わせた反応による非対称化反応も行われている．たとえば，式21.15に示すように，ノルボルネン誘導体とビニルシランの反応により，光学活性なシクロペンタン誘導体を高エナンチオ選択的に合成することができる[101),102]．

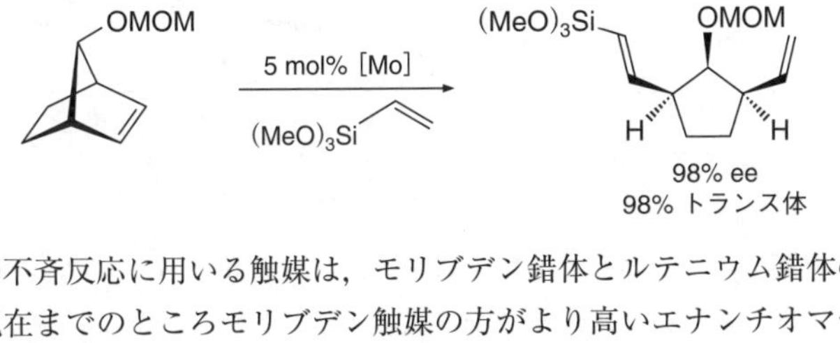

5 mol% [Mo]，$(MeO)_3Si$（ビニルシラン）　98% ee　98% トランス体　(21.15)

これらの不斉反応に用いる触媒は，モリブデン錯体とルテニウム錯体の両方が合成されているが，現在までのところモリブデン触媒の方がより高いエナンチオマー過剰率で生成物が得られている．前述したように，この不斉モリブデン触媒はSchrock触媒の基本形であるビス(アルコキシド)錯体の構造をもとにしているが，二つの第三級フルオロアルコキシドの代わりに光学活性なビス(ナフトラト)配位子をもっている．これらの触媒は単離した錯体としても用いられるが，系中で発生させることもできる．たとえば，式21.16に示す[103]よう

OK
OK
Me OTf NAr Me Mo Ph Me OTf Me
THF, −30 ℃
55%
O Mo O N ^{i}Pr ^{i}Pr Me Ph Me

(21.16)

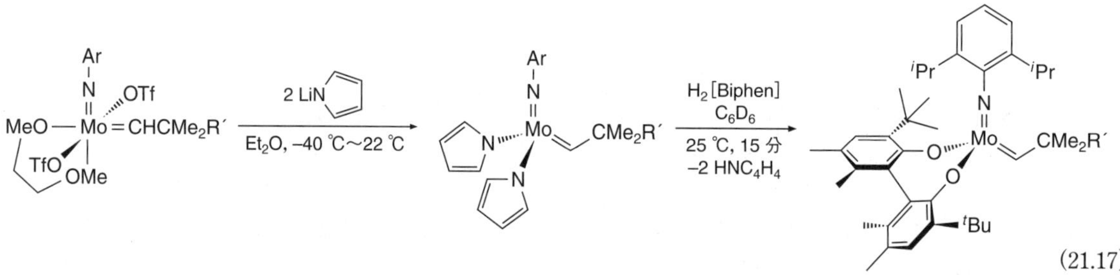

に二つのトリフラト配位子とDME配位子をもつイミドカルベンモリブデン錯体とジオラト種の反応，さらに式21.17[104]のようにビス(ピロリル)錯体の反応によって生成させることができる．

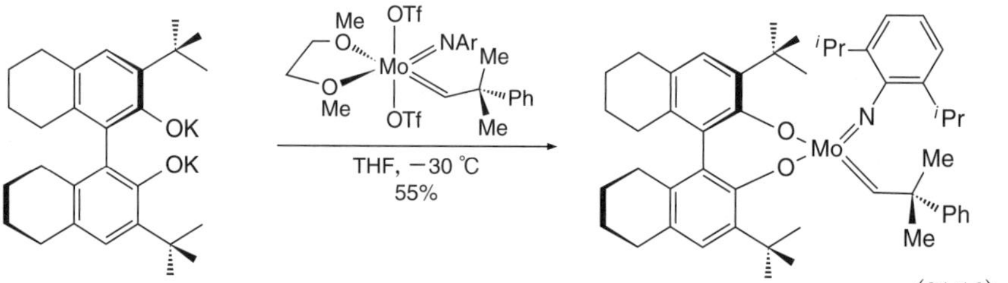

Ar N OTf MeO — Mo = $CHCMe_2R'$ TfO OMe
2 LiN
Et_2O, −40 ℃〜22 ℃
Ar N Mo CMe_2R' N N
H_2[Biphen]
C_6D_6
25 ℃, 15 分
$-2\ HNC_4H_4$
^{i}Pr ^{i}Pr N Mo O O CMe_2R' ^{t}Bu

(21.17)

後周期遷移金属触媒は一般的に官能基許容性が高く，取扱いも容易であるため，光学活性ルテニウム触媒の不斉オレフィンメタセシス反応への応用も試みられてきた[105]．たとえば，式21.18に示した反応では，光学活性ルテニウム触媒により，開環メタセシス反応に続くクロス

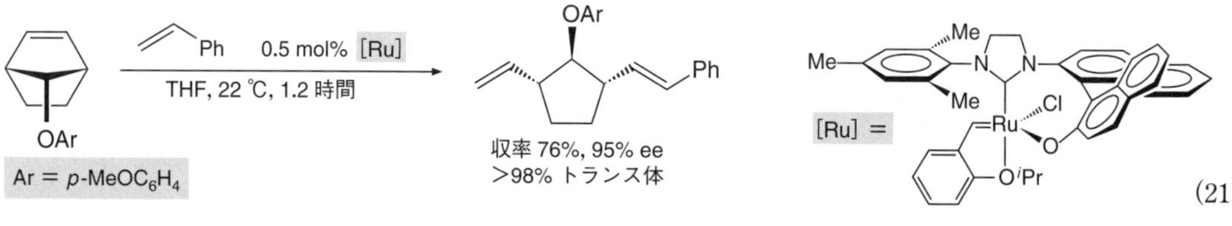

OAr
Ar = p-$MeOC_6H_4$
Ph　0.5 mol% [Ru]
THF, 22 ℃, 1.2 時間
OAr Ph
収率 76%, 95% ee
>98% トランス体
[Ru] =
Me Me Me N N Cl Ru O O^{i}Pr

(21.18)

メタセシス反応により，高いエナンチオマー過剰率で生成物が得られている[106]．また，最近では図21・5に示す1,2-ジフェニルエチレン骨格と非対称に置換されたアリール基をもつ

図21・5　不斉オレフィンメタセシス反応に用いる光学活性ルテニウム触媒

Ph Ph ^{i}Pr ^{i}Pr N N ^{i}Pr ^{i}Pr X Ru Ph X PCy_3
X = Cl
X = I

光学活性ルテニウム触媒が，いくつかの種類の基質に対して有効であり，比較的少ない触媒量でも反応が進行し，高いエナンチオ選択性を実現できることが明らかになっている[107]．

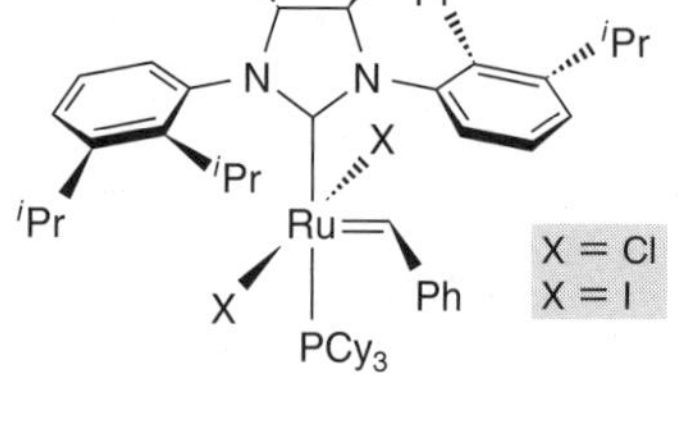

21・2・7 開環メタセシス重合反応

21・2・7a 開環メタセシス重合反応の有用性

開環メタセシス反応は高分子合成において非常に利用価値の高い反応である．開環メタセシス重合反応（ROMP）によって得られるポリマーは炭化水素の主鎖を有しており，モノマーの構造や，モノマーに導入した官能基によって優れた性質を付与できる．主鎖が炭化水素により構成され，かつ側鎖に架橋反応に利用可能なオレフィン部位をもつポリマーの合成は，さまざまな触媒を用いて行われてきた．また，酸素官能基にも許容性があるルテニウム触媒を用いると，側鎖に極性官能基をもつポリマーの合成も可能である．開環メタセシス重合反応のモノマーとしてはひずみのある環状オレフィンが用いられ，これにより環が開いた状態が熱力学的に有利となるように設計されている．開環メタセシス重合反応の特に重要なモノマーとしてはジシクロペンタジエンがあげられるが，シクロオクテンやノルボルナジエンの利用についても広く研究されている．これらの重合反応をスキーム 21・9 に示す．

スキーム 21・9

R = 糖，アミノ酸，バンコマイシン

本章の冒頭にも述べたように[37)~41)]，多くの可溶性触媒や不均一系触媒がひずみのあるオレフィンの開環メタセシス重合反応に用いられている．しかし，実際に触媒に求められる性質は用途によって変わるため，さまざまな触媒がそれぞれ重要となる場面は異なる．触媒に要求される特徴としては，分子量や分子量分布の精密な制御が行えること，中空成形に用いられるような高温にも耐えうること，得られるポリマーの物性を制御するさまざまな官能基をもつモノマーの重合反応が可能であることなどがあげられる．また，モノマーの消費後も活性を維持でき，リビング重合反応を行うことができれば，ブロック共重合体や二つのブロックの相分離構造の形成を利用して特徴的な物性をもつ材料などを生みだすことができる．工業的に応用されてきたROMP重合反応プロセスは，適切な触媒を選択することにより達成されている．

ポリマーの物性は平均分子量や分子量の分散度（多分散度 polydispersity index，PDI）に依存し[108)]，これらは触媒の性質によって変わってくる．多分散度の低い（分子量分布の狭い）ポリマーは，重合反応開始速度（式 21.19 中の k_{init}）が成長反応速度（式 21.19 中の k_{prop}）

$$\mathrm{M{=}CHR} \xrightarrow[k_{\mathrm{init}}]{\text{norbornene}} \cdots \xrightarrow[k_{\mathrm{prop}}]{n\ \text{norbornene}} \cdots \tag{21.19}$$

よりも十分に大きい場合に得られる．この開始速度と成長速度の関係の重要性は，たとえば編み物をしている人を考えるとわかりやすい．何人もの人が同時にマフラーを編み始め，同じ速度で編んでいくとき，どの時点においても皆が編んでいるマフラーの長さは同じである．しかし，編む速度が同じでも，編み始める時がずれていれば，ある時点でのマフラーの長さは異なっていることとなる．同様に重合反応についても考えると，触媒の反応開始速度が成長速度よりも速ければ，ポリマー成長はほぼ同時に始まるので，分子量分布の狭いポリマーが得られる．一方，開始速度が成長速度よりもずっと遅い場合，ポリマー成長はそれぞれ異なる時点で開始するので，分子量分布はどの時点でも広いものとなる．

このように，開始反応と成長反応の相対速度が分子量分布の制御に重要であるため，この相対速度自体の制御に関する研究も行われてきた．Grubbs型ルテニウムカルベン触媒に関しては，ベンジリデン錯体の方が，それ以前に研究されていたビニルアルキリデン錯体よりも開始反応が速いことが明らかとなっている[58]．また，ベンジリデン錯体は，重合反応中に生成するアルキリデン錯体よりも反応性が高いため，重合開始反応は成長反応よりも速い．さらに，触媒中のPCy_3をピリジン誘導体やPPh_3に変えると，これらの供与性配位子の解離速度が高まり，反応活性な14電子のカルベン中間体を速く生成できる[109),110)]．これにより反応活性な触媒の濃度が高められることで，開始速度を成長速度に対して相対的に大きくすることができる．その結果，これらの触媒を用いることで，以前よりも狭い分子量分布をもつポリマーの合成に成功した．

21・2・7b　開環メタセシス重合反応の機構

開環メタセシス重合反応の機構（式21.20）は，基本的に閉環メタセシス反応の機構を逆にたどっていったものである．開環メタセシス反応において，カルベン錯体は環状オレフィンと［2+2］付加環化反応を起こし，二環式，あるいは三環式のメタラシクロブタン中間体

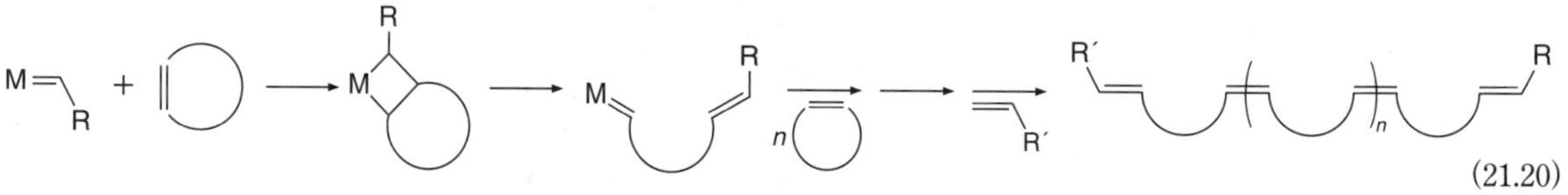

(21.20)

を与える．このメタラシクロブタンが生成したのと異なる組合わせで開裂すると，成長するポリマー鎖の末端に位置するカルベン錯体が新たに生成する．そして，再びもう1分子の環状オレフィンがこのカルベン錯体と反応すると，新しいメタラシクロブタン中間体が生成し，さらにこれが開環することでポリマー鎖が伸長していくこととなる．

開環メタセシス重合反応は，触媒が常にポリマーの成長末端にあり，重合反応終了後も残っているので[111)]，リビング重合反応（living polymerization）の一種である（リビング重合反応とは，連鎖移動や連鎖停止を起こさない付加重合反応のことである）．リビング開環メタセシス重合反応を利用すると，式21.21に示すように，2種類のアルケンからブロック共重

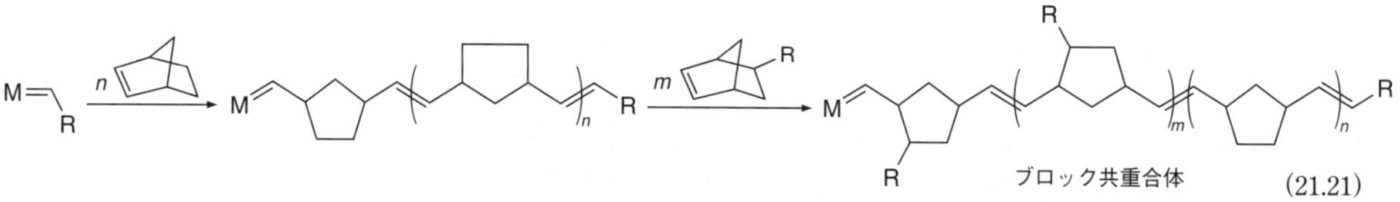

ブロック共重合体　(21.21)

合体を得ることもできる[112)]．このとき，通常はまず一つ目のモノマーを用いて重合反応を行い，このモノマーが消費された後，二つ目のモノマーを用いてポリマー鎖を伸長させる．また，このプロセスを繰返すと，2種類のモノマーより得られるブロックを交互に有する共重合体も精密に制御して合成できる．たとえば，一方のモノマーが結晶相を，もう一方は非晶相を与える場合，エラストマーを合成することも可能である．また，単純なモノマーとともに，極性官能基や導電性部位，不斉中心などを含むモノマーを共重合させることもできる．

開環メタセシス重合反応は，高分子科学における課題解決のために有用な材料をつくりだすことにも使われてきた．たとえば，通常の直鎖構造ではなく環状構造をもつポリエチレン類縁体は，式21.22に示すように，開環メタセシス重合反応で得られる不飽和結合を含む環状化合物に対し，水素添加反応を施すことで得られている[113)]．また，ポリアセチレンやZ

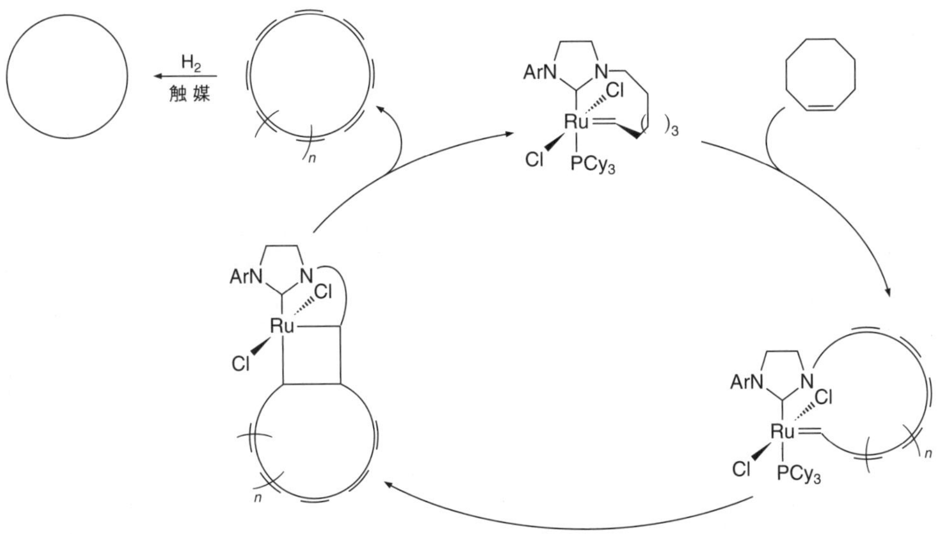

(21.22)

(21.23)

Mo 触媒 = $Mo(NAr)(CHCMe_2Ph)[OCMe(CF_3)_2]_2$
(Ar = 2,6-ジイソプロピルフェニル)

(21.24)

体のみのスチルベンユニットをもつポリマーが，それぞれシクロオクタテトラエン[114),115)]，シクロフェン[116),117)]の開環メタセシス重合反応によって合成されている（式 21.23，21.24）.

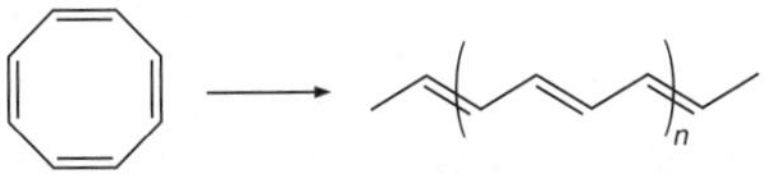

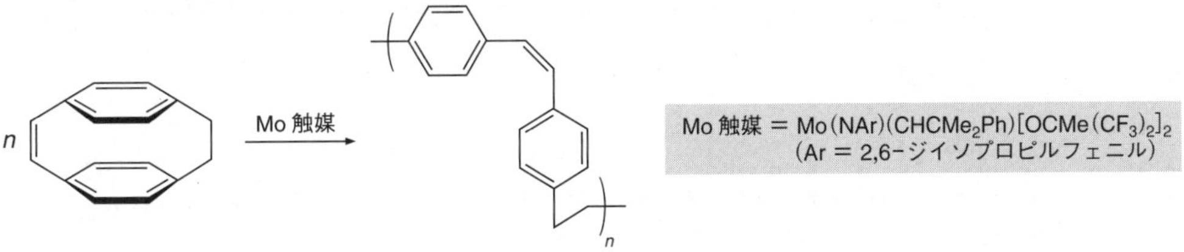

さらに，近年，官能基許容性の高い開環メタセシス触媒が開発されてきたことにより，生物システムの研究にも利用されるようになってきた．一例をあげると，側鎖に糖をもったポリマーを合成し，生化学的分子認識における多価性の効果に関する研究が行われている[118)~120)].

21・3 アルキンメタセシス反応

21・3・1 アルキンメタセシス反応の例

アルキンメタセシス反応（式 21.2，スキーム 21・1）[121),122)]はオレフィンメタセシス反応と同様の機構を経る反応である．しかし，切断される結合は二つのアルキンの炭素－炭素三重結合であり，また新たに炭素－炭素三重結合を構築することで二つのアルキンが得られる．オレフィンメタセシス反応と比較して，アルキンメタセシス反応の開発はあまり進んでいないが，近年になって高い活性をもつ触媒が見いだされてきている．アルキンメタセシス反応はおもに2種類の合成的用途に利用されてきた．一つは特徴的な電子的性質をもつ共役ポリマーの合成であり，もう一つはアルキンメタセシス反応後の還元による Z 体，あるいは E 体選択的な大環状アルケンの合成である．

均一系アルキンメタセシス反応は Mortreux と Blanchard によって発見された[123),124)]．このとき見いだされたのは，$Mo(CO)_6$ とレゾルシノール（1,3-ジヒドロキシベンゼン）の混合物から生成する触媒を用い，4-メチルジフェニルアセチレンを高温で反応させると，出発物と4,4′-ジメチルジフェニルアセチレン，ジフェニルアセチレンの混合物が得られるという反応である(式 21.25)．この実験結果をもとに，Villemin は他のフェノール類と $Mo(CO)_6$ を

$Mo(CO)_6$, レゾルシノール, 160 ℃, 3 時間: 55% 回収; 22%; + 24%　　(21.25)

組合わせた触媒系について検討を行い，4-クロロフェノールを用いた場合にアルキンメタセシス反応に対する最も高い活性が得られることを明らかにした[125]．これらの反応は中間体としてアルキリジン錯体を経て進行していると考えられた（下記参照）．そこで，Schrock はカルビン錯体とアルキンの反応について検討し，アルキリジン錯体がアルキンメタセシス反応の触媒となることを示した（式 21.26）[126)〜131]．

触媒量の $(^tBuO)_3W\equiv{}^tBu$, ＜5分，室温　　(21.26)

最近になって，トリス(アミド)モリブデン錯体から発生させた触媒がアルキンメタセシスに対して高活性を示すことがわかってきた．まず Fürstner は，Cummins のトリス(アミド)モリブデン錯体[86] $Mo(N^tBuAr)_3$（$Ar = 3,5\text{-}Me_2C_6H_3$）を塩化メチレンと反応させると，アルキリジン錯体 $Mo(N^tBuAr)_3(\equiv CH)$ が生成し，アルキンメタセシス触媒として働くことを報告した（式 21.27）[88),132]．しかしこの触媒活性はアミド錯体の加水分解，またはアル

$Mo(N^tBuAr)_3$ —Fürstner, $RCHCl_2$→ $Cl\text{–}Mo(N^tBuAr)_3$ + $RC\equiv Mo(N^tBuAr)_3$ —Moore, HOAr→ $RC\equiv Mo(OAr)_3$ （Mg で $Cl\text{–}Mo(N^tBuAr)_3$ を再生）　　(21.27)

コール分解によって生じた活性種によるものである可能性もある．この反応系の真の活性種が何であるかにかかわらず，高い官能基許容性や多様なアルキンメタセシス反応に対する触媒活性をもつ触媒が開発されてきた．

Moore はプロピリジン配位子をもつトリス(アミド)錯体に電子不足なフェノール類を添

表 21・2　アルキンメタセシス反応の触媒活性に及ぼすフェノール誘導体の構造の影響

TgO_2C-C₆H₄-C≡C-CH_2CH_3 ⇌ [Mo] + 配位子 (10 mol%), トルエン-d_8, 20 ℃ → TgO_2C-C₆H₄-C≡C-C₆H₄-CO_2Tg + H_3C-CH_2-C≡C-CH_2-CH_3

[Mo] = $RC\equiv Mo(N^tBuAr)_3$, Tg = $(CH_2CH_2O)_3CH_3$

配位子	2-CF_3-フェノール	4-CF_3-フェノール	3,5-$(CF_3)_2$-フェノール	2,4,6-$(CF_3)_3$-フェノール	$(CF_3)_3COH$	2,3,5,6-F₄-4-CF_3-フェノール	2-CN-フェノール	4-CN-フェノール	2-NO_2-フェノール	4-NO_2-フェノール
$t_{1/2}$ (分)†1	167	160	613†2	20	12	＜8	86	12	38	＜8

†1　$t_{1/2}$ は反応が平衡状態の 50%の転化率に達するのに要する時間．
†2　3,5-ビス(トリフルオロメチル)フェノールを配位子とした場合，反応は 2175 分以内に平衡に達しない．

加することで，アルキンメタセシス反応に対する触媒活性を大幅に向上させることに成功した（式 21.27，表 21・2）．さまざまなフェノール誘導体とフルオロアルコール類について検討し，*p*-ニトロフェノールを用いた場合に，最も高い触媒活性が得られることを明らかにしている[133]．

21・3・2 アルキンメタセシス反応の機構

Schrock は高原子価タングステンカルビン錯体によるアルキンメタセシス反応の触媒反応機構に関しての研究を行った[134),135]．その結果，この反応はまずカルビン錯体とアルキンの[2+2]付加環化反応によりメタラシクロブタジエン錯体が生成し，続くその逆反応を経て進行していることが示された．これらの過程は，式 21.28 に示した反応剤を用いることで，直

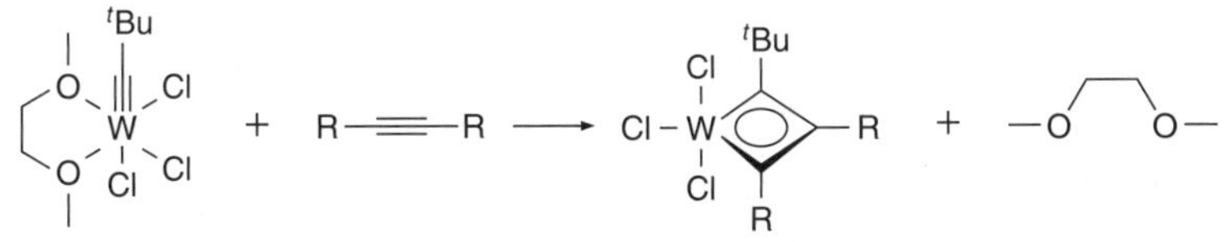

(21.28)

接観測することができた．メタラサイクル種の逆[2+2]付加環化反応は，新たなアルキン生成物を与えるか，あるいは二つの出発物を再生する．よって，この反応機構は一般的なオレフィンメタセシス反応の機構と同様に考えることができる．

これと比べると，モリブデンカルボニル錯体とフェノール誘導体から発生させた触媒によるアルキンメタセシス反応の機構は十分には明らかとなっていない．反応系中で高原子価モリブデン種が生成し，Schrock が単離したアルキリジン錯体を用いて示したのと同様の機構で進行しているとも考えられる一方，メタラシクロペンタジエン錯体を経由して進行する可能性もある（式 21.29）[136]．後者の場合，まず 2 分子のアルキンと低原子価金属種によりア

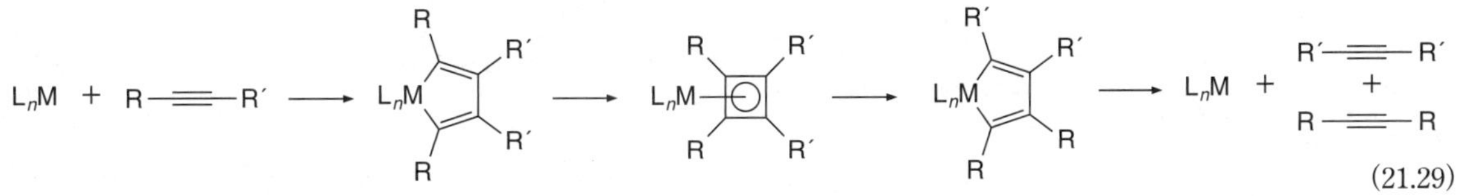

(21.29)

ルキンの還元的カップリング反応が起こり，メタラシクロペンタジエン種を生成すると考えられる．つづいて，還元的脱離反応によりシクロブタジエン錯体が得られ，さらにこれが酸化的付加反応を起こすと先程とは異なるメタラシクロペンタジエン錯体が生成する．このメタラサイクル種が開裂すると，新たに 2 種類のアルキンが得られることとなる．これらの触媒系に関しては，反応機構に関する知見が乏しいのが現状である．メタラシクロペンタジエン種やシクロブタジエン錯体を経る機構が提唱されているのは，カルボニル配位子を有するこれらの化学種が比較的安定である一方，反応系中で高原子価状態の錯体を生成する機構が明らかではないためである．

21・3・3 アルキンメタセシス反応の応用

アルキンメタセシス反応は，ポリマーや興味深い電子的性質をもつ大環状化合物，天然有機化合物の合成に利用されてきた．アルキンメタセシス反応による開環重合は比較的古くから行われており，そのうちの二つの例を式 21.30[137),138]，21.31[139] に示す．これらの反応は Schrock によって開発されたタングステンを中心金属とするトリス(*t*-ブトキシド)アルキリジン触媒を用いて行われている．また，アルケンの開環メタセシス重合と同様に，環ひずみの解消を利用することで重合反応を進行させている．近年開発されたアルキンメタセシス触

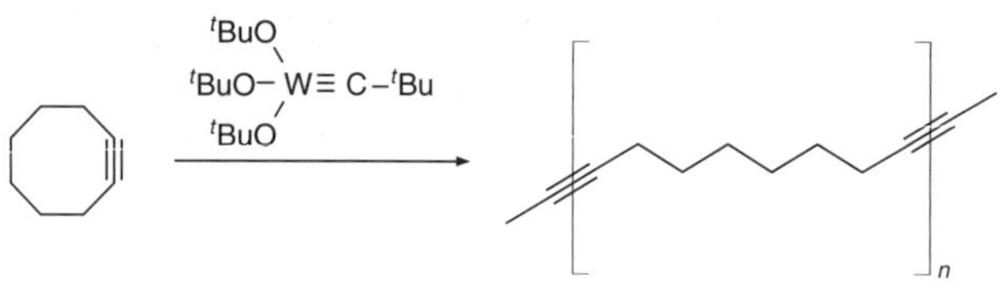

^tBuO
$^tBuO-W\equiv C-^tBu$
^tBuO
(21.30)

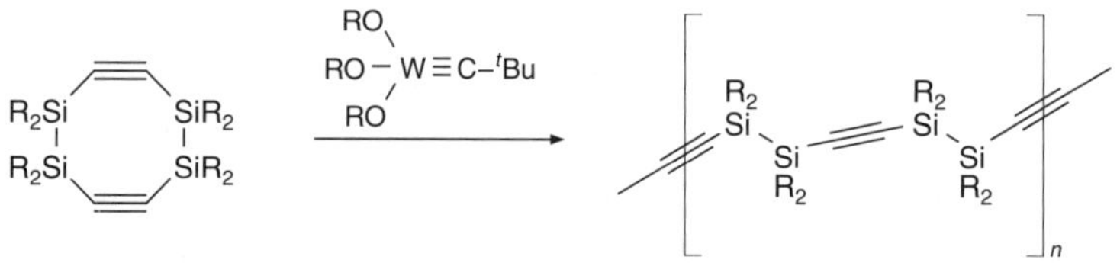

R_2Si　SiR_2
R_2Si　SiR_2
RO
$RO-W\equiv C-^tBu$
RO
R_2 Si Si R_2　R_2 Si Si R_2
(21.31)

媒を利用した開環重合に関しては，まだあまり報告がなされていない．

一方，フェノキシド配位子をもつ新しいモリブデンカルビン錯体は，不飽和大環状化合物の合成に利用されており，その一例を式 21.32 に示す[140]．この反応では生成物が反応溶液から析出するため，高収率で大環状化合物が得られている．

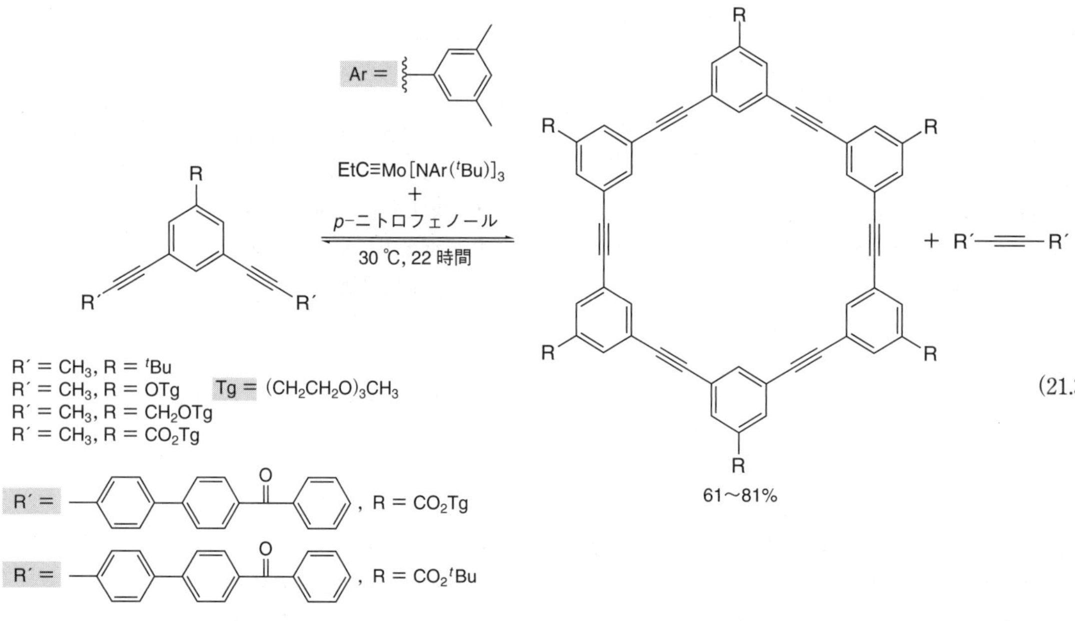

Ar =
$EtC\equiv Mo[NAr(^tBu)]_3$
+
p-ニトロフェノール
30 ℃, 22 時間
+ R′—≡—R′
R
R′　R′
R′ = CH_3, R = ^tBu
R′ = CH_3, R = OTg　Tg = $(CH_2CH_2O)_3CH_3$
R′ = CH_3, R = CH_2OTg
R′ = CH_3, R = CO_2Tg
R′ = , R = CO_2Tg
R′ = , R = $CO_2{}^tBu$
61～81%
(21.32)

アルキンメタセシス反応の材料合成への応用に関しては，非環状基質を用いた重合反応に関して研究が進んでいる（式 21.33～21.36）[141]．Schrock によって開発されたアルキリジン触媒と両末端にメチル基をもつジインを反応させると，アルキンメタセシス反応が起こりブチンとともにアルキン部位をもつポリマーが生成する（式 21.33～21.34）．この系では，揮発性のブチンを反応系から追い出すことで反応を進行させている．トリス(アミド)アルキリジン錯体と *p*-ニトロフェノールから発生させた六価モリブデン錯体を触媒とした場合には，同様の重合反応は真空下 30 ℃で進行する[142]（式 21.35）．また，モリブデンカルボニル錯体

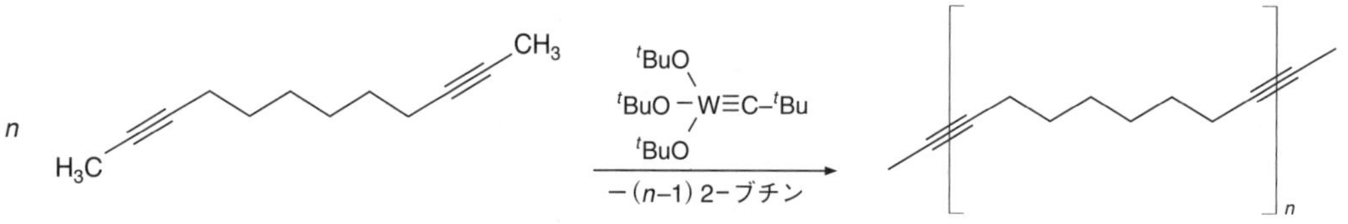

n　H_3C　CH_3
^tBuO
$^tBuO-W\equiv C-^tBu$
^tBuO
$-(n-1)$ 2-ブチン
(21.33)

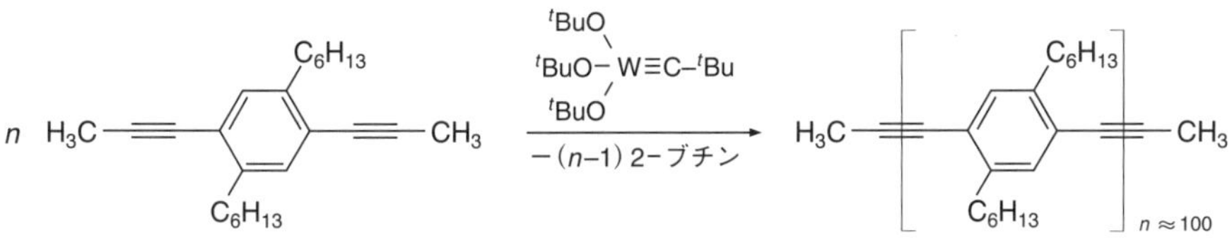
n
^{t}BuO
^{t}BuO−W≡C−^{t}Bu
^{t}BuO
−(n−1) 2−ブチン
n ≈ 100

(21.34)

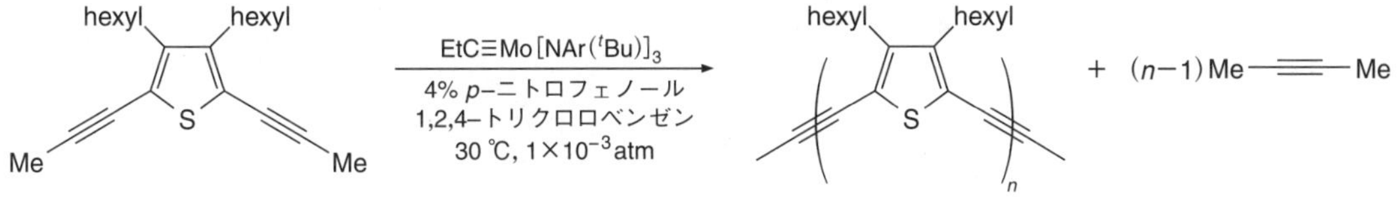
hexyl
hexyl
Me
Me
EtC≡Mo[NAr(^{t}Bu)]$_3$
4% p−ニトロフェノール
1,2,4−トリクロロベンゼン
30 ℃, 1×10^{-3} atm
+ (n−1) Me—≡—Me

(21.35)

とフェノール類を組合わせた触媒系では，アルケン部位が存在していても選択的にアルキンメタセシス反応を進行させることができる．そのため，式 21.36 に示すように，交互にアルキン部位とアルケン部位を有するポリマーの合成も可能である[143)〜146)]．

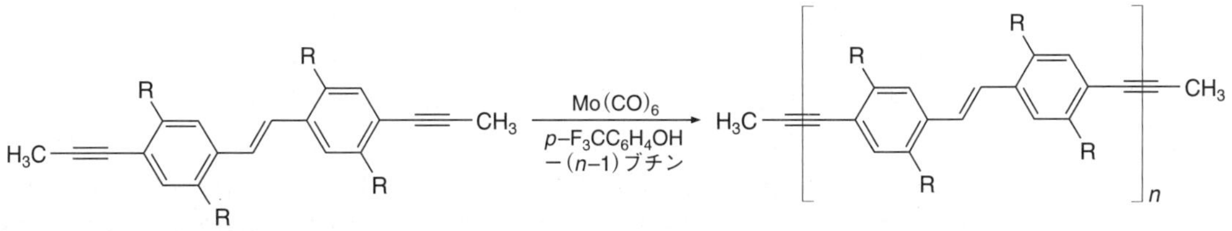
Mo(CO)$_6$
p−F$_3$CC$_6$H$_4$OH
−(n−1) ブチン
n

(21.36)

R = オクチルまたはドデシル基

21・3・4 アルキンのクロスメタセシス反応

アルキンのクロスメタセシス反応による非対称アルキンの合成は合成化学的に有用であると考えられるが，アルケンのクロスメタセシス反応と比較して研究はあまり進んでいない．アルキンのクロスメタセシス反応による非対称アルキンの生成に関しては，森らによって初めての報告がなされている[147)]．式 21.37 には，Mortreux 型触媒を用いて行われた反応例を

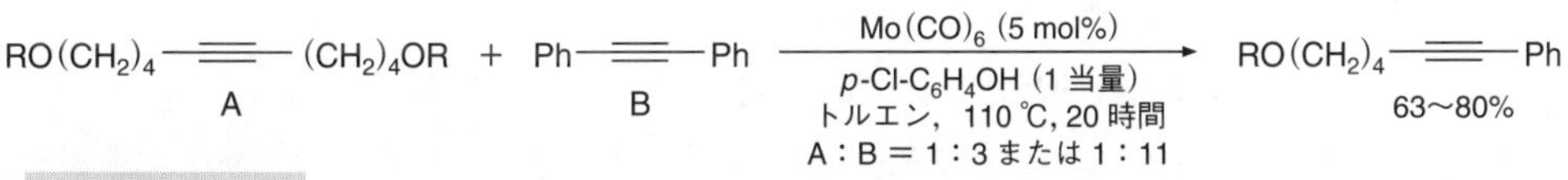
RO(CH$_2$)$_4$—≡—(CH$_2$)$_4$OR + Ph—≡—Ph
A
B
Mo(CO)$_6$ (5 mol%)
p-Cl-C$_6$H$_4$OH (1 当量)
トルエン，110 ℃, 20 時間
A : B = 1 : 3 または 1 : 11
RO(CH$_2$)$_4$—≡—Ph
63〜80%

(21.37)

R = Ac, Bn, MOM

示す．この反応においては，ジフェニルアセチレンを過剰量用いることで，クロスメタセシス反応生成物の高い選択性を実現している．また，Cummins のトリス(アミド)錯体より発生させた触媒を用いる[88)]と，Schrock 型タングステンアルキリジン触媒では利用が困難なアリールエステル部位をもつ基質から，中程度の収率でクロスメタセシス反応生成物を得ることができる（式 21.38)．

さらに，スキーム 21・10 に示すように，アルキンのクロスメタセシス反応はプロスタグランジン類の合成にも利用されている[88),148),149)]．

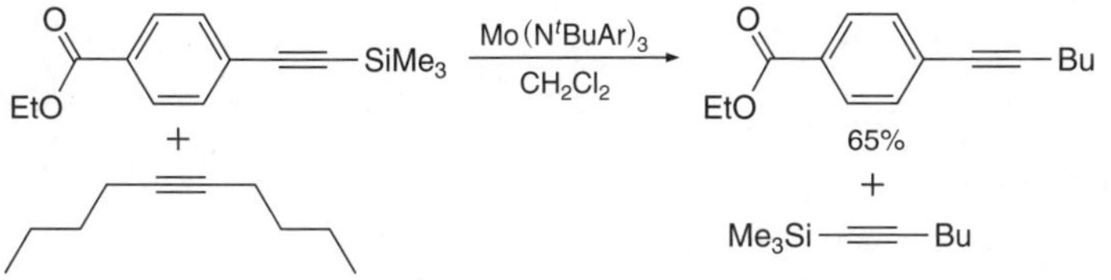
EtO
SiMe$_3$
Mo(N^{t}BuAr)$_3$
CH$_2$Cl$_2$
EtO
Bu
65%
Me$_3$Si—≡—Bu

(21.38)

スキーム 21・10

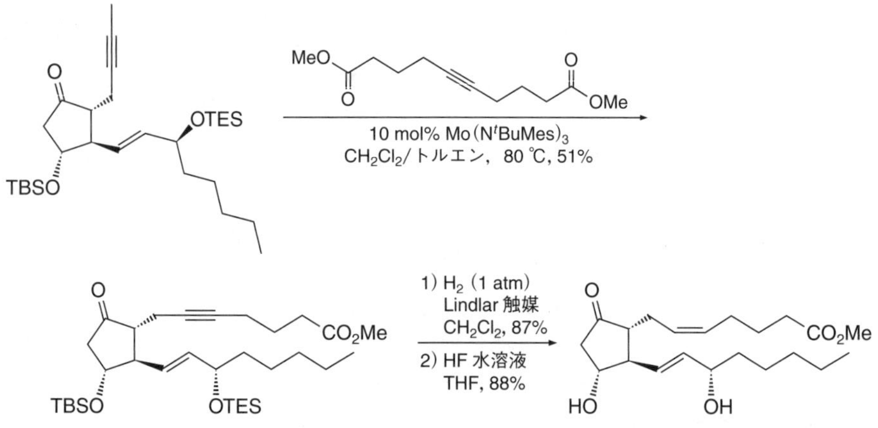

21・3・5　閉環アルキンメタセシス反応

アルキンメタセシス反応は，*cis*-オレフィン部位を含む大環状天然有機化合物の合成にも利用されている．すでに述べたように，オレフィンメタセシス反応において一方の幾何異性体のみを選択的に生成させるのは容易ではない．これに対して，Fürstner はアルキンメタセシス反応と Lindlar 触媒による還元を組合わせて，*Z*-オレフィンを選択的に得る方法を開発した．この方法は天然物合成において広く用いられるようになっており，多くの例が総説にまとめられている[122]．触媒的メタセシス反応の序論（§21・2・5a，p.945）でも触れたように，この方法の有用性はエポチロン A および C の合成において特に顕著に発揮されてい

スキーム 21・11

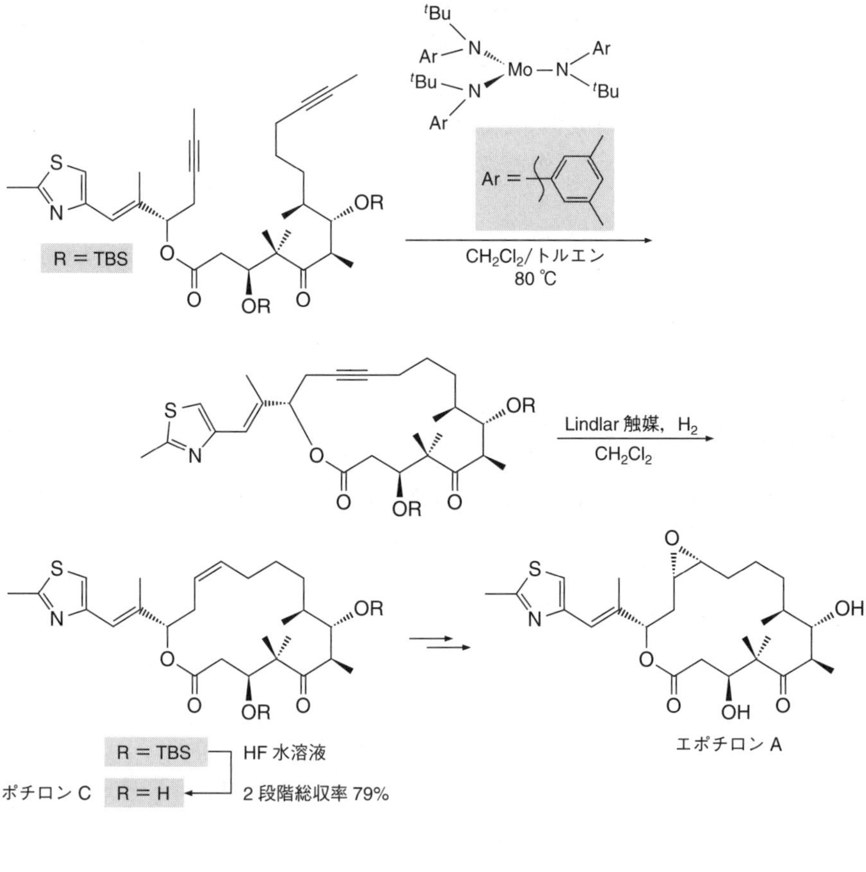

る．スキーム 21・11 に示すように，大員環に含まれる Z-オレフィンは，閉環アルキンメタセシスと続くパラジウム触媒による水素化反応によって構築されている．この後，脱保護を行うことでエポチロン C が，またエポキシ化反応によってエポチロン A が得られている．

21・4 エンインメタセシス反応

21・4・1 エンインメタセシス反応の例

式 21.39 に示すように，エンインメタセシス反応はアルケンとアルキンからジエンを生成する反応である[18),150)〜152)]．この反応においては，形式的にアルケンが二つに切断され，各

R—≡—H + (H)(H)C=C(H)(R′) —触媒量の[Ru]→ R(C=CH₂)CH=CH〜R′ (H) (21.39)

フラグメントがアルキンの二つの炭素原子に別々に結合したような生成物が得られる．エンインメタセシス反応は，Grubbs 触媒のようなルテニウムカルベン錯体を用いて最も詳しく研究されており，ヘテロ原子を含む官能基などに対する許容性は高い．これらの反応例を式 21.40〜21.43 に示す[153)〜157)]．アルケンとしてエチレンを用いる例が多いが，末端アルケ

(21.40) OAc基をもつプロパルギルベンゼン + エチレン —第二世代 Grubbs 触媒→ ジエン生成物 92%

(21.41) NBuTs 置換プロピン + エチレン —第二世代 Grubbs 触媒→ NBuTs 置換ジエン 91%

(21.42) BnO〜アルキン + アリル-SiMe₃ —第二世代 Grubbs 触媒, エチレン→ BnO〜ジエン〜CH_2SiMe_3 79% E : Z = 1.3 : 1

(21.43) BnO〜アルキン + C_6H_{13}-アルケン —第二世代 Grubbs 触媒, エチレン→ BnO〜ジエン〜C_6H_{13} 82%

ン[155),156)]やアリルシラン[154),157)]なども基質として用いることができる．また，第二世代 Grubbs 触媒にエチレンを加えた系では，生成物の立体選択性が向上する．1-オクテンを用いたエチレン存在下でのエンインメタセシス反応により，生成物が単一の異性体で得られる（式 21.43）[158)]．エチレンを添加した際に高い選択性が得られるのは，まずアルキンとエチレンがエンインメタセシス反応を起こし一置換のジエンが生成し，つづいてこのジエンが 1-オクテンとクロスメタセシス反応する際に E 体が選択的に生成するためと考えられる．一方，式 21.42 で示したアリルシランとの反応において立体選択性が低いのは，エチレンが反応に関与せず，アリルシランが直接アルキンとのエンインメタセシス反応を起こすためと考えられる[158)]．

分子間エンインメタセシス反応は比較的わかりやすい単純な反応であるが，当初は分子内

エンインメタセシス反応がおもに研究されていた．それらの代表的な例を式 21.44，21.45 に示す．式 21.44 の反応は，エンインメタセシス反応のヘテロ環合成に対する高い有用性を示している．また，式 21.45 の反応では，エンインメタセシス反応とオレフィンメタセシス反応を組合わせることで，二環式化合物が得られている．この反応では，まずエンインメタセシス反応によって 5 員環が形成されるとともにルテニウムカルベン錯体が生成する．つづいて，残ったオレフィン部位と［2+2］付加環化反応，逆［2+2］付加環化反応を起こすことで二環式生成物が得られると同時に，再度触媒として反応可能なルテニウムカルベン錯体が再生する．

Ts−N　OTBS　[Ru] (1 mol%)　ベンゼン，還流　Ts　N　OTBS　(21.44)

R　[Ru]=CH₂　−CH₂=CH₂　[Ru]　R　[Ru]　R　−[Ru]=CH₂　R　(21.45)

21・4・2　エンインメタセシス反応の機構

スキーム 21・12 に示すように，エンインメタセシス反応は連続的な［2+2］反応によって進行すると考えられている[159]．まず，アルキリデン錯体が生成することで触媒反応が開始し，続いてアルキンと反応するとメタラシクロブテン錯体が生じる．この［2+2］付加環化反応は，アルキリデン錯体とアルキンの置換基が 1 位と 3 位の位置関係になるように選択的に進行する．つぎに，開環反応が起こりビニル基をもつカルベン錯体が生成し，これがアルケンと反応し新たなメタラサイクルが生じる．この付加環化反応はやはりカルベン錯体のビニル置換基とアルケンの置換基が 1 位と 3 位の関係になるように進行する．最後に，逆［2+2］付加環化反応が起こると，初めのルテニウムアルキリデン錯体が再生する．生成物の位置選択性を説明するには 4 員環メタラサイクルの 1 位と 3 位に置換基がくるように［2+2］付加環化反応が進行する必要がある．嵩高い置換基が隣り合った炭素上に配置される場合より

スキーム 21・12

R′　R　H−≡−R′　L_nRu=　R　L_nRu=　R　R′−≡−H　L_nRu　R　R′　L_nRu　R　R′　R　L_nRu　R′　R　R　α-オレフィン

も立体反発が小さいためと考えられる.

21・5 まとめ

オレフィンメタセシス反応には50年以上の歴史がある.この長い年月の間に,触媒の構造も反応機構もわからず高温で行われていた反応は,穏和な条件で精密に設計された触媒を用いて行われるようになり,また反応機構についても詳細に理解されるようになった.オレフィンメタセシス反応やアルキンメタセシス反応では,炭素−炭素二重結合や三重結合が完全に切断され,新たなアルケンやアルキン生成物へと組換えられる.多くの場合,反応は平衡混合物を生じるが,基質の種類によっては,相対反応速度や熱力学的安定性に従って,反応を選択的に進行させることも可能である.また,ひずみのある環を開くことで,ポリマーや小さなジエンを得ることもできる.さらに,比較的小さな環から大員環までさまざまな大きさの環構造も構築でき,この場合には発生したエチレンを系外に積極的に追い出すことにより反応をエントロピー的に有利にしたり,開放系を用いたりすることで反応を非可逆的にすることによって目的物を収率よく得ることができる.2種類のアルケンの立体的,電子的性質が適切に組合わされた場合には,クロスメタセシス反応によって非対称なアルケンを合成することもできる.

オレフィンメタセシス反応に用いられる触媒には多くの種類がある.古くは,高原子価タングステン種とアルキル金属種から発生できる不均一系触媒や6族金属カルボニル錯体とフェノール類から生成できる触媒などから,イミド配位子とアルキリデン配位子を一つずつ有するモリブデンやタングステンのアルコキシド錯体や,二つのハライド,嵩高く電子供与性の高いホスフィンや含窒素ヘテロ環カルベンと一つのベンジリデン配位子をもつルテニウム錯体までさまざまなものが利用されている.アルキンメタセシス反応の触媒としても,モリブデンカルボニル錯体と電子不足なフェノール誘導体から生成するものや,アルキリジン配位子をもつモリブデンアルコキシド錯体などがある.

アルケンメタセシス反応は,カルベン錯体とアルケンの[2+2]付加環化反応によるメタラシクロブタン種の生成と,それに続く逆[2+2]付加環化反応を繰返して進行する.アルキンメタセシス反応も同様に,カルビン錯体とアルキンの[2+2]付加環化反応によるメタラシクロブタジエン種の生成と,続く逆[2+2]付加環化反応の繰返しによって進行する.構造が明確な錯体触媒を用いたアルケンメタセシス反応における付加環化反応段階は,まずアルケンが配位し,続いてメタラサイクルが生成するという形で起こる.モリブデン触媒においては中心金属の高い求電子性やイミド錯体による電子状態の調整によって[2+2]付加環化反応が促進されている一方,ルテニウム触媒では含窒素ヘテロ環カルベン配位子の高い電子供与性が[2+2]付加環化反応を起こりやすくしている.

アルケンメタセシス反応における現在の課題としては,高い速度論的な選択性をもって*E*-あるいは*Z*-アルケンを生成できたり,穏和な条件で嵩高い置換基をもつアルケンを構築できたり,また高選択的なクロスメタセシス反応を実現できる新たな触媒系の開発があげられる.複雑な構造をもつ基質の反応を少ない触媒量で行える安定な触媒も望まれている.まだ触媒系に改良の余地はあるものの,アルケンメタセシス反応は,大量生産されているアルコールの合成中間体であるアルケンを不均化により合成したり大豆油などを有用な化学物質へ変換するのに用いられるとともに,天然有機化合物や医薬として重要な化合物群の合成にも利用されてきた.その結果,2005年には,これらの反応開発やその応用,反応機構に関する研究に関して,Chauvin,Grubbs,Schrockに対してノーベル賞が授与された.

文献および注

1. Schrock, R. R.; Hoveyda, A. H. *Angew. Chem. Int. Ed.* **2003**, *42*, 4592.
2. Hoveyda, A. H.; Schrock, R. R. *Chem.-Eur. J.* **2001**, *7*, 945.
3. Fürstner, A. *Angew. Chem. Int. Ed.* **2000**, *39*, 3013.
4. Grubbs, R. H.; Chang, S. *Tetrahedron* **1998**, *54*, 4413.
5. Schuster, M.; Blechert, S. *Angew. Chem., Int. Ed. Engl.* **1997**, *36*, 2037.
6. Grubbs, R. H.; Miller, S. J.; Fu, G. C. *Acc. Chem. Res.* **1995**, *28*, 446.
7. Ivin, K. J.; Mol, J. C. *Olefin Metathesis and Metathesis Polymerization*; Academic Press: London, 1997.
8. Dörwald, F. Z., Ed. *Metal Carbenes in Organic Synthesis*; Wiley-VCH: Weinheim, 1999.
9. Grubbs, R. H., Ed. *Handbook of Metathesis*; Wiley-VCH: Weinheim, 2003.
10. Peters, E. F.; Evering, B. L. (Standard Oil Company) **1960**, U.S. Patent 2963447.
11. Elleuterio, H. S. German Patent 1072811, 1960.
12. Banks, R. L.; Bailey, G. C. *Ind. Eng. Chem. Prod. Res. Dev.* **1964**, *3*, 170.
13. Novak, B. M.; Risse, W.; Grubbs, R. H. *Adv. Polym. Sci.* **1992**, *102*, 47.
14. Schwendeman, J. E.; Church, A. C.; Wagener, K. B. *Adv. Synth. Catal.* **2002**, *344*, 597.
15. Baughman, T. W.; Wagener, K. B. In *Advances in Polymer Science*; Buchmeiser, M., Ed.; Springer-Verlag GmbH: Berlin, 2005; Vol. 176, p 1.
16. Smith, J. A.; Brzezinska, K. R.; Valenti, D. J.; Wagener, K. B. *Macromolecules* **2000**, *33*, 3781.
17. Chatterjee, A. K.; Choi, T. L.; Sanders, D. P.; Grubbs, R. H. *J. Am. Chem. Soc.* **2003**, *125*, 11360.
18. Diver, S. T.; Giessert, A. *J. Chem. Rev.* **2004**, *104*, 1317. "enyne metathesis"という用語はもともと1,*n*-エンインの閉環メタセシス反応に対して用いられており，分子間反応に関しては"ene-yne metathesis"が使用されていた．しかし現在ではどちらの反応に対しても"enyne metathesis"がよく用いられている．
19. Bunz, U. H. F. *Acc. Chem. Res.* **2001**, *34*, 998.
20. Bunz, U. H. F. *Chem. Rev.* **2000**, *100*, 1605.
21. Fürstner, A.; Mathes, C.; Lehmann, C. W. *Chem. Eur. J.* **2001**, *7*, 5299.
22. Trnka, T. M.; Morgan, J. P.; Sanford, M. S.; Wilhelm, T. E.; Scholl, M.; Choi, T. L.; Ding, S.; Day, M. W.; Grubbs, R. H. *J. Am. Chem. Soc.* **2003**, *125*, 2546.
23. Trnka, T. M.; Grubbs, R. H. *Acc. Chem. Res.* **2001**, *34*, 18.
24. Garber, S. B.; Kingsbury, J. S.; Gray, B. L.; Hoveyda, A. H. *J. Am. Chem. Soc.* **2000**, *122*, 8168.
25. Hansen, S. M.; Volland, M. A. O.; Rominger, F.; Eisentrager, F.; Hofmann, P. *Angew. Chem. Int. Ed.* **1999**, *39*, 1273.
26. Wakamatsu, H.; Blechert, S. *Angew. Chem. Int. Ed.* **2002**, *41*, 2403.
27. Wakamatsu, H.; Blechert, S. *Angew. Chem. Int. Ed.* **2002**, *41*, 794.
28. Grela, K.; Harutyunyan, S.; Michrowska, A. *Angew. Chem. Int. Ed.* **2002**, *41*, 4038.
29. Michrowska, A.; Bujok, R.; Harutyunyan, S.; Sashuk, V.; Dolgonos, G.; Grela, K. *J. Am. Chem. Soc.* **2004**, *126*, 9318.
30. Blanc, F.; Berthoud, R.; Salameh, A.; Basset, J. M.; Coperet, C.; Singh, R.; Schrock, R. R. *J. Am. Chem. Soc.* **2007**, *129*, 8434.
31. Blanc, F.; Thivolle-Cazat, J.; Basset, J. M.; Coperet, C.; Hock, A. S.; Tonzetich, Z. J.; Schrock, R. R. *J. Am. Chem. Soc.* **2007**, *129*, 1044.
32. Rhers, B.; Salameh, A.; Baudouin, A.; Quadrelli, E. A.; Taoufik, M.; Coperet, C.; Lefebvre, F.; Basset, J. M.; Solans-Monfort, X.; Eisenstein, O.; Lukens, W. W.; Lopez, L. P. H.; Sinha, A.; Schrock, R. R. *Organometallics* **2006**, *25*, 3554.
33. Blanc, F.; Coperet, C.; Thivolle-Cazat, J.; Basset, J. M.; Lesage, A.; Emsley, L.; Sinha, A.; Schrock, R. R. *Angew. Chem. Int. Ed.* **2006**, *45*, 1216.
34. Rhers, B.; Quadrelli, E. A.; Baudouin, A.; Taoufik, M.; Coperet, C.; Lefebvre, F.; Basset, J. M.; Fenet, B.; Sinha, A.; Schrock, R. R. *J. Organomet. Chem.* **2006**, *691*, 5448.
35. Poater, A.; Solans-Monfort, X.; Clot, E.; Coperet, C.; Eisenstein, O. *J. Am. Chem. Soc.* **2007**, *129*, 8207.
36. Eleuterio, H. S. *J. Mol. Catal.* **1991**, *65*, 55.
37. Sodesawa, T.; Ogata, E.; Kamiya, Y. *Bull. Chem. Soc. Jpn.* **1977**, *50*, 998.
38. Ogata, E.; Sodesawa, T.; Kamiya, Y. *Bull. Chem. Soc. Jpn.* **1976**, *49*, 1317.
39. Finkel'shtein, E. S.; Bykov, V. I.; Portnykh, E. B. *J. Mol. Catal.* **1992**, *76*, 33.
40. Tanaka, K. *J. Chem. Soc., Chem. Commun.* **1984**, 748.
41. Verpoort, F.; Bossuyt, A.; Verdonck, L. *Chem. Commun.* **1996**, 417.
42. Michelot, F. W.; Keaveney, W. P. *J. Polym. Sci.* **1965**, *3*, 895.
43. Rinehart, R. E.; Smith, H. P. *J. Polym. Sci.* **1965**, *3*, 1049.
44. Zenkl, E.; Stelzer, F. *J. Mol. Catal.* **1992**, *76*, 1.
45. Lu, S. Y.; Quayle, P.; Heatley, F.; Booth, C.; Yeates, S. G.; Padget, J. C. *Macromolecules* **1992**, *25*, 2692.
46. Feast, W. J.; Harrison, D. B. *J. Mol. Catal.* **1991**, *65*, 63.
47. Novak, B. M.; Grubbs, R. H. *J. Am. Chem. Soc.* **1988**, *110*, 7542.
48. Novak, B. M.; Grubbs, R. H. *J. Am. Chem. Soc.* **1988**, *110*, 960.
49. Hérisson, J.-L.; Chauvin, Y. *Makromol. Chem.* **1971**, *141*, 161.
50. Katz, T. J.; McGinis, J. *J. Am. Chem. Soc.* **1975**, *97*, 1592.
51. Schrock, R. R. *Science* **1983**, *219*, 13.
52. Schrock, R. R. *ACS Symp. Ser.* **1983**, *211*, 369.
53. Casey, C. P.; Tuinstra, H. E.; Saeman, M. C. *J. Am. Chem. Soc.* **1976**, *98*, 608.
54. Grubbs, R. H.; Carr, D. D.; Hoppin, C.; Burk, P. L. *J. Am. Chem. Soc.* **1976**, *98*, 3478.
55. Grubbs, R. H.; Burk, P. L.; Carr, D. D. *J. Am. Chem. Soc.* **1975**, *97*, 3265.
56. Schrock, R. R.; Murdzek, J. S.; Bazan, G. C.; Robbins, J.; Dimare, M.; O'Regan, M. *J. Am. Chem. Soc.* **1990**, *112*, 3875.
57. Nguyen, S. T.; Grubbs, R. H.; Ziller, J. W. *J. Am. Chem. Soc.* **1993**, *115*, 9858.
58. Schwab, P.; Grubbs, R. H.; Ziller, J. W. *J. Am. Chem. Soc.* **1996**, *118*, 100.
59. Crowe, W. E.; Zhang, Z. J. *J. Am. Chem. Soc.* **1993**, *115*, 10998.
60. Crowe, W. E.; Goldberg, D. R. *J. Am. Chem. Soc.* **1995**, *117*, 5162.
61. Fu, G. C.; Grubbs, R. H. *J. Am. Chem. Soc.* **1993**, *115*, 3800.
62. Casey, C. P.; Burkhardt, T. J. *J. Am. Chem. Soc.* **1974**, *96*, 7808.
63. Katz, T. J.; Rothchild, R. *J. Am. Chem. Soc.* **1976**, *98*, 2519.
64. McGinnis, J.; Katz, T. J.; Hurwitz, S. *J. Am. Chem. Soc.* **1976**, *98*, 605.
65. Katz, T. J.; McGinnis, J. *J. Am. Chem. Soc.* **1977**, *99*, 1903.
66. Hong, S. H.; Day, M. W.; Grubbs, R. H. *J. Am. Chem. Soc.* **2004**, *126*, 7414.
67. Hong, S. H.; Wenzel, A. G.; Salguero, T. T.; Day, M. W.; Grubbs, R. H. *J. Am. Chem. Soc.* **2007**, *129*, 7961.
68. Fu, G. C.; Grubbs, R. H. *J. Am. Chem. Soc.* **1992**, *114*, 5426.
69. Fu, G. C.; Nguyen, S. T.; Grubbs, R. H. *J. Am. Chem. Soc.* **1993**,

115, 9856.
70. Fu, G. C.; Grubbs, R. H. *J. Am. Chem. Soc.* **1992**, *114*, 7324.
71. Buffat, M. G. P. *Tetrahedron* **2004**, *60*, 1701.
72. Tsuji, J.; Hashiguchi, S. *Tetrahedron Lett.* **1980**, *21*, 2955.
73. Fürstner, A.; Langemann, K. *J. Org. Chem.* **1996**, *61*, 3942.
74. Fürstner, A.; Langemann, K. *Synthesis* **1997**, 792.
75. Fürstner, A.; Seidel, G.; Kindler, N. *Tetrahedron* **1999**, *55*, 8215.
76. Yet, L. *Chem. Rev.* **2000**, *100*, 2963.
77. Crimmins, M. T.; Powell, M.T. *J. Am. Chem. Soc.* **2003**, *125*, 7592.
78. Ibrahem, I.; Yu, M.; Schrock, R. R.; Hoveyda, A. H. *J. Am. Chem. Soc.* **2009**, *131*, 3844.
79. Martin, S. F.; Humphrey, J. M.; Ali, A.; Hillier, M. C. *J. Am. Chem. Soc.* **1999**, *121*, 866.
80. Humphrey, J. M.; Liao, Y. S.; Ali, A.; Rein, T.; Wong, Y. L.; Chen, H. J.; Courtney, A. K.; Martin, S. F. *J. Am. Chem. Soc.* **2002**, *124*, 8584.
81. Martin, S. F.; Liao, Y. S.; Chen, H. J.; Patzel, M.; Ramser, M. N. *Tetrahedron Lett.* **1994**, *35*, 6005.
82. Martin, S. F.; Liao, Y. S.; Wong, Y. L.; Rein, T. *Tetrahedron Lett.* **1994**, *35*, 691.
83. Yang, Z.; He, Y.; Vourloumis, D.; Vallberg, H.; Nicolaou, K. C. *Angew. Chem. Int. Ed.* **1997**, *36*, 166.
84. Fürstner, A.; Mathes, C.; Grela, K. *Chem. Commun.* **2001**, 1057.
85. Laplaza, C. E.; Johnson, M. J. A.; Peters, J. C.; Odom, A. L.; Kim, E.; Cummins, C. C.; George, G. N.; Pickering, I. J. *J. Am. Chem. Soc.* **1996**, *118*, 8623.
86. Cummins, C. C. *Chem. Commun.* **1998**, 1777.
87. Cummins, C. C. *Prog. Inorg. Chem.* **1998**, *47*, 685.
88. Fürstner, A.; Mathes, C. *Org. Lett.* **2001**, *3*, 221.
89. Kirkland, T. A.; Grubbs, R. H. *J. Org. Chem.* **1997**, *62*, 7310.
90. Stewart, I. C.; Ung, T.; Pletnev, A. A.; Berlin, J. M.; Grubbs, R. H.; Schrodi, Y. *Org. Lett.* **2007**, *9*, 1589.
91. Berlin, J. M.; Campbell, K.; Ritter, T.; Funk, T. W.; Chlenov, A.; Grubbs, R. H. *Org. Lett.* **2007**, *9*, 1339.
92. Connon, S. J.; Blechert, S. *Angew. Chem. Int. Ed.* **2003**, *42*, 1900.
93. Chatterjee, A. K.; Grubbs, R. H. *Angew. Chem. Int. Ed.* **2002**, *41*, 3171.
94. Morrill, C.; Grubbs, R. H. *J. Org. Chem.* **2003**, *68*, 6031.
95. Alexander, J. B.; La, D. S.; Cefalo, D. R.; Hoveyda, A. H.; Schrock, R. R. *J. Am. Chem. Soc.* **1998**, *120*, 4041.
96. Keith, J. M.; Larrow, J. F.; Jacobsen, E. N. *Adv. Synth. Catal.* **2001**, *343*, 5.
97. Kiely, A. F.; Jernelius, J. A.; Schrock, R. R.; Hoveyda, A. H. *J. Am. Chem. Soc.* **2002**, *124*, 2868.
98. Weatherhead, G. S.; Ford, J. G.; Alexanian, E. J.; Schrock, R. R.; Hoveyda, A. H. *J. Am. Chem. Soc.* **2000**, *122*, 1828.
99. Harrity, J. P. A.; La, D. S.; Cefalo, D. R.; Visser, M. S.; Hoveyda, A. H. *J. Am. Chem. Soc.* **1998**, *120*, 2343.
100. Lee, A. L.; Malcolmson, S. J.; Puglisi, A.; Schrock, R. R.; Hoveyda, A. H. *J. Am. Chem. Soc.* **2006**, *128*, 5153.
101. La, D. S.; Ford, J. G.; Sattely, E. S.; Bonitatebus, P. J.; Schrock, R. R.; Hoveyda, A. H. *J. Am. Chem. Soc.* **1999**, *121*, 11603.
102. La, D. S.; Sattely, E. S.; Ford, J. G.; Schrock, R. R.; Hoveyda, A. H. *J. Am. Chem. Soc.* **2001**, *123*, 7767.
103. Aeilts, S. L.; Cefalo, D. R.; Bonitatebus, P. J.; Houser, J. H.; Hoveyda, A. H.; Schrock, R. R. *Angew. Chem. Int. Ed.* **2001**, *40*, 1452.
104. Hock, A. S.; Schrock, R. R.; Hoveyda, A. H. *J. Am. Chem. Soc.* **2006**, *128*, 16373.
105. Seiders, T. J.; Ward, D. W.; Grubbs, R. H. *Org. Lett.* **2001**, *3*, 3225.
106. (a) Van Veldhuizen, J. J.; Garber, S. B.; Kingsbury, J. S.; Hoveyda, A. H. *J. Am. Chem. Soc.* **2002**, *124*, 4954; (b) Van Veldhuizen, J. J.; Gillingham, D. G.; Garber, S. B.; Kataoka, O.; Hoveyda, A. H. *J. Am. Chem. Soc.* **2003**, *125*, 12502.
107. Funk, T. W.; Berlin, J. M.; Grubbs, R. H. *J. Am. Chem. Soc.* **2006**, *128*, 1840.
108. Odian, G. *Principles of Polymerization*, 3rd ed.; Wiley: New York, 1991.
109. Love, J. A.; Morgan, J. P.; Trnka, T. M.; Grubbs, R. H. *Angew. Chem. Int. Ed.* **2002**, *41*, 4035.
110. Love, J. A.; Sanford, M. S.; Day, M. W.; Grubbs, R. H. *J. Am. Chem. Soc.* **2003**, *125*, 10103.
111. Schrock, R. R.; Feldman, J.; Cannizzo, L. F.; Grubbs, R. H. *Macromolecules* **1987**, *20*, 1169.
112. Cannizzo, L. F.; Grubbs, R. H. *Macromolecules* **1988**, *21*, 1961.
113. Bielawski, C. W.; Benitez, D.; Grubbs, R. H. *Science* **2002**, *297*, 2041.
114. Scherman, O. A.; Grubbs, R. H. *Synth. Met.* **2001**, *124*, 431.
115. Scherman, O. A.; Rutenberg, I. M.; Grubbs, R. H. *J. Am. Chem. Soc.* **2003**, *125*, 8515.
116. Miao, Y. J.; Bazan, G. C. *Macromolecules* **1994**, *27*, 1063.
117. Miao, Y. J.; Bazan, G. C. *J. Am. Chem. Soc.* **1994**, *116*, 9379.
118. Gestwicki, J. E.; Cairo, C. W.; Strong, L. E.; Oetjen, K. A.; Kiessling, L. L. *J. Am. Chem. Soc.* **2002**, *124*, 14922.
119. Mortell, K. H.; Weatherman, R. V.; Kiessling, L. L. *J. Am. Chem. Soc.* **1996**, *118*, 2297.
120. Mortell, K. H.; Gingras, M.; Kiessling, L. L. *J. Am. Chem. Soc.* **1994**, *116*, 12053.
121. Bunz, U. H. F.; Kloppenburg, L. *Angew. Chem. Int. Ed.* **1999**, *38*, 478.
122. Fürstner, A.; Davies, P. W. *Chem. Commun.* **2005**, 2307.
123. Mortreux, A.; Blanchard, M. *J. Chem. Soc., Chem. Commun.* **1974**, 786.
124. Bray, A.; Mortreux, A.; Petit, F.; Petit, M.; Szymanskabuzar, T. *J. Chem. Soc., Chem. Commun.* **1993**, 197.
125. Villemin, D.; Cadiot, P. *Tetrahedron Lett.* **1982**, *23*, 5139.
126. Schrock, R. R.; Clark, D. N.; Sancho, J.; Wengrovius, J. H.; Rocklage, S. M.; Pedersen, S. F. *Organometallics* **1982**, *1*, 1645.
127. Listemann, M. L.; Schrock, R. R. *Organometallics* **1985**, *4*, 74.
128. Schrock, R. R. *Acc. Chem. Res.* **1990**, *23*, 158.
129. Feldman, J.; Schrock, R. R. *Prog. Inorg. Chem.* **1991**, *39*, 1.
130. Schrock, R. R. *J. Chem. Soc., Dalton Trans.* **2001**, 2541.
131. Schrock, R. R. *Chem. Rev.* **2002**, *102*, 145.
132. Fürstner, A.; Mathes, C.; Lehmann, C. W. *J. Am. Chem. Soc.* **1999**, *121*, 9453.
133. Zhang, W.; Kraft, S.; Moore, J. S. *J. Am. Chem. Soc.* **2004**, *126*, 329.
134. Wengrovius, J. H.; Sancho, J.; Schrock, R. R. *J. Am. Chem. Soc.* **1981**, *103*, 3932.
135. Pedersen, S. F.; Schrock, R. R.; Churchill, M. R.; Wasserman, H. J. *J. Am. Chem. Soc.* **1982**, *104*, 6808.
136. Nishida, M.; Shiga, H.; Mori, M. *J. Org. Chem.* **1998**, *63*, 8606.
137. Krouse, S. A.; Schrock, R. R. *Macromolecules* **1989**, *22*, 2569.
138. Krouse, S. A.; Schrock, R. R.; Cohen, R. E. *Macromolecules* **1987**, *20*, 903.
139. Zhang, X. P.; Bazan, G. C. *Macromolecules* **1994**, *27*, 4627.
140. Zhang, W.; Moore, J. S. *J. Am. Chem. Soc.* **2004**, *126*, 12796.
141. Weiss, K.; Michel, A.; Auth, E. M.; Bunz, U. H. F.; Mangel, T.; Mullen, K. *Angew. Chem., Int. Ed. Engl.* **1997**, *36*, 506.
142. Zhang, W.; Moore, J. S. *Macromolecules* **2004**, *37*, 3973.
143. Egbe, D. A. M.; Roll, C. P.; Birckner, E.; Grummt, U. W.; Stockmann, R.; Klemm, E. *Macromolecules* **2002**, *35*, 3825.

144. Pautzsch, T.; Klemm, E. *Macromolecules* **2002**, *35*, 1569.
145. Egbe, D. A. M.; Tillmann, H.; Birckner, E.; Klemm, E. *Macromol. Chem. Phys.* **2001**, *202*, 2712.
146. Brizius, G.; Pschirer, N. G.; Steffen, W.; Stitzer, K.; zur Loye, H. C.; Bunz, U. H. F. *J. Am. Chem. Soc.* **2000**, *122*, 12435.
147. Kaneta, N.; Hikichi, K.; Asaka, S.-i.; Uemura, M.; Mori, M. *Chem. Lett.* **1995**, 1055.
148. Fürstner, A.; Grela, K.; Mathes, C.; Lehmann, C. W. *J. Am. Chem. Soc.* **2000**, *122*, 11799.
149. Fürstner, A.; Grela, K. *Angew. Chem. Int. Ed.* **2000**, *39*, 1234.
150. 初期のエンインメタセシス反応については，文献 151 および 152 を参照せよ．
151. Katz, T. J.; Lee, S. J.; Nair, M.; Savage, E. B. *J. Am. Chem. Soc.* **1980**, *102*, 7940.
152. Katz, T. J.; Savage, E. B.; Lee, S. J.; Nair, M. *J. Am. Chem. Soc.* **1980**, *102*, 7942.
153. Smulik, J. A.; Diver, S. T. *Org. Lett.* **2000**, *2*, 2271.
154. Stragies, R.; Schuster, M.; Blechert, S. *Angew. Chem., Int. Ed. Engl.* **1997**, *36*, 2518.
155. Schurer, S. C.; Blechert, S. *Synlett* **1998**, 166.
156. Schurer, S. C.; Blechert, S. *Tetrahedron Lett.* **1999**, *40*, 1877.
157. Stragies, R.; Voigtmann, U.; Blechert, S. *Tetrahedron Lett.* **2000**, *41*, 5465.
158. Lee, H.-Y.; Kim, B. G.; Snapper, M. L. *Org. Lett.* **2003**, *5*, 1855.
159. Galan, B. R.; Giessert, A. J.; Keister, J. B.; Diver, S. T. *J. Am. Chem. Soc.* **2005**, *127*, 5762.

オレフィンの重合反応および オリゴマー化反応

22

22・1 はじめに

エチレンとプロピレンの重合反応（式 22.1）は，有機金属錯体を触媒として用いて最も大規模に行われている代表的な化学工業プロセスの一つである．世界中で用いられる熱可塑性

$$\text{CH}_2\!=\!\text{CHR} \xrightarrow{\text{触媒}} \left(\text{CH}_2\text{CHR}\right)_n \qquad \begin{array}{l}\text{R = H, Me}\\ \text{触媒 = Ti, Zr, Hf, Cr, Fe, Co,}\\ \quad \text{Ni や Pd を含む化学種}\end{array} \tag{22.1}$$

プラスチック（加熱によって融解し成型可能となる材料）のうち約 60% がエチレンやプロピレンの単独重合体，あるいはそれらを主成分とする共重合体である．2008 年には，米国だけでも 5830 万トンのポリエチレンと 1700 万トンのポリプロピレンが生産されている[1]．これらの材料は，袋や包装，水道管，電線被覆材料，ロープ，カーペット，織物に利用されている．ポリエチレンは一部ラジカル重合により合成されているが，すべてのポリプロピレンおよび大部分のポリエチレンは，有機金属触媒による配位重合反応で生産されている．配位重合反応においては，得られるポリマーの立体化学や分岐の量は，中心金属まわりの配位環境や起こりうる各反応の相対反応速度によって制御できる．また，これらに加えてポリマーの微細構造なども含めた構造的な特徴により，ポリマーの物性を変えられるので，それぞれ目的に合った材料を合成することができる．このように，有機金属化学は，世界中で最も豊富な化学製品の一つであるポリオレフィンの高い有用性に大きく寄与している．

ポリエチレンやポリプロピレンの工業的生産には，おもに 2 種類の触媒が用いられている．一つはアルキルアルミニウムによって活性化された不均一系触媒であり，これらは世界におけるポリエチレン，ポリプロピレンの約 99% の生産を担っている[2]．このタイプの触媒は，ミュルハイムの Max Planck 研究所の Karl Ziegler の研究室で発見され，ミラノ工科大学の Giulio Natta によってすぐにイソタクチックポリプロピレン合成法の開発に利用された[3]．これらの “Ziegler” 触媒はハロゲン化チタンを基にしたものである．これらの業績により，Ziegler と Natta には 1963 年にノーベル化学賞が授与されている．これらの触媒と同様に，クロムの前駆体より得られる不均一系触媒も長年にわたってポリエチレンの合成に利用されている[4),5]．

もう 1 種類の触媒は，アルキルアルミニウム反応剤やホウ酸塩を活性化剤として可溶な金属錯体触媒を用いるもので，より精密なポリマー構造の制御を行うことができる[6)〜9]．このような触媒のうち，実際に工業的に用いられているものの多くは，シクロペンタジエニル基，あるいはその類縁体を配位子とする 4 族遷移金属錯体である．これらの錯体触媒では，配位子によってポリマーの立体化学，分岐の量や長さ，コモノマーの取込み比率などを制御できる．一方，鉄，コバルトなどの中周期遷移金属触媒や，ニッケル，パラジウムなどの後周期遷移金属触媒を用いたオレフィン重合反応についても広範に研究されてきた．前周期遷移金属や中周期遷移金属錯体触媒を用いると直鎖状のポリエチレンが生成するのに対し，後

周期遷移金属触媒では直鎖状のポリエチレンから分岐の多いポリエチレンまで得られる．後周期遷移金属触媒によるオレフィン重合は，前周期遷移金属触媒によるオレフィン重合とは異なる性質をもつポリマーを与えることに加え，極性官能基をもつモノマーを用いた共重合反応への利用も可能なことから研究が行われてきた．また，バナジウム，クロム，コバルト，ニッケル，パラジウムなどの触媒は，工業的に重要なジエンの重合反応やオリゴマー化反応，環化オリゴマー化反応にも用いられてきた（式 22.2）．

触媒　あるいは　(22.2)

また，エチレンやプロピレンの重合反応機構に関しては，本書の前身となる書籍が出版された 20 年以上前の段階と比べて，4 族遷移金属触媒やニッケル，パラジウム触媒によるオレフィン重合などについてより詳細な機構が明らかになっている．反応機構上の多くの特徴については，移動挿入反応や β 水素脱離反応，配位子への求電子攻撃について述べた章においてすでに言及している．簡潔に述べると，ポリエチレンやポリプロピレンは，触媒とポリマー鎖をつないでいる金属－アルキル結合へのオレフィン挿入反応を繰返し行うことで生成し，連鎖移動剤との反応や β 水素脱離反応，成長する炭素鎖の β 水素原子のモノマーへの直接的な移動反応が起こると重合反応は停止する．

22 章では，エチレンやプロピレンから得られるさまざまな種類のポリマーや，これらのオレフィンと他のモノマーとの共重合体について述べるとともに，ポリオレフィンの合成や同定法に関する基本的な概念について解説する．まず，重合反応機構の基本的特徴について紹介し，さまざまな触媒や物質についての表現を理解できるようにする．また，これらモノマーの重合に用いられているさまざまなタイプの触媒について述べた後，反応機構からみたより詳しい特徴について説明する．さらに，エチレンのオリゴマー化反応，ジエンの重合反応やオリゴマー化反応についても紹介する．オレフィン重合に関する論文や特許は大量に存在し，また総説も多く出版されている．本章で紹介するオレフィン重合やオリゴマー化反応の例はその一部であるため，より詳細な情報に関しては総説[10)~18)]などを参考にされたい．

22・1・1　ポリオレフィン化学の基礎

本書のこれまでの章では用いられていない多くの用語が，本章では用いられている．したがって，ここではまず，これらの用語の定義とともにポリオレフィン合成を例にしながら，高分子化学の基礎知識について述べる．まず，最も基本的なこととして，ポリマーは一つ以上の繰返し単位をもっており，その分子量はポリマー鎖に含まれる単位数に依存する．ポリオレフィンの試料は，さまざまな分子量をもつポリマー鎖の集合である．ポリマーの分子量は一般的に，重量平均分子量 M_w と数平均分子量 M_n を用いて表される（式 22.3）．混合物中の比

$$M_n = \frac{\Sigma N_x M_x}{\Sigma N_x} \qquad M_w = \frac{\Sigma N_x M_x^2}{\Sigma N_x M_x} \qquad (22.3)$$

N_x は分子量 M_x のポリマー鎖の数

較的高い分子量をもつポリマー鎖は，M_n よりも M_w の計算においてより大きく寄与するため，M_w は M_n よりも大きな値をとる．M_w と M_n の比は分子量分布（MWD, molecular weight distribution）の指標であり，多分散度（PDI, polydispersity index）ともよばれる．もし，単一の分子量をもつ化合物からなる純粋な試料があれば，M_w と M_n の値は等しくなる．

ポリオレフィン合成において，モノマー単位は触媒により連結されるが，この過程のことを連鎖成長反応という．連鎖重合反応（chain-growth polymerization）においては，モノマー単位はポリマー鎖の末端に連結される．また，不可逆な連鎖停止が起こらない完全な連鎖重

合反応においては，触媒は反応活性な状態でポリマー末端に結合したまま残る．この状態でさらに不可逆な連鎖移動反応が触媒間で起こらない場合，生成するポリマーの分子量は転化率と比例して増加することとなり，これをリビング重合反応（living polymerization）という．連鎖重合反応とは異なる形式の重合反応として逐次重合反応（step-growth polymerization）あるいは縮合重合反応（condensation polymerization）があるが，この場合にはポリマー鎖同士が連結していくので，ポリマーの分子量は転化率に対し指数関数的に増大する．リビング重合反応において，開始反応が連鎖成長に対して十分に速い場合，生成するポリマーの分子量分布は狭くなり，PDI は 1 に近い値となる．

共重合体は異なる二つのモノマー同士を連結させていくことで生成する．また，多様な種類の共重合体が合成されている．本章で解説する共重合体には，2 種類のモノマーをランダムにつないだもの，交互につないだもの，あるいは 1 種類目のモノマーをまず連結させた後，続いて別の種類のモノマーを連結させたものなどがある．これらのポリマーはそれぞれ，ランダム共重合体（random copolymer），交互共重合体（alternating copolymer），ブロック共重合体（block copolymer）とよばれている．また，単一のモノマー由来のポリマーではあるが，ポリマー鎖中に複数の異なる立体規則性をもつブロックを含んでいるとき，これらのポリマーをステレオブロックポリマー（stereoblock polymer）という．

通常の有機小分子の立体化学と比較して，ポリマーの立体化学はより複雑である．本章でも解説するが，ポリプロピレンの物性は，そのポリマー鎖上のメチル基の相対立体配置によって大きく左右される．一般的に，ポリプロピレン鎖中の五つの連続するプロピレン単位の相対立体配置（5 連子，pentad）は ^{13}C NMR スペクトル測定によって明らかにできる．このため，一般的にこのようにして同定した特定の相対立体配置をもつ 5 連子の割合も報告されていることが多い．

モノマー単位同士の相対立体配置は，触媒の構造，あるいは最後に挿入したモノマー単位の立体配置によって制御され，それぞれ触媒規制（site control），末端規制（chain-end control）といわれる．本章で紹介する立体構造の決まったメタロセン触媒によって生成するイソタクチックポリプロピレンは触媒規制によって得られており，より精巧な構造をもつポリマーの構築は末端規制よりも触媒規制によって可能となる．これは均一系触媒によって多様なポリオレフィンが合成されることからもよくわかる．

ポリマーの立体化学が触媒規制，末端規制のどちらで制御されるかは，得られるポリマーの構造に大きく影響する．式 22.4 に示すように，触媒がポリマー鎖上の相対立体配置を決

触媒規制　L_nM R R（L により制御）　誤挿入　L_nM R R R　→　L_nM R R R R

末端規制　L_nM R R（ポリマー鎖の立体化学により制御）　誤挿入　L_nM R R R　→　L_nM R R R R

(22.4)

めている場合には，起こりにくい側の面でモノマーの挿入が起こり立体欠陥（stereoerror）が生じたとしても，次に挿入するモノマー単位の立体化学はポリマー鎖全体の大部分のキラル中心と同じとなる．しかし，立体配置が最後に挿入したモノマー単位によって制御されている場合には，立体欠陥によってその後モノマーが挿入する際の立体化学は反転し，再度立体欠陥が起こるまで元には戻らない．結果として，二つの異なる立体規制法によって，全体としては異なる立体化学をもつポリマーが生じることとなる．このような立体欠陥の違いは

NMR 測定によって容易に見分けることができる．

22・2　モノエンの重合反応とオリゴマー化反応の機構

単純なモノエンの重合反応およびオリゴマー化反応の機構は，(a) 開始 (initiation)，(b) 成長 (propagation)，(c) 停止 (termination) という三つの基本的な段階より成る (式 22.5)．一般的に，重合反応やオリゴマー化反応の進行する触媒活性中心は遷移金属アルキル錯体である．

$$L_nMX_2 \xrightarrow{M'-R} L_nMR_2 \xrightarrow[\text{または Brønsted 酸(HA)}\ -H-R]{\text{(a) Lewis 酸(LA)}\ -LA-R^{\ominus}} L_nM^{\oplus}-R \xrightarrow[=]{(b)} L_nM^{\oplus}\frown\frown R \xrightarrow{(c)} L_nM^{\oplus}-H + \text{ポリマー} \quad (22.5)$$

単離されることもある

LA の例：$[CPh_3]^{\oplus}[BAr_4]^{\ominus}$，$AlR_3$　HA の例：$[HNR_3]^{\oplus}[BAr_4]^{\ominus}$

開始段階 (a) を行う方法は複数あるが[17]，どれも配位不飽和のアルキル金属錯体を発生させるものである．たとえば，目的の配位不飽和アルキル錯体は，ハライド配位子を二つもつ遷移金属錯体とアルキルアルミニウム反応剤との反応により発生できる．まずジハライド錯体はアルキルアルミニウム反応剤によってジアルキル錯体へと変換された後，さらにアルキルアルミニウム反応剤が反応し金属中心からアルキル基を一つ引抜くことでカチオン性モノアルキル錯体へと変換される．また，同様にジアルキル錯体をペルフルオロアリールボランなどの強い Lewis 酸と反応させると，やはりアルキル基のうちの一つが引抜かれ，カチオン性アルキル錯体がボラートアニオンとともに生じる．さらに，BAr_4^- ($Ar = C_6F_5$) などの配位性のない共役塩基を与える酸とジアルキル錯体を反応させても，同様の錯体を生成できる．これらの引抜き反応やプロトン化反応については 12 章 (配位子への求電子攻撃) ですでに議論している．

連鎖成長 (式 22.5 b) は，オレフィンの配位と移動挿入反応によって進行する．移動挿入反応が起こる前にオレフィンの配位が起こるが，そのためには金属上に空の配位座が必要である．オレフィンは金属上へ配位しなければならないため，立体的により混み合いの少ないエチレン，プロピレン，直鎖状の α-オレフィン，ビニルアレーンなどが速く挿入する．オレフィンの重合速度は一般的にエチレン，プロピレン，α-オレフィンの順に遅くなり，またこれらのモノマーと比較して 1,2-二置換オレフィンや 1,1-二置換オレフィンではさらに大幅に遅くなる．三置換または四置換オレフィンの重合の例はほとんどない．また，多くの重合触媒は，空の配位座に結合する不純物による不活性化を起こしやすい．

第二段階の連鎖成長における移動挿入反応に関しては多くの議論がなされており，特にモノマー単位間の相対立体配置の制御を可能とする相互作用については詳細に調べられている．これらについては，9 章のオレフィン挿入反応について述べた部分ですでに解説している．炭素－炭素結合形成は配位したオレフィンの金属－アルキル結合への移動挿入反応 (Cossee 機構)[訳注] によって起こる[19] が，このときの位置選択性や立体選択性が成長するポリマー鎖上の側鎖の分布や相対立体配置を決めている．

訳注：上巻 9 章 p.351〜352 を参照せよ．

連鎖停止 (式 22.5 c) はさまざまな形で起こりうる[20]．まず，水素などの連鎖移動剤を添加すると，分子量を制御することができる場合がある (式 22.6)[21),22]．このような連鎖移動

$$L_nM{-}CH_2CH_2{-}P \xrightarrow{H_2} L_nM{-}H + CH_3CH_2P \quad (22.6)$$

剤はポリマー鎖の成長を停止させると同時に，ヒドリドなどの配位子を金属上に残すことで重合反応を再度開始させることを可能にしている．また，連鎖停止は β 水素脱離反応によっ

ても起こる．β水素脱離反応では，停止末端がオレフィンとなったポリマーが生じるとともに，金属ヒドリド種が生成することで，再びポリマー鎖を構築できる（式22.7）．もう一つの停止反応は，β水素脱離反応とオレフィン挿入反応が組合わさった過程であり，β位の

$$L_nM\text{–}CH_2CH_2\text{–}P \longrightarrow L_nM\text{–}H \ + \ CH_2\text{=}CH\text{–}P \tag{22.7}$$

C−H結合の切断反応が起こる前にオレフィンが金属に配位する．この反応は，金属上にあるアルキル基のβ水素原子が配位したオレフィン上に直接的に移動する機構で進行し，金属ヒドリド種は経由しないと考えられている（式22.8）[20),23),24)]．

M, R, H → M, R, H → M, H ＋ R　(22.8)

連鎖成長反応速度k_pと停止反応速度k_tの比が生成物の分子量を決定する．この相対速度比は3種類に分類でき，それぞれ異なる種類の生成物を与える．まず，k_pがk_tと比べて非常に大きいとき，生成物は高分子量のポリマーとなる．一方，k_pとk_tが同程度の場合には，幾何分布に従うオリゴマーが生成する（Schulz–Flory型[25)〜27)]，詳しくは§22・9のオリゴマー化反応に関する記述を参照せよ）．また，逆にk_tがk_pと比べて非常に大きいときには，二量体のみが生成物として得られる．

22・3　エチレンを主成分とするポリマー

さまざまな方法で合成されたポリエチレン試料の違いは，一見したところ分子量や分子量分布だけであると思うかもしれない．しかし，触媒が異なる場合，得られるポリエチレンの構造も違ってくる場合がある．副反応やコモノマーの取込みによってポリエチレン鎖上に分岐が生成することがある．このような分岐はポリマーの結晶性に大きく影響し，結果として得られる試料の物性も大きく変化する．エチレンのみから合成したポリマーにも2種類あるが，これらに加えてエチレンとα-オレフィンの共重合体もある．図22・1にはこれら3種類のポリマーの構造を示す．高密度ポリエチレン（HDPE, high-density polyethylene）は分岐のない直鎖状のポリエチレンである．低密度ポリエチレン（LDPE, low-density polyethylene）は主鎖に多数の分岐が存在し，分岐により生成した側鎖も多く分岐している．直鎖状低密度ポリエチレン（LLDPE, linear low-density polyethylene）はエチレンとα-オレフィンの共重合体であり分岐の数は少ない．

HDPEの多くはチタンを含む不均一系Ziegler触媒や担持したクロム酸化物触媒により合成される[28),29)]．HDPEはLDPEと比較して融点が高く，結晶性もはるかに高い．HDPEはさまざまな遷移金属触媒によって合成できるが，安価な不均一系チタン触媒に匹敵する活性を示すものは少ない．

LDPEは工業的には高温かつ高圧の条件下で過酸化物を開始剤とするラジカル重合により合成される．ポリマー末端にある第一級アルキルラジカルは，水素原子移動により第二級アルキルラジカルへと変換されやすいため，LDPEは高度に分岐した構造をもつ．しかし，このような高圧プロセスを行うプラントの建設や維持には多額の資金を必要とする．したがって，ラジカル反応で合成されたLDPEは徐々に遷移金属触媒によって合成されるLLDPEに置き換えられつつある．

比較的低温かつ低圧の条件下で制御された重合反応によるLLDPEの合成が可能となったのは，遷移金属触媒を用いた重合反応における大きな進歩があったからである．LLDPEは

図22・1　ポリエチレンの一般的な構造．高密度ポリエチレン(HDPE)，低密度ポリエチレン(LDPE)および直鎖状低密度ポリエチレン(LLDPE)

一般にエチレンと比較的小さなα-オレフィンより合成される（炭素数4から8のモノマーを重量パーセントで約10%程度含むものが多い）．これらのポリマーは，長い主鎖をもつことで引張強度が高いと同時に，短い分岐の存在により靱性[訳注1]が高いという性質をもつ．

訳注1：靱性とは，外力によって破壊されにくい性質のことをいう．

以上で紹介したポリエチレン以外にも，超低密度ポリエチレン(ULDPE)，高分子量(HMW) HDPEや超高分子量（UHMW）HDPEなどがある[訳注2]．ULDPEはLLDPEよりもα-オレフィンの含有量が多く，UHMW HDPEの分子量は300万以上である[30]．

訳注2：
ULDPE：ultra-low-density polyethylene
HMW：high molecular weight
UHMW：ultra-high molecular weight

22・3・1　HDPE合成反応に用いる触媒

本章では遷移金属錯体を分子触媒としたポリオレフィン合成に焦点を当てるため，Zieglerの不均一系チタン触媒や担持酸化クロム触媒などのHDPEを合成する重合触媒については詳しくはとりあげないが，工業的に大変重要であるため，これらについても簡単にふれる．Ziegler触媒は一般にチタンの塩化物と助触媒であるアルキルアルミニウム化合物を混合することで調製される[31)~34]．この触媒の構造に関しては多くの研究がなされてきたが，表面上に固定されたチタン上でどのようにポリマー構造が制御されるのかを詳細に理解するのは，いまだに困難な課題である．しかし本章では，可溶性の4族遷移金属錯体触媒が，さまざまな種類のポリオレフィンをどのようにして生成するのかについて詳しく議論する．

もう一つの担持触媒は，クロム錯体に基づいたものである．エチレン重合反応用のクロム触媒は，1950年代にPhillips社のHoganとBanksによって発見された（Phillips触媒）[28),29]．これらの触媒は，酸化クロムやCr(Ⅲ)種などのクロム錯体をシリカに吸着させ，酸素中で煆焼（かしょう）することで担持したクロム酸塩，あるいは二クロム酸塩として得られる（式22.9）．このようにして生成させたCr(Ⅵ)種をエチレンと反応させると，エチレンが酸化されるとともに，エチレン重合が可能でかつ担持された低原子価クロム種が生成する．また，Union Carbide社によって開発されたもう一つのクロム触媒は，クロモセンをシリカ上に担持することで得られる[35]．このクロモセンから調製した触媒は現在工業的には用いられていないが，Phillips触媒は2005年には世界中で生産されている4000万トンのポリエチレンのうち約3分の1の生産を担っていたといわれている[36]．

$$\text{Cr(III)} + \text{シリカ} \longrightarrow \xrightarrow{O_2/\text{加熱}} \text{(O}_2\text{Cr(O-)}_2\text{ on silica)} \xrightarrow{=} \text{活性な Cr 触媒} \quad (22.9)$$

エチレン重合を行っている担持されたPhillips触媒の活性な状態がどのようなものであるかは，50年以上にわたって論争されてきた[36),37]．活性な触媒におけるクロムの価数は2価から4価までさまざまに提唱されているが，いまだに活性な触媒の酸化状態として広く受け入れられているものはない．シリカ上のCr(Ⅱ)種は，Cr(Ⅵ)種と一酸化炭素の反応により生成でき，これはエチレン重合活性をもつ．しかし，実際に重合活性があるのがCr(Ⅱ)種であるのか，あるいはCr(Ⅱ)種がさらに酸化されてできた部位が触媒活性をもつのかは明らかにはなっていない．同様の触媒は，Cr(Ⅳ)種を水素や一酸化炭素で還元することでも得られるが，これらの触媒ではクロムヒドリド種が重合反応を開始し[5),39]，連続的な移動挿入反応によって重合反応が進行すると考えられている．クロモセン由来のエチレン重合の触媒活性種についてもよくわかっていない．

これらのクロム触媒のモデルとなる均一系クロム触媒も合成されている．特に，Cp^*配位子やNacNac配位子[訳注3]をもつアルキルクロム錯体がエチレン重合活性を示すことはTheopoldによって示されている（式22.10）[38),39]．さらに，NacNac配位子をもつ錯体は，Phillips触媒と同様，エチレンとα-オレフィンの共重合反応も触媒する．以上より，これらの化合物はPhillips触媒中で触媒活性をもつ担持された3価のアルキルクロム種のモデルと

訳注3：NacNac配位子
1,3-ジカルボニル化合物と第一級アミンから生成する二座窒素配位acac型配位子のこと．

LLDPE ← ＝ ＋ (プロピレン) ― [Cr 錯体: N, Cr, OEt_2, $SiMe_3$] ― ＝ → ポリエチレン (22.10)

みることができるであろう．

工業生産に用いられる多くのエチレン重合触媒は，不均一系もしくはコロイド状の触媒である[21),40)]．生成物のポリマーから触媒を除去するのには多くの費用を要するため，通常，触媒が生成物に残ったままポリマーは使用される．しかし，実際に用いられる触媒の活性は非常に高く，一般的に 1 g の触媒から 10 トン以上のポリエチレンが得られるため，生成物に残る触媒はわずかな量であり，問題とはならない[20),21)]．

高活性で HDPE を生成する中周期遷移金属の均一系触媒も開発されている．DuPont 社の Bennett，ノースカロライナ大学の Brookhart，インペリアルカレッジの Gibson らがほぼ同時に，ピリジルビス(イミン)配位子をもつコバルトないし鉄触媒によるエチレン重合法を見いだした（図 22・2）[41)~43)]．これらの触媒では，配位子の窒素原子上のアリール基が嵩高い場合にはポリマーが得られる一方，この置換基が立体的に小さい鉄錯体の場合には高活性のエチレンのオリゴマー化触媒となり，生成物は α-オレフィンの Schulz-Flory 分布に従う．ポリマーおよびオリゴマーの生成に及ぼすこの配位子の立体的な効果については §22・8・3 でより詳しく議論するが，簡潔に述べると，配位子の嵩高さは連鎖移動反応を成長反応に比べ遅らせる効果があり，結果として高分子量のポリマーが得られる．このように配位子の嵩高さにより連鎖移動反応が遅くなるのは，β 水素脱離反応により可逆的に生成するオレフィンの会合的機構による置換反応が抑制される，あるいは式 22.8 に示した“モノマーへの連鎖移動反応”の活性化エネルギーが高められるためと考えられている．

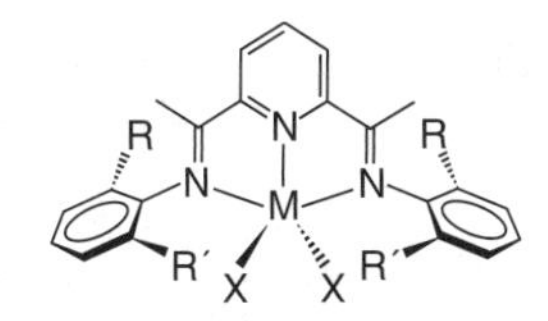

図 22・2 HDPE やエチレンのオリゴマーを生成するピリジルビス(イミン)配位子をもつ鉄およびコバルト触媒

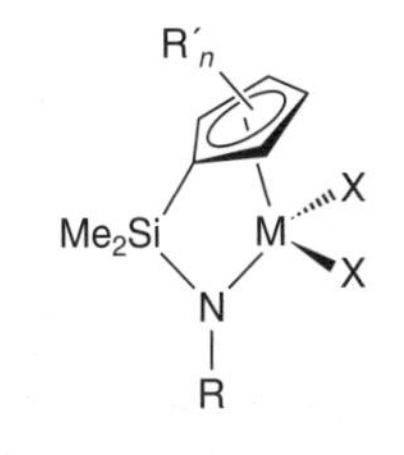

図 22・3 架橋されたシクロペンタジエニル配位子およびアミド配位子をもつ幾何拘束型触媒

22・3・2 エチレンのみを用いた LDPE 合成反応に用いる触媒

遷移金属触媒により合成される低密度ポリエチレンの多くは，エチレンと α-オレフィンの共重合反応により生産されている．この LLDPE については，後で共重合反応についての節（§22・6）において解説する．この方法以外に，遷移金属触媒によるエチレン重合反応でも，ラジカル重合反応で得られるポリエチレンとは異なる LDPE を合成できる．

金属触媒による重合反応で得られる LDPE における分岐は，β 水素脱離反応によって生成する．β 水素脱離反応による連鎖停止が起こるとオレフィン部位を末端にもつポリマーが生成するが，このポリマーが再度触媒に配位し，金属－炭素結合に挿入すると，長鎖分岐（LCB）をもつポリマーが得られる．このような長鎖分岐が生成するため，α-オレフィンをコモノマーとして用いなくても LDPE を合成できる．Dow 社と Exxon 社の研究者らは，アンサシクロペンタジエニルアミドチタン[(訳注)]触媒によるオレフィン重合反応を開発した（図 22・3）[44)~48)]．この触媒は特に基質が金属中心に近づきやすい構造をとっており，幾何拘束型触媒（constrained geometry catalyst，CGC）とよばれている．この触媒では中心金属まわりが比較的空いているため，大きな α-オレフィンをコモノマーとしても重合反応が行えるという特徴をもっている（のちほど述べる LLDPE に関する記述，p.986 も参照のこと）．その結果，この触媒はオレフィンが末端にあるポリエチレンをポリマー鎖に取込むことで，長鎖分岐をもつ LDPE を生成できる[49),50)]．このようなポリマーは，特に高温や高転化率，低エチレンまたは α-オレフィン濃度の条件下で CGC を用いると生成しやすい[51),52)]．最近

訳注：アンサ（ansa）については上巻 3 章 p.111 を参照せよ．

になって，末端にオレフィン部位をもつ長いポリマー鎖を取込むことのできる新たな触媒も報告されている[53)~56)]．また，二つの触媒を含む反応系で，片方がエチレンのオリゴマー化反応により 1-ヘキセンや 1-オクテンを生成し，もう一方がこれらのオリゴマーを成長するポリエチレン鎖中に取込むことで，エチレンのみから LLDPE を生成する触媒系も見いだされた[57)~62)]．さらに，末端オレフィン部位をもつポリマー鎖の再挿入反応による長鎖分岐の生成を促進することを目的として，二核錯体触媒も開発された（図 22・4）[63)]．共有結合[64)]や静電相互作用[65)]によって異種金属錯体を連結した触媒は，2 種の単核錯体を混合したものよりも多くの長鎖分岐を生じさせることも見いだされている．

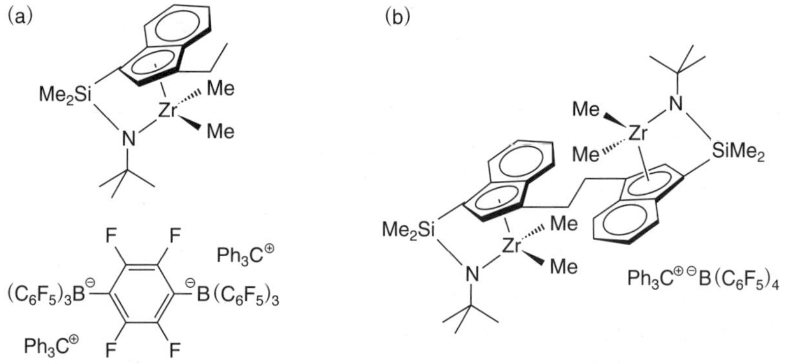

図 22・4　オレフィン末端をもつポリマーの再挿入反応が可能な二核触媒の例．(a) 単核錯体とビスボラート活性化剤の組合わせ，および (b) 二核錯体とモノボラート活性化剤の組合わせ．

22・3・3　後周期遷移金属触媒による多分岐ポリエチレンの生成

後周期遷移金属であるニッケルやパラジウム触媒により得られる LDPE は，前周期遷移金属触媒により得られるそれ[66)]とは大きく異なり，分岐の数もはるかに多く，側鎖もさらに分岐する．これらの後周期遷移金属触媒を用いて得られたポリマーは，ラジカル重合反応で合成した LDPE よりも側鎖の数が多く，油状物質として得られることもある．

これらの重合触媒は α-ジイミン配位子をもっており，高分子量の生成物を得るためには，この配位子の窒素原子上に嵩高いアリール基を配置することが重要である．これらの触媒は Brookhart らによって開発され（図 22・5），ここから §22・3・1 で紹介した鉄やコバルトの触媒開発につながっていった[67)]．ポリマーの分岐の程度は，用いる金属，配位子，反応温度や圧力に依存する．一般に，ニッケル触媒はほぼ直鎖状，あるいは分岐の比較的少ないポリマーを与える一方，パラジウム触媒からはより多分岐のポリマーが得られる[68)]．詳細な ^{13}C NMR 解析[69)]の結果，パラジウム触媒より得られるポリエチレンは，炭素原子 10 個当た

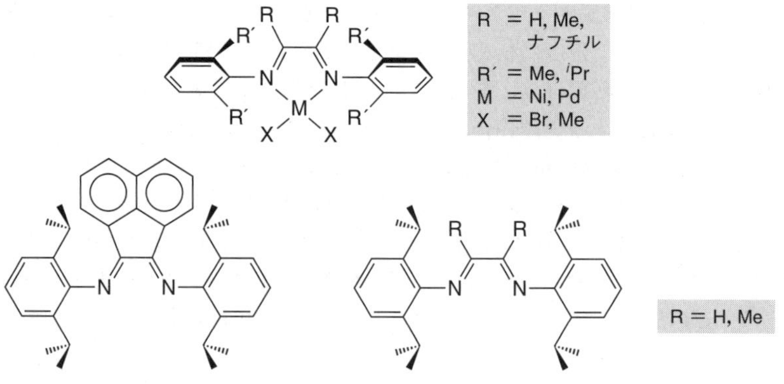

図 22・5　Brookhart が用いた多分岐ポリエチレンを生成するパラジウムおよびニッケル触媒とその配位子．ここで示した配位子が最も高分子量のポリマーを生成する．

り1個程度の分岐点（第三級炭素原子）を含んでいることがわかっている．このα-ジイミン配位子をもつパラジウム触媒により生成したポリエチレンの分岐の様子を図22・6に示す．

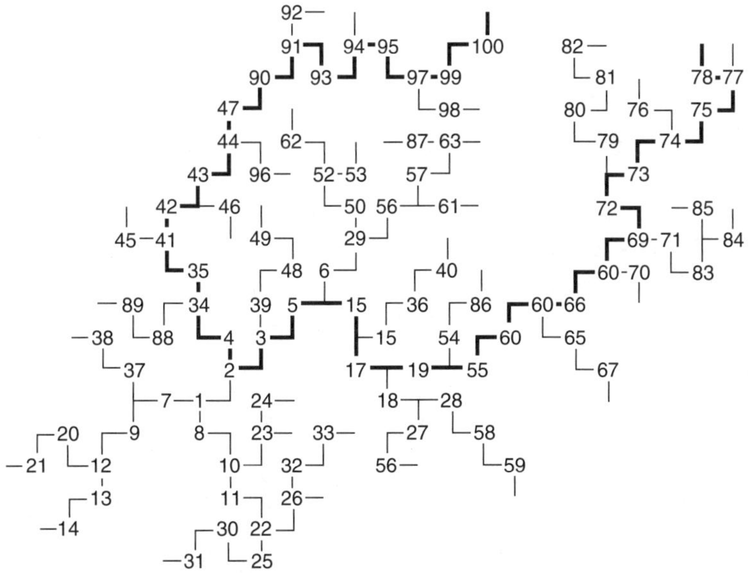

図 22・6 図22・5中の右のジイミン（R = Me）配位子Lをもつ Pd 触媒より生成した多分岐ポリエチレンの構造（100個のエチレンが挿入）の模式図[69]

これらの後周期遷移金属触媒を用いて得られるポリエチレン上に存在する多くの分岐の生成機構は，ラジカル重合反応で得られる LDPE や不均一系 Ziegler 触媒で得られる LLDPE でみられるものとは異なる．ラジカル重合反応での分岐生成は水素移動反応によって起こり，得られる分岐の長さもさまざまである（スキーム 22・1）．Ziegler 触媒による LDPE の合成においては，分岐はβ水素脱離反応，生じたアルケン配位子の回転，再挿入に続く連

スキーム 22・1

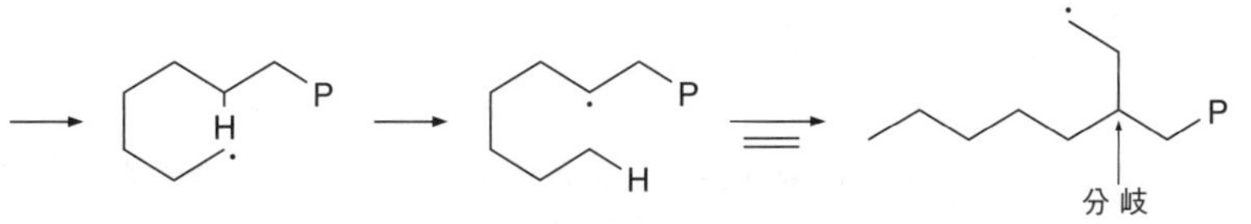

スキーム 22・2

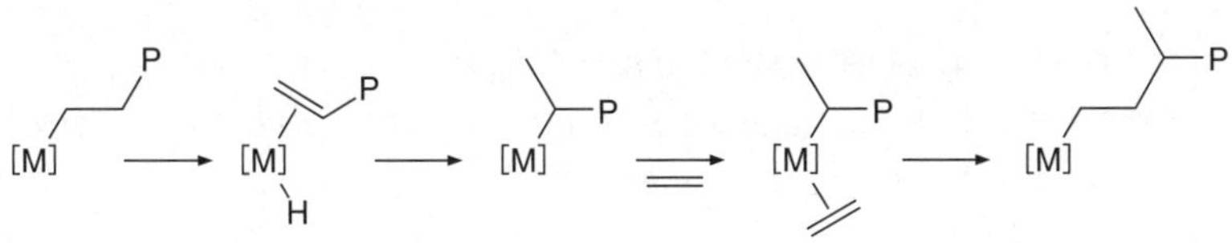

スキーム 22・3

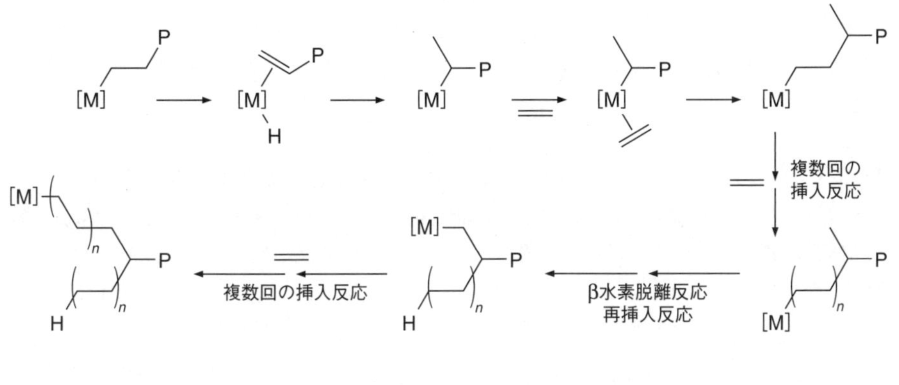

P = ポリマー鎖

鎖成長反応によって生じるため，生成する分岐はメチル基となる（スキーム 22・2）．後周期遷移金属による重合反応においては，スキーム 22・3 に示すように，β 水素脱離反応と再挿入反応をより多く繰返すことで分岐が生成する[70]．この途中でβ水素脱離反応により生成したオレフィンは金属上に配位したままとなるため，解離や置換反応によって生じると考えられる遊離したα-オレフィンは反応系中で観測されない．さらに，このような異性化反応はエチレンが解離した状態で進行し，五配位のヒドリド種は経由していないことが，反応機構解析により結論づけられている．

22・4　プロピレンを主成分とするポリマー

2004 年には全世界で 2250 万トン以上のポリプロピレンが生産された[71]．しかし，ポリプロピレンにはさまざまな種類があり（図 22・7），その物性はポリマー鎖上のメチル基の相

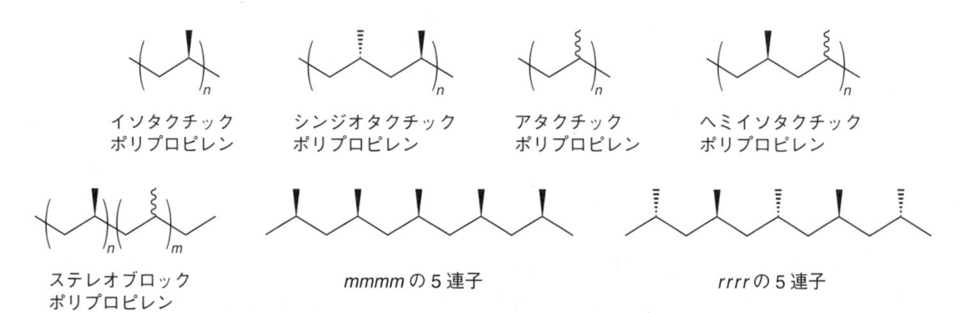

図 22・7　さまざまな微細構造をもつポリプロピレンの例

対立体化学によって大きく異なる．生産されるほとんどのポリプロピレンは，イソタクチック(isotactic) とよばれる微細構造（立体規則性）をもつものである[訳注]．イソタクチックポリプロピレンは，主鎖上の一つおきの炭素原子上にメチル基があり，二つ隣の炭素原子上にあるメチル基どうしがすべてシンの関係にある構造をもつポリマーであり，結晶性が高い．また，シンジオタクチック(syndiotactic)ポリプロピレンは，隣接するメチル基どうしがすべてアンチの関係にあるもので，同じく結晶性が高い．これに対し，アタクチック(atactic)ポリプロピレンは，隣接するメチル基どうしの相対立体化学が規則性をもたないもので，非晶性である．さらに，より複雑な相対立体配置をもつポリマーも合成されている．たとえば，ヘミイソタクチック(hemiisotactic)ポリプロピレンでは，二つのユニットが交互に並んでおり，一つのユニットはすべて同じ立体配置であるが，もう一方はランダムな立体配置となっている．ステレオブロック(stereoblock)ポリプロピレンは，複数のブロックより成っており，各ブロックがそれぞれ異なる微細構造をとる．たとえば，一つのブロックがイソタクチックであり，別のブロックがアタクチックであるようなポリプロピレンがあるが，このポリマーはこれらの微細構造の組合わせによってエラストマー（ゴム弾性を有する高分子）となる[72]．

22・4・1　イソタクチックポリプロピレン合成反応における立体制御機構

ポリプロピレンの構造を細部に至るまで合理的に構築しうる触媒に関する研究は広く行われてきた．また，これらの研究は，有機金属化学において反応機構を基に設計・開発された触媒のなかで，最も巧妙なものの一つである．ここでは，ポリオレフィンの立体化学がどのように制御されるかを理解するうえで，基本となる概念について解説する．

訳注：プロピレンなどの一置換アルケンを頭-尾構造のみをもつように重合した場合，主鎖上において一つおきに不斉炭素原子をもつポリマーが生成する．ある不斉炭素原子が *R* 体であるとしたとき，二つ隣の炭素原子の立体配置は同じ（*R*）の場合と逆の（*S*）の場合が考えられる．このように連続する二つの不斉炭素原子の立体配置が同じ場合をメソ（*m* と表記），逆の場合をラセモ（*r* と表記）という．有機化学で使うメソ体，ラセミ体とは異なるので注意が必要である．

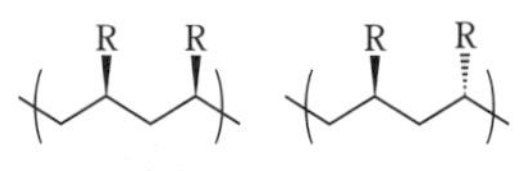

3 連子以上の立体規則性は *m* または *r* を連結することで表す．同じ立体をもつ繰返し単位のみを含む 5 連子は *mmmm* と表し，また逆の立体配置をもつ繰返し単位が 5 個交互に並んでいる場合には *rrrr* と表す．

タクチシチーは不斉炭素原子を含む繰返し単位の配列の仕方を表すものである．ポリオレフィンの繰返し単位は 2 炭素原子分，17 章 §17・8・4c で紹介したプロピレンと一酸化炭素の交互共重合体の繰返し単位は 3 炭素原子分と異なるが，タクチシチーは繰返し単位の炭素数に関係なく，連続する繰返し単位どうしの立体規則性を表すものである．たとえば同じ立体配置をもつ繰返し単位が並んでいる場合にはイソタクチックポリマーという．

α-オレフィンの立体規則性重合の機構は，すでに多くの総説で詳しく述べられている[10),73)~75)]．ここでは，得られるモノマー単位間の立体化学を合理的に説明し，目的とする相対立体配置をもつポリオレフィンを生じる触媒を設計するための基本的な考え方について説明する．まず，前述したように，ポリマーの立体化学を考えるうえでは2連子（diad）の相対立体化学が重要であり，これらは触媒あるいは最後に挿入したモノマー単位の立体化学によって制御される．しかし，ここでの議論は，この末端規制の場合よりも多様な微細構造をつくり出せる触媒規制に焦点を絞る．

2連子について考えると，位置選択性と立体選択性の組合わせで4種類の構造が可能である．まず，オレフィン挿入の位置選択性には，頭-頭（head-to-head）と頭-尾（head-to-tail）の2種類が可能である．前周期遷移金属触媒によって得られる多くのポリオレフィンは厳密に頭-尾構造のみをもつように生成する．この頭-尾構造への制御は，α-オレフィンが連続的な1,2-挿入反応[訳注1]（挿入後，α-オレフィンの置換基は金属のβ位に位置する）もしくは連続的な2,1-挿入反応（挿入後，α-オレフィンの置換基は金属のα位に位置する）を起こすことで可能となる．加えて，オレフィン挿入により生成する2連子は，直前に挿入したモノマー単位と同じ（メソ meso，*m*）もしくは異なる（ラセモ racemo，*r*）立体化学をもつ．重合の触媒規制により生成するイソタクチックポリマーでは立体欠陥によって3連子で*rr*となる部分が生じるが，末端規制の場合には立体欠陥が起こっても*r*が連続することは少ない．

訳注1：一置換アルケン（CH_2=CHR）が金属－炭素結合（M－R′）に1,2-挿入すると，金属がアルケンの末端炭素原子（1位炭素原子）と結合したアルキル錯体が生成する．

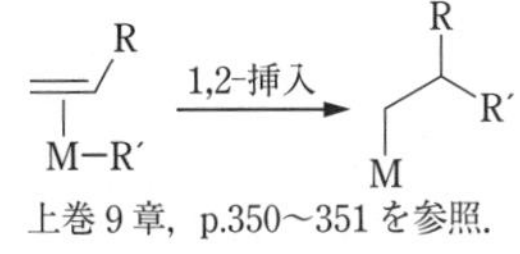

上巻9章，p.350～351を参照．

オレフィン“挿入”という用語は多くの文献でも本章においても用いられているが，この“挿入”はアルキル鎖のオレフィン上への移動ととらえる方がよい[10),76)]．この過程において，ポリマー鎖はそれぞれの連鎖段階においてもともとオレフィンが配位していた配位座に移動する．よって，ポリマー鎖はオレフィンを一つ取込むごとに，金属の二つの配位座を行ったり来たりする．この“windshield wiper”機構[訳注2]は立体化学制御において重要な役割を果たしているが，これについては後述する．また，ポリマー鎖が次のオレフィン挿入より速くオレフィン挿入前の配位座に戻ることを“back-skipping”とよぶ．

訳注2：ポリマー鎖が二つの配位座を交互に行ったり来たりしながら成長していく機構を自動車のワイパーの動きに見立てて“windshield wiper”機構とよんでいる．

図22・8には，それぞれイソタクチック，シンジオタクチック，ヘミイソタクチックのポリプロピレンを与えるメタロセン触媒の対称性を示す．(a) に示したメタロセンは，オレフィンやポリマー鎖を除いて考えると，C_2対称性（一つのC_2対称軸が存在する）である．(b) のメタロセンはC_s対称（一つの対称面が存在する）であり，その二つの配位座は鏡面対称の関係にある．(c) に示したメタロセンはC_1対称（恒等操作以外の対称性をもたない）であり，二つの配位座は非等価である．

これら3種類の対称性をもつメタロセン触媒を用いたモノマーの取込み過程を，式22.11～22.13に示す．図22・8 (a) に示したC_2対称なメタロセンの二つの配位座はホモトピックであるため，オレフィンと結合する際には，どちらの配位座もオレフィンの同じ側の面との結合が有利であり同一の構造を与える．式22.11において，錯体上にオレフィンとポリマー鎖の両方が結合している構造は1番目，3番目，5番目に見られる．この式で見られるように，プロピレンの配位・挿入反応が起こっても，モノマー単位が増えたこと以外には錯体の

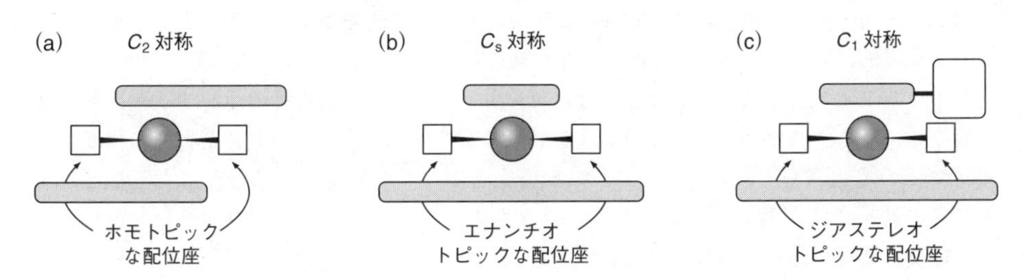

図 22・8 触媒規制により立体選択的オレフィン重合を行う触媒の3種類の一般的な構造〔訳注：ホモトピックとは分子内において複数の原子や置換基（ここでは配位座）の環境が立体化学も含めて完全に等価であることをさし，一般にこれらの原子や置換基は回転軸により関係づけられている〕

訳注：二つのインデニル配位子は架橋により固定されている（架橋部位は省略）．金属上のポリマー鎖は，インデニル配位子との立体反発を避けるような配座をとる．プロピレンは，炭素－炭素結合の生成（挿入）の4員環遷移状態でポリマー鎖とメチル基の立体反発が小さくなるように配位する．これによりプロピレンの配位面は常に同じ立体化学になるのでイソタクチックポリマーが生成する．

構造に変化はない．よって，すべての挿入したモノマー単位は同じ立体配置であるため，生成するポリプロピレンはイソタクチックとなる．同様の考え方はメタロセン以外の触媒にも適用できる．どんな C_2 対称な触媒であっても，二つの配位座はホモトピックであり，オレフィン挿入がこの幾何配置で立体選択的に進行するのであればイソタクチックポリプロピレンが生成する．

図22・8（b）にある C_s 対称な触媒の二つの配位座は，エナンチオトピックな関係にある．そのため，オレフィンと結合しやすい面は，二つの配位座の間では逆であり，配位によりエナンチオマーの関係にある構造を与える．このようなオレフィンが配位した構造は式22.12の1番目，3番目，5番目に見られる．オレフィンの挿入，配位によって得られる構造は，

訳注：シクロペンタジエニル配位子とフルオレニル配位子は架橋されている（架橋部位は省略）．式22.11と同様にポリマー鎖はフルオレニル配位子との反発を避けるような配座をとる．プロピレンは，挿入の遷移状態においてポリマー鎖とプロピレンのメチル基の立体反発を避けるように配位するので，ポリマー末端の立体化学は交互になりシンジオタチックポリマーが生成する．

ポリマー鎖が伸長したことを除けば元のオレフィン錯体のエナンチオマーとなる．そのため，挿入反応により新たに加わったモノマー単位の立体化学は，一つ前の単位とは反対となるため，シンジオタクチックポリプロピレンが生成することになる．この場合にも同様の考え方はメタロセン以外の触媒にも適用可能であり，C_s 対称な触媒の二つの配位座は鏡面対称であり，したがってエナンチオトピックであるため，オレフィン挿入がこの幾何配置で立体選択的に進行すればシンジオタクチックポリプロピレンが得られる．

図22・8（c）に示した C_1 対称な触媒の二つの配位座の関係はジアステレオトピック，すなわち化学的に非等価である．そのような構造の例を式22.13に示す．この二つの配位座は，異種のオレフィンとそれぞれ異なる結合定数をもって結合し，またそのオレフィン挿入速度も異なってくる．したがって，このような触媒で重合反応を行うと，立体選択性の程度もコモノマーの取込みやすさも異なる二つの配位座をポリマー鎖が交互に行き来することになる．その結果，C_1 対称な触媒は，ヘミイソタクチックポリプロピレンやエチレンとプロピレンの交互共重合体などの合成に利用できる．

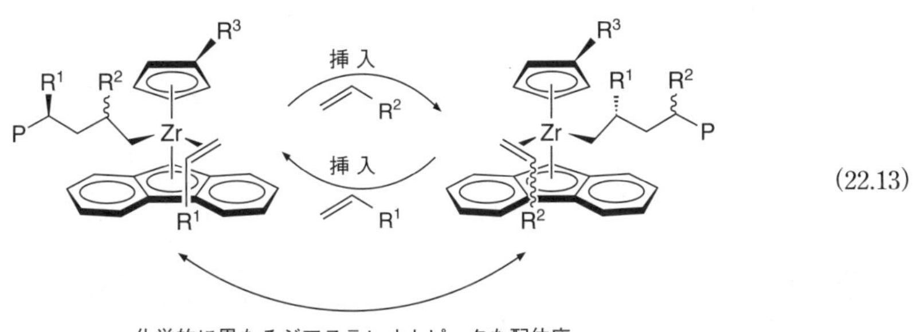

化学的に異なるジアステレオトピックな配位座

(22.13)

訳注：置換シクロペンタジエニル配位子とフルオレニル配位子は架橋されている（架橋部位は省略）．たとえば，プロピレンとの反応では，左から右への反応では式 22.12 と同じで，挿入は同じ立体化学を与えるが，右から左への反応では R^3 置換基のためポリマー鎖の配座が決まらず，プロピレンはポリマー鎖とメチル基の立体反発が小さくなるように配位するので，結果的にプロピレンの配位面は一定でなく，ヘミイソタクチックポリマーが生成する．

22・4・2　立体規則的ポリプロピレン合成

前項では，さまざまな種類のポリオレフィン合成に適用可能な一般的な触媒構造について解説した．これ以降の数節においては，個々の特定の微細構造をもつポリプロピレン合成法の概略を示す．まず，イソタクチック，シンジオタクチック，ヘミイソタクチック，ステレオブロックポリプロピレンを合成する触媒の例を紹介し，続いてエチレンとプロピレンの共重合体を合成する触媒について述べる．ここでも代表的な例のみを示しているので，各ポリマーの合成法や物性についての詳しい記述に関しては，他の文献[14]を参考にされたい．

22・4・2a　イソタクチックおよびシンジオタクチックポリプロピレンの合成

Natta が不均一系触媒で初めてプロピレン重合を行った際には，非晶性のアタクチックポリプロピレンと結晶性のイソタクチックポリプロピレンが混合物として得られ，それぞれが分取されていた．しかし現在では，不均一系触媒により高分子量でかつイソタクチシチーの高いポリプロピレンが合成できる．§22・1・1 でも述べたが，ポリプロピレンの 5 連子の構造は ^{13}C NMR 解析によって簡便に区別できるため，立体規則性の程度はこの方法でよく見積もられている．たとえば，図 22・7 に示すようにイソタクチックポリプロピレンは基本的に *mmmm* の 5 連子の構造をもっており，現在最も高性能の触媒では *mmmm* の比率が 99% 以上のポリマーが合成可能である．このようなポリプロピレンの融点は約 165 ℃となり[77]，これはポリエチレンより高い値である（HDPE では 135 ℃，LDPE では 110〜120 ℃）．したがって，高温で利用するときにはイソタクチックポリプロピレンはポリエチレンよりも優れている．

初期の均一系メタロセン触媒は，アタクチック，もしくはややイソタクチックのポリプロピレンを生成するものであった．しかし，Ewen と Brintzinger らが二つのインデニル基が架橋されたアンサメタロセン触媒（図 22・9）によってポリプロピレンの立体規則性重合を実現したことからこの状況は変わった[78),79]．これらのアンサメタロセン触媒は 3 章で紹介した．二つのインデニル配位子間の架橋部位は配位子の回転を抑制しており，インデニル基によってつくられる錯体の C_2 や C_s の対称性を固定している．たとえば，図 22・9 中の C_s 対称でかつメソ体の触媒はアタクチックポリプロピレンを生成するのに対し，C_2 対称でラセミ体の触媒ではイソタクチックポリプロピレン（[*mmmm*]＝0.78）が得られる．

この後，Ewen は図 22・9 に示したシクロペンタジエニル基とフルオレニル基を架橋したアンサジルコノセン触媒により，高いシンジオタクチシチー（[*rrrr*]＝0.86）でポリプロピレンが得られることを見いだしている[80]．このシンジオタクチックポリプロピレンは，イソタクチックポリプロピレンと比較して，結晶性も融点（145 ℃）も低いため，現在のところ工業的生産量は限られている．しかし，シンジオタクチックポリプロピレンは不均一系触媒では合成できなかったものであり，この新しいポリプロピレンの合成はオレフィン重合に用

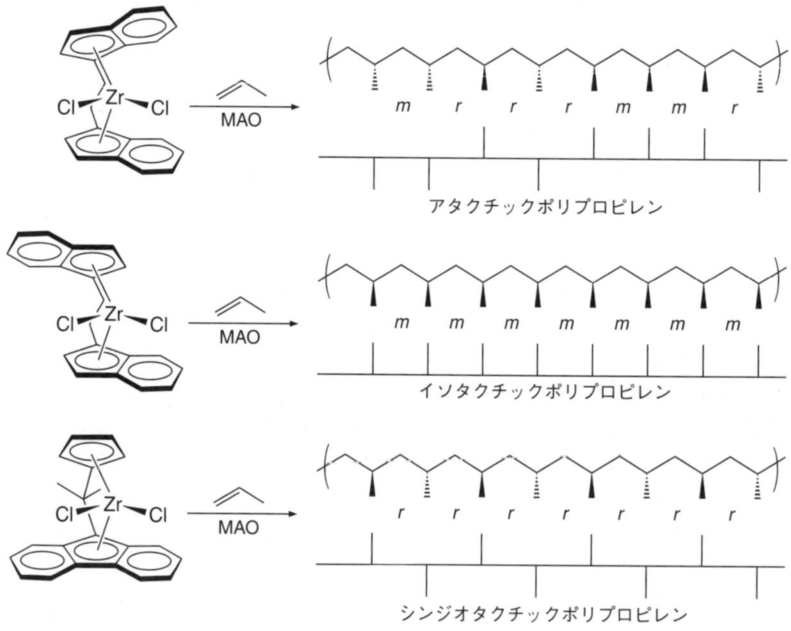

図 22・9　アタクチック，イソタクチック，およびシンジオタクチックポリプロピレンを生じるアンサメタロセン触媒（MAO：メチルアルミノキサン）

いる均一系触媒の設計に大きな進歩をもたらした．

インデニル基が架橋された触媒と異なり，このシクロペンタジエニル基とフルオレニル基が架橋された配位子をもつ触媒は金属を通る対称面をもっている．アルキル基とオレフィンが金属上に配位した触媒活性種では C_1 対称となる．このような対称性により，オレフィンは毎回，前回挿入時とは反対側の面から配位，挿入する．よって，交互に立体化学が変化するようにオレフィンが挿入するため，シンジオタクチックポリマーが得られる[7]．

これらの発見の後，メタロセン上の配位子の構造と対応する触媒の活性や選択性の関係について，精力的に研究が行われてきた[7),81),82)]．図 22・10 には，当初 Brintzinger によって

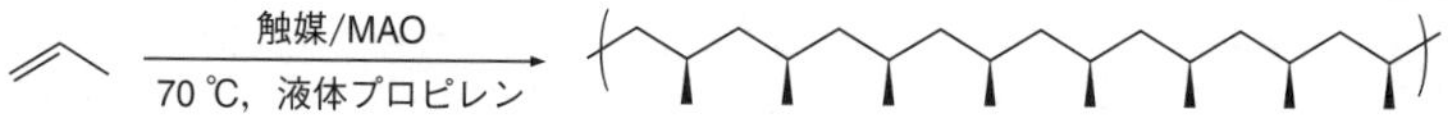

触媒	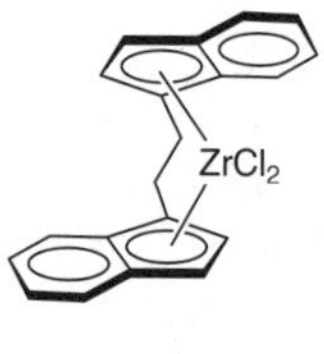	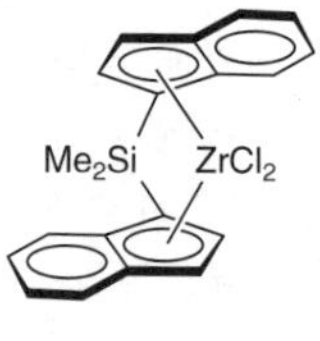	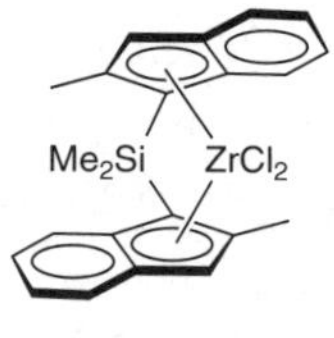	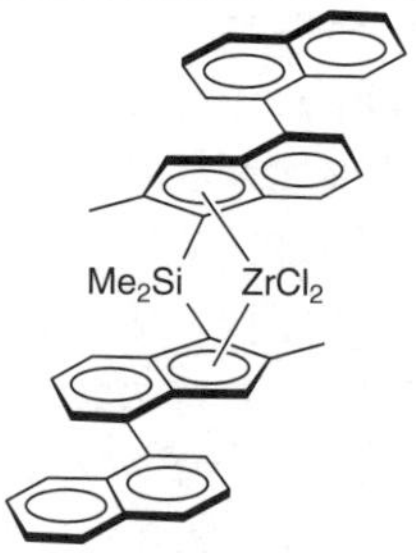	TiCl$_4$/MgCl$_2$/AlEt$_3$/Lewis 塩基
年	1985	1989	1992	1994	1970〜1980
M_w	24,000	36,000	195,000	920,000	900,000
[*mmmm*]	78%	82%	89%	99.1%	>99%
T_m	132 ℃	137 ℃	146 ℃	161 ℃	162 ℃
活 性 [kgPP/g$_M$・h]	2043	2088	4429	9615	417

図 22・10　イソ特異的メタロセン触媒の進歩〔[*mmmm*] はポリマー中のすべての 5 連子の中に含まれる *mmmm* の割合．活性：触媒中の金属 1 g，1 時間当たりに生産されるポリプロピレンの重量（kg）〕

発見された選択性の低い触媒から，Hoechst 社によって精巧につくられた触媒までの進歩を示した[10),82)]．現在ではイソ特異的なメタロセン触媒に関して，不均一系 α-$TiCl_3$ 触媒に匹敵する活性と選択性が得られている．特に，連結されたアンサ形ビスインデニル配位子のベンゼン環上に嵩高い置換基をもつ触媒は，高い活性と選択性を示す．プロピレン重合は発熱反応であり，ポリプロピレンの工業的生産は高温条件で行われるため，高温条件でも高いイソ選択性をもって重合できる触媒は重要である．図 22・10 のナフチル基をもつアンサメタロセン触媒を用いると，工業的生産が行われるような反応条件においても高いイソタクチシチーをもつポリプロピレンが得られる．

22・4・2b　ヘミイソタクチックポリプロピレンの合成

§22・1・1でも述べたように，ヘミイソタクチックポリプロピレンは，主鎖上のメチル基が一つおきに同じ立体配置をもつ一方，それらの間のメチル基はランダムな立体配置をもつポリマーである．このヘミイソタクチックポリプロピレンは，ポリ(*trans*-2-メチルペンタジエン) の水素化によって得られるポリマーと同様の NMR スペクトルを与える[83)]．

ヘミイソタクチックポリプロピレンを生成する重合触媒は，巧妙な設計により有機金属触媒の開発が可能であることを示す一例である．ヘミイソタクチックポリプロピレンには2種類のキラル中心が交互にある．そのためこのようなポリマーは，オレフィン挿入の起こる配位座を二つもっていて，そのうち一方は単一の立体配置を選択的に与え，もう一方はほぼランダムな立体配置をつくり出す触媒により生成できると考えられる．

Ewen は式 22.14 に示すように，シクロペンタジエニル環上に置換基を導入することで，

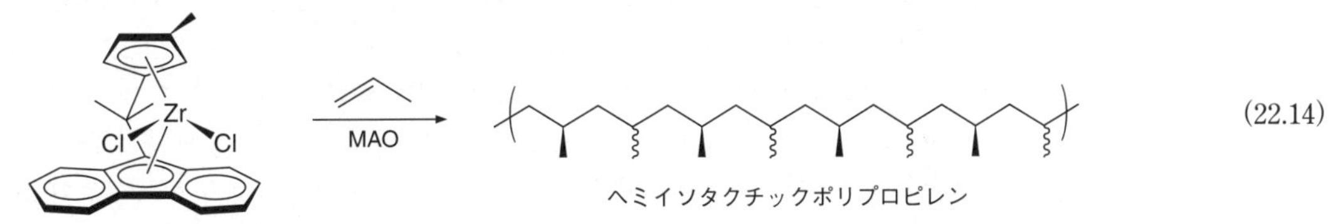

(22.14)

二つの非等価な配位座をもつ C_1 対称なメタロセン触媒を開発した．この触媒を用いることで，イソ特異的または非立体特異的なオレフィン挿入を行う二つの異なる配位座をポリマー鎖が交互に行き来し，ヘミイソタクチックポリプロピレンが生成する[84),85)]．立体欠陥はオレフィン挿入前にポリマー鎖が配位座を移動する “back-skipping”[87)] という現象が起こることで生じていると考えられている[88)〜90)]．また，Ewen の報告後，ヘミイソタクチックポリプロピレンを生成する他の触媒も報告されている[90)〜92)]．

22・4・2c　ステレオブロックポリプロピレンの合成

ポリマー鎖全体がイソタクチック，シンジオタクチック，ヘミイソタクチック，もしくはアタクチックとなっているポリプロピレンに加え，これらの立体規則性をもつ二つのブロックが交互に存在するポリマーも合成されている[93)]．これらのなかで最も興味深く，また有用と考えられるステレオブロックポリマーは，結晶性のイソタクチックやシンジオタクチックなブロックと非晶性のアタクチックなブロックよりなるポリマーであろう．これらのポリマーは熱可塑性エラストマーとなり，天然ゴムのような性質をもつことが期待できる[94)]．また，ポリプロピレン由来の熱可塑性エラストマー[(訳注)] は融解して再成型することが可能であるが，これは天然ゴムでは困難であることからもその有用性が示されている．

ステレオブロックポリプロピレンは，異なる機構ではあるが多様な構造の触媒を用いて合成されている．よくみられる例として，一つの触媒中で反応点を変えながら重合反応が進行することでステレオブロックポリマーが得られることがある．この場合，触媒は二つ以上の

訳注：熱可塑性とは，加熱により軟化して成型しやすくなる性質のことをさす．
エラストマー：ゴム弾性のあるポリマーのこと．

異なる反応点をもっていて，一つは立体化学の整ったポリプロピレンを，もう一つはアタクチックポリプロピレンを生成する．もう少し詳しく述べると，触媒が同一配位圏内に二つの反応点をもっているか，あるいは助触媒の Lewis 酸との結合などにより反応系中で触媒構造を可逆的に変化させることで，このような重合反応を進行させることができるようになる．また，立体規則性重合を行う触媒とアタクチックポリプロピレンを与える触媒が共存する条件で，これらの触媒間をポリマー鎖が移動できる場合にもステレオブロックポリマーが得られる．さらに，リビング重合を行う触媒を用いて，温度などの条件により触媒の立体特異性を変化させることでもステレオブロックポリマーが合成可能である．このようなステレオブロックポリマーは，均一系触媒や不均一系触媒いずれを用いても，また均一系触媒についてはメタロセン構造をもつもの，もたないものいずれを用いても得ることができる．

i）不均一系触媒によるイソタクチック・アタクチック連鎖を含むステレオブロックポリプロピレンの合成

Natta が不均一系チタン触媒を用いて当初合成したポリプロピレンにも少量のエラストマーが含まれていた[96]．その後，より高収率でエラストマーを与える不均一系触媒が開発されてきた．しかし，これらの触媒の構造や重合機構はあまり明らかになっていないため，不均一系触媒によるステレオブロックポリマーの生成については簡潔に述べることとする．一般に，これらの重合では，嵩高いアルキル基を含む 4 族遷移金属のテトラアルキル錯体[96),97)]，もしくはビスアレーン錯体[98),99)]をアルミナ上に担持したものがよく用いられる．イソタクチック連鎖とアタクチック連鎖が交互に並ぶ構造は，異なる反応点の間を成長するポリマー鎖が移動することで形成されると考えられている[100]．最近では，塩化マグネシウム上に担持した四塩化チタン触媒にフタル酸ジブチルと芳香族エーテルを添加した触媒系で，エラストマー状のポリプロピレンが得られることが明らかにされた[101]．また，ジアルコキシマグネシウム，四ハロゲン化チタン，有機アルミニウムと芳香族ヘテロ環化合物より成る複雑な触媒系においては，シンジオタクチックの連鎖を主成分とするエラストマーが生成する[102]．

ii）均一系触媒によるイソタクチック・アタクチック連鎖を含むステレオブロックポリプロピレンの合成

均一系触媒によるエラストマー状ポリプロピレンの合成は Chien らによって初めて報告された．このポリマーは，図 22・11 の左に示した非対称チタノセン触媒をメチルアルミノ

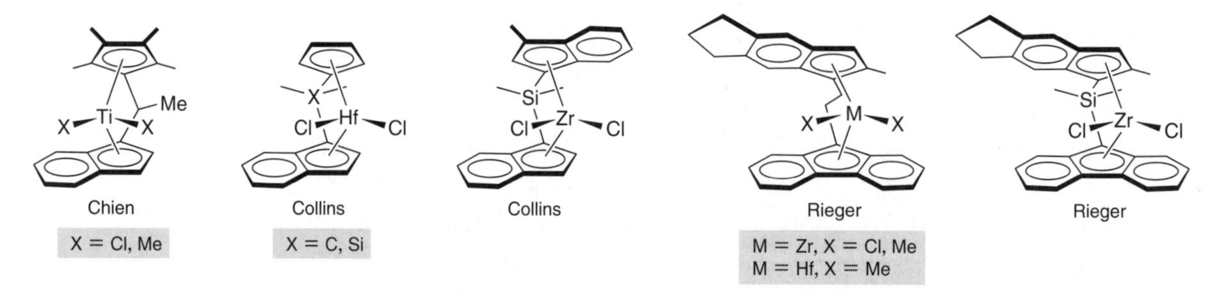

図 22・11　イソタクチック・アタクチック連鎖を含むステレオブロックポリプロピレンを生成する非対称な触媒

キサン MAO（上巻 12 章 p.425 参照）によって活性化し，25 ℃または 50 ℃で重合反応を行うことで合成されている[103),104)]．この触媒は比較的不安定で寿命が短いため，低分子量のポリマーしか得られなかったが，生成物は 5 連子の構造が *mmmm* となっている割合が 0.30〜0.40 であるエラストマーであり，不均一系触媒を用いた場合よりも分子量分布がはるかに狭いものであった（$M_w/M_n = 1.7〜1.9$）．

この後，Collinsらは図22・11に示した一連のC_1対称性をもつハフノセンやジルコノセン触媒を開発し，MAOを活性化剤として用いて25℃で重合反応を行うと，狭い分子量分布（$M_w/M_n = 1.7〜2.1$）でエラストマー状ポリプロピレンが得られることを見いだした[105)〜107)]．特にケイ素で架橋された配位子をもつ触媒を用いた場合，5連子が*mmmm*となっている割合が0.50程度のエラストマーが比較的高分子量で得られた[107)]．また，Riegerは図22・11に示したシクロペンタン環が縮環したインデニル基とフルオレニル基が架橋された配位子をもつメタロセン触媒を用いて，エラストマー状のステレオブロックポリプロピレンを合成した[108)〜110)]．さらに，このほかの触媒も同様のステレオブロックポリマーを生成することが特許で報告されている[111)〜112)]．

WaymouthとCoatesは非架橋型メタロセン触媒を用い，これらが立体異性体となるような二つの立体配座を行き来できるようにすることで，イソタクチック連鎖とアタクチック連鎖を含むステレオブロックポリマーを合成する方法を開発した[113)〜115)]．この触媒では，架橋部位がないことでインデニル基が自由に回転可能であり，結果として錯体はラセモ体とメソ体の両方のポリマー構造を与えることができる．すなわち，C_2対称の回転異性体はイソタクチック連鎖を，もう一つの回転異性体はアタクチック連鎖をそれぞれ生成することが明らかにされた．この非架橋型メタロセン錯体の単結晶X線構造解析では，図22・12に示したように単位格子中に二つの異性体が含まれていることが確認されている．また，この非架橋型メタロセン触媒によりイソタクチック連鎖とアタクチック連鎖を含むエラストマー状ポリプロピレンが生成することも見いだされた[115),116)]．

図22・12 イソタクチック・アタクチック連鎖を含むステレオブロックポリプロピレンを生成する，配位子が回転するメタロセン触媒

しかし，Busicoらはこのステレオブロックポリマーの合成に必要な2種類の反応点は，錯体の対イオンの位置の違いによって生じていると提唱した[117),118)]．この結論は，立体欠陥についての分析とCoatesとWaymouthらの開発した触媒と関連した触媒によって得られるイソタクチックブロックの絶対立体配置の解析から明らかにされた．Busicoは，イオン対が形成し配位座を占めることによりこの触媒がC_2対称性をもつ形に固定され，このときにイソタクチックポリプロピレンが生成すると考えた．また，対イオンが解離するとインデニル基は自由回転できるようになり，アタクチックポリプロピレンが生成するということである．この考えに従うと，イソタクチック連鎖とアタクチック連鎖のどちらが生成するかを決めるのは，インデニル基の回転ではなく，イオン対の結合様式であるということになる．

どちらの機構においても，この重合反応はプロピレン圧や反応温度に影響を受けやすいと考えられる．実際，高圧または低温条件ではイソタクチックの5連子の割合が多くなる傾向がある．また，この2-アリールインデンメタロセン触媒を用いる重合反応において，配位子の構造が触媒反応や生成物の物性に与える影響について詳細に検討されている[119),120)]．

iii）配位子の可逆な変換によるステレオブロックポリマーの合成

ステレオブロックポリマーは，触媒上の配位子の構造に可逆な変換が起こる場合にも生成しうる．Eisenらは最近，図22・13に示すC_2対称性をもつ八面体型触媒がMAOによって活性化されることで，イソタクチック連鎖とアタクチック連鎖をもつステレオブロックポリ

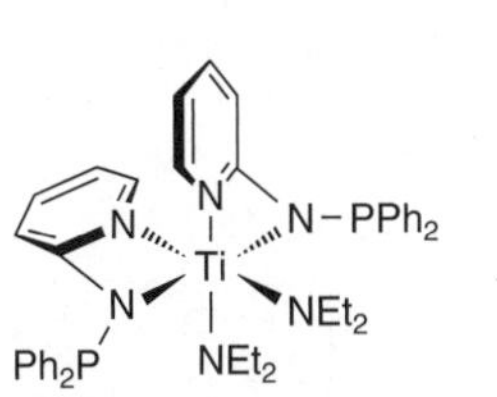

図22・13 配位子の可逆な構造変化によりステレオブロックポリマーを生成する触媒

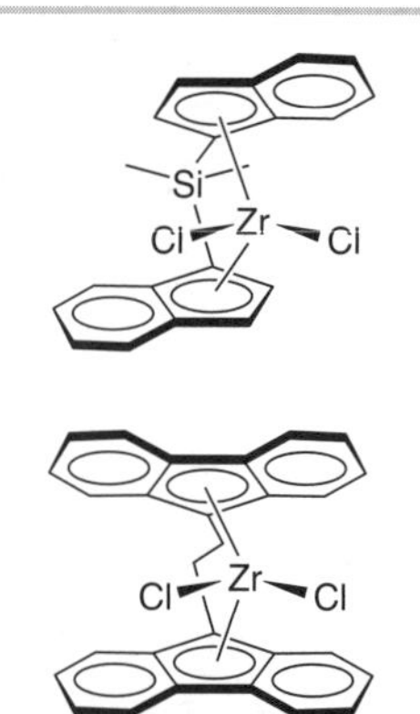

図 22・14　ステレオブロックポリプロピレンを生成する混合二触媒系で用いられるアンサメタロセン錯体

プロピレンが生成することを見いだした[121]．この場合，複数のステレオブロックが生成するのは，配位子の立体配座の変化や触媒上の反応点の移動などによるものではなく，配位子自体が変化していることによると考えられている．この錯体と MAO の混合物を NMR により調べたところ，配位子のピリジン環内の窒素原子は触媒金属中心上から MAO 由来の対イオン上に移動しうることが示唆された．その結果，チタン触媒は相互変換可能な二つの構造を行き来することで，異なる立体規則性をもつ連鎖を生成することができる．

iv）連鎖移動反応によるステレオブロックポリマーの合成

ステレオブロックポリプロピレンの合成は，ポリマー鎖が単一触媒上で反応点を変えるのに加え，複数の触媒間でポリマー鎖を移動させることでも可能である．つまり，もし 2 種類の異なる触媒金属中心上でポリマー鎖の受け渡しが可能であれば，二つの異なる触媒の混合物を用いてステレオブロックポリマーが生成できるということである．連鎖移動剤としてはトリアルキルアルミニウム（^{i}Bu$_3$Al）がよく用いられ，このときポリマー鎖はまず一つ目の金属上からアルミニウム上に移動し，ここからさらに二つ目の金属に移動する．

たとえば，Chien らは図 22・14 に示した 2 種類の触媒，すなわちイソ特異的重合を行うビスインデニル錯体と立体特異性の低いビスフルオレニル錯体の混合物に加え，トリアルキルアルミニウム添加物として ^{i}Bu$_3$Al を，Lewis 酸の活性化剤として［Ph$_3$C］［B(C$_6$F$_5$)$_4$］を用いる触媒系を開発した．この触媒系[122]や類縁系[123),124]を用いて 10％程度のイソタクチックとアタクチックが交互に現れるステレオブロックポリプロピレンを得ることができたが，残りの大部分はそれぞれの連鎖のみをもつポリマーであった．

v）リビング触媒を用いたステレオブロックポリマーの合成

リビング触媒によるステレオブロックポリプロピレンの合成法も開発されてきた．たとえば，重合反応中に反応溶媒を変化させることで，立体特異性を変えてステレオブロックポリマーを生成できる．塩野らはハーフメタロセンのリビング触媒を用いて，シンジオタクチックブロックとアタクチックブロックよりなるジブロックポリプロピレンを合成した[訳注1), 125]（式 22.15）．この錯体と修飾 MAO（MMAO）の混合物は，ヘプタン中，0 ℃において中程

訳注 1: ブロック共重合体の表記には各ブロックを構成するポリマーを -*block*- で連結したものを用いており，aPP-*block*-sPP はアタクチックポリプロピレン（aPP）とシンジオタクチックポリプロピレン（sPP）のブロック共重合体である．

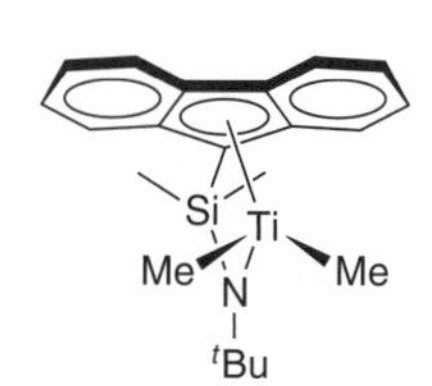

MMAO
ヘプタン
0 ℃
L$_n$Ti$^⊕$　P
ヘプタン ＋ クロロベンゼン
0 ℃
P
a−PP−*block*−*syn*−PP

(22.15)

度のシンジオタクチシチーをもつポリプロピレン（[*rr*]＝ 0.72）を生成するが，クロロベンゼン中ではアタクチックなポリマー（[*rr*]＝ 0.43）を生成する[訳注2]．そこで，ヘプタン中での重合反応中にクロロベンゼンを加えたところ，生成するポリマー鎖はシンジオタクチック連鎖からアタクチック連鎖へと変化し，ジブロックポリマーが得られた．

訳注 2:［*rr*］はポリマー中のすべての 3 連子の中に含まれる *rr* の割合をさす．他の場合も同様に *m* または *r* を *n* 個連結したものを括弧内に表記することで，全 *n*+1 連子中に含まれる該当する *n*+1 連子の割合を示す．

22・5　多分岐ポリプロピレン

本章ですでに述べた α-ジイミン配位子をもつニッケルおよびパラジウム触媒より生成するポリエチレンと同様に，これらの触媒による α-オレフィンの重合反応により得られるポリマーも，前周期遷移金属触媒により得られるものとは大きく異なる．これらの後周期遷移金属触媒を用いた α-オレフィンの重合反応においても，迅速な β 水素脱離反応とオレフィンの再挿入反応により多くの分岐が生成する[69),126)〜128]．

このようにβ水素脱離反応と再挿入反応が高速で進行し，またこのオレフィン挿入反応の位置選択性が比較的低いことにより，生成するポリマーは前周期遷移金属触媒で得られるものとは構造的にいくつか異なる点がある．まず，これらの後周期遷移金属触媒によるα-オレフィンの重合反応では，形式的な2,ω-挿入反応や1,ω-挿入反応（ωはオレフィン部位と反対側の末端の位置）によって，1分子のモノマー挿入によってポリマー鎖が2炭素以上伸長されることがある．このような過程を"直鎖化（chain straightening）"という．

この2,ω-挿入反応の機構をスキーム22・4に示す．オレフィン挿入後，連続的なβ水素脱離反応とオレフィンの再挿入反応により，触媒金属はオレフィンの側鎖上を末端まで移動し，続いて次のオレフィン挿入が起こる．このような連続的なβ水素脱離反応とオレフィンの再挿入反応の過程を"チェーンウォーキング（chain walking）[訳注]"という．また，1,ω-挿入反応は，スキーム22・5に示すように，2,1-挿入反応による金属のオレフィン内部炭素原子上への導入により開始する．そこで，得られたα-オレフィンの重合体の構造を調べることにより，オレフィンの1,2-挿入反応と2,1-挿入反応の割合を評価でき，これらがほぼ同程度の速度で進行することが明らかとなった．したがって，モノマー挿入がほぼ1,2-挿入反応のみで進行するZiegler触媒によるプロピレン重合と異なり，後周期遷移金属触媒では1,2-挿入反応と2,1-挿入反応の両方でモノマーの取込みが起こる．

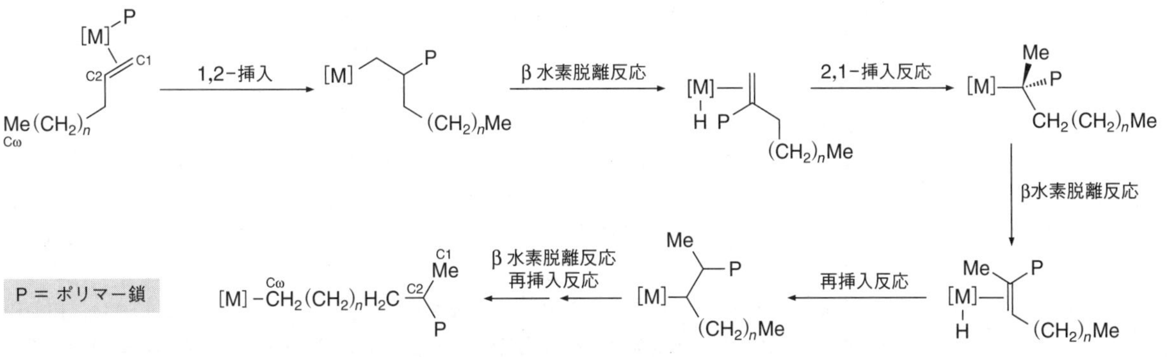

スキーム 22・4

訳注：原著ではchain walkingとchain runningが混用されていたが，本訳書では現在よく使われている前者で統一した．初期のニッケル触媒ではMeやEtなどの分岐があるポリマーが得られchain runningとよばれた．その後見いだされたパラジウム触媒では高分岐型ポリマーを与え，1999年にDuPont社のMcLainがchain walkingという言葉を使用してから，これが多用されるようになった．

また，これらの触媒はエチレン重合反応と同様に，α-オレフィンの重合反応においても側鎖上にさらなる分岐を生成する．どちらの場合においても，側鎖上の分岐は"チェーンウォーキング"によって生成し，オレフィン挿入によって初めに金属－炭素結合が生成したのとは異なる位置でのさらなる挿入を可能としている．

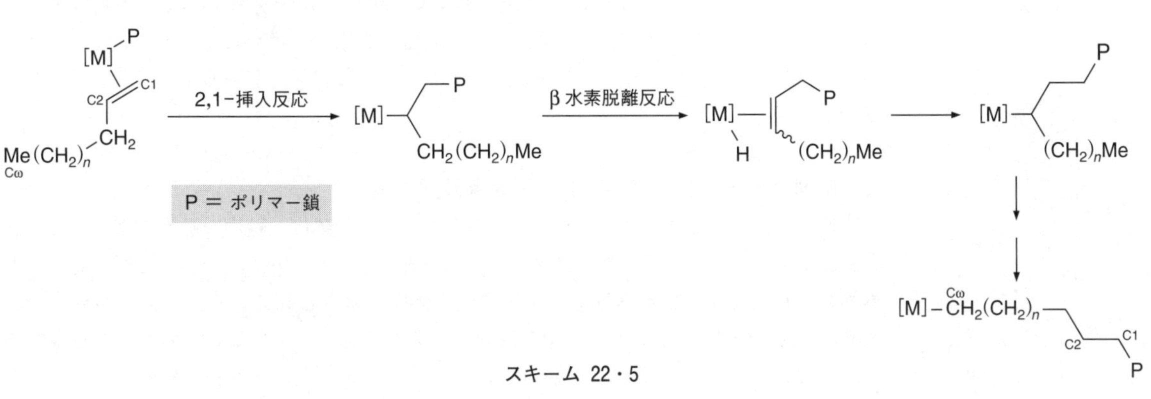

スキーム 22・5

22・6　エチレンと α-オレフィンの共重合体

エチレン重合反応の節でも述べたが，エチレンと α-オレフィンの共重合反応により直鎖状低密度ポリエチレン(LLDPE) とよばれるポリマーが生成する．LLDPE は直鎖状のポリプロピレンと比べて結晶性が低く，融点も低い．したがって，ポリマー鎖内の α-オレフィン導入率を変化させることで，さまざまな融点をもつポリマーを目的に合わせて合成することができる．これらのポリマーの多くは，エチレンとヘキセン，あるいはオクテンの共重合反応により合成されているが，エチレンとプロピレンの共重合反応によってもエラストマーを得ることができる．また，十分に広い配位座をもつ触媒を用いると，ポリマーの末端オレフィン部位を再度挿入させることができ，長鎖分岐をもつ LLDPE を生成できる．§22・1・1 で述べたように長鎖分岐の存在は，得られる材料の靱性を高める．

エチレンと α-オレフィンの共重合体の合成法の開発は，均一系オレフィン重合触媒の開発によって成し遂げられた工業的に重要な進歩の一つである．多くの均一系触媒において，エチレンと α-オレフィンの反応性の違いは 1 桁から 2 桁にもなる．このため，これらの共重合体を自在に得るのは容易ではない．

一般的に，不均一系触媒では単独重合体と共重合体の混合物を与える傾向がある[129)～131)]．一方，単一の活性中心をもつ構造が明確な均一系触媒では，コモノマー単位がポリマー鎖内に均等に分布した均質な構造をもつポリマーが得られ，分子量の制御も比較的容易となる傾向がある．

シクロペンタジエニル基とアミド基が架橋された配位子をもつ 4 族金属錯体は，LLDPE 合成を行う最も優れた触媒の一つである．これらの触媒は Dow 社[132)] と Exxon 社[45),46)] でほぼ同時に開発されたが，錯体構造は Bercaw (M = Sc)[133)] や Okuda (M = Ti)[134)] により報告された $[Me_2Si(Me_4C_5)(^tBuN)]MX_n$ の一般式で表される錯体 (4 族金属錯体に関しては図 22・3 参照) を基にしたものである．これらの触媒では配位座が比較的空いているため，エチレンと α-オレフィンの反応性の違いが小さいので，10% 程度の α-オレフィンを含む共重合体の合成も可能である[135)]．さらに，工業的に重要な特徴として，これらの触媒は 170 ℃でも使用可能なほど安定である．これらの触媒や重合プロセスは Insite™ 技術として商標登録されている．また，この触媒系で生成したエチレンとオクテンの共重合体は Engage™ といい，ポリマー鎖が高度に絡み合った構造をもつ靱性が高い材料である．

エチレンとプロピレンの共重合体を生成する触媒は，エチレンプロピレンゴム (EPR) という材料の合成に用いられる[136)]．イソ特異的なプロピレン重合触媒を用いて，少量のエチレンを含む共重合体を合成すると，イソタクチックポリプロピレンよりも融点の低い結晶性の共重合体が得られる．しかし，より多くのエチレンを導入したり，非立体特異的な重合触媒を用いたりすると，非晶性の EPR が生成する．EPR は一般にアタクチックポリプロピレンよりもガラス転移温度が低く，低温で使用する際に有用な材料である．また，イソ特異的，あるいはシンジオ特異的なプロピレン重合触媒を用いて得られるエチレンとプロピレンの共重合反応では，プロピレン単位について特定の立体化学を有するポリマーを得ることができる．

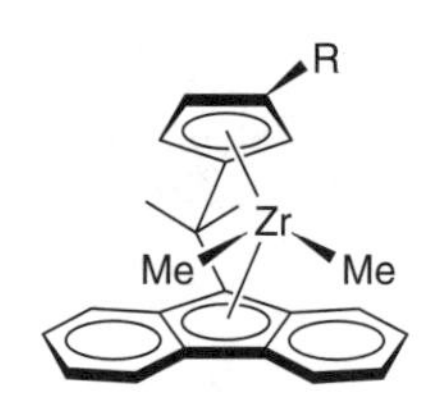

図 22・15　エチレンとプロピレンの交互共重合体を生成するメタロセン触媒

22・6・1　エチレンとプロピレンの交互共重合体

等量のエチレンとプロピレンからなるランダム共重合体は，適切な触媒を用いて，エチレンおよびプロピレンの圧力を調節することで合成できる．一方，エチレンとプロピレンの各単位を交互に含んでいるポリマーを生成する触媒も報告されている．曽我と Waymouth は独立に，図 22・15 に示すメタロセン触媒によりエチレンとプロピレンの交互共重合を達成した (式 22.16)[137)]．曽我は無置換のインデニル基とフルオレニル基を架橋した配位子をもつ触媒をMAOにより活性化し，−40℃で重合させることで交互に並んだ3連子を93％含むポリマーを得た[138]．Waymouthはフルオレニル基と置換基をもつシクロペンタジエニル基を架橋した配位子をもつ触媒とMAOを用いて，交互に並んだ3連子を70％含む共重合体

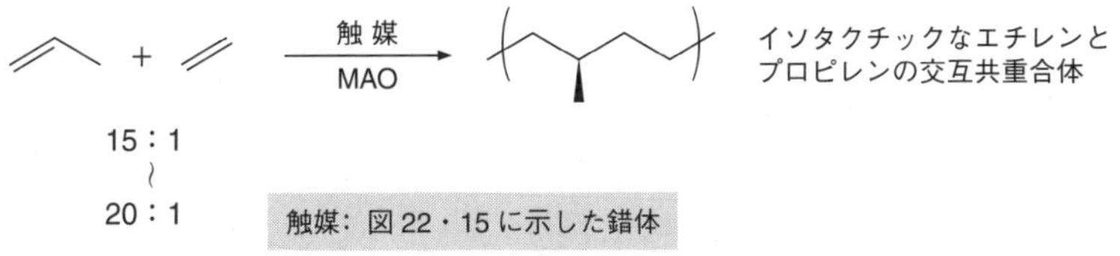

触媒 / MAO　イソタクチックなエチレンとプロピレンの交互共重合体　(22.16)

15：1 〜 20：1

触媒：図22・15に示した錯体

を合成した[139]．どちらの場合も，交互に挿入反応を起こすために，重合反応は大過剰量のプロピレンを用いて行われている（プロピレンとエチレンの比は約15：1〜20：1）．シクロペンタジエニル基とフルオレニル基をもつ触媒の誘導体はイソタクチックな交互共重合体を生成でき[140]，また他の触媒系ではアタクチックな交互共重合体が得られている[141)〜143)]．

これらの触媒は，二つの配位座を活用することでヘミイソタクチックポリプロピレンを生成することが提唱されているものである．この二つの配位座における立体的環境の違いが，交互共重合体の生成に寄与していると考えられる（式22.17）．成長しているポリマー鎖がよ

挿入　挿入　(22.17)

非特異的配位座　エチレン挿入反応

イソ特異的配位座　プロピレン挿入反応

り空いている配位座にあるとき，プロピレン圧が高ければ，イソ選択的なプロピレン挿入反応が有利となる（ヘミイソタクチックポリプロピレンの単独重合反応の場合と同様である）．また，成長中のポリマー鎖がより混み入った配位座にあるときには，その立体的効果によりエチレンはプロピレンよりも挿入しやすくなる．この場合には，プロピレン挿入反応は毎回同じ配位座で起こるため，イソタクチックな交互共重合体が生成する．また，ポリマー鎖が“back-skipping”によって混み入った配位座からより空いた配位座に移動し，さらにプロピレンが挿入することにより，プロピレンが連続した連鎖が少量みられる[140]．Kaminskyはこれらの触媒系を，統計学的な手法を用いて分析し，実験的に得られたNMRスペクトルと合致する結果を得ている[144]．

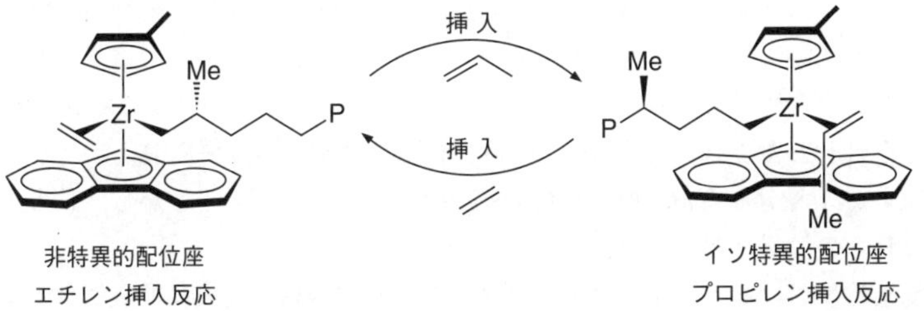

22・6・2 エチレンとプロピレンのブロック共重合体

エチレンとプロピレンのブロック共重合体は，工業的に有用な材料であり，熱可塑性エラストマーやホモポリマー混合物の相溶化剤として用いられる．これらの共重合体の物性は，各ブロックの微細構造，相対的な長さやポリマーの分子量に依存する．結晶性ブロックAと非晶性ブロックBより成るABA型のトリブロック共重合体はエラストマーとしての性質を示す[145]．このとき用いられる結晶性の“硬い”ブロックとしては，イソタクチックポリプロピレン（iPP），シンジオタクチックポリプロピレン（sPP），直鎖状ポリエチレン（PE）があり，非晶性の“軟らかい”ブロックとしては，アタクチックポリプロピレン（aPP）やエチレンとプロピレンの共重合体（エチレンプロピレンゴム，EPR）がある．

このような材料をつくる際の課題は，2種類のホモポリマーの混合物ではなく真のブロック共重合体をつくることである[146)〜151)]．したがって，目的としたブロック共重合体を正しく生成させる反応系としては，ポリマー鎖上の反応活性点の寿命が長く連続的なモノマーの

添加が行いやすいリビング重合系が適していると考えられる．この場合，ブロックの長さは反応時間やモノマー濃度によって調節できる．リビング触媒を用いた sPP-EPR や iPP-EPR といったブロック共重合体の合成例をスキーム 22・6 に示す．

スキーム 22・6

触媒　触媒　$=$ +

触媒　触媒　$=$ +

土肥は均一系リビング重合触媒を用いてエチレンとプロピレンのブロック共重合体を初めて合成した[152]．Et_2AlCl とアニソールにより −78 ℃で活性化した $V(acac)_3$（acac：アセチルアセトナト配位子）を触媒として用いることで，sPP-*block*-EPR-*block*-sPP というトリブロック共重合体を得た．また Turner らは Cp_2HfMe_2 を $[HMe_2NC_6H_5][B(C_6F_5)_4]$ により 0 ℃で活性化して用い，PE-*block*-aPP-*block*-PE，PE-*block*-EPR-*block*-PE のトリブロック共重合体を合成した[153]．この場合，この条件では触媒はリビング重合を行えないので，相当量のホモポリマーも同時に生成していると考えられるが，より低温においては単純なメタロセン錯体はリビング重合触媒となりうる．たとえば，−75 ℃もしくは−50 ℃で *n*-oct_3Al と $B(C_6F_5)_3$ により活性化した場合，Cp_2MMe_2（M = Zr, Hf）は aPP-*block*-EPR というジブロック共重合体を狭い分子量分布（M_w/M_n = 1.07〜1.16）で生成する[154]．しかし，このような低温条件ではこれらの触媒はどれも活性が低い．

R　^tBu　F_5C_6　O　N　Ti　N　C_6F_5　Cl　Cl　O　^tBu　R

R = H, ^tBu

図 22・16　エチレンとプロピレンのブロック共重合体を生成する非メタロセン触媒

より高い温度条件におけるポリオレフィンのブロック共重合体の合成は非メタロセン触媒によって達成された．藤田と Coates は独立にエチレンとプロピレンのリビング重合が可能なビス(フェノキシイミン)チタン錯体（図 22・16）を開発した[155),156]．これらの C_2 対称な触媒系では末端規制により高いシンジオタクチシチーをもつポリプロピレンを生成できる[157),158]．藤田らは，図 22・16 のモノ-*t*-ブチル錯体と活性化剤である MAO を用いて，分子量分布の狭いさまざまなブロック共重合体を 25 ℃で合成した[156),159),160]．この重合系では，sPP-*block*-EPR，PE-*block*-sPP，PE-*block*-EPR といったジブロック共重合体に加え，PE-*block*-EPR-*block*-sPP や PE-*block*-EPR-*block*-EP といったトリブロック共重合体も合成できる．Coates らは，図 22・16 のジ-*t*-ブチル錯体と活性化剤である MAO を組合わせた 0 ℃での重合反応において，ブロックの長さや EPR ブロック中のプロピレン含有量を変えたりすることで，sPP-*block*-EPR や PE-*block*-sPP のさまざまなジブロック共重合体を合成した[155),161]．また，その他の配位子においてもこのようなリビング重合は達成されている[162),165]．

22・7　スチレンの重合反応に用いるシングルサイト触媒[訳注]

訳注：シングルサイト触媒とは均一な活性中心をもつ触媒のことであり，構造の明確な金属錯体を用いることで進歩してきた．一方，助触媒や活性化剤を必要とせず，それ自体のみで目的の反応を進行させられる触媒をシングルコンポーネント触媒という．

ほとんどのポリスチレンはラジカル重合反応かカチオン重合反応により合成されている[166]が，これらの重合系では立体制御が困難である（スキーム 22・7）．したがって，スチレン重合反応において遷移金属触媒を利用することで，古典的な方法で得られるポリマーとは異なる物性をもつ新しい材料を合成できる可能性がある．ポリスチレンはそのアリール基によって結晶性がもたらされるため，重合反応において立体制御ができれば高い融点をもつポリマーが生成することが期待できる．多くの金属触媒はスチレン重合反応のラジカル開始剤となりうるが，オレフィンの配位，移動挿入反応を経る機構での重合反応の方が，より立体化学の制御されたポリマーを与える可能性が高いと考えられる．

スキーム 22・7

ラジカル
開始剤
Ar
アタクチック
R
触 媒
Ar Ar
または
Ar Ar
シンジオタクチック
イソタクチック

22・7・1　シンジオタクチックポリスチレンの合成

シンジオタクチシチーの高いポリスチレンの合成（スキーム 22・7）は，1986 年に石原によってチタンの触媒前駆体とアルミニウムの活性化剤を用いて達成された[167]．得られたポリマーのうち 98％は 2-ブタノンに不溶であり，また *rrrr* の 5 連子を 98％以上含むものであった．その後，多くの簡単なチタン触媒を MAO で活性化することで，シンジオタクチックポリスチレンが得られることがわかった．たとえば，テトラベンジルチタンを MAO により活性化した場合にも，*rr* の 3 連子を 98％以上含むシンジオタクチックポリスチレンが得られる[168)〜171)]．また，四ハロゲン化チタンやテトラアルコキソチタンも MAO を用いた活性化によりシンジオタクチックポリスチレンを生成するが，これらの触媒活性は比較的低い．

より高活性なスチレン重合触媒を，図 22・17 に示す．$CpTiX_3$，Cp^*TiX_3，$CpTiX_2$ などのハロゲン化モノシクロペンタジエニルチタンと MAO を組合わせた触媒系は，単純な四ハロゲン化チタン由来の触媒よりも高活性である[172),173)]．$CpTiX_3$ としては三フッ化物が最も高活性で[174)]，アルコキシド，塩化物の順に活性が低下する．また，Cp^*TiR_3（R ＝ ヒドロカルビル基）などのシクロペンタジエニル配位子をもつアルキルチタン錯体を $B(C_6F_5)_3$ や $[PhNHMe_2][B(C_6F_5)_4]$ により活性化しても，高活性のスチレン重合触媒が生成する．シクロペンタジエニル配位子のない錯体もシンジオタクチックポリスチレンを生成する触媒となる[177)〜179)]．ベンゾ縮環した嵩高いインデニル基をもつ触媒は最も高い活性を示し，かつ高分子量でシンジオタクチシチーの高いポリスチレンを生成する[180)〜182)]．これらの触媒は，アルキル基やアルコキシ基を置換基としてもつスチレンの重合反応も触媒する[183),184)]が，ハロスチレンの重合反応に関しては低活性となる．一方，テトラアルキル，ハロゲノ，アルコキソ錯体やモノシクロペンタジエニル錯体とは対照的に，エチレンやプロピレンの重合反

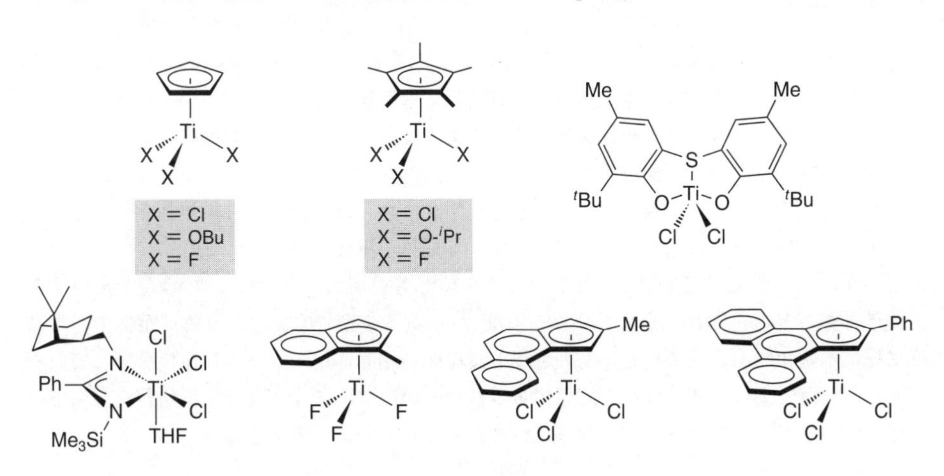

図 22・17　シンジオタクチックポリスチレンを生成する触媒

応で高活性である4族金属のビスシクロペンタジエニル錯体は，シンジオタクチックまたはアタクチックのポリスチレンを低収率で生成するのみである[183),185)].

スチレン重合反応に関しても反応機構に関する研究が多く行われてきており，その結果，スチレンの重合機構は4族金属錯体によるプロピレンの立体選択的重合機構とは大きく異なることが示唆されている[186)]．まず，触媒活性種はカチオン性Ti(Ⅲ)錯体であり，Ti(Ⅳ)種ではないと考えられている．このカチオン性Ti(Ⅲ)種は，前駆体由来のCp配位子とポリマー鎖をアニオン性配位子としてもっている[187)～189)]（式22.18）．Pellecchiaは本重合反応がスチ

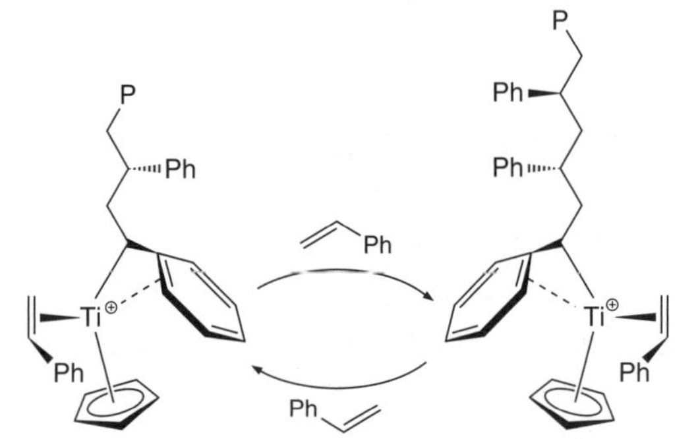

(22.18)

レンの連続的2,1-挿入反応によって進行することを示している[190)]．ビニルアレーンの挿入反応の位置選択性に関しては，移動挿入反応について述べた9章ですでに議論している．この位置選択性はα位に生じる負の部分電荷のアリール基による安定化，もしくはη^3-ベンジル錯体の形成による安定化の効果により説明できる．また，同位体標識実験の結果，$Ti(CH_2Ph)_4$とMAOを用いたスチレン重合反応では金属－炭素結合はオレフィンにシン付加することが明らかとなっており，これはポリマー鎖の成長反応が移動挿入反応を経て進行していることを示唆している[191)]．連鎖移動反応はおもにβ水素脱離反応により起こると考えられているが，アルミニウム上への連鎖移動反応も観測されている[170),192)].

シンジオタクチックポリスチレンを生成する触媒は，プロピレン重合触媒にあるような立体化学的環境が規制された配位座をもっていない．したがって，スチレン重合反応においては，触媒規制ではなく，末端規制により立体化学が決められている．触媒規制を行うためには，スチレン挿入過程の遷移状態の構造に関する知見が重要であるが，これについてはほとんどわかっていない．モノマーはオレフィン部位と芳香環の一部分によりη^4型で配位する可能性もあると考えられ，またポリマー鎖はη^3-ベンジル型でも結合しうる．金属中心は高度に配位不飽和であるため，その他のさまざまな弱い相互作用が立体選択性に影響しているであろう．たとえば，モノマーや成長するポリマー鎖のフェニル基と配位不飽和な金属中心が相互作用して，ポリマーの高い立体規則性に寄与していると考えられる．

22・7・2　イソタクチックポリスチレンの合成

イソタクチックポリスチレンを生成するシングルサイト触媒の開発は，シンジオタクチックポリスチレンの場合よりも困難である．高いイソタクチシチーのポリスチレンを与える均一系のシングルサイト触媒はわずかしか知られていない．

末端規制機構では一般的にシンジオタクチックポリスチレンが生成するので，イソタクチックポリスチレンを得るには触媒規制が必要である．今のところ，3種類のシングルサイト触媒がイソタクチックポリスチレンを生成することが知られている（式22.19）．これらの触媒は，ホスフィン配位子をもつカチオン性ニッケル触媒[193),194)]，イソプロピリデン架橋Brintzinger型ジルコノセン触媒[195)]，そして非メタロセン4族金属フェノキシド触媒である．

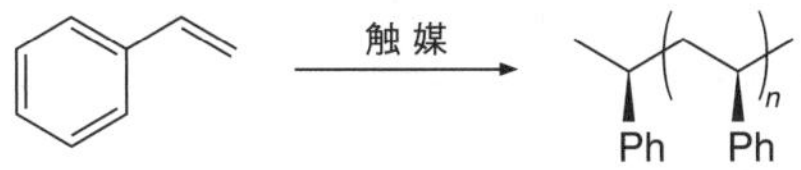

触媒 → (22.19)

Ph Ph

触媒＝ [Ni(allyl)(COD)]PF_6 + PCy_3,

MX_2： $TiCl_2$, $Ti(O^iPr)_2$, $Zr(CH_2Ph)_2$, $Hf(CH_2Ph)_2$

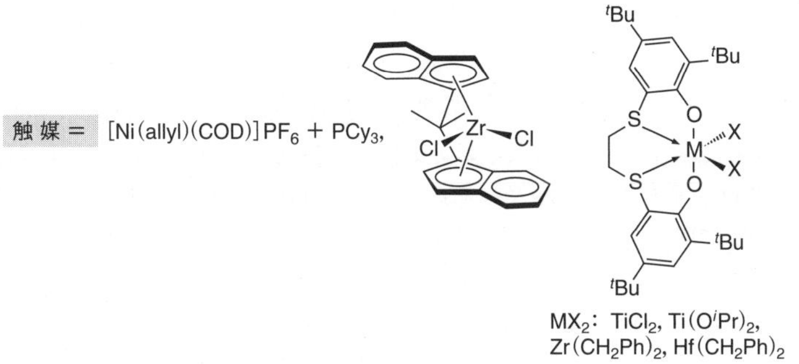

これらの触媒による詳細な重合反応機構は明らかにされていない．しかし，Brintzinger 型錯体ではインデニル基が架橋されていること，またビスフェノキシドビスチオエーテル錯体については，フェノキシド上に嵩高い置換基を導入することにより，C_2 対称の構造に固定することが重要であることがわかっている．このビスフェノキシドビスチオエーテル錯体は，フェノキシド上により小さい置換基がある場合にはアタクチックのポリマーを生成するが，この錯体は，動的 NMR スペクトルにより柔軟な構造変化が可能となっていることがわかっている．

22・8　オレフィン重合反応の機構に関するより詳細な知見

本章の冒頭で述べたとおり，オレフィン重合反応は開始，連鎖成長，連鎖移動という段階を経て進行する．開始反応は，アルキル配位子やヒドリド配位子の生成，もしくはジアルキル錯体からの一つのアルキル基の引抜きによって進行する．また，連鎖成長反応は金属－アルキル結合へのオレフィンの挿入反応によって起こる一方，連鎖移動反応にはさまざまな経路が存在する．以下，連鎖成長反応と連鎖移動反応の段階についてより詳細に述べる．

22・8・1　連鎖成長段階の機構

連鎖成長反応は，成長するポリマー鎖の末端にある金属－炭素結合へのオレフィンの連続的な挿入反応により進行する．オレフィン挿入機構については 9 章で詳細に議論している．スキーム 22・8 には，Watson の研究によって得られた，前周期金属による重合反応がオレフィンの直接挿入反応によって進行していることを示す初期のデータをもう一度示す[196]．

スキーム 22・8

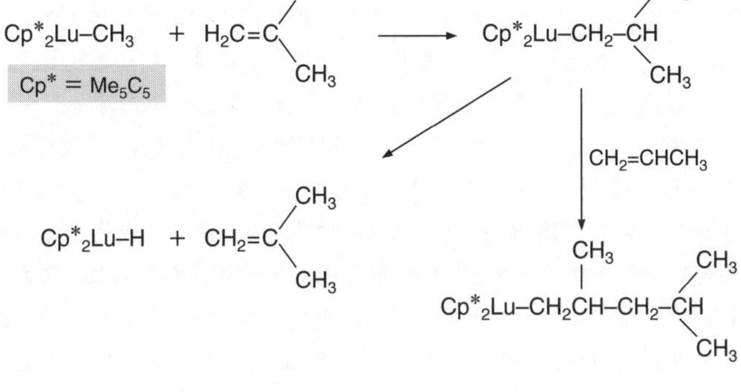

$Cp^*_2Lu–CH_3$ + $H_2C=C(H)CH_3$ → $Cp^*_2Lu–CH_2–CH(CH_3)CH_3$

Cp^* = Me_5C_5

→ $Cp^*_2Lu–H$ + $CH_2=C(CH_3)CH_3$

$CH_2=CHCH_3$ → $Cp^*_2Lu–CH_2CH(CH_3)–CH_2–CH(CH_3)CH_3$

この研究ではプロピレンのルテチウム－アルキル結合への挿入反応をスペクトル的に観測している．9章で述べたように，ここでいう挿入反応とは，アルキル(オレフィン)錯体において炭素－炭素結合が形成される移動挿入反応のことを意味している．

この移動挿入反応は，アルキル基のα水素原子と金属とのαアゴスチック相互作用により促進されている．9章でも述べたように，求電子性が高く，オレフィンの解離反応よりも挿入反応が速い系では，オレフィンの配位が移動挿入過程で最初の不可逆段階であるため，このようなαアゴスチック相互作用による影響は少ない傾向にある．しかし，より求電子性の低い系においては，オレフィン挿入はオレフィンの可逆な配位後に起こり，αアゴスチック相互作用によって促進されたオレフィン挿入が最初の不可逆段階（しばしば律速段階と考えられる）となる[197]．

また，9章で紹介したように，Jordan[198)～202)]とCasey[203)～208)]はd^0電子配置の金属中心をもつアルキル，あるいはアルコキソ(オレフィン)錯体を生成し，スペクトル的に同定した(式22.20，22.21)．また，挿入反応を起こさないアルコキソ(オレフィン)錯体を用いた研究

k_1, k_{-1}　$+ ClCD_2Cl$　(22.20)

アニオン ＝ $B(C_6F_5)_4^{\ominus}$

R ＝ エチレン
プロピレン
プロピン
ブチン

K_{eq}　k_{mig}　(22.21)

により，溶媒配位錯体とオレフィン錯体の間の平衡が見積もられている[201]．さらに，アルキル(オレフィン)錯体について調べたところ，オレフィンの配位，挿入過程に関してより詳細な情報が得られた[203),208)]．たとえば，Cp_2YR錯体へのプロピレンの配位に関する$\Delta H°$および$\Delta S°$はそれぞれ19 kJ mol^{-1}，-130 J K^{-1} mol^{-1}であることが示された．プロピレンが配位した錯体からの挿入反応は速く，この速度はアルキル配位子の嵩高さに大きく依存する．たとえば，アルキル基のβ位に置換基をもつCp^*_2YR錯体におけるオレフィン挿入反応は，γ位に置換基をもつ場合と比較して200倍も遅い．したがって，プロピレン重合反応がエチレン重合反応よりも遅いのは，両者のアルケンの嵩高さの違いに加えて，もしくはそれよりも連鎖成長によって生成するアルキル基の立体的性質の違いによるものと考えられる．

Landisはカチオン性ジルコニウム触媒によるオレフィン重合中のオレフィン挿入反応を直接観測した．まずアンサメタロセン触媒，$(EBI)ZrMe[MeB(C_6F_5)_3]$を過剰量の1-ヘキセンと－40℃で反応させたところ，1-ヘキセンがすべて転化した後に約3：1の比で連鎖成長中の錯体と開始していない錯体が存在していた[209]．つづいて，成長するポリヘキセン鎖をもつ触媒をエチレンやプロピレンと反応させると可溶性錯体が得られ，これらの錯体においてポリヘキセン鎖と金属はポリエチレン部位，ポリプロピレン部位を介して結合していることがわかった（スキーム22・9）[209]．また，^{13}C標識1-ヘキセンを用いて発生させた連鎖

スキーム 22・9

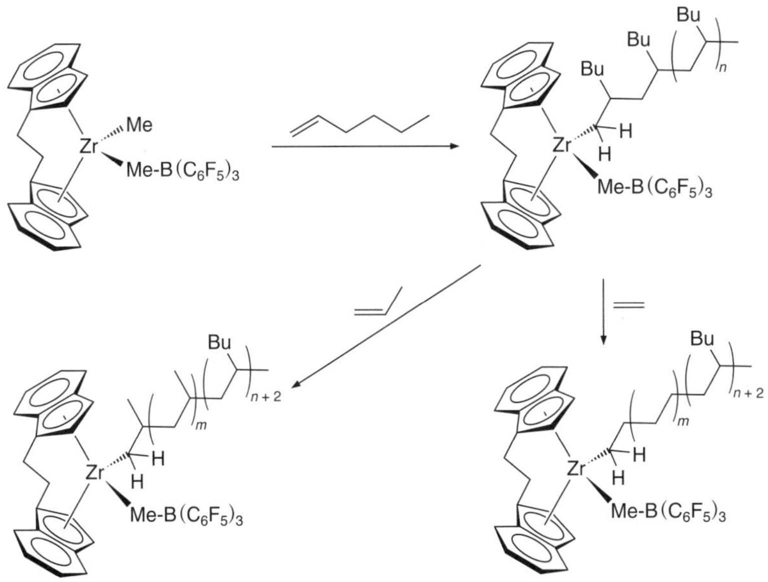

成長中の錯体と標識されていない 1-ヘキセンの反応を観測することで，連鎖成長中の錯体の反応性についても調べられた．

この ^{13}C 標識した触媒系の速度論解析により二つの機構上の問題が解決された．まず，触媒の強固なイオン対が反応活性種であるのか，あるいはこれらは休止状態にあり，よりゆるく相互作用したイオン対を形成することで活性種に変換されるのかはわからなかった[209]．しかしこれらの研究結果は，連鎖成長中のカチオン性錯体とボラートアニオンの強固なイオン対が反応活性種であることを示唆している．

また，これらの研究結果で，ポリマー末端のエピマー化，連鎖停止，および異性化の関係についても知見が得られた[211),212]．まず，ポリマー鎖のエピマー化反応が，Busico の提唱した機構[213]（式 22.22）で進行していることが示された．Landis の速度論的解析の結果，エピマー化，連鎖停止，異性化は同程度の速度で進行し，過剰量の 2-メチル-1-ペンテン（連鎖停止により得られる生成物のモデル化合物）の存在下でもその影響を受けないことがわかった[214]．したがって，エピマー化，連鎖停止，異性化はどれも類似の反応経路で進行し，ラセミ化反応や異性化反応はアルケンが配位したまま起こらなければならないと考えられる．このような機構を式 22.22 に示す．

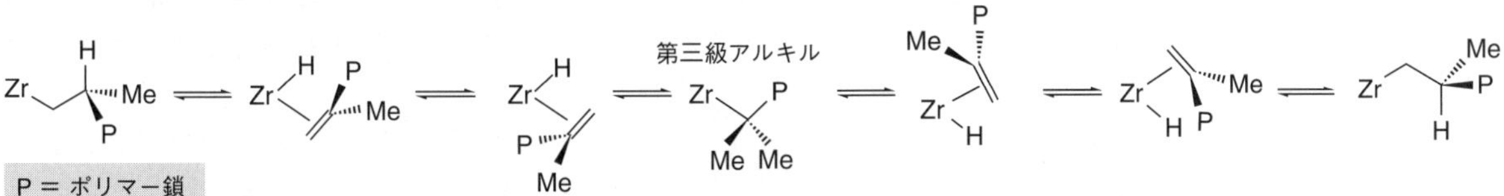

第三級アルキル

P = ポリマー鎖

(22.22)

また，9 章でも述べたように，プロピレン重合における連鎖成長反応は，1,2-挿入反応ではなく，2,1-挿入反応によって進行することが，最近研究されたいくつかの反応系で示された．たとえば，サリチルアルジミナト配位子をもつ Ti(Ⅳ)錯体によるプロピレン重合が 2,1-挿入反応により進行する（9 章，式 9.59）[215)~220]．また，ピリジンジイミン配位子をもつ鉄触媒によって得られたポリマーの末端構造に関する分析により，この重合反応でもやはり 2,1-挿入反応が起こっていることが示された[221]（9 章，図 9・3）．さらに，パラジウム触媒

訳注：p.985 を参照せよ．

による α-オレフィンの重合反応における挿入の位置選択性は，ポリマー構造に大きな影響を与える．この効果についてはスキーム 9・8 に示した．§22・5 で示した一連の挿入と脱離“チェーンウォーキング(訳注)”により，ヘキセンの 2,1-挿入反応生成物は，もともと側鎖であった部分がすべて主鎖に取込まれたようなモノマー単位に変換される（“直鎖化”）（スキーム 22・10）．また，同様に 1,2-挿入反応生成物についても“チェーンウォーキング”が起こることで，側鎖としてブチル基のほかにメチル基もみられるようになる．

スキーム 22・10

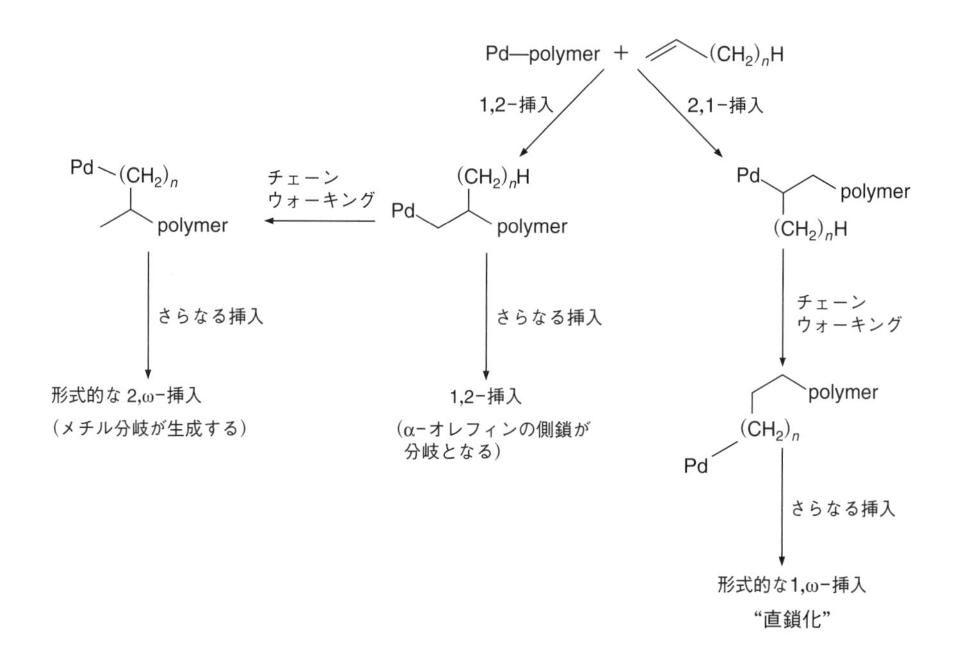

22・8・2　連鎖移動反応の機構と連鎖移動剤の種類

§22・2 でも述べたように，連鎖移動反応の機構にはおもに 3 種類ある．まず，β 水素脱離反応に続いてオレフィンが再び挿入し連鎖成長反応を開始することで連鎖移動反応が起こる．また，連鎖移動反応は，配位したオレフィンへのヒドリドの直接移動，あるいはポリマー鎖が結合した触媒が添加した反応剤（一般的に水素が用いられる）と反応し，ポリマー鎖を切出すとともに金属ヒドリド種を再生することでも進行する．一般に連鎖停止反応は，β 水素脱離反応に続くオレフィン挿入による連鎖成長反応の再開によって起こると信じられているが，“モノマーへの連鎖移動反応”において β 水素原子のモノマーへの直接移動が連鎖停止につながることが，さまざまな実験化学的あるいは計算化学的研究結果により示されている．

金属－アルキル種が触媒反応の休止状態である反応系では，もし連鎖停止反応が不可逆的な β 水素脱離反応により起こるとすれば，得られるポリマーの分子量はモノマー濃度に依存する．これは，β 水素脱離反応の速度はモノマー濃度に依存しないが，連鎖成長反応は一次で依存するからである．よって，このような条件では，オレフィン濃度が高くなると，ポリマーの分子量は上昇することになる．しかし，モノマーへの連鎖移動反応が連鎖停止反応につながるときには，この連鎖停止反応の速度は連鎖成長反応と同じく，モノマー濃度に一次で依存し，分子量はモノマー濃度には依存しないことになる．そのため，ポリマーの分子量がモノマー濃度に依存しないときには，このような連鎖停止機構が有力と考えられる[222]（このほかにもこれらの結果を合理的に説明しうる機構は存在する）．実際に，ポリマーの分子量がモノマー濃度に依存しない触媒系が見いだされている[223]．また，このような実験結果に加え，モノマーへの直接連鎖移動による成長反応の停止機構は，計算化学的にも支持されている[23),224)~226]．

当初は連鎖移動剤としては水素のみが使用され，これを用いた分子量の制御も行われていた．しかし最近になって，さまざまな反応剤を用いることで，末端を官能基化したポリマーが合成されるようになっている．この連鎖移動反応はX−H結合の付加により行われ，末端官能基化ポリマーと金属ヒドリド種を生成することもあれば，ポリマー末端には金属の代わりに水素を，金属上にはX基を導入する形で進行することもある．このような2種類の連鎖移動剤として，シラン，ボラン，ホスフィン，アミン，ビニルアレーン，ヘテロアレーンなどがあげられる．

シランの連鎖移動剤としての利用は，いくつかの研究グループによって報告されている．このうち，Marksらによって報告された触媒系をスキーム22・11に示す[227]．Cp^*_2LnRを

スキーム 22・11

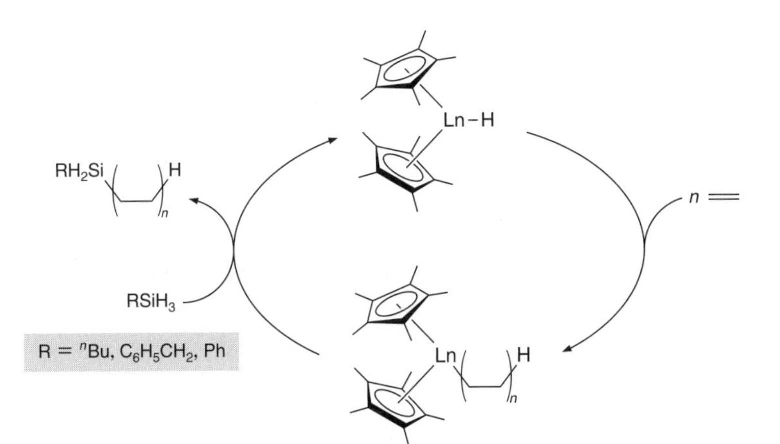

触媒とする重合反応を適切な濃度のシラン存在下で行った場合には，連鎖移動反応よりもオレフィン挿入反応の方が十分に速いため，高分子量のポリマーが得られる．スキーム22・11に示したように，シランはランタニド触媒と反応して，アルキルシランを与えるとともに金属ヒドリド種を生成し，これが再度連鎖成長反応を開始する．連鎖移動剤としてジヒドロシランやトリヒドロシランを用いて重合反応を行うと，ケイ素によって架橋されたポリマーが生成する．また，関連した例として，シラン存在下で$[Cp^*Co(L)R]^+$を用いてエチレンのリビング重合を行うと，末端が修飾されたポリマーが得られることが報告されている[228]．この場合には，ポリマー鎖の結合した触媒とシランの反応により，ポリマーとともにシリル金属種が生成し，このシリル金属種にエチレンが挿入することで重合反応が再開する．Chungは連鎖移動剤としてボランが利用できることを示しており[229),230]，この場合には触媒とボランの反応により，金属ヒドリド種と末端が官能基化されたポリマーが得られている．

官能基Xの電気陰性度が水素よりも大きいとき，X−H結合を含む反応剤と重合中の触媒の反応は通常，前周期遷移金属触媒とシランやボランの反応の場合とは逆の向きで付加反応が進行する．ランタニド触媒によるエチレン重合反応をホスフィン存在下で行うと，ホスフィンによるアルキル基のプロトン化とホスフィド錯体の生成が起こり，末端にホスフィン部位をもつポリマーが生成する（スキーム22・12）[231),232]．このホスフィド錯体にはオレフィンの挿入が可能であり，これによりホスフィンによって官能基化されたポリマー鎖を成長させることができる．Marksはさらにアミンでも同様の反応が進行することを報告して

スキーム 22・12

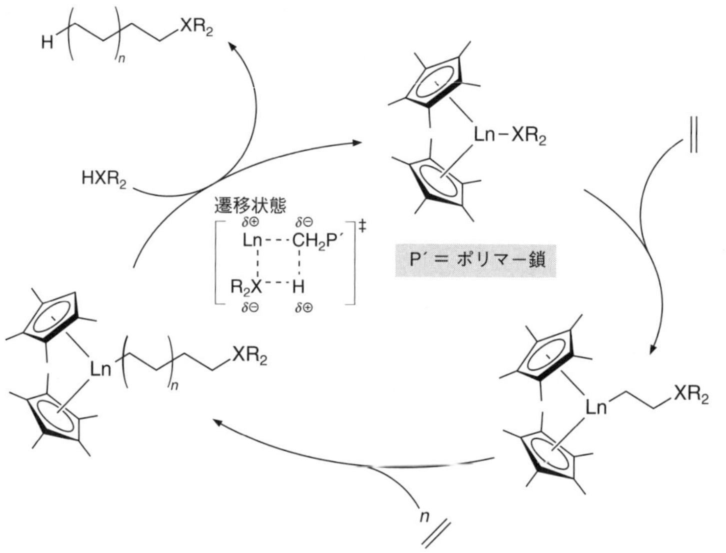

いる[233]．この場合には，連鎖成長反応に対してプロトン化の速度を十分に遅くするために，嵩高いジシクロヘキシルアミンが必要である．また，アミンの嵩高さは熱力学的にオレフィンの挿入を有利にするためにも重要である．

さらに，Chung と Hessen は，オレフィンやチオフェンが連鎖移動剤として利用可能であることを明らかにしている．Chung はスチレンと水素を用いて，ポリエチレン鎖の成長を停止させている（スキーム 22・13）[234)~236)]．この場合，スチレンが反応すると 2,1-挿入する

スキーム 22・13

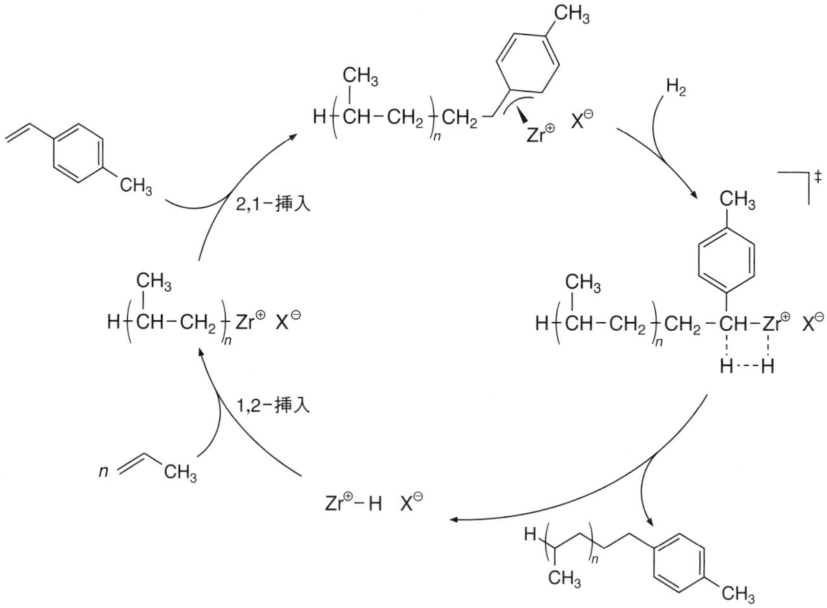

ことで安定な η^3-ベンジル中間体を生成する．この中間体は水素と反応するまで安定に存在し，水素化により末端にスチレンを導入したポリマーを脱離させるとともに，金属ヒドリド種を生成し重合が再開する．このような連鎖移動反応は，さまざまな官能基をもつビニルアレーンを用いて行われており，これらの官能基を末端にもつポリマーが合成されている．

Hessen と Teuben はチオフェンを連鎖移動剤として用い，片方の末端にチエニル基をもつポリエチレンを合成している（式 22.23）[237].

$$\text{C}_4\text{H}_3\text{S–H} + n\,\text{H}_2\text{C=CH}_2 \xrightarrow{[\text{Cp}^*{}_2\text{La}(\text{C}_4\text{H}_3\text{S})]_2} \text{C}_4\text{H}_3\text{S}\text{–}(\text{CH}_2\text{CH}_2)_n\text{–H} \qquad (22.23)$$

22・8・3　触媒の立体障害の連鎖移動反応に及ぼす影響

いくつかの触媒系において，配位子の立体障害を調節することによって，オレフィンのオリゴマー化触媒が重合触媒として利用可能となったり，また逆に重合触媒がオリゴマー化触媒となったりすることが見いだされている．立体的に嵩高い配位子を用いて生成した触媒は，連鎖移動反応に対して連鎖成長反応が相対的に速くなる傾向があり，逆に比較的小さな配位子を用いると，連鎖成長速度と連鎖移動速度の比が小さくなりやすい．その結果，立体障害の大きな錯体は重合触媒となりやすく，より立体障害の小さい触媒はオリゴマーを生成しやすい．これらの関係について最もよく調べられた触媒の一つとして，Brookhart によって開発されたジイミン配位子をもつ中周期あるいは後周期遷移金属触媒があげられる[238].

この触媒に関しては，連鎖成長反応と連鎖移動反応を有利にするために必要な配位子の立体的特徴が異なるため，配位子の立体障害はそれらの相対反応速度に影響すると考えられている．これらの触媒におけるオレフィン挿入反応は，三配位アルキル錯体（α または β アゴスチック相互作用を含む）と四配位オレフィン(アルキル)錯体の間を行き来することで進行する．連鎖移動反応は，(a) β 水素脱離反応に続く，生成したオレフィンとモノマーの会合的機構による置換，あるいは (b) それに近い遷移状態を経るモノマーへの連鎖移動により進行する（図 22・18）[23),24)]．たとえば，図に示した 2,6-ジイソプロピルフェニル基を窒素原子上にもつ触媒は（HDPE を生じるエチレン重合についての節で述べたように）ポリマーを与え，2-メチルフェニル基をもつ触媒はエチレンからオリゴマーである α-オレフィンを生成する．

(a) オレフィン末端をもつポリマー鎖の会合的交換反応

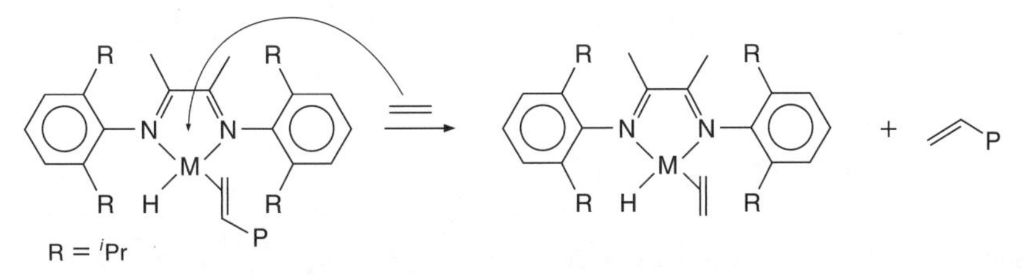

(b) ヒドリド中間体を経由しないモノマーへの連鎖移動反応

図 22・18　出発錯体と比べて，遷移状態において立体障害が増大する連鎖移動反応の二つの推定機構

22・9　オレフィンのオリゴマー化反応

オレフィンをオリゴマー化する[239)~243)]と，長さのそろったオレフィン，もしくはさまざまな長さのオレフィンの混合物が生成する．前者の場合，ふつう選択的に得ることができるのは二量体か三量体である．また，後者の場合，オレフィン重合反応によって得られるものよりはずっと炭素鎖の短い1-アルケン（直鎖のα-オレフィン）が生成する．

オリゴマー化反応によって生成するオレフィンの鎖の長さは，連鎖成長反応と連鎖停止反応の反応速度比に依存している．このような相対反応速度によって与えられる分子量の分布をSchulz-Flory分布といい[25)~27)]，式22.24に示す定量的な関係式に従う．オレフィンの重

$$K=\frac{[C_{n+2}]}{[C_n]}=\frac{1}{(1+\beta)} \tag{22.24}$$

K：モノマー1分子分の長いオリゴマーの生成比率であり，K因子とよばれる．
$[C_n]$：n個の炭素を含むオリゴマーの濃度
β：連鎖成長反応の連鎖移動反応に対する速度比

合反応は，連鎖移動反応が連鎖成長反応と比較してはるかに遅いときに起こる．それに対し，オレフィンのオリゴマー化反応は，連鎖停止速度と連鎖成長速度が近いときに進行する．オレフィンの二量化反応は，アルキル金属種へのオレフィン挿入後に必ず連鎖停止反応が起こるときに可能となる．また，一般にオレフィンの三量化反応は，二量化反応やオリゴマー化反応，重合反応とは明確に異なる機構で進行し，鎖の長さはメタラサイクルの形成により制御されるが，これについては後述する．

オリゴマー化反応におけるオレフィンの相対的な反応性は，エチレンが圧倒的に高く，続いてプロピレン，*n*-ブテン，*n*-ペンテンの順に低下する．分岐のあるオレフィンや内部オレフィンのオリゴマー化の例は少ない．これらの反応のなかでエチレンのオリゴマー化反応は最も大きなスケールで行われているが，長鎖α-オレフィンのオリゴマーも大量生産されており，潤滑剤の合成に利用されている[242),243)]．ジエンの二量化反応やオリゴマー化反応も古くから行われており，ブタジエンの二量化反応はオクタンの選択的合成法として研究されてきた[242),243)]．以下に，まずエチレンのオリゴマー化反応について述べる．ジエンのオリゴマー化反応に関しては，触媒も反応機構もアルケンの場合にふつう用いられるものとは異なるので，オレフィンのオリゴマー化反応について述べる後の節で解説する．

22・9・1　エチレンのオリゴマー化反応

エチレンを用いたα-オレフィンの合成は，一般に2種類の方法で行われている．1番目の方法では，まずトリエチルアルミニウムをエチレンと反応させ，より長いアルキル基をもつ有機アルミニウム化合物へと変換する（式22.25）．この反応により，全体を平均すると，アルミ

$$\mathrm{Et_3Al} + \mathrm{C_2H_4} \xrightarrow{\text{低温}} \mathrm{R_2Al{-}(CH_2CH_2)_n{-}Et} \xrightarrow[\text{高温}]{\mathrm{C_2H_4}} \mathrm{CH_2{=}CH{-}(CH_2CH_2)_{n-1}{-}Et} \tag{22.25}$$

ニウム当たり9分子のエチレンが挿入しトリオクチルアルミニウム程度の大きさの化合物が生成する．これを高温でエチレンと反応させると，オレフィンが脱離しトリエチルアルミニウムが再生する．このプロセスを“エチルプロセス（ethyl process）”という[21),244)~248)]．

2番目の方法では，エチレンは直接，α-オレフィンの混合物へと変換される（式22.26）．このプロセスはよりエチレン重合と近いものであり，次項で解説する．エチレンからα-オ

$$\mathrm{C_2H_4} \xrightarrow{\text{触媒}} \mathrm{CH_2{=}CH{-}(CH_2CH_2)_n{-}Et} \qquad n=\text{約}\,0\sim18 \tag{22.26}$$

レフィンを選択的に生成させるためには，オリゴマー化反応触媒はα-オレフィンではなくエチレンと選択的に反応しなければならない.

22・9・1a SHOP 法

SHOP 法（Shell 高級オレフィンプロセス，Shell Higher Olefin Process）[249),250)] は，均一系ニッケル触媒によるエチレンのオリゴマー化反応を利用したプロセスである（式 22.27）[251)~254)]. まず，オリゴマー化反応を行い，蒸留により生成物であるα-オレフィンを炭素数 4 から 8,

$$CH_2{=}CH_2 \xrightarrow{\text{“Ni–H”}} CH_2{=}CH(C_2H_4)_nH \qquad \begin{array}{ll} C_4{\sim}C_8 & 41\% \\ C_{10}{\sim}C_{18} & 40.5\% \\ C_{20+} & 18.5\% \end{array} \qquad (22.27)$$

10 から 18，20 以上の三つの画分に分離する．そして，このうち炭素数 4 から 8 の低分子量の留分と炭素数 20 以上の高分子量の留分に関しては，不均一系触媒を用いた異性化反応により内部オレフィンの混合物へと変換する．さらに，これらの低分子量と高分子量の内部オレフィン混合物を，不均一系オレフィンメタセシス触媒（MoO_3/Al_2O_3）と反応させると（式 22.28)，オレフィンの組換えが起こり，炭素数 10 から 18 の直鎖の内部オレフィンを多く含

$$\begin{array}{c} R^1CH{=}CHR^2 \\ + \\ R^3CH{=}CHR^4 \end{array} \xrightleftharpoons{MoO_3/Al_2O_3} R^1HC{=}CHR^3 + R^2HC{=}CHR^4 + R^1HC{=}CHR^4 + R^2HC{=}CHR^3 \qquad (22.28)$$

含む混合物を得ることができる．つづいて，このようにして得られた炭素数 10 から 18 の内部オレフィンに対してコバルト触媒を用いてヒドロホルミル化反応を行い直鎖アルデヒドを得，これを還元する（式 22.29)．コバルト触媒は，内部オレフィンと金属ヒドリド種の反応によって生成する第二級アルキル金属種を，末端第一級アルキル金属種へと異性化してから

$$C_{10}H_{21}CH{=}CHCH_3 \xrightarrow[CO/H_2]{HCo(CO)_4} C_{12}H_{25}CH_2\overset{O}{\overset{\|}{C}}{-}H \xrightarrow[HCo(CO)_4]{H_2} C_{13}H_{27}CH_2OH \qquad (22.29)$$

一酸化炭素の挿入反応を起こすため，直鎖状アルデヒドへと変換できる．つづいて，このアルデヒドを還元することで，炭素数 11 から 19 の第一級アルコールが得られ，これらは可塑剤（“脂肪アルコール”）や洗剤の原料として利用されている．このように，SHOP 法は安価なエチレンを有用なα-オレフィンや第一級アルコールへと副生成物なく変換できる優れたプロセスである.

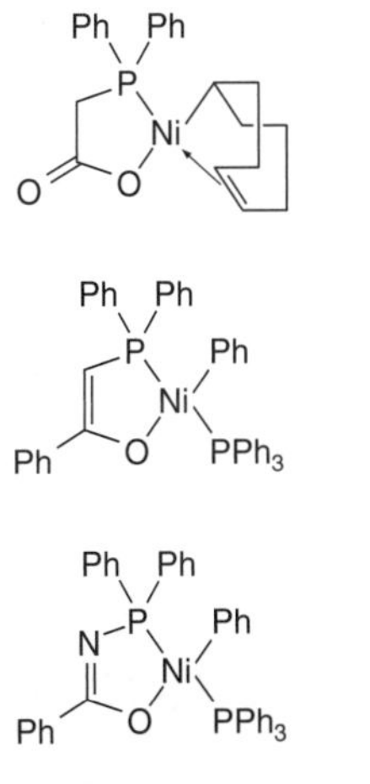

$Ni(COD)_2$ と P, O 二座配位子の前駆体より生成させたニッケル触媒を用いると，エチレンのオリゴマー化反応を行うことができる（式 22.27)．図 22・19 にはそれらのニッケル触媒の例を示す[251)~254)]．これらの触媒は，配位子前駆体としてトリアリールホスホニウム部位をもつエノラートや，式 22.30 に示すようにホスフィノ酢酸を用いて合成される．最近，これらの触媒のカルボニル基にボランを配位させると，ニッケルの求電子性が上昇すること

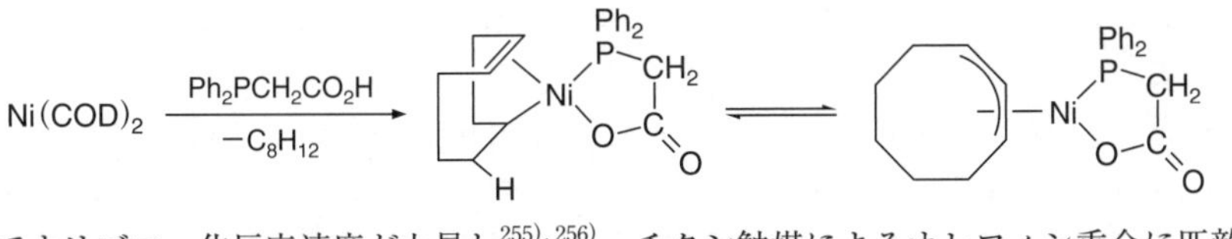

$$Ni(COD)_2 \xrightarrow[-C_8H_{12}]{Ph_2PCH_2CO_2H} [\text{(C}_8\text{H}_{13})\text{Ni}(\text{O}_2\text{CCH}_2\text{PPh}_2)] \rightleftharpoons [(\text{C}_8\text{H}_{13})\text{–Ni}(\text{O}_2\text{CCH}_2\text{PPh}_2)] \qquad (22.30)$$

でオリゴマー化反応速度が上昇し[255),256)]，チタン触媒によるオレフィン重合に匹敵する触媒活性が得られることがわかった．また，このニッケル触媒とチタン触媒とを同一反応系で用いることで，エチレンから直接エチル側鎖をもつ LLDPE を生成することもできる[256)]．これらの触媒のほか，α-イミノアミド由来のモノアニオン性配位子や[257)]，比較的立体障害の小

図 22・19 オレフィンのオリゴマー化反応に用いるニッケル触媒

さいα-ジイミン配位子をもつニッケル触媒[258]も開発されている．

この触媒的オリゴマー化反応の推定機構をスキーム22・14に示す．連鎖成長反応はオレフィン挿入反応により，また連鎖停止反応はβ水素脱離反応やモノマーへの連鎖移動反応によって進行する．これらの機構はオレフィン重合反応と同様のものであるが，連鎖成長反

スキーム 22・14

応の連鎖移動に対する相対反応速度は，重合反応のときよりも小さい．第三級ホスフィンなどの配位子が存在すると，この相対反応速度が影響を受けるため，平均炭素鎖長も変わってくる．

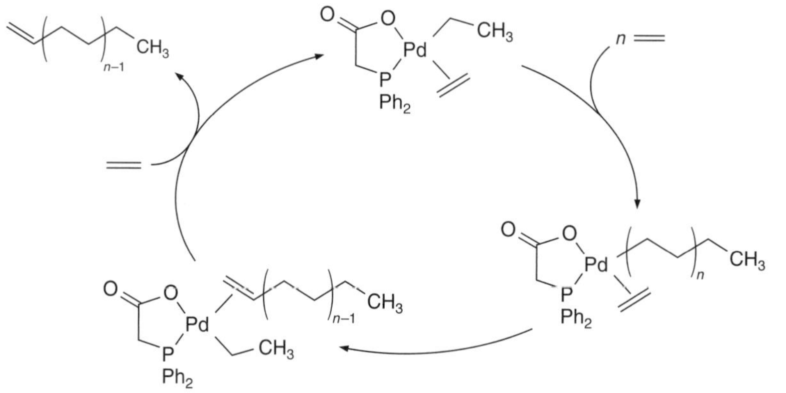

22・9・1b　ニッケル以外の金属によるエチレンのオリゴマー化反応

より最近になって，エチレンのオリゴマー化反応によるα-オレフィンの生成に関して，鉄触媒が極めて高い活性と選択性を示すことが見いだされた（式22.31）[259]．この触媒の構

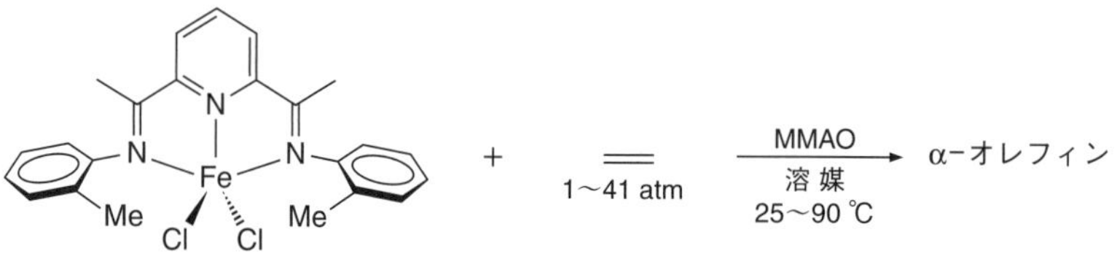

+ ＝ (1〜41 atm) →(MMAO, 溶媒, 25〜90 ℃) α-オレフィン　(22.31)

造は，直鎖状のポリエチレンを生成する鉄触媒と類似のものであるが，イミン窒素原子上のアリール基の嵩高さを小さくすることによりオリゴマー化反応の触媒となる．窒素原子上に2-メチルフェニル基をもつ触媒は，エチレンのオリゴマー化反応に関して，25 ℃，1 atmの条件下のTOFは$1.0\times10^5\ h^{-1}$(触媒1 molで1時間当たり5.0×10^5 kgのオリゴマー生成に対応する）であり，90 ℃，40 atmの条件下では$1.8\times10^8\ h^{-1}$という極めて高い触媒回転頻度を実現した．この鉄触媒が高い触媒活性をもつ理由や，α-オレフィンではなくエチレンのみが反応する理由については明らかではないが，活性な触媒を明らかにしようとする研究が進められている[260)〜262)]．

4族金属触媒を用いるオレフィンのオリゴマー化反応も研究されており，工業的に最も利用されている触媒の一つに数えられる[263]．これらの触媒は，一般的にチタンアルコキシドとアルキルアルミニウムより生成し，その構造に関する知見は乏しい[264),265)]．4族遷移金属元素を中心金属とするシングルサイト触媒(訳注)を用いてエチレンを連結させる反応に関しての報告は，ほとんどが重合反応についてのものである．しかし，3章で述べたボラタベンゼン錯体は，エチレンのオリゴマー化反応によるα-オレフィン生成反応を触媒することが

訳注：p.988を参照せよ．

見いだされている．ボラタベンゼン配位子の強い電子供与性により，オレフィン挿入反応速度に対するβ水素脱離反応速度が上昇したため，ポリマーではなくオリゴマーが生成したと考えられる[266]．

22・9・2　金属−炭素結合への挿入反応を経るオレフィンの二量化反応

オレフィンの二量化反応は，大きく分けて2通りの機構により進行する．一つはオレフィンの挿入反応を経る機構で，もう一つはメタラサイクル中間体を経る機構である．オレフィン挿入反応を経る機構は，基本的にオレフィン重合反応と同様の機構である．しかし，この場合にはオレフィン重合反応とは異なり，β水素脱離反応やβ水素移動反応による連鎖停止反応速度が連鎖成長反応速度よりもはるかに大きいため，ほぼ二量体のみが生成する．この項では，オレフィンの配位，挿入を経る二量化反応について述べる．また，メタラサイクル中間体を経る二量化反応については，続いての項で紹介する．なお，エチレンの二量化反応に関する初期の研究については，総説[239]が出版されているので参照されたい．

エチレンの二量化反応によりブテンの異性体混合物を得る反応は，工業的にはあまり有用とは言いがたい．なぜなら，ブテンの異性体混合物は通常，エチレンよりも安価だからである[21]．チタン触媒を用いてエチレンの二量化反応により1-ブテンを選択的に得ることもできるが，この反応はメタラサイクル中間体を経る機構で進行するため，次項で取扱う．移動挿入反応を伴うプロピレンの二量化反応では，一般に式22.32に示すような機構を経てオレフィンの異性体混合物が得られる．

M−H
2,1−挿入
1,2−挿入
2,1−挿入
1,2−挿入
2,1−挿入
1,2−挿入
CH_3

(22.32)

この過程では，プロピレンのM−H結合への挿入と続くM−R結合への挿入の向きによって，骨格構造の異なるアルキル基を金属上にもつ4種類の中間体が生成する．エチレンの二量化反応は，$NiBr(\eta^3\text{-}C_3H_5)(PCy_3)$ を $EtAlCl_2$ とともに触媒として用いた場合に特に速く進行し，クロロベンゼン中，25℃では触媒回転数は毎秒6万回にも達する．プロピレンの選択的二量化による2,3-ジメチルブテンの生成は工業的にもチタン触媒を用いて行われているが，この反応もメタラサイクル中間体を経て進行するため次項で取扱う．

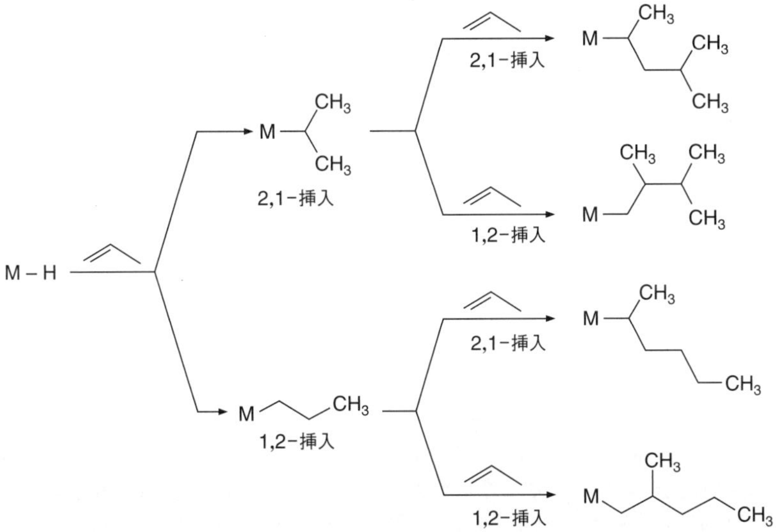

官能基をもつオレフィンの触媒的二量化反応も精力的に研究されており，位置選択性が高い例も報告されている[239]．なかでも，アクリル酸エステルの二量化反応（式22.33）は特に工業的に有用となりうる反応である．なぜなら，尾-尾結合により二量化（tail-to-tail dimerization）した生成物はアジピン酸の前駆体であり，ポリエステルや6,6-ナイロンなどのポリ

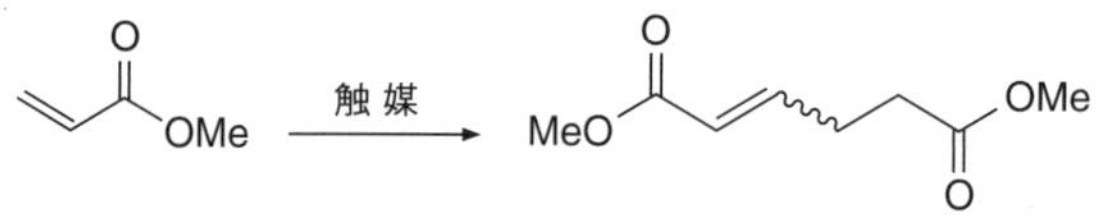

(22.33)

アミドの原料となりうるからである．実際，アクリル酸エステルのカップリング反応によりおもに直鎖二量化体を生成する反応はさまざまなパラジウム[268)～277)]やルテニウム[278)～281)]，ロジウム[275),282)～284)]の触媒を用いて進行することが知られている[270)]．特に，アクリル酸エステルを配位子とするCp*Rh錯体は，報告されている触媒系のなかで最も活性が高い．Brookhartは，1 atmの水素圧下での二量化反応に関し，[Cp*Rh(ethylene)(ethyl)]$^+$錯体由来の触媒系は寿命が長いことを報告している．この触媒系では，室温から60℃において，アクリル酸メチルが完全に消費され，その触媒回転数は1.3×10^4回に上り，尾-尾結合による二量化反応に関しては99%以上の選択性が得られている[285),286)]．

スキーム22・15には，[Cp*Rh(ethylene)(ethyl)]$^+$を触媒として用いたアクリル酸メチルの二量化反応による尾-尾結合生成機構を示す．まず，アクリル酸メチルと[Cp*Rh(ethylene)(ethyl)]$^+$の反応により，アクリル酸メチルに加えホモエノラートを配位子としてもつ

スキーム 22・15

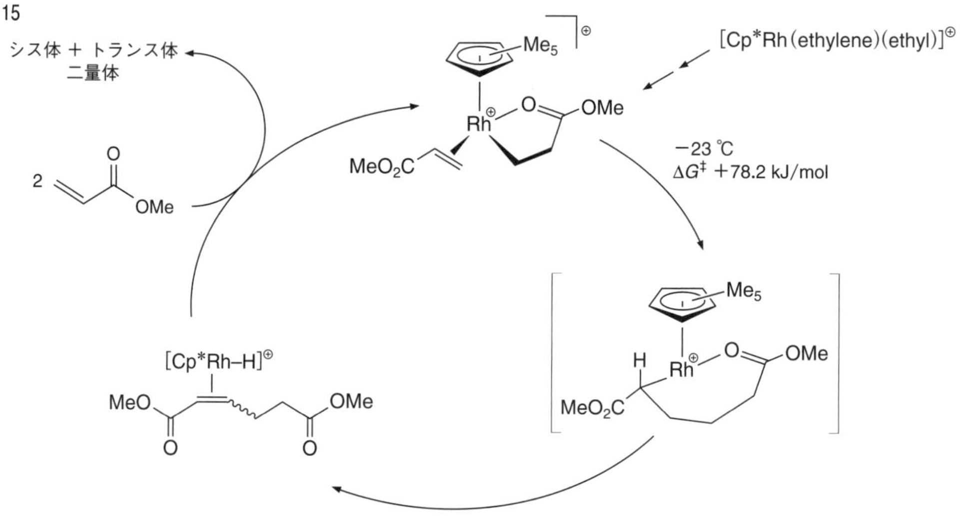

触媒活性種が生成する．つづいて，アクリル酸メチルが挿入し，β水素脱離反応が起こると，ロジウムヒドリド種が生成する．このロジウムヒドリド種は，再度アクリル酸メチルと反応するとともにその過程のどこかでアクリル酸メチルが配位することで，ホモエノラート錯体を再生することができる．

エチレンとその他のオレフィンの共二量化（co-dimerization）反応も広く研究されてきており，ヒドロビニル化反応（hydrovinylation）といわれている[287)]．その先駆的な例として，BogdanovicとWilkeはエチレンとノルボルネンの共二量化がπ-アリルニッケル触媒によって進行することを報告している[288),289)]（式22.34）．オレフィンの一つの炭素－水素結合をも

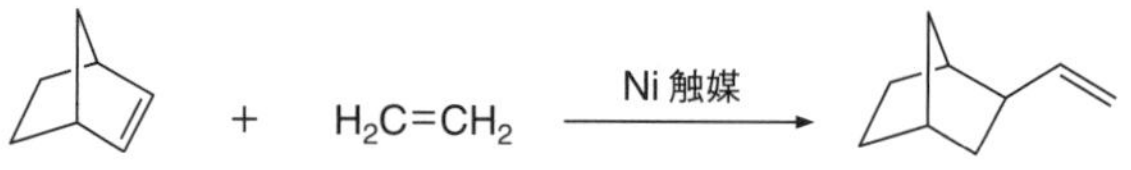

(22.34)

Ni触媒 = $[Ni(\eta^3\text{-}C_3H_5)Cl]_2$ + $Al_2Et_3Cl_3$ + L*

う一つのオレフィンに付加する型の反応については，この反応も含め16章で述べた．

22・9・3 メタラサイクル中間体を経るオレフィンのオリゴマー化反応

22・9・3a メタラサイクル中間体を経るオレフィンの二量化反応

低原子価前周期遷移金属錯体は，種類によってはエチレンやプロピレンの選択的二量化反応を触媒し，1-ブテンや2,3-ジメチル-1-ブテンを生じる[290),291)]．このプロペンの二量化反応に関する高い位置選択性は，この反応が先に述べた挿入反応とβ水素脱離反応を経る機構とは異なる機構で進行することを示唆している．また，1-ブテンが選択的に生成することから，熱力学的により安定な2-ブテンへの異性化反応を触媒する金属ヒドリド種が，一定の寿命をもって反応系内に生じていないと考えられる．

このようなエチレンやプロピレンの位置選択的二量化反応は，メタラサイクル中間体を経て進行する（式22.35）[292),293)]．この機構において二つのオレフィン分子は，"還元的カップリング"（オレフィンは還元され，金属は酸化される）することで[(訳注)]メタラシクロペンタン中間体を生成する．アルケンとしてプロペンを用いた場合には，立体障害の少ない第一級アルキル基が金属上に結合するように，メタラサイクル種が形成される．これらのメタラサイクル中間体は，β水素脱離反応と還元的脱離反応を経てオレフィン生成物を与える．この過程で金属ヒドリド種が生成するが，すぐに還元的脱離反応を起こすため，オレフィンの異性化反応は起こらない．

触媒 $Zr(\eta^4\text{-}C_4H_6)_2(dmpe)$ または $TaCl_2(Cp)(RCH=CH_2)_2$

CH_3 M CH_3 CH_3 (22.35)

訳注：アルケン，アルキン，クムレン，ヘテロクムレン誘導体などの不飽和結合を含む複数の有機基質が，金属フラグメントと相互作用して環状のメタラサイクルを生じる反応をさす．有機基質2分子と金属種が相互作用して5員環メタラサイクルを生じる反応が多い．この過程で有機基質は還元されるので"還元的カップリング"とよばれるが，一方で，金属は酸化されるので"酸化的カップリング（oxidative coupling）"または"酸化的環化反応（oxidative cyclization）"ともよばれる．酸化的付加反応の一種とみることもできる（p.757の訳注参照）．

A B M^n D C → A B M^{n+2} D C

22・9・3b メタラサイクル中間体を経るオレフィンの三量化および四量化反応

エチレンの三量化や四量化反応による1-ヘキセンや1-オクテンの生成反応は，LLDPE合成に用いるモノマーを合成する重要なプロセスとなっている．1-ヘキセンは，均一系クロム触媒によるエチレン重合反応における副生成物として得られていた[294)]が，現在では高選択的に1-ヘキセンへの三量化反応を触媒するクロム錯体が見いだされている[295)~297)]．Phillips社はCr(Ⅲ)塩と2,5-ジメチルピロール，トリエチルアルミニウム，塩化ジエチルアルミニウムを組合わせた触媒系[298)]について，Union Carbide社は2-エチルヘキサン酸クロム(Ⅲ)と部分的に加水分解したトリイソブチルアルミニウムより成る触媒系[294),299),300)]に関して，それぞれ特許を取得している．また，BP社は，Cr(Ⅲ)の前駆体とビス(ジホスフィノ)アミン配位子である $(o\text{-}MeO\text{-}C_6H_4)_2PN(CH_3)P(o\text{-}MeO\text{-}C_6H_4)_2$ およびメチルアルミノキサンMAOから成る，特に高活性かつ高選択的な触媒を報告している[301),302)]．さらに，Sasol社は，PNP型アミドビスホスフィン配位子[303)]やSNS型アミドビスチオエーテル配位子などのピンサー型配位子を含むクロム触媒が，エチレンの三量化反応に利用できることを報告している[304)]．

さらに最近Sasol社により，低配位性の対アニオンをもち $Ph_2PNRPPh_2$ 配位子を含むクロム触媒が，エチレンの四量化反応による1-オクテンの生成を70%以上の選択性で進行させることが見いだされている[305)~308)]．1-オクテンはエチレンとの共重合反応によるLLDPEの生成によく用いられるため，この発見は工業的にも重要である．このエチレン四量化触媒は，式22.36に示すように，PNP配位子と $CrCl_3(THF)_3$ の反応により反応系中で発生させる．生成する1-オクテンの1-ヘキセンに対する高い比率や高い活性を得るための重要ないくつかの要因もわかってきている．まず，配位子のリン原子上に嵩高い置換基を導入してし

$$CrCl_3(THF)_3 + Ph_2P\text{-}N(^iPr)\text{-}PPh_2 + Et_3Al \xrightarrow[\text{もしくは } Al(OC_6F_5)_3]{[Ph_3C]^+ [Al(OC(CF_3)_3)_4]^-} \text{エチレンの三量化および四量化触媒}$$

添加物	$C_8 : C_6$ 比
$[Ph_3C]^+ [Al(OC(CF_3)_3)_4]^-$	3.3
$Al(OC_6F_5)_3$	0.033

(22.36)

まうと，1-ヘキセンなどの三量化体が四量化体よりも生成しやすくなる[306]．また，対アニオンは安定でなくてはならない[307]．アルミニウム上からのアルコキシドの解離が起こると，触媒活性や四量化体の選択性が低下する．これはおそらくクロムアルコキシドの生成によると考えられる．さらに，対アニオンの配位性が非常に低いものでなければならない[307]．最も電子不足のアルミン酸イオンより配位性の高いアニオンをもつ触媒を用いると，三量化体が優先して生成する．これらのことから，オクテンをヘキセンに対して選択的に生成させるためには，金属中心の立体的な環境を適切に調節することが重要であると考えられる．

BP 社のクロム触媒によるエチレンの三量化反応機構については，Bercaw により研究がなされた[309]．まず，Briggs[295] によって提唱されたメタラシクロペンタン，およびメタラシクロヘプタンを経由する機構（スキーム 22・16）が，重水素標識実験により確認された．この機構では，初めに低原子価クロム種が二つのエチレン分子を結合させ，メタラシクロペンタン中間体が生成する．つづいて，このメタラサイクル種にもう一つのエチレン分子が挿入することでメタラシクロヘプタン種が生成した後，1-ヘキセンを放出するとともに低原子価クロム種が再生する．三量体が選択的に生成するのは，オレフィン挿入がメタラシクロペンタンからのβ水素脱離反応よりは速いものの，メタラシクロヘプタンからのβ水素脱離反応よりは遅いためである．メタラシクロペンタンからのβ水素脱離反応が起こりにくいのは，10 章で議論したように，柔軟性の低いメタラサイクルからのβ水素脱離反応が遅い傾向があることにより説明できる．一方，メタラシクロヘプタンはより柔軟な骨格をもっており，クロムとβ位の水素原子が容易に相互作用できるために，エチレン挿入反応よりβ水素脱離反応が速く進行する．これは，メタラシクロヘプタンにさらにオレフィン挿入が起こったような，9 員環メタラサイクル種がほとんど知られていないこととも一致している．

関連するエチレンの四量化反応の反応機構については，Sasol 社のクロム触媒による 1-オクテン生成反応に関する研究により推定された[305]．この触媒反応もスキーム 22・17 に示す

$[Cr^n]$　$CH_2=CH_2$　$[Cr^n]$　$[Cr^{n+2}]$　$CH_2=CH_2$　$[Cr^{n+2}]$

スキーム 22・16

1-オクテン　$\overset{\oplus}{Cr}{}^{I}$　$\overset{\oplus}{Cr}{}^{III}$　1-ヘキセン　$\overset{\oplus}{Cr}{}^{III}$　$\overset{\oplus}{Cr}{}^{III}$

スキーム 22・17

Cr(I)/Cr(Ⅲ)サイクルを経て進行していると考えられており，これは複数の研究によって支持されている．たとえば，PNP配位子をもつCr(0)種，$Cr(CO)_4(PNP)$ はこの反応には触媒活性を示さないが，これらのCr(0)種をAgX種により酸化して得られる錯体には触媒活性がみられた[308]．さらに，重水素標識実験[305]により，この反応の副生成物がCossee機構[訳注]ではなくメタラサイクル中間体を経て生成していることが示された．この重水素標識実験は，前述のBercawによって報告されたものと類似のものである．また，このオクテンの生成反応は，通常はみられない9員環メタラサイクル中間体を経て進行していると考えられる．

訳注：上巻9章p.351～352を参照せよ．

22・10 共役ジエンのオリゴマー化反応および重合反応[239),310)]

さまざまな遷移金属錯体により触媒される共役ジエンのオリゴマー化反応，および重合反応は，工業的に重要であり，合成ゴム(*all*-*cis*-ポリブタジエン，ポリイソプレンなど）からナイロンの原料（シクロドデカトリエンなど）までさまざまな材料の合成に用いられている．ジエンのオリゴマー化反応や重合反応の触媒としては，コバルトやチタンの触媒に加え，π-アリルニッケル錯体やパラジウム錯体も用いられている．前周期遷移金属触媒はジエンの重合などにはより広く用いられているが，反応機構に関してはニッケルやパラジウムなど後周期遷移金属の方がよく理解されているため，ここでは後者の触媒系についておもに議論する．

すべての触媒において，共役ジエンの重合反応やオリゴマー化反応は，η^3-アリル金属錯体を経て進行すると考えられている．これらのη^3-アリル錯体は，共役ジエンより2種類の経路で生成しうる．ヒドリド配位子やアルキル配位子をもっている触媒前駆体からは，金属－ヒドリドあるいは金属－アルキル結合へのジエンの挿入反応によってη^3-アリル錯体が生成する（式22.37）．また，アリル基がη^3型配位とη^1型配位の間の平衡状態にあるとき，

L_nM－R　R＝H，アルキル　L_nM　R　L_nM　R　L_nM　R　L_nM　R　(η^1)　(η^1)　(η^3)　(22.37)

どちらの配位形式に偏るかに関しては他の配位子の影響を大きく受け，その後の反応経路を決める主要な要因となる（以下参照）．

また，Ni(0)やPd(0)などの低原子価金属を含むさまざまな錯体は，ブタジエン分子どうしを結合させ，対応するビス(η^3-アリル)錯体を生じる（式22.38）．この過程は，後述する

$L_nM(0)$ ＋ 2　M^0　L_n　M^{II}　L_n　(22.38)

多くのジエンの環化オリゴマー化反応において重要である．ここでは，これらのη^3-アリル中間体に対するさらなるジエンやモノエンの挿入による，オリゴマー化反応や重合反応についても議論する．

22・10・1 1,3-ジエンの重合反応

ポリブタジエンやポリイソプレンの工業的生産には，Ziegler型の触媒が最も一般的に用

いられる．また，これらの重合反応の選択性は，遷移金属触媒の種類に大きく依存する（表22・1）[311]．これらの反応性の違いについては合理的な説明がなされていないが，η^3-アリル金属種が活性中間体であることは明らかである．

高原子価の前周期遷移金属触媒によるジエンのオリゴマー化反応の一般的機構をスキーム

表 22・1　立体選択的なブタジエン重合反応

触　媒	ポリマーの構造（%）		
	trans-1,4 体	*cis*-1,4 体	1,2 体
$CoCl_2/AlEt_2Cl$	1	98	1
$MoO_2(OR)_2/AlEt_3$	1	3〜6	92〜96（シンジオタクチック）
$Cr(acac)_3/AlEt_3$	1〜2	0〜3	97〜99（イソタクチック）
$VCl_3(THF)_3/AlEt_2Cl$	99	0	1

スキーム 22・18

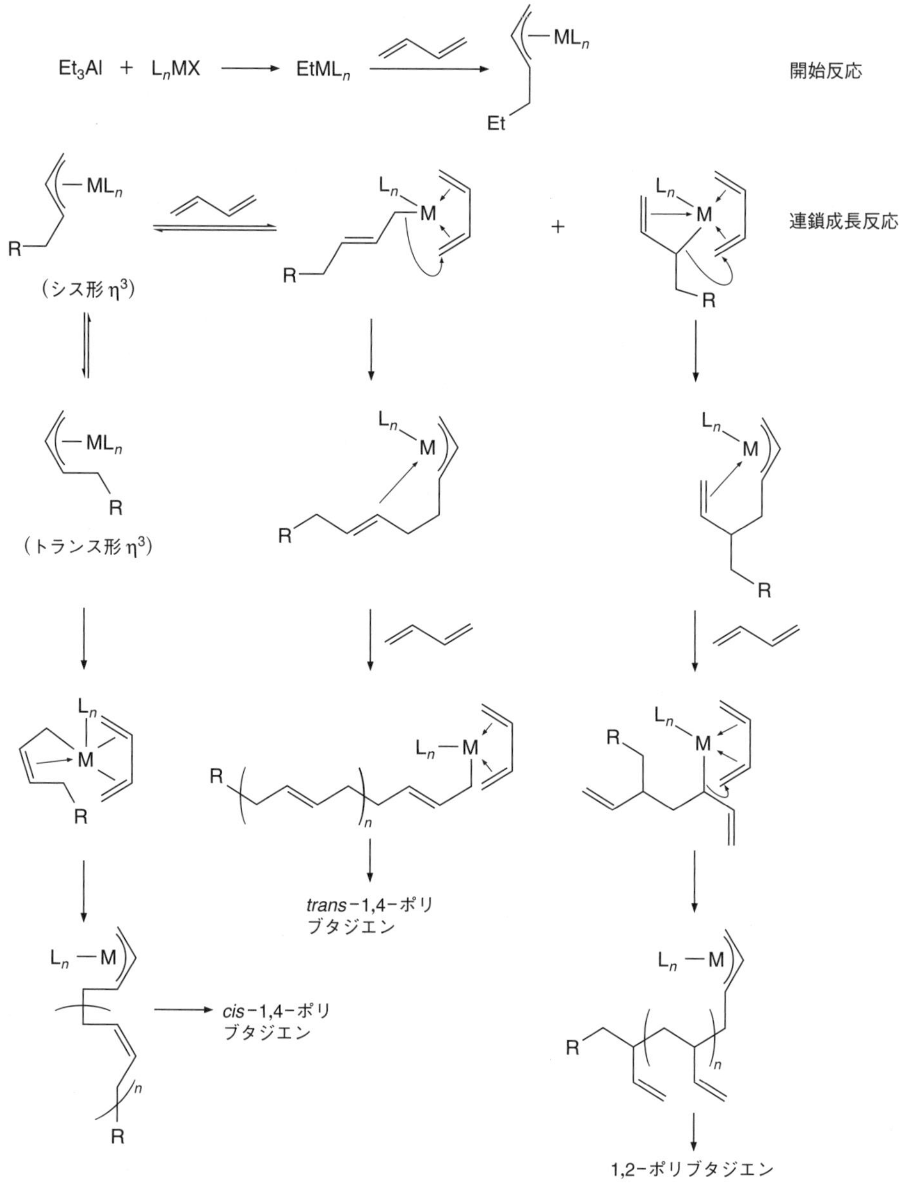

$Et_3Al + L_nMX \longrightarrow EtML_n \longrightarrow$　開始反応

連鎖成長反応

（シス形 η^3）

（トランス形 η^3）

trans-1,4-ポリブタジエン

cis-1,4-ポリブタジエン

1,2-ポリブタジエン

22・18 に示す[312]．この機構では，アリル錯体へジエン配位子が移動挿入することにより，新たなアリル中間体が生成し，これに再度ジエンが配位する．ジエンの挿入反応は，スキーム 22・18 に示したように η^1-アリル錯体から進行する可能性に加え，η^3-アリル錯体からの挿入反応も進行しうる．1,4-ポリブタジエンのオレフィン部位の立体化学は，ジエンの移動挿入反応が起こる際のアリル中間体の立体配座に依存する．また，移動挿入反応が起こる位置が η^3-アリル配位子の内部炭素か末端炭素かによって，生成するポリマーが 1,2-ポリブタジエンとなるか 1,4-ポリブタジエンとなるかが決まる．

Wilke らは，ニッケル触媒によるジエンのオリゴマー化反応に関して多くの研究を行っている[313]．また，最近では Brookhart らによって，ニッケル触媒によるブタジエンのオリゴマー化反応の活性中間体の合成や単離，構造決定がなされた（式 22.39）．この中間体はカチ

(22.39)

オン性アリルニッケル種とブタジエンの反応によって生成する．この錯体の中心金属上には，前駆体にあったアリル基と 3 分子のブタジエンから生成した一つの炭化水素配位子のみが存在し，金属はこの配位子上の末端アリル基と二つのオレフィン部位を介して結合している[314]．

22・10・2　共役ジエンのオリゴマー化反応とテロマー化反応

1,3-ジエンの触媒的二量化とオリゴマー化反応は，類似の機構によりさまざまな直鎖状または環状生成物を与える．これらの反応の主生成物は金属や補助配位子に大きく依存し，生成物分布の制御法についても多くのことが明らかになっている．この項では，反応機構に関する理解が進んでいるいくつかの触媒系について解説する．より詳細な記述に関しては，総説を参照されたい[239]．

22・10・2a　ブタジエンの直鎖状オリゴマー化反応

ブタジエンの直鎖状二量体への変換反応はさまざまな触媒系で行われている．なかでも，Heimbach[315] によって開発された Ni(0) 種とトリエチルホスファイト，モルホリンを組合わせた触媒系は，最も特異的でかつよく理解されている系の一つである（スキーム 22・19）．まず，Ni(0) 種によるブタジエンのカップリング反応により，ビス(η^3-アリル)ニッケル錯体が生成する．つづいて，モルホリンにより片方の η^3-アリル配位子の内部炭素原子がプロトン化を受ける．さらに，もう一方の η^3-アリル配位子の α 位での脱プロトン反応が進行することで，オクタトリエンが生成するとともに触媒が再生する．

ブタジエンの二量化反応は，アルコールやアミンを取込みながら進行させることもできる．この場合には，8 炭素原子が直鎖状に連結された部位をもつエーテルやアミンが生成する．このようなジエンの“テロマー化”反応[訳注] は長年にわたって研究され，一般的にパラジウムやニッケルの錯体により触媒される[316)～341]．これらの反応開発における重要な点は，いかにしてより長いオリゴマーの生成を抑制しつつ目的の二量体を得るか，さらには末端にアルコキシ基やアミノ基を含む直鎖状二量体を得るかであった．また，アンモニアを求核剤として利用し，第二級アミンや第三級アミンの生成を抑えつつ，選択的に第一級アミンを得る方法についても研究されてきた．求核性の高い第一級アミンや第二級アミンに対するアン

訳注：テロマー化反応とは，連鎖移動剤の断片が末端に取込まれることで均一な末端基をもつ生成物を与えるオリゴマー化反応をさす．

スキーム 22・19

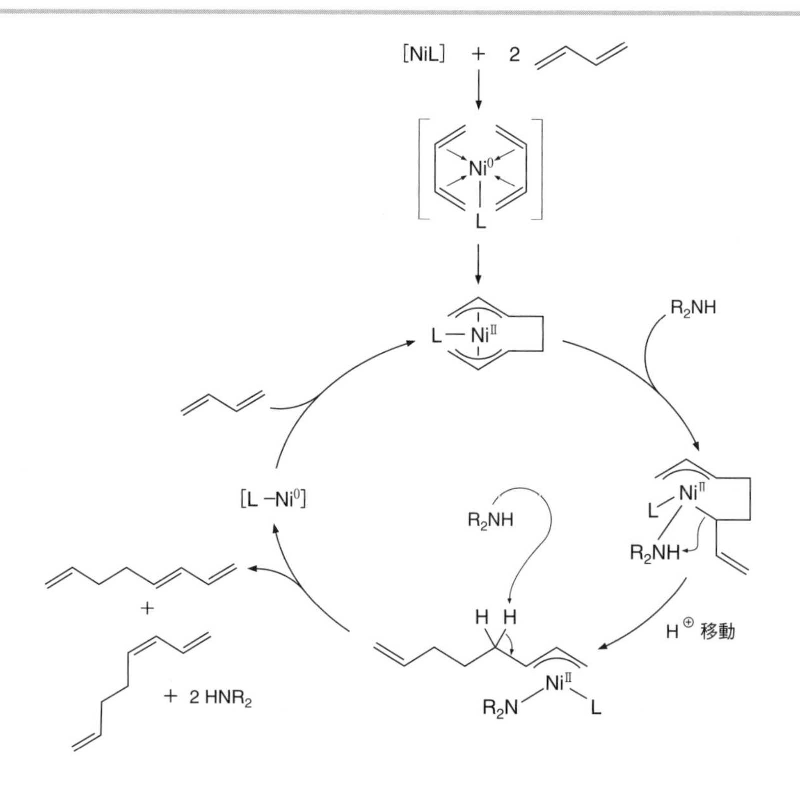

モニアの相対的反応性を向上させる方法の一つとして，二相系で反応を行うというものがある．この場合には，水相にアンモニアと触媒が存在し，生成したモノアルキル化体を有機相に放出することで，さらなるアルキル化反応を抑制できる[337]．

アルコールを求核剤とするジエンのテロマー化反応は，今では実用化されている反応である．含窒素ヘテロ環状カルベン配位子をもつパラジウム触媒は，ブタジエンが直鎖状に二量化したエーテルを選択的に与えることができるうえに，この反応の触媒回転数は極めて高いものであった（式 22.40）[342)〜346]．また，$Pd(OAc)_2$ と PPh_3 より発生させたより古典的な触

2 + ROH —Pd 触媒→ OR　　R = アルキル，アリール　　Pd 触媒 = (N, Pd, Si, O, Si)　　(22.40)

媒と比較して，この触媒ははるかに高い活性を示す．さらに，Pd(0)種の凝集を防ぐ目的でカルベン前駆体を加えるなど反応条件を最適化することで，150 万回程度の触媒回転数を達成した．この触媒系では生成物のオクタジエニルエーテルの選択性も 99％を超えることがあり，この選択性は PPh_3 配位子を用いた系よりも高い．フェノール類を求核剤として用いた場合には，直鎖型生成物と分岐型生成物の比が 5：1 程度となる例もあるが，脂肪族アルコールを用いると 40：1 から 100：1 程度の選択性が得られている．これらのテロマー化反応は 1-オクテンの合成において重要な役割を果たしている．このプロセスにおいては，ま

ずテロマー化生成物であるジエニルエーテルを水素化し，つづいて酸触媒による脱離反応を行うことで1-オクテンを得るとともに，求核剤であるアルコールが再生する．

このテロマー化反応は，スキーム 22・20 に示す機構で進行すると考えられている．まず，パラジウム上で2分子のブタジエンのカップリング反応が起こり，連結されたアルキル(アリル)錯体が生成する．このような錯体は，ジエンのオリゴマー化反応の機構に関する研究を行っていたJolly，Wilke[347)〜352)] や他の研究者[353),354)] によって単離されている．つづいて，C-3位においてメタノールによるプロトン化反応が起こり，続いて生じたメトキシドイオンがアリル配位子の末端炭素原子を攻撃することでジエン錯体が生成する．最後に，二つのブタジエン分子がジエニルエーテル配位子と置換することで，再び触媒サイクルが開始する．

スキーム 22・20

また，電子供与性配位子のない条件においては，多くのパラジウム触媒はブタジエンの直鎖状三量化反応を起こしドデカテトラエンを生成する（スキーム 22・21）．この反応に関しても，Jollyは反応中間体と考えられる化合物を単離することに成功している．Pd(0)種の触媒前駆体である $Pd_2(dba)_3$（dba：ジベンジリデンアセトン）とブタジエンの反応を行うと，スキーム 22・21 に示した12個の炭素原子をもつビス(η^3-アリル)配位子をもつ錯体が生成する[355)]．この錯体にビス(ジアルキルホスフィノ)エタンを添加すると，ブタジエンとの配位子交換反応が起こり，ビス(η^1-アリル)錯体として単離されている．また，ビス(η^3-アリル)錯体を−20 ℃以上に昇温するとドデカテトラエンが得られる．一方，配位子を添加した場合には，二量体のみが生成物として得られる．これは配位子により3分子目のブタジエンが配位できなくなることで，三つのブタジエン単位をもつビス(η^3-アリル)錯体が生成しないためと考えられる．

22・10・2b 1,3-ジエンの環化オリゴマー化反応

Ni(0)錯体はブタジエンのさまざまな環化オリゴマー化反応も触媒する．この反応もWilke，Jollyら[313),356)] によって詳細に研究されており，反応条件に依存して無数の生成物が得られている（スキーム 22・22）．このブタジエンの環化三量化反応によるシクロドデカトリエンの生成反応は，詳細に反応機構解析が行われた最も古い有機金属錯体反応の一つであり，スキーム 22・23 に示す機構で進行すると考えられている．この場合にも，12個の炭素原子を含むビス(η^3-アリル)配位子をもつ錯体が単離同定されており，この錯体からスキームに示すように触媒サイクルに入ることが示されている．

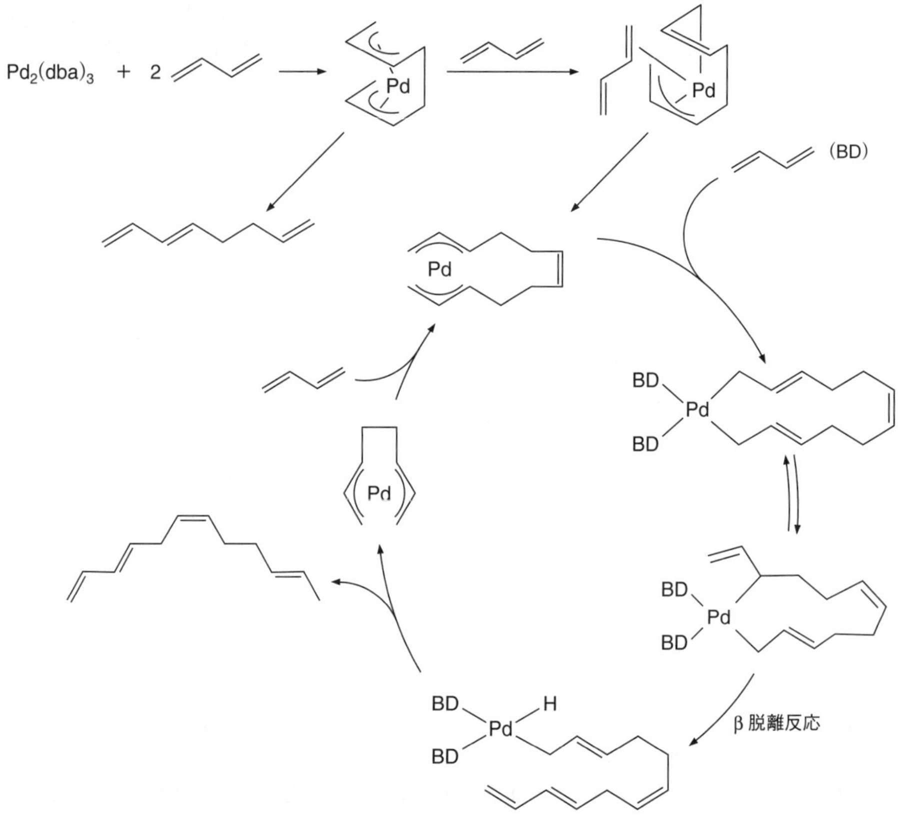

$Pd_2(dba)_3$ ＋ 2

Pd

Pd

(BD)

Pd

BD

Pd

BD

Pd

BD

Pd

BD

BD

Pd

H

BD

β 脱離反応

スキーム 22・21

訳注：$Pd_2(dba)_3$ と 1,3-ブタジエンの反応から，ブタジエンが三量化した構造を含むビス(η^3-アリル)錯体およびこれと dppm などの二座配位子との反応から得られる 4 配位の 13 員環のパラダサイクル錯体が単離されている[355]．これらの錯体は熱分解および PPh_3 や CO との反応によりドデカテトラエンを生成する．また，$Pd_2(dba)_3$ は三量化触媒となることから，スキーム 22・21 の触媒サイクルには，同様の構造が書かれている．

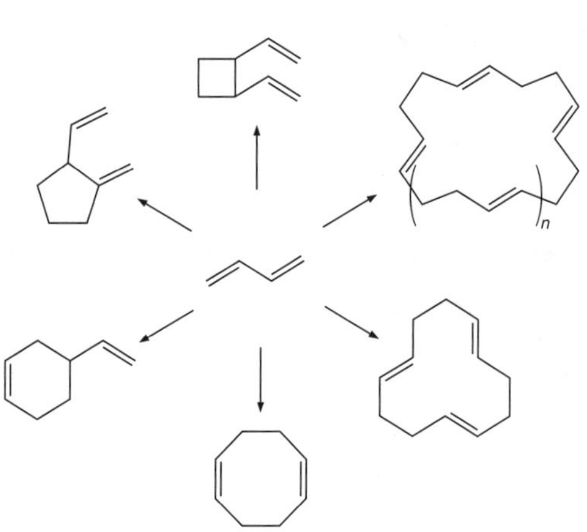

n

スキーム 22・22

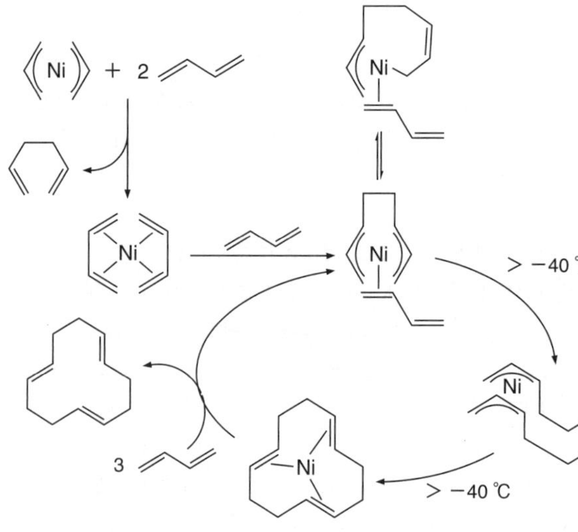

Ni ＋ 2

Ni

Ni

Ni

＞ −40 ℃

Ni

Ni

＞ −40 ℃

3

スキーム 22・23

22・11 まとめ

アルケンの重合反応とオリゴマー化反応は，最も成功している有機金属化学の応用例であり，これにより大スケールで有機化学製品が生産されている．本章の冒頭にも述べたように，有機金属錯体により毎年5000万～1億トン，あるいはそれ以上のポリオレフィンやα-オレフィンが生産されている．ほとんどの場合，β水素脱離反応と競争するアルキル金属錯体への連続的なアルケン挿入反応によって生成物が得られる．そのほか，アルケンの選択的二量化反応や三量化反応は，メタラサイクル中間体を経て進行することもある．

ポリマーの物性は，その微細構造に大きく影響を受け，その構造は触媒によって制御される．ここでいう微細構造としては，分岐の程度や側鎖の相対立体配置などがあげられる．場合によっては，ポリマー鎖上を金属が移動することにより，さまざまな分岐の量をもつポリマーを合成できる．この場合，生成するポリエチレンは直鎖状ではなく分岐の多い構造となり，α-オレフィンからは側鎖が主鎖に取込まれたようなポリマーが得られる．また，触媒はモノマー間の結合生成の位置だけでなく，モノマー単位間の相対立体配置にも影響する．一般に，このポリマーの立体化学は，ポリマー鎖の構造，もしくは金属上の配位子に大きく影響を受ける．脂肪族ポリオレフィンは一般的にイソタクチックな構造となりやすいが，補助配位子の構造を調節することで，シンジオタクチック，あるいはヘミイソタクチックなどの構造をつくりやすい環境をつくり出すことができる．

オレフィンの重合反応やオリゴマー化反応の触媒には，周期表上のさまざまな遷移金属が用いられている．4族遷移金属触媒はエチレンやプロピレンの重合反応触媒として最も一般的である．担持されたクロム触媒も同様に工業生産に用いられている一方，ニッケルやパラジウムの触媒もアルケンの重合反応に利用可能であることが見いだされている．パラジウム触媒による重合反応では，アルキル金属中間体の異性化反応が速いため，分岐が多いポリマーが生成する．ほとんどの重合触媒はカチオン性錯体であり，空の配位座もしくは対アニオンが弱く配位した配位座をもっている．触媒のこの配位座にオレフィンが配位する．これらのカチオン性錯体は，中性アルキル金属錯体上のアルキル基のプロトン化，あるいは引抜きによって生成可能である．また，二つのハライド配位子をもつ錯体をアルキルアルミニウム種と反応させることで，ジアルキル錯体へと変換すると同時に，このうちの一つのアルキル基を引抜くことでも生成できる．チタン，ジルコニウム，ハフニウムのシクロペンタジエニル錯体やC_2対称のアンサメタロセンは，初期の均一系触媒による制御重合反応を達成した重要な錯体である．

アルケンやジエンのオリゴマー化反応による低分子量化合物の生成に関しても，広く研究されてきた．このような反応の目的化合物の一つとしては，α-オレフィンがあげられる．α-オレフィンは，さまざまな種類の金属触媒を用いてエチレンから生成することができる．この反応は連続的な移動挿入反応に続いて，β水素脱離反応あるいはβ水素移動反応が起こることで進行する．この場合，移動挿入反応のβ水素脱離反応あるいはβ水素移動反応に対する速度比は，高分子量のポリマーが得られるときよりも小さい．ブテンやヘキセンは，メタラサイクル中間体を経由する機構によりエチレンの選択的二量化，三量化反応によっても生成させることができる．また，関連する触媒系によっては，オクテンを選択的に生成する反応も開発されている．アルコールやアミンとともにブタジエンを二量化させることで，8個の炭素原子が直鎖状に配列されたエーテルやアミンの選択的な合成も達成されている．これらのブタジエンを用いた反応の多くは，ニッケルやパラジウムの触媒を用いて行われており，アリル金属中間体を経て進行している．

以上，遷移金属化学は，驚異的な多様性をもつ有用な炭化水素化合物群を生みだすことが可能である．また，それらは一見単純なアルケンの連結反応に対する触媒を設計することによって達成できる．アルケン重合反応に関する将来に向けた大きな目標は，極性モノマーとアルケンの実用的な共重合反応と，ポリマー構造の制御可能な極性モノマーの配位挿入重合反応のための触媒の開発である．また，ヘキセンより大きなオリゴマーの選択的合成は，アルケンのオリゴマー化反応における重要課題の一つである．

文献および注

1. *www.cen-online.org*, **2007**, *July 2 issue*, page 55.
2. Kashiwa, N. *J. Polym. Sci. Part A: Polym. Chem.* **2004**, *42*, 1.
3. Natta, G.; Pino, P.; Corradini, P.; Danusso, F.; Mantica, E.; Mazzanti, G.; Moraglio, G. *J. Am. Chem. Soc.* **1955**, *77*, 1708.
4. Karol, F. J.; Wagner, B. E.; Levine, I. J.; Goeke, G. L.; Noshay, A. *Advances in Polyolefins*; Plenum, New York: 1987; p 337.
5. Karol, F. K.; Cann, K. J.; Wagner, B. E. In *Transition Metals and Organometallics as Catalysts for Olefin Polymerization*; Kaminsky, W., Sinn, H., Eds.; Springer-Verlag: Berlin, 1988; p 149.
6. Brintzinger, H. H.; Fischer, D.; Mulhaupt, R.; Rieger, B.; Waymouth, R. *Angew. Chem., Int. Ed. Engl.* **1995**, *34*, 1143.
7. Resconi, L.; Cavallo, L.; Fait, A.; Piemontesi, F. *Chem. Rev.* **2000**, *100*, 1253.
8. Fink, G.; Muelhaupt, R.; Brintzinger, H. H. *Ziegler Catalysts*; Springer: New York, 1995.
9. Kaminsky, W. *Metalorganic Catalysts for Synthesis and Polymerization*; Springer: New York, 1999.
10. Resconi, L.; Cavallo, L.; Fait, A.; Piemontesi, F. *Chem. Rev.* **2000**, *100*, 1253.
11. Gibson, V. C.; Spitzmesser, S. K. *Chem. Rev.* **2003**, *103*, 283.
12. Britovsek, G. J. P.; Gibson, V. C.; Wass, D. F. *Angew. Chem. Int. Ed.* **1999**, *38*, 428.
13. Ittel, S. D.; Johnson, L. K.; Brookhart, M. *Chem. Rev.* **2000**, *100*, 1169.
14. Coates, G. W. *Chem. Rev.* **2000**, *100*, 1223.
15. Coates, G. W.; Hustad, P. D.; Reinartz, S. *Angew. Chem. Int. Ed.* **2002**, *41*, 2236.
16. Domski, G. J.; Rose, J. M.; Coates, G. W.; Bolig, A. D.; Brookhart, M. *Progress in Polymer Science* **2007**, *32*, 30.
17. Chen, E. Y.-X.; Marks, T. J. *Chem. Rev.* **2000**, *100*, 1391.
18. *Chemical Reviews* の１号分すべてがオレフィン重合に割かれている：*Chem. Rev.*, **2000**, *100*, 1167.
19. Cossee, P. *J. Catal.* **1964**, *3*, 80.
20. Sinn, H.; Kaminsky, W. *Adv. Organomet. Chem.* **1980**, *18*, 99.
21. Parshall, G. In *Homogeneous Catalysis*; Wiley-Interscience: New York, 1980.
22. Kempe, R. *Chem. Eur. J.* **2007**, *13*, 2764.
23. Deng, L. Q.; Woo, T. K.; Cavallo, L.; Margl, P. M.; Ziegler, T. *J. Am. Chem. Soc.* **1997**, *119*, 6177.
24. Deng, L. Q.; Margl, P.; Ziegler, T. *J. Am. Chem. Soc.* **1997**, *119*, 1094.
25. Schulz, G. V. *Z. Phys. Chem. B* **1935**, *30*, 379.
26. Schulz, G. V. *Z. Phys. Chem. B* **1939**, *43*, 25.
27. Flory, P. J. *J. Am. Chem. Soc.* **1940**, *62*, 1561.
28. Hogan, J. P.; Banks, R. L. U.S. Patent 282 5721, 1958.
29. Hogan, J. P. *J. Polym. Sci., Part A: Polym. Chem.* **1970**, *8*, 2637.
30. Ulrich, H. *Introduction to Industrial Polymers*, 2nd ed.; Hanser: New York, 1993.
31. Kim, S. H.; Somorjai, G. A. *Proc. Natl. Acad. Sci. U. S. A.* **2006**, *103*, 15289.
32. Soga, K.; Shiono, T. *Prog. Polym. Sci.* **1997**, *22*, 1503.
33. Dusseault, J. J. A.; Hsu, C. C. *J. Macromol. Sci., Rev. Macromol. Chem. Phys.* **1993**, *C33*, 103.
34. Rodriguez, L. A. M.; van Looy, H. M. *J. Polym. Sci., Part A: Polym. Chem.* **1966**, *4*, 1951.
35. Karol, F. J.; Karapinka, G. J.; Johnson, R. N.; Wu, C.; Carrick, W. L.; Dow, A. W. *J. Polym Sci., Part A: Polym. Chem.* **1972**, *10*, 2621.
36. Groppo, E.; Lamberti, C.; Bordiga, S.; Spoto, G.; Zecchina, A. *Chem. Rev.* **2005**, *105*, 115.
37. McDaniel, M. P. *Adv. Catal.* **1985**, *33*, 47.
38. Theopold, K. H. *Eur. J. Inorg. Chem.* **1998**, 15.
39. MacAdams, L. A.; Buffone, G. P.; Incarvito, C. D.; Rheingold, A. L.; Theopold, K. H. *J. Am. Chem. Soc.* **2005**, *127*, 1082.
40. Gates, B. C.; Katzer, J. R.; Schuit, G. C. A. *Chemistry of Catalytic Processes*; McGraw-Hill: New York, 1979.
41. Britovsek, G. J. P.; Gibson, V. C.; Kimberley, B. S.; Maddox, P. J.; McTavish, S. J.; Solan, G. A.; White, A. J. P.; Williams, D. J. *Chem. Commun.* **1998**, 849.
42. Small, B. L.; Brookhart, M.; Bennett, A. M. A. *J. Am. Chem. Soc.* **1998**, *120*, 4049.
43. Bennett, A. M. A. *Chemtech* **1999**, *29*, 24.
44. McKnight, A. L.; Waymouth, R. *Chem. Rev.* **1998**, *98*, 2587.
45. Canich, J. A. M. U.S. Patent 5026798, 1991.
46. Canich, J. A. M.; Licciardi, G. F. U.S. Patent 5057475, 1991.
47. Stevens, J. C.; Neithamer, D. R. U.S. Patent 5064802, 1991.
48. Stevens, J. C.; Neithamer, D. R. U.S. Patent 5132380, 1992.
49. Lai, S.; Wilson, J. R.; Knight, G. W.; Stevens, J. C.; Chum, P. S. U.S. Patent 5272236, 1993.
50. Lai, S.; Wilson, J. R.; Knight, G. K.; Stevens, J. C. U.S. Patent 5278272, 1994.
51. Stevens, J. C. *Stud. Surf. Sci. Catal.* **1996**, *101*, 11.
52. Wang, W.; Yan, D.; Zhu, S.; Hamielec, A. E. *Macromolecules* **1998**, *31*, 8677.
53. Pellecchia, C.; Pappalardo, D.; Gruter, G. *Macromolecules* **1999**, *32*, 4491.
54. Izzo, L.; Caporaso, L.; Senatore, G.; Oliva, L. *Macromolecules* **1999**, *32*, 6913.
55. Kokko, E.; Malmberg, A.; Lehmus, P.; Lofgren, B.; Seppälä, J. V. *J. Polym. Sci., Part A: Polym. Chem.* **2000**, *38*, 376.
56. Kolodka, E.; Wang, W.; Charpentier, P. A.; Zhu, S.; Hamielec, A. E. *Polymer* **2000**, *41*, 3985.
57. Komon, Z. J. A.; Bazan, G. C. *Macromol. Rapid Commun.* **2001**, *22*, 467.
58. de Souza, R. F.; Casagrande, O. L., Jr. *Macromol. Rapid Commun.* **2001**, *22*, 1293.
59. Pettijohn, T. M.; Reagen, W. K.; Martin, S. J. U.S. Patent 5331070, 1994.
60. Barnhart, R. W.; Bazan, G. C. *J. Am. Chem. Soc.* **1998**, *120*, 1082.
61. Beigzadeh, D.; Soares, J. B. P.; Duever, T. A. *Macromol. Rapid Commun.* **1999**, *20*, 541.

62. Quijada, R.; Rojas, R.; Bazan, G.; Komon, Z. J. A.; Mauler, R. S.; Galland, G. B. *Macromolecules* **2001**, *34*, 2411.
63. Li, L. T.; Metz, M. V.; Li, H. B.; Chen, M. C.; Marks, T. J.; Liable-Sands, L.; Rheingold, A. L. *J. Am. Chem. Soc.* **2002**, *124*, 12725.
64. Wang, J.; Li, H.; Guo, N.; Li, L.; Stern, C. L.; Marks, T. J. *Organometallics* **2004**, *23*, 5112.
65. Abramo, G. P.; Li, L.; Marks, T. J. *J. Am. Chem. Soc.* **2002**, *124*, 13966.
66. Ittel, S. D.; Johnson, L. K.; Brookhart, M. *Chem. Rev.* **2000**, *100*, 1169.
67. Johnson, L. K.; Killian, C. M.; Arthur, S. D.; Feldman, J.; McCord, E. F.; McLain, S. J.; Kreutzer, K. A.; Bennett, M. A.; Coughlin, E. B.; Ittel, S. D.; Parthasarathy, A.; Tempel, D. J.; Brookhart, M. S. WO Patent 96/23010, 1996.
68. Johnson, L. K.; Killian, C. M.; Brookhart, M. *J. Am. Chem. Soc.* **1995**, *117*, 6414.
69. McCord, E. F.; McLain, S. J.; Nelson, L. T. J.; Ittel, S. D.; Tempel, D.; Killian, C. M.; Johnson, L. K.; Brookhart, M. *Macromolecules* **2007**, *40*, 410.
70. Shultz, L. H.; Tempel, D. J.; Brookhart, M. *J. Am. Chem. Soc.* **2001**, *123*, 11539.
71. *Chem. Eng. News* **2005**, *83(28)*, 67.
72. Natta, G. *J. Polym. Sci.* **1959**, *34*, 531.
73. Brintzinger, H. H.; Fischer, D.; Mulhaupt, R.; Rieger, B.; Waymouth, R. M. *Angew. Chem., Int. Ed. Engl.* **1995**, *34*, 1143.
74. Coates, G. W. *Chem. Rev.* **2000**, *100*, 1223.
75. Fujita, T.; Makio, H. In *Comprehensive Organometallic Chemistry III*; Crabtree, R., Mingos, M., Eds.; Elsevier: Amsterdam, 2007; p 691.
76. Cossee, P. *Tetrahedron Lett.* **1960**, *1*, 12.
77. Galli, P. *Macromol. Symp.* **1995**, *89*, 13.
78. Ewen, J. A. *J. Am. Chem. Soc.* **1984**, *106*, 6355.
79. Kaminsky, W.; Külper, K.; Brintzinger, H. H.; Wild, F. R. W. P. *Angew. Chem., Int. Ed. Engl.* **1985**, *24*, 507.
80. Ewen, J. A.; Jones, R. L.; Razavi, A.; Ferrara, J. D. *J. Am. Chem. Soc.* **1988**, *110*, 6256.
81. Spaleck, W.; Aulbach, M.; Bachmann, B.; Küber, F.; Winter, A. *Macromol. Symp.* **1995**, *89*, 237.
82. Spaleck, W.; Küber, F.; Winter, A.; Rohrmann, J.; Bachmann, B.; Antberg, M.; Dolle, V.; Paulus, E. F. *Organometallics* **1994**, *13*, 954.
83. Farina, M.; Di Silvestro, G.; Sozzani, P. *Macromolecules* **1982**, *15*, 1451.
84. Ewen, J. A. U.S. Patent 5036034, 1991.
85. Ewen, J. A.; Elder, M. J.; Jones, R. L.; Haspeslagh, L.; Atwood, J. L.; Bott, S. G.; Robinson, K. *Macromol. Symp.* **1991**, *48/49*, 253.
86. Arlman, E. J.; Cossee, P. *J. Catal.* **1964**, *3*, 99.
87. Herfert, N.; Fink, G. *Macromol. Symp.* **1993**, *66*, 157.
88. Farina, M.; Di Silvestro, G.; Sozzani, P. *Macromolecules* **1993**, *26*, 946.
89. Guerra, G.; Cavallo, L.; Moscardi, G.; Vacatello, M.; Corradini, P. *Macromolecules* **1996**, *29*, 4834.
90. Razavi, A.; Peters, L.; Nafpliotis, L.; Vereecke, D.; Daw, K. D.; Atwood, J. L.; Thewald, U. *Macromol. Symp.* **1995**, *89*, 345.
91. Kleinschmidt, R.; Reffke, M.; Fink, G. *Macromol. Rapid Commun.* **1999**, *20*, 284.
92. Yano, A.; Kaneko, T.; Sato, M.; Akimoto, A. *Macromol. Chem. Phys.* **2000**, *200*, 2127.
93. Bravaya, N. M.; Nedorezova, P. M.; Tsvetkova, V. I. *Russ. Chem. Rev.* **2002**, *71*, 49.
94. Müller, G.; Rieger, B. *Prog. Polym. Sci.* **2002**, *27*, 815.
95. Natta, G. *J. Polym. Sci.* **1959**, *34*, 531.
96. Collette, J. W.; Tullock, C. W. U.S. Patent 4335225, 1982.
97. Collette, J. W.; Tullock, C. W.; MacDonald, R. N.; Buck, W. H.; Su, A. C. L.; Harrell, J. R.; Mülhaupt, R.; Anderson, B. C. *Macromolecules* **1989**, *22*, 3851.
98. Tullock, C. W.; Mülhaupt, R.; Ittel, S. D. *Makromol. Chem., Rapid Commun.* **1989**, *10*, 19.
99. Tullock, C. W.; Tebbe, F. N.; Mulhaupt, R.; Ovenall, D. W.; Setterquist, R. A.; Ittel, S. D. *J. Polym. Sci., Part A: Polym. Chem.* **1989**, *27*, 3063.
100. Collette, J. W.; Ovenall, D. W.; Buck, W. H.; Ferguson, R. C. *Macromolecules* **1989**, *22*, 3858.
101. Ohnishi, R.; Yukimasa, S.; Kanakazawa, T. *Macromol. Chem. Phys.* **2002**, *203*, 1003.
102. Job, R. C. U.S. Patent 5270410, 1993.
103. Mallin, D. T.; Rausch, M. D.; Lin, Y.; Dong, S.; Chien, J. C. W. *J. Am. Chem. Soc.* **1990**, *112*, 2030.
104. Chien, J. C. W.; Llinas, G. H.; Rausch, M. D.; Lin, G.; Winter, H. H. *J. Am. Chem. Soc.* **1991**, *113*, 8569.
105. Gauthier, W. J.; Corrigan, J. F.; Taylor, N. J.; Collins, S. *Macromolecules* **1995**, *28*, 3771.
106. Gauthier, W. J.; Collins, S. *Macromol. Symp.* **1995**, *98*, 223.
107. Bravakis, A. M.; Bailey, L. E.; Pigeon, M.; Collins, S. *Macromolecules* **1998**, *31*, 1000.
108. Dietrich, U.; Hackmann, M.; Rieger, B.; Klinga, M.; Leskela, M. *J. Am. Chem. Soc.* **1999**, *121*, 4348.
109. Kukral, J.; Lehmus, P.; Feifel, T.; Troll, C.; Rieger, B. *Organometallics* **2000**, *19*, 3767.
110. Rieger, B.; Troll, C.; Preuschen, J. *Macromolecules* **2002**, *35*, 5742.
111. Siedle, A. R.; Misemer, D. K.; Kolpe, V. V.; Duerr, B. F. U.S. Patent 6265512, 2001.
112. Meverden, C. C.; Nagy, S. U.S. Patent 6541583, 2003.
113. Coleman, B. D.; Fox, T. G. *J. Chem. Phys.* **1963**, *38*, 1065.
114. Erker, G.; Aulbach, M.; Knickmeier, M.; Wingbermuehle, D.; Krueger, C.; Nolte, M.; Werner, S. *J. Am. Chem. Soc.* **1993**, *115*, 4590.
115. Coates, G. W.; Waymouth, R. M. *Science* **1995**, *267*, 217.
116. Waymouth, R. M.; Hauptman, E.; Coates, G. W. U.S. Patent 5969070, 1999.
117. Busico, V.; Castelli, V. V. A.; Aprea, P.; Cipullo, R.; Segre, A.; Talarico, G.; Vacatello, M. *J. Am. Chem. Soc.* **2003**, *125*, 5451.
118. Busico, V.; Cipullo, R.; Kretschmer, W. P.; Talarico, G.; Vacatello, M.; Castelli, V. V. A. *Angew. Chem. Int. Ed.* **2002**, *41*, 505.
119. Lin, S.; Waymouth, R. M. *Acc. Chem. Res.* **2002**, *35*, 765.
120. Mansel, S.; Pérez, E.; Benavente, R.; Pereña, J. M.; Bello, A.; Röll, W.; Kirsten, R.; Beck, S.; Brintzinger, H. H. *Macromol. Chem. Phys.* **1999**, *200*, 1292.
121. Smolensky, E.; Kapon, M.; Woollins, J. D.; Eisen, M. S. *Organometallics* **2005**, *24*, 3255.
122. Chien, J. C. W.; Iwamoto, Y.; Rausch, M. D.; Wedler, W.; Winter, H. H. *Macromolecules* **1997**, *30*, 3447.
123. Chien, J. C. W. U.S. Patent 6121377, 2000.
124. Lieber, S.; Brintzinger, H. H. *Macromolecules* **2000**, *33*, 9192.
125. Nishii, K.; Shiono, T.; Ikeda, T. *Macromol. Rapid Commun.* **2004**, *25*, 1029.
126. McCord, E. F.; McLain, S. J.; Nelson, L. T. J.; Arthur, S. D.; Coughlin, E. B.; Ittel, S. D.; Johnson, L. K.; Tempel, D.; Killian, C. M.; Brookhart, M. *Macromolecules* **2001**, *34*, 362.
127. Gottfried, A. C.; Brookhart, M. *Macromolecules* **2003**, *36*, 3085.
128. Leatherman, M. D.; Svejda, S. A.; Johnson, L. K.; Brookhart, M.

J. Am. Chem. Soc. **2003**, *125*, 3068.
129. Soga, K.; Sano, T.; Ohnishi, R.; Kawata, T.; Ishii, K.; Shiono, T.; Doi, Y. *Stud. Surf. Sci. Catal.* **1986**, *25*, 109.
130. Avella, M.; Martuscelli, E.; Volpe, G. D.; Segre, A.; Rossi, E.; Simonazzi, T. *Makromol. Chem.* **1986**, *187*, 1927.
131. Busico, V.; Corradini, P.; De Rosa, C.; Di Benedetto, E. *Eur. Polym. J.* **1985**, *21*, 239.
132. Stevens, J. C. *Stud. Surf. Sci. Catal.* **1996**, *101*, 11.
133. Shapiro, P. J.; Cotter, W. D.; Schaefer, W. P.; Labinger, J. A.; Bercaw, J. E. *J. Am. Chem. Soc.* **1994**, *116*, 4623.
134. Okuda, J. *Chem. Ber.* **1990**, *123*, 1649.
135. Okuda, J. *J. Chem. Soc., Dalton Trans.* **2003**, 2367.
136. Noordermeer, J. W. M. *Kirk-Othmer Encyclopedia of Chemical Technology Online*; Wiley: New York, online posting 2002, DOI: 10.1002/0471238961.0520082514151518.a01.pub2
137. Chien, H.; McIntyre, D.; Cheng, J.; Fone, M. *Polymer* **1995**, *36*, 2559.
138. Jin, J.; Uozumi, T.; Sano, T.; Teranishi, T.; Soga, K.; Shiono, T. *Macromol. Rapid Commun.* **1998**, *19*, 337.
139. Leclerc, M. K.; Waymouth, R. M. *Angew. Chem. Int. Ed.* **1998**, *37*, 922.
140. Fan, W.; Leclerc, M. K.; Waymouth, R. M. *J. Am. Chem. Soc.* **2001**, *123*, 9555.
141. Fan, W.; Waymouth, R. M. *Macromolecules* **2001**, *34*, 8619.
142. Fan, W.; Waymouth, R. M. *Macromolecules* **2003**, *36*, 3010.
143. Heuer, B.; Kaminsky, W. *Macromolecules* **2005**, *38*, 3054.
144. Arndt, M.; Kaminsky, W.; Schauwienold, A.; Weingarten, U. *Macromol. Chem. Phys.* **1998**, *199*, 1135.
145. Holden, G.; Kricheldorf, H. R.; Quirk, R. P. *Thermoplastic Elastomers*, 3rd ed.; Hanser: Munich, 2004.
146. Ver Strate, G.; Cozewith, C.; West, R. K.; Davis, W. M.; Capone, G. A. *Macromolecules* **1999**, *32*, 3837.
147. Mori, H.; Yamahiro, M.; Tashino, K.; Ohnishi, K.; Nitta, K.; Terano, M. *Macromol. Rapid Commun.* **1995**, *16*, 247.
148. Yamahiro, M.; Mori, H.; Nitta, K.; Terano, M. *Macromol. Chem. Phys.* **1999**, *200*, 134.
149. Yamahiro, M.; Mori, H.; Nitta, K.; Terano, M. *Polymer* **1999**, *40*, 5265.
150. Mori, H.; Yamahiro, M.; Prokhorov, V. V.; Nitta, K.; Terano, M. *Macromolecules* **1999**, *32*, 6008.
151. Terano, M. European Patent 703253, 1998.
152. Doi, Y.; Ueki, S. *Makromol. Chem., Rapid Commun.* **1982**, *3*, 225.
153. Turner, H. W.; Hlatky, G. G.; Yang, H. W.; Gadkari, A. C.; Licciardi, G. F. U.S. Patent 5391629, 1995.
154. Fukui, Y.; Murata, M. *Appl. Catal. A* **2002**, *237*, 1.
155. Tian, J.; Hustad, P. D.; Coates, G. W. *J. Am. Chem. Soc.* **2001**, *123*, 5134.
156. Kojoh, S.; Matsugi, T.; Saito, J.; Mitani, M.; Fujita, T.; Kashiwa, N. *Chem. Lett.* **2001**, *30*, 822.
157. Tian, J.; Coates, G. W. *Angew. Chem. Int. Ed.* **2000**, *39*, 3626.
158. Milano, G.; Cavallo, L.; Guerra, G. *J. Am. Chem. Soc.* **2002**, *124*, 13368.
159. Saito, J.; Mitani, M.; Mohri, J.; Yoshida, Y.; Matsui, S.; Ishii, S.; Kojoh, S.; Kashiwa, N.; Fujita, T. *Angew. Chem. Int. Ed.* **2001**, *40*, 2918.
160. Mitani, M.; Mohri, J.; Yoshida, Y.; Saito, J.; Ishii, S.; Tsuru, K.; Matsui, S.; Furuyama, R.; Nakano, T.; Tanaka, H.; Kojoh, S.; Matsugi, T.; Kashiwa, N.; Fujita, T. *J. Am. Chem. Soc.* **2002**, *124*, 3327.
161. Ruokolainen, J.; Mezzenga, R.; Fredrickson, G. H.; Kramer, E. J.; Hustad, P. D.; Coates, G. W. *Macromolecules* **2005**, *38*, 851.
162. Matsugi, T.; Matsui, S.; Kojoh, S.; Takagi, Y.; Inoue, Y.; Nakano, T.; Fujita, T.; Kashiwa, N. *Macromolecules* **2002**, *35*, 4880.
163. Mason, A. F.; Coates, G. W. *J. Am. Chem. Soc.* **2004**, *126*, 16326.
164. Busico, V.; Cipullo, R.; Friederichs, N.; Ronca, S.; Togrou, M. *Macromolecules* **2003**, *36*, 3806.
165. Busico, V.; Cipullo, R.; Friederichs, N.; Ronca, S.; Talarico, G.; Togrou, M.; Wang, B. *Macromolecules* **2004**, *37*, 8201.
166. Maul, J.; Frushour, B. G.; Kontoff, J. R.; Eichenauer, H.; Ott, K.-H.; Schade, C. In *Ullmann's Encyclopedia of Industrial Chemistry Online*; Wiley-VCH: Weinheim, Online Posting Date: July 15, 2007; DOI: 10.1002/14356007.a21_615.pub2.
167. Ishihara, N.; Seimiya, T.; Kuramoto, M.; Uoi, M. *Macromolecules* **1986**, *19*, 2464.
168. Pellecchia, C.; Longo, P.; Grassi, A.; Ammendola, P.; Zambelli, A. *Makromol. Chem. Rapid Commun.* **1987**, *8*, 277.
169. Grassi, A.; Pellecchia, C.; Longo, P.; Zambelli, A. *Gazz. Chim. Ital.* **1987**, *117*, 249.
170. Zambelli, A.; Longo, P.; Pellecchia, C.; Grassi, A. *Macromolecules* **1987**, *20*, 2035.
171. Zambelli, A.; Oliva, L.; Pellecchia, C. *Macromolecules* **1989**, *22*, 2129.
172. Chien, J. C. W.; Salajka, Z. *J. Polym. Sci. Part A: Polym. Chem.* **1991**, *29*, 1243.
173. Chien, J. C. W.; Salajka, Z. *J. Polym. Sci. Part A: Polym. Chem.* **1991**, *29*, 1253.
174. Kaminsky, W.; Lenk, S. *Macromol. Symp.* **1997**, *118*, 45.
175. Kucht, A.; Kucht, H.; Barry, S.; Chien, J. C. W.; Rausch, M. D. *Organometallics* **1993**, *12*, 3075.
176. Kaminsky, W.; Lenk, S.; Scholz, V.; Roesky, H. W.; Herzog, A. *Macromolecules* **1997**, *30*, 7647.
177. Averbuj, C.; Tish, E.; Eisen, M. S. *J. Am. Chem. Soc.* **1998**, *120*, 8640.
178. Miyatake, T.; Mizunuma, K.; Kakugo, M. Makromol. Chem. *Macromol. Symp.* **1993**, *66*, 203.
179. Okuda, J.; Masoud, E. *Macromol. Chem. Phys.* **1998**, *199*, 543.
180. Xu, G. X.; Ruckenstein, E. *J. Polym. Sci. A* **1999**, *37*, 2481.
181. Foster, P.; Chien, J. C. W.; Rausch, M. D. *Organometallics* **1996**, *15*, 2404.
182. Schneider, N.; Prosenc, M. H.; Brintzinger, H. H. *J. Organomet. Chem.* **1997**, *546*, 291.
183. Ishihara, N.; Kuramoto, M.; Uoi, M. *Macromolecules* **1988**, *21*, 3356.
184. Grassi, A.; Longo, P.; Proto, A.; Zambelli, A. *Macromolecules* **1989**, *22*, 104.
185. Ricci, G.; Bosisio, C.; Porri, L. *Macromol. Rapid Commun.* **1996**, *17*, 781.
186. Zambelli, A.; Pellecchia, C.; Proto, A. *Macromol. Symp.* **1995**, *89*, 373.
187. Chien, J. C. W.; Salajka, Z.; Dong, S. *Macromolecules* **1992**, *25*, 3199.
188. Grassi, A.; Zambelli, A.; Laschi, F. *Organometallics* **1996**, *15*, 480.
189. Grassi, A.; Saccheo, S.; Zambelli, A.; Laschi, F. *Macromolecules* **1998**, *31*, 5588.
190. Pellecchia, C.; Pappalardo, D.; Oliva, L.; Zambelli, A. *J. Am. Chem. Soc.* **1995**, *117*, 6593.
191. Longo, P.; Grassi, A.; Proto, A.; Ammendola, P. *Macromolecules* **1988**, *21*, 24.
192. Duncalf, D. J.; Wade, H. J.; Waterson, C.; Derrick, P. J.; Haddleton, D. M.; McCamley, A. *Macromolecules* **1996**, *29*, 6399.
193. Ascenso, J. R.; Dias, A. R.; Gomez, P. T.; Romao, C. C.; Pham, Q.; Neibecker, D.; Tkatchenko, I. *Macromolecules* **1989**, *22*, 998.

194. Ascenso, J. R.; Dias, A. R.; Gomez, P. T.; Romao, C. C.; Tkatchenko, I.; Revillon, A.; Pham, Q. *Macromolecules* **1996**, *29*, 4172.
195. Arai, T.; Suzuki, S.; Ohtsu, T. In *Olefin Polymerization*; American Chemical Society: Washington, DC, 2000; Vol. ACS Symposium Series 749, p 66.
196. Watson, P. L. *J. Am. Chem. Soc.* **1982**, *104*, 337.
197. Grubbs, R. H.; Coates, G. W. *Acc. Chem. Res.* **1996**, *29*, 85.
198. Wu, Z.; Jordan, R. F.; Petersen, J. L. *J. Am. Chem. Soc.* **1995**, *117*, 5867.
199. Carpentier, J. F.; Wu, Z.; Lee, C. W.; Stromberg, S.; Christopher, J. N.; Jordan, R. F. *J. Am. Chem. Soc.* **2000**, *122*, 7750.
200. Carpentier, J. F.; Maryin, V. P.; Luci, J.; Jordan, R. F. *J. Am. Chem. Soc.* **2001**, *123*, 898.
201. Stoebenau, E. J.; Jordan, R. F. *J. Am. Chem. Soc.* **2003**, *125*, 3222.
202. Stoebenau, E. J.; Jordan, R. F. *J. Am. Chem. Soc.* **2004**, *126*, 11170.
203. Casey, C. P.; Lee, T. Y.; Tunge, J. A.; Carpenetti, D. W. *J. Am. Chem. Soc.* **2001**, *123*, 10762.
204. Casey, C. P.; Klein, J. F.; Fagan, M. A. *J. Am. Chem. Soc.* **2000**, *122*, 4320.
205. Casey, C. P.; Fagan, M. A.; Hallenbeck, S. L. *Organometallics* **1998**, *17*, 287.
206. Casey, C. P.; Hallenbeck, S. L.; Wright, J. M.; Landis, C. R. *J. Am. Chem. Soc.* **1997**, *119*, 9680.
207. Casey, C. P.; Hallenbeck, S. L.; Pollock, D. W.; Landis, C. R. *J. Am. Chem. Soc.* **1995**, *117*, 9770.
208. Casey, C. P.; Tunge, J. A.; Lee, T. Y.; Fagan, M. A. *J. Am. Chem. Soc.* **2003**, *125*, 2641.
209. Landis, C. R.; Rosaaen, K. A.; Sillars, D. R. *J. Am. Chem. Soc.* **2003**, *125*, 1710.
210. Schaper, F.; Geyer, A.; Brintzinger, H. H. *Organometallics* **2002**, *21*, 473.
211. Chirik, P. J.; Day, M. W.; Labinger, J. A.; Bercaw, J. E. *J. Am. Chem. Soc.* **1999**, *121*, 10308.
212. Harney, M. B.; Keaton, R. J.; Sita, L. R. *J. Am. Chem. Soc.* **2004**, *126*, 4536.
213. Busico, V.; Cipullo, R. *J. Am. Chem. Soc.* **1994**, *116*, 9329.
214. Sillars, D. R.; Landis, C. R. *J. Am. Chem. Soc.* **2003**, *125*, 9894.
215. Matsui, S.; Mitani, M.; Saito, J.; Tohi, Y.; Makio, H.; Matsukawa, N.; Takagi, Y.; Tsuru, K.; Nitabaru, M.; Nakano, T.; Tanaka, H.; Kashiwa, N.; Fujita, T. *J. Am. Chem. Soc.* **2001**, *123*, 6847.
216. Tian, J.; Hustad, P. D.; Coates, G. W. *J. Am. Chem. Soc.* **2001**, *123*, 5134.
217. Hustad, P. D.; Coates, G. W. *J. Am. Chem. Soc.* **2002**, *124*, 11578.
218. Hustad, P. D.; Tian, J.; Coates, G. W. *J. Am. Chem. Soc.* **2002**, *124*, 3614.
219. Lamberti, M.; Pappalardo, D.; Zambelli, A.; Pellecchia, C. *Macromolecules* **2002**, *35*, 658.
220. Makio, H.; Kashiwa, N.; Fujita, T. *Adv. Synth. Catal.* **2002**, *344*, 477.
221. Small, B. L.; Brookhart, M. *Macromolecules* **1999**, *32*, 2120.
222. Liu, Z.; Somsook, E.; White, C. B.; Rosaaen, K. A.; Landis, C. R. *J. Am. Chem. Soc.* **2001**, *123*, 11193.
223. Cherian, A. E.; Lobkovsky, E. B.; Coates, G. W. *Macromolecules* **2005**, *38*, 6259.
224. Talarico, G.; Budzelaar, P. H. M. *J. Am. Chem. Soc.* **2006**, *128*, 4524.
225. Cavallo, L.; Guerra, G. *Macromolecules* **1996**, *29*, 2729.
226. Margl, P.; Deng, L.; Ziegler, T. *J. Am. Chem. Soc.* **1998**, *121*, 154.
227. (a) Fu, P. F.; Marks, T. J. *J. Am. Chem. Soc.* **1995**, *117*, 10747; (b) Koo, K.; Fu, P. F.; Marks, T. J. *Macromolecules* **1999**, *32*, 981.
228. Brookhart, M.; DeSimone, J. M.; Grant, B. E.; Tanner, M. J. *Macromolecules* **1995**, *28*, 5378.
229. Chung, T. C.; Xu, G.; Lu, Y. Y.; Hu, Y. L. *Macromolecules* **2001**, *34*, 8040.
230. Xu, G.; Chung, T. C. *J. Am. Chem. Soc.* **1999**, *121*, 6763.
231. Kawaoka, A. M.; Marks, T. J. *J. Am. Chem. Soc.* **2004**, *126*, 12764.
232. Kawaoka, A. M.; Marks, T. J. *J. Am. Chem. Soc.* **2005**, ASAP Article.
233. Amin, S. B.; Marks, T. J. *J. Am. Chem. Soc.* **2007**, *129*, 10102.
234. Chung, T. C.; Dong, J. Y. *J. Am. Chem. Soc.* **2001**, *123*, 4871.
235. Dong, J. Y.; Chung, T. C. *Macromolecules* **2002**, *35*, 1622.
236. Dong, J. Y.; Wang, Z. M.; Hong, H.; Chung, T. C. *Macromolecules* **2002**, *35*, 9352.
237. Ringelberg, S.; Meetsma, A.; Hessen, B.; Teuben, J. H. *J. Am. Chem. Soc.* **1999**, *121*, 6082.
238. Ittel, S. D.; Johnson, L. K.; Brookhart, M. *Chem. Rev.* **2000**, *100*, 1169.
239. Keim, W.; Bher, A.; Roper, M. In *Comprehensive Organometallic Chemistry*; Wilkinson, G., Stone, F. G. A., Abel, E. W., Eds.; Pergamon Press: New York, 1982; p 371.
240. Skupinska, J. *Chem. Rev.* **1991**, *91*, 613.
241. Mecking, S. *Coord. Chem. Rev.* **2000**, *203*, 325.
242. (a) Vogt, D. In *Applied Homogeneous Catalysis with Organometallic Compounds*; Cornils, B., Herrmann, W. A., Eds.; Wiley-VCH: Weinheim, 2002; Vol. 1, p 240; (b) Olivier-Bourbigou, H.; Saussine, L. In *Applied Homogeneous Catalysis with Organometallic Compounds*; 2nd ed.; Cornils, B., Herrmann, W. A., Eds.; Wiley-VCH: Weinheim, 2000; Vol. 1, p 253.
243. Clement, N. D.; Routaboul, L.; Grotevendt, A.; Jackstall, R.; Beller, M. *Chem. Eur. J.* **2008**, *14*, 7408.
244. Zietz, J. R.; Robinson, G. C.; Lindsay, K. L. In *Comprehensive Organometallic Chemistry*; Wilkinson, G., Stone, F. G. A., Abel, E. W., Eds.; Pergamon Press: New York, 1982; Vol. 7, p 365.
245. Lappin, G. R.; Nemec, L. H.; Sauer, J. D.; Wagner, J. D. In *Kirk-Othmer Encyclopedia of Chemical Technology*; Kroschwitz, J. I., Howe-Grant, M., Eds.; Wiley: New York, 1996; Vol. 17, p 839.
246. Parshall, G. W.; Ittel, S. D. *Homogeneous Catalysis*, 2nd ed.; Wiley: New York, 1992.
247. Freitas, E. R.; Gum, C. R. *Chem. Eng. Prog.* **1979**, *75*, 73.
248. Ziegler, K.; Gellert, H.-G.; Holzkamp, E.; Wilke, G.; Duck, E. W.; Kroll, W.-R. *Justus Liebigs Ann. Chem.* **1960**, *629*, 172.
249. Keim, W.; Kowaldt, F. H.; Goddard, R.; Kruger, C. *Angew. Chem., Int. Ed. Engl.* **1978**, *17*, 466.
250. Freitas, E. R.; Gum, C. R. *Chem. Eng. Prog.* **1979**, *75*, 73.
251. Keim, W.; Behr, A.; Kraus, G. *J. Organomet. Chem.* **1983**, *251*, 377.
252. Keim, W.; Behr, A.; Limbacker, B.; Kruger, C. *Angew. Chem., Int. Ed. Engl.* **1983**, *22*, 503.
253. Keim, W.; Kowaldt, F. H.; Goddard, R.; Kruger, C. *Angew. Chem., Int. Ed. Engl.* **1978**, *17*, 466.
254. Keim, W.; Schulz, R. P. *J. Mol. Catal.* **1994**, *92*, 21.
255. Komon, Z. J. A.; Bu, X. H.; Bazan, G. C. *J. Am. Chem. Soc.* **2000**, *122*, 12379.
256. Komon, Z. J. A.; Bu, X. H.; Bazan, G. C. *J. Am. Chem. Soc.* **2000**, *122*, 1830.
257. Lee, B. Y.; Bazan, G. C.; Vela, J.; Komon, Z. J. A.; Bu, X. H. *J. Am. Chem. Soc.* **2001**, *123*, 5352.
258. Killian, C. M.; Johnson, L. K.; Brookhart, M. *Organometallics* **1997**, *16*, 2005.
259. Small, B. L.; Brookhart, M. *J. Am. Chem. Soc.* **1998**, *120*, 7143.
260. Bouwkamp, M. W.; Lobkovsky, E.; Chirik, P. J. *J. Am. Chem. Soc.* **2005**, *127*, 9660.
261. Bart, S. C.; Chlopek, K.; Bill, E.; Bouwkamp, M. W.; Lobkovsky, E.; Neese, F.; Wieghardt, K.; Chirik, P. J. *J. Am. Chem. Soc.* **2006**,

128, 13901.
262. Bart, S. C.; Lobkovsky, E.; Bill, E.; Wieghardt, K.; Chirik, P. *J. Inorg. Chem.* **2007**, *46*, 7055.
263. Skupinska, *J. Chem. Rev.* **1991**, *91*, 613.
264. Novaro, O.; Chow, S.; Magnouat, P. *J. Catal.* **1976**, *42*, 131.
265. Novaro, O.; Chow, S.; Magnouat, P. *J. Catal.* **1976**, *41*, 91.
266. Rogers, J. S.; Bazan, G. C.; Sperry, C. K. *J. Am. Chem. Soc.* **1997**, *119*, 9305.
267. Bogdanovic, B.; Spliethoff, B.; Wilke, G. *Angew. Chem., Int. Ed. Engl.* **1980**, *19*, 622.
268. Barlow, M. G.; Bryant, M. J.; Haszeldi.Rn; Mackie, A. G. *J. Organomet. Chem.* **1970**, *21*, 215.
269. Oehme, G.; Pracejus, H. *Tetrahedron Lett.* **1979**, 343.
270. Pracejus, H.; Krause, H. J.; Oehme, G. *Z. Chem.* **1980**, *20*, 24.
271. Nugent, W. A.; Hobbs, F. W. *J. Org. Chem.* **1983**, *48*, 5364.
272. Tkatchenko, I.; Neibecker, D.; Grenouillet, P. French Patent 2524341, 1983.
273. Grenouillet, P.; Neibecker, D.; Tkatchenko, I. *Organometallics* **1984**, *3*, 1130.
274. Nugent, W. A. U.S. Patent 4451665, 1984.
275. Nugent, W. A.; McKinney, R. J. *J. Mol. Catal.* **1985**, *29*, 65.
276. Grenouillet, P.; Neibecker, D.; Tkatchenko, I. French Patent 2596390, 1987.
277. Guibert, I.; Neibecker, D.; Tkatchenko, I. *J. Chem. Soc., Chem. Commun.* **1989**, 1850.
278. McKinney, R. J.; Colton, M. C. *Organometallics* **1986**, *5*, 1080.
279. McKinney, R. J. *Organometallics* **1986**, *5*, 1752.
280. McKinney, R. J. U.S. Patent 4485256, 1986.
281. Ren, C. Y.; Cheng, W. C.; Chan, W. C.; Yeung, C. H.; Lau, C. P. *J. Mol. Catal.* **1990**, *59*, L1.
282. Alderson, T. U.S. Patent 3013066, 1961.
283. Alderson, T.; Jenner, E. L.; Lindsey, R. V. *J. Am. Chem. Soc.* **1965**, *87*, 5638.
284. Singleton, D. M. U.S. Patent 4638084, 1987.
285. Brookhart, M.; Hauptman, E. *J. Am. Chem. Soc.* **1992**, *114*, 4437.
286. Hauptman, E.; Saboetienne, S.; White, P. S.; Brookhart, M.; Garner, J. M.; Fagan, P. J.; Calabrese, J. C. *J. Am. Chem. Soc.* **1994**, *116*, 8038.
287. Kagan, H. B. In *Comprehensive Organometallic Chemistry*; Wilkinson, G., Stone, F. G. A., Abel, E. W., Eds.; Pergamon Press: New York, 1982; Vol. 8.
288. Bogdanovic, B.; Henc, B.; Meister, B.; Pauling, H.; Wilke, G. *Angew. Chem., Int. Ed. Engl.* **1972**, *11*, 1023.
289. Bogdanovic, B.; Henc, B.; Lösler, A.; Meister, B.; Pauling, H.; Wilke, G. *Angew. Chem., Int. Ed. Engl.* **1973**, *12*, 954.
290. Ziegler, K.; Martin, H. U.S. Patent 2943125, 1954.
291. Al-Jarallah, A. M.; Anabtawi, J. A.; Siddiqui, M. A. B.; Aitani, A. M.; Al-Sa'doun, A. W. *Catal. Today* **1992**, *14*, 1.
292. Datta, S.; Fischer, M. B.; Wreford, S. S. *J. Organomet. Chem.* **1980**, *188*, 353.
293. Schrock, R.; McLain, S.; Sancho, J. *Pure Appl. Chem.* **1980**, *52*, 729.
294. Manyik, R. M.; Walker, W. E.; Wilson, T. P. *J. Catal.* **1977**, *47*, 197.
295. Briggs, J. R. *J. Chem. Soc., Chem. Commun.* **1989**, 674.
296. Emrich, R.; Heinemann, O.; Jolly, P. W.; Kruger, C.; Verhovnik, G. P. J. *Organometallics* **1997**, *16*, 1511.
297. Yang, Y.; Kim, H.; Lee, J.; Paik, H.; Jang, H. G. *Appl. Catal. A* **2000**, *193*, 29.
298. Reagen, W. K.; Conroy, B. K. U.S. Patent 5288823, 1994.
299. Manyik, R. M.; Walker, W. E.; Wilson, T. P.; Hurley, G. F. U.S. Patent 3231550, 1966.
300. Manyik, R. M.; Walker, W. E.; Wilson, T. P. U.S. Patent 3300458, 1967.
301. Carter, A.; Cohen, S. A.; Cooley, N. A.; Murphy, A.; Scutt, J.; Wass, D. F. *Chem. Commun.* **2002**, 858.
302. Wass, D. F. British Patent WO 2002004119, 2002.
303. McGuinness, D. S.; Wasserscheid, P.; Keim, W.; Hu, C. H.; Englert, U.; Dixon, J. T.; Grove, C. *Chem. Commun.* **2003**, 334.
304. McGuinness, D. S.; Wasserscheid, P.; Keim, W.; Morgan, D.; Dixon, J. T.; Bollmann, A.; Maumela, H.; Hess, F.; Englert, U. *J. Am. Chem. Soc.* **2003**, *125*, 5272.
305. Overett, M. J.; Blann, K.; Bollmann, A.; Dixon, J. T.; Haasbroek, D.; Killian, E.; Maumela, H.; McGuinness, D. S.; Morgan, D. H. *J. Am. Chem. Soc.* **2005**, *127*, 10723.
306. Bollmann, A.; Blann, K.; Dixon, J. T.; Hess, F. M.; Killian, E.; Maumela, H.; McGuinness, D. S.; Morgan, D. H.; Neveling, A.; Otto, S.; Overett, M.; Slawin, A. M. Z.; Wasserscheid, P.; Kuhlmann, S. *J. Am. Chem. Soc.* **2004**, *126*, 14712.
307. McGuinness, D. S.; Rucklidge, A. J.; Tooze, R. P.; Slawin, A. M. Z. *Organometallics* **2007**, *26*, 2561.
308. Rucklidge, A. J.; McGuinness, D. S.; Tooze, R. P.; Slawin, A. M. Z.; Pelletier, J. D. A.; Hanton, M. J.; Webb, P. B. *Organometallics* **2007**, *26*, 2782.
309. Agapie, T.; Schofer, S. J.; Labinger, J. A.; Bercaw, J. E. *J. Am. Chem. Soc.* **2004**, *126*, 1304.
310. Jolly, P. W. In *Comprehensive Organometallic Chemistry*; Wilkinson, G., Stone, F. G. A., Abel, E. W., Eds.; Pergamon Press: New York, 1982; Vol. 8, p 615.
311. Atlas, S. M.; Mark, H. F. *Catal. Rev. Sci. Eng.* **1976**, *13*, 1.
312. Nakamura, A.; Tsutsui, M. *Principles and Applications of Homogeneous Catalysis*; Wiley: New York, 1980.
313. Jolly, P. W.; Wilke, G. *The Organic Chemistry of Nickel*; Wiley: New York, 1975; Vol. 2.
314. O'Connor, A. R.; White, P. S.; Brookhart, M. *J. Am. Chem. Soc.* **2007**, *129*, 4142.
315. Heimbach, P. *Angew. Chem., Int. Ed. Engl.* **1968**, *7*, 882.
316. Estrine, B.; Soler, R.; Damez, C.; Bouquillon, S.; Henin, F.; Muzart, J. *Green Chem.* **2003**, *5*, 686.
317. Magna, L.; Chauvin, Y.; Niccolai, G. P.; Basset, J. M. *Organometallics* **2003**, *22*, 4418.
318. Drent, E.; Eberhard, M. R.; Made, R. H. V. d.; Pringle, P. G. WO Patent 2003 040 065, 2003.
319. Vollmuller, F.; Magerlein, W.; Klein, S.; Krause, J.; Beller, M. *Adv. Synth. Catal.* **2001**, *343*, 29.
320. Benvenuti, F.; Carlini, C.; Marchionna, M.; Patrini, R.; Galletti, A. M. R.; Sbrana, G. *J. Mol. Catal. A* **1999**, *140*, 139.
321. Basato, M.; Crociani, L.; Benvenuti, F.; Galletti, A. M. R.; Sbrana, G. *J. Mol. Catal. A* **1999**, *145*, 313.
322. Patrini, R.; Lami, M.; Marchionna, M.; Benvenuti, F.; Galletti, A. M. R.; Sbrana, G. *J. Mol. Catal. A* **1998**, *129*, 179.
323. Grenouillet, P.; Neibecker, D.; Poirier, J.; Tkatchenko, I. *Angew. Chem., Int. Ed. Eng.* **1982**, *21*, 767.
324. Perree-Fauvet, M.; Chauvin, Y. *Tetrahedron Lett.* **1975**, 4559.
325. Commereuc, D.; Chauvin, Y. *Bull. Soc. Chim. Fr.* **1974**, 652.
326. Beger, J.; Duschek, C.; Fullbier, H.; Gaube, W. *J. Prakt. Chem.* **1974**, *316*, 26.
327. Beger, J.; Reichel, H. *J. Prakt. Chem.* **1973**, *315*, 1067.
328. Beger, J.; Duschek, C.; Fullbier, H.; Gaube, W. *J. Prakt. Chem.* **1974**, *316*, 43.
329. Beger, J.; Meier, F. *J. Prakt. Chem.* **1980**, *322*, 69.
330. Takahashi, S.; Yamazaki, H.; Hagihara, N. *Bull. Chem. Soc. Jpn.* **1967**, *41*, 254.

331. Baker, R.; Cook, A. H.; Halliday, D. E.; Smith, T. N. *J. Chem. Soc., Perkin Trans. II* **1974**, 1511.
332. Green, M.; Scholes, G.; Stone, F. G. A. *J. Chem. Soc.* **1978**, 309.
333. Behr, A.; Keim, W. *Chem. Ber.* **1983**, *116*, 862.
334. Keim, W.; Roper, M.; Schieren, M. *J. Mol. Catal.* **1983**, *20*, 139.
335. Telin, A. G.; Fakhretdinov, R. N.; Dzhemilev, U. M. *B. Acad. Sci. USSR* **1986**, *35*, 2263.
336. Ahmad, M. U.; Hashem, M. A.; Khabiruddin, M.; Sarker, M. M. H.; Bäckvall, J. E. *Indian J. Chem., Sect. B* **1991**, *30*, 802.
337. Prinz, T.; Keim, W.; Driessen-Holscher, B. *Angew. Chem., Int. Ed. Engl.* **1996**, *35*, 1708.
338. Kiji, J.; Okano, T.; Nomura, T.; Saiki, K.; Sai, T.; Tsuji, J. *Bull. Chem. Soc. Jpn.* **2001**, *74*, 1939.
339. Zakharkin, L. I.; Petrushkina, E. A.; Podvisotskaya, L. S. *Bull. Acad. Sci. USSR* **1983**, 805.
340. Zakharkin, L. I.; Petrushkina, E. A. *Bull. Acad. Sci. USSR* **1986**, 1219.
341. Petrushkina, E. A.; Zakharkin, L. I. *Bull. Russ. Acad. Sci., Chem. Sci.* **1992**, *41*, 1392.
342. Beller, M.; Krotz, A.; Baumann, W. *Adv. Synth. Catal.* **2002**, *344*, 517.
343. Jackstell, R.; Andreu, M. G.; Frisch, A.; Selvakumar, K.; Zapf, A.; Klein, H.; Spannenberg, A.; Rottger, D.; Briel, O.; Karch, R.; Beller, M. *Angew. Chem. Int. Ed.* **2002**, *41*, 986.
344. Jackstell, R.; Frisch, A.; Beller, M.; Rottger, D.; Malaun, M.; Bildstein, B. *J. Mol. Catal. A* **2002**, *185*, 105.
345. Jackstell, R.; Harkal, S.; Jiao, H. J.; Spannenberg, A.; Borgmann, C.; Rottger, D.; Nierlich, F.; Elliot, M.; Niven, S.; Cavell, K.; Navarro, O.; Viciu, M. S.; Nolan, S. P.; Beller, M. *Chem.—Eur. J.* **2004**, *10*, 3891.
346. Harkal, S.; Jackstell, R.; Nierlich, F.; Ortmann, D.; Beller, M. *Org. Lett.* **2005**, *7*, 541.
347. Doehring, A.; Jolly, P. W.; Mynott, R.; Schick, K. P.; Wilke, G. *Z. Naturforsch., B: Chem. Sci.* **1981**, *36B*, 1198.
348. Goddard, R.; Jolly, P. W.; Krueger, C.; Schick, K. P.; Wilke, G. *Organometallics* **1982**, *1*, 1709.
349. Benn, R.; Jolly, P. W.; Mynott, R.; Raspel, B.; Schenker, G.; Schick, K. P.; Schroth, G. *Organometallics* **1985**, *4*, 1945.
350. Benn, R.; Gabor, G.; Jolly, P. W.; Mynott, R.; Raspel, B. *J. Organomet. Chem.* **1985**, *296*, 443.
351. Jolly, P. W.; Mynott, R.; Raspel, B.; Schick, K. P. *Organometallics* **1986**, *5*, 473.
352. Doehring, A.; Goddard, R.; Hopp, G.; Jolly, P. W.; Kokel, N.; Krueger, C. *Inorg. Chim. Acta* **1994**, *222*, 179.
353. Storzer, U.; Walter, O.; Zevaco, T.; Dinjus, E. *Organometallics* **2005**, *24*, 514.
354. Vollmuller, F.; Krause, J.; Klein, S.; Magerlein, W.; Beller, M. *Eur. J. Inorg. Chem.* **2000**, 1825.
355. Benn, R.; Jolly, P. W.; Mynott, R.; Schenker, G. *Organometallics* **1985**, *4*, 1136.
356. Jolly, P. W. In *Comprehensive Organometallic Chemistry*; Wilkinson, G., Stone, F. G. A., Abel, E. W., Eds.; Pergamon Press: New York, 1982; Vol. 8, p 371.

略　号　表

Ac	acetyl
acac	acetylacetonato
Ad	adamantyl
ADMET	acyclic diene metathesis polymerization
AIBN	α,α′-azobisisobutyronitrile
Ar	aryl
Ar_f	3,5-bis(trifluoromethyl)phenyl
9-BBN	9-borabicyclo[3.3.1]nonane
BDE	bond dissociation energy
BINAP	2,2′-bis(diphenylphosphino)-1,1′-binaphthyl
BINAPO	1,1′-bi-2-naphthyl bis(diphenylphosphinite)
BINOL	1,1′-bis-2,2′-naphthol
BINOLato	1,1′-bis-2,2′-naphtholato
Bn	benzyl
Boc	*t*-butoxycarbonyl
Bp	bispyrazolylborato あるいは dihydrobis(pyrazolyl)borato あるいは dihydridobis(pyrazolyl)borato
BPPM	1-*t*-butoxycarbonyl-4-diphenylphosphino-2-(diphenylphosphinomethyl)pyrrolidine
bpy/bipy	2,2′-bipyridine
bpym/bipym	bipyrimidine
BSA	*N,O*-bis(trimethylsilyl)acetamide
BQ	1,4-benzoquinone
Bu	butyl
Bz	benzoyl
cat	catecholato
Cbz	benzyloxycarbonyl
CGC	constrained geometry catalyst
CHIRAPHOS/Chiraphos	2,3-bis(diphenylphosphino)butane
CIDNP	chemically induced nuclear polarization
Cn	1,4,7-triazacyclononane
COD/cod	cycloocta-1,5-diene
COE/coe	cyclooctene
COT	cycloocta-1,3,5-triene
Cp	cyclopentadienyl
Cp^*	pentamethylcyclopentadienyl
Cy	cyclohexyl
DABCO	1,4-diazabicyclo[2.2.2]octane
dba	dibenzylideneacetone
DBU	1,6-diazabicyclo[5.4.0]undec-7-ene
DDQ	2,3-dichloro-5,6-dicyano-1,4-benzoquinone
de	diastereomer(ic) excess
DEHP	di(2-ethylhexyl)phthalate
depe	1,2-bis(diethylphosphino)ethane
DFT	density functional theory
DIBAL	diisobutylaluminium hydride
dien	diethylenetriamine
DIOP	2,3-*O*-isopropylidene-2,3-dihydroxy-1,4-bis(diphenylphosphino)butane
DIPAMP	1,2-bis[(*o*-methoxyphenyl)(phenyl)phosphino]ethane
DIPHOS/diphos	1,2-bis(diphenylphosphino)ethane
dippp	1,3-bis(diisopropylphosphino)propane
DKR	dynamic kinetic resolution
DMA	*N,N*-dimethlacetamide
DME	1,2-dimethoxyethane
DMF	*N, N*-dimethylformamide
dmg	dimethylglyoximato
dmpe	1,2-bis(dimethylphosphino)ethane
dmpp	1,3-bis(dimethylphosphino)propane
DMSO/dmso	dimethyl sulfoxide
L-DOPA	L-3,4-dihydroxyphenylalanine
DPPB/dppb	1,4-bis(diphenylphosphino)butane
DPPE/dppe	1,2-bis(diphenylphosphino)ethane
DPPF/dppf	1,1′-bis(diphenylphosphino)ferrocene
DPPM/dppm	bis(diphenylphosphino)methane
DPPP/dppp	1,3-bis(diphenylphosphino)propane
dr	diastereomeric ratio
DTBPMB	1,2-bis(di-*t*-butylphosphinomethyl)benzene
DUPHOS/DuPHOS/DuPhos	substituted 1,2-bis(phospholano)benzene
DKR	dynamic kinetic resolution
DYCAT	dynamic catalytic asymmetric transformation
DyKAT	dynamic kinetic asymmetric transformation
EBTHI	ethylenebis(tetrahydroindenyl)
ee	enantiomer(ic) excess
er	enantiomeric ratio
Et	ethyl
Fc	ferrocenyl
HDPE	high-density polyethylene
HMPA	hexamethylphosphoramide
HOMO	highest occupied molecular orbital
KR	kinetic resolution
L	ligand
LAH	lithium alumin(i)um hydride

LCB	long-chain branch
LDA	lithium diisopropylamide
LDPE	low-density polyethylene
LLDPE	linear low-density polyethylene
LUMO	lowest unoccupied molecular orbital
M	metal
MAC	methyl (*Z*)-α-acetamidocinnamate
MAO	methylaluminoxane あるいは methylalumoxane
Me	methyl
Mes	mesityl あるいは 2,4,6-trimethylphenyl
Mes*	supermesityl あるいは 2,4,6-tri-*t*-butylphenyl
MLCT	metal-to-ligand charge transfer
MMA	methyl methacrylate
MOM	methoxymethyl
MOP	2-diphenylphosphino-2′-methoxy-1,1′-binaphthyl
NBD/nbd	norbornadiene
NBS	*N*-bromosuccinimide
NCS	*N*-chlorosuccinimide
NHC	*N*-heterocyclic carbene
NMO	*N*-methylmorpholine oxide
NMP	*N*-methyl-2-pyrrolidinone あるいは *N*-methylpyrrolidone
NMR	nuclear magnetic resonance
Nu/Nuc	nucleophile
OEP	octaethylporphyrin(ato)
Pc	phthalocyanine-29,31-diido
PDI	polydispersity index
PE	polyethylene
Ph	phenyl
PHB	poly(β-hydroxybutyrate)
phen	1,10-phenanthroline
pin	pinacolato
Piv	pivaloyl
PKR	Pauson-Khand reaction
PMP	*p*-methoxyphenyl
POM	polyoxometallate
PP	polypropylene
Pr	propyl
py	pyridine
PyBox/Pybox	2,6-bis(2-oxazolin-2-yl)pyridine
Pyr	pyrrolyl
R	alkyl
RCM	ring-closing metathesis
ROMP	ring-openig metathesis polymerization
salen	bis(salicylidene)ethylenediaminato
salph	*N,N′*-*o*-phenylenebis(3,5-di-*t*-butylsalicylideneimine)
SEGPHOS/Segphos	5,5′-bis(diphenylphosphino)-4,4′-bi-1,3-benzodioxole
SHOP	Shell higher olefin process
TBS/TBDS	*t*-butyldimethylsilyl
terpy	2,2′:6,2″-terpyridine
Tf	triflyl あるいは trifluoromethanesulfonyl
TFA	trifluoroacetato あるいは trifluoroacetic acid
THF	tetrahydrofuran
TIPS	triisopropylsilyl
TMEDA/tmeda/tmen	tetramethylethylenediamine あるいは *N, N, N′, N′*-tetramethylethane-1,2-diamine
TMS	trimethylsilyl あるいは tetramethylsilane
TOF	turnover frequency
Tol/tol	tolyl
TON	turnover number
Tp	tris(pyrazolyl)borato あるいは hydrotris(pyrazolyl)borato あるいは hydridotris(pyrazolyl)borato
Tp′, Tp*	substituted tris(pyrazolyl)borato あるいは tris(3,5-dimethylpyrazolyl)borato
TPP	tetraphenylporphyrin(ato)
Ts	tosyl あるいは *p*-toluenesulfonyl
X	halogen
Xant(h)phos	9,9-dimethyl-4,5-bis(diethylphosphino)xanthene

和 文 索 引*

あ

* 立体の数字は上巻の，斜体の数字は下巻のページを表す．

い，う

え

お

か

き

く，け

こ

さ

し

す

せ，そ

た

ち

つ，て

と

な

に

ぬ，ね

の

は

ひ

ほ

ま～む

め

欧文索引*

---

* 立体の数字は上巻の，斜体の数字は下巻のページを表す．

E〜G

H〜J

K〜M

N, O

P, Q

R

S

T～Z

小宮三四郎（こみや さんしろう）
1947年 茨城県に生まれる
1970年 東京工業大学理工学部 卒
1975年 東京工業大学大学院理工学研究科
博士課程 修了
現 首都大学東京 特任教授
東京農工大学名誉教授
専攻 有機金属化学，触媒化学，錯体化学
工学博士

穐田宗隆（あきた むねたか）
1957年 福岡県に生まれる
1979年 京都大学工学部 卒
1984年 大阪大学大学院理学研究科
博士課程 修了
現 東京工業大学化学生命科学研究所 教授
専攻 有機金属化学，合成化学
理学博士

岩澤伸治（いわさわ のぶはる）
1957年 神奈川県に生まれる
1979年 東京大学理学部 卒
1984年 東京大学大学院理学系研究科
博士課程 修了
現 東京工業大学理学院 教授
専攻 有機合成化学，有機金属化学
理学博士

第1版 第1刷 2015年3月30日 発行
第2刷 2019年5月20日 発行

有機遷移金属化学（下）

監訳者 小宮三四郎
穐田宗隆
岩澤伸治
発行者 小澤美奈子
発 行 株式会社 東京化学同人
東京都 文京区 千石3丁目36-7（〒112-0011）
電 話 (03) 3946-5311・FAX (03) 3946-5317
URL：http://www.tkd-pbl.com/

印 刷 三美印刷株式会社
製 本 株式会社 松岳社

ISBN978-4-8079-0851-6
Printed in Japan

元素の周期表

原子番号 → 1H ← 元素記号（元素名：水素；原子量：1.008）

原子量（質量数 12 の炭素（^{12}C）を 12 とし，これに対する相対値とする）

遷移金属：3～12族

周期＼族	1	2	3	4	5	6	7	8	9	10	11	12	13	14	15	16	17	18
1	水素 1 **H** 1.008																	ヘリウム 2 **He** 4.003
2	リチウム 3 **Li** 6.941*	ベリリウム 4 **Be** 9.012											ホウ素 5 **B** 10.81	炭素 6 **C** 12.01	窒素 7 **N** 14.01	酸素 8 **O** 16.00	フッ素 9 **F** 19.00	ネオン 10 **Ne** 20.18
3	ナトリウム 11 **Na** 22.99	マグネシウム 12 **Mg** 24.31											アルミニウム 13 **Al** 26.98	ケイ素 14 **Si** 28.09	リン 15 **P** 30.97	硫黄 16 **S** 32.07	塩素 17 **Cl** 35.45	アルゴン 18 **Ar** 39.95
4	カリウム 19 **K** 39.10	カルシウム 20 **Ca** 40.08	スカンジウム 21 **Sc** 44.96	チタン 22 **Ti** 47.87	バナジウム 23 **V** 50.94	クロム 24 **Cr** 52.00	マンガン 25 **Mn** 54.94	鉄 26 **Fe** 55.85	コバルト 27 **Co** 58.93	ニッケル 28 **Ni** 58.69	銅 29 **Cu** 63.55	亜鉛 30 **Zn** 65.38*	ガリウム 31 **Ga** 69.72	ゲルマニウム 32 **Ge** 72.63	ヒ素 33 **As** 74.92	セレン 34 **Se** 78.97	臭素 35 **Br** 79.90	クリプトン 36 **Kr** 83.80
5	ルビジウム 37 **Rb** 85.47	ストロンチウム 38 **Sr** 87.62	イットリウム 39 **Y** 88.91	ジルコニウム 40 **Zr** 91.22	ニオブ 41 **Nb** 92.91	モリブデン 42 **Mo** 95.95	テクネチウム 43 **Tc** (99)	ルテニウム 44 **Ru** 101.1	ロジウム 45 **Rh** 102.9	パラジウム 46 **Pd** 106.4	銀 47 **Ag** 107.9	カドミウム 48 **Cd** 112.4	インジウム 49 **In** 114.8	スズ 50 **Sn** 118.7	アンチモン 51 **Sb** 121.8	テルル 52 **Te** 127.6	ヨウ素 53 **I** 126.9	キセノン 54 **Xe** 131.3
6	セシウム 55 **Cs** 132.9	バリウム 56 **Ba** 137.3	ランタノイド 57～71	ハフニウム 72 **Hf** 178.5	タンタル 73 **Ta** 180.9	タングステン 74 **W** 183.8	レニウム 75 **Re** 186.2	オスミウム 76 **Os** 190.2	イリジウム 77 **Ir** 192.2	白金 78 **Pt** 195.1	金 79 **Au** 197.0	水銀 80 **Hg** 200.6	タリウム 81 **Tl** 204.4	鉛 82 **Pb** 207.2	ビスマス 83 **Bi** 209.0	ポロニウム 84 **Po** (210)	アスタチン 85 **At** (210)	ラドン 86 **Rn** (222)
7	フランシウム 87 **Fr** (223)	ラジウム 88 **Ra** (226)	アクチノイド 89～103	ラザホージウム 104 **Rf** (267)	ドブニウム 105 **Db** (268)	シーボーギウム 106 **Sg** (271)	ボーリウム 107 **Bh** (272)	ハッシウム 108 **Hs** (277)	マイトネリウム 109 **Mt** (276)	ダームスタチウム 110 **Ds** (281)	レントゲニウム 111 **Rg** (280)	コペルニシウム 112 **Cn** (285)	ニホニウム 113 **Nh** (278)	フレロビウム 114 **Fl** (289)	モスコビウム 115 **Mc** (289)	リバモリウム 116 **Lv** (293)	テネシン 117 **Ts** (293)	オガネソン 118 **Og** (294)

ランタノイド	ランタン 57 **La** 138.9	セリウム 58 **Ce** 140.1	プラセオジム 59 **Pr** 140.9	ネオジム 60 **Nd** 144.2	プロメチウム 61 **Pm** (145)	サマリウム 62 **Sm** 150.4	ユウロピウム 63 **Eu** 152.0	ガドリニウム 64 **Gd** 157.3	テルビウム 65 **Tb** 158.9	ジスプロシウム 66 **Dy** 162.5	ホルミウム 67 **Ho** 164.9	エルビウム 68 **Er** 167.3	ツリウム 69 **Tm** 168.9	イッテルビウム 70 **Yb** 173.0	ルテチウム 71 **Lu** 175.0
アクチノイド	アクチニウム 89 **Ac** (227)	トリウム 90 **Th** 232.0	プロトアクチニウム 91 **Pa** 231.0	ウラン 92 **U** 238.0	ネプツニウム 93 **Np** (237)	プルトニウム 94 **Pu** (239)	アメリシウム 95 **Am** (243)	キュリウム 96 **Cm** (247)	バークリウム 97 **Bk** (247)	カリホルニウム 98 **Cf** (252)	アインスタイニウム 99 **Es** (252)	フェルミウム 100 **Fm** (257)	メンデレビウム 101 **Md** (258)	ノーベリウム 102 **No** (259)	ローレンシウム 103 **Lr** (262)

ここに示した原子量は，実用上の便宜を考えて，国際純正・応用化学連合（IUPAC）で承認された最新の原子量に基づき，日本化学会原子量専門委員会が作成した表によるものである．本来，同位体存在度の不確定さは，自然に，あるいは人為的に起こりうる変動や実験誤差のために，元素ごとに異なる．したがって，個々の原子量の値は，正確度が保証された有効数字の桁数が大きく異なる．本表の原子量を引用する際には，このことに注意を喚起することが望ましい．なお，本表の原子量の信頼性は有効数字の4桁目で ±1 以内であるが，例外として，* を付したものは ±2（市販品中のリチウム化合物のリチウムの原子量は 6.938 から 6.997 の幅をもつ）である．また，安定同位体がなく，天然で特定の同位体組成を示さない元素については，その元素の放射性同位体の質量数の一例を（ ）内に示した．したがって，その値を原子量として扱うことはできない．